HIGH TOP

통합과학 2

KB263266

HIGH TOP의 구성과 특징

STRUCTURE

5종 교과서 완벽 분석, 체계적인 개념 이해의 틀 완성

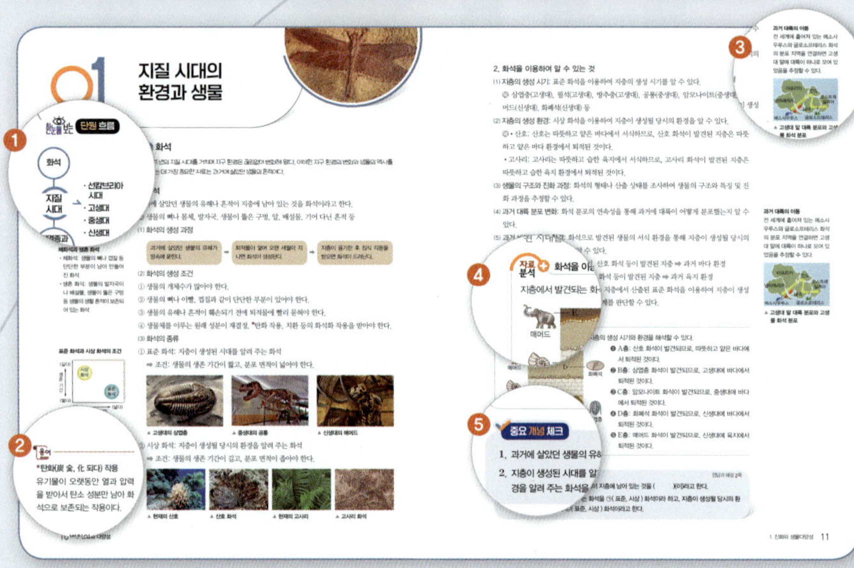

❶ 이 소단원에서 배우는 중요한 개념의 위계를 한눈에 보기 쉽게 정리하였습니다.

❷ 어려운 용어의 뜻을 쉽게 알 수 있도록 설명하였습니다.

❸ 보충 내용을 자세하게 설명하였습니다.

❹ **자료 분석 / 플러스 강의**에서 실력의 차이를 만들 수 있는 내용을 이해하기 쉽게 설명하였습니다.

❺ 주제별 핵심 내용을 잘 이해했는지 간단한 문제로 확인할 수 있습니다.

탐구 분석, 집중 분석, 심화 강의

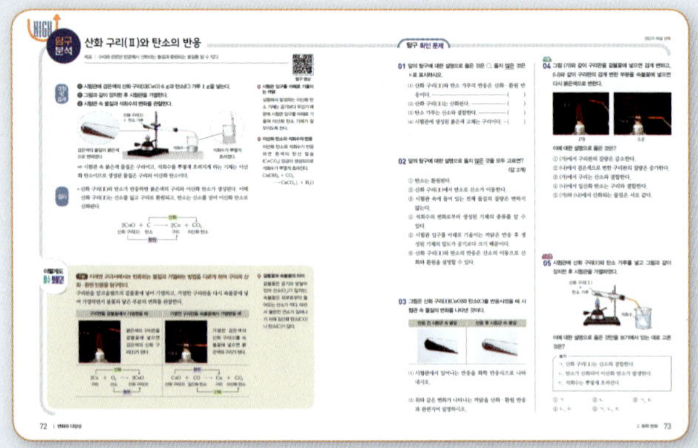

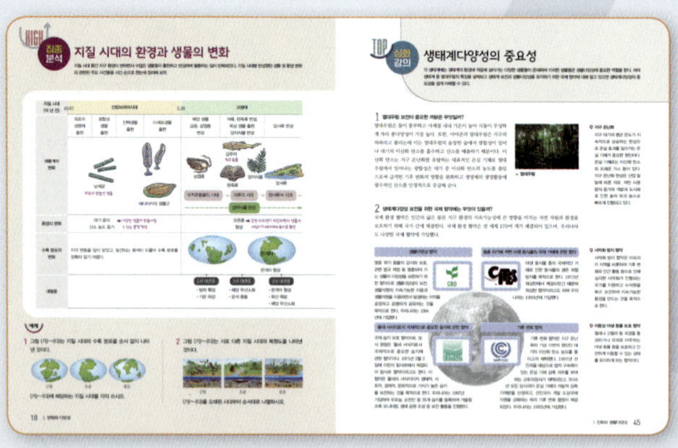

탐구 분석 교과서에 수록된 필수 탐구의 과정과 결과를 이해하기 쉽도록 탐구 영상을 QR로 제공합니다. 또한 관련 탐구 문항을 단계별로 풍부하게 제공하였습니다.

집중 분석 중요한 주제를 골라 집중적으로 분석하여 자신의 실력으로 만들 수 있도록 설명하였습니다.

심화 강의 물리학, 화학, 생명과학, 지구과학에서 배우는 개념이지만 조금만 알고 있어도 실력의 차이를 만들 수 있는 주제를 선정하여 쉽게 설명하였습니다.

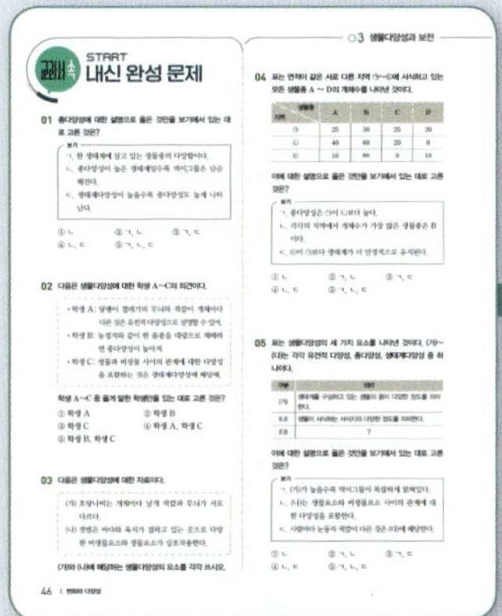

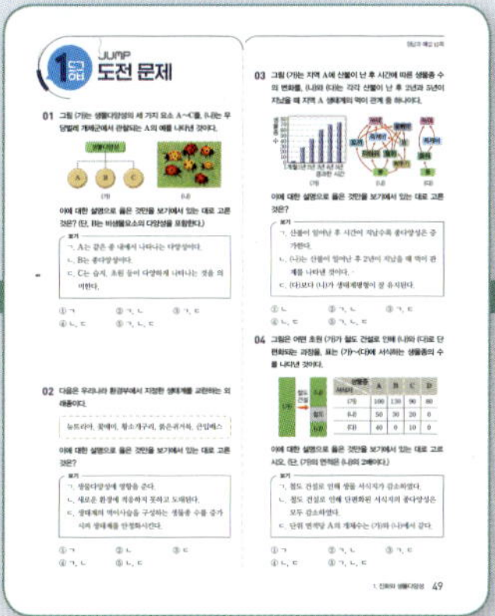

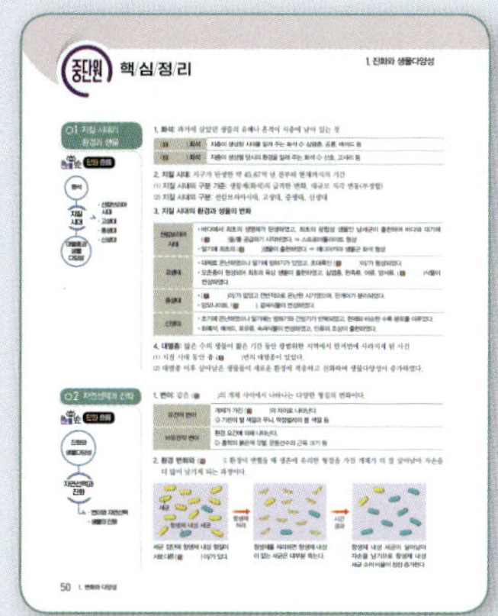

교과서 속 내신 완성 문제＋1등급 도전 문제 교과서에 수록된 다양한 유형의 문제들을 변형하여 소단원의 핵심 개념들을 꼼꼼히 이해했는지 점검하도록 구성하였습니다.

중단원 핵심 정리 중단원별 핵심 개념을 정리하여 문제 풀이 전에 개념을 확실히 다질 수 있도록 구성하였습니다.

출제 0순위 중단원별로 수능에 자주 출제되는 주제들을 엄선하여 수능형 문제를 미리 경험해 볼 수 있도록 구성하였습니다.

수능 실전 대비 문제 수능형 문제를 2점과 3점으로 구분하여 난이도별로 문제 실력을 점검할 수 있도록 구성하였습니다.

서술형 정복 문제 단계별로 배경 지식 쌓기를 통해 서술형 문제도 접근하는 방법을 익힐 수 있도록 구성하였습니다.

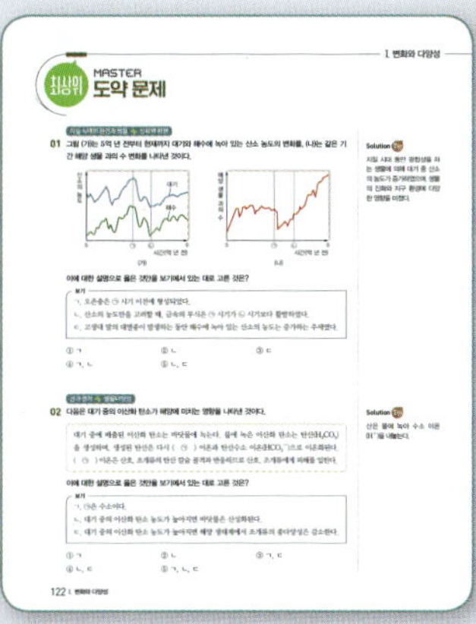

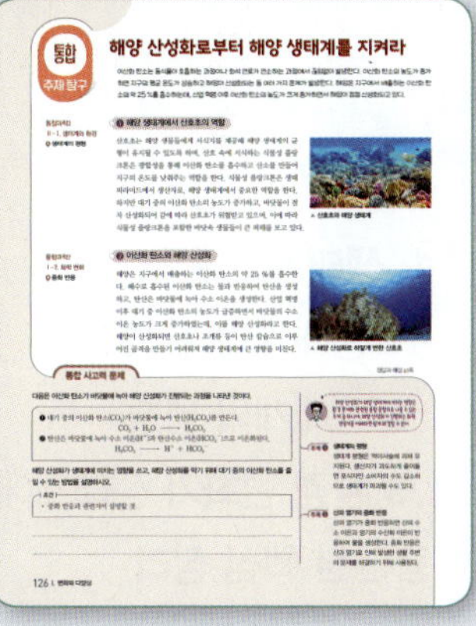

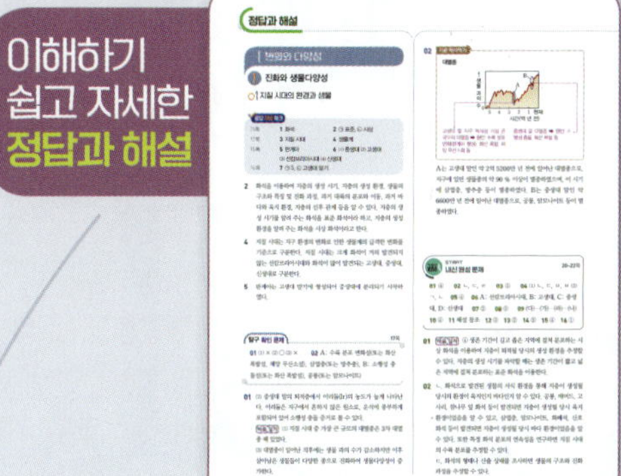

최상위 도약 문제 대단원별로 영역별 주제 통합 문제를 구성하여 실력을 한 단계 더 높일 수 있도록 하였습니다.

통합 주제 탐구 통합형 주제를 자료와 함께 제시하여 논술형 문제에도 대비할 수 있도록 하였습니다.

틀린 문제를 쉽게 이해할 수 있도록 자세하고 친절한 해설을 담았으며, 중요한 그림이나 자료에서 알아야 할 정보를 분석하여 제시하였습니다.

HIGH TOP의 통합과학 2 **차례**

III

과학과
미래 사회

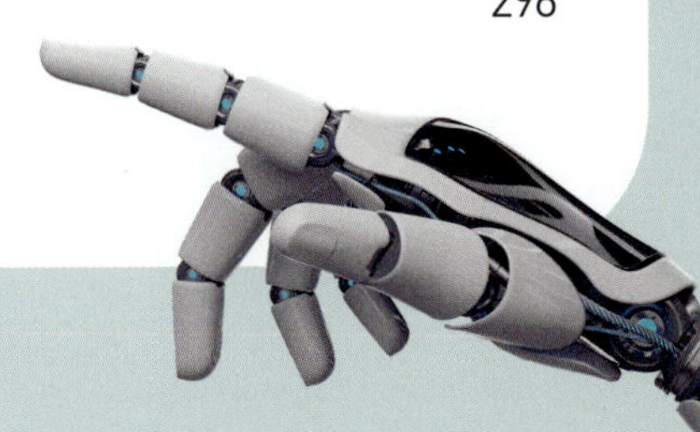

HIGH TOP과 내 교과서 비교하기

내가 사용하는 교과서의 출판사 이름과 지금 배우고 있는 단원, 쪽 번호를 확인합니다.
그리고 HIGH TOP의 쪽 번호를 확인한 후 해당하는 부분을 공부하세요.

통합과학 2

대단원	중단원	소단원	하이탑 (쪽)	동아출판	미래엔	비상교육	지학사	천재교과서
I 변화와 다양성	1. 진화와 생물다양성	01 지질 시대의 환경과 생물	10~23	14~19	14~19	16~21	16~23	14~21
		02 자연선택과 진화	24~37	20~23	20~25	22~25	24~27	22~27
		03 생물다양성과 보전	38~49	24~27	26~31	26~27	28~31	28~31
	2. 화학 변화	01 산화와 환원	64~79	34~41	38~45	32~37	38~45	38~47
		02 산과 염기의 중화 반응	80~97	42~49	46~53	38~45	46~53	48~59
		03 물질 변화에서 에너지 출입	98~107	50~53	54~59	46~51	54~59	60~63
II 환경과 에너지	1. 생태계와 환경	01 생태계의 구성 요소	130~141	66~69	72~75	62~65	72~77	74~79
		02 생태계의 평형	142~151	70~73	76~79	66~69	78~80, 82~83	80~83
		03 환경 변화가 생태계에 미치는 영향	152~161	74~77	80~81	70~71	81	84~85
	2. 지구 환경의 변화	01 온실 효과와 지구 온난화	176~185	84~87	82~84	72~75	84~87	86~89
		02 지구 환경 변화와 인간 생활	186~195	88~93	85~91	76~79	88~93	90~95
	3. 에너지와 지속가능한 발전	01 태양 에너지의 생성과 전환	210~219	100~103	98~101	84~87	100~103	102~103
		02 발전	220~235	104~109	102~109	88~95	104~111	104~111
		03 에너지 효율과 신재생 에너지	236~251	110~117	110~117	96~103	112~117	112~121
III 과학과 미래 사회	1. 과학과 미래 사회	01 과학의 유용성과 빅데이터의 활용	272~281	130~137	130~137	114~123	130~141	132~143
		02 과학 기술의 발전과 과학 윤리	282~287	138~145	144~153	126~135	142~151	144~151

I

변화와 다양성

1. 진화와 생물다양성   2. 화학 변화

Overview

우리를 둘러싼 세상은 어떤 규칙에 따라 변해가는가?

지질 구조를 포함한 환경은 지질 시대를 통해 끊임없이 변화해 왔으며, 그 속에서 살아가는 생명체도 변이의 발생과 자연선택 과정을 통해 진화하고 생물다양성이 형성되었다.

우리를 둘러싼 물질은 산화·환원 반응, 산·염기 반응 등 여러 가지 화학 반응과 화학 반응 과정에서 발생하는 에너지 출입을 통해 변화하고 있다.

지질 시대의 생물과 화석   # 지질 시대 환경 변화와 대멸종   # 자연선택   # 생물다양성

산화와 환원   # 산성과 염기성   # 중화 반응   # 물질 변화에서의 에너지 출입

지질 시대의 환경과 생물
종의 기원
환경에 적합한 생물만 살아남는 자연선택설 내용이 담겨 있대.
『종의 기원』이란 책은 무슨 내용이길래 저렇게 인기가 있지?
내가 언제 살았던 생물인지 알아?
지질 시대
여기는 신생대 생물이 낄 자리가 아니란다.
그렇지.
대멸종
자연선택과 진화
변이
자연선택
어서 피해.
위험해.
우리 아기는 왜 무늬도 털 색깔도 우리와 다를까요?
DNA의 마술이죠.

1

진화와 생물다양성

지질 시대를 거치며 지구의 환경과 생명체는 끊임없이 변화해 왔으며, 변이의 발생과 자연선택의 과정을 통해 생명체가 진화하고 생물다양성이 형성된다.

1 지질 시대의 환경과 생물

2 자연선택과 진화

3 생물다양성과 보전

01 지질 시대의 환경과 생물

화석

지질 시대
· 선캄브리아 시대
· 고생대
· 중생대
· 신생대

대멸종과 생물 다양성

체화석과 생흔 화석
· 체화석: 생물의 뼈나 껍질 등 단단한 부분이 남아 만들어진 화석
· 생흔 화석: 생물의 발자국이나 배설물, 생물이 뚫은 구멍 등 생물의 생활 흔적이 보존되어 있는 화석

표준 화석과 시상 화석의 조건

***탄화(炭 숯, 化 되다) 작용**
유기물이 오랫동안 열과 압력을 받아서 탄소 성분만 남아 화석으로 보존되는 작용이다.

---

1 화석

약 46억 년의 지질 시대를 거치며 지구 환경은 끊임없이 변화해 왔다. 이러한 지구 환경의 변화와 생물의 역사를 알아내는 데 가장 중요한 자료는 과거에 살았던 생물의 흔적이다.

1. 화석

과거에 살았던 생물의 유해나 흔적이 지층에 남아 있는 것을 화석이라고 한다.

예 생물의 뼈나 몸체, 발자국, 생물이 뚫은 구멍, 알, 배설물, 기어 다닌 흔적 등

(1) 화석의 생성 과정

| 과거에 살았던 생물의 유해가 땅속에 묻힌다. | → | 퇴적물이 쌓여 오랜 세월이 지나면 화석이 생성된다. | → | 지층이 융기한 후 침식 작용을 받으면 화석이 드러난다. |

(2) 화석의 생성 조건

① 생물의 개체수가 많아야 한다.

② 생물의 뼈나 이빨, 껍질과 같이 단단한 부분이 있어야 한다.

③ 생물의 유해나 흔적이 훼손되기 전에 퇴적물에 빨리 묻혀야 한다.

④ 생물체를 이루는 원래 성분이 재결정, *탄화 작용, 치환 등의 화석화 작용을 받아야 한다.

(3) 화석의 종류

① 표준 화석: 지층이 생성된 시대를 알려 주는 화석

➡ 조건: 생물의 생존 기간이 짧고, 분포 면적이 넓어야 한다.

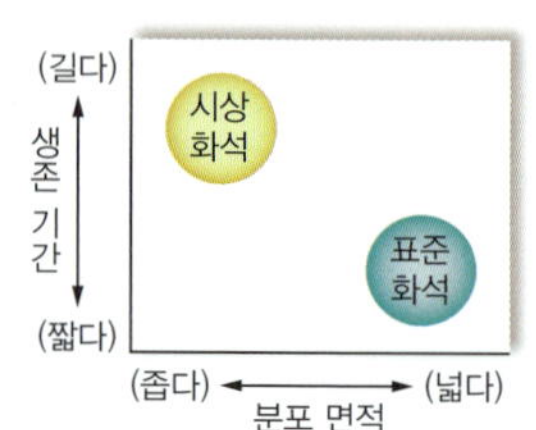
▲ 고생대의 삼엽충

▲ 중생대의 공룡

▲ 신생대의 매머드

② 시상 화석: 지층이 생성될 당시의 환경을 알려 주는 화석

➡ 조건: 생물의 생존 기간이 길고, 분포 면적이 좁아야 한다.

▲ 현재의 산호

▲ 산호 화석

▲ 현재의 고사리

▲ 고사리 화석

2. 화석을 이용하여 알 수 있는 것

⑴ **지층의 생성 시기**: 표준 화석을 이용하여 지층의 생성 시기를 알 수 있다.

  예 삼엽충(고생대), 필석(고생대), 방추충(고생대), 공룡(중생대), 암모나이트(중생대), 매머드(신생대), 화폐석(신생대) 등

⑵ **지층의 생성 환경**: 시상 화석을 이용하여 지층이 생성될 당시의 환경을 알 수 있다.

  예 • 산호: 산호는 따뜻하고 얕은 바다에서 서식하므로, 산호 화석이 발견된 지층은 따뜻하고 얕은 바다 환경에서 퇴적된 것이다.

  • 고사리: 고사리는 따뜻하고 습한 육지에서 서식하므로, 고사리 화석이 발견된 지층은 따뜻하고 습한 육지 환경에서 퇴적된 것이다.

⑶ **생물의 구조와 진화 과정**: 화석의 형태나 산출 상태를 조사하여 생물의 구조와 특징 및 진화 과정을 추정할 수 있다.

⑷ **과거 대륙 분포 변화**: 화석 분포의 연속성을 통해 과거에 대륙이 어떻게 분포했는지 알 수 있다.

⑸ **과거 바다와 육지 환경**: 화석으로 발견된 생물의 서식 환경을 통해 지층이 생성될 당시의 환경이 바다인지 육지인지 알 수 있다.

  예 • 삼엽충, 암모나이트, 화폐석, 산호 화석 등이 발견된 지층 ➡ 과거 바다 환경
  • 공룡, 매머드, 고사리, 참나무 잎 화석 등이 발견된 지층 ➡ 과거 육지 환경

⑹ **지층의 선후 관계**: 멀리 떨어져 있는 지층에서 산출된 표준 화석을 이용하여 지층이 생성된 시대를 비교하고, 지층의 선후 관계를 판단할 수 있다.

과거 대륙의 이동
전 세계에 흩어져 있는 메소사우루스와 글로소프테리스 화석의 분포 지역을 연결하면 고생대 말에 대륙이 하나로 모여 있었음을 추정할 수 있다.

▲ 고생대 말 대륙 분포와 고생물 화석 분포

자료 분석 ➕ 화석을 이용한 과거 환경 해석

지층에서 발견되는 화석을 이용하여 지층의 생성 시기와 환경을 해석할 수 있다.

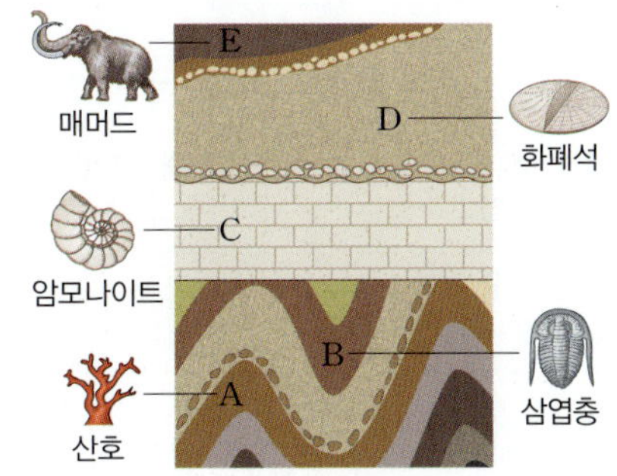

▲ 화석이 발견된 지층의 단면

❶ **A층**: 산호 화석이 발견되므로, 따뜻하고 얕은 바다에서 퇴적된 것이다.

❷ **B층**: 삼엽충 화석이 발견되므로, 고생대에 바다에서 퇴적된 것이다.

❸ **C층**: 암모나이트 화석이 발견되므로, 중생대에 바다에서 퇴적된 것이다.

❹ **D층**: 화폐석 화석이 발견되므로, 신생대에 바다에서 퇴적된 것이다.

❺ **E층**: 매머드 화석이 발견되므로, 신생대에 육지에서 퇴적된 것이다.

✔ 중요 개념 체크

정답과 해설 2쪽

1. 과거에 살았던 생물의 유해나 흔적이 지층에 남아 있는 것을 (　　　　)(이)라고 한다.

2. 지층이 생성된 시대를 알려 주는 화석을 ㉠(표준, 시상) 화석이라 하고, 지층이 생성될 당시의 환경을 알려 주는 화석을 ㉡(표준, 시상) 화석이라고 한다.

2 지질 시대의 구분

생물은 환경의 영향을 크게 받기 때문에 생물계의 큰 변화로 지질 시대를 구분한다.

1. 지질 시대

지구가 탄생한 약 45.67억 년 전부터 현재까지를 지질 시대라고 한다.

2. 지질 시대의 구분

(1) **지질 시대의 구분 기준**: 지구 환경 변화로 인한 생물계의 급격한 변화(화석의 변화)나 부정합과 같은 대규모 지각 변동

(2) **지질 시대의 구분**: 선캄브리아시대, 고생대, 중생대, 신생대로 구분한다.

① **선캄브리아시대**: 화석이 거의 발견되지 않는 시대 ➡ 화석이 거의 발견되지 않는 까닭: 생물의 개체수가 적었고 생물체에 단단한 골격이 없었으며, 오랜 시간이 지나는 동안 지각 변동과 풍화 작용을 많이 받아 화석으로 보존되기 어렵기 때문이다.

② **고생대, 중생대, 신생대**: 화석이 많이 발견되는 시대 ➡ 화석에 나타나는 생물계의 큰 변화를 기준으로 구분한다.

(3) **지질 시대의 상대적 길이**: 선캄브리아시대가 지질 시대의 대부분(약 88.2 %)을 차지하고, 고생대, 중생대, 신생대로 갈수록 상대적 길이가 짧아진다.

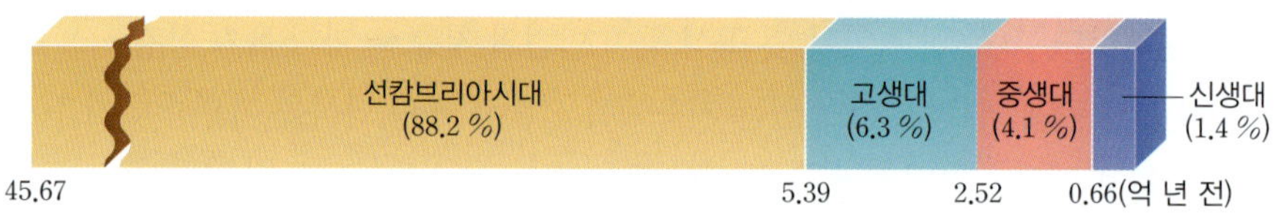

▲ 지질 시대의 구분

플러스 강의 ➕ 지질 시대의 구분

지질 시대는 누대 → 대 → 기로 구분한다.

누대	• 지질 시대를 구분하는 가장 큰 단위 • 화석의 기록이 없는 명왕누대, 발견되는 화석이 매우 드문 시생누대와 원생누대, 다양한 생물 화석이 많이 산출되는 현생누대로 구분한다.
대	• 생물계의 큰 변화가 나타난 시기를 기준으로 구분하는 시간 단위 • 현생누대는 고생대, 중생대, 신생대로 구분한다.
기	• 대를 세분화한 시간 단위 • 고생대는 캄브리아기, 오르도비스기, 실루리아기, 데본기, 석탄기, 페름기로 구분한다. • 중생대는 트라이아스기, 쥐라기, 백악기로 구분한다. • 신생대는 고진기, 신진기, 제4기로 구분한다.

✓ 중요 개념 체크

정답과 해설 2쪽

3. 지구가 탄생한 약 45.67억 년 전부터 현재까지의 시간을 (　　　　)(이)라고 한다.

4. 지질 시대는 지구 환경 변화로 인한 (　　　　)의 급격한 변화를 기준으로 구분한다.

부정합

대규모의 지각 변동에 의해 퇴적이 오랫동안 중단되어 위아래 지층 사이가 연속적이지 않은 두 지층 사이의 관계를 부정합이라고 한다. 이러한 부정합을 이루는 두 지층 사이에는 큰 시간 간격이 존재하므로, 부정합과 같은 대규모의 지각 변동은 지질 시대를 구분하는 기준이 된다.

선캄브리아시대

고생대의 시작인 캄브리아기부터는 다양한 생물 화석들이 산출된다. 선캄브리아시대는 캄브리아기 이전의 시대를 의미하며, 발견되는 화석이 거의 없기 때문에 기로 구분하지 않는다.

지질 시대의 상대적 길이

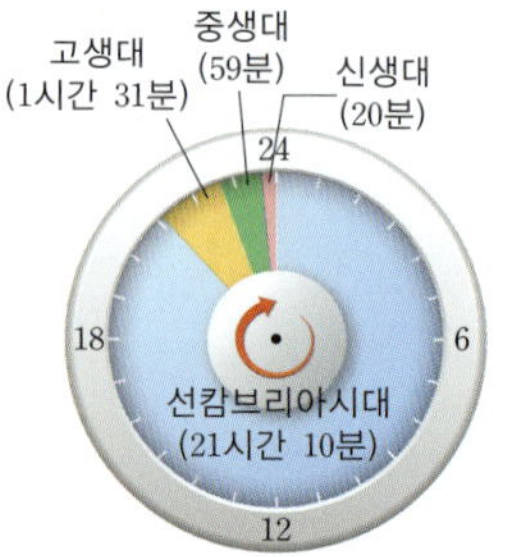

지구의 나이 45.67억 년을 하루로 환산하여 비교하면, 선캄브리아시대는 약 21시간 10분, 고생대는 약 1시간 31분, 중생대는 약 59분, 신생대는 약 20분에 해당한다.

3 지질 시대의 환경과 생물의 변화 집중 분석 18~19쪽

지구의 환경은 지질 시대를 거치면서 끊임없이 변해 왔으며, 환경 변화에 적응한 다양한 생물종이 번성하였다.

1. 선캄브리아시대의 환경과 생물

(1) 선캄브리아시대의 환경

① 기후: 초기에는 비교적 온난하였으나, 중기와 후기에 *빙하기가 있었을 것으로 추정된다.

② 수륙 분포: 화석이 거의 발견되지 않고 오랜 세월 동안 지각 변동을 많이 받았기 때문에 수륙 분포를 정확하게 알기 어렵다.

(2) 선캄브리아시대의 생물

① 발견되는 화석이 매우 드물다. ➡ 까닭: 생물의 개체수가 적었고, 생물의 대부분이 단단한 껍질이나 뼈가 없었으며, 오랜 세월 동안 지각 변동과 풍화 작용을 받았기 때문이다.

② 최초의 생명체는 바다에서 탄생하였고, 생물은 주로 바다에서 생활하였다. ➡ 강한 자외선이 지표에 도달하여 육지에서는 생물이 살 수 없었다.

③ 최초로 광합성을 하는 생물인 *남세균이 출현하여 바다와 대기에 산소를 방출하기 시작하였다. ➡ *스트로마톨라이트가 형성되었다.

④ 선캄브리아시대 말기에는 최초의 다세포생물이 출현하였다. ➡ 에디아카라 생물군 화석으로 발견된다.

에디아카라 생물군
선캄브리아시대 말기에 살았던 다세포생물로, 오스트레일리아의 에디아카라 언덕에서 처음 발견되었다.

▲ 선캄브리아시대의 바다

▲ 스트로마톨라이트

▲ 에디아카라 생물군

2. 고생대의 환경과 생물

(1) 고생대의 환경

① 기후: 대체로 온난하였으나, 말기에 빙하기가 있었다.

② 수륙 분포: 여러 개로 흩어져 있었던 대륙들이 말기에 하나로 모여 초대륙인 *판게아를 형성하였다.

▲ 고생대 말기의 수륙 분포

자료 분석 판게아 형성에 따른 환경의 변화

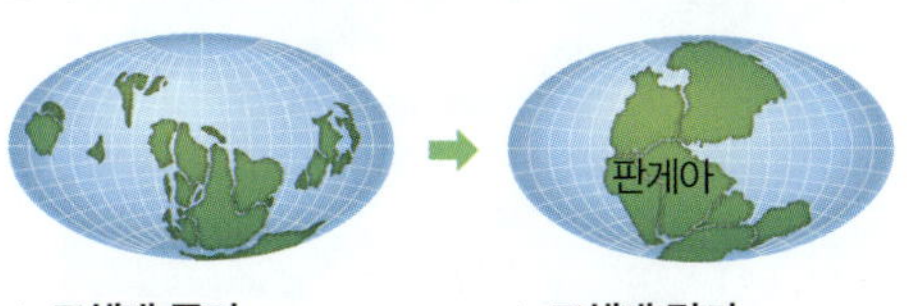

❶ 해안선의 길이가 감소하여 대륙붕의 면적이 감소하였다. ➡ 생물의 서식지(얕은 바다의 면적) 감소, 생물종 수 크게 감소

❷ 해류의 흐름이 단순해졌다.

❸ 기후대의 변화 폭이 좁아졌다.

***빙하기(氷 얼음, 河 강, 期 기간)**
기후가 한랭하여 고위도 지역이나 산악 지대에 빙하가 발달한 시기

***남세균(藍 남빛, 細 가늘다, 菌 세균)**
원핵생물 중 엽록소를 이용하여 광합성을 하는 세균류

***스트로마톨라이트**
최초의 광합성 생물인 남세균이 분비한 점액질에 물속의 모래나 탄산칼슘과 같은 부유물이 달라붙어 만들어진 퇴적 구조

***판게아(Pangaea)**
고생대 말에 여러 대륙이 모여 한 덩어리를 이룬 초대륙

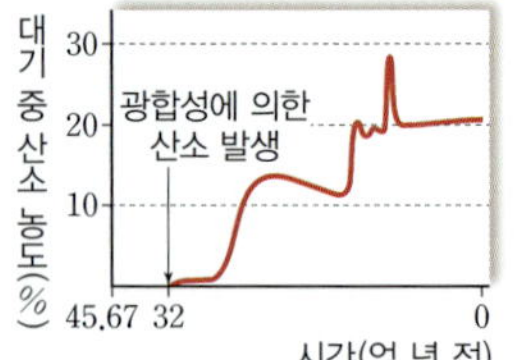

남세균과 같은 광합성을 하는 생물의 출현으로 바다와 대기 중으로 산소가 방출되었다. ➡ 대기 중 산소 농도 증가로 오존층이 형성되었다. ➡ 오존층이 지표에 도달하는 유해한 자외선을 차단하였기 때문에 생물이 육상으로 진출하게 되었다.

(2) **고생대의 생물**: 바다와 대기 중의 산소 농도 증가로 생물의 종류와 개체수가 폭발적으로 증가하였고, 오존층이 형성되어 지표에 도달하는 강한 자외선을 차단하여 고생대 중기에 생물이 육상으로 진출하게 되었다.

① **바다** 초기에 삼엽충, 완족류, 필석류와 같은 무척추동물이 번성하였고, 중기에 척추동물인 어류(예 갑주어)가 번성하였으며, 말기에 방추충이 번성하였다.

② **육지** 양서류와 대형 곤충류, *양치식물(예 고사리)이 번성하였고, 파충류와 겉씨식물이 출현하였다.

③ 말기에 판게아 형성, 기후 변화 등으로 인해 삼엽충, 방추충 등 생물 대멸종이 있었다.

▲ 고생대의 생물

3. 중생대의 환경과 생물

(1) **중생대의 환경**

① 기후: 활발한 화산 활동으로 대기 중 온실 기체의 농도가 증가하여 온난한 기후가 지속되었고, 빙하기가 없었다.

② 수륙 분포: 판게아가 분리되면서 대서양과 인도양이 형성되기 시작하였고, 인도가 분리되어 북상하였으며, 로키산맥과 안데스산맥이 형성되었다.

▲ 중생대 중기의 수륙 분포

(2) **중생대의 생물**

① **바다** 암모나이트, 해양 파충류가 번성하였다.

② **육지** 공룡, 겉씨식물(예 은행나무, 소철 등)이 번성하였고, 시조새, 속씨식물, 원시 포유류가 출현하였다.

③ 말기에 소행성 충돌, 화산 폭발 등 지구 환경의 급격한 변화로 공룡과 암모나이트 등 생물 대멸종이 있었다.

공룡

공룡은 다리를 가진 파충류로 육지 환경에서 서식하였다. 바다에서 서식한 어룡과 날개를 가진 익룡과는 다른 생물로 분류된다.

용어

*양치(羊 양, 齒 이빨)식물
물과 양분의 이동 통로인 관다발이 있는 식물 중에서 꽃이 피지 않고 포자로 번식하는 식물

▲ 중생대의 생물

4. 신생대의 환경과 생물

(1) 신생대의 환경

① 기후: 초기부터 중기까지 온난한 기후가 지속되다가
   말기에 빙하기와 *간빙기가 반복되었다.

② 수륙 분포: 대륙의 이동과 분리가 진행되어 대서양과
   인도양이 더욱 넓어지고, 인도 대륙, 아프리카 대륙이
   유라시아 대륙과 충돌하여 히말라야산맥과 알프스산
   맥이 형성되었다. ➡ 현재와 비슷한 수륙 분포 형성

▲ 신생대 말기의 수륙 분포

(2) 신생대의 생물

① **바다** 대형 유공충인 *화폐석이 번성하였다.

② **육지** 매머드와 같은 대형 포유류, 속씨식물(예 참나무, 단풍나무 등)이 번성하였고, 말
   기에 인류의 조상이 출현하였다.

▲ 신생대의 생물

자료 분석 ➕ 지질 시대 동안 지구의 평균 기온 변화

지구의 평균 기온 변화는 지질 시대 동안 생물의 번성과 쇠퇴에 중요한 요인으로 작용하였다.

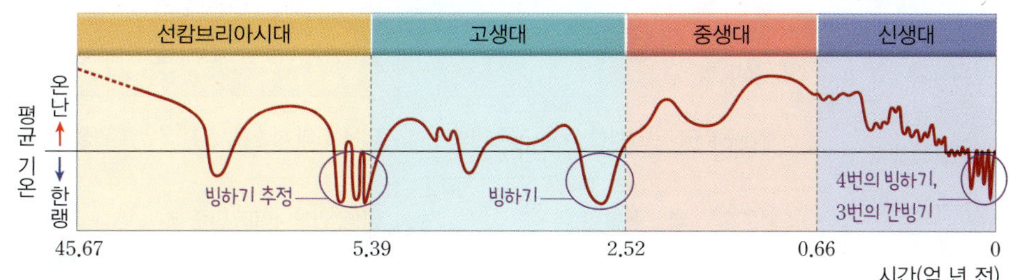

❶ 선캄브리아시대, 고생대, 신생대: 말기에 빙하기가 있었다.

❷ 중생대: 지질 시대 중 가장 온난했으며, 빙하기가 없었다.

✔ 중요 개념 체크

정답과 해설 2쪽

5. 고생대 말기에는 대륙들이 하나로 모여 초대륙인 (   )이/가 형성되었다.

6. 다음 생물이 번성했던 지질 시대를 각각 쓰시오.

   (1) 암모나이트 ——————— (   )   (2) 방추충 ——————— (   )

   (3) 에디아카라 생물군 ——————— (   )   (4) 매머드 ——————— (   )

고기후 연구 방법

수십만 년 전 이내의 비교적 가까운 과거의 기후는 빙하 코어, 석회동굴의 생성물, 나무의 나이테, 산호 골격 등을 통해 추정하며, 먼 과거의 기후는 고생물 화석이나 빙하의 흔적, 지층의 퇴적물 연구 등을 통해 추정할 수 있다.

용어

*간빙기(間 사이, 氷 얼음, 期 기간)
빙하기와 빙하기 사이에 기후가 온난한 시기

*화폐석(貨 재물, 幣 돈, 石 돌)
석회질 껍질을 분비하는 유공충의 한 종류로, 두꺼운 동전 모양과 비슷하여 붙여진 이름이다.

4 대멸종과 생물다양성

지질 시대 동안 지구 환경의 변화는 많은 생물종을 사라지게 했지만, 살아남은 생물종에게는 새로운 기회가 되었다.

1. 대멸종

(1) **대멸종**: 많은 수의 생물이 짧은 기간 동안 광범위한 지역에서 한꺼번에 사라지게 된 사건

(2) **대멸종의 원인**: 지구 환경의 급격한 변화 ➡ 한 가지 원인에 의해 발생하기보다는 여러 가지 원인이 복합적으로 작용하여 발생한 것으로 추정된다. 

소행성(운석) 충돌	화산 폭발	수륙 분포, 기후 변화	해양 무산소화
소행성 충돌로 발생한 많은 양의 먼지가 햇빛을 차단하여 기온이 하강하였고, 광합성량이 감소하였다.	화산재가 햇빛을 차단하여 지구의 기온이 하강하였으며, 화산 가스에 의해 지구 온난화가 일어나고, 산성비가 내렸다.	대륙의 이동에 의한 해류의 변화, 대기 중 온실 기체의 농도 변화, 지표의 반사율 변화 등으로 지구의 기온이 변하였다.	해양 순환 정지, 대규모 적조 발생 등으로 해수에 녹아 있는 산소의 양이 급격히 감소하였다.

(3) **대멸종과 생물계의 변화**: 총 5번의 대멸종이 있었으며, 고생대 말기에 가장 큰 규모의 대멸종이 일어났다.

구분	대멸종의 주요 원인	생물계의 변화
1차 대멸종 (고생대 초기)	급격한 기후 변화	삼엽충, 완족류에 큰 피해
2차 대멸종 (고생대 중기)	해양 무산소화, 소행성 충돌	갑주어 멸종, 삼엽충, 완족류 쇠퇴
3차 대멸종 (고생대 말기)	판게아 형성, 화산 폭발로 인한 온실 효과, 해양 무산소화	삼엽충을 비롯한 해양 생물의 대부분 멸종
4차 대멸종 (중생대 초기)	판게아 분리에 따른 화산 폭발, 기후 변화	많은 종의 파충류, 원시 포유류 멸종
5차 대멸종 (중생대 말기)	소행성 충돌, 화산 폭발	공룡, 암모나이트 멸종

2. 대멸종과 생물다양성

대멸종이 일어난 이후에는 생물의 수가 줄어들고, 생물의 종이 크게 달라졌다. 대멸종에서 살아남은 생물들은 새로운 환경에 적응하면서 다양한 종으로 진화하였다. 지질 시대 동안 이러한 과정이 반복되면서 생물다양성이 증가하였다.

> **중요 개념 체크**
>
> 정답과 해설 2쪽
>
> 7. 지질 시대 동안 대멸종은 총 ㉠ (   )번 일어났으며, ㉡ (   )에 가장 큰 규모의 대멸종이 일어났다.

생물의 분류 단위
생물 분류 단계에서 가장 큰 단위는 계(界)이고, 계 이후 문(門), 강(綱), 목(目), 과(科), 속(屬), 종(種)의 순서로 나타낸다.

생물 대멸종의 원인과 그 이후의 변화에 대한 가설

목표 | 지질 시대 동안 일어난 생물 대멸종의 원인과 그 이후의 변화를 설명하는 여러 가설의 타당성을 평가할 수 있다.

 **과정 및 정리**

그림은 지질 시대 동안 해양 생물 과의 수 변화와 대멸종 시기를 나타낸 것이다.

❶ 고생대 말과 중생대 말 대멸종의 원인을 설명하는 가설과 증거를 찾아 보자.

❷ 고생대 말과 중생대 말 대멸종 이후 생물계의 변화를 조사하여 정리해 보자.

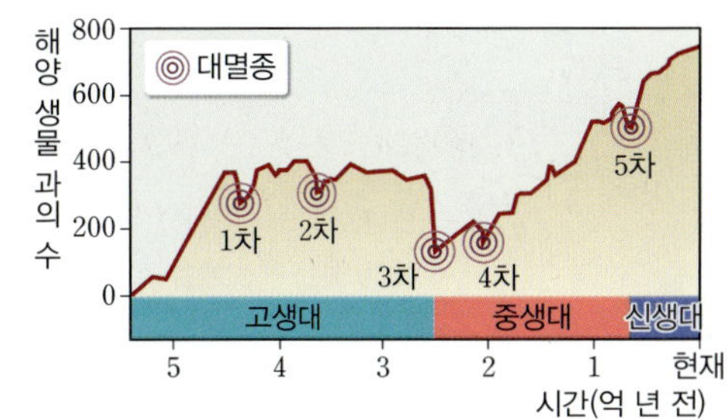

 **결과 및 정리**

1. 고생대 말과 중생대 말 생물 대멸종의 원인을 설명하는 가설과 증거 및 생물계의 변화

시기	가설	증거	대멸종 이후 생물계의 변화
고생대 말	수륙 분포 변화설	고생대 말에 초대륙 판게아가 형성되었다.	• 지구 역사상 가장 큰 규모의 대멸종이 일어났다. • 삼엽충, 방추충 등 해양 생물의 대부분과 육상 동물의 약 70 %가 멸종하였다. ➡ 지구에 있던 생물종의 약 90 % 이상이 멸종하였다. • 소수의 양서류가 살아남았으며, 오랜 기간 새로운 종이 출현하지 못하였다. 이후 파충류가 번성하였다.
	화산 폭발설	시베리아 지역에서 고생대 말에 발생한 대규모 화산 활동의 흔적이 발견된다.	
	해양 무산소설	고생대 말에 형성된 지층에서 산화되지 않은 철과 분해되지 않은 유기물이 발견된다.	
중생대 말	소행성 충돌설	멕시코 유카탄 반도의 육지와 해저에서 소행성 충돌로 추정되는 운석 구덩이가 발견되었다. 중생대 말의 퇴적층에서 지구에 흔하지 않은 이리듐(Ir)의 농도가 높게 나타난다.	• 산호류의 대부분과 암모나이트, 공룡, 해양 파충류 등이 멸종하였다. • 악어류, 조류 등이 살아남았고, 이후 포유류가 번성하였다.
	화산 폭발설	인도 데칸 고원에서 중생대 말 화산 활동으로 형성된 지형이 발견된다.	

2. 대멸종과 생물다양성: 지구 환경의 급격한 변화로 많은 생물종이 사라졌지만, 대멸종에서 살아남은 생물들은 다양한 종으로 진화하면서 생물다양성이 증가하였다.

탐구 확인 문제

정답과 해설 2쪽

01 위 탐구에 대한 설명으로 옳은 것은 ○, 옳지 않은 것은 ×로 표시하시오.

(1) 해양 생물은 1차 대멸종 때 가장 많이 멸종하였다. ───────── (　　)

(2) 중생대 말의 퇴적층에 소행성이 충돌한 흔적이 남아 있다. ───────── (　　)

(3) 대멸종 이후 생물다양성은 계속 감소하였다. ───────── (　　)

02 그림은 고생대 이후 현재까지 해양 생물 과의 수 변화와 대멸종 A, B를 나타낸 것이다.

대멸종 A와 B의 원인을 설명하는 가설과 이 시기에 멸종한 생물을 각각 한 가지씩 쓰시오.

지질 시대의 환경과 생물의 변화

지질 시대 동안 지구 환경이 변하면서 수많은 생물들이 출현하고 번성하며 멸종하는 일이 반복되었다. 지질 시대별 번성했던 생물 및 환경 변화와 관련된 주요 사건들을 시간 순으로 한눈에 정리해 보자.

지질 시대 (억 년 전)	선캄브리아시대 45.67				고생대 5.39		
	최초의 생명체 출현	광합성 생물 출현	진핵생물 출현	다세포생물 출현	해양 생물 급증, 삼엽충 번성	어류, 완족류 번성, 육상 생물 출현, 양치식물 번성	양서류 번성
생물계의 변화	남세균 최초의 광합성 생물		에디아카라 생물군		삼엽충 / 갑주어 척추동물 / 완족류 / 양치식물 / 양서류 — 무척추동물의 시대 → 어류의 시대 → 양서류의 시대 / 양치식물 번성		
환경의 변화	대기 중의 산소 농도 증가 ➡ 다양한 생물이 만들어질 수 있는 환경 형성				오존층 형성 ➡ 강한 자외선이 차단되면서 생물의 서식지가 바다에서 육지로 확장		
수륙 분포의 변화	지각 변동을 많이 받았고, 발견되는 화석이 드물어 수륙 분포를 정확히 알기 어렵다.				판게아 판게아 형성		
대멸종					1차 대멸종 · 빙하 확장 · 기온 하강	2차 대멸종 · 해양 무산소화 · 운석 충돌	3차 대멸종 · 판게아 형성 · 화산 폭발 · 해양 무산소화

예제

1 그림 (가)~(다)는 지질 시대의 수륙 분포를 순서 없이 나타낸 것이다.

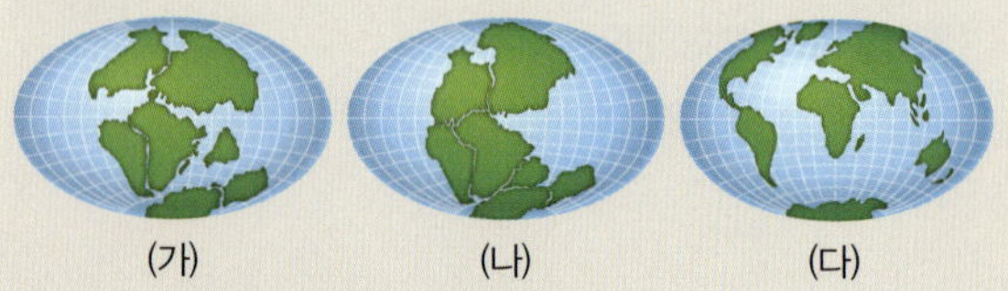

(가)~(다)에 해당하는 지질 시대를 각각 쓰시오.

2 그림 (가)~(다)는 서로 다른 지질 시대의 복원도를 나타낸 것이다.

(가)~(다)를 오래된 시대부터 순서대로 나열하시오.

지구에 현생 인류가 출현한 것은 약 20만 년 전이에요. 약 45.67억 년의 지질 시대를 24시간으로 환산했을 때, 인류의 역사는 지질 시계에서 5초 미만으로 매우 짧답니다. 길고 긴 지질 시대 동안 어떤 일들이 발생했는지 한번 살펴볼까요?

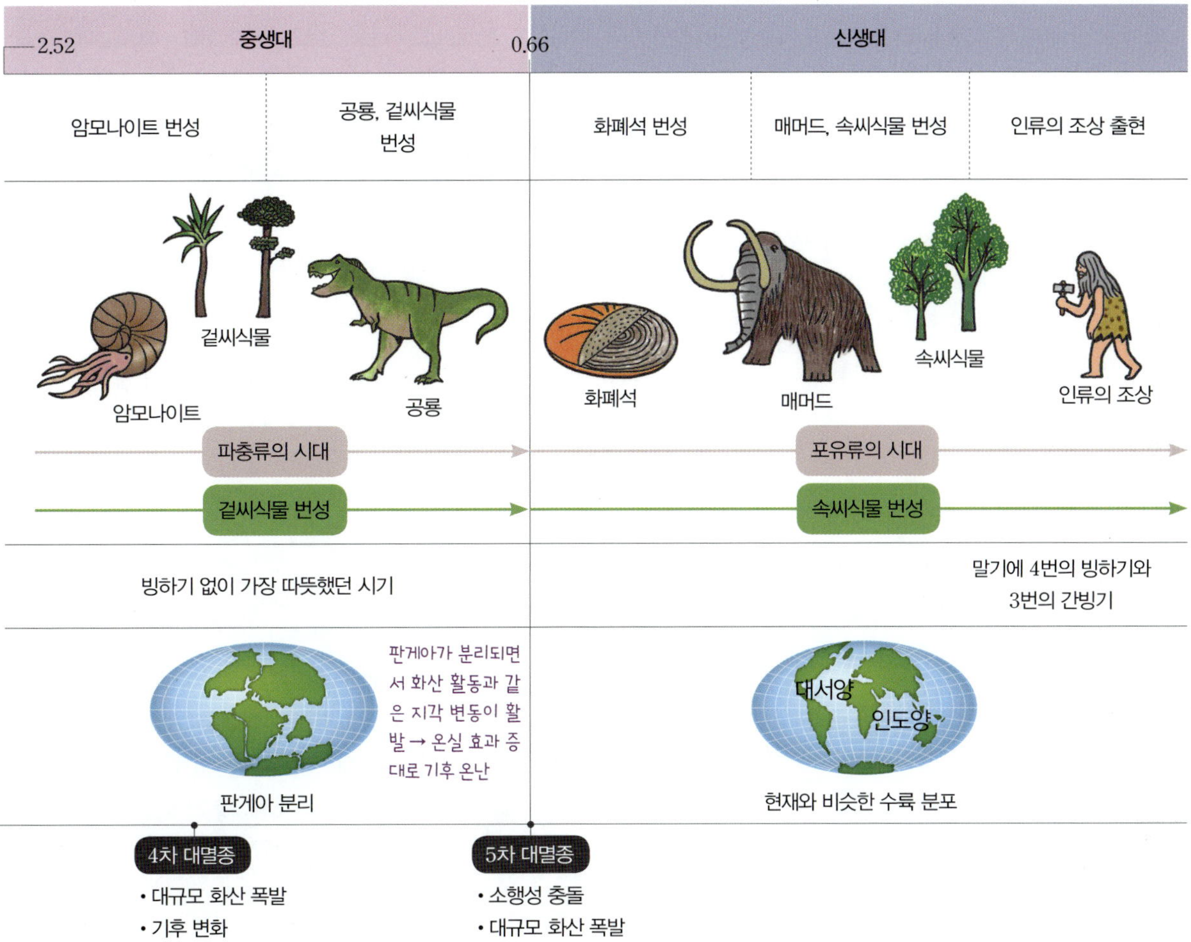

2.52	중생대		0.66	신생대		
암모나이트 번성		공룡, 겉씨식물 번성	화폐석 번성		매머드, 속씨식물 번성	인류의 조상 출현

3 지질 시대의 생물과 환경의 변화에 대한 설명으로 옳은 것은 ○, 옳지 않은 것은 ×로 표시하시오.

(1) 최초의 생명체는 고생대에 출현하였다. ── (　　　)

(2) 고생대 중기에는 육상 생물이 출현하였다. ─ (　　　)

(3) 중생대 후기에는 빙하기와 간빙기가 반복되었다.
────────────────── (　　　)

(4) 인류의 조상은 중생대 말기에 출현하였다. ─ (　　　)

(5) 중생대에는 겉씨식물이 번성하였다. ───── (　　　)

(6) 신생대에는 현재와 비슷한 수륙 분포가 형성되었다.
────────────────── (　　　)

(7) 동물계는 어류 → 양서류 → 포유류 → 파충류 순으로 진화하였다. ──────────── (　　　)

답 **1** (가) 중생대, (나) 고생대, (다) 신생대 **2** (다) - (가) - (나)
3 (1) × (2) ○ (3) × (4) × (5) ○ (6) ○ (7) ×

교과서 속 START 내신 완성 문제

01 화석에 대한 설명으로 옳지 <u>않은</u> 것은?

① 과거에 살았던 생물의 유해나 흔적이 지층에 남아 있는 것이다.

② 생물의 개체수가 많을수록 화석으로 남기에 유리하다.

③ 생물의 뼈나 몸체뿐 아니라 기어다닌 흔적 등도 화석에 해당한다.

④ 생존 기간이 길고 좁은 지역에 걸쳐 분포하는 화석을 이용하여 지층의 생성 시기를 파악한다.

⑤ 생물의 유해나 흔적이 훼손되기 전에 퇴적물에 빨리 묻혀야 화석으로 남기에 유리하다.

02 화석 연구를 통해 알아낼 수 있는 것만을 보기에서 있는 대로 고르시오.

보기
ㄱ. 지층의 생성 원인
ㄴ. 지질 시대의 수륙 분포
ㄷ. 생물의 구조와 진화 과정
ㄹ. 지층이 생성될 당시의 환경

03 그림은 화석으로 산출되는 생물 A와 B의 분포 면적과 생존 기간을 나타낸 것이다. 이에 대한 설명으로 옳은 것만을 보기에서 있는 대로 고른 것은?

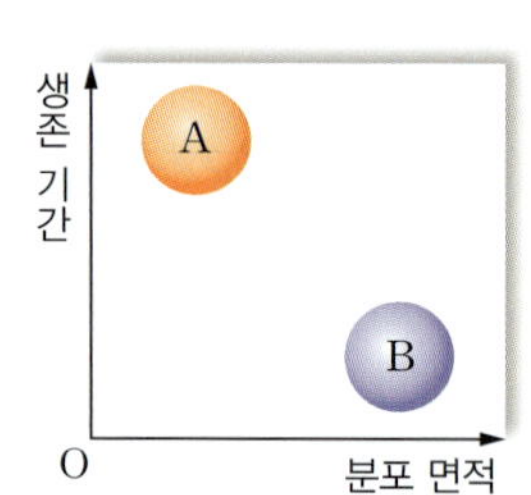

보기
ㄱ. A는 시상 화석으로 적합하다.
ㄴ. B를 이용하면 지층이 생성된 시대를 알 수 있다.
ㄷ. 삼엽충 화석은 A보다 B에 적합하다.

① ㄱ   ② ㄴ   ③ ㄱ, ㄷ
④ ㄴ, ㄷ   ⑤ ㄱ, ㄴ, ㄷ

04 보기는 지질 시대에 살았던 생물의 화석을 나타낸 것이다.

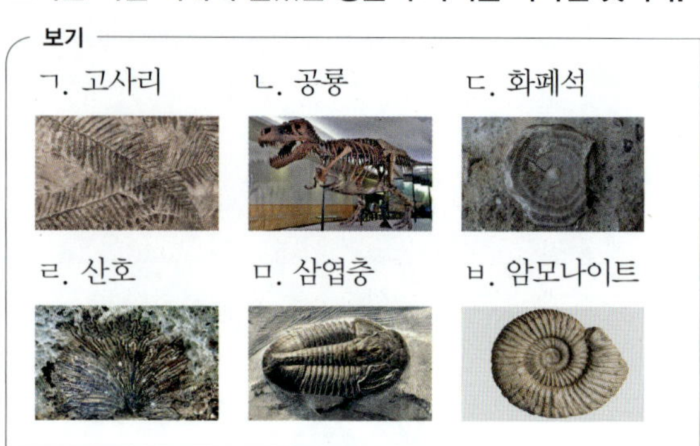

(1) ㄱ~ㅂ 중 지층이 생성된 시기를 알려 주는 화석을 있는 대로 고르시오.

(2) ㄱ~ㅂ 중 지층이 생성될 당시 육지 환경이었음을 알려 주는 화석을 있는 대로 고르시오.

05 지질 시대에 대한 설명으로 옳은 것은?

① 지질 시대 중 고생대가 대부분을 차지한다.

② 선캄브리아시대는 화석이 가장 많이 발견된다.

③ 선캄브리아시대는 고생대, 중생대, 신생대로 구분한다.

④ 생물계의 급격한 변화는 지질 시대를 구분하는 주요 기준이다.

⑤ 지질 시대는 생명체가 탄생한 시기부터 현재까지의 기간을 말한다.

06 그림은 지질 시대의 상대적 길이를 나타낸 것이다. A~D에 해당하는 지질 시대의 이름을 각각 쓰시오.

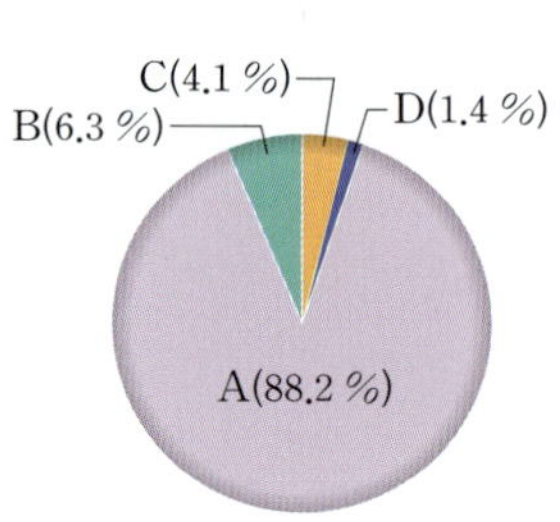

07 지질 시대의 환경과 생물에 대한 설명으로 옳지 <u>않은</u> 것은?

① 최초의 생명체는 선캄브리아시대에 탄생하였다.
② 산소가 대기 중으로 방출되기 시작한 시기는 고생대이다.
③ 지질 시대 중 가장 따뜻했던 시기는 중생대이다.
④ 속씨식물이 번성했던 시기는 신생대이다.
⑤ 신생대에는 인류의 조상이 출현하였다.

08 그림은 어느 지질 시대의 환경과 생물의 모습을 나타낸 것이다.

이 지질 시대에 대한 설명으로 옳은 것은?

① 양치식물이 번성하였다.
② 대기 중에 오존층이 형성되었다.
③ 어류와 대형 곤충류가 번성하였다.
④ 이 시기 말에 판게아가 형성되었다.
⑤ 최초의 다세포생물이 출현하였다.

09 다음은 각 지질 시대에 일어났던 사건이다.

> (가) 흩어져 있던 대륙들이 하나로 모여 판게아를 형성하였다.
> (나) 화폐석과 속씨식물이 번성하였다.
> (다) 스트로마톨라이트가 최초로 형성되었다.
> (라) 파충류와 조류의 특징을 가진 시조새가 출현하였다.

(가)~(라)를 시간 순서대로 나열하시오.

[10~11] 그림은 지질 시대를 상대적 길이에 따라 구분하여 나타낸 것이다.

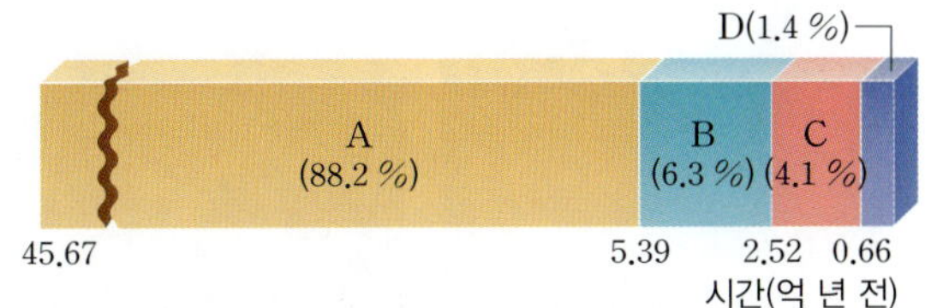

10 이에 대한 설명으로 옳은 것은?

① A는 신생대이다.
② B 시대에는 생물이 바다에서만 생활하였다.
③ B 시대에는 파충류와 겉씨식물이 번성하였다.
④ C 시대에는 빙하기가 없고 대체로 온난하였다.
⑤ D 시대에는 양치식물이 번성하였다.

11 A~D 중 최초의 육상 생물이 출현한 시기를 쓰고, 육상 생물이 출현하게 된 까닭을 설명하시오.
〈서술형〉

12 그림 (가)~(다)는 서로 다른 지질 시대의 수륙 분포 모습을 나타낸 것이다.

이에 대한 설명으로 옳은 것만을 보기에서 있는 대로 고른 것은?

> **보기**
> ㄱ. 시간 순서대로 나열하면 (가) – (나) – (다)이다.
> ㄴ. (가) 시기에 히말라야산맥이 형성되었다.
> ㄷ. (나) 시기에 해안선의 길이가 감소하고, 생물의 서식지가 감소하였다.

① ㄱ   ② ㄴ   ③ ㄷ
④ ㄱ, ㄴ   ⑤ ㄴ, ㄷ

13 그림 (가)와 (나)는 서로 다른 어느 지질 시대의 복원도를 나타낸 것이다.

(가)   (나)

이에 대한 설명으로 옳은 것만을 보기에서 있는 대로 고른 것은?

> **보기**
> ㄱ. (가) 시기의 바다에서는 삼엽충이 번성하였다.
> ㄴ. (가) 시기에 대서양이 형성되기 시작하였다.
> ㄷ. (나) 시기에 대기 중에 오존층이 처음 형성되었다.

① ㄱ   ② ㄴ   ③ ㄱ, ㄷ
④ ㄴ, ㄷ   ⑤ ㄱ, ㄴ, ㄷ

14 그림은 지질 시대 동안 지구의 평균 기온 변화를 나타낸 것이다.

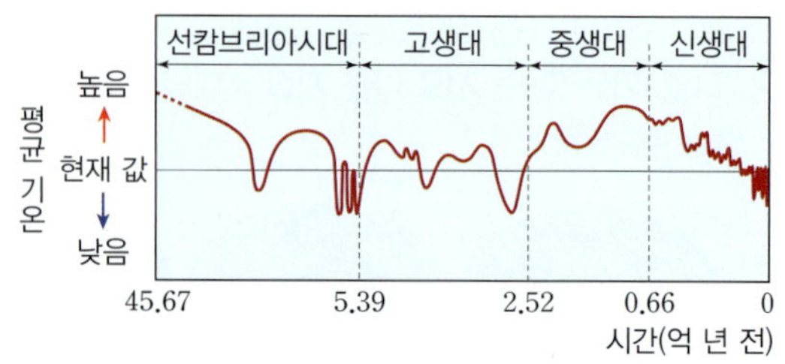

이에 대한 설명으로 옳은 것만을 보기에서 있는 대로 고른 것은?

> **보기**
> ㄱ. 각 지질 시대의 말기에는 항상 빙하기가 있었다.
> ㄴ. 신생대에는 여러 차례 빙하기와 간빙기가 반복되었다.
> ㄷ. 중생대 말기에는 신생대 말기보다 평균 해수면의 높이가 높았을 것이다.

① ㄱ   ② ㄴ   ③ ㄷ
④ ㄱ, ㄴ   ⑤ ㄴ, ㄷ

15 대멸종에 대한 설명으로 옳은 것은?

① 지질 시대 중 대멸종은 총 3번 일어났다.
② 대멸종 시기에 생물 과의 수가 증가한다.
③ 가장 큰 규모의 대멸종은 중생대 말기에 일어났다.
④ 대멸종 이후 살아남은 생물은 생물다양성을 증가시켰다.
⑤ 화산 폭발로 인한 기후 변화는 대멸종의 원인이 될 수 없다.

16 그림은 지질 시대 동안 해양 생물 과의 수 변화를 나타낸 것이다.

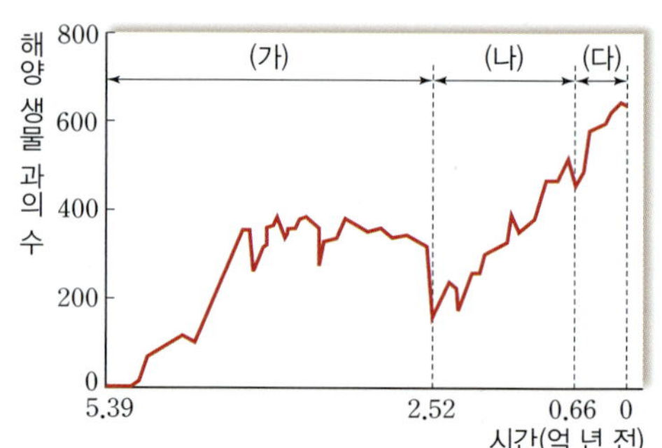

이에 대한 설명으로 옳은 것만을 보기에서 있는 대로 고른 것은?

> **보기**
> ㄱ. (가) 시기 말에 일어난 대멸종은 판게아 형성과 관련이 있다.
> ㄴ. (나) 시기 말에 해양 생물이 가장 많이 멸종하였다.
> ㄷ. (다) 시기에는 빙하기가 없는 온난한 기후로 대멸종이 발생하지 않았다.

① ㄱ   ② ㄴ   ③ ㄷ
④ ㄱ, ㄷ   ⑤ ㄴ, ㄷ

JUMP 1등급 도전 문제

01 그림 (가)와 (나)는 서로 다른 두 지역의 지층 단면과 각 지층에서 산출되는 화석을 나타낸 것이다.

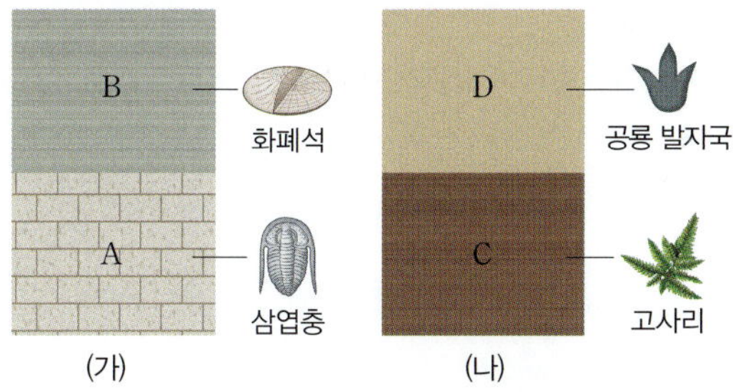

이에 대한 설명으로 옳은 것만을 보기에서 있는 대로 고른 것은?

> **보기**
> ㄱ. 지층이 퇴적된 순서는 A → D → B이다.
> ㄴ. C층은 따뜻하고 얕은 바다에서 퇴적되었다.
> ㄷ. (가) 지역은 지층이 퇴적될 당시 육지 환경이었다.

① ㄱ   ② ㄷ   ③ ㄱ, ㄴ
④ ㄴ, ㄷ   ⑤ ㄱ, ㄴ, ㄷ

02 그림 (가)와 (나)는 서로 다른 지질 시대에 번성했던 생물의 화석을 나타낸 것이다.

이에 대한 설명으로 옳은 것만을 보기에서 있는 대로 고른 것은?

> **보기**
> ㄱ. (가)와 (나)는 모두 바다에서 번성하였다.
> ㄴ. (가)는 (나)보다 먼저 출현하였다.
> ㄷ. (가)는 3차 대멸종 시기에 멸종하였다.

① ㄱ   ② ㄷ   ③ ㄱ, ㄴ
④ ㄴ, ㄷ   ⑤ ㄱ, ㄴ, ㄷ

03 그림 (가)는 지질 시대 A~C의 상대적 길이를, (나)는 어느 지질 시대에 번성했던 생물의 화석을 나타낸 것이다. A~C는 각각 고생대, 중생대, 신생대 중 하나이다.

이에 대한 설명으로 옳은 것만을 보기에서 있는 대로 고른 것은?

> **보기**
> ㄱ. (나)는 (가)의 A 시기에 번성하였다.
> ㄴ. B 시기에 최초의 육상 생물이 출현하였다.
> ㄷ. C 시기에 판게아가 분리되었다.

① ㄴ   ② ㄷ   ③ ㄱ, ㄴ
④ ㄱ, ㄷ   ⑤ ㄱ, ㄴ, ㄷ

04 〈서술형〉 그림은 고생대 이후 지질 시대 동안 생물 과의 멸종 비율 (%)과 대멸종 시기를 나타낸 것이다.

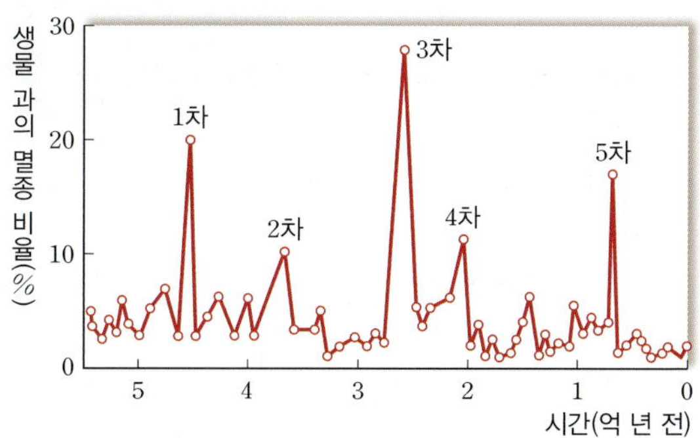

1~5차 대멸종 중 고생대와 중생대의 경계가 되는 대멸종을 쓰고, 그 시기의 대멸종의 원인을 설명하는 가설과 증거를 한 가지 설명하시오.

O2 자연선택과 진화

진화
진화는 생물의 진보를 의미하는 것이 아니라 오랜 시간 동안 일어나는 생물의 변화를 의미한다. 지질 시대 동안 번성하다가 사라진 생물이나 현재 번성한 생물도 모두 진화의 결과이다.

변이
변이는 같은 종의 개체 사이에서 일어나는 형질의 차이로 몸의 크기와 색깔, 형태뿐만 아니라 생활 방식 등도 해당된다.

1 변이와 자연선택

같은 종의 개체 사이에는 유전자의 차이로 나타나는 변이가 존재하며, 환경에 적응하기 유리한 변이를 가진 개체는 자연선택되어 더 많은 자손을 남기게 된다.

1. 변이

변이는 같은 *종의 개체 사이에서 나타나는 습성, 형태 등 다양한 형질의 차이를 의미한다.

(1) 변이의 종류

① 변이는 개체가 가진 유전자의 차이로 나타나는 유전적 변이와 환경 요인에 의해 나타나는 비유전적 변이가 있다.

② 환경 요인에 의해 나타나는 비유전적 변이는 유전자와 관계가 없어 유전되지 않기 때문에 진화 과정에서 말하는 변이는 유전자의 차이로 나타나는 유전적 변이를 의미한다.

③ 유전적 변이는 형질이 다음 세대로 유전되며, 진화의 원동력이 된다.

(2) 변이의 예

① 유전적 변이: 기린의 털 색깔과 무늬, 돌연변이로 인해 태어난 공작의 깃털 색깔, 비둘기의 깃털 색깔은 다음 세대로 유전되며, 유전자 차이로 나타나는 유전적 변이에 해당한다. 이 외에도 호랑나비의 다양한 날개 무늬와 색깔, 무당벌레의 다양한 딱지날개 무늬와 색깔 등은 우리 주변에서 볼 수 있는 생물의 다양한 변이의 예이다.

기린

기린의 털 색깔과 무늬는 기린마다 다르게 나타난다.

공작

푸른색 깃털을 가진 공작 무리에서 흰색 깃털 돌연변이를 가진 공작이 우연히 태어났다.

비둘기

밝은색 깃털의 비둘기와 어두운색 깃털의 비둘기 사이에서 밝고 어두운 얼룩 깃털의 비둘기가 태어났다.

② 비유전적 변이: 홍학 깃털의 붉은색은 먹이 종류와 양이라는 환경 요인에 의해 나타나는 변이로, 다음 세대로 유전되지 않기 때문에 다음 세대의 홍학은 태어날 때 깃털의 색깔이 붉은색이 아니라 회색을 띤다. 이 외에도 운동선수들은 체력 단련을 통해 일반인보다 근육이 발달되어 있지만 이는 자손에게 유전되지 않는다.

홍학

회색의 어린 홍학은 자라면서 먹이의 종류와 양에 따라 붉은색의 깃털이 나타난다.

용어

***종(種 씨)**
자연적으로 교배하여 생식 가능한 자손을 낳을 수 있는 생물의 집단을 말한다.

(3) **변이가 나타나는 과정**: 각 개체마다 유전자의 유전정보가 조금씩 다르고, 유전정보로 만들어지는 단백질의 종류와 양에 차이가 있어 변이가 나타난다. 유전자의 차이에 의한 변이는 자손에게 유전된다.

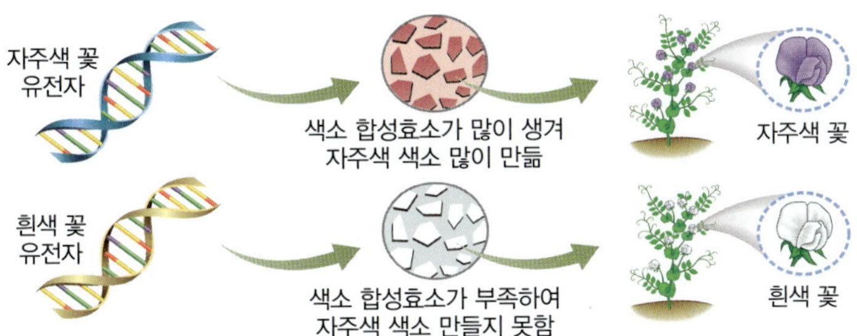

▲ 변이가 나타나는 과정

(4) **변이의 원인**: 유전자의 유전정보에 변화를 일으키는 요인으로 돌연변이와 유성생식이 있다.

① 돌연변이: 돌연변이는 다양한 원인에 의해 유전물질인 DNA에 변화가 생겨 부모에게 없던 형질이 새로 나타나는 현상으로, 생식세포에 발생한 돌연변이는 자손에게 유전될 수 있다. 돌연변이에 의해 개체군 내 새로운 유전자가 만들어지면 변이가 다양하게 나타난다.

② 유성생식: 유성생식에서는 감수분열과 수정을 통해 다양한 유전자 조합을 가진 자손이 생성된다.

- 감수 1분열 중기에 *상동염색체가 무작위로 배열되었다가 분리되어 유전자 조합이 다양한 생식세포가 형성된다.
- 수정 과정에서 암수 생식세포가 무작위로 수정하여 자손의 유전자 조합이 다양해진다. 그 결과 같은 부모로부터 다양한 유전자 조합을 가진 자손이 만들어지며, *개체군 안에서 다양한 변이가 나타난다.

> **무성생식을 하는 생물이 유전적 다양성을 확보하는 방법**
> 무성생식을 하는 생물은 유성생식을 하는 생물과 달리 유전적 다양성이 낮은 편이다. 이에 일부 무성생식을 하는 생물은 급격한 환경 변화가 일어나게 되면 유성생식을 하는 경우가 있다. 또한 무성생식만 하는 생물은 관을 만들어 유전자를 교환하는 접합이나 돌연변이 등을 통해 유전적 다양성이 증가한다.

자료분석 ➕ 유성생식 과정에서 생식세포의 다양한 조합

❶ 유성생식을 하는 생물의 경우 생식세포를 형성할 때 감수 1분열에서 상동염색체가 분리되고, 감수 2분열에서 한번 더 염색분체의 분리가 일어난다. 따라서 아래 그림과 같이 두 쌍의 상동염색체를 가진 모세포에서는 4종류($2 \times 2 = 2^2 = 4$)의 생식세포가 만들어질 수 있다.

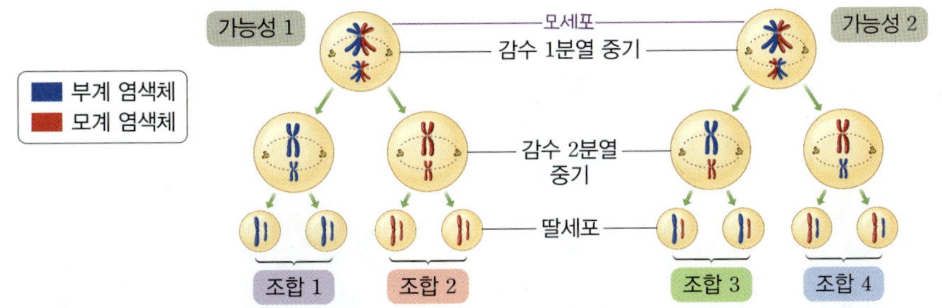

❷ 사람의 경우 23쌍의 상동염색체를 가지고 있으므로 생성되는 생식세포의 종류는 2^{23}개이다.

❸ 부모가 각각 만들 수 있는 생식세포의 종류가 2^{23}개이면, 수정 과정을 거쳐 만들어지는 자손의 유전자 조합은 $2^{23} \times 2^{23} =$ 약 70조가 된다. 이와 같이 유성생식을 하는 생물의 경우 생식세포 형성 과정과 수정 과정을 통해 유전적 다양성을 획득한다.

> **용어**
>
> ***상동염색체(相 서로, 同 같다, 染 물들이다, 色 빛, 體 몸)***
> 부모로부터 각각 하나씩 물려받은 크기와 모양이 같은 염색체이다. 상동염색체의 같은 위치에는 동일한 형질을 결정하는 유전자가 존재하는데 이를 대립유전자라고 한다.
>
> ***개체군(個 낱, 體 몸, 群 무리)***
> 일정 지역에 사는 같은 종의 개체들의 무리로 특정 목초지에 모여 사는 얼룩말의 무리 등이 개체군에 해당한다.

(1) 변이와 진화

① 자연 상태에서는 생물 무리마다 변이가 나타나 개체마다 형질이 조금씩 다르다.

② 생존에 유리한 변이를 가진 개체가 그렇지 않은 개체보다 많이 살아남으며, 많이 살아남는 개체는 더 많은 자손을 생산한다. 이러한 과정이 여러 세대 반복되면 생존에 유리한 변이가 있는 개체들이 많아지는 방향으로 생물 무리의 구성이 변하게 된다.

③ 같은 변이라도 어떤 환경에서는 생존에 유리하게 작용하지만, 다른 환경에서는 생존에 불리하게 작용할 수 있다.

④ 일반적으로 돌연변이는 생존에 불리하지만 환경이 변하여 돌연변이가 생존에 유리해지면 자연선택되어 진화의 원인이 된다.

(2) 자연선택: 환경에 적응하기 유리한 형질을 가진 개체는 그렇지 않은 개체에 비해 더 잘 살아남아 자손을 더 많이 남기게 되는데 이러한 과정을 자연선택이라고 한다.

❶ 같은 종의 생물 무리에서 다양한 색을 가진 개체들이 존재한다.

❷ *천적의 눈에 잘 띄는 색을 가진 개체가 높은 비율로 잡아먹힌다.

❸ 시간이 지날수록 천적의 눈에 덜 띄는 색을 가진 개체가 더 많이 살아남는다.

❹ 세대가 지날수록 천적의 눈에 덜 띄는 색을 가진 개체수가 증가한다.

▲ 자연선택이 일어나는 과정

자료⊕분석 나방 집단의 자연선택

❶ 어느 지역에서 날개 색깔이 검은색과 흰색 두 가지 변이가 있는 나방 개체군이 살고 있었다.

❷ 밝은색을 띠는 지의류가 나무줄기를 덮고 있을 때에는 검은색 나방보다 흰색 나방이 생존에 유리하여 자연선택되어 흰색 나방의 개체수가 많았다.

❸ 지의류가 사라지고 나무줄기의 어두운색이 드러나자 흰색 나방보다 검은색 나방이 생존에 유리하여 자연선택되었고, 그 결과 검은색 나방의 개체수가 많아졌다.

지의류가 있을 때	지의류가 없을 때
흰색 나방이 나무줄기를 덮고 있는 지의류와 색이 비슷해 천적의 눈에 잘 띄지 않아 생존에 유리하다.	검은색 나방이 나무줄기와 색이 비슷해 천적의 눈에 잘 띄지 않아 생존에 유리하다.

변이와 생물다양성

생물 무리에서 나타나는 변이 중 모든 환경에서 동일한 한 가지 형질만 자연선택되는 것이 아니라 환경에 따라 각 환경에 유리한 서로 다른 형질이 자연선택될 수 있다. 이러한 자연선택이 오랜 시간 동안 반복되면 같은 종에서 다양한 종으로 진화가 일어나게 된다.

공업암화

18세기 후반부터 유럽에서 공업 도시가 발전함에 따라 그 부근에 사는 나방 개체군에서 어두운색의 변이가 증가하는 현상이 나타났는데, 이를 공업암화라고 한다. 공업암화는 대기오염으로 밝은색의 지의류가 사라져 숲이 어두워지자 검은색 나방이 자연선택된 결과이다.

용어

*천적(天 하늘, 敵 대적하다)
먹고 먹히는 관계에서 어떤 생물을 공격해 먹이로 삼는 생물이다.

① ***항생제 *내성 세균의 자연선택:** 자연 상태의 세균 집단에서 우연히 돌연변이로 항생제에 내성이 있는 세균이 생겼다. 이때 항생제를 지속적으로 사용하는 환경으로 바뀌면 항생제에 내성이 있는 세균이 자연선택되어 항생제 내성 세균 집단으로 진화할 수 있다.

자연 상태의 세균 집단	• 자연 상태의 세균 집단에서 어떤 세균에게 돌연변이가 발생하여 우연히 항생제 내성을 나타내게 되었다. • 항생제를 사용하지 않은 환경에서는 항생제 내성이 생존에 필수적인 형질이 아니기 때문에 항생제 내성 세균은 낮은 비율로 존재한다.
항생제를 지속적으로 사용하는 환경	항생제를 지속적으로 사용하는 환경에서는 항생제 내성 세균이 자연선택되는 과정이 반복되고, 시간이 지날수록 항생제 내성 세균의 비율이 증가하여 항생제에 내성이 있는 세균 집단이 형성된다.

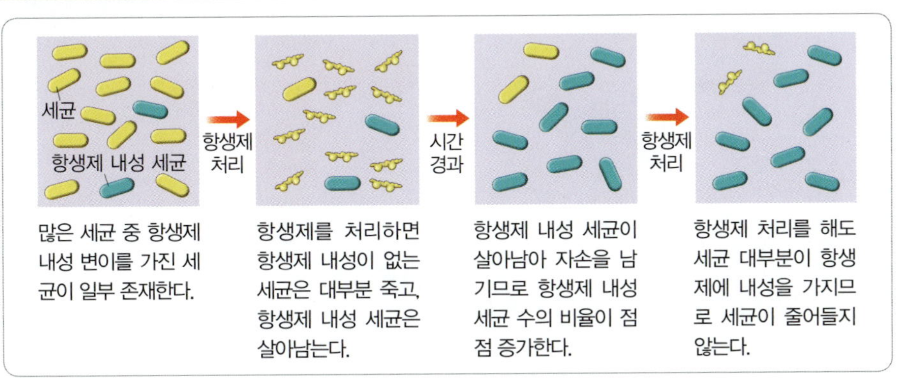

➡ 다양한 항생제 내성 세균들이 자신의 DNA를 서로 교환하면서 다양한 항생제 내성 유전자를 획득하고, 항생제 사용 환경에서 자연선택되는 과정을 지속적으로 거치게 되면 여러 가지 항생제에 내성을 가지는 슈퍼 박테리아가 출현할 수 있다.

② **딱정벌레 집단의 자연선택:** 자연 상태의 딱정벌레의 몸 색깔은 다양한 변이를 가진다. 어느 날 산불이 나 토양이 검게 변했다. 산불로 인해 변한 환경에서는 어두운 몸 색깔의 딱정벌레가 자연선택되어 개체수가 증가한다.

산불이 나기 전	산불이 나기 전에는 같은 종의 딱정벌레에서 다양한 변이로 인해 다양한 색을 가진 개체들이 존재하였다.
산불이 난 후	• 산불로 인해 토양이 검게 변한 환경에서는 포식자인 새의 눈에 잘 띄는 색을 가진 딱정벌레가 많이 잡아먹혀 어두운 몸 색깔을 가진 딱정벌레가 자연선택되어 개체수가 증가하게 되었다. • 시간이 지날수록 더 많이 살아남은 어두운 몸 색깔의 딱정벌레 형질이 자손에게 전달되어 전체 딱정벌레 집단에서 어두운 몸 색깔의 딱정벌레의 개체수가 증가하게 되었다.

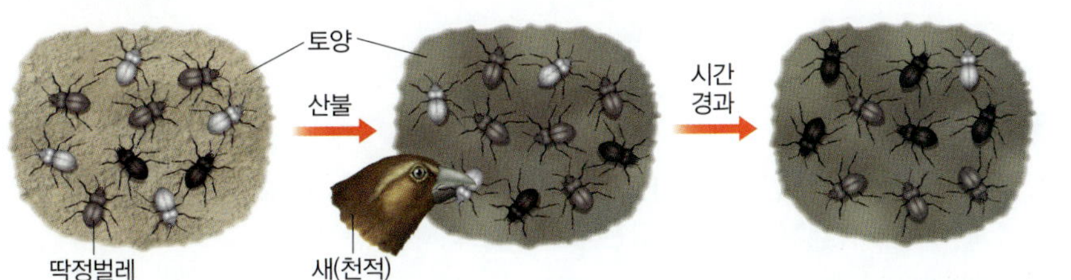

▲ **딱정벌레 집단의 자연선택** 다양한 몸 색깔을 가진 딱정벌레 집단에서 산불로 인한 환경 변화로 인해 어두운 몸 색깔을 가진 개체수가 증가하게 되었다.

인간 활동과 자연선택

자연선택 과정에서 먹이, 서식지, 천적 이외에도 인간 활동으로 자연선택이 나타나기도 한다.
예 큰 생선을 많이 잡아 대서양의 대구 크기가 작아졌다. 또 약초로 사용되는 백합과 식물인 사사패모의 경우 사람의 채취로 인해 눈에 띄는 녹색보다 눈에 쉽게 띄지 않는 회색이나 갈색의 사사패모가 많이 살아남았다.

 **용어**

***항생제(抗 겨루다, 生 살다, 劑 약제)**
세균을 죽이거나 번식을 억제하는 약물이다.

***내성(耐 견디다, 性 성품)**
약물을 반복적으로 사용하여 약물의 효과가 감소하는 현상이다.

③ 낫모양적혈구빈혈증의 자연선택: 낫모양적혈구빈혈증은 인간의 헤모글로빈 유전자 돌연변이로 인해 발생하며 심한 빈혈을 일으키고 적혈구가 모세혈관을 막아 혈액의 흐름을 방해하여 신체 기관을 손상시키므로 일반적으로는 정상 적혈구를 가진 사람에 비해 생존에 불리하다.

- 말라리아를 일으키는 말라리아원충은 낫모양적혈구에서는 증식을 하지 못하기 때문에 낫모양적혈구를 가진 사람들은 말라리아에 잘 걸리지 않는다.
- 말라리아가 많이 발생하는 중앙아프리카 지역에서는 낫모양적혈구의 유전자 빈도가 높게 나타나는데, 이는 낫모양적혈구 유전자를 가진 사람이 다른 지역보다 생존에 유리하여 높은 비율로 살아남아 자손을 남기는 자연선택이 일어났기 때문이다.

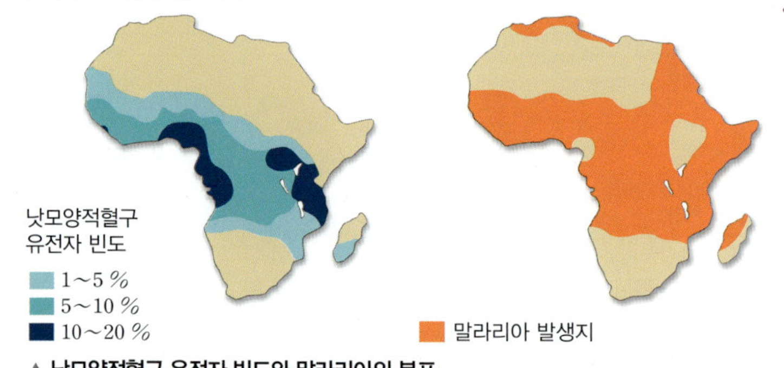

- 낫모양적혈구 유전자 빈도가 높은 지역과 말라리아 발생지는 비슷하다.
→ 낫모양적혈구 유전자를 가진 사람은 말라리아에 더 잘 살아남기 때문이다.

▲ 낫모양적혈구 유전자 빈도와 말라리아의 분포

자료 분석 ⊕ 허리케인으로 인한 도마뱀 개체군의 자연선택

❶ 카리브해 섬에 사는 도마뱀 개체군에서는 변이로 인해 다양한 발 면적과 발 길이를 가진 개체들이 존재한다.

❷ 허리케인이 지나간 후 살아남은 도마뱀의 평균 발 면적이 넓어졌으며, 앞발의 평균 길이는 길어지고 뒷발의 평균 길이는 짧아졌다. ➡ 허리케인을 견디기 위해 발 면적이 넓고 앞발이 길어 나뭇가지에 잘 매달릴 수 있으며 뒷발이 짧아 바람에 날아갈 위험이 적은 도마뱀이 자연선택되었다.

▲ 앞발로 매달려 강풍을 견디는 도마뱀

❸ 넓은 발 면적과 긴 앞발, 짧은 뒷발과 같은 신체적 특징은 자손 세대 개체군에서도 유지되었다. ➡ 살아남은 도마뱀의 형질이 자손에게 전달되었다.

❹ 카리브해 섬에 허리케인이 자주 지나가게 되면 발 면적이 넓고 긴 앞발과 짧은 뒷발을 가진 도마뱀의 수가 증가하게 될 것이다. ➡ 살아남은 도마뱀의 형질이 자손에게 전달되어 그 형질을 가진 개체 수가 증가한다.

✔ 중요 개념 체크

정답과 해설 5쪽

1. 같은 생물종의 개체 간에 나타나는 형질의 차이를 ㉠ (   )(이)라고 하며, ㉠ (   )은/는 주로 개체가 가진 ㉡ (   )의 유전정보 차이로 나타난다.

2. 생물 집단의 개체 중 생존과 번식에 유리한 형질을 가진 개체가 살아남아 더 많은 자손을 남기는 과정을 (   )(이)라고 한다.

2 생물의 진화

다윈은 진화를 여러 변이를 가진 생물이 생존경쟁과 자연선택이라는 과정을 거치는 과정에서 발생하게 된다고 설명하였다.

1. 진화

수십억 년의 지질 시대를 거치면서 지구의 환경은 계속 변화해 왔고, 그동안 생물들도 여러 세대를 거치면서 환경에 적응하여 변화해 왔다. 이처럼 생물이 오랜 시간 동안 여러 세대를 거치면서 환경에 적응하여 변화하는 현상을 진화라고 하며, 진화를 통해 다양한 새로운 종들이 출현하게 되었다.

2. 다윈의 진화론

(1) **자연선택설**: 다윈은 다양한 변이가 있는 개체들 중 환경에 잘 적응한 개체가 자연선택되어 더 많은 자손을 남기게 되며, 이러한 과정이 오랜 세월 동안 진행되면 새로운 종이 출현하게 된다고 설명하였다.

과잉 생산	생물은 살고 있는 환경 조건이나 먹이에 비해 많은 수의 자손을 낳는다.
변이	같은 종의 개체들 중에서 형태, 기능 등에서 다양한 변이를 가진 개체가 나타난다.
생존경쟁	개체들 사이에서 먹이, 서식 공간, 배우자 등에 대해 생존경쟁이 일어난다.
자연선택	환경에 좀 더 적합한 변이를 가져 생존에 유리한 개체가 살아남아 더 많은 자손을 남긴다.
종의 분화	생존경쟁에서 살아남은 개체는 자신의 변이를 자손에게 물려주며 이러한 자연선택 과정이 여러 세대를 거쳐 반복되면 기존의 종과는 다른 종으로 서서히 진화가 이루어진다.

(2) **기린의 진화**

① 많은 수의 기린이 태어났고, 기린 목의 길이는 다양했다.

② 목이 짧은 기린은 높은 곳의 잎을 먹지 못해 생존에 불리해 목이 긴 기린만 살아남았다.

③ 살아남은 목이 긴 기린이 자손을 남기는 과정이 반복되어 목이 긴 기린이 번성하였다.

다양한 목 길이를 가진 기린이 태어났다.

높은 곳의 잎을 먹기에 유리한 목이 긴 기린이 생존경쟁에 유리했다.

목이 긴 기린만이 살아남아 자손을 남기는 과정이 반복되어 기린의 목이 현재와 같이 길어졌다.

진화의 특성

진화는 처음부터 어떤 목적이나 목표를 가지고 이루어지는 것이 아니라 특정한 시기에 환경에 가장 적합한 개체가 선택되고, 그렇지 않은 개체는 점차 없어져 가는 것이다.

다윈(Darwin, C. R., 1809 ~1882)

영국의 생물학자로 1859년에 『종의 기원』이란 책을 통해 자연선택설을 주장하였다. 다윈은 1931년부터 영국 군대의 탐사선이었던 비글호를 타고 약 5년간 남아메리카와 남태평양을 탐사하면서 다양한 생물을 관찰, 채집, 조사하였고 연구 결과를 바탕으로 자연선택설을 정립하였다.

(3) 갈라파고스 제도 핀치의 진화: 다원은 갈라파고스 제도에 사는 핀치의 부리 모양이 섬에 따라 조금씩 다르다는 것을 발견하였다. 다원은 대륙에서 한 종류의 핀치가 여러 섬으로 이주한 이후 오랜 세월 동안 서로 다른 먹이 환경에 적합한 개체가 자연선택되는 과정을 거쳐 모양과 크기가 다양한 부리를 갖는 여러 종의 핀치로 진화했다고 설명하였다.

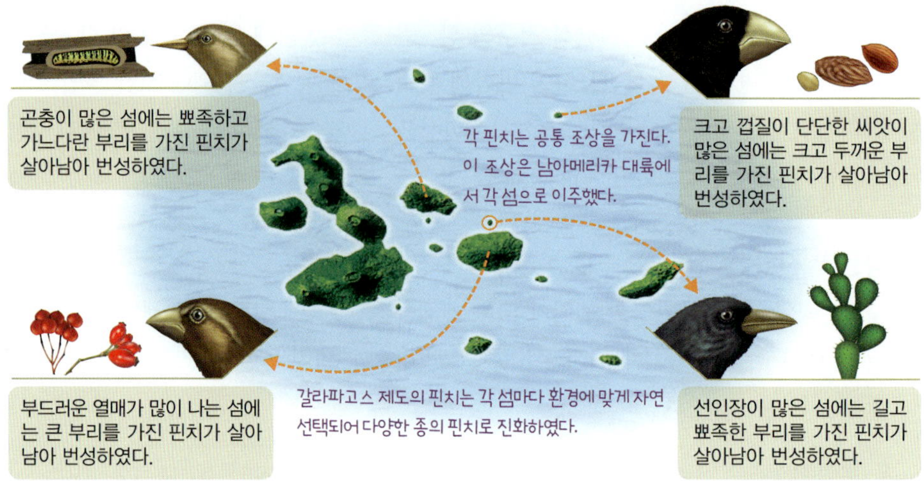

▲ 갈라파고스 제도에 살고 있는 여러 종류의 핀치 섬에 따라 풍부한 먹이가 달라 각 섬의 먹이 환경에 적응하기 유리한 부리를 가진 핀치가 살아남아 번식하여 각 섬에는 부리의 모양과 크기가 다른 핀치가 살게 되었다.

플러스 강의 ➕ 다원 이전의 진화론, 용불용설

라마르크는 1809년 그의 저서 『동물 철학』에서 진화의 원리를 처음 체계적으로 설명하였으며, 진화의 발생 과정을 용불용설로 설명하였다.

❶ 생물이 자주 사용하는 부분은 발달하고 잘 사용하지 않는 부분은 퇴화하며, 이러한 변화가 다음 세대로 전해져 진화가 일어난다는 이론이 용불용설이다. 즉, 생물 개체가 특정 환경에 적응하여 후천적으로 얻게 된 *획득형질이 자손에게 전해져 진화가 일어난다는 것이다.

❷ 기린의 경우 처음에는 목이 짧았으나 나뭇가지의 잎을 먹기 위해 목을 계속 늘려 목이 조금씩 길어졌으며, 이러한 변화가 세대를 거듭하며 기린의 목이 현재와 같이 길어졌다고 설명한다.

❸ 유전자의 변화가 일어나지 않는 획득형질은 자손에게 유전되지 않는다는 것이 밝혀져 오늘날 용불용설은 인정받지 못하게 되었지만 최초로 진화에 대해 체계적으로 설명하여 진화론 확립에 기여하였다.

✔ 중요 개념 체크

정답과 해설 5쪽

3. 오랜 시간에 걸쳐 나타나는 생물의 변화를 (　　　　)(이)라고 한다.

4. 다음은 다원의 진화론에 대한 설명이다. (　　　) 안에 들어갈 알맞은 말을 쓰시오.

생물들 사이에서 먹이, 서식지, 배우자를 차지하기 위해 ㉠ (　　　　)이/가 일어나게 되며, 생존에 유리한 개체가 ㉡ (　　　　)되어 더 많은 자손을 남기게 된다. 이 과정이 반복되어 생물이 진화한다.

다윈의 진화론과 현대의 진화론

『통합과학』에서는 변이와 자연선택으로 진화를 설명한 다윈의 진화론을 다룬다. 다윈의 진화론이 사회에 미친 영향과 현대에는 진화를 어떻게 설명하는지를 이해하면 진화에 대한 이해도를 높일 수 있다.

1 다윈의 진화론이 과학과 사회에 미친 영향

다윈의 진화론은 당시 사람들의 의식 변화에 커다란 영향을 주었다. 생명과학 분야에서는 진화가 목적성이나 방향성이 있는 것이 아니라 환경 변화에 적응하는 과정에서 이루어졌으며 그 결과 다양한 생물들이 지구상에 출현하게 되었음을 이해하게 되었다. 또한, 하등생물이 시간이 흐르면서 고등생물로 진화해 가며 진화에도 우열이 존재한다는 생각에서 모든 생물은 환경에 성공적으로 적응한 동등한 존재라는 생각으로 바뀌게 되었다. 이외에도 진화를 과학적으로 설명하기 위해 유전학이 발달하게 되었으며, 인간을 포함한 동물의 심리를 진화의 관점에서 이해하고 설명하는 진화심리학이라는 학문이 등장하게 되었다.

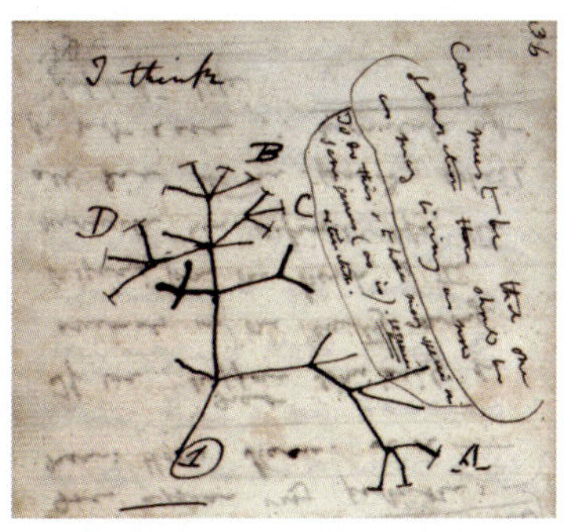

▲ **다윈의 생명의 나무** 생명의 역사는 새로운 종이 기존의 종으로부터 가지를 쳐 온 과정이라는 개념을 설명하기 위해 그린 그림

사회적으로는 사회나 국가 사이의 경쟁과 이로 인한 불평등을 경쟁을 통한 적자생존의 원리로 합리화하고 제국주의를 정당화하는 사회진화론이 발달하게 되었다. 정부의 간섭보다 시장의 자유로운 경쟁을 통해 더 발전할 수 있다는 자본주의에 대한 과학적 근거를 제시해 자본주의 발달에도 영향을 주게 되었다.

2 현대의 진화론, 유전자풀의 변화

다윈이 자연선택설을 제창한 당시에는 유전자에 대해 밝혀지기 전이었기 때문에 개체들의 변이가 발생하는 원인과 자손에게 전달되는 원리를 구체적으로 설명하지 못하였다. 이후 유전학이 발달하면서 유전자풀이라는 개념을 도입하여 진화를 유전자풀의 변화로 설명할 수 있게 되었다. 유전자풀은 특정 시기에 한 개체군에 속하는 모든 개체들이 가지고 있는 대립유전자 전체를 말하며, 유전자풀은 개체군의 유전적 특성을 결정한다. 유전자풀에서 환경에 잘 적응한 형질을 나타내는 대립유전자는 자연선택되어 여러 세대를 거치면서 그 빈도가 높아지고, 환경에 잘 적응하지 못한 형질을 나타내는 대립유전자는 그 빈도가 낮아지다 사라질 수도 있다. 이처럼 개체군의 진화는 유전자풀을 구성하는 대립유전자의 빈도가 변하는 것을 의미한다. 유전자풀의 변화를 일으키는 요인에는 돌연변이, 유전적 부동, 유전자 흐름, 그리고 자연선택이 있다.

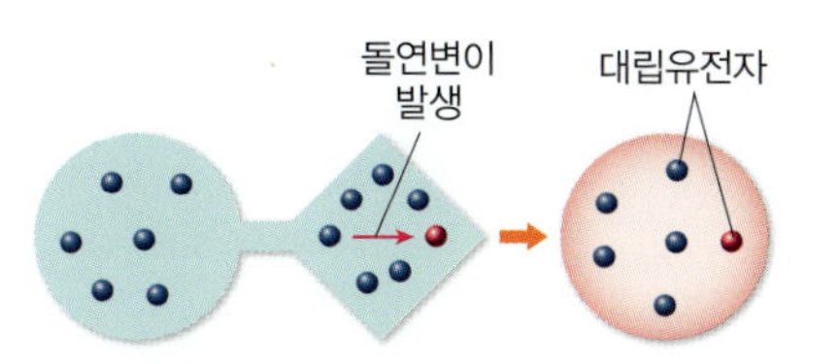

▲ 생식세포에서 일어난 돌연변이는 자손에게 유전되어 유전자풀의 변화를 일으킨다.

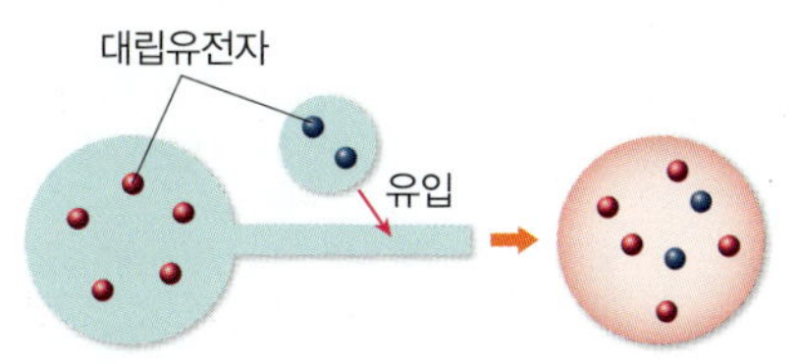

▲ 개체군 간에 개체의 이동으로 새로운 대립유전자가 유입되면 유전자풀을 구성하는 대립유전자의 종류와 빈도가 달라진다.

대립유전자
상동염색체 상에 존재하는 특정 형질을 결정하는 한 쌍의 유전자이다.

개체군
일정한 지역에서 같이 생활하는 같은 종의 개체들의 집단이다.

유전적 부동
개체군의 크기가 작을 때 홍수, 산불, 질병 등 우연한 사건으로 개체군의 특정 대립유전자의 빈도가 급격히 증가하거나 감소하는 현상이다.

유전자 흐름
개체군 사이에서 개체의 이동이 일어나면서 대립유전자가 개체군 안으로 유입되거나 개체군 밖으로 유출되는 현상이다.

탐구 분석 · 자연선택 모의실험하기

목표 | 자연선택 모의실험으로 진화의 원리를 체험하고 추론할 수 있다.

과정

❶ 흰색 도화지에 네 가지 색깔(빨간색, 파란색, 노란색, 흰색) 털실 구슬을 10개씩 놓는다.

❷ 4명이 눈을 감았다가 뜨면서 가장 먼저 눈에 띄는 것을 1개씩 집어내는 과정을 5회 반복한다.

❸ 도화지 위에 남은 털실 구슬의 수를 세고, 같은 색깔의 털실 구슬을 남은 수만큼 더 올려 놓는다.

❹ ❶~❸ 과정을 3회 반복한다.

❺ 흰색 도화지를 노란색으로 바꾸고 ❶~❸ 과정을 3회 반복한다.

털실 구슬의 색깔과 도화지 색깔

각기 다른 털실 구슬의 색깔은 변이, 도화지 색깔은 환경, 집어내는 과정은 포식자 등으로 환경에 의한 생존경쟁에 비유한 것이다.

같은 색깔의 털실 구슬을 남은 수 만큼 더 올려놓는 까닭

생존한 개체가 자손을 남기는 것을 반영한 것이다.

결과

1. 흰색 도화지에 남아 있는 색깔별 털실 구슬의 수

털실 구슬의 색깔	시행 전	1회 시행 후		2회 시행 후		3회 시행 후	
		남은 개수	남은 개수 ×2	남은 개수	남은 개수 ×2	남은 개수	남은 개수 ×2
빨간색	10	3	6	0	0	0	0
파란색	10	3	6	0	0	0	0
노란색	10	5	10	4	8	0	0
흰색	10	9	18	16	32	20	40

➡ 횟수가 반복될수록 흰색 털실 구슬이 가장 많이 남아 있다.

2. **노란색 도화지로 바꾼 후**: 노란색 털실 구슬이 가장 많이 남아 있다.

노란색 도화지로 바꾼 뒤 노란색 털실 구슬이 가장 많이 남은 까닭

환경(도화지 색깔)이 바뀌게 되면 환경에 유리한 변이(털실 구슬의 색깔)도 바뀌기 때문이다.

정리

• 흰색 털실 구슬이 가장 많이 남아 있는 것은 흰색 도화지(자연환경)가 흰색 털실 구슬(개체)의 생존에 유리한 환경이기 때문이다.

• 실험을 반복할수록 흰색 털실 구슬 수가 많아지는 것은 환경에 적합한 변이를 가진 개체(남아 있는 흰색 털실 구슬)가 세대를 거듭할수록 더 많은 자손을 남기게 되는 자연선택이 일어남을 의미한다.

이렇게도 할수 있어요!

Tip 지학사 교과서에서는 핀셋의 종류를 통해 자연선택에 영향을 주는 다양한 요인을 탐구한다.

❶ 노란색 도화지 위에 노란색 구슬과 검은색 구슬을 20개씩 놓는다. 1분 동안 핀셋을 사용하여 구슬을 집어낸 뒤 남아 있는 구슬의 수를 색깔별로 센다.

❷ 같은 조건에서 핀셋 대신 굵은 집게를 사용하여 ❶ 과정을 반복한다.

결과	핀셋을 사용하는 경우와 굵은 집게를 사용하는 경우 남아 있는 구슬의 수가 다르다.
정리	핀셋과 굵은 집게는 포식자 등 생존경쟁이 일어나는 환경이 달라짐을 의미하는 것으로 환경이 변하게 되면 생존에 유리한 변이와 생존에 유리한 정도가 달라질 수 있다.

자연선택에 영향을 주는 요인

먹이, 포식자, 인간의 행위 등 다양한 요인이 자연선택에 영향을 준다.

탐구 확인 문제

01 앞의 탐구에 대한 설명으로 옳은 것은 ○, 옳지 <u>않은</u> 것은 ×로 표시하시오.

(1) 흰색 도화지 위에는 흰색 털실 구슬이 많이 남아 있다. ———————————————— ( )

(2) 탐구를 반복할수록 남아 있는 흰색 털실 구슬 수의 비율은 감소하게 된다. ———————— ( )

(3) 다른 색깔의 털실 구슬을 사용하는 까닭은 개체들의 변이를 나타내기 위한 것이다. ————— ( )

(4) 흰색 도화지를 노란색 도화지로 바꾸어 탐구를 진행하면 흰색 털실 구슬 수의 비율이 점차적으로 감소하게 된다. ———————————— ( )

02 앞의 탐구에 대한 설명으로 옳지 <u>않은</u> 것을 모두 고르면?
(답 2개)

① 과정 ❶에서 흰색 도화지는 생물체가 살고 있는 환경을 나타낸 것이다.

② 과정 ❷에서 손으로 집어내는 과정은 자손의 번식 과정을 비유한 것이다.

③ 과정 ❸에서 같은 색의 털실 구슬을 남은 수만큼 더 올려놓는 것은 생존한 개체가 자손을 남기는 것을 반영한 것이다.

④ 과정 ❺에서 노란색 도화지에 남아 있는 노란색 털실 구슬 수의 비율이 흰색 도화지에 남아 있었던 노란색 털실 구슬 수의 비율보다 많다.

⑤ 과정 ❺에서 환경이 바뀌더라도 자연선택되는 형질은 항상 동일하다는 것을 알 수 있다.

03 앞의 탐구에서 털실 구슬의 다양한 색깔과 도화지의 색깔은 무엇을 의미하는지 쓰시오.

04 앞의 탐구 결과 노란색 도화지에는 노란색 털실 구슬이 많이 남아 있었다. 이러한 결과를 다윈의 진화론과 연관 지어 설명하시오.

05 다음은 모형과 벨크로 테이프가 붙어 있는 판을 이용한 자연선택 모의실험 과정이다.

> (가) 크기는 같으나 표면이 털실과 스타이로폼으로 만들어진 모형을 각각 20개씩 쟁반 위에 잘 섞어 놓는다.
>
> (나) 벨크로 테이프가 붙어 있는 판을 이용해 모형이 20개 정도가 남을 때까지 제거한다.
>
> (다) 쟁반 위에 남아 있는 모형 수를 세어 같은 종류의 모형을 남은 수만큼 더해준다.

이에 대한 설명으로 옳은 것만을 보기에서 있는 대로 고르시오.

> **보기**
> ㄱ. 모형의 표면 차이는 개체 사이의 변이를 나타낸다.
> ㄴ. (나)는 생존경쟁을 나타낸 것이다.
> ㄷ. (다)는 생존한 개체가 자손을 남기는 것을 반영한 것이다.

06 다음은 도화지와 구슬을 이용한 자연선택 모의실험이다.

> (가) 노란색 도화지에 빨강, 파랑, 노랑 구슬을 각각 10개씩 놓고, 눈을 감았다가 뜨자마자 제일 먼저 눈에 띄는 구슬을 5개씩 집어낸다.
>
> (나) 도화지에 남아 있는 구슬의 수를 색깔별로 센 뒤, 같은 색 구슬을 그 수만큼 더 올려 놓는다.
>
> (다) 과정 (가)~(나)를 3회 반복한다.

이에 대한 설명으로 옳은 것만을 보기에서 있는 대로 고른 것은?

> **보기**
> ㄱ. 색깔이 다른 구슬들은 서로 다른 종을 의미한다.
> ㄴ. 빨강 구슬과 노랑 구슬이 나타내는 개체는 유전 정보가 다르다.
> ㄷ. 탐구를 진행할수록 특정 색깔 구슬 수가 증가하는 것은 자연선택이 일어났기 때문이다.

① ㄱ　　② ㄴ　　③ ㄷ　　④ ㄱ, ㄴ　⑤ ㄴ, ㄷ

교과서 속 START 내신 완성 문제

01 생물의 진화에 대한 설명으로 옳은 것만을 보기에서 있는 대로 고른 것은?

> 보기
> ㄱ. 진화는 항상 일정한 방향으로 일어난다.
> ㄴ. 한 번 진화가 일어난 종은 다시 진화가 일어나지 않는다.
> ㄷ. 진화는 오랜 세월 동안 생물의 몸 구조나 특성이 변하는 현상이다.

① ㄱ   ② ㄴ   ③ ㄷ
④ ㄱ, ㄴ   ⑤ ㄱ, ㄷ

02 변이와 자연선택에 대한 설명으로 옳은 것만을 보기에서 있는 대로 고른 것은?

> 보기
> ㄱ. 변이를 일으키는 원인에는 돌연변이가 있다.
> ㄴ. 환경에 관계 없이 자연선택되는 생물은 일정하다.
> ㄷ. 집단 내에서 자연선택된 형질의 유전자 비율은 감소한다.

① ㄱ   ② ㄴ   ③ ㄷ
④ ㄱ, ㄴ   ⑤ ㄴ, ㄷ

03 다음은 다윈의 자연선택설에 따른 진화 과정을 나타낸 것이다. ( ) 안에 들어갈 알맞은 말을 쓰시오.

> 과잉 생산 → (㉠) → 생존경쟁 → (㉡) → 종의 분화

04 그림은 갈라파고스 제도에 사는 부리의 모양이 다른 핀치를 나타낸 것이다.

단단한 씨앗을 먹는 핀치

선인장을 먹는 핀치

이에 대한 설명으로 옳은 것만을 보기에서 있는 대로 고른 것은?

> 보기
> ㄱ. 핀치 무리 내에서 변이가 나타났다.
> ㄴ. 섬에 풍부한 먹이 종류에 따라 부리 모양이 다른 핀치가 자연선택되었다.
> ㄷ. 같은 조상으로부터 유래된 핀치도 서로 다른 환경에 적응하는 과정에서 형태가 변할 수 있다.

① ㄱ   ② ㄴ   ③ ㄱ, ㄴ
④ ㄱ, ㄷ   ⑤ ㄱ, ㄴ, ㄷ

05 다음은 기린의 목이 길어지게 된 진화 과정에 대한 두 가지 가설 내용이다.

> (가) 원래 기린의 목 길이는 짧았으나 높은 가지에 있는 잎을 먹기 위해 노력하는 과정에서 목이 길어진 거야.
> (나) 원래 기린의 목 길이는 다양했으며 목이 짧은 기린보다 목이 긴 기린이 높은 가지에 있는 잎을 먹을 수 있어 살아남은 거야.

이에 대한 설명으로 옳은 것만을 보기에서 있는 대로 고른 것은?

> 보기
> ㄱ. (가)는 다윈이 주장한 진화론이다.
> ㄴ. (나)에서 자연선택이 일어난다.
> ㄷ. (나)에서 개체 간 변이는 다음 세대로 유전된다.

① ㄱ   ② ㄴ   ③ ㄱ, ㄴ
④ ㄴ, ㄷ   ⑤ ㄱ, ㄴ, ㄷ

06 그림은 항생제 내성 세균 집단이 출현하는 과정을 나타낸 것이다.

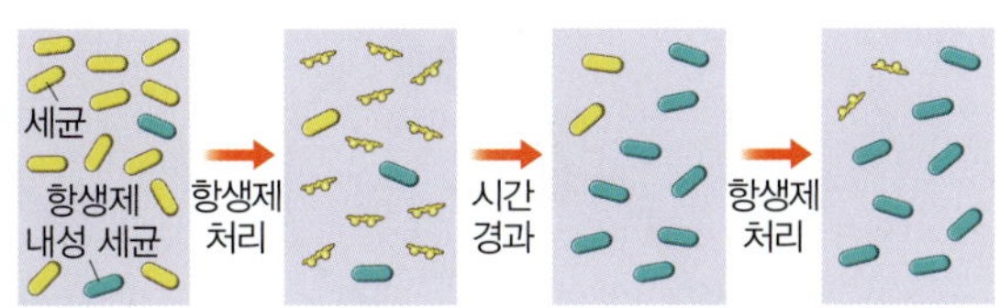

이에 대한 설명으로 옳은 것만을 보기에서 있는 대로 고른 것은?

보기
- ㄱ. 항생제 내성 형질은 항생제 사용으로 나타난 변이 이다.
- ㄴ. 항생제 사용으로 항생제 내성 세균이 자연선택되 었다.
- ㄷ. 항생제 사용을 중단하면 항생제 내성 세균이 집단 에서 사라진다.

① ㄱ ② ㄴ ③ ㄱ, ㄴ
④ ㄴ, ㄷ ⑤ ㄱ, ㄴ, ㄷ

07 그림은 다윈의 자연선택설에 따라 기린이 긴 목을 가지게 된 과정을 나타낸 것이다.

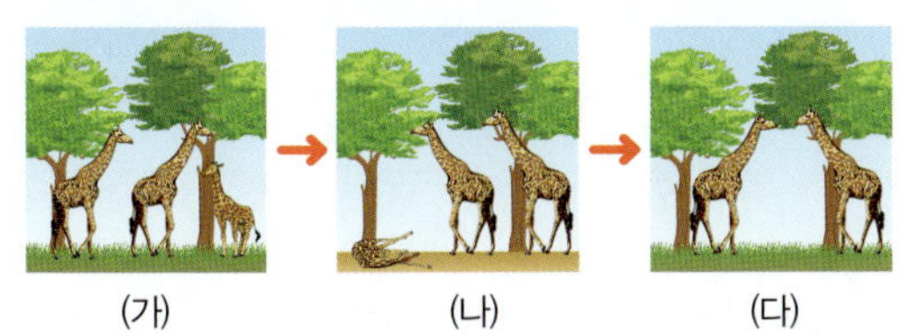

이에 대한 설명으로 옳은 것만을 보기에서 있는 대로 고른 것은?

보기
- ㄱ. (가)에서 기린의 목 길이는 다양하다.
- ㄴ. (나)에서 생존경쟁이 일어난다.
- ㄷ. (다)에서 높은 곳의 먹이를 먹기에 유리한 목이 긴 기린이 목이 짧은 기린보다 더 많은 자손을 남긴다.

① ㄱ ② ㄴ ③ ㄱ, ㄴ
④ ㄱ, ㄷ ⑤ ㄱ, ㄴ, ㄷ

08 그림은 어떤 모기 개체군에서 살충제 사용에 따른 살충제 내성이 없는 모기 ㉠과 살충제 내성이 있는 모기 ㉡의 비율 변화를 나타낸 것이다.

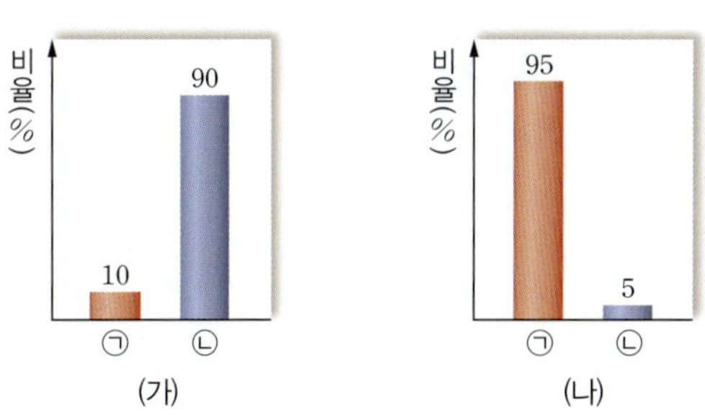

이에 대한 설명으로 옳은 것만을 보기에서 있는 대로 고른 것은?

보기
- ㄱ. 살충제를 사용한 환경은 (가)이다.
- ㄴ. (나)일 때 이 모기 개체군에는 살충제 내성에 대한 변이가 있다.
- ㄷ. (나)에서 (가)로 환경이 변할 때 자연선택이 일어 난다.

① ㄱ ② ㄴ ③ ㄱ, ㄴ
④ ㄱ, ㄷ ⑤ ㄱ, ㄴ, ㄷ

09 다음은 다윈의 자연선택설에 의한 진화 과정을 순서 없이 나타낸 것이다.

(가) 환경에 적응하기 유리한 형질을 가진 개체가 살 아남는다.
(나) 개체들 사이에서 먹이나 서식지 등에 대해 생존 경쟁이 일어난다.
(다) 환경에 더 잘 적응한 개체가 생존에 유리한 형질 을 자손에게 전달하며, 이 과정이 반복되어 진화 한다.
(라) 살고 있는 환경 조건이나 먹이에 비해 많은 수의 자손을 낳는다. 이때 개체들 사이에서 다양한 변 이가 나타난다.

(가)~(라)를 순서대로 나열하시오.

10 그림은 아프리카에서 낫모양적혈구 유전자 빈도와 말라리아가 많이 발생하는 지역을 나타낸 것이다.

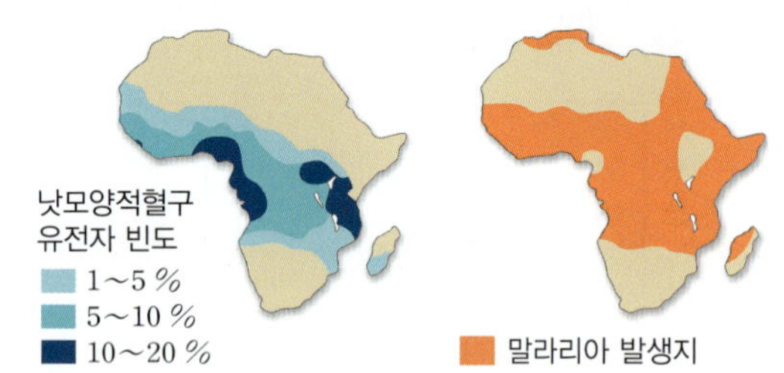

이에 대한 설명으로 옳은 것만을 보기에서 있는 대로 고른 것은?

보기
ㄱ. 말라리아에 의해 낫모양적혈구빈혈증이 발생한다.
ㄴ. 낫모양적혈구빈혈증은 다음 세대에 유전되지 않는다.
ㄷ. 낫모양적혈구빈혈증 환자는 정상인에 비해 말라리아에 걸릴 확률이 낮다.

① ㄱ　　　　② ㄴ　　　　③ ㄷ
④ ㄱ, ㄴ　　　⑤ ㄴ, ㄷ

---

11 다음은 어느 지역 나방 집단의 진화 과정을 나타낸 것이다.

서술형

• 나무줄기는 어두운 색깔을 띠고 있으나 지의류가 덮고 있는 경우에는 밝은 색깔을 띤다.
• 나방의 포식자는 새이다.

이 지역에서 지의류가 사라지게 되면 나타날 수 있는 나방 집단의 날개 색깔의 변화를 자연선택이라는 용어를 사용하여 설명하시오.

---

12 그림은 어떤 나비 집단에서 날개의 색깔에 따른 개체수 비율이 시간에 따라 변화되는 과정을 나타낸 것이다.

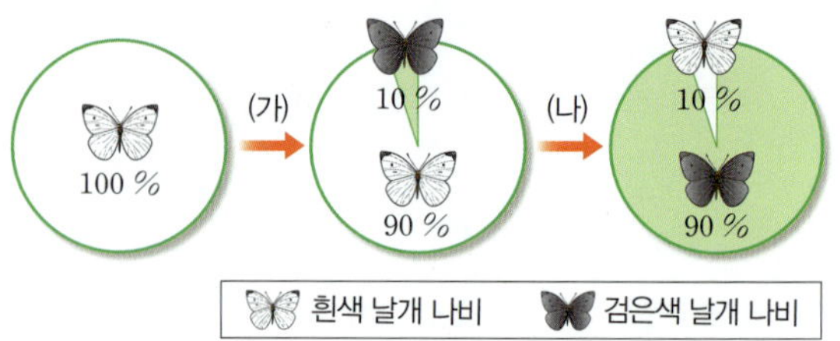

이에 대한 설명으로 옳은 것만을 보기에서 있는 대로 고른 것은? (단, 이 집단은 외부와의 개체 출입이 없다.)

보기
ㄱ. (가)에서 돌연변이가 일어난다.
ㄴ. (나)에서 자연선택이 일어난다.
ㄷ. 검은색 날개 나비는 어떠한 환경에서도 생존경쟁에 유리하다.

① ㄴ　　　　　② ㄱ, ㄴ　　　　③ ㄱ, ㄷ
④ ㄴ, ㄷ　　　⑤ ㄱ, ㄴ, ㄷ

---

13 표는 어떤 지역에서 산불이 일어나기 전과 후 딱정벌레 집단의 몸 색깔의 비율을 조사한 것이다.

딱정벌레 집단의 몸 색깔	산불이 일어나기 전	산불이 일어난 후
밝은색	60 %	10 %
어두운색	40 %	90 %

이에 대한 설명으로 옳은 것만을 보기에서 있는 대로 고른 것은?

보기
ㄱ. 산불이 일어난 후 자연선택이 일어났다.
ㄴ. 산불이 일어나기 전에도 몸 색깔에 대한 변이가 있었다.
ㄷ. 산불이 일어난 후에는 어두운색을 가진 딱정벌레가 천적인 새의 눈에 잘 띈다.

① ㄴ　　　　　② ㄱ, ㄴ　　　　③ ㄱ, ㄷ
④ ㄴ, ㄷ　　　⑤ ㄱ, ㄴ, ㄷ

JUMP 도전 문제

01 다음은 변이와 진화에 대한 내용이다.

> 무당벌레는 같은 종이라도 딱지날개 색깔과 무늬가 조금씩 다르다. 이것은 ㉠의 차이로 발현되는 형질이 다르게 나타나기 때문이다. 이러한 변이 중 환경에 유리한 변이를 가진 개체가 살아남아 더 많은 자손을 남기는 과정을 ㉡이라고 한다.

이에 대한 설명으로 옳은 것만을 보기에서 있는 대로 고른 것은?

보기
ㄱ. ㉠의 차이는 다음 세대에 유전된다.
ㄴ. ㉠의 차이가 발생하는 원인 중에는 돌연변이와 유성생식이 있다.
ㄷ. ㉡은 자연선택이다.

① ㄴ ② ㄱ, ㄴ ③ ㄱ, ㄷ
④ ㄴ, ㄷ ⑤ ㄱ, ㄴ, ㄷ

02 그림은 어떤 세균 집단에서 항생제 내성 세균의 비율 변화를 나타낸 것이다.

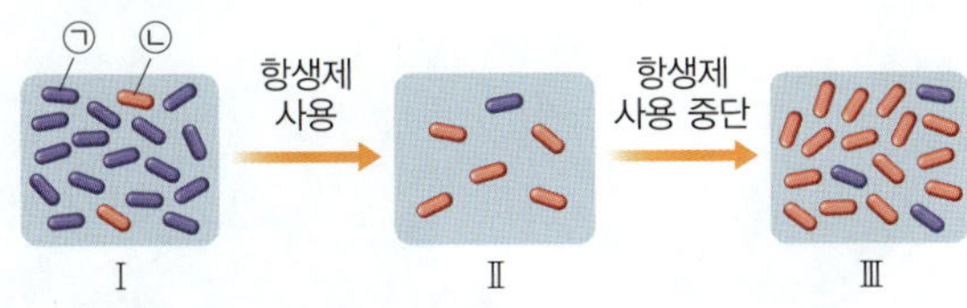

이에 대한 설명으로 옳은 것만을 보기에서 있는 대로 고른 것은? (단, ㉠과 ㉡은 각각 항생제 내성이 없는 세균과 항생제 내성 세균 중 하나이다.)

보기
ㄱ. ㉠은 항생제 내성 세균이다.
ㄴ. Ⅰ → Ⅱ 과정에서 자연선택이 일어났다.
ㄷ. $\dfrac{\text{항생제 내성이 없는 세균 수}}{\text{전체 세균 수}}$ 의 비율은 Ⅰ보다 Ⅲ에서 크다.

① ㄱ ② ㄴ ③ ㄷ ④ ㄱ, ㄴ ⑤ ㄴ, ㄷ

03 그림은 살충제 살포에 따른 해충 집단의 변화 과정이다.

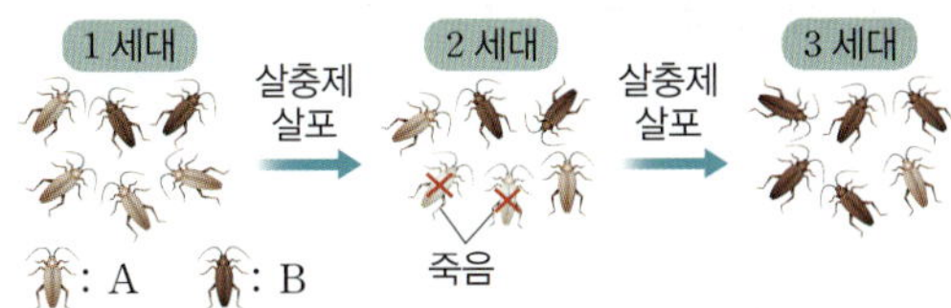

이에 대한 설명으로 옳은 것만을 보기에서 있는 대로 고른 것은?

보기
ㄱ. 1 세대 해충 집단의 변이는 살충제에 의해 발생하였다.
ㄴ. 2 세대 집단에서 A 개체와 B 개체의 염기서열은 다르다.
ㄷ. 3 세대 이후에는 환경 변화가 생기더라도 B 개체 수가 A 개체수보다 항상 많다.

① ㄱ ② ㄴ ③ ㄷ
④ ㄱ, ㄴ ⑤ ㄴ, ㄷ

04 그림은 갈라파고스 제도의 각 섬에 서식하는 핀치들의 부리 모양을 나타낸 것이다.

이에 대한 설명으로 옳은 것만을 보기에서 있는 대로 고른 것은?

보기
ㄱ. 부리 모양의 변이는 서로 다른 종의 집단에서 발생한 것이다.
ㄴ. 먹이 형태에 적합한 부리를 가진 핀치가 자연선택되었다.
ㄷ. 갈라파고스 제도에 사는 핀치의 진화 과정은 자연선택으로 설명할 수 있다.

① ㄴ ② ㄱ, ㄴ ③ ㄱ, ㄷ
④ ㄴ, ㄷ ⑤ ㄱ, ㄴ, ㄷ

03 생물다양성과 보전

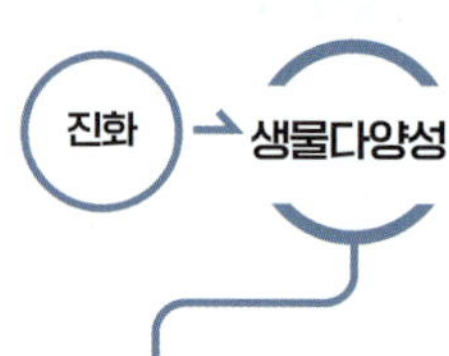

한눈에 보는 **단원 흐름**

1 생물다양성의 의미

생물다양성은 한 생물종이 가지는 유전정보의 다양함을 의미하는 유전적 다양성, 생물종의 다양함을 의미하는 종다양성, 생태계의 종류가 다양함을 의미하는 생태계다양성을 포함한다.

1. 생물다양성

(1) 자연선택과 생물다양성

① 생물의 진화는 최초의 생명이 탄생한 후 지금까지 계속되고 있다. 생물은 다양한 변이와 환경 조건, 그리고 자연선택의 결과로 생물의 형질이 점점 다양해진다.

② 조상이 되는 생물이 다양한 환경으로 퍼지고 그 환경에 적응한 결과 자손들은 조상과 다른 생물로 진화한다. 이러한 과정으로 다양한 환경에서 수많은 종류의 생물종이 나타났고, 그 결과 현재 지구에는 매우 다양한 생물이 존재하게 되었다.

(2) 생물다양성의 의미: 생태계에 존재하는 생물종과 이들이 가지고 있는 유전자, 생물이 살아가는 생태계의 다양한 정도를 생물다양성이라고 한다.

2. 생물다양성의 요소

생물다양성은 유전적 다양성, 종다양성, 생태계다양성을 포함한다.

생태계
생물이 다른 생물이나 주변 환경과 영향을 주고받으며 살아가는 생명 유지 체계이다. 생태계는 생물로 구성된 생물요소와 생물에게 영향을 주는 물, 공기, 토양 등의 비생물요소로 구성된다.

무당벌레의 유전적 다양성　　숲 생태계의 종다양성　　생태계다양성

(1) 유전적 다양성

① 유전적 다양성은 같은 종에 속하는 개체들 사이에서 나타나는 유전적 변이를 의미한다.

② 생물은 같은 종이라도 개체 간의 유전자 차이로 인해 색깔, 크기, 모양, 습성 등 형질이 다른 변이가 나타난다.

③ 하나의 형질을 결정짓는 특정 유전자의 차이로 인해 같은 종의 무당벌레 개체군에서 개체마다 딱지날개 색깔과 무늬가 다르게 나타나거나, 같은 종의 나비 개체군에서 날개 무늬가 다양하게 나타나기도 한다.

▲ 나비의 유전적 다양성

④ 유전적 다양성의 중요성

• 전염병의 출현이나 기온의 변화와 같은 급격한 환경 변화가 일어날 경우 유전적 다양성
이 낮은 개체군의 개체들은 환경 변화에 적응하지 못하여 멸종할 가능성이 크다.

　　예 1950년대 전 세계적으로 재배되던 바나나 *품종은 씨 없는 바나나로, 씨를 얻어 심는
것이 아니라 뿌리를 잘라 옮겨 심는 방식으로 재배하기 때문에 모두 유전적으로 동일하
였다. 1960년대 이 바나나 품종은 곰팡이가 일으키는 질병으로 인해 거의 멸종하게 되었다.

• 유전적 다양성이 높은 생물 집단에서는 색깔이나 크기, 모양, 습성 등과 같은 집단 내의
변이가 다양하므로, 환경이 급격히 변화하여도 변화한 환경에 적응하여 살아남는 개체
가 존재할 가능성이 높다.

• 집단의 개체수가 작아지면 나타날 수 있는 변이의 수도 작아지기 때문에 유전적 다양성
은 감소한다.

(2) 종다양성　심화 강의 44쪽

① 종다양성은 일정한 지역에 서식하는 생물종의 수와 각 종이 고르게 분포하는 정도를 의미
한다.

② 한 지역의 종다양성은 생물종의 수가 많고 각 종의 분포 비율이 균등할수록 높다.

③ 한 생태계 내의 생물종은 복잡한 먹이 관계로 얽혀 영향을 주고받으므로, 환경 변화나 외
부 개입으로 하나의 종이 사라진다면 다른 종에게도 연쇄적으로 영향을 미친다.

자료 분석 ➕ 종다양성 분석하기

종 수가 많을수록, 전체 개체수에서 각 종이 차지하는 비율이 균등할수록 종다양성이 높다.

[특정 지역의 종다양성 분석]

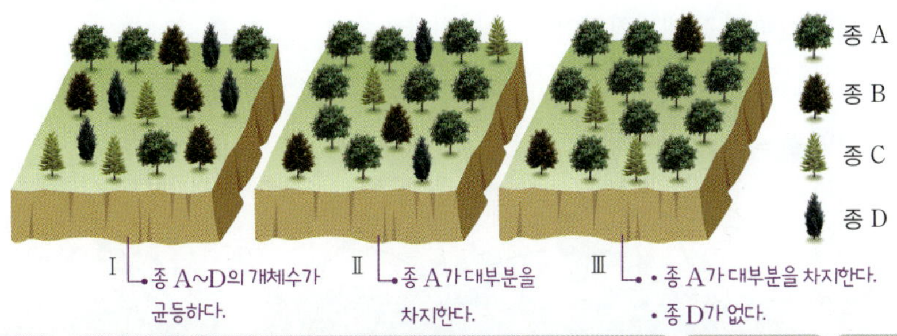

구분	개체수				전체 개체수	종 수
	종 A	종 B	종 C	종 D		
Ⅰ	4	4	3	4	15	4
Ⅱ	9	2	2	2	15	4
Ⅲ	11	2	2	0	15	3

❶ Ⅰ~Ⅲ의 전체 개체수는 동일하나 Ⅰ과 Ⅱ의 식물 종 수는 4개, Ⅲ의 식물 종 수는 3개이다. 따라서 Ⅰ과
Ⅱ는 Ⅲ보다 종다양성이 높다.

❷ Ⅰ과 Ⅱ의 전체 개체수와 식물 종 수는 같지만, Ⅰ이 Ⅱ보다 식물 종이 더 고르게 분포하고 있다. 따라
서 Ⅰ이 Ⅱ보다 종다양성이 높다. ➡ 종다양성은 Ⅲ < Ⅱ < Ⅰ 순으로 높다.

유전적 다양성

인간이 생산성을 높이기 위해 한 가지 품종의 작물이나 가축을 키우게 되면 특정 유전자의 비율이 높아지게 되고 그 결과 유전적 다양성은 낮아지게 된다. 이런 상황에서 전염병이 발생하게 되면 이에 적응하는 개체가 없어 멸종할 수도 있다. 우리나라에서도 모자이크바이러스에 강하다는 까닭으로 '광교'라는 특정 콩 품종을 국가에서 보급하여 많은 농가가 이를 재배하였으나 괴저병이 발생하자 수확량이 급감했던 사례가 있다.

*품종(品 물건, 種 씨)
인간이 인위적인 교배나 돌연변이 등을 통해 형질 개량한 종 내의 집단을 말한다.

(3) 생태계다양성   심화 강의 45쪽

① 생태계다양성은 숲, 초원, 사막, 갯벌, 바다, 습지 등 어느 지역에 존재하는 생태계의 종류와 생태계를 구성하는 생물과 환경 등 구성 요소 간 상호작용의 다양한 정도를 의미한다.

② 생태계의 종류: 기온, 강수량 등 다양한 환경적 차이로 인해 사막, 삼림, 습지, 호수, 초원, 열대우림, 농경지 등 다양한 생태계가 존재한다.

③ 생태계와 생물다양성: 한 생태계는 그 환경에 적응해 진화한 생물들로 구성되어 있으므로 초원이나 바다와 같이 생태계가 다르면 각각의 생태계에서 살아가는 생물도 다르다.

④ 생태계 환경이 복잡할수록 다양한 생물이 서식하기 쉽고, *먹이그물이 복잡할수록 생태계 안정성도 높아지므로 생태계다양성과 종다양성, 유전적 다양성은 서로 밀접하게 연관되어 있다.

▲ 다양한 생태계

3. 생물다양성과 생태계평형

(1) **생물다양성이 생태계평형에 미치는 영향**: 사람을 포함한 모든 생물은 생태계를 터전으로 다른 생물과 상호작용을 하며 살아가므로 안정된 생태계는 모든 생물의 생존에 필수적이다. 생물다양성은 이러한 생태계 기능과 안정성 유지에 중요한 역할을 한다.

① 생물다양성이 높은 생태계일수록 먹이그물이 다양하고 복잡하게 형성된다. 먹이그물이 다양하고 복잡하면 생태계평형이 잘 유지된다.

▲ 종다양성이 높은 생태계   ▲ 종다양성이 낮은 생태계

② 생태계가 다양하여 생물의 서식지가 다양할수록 생물다양성이 높다.

③ 생태계의 평형이 깨지면 물질의 순환과 에너지의 흐름에도 이상이 생겨 인간을 비롯한 모든 생물의 생존에 위협이 된다.

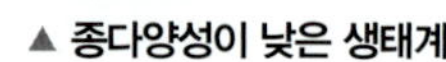

✔ 중요 개념 체크

정답과 해설 8쪽

1. 생물다양성 중 같은 종의 개체들 사이에서 나타나는 다양한 변이를 (   )(이)라고 한다.

2. 종다양성은 생물종의 수가 ㉠ (많고, 적고), 각 종의 분포가 ㉡ (균등할수록, 불균등할수록) 높다.

생물다양성이 높을수록 생태계가 안정적으로 유지되며, 인간이 이용할 수 있는 생물자원의 종류가 많아진다. 인간은 식량, 의복, 의약품, 에너지 등 생물에서 얻는 다양한 생물자원을 이용한다.

1. 생물다양성의 중요성과 생명 고유의 가치

(1) **생물다양성의 중요성**: 사람을 비롯한 모든 생물은 생태계를 터전으로 다른 생물과 상호작용하여 생명을 유지하므로 안정된 생태계는 모든 생물의 생존에 필수적이며, 생태계는 다양한 생물에 의해 안정적으로 유지된다. 또한, 사람은 의식주에 필요한 많은 자원을 다양한 생물로부터 얻고 있다.

(2) **생물다양성과 생명 고유의 가치**: 지구상의 생물들은 수십억 년 동안 환경에 적응해 오늘날과 같이 다양한 생물로 진화하였다. 모든 생물은 생명이 있다는 것 자체로 소중하다.

2. 생물다양성과 생물자원

구분	내용
의식주 재료	생물은 인간에게 목화, 마, 누에 등의 의복 재료와 쌀, 콩, 옥수수 등의 식량 자원, 목재, 풀 등의 주택 재료를 제공한다.
의약품 재료	현재 사용하는 의약품의 원료 대부분을 생물로부터 얻고 있으며, 새로운 의약품의 원료도 생물에게서 찾거나 생물을 이용해 만들고 있다.
지구 환경 유지	• 다양한 생태계는 공기, 물, 토양 등을 보호하고 지구 환경을 안정되게 유지한다. • 열대우림은 울창한 나무가 대기 중의 이산화 탄소를 흡수하고 산소를 방출한다. 이를 통해 대기 중의 기체 농도가 균형을 이루고, 공기가 정화된다. • 갯벌은 각종 오염 물질을 정화하고, 해일이나 침식으로부터 해안을 보호한다.
미래 유전자 자원	• 생물다양성은 유전자 자원을 제공한다. • 토양 세균은 농작물 개발에 필요한 해충 저항성 유전자를 제공한다.
산업적 이용이나 모방 제품 생산	• 인공 거미줄로 방탄복을 만들고, 연잎 효과에서 착안하여 방수 휴대 전화를 개발하는 등 생물로부터 추출한 물질을 산업적으로 이용하거나 생물의 몸 구조나 기능에서 아이디어를 얻어 제품을 만든다. • 옥수수나 사탕수수를 이용하여 *바이오에탄올을 생산하기도 한다.
관광 사업 아이템	보전된 생태계는 자연의 아름다움을 통해 예술적 영감을 주거나 문화적 다양성의 바탕이 되며, 여가 활동과 관광 산업에도 이용된다.

생물로부터 얻는 의약품

해열 진통제 중 하나인 아스피린의 주성분은 살리실산으로 버드나무 껍질에서 얻는다. 항생제인 페니실린은 푸른곰팡이로부터, 심장병 치료제로 사용되는 물질은 디기탈리스라는 식물에서 얻을 수 있다.

▲ **목화** 면섬유와 식물성 기름을 얻을 수 있다.

▲ **식물이 뿌리 내린 토양** 산사태 등을 예방한다.

▲ **효모** 발효 식품 제작 등 식품 산업에 이용된다.

▲ **보전된 생태계** 휴식과 여가 장소로 이용된다.

중요 개념 체크

정답과 해설 8쪽

3. 생물자원 이용에 대한 설명으로 옳은 것은 ○, 옳지 않은 것은 ×로 표시하시오.

(1) 버드나무 껍질에서 해열 진통제의 재료를, 푸른곰팡이에서 항생제의 재료를 얻는다. - (　　　)

(2) 열대우림은 이산화 탄소를 방출하고 산소를 흡수해 대기를 안정시킨다. ─────(　　　)

용어

***바이오에탄올(bioethanol)**
사탕수수, 옥수수 등에서 추출한 알코올 및 이를 석유 제품과 혼합한 연료이다. 연소 시 석유와 달리 이산화 황이나 금속 산화물 등의 다른 부산물이 나오지 않는다.

서식지 파괴와 단편화, 불법 포획과 남획, 외래종 유입 등으로 생물다양성이 감소하고 있다. 생물다양성을 보전하기 위해서는 개인적 노력뿐만 아니라 다양한 사회적·국가적·국제적 노력이 이루어져야 한다.

1. 생물다양성의 감소 원인

지구 역사상 수많은 생물이 환경 변화로 자연스럽게 사라졌다. 그러나 최근 들어 짧은 시간 동안 다양한 생물이 빠른 속도로 사라지고 있다. 이는 인간의 활동과 밀접한 관련이 있다.

(1) **서식지 파괴**: 삼림 벌채, 습지 매립, 농지 확장 등으로 서식지가 파괴되고 서식지 면적이 줄어들고 있다. 서식지 면적이 줄어들면 생물이 먹이를 먹고 활동할 수 있는 공간이 줄어들기 때문에 생물다양성이 급격히 감소한다.

　　예 열대우림의 파괴는 종다양성의 급격한 감소를 초래한다.

(2) **서식지 단편화**: 철도·도로 등의 건설로 대규모의 서식지가 소규모로 나누어지는 현상이다.

> **자료분석 ➕ 서식지 단편화 분석하기**
>
> ❶ 서식지가 단편화되면 실제로 감소되는 면적은 작아도 가장자리의 길이와 면적이 늘어나므로 서식지의 중앙 부분에 사는 생물의 경우 서식지가 급격히 줄어든다.
>
> ❷ 서식지 단편화로 인해 서식지가 분리되면 생물이 다른 곳으로 이동하는 것이 어려우며, 이동 중에 자동차나 기차에 치어 죽는 경우도 발생하게 되어 시간이 지남에 따라 그 지역에 서식하는 생물종의 개체수가 감소한다.

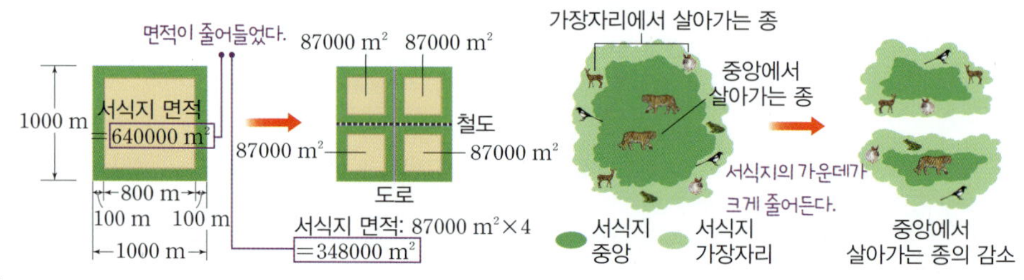

(3) **불법 포획과 *남획**: 야생 동식물을 불법으로 포획, 채취하거나 남획하는 것도 생물다양성을 감소시킨다. 무분별한 포획과 남획은 생태계를 구성하는 생물 간의 상호작용과 먹이사슬에 영향을 주어 생물다양성을 감소시킨다.

▲ 벌목에 의해 황폐해진 열대우림

▲ 멸종 위기종인 하늘다람쥐

▲ 불법 유통되는 코끼리 상아

(4) **외래종 유입**: *외래종은 대부분 새로운 서식지에 적응하기 어려워 정착하지 못하지만, 일부 종은 천적이나 질병이 없어 대량으로 번식하기도 한다. 그 결과 먹이사슬과 서식지를 변화시켜 *고유종의 생존을 위협하고 생물다양성을 감소시키며, 생태계평형을 파괴한다.

서식지 파괴로 줄어드는 생물종 비율

서식지 면적이 50 % 정도 감소하면 생물종은 10 % 정도 감소하고, 서식지 면적이 90 % 정도 감소하면 생물종은 50 % 감소한다.

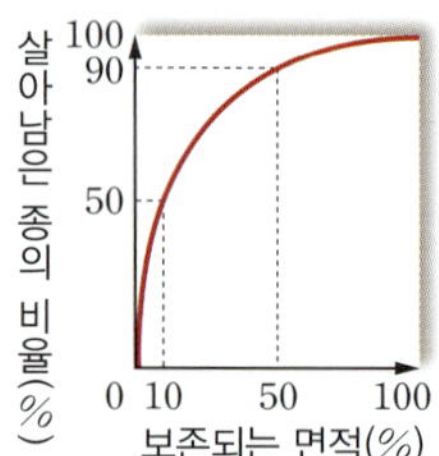

로드킬

도로, 철도 등에 의해 서식지 단편화가 일어나 서식지가 분리되면 생물들이 철도나 도로를 건너다 기차나 자동차에 치여 죽는 로드킬이 일어난다.

불법 포획과 남획

· 상아를 얻기 위해 아프리카 코끼리를 집단으로 사냥하여 아프리카 코끼리가 멸종 위기에 처하였다.

· 우리나라에서 호랑이, 늑대, 여우 등을 무분별하게 사냥해 이 동물들은 멸종 위기에 처하거나 멸종되었다.

용어

***남획(濫 넘치다, 獲 얻다)**
특정한 생물을 과도하게 잡거나 채취하는 것을 의미하며, 주로 경제적인 이익을 목적으로 이루어진다.

***외래종(外 바깥, 來 오다, 種 씨)**
원래 살고 있던 서식지가 아닌 다른 지역으로 이동해 사는 생물이다.

***고유종(固 굳다, 有 있다, 種 씨)**
어느 한 지역에만 살고 있는 종이다.

▲ **꽃매미** 중국에서 유입된 꽃매미는 나무의 수액을 빨아먹어 과수원에 피해를 준다.

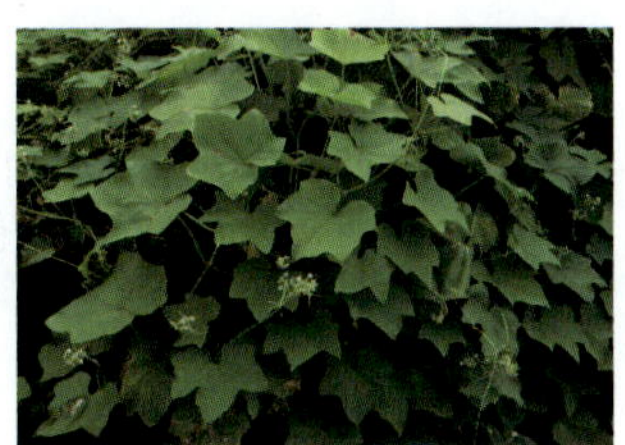

▲ **가시박** 미국에서 유입된 가시박은 주변 식물에 덩굴을 뻗어 덮어서 광합성을 방해한다.

▲ **붉은귀거북** 미국에서 유입된 붉은귀거북은 번식력과 생명력이 강해 토종 거북의 생존을 위협한다.

(5) **환경 오염**: 화석 연료, 농약, 비료 등의 사용량이 증가하고, 쓰레기와 폐수의 배출량이 증가하여 발생한 환경 오염은 생물다양성을 크게 감소시킨다.

① 대기오염으로 발생한 산성비는 삼림, 하천, 호수, 토양 등을 산성화하여 그곳에 사는 생물에게 피해를 준다.

② 담수나 해수 생태계에 유입된 유해 화학 물질과 중금속은 *생물농축을 일으켜 수중 생물뿐만 아니라 인간에게까지 피해를 주고 있다.

2. 생물다양성의 보전 방안

(1) **개인적 노력**: 인간도 생태계의 구성원이라는 인식을 바탕으로 에너지 절약, 자원 재활용, 저탄소 제품 사용 등을 통해 환경 오염을 줄인다.

(2) **사회적, 국가적 노력**

① 단편화된 서식지 연결: 인간의 개발에 의해 심하게 단편화된 곳에 생태통로를 설치한다.

② 멸종 위기 야생 동물 보호 구역 지정: 우리나라에서는 야생 생물 보호 및 관리에 관한 법률을 제정하여 멸종 위기 야생 생물과 그 서식지를 보호하고, 생태적 가치가 높은 장소를 국립 공원으로 지정하여 관리하고 있다. 또한, 멸종 위기에 처한 반달가슴곰, 여우 등이 스스로 살아갈 수 있도록 서식지로 돌려보내는 복원 사업을 진행하고 있다.

③ 생물다양성 관련 법률 제정: 국내의 생물다양성을 확보하고 생물자원을 보전·이용하기 위하여 관련 법률을 제정하고, 생물 자원관 등을 통해 생물의 유전자를 관리한다.

④ 외래종 유입 규제 및 관리: 외래종의 불법 유입을 막고, 외래종을 도입할 경우에는 외래종이 기존 생태계에 미치는 영향을 철저히 검증한다.

(3) **국제적 노력**: 국제 사회는 생물다양성을 보호하기 위해 람사르 협약, 기후 변화 협약, 멸종 위기에 처한 야생 동식물의 국제 거래에 관한 협약 등 다양한 국제 협정을 맺고 국가 간의 협력을 위한 틀을 제공하며, 우리나라도 생물다양성 관련 국제 협약에 가입하여 생물다양성 보전 활동을 펼치고 있다.

정답과 해설 8쪽

4. 생물다양성의 감소 원인으로는 서식지가 철도, 도로 등으로 인해 소규모로 나누어지는 ㉠ (   )와/과 블루길, 가시박과 같이 대량 번식하여 고유종이 살아갈 수 없도록 서식지를 변화시키는 ㉡ (   )이/가 있다.

외래종의 종류

블루길, 뉴트리아, 큰입우럭, 황소개구리, 붉은귀거북, 가시박, 미국자리공, 꽃매미 등이 있다.

생물다양성 보전을 위한 사회적, 국가적 노력의 중요성

생물다양성은 지구 기후 변화에 대한 대응, 지속가능한 에너지 자원의 확보, 인간 삶의 질 개선 등에 중요한 요소이므로 사회와 국가 수준에서 생물다양성을 확보하기 위해 노력하고 있다.

생태통로

서식지 단편화의 가장 큰 원인은 도로 건설이다. 도로 위에 생태통로를 설치하면 서식지 단편화로 발생하는 피해를 줄일 수 있다.

생물 자원관과 종자은행

생물 자원관에서는 우리나라 자생생물들의 유전자를 분석하고 관리하며, 종자은행에서는 식물의 종자를 수집, 장기 보관하고 있다.

*생물농축(生 나다, 物 물건, 濃 짙다, 縮 줄이다)
환경 속의 특정한 물질이 생물체 안에 축적되어 먹이사슬을 거치면서 생체 내의 농도가 증가하는 현상이다.

종다양성

생물다양성이란 유전적 다양성, 종다양성, 생태계다양성을 모두 포괄하는 개념이다. 그중 종다양성은 어느 군집에 서식하는 생물종 수와 각 종이 고르게 분포하는 정도를 의미한다. 종다양성이 전체 생태계의 안정성과 다양성을 유지하는 데 중요한 역할을 함을 이해하면 종다양성 문제를 쉽게 풀 수 있다.

1 종다양성을 결정하는 요인은?

종다양성은 일정한 지역에 서식하는 생물종의 수와 각 종이 고르게 분포하는 정도이며, 종의 풍부도와 종의 균등도를 모두 고려하여 나타낸다.

[표 1]에서 제시된 지역 Ⅰ~Ⅲ을 비교하면 생물종 수는 4종이며 각 종이 각각 5개체씩 균등하게 분포하는 지역 Ⅰ이 종다양성이 가장 높음을 알 수 있다.

지역	개체수				전체 개체수	생물종 수
	종 A	종 B	종 C	종 D		
Ⅰ	5	5	5	5	20	4
Ⅱ	8	2	8	2	20	4
Ⅲ	16	2	2	0	20	3

（지역 Ⅰ → 종다양성이 가장 높은 지역）

▲ [표 1] 특정 지역의 종에 따른 개체수

그렇다면 [표 2]에서 제시된 지역 Ⅰ~Ⅲ에서는 어느 지역이 종다양성이 가장 높을까?

종다양성을 결정하는 요인 중 생물종의 수가 가장 중요하다면 지역 Ⅲ, 고르게 분포하는 정도가 가장 중요하다면 지역 Ⅰ의 종다양성이 가장 높다고 생각할 수 있다. 그러나 일반적으로 종다양성을 측정하는 방법은 생물종의 수와 분포 정도를 알 수 있는 상대빈도를 이용한다. 종마다 상대빈도를 각각 구한 후 이를 특정 계산식에 넣어 측정한다. 그 결과 종다양성이 가장 높은 곳은 지역 Ⅱ가 된다. 이처럼 종다양성은 생물종의 수와 균등한 분포를 모두 고려하여 판단한다.

지역	개체수				전체 개체수	생물종 수
	종 A	종 B	종 C	종 D		
Ⅰ	25	25	0	0	50	2
Ⅱ	10	15	25	0	50	3
Ⅲ	1	2	3	44	50	4

（지역 Ⅱ → 종다양성이 가장 높은 지역）

▲ [표 2] 특정 지역의 종에 따른 개체수

2 종다양성이 생태계평형 유지에 중요한 까닭은?

생물종 수와 균등한 분포는 생태계평형을 유지하는 데 중요한 역할을 한다. 군집 내에서 생물종 수가 적으면 어느 한 종의 생물이 사라지는 경우 먹이사슬에서 대체 가능한 생물의 수가 적어 생태계평형이 깨지기 쉽다. 또한, 생물종 수는 많지만 개체수가 적은 종이 대부분인 경우에는 일부 개체가 죽게 되면 종이 사라지는 경우도 발생할 수 있어 생태계평형이 깨지기 쉽다. 종다양성이 높아지면 질병의 발병도도 낮아져 생태계의 안정성이 높아진다. 갯벌과 같이 해양과 육상 생태계가 공존하는 접경지대에서는 서로 다른 생태계의 자원을 이용하는 생물종들이 출현하기 때문에 종다양성이 매우 높아지는 것처럼 서식지가 복잡할수록 종다양성은 증가한다.

🔎 종의 풍부도와 균등도

종의 풍부도는 군집에 서식하는 종의 수이고, 종의 균등도는 군집을 구성하는 종들의 개체수가 균일한 정도이다.

🔎 방형구

특정 지역 식물 종의 빈도 조사에는 1 m×1 m 규격의 사각형 틀인 방형구라는 실험 기구를 사용한다.

🔎 상대빈도

• 빈도＝

$$\frac{\text{특정 종이 출현한 방형구 수}}{\text{전체 방형구 수}}$$

• 상대빈도＝

$$\frac{\text{특정 종의 빈도}}{\text{조사한 모든 종의 빈도의 합}} \times 100$$

으로 구한다.

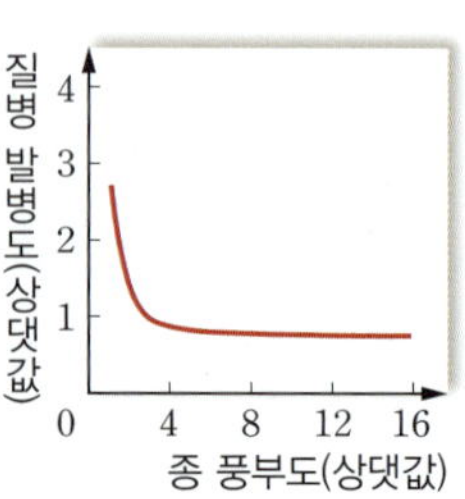

▲ 특정 생태계의 종 풍부도에 따른 질병 발병도

생태계다양성의 중요성

각 생태계에는 생태계의 환경에 적응해 살아가는 다양한 생물들이 존재하며 이러한 생물들은 생물다양성에 중요한 역할을 한다. 여러 생태계 중 열대우림의 특징을 살펴보고 생태계 보전과 생물다양성을 유지하기 위한 국제 협약에 대해 알고 있으면 생태계다양성의 중요성을 쉽게 이해할 수 있다.

1 열대우림 보전이 중요한 까닭은 무엇일까?

열대우림은 물이 풍부하고 사계절 내내 기온이 높아 식물이 무성하게 자라 종다양성이 가장 높다. 또한, 아마존의 열대우림은 지구의 허파라고 불리는데 이는 열대우림의 울창한 숲에서 광합성이 일어나 대기의 이산화 탄소를 흡수하고 산소를 배출하기 때문이다. 이산화 탄소는 지구 온난화를 유발하는 대표적인 온실 기체로 열대우림에서 일어나는 광합성은 대기 중 이산화 탄소의 농도를 줄임으로써 급격한 기후 변화의 영향을 완화하고 생명체의 생명활동에 필수적인 산소를 안정적으로 공급해 준다.

▲ 열대우림

지구 온난화

지구 대기의 평균 온도가 지속적으로 상승하는 현상으로 온실 효과를 일으키는 온실 기체가 중요한 원인이다. 온실 기체로는 이산화 탄소와 프레온 가스 등이 있다. 지구 온난화 현상은 산업 발달에 따른 석유, 석탄 사용량의 증가와 개발과 도시화로 인한 숲의 파괴 등으로 빠르게 진행되고 있다.

2 생태계다양성 보전을 위한 국제 협약에는 무엇이 있을까?

국제 환경 협약은 인간의 삶은 물론 지구 환경의 지속가능성에 큰 영향을 미치는 자연 자원과 환경을 보호하기 위해 국가 간에 체결한다. 국제 환경 협약은 전 세계 170여 개가 체결되어 있으며, 우리나라도 다양한 국제 협약에 가입했다.

생물다양성 협약

멸종 위기 동물의 감시와 보호, 관련 법규 제정 등 멸종되어 가는 생물의 다양성을 보존하기 위한 협약으로 생물다양성의 보전, 생물자원의 지속가능한 이용과 생물자원을 이용하면서 발생하는 이익을 공정하고 공평하게 공유하는 것을 목적으로 한다. 우리나라는 1994년에 가입했다.

멸종 위기에 처한 야생 동식물의 국제 거래에 관한 협약

야생 동식물 종의 국제적인 거래로 인한 동식물의 생존 위협 방지를 목적으로 한다. 1973년 워싱턴에서 체결되었기 때문에 워싱턴 협약이라고도 하며 우리나라는 1993년에 가입했다.

사막화 방지 협약

사막화 방지 협약은 아프리카 지역을 비롯하여 기후 변화와 인간 활동 등으로 인해 심각한 사막화가 진행되는 국가를 지원하고 수자원을 복구, 보전하여 지속가능한 환경을 만드는 것을 목적으로 한다.

물새 서식지로서 국제적으로 중요한 습지에 관한 협약

국제 습지 보호 협약으로, 정식 명칭은 '물새 서식지로서 국제적으로 중요한 습지에 관한 협약'이다. 1971년 2월 2일에 이란의 람사르에서 체결되어 람사르 협약이라고도 한다. 이 협약은 물새의 서식지이자 생태적, 사회적, 경제적, 문화적으로 가치가 높은 습지를 보전하는 것을 목적으로 한다. 우리나라는 1997년 가입하여 우포늪, 순천만 등 25개 습지를 등록하여 겨울철 조류 모니터링, 생태 공원 조성 등 보전 활동을 진행한다.

기후 변화 협약

기후 변화 협약은 지구 온난화와 기상 이변의 원인인 대기의 이산화 탄소 농도를 줄이고자 채택했다. 1997년 선진국을 대상으로 법적 구속력이 있는 온실 기체 감축 의무를 부여하는 교토의정서가 채택되었고, 2016년 모든 당사국이 온실 기체의 자발적 감축 기여분을 산정하고, 선진국이 개발 도상국에 지원을 강화하는 파리 기후 변화 협정이 체결되었다. 우리나라는 1993년에 가입했다.

이동성 야생 동물 보호 협약

철새나 고릴라 등 국경을 통과하거나 국외로 이주하는 야생 동물 종을 보호하고 안전하게 이동할 수 있는 상태를 유지하게 하는 협약이다.

교과서 속 START 내신 완성 문제

01 종다양성에 대한 설명으로 옳은 것만을 보기에서 있는 대로 고른 것은?

> **보기**
> ㄱ. 한 생태계에 살고 있는 생물종의 다양함이다.
> ㄴ. 종다양성이 높은 생태계일수록 먹이그물은 단순해진다.
> ㄷ. 생태계다양성이 높을수록 종다양성도 높게 나타난다.

① ㄴ 　　② ㄱ, ㄴ 　　③ ㄱ, ㄷ
④ ㄴ, ㄷ 　　⑤ ㄱ, ㄴ, ㄷ

02 다음은 생물다양성에 대한 학생 A~C의 의견이다.

> • 학생 A: 달팽이 껍데기의 무늬와 색깔이 개체마다 다른 것은 유전적 다양성으로 설명할 수 있어.
> • 학생 B: 농경지와 같이 한 품종을 대량으로 재배하면 종다양성이 높아져.
> • 학생 C: 생물과 비생물 사이의 관계에 대한 다양성을 포함하는 것은 생태계다양성에 해당해.

학생 A~C 중 옳게 말한 학생만을 있는 대로 고른 것은?

① 학생 A 　　② 학생 B
③ 학생 C 　　④ 학생 A, 학생 C
⑤ 학생 B, 학생 C

03 다음은 생물다양성에 대한 자료이다.

> (가) 호랑나비는 개체마다 날개 색깔과 무늬가 서로 다르다.
> (나) 갯벌은 바다와 육지가 접하고 있는 곳으로 다양한 비생물요소와 생물요소가 상호작용한다.

(가)와 (나)에 해당하는 생물다양성의 요소를 각각 쓰시오.

04 표는 면적이 같은 서로 다른 지역 ㉠~㉢에 서식하고 있는 모든 생물종 A ~ D의 개체수를 나타낸 것이다.

지역 ＼ 생물종	A	B	C	D
㉠	25	30	25	20
㉡	40	60	20	0
㉢	10	80	0	10

이에 대한 설명으로 옳은 것만을 보기에서 있는 대로 고른 것은?

> **보기**
> ㄱ. 종다양성은 ㉠이 ㉡보다 높다.
> ㄴ. 각각의 지역에서 개체수가 가장 많은 생물종은 B이다.
> ㄷ. ㉢이 ㉠보다 생태계가 더 안정적으로 유지된다.

① ㄴ 　　② ㄱ, ㄴ 　　③ ㄱ, ㄷ
④ ㄴ, ㄷ 　　⑤ ㄱ, ㄴ, ㄷ

05 표는 생물다양성의 세 가지 요소를 나타낸 것이다. (가)~(다)는 각각 유전적 다양성, 종다양성, 생태계다양성 중 하나이다.

구분	의미
(가)	생태계를 구성하고 있는 생물의 종이 다양한 정도를 의미한다.
(나)	생물이 서식하는 서식지의 다양한 정도를 의미한다.
(다)	?

이에 대한 설명으로 옳은 것만을 보기에서 있는 대로 고른 것은?

> **보기**
> ㄱ. (가)가 높을수록 먹이그물이 복잡하게 얽혀있다.
> ㄴ. (나)는 생물요소와 비생물요소 사이의 관계에 대한 다양성을 포함한다.
> ㄷ. 사람마다 눈동자 색깔이 다른 것은 (다)에 해당한다.

① ㄴ 　　② ㄱ, ㄴ 　　③ ㄱ, ㄷ
④ ㄴ, ㄷ 　　⑤ ㄱ, ㄴ, ㄷ

06 그림은 생태계 (가)와 (나)의 먹이 관계를 나타낸 것이다.

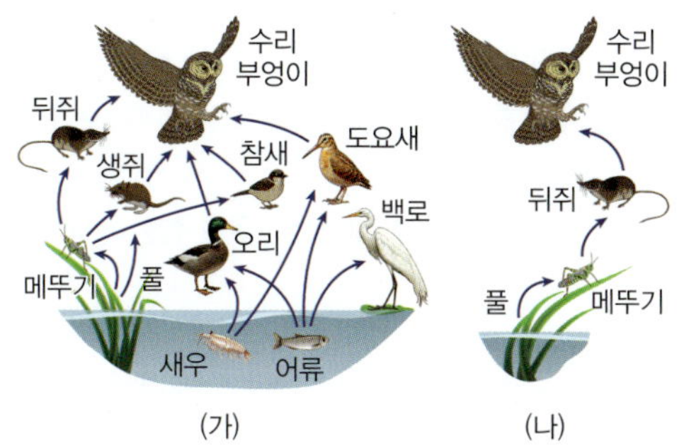

이에 대한 설명으로 옳은 것만을 보기에서 있는 대로 고른 것은?

보기
ㄱ. (나)에서 메뚜기가 멸종하면 수리부엉이도 멸종한다.
ㄴ. 종다양성은 (나)보다 (가)가 높다.
ㄷ. (가)보다 (나)가 생태계평형이 잘 유지된다.

① ㄱ   ② ㄷ   ③ ㄱ, ㄴ
④ ㄱ, ㄷ   ⑤ ㄴ, ㄷ

07 생물다양성에 대한 설명으로 옳은 것만을 보기에서 있는 대로 고른 것은?

보기
ㄱ. 사막, 삼림, 갯벌 등이 다양하게 나타나는 것은 생태계다양성에 해당한다.
ㄴ. 종다양성이 높으면 특정 종이 멸종하더라도 생태계가 안정적으로 유지될 수 있다.
ㄷ. 유전적 다양성이 높을 때보다 낮을 때 변화된 환경에서 개체가 살아남을 확률이 더 크다.

① ㄴ   ② ㄱ, ㄴ   ③ ㄱ, ㄷ
④ ㄴ, ㄷ   ⑤ ㄱ, ㄴ, ㄷ

08 그림 (가)는 생물다양성의 세 가지 요소를, (나)는 바지락 개체들이 가지는 다양한 껍데기 무늬를 나타낸 것이다.

이에 대한 설명으로 옳은 것만을 보기에서 있는 대로 고른 것은?

보기
ㄱ. ㉠은 유전적 다양성이다.
ㄴ. (나)는 ㉠의 예이다.
ㄷ. 갯벌은 단일 작물을 키우는 농경지보다 종다양성이 높다.

① ㄱ   ② ㄱ, ㄴ   ③ ㄱ, ㄷ
④ ㄴ, ㄷ   ⑤ ㄱ, ㄴ, ㄷ

09 그림은 생물다양성의 세 가지 요소를 나타낸 것이다. (가)~(다)에 해당하는 생물다양성의 요소를 각각 쓰시오.

10 생물자원의 활용에 대한 설명으로 옳지 <u>않은</u> 것은?

① 갯벌은 중금속 등 각종 오염 물질을 정화한다.
② 버드나무 껍질에서 아스피린의 성분을 얻는다.
③ 목화나 누에로부터 의복을 만드는 재료를 얻는다.
④ 옥수수나 사탕수수를 이용하여 바이오에탄올을 생산한다.
⑤ 열대우림은 대기 중의 산소를 흡수하고 이산화 탄소를 방출하여 지구 온난화를 억제한다.

11 그림은 어떤 생물들의 서식지에 도로가 건설되면서 일어나는 서식지의 변화를 나타낸 것이다.

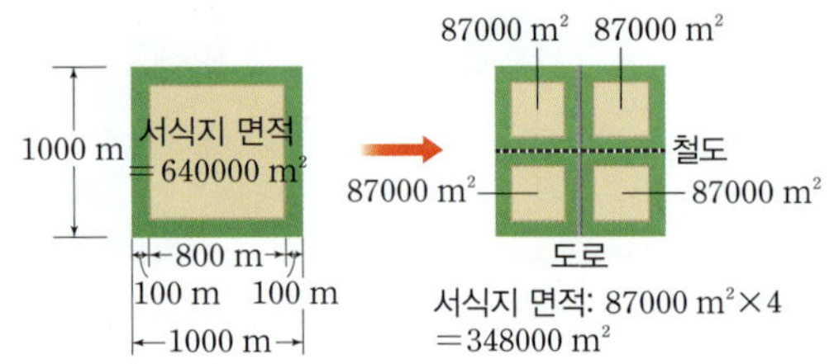

이에 대한 설명으로 옳은 것만을 보기에서 있는 대로 고른 것은?

보기

ㄱ. 서식지 가장자리에 사는 생물보다 중앙에 사는 생물의 피해가 더 크다.

ㄴ. 생물다양성을 유지하기 위해서는 대규모의 서식지를 소규모로 분할하는 것이 유리하다.

ㄷ. 서식지 단편화가 일어나게 되면 중앙 부분에 살아가는 생물의 서식지가 급격히 감소한다.

① ㄴ 　② ㄱ, ㄴ 　③ ㄱ, ㄷ

④ ㄴ, ㄷ 　⑤ ㄱ, ㄴ, ㄷ

12 표는 어느 하천에 외래종인 큰입배스가 도입되기 전과 후의 생물종의 수를 나타낸 것이다.

생물종	A	B	C	D	E	F	G	H	I
도입되기 전	90	86	74	65	98	20	4	22	27
도입된 후	45	33	22	7	32	3	0	0	2

이에 대한 설명으로 옳은 것만을 보기에서 있는 대로 고른 것은?

보기

ㄱ. 큰입배스가 도입된 후가 도입되기 전보다 종다양성이 낮다.

ㄴ. 큰입배스가 도입된 후가 도입되기 전보다 생태계가 안정되어 있다.

ㄷ. 큰입배스의 도입은 먹이사슬을 구성하는 생물의 종 수를 증가시킨다.

① ㄱ 　② ㄴ 　③ ㄷ

④ ㄱ, ㄴ 　⑤ ㄴ, ㄷ

13 다음은 외래종의 문제점에 대한 자료이다.

뉴트리아, 황소개구리의 ㉠ 수가 갑자기 늘어나 고유종의 수를 감소시키고 서식지를 황폐화시킨다.

㉠과 같은 문제점이 일어난 까닭을 설명하시오.

14 다음은 생물다양성 협약에 대한 자료이다.

1992년 유엔 환경 개발 회의에서 채택된 생물다양성 협약 내용에는 생물다양성의 보전과 ㉠ 생물자원을 이용하여 얻어지는 이익의 공정하고 공평한 분배에 관련된 내용이 있다. 이 중 생물다양성은 ㉡ 유전적 다양성, 종다양성, 생태계다양성을 포함한다.

이에 대한 설명으로 옳은 것만을 보기에서 있는 대로 고른 것은?

보기

ㄱ. 푸른곰팡이에서 페니실린을 얻는 것은 ㉠에 해당한다.

ㄴ. ㉡이 높을수록 환경이 급격하게 변하거나 전염병이 발생했을 때 멸종될 확률이 낮아진다.

ㄷ. 생물다양성 협약이 지켜지기 위해서는 국가 간의 협력이 중요하다.

① ㄴ 　② ㄱ, ㄴ 　③ ㄱ, ㄷ

④ ㄴ, ㄷ 　⑤ ㄱ, ㄴ, ㄷ

15 생물다양성 보전에 대한 설명으로 옳은 것만을 보기에서 있는 대로 고른 것은?

보기

ㄱ. 불법 포획과 남획은 생물다양성을 증가시킨다.

ㄴ. 야생 동물 보호 및 관리를 위해 관련 법률을 제정한다.

ㄷ. 보전된 생태계는 여가 활동과 관광 산업에 이용될 수 있다.

① ㄴ 　② ㄱ, ㄴ 　③ ㄱ, ㄷ

④ ㄴ, ㄷ 　⑤ ㄱ, ㄴ, ㄷ

JUMP 도전 문제

01 그림 (가)는 생물다양성의 세 가지 요소 A~C를, (나)는 무당벌레 개체군에서 관찰되는 A의 예를 나타낸 것이다.

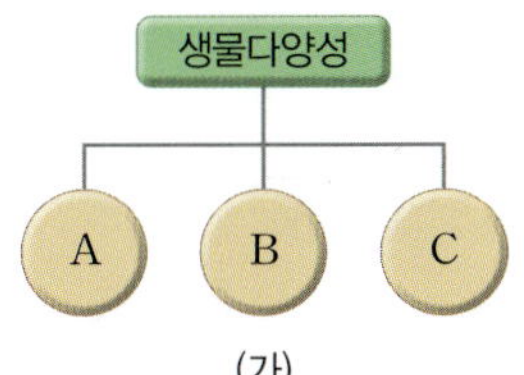

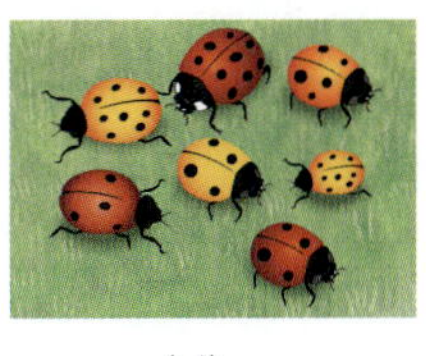

(가)   (나)

이에 대한 설명으로 옳은 것만을 보기에서 있는 대로 고른 것은? (단, B는 비생물요소의 다양성을 포함한다.)

보기
ㄱ. A는 같은 종 내에서 나타나는 다양성이다.
ㄴ. B는 종다양성이다.
ㄷ. C는 습지, 초원 등이 다양하게 나타나는 것을 의미한다.

① ㄱ   ② ㄱ, ㄴ   ③ ㄱ, ㄷ
④ ㄴ, ㄷ   ⑤ ㄱ, ㄴ, ㄷ

02 다음은 우리나라 환경부에서 지정한 생태계를 교란하는 외래종이다.

> 뉴트리아, 꽃매미, 황소개구리, 붉은귀거북, 큰입배스

이에 대한 설명으로 옳은 것만을 보기에서 있는 대로 고른 것은?

보기
ㄱ. 생물다양성에 영향을 준다.
ㄴ. 새로운 환경에 적응하지 못하고 도태된다.
ㄷ. 생태계의 먹이사슬을 구성하는 생물종 수를 증가시켜 생태계를 안정화시킨다.

① ㄱ   ② ㄴ   ③ ㄷ
④ ㄱ, ㄴ   ⑤ ㄴ, ㄷ

03 그림 (가)는 지역 A에 산불이 난 후 시간에 따른 생물종 수의 변화를, (나)와 (다)는 각각 산불이 난 후 2년과 5년이 지났을 때 지역 A 생태계의 먹이 관계 중 하나이다.

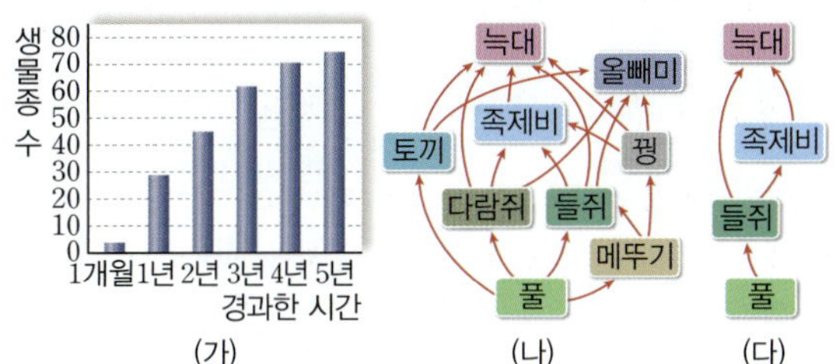

(가)   (나)   (다)

이에 대한 설명으로 옳은 것만을 보기에서 있는 대로 고른 것은?

보기
ㄱ. 산불이 일어난 후 시간이 지날수록 종다양성은 증가한다.
ㄴ. (나)는 산불이 일어난 후 2년이 지났을 때 먹이 관계를 나타낸 것이다.
ㄷ. (다)보다 (나)가 생태계평형이 잘 유지된다.

① ㄴ   ② ㄱ, ㄴ   ③ ㄱ, ㄷ
④ ㄴ, ㄷ   ⑤ ㄱ, ㄴ, ㄷ

04 그림은 어떤 초원 (가)가 철도 건설로 인해 (나)와 (다)로 단편화되는 과정을, 표는 (가)~(다)에 서식하는 생물종의 수를 나타낸 것이다.

생물종 서식지	A	B	C	D
(가)	100	130	90	80
(나)	50	30	20	0
(다)	40	0	10	0

이에 대한 설명으로 옳은 것만을 보기에서 있는 대로 고르시오. (단, (가)의 면적은 (나)의 2배이다.)

보기
ㄱ. 철도 건설로 인해 생물 서식지가 감소하였다.
ㄴ. 철도 건설로 인해 단편화된 서식지의 종다양성은 모두 감소하였다.
ㄷ. 단위 면적당 A의 개체수는 (가)와 (나)에서 같다.

① ㄱ   ② ㄱ, ㄴ   ③ ㄱ, ㄷ
④ ㄴ, ㄷ   ⑤ ㄱ, ㄴ, ㄷ

중단원 핵/심/정/리

01 지질 시대의 환경과 생물

한눈에 보는 단원 흐름

화석 → 지질 시대 → 대멸종과 생물 다양성
- 선캄브리아 시대
- 고생대
- 중생대
- 신생대

1. 화석: 과거에 살았던 생물의 유해나 흔적이 지층에 남아 있는 것

(❶) 화석	지층이 생성된 시대를 알려 주는 화석 예 삼엽충, 공룡, 매머드 등
(❷) 화석	지층이 생성될 당시의 환경을 알려 주는 화석 예 산호, 고사리 등

2. 지질 시대: 지구가 탄생한 약 45.67억 년 전부터 현재까지의 기간

(1) 지질 시대의 구분 기준: 생물계(화석)의 급격한 변화, 대규모 지각 변동(부정합)

(2) 지질 시대의 구분: 선캄브리아시대, 고생대, 중생대, 신생대

3. 지질 시대의 환경과 생물의 변화

선캄브리아 시대	• 바다에서 최초의 생명체가 탄생하였고, 최초의 광합성 생물인 남세균이 출현하여 바다와 대기에 (❸)을/를 공급하기 시작하였다. ➡ 스트로마톨라이트 형성 • 말기에 최초의 (❹)생물이 출현하였다. ➡ 에디아카라 생물군 화석 형성
고생대	• 대체로 온난하였으나 말기에 빙하기가 있었고, 초대륙인 (❺)이/가 형성되었다. • 오존층이 형성되어 최초의 육상 생물이 출현하였고, 삼엽충, 완족류, 어류, 양서류, (❻)식물이 번성하였다.
중생대	• (❼)이/가 없었고 전반적으로 온난한 시기였으며, 판게아가 분리되었다. • 암모나이트, (❽), 겉씨식물이 번성하였다.
신생대	• 초기에 온난하였으나 말기에는 빙하기와 간빙기가 반복되었고, 현재와 비슷한 수륙 분포를 이루었다. • 화폐석, 매머드, 포유류, 속씨식물이 번성하였고, 인류의 조상이 출현하였다.

4. 대멸종: 많은 수의 생물이 짧은 기간 동안 광범위한 지역에서 한꺼번에 사라지게 된 사건

(1) 지질 시대 동안 총 (❾)번의 대멸종이 있었다.

(2) 대멸종 이후 살아남은 생물들이 새로운 환경에 적응하고 진화하며 생물다양성이 증가하였다.

02 자연선택과 진화

한눈에 보는 단원 흐름

진화와 생물다양성 → 자연선택과 진화
- 변이와 자연선택
- 생물의 진화

1. 변이: 같은 (❿)의 개체 사이에서 나타나는 다양한 형질의 변화이다.

유전적 변이	개체가 가진 (⓫)의 차이로 나타난다. 예 기린의 털 색깔과 무늬, 딱정벌레의 몸 색깔 등
비유전적 변이	환경 요건에 의해 나타난다. 예 홍학의 붉은색 깃털, 운동선수의 근육 크기 등

2. 환경 변화와 (⓬): 환경이 변했을 때 생존에 유리한 형질을 가진 개체가 더 잘 살아남아 자손을 더 많이 남기게 되는 과정이다.

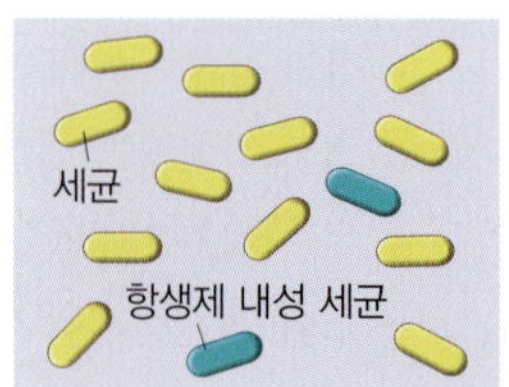

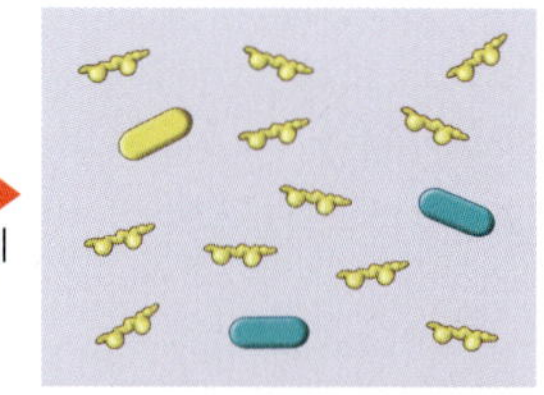

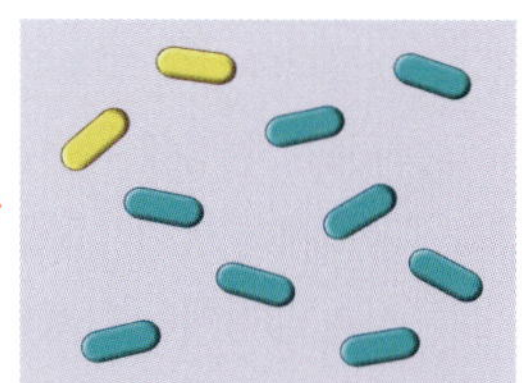

세균 집단에 항생제 내성 형질이 서로 다른(⓭)이/가 있다.

항생제를 처리하면 항생제 내성이 없는 세균은 대부분 죽는다.

항생제 내성 세균이 살아남아 자손을 남기므로 항생제 내성 세균 수의 비율이 점점 증가한다.

3. 생물의 진화

(1) (⓮　　　): 생물이 오랜 시간 동안 여러 세대를 거치면서 환경에 적응하여 변화하는 현상이다.

(2) 다윈의 자연선택설

- 다양한 변이를 가진 개체 중 환경에 잘 적응한 개체가 자연선택되어 더 많은 자손을 남기게 된다.
- 진화가 일어나면 새로운 종이 출현한다.

과잉 생산	생물은 살고 있는 환경 조건이나 먹이에 비해 많은 수의 자손을 낳는다.	기린의 목 길이는 원래 다양했다.
↓ 변이	같은 종의 개체들 중 다양한 변이를 가진 개체가 나타난다.	
↓ (⓯　　)	개체들 사이에서 먹이, 서식 공간, 배우자 등에 대해 경쟁이 일어난다.	목이 긴 기린이 생존에 유리했다.
↓ (⓰　　)	환경에 좀 더 적합한 변이를 가져 생존에 유리한 개체가 더 많은 자손을 남긴다.	목이 긴 기린만이 살아남아 자손을 남겼다.
↓ 종의 분화	이러한 과정이 여러 세대를 거쳐 반복되면 기존의 종과는 다른 종으로 서서히 진화가 일어난다.	기린의 목이 현재와 같이 길어졌다.

O3 생물다양성과 보전

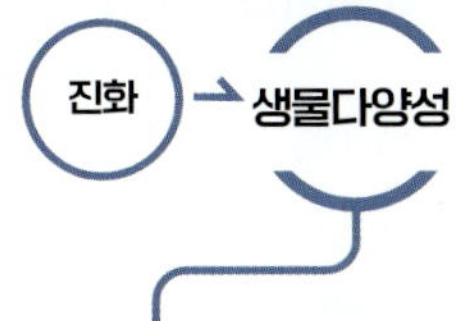

진화 → 생물다양성

- 유전적 다양성
- 종다양성
- 생태계다양성

1. 생물다양성과 생태계평형

(1) 생물다양성의 요소

유전적 다양성	종다양성	(⓱　　　)
• 한 생물종 개체들 사이에서 나타나는 유전적 변이를 의미한다. • 유전적 다양성이 높을수록 질병 등 환경의 급격한 변화에 개체가 살아남을 확률이 높아진다.	• 일정한 지역 내에 서식하는 생물종 수와 각 종이 고르게 분포하는 정도를 의미한다. • 다양한 종이 서식할수록, 종이 고르게 분포할수록 종다양성이 높다.	• 어느 지역에 존재하는 생태계 종류와 생태계 속 구성 요소 간 다양한 상호작용을 의미한다. • 생물요소와 비생물요소를 모두 포함한다.

(2) 생물다양성과 생태계평형: 생물다양성이 높은 생태계일수록 (⓳　　　)이/가 다양하고 복잡하게 형성되어 어느 한 종의 생물이 사라지더라도 그 종을 대체할 생물종이 있어 생태계평형이 유지된다.

2. 생물다양성과 생물자원

의식주 재료	목화의 솜 등의 의복 재료, 쌀 등의 식량 자원과 목재 등의 주택 재료를 제공한다.
의약품 재료	버드나무 껍질에서 아스피린의 재료를, 푸른곰팡이에서 (⓳　　　)을/를 얻는다.
지구 환경 유지	열대우림은 이산화 탄소를 흡수하고 산소를 방출하며, 갯벌은 각종 오염 물질을 정화한다.
관광 사업 아이템	잘 보전된 생태계는 예술적 영감을 주거나 관광 산업 등에 이용된다.

3. 생물다양성 보전

생물다양성 감소 원인	보전 방안
• 서식지 파괴: 과도한 개발 등으로 인해 서식지 면적이 감소하면 서식지에 살아가는 생물종 수가 급격히 감소한다. • (⓴　　　): 도로, 철도 건설 등으로 서식지가 소규모로 분할되면 서식지 면적이 줄어들고 생물종의 이동을 제한시켜 생물종 수가 감소한다. • 외래종 유입: 일부 외래종은 (㉑　　　)(이)나 질병이 없어 대량으로 번식하여 먹이사슬과 서식지를 변화시키고 생물다양성을 감소시킨다.	• 단편화된 곳에 생물들의 이동을 위한 (㉒　　　)을/를 건설한다. • 멸종 위기종 보호를 위한 복원 사업과 국립 공원을 지정한다. • 생물다양성 관련 법률 제정 및 국제 협정을 통한 국가 간 협력을 강화한다.

항생제 내성 세균의 자연선택

출제 point에 따라 대표 자료를 분석하고, 문제에 대입하여 풀어 보자.

출제 Point

Point❶ 같은 종의 개체들 사이에서 다양한 변이가 발생할 수 있음을 안다. ★★★
Point❷ 항생제를 처리하는 경우 항생제 내성 변이를 가진 세균만 살아남을 수 있음을 안다. ★☆☆
Point❸ 항생제 내성 변이와 같은 유전적 변이는 다음 세대로 유전됨을 안다. ★★☆
Point❹ 환경에 잘 적응한 개체만이 더 많은 자손을 남기는 과정인 자연선택을 이해한다. ★★★

대표 자료

Point❶ 항생제 X에 대한 내성 변이

세균	변이	원인
㉠	항생제 X에 대한 내성 형질을 가진 세균	각 개체의 유전정보 차이로 인해 발생
㉡	항생제 X에 대한 내성 형질이 없는 세균	

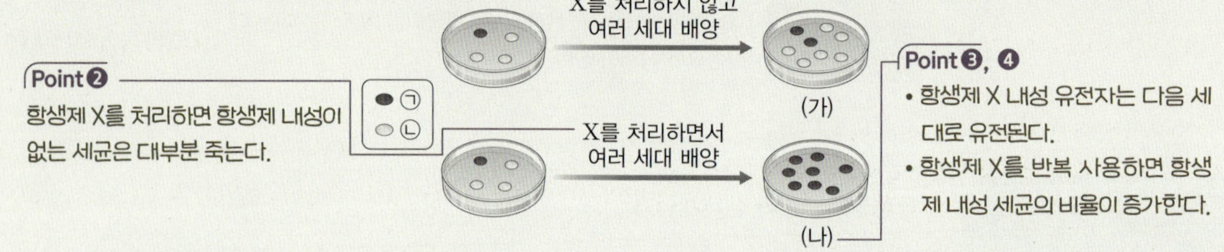

정답과 해설 11쪽

---

01 그림은 세균을 여러 세대에 걸쳐 배양하는 실험을 나타낸 것이다. 배지 I과 Ⅱ 중 하나에만 항생제 X를 처리하여 배양했으며, 그 외의 실험 조건은 같다.

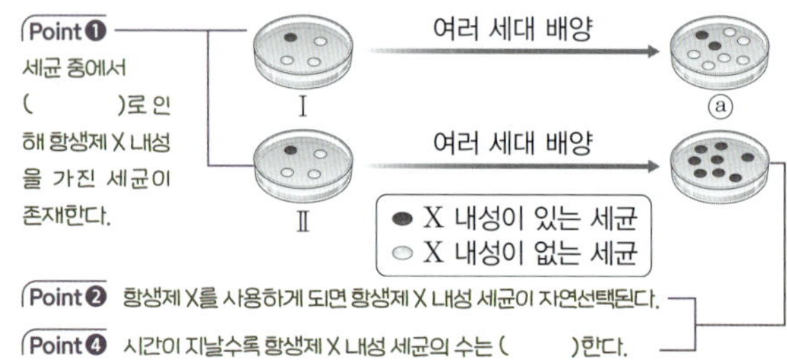

이에 대한 설명으로 옳은 것만을 보기에서 있는 대로 고른 것은?

보기
ㄱ. I, Ⅱ에는 항생제 X 내성에 대한 변이가 있다.
ㄴ. 세균 배양 과정에서 자연선택이 일어났다.
ㄷ. ⓐ에 항생제 X를 처리하면서 여러 세대 배양하면 항생제 X 내성이 있는 세균의 비율은 감소한다.

① ㄴ ② ㄱ, ㄴ ③ ㄱ, ㄷ
④ ㄴ, ㄷ ⑤ ㄱ, ㄴ, ㄷ

---

02 다음은 어떤 세균을 이용한 탐구 과정을 나타낸 것이다.

(가) I의 ㉠과 ㉡은 각각 항생제 X에 대한 내성이 있는 세균과 내성이 없는 세균 중 하나이다.
(나) I에 항생제 X를 처리하였더니 일부만 살아남았다.
(다) (나)에서 살아남은 세균을 배양하여 Ⅱ를 얻었다.

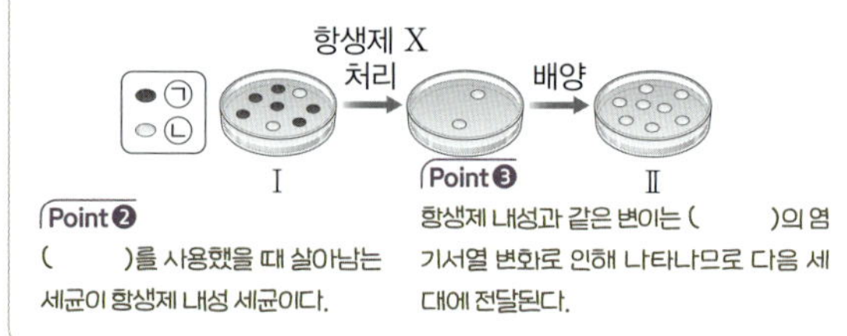

이에 대한 설명으로 옳은 것만을 보기에서 있는 대로 고른 것은?

보기
ㄱ. ㉠은 항생제 X 내성 세균이다.
ㄴ. 항생제 내성 유전자는 다음 세대로 전달된다.
ㄷ. 항생제를 처리하였을 때 죽는 세균의 비율은 I이 Ⅱ보다 높다.

① ㄴ ② ㄱ, ㄴ ③ ㄱ, ㄷ ④ ㄴ, ㄷ ⑤ ㄱ, ㄴ, ㄷ

WALK 실전 대비 문제

수능 실전 2점

01 그림 (가)와 (나)는 지질 시대에 번성했던 생물의 화석을 나타낸 것이다.

(가)   (나)

이에 대한 설명으로 옳은 것만을 보기에서 있는 대로 고른 것은?

보기
ㄱ. (가)의 생물이 (나)의 생물보다 생존 기간이 길다.
ㄴ. (나)가 생존한 시기에 공룡이 번성하였다.
ㄷ. (가)와 (나)가 산출되는 지층은 모두 바다 환경에서 퇴적되었다.

① ㄱ   ② ㄴ   ③ ㄱ, ㄷ
④ ㄴ, ㄷ   ⑤ ㄱ, ㄴ, ㄷ

 빈출
02 그림 (가)와 (나)는 서로 다른 두 지질 시대의 환경과 생물의 모습을 나타낸 것이다.

(가)   (나)

이에 대한 설명으로 옳은 것만을 보기에서 있는 대로 고른 것은?

보기
ㄱ. (가) 시기에는 겉씨식물이 번성하였다.
ㄴ. (나) 시기에 현재와 비슷한 수륙 분포를 이루었다.
ㄷ. (나) 시기에는 빙하기가 없었다.

① ㄱ   ② ㄷ   ③ ㄱ, ㄴ
④ ㄴ, ㄷ   ⑤ ㄱ, ㄴ, ㄷ

03 그림은 지질 시대 동안 지구의 평균 기온 변화를 나타낸 것이다.

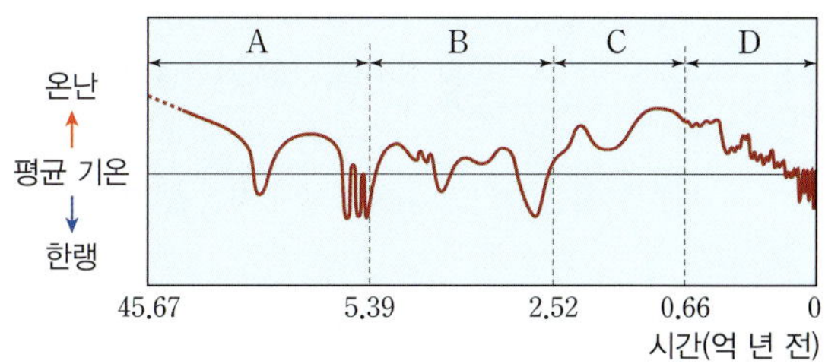

이에 대한 설명으로 옳은 것만을 보기에서 있는 대로 고른 것은?

보기
ㄱ. A 기간 동안 최초의 육상 생물이 출현하였다.
ㄴ. 평균 기온은 B 기간이 C 기간보다 높았다.
ㄷ. D 기간에 빙하기와 간빙기가 반복되었다.

① ㄱ   ② ㄷ   ③ ㄱ, ㄴ
④ ㄴ, ㄷ   ⑤ ㄱ, ㄴ, ㄷ

04 그림은 지질 시대에 일어난 주요 사건을 시간 순서대로 나타낸 것이다.

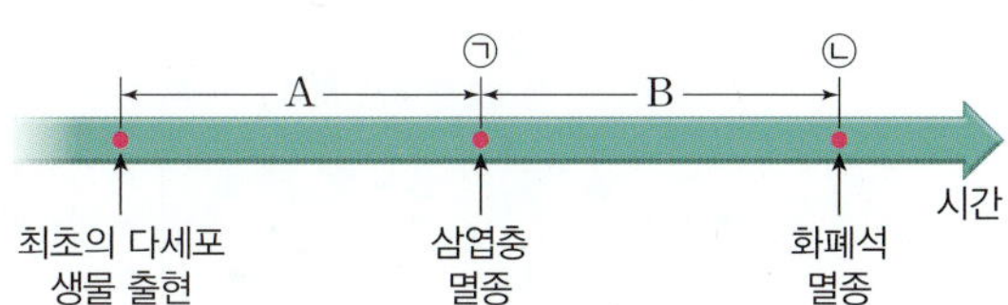

이에 대한 설명으로 옳은 것만을 보기에서 있는 대로 고른 것은?

보기
ㄱ. A 기간이 B 기간보다 길다.
ㄴ. B 기간에 최초의 척추동물이 출현하였다.
ㄷ. 멸종한 생물 과의 비율은 ㉠일 때가 ㉡일 때보다 크다.

① ㄱ   ② ㄴ   ③ ㄱ, ㄷ
④ ㄴ, ㄷ   ⑤ ㄱ, ㄴ, ㄷ

05 다음은 기린의 진화 과정에 대한 자료 중 일부이다.

> [⊙ 자연선택에 의한 기린의 진화 과정]
> (가) ⓛ 다양한 목의 길이를 가진 기린들이 태어났다.
> (나)
> (다) 목이 긴 기린만이 살아남아 자손을 남겼다.

이에 대한 설명으로 옳은 것만을 보기에서 있는 대로 고른 것은?

> **보기**
> ㄱ. 다윈은 ⊙에 의한 진화론을 주장하였다.
> ㄴ. ⓛ은 유전자의 차이로 인해 나타난다.
> ㄷ. (나)는 목의 길이가 다른 개체들 사이에서 일어나는 생존경쟁에 대한 내용이다.

① ㄴ   ② ㄱ, ㄴ   ③ ㄱ, ㄷ
④ ㄴ, ㄷ   ⑤ ㄱ, ㄴ, ㄷ

06 그림은 동일한 생물종 집단의 진화 과정을 나타낸 것이다.

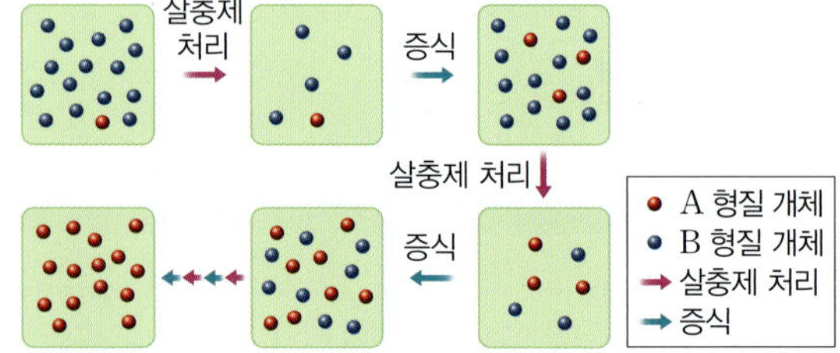

이에 대한 설명으로 옳은 것만을 보기에서 있는 대로 고른 것은?

> **보기**
> ㄱ. 살충제 내성 형질은 다음 세대로 유전된다.
> ㄴ. B 형질은 A 형질보다 살충제에 대한 내성이 강하다.
> ㄷ. 이 집단의 진화 과정에서 B 형질을 나타내는 유전자의 비율이 증가한다.

① ㄱ   ② ㄴ   ③ ㄱ, ㄴ
④ ㄱ, ㄷ   ⑤ ㄴ, ㄷ

07 그림은 세균 배양 실험을 나타낸 것이다. 배지 I과 Ⅱ 중 하나에만 항생제 X를 처리했으며, 그 외의 실험 조건은 모두 같다.

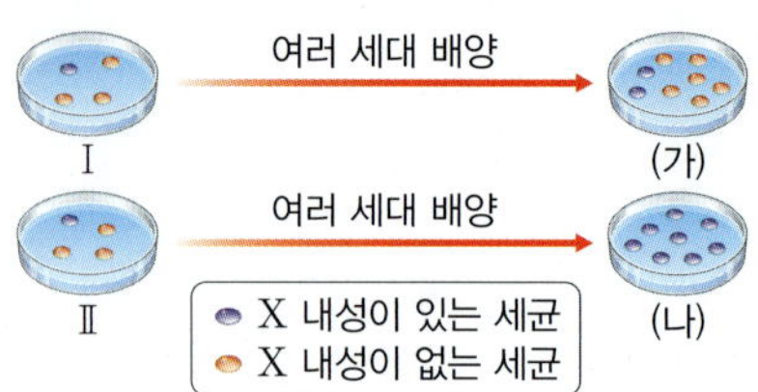

이에 대한 설명으로 옳은 것만을 보기에서 있는 대로 고른 것은?

> **보기**
> ㄱ. I에 존재하는 세균은 모두 동일한 염기서열을 가지고 있다.
> ㄴ. Ⅱ의 항생제 X에 대한 내성이 있는 세균은 항생제에 의한 돌연변이로 발생한다.
> ㄷ. (가)와 (나)에 각각 항생제 X를 처리했을 때 죽는 세균의 비율은 (가)가 (나)보다 높다.

① ㄷ   ② ㄱ, ㄴ   ③ ㄱ, ㄷ
④ ㄴ, ㄷ   ⑤ ㄱ, ㄴ, ㄷ

08 그림은 완두꽃 색깔이 발현되는 과정을 나타낸 것이다.

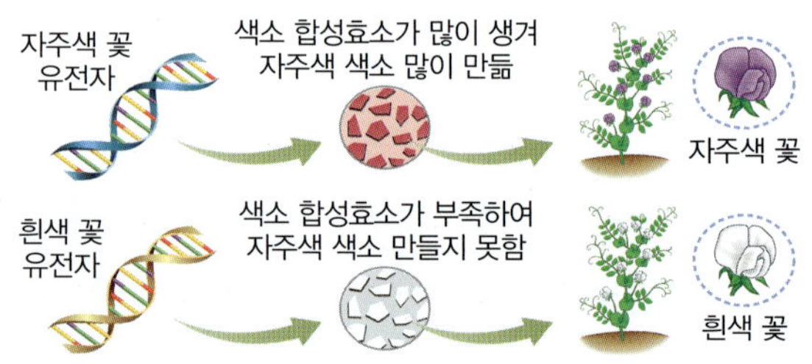

이에 대한 설명으로 옳은 것만을 보기에서 있는 대로 고른 것은?

> **보기**
> ㄱ. 완두꽃 색깔을 결정하는 유전자는 모두 동일하다.
> ㄴ. 단백질의 종류와 양의 차이로 인해 변이가 나타난다.
> ㄷ. DNA 염기서열의 차이로 인해 유전적 다양성이 나타난다.

① ㄱ   ② ㄷ   ③ ㄱ, ㄴ
④ ㄴ, ㄷ   ⑤ ㄱ, ㄴ, ㄷ

 표는 생물다양성을 보전하기 위한 방법을 나타낸 것이다.

A	생태통로를 만들어 두 서식지를 연결한다.
B	종자은행을 만들어 고유종이나 희귀 종자를 수집·보관한다.
C	어린 물고기를 잡지 못하게 너무 촘촘한 그물망 사용을 법적으로 규제한다.

이에 대한 설명으로 옳은 것만을 보기에서 있는 대로 고른 것은?

보기
ㄱ. A는 도로 건설 등으로 발생한 서식지 단편화를 해결하기 위한 방법이다.
ㄴ. 외래종의 도입으로 멸종 위기에 있는 고유 식물 종의 유전자원은 B를 이용하여 보관할 수 있다.
ㄷ. C는 어류의 남획으로 인한 수산 자원의 감소를 막는 방법이다.

① ㄴ   ② ㄱ, ㄴ   ③ ㄱ, ㄷ
④ ㄴ, ㄷ   ⑤ ㄱ, ㄴ, ㄷ

10 그림은 서식지 (가)가 (나)와 (다)로 분할되는 과정을, 표는 서식지 (가)~(다)의 중앙과 가장자리에 서식하는 종을 나타낸 것이다.

서식지	중앙 서식종	가장자리 서식종
(가)	㉠, ㉡, ㉢, ㉣	㉤, ㉥, ㉦, ㉧
(나)	㉠, ㉡	㉤, ㉥, ㉦
(다)	㉡	㉥, ㉦, ㉧

■ 중앙   ■ 가장자리

이에 대한 설명으로 옳은 것만을 보기에서 있는 대로 고른 것은?

보기
ㄱ. 서식지 단편화가 되면 가장자리 서식종보다 중앙 서식종의 종류가 더 감소한다.
ㄴ. 서식지 단편화가 되면 단편화 전보다 가장자리 서식종의 종류가 증가한다.
ㄷ. (나)와 (다) 사이에 생태통로를 만들면 종다양성이 증가한다.

① ㄱ   ② ㄱ, ㄴ   ③ ㄱ, ㄷ
④ ㄴ, ㄷ   ⑤ ㄱ, ㄴ, ㄷ

11 다음은 어느 지역의 지층을 이루는 암석과 화석을 조사하여 작성한 보고서의 일부 내용이다.

• 석회암층에서 방추충과 산호 화석을 관찰하였다.
• 석회암층 위에 쌓여 있는 셰일층에서 고사리 화석을 관찰하였다.

이에 대한 설명으로 옳은 것만을 보기에서 있는 대로 고른 것은?

보기
ㄱ. 석회암층은 따뜻한 바다에서 퇴적되었다.
ㄴ. 이 지역은 셰일층이 쌓이기 전에 지각 변동에 의해 융기가 일어났다.
ㄷ. 셰일층이 쌓일 당시 이 지역은 한랭한 기후가 지속되었다.

① ㄱ   ② ㄷ   ③ ㄱ, ㄴ
④ ㄴ, ㄷ   ⑤ ㄱ, ㄴ, ㄷ

12 그림은 고생대 이후 식물의 생존 기간과 번성 정도를 나타낸 것이다. A, B, C는 각각 겉씨식물, 속씨식물, 양치식물 중 하나이다.

이에 대한 설명으로 옳은 것만을 보기에서 있는 대로 고른 것은?

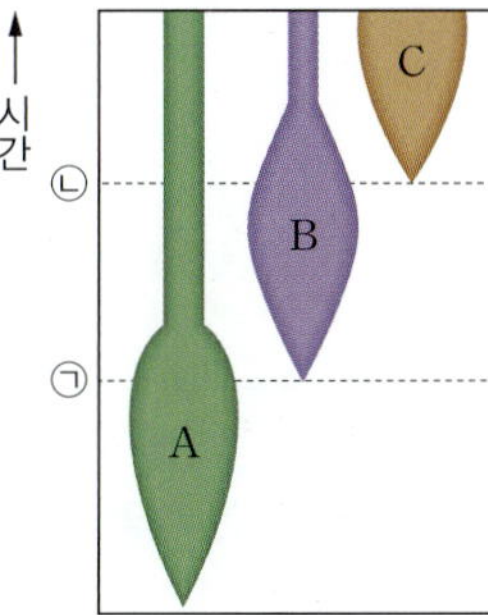

보기
ㄱ. A는 양치식물이다.
ㄴ. ㉠ 시기 이전에 양서류가 출현하였다.
ㄷ. 판게아의 분리가 시작된 시기는 ㉠과 ㉡ 사이이다.

① ㄱ   ② ㄴ   ③ ㄱ, ㄷ
④ ㄴ, ㄷ   ⑤ ㄱ, ㄴ, ㄷ

13 그림 (가)~(다)는 서로 다른 지층에서 발견된 화석을 나타낸 것이다.

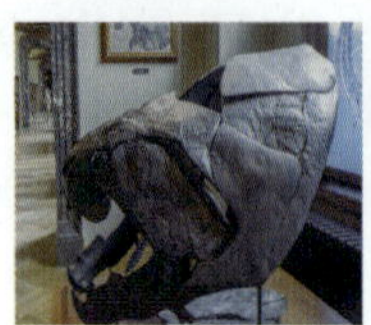  

(가) 갑주어   (나) 공룡   (다) 화폐석

이에 대한 설명으로 옳은 것은?

① (가)는 암모나이트와 같은 시기에 번성하였다.
② (나)는 고생대 말기에 멸종하였다.
③ (다)가 발견된 지층은 육지 환경에서 퇴적되었다.
④ 양치식물이 번성하던 시대에 형성된 화석은 (가)이다.
⑤ (다)가 발견된 지층은 (가)가 발견된 지층보다 먼저 퇴적되었다.

14 그림은 고생대 이후 동물 과의 수를 현재 동물 과의 수에 대한 비로 나타낸 것이다.

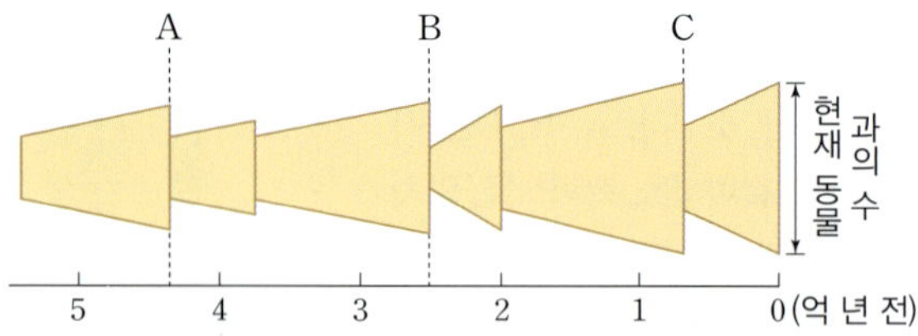

이에 대한 설명으로 옳은 것만을 보기에서 있는 대로 고른 것은?

보기
ㄱ. 삼엽충은 A 시기에 멸종하였다.
ㄴ. 생물 과의 멸종 비율은 B 시기가 C 시기보다 크다.
ㄷ. C 시기를 경계로 중생대와 신생대가 구분된다.

① ㄱ   ② ㄷ   ③ ㄱ, ㄴ
④ ㄴ, ㄷ   ⑤ ㄱ, ㄴ, ㄷ

15 다음은 어느 지역의 강에 살고 있는 물고기(A)와 그 포식자(B)에 대한 실험이다.

(가) B가 없는 지역에서 A의 다 자란 수컷은 화려한 몸 색깔을 가지고 있다.
(나) B가 있는 지역에서 A의 다 자란 수컷은 단조로운 몸 색깔을 가지고 있다.
(다) 단조로운 몸 색깔의 수컷을 B가 없는 곳에 이동시킨 후 10세대가 지나자 수컷의 몸 색깔이 화려해졌다.

이에 대한 설명으로 옳은 것만을 보기에서 있는 대로 고른 것은?

보기
ㄱ. A의 몸 색깔 변화는 자연선택으로 설명할 수 있다.
ㄴ. B가 있는 지역에서는 화려한 몸 색깔이 단조로운 몸 색깔보다 생존경쟁에 유리하다.
ㄷ. (다)에서 10세대가 지난 수컷을 다시 B가 있는 곳으로 옮기고 오랜 시간이 지나면 몸 색깔이 다시 단조로워질 것이다.

① ㄴ   ② ㄷ   ③ ㄱ, ㄴ   ④ ㄱ, ㄷ   ⑤ ㄴ, ㄷ

16 그림은 어떤 지역에서 나비 집단의 진화 과정을 나타낸 것이다. (가)와 (나)는 각각 돌연변이와 자연선택 중 하나이다.

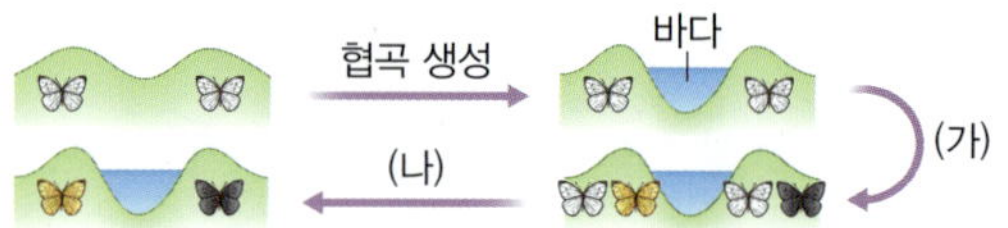

이에 대한 설명으로 옳은 것만을 보기에서 있는 대로 고른 것은?

보기
ㄱ. (가)에 의해 새로운 형질을 가진 개체가 나타났다.
ㄴ. (나)는 자연선택이다.
ㄷ. (나) 이후 나비 집단의 날개 색깔을 결정하는 유전 정보는 (가) 이전의 날개 색깔을 결정하는 유전정보와 동일하다.

① ㄱ   ② ㄴ   ③ ㄱ, ㄴ   ④ ㄱ, ㄷ   ⑤ ㄴ, ㄷ

17 표는 숲 (가)~(다)에 서식하는 식물 종 A~E의 개체수를, 그래프는 숲 (다)의 서식지 면적 변화에 따라 살아남은 종의 비율을 나타낸 것이다. (가)는 도로 건설로 인해 (나)와 (다)로 단편화되었으며, (가)의 면적은 (나)의 면적의 **3배**이다.

구분	A	B	C	D	E
(가)	8	26	12	14	18
(나)	4	9	0	0	14
(다)	1	20	2	19	15

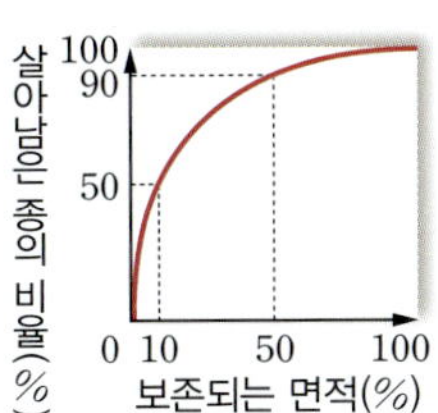

이에 대한 설명으로 옳은 것만을 보기에서 있는 대로 고른 것은? (단, 밀도는 서식 공간의 단위 면적당 개체수이다.)

보기
ㄱ. 종다양성은 (나)가 (가)보다 높다.
ㄴ. B의 밀도는 (나)가 (가)보다 높다.
ㄷ. 숲 (다)가 개발로 인해 면적이 50 % 감소하게 되면 서식하는 종의 비율은 50 %가 감소하게 된다.

① ㄱ   ② ㄴ   ③ ㄱ, ㄴ
④ ㄱ, ㄷ   ⑤ ㄴ, ㄷ

18 그래프는 어떤 섬에서 씨를 먹는 핀치 개체군의 가뭄 전후 개체수와 부리의 평균 크기를 조사한 자료이다.

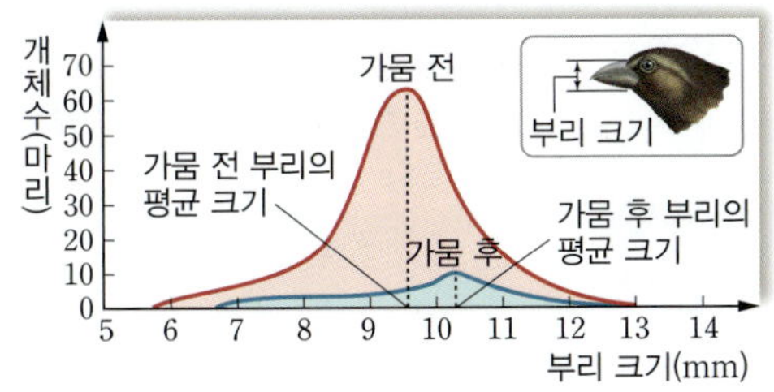

이에 대한 설명으로 옳은 것만을 보기에서 있는 대로 고른 것은? (단, 부리가 클수록 딱딱한 씨를 더 잘 먹는다.)

보기
ㄱ. 가뭄 전에도 부리 크기의 변이가 있었다.
ㄴ. 핀치는 부리 크기가 클수록 번식 속도가 빠르다.
ㄷ. 가뭄으로 작고 부드러운 씨보다 크고 딱딱한 씨의 비율이 높아졌을 것이다.

① ㄴ   ② ㄱ, ㄴ   ③ ㄱ, ㄷ
④ ㄴ, ㄷ   ⑤ ㄱ, ㄴ, ㄷ

19 다음은 격리된 숲에 사는 한 종의 나방 집단에 대한 자료이다.

시점	흰 나방 비율(%)	검은 나방 비율(%)
(가)	95	5
(나)	20	80

• 숲에는 밝은 색깔을 띠는 지의류가 많이 존재했으나 환경 오염으로 인해 지의류는 사라지고 나무줄기의 어두운 색깔이 드러나게 되었다.
• 검은 나방은 나무줄기의 어두운 색깔과 비슷하여 포식자인 새의 눈에 잘 띄지 않는다.

이에 대한 설명으로 옳은 것만을 보기에서 있는 대로 고른 것은?

보기
ㄱ. (가)는 숲에 지의류가 많이 존재할 때이다.
ㄴ. 지의류가 사라지면 검은 나방이 흰 나방보다 생존 경쟁에서 유리하다.
ㄷ. 이 나방 집단의 유전자 구성은 (가)일 때와 (나)일 때가 같다.

① ㄴ   ② ㄱ, ㄴ   ③ ㄱ, ㄷ
④ ㄴ, ㄷ   ⑤ ㄱ, ㄴ, ㄷ

20 그림 (가)~(다)는 각각 생태계다양성, 종다양성, 유전적 다양성 중 하나이다.

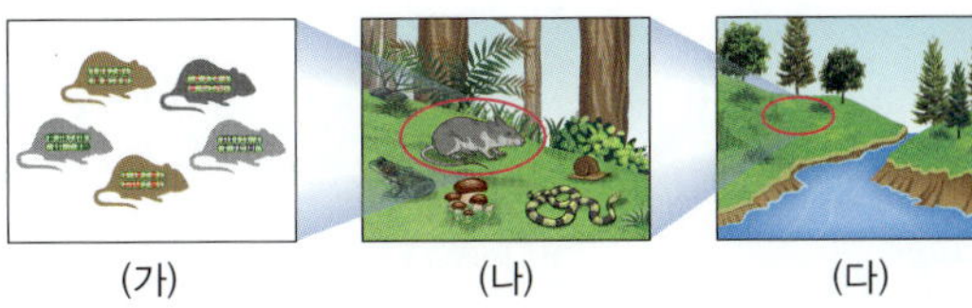

(가)   (나)   (다)

이에 대한 설명으로 옳은 것만을 보기에서 있는 대로 고른 것은?

보기
ㄱ. (가)가 높은 종은 전염병이 발생하였을 때 살아남을 확률이 높다.
ㄴ. (나)는 동물에만 해당한다.
ㄷ. 같은 종의 고양이의 털색이 다양하게 나타나는 것은 (다)의 예이다.

① ㄱ   ② ㄴ   ③ ㄱ, ㄴ   ④ ㄱ, ㄷ   ⑤ ㄴ, ㄷ

01 그림 (가)는 지질 시대의 상대적인 길이를 원그래프로 나타낸 것이고, 표 (나)의 ㉠, ㉡, ㉢은 지질 시대에 번성한 생물의 화석을 나타낸 것이다.

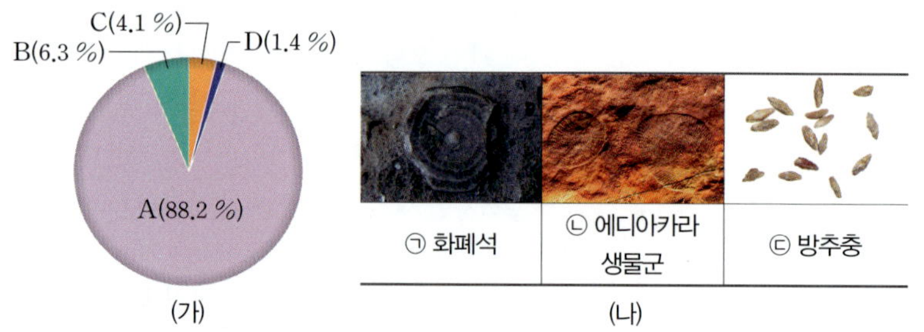

(1) (가)의 A~D 중 (나)의 ㉠, ㉡, ㉢이 번성했던 시기를 각각 쓰시오.

㉠ (   ), ㉡ (   ), ㉢ (   )

(2) (가)의 A~D 중 화석이 거의 발견되지 않는 시대를 쓰고, 그 까닭을 설명하시오.

단계별로 배경 지식 쌓기

Step ❶ 문제 분석하기

지질 시대의 상대적 길이를 비교한다.

➡ (   )>(   )
  >(   )>(   )

Step ❷ Key Word 찾아 답안 작성하기

- 화폐석은 (**1**), 에디아카라 생물군은 (**2**), 방추충은 (**3**)에 번성하였다.
- 생물의 개체수가 (**4**), 단단한 부분이 많을수록 화석으로 남기에 유리하다.

KeyWord

1	2
3	4

---

02 그림은 어느 지역에서 순서대로 쌓인 지층 (가)~(바)에서 산출되는 화석 a~e의 분포를 나타낸 것이다.

지층＼화석	a	b	c	d	e
(바)				●	●
(마)				●	●
(라)	●	●			●
(다)	●	●			●
(나)		●	●		
(가)		●	●		

화석의 분포로 지질 시대를 구분할 때 구분 기준이 되는 지층의 경계를 두 군데 쓰고, 판단 근거를 생물의 출현 및 멸종과 관련지어 설명하시오.

단계별로 배경 지식 쌓기

Step ❶ 문제 분석하기

화석을 형성한 생물의 출현 시기와 멸종 시기를 파악한다.

화석	출현	멸종
a		
b		
c		
d		
e		

Step ❷ Key Word 찾아 답안 작성하기

많은 생물들이 (**1**)하고 새로운 생물이 (**2**)하는 시기를 경계로 지질 시대를 구분할 수 있다.

KeyWord

1	2

03 그림은 고생대부터 현재까지 해양 생물 과의 수 변화를 나타낸 것이다.

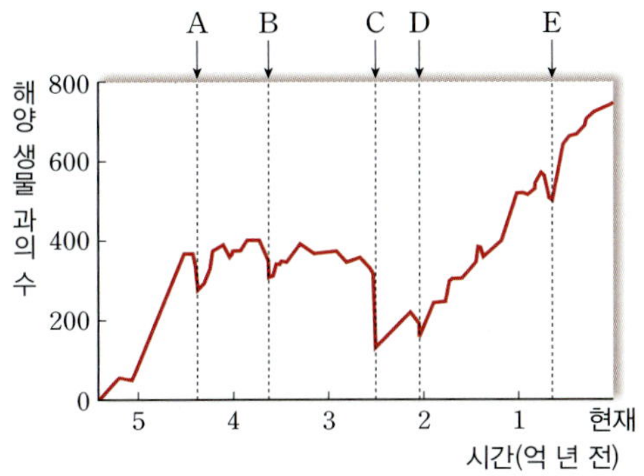

(1) A~E 중 고생대와 중생대의 경계, 중생대와 신생대의 경계를 각각 쓰시오.

• 고생대와 중생대의 경계: (   ) • 중생대와 신생대의 경계: (   )

(2) 대멸종 이후 해양 생물 과의 수 변화를 생물다양성과 관련지어 설명하시오.

Step ❶ 문제 분석하기

대멸종을 기준으로 해양 생물 과의 수 변화를 파악한다.

➡ 대멸종 시기에 해양 생물 과의 수는 급격히 (   )하고, 이후 점차 (   )하였다.

Step ❷ Key Word 찾아 답안 작성하기

• 약 2억 5200만 년 전부터 약 6600만 년 전까지의 지질 시대는 (❶)이다.

• 대멸종 이후에 살아남은 생물들은 다양한 종으로 진화하면서 생물다양성이 (❷)하였다.

KeyWord

❶ ____________________ ❷ ____________________

---

04 그림은 어떤 지역에서 일어나는 종 A의 진화 과정에서 털색에 따른 개체수 비율 변화를 나타낸 것이다. 이 지역은 기온이 높아 풀이 많이 자라는 지역이었으나 온도가 낮아져 눈이 많이 내리는 지역으로 바뀌게 되었다.

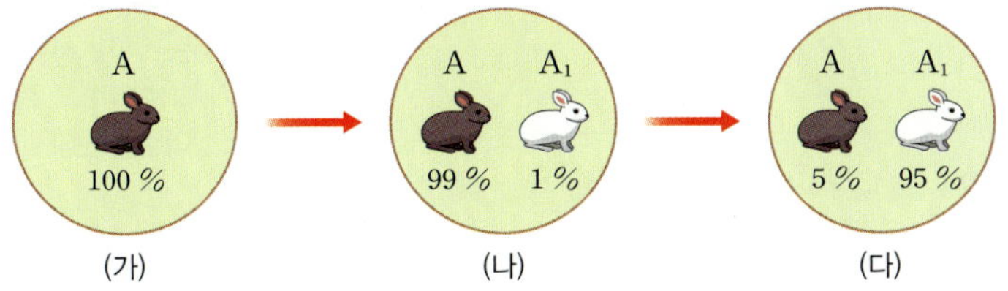

(1) (가) → (나) 과정에서 A_1이 나타나는 원인 두 가지를 설명하시오.

(2) 이 지역의 온도가 다시 높아졌을 때 예상되는 A와 A_1의 개체수 비율 변화를 설명하시오. (단, 종 A와 A_1의 생존에는 천적인 늑대의 영향이 가장 크다.)

Step ❶ 문제 분석하기

같은 종의 개체 사이에서 나타나는 다양한 형질의 변화를 (   )(이)라고 한다.

Step ❷ Key Word 찾아 답안 작성하기

• 유전자의 유전정보에 변화를 일으키는 요인으로는 (❶)와/과 (❷) 과정에서 일어나는 생식세포의 다양한 조합이 있다.

• 같은 형질이라도 어떤 (❸)(에)서는 생존에 유리하게 작용하지만, 다른 (❸)(에)서는 생존에 불리하게 작용할 수 있다.

Key Word

❶ ____________ ❷ ____________ ❸ ____________

05 다음은 다윈의 진화설에 따른 갈라파고스 제도에 사는 핀치의 진화 과정에 대해 학생 **A**가 조사한 내용을 정리한 것이다.

> (가) 갈라파고스 제도의 각 섬의 환경과 먹이에 적합한 부리를 가진 핀치만 살아남아 자손을 남기게 되었으며, 그 결과 다양한 부리를 가진 핀치로 진화하게 되었다.
>
> (나) 핀치의 부리는 작을수록 단단한 씨앗보다 부드러운 씨앗을 먹기에 유리하다.

어떤 지역에 습지가 생기기 전에는 큰 부리의 핀치 개체수가 많았으나 습지가 생긴 후에는 작은 부리의 핀치 개체수가 많아지게 되었다. 습지가 생긴 후 핀치 종류에 따라 개체수가 변화한 원인을 다윈의 진화설로 설명하시오.

06 다음은 세균을 여러 세대에 걸쳐 배양하는 실험과 이에 관련된 두 가지 주장 **A**, **B**를 나타낸 것이다.

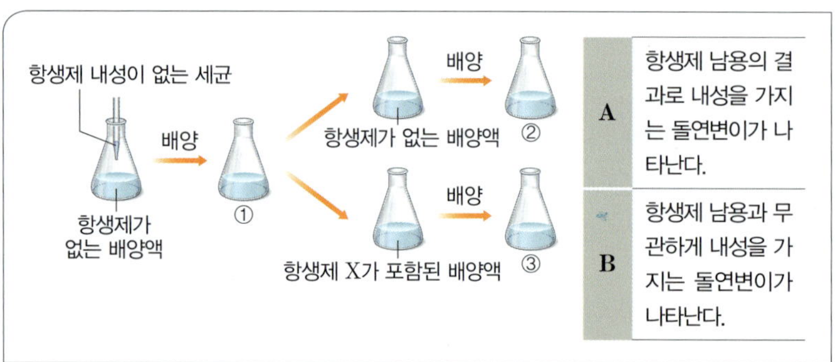

(1) A의 주장이 맞는 경우와 B의 주장이 맞는 경우로 나누어 예상되는 실험 결과를 쓰시오. (단, 내성 세균이 검출되는 경우는 ○, 내성 세균이 검출되지 않은 경우는 ×로 표시한다.)

구분	배양액 ①	배양액 ②	배양액 ③
A의 주장이 맞는 경우	㉠ ( )	㉡ ( )	㉢ ( )
B의 주장이 맞는 경우	㉣ ( )	㉤ ( )	㉥ ( )

(2) 두 가지 주장 A와 B 중 다윈의 자연선택설에 더 잘 부합하는 것을 고르고, 그 까닭을 자연선택설의 내용을 포함해 설명하시오.

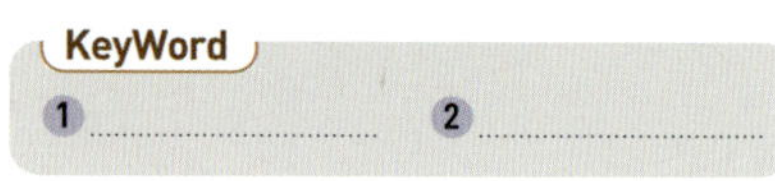

07 그림은 바위를 덮은 이끼층 (가)를 (나)와 (다) 두 가지로 나눈 다음, **6개월 후** 이끼 밑에 서식하는 소형 동물의 종 수 변화를 조사한 결과이다.

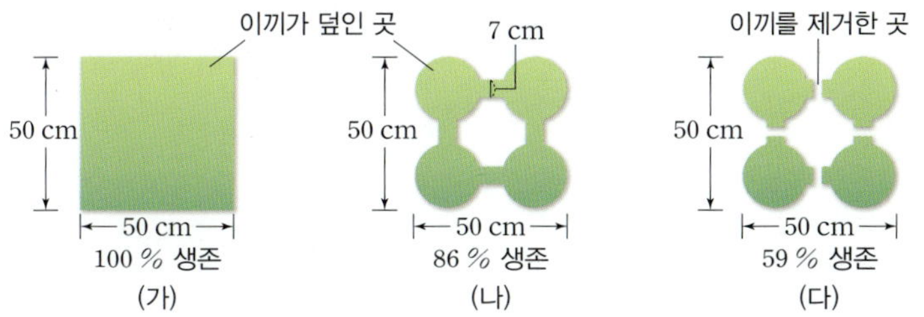

(1) 산에 도로를 만들 때 생물다양성이 감소하는 것을 줄이기 위한 방안을 (나)와 (다)의 결과를 포함하여 설명하시오.

____

____

(2) 서식지 단편화가 일어났을 때 예상되는 종다양성 변화를 설명하시오. (단, 종다양성의 높고 낮음을 판단하는 기준 두 가지를 포함한다.)

____

____

08 다음은 생물다양성에 대한 두 가지 사례를 나타낸 것이다.

> (가) 1950년대 말 우리나라에서는 모자이크바이러스에 강하다는 까닭으로 '광교'라는 콩 품종이 정부 주도로 전국에 보급되었다. 그 후 대부분 '광교'라는 품종만 사용하여 콩 농사를 짓게 되었다.
> (나) 대부분의 나라에서는 생산성과 경제성을 고려해 바나나 품종 중 '캐번디시'라는 품종만 재배하고 있다.

콩이나 바나나에 치명적인 전염병이 발생하였을 때 한 가지 품종만 대량 재배하는 경우와 다양한 품종을 재배하는 경우 중 어느 경우가 멸종할 가능성이 높은지 생물다양성 요소를 포함해 설명하시오.

____

____

Step ❶ 문제 분석하기

철도나 도로 건설로 서식지가 소규모로 나누어지는 현상을 (　　　　)(이)라고 한다.

Step ❷ Key Word 찾아 답안 작성하기

- 서식지 단편화로 인해 생물종의 이동이 제한되는 피해를 방지하기 위해 (❶)을/를 만든다.
- 한 지역의 종다양성은 (❷)의 수가 많고 각 종의 분포 비율이 (❸)할수록 높다.

KeyWord

❶ __________ ❷ __________ ❸ __________

Step ❶ 문제 분석하기

생물다양성의 세 가지 요소에는 (　　　　), (　　　　), (　　　　)이/가 있다.

Step ❷ Key Word 찾아 답안 작성하기

- 생물다양성의 세 가지 요소 중 같은 종의 생물이라도 (❶) 차이에 의해 다양한 형질이 나타나는 것을 (❷)(이)라고 한다.
- 인간이 생산성을 높이기 위해 한 가지 품종의 작물만 키우게 되면 특정 유전자의 비율이 높아진다.

Key Word

❶ __________ ❷ __________

입안의 세균 멈춰!
생선 비린내 멈춰!
산화와 환원
자연과 인류의 역사를 바꾼 화학 반응
산화와 환원
산과 염기의 중화 반응
산과 염기
중화 반응
이산화 탄소와 물로 산소를 만들어야지.
우리는 산소! 이곳저곳에 관여하지.
산소를 이용해서 활활 탈거야.
산소와 만났더니 색이 변했어.
우리는 산!
우리는 염기!

2

화학 변화

자연과 인류의 역사에 변화를 가져온 화학 반응에는 산화 · 환원 반응,
산 · 염기 반응이 있으며, 물질 변화에는 에너지가 출입한다.

1 산화와 환원

2 산과 염기의 중화 반응

3 물질 변화에서 에너지 출입

01 산화와 환원

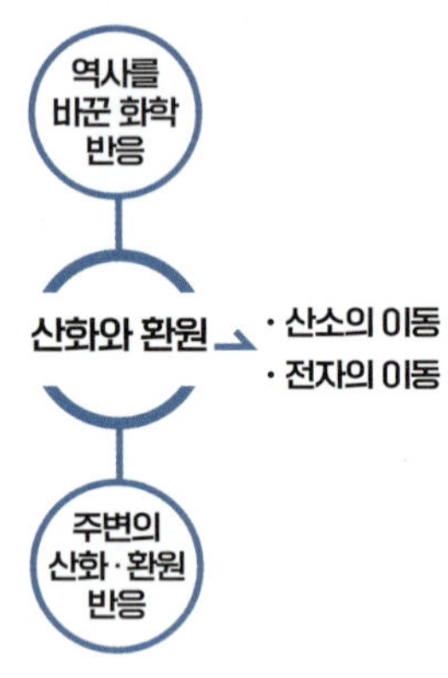

1 자연과 인류의 역사를 바꾼 화학 반응

자연은 화학 반응에 의해 끊임없이 변화해 왔고, 인류는 화학 반응을 이용하여 역사를 발전시켜 왔다. 자연과 인류의 역사에 큰 변화를 가져온 화학 반응에는 광합성, 화석 연료의 연소, 철의 제련 등이 있고, 이들과 관련된 화학 반응에는 산소가 관여한다는 공통점이 있다.

1. 광합성

(1) 광합성: 생물이 빛에너지를 이용하여 이산화 탄소(CO_2)와 물(H_2O)로부터 포도당($C_6H_{12}O_6$)과 산소(O_2)를 만드는 화학 반응이다.

(2) 광합성의 영향

① 대기 조성의 변화: 원시 지구의 대기는 메테인(CH_4), 암모니아(NH_3), 이산화 탄소(CO_2), 수증기(H_2O) 등으로 이루어져 있었고, 산소(O_2)가 거의 존재하지 않았다. 이후 바닷속에서 광합성을 하는 남세균이 출현해 대기 중 산소(O_2)의 농도가 높아지게 되었다.

포도당과 산소

광합성으로 생성된 포도당과 산소는 세포호흡에 이용되고, 이 과정에서 발생하는 에너지는 생명활동에 이용된다.

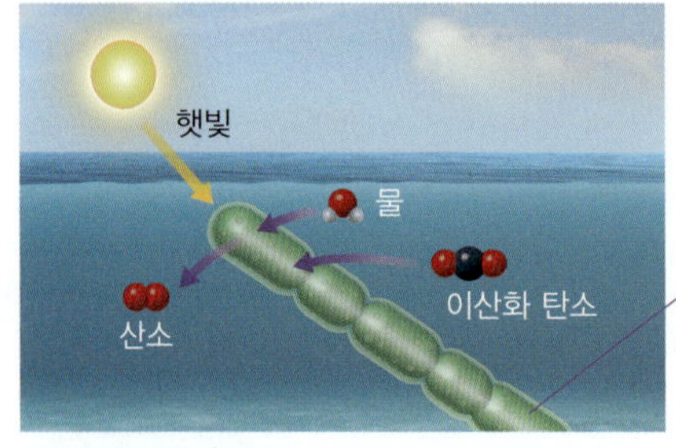

▲ 남세균의 광합성

▲ 남세균

좀 더 자세히!

남세균은 지구에서 광합성으로 산소를 생성한 최초의 생물로 알려져 있다.

오존의 생성

대기 중 산소 분자(O_2)가 자외선에 의해 두 개의 산소 원자(O)로 분해되는데, 이때 발생한 산소 원자가 다시 산소 분자와 결합하면 오존이 생성된다. 성층권에서 상대적으로 오존의 농도가 높은 공기층을 오존층이라고 한다.

② 오존층의 형성: 대기 중의 산소로부터 오존(O_3)이 생성되었고, 이것이 성층권의 오존층을 형성하였다. 오존층이 태양이나 우주로부터 오는 유해한 자외선이나 방사선 등을 차단해 주었기 때문에 육상에서도 생물이 살 수 있게 되었다.

③ 다양한 생물종의 출현: 산소를 이용해 세포호흡하는 다양한 생명체가 등장했으며, 광합성의 생성물인 유기물(포도당)이 먹이 사슬을 통해 이동하면서 안정한 생태계가 형성될 수 있었다. 그 결과 생물의 종류가 다양해졌다.

2. 화석 연료의 연소

(1) 화석 연료: 지질시대 생물의 유해가 땅속에 묻혀 오랜 기간 온도와 압력에 의해 화학 변화하여 생성된 것으로, 주성분은 탄소(C)와 수소(H)이다. 예 석탄, 석유, 천연가스 등

천연가스

석유와 함께 매장되어 있는 기체 상태의 가스로 주성분은 메테인(CH_4)이다. 천연가스는 도시가스로 이용되거나 버스의 연료로 이용된다.

(2) 화석 연료의 연소: 화석 연료는 공기 중의 산소와 빠르게 반응하여 연소하는 과정에서 이산화 탄소(CO_2)와 물(H_2O)을 생성하고 많은 열에너지를 방출한다.

(3) 화석 연료의 이용

① 산업과 교통의 발전: 화석 연료가 연소할 때 발생하는 열 에너지를 이용하면서 산업과 교통이 발달하였다. 석탄은 증기기관의 연료로 사용되면서 산업 혁명이 일어나는 데 큰 영향을 주었고, 석유와 천연가스는 다양한 산업과 운송 수단의 에너지원으로 이용되었다.

▲ 석탄이 연소할 때 발생하는 열에너지로 움직이는 증기 기관차

② 인류 생활의 편의성 향상: 석유는 플라스틱, 합성 섬유, 합성 고무 등의 다양한 화학 제품의 원료로 사용되어 인류의 생활을 편리하게 변화시켰다.

3. 철의 *제련

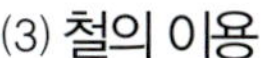

(1) **자연 상태의 철**: 철은 매장량이 풍부하지만 자연 상태에서 대부분 산소와 결합한 산화 철 형태로 존재한다.

(2) **철의 제련**: 산화 철(Ⅲ)(Fe_2O_3)이 주성분인 철광석에서 산소를 떼어내어 순수한 철을 얻는 과정이다.

▲ 철의 제련 과정 중 일부

(3) **철의 이용**

① 철은 강도가 높고 비교적 쉽게 가공할 수 있어 농기구, 화폐, 무기 등을 만드는 데 이용되었다. 철로 만든 농기구를 사용하여 농업 생산성이 높아졌고 제련 기술의 발달로 철을 본격적으로 사용하는 철기 시대를 통해 문명이 급속도로 발전하였다.

▲ 철기 시대 무기

② 오늘날에도 철은 산업, 건축 등 다양한 분야에 이용되며, 생활용품, 건축물, 교통수단을 발전시키는 데 큰 영향을 미쳤다.

4. 자연과 인류의 역사를 바꾼 화학 반응들의 공통점

광합성은 산소를 생성하고, 화석 연료의 연소는 산소를 이용하며, 철의 제련은 산화 철(Ⅲ)에서 산소를 분리하는 과정으로, 모두 산소가 관여하는 반응이다.

광합성	이산화 탄소 + 물 ⟶ 포도당 + 산소
화석 연료의 연소	화석 연료 + 산소 ⟶ 이산화 탄소 + 물
철의 제련	산화 철(Ⅲ) + 일산화 탄소 ⟶ 철 + 이산화 탄소

✔ 중요 개념 체크

정답과 해설 17쪽

1. 남세균과 같은 생물의 광합성에 의해 대기 중 (　　　　) 기체의 농도가 높아져 생물의 종류가 다양해졌다.

2. 자연과 인류의 역사를 바꾼 화학 반응에 대한 설명으로 옳은 것은 ○, 옳지 <u>않은</u> 것은 ×로 표시하시오.

   (1) 화석 연료가 연소하면 산소가 생성된다. ―――――――――――― (　　　)

   (2) 철의 제련은 철광석에서 산소를 떼어내어 순수한 철을 얻는 과정이다. ――――― (　　　)

철광석의 생성
원시 지구의 지각을 이루던 철은 바닷물에 녹아 철 이온으로 존재하였다. 광합성에 의해 생성된 산소가 철 이온과 결합하여 산화 철(Ⅲ)이 생성되었고, 지각 변동으로 인해 산화 철(Ⅲ)을 포함한 지층이 지표면으로 이동하였다.

철의 제련과 철의 이용
철은 지각에 함유된 양이 구리보다 많은데도 구리보다 늦게 사용되어 청동기 시대가 철기 시대보다 앞섰다. 이는 철은 구리보다 산화되기 쉬워, 즉 산소와 결합하기 쉬워 철광석에서 산소를 분리시켜 순수한 철을 분리해 내기가 구리보다 어려웠기 때문이다.

현대 사회에서 철의 다양한 이용 분야
철은 건축물, 교통수단 등 다양한 곳에 이용된다.

용어

*제련(製 만들다, 鍊 단련하다)
광석에 함유된 금속을 분리해 내는 과정이다.

광합성, 화석 연료의 연소, 철의 제련과 같이 산소가 관여하는 반응은 산화·환원 반응이다. 산화·환원 반응은 산소의 이동이나 전자의 이동으로 설명할 수 있다.

1. 산소의 이동과 산화 · 환원 반응

(1) 산소의 이동에 의한 산화와 환원의 정의

산화	환원
물질이 산소를 얻는 반응	물질이 산소를 잃는 반응

➡ 어떤 물질이 산소를 얻기 위해서는 반응하는 다른 물질이 산소를 잃어야 하므로 산화와 환원은 항상 동시에 일어난다.

(2) 산화 구리(Ⅱ)와 탄소의 산화 · 환원 반응 탐구 72쪽

① 검은색의 산화 구리(Ⅱ) 가루와 탄소 가루를 함께 시험관에 넣고 가열하면 붉은색 가루가 생성되고, 석회수가 뿌옇게 흐려진다.

② 시험관 속 물질이 붉은색을 띠는 까닭은 산화 구리(Ⅱ)가 산소를 잃고 붉은색의 구리로 환원되었기 때문이고, 석회수가 뿌옇게 흐려진 까닭은 탄소가 산소를 얻어 이산화 탄소로 산화되었기 때문이다.

▲ 산화 구리(Ⅱ)와 탄소의 반응

$$\underset{\text{산화 구리(Ⅱ)}}{2CuO} + \underset{\text{탄소}}{C} \longrightarrow \underset{\text{구리}}{2Cu} + \underset{\text{이산화 탄소}}{CO_2}$$

산화(산소 얻음)
환원(산소 잃음)

(3) 구리의 산화 · 환원 반응: 붉은색의 구리(Cu)판을 알코올램프의 겉불꽃에 넣으면 검은색으로 변하고, 검은색으로 변한 부분을 속불꽃에 넣으면 다시 붉은색으로 변한다.

겉불꽃 속 구리의 산화	속불꽃 속 산화 구리(Ⅱ)의 환원
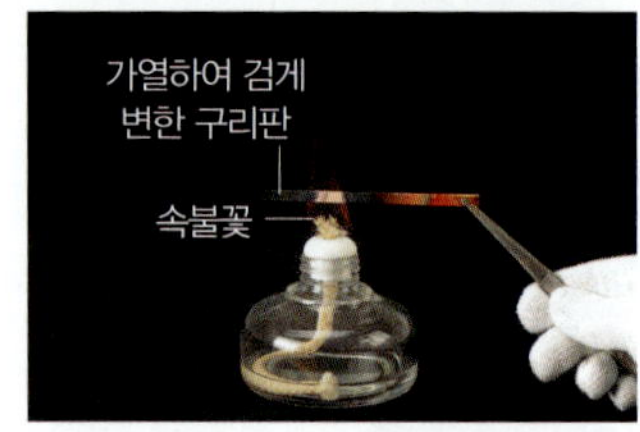	
• 겉불꽃에서 구리는 산소를 얻어 검은색의 산화 구리(Ⅱ)로 변한다. • 구리는 산소를 얻어 산화되고, 산소는 환원된다.	• 속불꽃에서 산화 구리(Ⅱ)는 알코올이 불완전 연소되어 생성되는 일산화 탄소와 반응하여 산소를 잃고 붉은색의 구리로 변한다. • 산화 구리(Ⅱ)는 산소를 잃어 환원되고, 일산화 탄소는 산소를 얻어 산화된다.

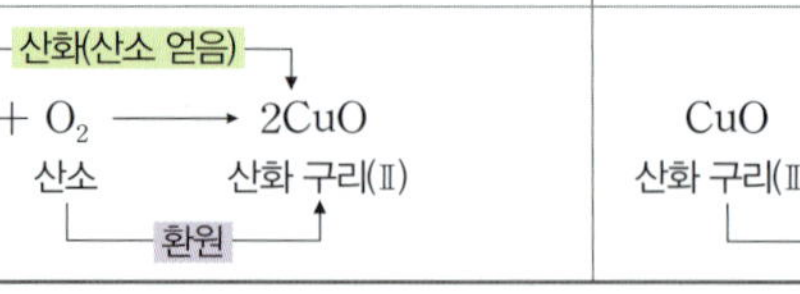

$$\underset{\text{구리}}{2Cu} + \underset{\text{산소}}{O_2} \longrightarrow \underset{\text{산화 구리(Ⅱ)}}{2CuO}$$

산화(산소 얻음)
환원

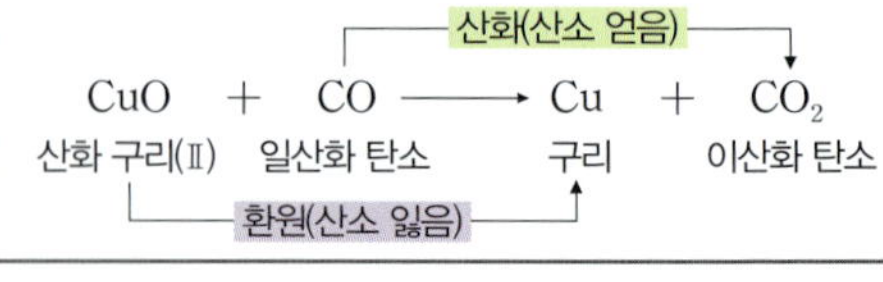

$$\underset{\text{산화 구리(Ⅱ)}}{CuO} + \underset{\text{일산화 탄소}}{CO} \longrightarrow \underset{\text{구리}}{Cu} + \underset{\text{이산화 탄소}}{CO_2}$$

산화(산소 얻음)
환원(산소 잃음)

산화 구리(Ⅱ)
산화 구리에는 산화 구리(Ⅰ)(Cu_2O)와 산화 구리(Ⅱ)(CuO)가 존재한다. Cu_2O에서 구리는 Cu^+ 상태이고, CuO에서 구리는 Cu^{2+} 상태이다. Ⅰ, Ⅱ는 구리 이온의 전하 +1, +2를 의미한다.

알코올램프의 겉불꽃과 속불꽃
• 겉불꽃: 바깥쪽 불꽃으로 산소가 충분하다.
• 속불꽃: 안쪽 불꽃으로 외부로부터 산소의 공급이 원활하지 않다. 따라서 불완전 연소가 일어나 일산화 탄소(CO)나 탄소(C)가 존재한다.

좀 더 자세히!
• 겉불꽃 속에서 산화된 구리판의 질량은 구리와 결합한 산소의 질량만큼 증가한다.
• 속불꽃 속에서 환원된 구리판의 질량은 산화 구리(Ⅱ)에서 떨어져 나간 산소의 질량만큼 질량이 감소한다.

(4) 철의 제련

① 코크스(C)의 산화: 코크스는 탄소의 함량이 높다. 철광석과 코크스 등을 용광로에 넣고 가열하면 코크스는 불완전 연소하여 일산화 탄소가 된다.

② 산화 철(Ⅲ)의 환원: 철광석의 주성분인 산화 철(Ⅲ)(Fe_2O_3)과 일산화 탄소가 반응하면 산화 철(Ⅲ)은 산소를 잃어 철이 되고, 일산화 탄소는 산소와 결합하여 이산화 탄소가 된다.

▲ 용광로에서 철의 제련

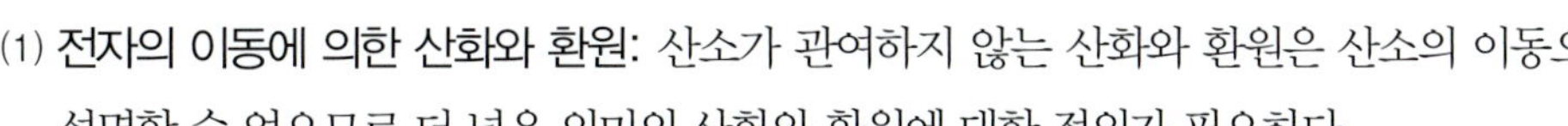

2. 전자의 이동과 산화·환원 반응

집중 분석 74쪽   심화 강의 75쪽

(1) 전자의 이동에 의한 산화와 환원: 산소가 관여하지 않는 산화와 환원은 산소의 이동으로 설명할 수 없으므로 더 넓은 의미의 산화와 환원에 대한 정의가 필요하다.

산화	환원
물질이 전자를 잃는 반응	물질이 전자를 얻는 반응

➡ 어떤 물질이 전자를 얻기 위해서는 반응하는 다른 물질이 전자를 잃어야 하므로 산화와 환원은 항상 동시에 일어난다.

(2) 구리와 산소의 반응: 금속인 구리는 전자를 잃고 산화되어 구리 이온(Cu^{2+})이 되고, 산소는 전자를 얻고 환원되어 산화 이온(O^{2-})이 된다. 양이온인 구리 이온과 음이온인 산화 이온은 이온 결합으로 산화 구리(Ⅱ)(CuO)를 생성한다. ➡ 산소가 관여하는 산화·환원 반응도 전자의 이동으로 설명할 수 있다.

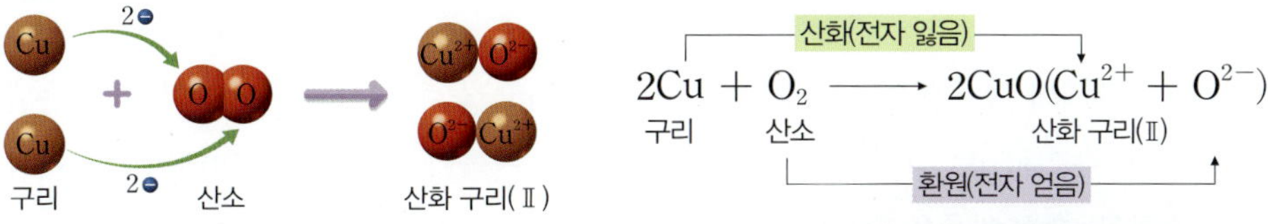

▲ 구리와 산소의 반응

(3) 마그네슘의 연소 반응: 마그네슘은 전자를 잃고 산화되어 마그네슘 이온(Mg^{2+})이 되고, 산소는 전자를 얻고 환원되어 산화 이온(O^{2-})이 된다. 양이온인 마그네슘 이온과 음이온인 산화 이온은 결합하여 산화 마그네슘(MgO)을 생성한다.

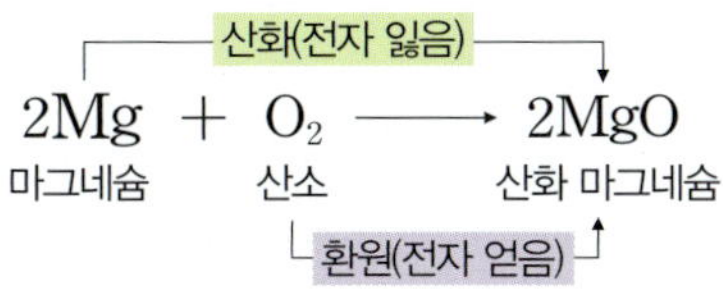

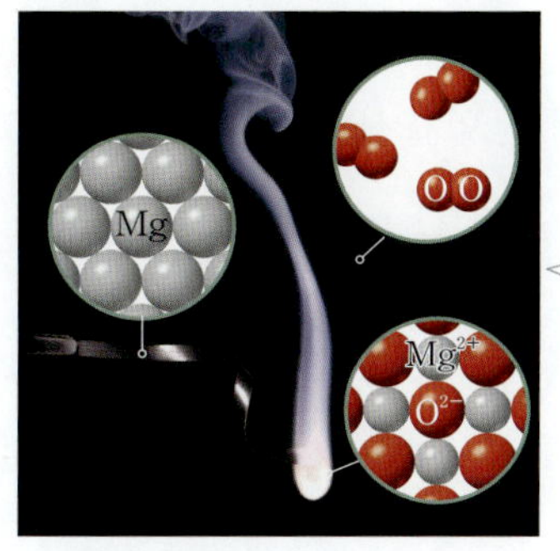

▲ 마그네슘의 연소 반응

용광로에서 철의 제련

철을 제련할 때 코크스 외에 석회석($CaCO_3$)도 함께 넣는다. 석회석은 철광석에 함유된 불순물인 이산화 규소(SiO_2)를 제거한다. 석회석이 열분해되어 생성된 산화 칼슘(CaO)은 이산화 규소와 반응하여 슬래그($CaSiO_3$)를 생성한다.

$$CaCO_3 \longrightarrow CaO + CO_2$$
$$CaO + SiO_2 \longrightarrow CaSiO_3$$

슬래그는 철보다 밀도가 작아 용융된 철과 분리되어 제거된다.

이온 결합과 산화·환원 반응

금속 원소와 비금속 원소가 반응하면 금속 원소는 양이온이 되고 비금속 원소는 음이온이 되어 이온 결합을 형성한다. 이때 금속 원소는 전자를 잃어 산화되고, 비금속 원소는 전자를 얻어 환원된다.

예 염화 나트륨의 생성
금속 원소인 나트륨은 전자를 잃고 산화되어 양이온이 되고, 비금속 원소인 염소는 전자를 얻고 환원되어 음이온이 되어 이온 결합으로 염화 나트륨이 생성된다.

마그네슘 조각을 공기 중에서 가열하면 마그네슘(Mg)과 산소(O_2)가 반응하여 흰색의 산화 마그네슘(MgO)이 생성된다.

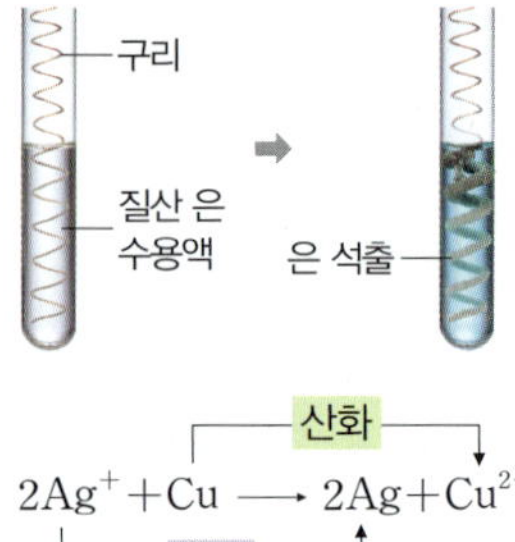

(4) 금속과 금속 이온의 반응(예 아연과 구리 이온의 반응)

① 아연판을 푸른색의 황산 구리(Ⅱ)($CuSO_4$) 수용액에 넣으면 아연은 수용액에 녹아 들어가고, 아연판의 표면에는 붉은색 구리가 석출되며 수용액의 푸른색이 점점 옅어진다.

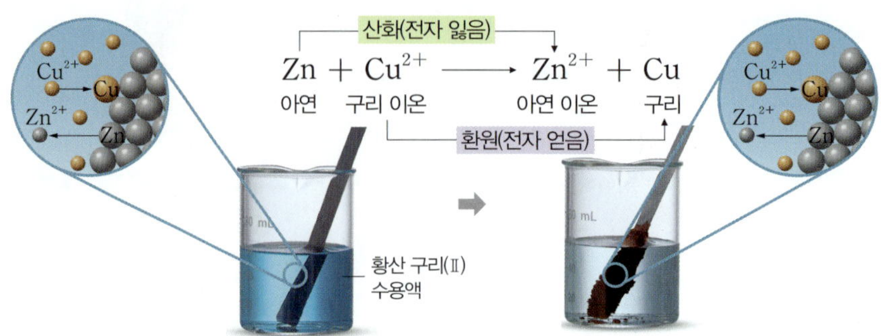

▲ 아연판과 황산 구리(Ⅱ) 수용액의 반응

② 아연은 전자를 잃고 아연 이온(Zn^{2+})으로 산화되고, 수용액 속 구리 이온(Cu^{2+})은 전자를 얻어 구리로 환원된다. 황산 이온(SO_4^{2-})은 반응에 참여하지 않는 구경꾼 이온이다.

③ 수용액의 푸른색이 점점 옅어지는 까닭: 푸른색을 나타내는 구리 이온(Cu^{2+})이 구리(Cu)로 석출되어 양이 점점 줄어들기 때문이다.

④ 아연의 반응성이 구리보다 크기 때문에 황산 구리(Ⅱ) 수용액과 아연이 반응한다. 반응성이 더 큰 금속을 반응성이 더 작은 금속의 이온이 들어 있는 수용액에 넣으면 반응성이 더 큰 금속은 전자를 잃고 산화되고, 반응성이 더 작은 금속의 이온은 전자를 얻어 환원된다.

(5) 금속과 산의 반응(예 아연과 묽은 염산의 반응)

① 아연(Zn)을 묽은 염산(HCl)에 넣으면 아연은 전자를 잃고 수용액에 녹아 들어가고, 아연 표면에는 기체가 발생한다.

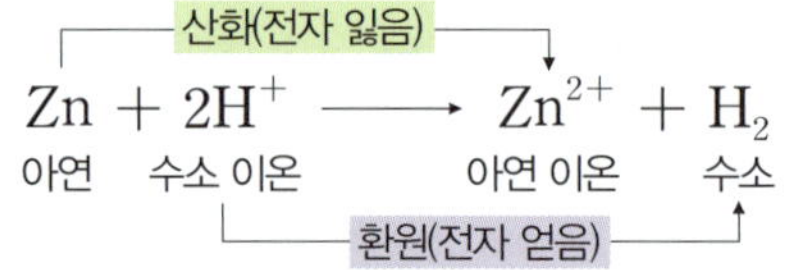

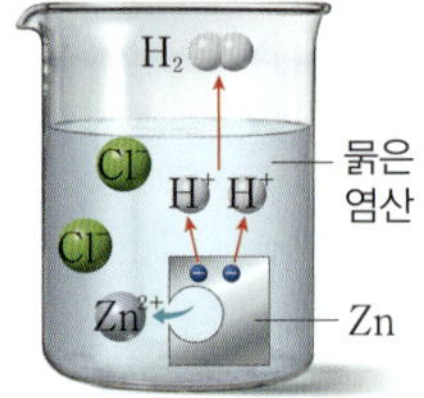

▲ 묽은 염산과 아연의 반응

② 아연은 전자를 잃고 아연 이온(Zn^{2+})으로 산화되고, 묽은 염산 속 수소 이온(H^+)은 전자를 얻어 수소(H_2)로 환원된다. 아연이 용액 속으로 녹아 들어가므로 아연의 질량이 점차 감소하고, 수소 이온은 수소 기체가 되므로 기포를 발생하면서 밖으로 빠져나간다.

③ 수소보다 반응성이 큰 금속(아연, 마그네슘 등)을 산의 수용액에 넣으면 금속은 전자를 잃고 산화되어 양이온이 되고, 수소 이온은 환원되어 수소 기체가 된다.

중요 개념 체크

정답과 해설 17쪽

3. 산화·환원 반응에 대한 설명으로 옳은 것은 ○, 옳지 않은 것은 ×로 표시하시오.

(1) 물질이 산소를 얻는 반응은 산화이다. ───────────────────── (   )

(2) 물질이 전자를 잃는 반응은 환원이다. ───────────────────── (   )

(3) 산화와 환원은 항상 동시에 일어난다. ───────────────────── (   )

 우리 주변의 산화 · 환원 반응

생명 현상과 관련된 광합성이나 세포호흡뿐만 아니라 우리 주변에서 일어나는 다양한 변화는 산화·환원 반응과 관련되어 있다.

1. 생명 현상에서의 산화 · 환원 반응

광합성과 세포호흡은 생명체에서 일어나는 대표적인 산화 · 환원 반응이다. 광합성은 빛에너지가 화학 에너지로 전환되는 화학 반응이고, 세포호흡은 화학 에너지를 이용하여 생명 활동에 필요한 에너지를 얻는 화학 반응이다.

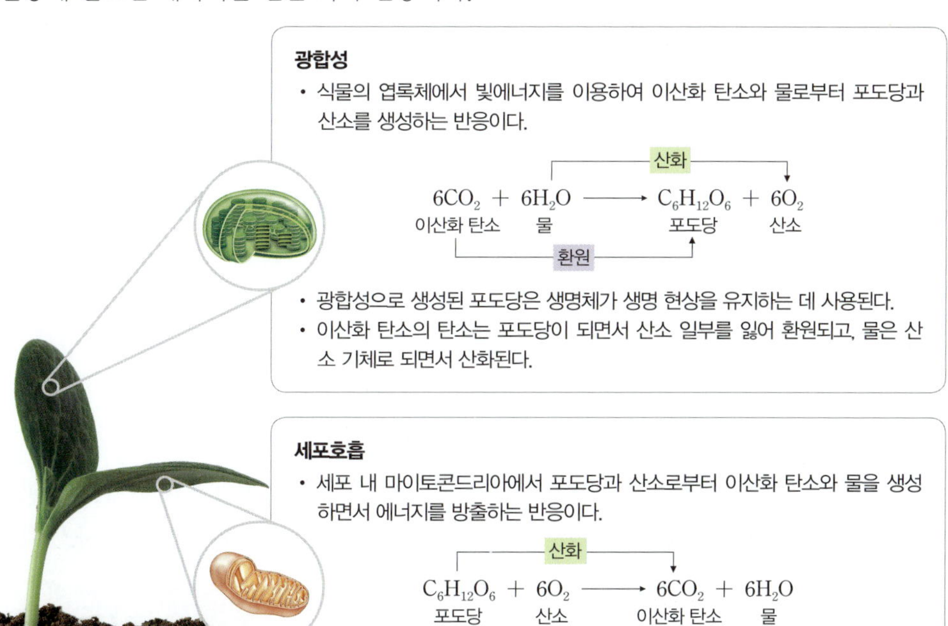

광합성
- 식물의 엽록체에서 빛에너지를 이용하여 이산화 탄소와 물로부터 포도당과 산소를 생성하는 반응이다.

$$6CO_2 + 6H_2O \longrightarrow C_6H_{12}O_6 + 6O_2$$

이산화 탄소 · 물 · 포도당 · 산소 (산화 / 환원)

- 광합성으로 생성된 포도당은 생명체가 생명 현상을 유지하는 데 사용된다.
- 이산화 탄소의 탄소는 포도당이 되면서 산소 일부를 잃어 환원되고, 물은 산소 기체로 되면서 산화된다.

세포호흡
- 세포 내 마이토콘드리아에서 포도당과 산소로부터 이산화 탄소와 물을 생성하면서 에너지를 방출하는 반응이다.

$$C_6H_{12}O_6 + 6O_2 \longrightarrow 6CO_2 + 6H_2O$$

포도당 · 산소 · 이산화 탄소 · 물 (산화 / 환원)

- 생명체는 세포호흡을 통해 생명활동에 필요한 에너지를 얻는다.
- 포도당의 탄소는 이산화 탄소가 되면서 산소를 얻어 산화되고, 산소는 물로 되면서 환원된다.

마이토콘드리아에서 일어나는 세포호흡과 생물체의 에너지 저장

마이토콘드리아는 세포호흡이 일어나는 장소이다. 마이토콘드리아에서 효소의 작용을 통해 포도당을 분해하고, 이때 발생하는 에너지를 ATP의 형태로 저장한다. 에너지 소비가 많은 세포일수록 마이토콘드리아가 많이 존재한다.

2. 우리 주변의 산화 · 환원 반응

(1) 화석 연료의 연소

① 도시가스의 연소: 도시가스의 주성분은 메테인(CH_4)이며, 메테인이 연소하면 이산화 탄소와 물이 생성되면서 열과 빛을 낸다. 이때 메테인은 산화되고 산소는 환원된다.

$$CH_4 + 2O_2 \longrightarrow CO_2 + 2H_2O$$

메테인 · 산소 · 이산화 탄소 · 물 (산화 / 환원)

▲ 도시가스의 연소

② 연료의 연소: 연료로 많이 사용되는 뷰테인 가스, 휘발유, 경유 등은 주성분이 탄소와 수소 등이다. 따라서 연료가 연소하면 이산화 탄소와 물이 생성되는 산화 · 환원 반응이 일어난다.

연소 생성물

물질이 연소하면 물질을 구성하는 원소와 산소가 결합한 물질이 생성된다. C와 H로 이루어진 화석 연료가 연소하면 C와 산소가 결합하여 CO_2가 생성되고, H와 산소가 결합하여 H_2O이 생성된다.

(2) 수소 연료 전지

① 수소 연료 전지 자동차: 수소 연료 전지에서는 수소와 산소가 반응하여 물이 생성되는 과정에서 물질의 화학 에너지가 전기 에너지로 전환되며, 이 전기 에너지는 수소 연료 전지 자동차의 동력원이나 우주선의 에너지원으로 이용된다.

▲ 수소 연료 전지 자동차

② 수소 연료 전지에 수소 기체와 산소 기체를 넣으면 수소는 산소와 결합하여 물로 산화되고, 산소는 물로 환원되는 산화·환원 반응이 일어난다.

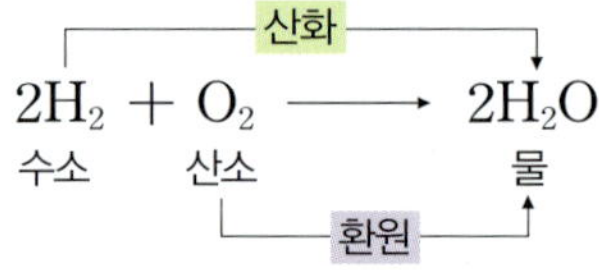
$$2H_2 + O_2 \longrightarrow 2H_2O$$

산화 / 환원

수소　　산소　　　　물

(3) 철의 *부식: 수분이 존재하는 상태에서 철이 공기 중의 산소와 반응하여 붉은색의 녹인 산화 철(Ⅲ)(Fe_2O_3)을 만드는 과정이다.

① 철은 전자를 잃어 산화 철(Ⅲ)로 산화되고, 산소는 전자를 얻어 환원된다.

$$4Fe + 3O_2 \longrightarrow 2Fe_2O_3$$

산화 / 환원

철　　　　산소　　　　산화 철(Ⅲ)

② 바닷가나 염화 칼슘 제설제를 뿌린 도로를 달린 자동차는 부식이 더 빨리 일어난다. 이는 염화 나트륨이나 염화 칼슘과 같이 수용액에서 이온을 생성하는 물질은 철과 산소 사이의 전자 이동이 잘 일어나도록 하기 때문이다.

▲ 산소 흡수제　▲ 진공 포장

플러스 강의 ➕ 철의 부식을 방지하는 방법

❶ **철이 물이나 산소와 접촉하는 것을 차단하기**: 철의 표면에 페인트칠이나 기름칠을 하거나 다른 금속으로 도금하여 철을 보호한다.

❷ **합금**: 한 금속에 다른 종류의 금속을 섞어 만든 혼합물을 합금이라고 한다. 합금은 금속의 본래 성질을 보완하여 부식을 방지할 수 있다.

❸ **음극화 보호**: 금속의 반응성을 이용하여 철의 부식을 방지하는 방법이다. 철보다 반응성이 큰 마그네슘이나 아연을 철과 접촉하거나 도선으로 연결하면 마그네슘이나 아연이 철보다 먼저 산화하면서 철의 부식이 방지된다.

(4) 다양한 산화·환원 반응의 예

① 과일의 갈변: 과일을 깎은 후에 공기 중에 놓아두면 산화·환원 반응이 일어나 과일의 색이 변한다. 이는 과일에 들어 있는 효소에 의해 폴리페놀 화합물이 산화되기 때문이다.

② 음식의 부패: 미생물에 의해 음식물 내의 유기물이 공기 중의 산소와 산화·환원 반응하여 분해되기 때문에 일어난다.

③ 철 가루를 이용한 손난로: 손난로를 흔들면 손난로 속 철이 공기 중의 산소와 산화·환원 반응을 한다. 이 산화·환원 반응이 일어날 때 발생한 열이 손을 따뜻하게 한다.

④ 표백제의 표백 작용: 가정에서 많이 사용하는 염소계 표백제와 산소계 표백제는 색깔을 띠는 물질을 산화시켜 색을 나타내지 않게 한다.

⑤ 반딧불이의 불빛: 반딧불이는 루시페린이라는 물질이 산소와 반응하여 산화되는 과정에서 빛에너지를 방출한다.

⑥ 은 숟가락의 녹 제거: 은 숟가락의 검은색 녹을 알루미늄과 산화·환원 반응하여 제거한다.

▲ 과일의 갈변

▲ 음식의 부패

▲ 철 가루를 이용한 손난로

▲ 표백제의 표백 작용

▲ 반딧불이의 불빛

▲ 은 숟가락의 녹 제거

플러스 강의 ➕ 은 숟가락의 녹 제거

❶ 소금물이 들어 있는 비커에 알루미늄 포일을 넣고 검게 녹슨 은 숟가락을 알루미늄 포일에 올려놓은 후 가열하면 은 숟가락의 검은 녹이 제거된다.

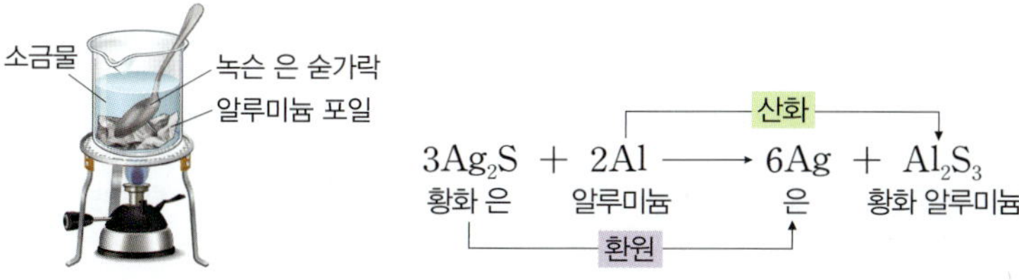

❷ 은 숟가락의 검은색 녹은 황화 은(Ag_2S)으로, 은 이온(Ag^+)과 황화 이온(S^{2-})으로 이루어졌다. 황화 은과 알루미늄이 반응하면 은 이온은 전자를 얻어 은(Ag)으로 환원되고, 알루미늄(Al)은 전자를 잃어 알루미늄 이온으로 산화된다.

❸ 전해질인 염화 나트륨이 녹아 있는 소금물은 황화 은과 알루미늄 사이의 전자 이동이 쉽게 일어나도록 하므로 산화·환원 반응이 빨라진다.

✔ 중요 개념 체크

정답과 해설 17쪽

4. 다음은 철의 부식과 관련된 설명이다. (　　) 안에 들어갈 알맞은 말을 고르시오.

철의 부식은 수분이 존재하는 상태에서 철이 공기 중의 ㉠ (수소, 산소)와 반응하여 붉은색의 녹인 산화 철(Ⅲ)을 생성하는 과정이다. 이때 철은 전자를 ㉡ (잃어, 얻어) 산화 철(Ⅲ)로 ㉢ (산화, 환원)된다.

산화 구리(Ⅱ)와 탄소의 반응

목표 | 구리와 관련된 반응에서 산화되는 물질과 환원되는 물질을 알 수 있다.

탐구 영상

과정 및 결과

❶ 시험관에 검은색의 산화 구리(Ⅱ)(CuO) 6 g과 탄소(C) 가루 1 g을 넣는다.
❷ 그림과 같이 장치한 후 시험관을 가열한다.
❸ 시험관 속 물질과 석회수의 변화를 관찰한다.

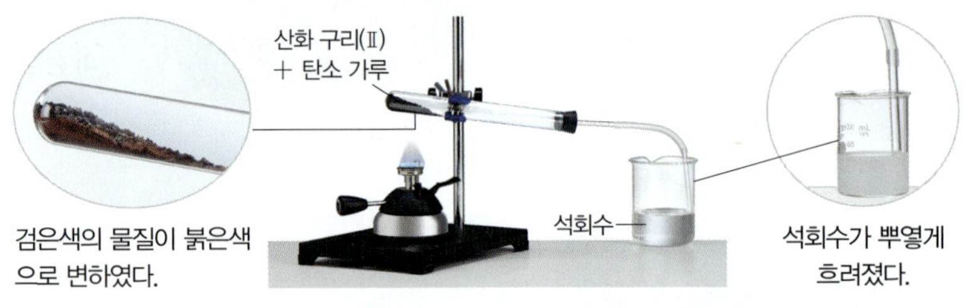

➡ 시험관 속 붉은색 물질은 구리이고, 석회수를 뿌옇게 흐려지게 하는 기체는 이산화 탄소이므로 생성된 물질은 구리와 이산화 탄소이다.

정리

• 산화 구리(Ⅱ)와 탄소가 반응하면 붉은색의 구리와 이산화 탄소가 생성된다. 이때 산화 구리(Ⅱ)는 산소를 잃고 구리로 환원되고, 탄소는 산소를 얻어 이산화 탄소로 산화된다.

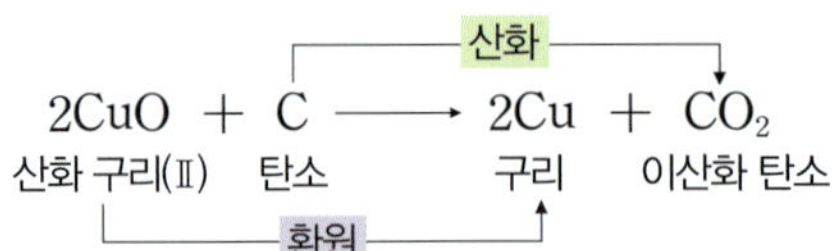

$$2CuO + C \longrightarrow 2Cu + CO_2$$

산화 구리(Ⅱ)　　탄소　　　구리　　이산화 탄소

(산화 ↑, 환원)

♀ **시험관 입구를 아래로 기울이는 까닭**

실험에서 발생하는 이산화 탄소 기체는 공기보다 무겁기 때문에 시험관 입구를 아래로 기울여 이산화 탄소 기체가 잘 모이도록 한다.

♀ **이산화 탄소와 석회수의 반응**

이산화 탄소와 석회수가 반응하면 흰색의 탄산 칼슘($CaCO_3$) 앙금이 생성되므로 석회수가 뿌옇게 흐려진다.

$$Ca(OH)_2 + CO_2 \longrightarrow CaCO_3\downarrow + H_2O$$

이렇게도 할 수 있어요!

Tip 미래엔 교과서에서는 반응하는 물질과 가열하는 방법을 다르게 하여 구리의 산화·환원 반응을 탐구한다.
구리판을 알코올램프의 겉불꽃에 넣어 가열하고, 가열한 구리판을 다시 속불꽃에 넣어 가열하면서 불꽃과 닿은 부분의 변화를 관찰한다.

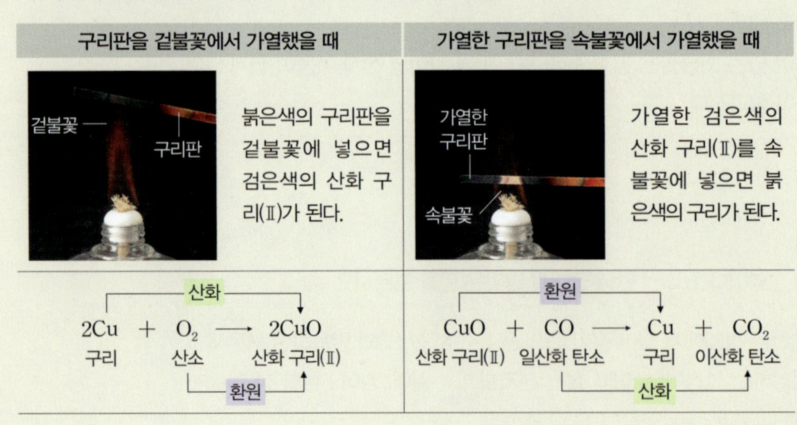

$$2Cu + O_2 \longrightarrow 2CuO$$
구리　　산소　　산화 구리(Ⅱ)
(산화 ↑, 환원)

$$CuO + CO \longrightarrow Cu + CO_2$$
산화 구리(Ⅱ)　일산화 탄소　구리　이산화 탄소
(환원, 산화)

♀ **겉불꽃과 속불꽃의 차이**

겉불꽃은 공기와 맞닿아 있어 산소(O_2)가 많지만, 속불꽃은 외부로부터 들어오는 산소가 적다. 따라서 불완전 연소가 일어나기 쉬워 일산화 탄소(CO)나 탄소(C)가 많다.

탐구 확인 문제

01 앞의 탐구에 대한 설명으로 옳은 것은 ○, 옳지 <u>않은</u> 것은 ×로 표시하시오.

(1) 산화 구리(Ⅱ)와 탄소 가루의 반응은 산화·환원 반응이다. ——————————— (   )

(2) 산화 구리(Ⅱ)는 산화된다. ——————— (   )

(3) 탄소 가루는 산소와 결합한다. ————— (   )

(4) 시험관에 생성된 붉은색 고체는 구리이다. – (   )

02 앞의 탐구에 대한 설명으로 옳지 <u>않은</u> 것을 모두 고르면?

(답 2개)

① 탄소는 환원된다.

② 산화 구리(Ⅱ)에서 탄소로 산소가 이동한다.

③ 시험관 속에 들어 있는 전체 물질의 질량은 변하지 않는다.

④ 석회수의 변화로부터 생성된 기체의 종류를 알 수 있다.

⑤ 시험관 입구를 아래로 기울이는 까닭은 반응 후 생성된 기체의 밀도가 공기보다 크기 때문이다.

⑥ 산화 구리(Ⅱ)와 탄소의 반응은 산소의 이동으로 산화와 환원을 설명할 수 있다.

03 그림은 산화 구리(Ⅱ)(CuO)와 탄소(C)를 반응시켰을 때 시험관 속 물질의 변화를 나타낸 것이다.

(1) 시험관에서 일어나는 반응을 화학 반응식으로 나타내시오.

(2) 위와 같은 변화가 나타나는 까닭을 산화·환원 반응과 관련지어 설명하시오.

적용

04 그림 (가)와 같이 구리판을 겉불꽃에 넣으면 검게 변하고, (나)와 같이 구리판의 검게 변한 부분을 속불꽃에 넣으면 다시 붉은색으로 변한다.

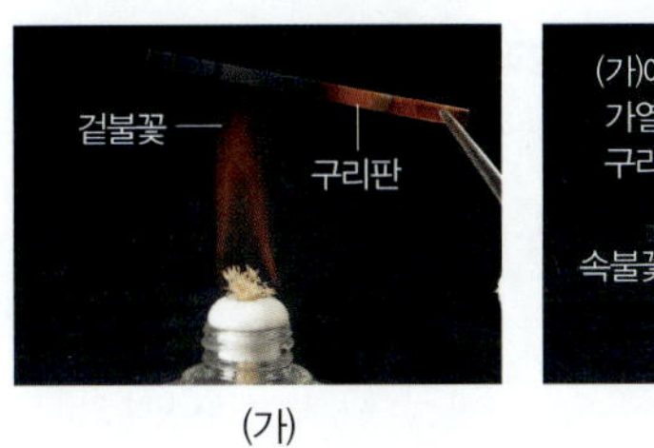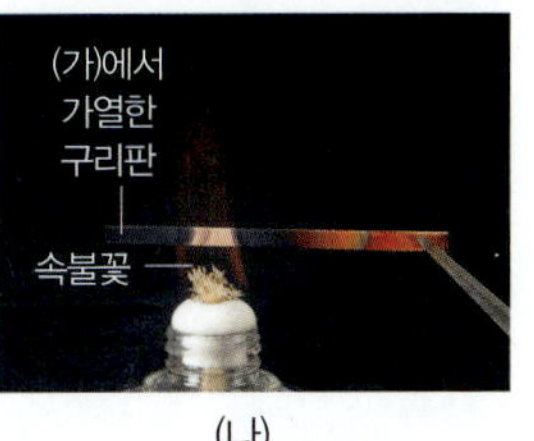

이에 대한 설명으로 옳은 것은?

① (가)에서 구리판의 질량은 감소한다.

② (나)에서 검은색으로 변한 구리판의 질량은 증가한다.

③ (가)에서 구리는 산소와 결합한다.

④ (나)에서 일산화 탄소는 구리와 결합한다.

⑤ (가)와 (나)에서 산화되는 물질은 서로 같다.

수능형

05 시험관에 산화 구리(Ⅱ)와 탄소 가루를 넣고 그림과 같이 장치한 후 시험관을 가열하였다.

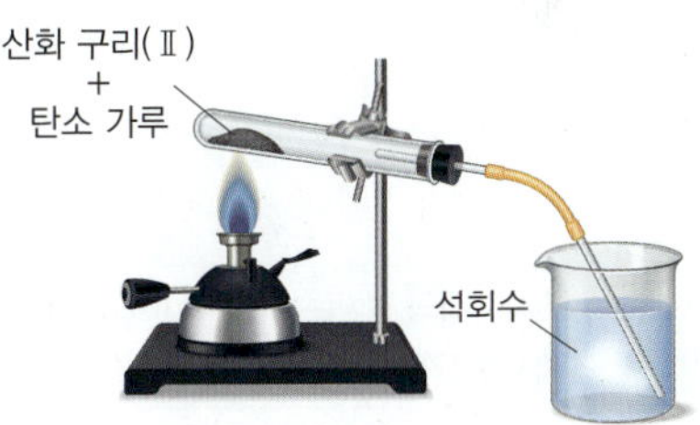

이에 대한 설명으로 옳은 것만을 보기에서 있는 대로 고른 것은?

> 보기
> ㄱ. 산화 구리(Ⅱ)는 산소와 결합한다.
> ㄴ. 탄소가 산화되어 이산화 탄소가 발생한다.
> ㄷ. 석회수는 뿌옇게 흐려진다.

① ㄱ　　　　② ㄴ　　　　③ ㄱ, ㄷ

④ ㄴ, ㄷ　　　⑤ ㄱ, ㄴ, ㄷ

전자의 이동과 산화·환원

화학 반응식에 이온이 나타나지 않는 산화·환원 반응도 전자의 이동으로 설명할 수 있다. 산화·환원 반응에서 전자의 이동을 파악하면 수용액 속 이온 수의 변화와 질량의 변화를 알 수 있다.

1 이온 결합 물질의 형성과 전자의 이동

금속 원소와 비금속 원소가 이온 결합 물질을 형성할 때 금속 원소는 전자를 잃어 산화되고, 비금속 원소는 전자를 얻어 환원된다.

구리(Cu)와 산소(O_2)의 반응		나트륨(Na)과 염소(Cl_2)의 반응	
화학 반응식	산화 / $2Cu + O_2 \longrightarrow 2CuO$ / 환원	화학 반응식	산화 / $2Na + Cl_2 \longrightarrow 2NaCl$ / 환원
전자의 이동으로 설명	• Cu는 금속 원소이고 전자를 잃어 Cu^{2+}이 되므로 산화된다. • O_2는 비금속 원소로 이루어진 물질이고, 전자를 얻어 O^{2-}이 되므로 환원된다.	전자의 이동으로 설명	• Na은 금속 원소이고 전자를 잃어 Na^+이 되므로 산화된다. • Cl_2는 비금속 원소로 이루어진 물질이고, 전자를 얻어 Cl^-이 되므로 환원된다.

2 산화·환원 반응에서 수용액 속 이온 수의 변화와 질량의 변화

산화·환원 반응에서 산화되는 물질이 잃는 전자 수와 환원되는 물질이 얻는 전자 수는 같아야 한다. 이를 이용하면 산화·환원 반응이 일어날 때 수용액 속 이온 수의 변화를 알 수 있다.

아연(Zn) 조각과 황산 구리(Ⅱ)($CuSO_4$) 수용액의 반응		마그네슘(Mg) 조각과 묽은 염산(HCl)의 반응	
변화	수용액의 푸른색이 옅어지고(Cu^{2+} 감소), 붉은색의 Cu가 석출된다.	변화	마그네슘(Mg) 조각의 크기가 작아지고, 수소(H_2) 기체가 발생한다.
이온 수 변화	Zn은 Zn^{2+}이 되면서 전자 2개를 잃고, Cu^{2+}은 전자 2개를 얻으므로 Zn과 Cu^{2+}이 1 : 1의 개수비로 반응한다. ➡ 수용액 속 전체 이온 수가 일정하다. 산화 / $Zn + Cu^{2+} \longrightarrow Zn^{2+} + Cu$ / 환원	이온 수 변화	Mg은 Mg^{2+}이 되면서 전자 2개를 잃고, H^+은 전자 1개를 얻으므로 Mg과 H^+이 1 : 2의 개수비로 반응한다. ➡ 수용액 속 전체 이온 수가 감소한다. 산화 / $Mg + 2H^+ \longrightarrow Mg^{2+} + H_2$ / 환원
질량 변화	원자 1개의 질량은 Zn>Cu이고, Zn 1개가 녹아 들어갈 때 Cu 1개가 석출되므로 금속판의 전체 질량은 감소한다.	질량 변화	Mg 금속이 녹아 들어가고 H_2 기체는 공기 중으로 빠져나가므로 금속판의 질량은 감소한다.

예제

1 그림은 질산 은($AgNO_3$) 수용액에 구리(Cu) 선을 넣어 두었을 때 구리 선 표면에 은이 석출되고, 수용액의 색이 푸른색으로 변한 모습을 나타낸 것이다. 이 반응에서 산화된 물질을 쓰고, 수용액 속 전체 이온 수는 어떻게 변하는지 쓰시오.

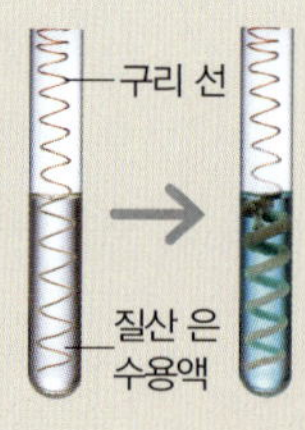

풀이 이 반응의 화학 반응식은 $Cu + 2Ag^+ \longrightarrow Cu^{2+} + 2Ag$이므로 산화된 물질은 Cu이다. Cu와 Ag은 1 : 2의 개수비로 반응하므로 Cu^{2+} 1개가 생성될 때 Ag^+ 2개가 감소한다. 또 NO_3^-은 반응에 참여하지 않으므로 수용액 속 전체 이온 수는 감소한다.

답 Cu. 수용액 속 전체 이온 수는 감소한다.

산화·환원 반응 정의의 확장

『통합과학』에서는 산화와 환원을 산소의 이동과 전자의 이동으로 설명한다. 이온 결합이 형성되는 반응과 같이 전자의 이동으로 쉽게 산화와 환원을 설명할 수 있는 경우도 있지만, 공유 결합이 형성되는 반응이나 광합성과 같은 복잡한 반응은 산소나 전자의 이동으로 산화와 환원을 설명하는 것이 어렵다. 이러한 반응에서 산화와 환원을 설명하기 위해서는 『화학 반응의 세계』에서 배우는 산화수 개념을 이용하는 것이 편리하다.

1 공유 결합 물질이 생성될 때 산화와 환원을 어떻게 설명할 수 있을까?

공유 결합은 두 원자가 전자쌍을 함께 공유하면서 이루어지는 결합이며, 공유 결합이 형성되는 산화·환원 반응은 전기 음성도로 설명할 수 있다. 공유 결합이 형성될 때 원자마다 공유 전자쌍을 끌어당기는 힘이 다르므로 H_2와 같이 같은 원자로 이루어진 공유 결합 물질을 제외하고는 공유 전자쌍이 한 원자 쪽으로 치우치게 된다. 이때 공유 전자쌍을 끌어당기는 힘의 상대적인 세기를 전기 음성도라고 하고, 전기 음성도가 큰 원자 쪽으로 공유 전자쌍이 치우친다. 따라서 공유 결합에서는 전기 음성도가 큰 원자 쪽으로 공유 전자쌍이 모두 이동한다고 가정하고 산화와 환원을 설명한다.

예 $H_2 + Cl_2 \longrightarrow HCl$의 반응 ➡ 전기 음성도는 $Cl > H$이므로 HCl에서 Cl이 공유 전자쌍을 완전히 차지한다고 가정하면 Cl_2는 전자를 얻어 환원되고, H_2는 전자를 잃어 산화된다.

♀ **몇 가지 원소의 전기 음성도**
- F: 4.0으로 원소 중 가장 크다.
- O: 3.5 ·N: 3.0
- C: 2.5 ·H: 2.1

2 산화·환원 반응을 쉽게 설명할 수 있는 방법은 무엇일까?

(1) **산화수**: 물질을 구성하는 원자가 어느 정도 산화되었는지 나타내는 가상적인 전하이다.

산화수를 정하는 규칙

- 원소를 구성하는 원자의 산화수는 0이다.
  예 H_2, Cu, Mg에서 각 원자의 산화수는 모두 0이다.
- 화합물에서 O의 산화수는 -2, H의 산화수는 $+1$이다.
- 단원자 이온의 산화수는 그 이온의 전하와 같다.
  예 Na^+과 O^{2-}의 산화수는 각각 $+1$, -2이다.

- 다원자 이온에서 각 원자의 산화수 합은 그 이온의 전하와 같다.
  예 OH^-에서 O와 H의 산화수는 각각 -2, $+1$이므로 산화수의 총합은 -1이다.
- 화합물에서 각 원자의 산화수 합은 0이다.
  예 CO_2에서 (C의 산화수)$+(-2)×2=0$이 되어야 하므로 C의 산화수는 $+4$이다.

♀ **산화수 규칙의 예외**
산화물에 산소 원자가 더해진 과산화물에서 O의 산화수는 -1이고, 금속의 수소 화합물에서 H의 산화수는 -1이다.
예 H_2O_2, NaH

(2) **산화수와 산화·환원**: 화학 반응이 일어날 때 어떤 원자의 산화수가 증가하면 산화된 것이고, 산화수가 감소하면 환원된 것이다.

예 메테인(CH_4)의 연소 반응 ➡

$$\overset{산화(산화수 증가)}{\underset{환원(산화수 감소)}{\underset{-4\ +1}{CH_4} + \underset{0}{2O_2} \longrightarrow \underset{+4\ -2}{CO_2} + \underset{+1\ -2}{2H_2O}}}$$

예제

1 다음은 광합성의 화학 반응식이다.

$$6CO_2 + 6H_2O \longrightarrow C_6H_{12}O_6 + 6O_2$$

이 반응에서 산화되는 물질과 환원되는 물질을 각각 쓰시오.

풀이

$$\overset{산화(산화수 증가)}{\underset{환원(산화수 감소)}{\underset{+4\ -2}{6CO_2} + \underset{+1\ -2}{6H_2O} \longrightarrow \underset{0\ +1\ -2}{C_6H_{12}O_6} + \underset{0}{6O_2}}}$$

답 산화되는 물질은 H_2O이고, 환원되는 물질은 CO_2이다.

교과서 속 START 내신 완성 문제

01 다음은 자연과 인류의 역사를 바꾼 화학 반응에 대한 설명이다.

> (가) 화석 연료가 대기 중의 (㉠)과/와 반응하여 연소하면 이산화 탄소와 물 등이 생성되고, 열에너지가 발생한다.
>
> (나) 생물이 빛에너지를 이용하여 이산화 탄소와 물로부터 포도당과 (㉠)을/를 만든다.
>
> (다) 철광석의 산화 철(Ⅲ)을 코크스와 반응시키면 산화 철(Ⅲ)에 결합되어 있는 (㉠)이/가 분리되어 순수한 철을 얻을 수 있다.

이에 대한 설명으로 옳지 <u>않은</u> 것은?

① ㉠은 산소이다.
② (가)는 산업 혁명이 일어나는 데 큰 역할을 하였다.
③ (나)로 인해 오존층이 형성되었고, 다양한 생명체가 등장하였다.
④ (나)에서 환원되는 물질은 물이고, (다)에서 환원되는 물질은 산화 철(Ⅲ)이다.
⑤ (가)~(다)는 모두 산화·환원 반응이다.

02 _{서술형} 다음은 산화 구리(Ⅱ)와 탄소 가루를 시험관에 넣고 가열하는 반응과 이 반응의 화학 반응식을 나타낸 것이다.

> $2CuO + C \longrightarrow 2Cu + CO_2$
> 산화 구리(Ⅱ)　탄소　　구리　이산화 탄소

(1) 시험관 속 물질과 석회수의 변화를 설명하시오.

(2) 산화되는 물질과 환원되는 물질을 각각 쓰시오.

03 다음은 구리판을 알코올램프로 가열하는 실험이다.

> (가) 붉은색의 구리판을 알코올램프의 겉불꽃에 넣어 가열하였더니 검은색으로 변하였다.
>
> (나) (가)에서 검은색으로 변한 구리판을 속불꽃에 넣고 가열하였더니 붉은색으로 변하였다.

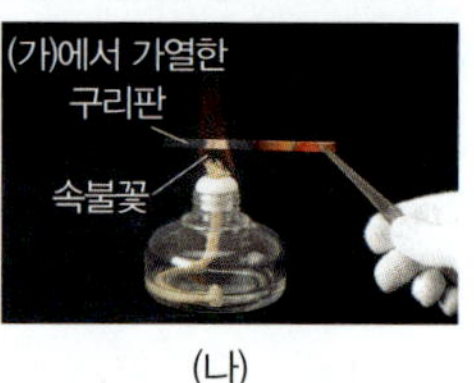

이에 대한 설명으로 옳지 <u>않은</u> 것은?

① (가)에서 구리는 산화된다.
② (가)에서 구리판의 질량은 증가한다.
③ (가)에서 검은색으로 변한 물질은 산화 구리(Ⅱ)(CuO)이다.
④ (나)에서 검은색으로 변한 물질은 환원된다.
⑤ (가)에서 산화되는 물질과 (나)에서 산화되는 물질의 종류는 같다.

04 다음은 용광로에 철광석과 코크스(C)를 넣어 철을 제련할 때 일어나는 반응을 화학 반응식으로 나타낸 것이다.

> (가) $2C + O_2 \longrightarrow 2CO$
>
> (나) $Fe_2O_3 + 3CO \longrightarrow 2Fe + 3\boxed{㉠}$

이에 대한 설명으로 옳은 것만을 보기에서 있는 대로 고른 것은?

> **보기**
> ㄱ. ㉠은 CO_2이다.
> ㄴ. (가)에서 O_2는 산화된다.
> ㄷ. (나)에서 Fe_2O_3은 환원된다.

① ㄴ　　　② ㄷ　　　③ ㄱ, ㄴ
④ ㄱ, ㄷ　　　⑤ ㄱ, ㄴ, ㄷ

05 다음은 두 가지 산화 · 환원 반응의 화학 반응식이다.

> (가) $C + O_2 \longrightarrow CO_2$
> (나) $2Mg + O_2 \longrightarrow 2MgO$

이에 대한 설명으로 옳은 것만을 보기에서 있는 대로 고른 것은?

보기
ㄱ. (가)에서 C는 산화된다.
ㄴ. (나)에서 O_2는 환원된다.
ㄷ. (나)는 전자의 이동으로 산화와 환원을 설명할 수 있다.

① ㄱ   ② ㄴ   ③ ㄱ, ㄷ
④ ㄴ, ㄷ   ⑤ ㄱ, ㄴ, ㄷ

06 다음은 산화 · 환원 반응에 대한 세 학생의 대화이다.

제시한 의견이 옳은 학생만을 있는 대로 고른 것은?

① A   ② B   ③ A, C
④ B, C   ⑤ A, B, C

07 다음은 세 가지 반응의 화학 반응식이다.

> (가) $CuO + H_2 \longrightarrow Cu + H_2O$
> (나) $C_6H_{12}O_6 + 6O_2 \longrightarrow 6CO_2 + 6H_2O$
> (다) $2AgNO_3 + Cu \longrightarrow 2Ag + Cu(NO_3)_2$

위 반응에서 산화되는 물질을 모두 쓰시오.

08 그림과 같이 푸른색 황산 구리(Ⅱ) $(CuSO_4)$ 수용액에 아연(Zn)판을 넣었더니 아연판 표면에 구리(Cu)가 석출되었다.
이에 대한 설명으로 옳은 것만을 보기에서 있는 대로 고른 것은?

보기
ㄱ. 아연은 전자를 얻는다.
ㄴ. 수용액의 푸른색이 옅어진다.
ㄷ. 수용액 속 전체 이온 수는 감소한다.

① ㄱ   ② ㄴ   ③ ㄱ, ㄷ
④ ㄴ, ㄷ   ⑤ ㄱ, ㄴ, ㄷ

09 서술형 그림과 같이 묽은 염산(HCl)이 들어 있는 시험관에 아연(Zn) 조각을 넣었더니 기체가 발생하였다.

(1) 이 반응에서 발생하는 기체는 무엇인지 쓰시오.

(2) 이 반응에서 환원되는 물질을 쓰시오.

(3) 반응 후 아연 조각의 전체 질량은 어떻게 변하는지 설명하시오.

10 그림은 질산 은($AgNO_3$) 수용액에 구리(Cu) 선을 넣어 두었을 때 구리 선 표면에 금속이 석출되고, 수용액이 푸른색으로 변한 모습을 나타낸 것이다.

(1) 실험 결과 구리 선 표면에 석출된 물질의 화학식을 쓰시오.

(2) 수용액의 색이 푸른색으로 변한 까닭을 산화 · 환원 반응과 관련지어 설명하시오.

11 다음은 세 가지 반응의 화학 반응식이다.

> (가) $Zn + Cu^{2+} \longrightarrow Zn^{2+} + Cu$
> (나) $Zn + 2H^+ \longrightarrow Zn^{2+} + H_2$
> (다) $Al + 3Ag^+ \longrightarrow Al^{3+} + 3Ag$

이에 대한 설명으로 옳은 것만을 보기에서 있는 대로 고른 것은?

> 보기
> ㄱ. (가)와 (나)에서 Zn은 산화된다.
> ㄴ. (다)에서 전자는 Ag^+에서 Al으로 이동한다.
> ㄷ. (가)~(다) 중 반응이 일어날 때 수용액 속 전체 이온 수가 감소하는 반응은 한 가지이다.

① ㄱ   ② ㄷ   ③ ㄱ, ㄴ
④ ㄴ, ㄷ   ⑤ ㄱ, ㄴ, ㄷ

12 그림은 생명체에서 일어나는 두 가지 화학 반응을 모식적으로 나타낸 것이다.

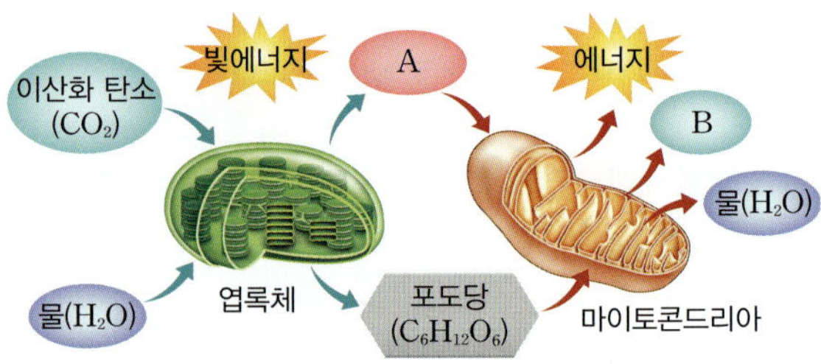

(1) A와 B에 해당하는 물질의 화학식을 각각 쓰시오.

(2) 엽록체와 마이토콘드리아에서 산화되는 물질을 각각 쓰시오.

13 다음은 두 가지 산화 · 환원 반응의 화학 반응식이다.

> (가) 도시가스의 연소 반응
> $$CH_4 + 2O_2 \longrightarrow CO_2 + 2\ \boxed{\ ㉠\ }$$
> (나) 수소 연료 전지에서의 반응
> $$2H_2 + O_2 \longrightarrow 2\ \boxed{\ ㉡\ }$$

이에 대한 설명으로 옳은 것만을 보기에서 있는 대로 고른 것은?

> 보기
> ㄱ. ㉠과 ㉡은 모두 H_2O이다.
> ㄴ. (나)의 반응이 일어날 때 화학 에너지가 전기 에너지로 전환된다.
> ㄷ. (가)와 (나)에서 O_2는 모두 환원된다.

① ㄱ   ② ㄷ   ③ ㄱ, ㄴ
④ ㄴ, ㄷ   ⑤ ㄱ, ㄴ, ㄷ

14 다음은 우리 주변에서 일어나는 현상이다.

> (가) 반딧불이의 꽁무니에서 빛이 난다.
> (나) 깎아 놓은 사과가 갈색으로 변한다.
> (다) 공기 중에서 철이 녹슬어서 붉게 변한다.
> (라) 석회수에 이산화 탄소를 넣으면 뿌옇게 흐려진다.

(가)~(라) 중 산화 · 환원 반응을 모두 고르시오.

JUMP 도전 문제

01 다음은 자연과 인류의 역사를 바꾼 화학 반응의 화학 반응식이다. (서술형)

> (가) 철의 제련
> $$Fe_2O_3 + 3CO \longrightarrow 2Fe + 3\boxed{\text{㉠}}$$
> (나) 메테인의 연소
> $$CH_4 + 2O_2 \longrightarrow CO_2 + 2\boxed{\text{㉡}}$$
> (다) $6\boxed{\text{㉠}} + 6\boxed{\text{㉡}} \longrightarrow C_6H_{12}O_6 + 6O_2$

(1) ㉠과 ㉡에 해당하는 물질의 화학식을 각각 쓰시오.

(2) (다)의 반응을 무엇이라고 하는지 쓰시오.

(3) (가)의 반응에서 산화되는 물질과 환원되는 물질을 쓰고, 그 까닭을 산소의 이동과 관련지어 설명하시오.

02 그림은 드라이아이스(CO_2) 내부에 구멍을 만들어 마그네슘(Mg) 가루를 넣고 공기를 차단한 후 연소시켰더니 흰색 가루와 검은색 가루가 남은 모습을 나타낸 것이다.

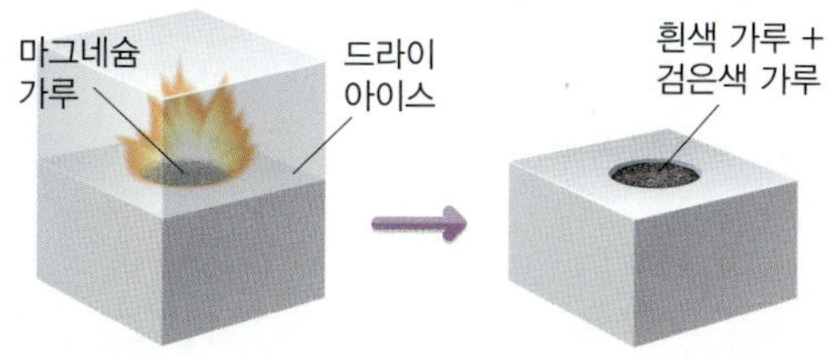

이에 대한 설명으로 옳은 것만을 보기에서 있는 대로 고른 것은?

> **보기**
> ㄱ. 흰색 가루는 산화 마그네슘(MgO)이고 검은색 가루는 탄소(C)이다.
> ㄴ. 드라이아이스는 산화된다.
> ㄷ. 마그네슘은 전자를 얻는다.

① ㄱ   ② ㄴ   ③ ㄱ, ㄷ
④ ㄴ, ㄷ   ⑤ ㄱ, ㄴ, ㄷ

03 다음은 구리(Cu)판을 이용한 실험이다.

> (가) 붉은색의 구리판의 질량을 측정했더니 w_1 g이었다.
> (나) (가)의 ㉠ 구리판을 알코올램프의 겉불꽃에 넣어 가열했더니 검은색으로 변하였다.
> (다) (나)에서 검은색으로 변한 구리판의 질량을 측정했더니 w_2 g이었다.
> (라) (나)에서 ㉡ 검은색으로 변한 부분을 알코올램프의 속불꽃에 넣어 가열했더니 다시 붉은색으로 변하였다.

이에 대한 설명으로 옳은 것만을 보기에서 있는 대로 고른 것은?

> **보기**
> ㄱ. (나)에서 ㉠은 전자를 잃는다.
> ㄴ. $w_1 > w_2$이다.
> ㄷ. (라)에서 ㉡은 환원되어 ㉠으로 변한다.

① ㄱ   ② ㄴ   ③ ㄱ, ㄷ
④ ㄴ, ㄷ   ⑤ ㄱ, ㄴ, ㄷ

04 그림은 질산 은($AgNO_3$) 수용액에 마그네슘(Mg) 조각을 넣어 반응시켰을 때, 반응 전과 후에 수용액에 들어 있는 양이온을 모형으로 나타낸 것이다. 이때 마그네슘 조각의 표면에서 금속이 석출되었다.

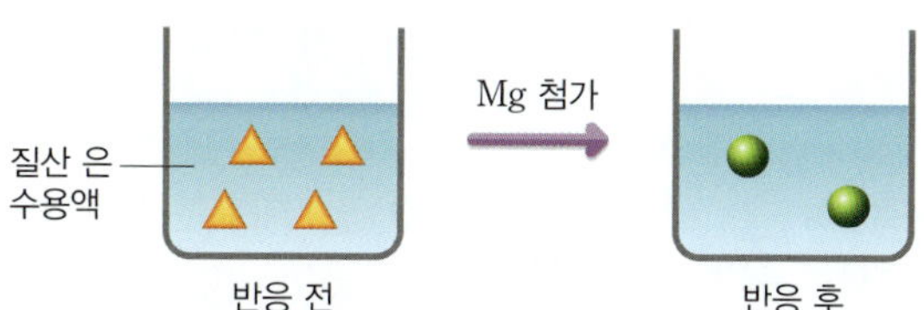

이에 대한 설명으로 옳은 것만을 보기에서 있는 대로 고른 것은? (단, 원자 1개의 질량은 $Ag > Mg$이며, 물과 음이온은 반응에 참여하지 않는다.)

> **보기**
> ㄱ. ●은 Ag^+이다.
> ㄴ. Ag^+은 환원된다.
> ㄷ. 반응 후 Mg 조각의 전체 질량은 증가한다.

① ㄱ   ② ㄷ   ③ ㄱ, ㄴ
④ ㄴ, ㄷ   ⑤ ㄱ, ㄴ, ㄷ

02 산과 염기의 중화 반응

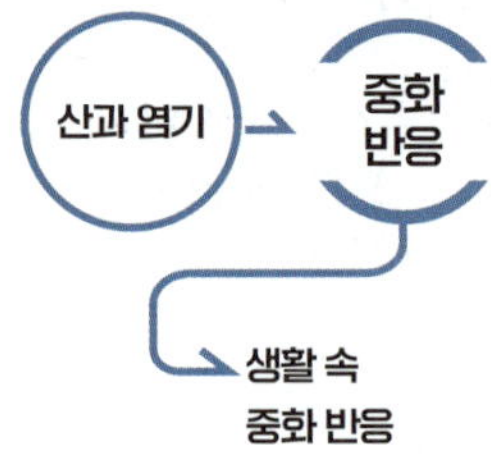

1 산과 염기 (탐구 89쪽)

우리 주변에는 레몬, 식초와 같은 산성 물질과 비누, 제산제와 같은 염기성 물질이 있다. 산성 물질은 물에 녹아 공통으로 수소 이온을 내놓고, 염기성 물질은 물에 녹아 공통으로 수산화 이온을 내놓기 때문에 각각 공통적인 성질이 나타난다.

1. 산

(1) 산의 정의: 산은 물에 녹아 수소 이온(H^+)을 내놓는 물질이다. 산은 물에 녹아 공통으로 H^+을 내놓기 때문에 공통적인 성질을 나타내며, 산의 종류에 따라 물에 녹았을 때 내놓는 음이온이 서로 다르기 때문에 산의 종류에 따라 성질이 다르다.

> 예 염산(HCl), 황산(H_2SO_4), 질산(HNO_3), 탄산(H_2CO_3), 아세트산(CH_3COOH), 인산(H_3PO_4) 등

산의 이온화
산은 분자 상태로 존재하지만 물에 녹으면 수소 이온(H^+)과 음이온으로 이온화된다. 따라서 산의 수용액은 전류가 흐른다.

$$HCl \longrightarrow H^+ + Cl^-$$
염화 수소 → 수소 이온 + 염화 이온

$$H_2SO_4 \longrightarrow 2H^+ + SO_4^{2-}$$
황산 → 수소 이온 + 황산 이온

$$HNO_3 \longrightarrow H^+ + NO_3^-$$
질산 → 수소 이온 + 질산 이온

$$H_2CO_3 \longrightarrow 2H^+ + CO_3^{2-}$$
탄산 → 수소 이온 + 탄산 이온

$$CH_3COOH \longrightarrow H^+ + COOH^-$$
아세트산 → 수소 이온 + 아세트산 이온

$$H_3PO_4 \longrightarrow 3H^+ + PO_4^{3-}$$
인산 → 수소 이온 + 인산 이온

▲ **여러 가지 산의 *이온화** 산은 물에 녹아 수소 이온(H^+)과 음이온으로 이온화된다.

(2) 산성: 산이 나타내는 공통적인 성질을 산성이라고 하며, 산성은 산 수용액에 공통으로 들어 있는 수소 이온(H^+) 때문에 나타난다.

① 맛: 대부분 신맛이 난다.

② 전기 전도성: 산 수용액은 전류가 흐른다. 산은 물에 녹아 수소 이온(H^+)과 음이온으로 나누어지기 때문이다. 예 염화 수소(HCl)는 물에 녹아 H^+과 Cl^-으로 이온화되며, 염산에 전원을 연결하면 양이온과 음이온이 이동하여 전류가 흐른다.

산의 신맛
레몬(시트르산), 식초(아세트산), 김치(젖산) 등은 산을 포함하고 있기 때문에 신맛이 난다.

염화 수소와 염산
염화 수소(HCl) 기체를 물에 녹인 수용액이 염산이다.

용어

***이온화**
어떤 물질이 물에 녹아 이온으로 나누어지는 현상

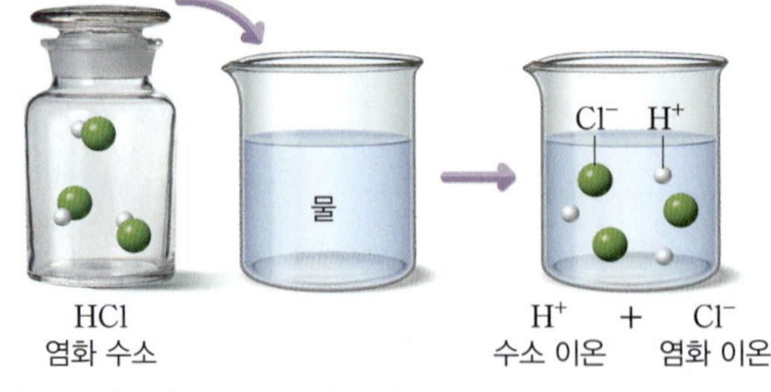

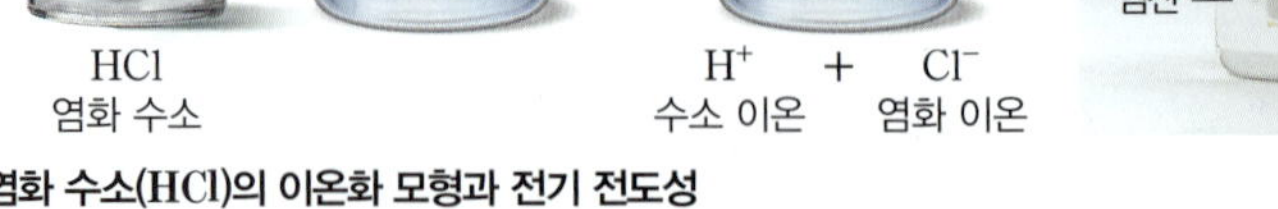

▲ **염화 수소(HCl)의 이온화 모형과 전기 전도성**

③ 금속과의 반응: 산은 마그네슘, 철 등과 같은 금속과 반응하여 수소(H_2) 기체를 발생한다. 산과 금속의 반응은 산화·환원 반응이며, 수소보다 산화되기 쉬운 금속은 산의 수소 이온(H^+)과 반응하여 금속 이온으로 산화되고, 수소 이온은 수소 기체로 환원된다.

예) $Mg + 2HCl \longrightarrow MgCl_2 + H_2\uparrow$

▲ 묽은 염산과 마그네슘의 반응

플러스 강의 ⊕ 금속의 반응성

금속은 전자를 잃고 양이온이 되려는 경향이 있는데, 이를 이온화 경향이라고 한다. 이온화 경향이 클수록 금속의 반응성이 크다. 수소보다 이온화 경향이 큰 마그네슘, 철과 같은 금속은 묽은 산과 반응하고, 수소보다 이온화 경향이 작은 구리, 은, 백금과 같은 금속은 묽은 산과 반응하지 않는다.

④ 탄산 칼슘과의 반응: 산은 탄산 칼슘($CaCO_3$)과 반응하여 이산화 탄소(CO_2)를 발생한다. 석회석, 대리석, 달걀 껍데기 등은 탄산 칼슘이 주성분이므로 염산에 넣으면 이산화 탄소가 발생한다.

예) $CaCO_3 + 2HCl \longrightarrow CaCl_2 + H_2O + CO_2\uparrow$

▲ 염산과 달걀 껍데기의 반응

⑤ 지시약의 색 변화: 산의 종류에 관계없이 지시약의 색 변화가 같다.

리트머스 종이	BTB 용액	페놀프탈레인 용액	메틸 오렌지
푸른색 → 붉은색	노란색	무색	붉은색

(3) 산성을 나타내는 수소 이온(H^+)의 확인

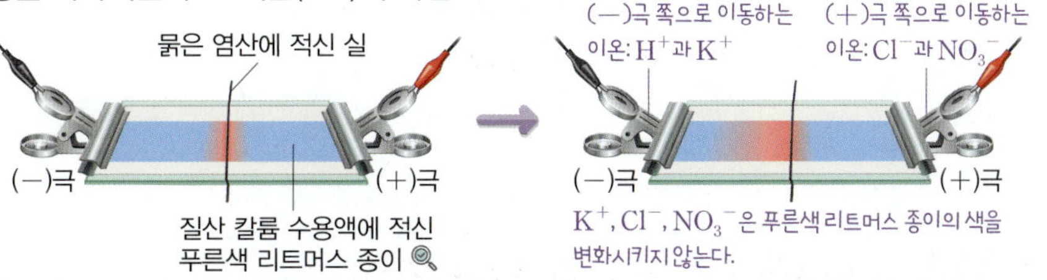

질산 칼륨 수용액에 적신 푸른색 리트머스 종이 위에 묽은 염산에 적신 실을 올려놓은 뒤 전원을 연결하면 푸른색 리트머스 종이가 붉은색으로 변한 부분이 (−)극 쪽으로 이동한다. 이는 H^+이 (−)극 쪽으로 이동하면서 푸른색 리트머스 종이의 색을 변하게 하기 때문이다.

➡ 묽은 염산 대신 황산, 아세트산 수용액 등의 다른 산으로 실험해도 같은 변화가 나타난다. 이를 통해 산의 공통적인 성질은 양이온인 수소 이온(H^+) 때문에 나타나는 것을 알 수 있다.

(4) 우리 주변의 산성 물질

아세트산 (CH_3COOH)	순수한 아세트산의 어는점은 17 ℃로, 그 이하의 온도에서는 고체로 존재하여 빙초산이라고도 한다. 식초는 아세트산이 3~6 % 녹아 있는 수용액이다.
탄산(H_2CO_3)	탄산음료에는 이산화 탄소와 물이 반응하여 생성된 탄산이 들어 있다.

2. 염기

(1) **염기의 정의**: 염기는 물에 녹아 수산화 이온(OH^-)을 내놓는 물질이다. 염기는 물에 녹아 공통으로 OH^-을 내놓기 때문에 공통적인 성질을 나타내며, 염기의 종류에 따라 물에 녹았을 때 내놓는 양이온이 서로 다르기 때문에 염기의 종류에 따라 성질이 다르다.

　예 수산화 나트륨($NaOH$), 수산화 칼륨(KOH), 수산화 칼슘($Ca(OH)_2$), 수산화 마그네슘($Mg(OH)_2$), 암모니아(NH_3) 등

$NaOH \longrightarrow Na^+ + OH^-$
수산화 나트륨　나트륨 이온　수산화 이온

$KOH \longrightarrow K^+ + OH^-$
수산화 칼륨　칼륨 이온　수산화 이온

$Ca(OH)_2 \longrightarrow Ca^{2+} + 2OH^-$
수산화 칼슘　칼슘 이온　수산화 이온

$Mg(OH)_2 \longrightarrow Mg^{2+} + 2OH^-$
수산화 마그네슘　마그네슘 이온　수산화 이온

$Al(OH)_3 \longrightarrow Al^{3+} + 3OH^-$
수산화 알루미늄　알루미늄 이온　수산화 이온

$NH_3 + H_2O \longrightarrow NH_4^+ + OH^-$
암모니아　암모늄 이온　수산화 이온

▲ **여러 가지 염기의 이온화**　염기는 물에 녹아 수산화 이온(OH^-)과 양이온으로 이온화된다.

(2) **염기성**: 염기가 나타내는 공통적인 성질을 염기성이라고 하며, 염기성은 염기 수용액에 공통으로 들어 있는 수산화 이온(OH^-) 때문에 나타난다.

① **맛**: 대부분 쓴맛이 난다.

② **전기 전도성**: 염기 수용액은 전류가 흐른다. 염기는 물에 녹아 수산화 이온(OH^-)과 양이온으로 나누어지기 때문이다. 예 수산화 나트륨($NaOH$)은 물에 녹아 Na^+과 OH^-으로 이온화되며, 수용액에 전원을 연결하면 이온이 이동하여 전류가 흐른다.

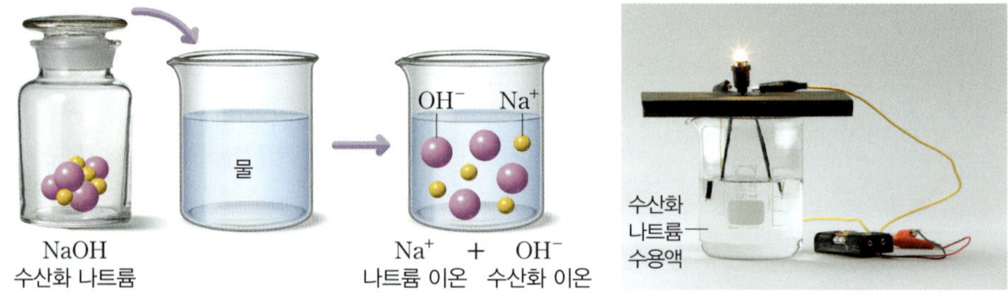

▲ **수산화 나트륨($NaOH$)의 이온화 모형과 전기 전도성**　$NaOH$은 물에 녹아 양이온인 Na^+과 음이온인 OH^-로 이온화되며, $NaOH$ 수용액에 전원을 연결하면 양이온과 음이온이 전극으로 움직이며 전류가 흐른다.

③ **금속과의 반응**: 염기는 산과 달리 마그네슘, 철 등과 같은 금속과 반응하지 않는다. 따라서 마그네슘이나 철을 수산화 나트륨 수용액에 넣어도 아무런 변화가 없다. 하지만 금속 중 알루미늄이나 아연 등은 염기와도 반응한다.

④ **단백질과의 반응**: 염기는 단백질을 녹이는 성질이 있어 물 묻은 손으로 비누를 만지면 비누에 들어 있는 염기가 피부에 있는 단백질을 녹이기 때문에 미끈거린다. 또 단백질이 주성분인 달걀

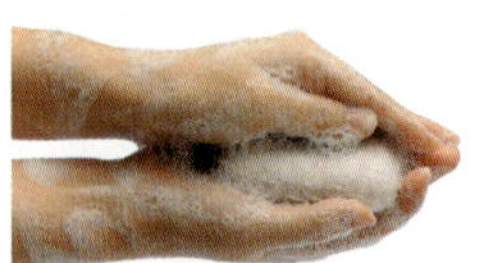
▲ 미끌거리는 비누

▲ 수산화 나트륨 수용액과 달걀흰자의 반응

흰자를 수산화 나트륨 수용액에 넣어 두면 달걀이 녹아 크기가 작아진다.

염기와 수산화 이온

- 물에 녹아 수산화 이온(OH^-)을 내놓는 물질이 염기이지만, 화학식에 $-OH$를 포함한 물질이 모두 염기는 아니다.
- 에탄올(C_2H_5OH)이나 메탄올(CH_3OH)의 경우 모두 $-OH$를 갖고 있지만, 수용액 상태에서 OH^-을 내놓지 않기 때문에 염기가 아니다.

암모니아(NH_3)

암모니아는 화학식에 $-OH$를 포함하고 있지 않다. 그러나 암모니아가 물에 용해되면 일부가 물과 반응하여 NH_4^+과 OH^-으로 이온화한다. 따라서 수용액에서 OH^-을 생성하므로 암모니아는 염기성이다.

⑤ 지시약의 색 변화: 염기의 종류에 관계없이 지시약의 색 변화가 같다.

(3) 염기성을 나타내는 수산화 이온(OH⁻)의 확인

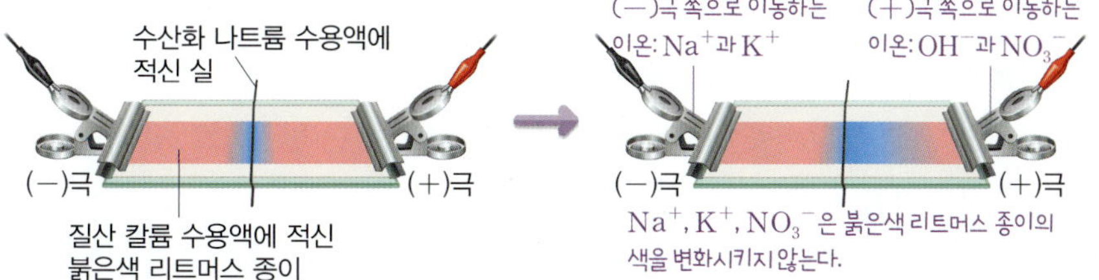

질산 칼륨 수용액을 적신 붉은색 리트머스 종이 위에 수산화 나트륨 수용액에 적신 실을 올려놓은 뒤 전원을 연결하면 붉은색 리트머스 종이가 푸른색으로 변한 부분이 (＋)극 쪽으로 이동한다. 이는 OH^-이 (＋)극 쪽으로 이동하면서 붉은색 리트머스 종이의 색을 변하게 하기 때문이다.

수산화 나트륨 수용액 대신 수산화 칼슘 수용액, 수산화 칼륨 수용액 등의 다른 염기로 실험해도 같은 변화가 나타난다. 이를 통해 염기의 공통적인 성질은 음이온인 수산화 이온(OH⁻) 때문에 나타나는 것을 알 수 있다.

(4) 우리 주변의 염기성 물질

수산화 나트륨 (NaOH)	비누의 원료로 쓰이며, 유리 세정제나 하수구 세정제 등에도 들어 있다.
수산화 마그네슘 $(Mg(OH)_2)$	위산이 과다하게 분비되어 속이 쓰릴 때 복용하는 *제산제에 들어 있는 성분이다.
탄산수소 나트륨 $(NaHCO_3)$	빵을 만들 때 사용하는 제빵 소다의 주성분으로, 분해되면서 이산화 탄소가 발생하여 빵을 부풀게 한다.
수산화 칼슘 $(Ca(OH)_2)$	수산화 칼슘을 물에 충분히 녹인 용액을 석회수라고 하며, 석회수는 이산화 탄소와 반응하여 흰색 앙금인 탄산 칼슘을 형성하여 뿌옇게 흐려지므로 이산화 탄소의 검출에 이용된다.

우리 주변의 염기
유리 세정제, 치약, 배수구 세정제, 우리 몸의 혈액 등에는 염기가 들어 있다.

✔ 중요 개념 체크

정답과 해설 22쪽

1. 산은 물에 녹아 공통으로 ㉠ (　　　)을/를 내놓기 때문에 산성이 나타나고, 염기는 물에 녹아 공통으로 ㉡ (　　　)을/를 내놓기 때문에 염기성이 나타난다.

2. 산과 염기에 대한 설명으로 옳은 것은 ○, 옳지 <u>않은</u> 것은 ×로 표시하시오.

   (1) 아세트산 수용액은 전류가 흐른다. ──────────── (　　)

   (2) 산이 마그네슘과 반응하면 이산화 탄소 기체가 발생한다. ──── (　　)

   (3) 산에 페놀프탈레인 용액을 떨어뜨리면 붉은색으로 변한다. ──── (　　)

   (4) 염기는 대부분 신맛이 난다. ──────────────── (　　)

   (5) 수산화 나트륨 수용액에 달걀흰자를 넣어 두면 달걀흰자가 녹는다. ── (　　)

   (6) 염기에 BTB 용액을 떨어뜨리면 파란색으로 변한다. ────── (　　)

용어

*제산제(制 억제하다 酸 산 劑 약)
위산의 작용을 억제하는 약으로, 위산이 과다하게 분비되어 속이 쓰릴 때 먹는 약이다.

2 중화 반응

서로 다른 성질을 가진 산과 염기가 반응하면 혼합 용액의 성질이 변한다. 이는 산의 수소 이온과 염기의 수산화 이온이 반응하여 물을 생성하는 중화 반응이 일어나기 때문이다.

1. 중화 반응

(1) **중화 반응:** 산의 수소 이온(H^+)과 염기의 수산화 이온(OH^-)이 반응하여 물(H_2O)과 염을 생성하는 반응이다.

$$\text{산} + \text{염기} \longrightarrow \text{물} + \text{염}$$

(2) **중화 반응의 알짜 이온 반응식:** 중화 반응은 산의 수소 이온(H^+)과 염기의 수산화 이온(OH^-)이 1 : 1의 개수비로 반응하여 물(H_2O)을 생성하는 반응으로, 중화 반응의 알짜 이온 반응식은 다음과 같다.

$$H^+ + OH^- \longrightarrow H_2O$$

(3) **묽은 염산과 수산화 나트륨 수용액의 중화 반응**

① 반응 모형: 묽은 염산(HCl)의 수소 이온(H^+)과 수산화 나트륨(NaOH) 수용액의 수산화 이온(OH^-)이 반응하여 물(H_2O)과 염(NaCl)이 생성된다.

② 화학 반응식: 염산과 수산화 나트륨은 물에 녹아 다음과 같이 이온화되어 반응한다.

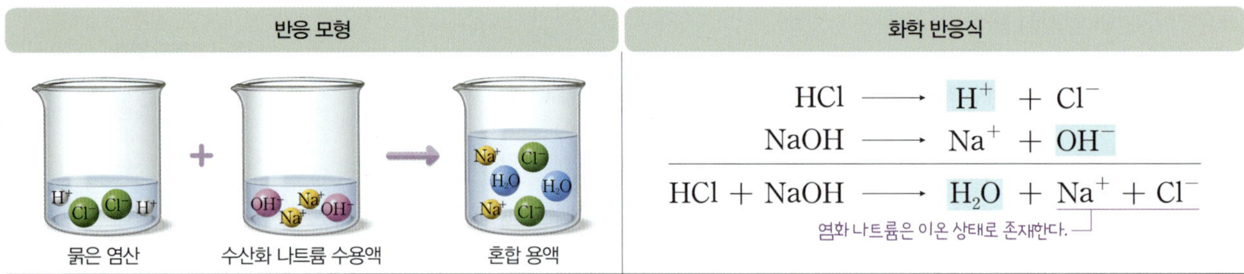

2. 중화 반응의 양적 관계

(1) **중화 반응의 양적 관계:** 산과 염기가 완전히 중화되려면 반응하는 산의 수소 이온(H^+)과 염기의 수산화 이온(OH^-)의 수가 같아야 한다.

(2) **혼합 용액의 액성:** 산과 염기의 반응 시 수소 이온(H^+)의 수가 더 많으면 혼합 용액은 산성을 띠고, 수산화 이온(OH^-)의 수가 더 많으면 혼합 용액은 염기성을 띤다. H^+의 수와 OH^-의 수가 같으면 모두 반응하여 물이 생성되므로 혼합 용액의 액성은 중성이 된다.

반응 전 이온의 양적 관계	모형	혼합 용액의 액성
H^+의 수 > OH^-의 수	H^+ 100개 + OH^- 50개 ⟶ H_2O 50개 + H^+ 50개	산성
H^+의 수 = OH^-의 수	H^+ 100개 + OH^- 100개 ⟶ H_2O 100개	중성
H^+의 수 < OH^-의 수	H^+ 50개 + OH^- 100개 ⟶ H_2O 50개 + OH^- 50개	염기성

염

중화 반응 시 물과 함께 생성되는 물질로, 산의 음이온과 염기의 양이온이 결합하여 생성된다. 염은 중화 반응 외에도 금속과 산의 반응, 염과 염의 반응 등으로도 생성된다.

알짜 이온 반응식

화학 반응에서 실제로 반응에 참여하는 이온만으로 나타낸 화학 반응식을 의미한다. 묽은 염산과 수산화 나트륨 수용액의 중화 반응에서는 수소 이온(H^+)과 수산화 이온(OH^-)이 반응에 실제로 참여하는 이온이고, 염화 이온(Cl^-)과 나트륨 이온(Na^+)은 반응에 참여하지 않고 용액 속에 그대로 존재하는 구경꾼 이온이다.

(3) 묽은 염산과 수산화 나트륨 수용액의 중화 반응

① 일정량의 묽은 염산에 수산화 나트륨 수용액을 조금씩 넣을 때 이온 수와 용액의 액성

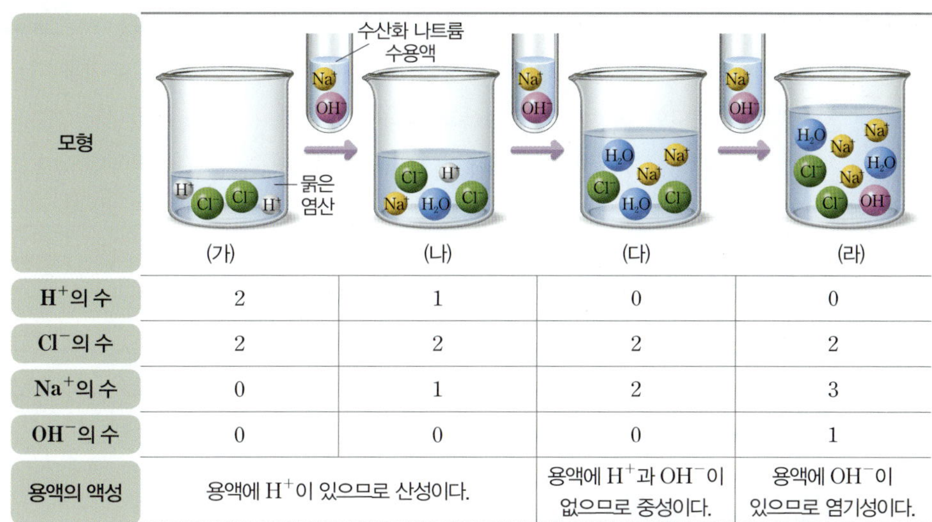

모형	(가)	(나)	(다)	(라)
H^+의 수	2	1	0	0
Cl^-의 수	2	2	2	2
Na^+의 수	0	1	2	3
OH^-의 수	0	0	0	1
용액의 액성	용액에 H^+이 있으므로 산성이다.		용액에 H^+과 OH^-이 없으므로 중성이다.	용액에 OH^-이 있으므로 염기성이다.

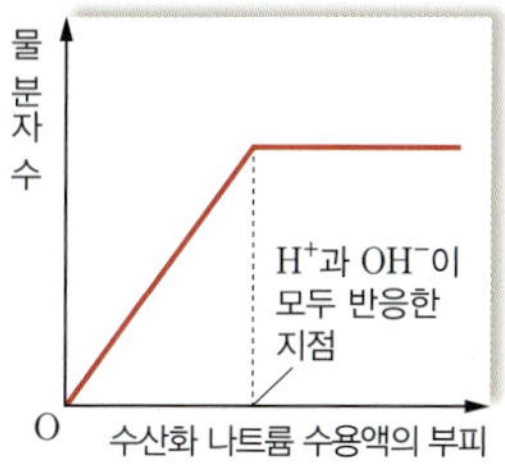

② 이온 수의 변화   집중 분석 92쪽

H^+	OH^-과 반응하므로 점점 감소하다가 없어진다.
Cl^-	반응에 참여하지 않으므로 처음에 들어 있는 수가 변하지 않는다.
Na^+	반응에 참여하지 않으므로 수산화 나트륨 수용액을 넣어 주는 만큼 증가한다.
OH^-	H^+과 반응하므로 처음에는 존재하지 않다가 H^+이 모두 반응해 없어지면 넣어 주는 만큼 증가한다.

플러스 강의 ⊕ 중화 반응에서 생성되는 염

❶ 염은 중화 반응 외에도 다양한 반응으로 생성되는데, 염을 이루는 양이온과 음이온의 종류에 따라 물에 녹는 정도가 달라진다.

❷ K^+, Na^+, NH_4^+, NO_3^-을 포함하는 염은 물에 매우 잘 녹지만, Ca^{2+}, Ba^{2+}, Ag^+에 SO_4^{2-}이나 CO_3^{2-}이 결합하여 생성된 염은 대부분 물에 잘 녹지 않는다.

예 $HCl + NaOH \longrightarrow H_2O + NaCl$ $H_2SO_4 + Ca(OH)_2 \longrightarrow 2H_2O + CaSO_4$

3. 중화 반응과 중화열

(1) **중화열**: 산과 염기의 중화 반응이 일어날 때 발생하는 열이다.

$$H^+ + OH^- \longrightarrow H_2O + Q(\text{중화열})$$

(2) **중화열의 크기**: 반응한 수소 이온(H^+)과 수산화 이온(OH^-)의 수가 많을수록, 즉 생성되는 물(H_2O)의 양이 많을수록 중화열이 많이 발생한다.

(3) 묽은 염산과 수산화 나트륨 수용액의 중화 반응에서 용액의 온도와 액성 변화  탐구 90쪽

① 농도와 온도가 같은 묽은 염산(HCl)과 수산화 나트륨($NaOH$) 수용액의 부피를 다르게 하여 혼합했을 때 온도와 액성 변화는 다음과 같다.

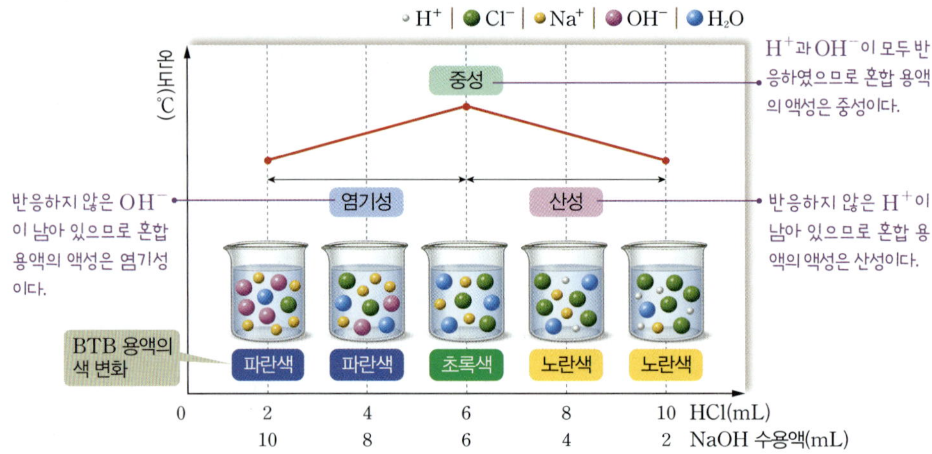

② 혼합한 묽은 염산과 수산화 나트륨 수용액의 부피가 같을 때 반응한 H^+과 OH^-의 수가 가장 많고, 혼합 용액의 최고 온도가 가장 높다. ➡ 중화 반응이 가장 많이 일어나 중화열이 가장 많이 발생하였기 때문이다.

③ 혼합 용액에 존재하는 H^+과 OH^-의 수에 따라 용액의 액성이 달라진다.

4. 중화점

일정량의 산(또는 염기) 수용액을 염기(또는 산) 수용액으로 중화시킬 때 완전히 중화된 지점, 즉 산이 내놓은 수소 이온(H^+)과 염기가 내놓은 수산화 이온(OH^-)이 모두 반응하여 중화 반응이 완결된 지점이다.

5. 중화점을 확인하는 방법

(1) **지시약의 색 변화**: 일정량의 산(또는 염기) 수용액에 지시약을 떨어뜨린 후 염기(또는 산) 수용액을 가하면 용액의 액성에 따라 혼합 용액의 색이 변한다.

예 일정량의 묽은 염산에 BTB 용액을 1~2방울 떨어뜨린 후 수산화 나트륨 수용액을 넣을 때 혼합 용액의 색 변화

(2) **혼합 용액의 온도 변화**: 일정량의 산(또는 염기) 수용액에 염기(또는 산) 수용액을 가하면 중화열이 발생하므로 혼합 용액의 온도가 높아지며, 중화점에서 온도가 가장 높다.

➡ 중화점에서 중화 반응이 가장 많이 일어나 중화열이 가장 많이 발생하기 때문이다.

예 일정량의 묽은 염산에 온도가 같은 수산화 나트륨 수용액을 넣을 때 혼합 용액의 온도는 중화점에서 가장 높게 나타난다.

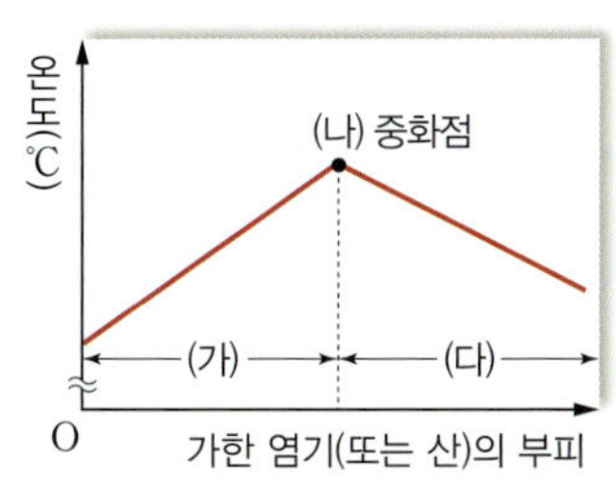

(가)	중화 반응이 일어나는 동안 발생하는 중화열로 혼합 용액의 온도가 점점 높아진다.
(나)	일정량의 H^+이나 OH^-이 모두 반응한 지점으로, 혼합 용액의 온도가 가장 높다. ➡ 중화점
(다)	중화 반응이 일어나지 않아 중화열이 발생하지 않지만, 혼합 용액보다 온도가 낮은 용액이 가해지므로 혼합 용액의 온도가 낮아진다.

(3) **전류의 세기 변화**: 중화 반응이 일어날 때 용액 속에 있는 이온의 종류와 농도가 변하기 때문에 중화점을 기준으로 전류의 세기 변화 양상이 달라진다.

예 일정량의 묽은 염산에 수산화 나트륨 수용액을 넣을 때 중화점에서 전류의 세기가 최소가 된다.

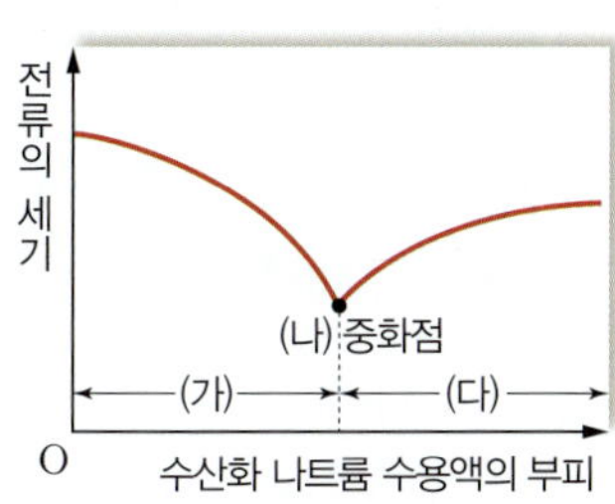

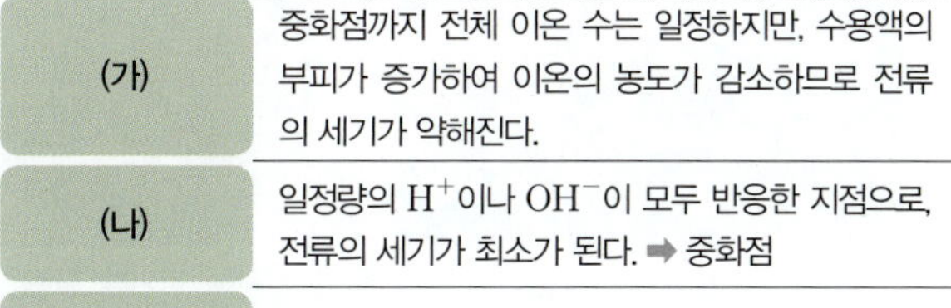

(가)	중화점까지 전체 이온 수는 일정하지만, 수용액의 부피가 증가하여 이온의 농도가 감소하므로 전류의 세기가 약해진다.
(나)	일정량의 H^+이나 OH^-이 모두 반응한 지점으로, 전류의 세기가 최소가 된다. ➡ 중화점
(다)	중화점 이후 수산화 나트륨 수용액이 가해지므로 이온의 농도가 다시 증가하여 전류의 세기가 강해진다.

앙금이 생성되는 중화 반응의 전류 세기

중화 반응으로 물에 녹지 않는 염, 즉 앙금이 생성되는 경우 중화점에서 이온이 거의 존재하지 않으므로 중화점에서 전류의 세기가 0에 가깝다.

> **플러스 강의 ➕ 중화점에서 혼합 용액의 액성**
>
> 물에 녹아 대부분 이온화되는 산과 염기가 중화 반응할 때는 지시약을 이용하여 중화점을 찾기 쉽고 중화점에서 혼합 용액이 중성이다. 그러나 물에 녹아 이온화되는 정도의 차이가 큰 산과 염기가 중화 반응할 때는 중화점의 액성이 산성 또는 염기성이 되기도 한다. 이 경우 중화점을 확인하기 위해 사용할 수 있는 지시약이 제한적이다.

✔ 중요 개념 체크

정답과 해설 22쪽

3. 산의 수소 이온(H^+)과 염기의 수산화 이온(OH^-)이 반응하여 물(H_2O)과 염을 생성하는 반응을 ( ) 반응이라고 한다.

4. 중화 반응에 대한 설명으로 옳은 것은 ○, 옳지 <u>않은</u> 것은 ×로 표시하시오.

　(1) 중화 반응이 일어나면 열이 발생한다. ──────────── (　)

　(2) 산 수용액과 염기 수용액을 혼합했을 때 혼합 용액은 항상 중성이다. ───── (　)

　(3) 중화 반응이 가장 많이 일어났을 때 혼합 용액의 온도가 가장 높다. ───── (　)

우리는 생활 속에서 산과 염기를 혼합할 때 일어나는 중화 반응을 다양하게 이용하고 있다.

1. 중화 반응과 우리 생활

(1) 일상생활에서 발생한 문제의 원인이 산성 물질일 경우 염기성 물질로 중화시키고, 원인이 염기성 물질일 경우 산성 물질로 중화시킨다.

(2) 생활 속 중화 반응의 예

지구시스템의 상호작용과 중화 반응

바다는 약한 염기성을 띠고 있어 대기 중의 이산화 탄소를 흡수하여 대기 중의 온실 기체의 농도를 일정하게 유지하는 역할을 한다.

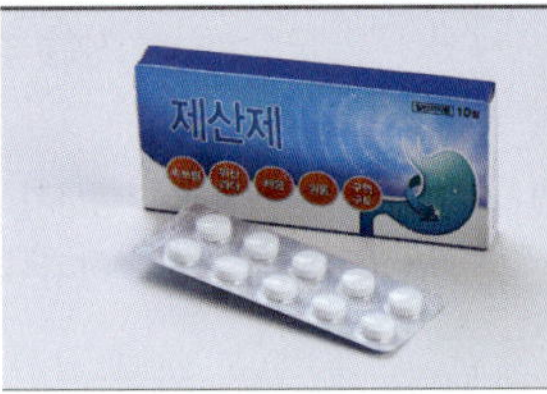

위산이 과다하게 분비되면 속이 쓰리고, 식도가 손상될 수 있다. 이때 약한 염기성 물질이 포함된 제산제를 복용하면 위산이 중화되어 통증을 완화시킨다.

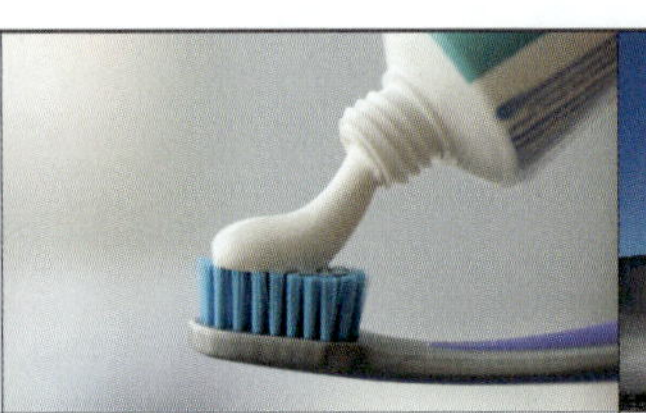

입안의 세균은 음식을 분해하여 산성 물질을 만들어 치아의 표면을 상하게 한다. 이를 중화시키기 위해 염기성 물질이 포함된 치약으로 양치질한다.

산성비, 비료 등으로 산성화된 호수나 토양에 주기적으로 염기성인 석회 가루(CaO)를 뿌려 토양이나 호수를 중화시킨다.

벌이 분비하는 물질에는 폼산이 들어 있으므로 벌에 쏘였을 때 염기성 물질인 암모니아수를 바른다.

묵은 김치에 염기성 물질인 제빵 소다를 넣으면 신맛이 중화되어 김치의 신맛이 줄어든다.

수영장의 물을 염소로 소독하면 산성이 되므로 염기성 물질을 넣어 중화시킨다.

화석 연료의 연소 시 발생하는 황 산화물은 산성비의 원인이 되므로 공장에서는 배기가스를 배출하기 전에 황산화물을 염기성 물질인 산화 칼슘과 반응시켜 제거한다.

산성을 띠는 펄프로 만든 종이는 시간이 흐르면서 손상될 수 있으므로 염기성 물질로 중화하여 만든 중성지로 책이나 공책을 만든다.

생선을 이루는 단백질이 분해되어 비린내의 원인인 염기성 물질이 생성되므로 생선 요리를 할 때에는 산성 물질인 레몬즙을 뿌려 비린내를 제거한다.

✔ 중요 개념 체크

정답과 해설 22쪽

5. 중화 반응의 예로 옳은 것은 ○, 옳지 <u>않은</u> 것은 ×로 표시하시오.

(1) 사과를 깎아 공기 중에 놓아두면 색이 변한다. ──────── (　　)

(2) 충치를 예방하기 위해 염기성 물질이 포함된 치약으로 양치를 한다. ──── (　　)

(3) 공장에서 발생하는 황산화물을 산화 칼슘과 반응시켜 제거한다. ──── (　　)

탐구 분석 — 산과 염기의 성질 알아보기

목표 | 산의 공통적인 성질과 염기의 공통적인 성질을 확인할 수 있다.

과정

① 홈판에 묽은 염산(㉠), 레몬즙(㉡), 식초(㉢), 수산화 나트륨 수용액(㉣), 제빵 소다 수용액(㉤), 하수구 세정제(㉥)를 넣는다.

② 각 수용액에 푸른색 리트머스 종이와 붉은색 리트머스 종이를 대어 보고 색 변화를 관찰한다.

③ 각 수용액에 BTB 용액을 2~3방울씩 떨어뜨리고 색 변화를 관찰한다.

④ 각 수용액에 전기 전도성 측정기를 넣어 전류가 흐르는지 관찰한다.

⑤ 각 수용액에 마그네슘(Mg) 리본을 넣고 변화를 관찰한다.

● 전기 전도성 측정기 사용 시 유의점

전기 전도성 측정기의 전극에 수용액 속 성분 이온이 남아 있을 수 있으므로 각 수용액을 바꿀 때마다 증류수로 깨끗이 씻어서 사용해야 한다.

결과 및 정리

성질 \ 물질	묽은 염산	레몬즙	식초	수산화 나트륨 수용액	제빵 소다 수용액	하수구 세정제
리트머스 종이	붉은색	붉은색	붉은색	푸른색	푸른색	푸른색
BTB 용액	노란색	노란색	노란색	파란색	파란색	파란색
전기 전도성	있음	있음	있음	있음	있음	있음
Mg과의 반응	기체 발생	기체 발생	기체 발생	변화 없음	변화 없음	변화 없음

- 묽은 염산, 레몬즙, 식초는 산이다. ➡ 산은 수용액에 공통으로 수소 이온(H^+)이 존재하므로 공통적인 성질(산성)을 나타낸다.
- 수산화 나트륨 수용액, 제빵 소다 수용액, 하수구 세정제는 염기이다. ➡ 염기는 수용액에 공통으로 수산화 이온(OH^-)이 존재하므로 공통적인 성질(염기성)을 나타낸다.

탐구 확인 문제

정답과 해설 22쪽

01 위 탐구에 대한 설명으로 옳은 것은 ○, 옳지 <u>않은</u> 것은 ×로 표시하시오.

(1) 묽은 염산, 레몬즙, 식초가 공통적인 성질을 나타내는 까닭은 음이온 때문이다. ─── ( )

(2) 레몬즙과 제빵 소다 수용액에 달걀 껍데기를 넣으면 같은 기체가 발생한다. ─── ( )

(3) 제빵 소다 수용액과 하수구 세정제에 페놀프탈레인 용액을 1~2방울 떨어뜨리면 모두 붉은색으로 변한다. ─── ( )

02 산과 염기의 성질에 대한 설명으로 옳은 것만을 보기에서 있는 대로 고르시오.

> **보기**
> ㄱ. 묽은 염산과 레몬즙은 푸른색 리트머스 종이를 붉게 변화시킨다.
> ㄴ. 묽은 염산과 수산화 나트륨 수용액에 마그네슘 리본을 넣으면 같은 결과가 나타난다.
> ㄷ. 식초와 제빵 소다 수용액에 전류가 흐르는 것은 수용액에 이온이 존재하기 때문이다.

탐구 분석 — 산과 염기를 혼합할 때 용액의 변화 알아보기

목표 | 산과 염기가 중화 반응할 때 나타나는 온도 변화와 액성 변화를 설명할 수 있다.

탐구 영상

과정

❶ 홈판의 A~E에 표와 같이 농도가 같은 묽은 염산(HCl)과 수산화 나트륨(NaOH) 수용액의 부피를 다르게 하여 넣고 섞은 뒤 최고 온도를 측정한다.

홈판	A	B	C	D	E
묽은 염산의 부피(mL)	2	4	6	8	10
수산화 나트륨 수용액의 부피(mL)	10	8	6	4	2

❷ A~E의 혼합 용액에 BTB 용액을 2~3방울씩 떨어뜨린 후 색 변화를 관찰한다.

결과

• 혼합 용액의 최고 온도와 색 변화

홈판	A	B	C	D	E
HCl의 부피 (mL)	2	4	6	8	10
NaOH 수용액 의 부피(mL)	10	8	6	4	2
최고 온도(℃)	25	26	27	26	25
혼합 용액의 색	파란색	파란색	초록색	노란색	노란색

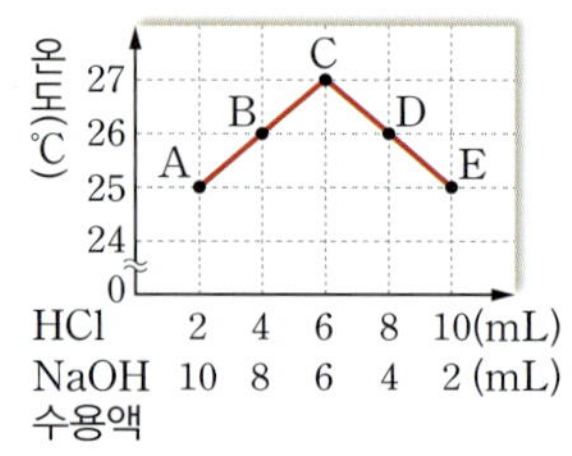

유의점

• 같은 조건에서 실험 결과를 비교하기 위해 같은 농도와 온도의 묽은 염산과 수산화 나트륨 수용액을 사용한다.
• 혼합 용액의 최고 온도를 측정할 때는 혼합 용액을 잘 섞은 뒤 온도가 더 이상 높아지지 않을 때의 온도를 측정한다.

정리

• **C의 최고 온도가 가장 높은 까닭**: C에서 반응하는 수소 이온(H^+)과 수산화 이온(OH^-)의 수가 가장 많아 중화열이 가장 많이 발생하기 때문이다.
• **혼합 용액의 액성**: A, B는 염기성, C는 중성, D, E는 산성이다. ➡ A와 B에는 반응하지 않은 OH^-이 있고, D와 E에는 반응하지 않은 H^+이 있기 때문이다.
• C에서 혼합 용액이 완전히 중화된 것을 통해 같은 농도의 묽은 염산과 수산화 나트륨 수용액은 1:1의 부피비로 반응한다는 것을 알 수 있다.

이렇게도 할수 있어요!

Tip 동아출판 교과서에서는 무선 온도 센서와 뷰렛을 이용하여 산과 염기의 중화 반응을 탐구한다.

페놀프탈레인 용액을 2~3방울 넣은 20 mL의 묽은 염산(HCl)에 같은 농도의 수산화 나트륨(NaOH) 수용액을 조금씩 넣을 때 혼합 용액의 온도와 색 변화를 관찰한다.

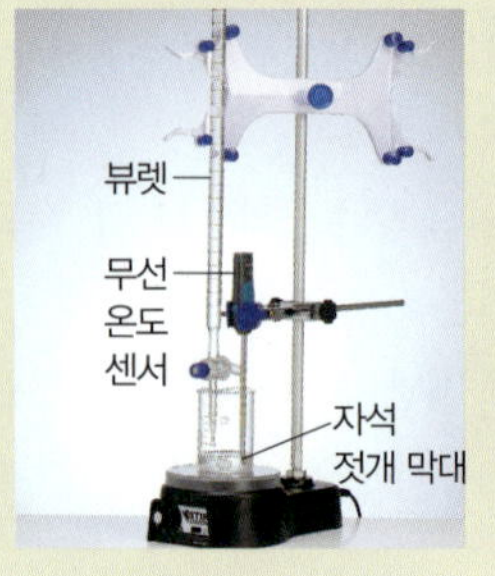

온도 변화	혼합 용액의 온도가 높아지다가 낮아진다.
혼합 용액의 색 변화	무색에서 붉은색으로 변한다. ➡ 혼합 용액의 액성이 산성에서 염기성으로 변한다.

비커에 자석 젓개 막대를 넣는 까닭

비커에 자석 젓개 막대를 넣고 교반기를 작동하면 자석 젓개 막대가 자동으로 돌아가며 산과 염기의 혼합 용액을 혼합해 준다.

탐구 확인 문제

01 앞의 탐구 결과에 대한 설명으로 옳은 것은 ○, 옳지 <u>않은</u> 것은 ×로 표시하시오.

(1) A와 B에 남아 있는 이온의 종류는 같다. – (   )

(2) 생성된 물의 양은 C가 D보다 많다. ——— (   )

(3) 혼합 용액에 들어 있는 수소 이온은 D가 E보다 많다. ———————————— (   )

(4) C의 온도가 가장 높은 까닭은 산의 음이온과 염기의 양이온이 반응했기 때문이다. ——— (   )

02 앞의 탐구에 대한 설명으로 옳지 <u>않은</u> 것을 모두 고르면?

(답 2개)

① 생성된 물의 양이 가장 많은 것은 C이다.

② 혼합 용액에 들어 있는 전체 이온의 수는 모두 같다.

③ 혼합 용액에 들어 있는 염화 이온의 수가 가장 많은 것은 E이다.

④ 혼합 용액에 들어 있는 수소 이온의 수가 가장 많은 것은 C이다.

⑤ D에는 수소 이온이 들어 있다.

⑥ BTB 용액 대신 페놀프탈레인 용액을 떨어뜨렸을 때 붉은색으로 변하는 것은 A와 B이다.

03 그림은 같은 온도의 묽은 염산(HCl)과 수산화 나트륨(NaOH) 수용액의 부피를 달리하여 혼합한 후 각 용액의 최고 온도를 측정하여 나타낸 것이다.

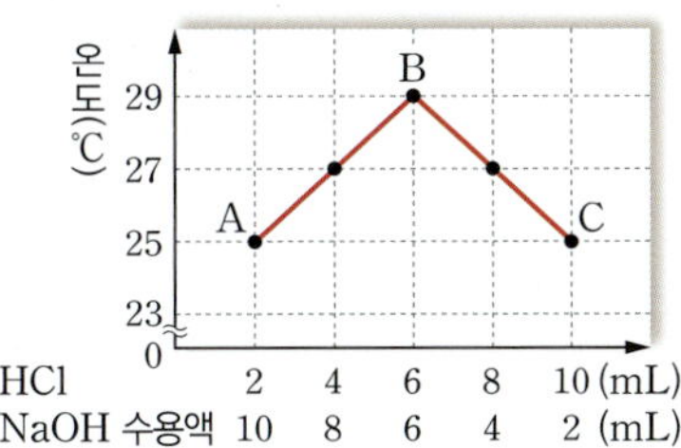

(1) A~C의 용액의 액성을 각각 쓰시오.

(2) A~C 중 생성된 물의 양이 가장 많은 것을 쓰시오.

04 그림은 일정량의 묽은 염산(HCl)에 수산화 나트륨(NaOH) 수용액을 넣을 때의 반응을 모형으로 나타낸 것이다.

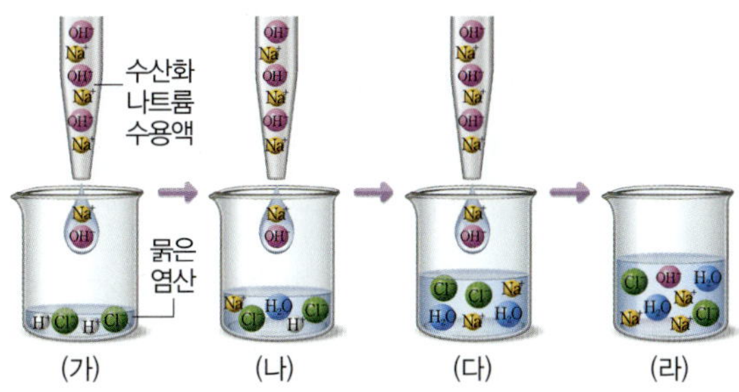

이에 대한 설명으로 옳은 것만을 보기에서 있는 대로 고른 것은? (단, 혼합 전 수용액의 온도는 모두 같다.)

보기
ㄱ. (가)에서 수용액의 액성은 염기성이다.
ㄴ. (나)보다 (다)에서 중화열이 많이 발생한다.
ㄷ. 전체 이온의 수는 (가)~(라)가 모두 같다.

① ㄱ   ② ㄴ   ③ ㄱ, ㄷ

④ ㄴ, ㄷ   ⑤ ㄱ, ㄴ, ㄷ

05 표는 온도와 농도가 같은 묽은 염산(HCl)과 수산화 나트륨(NaOH) 수용액의 부피를 달리하여 혼합한 용액 (가)~(라)에 대한 자료이다.

혼합 용액	(가)	(나)	(다)	(라)
묽은 염산의 부피(mL)	40	30	20	10
수산화 나트륨 수용액의 부피(mL)	20	30	40	50

이에 대한 설명으로 옳은 것만을 보기에서 있는 대로 고른 것은?

보기
ㄱ. 혼합 용액의 온도가 가장 높은 것은 (나)이다.
ㄴ. (가)의 H^+의 수와 (다)의 OH^-의 수는 같다.
ㄷ. 혼합 용액에서 생성된 물의 양이 가장 많은 것은 (라)이다.

① ㄱ   ② ㄷ   ③ ㄱ, ㄴ

④ ㄴ, ㄷ   ⑤ ㄱ, ㄴ, ㄷ

집중분석 중화 반응에서 혼합 용액의 이온 수 변화

일정량의 산 수용액에 염기 수용액을 혼합하거나, 일정량의 염기 수용액에 산 수용액을 혼합하면 중화 반응이 일어나면서 용액의 액성, 용액에 존재하는 이온 수, 용액의 온도 등이 변한다. 중화 반응이 일어날 때 혼합 용액의 이온 수 변화를 잘 이해하고 있으면 중화점을 찾을 수 있고, 중화 반응에 관한 문제를 쉽게 해결할 수 있다.

1 중화 반응이 일어날 때 온도 변화 그래프 해석하기

수산화 나트륨(NaOH) 수용액 50 mL에 온도와 농도가 같은 묽은 염산(HCl)을 조금씩 넣을 때 최고 온도를 측정하여 나타낸 그래프에서 중화점을 찾고 생성된 물 분자 수를 알아보자.

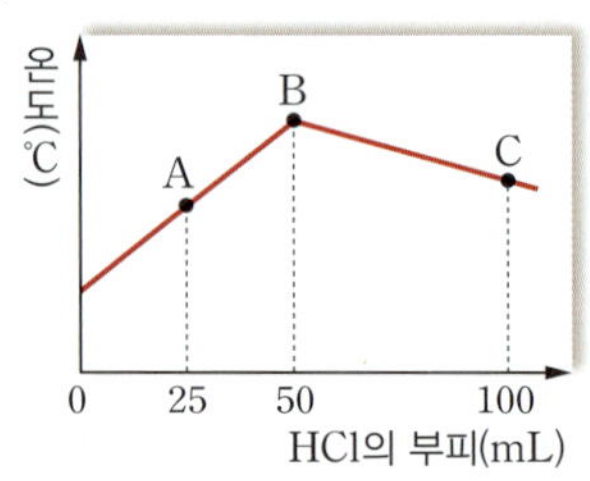

❶ 용액의 최고 온도가 가장 높은 B에서 중화 반응이 가장 많이 일어났으므로 B는 중화 반응이 완결된 중화점이다.

❷ 중화점인 B에서는 HCl 50 mL와 NaOH 수용액 50 mL가 반응한다. ➡ H^+과 OH^-이 1 : 1의 개수비로 반응하므로 HCl 50 mL와 NaOH 수용액 50 mL에 각각 들어 있는 H^+의 수와 OH^-의 수가 같다.

❸ B에서 생성된 물 분자 수를 $2N$이라고 한다면 HCl 50 mL에 들어 있는 H^+과 NaOH 수용액 50 mL에 들어 있는 OH^-의 수도 $2N$이다.

❹ A에서는 HCl 25 mL와 NaOH 수용액 25 mL가 반응하므로 생성된 물 분자 수는 N이다.

❺ 중화점 이후에는 중화 반응이 일어나지 않으므로 C에 생성된 물 분자 수는 B와 같은 $2N$이다.

2 중화 반응 모형에서 이온 수 변화와 용액의 액성 알아보기

(1) 일정량의 수산화 나트륨 수용액에 온도와 농도가 같은 묽은 염산을 조금씩 넣을 때 일어나는 중화 반응에서 이온 수의 변화는 다음 모형으로 쉽게 이해할 수 있다.

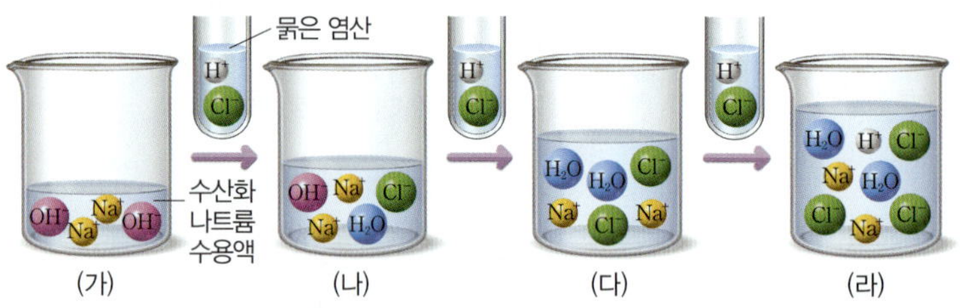

구분	(가)	(나)	(다)	(라)
나트륨 이온(Na^+) 수	2	2	2	2
염화 이온(Cl^-) 수	0	1	2	3
수소 이온(H^+) 수	0	0	0	1
수산화 이온(OH^-) 수	2	1	0	0
전체 이온 수	4	4	4	6
생성된 물(H_2O) 분자 수	0	1	2	2
혼합 용액에 존재하는 이온	Na^+, OH^-	Na^+, Cl^-, OH^-	Na^+, Cl^-	Na^+, Cl^-, H^+
혼합 용액의 액성	염기성	염기성	중성	산성

중화 반응 모형을 해석할 때의 유의점

반응하는 산과 염기의 농도가 다른 경우, 산의 음이온의 전하와 염기의 양이온의 전하가 다른 경우에는 용액 속에 존재하는 이온 수 변화가 조금씩 달라지므로 유의해야 한다.

(2) 중화 반응이 일어날 때 혼합 용액 속 이온 수의 변화를 그래프로 나타내면 중화점을 기준으로 변화의 양상이 달라지므로 그래프를 해석하여 중화점을 찾을 수 있다.

• 수산화 나트륨 수용액의 이온 수 변화

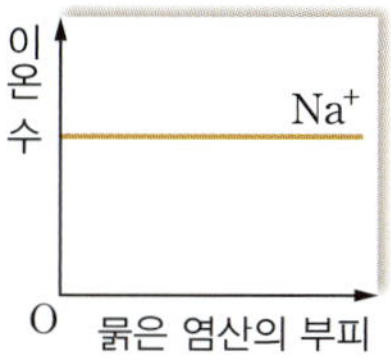

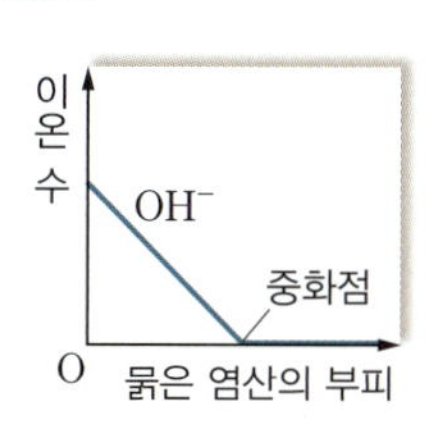

나트륨 이온(Na^+)의 수

반응에 참여하지 않는 구경꾼 이온이므로 그 수가 일정하다.

수산화 이온(OH^-)의 수

H^+과 반응하므로 점점 감소하다가 완전히 중화된 이후에는 존재하지 않는다. ➡ 중화점: OH^-의 수가 0이 되는 지점

• 묽은 염산의 이온 수 변화

수소 이온(H^+)의 수

OH^-과 반응하므로 점점 감소하다가 완전히 중화된 이후부터 넣어 주는 만큼 증가한다. ➡ 중화점: H^+의 수가 증가하기 시작하는 지점

염화 이온(Cl^-)의 수

반응에 참여하지 않는 구경꾼 이온이므로 묽은 염산을 넣어 주는 만큼 증가한다.

• 전체 이온 수와 물 분자 수의 변화

전체 이온 수

전체 이온 수가 일정하다가 중화점 이후부터는 증가한다. ➡ 중화점: 전체 이온 수가 증가하기 시작하는 지점

물 분자 수

생성된 물 분자 수가 증가하다가 중화점 이후에는 일정해진다. ➡ 중화점: 물 분자 수가 변하지 않기 시작하는 지점

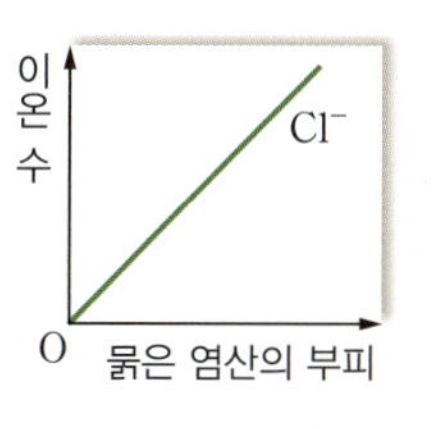

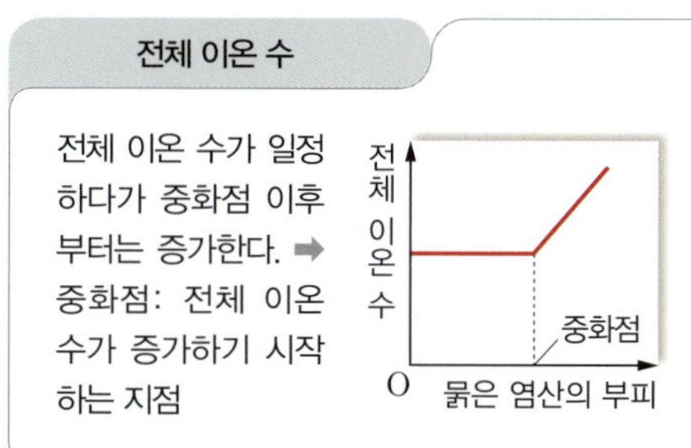

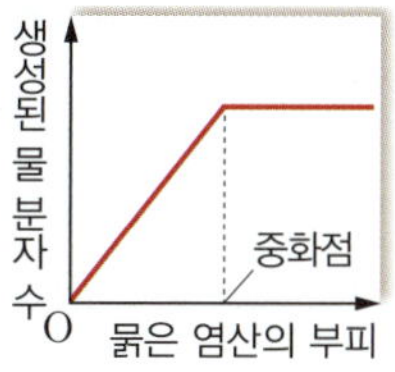

예제

1 **그림은 일정량의 묽은 염산(HCl)에 같은 농도의 수산화 칼륨(KOH) 수용액을 조금씩 떨어뜨렸을 때 혼합 용액에 들어 있는 이온 수의 변화를 나타낸 것이다.**

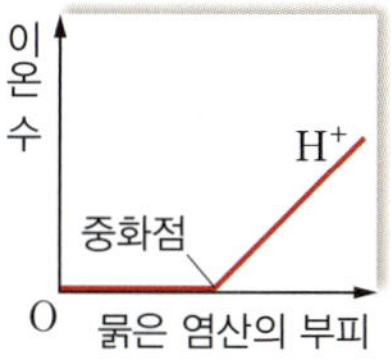

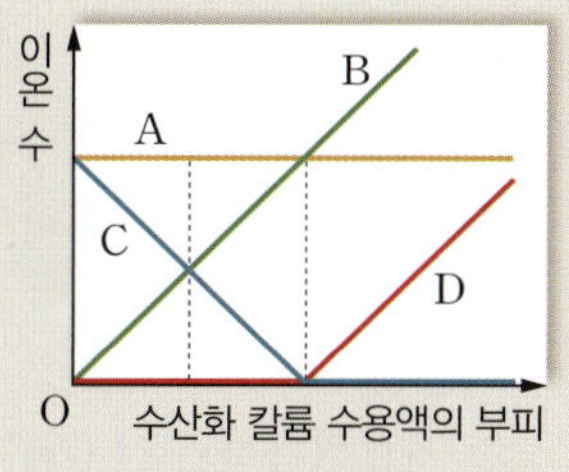

(1) A~D에 해당하는 이온의 화학식을 각각 쓰시오.

(2) 중화점 전과 후의 혼합 용액 속 전체 이온 수의 변화를 쓰시오.

풀이 (1) Cl^-은 구경꾼 이온이므로 일정하다. H^+은 OH^-과 반응하므로 점점 감소하다가 중화점 이후에는 존재하지 않는다. K^+은 수산화 칼륨 수용액 속의 구경꾼 이온이므로 점점 증가하며, OH^-은 H^+과 반응하므로 처음에는 없다가 중화점 이후부터 증가한다.
(2) 반응에 참여하는 알짜 이온만큼 구경꾼 이온이 증가하므로 중화점까지 전체 이온 수는 변하지 않는다. 중화점 이후에는 가해 준 수산화 칼륨 수용액의 이온 수만큼 전체 이온 수가 증가한다.

답 (1) A: Cl^-, B: K^+, C: H^+, D: OH^- (2) 중화점까지 일정하다가 중화점 이후에 증가한다.

교과서 속 START 내신 완성 문제

01 산과 염기의 이온화 반응식으로 옳은 것은?

① $HCl \longrightarrow H + Cl$
② $KOH \longrightarrow K^{2+} + OH^{2-}$
③ $H_2SO_4 \longrightarrow 2H^+ + SO_4^{2-}$
④ $Ca(OH)_2 \longrightarrow Ca^{2+} + OH^-$
⑤ $NH_4OH \longrightarrow NH^+ + 4OH^-$

02 다음은 산과 염기의 성질에 대한 세 학생의 대화이다.

제시한 의견이 옳은 학생만을 있는 대로 고르시오.

03 그림은 질산 칼륨 수용액에 적신 푸른색 리트머스 종이 위에 묽은 염산에 적신 실을 올려놓고 전류를 흐르게 했을 때의 결과를 나타낸 것이다.

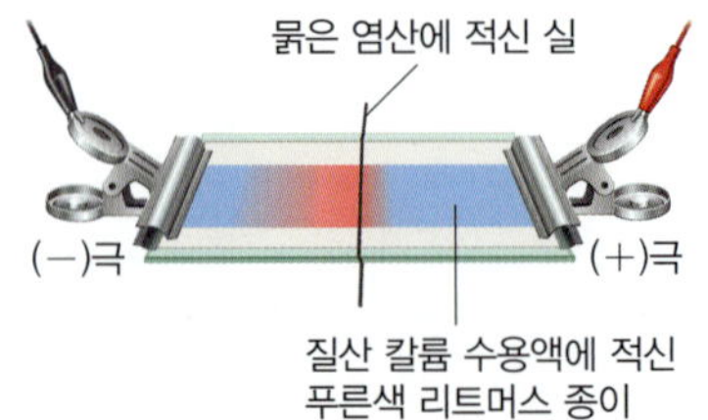

이에 대한 설명으로 옳은 것을 보기에서 있는 대로 고르시오.

보기
ㄱ. (+)극 쪽으로 이동하는 이온은 없다.
ㄴ. 리트머스 종이의 색이 변하는 것은 H^+ 때문이다.
ㄷ. 묽은 염산 대신 황산으로 실험해도 결과가 같다.

04 다음은 식초의 성질을 알아보기 위한 실험이다.

[실험 과정]
(가) 비커에 식초를 넣고 푸른색 리트머스 종이를 대어 본 후 색 변화를 관찰한다.
(나) (가)의 식초에 달걀 껍데기를 넣고 변화를 관찰한다.

[실험 결과]
• (가)에서 푸른색 리트머스 종이가 [㉠].
• (나)에서 달걀 껍데기 표면에 기포가 발생하였다.

이에 대한 설명으로 옳은 것만을 보기에서 있는 대로 고른 것은?

보기
ㄱ. 식초에는 OH^-가 들어 있다.
ㄴ. (가)에서 식초 대신 제산제를 이용해도 ㉠과 같은 결과가 얻어진다.
ㄷ. (나)에서 발생한 기체는 이산화 탄소이다.

① ㄴ ② ㄷ ③ ㄱ, ㄴ
④ ㄴ, ㄷ ⑤ ㄱ, ㄴ, ㄷ

05 그림 (가)와 (나)는 액성이 서로 다른 두 용액에 마그네슘 조각을 넣은 모습을 나타낸 것이다. 각 수용액은 수산화 나트륨(NaOH) 수용액, 묽은 염산(HCl) 중 하나이며, (가)에서만 기포가 발생하였다.
<서술형>

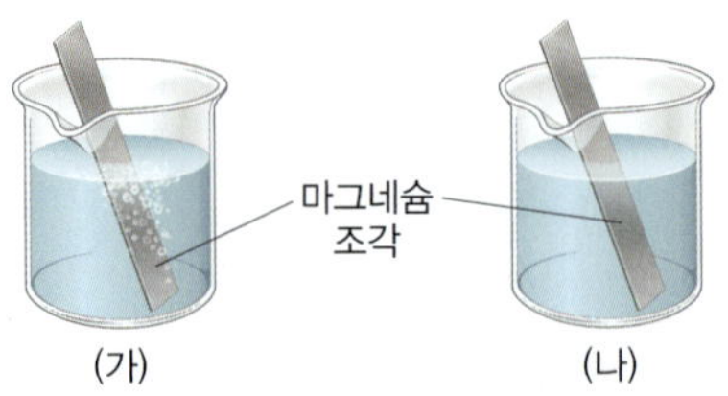

(1) 반응하기 전 (가)와 (나)에 들어 있는 용액을 각각 쓰시오.

(2) (1)과 같이 생각한 까닭을 설명하시오.

06 다음은 우리 주변의 다양한 물질을 나타낸 것이다.

> 비누, 치약, 제산제, 제빵 소다, 하수구 세정제

이 물질들에 대한 설명으로 옳은 것만을 보기에서 있는 대로 고른 것은?

보기
ㄱ. 공통으로 들어 있는 음이온이 있다.
ㄴ. 붉은색 리트머스 종이를 푸르게 변화시킨다.
ㄷ. 탄산 칼슘과 반응하여 이산화 탄소 기체를 발생시킨다.

① ㄱ   ② ㄷ   ③ ㄱ, ㄴ
④ ㄴ, ㄷ   ⑤ ㄱ, ㄴ, ㄷ

07 그림은 몇 가지 수용액을 주어진 기준에 따라 분류한 것이다.

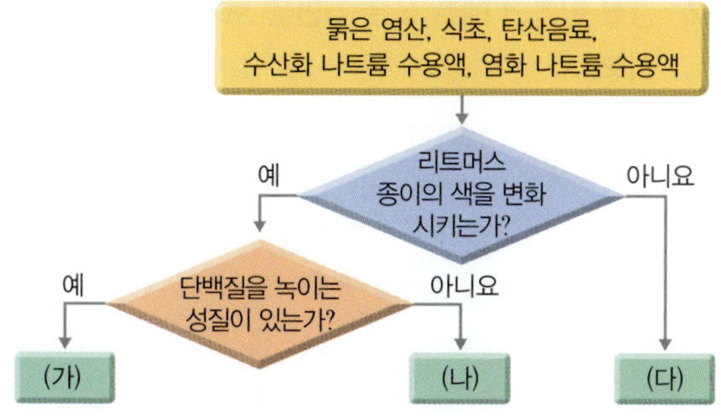

(1) (나)에 포함된 물질을 있는 대로 쓰시오.

(2) (가)와 (다)에 공통으로 포함된 이온을 쓰시오.

08 중화 반응에 대한 설명으로 옳지 <u>않은</u> 것은?

① 산과 염기가 반응하여 물을 생성하는 반응이다.
② 중화열은 중화 반응이 일어날 때 발생하는 열이다.
③ 중화점에서 혼합 용액의 온도가 가장 높다.
④ 산의 수소 이온과 염기의 수산화 이온은 1 : 1의 개수비로 반응한다.
⑤ 산과 염기를 혼합할 때 수소 이온의 수가 수산화 이온의 수보다 많으면 혼합 용액은 염기성을 띤다.

09 그림은 묽은 염산(HCl)과 수산화 칼슘($Ca(OH)_2$) 수용액의 반응을 모형으로 나타낸 것이다.

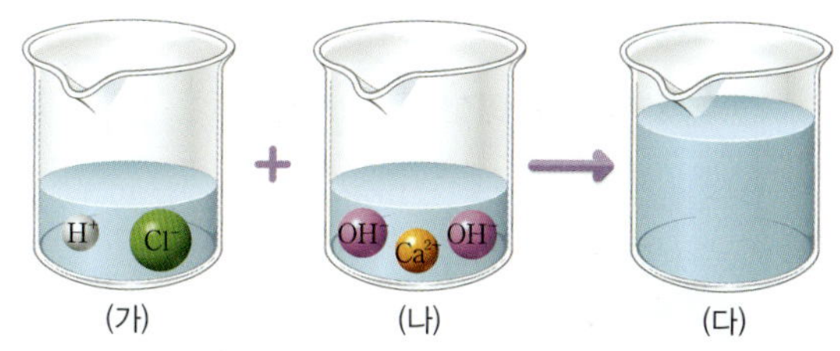

(1) (다)의 혼합 용액에 들어 있는 이온과 물 분자 모형을 그리시오.

(2) (가)~(다)에서 페놀프탈레인 용액을 떨어뜨렸을 때 붉은색을 나타내는 것을 모두 쓰시오.

10 그림은 일정량의 수산화 나트륨($NaOH$) 수용액에 묽은 염산(HCl)을 넣을 때의 반응을 모형으로 나타낸 것이다.

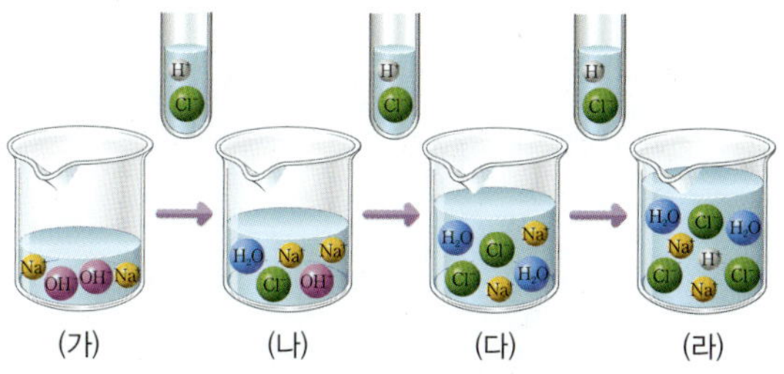

이에 대한 설명으로 옳은 것만을 보기에서 있는 대로 고른 것은? (단, 반응 전 두 수용액의 온도는 같다.)

보기
ㄱ. 혼합 용액의 액성은 (나)와 (라)가 같다.
ㄴ. 생성된 물 분자 수는 (라)가 (다)보다 많다.
ㄷ. 혼합 용액의 온도가 가장 높은 용액은 (다)이다.

① ㄱ   ② ㄷ   ③ ㄱ, ㄴ
④ ㄴ, ㄷ   ⑤ ㄱ, ㄴ, ㄷ

11 표는 온도와 농도가 같은 묽은 염산(HCl)과 수산화 칼륨 (KOH) 수용액의 부피를 달리하여 혼합한 용액 (가)~(라) 에 대한 자료이다.

구분	(가)	(나)	(다)	(라)
묽은 염산의 부피(mL)	10	20	40	60
수산화 칼륨 수용액의 부피(mL)	70	60	40	20

이에 대한 설명으로 옳은 것만을 보기에서 있는 대로 고른 것은?

> **보기**
> ㄱ. (가)와 (나)에는 모두 OH^-이 들어 있다.
> ㄴ. 혼합 용액의 온도는 (가)가 (다)보다 높다.
> ㄷ. (라)에 페놀프탈레인 용액을 떨어뜨리면 붉은색으로 변한다.

① ㄱ   ② ㄴ   ③ ㄱ, ㄷ
④ ㄴ, ㄷ   ⑤ ㄱ, ㄴ, ㄷ

12 그림은 묽은 염산 10 mL에 수산화 나트륨(NaOH) 수용액을 계속 넣어 주었을 때 때 혼합 용액의 온도 변화를 나타낸 것이다.

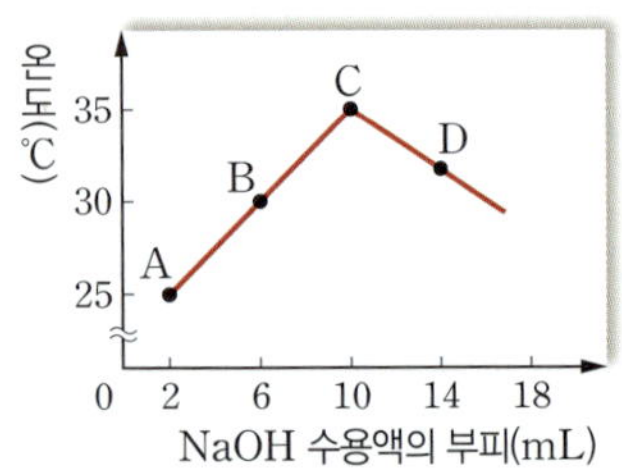

이에 대한 설명으로 옳은 것만을 보기에서 있는 대로 고른 것은? (단, 혼합 전 두 수용액의 온도는 같다.)

> **보기**
> ㄱ. C는 산과 염기가 완전히 중화된 상태이다.
> ㄴ. D에 달걀 껍데기를 넣으면 이산화 탄소가 발생한다.
> ㄷ. A~C에서 일어나는 반응의 알짜 이온 반응식은 모두 같다.

① ㄱ   ② ㄷ   ③ ㄱ, ㄷ
④ ㄴ, ㄷ   ⑤ ㄱ, ㄴ, ㄷ

13 그림은 수산화 칼륨(KOH) 수용액 40 mL에 같은 농도의 묽은 염산(HCl)을 조금씩 떨어뜨렸을 때 혼합 용액에 들어 있는 이온 수 변화를 나타낸 것이다. (단, 반응 전 두 수용액의 온도는 같다.)

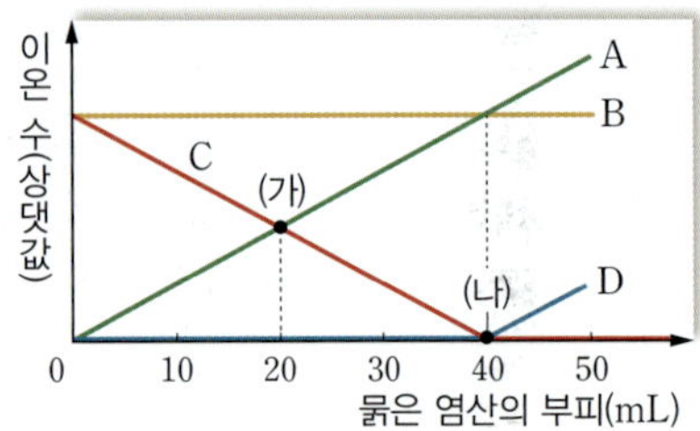

(1) A~D에 해당하는 이온의 화학식을 각각 쓰시오.

(2) (가)와 (나)에서 혼합 용액의 온도를 비교하고, 그 까닭을 설명하시오.

14 중화 반응의 예로 옳은 것만을 보기에서 있는 대로 고르시오.

> **보기**
> ㄱ. 벌에 쏘였을 때 암모니아수를 바른다.
> ㄴ. 산성화된 토양과 호수에 석회 가루를 뿌린다.
> ㄷ. 생선의 비린내를 제거하기 위해 레몬즙을 뿌린다.
> ㄹ. 은 숟가락의 검은 녹을 제거하기 위해 은 숟가락을 알루미늄 포일에 올려놓고 가열한다.

15 다음은 일상생활에서 화학 반응을 이용한 예이다.

> (가) 김치의 ㉠ 신맛을 줄이기 위해 ㉡ 제빵 소다를 넣는다.
> (나) ㉢ 위액이 과다하게 분비되어 속이 쓰릴 때 ㉣ 제산제를 먹는다.

(1) (가)와 (나)에서 공통으로 일어나는 반응의 알짜 이온 반응식을 쓰시오.

(2) ㉠~㉣ 중 염기로 작용하는 것을 모두 쓰시오.

JUMP 도전 문제

01 표는 레몬즙, 식초, 제산제 수용액으로 실험한 결과이다.

구분	레몬즙	식초	제산제 수용액
리트머스 종이를 대었을 때	푸른색 → 붉은색	㉠	붉은색 → 푸른색
달걀 껍데기를 넣었을 때	㉡	기체 발생	㉢
전원을 연결했을 때	전류 흐름	㉣	㉤

이에 대한 설명으로 옳은 것만을 보기에서 있는 대로 고른 것은?

보기
ㄱ. ㉠은 제산제 수용액의 결과와 같다.
ㄴ. ㉡과 ㉢에서는 같은 종류의 기체가 발생한다.
ㄷ. ㉣과 ㉤에서는 같은 결과가 나타난다.

① ㄱ ② ㄷ ③ ㄱ, ㄴ
④ ㄴ, ㄷ ⑤ ㄱ, ㄴ, ㄷ

02 그림은 수용액 (가)~ (다)를 이온 모형으로 나타낸 것이다. (가)~(다)는 각각 묽은 염산(HCl), 수산화 나트륨(NaOH) 수용액, 염화 나트륨(NaCl) 수용액 중 하나이고, ■는 음이온이다.

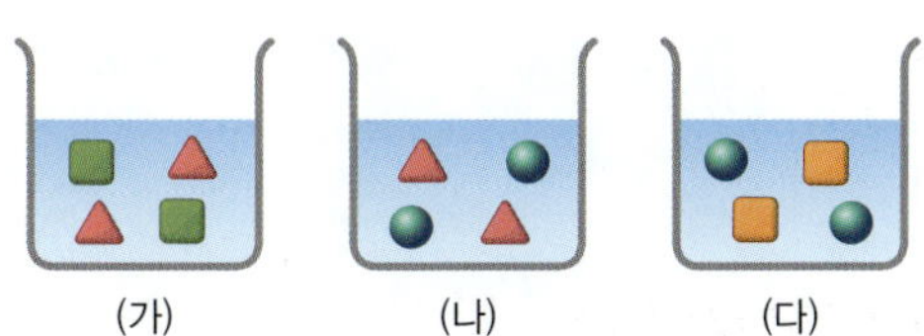

이에 대한 설명으로 옳은 것만을 보기에서 있는 대로 고른 것은?

보기
ㄱ. ■는 H^+이다.
ㄴ. (가)와 (다)를 혼합하면 물이 생성된다.
ㄷ. (나)에 BTB 용액을 떨어뜨리면 파란색으로 변한다.

① ㄱ ② ㄷ ③ ㄱ, ㄴ
④ ㄴ, ㄷ ⑤ ㄱ, ㄴ, ㄷ

03 표는 묽은 염산(HCl)과 수산화 나트륨(NaOH) 수용액의 부피를 달리하여 혼합한 용액 (가)~(다)에 들어 있는 이온의 종류와 각 용액의 최고 온도를 나타낸 것이다.

혼합 용액	수용액의 부피(mL)		이온의 종류	최고 온도(℃)
	HCl	NaOH 수용액		
(가)	10	20	㉠, Na^+, Cl^-	t_1
(나)	15	15	Na^+, Cl^-	t_2
(다)	20	10	㉡, Na^+, Cl^-	t_3

이에 대한 설명으로 옳은 것만을 보기에서 있는 대로 고른 것은? (단, 혼합 전 두 수용액의 온도는 같다.)

보기
ㄱ. ㉠과 ㉡은 같다.
ㄴ. $t_2 > t_1$이다.
ㄷ. $\dfrac{(가)에서\ Na^+의\ 수}{(다)에서\ Cl^-의\ 수} = 1$이다.

① ㄴ ② ㄷ ③ ㄱ, ㄴ ④ ㄴ, ㄷ ⑤ ㄱ, ㄴ, ㄷ

04 그림은 묽은 염산(HCl)과 수산화 나트륨(NaOH) 수용액의 부피를 달리하여 혼합한 용액의 최고 온도를 측정하여 나타낸 것이다.

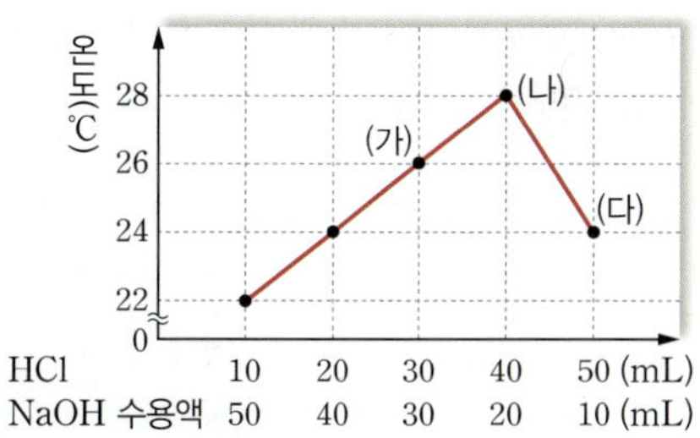

이에 대한 설명으로 옳은 것만을 보기에서 있는 대로 고른 것은? (단, 혼합 전 두 수용액의 온도는 같다.)

보기
ㄱ. 페놀프탈레인 용액을 떨어뜨렸을 때 붉게 변하는 것은 (가)이다.
ㄴ. 생성된 물 분자 수는 (나)가 (다)의 2배이다.
ㄷ. 같은 부피 속에 들어 있는 이온 수는 묽은 염산이 수산화 나트륨 수용액의 2배이다.

① ㄱ ② ㄷ ③ ㄱ, ㄴ ④ ㄴ, ㄷ ⑤ ㄱ, ㄴ, ㄷ

03 물질 변화에서 에너지 출입

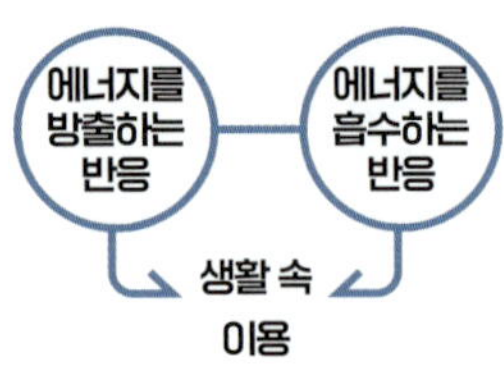

좀 더 자세히!

물질 변화가 일어나면 반응물과 생성물의 에너지 차이만큼 에너지가 출입한다.

물리 변화

물질을 구성하는 입자의 종류가 변하지 않고 물질의 고유한 성질이 그대로 유지되는 변화이다.

화학 변화

물질을 구성하는 원자들이 재배열하여 새로운 물질을 만드는 과정으로 물질의 성질이 변한다.

발열 반응과 흡열 반응

화학 반응이 일어날 때 열에너지를 방출하는 반응을 발열 반응이라고 하고, 열에너지를 흡수하는 반응을 흡열 반응이라고 한다.

우리 주변에서 볼 수 있는 에너지를 방출하는 반응

차가운 컵 표면에서 수증기가 액화하면서 열에너지를 방출한다.

1 물질 변화와 에너지 출입

우리 주변에서는 다양한 물질 변화가 일어난다. 물질 변화가 일어날 때 주변에서 에너지를 흡수하기도 하고 주변으로 에너지를 방출하기도 한다.

1. 물질 변화와 에너지의 출입

물질의 상태가 변하는 물리 변화나 화학 반응이 일어나는 화학 변화 등 물질 변화가 일어날 때 에너지가 출입한다.

에너지를 방출하는 반응	에너지를 흡수하는 반응
• 반응물의 에너지 합이 생성물의 에너지 합보다 크다. • 열에너지를 방출하면 주변의 온도가 높아진다.	• 반응물의 에너지 합이 생성물의 에너지 합보다 작다. • 열에너지를 흡수하면 주변의 온도가 낮아진다.

2. 에너지를 방출하는 반응

(1) 물리 변화에서 에너지를 방출하는 반응: 물질의 상태 변화는 물리 변화에 해당하며, 기체가 액체나 고체가 되거나 액체가 고체로 변할 때 에너지를 방출한다.

수증기의 액화	물의 응고
 소나기가 내리기 전에는 날씨가 후덥지근하다. ➡ 수증기가 액화하면서 열에너지를 방출한다.	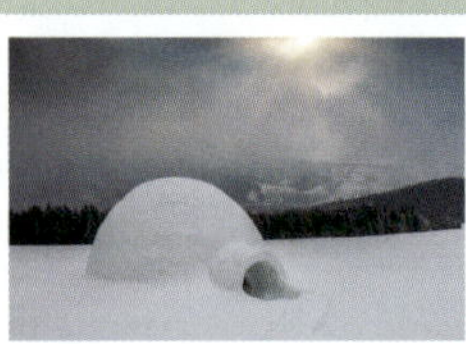 이글루 안쪽에 물을 뿌려 내부를 따뜻하게 한다. ➡ 물이 응고하면서 열에너지를 방출한다.

(2) 화학 변화에서 에너지를 방출하는 반응

중화 반응	연소 반응	철의 부식
 산과 염기의 중화 반응이 일어날 때 중화열을 방출한다.	 나무가 연소할 때 주변으로 열에너지를 방출한다.	 철이 산소와 반응해 녹슬면서 열에너지를 방출한다.

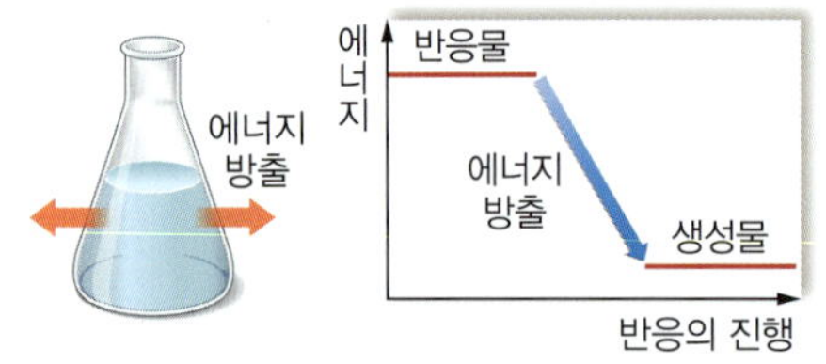

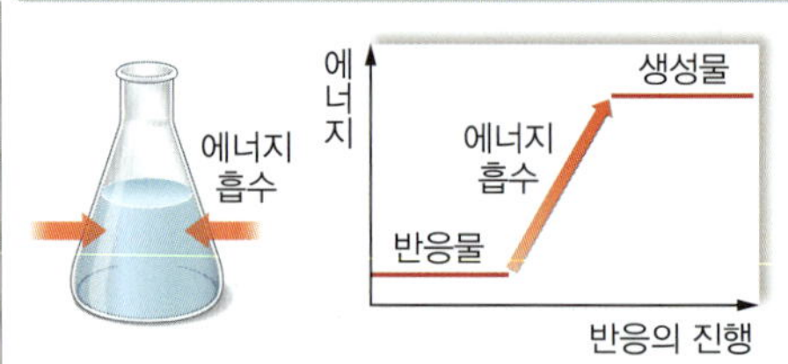

3. 에너지를 흡수하는 반응

(1) **물리 변화에서 에너지를 흡수하는 반응**: 고체가 액체나 기체로 변하거나 액체가 기체로 변할 때 에너지를 흡수한다.

물의 기화	얼음의 융해	드라이아이스의 승화
		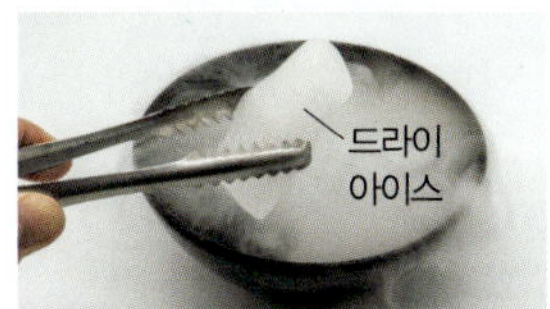
더운 여름날 도로에 물을 뿌리면 시원해진다. ➡ 물이 기화하면서 열에너지를 흡수한다.	얼음이 융해하면서 열에너지를 흡수한다.	드라이아이스가 기체로 승화하면서 열에너지를 흡수한다.

(2) **화학 변화에서 에너지를 흡수하는 반응**

질산 암모늄과 수산화 바륨의 반응	탄산수소 나트륨의 열분해

질산 암모늄과 수산화 바륨이 반응하면 주변으로부터 열에너지를 흡수하여 주변의 온도가 낮아진다. 🔍	탄산수소 나트륨을 가열하면 열에너지를 흡수하여 분해되면서 이산화 탄소를 생성한다. 🔍

자료 분석 ➕ 물질의 상태 변화가 일어날 때 에너지 출입

물질의 상태 변화는 물리 변화에 해당하며, 상태 변화가 일어날 때 에너지가 출입한다. 일정한 압력에서 응고, 액화, 승화(기체 → 고체)가 일어날 때 열에너지를 방출하므로 주변의 온도는 높아진다. 반면 융해, 기화, 승화(고체 → 기체)가 일어날 때 열에너지를 흡수하므로 주변의 온도는 낮아진다.

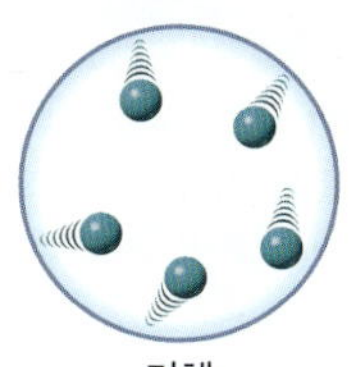
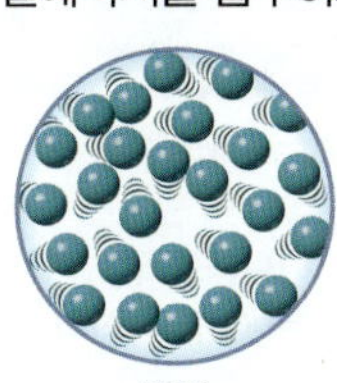
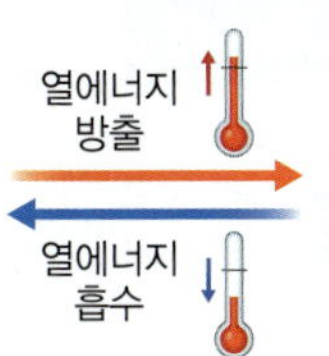
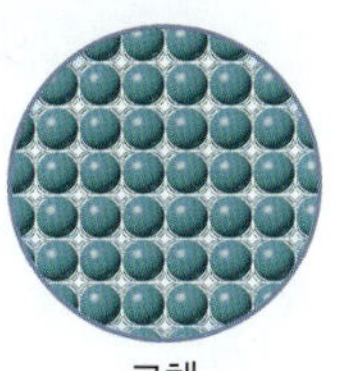

✔ 중요 개념 체크

정답과 해설 27쪽

1. 물질 변화가 일어날 때 열에너지를 방출하면 주변의 온도가 ㉠ (높아, 낮아)지고, 열에너지를 흡수하면 주변의 온도가 ㉡ (높아, 낮아)진다.

2. 물질 변화에서의 에너지 출입에 대한 설명으로 옳은 것은 ○, 옳지 <u>않은</u> 것은 ×로 표시하시오.

   (1) 물이 얼어 얼음이 될 때 주변의 열에너지를 흡수한다. ────────── (   )

   (2) 뷰테인 가스가 연소할 때 열에너지를 방출한다. ────────── (   )

우리 주변에 볼 수 있는 에너지를 흡수하는 반응

- 땀이 기화하면서 열에너지를 흡수하여 시원해진다.
- 질산 암모늄과 물이 반응할 때 열에너지를 흡수하여 주변의 온도가 낮아진다.
- 물은 전기 에너지를 흡수하여 수소 기체와 산소 기체로 분해된다. 물에 소량의 전해질을 넣고 전기 분해하면 (−)극에서는 수소 기체가, (＋)극에서는 산소 기체가 발생한다.

$$2H_2O \longrightarrow 2H_2 + O_2$$

🔍 **좀 더 자세히!**

- 질산 암모늄과 수산화 바륨이 반응하면 주변의 온도가 낮아져 나무판 위에 뿌린 물이 얼게 되므로 나무판이 삼각 플라스크에 달라붙는다.
- 탄산수소 나트륨을 가열하면 다음과 같은 반응이 일어나 이산화 탄소가 생성된다.

$$2NaHCO_3 \longrightarrow Na_2CO_3 + H_2O + CO_2$$

이때 이산화 탄소와 석회수가 반응하여 탄산 칼슘이 생성되므로 석회수가 뿌옇게 흐려진다.

$$Ca(OH)_2 + CO_2 \longrightarrow CaCO_3 + H_2O$$

2 물질 변화에서 출입하는 에너지의 이용

우리는 일상생활에서 물질 변화가 일어날 때 출입하는 에너지를 다양하게 활용한다.

1. 일상생활에서 에너지의 출입 이용

(1) 에너지를 방출하는 반응의 이용

① 커피 전문점에서 우유를 데울 때 수증기가 물로 액화하면서 방출하는 열에너지를 이용한다.

② 과수원에서는 개화 시기에 물을 뿌려 물이 얼음으로 응고하면서 방출하는 열에너지를 이용해 *냉해를 예방한다.

▲ **손난로**　손난로를 흔들면 손난로 속 철 가루가 공기 중의 산소와 반응하면서 열에너지를 방출하기 때문에 따뜻해진다.

▲ **연료의 연소**　연료가 연소할 때 발생하는 열에너지를 이용하여 음식을 조리하거나 난방을 한다.

▲ **발열 용기**　발열 용기는 물과 산화 칼슘이 반응하면서 방출하는 열에너지로 음식을 데운다.

(2) 에너지를 흡수하는 반응의 이용

① 손 소독제를 손에 바르면 알코올이 증발하면서 열에너지를 흡수하여 시원해진다.

② 신선식품을 배달할 때 얼음주머니를 넣어 두면 얼음이 물로 융해하면서 열에너지를 흡수하여 식품을 시원하게 유지한다.

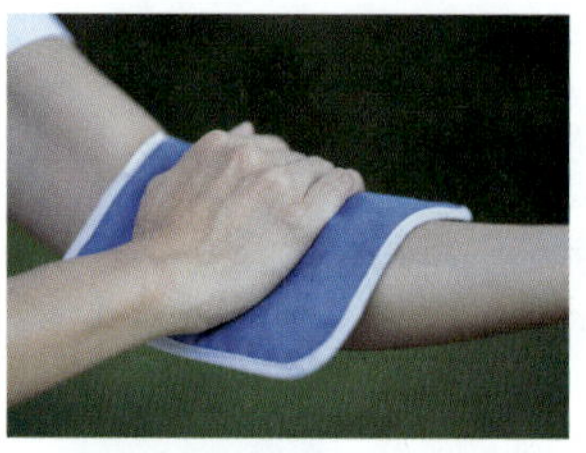

▲ **냉찜질 팩**　냉찜질 팩을 세게 누르면 물주머니가 터져 질산 암모늄이 물에 녹는다. 이때 열에너지를 흡수하므로 냉찜질 팩이 차가워진다.

▲ **제빵 소다의 열분해**　제빵 소다를 넣은 빵 반죽을 구우면 탄산수소 나트륨이 열에너지를 흡수하여 분해되어 이산화 탄소 기체가 발생해 빵이 부푼다.

▲ **소화기**　화재 현장에서 탄산수소 나트륨을 소화기로 뿌리면 탄산수소 나트륨이 열분해되면서 주변의 열을 흡수하여 불이 꺼진다.

▲ **냉장고 냉매의 기화**　냉장고나 에어컨은 냉매가 기화하면서 열에너지를 흡수하므로 주변을 시원하게 한다.

▲ **드라이아이스의 승화**　아이스크림을 포장할 때 드라이아이스를 넣으면 드라이아이스가 승화하면서 열에너지를 흡수하므로 아이스크림이 잘 녹지 않는다.

▲ ***한제**　음료수를 넣어 둔 얼음물에 소금을 뿌리면 소금이 물에 녹으면서 열에너지를 흡수하기 때문에 음료수를 차갑게 보관할 수 있다.

제빵 소다
빵이나 과자를 구울 때 부풀게 하기 위해 넣는 재료로, 베이킹 소다라고도 부른다.

소화기
탄산수소 나트륨 분말의 열분해로 발생한 이산화 탄소가 산소를 차단하는 역할도 한다.

 용어

***냉해(冷 차다, 害 해치다)**
이상 저온이나 일조량 부족으로 농작물이 자라는 도중에 입는 피해

***한제(寒 차다, 劑 약짓다)**
두 종류 이상의 물질을 혼합한 냉각제

2. 생명 현상과 지구 현상에서 에너지의 출입 이용

생명 현상	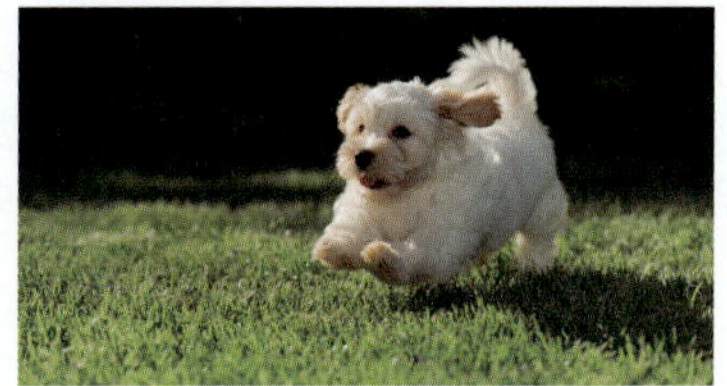 생명체는 세포호흡으로 발생하는 에너지를 이용해 체온을 유지하고, 생명활동에 필요한 에너지를 얻는다.	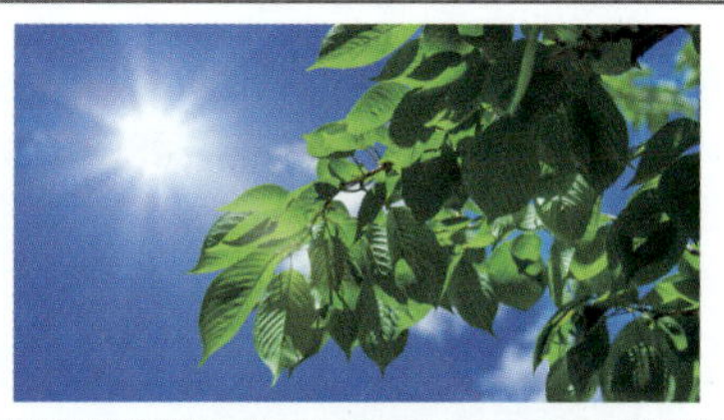 식물은 빛에너지를 흡수하여 광합성을 하며, 광합성으로 생명을 유지하는 데 필요한 양분을 만든다.
지구 현상	 물은 태양 에너지를 흡수하여 수증기가 되고, 수증기는 열에너지를 방출하며 액화하면서 구름이 된다.	 태풍은 바다에서 태양 에너지를 흡수하여 증발한 수증기가 물로 응결하는 과정에서 열에너지를 방출하며 발달한다.

물의 순환에서 에너지 출입
에너지가 흡수되거나 방출되지 않으면 물의 순환은 일어나지 않는다.

플러스 강의 ➕ 물과 산화 칼슘을 이용해 음식 조리하기

❶ 산화 칼슘과 물이 반응할 때 열에너지를 방출하여 주변의 온도가 높아진다. 이때 반응하는 물과 산화 칼슘의 양이 많을수록 주변의 온도가 더 높아진다. ➡ 화학 반응식: $CaO + H_2O \longrightarrow Ca(OH)_2$

❷ 음식 조리 방법

조리할 음식	달걀찜
음식 조리 방법	• 모양, 크기, 재질을 고려하여 음식을 조리할 장치를 설계하여 만든다. • 외부 용기에 산화 칼슘과 물을 넣고, 내부 용기에 달걀을 푼 물을 넣은 후 외부 용기에 겹쳐 놓는다.
주의점	산화 칼슘에 물을 넣으면 많은 양의 수증기와 열이 발생하므로 화상을 입지 않도록 주의한다.

▲ 발열 장치의 설계도

✔ 중요 개념 체크

정답과 해설 27쪽

3. 물질 변화에서 출입하는 에너지의 이용에 대한 설명으로 옳은 것은 ○, 옳지 않은 것은 ×로 표시 하시오.

(1) 손난로를 흔들면 열에너지가 방출되므로 따뜻해진다. ———————— (   )

(2) 식물은 빛에너지를 방출하여 광합성을 하고, 광합성으로 양분을 만든다. ———— (   )

(3) 과수원에서는 개화 시기에 물을 뿌려 물이 응고할 때 열에너지를 흡수하는 것을 이용해 냉해를 예방한다. ———————— (   )

(4) 아이스크림을 포장할 때 드라이아이스를 넣으면 드라이아이스가 승화하면서 열에너지를 흡수해 아이스크림이 잘 녹지 않는다. ———————— (   )

반응열과 반응 엔탈피

발열 반응이 일어날 때는 주위로 열에너지를 방출하고, 흡열 반응이 일어날 때는 주위에서 열에너지를 흡수한다. 화학 반응이 일어날 때 열에너지가 출입하는 것은 반응물과 생성물의 에너지가 서로 다르기 때문이다. 화학 반응이 일어날 때 출입하는 열에너지의 양을 측정하면 물질 변화가 일어날 때의 에너지 출입을 이해할 수 있고, 열에너지의 양은 열량계를 이용해 측정할 수 있다.

1 화학 반응이 일어날 때의 열의 출입

화학 반응이 일어날 때 반응물과 생성물 사이에 출입하는 열에너지를 반응열(Q)이라고 한다. 화학 반응이 일어날 때는 반응물과 생성물의 에너지가 다르기 때문에 그 차이만큼 열에너지를 방출하거나 흡수한다.

발열 반응	흡열 반응
• 반응물의 에너지가 생성물의 에너지보다 커서 화학 반응이 일어날 때 열을 방출하는 반응이다. • 화학 반응이 일어날 때 주위의 온도가 높아진다.	• 생성물의 에너지가 반응물의 에너지보다 커서 화학 반응이 일어날 때 열을 흡수하는 반응이다. • 화학 반응이 일어날 때 주위의 온도가 낮아진다.

◈ 계와 주위

'계(system)'란 반응이 직접 일어나는 영역이며, 화학 반응에서는 반응 물질과 생성 물질을 의미한다.
'주위(surroundings)'란 계를 제외한 모든 부분을 의미한다. 따라서 화학 반응에서는 반응 물질과 생성 물질을 제외한 반응 용기, 주변, 공기, 공간 등 계를 제외한 전체 영역을 의미한다.

2 화학 반응이 일어날 때 물질이 가지는 에너지의 변화

(1) **엔탈피**: 어떤 물질이 특정한 온도와 압력에서 가지는 고유한 에너지를 엔탈피(H)라고 한다. 물질 자체의 엔탈피를 직접 정확하게 측정할 수는 없지만 화학 반응이 일어날 때 반응물과 생성물의 엔탈피 차이는 반응열(Q)을 측정하여 알 수 있다.

(2) **반응 엔탈피(ΔH)**: 일정한 압력에서 화학 반응이 일어날 때의 엔탈피 변화를 반응 엔탈피(ΔH)라고 하며, 생성물의 엔탈피 합에서 반응물의 엔탈피 합을 뺀 값이다.

$$\text{반응 엔탈피}(\Delta H) = \text{생성물의 엔탈피 합} - \text{반응물의 엔탈피 합}$$

(3) **발열 반응과 흡열 반응에서의 반응 엔탈피(ΔH)**: 화학 반응에서 생성물의 엔탈피 합이 반응물의 엔탈피 합보다 작으면 엔탈피 차이만큼 열에너지를 방출하는 발열 반응이 일어난다. 반대로 생성물의 엔탈피 합이 반응물의 엔탈피 합보다 크면 엔탈피 차이만큼 열에너지를 흡수하는 흡열 반응이 일어난다.

◈ 물질의 상태에 따른 엔탈피

같은 종류의 물질이라도 고체 → 액체 → 기체로 될 때 엔탈피가 증가하므로, 상태 변화가 일어날 때에도 에너지가 출입한다.

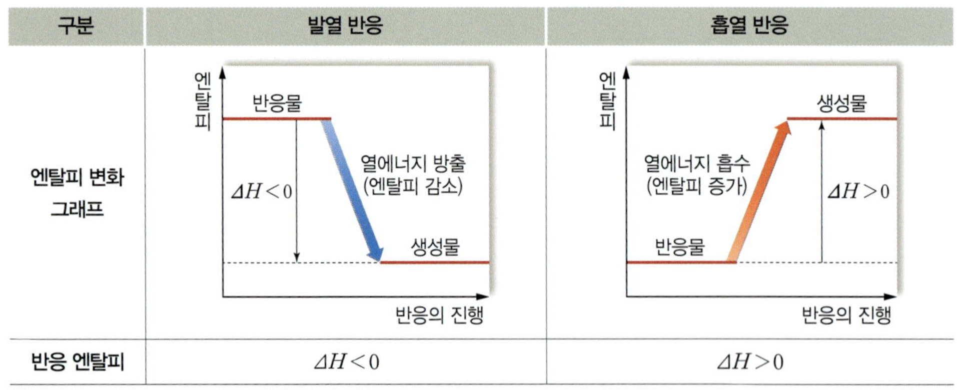

구분	발열 반응	흡열 반응
엔탈피 변화 그래프		
반응 엔탈피	$\Delta H < 0$	$\Delta H > 0$

3 반응 엔탈피에 따른 주위의 온도 변화

발열 반응은 반응물이 가진 화학 에너지가 열에너지로 방출되기 때문에 엔탈피는 감소하지만 주위의
온도는 높아진다. 반면 흡열 반응은 반응물이 흡수한 열에너지가 화학 에너지로 전환되기 때문에 엔탈
피는 증가하지만 주위의 온도는 낮아진다.

4 비열과 열량

(1) 비열(c): 어떤 물질 1 g의 온도를 1℃ 높이는 데 필요한 열에너지의 양으로, 물질의 종류에 따라
다르다.

(2) 열량(Q): 어떤 물질이 방출하거나 흡수하는 열에너지의 양으로, 그 물질의 비열(c)에 질량과 온도
변화(Δt)를 곱하여 구한다.

$$열량(J)=비열(J/g \cdot ℃) \times 질량(g) \times 온도\ 변화(℃)$$

5 화학 반응에서 출입하는 열에너지의 양 측정 방법

(1) 열량계: 화학 반응에서 출입하는 열량을 측정하는 장치를 열량계라고 하며, 열량계 안에서 화학
반응이 일어날 때 출입하는 열에너지가 수용액의 온도를 변화시키므로 이를 이용하여 화학 반응
이 일어날 때 출입하는 열량을 계산할 수 있다.

간이 열량계	통열량계
① 반응열을 측정하기 위해 사용하는 간단한 장치로, 주로 중화 반응이나 고체의 용해 과정에서 출입하는 열량을 측정하는 데 사용한다.  ② 반응열의 측정: 스타이로폼 컵을 용기로 사용하는 간이 열량계에 반응물을 넣고 수용액의 온도 변화를 측정하면 화학 반응이 일어날 때 출입하는 열량을 계산할 수 있다. ③ 특징: 구조가 간단하고 사용하기 쉽지만 발생한 열에너지의 일부가 실험 기구의 온도를 변화시키거나 열량계 밖으로 빠져나가는 등 열 손실이 커서 반응열을 정확히 측정하기 어려운 단점이 있다.	① 반응열을 정확하게 측정하기 위해 사용하는 장치로, 발생하는 열이 외부로 빠져 나가지 않도록 구성되어 있으며, 주로 연소 반응에서 출입하는 열량을 측정하는 데 사용한다. 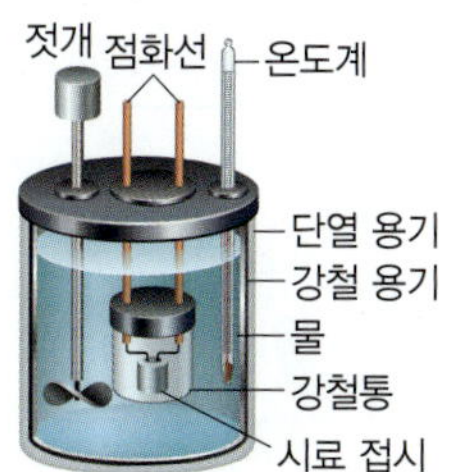 ② 반응열의 측정: 통열량계의 시료 접시에 시료를 넣고 연소할 때 물의 온도 변화를 측정하면 연료의 반응열을 측정할 수 있다. ③ 특징: 단열이 잘 되도록 만들어져 열 손실이 거의 없으므로 화학 반응에서 출입하는 열량을 간이 열량계보다 정확하게 측정할 수 있다.

(2) 화학 반응에서 출입하는 열량의 측정

구분	간이 열량계 이용	통열량계 이용
가정	화학 반응에서 발생하는 열량은 모두 간이 열량계 속 용액의 온도 변화에 이용된다고 가정한다.	화학 반응에서 발생하는 열량은 모두 통열량계 속 용액의 온도 변화와 통열량계의 온도 변화에 이용된다고 가정한다.
반응열의 계산	화학 반응에서 발생한 열량(Q)=용액이 잃거나 얻은 열량=용액의 비열×용액의 질량×용액의 온도 변화	화학 반응에서 발생한 열량(Q)=물이 얻거나 잃은 열량+통열량계가 얻거나 잃은 열량

교과서 속 START 내신 완성 문제

01 물질 변화와 에너지 출입에 대한 설명으로 옳지 않은 것은?

① 상태 변화가 일어날 때 에너지가 출입한다.
② 물질 변화가 일어날 때 열에너지를 방출하면 주변의 온도가 높아진다.
③ 물질 변화가 일어날 때 열에너지를 흡수하면 주변의 온도가 낮아진다.
④ 철이 산소와 반응해 녹슬 때 열에너지를 방출한다.
⑤ 물이 수증기가 되거나 얼음으로 변할 때 모두 열에너지를 흡수한다.

02 다음은 물질 변화와 에너지 출입에 대한 세 학생의 대화이다.

제시한 의견이 옳은 학생만을 있는 대로 고른 것은?

① A   ② B   ③ A, C
④ B, C   ⑤ A, B, C

03 다음은 물이 상태 변화할 때 에너지 출입에 대한 설명이다.

이글루 안쪽 벽에 물을 뿌리면 물이 응고하면서 열에너지를 ㉠ (   )하여 이글루 내부의 온도가 ㉡ (   )진다.

㉠과 ㉡에 들어갈 알맞은 말을 각각 쓰시오.

04 그림은 우리 주변에서 일어나는 두 가지 물질 변화이다.

〈서술형

(가) 메테인의 연소   (나) 얼음의 융해

⑴ (가)와 (나)는 각각 물리 변화와 화학 변화 중 무엇에 해당하는지 쓰시오.

⑵ (가)와 (나)의 반응이 일어날 때 주변의 온도 변화를 에너지 출입과 관련지어 설명하시오.

05 시험관에 탄산수소 나트륨을 넣고 그림과 같이 장치한 후 가열 장치로 시험관을 가열하였더니 이산화 탄소가 발생하여 석회수가 뿌옇게 흐려졌다.

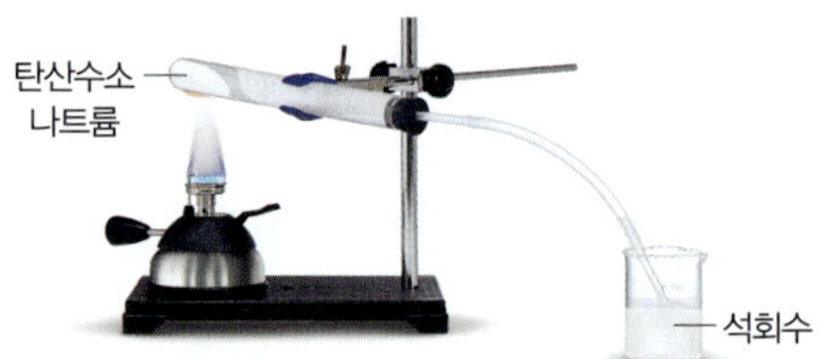

이에 대한 설명으로 옳은 것만을 보기에서 있는 대로 고른 것은?

보기

ㄱ. 탄산수소 나트륨의 분해 반응은 열에너지를 흡수하는 반응이다.
ㄴ. 가열 장치에서 연료가 연소할 때 주변의 온도가 높아진다.
ㄷ. 탄산수소 나트륨의 분해 반응은 질산 암모늄과 수산화 바륨의 반응과 에너지 출입 방향이 같다.

① ㄱ   ② ㄴ   ③ ㄱ, ㄷ
④ ㄴ, ㄷ   ⑤ ㄱ, ㄴ, ㄷ

06 그림 (가)는 묽은 염산과 수산화 나트륨 수용액을, (나)는 물과 산화 칼슘을 반응시키는 모습을 나타낸 것이다.

이에 대한 설명으로 옳은 것만을 보기에서 있는 대로 고른 것은?

보기
ㄱ. (가)에서 열에너지를 방출한다.
ㄴ. (나)에서 열에너지를 흡수한다.
ㄷ. (가)와 (나)에서 모두 주변의 온도가 높아진다.

① ㄱ   ② ㄴ   ③ ㄱ, ㄷ
④ ㄴ, ㄷ   ⑤ ㄱ, ㄴ, ㄷ

07 다음은 질산 암모늄과 수산화 바륨의 반응에서 에너지 출입을 알아보기 위한 실험이다.

물을 떨어뜨린 나무판 위에 삼각 플라스크를 올려놓은 후, 수산화 바륨과 질산 암모늄을 넣고 잘 저어 반응시켰더니, 나무판이 삼각 플라스크에 붙었다.

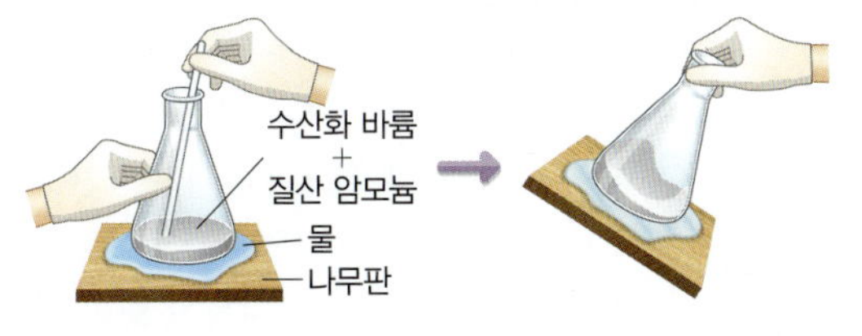

삼각 플라스크 안에서 일어나는 반응에 대한 설명으로 옳은 것만을 보기에서 있는 대로 고른 것은?

보기
ㄱ. 반응이 일어날 때 주변의 온도가 낮아진다.
ㄴ. 반응물의 에너지 합이 생성물의 에너지 합보다 작다.
ㄷ. 차가운 컵 표면에서 수증기가 액화하는 변화와 에너지의 출입 방향이 같다.

① ㄱ   ② ㄷ   ③ ㄱ, ㄴ
④ ㄴ, ㄷ   ⑤ ㄱ, ㄴ, ㄷ

08 다음은 두 가지 화학 반응에 대한 설명이다.

(가) 산화 칼슘과 물이 반응할 때 열에너지를 방출한다.
(나) 질산 암모늄과 물이 반응할 때 열에너지를 흡수한다.

물질 변화가 일어날 때 (가), (나)와 에너지 출입 방향이 같은 것을 보기에서 있는 대로 골라 옳게 짝 지은 것은?

보기
ㄱ. 화석 연료가 연소한다.
ㄴ. 에어컨의 냉매가 기화한다.
ㄷ. 손 소독제를 손에 바르면 시원해진다.

	(가)	(나)			(가)	(나)
①	ㄱ	ㄴ, ㄷ		②	ㄴ	ㄱ, ㄷ
③	ㄱ, ㄴ	ㄷ		④	ㄱ, ㄷ	ㄴ
⑤	ㄴ, ㄷ	ㄱ				

09 다음은 일상생활에서 물질 변화가 이용되는 예이다.

손난로를 흔들면 손난로 속의 철가루가 공기 중의 산소와 반응해 따뜻해진다.
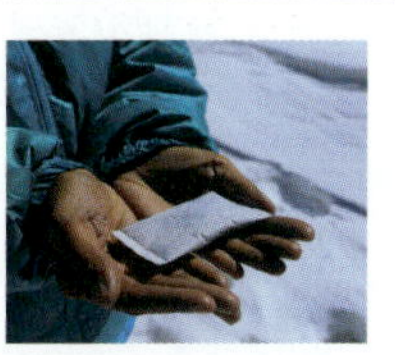

물질 변화가 일어날 때 에너지의 출입 방향이 손난로 안에서 일어나는 반응과 같은 것만을 보기에서 있는 대로 고른 것은?

보기
ㄱ. 모닥불   ㄴ. 광합성
ㄷ. 세포호흡   ㄹ. 철의 부식

① ㄱ, ㄴ   ② ㄱ, ㄷ   ③ ㄷ, ㄹ
④ ㄱ, ㄴ, ㄷ   ⑤ ㄱ, ㄷ, ㄹ

10 다음은 물질 변화가 일어날 때 에너지가 출입하는 것을 이용한 두 가지 예이다.

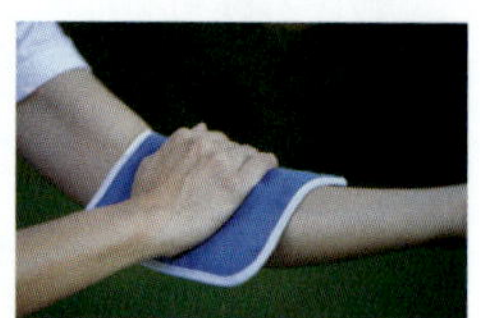

(가) 과수원에서 물을 뿌려 냉해 예방하기

(나) 질산 암모늄이 들어 있는 냉찜질 팩

이에 대한 설명으로 옳은 것만을 보기에서 있는 대로 고른 것은?

ㄱ. (가)는 물이 얼음으로 응고할 때 주변의 온도가 높아지는 것을 이용한다.

ㄴ. (나)는 질산 암모늄이 물에 녹을 때 열에너지를 흡수하는 현상을 이용한다.

ㄷ. (가)와 (나)는 물질 변화가 일어날 때 에너지 출입 방향이 같다.

① ㄱ   ② ㄴ   ③ ㄱ, ㄴ
④ ㄴ, ㄷ   ⑤ ㄱ, ㄴ, ㄷ

11 다음은 일상생활에서 물질 변화가 일어날 때 출입하는 에너지를 이용하는 예이다.

(가) 뷰테인 가스를 연소시켜 음식을 조리한다.
(나) 커피 전문점에서 수증기를 액화시켜 우유를 데운다.
(다) 냉장고의 냉매가 기화하면 냉장고 내부가 시원해진다.
(라) 신선식품을 배달할 때 얼음주머니를 넣어 음식의 신선도를 유지한다.

물질 변화가 일어날 때 ㉠ 열에너지를 방출하는 것을 이용하는 예와 ㉡ 열에너지를 흡수하는 것을 이용하는 예를 옳게 짝 지은 것은?

	㉠	㉡
①	(가), (나)	(다), (라)
②	(가), (다)	(나), (라)
③	(가), (라)	(나), (다)
④	(나), (라)	(가), (다)
⑤	(다), (라)	(가), (나)

12 다음은 발열 용기에 대한 설명이다.

발열 용기의 발열 팩에는 주로 산화 칼슘이 들어 있다. 외부 용기에 발열 팩과 물을 넣고, 음식 용기에 조리할 음식을 넣어 외부 용기에 겹쳐 놓으면 음식을 조리할 수 있다.

이에 대한 설명으로 옳은 것만을 보기에서 있는 대로 고른 것은?

ㄱ. 발열 팩에 물을 부으면 발열 반응이 일어난다.

ㄴ. 발열 팩에 물을 부을 때 주변의 온도가 높아지는 반응이 일어난다.

ㄷ. 산화 칼슘과 물의 반응 대신 드라이아이스의 승화 반응을 이용할 수 있다.

① ㄱ   ② ㄴ   ③ ㄱ, ㄴ
④ ㄴ, ㄷ   ⑤ ㄱ, ㄴ, ㄷ

13 다음은 생명 현상과 지구의 자연 현상에서 일어나는 에너지 출입에 대한 설명이다.

(가) 식물은 빛에너지를 (㉠)하여 광합성을 하며 생명을 유지하는 데 필요한 에너지를 만든다.
(나) 바다의 물이 태양 에너지를 흡수하여 증발하면 수증기가 되고, 수증기는 구름이 되는 과정에서 에너지를 (㉡)하고 눈이나 비로 내린다.

이에 대한 설명으로 옳은 것만을 보기에서 있는 대로 고르시오.

ㄱ. ㉠은 흡수, ㉡은 방출이다.

ㄴ. (나)에서 수증기가 액화할 때 주변의 온도가 높아져 후덥지근하다.

ㄷ. 식물이 호흡할 때의 에너지 출입 방향은 (나)에서 구름이 생성될 때와 같다.

01 그림은 어떤 화학 반응이 일어날 때 에너지의 변화를 나타낸 것이다.

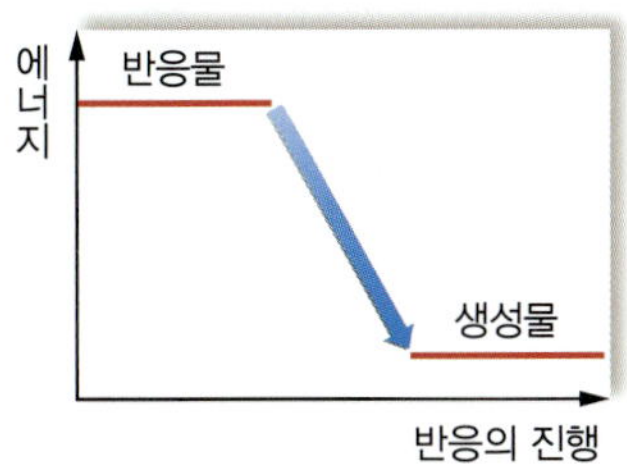

이 반응에 대한 설명으로 옳은 것만을 보기에서 있는 대로 고른 것은?

보기
ㄱ. 열에너지를 방출한다.
ㄴ. 주변의 온도가 높아진다.
ㄷ. 물의 전기 분해와 에너지 출입 방향이 같다.

① ㄱ 　② ㄴ 　③ ㄱ, ㄴ
④ ㄴ, ㄷ 　⑤ ㄱ, ㄴ, ㄷ

02 다음은 질산 암모늄이 물에 녹을 때 에너지 출입을 알아보기 위한 실험이다. (서술형)

[실험 과정]
(가) 25 ℃의 물이 들어 있는 시험관에 25 ℃의 고체 질산 암모늄을 넣는다.
(나) ㉠ 질산 암모늄이 물에 용해될 때 나타나는 온도 변화와 시험관 표면에서 나타나는 현상을 관찰한다.

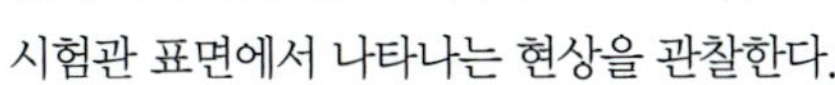

[실험 결과]
혼합 용액의 온도가 낮아지면서 시험관 표면에 공기 중의 ㉡ 수증기가 물방울이 되어 맺혔다.

㉠과 ㉡에서 일어난 열에너지의 출입을 설명하시오.

03 그림은 20 ℃의 물이 들어 있는 단열 용기를 나타낸 것이고, 표는 단열 용기의 물에 20 ℃의 고체 물질 A와 B를 각각 녹였을 때 용액의 최종 온도를 나타낸 것이다.

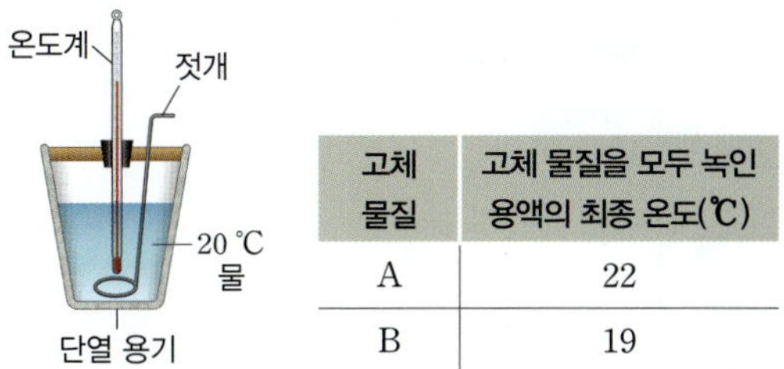

고체 물질	고체 물질을 모두 녹인 용액의 최종 온도(℃)
A	22
B	19

이에 대한 설명으로 옳은 것만을 보기에서 있는 대로 고른 것은?

보기
ㄱ. A가 물에 녹을 때 주변의 온도가 높아진다.
ㄴ. B가 물에 녹을 때 열에너지를 흡수한다.
ㄷ. A가 물에 녹는 반응을 이용하여 냉찜질 팩을 만들 수 있다.

① ㄱ 　② ㄷ 　③ ㄱ, ㄴ
④ ㄴ, ㄷ 　⑤ ㄱ, ㄴ, ㄷ

04 다음은 우리 주변에서 일어나는 세 가지 현상이다.

(가) 차가운 유리컵의 표면에 물방울이 맺힌다.
(나) 도시가스를 연소시켜 집안을 따뜻하게 한다.
(다) 제빵 소다를 넣은 빵을 구우면 빵이 부풀어 오른다.

이에 대한 설명으로 옳은 것만을 보기에서 있는 대로 고른 것은?

보기
ㄱ. (가)에서 발열 반응이 일어난다.
ㄴ. (나)와 (다)는 반응이 일어날 때 주변의 열에너지를 흡수한다.
ㄷ. (다)는 세포호흡이 일어날 때와 에너지 출입 방향이 같다.

① ㄱ 　② ㄴ 　③ ㄱ, ㄷ
④ ㄴ, ㄷ 　⑤ ㄱ, ㄴ, ㄷ

중단원 핵/심/정/리

01 산화와 환원

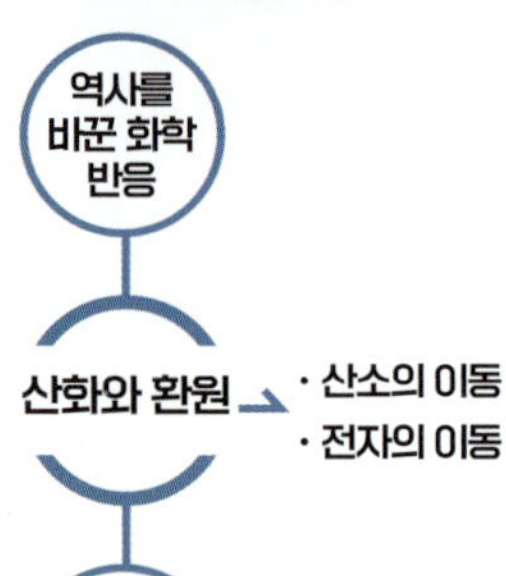

한눈에 보는 **단원 흐름**

- 역사를 바꾼 화학 반응
- 산화와 환원 → · 산소의 이동 · 전자의 이동
- 주변의 산화·환원 반응

1. 자연과 인류의 역사를 바꾼 화학 반응: 광합성, 화석 연료의 연소, 철의 제련 ➡ 산소가 관여하는 반응

2. 산화·환원 반응: 산화와 환원은 항상 동시에 일어난다.

구분	산소의 이동	전자의 이동
산화	물질이 산소를 (**1**) 반응	물질이 전자를 (**3**) 반응
환원	물질이 산소를 (**2**) 반응	물질이 전자를 (**4**) 반응
반응의 예	산화(산소 얻음) $2CuO + C \longrightarrow 2Cu + CO_2$ 산화 구리(Ⅱ) 탄소 구리 이산화 탄소 환원(산소 잃음)	산화(전자 잃음) $Zn + Cu^{2+} \longrightarrow Zn^{2+} + Cu$ 아연 구리 이온 아연 이온 구리 환원(전자 얻음)

3. 우리 주변의 산화·환원 반응

(**5**)	식물의 엽록체에서 빛에너지를 이용하여 이산화 탄소와 물로부터 포도당과 산소를 생성하는 반응이다.	산화 $6CO_2 + 6H_2O \longrightarrow C_6H_{12}O_6 + 6O_2$ 이산화 탄소 물 포도당 산소 환원
화석 연료의 연소 예 메테인	도시가스의 주성분인 메테인이 연소하면 이산화 탄소와 물이 생성되면서 열과 빛을 낸다.	산화 $CH_4 + 2O_2 \longrightarrow CO_2 + 2H_2O$ 메테인 산소 이산화 탄소 물 환원
철의 제련	철광석과 코크스(C)를 용광로에 넣고 가열하면 코크스는 일산화 탄소로 산화된 후, 철광석의 주성분인 산화 철(Ⅲ)과 반응한다. 이때 산화 철(Ⅲ)은 철로 환원되고, 일산화 탄소는 산화된다.	산화 $Fe_2O_3 + 3CO \longrightarrow 2Fe + 3CO_2$ 산화 철(Ⅲ) 일산화 탄소 철 이산화 탄소 환원

02 산과 염기의 중화 반응

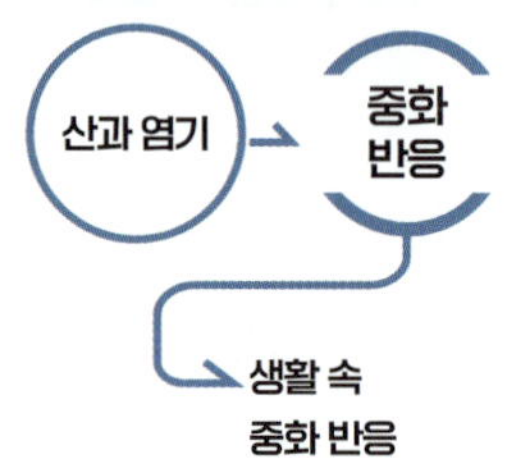

한눈에 보는 **단원 흐름**

- 산과 염기 → 중화 반응
- 생활 속 중화 반응

1. 산과 염기

(1) 산과 염기의 정의

① 산: 물에 녹아 (**6**)을/를 내놓는 물질 예 $HCl \longrightarrow H^+ + Cl^-$

② 염기: 물에 녹아 (**7**)을/를 내놓는 물질 예 $NaOH \longrightarrow Na^+ + OH^-$

(2) 산성과 염기성

구분	산성	염기성
정의	산의 공통적인 성질 ➡ 산의 (**8**) 때문에 나타난다.	염기의 공통적인 성질 ➡ 염기의 (**9**) 때문에 나타난다.
성질	• 대부분 신맛이 난다. • 수용액에서 전류가 흐른다. • 마그네슘, 철 등과 같은 금속과 반응하여 수소 기체를 발생한다. • 탄산 칼슘과 반응하여 이산화 탄소 기체를 발생한다. • 푸른색 리트머스 종이를 붉은색으로, BTB 용액을 노란색으로 변하게 한다.	• 대부분 쓴맛이 난다. • 수용액에서 전류가 흐른다. • 단백질을 녹이는 성질이 있어 손으로 만지면 미끈거린다. • 붉은색 리트머스 종이를 푸른색으로, BTB 용액을 파란색으로, 페놀프탈레인 용액을 붉은색으로 변하게 한다.

2. 중화 반응

(1) (⑩   ): 산의 수소 이온(H^+)과 염기의 수산화 이온이
반응하여 (⑪   )을/를 생성하는 반응 ➡ H^+과 OH^-
은 1 : 1의 개수비로 반응한다.

$$H^+ + OH^- \longrightarrow H_2O$$

(2) (⑫   ): 산과 염기의 중화 반응이 일어날 때 발생하는 열

(3) 중화 반응이 일어날 때 용액의 변화

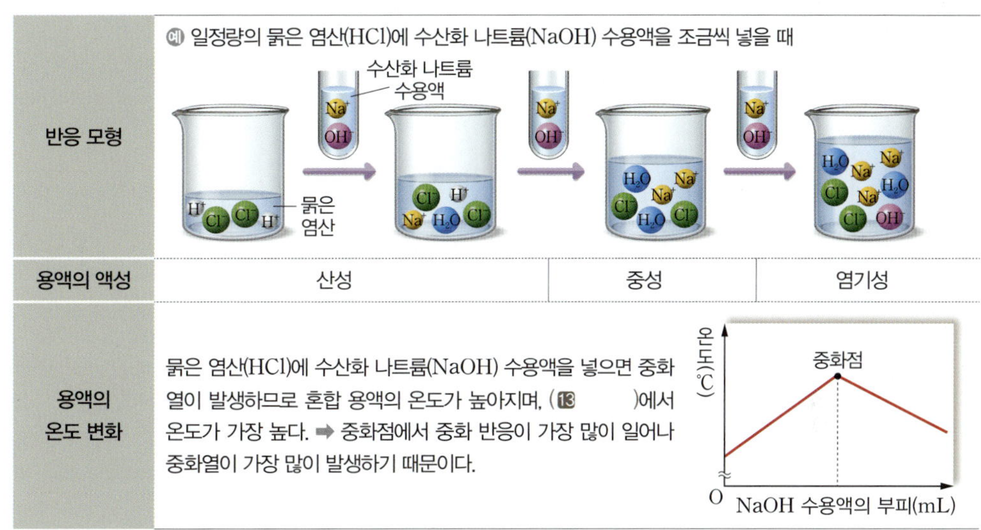

반응 모형			
용액의 액성	산성	중성	염기성

용액의 온도 변화: 묽은 염산(HCl)에 수산화 나트륨(NaOH) 수용액을 넣으면 중화열이 발생하므로 혼합 용액의 온도가 높아지며, (⑬   )에서 온도가 가장 높다. ➡ 중화점에서 중화 반응이 가장 많이 일어나 중화열이 가장 많이 발생하기 때문이다.

(4) 생활 속 중화 반응

- 생선의 비린내를 없애기 위해 레몬즙을 뿌린다.
- 위산이 과다하게 분비되어 속이 쓰릴 때 염기성 물질이 포함된 제산제를 먹는다.
- 산성화된 호수나 토양에 염기성인 석회 가루를 뿌려 호수와 토양을 중화시킨다.

03 물질 변화에서 에너지 출입

1. **물질 변화와 에너지 출입**: 물질의 상태가 변하거나 화학 반응이 일어나는 등 물질 변화가 일어날 때 에너지가 출입한다.

구분	에너지를 (⑭)하는 반응	에너지를 (⑮)하는 반응
주변의 온도 변화	물질 변화가 일어날 때 열에너지를 방출하는 반응이 일어나면 주변의 온도가 높아진다.	물질 변화가 일어날 때 열에너지를 흡수하는 반응이 일어나면 주변의 온도가 낮아진다.
에너지 변화	반응물 / 에너지 방출 / 생성물 / 반응의 진행	생성물 / 에너지 흡수 / 반응물 / 반응의 진행

2. **물질 변화에서 출입하는 에너지의 이용**

에너지를 방출하는 현상	• 연료가 연소할 때 발생하는 열을 이용하여 음식을 조리하거나 난방을 한다. • 손난로를 흔들면 철 가루가 공기 중의 산소와 반응하여 따뜻해진다.
에너지를 흡수하는 현상	• 냉찜질 팩에서 질산 암모늄이 물과 반응할 때 열에너지를 흡수하여 시원해진다. • 제빵 소다를 넣어 빵을 구우면 탄산수소 나트륨이 열에너지를 흡수하여 분해되면서 부풀어 오른다.

금속의 산화·환원 반응

출제 point에 따라 대표 자료를 분석하고, 문제에 대입하여 풀어보자.

출제 Point

- (Point ①) 반응 전과 후에 수용액에 들어 있는 이온을 비교해 산화·환원 반응을 파악한다. ★★☆
- (Point ②) 산화·환원 반응이 일어날 때 산화되는 물질과 환원되는 물질을 찾는다. ★★★
- (Point ③) 산화·환원 반응식을 이용해 반응이 일어날 때 이온 수와 질량 변화를 파악한다. ★☆☆

대표 자료

금속 양이온이 들어 있는 수용액에 금속을 넣었을 때 각 비커에 들어 있는 양이온의 종류

[실험 과정]

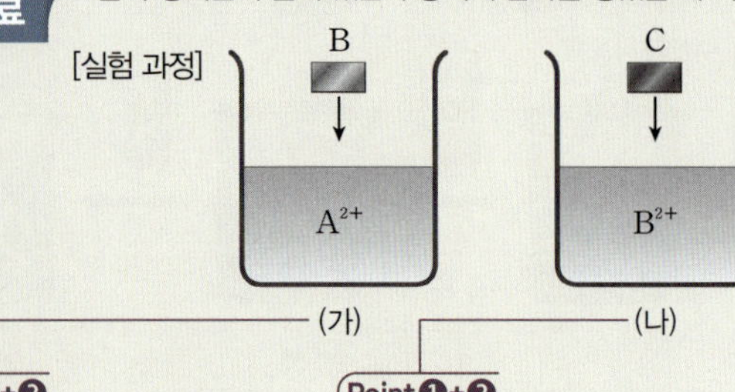

[실험 결과]

비커	(가)	(나)
양이온의 종류	B^{2+}	C^{3+}

(Point ③)
(가) $B + A^{2+} \longrightarrow B^{2+} + A$ 의 반응이 일어날 때 B는 전자 2개를 잃고, A^{2+}은 전자 2개를 얻음. ➡ A^{2+} 1개가 금속으로 석출될 때 B^{2+} 1개가 생성되므로 양이온 수가 일정함.
(나) $2C + 3B^{2+} \longrightarrow 2C^{3+} + 3B$의 반응이 일어날 때 C는 전자 3개를 잃고, B^{2+}은 전자 2개를 얻음. → B^{2+} 3개가 금속으로 석출될 때 C^{3+} 2개가 생성되므로 양이온 수가 감소함.

(Point ①+②)
금속 B와 A^{2+}이 들어 있는 수용액의 반응으로 B^{2+}이 생성됨. → B는 전자를 잃고 산화되고, A^{2+}은 전자를 얻어 환원됨.

(Point ①+②)
금속 C와 B^{2+}이 들어 있는 수용액의 반응으로 C^{3+}이 생성됨. → C는 전자를 잃고 산화되고, B^{2+}은 전자를 얻어 환원됨.

정답과 해설 29쪽

---

01 그림 (가)는 금속 X를 YSO_4 수용액에 넣은 것을, (나)는 금속 Y를 ZNO_3 수용액에 넣은 것을 나타낸 것이다. 시간이 지난 후 (가)와 (나)에서 각각 Y, Z가 석출되었다.

(Point ①+②)
X는 전자를 잃고 (　　　)되고, Y^{2+}은 전자를 얻어 (　　　)됨.

(Point ①+②)
Y는 전자를 잃고 (　　　)되고, Z^+은 전자를 얻어 (　　　)됨.

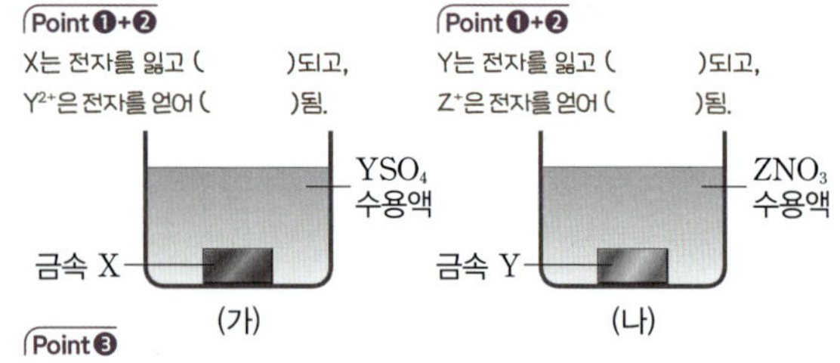

(Point ③)
(나) $Y + 2ZNO_3 \longrightarrow 2Z + Y(NO_3)_2$의 반응이 일어날 때 Y는 전자 (　　　)개를 잃고, Z^+은 전자 (　　　)개를 얻어 Z^+ 2개가 금속으로 석출될 때 Y^{2+} 1개가 생성되므로 전체 양이온 수가 감소함.

이에 대한 설명으로 옳은 것만을 보기에서 있는 대로 고른 것은? (단, X~Z는 임의의 원소 기호이고, 물과 음이온은 반응에 참여하지 않는다.)

> **보기**
> ㄱ. (가)에서 금속 X는 환원되고, Y 이온은 산화된다.
> ㄴ. (나)에서 전자는 Y에서 Z^+으로 이동한다.
> ㄷ. (나)에서 수용액 속 전체 양이온 수는 증가한다.

① ㄱ　　　② ㄴ　　　③ ㄱ, ㄷ
④ ㄴ, ㄷ　　　⑤ ㄱ, ㄴ, ㄷ

---

02 그림과 같이 금속 A를 BNO_3 수용액에 넣었더니 A^{2+}이 생성되고, 금속 B가 석출되었다.

(Point ①+②)
금속 A와 B^+이 들어 있는 수용액의 반응으로 A^{2+}이 생성됨.
→ A는 전자를 잃어 (　　　)되고, B^+은 전자를 얻어 (　　　)됨.

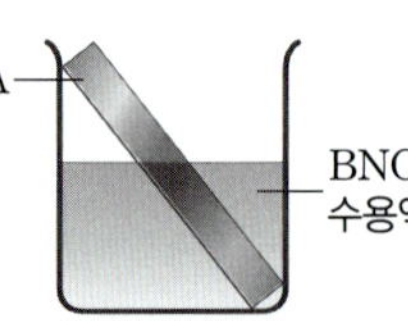

(Point ③)
$A + 2BNO_3 \longrightarrow 2B + A(NO_3)_2$의 반응이 일어날 때 A는 전자 2개를 (　　　)고, B^+은 전자 1개를 (　　　)어 B^+ 2개가 금속으로 석출될 때 A^{2+} 1개가 생성되므로 양이온 수가 (　　　)함. 또 원자 1개의 질량은 A<B로 A 1개가 산화될 때 B 2개가 금속으로 석출되므로 금속판의 전체 질량은 (　　　)함.

이에 대한 설명으로 옳은 것만을 보기에서 있는 대로 고른 것은? (단, A와 B는 임의의 원소 기호이고, 원자 1개의 질량은 A<B이며, 물과 음이온은 반응에 참여하지 않는다.)

> **보기**
> ㄱ. 전자는 A에서 B^+으로 이동한다.
> ㄴ. 수용액 속 전체 양이온 수는 증가한다.
> ㄷ. 금속판의 전체 질량은 감소한다.

① ㄱ　　　② ㄴ　　　③ ㄱ, ㄷ
④ ㄴ, ㄷ　　　⑤ ㄱ, ㄴ, ㄷ

중화 반응의 양적 관계

출제 point에 따라 대표 자료를 분석하고, 문제에 대입하여 풀어보자.

출제 Point

- **Point 1** 혼합 용액의 온도가 가장 높은 중화점을 찾는다. ★☆☆
- **Point 2** 각 혼합 용액에 존재하는 이온 수와 생성된 물 분자 수를 파악한다. ★★★
- **Point 3** 각 혼합 용액에 존재하는 이온 수를 바탕으로 용액의 액성을 파악한다. ★★☆

대표 자료

혼합 용액		(가)	(나)	(다)
혼합 전 수용액의 부피(mL)	HCl	4	6	10
	NaOH 수용액	8	6	2
혼합 후 최고 온도(℃)		24	26	22
혼합 용액 속 전체 이온 수		xN	$12N$	yN

Point 1 혼합 용액의 최고 온도가 가장 높음. ➡ 중화점

Point 2+3 각 용액의 이온 수와 용액의 액성

혼합 용액	(가)	(나)	(다)
HCl 속 이온 수(개)	H^+ $4N$, Cl^- $4N$	H^+ $6N$, Cl^- $6N$	H^+ $10N$, Cl^- $10N$
NaOH 속 이온 수(개)	Na^+ $8N$, OH^- $8N$	Na^+ $6N$, OH^- $6N$	Na^+ $2N$, OH^- $2N$
혼합 용액 속 이온 수(개)	Cl^- $4N$, Na^+ $8N$, OH^- $4N$	Cl^- $6N$, Na^+ $6N$	H^+ $8N$, Cl^- $10N$, Na^+ $2N$
용액의 액성	염기성	중성	산성

정답과 해설 29쪽

03 표는 묽은 염산(HCl)과 수산화 나트륨(NaOH) 수용액의 부피를 달리하여 혼합한 용액 (가)~(다)에 대한 자료이다.

혼합 용액	혼합 전 수용액의 부피(mL)		혼합 후 최고 온도(℃)
	HCl	NaOH 수용액	
(가)	2	8	22
(나)	5	5	25
(다)	7	3	23

Point 1
(나): 최고 온도가 가장 높음. ➡ ( )

Point 2+3 (나)에서 생성된 물 분자 수를 $5N$이라고 가정할 때 혼합 용액의 이온 수와 용액의 액성

혼합 용액	H^+	Cl^-	Na^+	OH^-	H_2O	액성
(가)	0	$2N$	$8N$	$6N$	$2N$	( )
(나)	0	$5N$	$5N$	0	$5N$	( )
(다)	$4N$	$7N$	$3N$	0	$3N$	( )

이에 대한 설명으로 옳은 것만을 보기에서 있는 대로 고른 것은? (단, 혼합 전 수용액의 온도는 모두 같다.)

보기
ㄱ. 생성된 물 분자 수는 (나)>(가)이다.
ㄴ. (가)에 페놀프탈레인 용액을 떨어뜨려도 색이 변하지 않는다.
ㄷ. (다)에 들어 있는 이온 수는 $Cl^->Na^+$이다.

① ㄱ　　② ㄴ　　③ ㄱ, ㄷ
④ ㄴ, ㄷ　　⑤ ㄱ, ㄴ, ㄷ

04 표는 묽은 염산(HCl)과 수산화 칼륨(KOH) 수용액의 부피를 달리하여 혼합한 용액 (가)~(다)에 대한 자료이다. ㉠과 ㉡은 각각 H^+, K^+, Cl^- 중 하나 이고, (가)에서 $\dfrac{OH^-의 수}{K^+의 수}=\dfrac{1}{2}$이다.

혼합 용액	혼합 전 수용액의 부피(mL)		혼합 용액 속 $\dfrac{㉠의 수}{㉡의 수}$
	HCl	KOH 수용액	
(가)	5	10	
(나)	15	10	$\dfrac{1}{2}$
(다)	30	10	x

Point 2+3 혼합 용액의 이온 수와 생성된 물 분자 수

혼합 용액	H^+	Cl^-	K^+	OH^-	H_2O 분자 수
(가)	0	$5N$	$10N$	$5N$	( )
(나)	$5N$	$15N$	$10N$	0	$10N$
(다)	( )	$30N$	$10N$	0	$10N$

이에 대한 설명으로 옳은 것만을 보기에서 있는 대로 고른 것은?

보기
ㄱ. ㉠은 H^+이다.
ㄴ. $x=1$이다.
ㄷ. 생성된 물 분자 수는 (다)>(가)>(나)이다.

① ㄱ　② ㄴ　③ ㄱ, ㄴ　④ ㄴ, ㄷ　⑤ ㄱ, ㄴ, ㄷ

수능 WALK 실전 대비 문제

수능 실전 2점

01 그림은 산화 철(Ⅲ)(Fe_2O_3)을 포함하고 있는 철광석을 제련할 때 일어나는 화학 반응식의 일부를 나타낸 것이다.

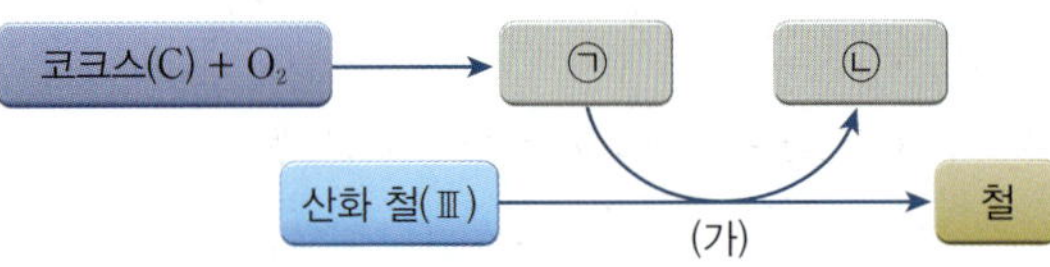

이에 대한 설명으로 옳은 것만을 보기에서 있는 대로 고른 것은?

> **보기**
> ㄱ. ㉠은 코크스의 불완전 연소에 의해 생성된다.
> ㄴ. ㉡은 광합성의 반응물 중 하나이다.
> ㄷ. 과정 (가)에서 산화 철(Ⅲ)은 환원된다.

① ㄱ   ② ㄷ   ③ ㄱ, ㄴ
④ ㄴ, ㄷ   ⑤ ㄱ, ㄴ, ㄷ

02 그림은 묽은 염산(HCl)에 마그네슘(Mg) 조각을 넣었을 때 일어나는 변화를 모형으로 나타낸 것이다.

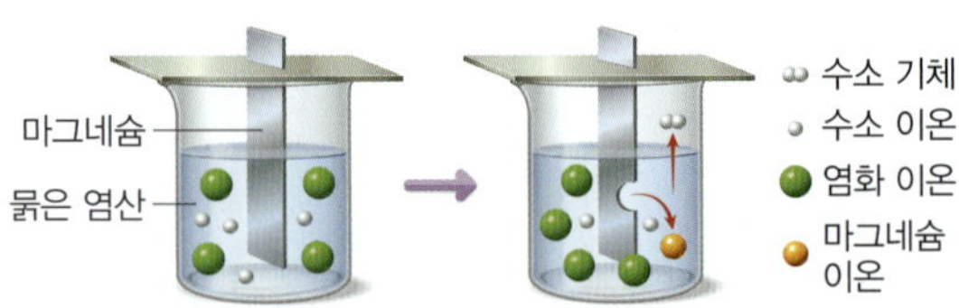

이에 대한 설명으로 옳은 것만을 보기에서 있는 대로 고른 것은?

> **보기**
> ㄱ. 전체 양이온 수는 감소한다.
> ㄴ. 전자는 마그네슘에서 염화 이온으로 이동한다.
> ㄷ. 마그네슘 조각 대신 아연 조각으로 실험하면 산소 기체가 발생한다.

① ㄱ   ② ㄴ   ③ ㄱ, ㄷ
④ ㄴ, ㄷ   ⑤ ㄱ, ㄴ, ㄷ

03 그림은 묽은 염산(HCl)에 금속 A와 B를 각각 넣었을 때 (가)에서는 수소 기체가 발생하지만, (나)에서는 아무 변화가 나타나지 않은 모습을 나타낸 것이다.

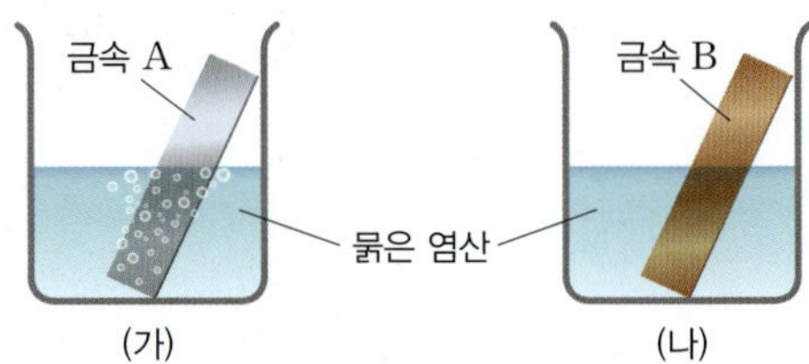

이에 대한 설명으로 옳은 것만을 보기에서 있는 대로 고른 것은? (단, A와 B는 임의의 원소 기호이며, 물과 음이온은 반응에 참여하지 않는다.)

> **보기**
> ㄱ. (가)에서 전자는 A에서 수소 이온으로 이동한다.
> ㄴ. (나)에서 B는 전자를 얻어 환원된다.
> ㄷ. A를 B의 이온이 들어 있는 수용액에 넣으면 B가 석출된다.

① ㄱ   ② ㄴ   ③ ㄱ, ㄷ
④ ㄴ, ㄷ   ⑤ ㄱ, ㄴ, ㄷ

빈출

04 그림은 금속 A, B, C 조각을 황산 구리(Ⅱ) 수용액에 각각 넣은 모습을 나타낸 것이다.

이에 대한 설명으로 옳은 것만을 보기에서 있는 대로 고른 것은? (단, A~C는 임의의 원소 기호이고, 물과 음이온은 반응에 참여하지 않는다.)

> **보기**
> ㄱ. (가)에서 전자는 구리에서 A로 이동한다.
> ㄴ. (나)에서 산화되는 물질은 B이다.
> ㄷ. (다)에서는 산화·환원 반응이 일어나지 않는다.

① ㄱ   ② ㄷ   ③ ㄱ, ㄴ
④ ㄴ, ㄷ   ⑤ ㄱ, ㄴ, ㄷ

05 그림은 세 가지 용액을 기준에 따라 분류한 것이다.

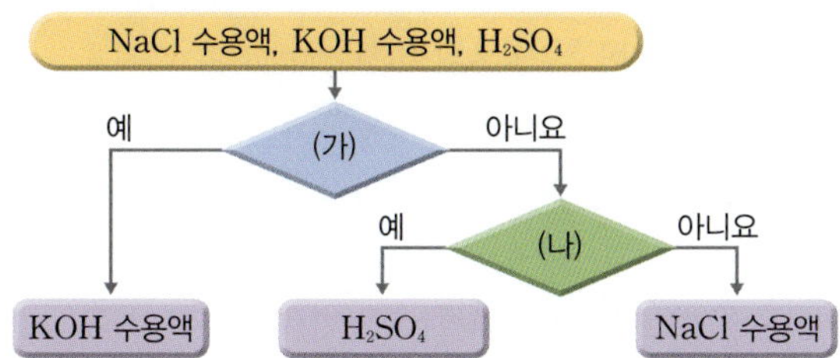

이에 대한 설명으로 옳은 것만을 보기에서 있는 대로 고른 것은?

보기
ㄱ. (가)는 '전기 전도성이 있는가?'가 적절하다.
ㄴ. (나)는 '마그네슘 리본과 반응하여 수소 기체가 발생하는가?'가 적절하다.
ㄷ. 세 가지 수용액 중 페놀프탈레인 용액을 떨어뜨렸을 때 붉게 변하는 것은 두 가지이다.

① ㄱ ② ㄴ ③ ㄱ, ㄴ
④ ㄴ, ㄷ ⑤ ㄱ, ㄴ, ㄷ

06 질산 칼륨 수용액에 적신 푸른색 리트머스 종이 위에 묽은 염산에 적신 실을 올려놓고 전원을 연결하였더니 그림과 같이 실에서부터 A극 쪽으로 붉게 변하였다.

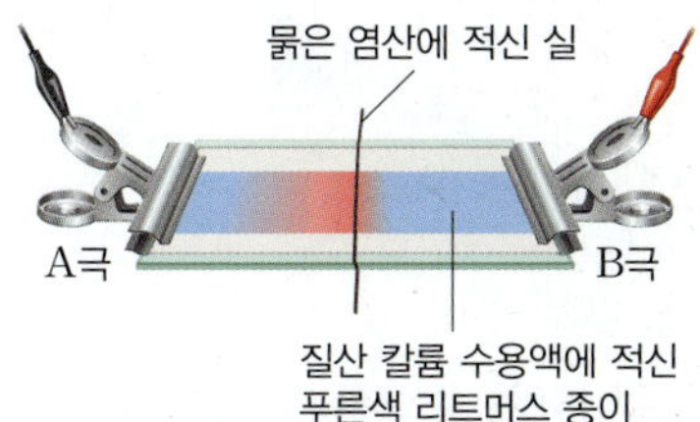

이에 대한 설명으로 옳은 것만을 보기에서 있는 대로 고른 것은?

보기
ㄱ. A극은 (＋)극이다.
ㄴ. B극 쪽으로 이동하는 이온의 종류는 두 가지이다.
ㄷ. 푸른색 리트머스 종이가 붉게 변하는 것은 수소 이온(H^+) 때문이다.

① ㄱ ② ㄷ ③ ㄱ, ㄴ
④ ㄴ, ㄷ ⑤ ㄱ, ㄴ, ㄷ

07 그림은 묽은 염산(HCl)과 수산화 나트륨(NaOH) 수용액의 부피를 달리하여 반응시켰을 때 혼합 용액의 최고 온도를 나타낸 것이다. 이에 대한 설명으로 옳은 것만을 보기에서 있는 대로 고른 것은? (단, 혼합 전 두 수용액의 온도는 같다.)

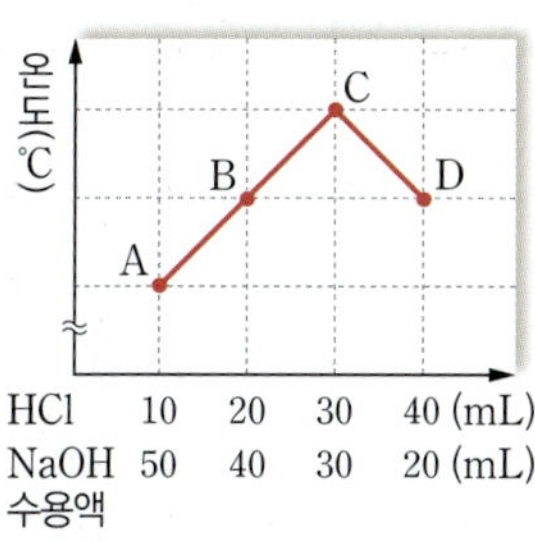

보기
ㄱ. A~D는 모두 전기 전도성이 있다.
ㄴ. 생성된 물의 양은 B와 D가 같다.
ㄷ. 마그네슘 조각을 넣었을 때 기체가 발생하는 것은 D이다.

① ㄱ ② ㄴ ③ ㄱ, ㄴ
④ ㄴ, ㄷ ⑤ ㄱ, ㄴ, ㄷ

08 그림 (가)는 홈 Ⅰ~Ⅳ에 서로 다른 4가지 용액 5 mL와 BTB 용액을 각각 2~3방울 떨어뜨린 후의 모습을, (나)는 (가)의 홈 Ⅰ~Ⅳ에 용액 A를 각각 5 mL씩 첨가한 후의 모습을 나타낸 것이다.

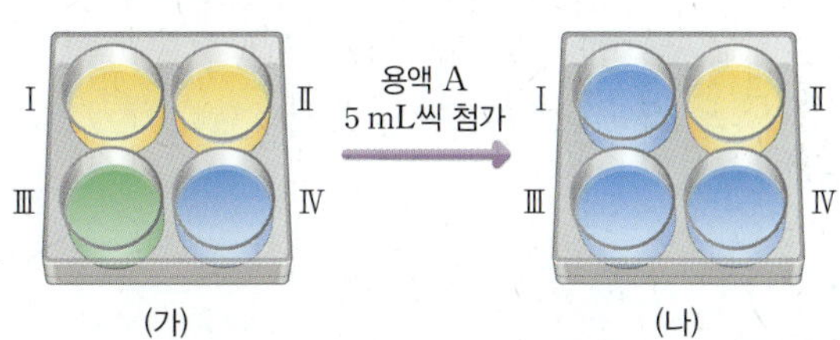

이에 대한 설명으로 옳은 것만을 보기에서 있는 대로 고른 것은? (단, (가)에서 홈판에 있는 모든 용액의 온도는 같다.)

보기
ㄱ. 용액 A에 페놀프탈레인 용액을 떨어뜨리면 붉은색으로 변한다.
ㄴ. (가)에서 (나)로 될 때 홈 Ⅰ~Ⅳ의 용액에서 모두 물이 생성된다.
ㄷ. (가)에서 (나)로 될 때 중화열이 가장 많이 발생하는 용액은 홈 Ⅱ의 용액이다.

① ㄱ ② ㄷ ③ ㄱ, ㄷ
④ ㄴ, ㄷ ⑤ ㄱ, ㄴ, ㄷ

09 다음은 산과 염기의 중화 반응 실험이다.

[실험 과정]

삼각 플라스크 Ⅰ, Ⅱ에 묽은 염산을 각각 10 mL씩 넣고 페놀프탈레인 용액을 2방울 떨어뜨린 후, Ⅰ에는 수산화 나트륨(NaOH) 수용액 5 mL를, Ⅱ에는 NaOH 수용액 15 mL를 각각 첨가하여 색 변화를 관찰한다.

[실험 결과]

Ⅰ의 혼합 용액은 색이 변하지 않고, Ⅱ의 혼합 용액은 붉은색으로 변한다.

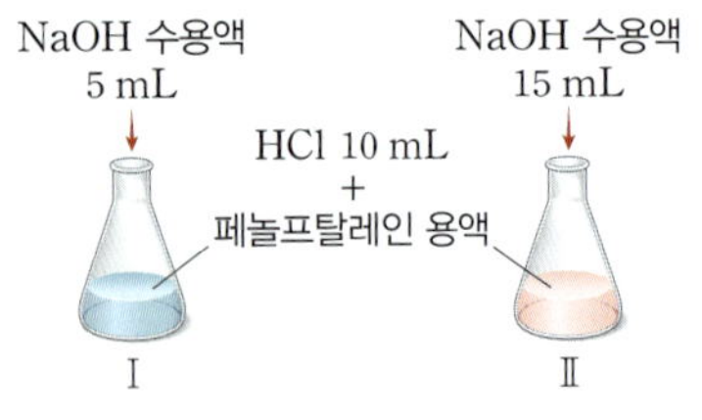

이에 대한 설명으로 옳은 것만을 보기에서 있는 대로 고른 것은? (단, 반응 전 모든 수용액의 온도는 같고, 반응 후 Ⅰ에 남아 있는 이온의 종류는 세 가지이다.)

보기
ㄱ. Ⅰ의 혼합 용액은 산성이다.
ㄴ. 생성된 물의 양은 Ⅰ이 Ⅱ보다 많다.
ㄷ. 발생한 중화열은 Ⅱ가 Ⅰ보다 많다.

① ㄱ   ② ㄷ   ③ ㄱ, ㄷ   ④ ㄴ, ㄷ   ⑤ ㄱ, ㄴ, ㄷ

10 다음은 생활 속에서 화학 반응을 이용한 예이다.

공장에서는 배기가스 속 황산화물을 제거하기 위해 산화 칼슘과 반응시킨다.

이와 같은 화학 반응을 이용한 예로 옳은 것만을 보기에서 있는 대로 고른 것은?

보기
ㄱ. 치약으로 이를 닦아 충치를 예방한다.
ㄴ. 염소로 소독한 수영장에 염기성 물질을 넣는다.
ㄷ. 깎아둔 사과를 공기 중에 오래 두면 색이 변한다.

① ㄱ   ② ㄷ   ③ ㄱ, ㄴ   ④ ㄴ, ㄷ   ⑤ ㄱ, ㄴ, ㄷ

---

11 다음은 냉찜질 팩을 만드는 방법에 대한 설명이다.

(가) 물이 든 밀봉된 비닐 봉지와 질산 암모늄 (NH_4NO_3)을 지퍼 백에 넣는다.

(나) 지퍼 백을 닫고 손으로 눌러 물이 든 비닐봉지를 터뜨리면 질산 암모늄이 물에 녹으면서 차가워진다.

이에 대한 설명으로 옳은 것만을 보기에서 있는 대로 고른 것은?

보기
ㄱ. (나)에서 일어나는 반응은 발열 반응이다.
ㄴ. (나)에서 지퍼 백 내부의 질량은 일정하다.
ㄷ. 질산 암모늄과 물의 반응은 주변으로부터 열에너지를 흡수하는 반응이다.

① ㄱ   ② ㄴ   ③ ㄱ, ㄷ
④ ㄴ, ㄷ   ⑤ ㄱ, ㄴ, ㄷ

12 다음은 물질 변화에서 에너지의 출입을 이용하는 예이다.

(가) 소화기로 탄산수소 나트륨을 뿌려 불을 끈다.

(나) 얼음물에 소금을 뿌려 음료를 시원하게 보관한다.

이에 대한 설명으로 옳은 것만을 보기에서 있는 대로 고른 것은?

보기
ㄱ. (가)는 흡열 반응을 이용한 것이다.
ㄴ. (가)에서는 탄산수소 나트륨이 열분해될 때 주변의 온도가 낮아지는 현상을 이용한다.
ㄷ. (가)와 (나)에서 물질 변화가 일어날 때 열에너지의 출입 방향은 같다.

① ㄱ   ② ㄷ   ③ ㄱ, ㄴ
④ ㄴ, ㄷ   ⑤ ㄱ, ㄴ, ㄷ

13 다음은 자연과 인류의 역사에 큰 변화를 가져온 세 가지 반응의 화학 반응식을 나타낸 것이다.

$$(가)\ Fe_2O_3 + 3CO \longrightarrow 2Fe + 3\ \boxed{ \ ㉠ \ }$$
$$(나)\ CH_4 + 2O_2 \longrightarrow \boxed{ \ ㉡ \ } + 2H_2O$$
$$(다)\ C_6H_{12}O_6 + 6O_2 \longrightarrow 6\ \boxed{ \ ㉢ \ } + 6H_2O$$

이에 대한 설명으로 옳은 것만을 보기에서 있는 대로 고른 것은?

보기
ㄱ. ㉠~㉢은 모두 같은 물질이다.
ㄴ. (나)와 (다)에서 환원되는 물질은 같다.
ㄷ. (나)와 (다)는 모두 에너지를 흡수하는 반응이다.

① ㄱ   ② ㄴ   ③ ㄱ, ㄴ
④ ㄴ, ㄷ   ⑤ ㄱ, ㄴ, ㄷ

14 그림 (가)는 붉은색 구리(Cu) 코일을, (나)는 (가)를 공기 중에서 가열하여 검은색으로 변한 코일을, (다)는 (나)를 수소(H_2)와 반응시켜 다시 붉은색으로 변한 코일을 나타낸 것이다.

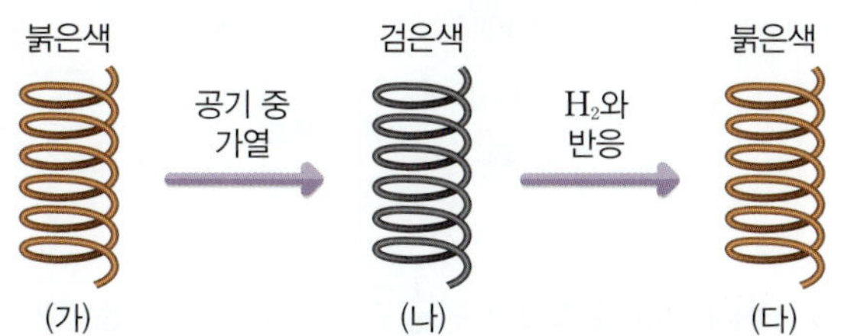

이에 대한 설명으로 옳은 것만을 보기에서 있는 대로 고른 것은?

보기
ㄱ. (가)에서 (나)로 되는 과정에서 Cu는 전자를 얻는다.
ㄴ. (나)에서 (다)로 되는 과정에서 H_2는 산화된다.
ㄷ. 코일의 질량은 (나)가 (다)보다 크다.

① ㄱ   ② ㄴ   ③ ㄱ, ㄷ
④ ㄴ, ㄷ   ⑤ ㄱ, ㄴ, ㄷ

15 다음은 금속 A~C의 산화·환원 반응 실험이다.

[실험 과정]
(가) 비커 I 에는 A^{2+}이 들어 있는 수용액을, II 에는 B^{b+}이 들어 있는 수용액을 각각 넣는다.
(나) 두 비커에 각각 금속 C를 넣고 모두 반응시킨다.

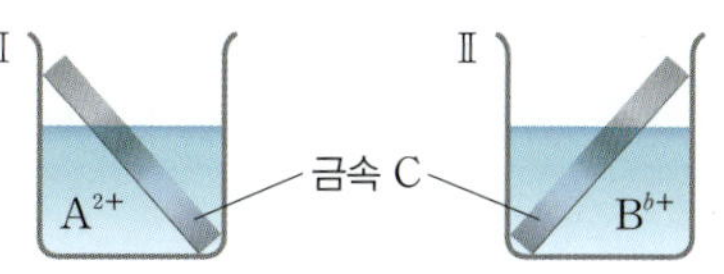

[실험 결과]
• I 과 II 에서 각각 금속 A, B가 석출되었다.
• 과정 (나) 이후의 수용액에 존재하는 양이온

비커	존재하는 양이온	양이온 수 변화
I	C^{2+}	㉠
II	C^{2+}	반응 전보다 감소함

이에 대한 설명으로 옳은 것만을 보기에서 있는 대로 고른 것은? (단, 물과 음이온은 반응에 참여하지 않는다.)

보기
ㄱ. 금속 C는 I 에서 산화되고, II 에서 환원된다.
ㄴ. ㉠으로는 '반응 전보다 증가함'이 적절하다.
ㄷ. b는 2보다 작다.

① ㄴ   ② ㄷ   ③ ㄱ, ㄴ   ④ ㄴ, ㄷ   ⑤ ㄱ, ㄴ, ㄷ

16 다음은 금속 A의 이온이 들어 있는 수용액에 금속 B를 넣었을 때 일어나는 변화에 대한 설명이다.

• 수용액이 무색에서 푸른색으로 변한다.
• 수용액에 들어 있는 전체 양이온 수는 감소한다.

이에 대한 설명으로 옳은 것만을 보기에서 있는 대로 고른 것은? (단, 물과 음이온은 반응에 참여하지 않는다.)

보기
ㄱ. 금속 A의 이온은 푸른색을 나타낸다.
ㄴ. 금속 이온의 전하는 B가 A보다 크다.
ㄷ. 전자는 금속 B에서 금속 A의 이온으로 이동한다.

① ㄱ   ② ㄷ   ③ ㄱ, ㄴ   ④ ㄴ, ㄷ   ⑤ ㄱ, ㄴ, ㄷ

17 그림은 산 또는 염기의 수용액 (가)~(다)에 들어 있는 이온을 모형으로 나타낸 것이다.

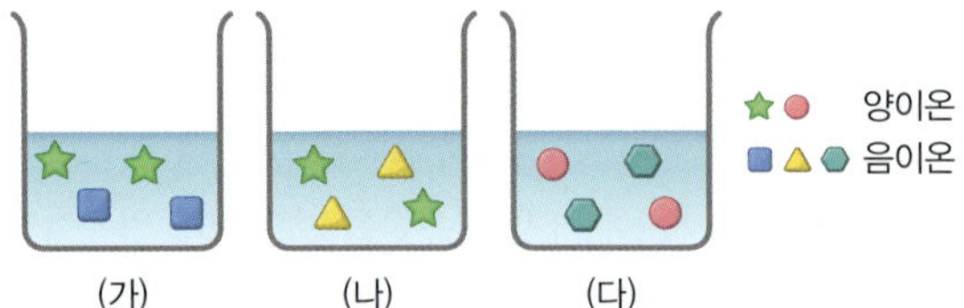

이에 대한 설명으로 옳은 것만을 보기에서 있는 대로 고른 것은?

보기
ㄱ. 염기 수용액이 공통적인 성질을 갖는 것은 ● 때문이다.
ㄴ. (가)와 (나)에 달걀 껍데기를 넣으면 기체가 발생한다.
ㄷ. (가)와 (다)를 혼합하면 물이 생성된다.

① ㄱ   ② ㄴ   ③ ㄱ, ㄷ
④ ㄴ, ㄷ   ⑤ ㄱ, ㄴ, ㄷ

18 표는 산과 염기의 성질을 알아보기 위해 몇 가지 용액으로 실험한 결과이다.

용액	BTB 용액을 떨어뜨렸을 때의 색 변화	탄산 칼슘을 넣었을 때의 변화
식초	노란색	기체 발생함
비눗물	파란색	기체 발생하지 않음
묽은 염산	㉠	기체 발생함
암모니아수	파란색	기체 발생하지 않음

이에 대한 설명으로 옳은 것만을 보기에서 있는 대로 고른 것은?

보기
ㄱ. ㉠으로 '초록색'이 적절하다.
ㄴ. 탄산 칼슘을 넣었을 때 발생한 기체는 이산화 탄소이다.
ㄷ. 비눗물과 암모니아수에는 수산화 이온(OH^-)이 존재한다.

① ㄱ   ② ㄷ   ③ ㄱ, ㄴ
④ ㄴ, ㄷ   ⑤ ㄱ, ㄴ, ㄷ

19 그림은 수산화 나트륨($NaOH$) 수용액 20 mL에 묽은 염산(HCl)을 조금씩 떨어뜨렸을 때 혼합 용액에 들어 있는 이온 수 변화를 나타낸 것이다.

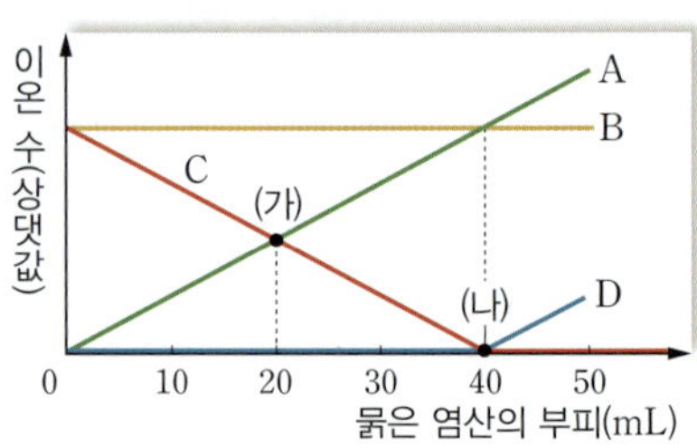

이에 대한 설명으로 옳은 것만을 보기에서 있는 대로 고른 것은?

보기
ㄱ. 알짜 이온 반응식을 구성하는 이온은 A와 B이다.
ㄴ. (가)와 (나)를 혼합한 용액은 산성이다.
ㄷ. 생성된 물의 양은 (나)가 (가)의 2배이다.

① ㄱ   ② ㄷ   ③ ㄱ, ㄴ
④ ㄴ, ㄷ   ⑤ ㄱ, ㄴ, ㄷ

20 그림은 묽은 염산(HCl) 10 mL에 수산화 나트륨($NaOH$) 수용액을 10 mL씩 넣었을 때 혼합 용액에 들어 있는 이온을 모형으로 나타낸 것이다. (가)에 들어 있는 이온은 나타내지 않았다.

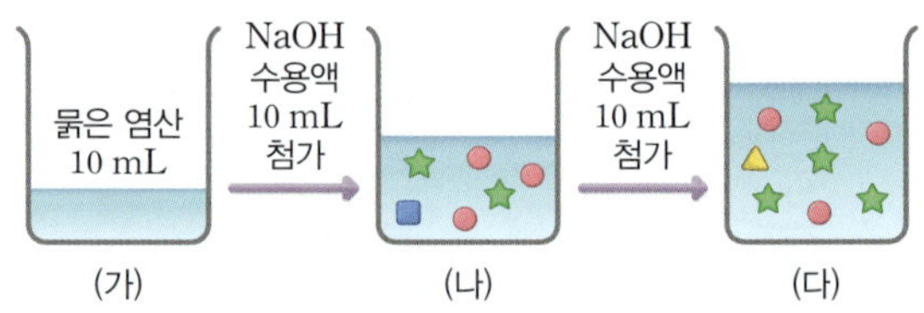

이에 대한 설명으로 옳은 것만을 보기에서 있는 대로 고른 것은?

보기
ㄱ. ■는 수소 이온(H^+)이다.
ㄴ. (나)에 탄산 칼슘을 넣으면 기체가 발생한다.
ㄷ. 같은 부피의 HCl과 $NaOH$ 수용액에 들어 있는 전체 이온 수는 HCl이 $NaOH$ 수용액의 1.5배이다.

① ㄱ   ② ㄴ   ③ ㄱ, ㄷ
④ ㄴ, ㄷ   ⑤ ㄱ, ㄴ, ㄷ

21 표는 묽은 염산(HCl)과 수산화 나트륨(NaOH) 수용액을 혼합한 용액 (가), (나)에 대한 자료이다.

혼합 용액		(가)	(나)
혼합 전 부피(mL)	묽은 염산	a	$2a$
	수산화 나트륨 수용액	$3b$	b
혼합 용액에 들어 있는 양이온 모형			

이에 대한 설명으로 옳은 것만을 보기에서 있는 대로 고른 것은?

보기
ㄱ. (가)에 페놀프탈레인 용액을 떨어뜨리면 붉은색으로 변한다.
ㄴ. (가)와 (나)를 혼합하면 혼합 용액은 산성이다.
ㄷ. 묽은 염산 $3a$ mL와 수산화 나트륨 수용액 $6b$ mL를 혼합한 용액은 중성이다.

① ㄱ   ② ㄴ   ③ ㄱ, ㄷ
④ ㄴ, ㄷ   ⑤ ㄱ, ㄴ, ㄷ

22 다음은 일상생활에서 화학 반응을 이용한 세 가지 예이다.

(가) 산성화된 호수에 ㉠ 석회 가루를 뿌린다.
(나) 생선의 비린내를 없애기 위해 ㉡ 레몬즙을 뿌린다.
(다) 위산이 과다하게 분비되어 속이 쓰릴 때 ㉢ 제산제를 먹는다.

이에 대한 설명으로 옳은 것만을 보기에서 있는 대로 고른 것은?

보기
ㄱ. ㉠과 ㉡ 수용액에 BTB 용액을 떨어뜨리면 파란색으로 변한다.
ㄴ. ㉢ 수용액에는 OH⁻이 들어 있다.
ㄷ. ㉡과 ㉢ 수용액을 혼합하면 중화 반응이 일어난다.

① ㄱ   ② ㄴ   ③ ㄱ, ㄷ
④ ㄴ, ㄷ   ⑤ ㄱ, ㄴ, ㄷ

23 다음은 25 ℃ 고체 A~C를 각각 물에 녹일 때의 온도 변화를 알아보는 실험이다.

[실험 과정]
25 ℃의 물이 담긴 간이 열량계에 A~C를 각각 5 g 넣어 녹인 후 수용액의 최종 온도를 측정한다.

[실험 결과]
• 각 혼합 용액의 최종 온도

혼합 용액	A	B	C
최종 온도(℃)	36.2	21.1	33.3

이에 대한 설명으로 옳은 것만을 보기에서 있는 대로 고른 것은? (단, 열량계와 주위 사이의 열 출입은 없다.)

보기
ㄱ. 고체 A와 C가 물에 용해되는 과정은 발열 반응이다.
ㄴ. 산화 칼슘과 고체 B가 각각 물에 녹는 과정에서 열에너지의 출입 방향은 같다.
ㄷ. 고체 C와 물의 반응은 냉각 주머니에 이용하기에 적절하다.

① ㄱ   ② ㄷ   ③ ㄱ, ㄴ   ④ ㄴ, ㄷ   ⑤ ㄱ, ㄴ, ㄷ

24 다음은 에너지가 출입하는 세 가지 물질 변화이다.

(가) 뷰테인이 연소한다.
(나) 황산과 수산화 나트륨 수용액이 반응한다.
(다) 질산 암모늄과 수산화 바륨이 반응한다.

이에 대한 설명으로 옳은 것만을 보기에서 있는 대로 고른 것은?

보기
ㄱ. (가)와 (나)는 발열 반응이다.
ㄴ. (다)에서는 주변으로부터 열에너지를 흡수한다.
ㄷ. 철이 녹스는 반응에서 열에너지의 출입 방향은 (다)와 같다.

① ㄱ   ② ㄷ   ③ ㄱ, ㄴ   ④ ㄴ, ㄷ   ⑤ ㄱ, ㄴ, ㄷ

01 그림과 같이 염화 구리($Ⅱ$)($CuCl_2$) 수용액에 알루미늄(Al) 포일을 넣어 반응시켰더니 알루미늄 포일에 붉은색 구리가 석출되고, 수용액의 푸른색이 옅어졌다.

(1) 이 반응의 화학 반응식을 쓰시오.

(   )

(2) 비커에서 일어나는 반응을 산화·환원 및 전자의 이동과 관련지어 설명하시오.

Step ❶ 문제 분석하기

산화되는 물질과 환원되는 물질을 파악한다.

➡ 산화되는 물질: (   )
➡ 환원되는 물질: (   )

Step ❷ Key Word 찾아 답안 작성하기

- 수용액의 구리 이온(Cu^{2+})은 전자를 (❶)고 구리(Cu)로 (❷)된다.
- 알루미늄(Al)은 전자를 (❸)고 알루미늄 이온(Al^{3+})으로 (❹)된다.

Key Word

❶   ❷
❸   ❹

---

02 다음은 구리와 관련된 산화·환원 반응 실험이다.

> 시험관에 산화 구리($Ⅱ$)와 탄소(C) 가루를 넣고 그림과 같이 장치한 후 시험관을 가열하였더니 시험관 속에 붉은색 구리가 생성되었다.
>
> 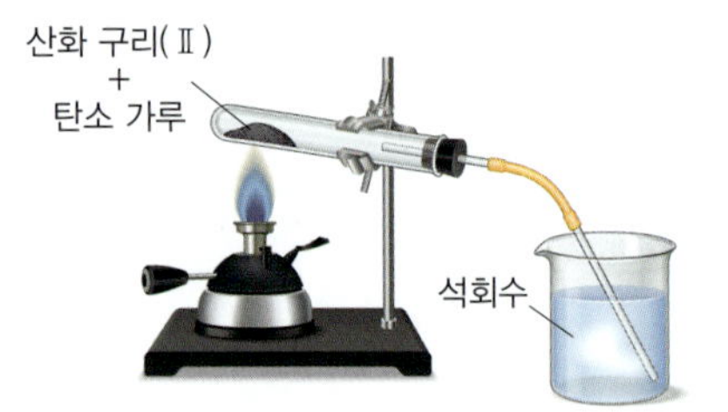
>

(1) 시험관에서 산화되는 물질과 환원되는 물질을 각각 쓰시오.

산화되는 물질: (   ), 환원되는 물질: (   )

(2) 석회수가 어떻게 변화하지 설명하고, 그렇게 생각한 까닭을 시험관 속에서 일어나는 산화·환원 반응과 관련지어 설명하시오.

Step ❶ 문제 분석하기

산화 구리($Ⅱ$)와 탄소 가루가 반응할 때 생성되는 물질을 파악한다.

➡ 산화 구리($Ⅱ$)가 산소를 잃어 (   )이/가 생성되며, 탄소가 산소를 얻어 (   )이/가 생성된다.

Step ❷ Key Word 찾아 답안 작성하기

- 산화 구리($Ⅱ$)와 탄소 가루가 들어 있는 시험관을 가열하면 산화 구리($Ⅱ$)는 산소를 잃고 (❶)되어 붉은색 구리가 되고, 탄소는 산소를 얻고 (❷)되어 이산화 탄소가 된다.
- 석회수가 뿌옇게 흐려지는 것은 (❸)이/가 발생했기 때문이다.

KeyWord

❶   ❷   ❸

---

03 그림은 철(Fe) 못을 질산 은($AgNO_3$) 수용액에 넣었을 때 반응하는 모습과 화학 반응식을 나타낸 것이다. (단, 원자 1개의 질량은 $Ag > Fe$이다.)

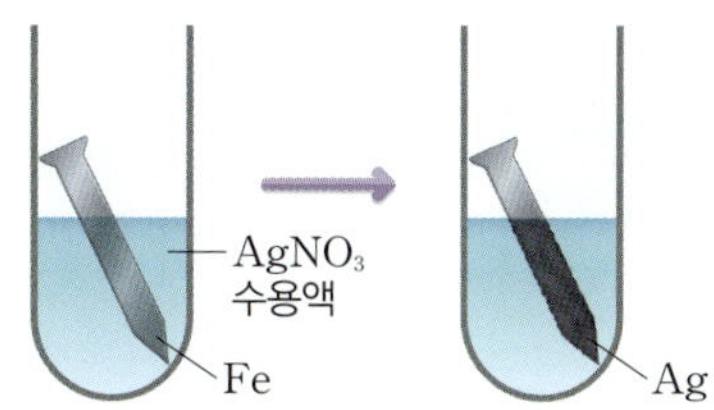

화학 반응식: $Fe + 2Ag^+ \longrightarrow Fe^{2+} + 2Ag$

(1) 반응 후 수용액 속에 들어 있는 양이온 수는 어떻게 변하는지 설명하시오.

(2) 반응 후 철 못의 질량 변화를 쓰고, 그렇게 판단한 까닭을 이온 수와 원자의 상대적 질량을 포함하여 설명하시오.

Step ❶ 문제 분석하기

시험관에서 산화되는 물질과 환원되는 물질을 파악한다.

➡ 산화되는 물질: (　　　　　　　　)
➡ 환원되는 물질: (　　　　　　　　)

Step ❷ Key Word 찾아 답안 작성하기

• 철(Fe)은 철 이온(Fe^{2+})이 되면서 전자 (　❶　)개를 잃고, 은 이온(Ag^+)은 은(Ag)이 될 때 전자 (　❷　)개를 얻으므로, Fe과 Ag^+은 (　❸　)의 개수비로 반응한다.
• 원자의 상대적 질량은 Ag이 Fe보다 크고, Fe 1개가 반응할 때 Ag (　❹　)개가 석출된다.

Key Word

❶	❷
❸	❹

---

04 그림은 질산 칼륨(KNO_3) 수용액에 적신 붉은색 리트머스 종이 위에 수산화 나트륨($NaOH$) 수용액에 적신 실을 올려놓고 전류를 흘려 주었을 때의 모습을 나타낸 것이다.

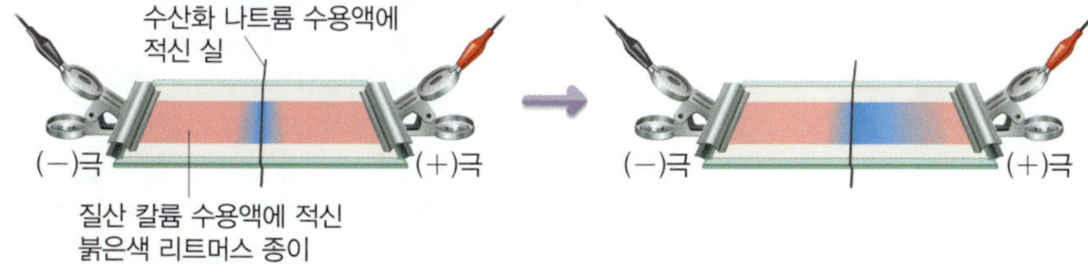

(1) (+)극 쪽으로 이동하는 이온의 화학식을 모두 쓰시오.

(　　　　　　　　　　　)

(2) 붉은색 리트머스 종이가 실이 놓인 부분부터 (+)극 쪽으로 푸르게 변하는 까닭을 설명하시오.

Step ❶ 문제 분석하기

수산화 나트륨 수용액과 질산 칼륨 수용액이 이온화될 때 생성되는 이온을 비교한다.

➡ 수산화 나트륨 수용액: (　　　　　　　)
➡ 질산 칼륨 수용액: (　　　　　　　)

Step ❷ Key Word 찾아 답안 작성하기

• OH^-은 (　❶　)극 쪽으로 이동한다.
• 붉은색 리트머스 종이를 푸르게 변화시키는 이온은 (　❷　) 이다.
• 이온이 이동할 수 있도록 돕는 역할을 하는 용액은 (　❸　) 수용액이다.

KeyWord

❶	❷	❸

05 그림은 묽은 염산(HCl) 20 mL에 수산화 나트륨(NaOH) 수용액을 10 mL씩 넣었을 때 혼합 용액에 들어 있는 이온을 모형으로 나타낸 것이다.

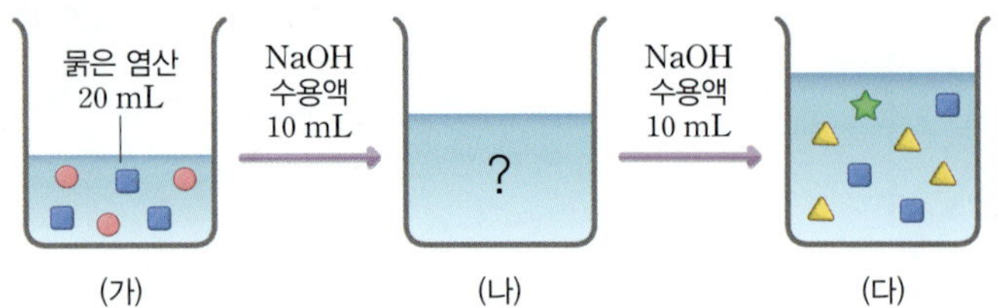

(1) 각 모형에 해당하는 이온은 무엇인지 쓰시오.

● : (　　　　　　), ■ : (　　　　　　), ▲ : (　　　　　　), ★ : (　　　　　　)

(2) (나)의 용액에 BTB 용액을 떨어뜨렸을 때의 색을 쓰고, 그렇게 생각한 까닭을 반응 전 각 수용액에서의 H^+과 OH^-의 수를 포함하여 설명하시오.

06 다음은 묽은 염산(HCl)과 수산화 나트륨(NaOH) 수용액의 부피를 달리하여 반응시켰을 때 혼합 용액의 액성과 용액 속의 전체 양이온 수를 나타낸 것이다.

실험	묽은 염산의 부피(mL)	수산화 나트륨 수용액의 부피(mL)	혼합 용액의 액성
(가)	20	100	염기성
(나)	40	80	
(다)	80	40	산성

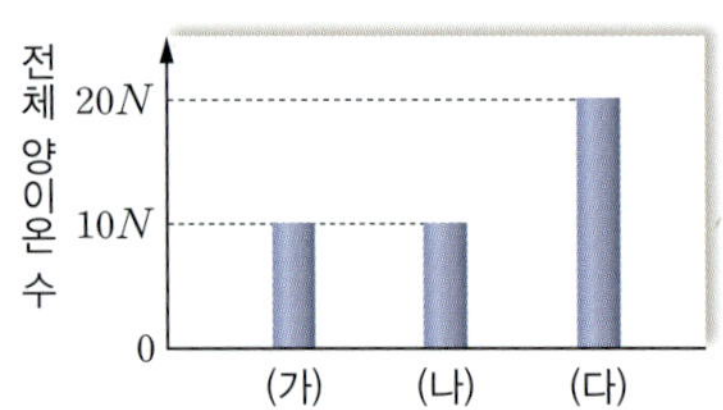

(1) 반응 전 같은 부피의 묽은 염산과 수산화 나트륨 수용액에 들어 있는 전체 이온 수의 비를 쓰시오.

묽은 염산 : 수산화 나트륨 수용액＝(　　　　　　　　　　)

(2) 혼합 용액 (나)의 액성을 쓰고, 그렇게 생각한 까닭을 각 수용액에서 H^+과 OH^- 수와 관련지어 설명하시오.

07 **다음은 염화 칼슘($CaCl_2$)이 물에 용해되는 반응에 대한 실험이다.**

[실험 과정]

(가) 그림과 같이 25 ℃의 물 100 g이 담긴 간이 열량계를 준비한다.

(나) (가)의 열량계에 25 ℃의 고체 염화 칼슘 10 g을 넣어 모두 녹인 후 수용액의 최고 온도를 측정한다.

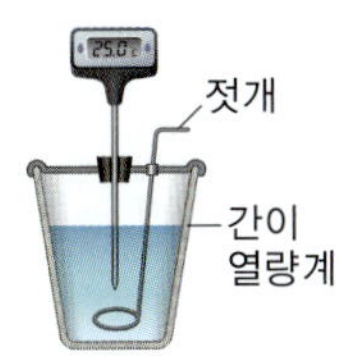

[실험 결과]

• 수용액의 최고 온도 : 30 ℃

(1) 염화 칼슘이 물에 용해되는 반응은 발열 반응인지 흡열 반응인지 쓰고, 그렇게 생각한 까닭을 설명하시오.

(2) 염화 칼슘이 물에 용해되는 반응에서 반응물의 에너지 합과 생성물의 에너지 합의 크기를 비교하고, 이를 이용하여 열에너지의 출입을 설명하시오.

단계별로 배경 지식 쌓기

Step ❶ 문제 분석하기

실험 결과를 통해 염화 칼슘이 물에 용해될 때 주변의 온도 변화를 파악한다.

➡ 염화 칼슘이 물에 용해되는 반응이 일어나면 주변의 온도가 (   )진다.

Step ❷ Key Word 찾아 답안 작성하기

• 염화 칼슘이 물에 용해되는 반응은 (❶) 반응이다.

• 발열 반응은 반응물의 에너지 합이 생성물의 에너지 합보다 (❷)다.

KeyWord

❶ .... ❷ ....

08 **다음은 수산화 바륨($Ba(OH)_2$)과 염화 암모늄(NH_4Cl)의 반응에서 열에너지의 출입을 알아보는 실험이다.**

(가) 나무판의 가운데에 물 10방울 정도를 떨어뜨리고, 수산화 바륨이 담긴 삼각 플라스크를 올려놓는다.

(나) (가)의 삼각 플라스크에 염화 암모늄을 넣고 유리 막대로 잘 저어준 후, 몇 분 뒤 삼각 플라스크를 들어 올렸더니 그림과 같이 물이 얼어 나무판이 함께 들렸다.

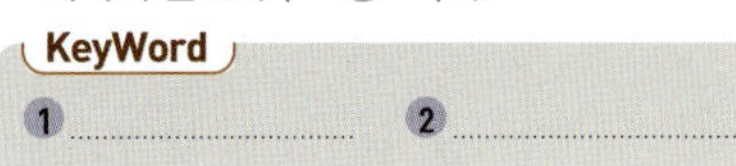

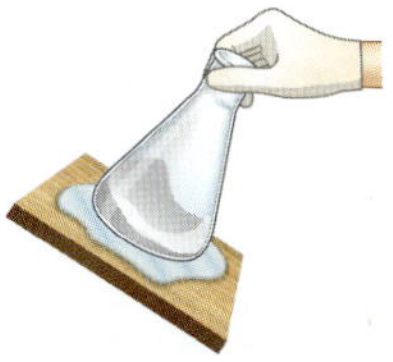

(1) 수산화 바륨($Ba(OH)_2$)과 염화 암모늄(NH_4Cl)의 반응에서 열에너지의 출입을 주변의 온도 변화와 관련지어 설명하시오.

(2) (나)에서 일어나는 열에너지의 출입을 물의 상태 변화와 관련지어 설명하시오.

단계별로 배경 지식 쌓기

Step ❶ 문제 분석하기

실험 결과를 통해 수산화 바륨과 염화 암모늄이 반응할 때 주변의 온도 변화를 파악한다.

➡ 수산화 바륨과 염화 암모늄이 반응하면 주변의 온도가 (   )진다.

Step ❷ Key Word 찾아 답안 작성하기

• 수산화 바륨과 염화 암모늄의 반응은 (❶) 반응이다.

• 물이 얼음으로 응고되는 과정에서 열에너지를 (❷)한다.

KeyWord

❶ .... ❷ ....

MASTER 도약 문제

지질 시대의 환경과 생물 ✛ 산화와 환원

01 그림 (가)는 5억 년 전부터 현재까지 대기와 해수에 녹아 있는 산소 농도의 변화를, (나)는 같은 기간 해양 생물 과의 수 변화를 나타낸 것이다.

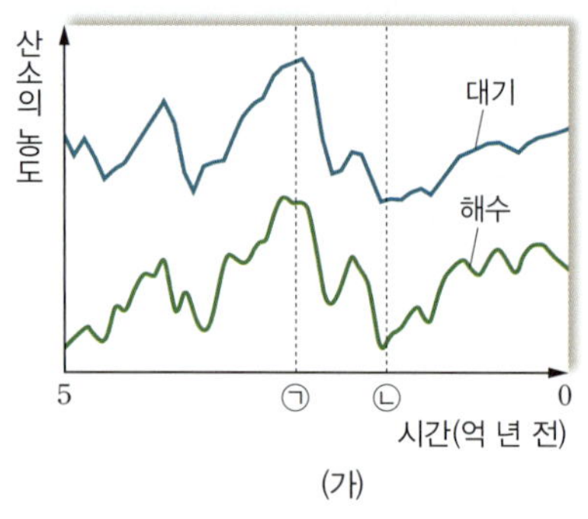

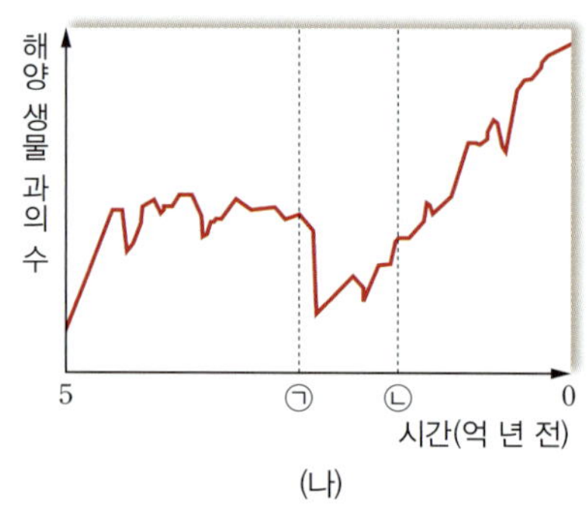

이에 대한 설명으로 옳은 것만을 보기에서 있는 대로 고른 것은?

> **보기**
> ㄱ. 오존층은 ㉠ 시기 이전에 형성되었다.
> ㄴ. 산소의 농도만을 고려할 때, 금속의 부식은 ㉠ 시기가 ㉡ 시기보다 활발하였다.
> ㄷ. 고생대 말의 대멸종이 발생하는 동안 해수에 녹아 있는 산소의 농도는 증가하는 추세였다.

① ㄱ ② ㄴ ③ ㄷ
④ ㄱ, ㄴ ⑤ ㄴ, ㄷ

산과 염기 ✛ 생물다양성

02 다음은 대기 중의 이산화 탄소가 해양에 미치는 영향을 나타낸 것이다.

> 대기 중에 배출된 이산화 탄소는 바닷물에 녹는다. 물에 녹은 이산화 탄소는 탄산(H_2CO_3)을 생성하며, 생성된 탄산은 다시 (㉠) 이온과 탄산수소 이온(HCO_3^-)으로 이온화된다. (㉠) 이온은 산호, 조개류의 탄산 칼슘 골격과 반응하므로 산호, 조개류에게 피해를 입힌다.

이에 대한 설명으로 옳은 것만을 보기에서 있는 대로 고른 것은?

> **보기**
> ㄱ. ㉠은 수소이다.
> ㄴ. 대기 중의 이산화 탄소 농도가 높아지면 바닷물은 산성화된다.
> ㄷ. 대기 중의 이산화 탄소 농도가 높아지면 해양 생태계에서 조개류의 종다양성은 감소한다.

① ㄱ ② ㄴ ③ ㄱ, ㄷ
④ ㄴ, ㄷ ⑤ ㄱ, ㄴ, ㄷ

03 표 (가)는 종 A와 종 B의 날개 유전자와 단백질 일부를 비교하여 정리한 것이고, (나)는 코돈표 일부를 나타낸 것이다. 날개 유전자의 DNA는 전사에 사용되는 가닥의 염기서열을 나타낸 것이다.

구분	날개 유전자의 DNA	날개 유전자의 단백질
종 A	㉠ GGACTT	?
	GGAGAT	프롤린 – ㉡
	GGACAT	프롤린 – ㉢
종 B	GGAGTC	?

(가)

코돈	아미노산
CCU	프롤린
CUA	류신
GAA	글루탐산
GUA	발린

(나)

이에 대한 설명으로 옳은 것만을 보기에서 있는 대로 고른 것은? (단, 표에 제시되어 있는 것만 고려한다.)

> **보기**
> ㄱ. ㉠이 전사되어 만들어지는 RNA의 염기서열은 CCUGAA이다.
> ㄴ. ㉡은 류신, ㉢은 글루탐산이다.
> ㄷ. 종 A가 종 B보다 종다양성이 높다.

① ㄱ ② ㄴ ③ ㄷ
④ ㄱ, ㄷ ⑤ ㄴ, ㄷ

04 그림은 지구시스템 구성 요소의 상호작용을, 표는 지구시스템 구성 요소의 특징을 나타낸 것이다.

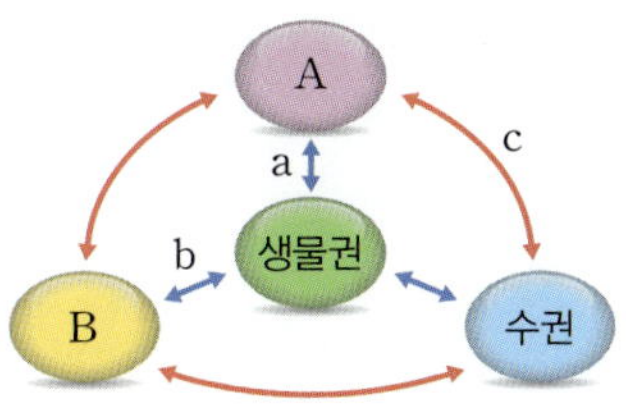

지구시스템 구성 요소	특징
A	지구를 둘러싸고 있는 공기의 층
B	암석과 토양으로 이루어진 지구 표면과 내부

이에 대한 설명으로 옳은 것만을 보기에서 있는 대로 고른 것은?

> **보기**
> ㄱ. 열대우림 보호는 a에 영향을 준다.
> ㄴ. 대량 벌목으로 인한 지표 침식은 b에 영향을 준다.
> ㄷ. 지하수에 의해 석회암이 녹아 석회 동굴이 형성되는 것은 c에 해당한다.

① ㄱ ② ㄴ ③ ㄷ
④ ㄱ, ㄴ ⑤ ㄴ, ㄷ

05 그림 (가)는 금속 이온 A^{2+}가 들어 있는 수용액에 금속판 B와 C를 각각 넣은 모습을, 그림 (나)는 금속판의 질량 변화를 나타낸 것이다. 반응 후 두 금속판에서 A가 석출되었고, 두 수용액 속 이온 수는 변하지 않았다.

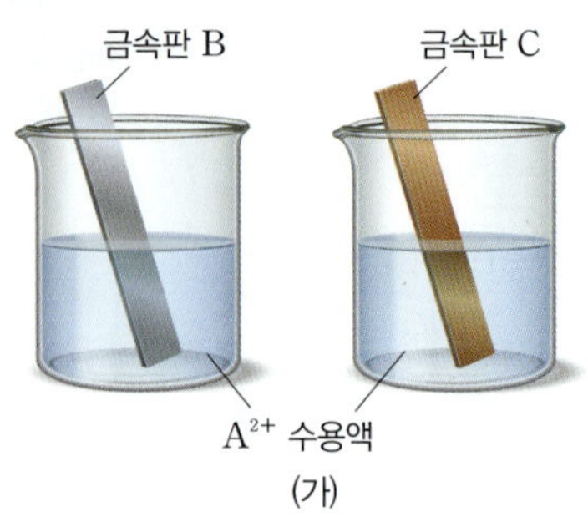

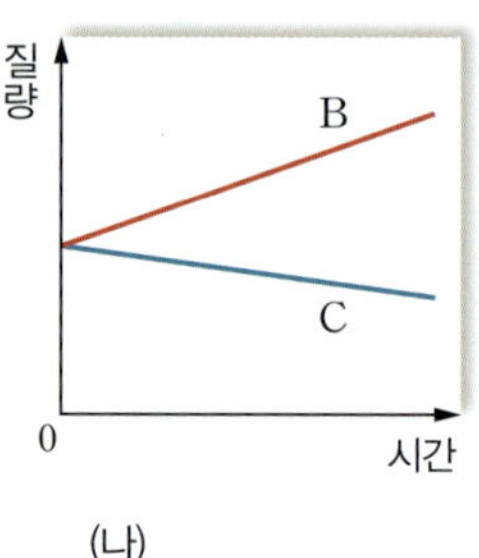

이에 대한 설명으로 옳은 것만을 보기에서 있는 대로 고른 것은? (단, A~C는 임의의 금속 원소 기호이며, 물과 음이온은 반응에 참여하지 않는다.)

> 보기
>
> ㄱ. (가)에서 금속 B와 C는 환원된다.
> ㄴ. 원자의 상대적 질량은 C가 B보다 크다.
> ㄷ. 금속 B와 C 이온이 들어 있는 수용액에서의 산화·환원 반응 여부를 알 수 있다.

① ㄱ   ② ㄴ   ③ ㄱ, ㄷ   ④ ㄴ, ㄷ   ⑤ ㄱ, ㄴ, ㄷ

Solution Tip

금속과 금속 이온의 산화·환원 반응에서 전자를 잃어 양이온이 되기 쉬운 금속이 산화된다.

---

06 그림은 묽은 염산(HCl)과 수산화 나트륨(NaOH) 수용액의 부피비를 달리하여 반응시켰을 때, 혼합 용액에서 발생하는 열량을 나타낸 것이다. 실험 I과 실험 II에서 사용한 묽은 염산(HCl)과 수산화 나트륨(NaOH) 수용액은 농도가 서로 다르고, 모두 수용액에서 완전히 이온화된다.

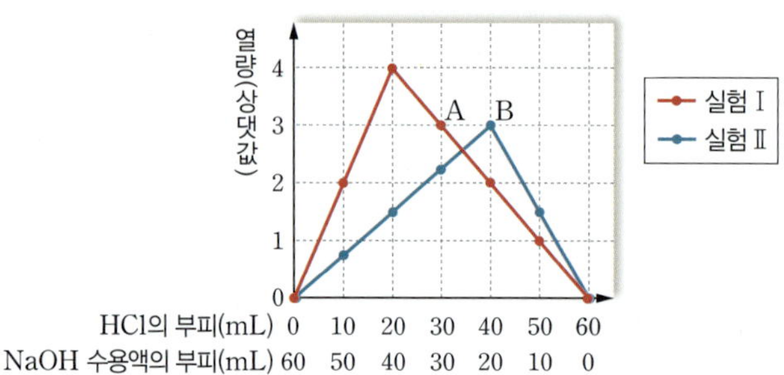

A와 B 지점에서 나타내는 공통적인 성질로 옳은 것만을 보기에서 있는 대로 고른 것은?

> 보기
>
> ㄱ. 생성된 물의 양   ㄴ. 혼합 용액의 액성
> ㄷ. 남아 있는 이온의 종류

① ㄱ   ② ㄴ   ③ ㄱ, ㄷ   ④ ㄴ, ㄷ   ⑤ ㄱ, ㄴ, ㄷ

Solution Tip

중화 반응은 산의 수소 이온(H^+)과 염기의 수산화 이온(OH^-)이 반응하여 물이 생성되면서 중화열이 발생한다.

07 묽은 염산(HCl), 수산화 나트륨(NaOH) 수용액, 수산화 칼륨(KOH) 수용액의 부피를 달리하여 혼합한 용액 (가), (나)에 대한 자료이다.

혼합 용액		(가)	(나)
혼합 전 용액의 부피(mL)	HCl	30	20
	NaOH 수용액	30	0
	KOH 수용액	0	40
혼합 용액 속 이온 수 비		$H^+ : Na^+ = 2 : 1$	$⊙ : OH^- = 1 : 2$

이에 대한 설명으로 옳은 것만을 보기에서 있는 대로 고른 것은?

> **보기**
> ㄱ. ⊙은 K^+이다.
> ㄴ. (가)에서 반응 전 각 수용액에 들어 있는 전체 이온 수는 HCl이 NaOH 수용액의 3배이다.
> ㄷ. 같은 부피에 들어 있는 OH^-의 수는 KOH 수용액이 NaOH 수용액의 4.5배이다.

① ㄱ   ② ㄴ   ③ ㄱ, ㄷ
④ ㄴ, ㄷ   ⑤ ㄱ, ㄴ, ㄷ

08 다음은 물질 변화에서 에너지의 출입을 알아보기 위한 실험이다.

> (가) 비커에 온도가 25 ℃로 같은 묽은 염산과 수산화 나트륨 수용액을 넣고 섞었더니 용액의 온도가 25 ℃보다 높아졌다.
> (나) 비커에 온도가 25 ℃로 같은 산화 칼슘과 물을 넣고 섞으면서 용액의 온도를 측정하였더니 용액의 온도가 25 ℃보다 높아졌다.
> (다) 비커에 온도가 25 ℃로 같은 수산화 바륨과 염화 암모늄을 넣고 섞으면서 물질의 온도를 측정하였더니 물질의 온도가 25 ℃보다 낮아졌다.

이에 대한 설명으로 옳은 것만을 보기에서 있는 대로 고른 것은?

> **보기**
> ㄱ. (가)에서는 흡열 반응이 일어났다.
> ㄴ. (나)의 반응은 발열 용기에 사용하기 적합하다.
> ㄷ. (다)는 반응물의 에너지 합의 크기가 생성물의 에너지 합의 크기보다 작다.

① ㄱ   ② ㄷ   ③ ㄱ, ㄴ
④ ㄴ, ㄷ   ⑤ ㄱ, ㄴ, ㄷ

해양 산성화로부터 해양 생태계를 지켜라

이산화 탄소는 동식물이 호흡하는 과정이나 화석 연료가 연소하는 과정에서 끊임없이 발생한다. 이산화 탄소의 농도가 증가하면 지구의 평균 온도가 상승하고 해양이 산성화되는 등 여러 가지 문제가 발생한다. 해양은 지구에서 배출하는 이산화 탄소의 약 25 %를 흡수하는데, 산업 혁명 이후 이산화 탄소의 농도가 크게 증가하면서 해양이 점점 산성화되고 있다.

통합과학2
II-1. 생태계와 환경
◉ 생태계의 평형

❶ 해양 생태계에서 산호초의 역할

산호초는 해양 생물들에게 서식지를 제공해 해양 생태계의 균형이 유지될 수 있도록 하며, 산호 속에 서식하는 식물성 플랑크톤은 광합성을 통해 이산화 탄소를 흡수하고 산소를 만들어 지구의 온도를 낮춰주는 역할을 한다. 식물성 플랑크톤은 생태 피라미드에서 생산자로, 해양 생태계에서 중요한 역할을 한다. 하지만 대기 중의 이산화 탄소의 농도가 증가하고, 바닷물이 점차 산성화되어 감에 따라 산호초가 위협받고 있으며, 이에 따라 식물성 플랑크톤을 포함한 바닷속 생물들이 큰 피해를 보고 있다.

▲ 산호초와 해양 생태계

통합과학2
I-2. 화학 변화
◉ 중화 반응

❷ 이산화 탄소와 해양 산성화

해양은 지구에서 배출하는 이산화 탄소의 약 25 %를 흡수한다. 해수로 흡수된 이산화 탄소는 물과 반응하여 탄산을 생성하고, 탄산은 바닷물에 녹아 수소 이온을 생성한다. 산업 혁명 이후 대기 중 이산화 탄소의 농도가 급증하면서 바닷물의 수소 이온 농도가 크게 증가하였는데, 이를 해양 산성화라고 한다. 해양이 산성화되면 산호초나 조개류 등이 탄산 칼슘으로 이루어진 골격을 만들기 어려워져 해양 생태계에 큰 영향을 미친다.

▲ 해양 산성화로 하얗게 변한 산호초

정답과 해설 41쪽

통합 사고력 문제

다음은 이산화 탄소가 바닷물에 녹아 해양 산성화가 진행되는 과정을 나타낸 것이다.

❶ 대기 중의 이산화 탄소(CO_2)가 바닷물에 녹아 탄산(H_2CO_3)를 만든다.
$$CO_2 + H_2O \longrightarrow H_2CO_3$$
❷ 탄산은 바닷물에 녹아 수소 이온(H^+)과 탄산수소 이온(HCO_3^-)으로 이온화된다.
$$H_2CO_3 \longrightarrow H^+ + HCO_3^-$$

해양 산성화가 생태계에 미치는 영향을 쓰고, 해양 산성화를 막기 위해 대기 중의 이산화 탄소를 줄일 수 있는 방법을 설명하시오.

┤ 조건 ├
• 중화 반응과 관련지어 설명할 것

해양 산성화가 해양 생태계에 미치는 영향은 환경 문제와 관련된 통합 문항으로 나올 수 있는 주제 중 하나야. 해양 산성화가 진행되는 화학 반응식을 이해하면 쉽게 해결할 수 있어.

┌ 주제 ❶ ┐ **생태계의 평형**
생태계 평형은 먹이사슬에 의해 유지된다. 생산자가 과도하게 줄어들면 포식자인 소비자의 수도 감소하므로 생태계가 파괴될 수도 있다.

┌ 주제 ❷ ┐ **산과 염기의 중화 반응**
산과 염기가 중화 반응하면 산의 수소 이온과 염기의 수산화 이온이 반응하여 물을 생성한다. 중화 반응은 산과 염기로 인해 발생한 생활 주변의 문제를 해결하기 위해 사용된다.

Ⅱ

환경과 에너지

1. 생태계와 환경   **2.** 지구 환경의 변화   **3.** 에너지와 지속가능한 발전

Overview

우리가 사용하는 에너지는 지구 생태계의 환경과 어떤 연관이 있을까?

우리는 지구 생태계의 다양한 환경 속에서 에너지를 사용하며 살아가고 있다.

환경과 에너지는 서로 영향을 주고받는 밀접한 관계에 있으며, 인류의 생존과 지속가능한 발전을 위해 매우

중요한 요소이다. 따라서 인류는 환경 오염과 에너지 고갈의 문제를 해결하기 위해 노력해야 한다.

\# 생태계   \# 생태계구성요소   \# 생태계평형   \# 대기와 해양의 상호작용

\# 온실 기체와 지구 온난화   \# 핵융합   \# 발전   \# 에너지 전환과 효율

생태계의 구성 요소
생태계구성 요소
생태계의 구조
생태계 구성요소의 상호작용
생태계의 평형
먹이 관계
생태피라미드
난 녹색이니까 식물처럼 광합성을 하는 생산자겠지?
아니! 너는 먹을 것을 밝히는 소비자라구!
당신은 나의 빛!
너무 덥대! 해바라기는 저 뜨거운 태양이 뭐가 좋다는 건지.
우리는 서로 다른 종이지만 같은 군집에 속해.
뭉치면 살고 흩어지면 죽는다
반가워.
이 피라미드도 내가 명령해서 만든 것인가?
이건 생태계가 알아서 만든 것이옵니다.
생태피라미드
2차 소비자
1차 소비자
생산자

1 생태계와 환경

생태계구성요소 사이의 균형적인 상호관계가 생태계평형의 유지와 회복을 위해 중요하며, 환경 보전을 위한 노력을 통해 환경 변화에 의한 생태계평형의 파괴를 막아야 한다.

○1 생태계의 구성 요소

○2 생태계의 평형

○3 환경 변화가 생태계에 미치는 영향

01 생태계의 구성 요소

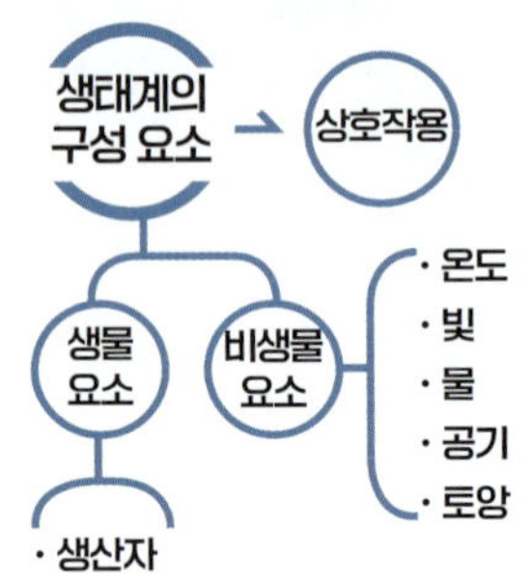

1 생태계의 구성 요소

우리가 살고 있는 *생태계는 살아 있는 모든 생물로 이루어진 생물요소와 생물이 살아가는 터전을 제공하는 비생물요소로 구성되어 있다.

1. 생태계

(1) 생태계: 일정한 지역에서 생물과 생물, 생물과 비생물환경이 서로 영향을 주고받으며 유지되는 하나의 체계이다. ➡ 생태계에는 생물과 주변 환경이 모두 포함된다.

(2) 생태계의 특징

① 지구는 하나의 커다란 생태계이다. 지구 안에는 열대우림과 같은 넓은 범위부터 연못과 같은 좁은 범위까지 규모와 특성이 다양한 생태계가 있다.

② 생태계는 물질 순환과 에너지흐름이 자발적으로 일어나 지속적으로 유지된다. 인공적으로 만들어진 생태 연못 등도 외부의 간섭 없이 생물이 지속적으로 유지되면 생태계이다.

2. 생태계의 구성 요소 집중 분석 136쪽

(1) 생태계를 구성하는 요소에는 생물요소와 비생물요소가 있다. 생물요소와 비생물요소는 생태계의 종류에 따라 차이가 있으며, 생태계구성요소 사이에는 다양한 상호작용이 일어난다.

(2) 생물요소

① 생태계에 있는 모든 생물을 의미하며, 크기가 작은 세균에서부터 크기가 큰 식물과 동물에 이르기까지 모든 생물을 포함한다.

생태계의 다양한 정의

생태계는 다양하게 정의되지만, 모두 생물과 비생물이 서로 영향을 주고받는 상호작용을 포함한다. 숲, 사막, 갯벌, 강, 바다 등 다양한 생태계는 고유한 환경(비생물요소)을 가지며, 그 환경에 적응해 진화한 생물(생물요소)들로 구성되어 있다.

환경의 의미

넓은 의미에서 환경은 하나의 생물을 둘러싼 다른 생물환경과 비생물환경(무기 환경)을 모두 포함하지만, 주로 비생물환경을 의미하는 용어로 사용된다.

용어

*생태계(生 살다, 態 모습, 系 연결하다)

생태계는 생물(생물요소)이 주변 환경(비생물요소)과 묶여서 (상호작용하면서) 살아가는 모습을 나타내는 것이다.

▲ 생태계의 구성 요소

② 생물요소의 구분: 생태계에서 수행하는 역할에 따라 생산자, 소비자, 분해자로 구분한다.

구분	생태계에서 수행하는 역할	대표적인 생물
생산자	광합성을 하여 생물이 살아가는 데 필요한 *유기물을 스스로 만든다(생산한다).	식물, 식물 *플랑크톤, 조류 등
소비자	다른 생물을 먹이로 섭취해 유기물을 얻는다.	동물, 동물 플랑크톤 등
분해자	몸 밖에서 생물의 사체나 배설물을 분해하여 흡수한다.	버섯, 곰팡이 등

(3) 비생물요소

① 생물을 둘러싸고 있으며, 생물에 영향을 미치는 무기 환경(자연환경)이다.

② 온도, 빛, 물, 공기, 토양 등이 있다.

③ 생물이 살아가는 터전을 제공하며, 생태계를 유지하는 데 매우 중요한 역할을 한다.

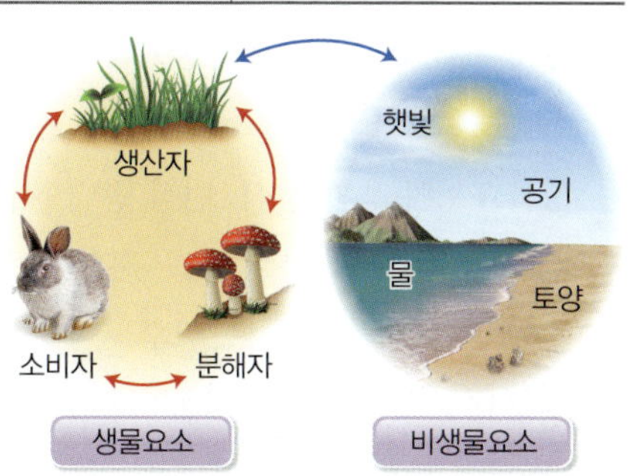

▲ 생태계의 구성 요소

3. 생태계의 구조

(1) 개체군과 군집

① 개체군: 생태계에서 생물은 대부분 여러 *개체가 모여 무리(집단)를 지어 살아가는데, 일정한 지역에 사는 같은 종의 개체들로 이루어진 무리를 개체군이라고 한다.

② 군집: 일정한 지역에 사는 모든 개체군의 무리이다.

(2) **생태계의 구조**: 생태계는 생물군집(생물요소)이 무기 환경(비생물요소)과 상호작용하는 체계이다. ➡ 생태계는 개체<개체군<군집<생태계의 단계적인 구조를 갖는다.

▲ 생태계의 구조

중요 개념 체크

정답과 해설 42쪽

1. 일정한 지역에서 생물과 생물, ㉠ (　　　　)와/과 비생물환경이 서로 영향을 주고받으며 유지되는 하나의 체계를 ㉡ (　　　　)(이)라고 한다.

2. 생태계에 대한 설명으로 옳은 것은 ○, 옳지 않은 것은 ×로 표시하시오.

　(1) 생태계의 생물요소는 생산자, 소비자, 분해자로 구분된다. ──────────── (　　　)

　(2) 생태계에서 여러 종의 생물이 모여 하나의 개체군을 이룬다. ──────────── (　　　)

광합성

빛에너지, 이산화 탄소(CO_2), 물(H_2O)을 이용하여 포도당과 산소(O_2)를 만드는 물질대사이다. 광합성을 통해 빛에너지가 생물이 이용할 수 있는 화학 에너지로 전환된다.

생태계에서 세균의 역할

세균은 종류와 특성이 다양해 생태계에서의 역할도 다양하다. 많은 세균은 분해자의 역할을 하며, 일부 광합성을 하는 세균은 생산자의 역할도 한다.

개체군

하나의 종은 하나의(같은) 개체군에 속한다.

군집

하나의 군집은 여러 개체군(종)으로 이루어져 있다.

용어

***유기물(有 있다, 機 틀, 物 물건)**
생물의 몸을 구성하거나 에너지원으로 사용되는 탄수화물, 지방, 단백질 등과 같이 탄소(C)와 수소(H)를 포함하는 탄소 화합물이다. 생물이 살아가기 위해서는 유기물이 반드시 필요하다.

***플랑크톤(Plankton)**
물속에서 떠다니며 생활하는 작은 생물들을 말한다.

***개체(個 낱, 體 몸)**
생물을 세는 단위이며, 하나의 독립된 생물을 의미한다.

생태계를 구성하는 생물요소와 비생물요소는 서로 영향을 주고받으며 상호작용한다.

1. 생태계구성요소의 상호작용 심화 강의 137쪽

(1) 생태계를 구성하는 생물요소의 생물과 생물 사이에서 *상호작용이 일어난다.

> **예** 먹고 먹히는 관계의 스라소니와 눈신토끼는 서로 영향을 주고받으며 개체수가 변한다.

(2) 생태계를 구성하는 비생물요소와 생물요소 사이에서 상호작용이 일어난다.

① 비생물요소가 생물요소에 영향을 주는 경우: 온도, 빛, 물, 공기, 토양 등의 비생물요소는 생물요소의 생활 방식, 번식 방법, 서식 장소 등에 영향을 준다. ➡ 생물은 비생물요소인 주변 환경에 적응하여 몸의 구조와 기능, 습성 등을 바꾸며 살아간다.

> **예** 추운 곳에 사는 북극여우는 귀가 작아 몸의 열 손실을 줄일 수 있다.

② 생물요소가 비생물요소에 영향을 주는 경우: 생물의 다양한 생명활동 결과 비생물요소 (주변 환경)의 조건이 변한다.

> **예** 비버가 댐을 만들면 강의 물길이 막혀 물의 흐름이 느려지고, 주변이 습지 환경으로 바뀐다.

> **자료 분석 ➕ 생태계구성요소의 상호작용**
>
> 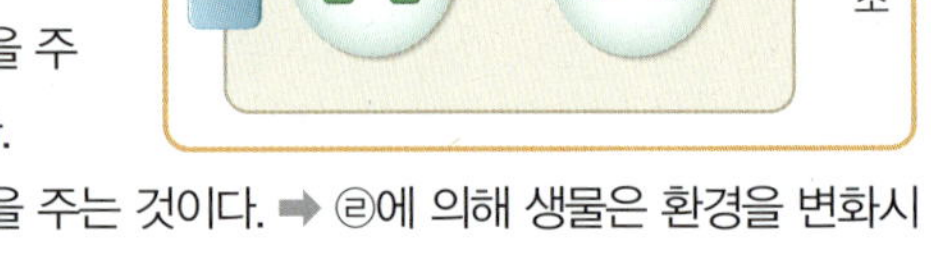
>
>
> ❶ 개체군 A는 같은 종의 개체들로 이루어지고, 개체군 A와 B는 서로 다른 종의 개체들로 이루어진다. ➡ ㉠은 같은 종의 서로 다른 개체 사이에서 영향을 주고받는 것이고, ㉡는 서로 다른 종 사이에서 영향을 주고받는 것이다.
>
> ❷ ㉢은 비생물요소가 생물군집(생물요소)에 영향을 주는 것이다. ➡ ㉢에 의해 생물은 환경에 적응한다.
>
> ❸ ㉣은 생물군집(생물요소)이 비생물요소에 영향을 주는 것이다. ➡ ㉣에 의해 생물은 환경을 변화시킨다.

2. 생태계에서 일어나는 상호작용의 중요성

(1) 생태계를 구성하는 생물요소와 비생물요소는 서로가 서로에게 영향을 주는 밀접한 관계를 맺고 있다.

(2) 생태계가 건강하게 유지되려면 구성 요소들 사이의 상호작용이 균형 있게 일어나야 한다.

> **✔ 중요 개념 체크**
>
> 정답과 해설 42쪽
>
> 3. 생태계구성요소 사이에서는 서로 영향을 주고받는 (   )이/가 일어난다.
>
> 4. 생태계에서 일어나는 상호작용에 대한 설명으로 옳은 것은 ○, 옳지 않은 것은 ×로 표시하시오.
>
>   (1) 북극여우의 귀가 작은 것은 생물요소가 비생물요소에 영향을 주는 예이다. ──── (   )
>
>   (2) 생태계의 상호작용은 생물요소와 비생물요소 사이에서만 일어난다. ──── (   )

인간의 활동

도로와 철도의 건설, 도시의 개발, 농작물의 재배 등 인간의 여러 활동은 생물요소가 비생물요소에게 영향을 미치는 대표적인 예이다.

생태계 상호작용의 중요성

생태계의 생물요소와 비생물요소는 시계의 톱니바퀴처럼 서로 밀접하게 연관되어 떼어낼 수 없는 유기적 관계를 이루고 있다. 따라서 어느 한쪽의 작용이 너무 약하거나 강하면 상호작용에 이상이 생겨 생태계가 건강하게 유지될 수 없다.

 **용어**

*상호작용(相 서로, 互 서로, 作 짓다, 用 쓰다)

둘 이상의 물체나 대상이 서로 영향을 주고받아 양쪽 방향으로 영향이 나타나는 작용(행동)을 의미한다.

비생물요소인 온도, 빛, 물, 공기, 토양 등과 생물요소 사이에서는 각각 다양한 상호작용이 일어난다.

1. 온도와 생물

(1) 온도는 세포의 *물질대사(화학 반응)를 비롯하여 생명활동에 직접적인 영향을 주는 비생물요소이다. ➡ 생물은 서식지의 온도에 적응하여 체온을 유지하거나, 온도 변화에 견디는 특징을 갖도록 진화했다.

(2) 온도와 생물의 상호작용 사례

구분	상호작용 사례
비생물요소 ⬇ 생물요소	• 체온을 일정하게 유지하는 동물(예 포유류, 조류 등)은 추운 지역에 살수록 몸에 지방이 많은 경향이 있다. 　예 추운 지역에 사는 펭귄과 바다코끼리는 *피하 지방층이 발달했다. • 포유류는 서식지의 온도에 따라 몸집과 몸 말단부의 크기가 다르다. 　예 서식지에 따른 여우의 온도 적응

구분	북극여우	사막여우
서식지의 온도	낮음	높음
몸의 형태	몸집이 크고, 귀가 작음	몸집이 작고, 귀가 큼
적응	몸의 표면을 통한 열의 방출이 억제됨	몸의 표면을 통한 열의 방출이 촉진됨

➡ 몸의 형태와 열의 방출: 상대적으로 몸집이 크고, 귀나 꼬리와 같은 몸의 말단부(튀어나온 부위)가 작으면 몸의 부피에 대한 표면적의 비율이 작아진다. 따라서 몸의 표면(피부)을 통한 열의 방출이 억제된다.

• 일부 동물은 겨울이 되면 온도 변화가 적은 땅속에서 겨울잠을 잔다.
　예 개구리나 다람쥐는 추운 겨울에 땅속에서 겨울잠을 잔다.
• 식물은 서식지의 온도에 따라 적응을 한다.
　예 추운 곳에 사는 한라송이풀은 잎과 줄기에 털이 나 있어 체온이 낮아지는 것을 막는다. 온도(기온)가 낮아지면 단풍나무의 잎이 붉게 변한다.

구분	상호작용 사례
생물요소 ⬇ 비생물요소	• 식물은 증산작용을 통해 주변의 온도를 낮춘다. ➡ 식물의 잎에 있는 기공을 통해 식물체 내에 액체 상태로 있던 물이 공기 중으로 기체 상태로 빠져나갈 때 기화열을 흡수한다. 따라서 증산작용이 일어나면 식물체와 식물체 주변의 온도가 낮아진다. 그 결과 식물이 많은 숲은 다른 곳보다 시원하다. • 인간의 활동으로 도시가 발달한 지역은 다른 지역보다 평균 온도가 높다.

▲ **바다코끼리** 피하 지방층이 발달되어 체온 유지가 가능하다.

▲ **북극여우** 몸집이 크고 귀가 작아 추위에 강하다.

▲ **사막여우** 몸집이 작고 귀가 커서 더위에 강하다.

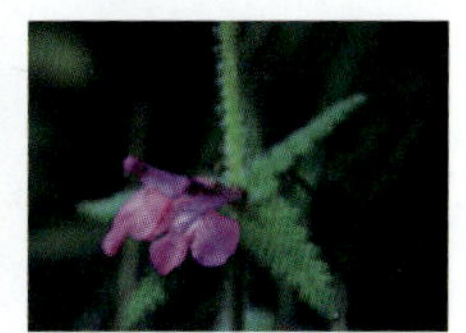

▲ **한라송이** 잎과 줄기에 털이 있어 추위에 강하다.

2. 빛과 생물

(1) 빛은 식물을 비롯한 생산자가 광합성에 필요한 에너지를 제공하는 비생물요소이다. ➡ 많은 식물 종은 빛의 영향을 받아 다양하게 적응하며 진화했다.

일조 시간
태양의 빛이 지표면에 내리쬐는 시간이다.

양지식물과 음지식물
양지식물은 강한 빛에 적응하여 양지에서 잘 자라는 식물로 소나무, 자작나무 등이 있고, 음지식물은 약한 빛에 적응하여 음지에서 잘 자라는 식물로 밤나무, 산세비에리아, 보스턴고사리 등이 있다.

영양염류
물속에 있는 규소, 인, 질소 등을 포함하는 물질을 통틀어 말한다. 영양염류는 수생 생물에게 필요한 물질이지만, 너무 많아지면 특정한 플랑크톤이 과도하게 증식해 녹조나 적조 현상을 일으킨다.

용어

***굴광성(屈 굽히다, 光 빛, 性 성질)**
식물이 빛의 자극에 반응하여 굽어 자라는 성질이며, 식물의 생장을 촉진하는 호르몬인 옥신의 작용으로 나타난다. 줄기와 잎처럼 빛을 향하는 것을 양의(양성) 굴광성, 뿌리처럼 빛의 반대 방향을 향하는 것을 음의(음성) 굴광성이라고 한다.

***통기조직(通 통하다, 氣 기운, 組 짜다, 織 짜다)**
내부에 빈 공간들이 있어 공기가 잘 통하는 조직이다. 수생식물은 통기조직을 이용해 산소와 이산화 탄소를 교환하며, 물 위에 잘 뜰 수 있다.

---

(2) 빛과 생물의 상호작용 사례

구분	상호작용 사례
비생물요소 ↓ 생물요소	• 식물의 줄기는 광합성에 필요한 빛에너지를 얻기 위해 빛이 드는 방향으로 굽어 자란다. ➡ 식물의 *굴광성 • 식물의 잎은 빛의 세기에 따라 잎의 두께가 다르다. ➡ 강한 빛을 받는 잎은 약한 빛을 받는 잎보다 울타리조직이 발달해 있어 잎의 두께가 두껍다. • 바다 수심에 따라 도달하는 빛의 양과 파장이 다르므로 수심에 따라 서식하는 해조류의 종류가 다르다. ➡ 적색광을 주로 이용하는 녹조류는 수심이 얕은 곳에 많이 분포하고, 청색광을 주로 이용하는 홍조류는 수심이 깊은 곳에 많이 분포한다. • 일조 시간은 식물의 개화 시기와 동물의 생식주기에 영향을 미친다. 　예 국화는 낮의 길이가 짧아지는(밤의 길이가 길어지는) 가을에 꽃이 핀다. 　닭, 꾀꼬리, 말 등은 일조 시간이 길어질 때 번식하고, 면양, 산양, 사슴 등은 일조 시간이 짧아질 때 번식한다.
생물요소 ↓ 비생물요소	산업화로 인해 대기오염이 심한 지역은 오염 물질이 햇빛을 흡수하거나 산란시켜 지표면에 도달하는 빛의 세기를 감소시킨다.

▲ 식물의 굴광성

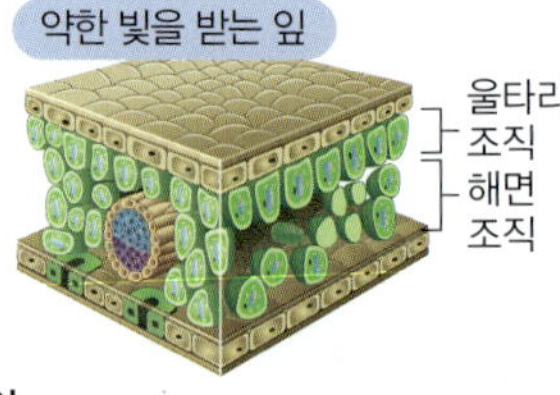

▲ 강한 빛을 받는 잎과 약한 빛을 받는 잎

3. 물과 생물

(1) 물은 생물의 구성 물질 중 가장 많은 양을 차지하며, 생명 유지에 필수적이다. ➡ 건조한 지역의 생물은 체내 물 손실을 최소화하게, 물속의 생물은 물속 생활에 유리하게 적응하며 진화했다.

(2) 물과 생물의 상호작용 사례

구분	상호작용 사례
비생물요소 ↓ 생물요소	• 곤충은 몸 표면이 키틴질로 되어 있고, 사막에 사는 도마뱀과 뱀은 몸 표면이 비늘로 덮여 있어 물의 손실을 줄일 수 있다. • 건조한 곳에 사는 선인장은 가시로 변한 잎을 가져 물의 손실을 줄인다. • 선인장, 알로에 등은 줄기에 물을 저장하는 조직이 발달해 있다. • 수생식물의 줄기와 뿌리에는 공기가 쉽게 이동할 수 있는 *통기조직이 발달해 있다.
생물요소 ↓ 비생물요소	• 꽃창포와 같은 수생식물은 물속 영양염류를 흡수하여 수질을 정화한다. • 고래의 배설물은 해양의 물질 순환에 도움을 준다.

▲ 선인장의 가시

▲ 연꽃 줄기의 통기조직

▲ 해양의 물질 순환을 돕는 고래

4. 공기와 생물

(1) 공기에는 생물의 호흡에 필요한 산소가 포함되어 있다. ➡ 많은 생물은 서식지의 산소 농도에 적응하여 산소를 잘 흡수할 수 있는 특징을 갖도록 진화했다.

(2) 공기와 생물의 상호작용 사례

구분	상호작용 사례
비생물요소 ↓ 생물요소	고산 지대에 사는 사람은 저지대에 사는 사람보다 적혈구 수가 많아 산소를 효율적으로 운반한다.
생물요소 ↓ 비생물요소	• 숲에 사는 식물은 광합성을 하여 대기 중 산소 농도를 높인다. • 노송나무와 삼나무가 주변으로 내뿜는 *피톤치드에 의해 주변 공기의 성분이 변한다. • 인간의 활동이나 소의 트림 등으로 인해 공기(대기) 중 온실 기체의 양이 많아진다.

▲ 온실 기체를 배출하는 소

5. 토양과 생물

(1) 토양은 육상식물, 땅속 생물과 미생물 등이 살아가는 터전을 제공한다. ➡ 많은 생물은 토양의 성분이나 공기 함량 등에 적응하며 진화했다.

(2) 토양과 생물의 상호작용 사례

구분	상호작용 사례
비생물요소 ↓ 생물요소	• 염분이 높은 땅에 사는 함초는 고농도의 염분을 저장하는 조직이 발달해 물을 잘 흡수한다. • 토양의 깊이에 따라 공기의 함량이 달라 분포하는 세균의 종류가 다르다.
생물요소 ↓ 비생물요소	• 지렁이는 토양에 구멍을 뚫어 공기가 잘 통하게 하며, 지렁이의 배설물은 토양을 비옥하게 한다. • 흰개미는 집을 만들 때 흙에 타액과 배설물을 섞어 토양을 변화시킨다. • 인간이 농사를 짓는 땅에 비료를 뿌려 땅이 비옥해진다.

▲ 토양의 염분을 저장하는 함초

▲ 드론을 이용한 비료 살포

✔ 중요 개념 체크

정답과 해설 42쪽

5. 다음은 생태계구성요소의 상호작용 사례이다. (　　) 안에 들어갈 알맞은 말을 고르시오.

• 북극여우가 몸집이 크고 귀가 작은 것은 ㉠ (빛, 온도)이/가 생물에 영향을 준 사례이다.

• 선인장이 가시로 변한 잎을 갖는 것은 ㉡ (생물요소, 비생물요소)가 ㉢ (생물요소, 비생물요소)에 영향을 준 사례이다.

• 고산지대에 사는 사람이 저지대에 사는 사람보다 적혈구 수가 많은 것과 가장 관련이 깊은 비생물요소는 ㉣ (온도, 공기)이다.

광합성과 공기

광합성에 이산화 탄소가 사용되고, 광합성 결과 산소가 발생하므로 광합성은 공기의 이산화 탄소 농도와 산소 농도에 영향을 준다.

온실 기체

지구의 복사열인 적외선을 흡수했다가 다시 지구로 방출하는 특성을 가져 온실 효과를 일으키는 기체이다. 대표적으로 수증기, 이산화 탄소, 메테인, 오존 등이 있으며, 과도한 온실 기체는 지구의 기온을 높여 지구 온난화를 일으킨다.

토양의 깊이와 세균 분포

비교적 산소가 많은 얕은 토양에서는 산소를 이용해 호흡하는 세균이 주로 분포하고, 산소가 부족한 깊은 토양에서는 산소를 이용하지 않고 호흡하는 세균이 주로 분포한다.

 용어

*피톤치드(Phytoncide)

Phyton(식물)과 cide(죽이다)의 합성어이며, 식물이 자신에게 해를 입히는 세균, 곰팡이, 해충 등을 물리치기 위해 공기 중으로 방출하는 다양한 물질을 의미한다.

집중분석 생태계구성요소 구분하기

생태계는 일정한 지역에서 생물과 생물, 생물과 비생물환경이 서로 영향을 주고받으며 유지되는 하나의 체계이다. 생태계는 생물요소와 비생물요소로 구분되며, 생물요소는 생산자, 소비자, 분해자로 구분된다. 이러한 생태계구성요소는 생태계와 함께 문제에 제시되어 각 요소에 해당하는 것을 찾고, 그 특징을 묻는 경우가 많다.

지구에는 열대우림, 사막, 강, 바다 등과 같이 비생물요소의 특성이 서로 다른 생태계가 있으며, 각 생태계에는 서식지의 비생물요소에 적응하며 진화한 생물요소가 있다.

생태계의 특징
생태계는 외부의 도움 없이 스스로 생태계 안에서 물질 순환과 에너지흐름이 일어나 유지된다. 따라서 수족관과 같이 인간의 도움이 있어야만 유지되는 경우는 생태계라고 볼 수 없다.

생태계에서의 물질 순환
생태계에서는 탄소, 질소와 같은 물질이 무기 환경 → 생산자 → 소비자 → 분해자 → 무기 환경의 순서로 이동하며 순환하는 물질 순환이 일어난다.

생태계에서의 에너지흐름
생태계에서는 태양의 빛에너지가 생산자에 의해 유기물의 화학 에너지로 전환된 후, 생산자 → 소비자 → 분해자의 순서로 에너지가 이동하면서 각 단계에서 생명 활동에 사용되고, 최종적으로 열에너지로 방출되는 에너지흐름이 일어난다.

생물요소는 역할에 따라 생산자, 소비자, 분해자로 구분할 수 있다.

구분	생물	역할
생산자	수련, 검정말, 부들, 부레옥잠	광합성을 하여 유기물을 만든다. → 생물이 살아가는 데 필요한 양분을 생산한다.
소비자	오리, 다슬기, 짚신벌레, 개구리, 붕어	다른 생물을 먹이로 섭취한다. → 생태계에서 에너지흐름이 일어나게 한다.
분해자	버섯	생물의 사체나 배설물을 분해한다. → 생태계에서 물질이 순환되게 한다.

예제

1 표는 어떤 생태계를 구성하는 요소를 (가)와 (나)로 구분하여 나타낸 것이다. (단, 주어진 자료 이외는 고려하지 않는다.)

구분	요소
(가)	빛, 물, 공기, 온도, 토양
(나)	고래, 해달, 다시마, 바다 곰팡이, 식물 플랑크톤

(1) (가)와 (나)는 각각 어떤 생태계구성요소인지 쓰시오.
(2) 이 생태계에서 분해자에 해당하는 것을 있는 대로 고르시오.
(3) 이 생태계에서 빛에너지를 흡수하여 유기물을 만드는 생물에 해당하는 것을 있는 대로 고르시오.

풀이 (1) (가)는 살아 있지 않은 비생물요소이고, (나)는 살아 있는 모든 생물을 포함하는 생물요소이다.
(2) 다양한 종류의 버섯, 곰팡이, 세균은 생물의 사체나 배설물을 분해하는 분해자이다.
(3) 빛에너지를 흡수하여 유기물을 만드는 생물은 광합성을 하는 생산자이다.

답 (1) (가) 비생물요소, (나) 생물요소 (2) 바다 곰팡이
(3) 다시마, 식물 플랑크톤

개체군과 군집에서의 상호작용

「통합과학」에서는 개체군과 군집에 대한 개념과 개체군과 군집을 구성하는 생물 사이에서 일어나는 상호작용만 다룬다. 그런데 생물요소와 비생물요소 사이의 상호작용뿐만 아니라 여러 개체 사이, 여러 개체군(서로 다른 생물종) 사이에서 일어나는 상호작용을 알아두면 깊이 있게 이해할 수 있다. 이 내용은 「생명과학」에서 배우지만 미리 알고 있으면 어려운 문제도 쉽게 풀 수 있다.

1 개체군을 구성하는 같은 종의 개체 사이에서 일어나는 상호작용

개체군 내의 개체들 사이에서는 먹이, 서식 공간 등을 차지하기 위해 경쟁(종내경쟁)이 일어난다. 그런데 이러한 경쟁이 심해지면 개체군의 유지가 어려워지고, 다른 개체군과의 경쟁(종간경쟁)에서도 불리해진다. 따라서 과도한 경쟁을 피하기 위해 다양한 상호작용이 일어난다.

상호작용	특징	대표적인 생물
텃세	• 일정한 서식 공간을 차지하고 다른 개체가 침입하는 것을 적극적으로 막는다. • 세력권이라고도 부르는 텃세는 각 개체가 일정한 공간을 차지하게 함으로써 개체들을 분산시켜 개체군의 밀도를 알맞게 조절해 주는 기능을 한다.	까치, 은어 등
순위제	개체들 사이의 힘의 세기에 따라 순위(서열)를 정해 먹이를 먹거나, 배우자를 차지한다.	닭, 일본원숭이 등
리더제	영리하고 경험이 많은 한 마리의 리더가 개체군 전체를 통솔한다.	늑대, 기러기 등
사회생활	개체들이 역할에 따라 업무(먹이 수집, 방어, 생식 등)를 분담하고 협력하여 조화를 이루며 살아간다.	꿀벌, 개미 등
가족생활	혈연관계의 개체(어미와 새끼)가 모여 생활하면서 먹이를 공유하고, 새끼를 키운다.	사자, 코끼리 등

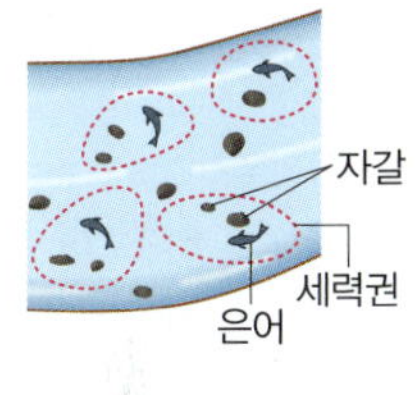

은어의 텃세(세력권)

은어는 각 개체마다 생활을 하는 일정한 공간이 정해져 있다.

순위제와 리더제의 차이

순위제에서는 모든 개체에서 순위(서열)가 정해지는 반면, 리더제에서는 리더를 제외한 나머지 개체들 사이에는 순위가 없다.

2 군집을 구성하는 서로 다른 종의 개체군 사이에서 일어나는 상호작용

하나의 군집에 포함된 각 개체군은 서로 다른 종으로 구성된다. 따라서 군집 내 개체군 사이에서는 서로 경쟁하거나 먹고 먹히는 관계에 있거나 서로 도움을 주거나 손해를 입히는 등 다양한 상호작용이 일어난다.

상호작용	특징	대표적인 생물
종간경쟁	• 둘 이상의 개체군이 한정된 자원이나 서식 공간을 차지하기 위해 다툰다. • 경쟁이 심할 경우 경쟁에서 이긴 개체군은 살아남고, 경쟁에서 진 개체군은 사라지는 경쟁배타원리가 나타난다.	짚신벌레와 애기짚신벌레
분서	둘 이상의 개체군이 함께 생활할 때 서식지, 먹이, 활동 시기 등을 달리하여 경쟁을 피한다. 예 한 그루의 나무에 서식하는 여러 종의 솔새는 공간을 나누어 서로 다른 공간에서 살아감으로써 경쟁을 피한다.	여러 종의 솔새, 피라미와 은어
상리공생	두 개체군이 밀접한 관계를 맺고 함께 생활하며 서로 이익을 얻는다. 예 말미잘은 흰동가리에게 은신처를 제공해 주고, 흰동가리는 말미잘에게 먹이를 유인해 주며 서로 이익을 얻는 상리공생의 상호작용을 한다.	말미잘과 흰동가리
기생	두 개체군이 함께 생활하면서 한 개체군(기생자)은 이익을 얻지만, 다른 개체군(숙주)은 피해를 입는다.	기생충과 숙주 생물
포식과 피식	두 개체군 사이에서 먹고(포식자) 먹히는(피식자) 관계가 형성된다.	스라소니와 눈신토끼

솔새의 분서

서로 다른 종인 솔새 A, B, C는 같은 나무에 살지만 각각 생활하는 공간이 정해져 있어 경쟁을 피한다.

01 다음은 생태계에 대한 자료이다.

> 생태계는 일정한 지역에서 생물과 생물, 생물과 ㉠이 서로 영향을 주고받으며 유지되는 하나의 체계이다.

이에 대한 설명으로 옳은 것만을 보기에서 있는 대로 고른 것은?

보기
ㄱ. 비생물환경은 ㉠에 해당한다.
ㄴ. 지구에는 규모가 다양한 생태계가 있다.
ㄷ. 인공적으로 만들어진 것은 모두 생태계가 될 수 없다.

① ㄱ　　　　② ㄴ　　　　③ ㄷ
④ ㄱ, ㄴ　　　⑤ ㄴ, ㄷ

02 그림은 생태계의 구성 요소와 상호작용을 나타낸 것이다.

〈서술형〉

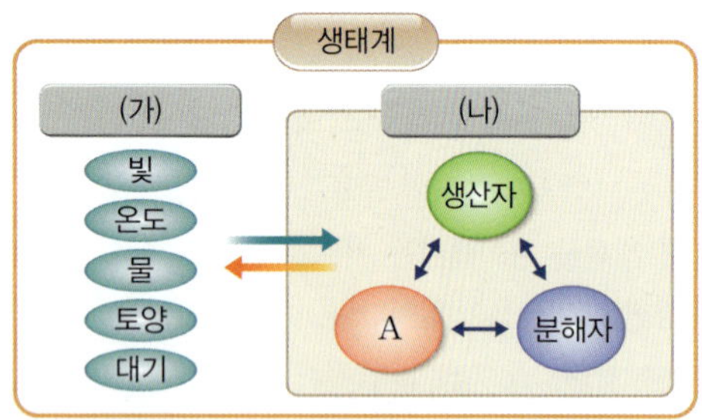

(1) (가), (나)에 해당하는 구성 요소를 각각 쓰시오.

(2) A에 들어갈 단어를 쓰고, A가 유기물을 얻는 방법을 설명하시오.

03 생태계를 구성하는 요소에 대한 설명으로 옳은 것만을 보기에서 있는 대로 고르시오.

보기
ㄱ. 빛과 온도는 모두 비생물요소이다.
ㄴ. 토양과 토양 속 세균은 모두 생물요소이다.
ㄷ. 소나무와 송이버섯은 모두 생산자에 속한다.

04 생태계구성요소에 대한 설명으로 옳은 것은?

① 생물요소는 비생물요소에 영향을 주지 않는다.
② 비생물요소는 생물요소가 살아가는 터전을 제공한다.
③ 소비자는 빛에너지를 이용하여 양분을 스스로 합성한다.
④ 일정한 지역에서 서로 다른 생물종은 하나의 개체군을 이룬다.
⑤ 온도와 같이 일정한 형태가 없는 것은 생태계구성요소에 포함되지 않는다.

05 표는 생태계의 구성 요소와 상호작용을, 그림은 생물요소 중 하나를 나타낸 것이다.

구분	특징
(가)	광합성을 한다.
(나)	생물의 사체를 분해한다.
(다)	다른 생물을 잡아먹는다.

(1) (가)~(다)에 해당하는 알맞은 용어를 각각 쓰시오.

(2) 그림의 생물은 (가)~(다) 중 어디에 속하는지 쓰시오.

06 표는 어떤 생태계를 구성하는 생물요소를 (가)~(다)로 구분하여 나타낸 것이다. (가)~(다)는 각각 생산자, 소비자, 분해자 중 하나이다.

구분	(가)	(나)	(다)
생물	사람, 고양이	소나무, 은행나무	㉠ 송이버섯, ㉡ 푸른곰팡이

이에 대한 설명으로 옳은 것만을 보기에서 있는 대로 고른 것은?

보기
ㄱ. (가)는 소비자이다.
ㄴ. 미역은 (나)에 속한다.
ㄷ. ㉠과 ㉡은 같은 개체군을 구성한다.

① ㄱ　　　　② ㄴ　　　　③ ㄱ, ㄴ
④ ㄱ, ㄷ　　　⑤ ㄴ, ㄷ

07 (가)는 생태계의 구조를, (나)는 ㉠~㉢ 중 하나의 예를 나타 낸 것이다.

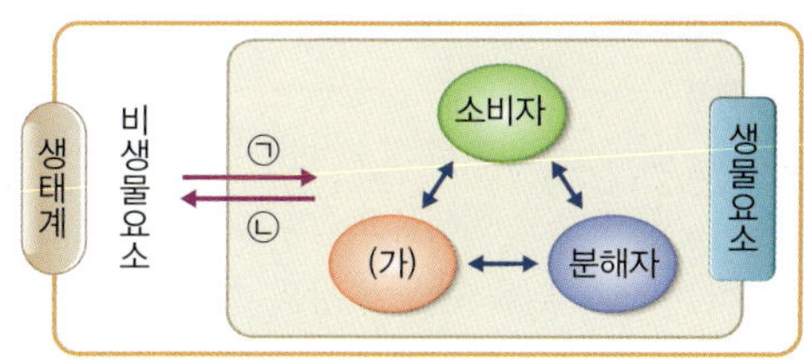

(가)   (나)

(1) ㉠~㉢은 각각 어떤 단계인지 쓰시오.

(2) (나)는 ㉠~㉢ 중 어떤 단계의 예인지 기호를 쓰고, 그 렇게 판단한 까닭을 설명하시오.

08 군집과 개체군에 대한 설명으로 옳은 것만을 보기에서 있 는 대로 고른 것은?

> **보기**
> ㄱ. 하나의 개체군에서 종다양성이 나타난다.
> ㄴ. 군집은 일정한 지역에 사는 모든 개체군의 무리 이다.
> ㄷ. 개체군은 일정한 지역에 사는 여러 종의 개체로 이루어진 무리이다.

① ㄱ   ② ㄴ   ③ ㄷ
④ ㄱ, ㄴ   ⑤ ㄴ, ㄷ

09 생태계의 비생물요소가 생물요소에 영향을 미친 예를 보기 에서 있는 대로 고른 것은?

> **보기**
> ㄱ. 바다코끼리는 피하 지방층이 발달했다.
> ㄴ. 지렁이는 토양에 공기가 잘 통하게 한다.
> ㄷ. 연꽃 줄기에는 호흡을 위한 구멍이 뚫려 있다.
> ㄹ. 수생식물은 영양염류를 흡수해서 수질을 정화시 킨다.

① ㄱ, ㄴ   ② ㄱ, ㄷ   ③ ㄴ, ㄷ
④ ㄱ, ㄷ, ㄹ   ⑤ ㄴ, ㄷ, ㄹ

10 그림은 생태계구성요소 사이의 상호작용을 나타낸 것이다.

이에 대한 설명으로 옳지 <u>않은</u> 것은?

① (가)는 생산자이다.
② 광합성을 하는 식물은 (가)에 속한다.
③ 개구리가 겨울잠을 자는 것은 ㉠의 예이다.
④ 선인장이 가시 모양의 잎을 갖는 것은 ㉡의 예이다.
⑤ 생태계의 비생물요소와 생물요소는 서로 영향을 주 고받는다.

11 다음은 생태계구성요소의 상호작용 사례이다.

> • 국화는 가을에 꽃이 핀다.
> • 꾀꼬리는 일조 시간이 길어지면 산란을 한다.

이 두 사례와 가장 관련이 깊은 비생물요소는?

① 빛   ② 물   ③ 공기
④ 온도   ⑤ 토양

12 표는 비생물요소 공기, 온도, 토양을 순서 없이 (가)~(다)로 나타내고 생물의 상호작용 사례를 설명한 것이다.

요소	사례
(가)	지렁이의 배설물은 토양을 비옥하게 한다.
(나)	식물의 광합성으로 낮의 숲은 산소 농도가 높다.
(다)	추운 곳에 사는 한라솜이풀은 잎에 털이 나 있다.

(1) (가)~(다)에 해당하는 비생물요소를 각각 쓰시오.

(2) (가)~(다) 중 생물요소가 비생물요소에 영향을 준 사 례가 제시된 요소를 있는 대로 고르시오.

13 생태계구성요소의 상호작용에 대한 설명으로 옳은 것만을 보기에서 있는 대로 고른 것은?

ㄱ. 생물군집 내에서 상호작용이 일어난다.
ㄴ. 생물요소는 비생물요소에 영향을 주지 않는다.
ㄷ. 비버가 댐을 만들어 강의 흐름이 느려지는 것은 비생물요소가 생물요소에 영향을 준 사례이다.

① ㄱ　　　　② ㄴ　　　　③ ㄷ
④ ㄱ, ㄴ　　　⑤ ㄴ, ㄷ

14 다음은 생태계구성요소의 상호작용 사례이다.

(가) 스라소니가 토끼를 잡아먹는다.
(나) 수생식물의 줄기와 뿌리에는 ㉠이 쉽게 이동할 수 있는 통기조직이 발달해 있다.

이에 대한 설명으로 옳은 것만을 보기에서 있는 대로 고른 것은?

ㄱ. 공기는 ㉠에 해당한다.
ㄴ. (가)는 생물요소 사이의 상호작용 사례이다.
ㄷ. (나)는 생물요소가 비생물요소에 영향을 준 사례이다.

① ㄱ　　　　② ㄴ　　　　③ ㄷ
④ ㄱ, ㄴ　　　⑤ ㄴ, ㄷ

15 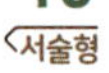 다음은 곤충과 선인장에 대한 자료이다.

(가) 곤충은 몸 표면이 딱딱한 키틴질로 되어 있다.
(나) 선인장은 그림과 같이 ㉠잎이 가시로 변했다. 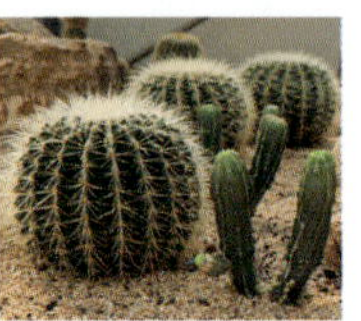

(1) (가), (나)에 공통적으로 관련된 비생물요소를 쓰시오.

(2) 선인장이 ㉠으로 얻는 이점을 설명하시오.

16 표는 생물과 무기 환경의 상호작용 사례를 나타낸 것이다.

구분	사례
(가)	㉠ 지렁이는 낙엽 등을 분해한다.
(나)	㉡ 파충류의 알은 단단한 껍데기로 싸여 있다.

이에 대한 설명으로 옳은 것만을 보기에서 있는 대로 고른 것은?

ㄱ. ㉠과 ㉡은 모두 생물요소에 속한다.
ㄴ. 토양은 (가)와 관련된 비생물요소이다.
ㄷ. (나)는 물의 배출을 촉진하기 위한 적응 결과이다.

① ㄱ　　　　② ㄷ　　　　③ ㄱ, ㄴ
④ ㄱ, ㄷ　　　⑤ ㄴ, ㄷ

17 그림은 위도가 서로 다른 지역에 사는 두 종의 여우 (가)와 (나)를 나타낸 것이다.

(1) (가)와 (나)의 모습 차이와 가장 관련이 깊은 비생물요소를 쓰시오.

(2) (가)와 (나) 중 위도가 높은 지역에 사는 여우를 쓰시오.

18 그림은 비생물요소 (가)와 생물의 두 가지 상호작용 사례를 나타낸 것이다.

염분을 저장하는 함초　　　드론을 이용한 비료 살포

(가)로 가장 적절한 비생물요소는?

① 빛　　　　② 물　　　　③ 공기
④ 온도　　　⑤ 토양

01 다음은 생태계구성요소에 대한 자료이다. (가)와 (나)는 각각 생물요소와 비생물요소 중 하나이다.

> • 물, 빛, 온도는 모두 (가)에 속한다.
> • (나)는 생태계에서의 역할에 따라 생산자, 소비자, ㉠으로 구분한다.

이에 대한 설명으로 옳은 것만을 보기에서 있는 대로 고른 것은?

> 보기
> ㄱ. 공기와 토양은 모두 (가)에 속한다.
> ㄴ. 버섯과 식물 플랑크톤은 모두 ㉠에 속한다.
> ㄷ. 생태계에서 (가)와 (나)는 서로 영향을 주지 않는다.

① ㄱ   ② ㄷ   ③ ㄱ, ㄴ
④ ㄱ, ㄷ   ⑤ ㄱ, ㄴ, ㄷ

02 〈서술형〉 그림은 생태계의 구성 단계로 (가)~(다)는 군집, 개체군, 생태계를 순서 없이 나타낸 것이다.

(가)   (나)   (다)

(가)~(다)는 각각 어느 단계인지 그렇게 판단한 까닭과 함께 설명하시오.

03 〈서술형〉 그림은 한 나무에 있는 두 잎을 나타낸 것이다.

이 두 잎의 두께 차이와 가장 관련 깊은 비생물요소 (가)를 쓰고, (가)와 생물 사이의 또 다른 상호작용 사례를 한 가지만 설명하시오.

04 그림은 생태계구성요소 사이의 상호작용을 나타낸 것이다.

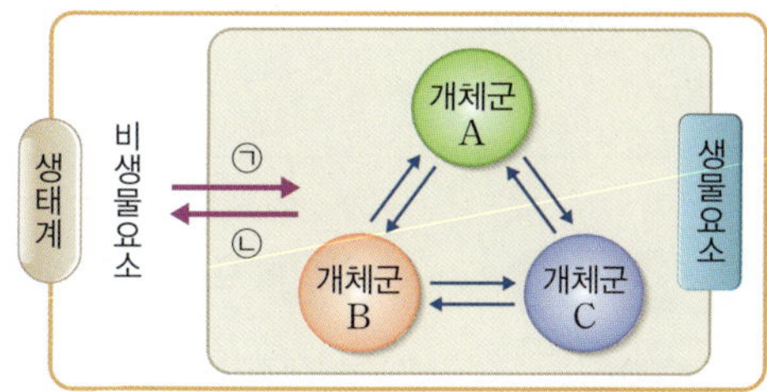

이에 대한 설명으로 옳은 것만을 보기에서 있는 대로 고른 것은?

> 보기
> ㄱ. 개체군 A와 B는 서로 다른 종으로 구성된다.
> ㄴ. 개체군 A~C는 모여서 하나의 군집을 구성한다.
> ㄷ. 사막에 사는 도마뱀의 몸 표면이 비늘로 덮여 있는 것은 ㉠의 예이다.

① ㄱ   ② ㄴ   ③ ㄱ, ㄷ
④ ㄴ, ㄷ   ⑤ ㄱ, ㄴ, ㄷ

05 다음은 생태계구성요소 사이의 상호작용 사례이다.

> (가) ㉠ 낙엽이 분해되어 토양이 비옥해진다.
> (나) 사막여우는 북극여우보다 몸집이 작고, 몸집에 비해 귀가 크다.
> (다) 식물의 증산 작용으로 식물이 많은 숲은 다른 곳보다 시원하다.

이에 대한 설명으로 옳은 것만을 보기에서 있는 대로 고른 것은?

> 보기
> ㄱ. 분해자에 의해 ㉠이 일어난다.
> ㄴ. (가)와 (다)는 모두 생물요소가 비생물요소에 영향을 준 사례이다.
> ㄷ. (나)에 의해 사막여우는 북극여우보다 몸의 표면을 통한 열의 방출이 억제된다.

① ㄱ   ② ㄷ   ③ ㄱ, ㄴ
④ ㄱ, ㄷ   ⑤ ㄴ, ㄷ

O2 생태계의 평형

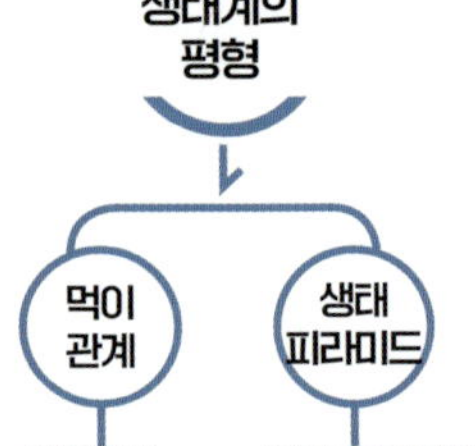

1 먹이 관계와 생태피라미드

생태계가 유지되기 위해서는 생물 사이에서 먹고 먹히는 먹이 관계가 안정적으로 형성되어야 하며, 생태계에서 에너지양, 생물량, 개체수는 상위 영양단계로 갈수록 줄어드는 생태피라미드를 나타낸다.

1. 생태계에서의 먹이 관계

(1) 먹이 관계: 생태계를 구성하는 다양한 생물 사이에서 먹고 먹히는 관계이다. 서로 다른 두 종 사이에서 먹고 먹히는 관계가 형성되므로 먹이 관계는 군집 내에서 나타난다.

(2) 먹이사슬과 먹이그물

구분	특징
먹이사슬	· 먹이 관계가 사슬처럼 한 줄로만 연결되어 있다. · 먹이사슬에서 한 생물이 차지하는 위치를 영양단계라고 한다. · 생산자 → 1차 소비자 → 2차 소비자 → 3차 소비자 → … → 최종 소비자의 영양단계 순서로 먹이 관계가 형성된다. 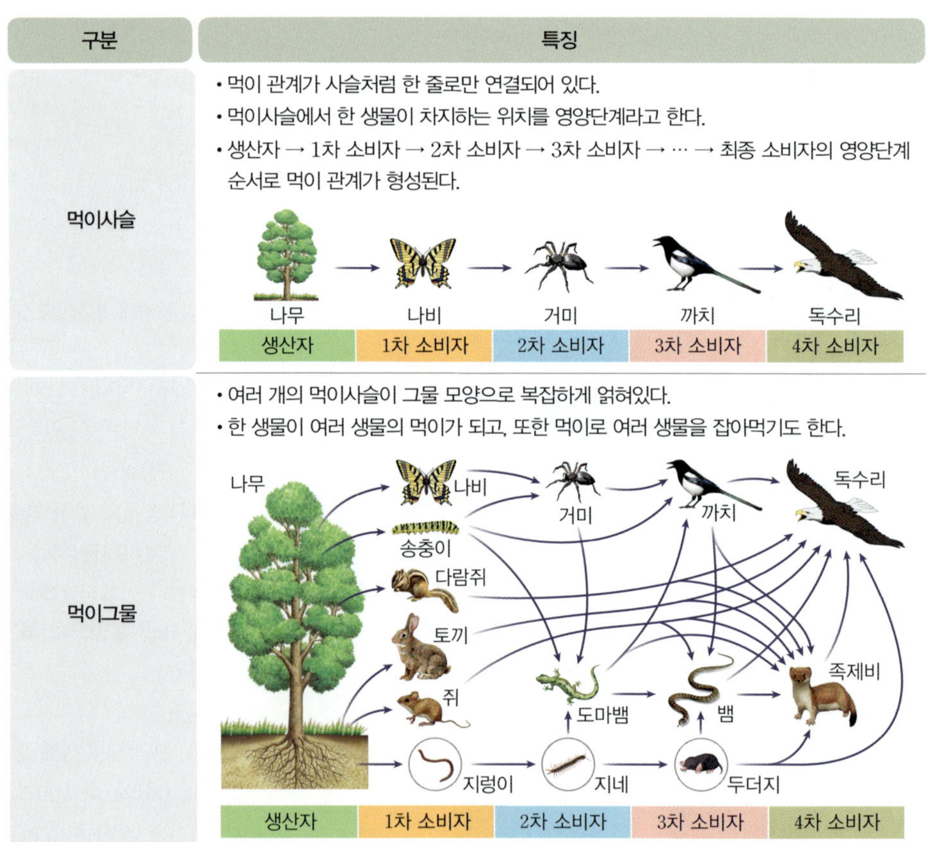
먹이그물	· 여러 개의 먹이사슬이 그물 모양으로 복잡하게 얽혀있다. · 한 생물이 여러 생물의 먹이가 되고, 또한 먹이로 여러 생물을 잡아먹기도 한다.

포식자와 피식자

두 생물종 사이의 먹고 먹히는 관계를 포식과 피식이라고 하며, 잡아먹는 생물을 포식자, 잡아먹히는 생물을 피식자라고 한다.

종다양성과 먹이 관계

종다양성이 낮은 생태계보다 종다양성이 높은 생태계에서 더 복잡한 먹이그물이 형성될 가능성이 높다.

초식동물과 육식동물

1차 소비자에는 생산자인 식물을 먹는 초식동물이 속하고, 2차 소비자～최종 소비자에는 다른 동물을 잡아먹는 육식동물이 속한다.

먹이그물과 영양단계

먹이그물에서는 한 생물이 먹이에 따라 서로 다른 영양단계에 속할 수 있다. 예를 들어 까치가 거미를 먹는 경우에는 3차 소비자가 되고, 송충이를 먹는 경우에는 2차 소비자가 된다.

(3) 먹이 관계와 생태계의 유지

① 생태계를 구성하는 생물군집이 안정적일 때 생태계평형이 유지된다.

② 생물이 살아가는 데 필요한 양분과 에너지는 먹이 관계에 의해 한 생물에서 다른 생물로 이동하므로 생태계는 안정적인 먹이 관계에 의해 유지된다.

2. 생태피라미드

(1) 생태계에서의 에너지흐름

> 태양의 빛에너지는 생산자의 광합성에 의해 화학 에너지로 전환되어 포도당과 같은 유기물 속에 저장된다.

↓

> 먹이 관계의 하위 영양단계에서 상위 영양단계(생산자 → 1차 소비자 → 2차 소비자 → … → 최종 소비자)를 따라 유기물에 저장된 형태로 에너지가 이동한다.

> 모든 영양단계에서 각 생물은 세포호흡을 하여 유기물에 저장된 에너지를 생명활동에 사용한다. 이 과정에서 열에너지가 방출되어 생태계 밖으로 빠져나간다.

↓

> 생산자와 소비자의 사체나 배설물에 포함된 유기물을 분해자가 분해하여 이용함으로써 생산자와 소비자에서 분해자에게 에너지가 이동한다.

태양의 빛에너지 —광합성→ 유기물 속의 화학 에너지 —세포호흡→ 생물의 생활 에너지 → 열에너지로 방출

▲ 생태계에서의 에너지흐름

(2) 생태피라미드

① 각 영양단계의 생물이 가진 에너지 중 일부는 생명활동을 위해 사용(소비)되고, 열에너지로 방출된다. 일부 에너지만 다음 영양단계로 이동한다. ➡ 먹이 관계에 따라 에너지가 이동할 때 상위 영양단계로 갈수록 에너지의 양이 점점 줄어든다.

② 일반적으로 안정된 생태계에서는 에너지양뿐만 아니라 *생물량과 개체수도 상위 영양단계로 갈수록 줄어든다. 이러한 형태를 그림으로 나타낸 것을 생태피라미드라고 한다.

자료 분석 ➕ 생태피라미드

	3차 소비자	2차 소비자	1차 소비자	생산자
에너지피라미드 (kcal/m²·일)	0.1 (열)	1.2 (열)	26.8 (열)	280 (열)
생물량피라미드 (g/m²)	0.1	0.66	1.25	17.7
개체수피라미드 (개체/m²)	15	100	1.5×10^4	7.2×10^{10}

❶ 각 영양단계에서 세포호흡이 일어나 열이 발생한다. ➡ 에너지양은 생산자 > 1차 소비자 > 2차 소비자 > 3차 소비자이다. ➡ 에너지피라미드는 상위 영양단계로 갈수록 에너지양이 감소한다.

❷ 생물량과 개체수도 상위 영양단계로 갈수록 감소한다.

✔ 중요 개념 체크

정답과 해설 45쪽

1. 생태계에서는 먹이 관계가 한 줄로만 연결된 ㉠ (   )와/과 복잡하게 얽혀 있는 ㉡ (   ) (으)로 나타난다.

2. 생태계에서의 에너지흐름에 대한 설명으로 옳은 것은 ○, 옳지 <u>않은</u> 것은 ×로 표시하시오.

   (1) 생산자의 광합성에 의해 빛에너지가 화학 에너지로 전환되어 유기물에 저장된다. —— (   )

   (2) 일반적으로 안정된 생태계에서는 상위 영양단계로 갈수록 에너지의 양이 증가한다. – (   )

세포호흡과 열에너지

세포호흡은 생물이 유기물(에너지원)을 분해하여 살아가는 데 필요한 에너지를 얻는 물질대사이다. 세포호흡 과정에서 유기물에 저장된 에너지의 일부가 생명활동에 사용되고, 나머지는 열에너지로 방출된다. 이 열에너지는 다시 생물에게 이용되지 못하고 생태계 밖으로 빠져나가므로 생태계가 유지되기 위해서는 태양의 빛에너지가 계속 공급되어야 한다.

에너지피라미드

상위 영양단계로 갈수록 에너지양이 감소하므로 최상위 영양단계에는 한계가 있으며, 보통 3~5차 소비자까지만 먹이 관계가 형성된다.

생물량과 개체수

일반적으로 상위 영양단계로 갈수록 생물의 몸집이 커지지만 개체수가 감소하므로 생물량도 감소한다.

용어

***생물량(生 살다, 物 물건, 量 헤아리다)**

일정한 지역에 서식하는 생물의 총중량을 의미하며, 생물이 갖는 유기물의 양 또는 건조 질량으로 나타낸다.

② 개체군의 변동과 생태계평형

생태계를 구성하는 개체군은 환경의 변화에 따라 개체수가 변동하며, 한 개체군의 변동이 다른 개체군의 변동에 영향을 미치면서 생태계가 안정적으로 유지되는 생태계평형을 이룬다.

1. 생태계평형

(1) 생태계를 구성하는 생물의 종류와 개체수, 에너지의 흐름이 급격히 변하지 않아 생태계가 안정적으로 유지되는 상태를 생태계평형이라고 한다.

(2) 생태계평형과 먹이 관계

① 생태계평형이 유지되려면 생물요소(생물군집)가 안정적으로 유지되어야 한다.

② 생물요소는 먹이 관계에 의한 에너지흐름을 통해 살아가므로 생태계평형은 안정적인 먹이 관계에 의해 유지된다.

③ 생태계의 종다양성이 높아 먹이 관계가 복잡하게 형성될수록 생태계평형이 잘 유지되는 안정된 생태계이다.

2. 개체군의 변동과 생태계평형의 유지 탐구 146쪽

(1) **생태계평형 유지 원리**: 안정된 생태계는 일시적인 환경 변화가 일어나 한 영양단계의 개체수가 변해도 먹이 관계에 의해 다른 영양단계의 개체수가 변함으로써 평형을 회복할 수 있다. ➡ 먹이 관계로 연결된 개체군의 변동에 의해 생태계평형이 회복·유지된다.

(2) **생태계평형 유지 과정의 예**: 1차 소비자의 개체수가 일시적으로 증가하는 경우

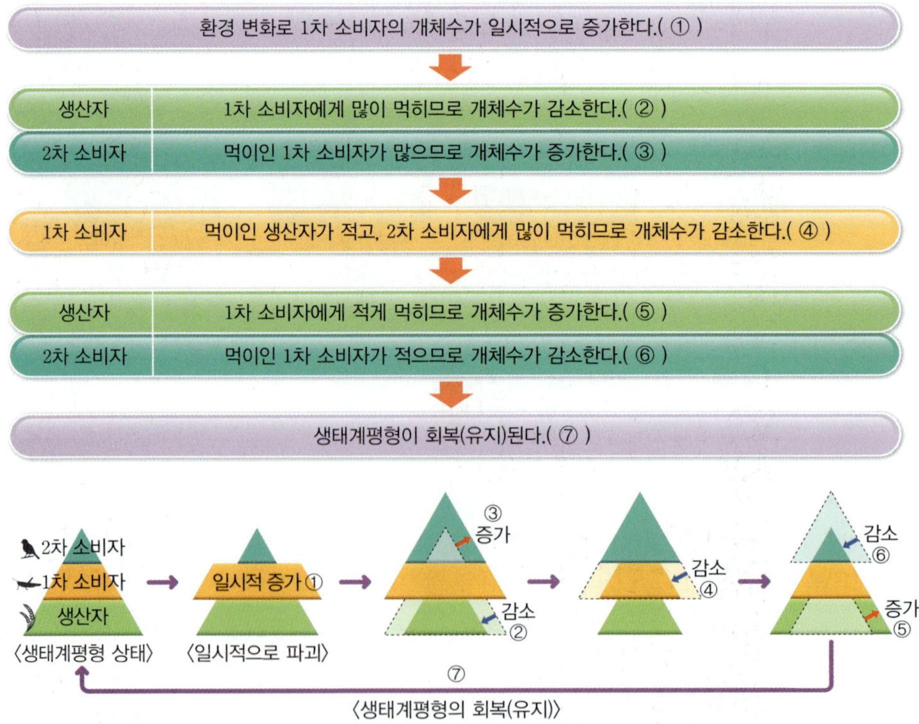

▲ 생태계평형 유지 과정

종다양성과 생태계평형

종다양성이 낮아 단순한 먹이사슬만 형성되는 생태계에서는 어떤 요인에 의해 한 생물이 사라지면 이 생물을 먹이로 하는 상위 영양단계의 생물도 사라지게 된다. 그러나 종다양성이 높아 복잡한 먹이그물이 형성되는 생태계에서는 한 생물이 사라지더라도 상위 영양단계의 생물은 다른 생물을 먹이로 할 수 있어 사라지지 않으므로 생태계평형이 유지될 수 있다.

비생물요소와 생태계평형

생태계평형은 비생물요소(온도, 빛, 공기, 물, 토양 등)에 의해서도 영향을 받는다. 예 빛의 양이나 서식지의 면적 등이 제한되어 있으므로 한 지역에 서식하는 생물종의 개체수는 어느 정도 이상으로 증가하지 않는다.

생태계평형의 회복

생태계는 어느 정도까지는 환경 변화가 일어나도 평형을 회복할 수 있는 조절 능력이 있지만, 너무 심한 환경 변화가 일어나면 평형을 회복하지 못하고 생태계가 파괴될 수 있다.

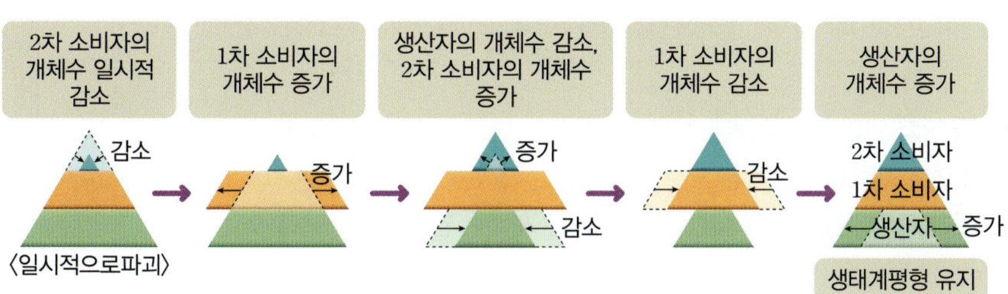

환경 변화에 의해 2차 소비자의 개체수가 일시적으로 감소하면 1차 소비자는 2차 소비자에게 적게 먹히므로 개체수가 증가한다. → 생산자는 1차 소비자에게 많이 먹히므로 개체수가 감소하고, 2차 소비자는 먹이인 1차 소비자가 많으므로 개체수가 증가한다. → 1차 소비자는 먹이인 생산자가 적고 2차 소비자에게 많이 먹히므로 개체수가 감소한다. → 생산자는 1차 소비자에게 적게 먹히므로 개체수가 증가하면서 평형이 회복(유지)된다.

(3) 생태계평형 유지 사례

① 로열섬의 사례: 말코손바닥사슴 무리가 호수를 건너 로열섬에 나타났다. → 말코손바닥사슴의 수가 증가함에 따라 먹이인 식물의 개체수가 줄어들면서 섬이 황폐해졌다. → 추운 겨울에 호수가 얼어붙자 한 쌍의 늑대가 호수를 건너와 섬에 나타났다. → 늑대가 말코손바닥사슴을 잡아먹으면서 말코손바닥사슴

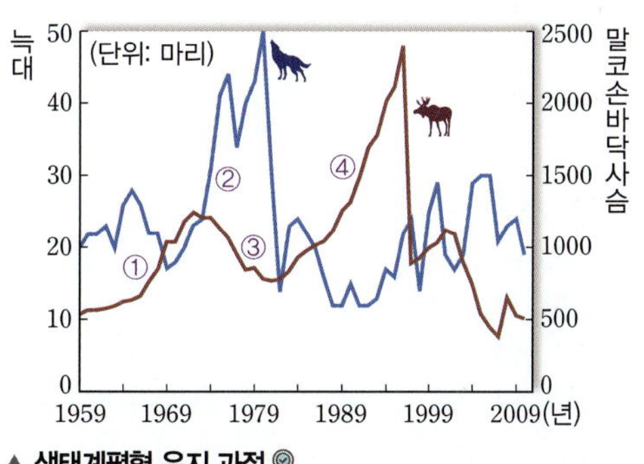

▲ 생태계평형 유지 과정

의 수는 줄어들었고, 사슴의 먹이였던 풀과 나무가 다시 번성하면서 생태계평형을 이루게 되었다.

② 고룽고사 국립 공원의 사례: 전쟁으로 인해 대형 포유류의 95 %가 사라짐에 따라 초식동물(1차 소비자)의 개체수가 급격히 증가했다. → 국립 공원에 아프리카들개(2차 소비자)를 도입하자 초식동물의 개체수가 감소했다. → 생산자의 개체수가 증가하면서 생태계평형을 이루게 되었다.

로열섬과 고룽고사 국립 공원
로열섬은 북아메리카 대륙의 큰 호수인 슈피리어호 안에 있고, 고룽고사 국립 공원은 아프리카 대륙의 모잠비크에 있다.

정답과 해설 45쪽

3. 생태계를 구성하는 생물의 종류와 개체수, 에너지의 흐름이 급격히 변하지 않아 생태계가 안정적으로 유지되는 상태를 (   )(이)라고 한다.

4. 생태계평형에 대한 설명으로 옳은 것은 ○, 옳지 <u>않은</u> 것은 × 로 표시하시오.

   (1) 종다양성이 높아 먹이 관계가 복잡하게 형성될수록 생태계평형이 쉽게 파괴된다. —— (   )

   (2) 1차 소비자의 개체수가 증가하면 생산자의 개체수는 증가한다. ——————— (   )

개체군 변동 모의실험하기

목표 | 모의실험을 통해 포식과 피식의 먹이 관계에 의해 개체군이 주기적으로 변동하는 과정을 설명할 수 있다.

가상 실험

과정

❶ 생산자, 1차 소비자, 2차 소비자가 포함된 개체군의 개체수 변동 모의실험을 준비한다. → 가상 실험 프로그램을 활용한다.

❷ 초기 조건을 설정하고 모의실험을 하여 시간(세대)에 따른 개체수 변동을 그래프로 나타낸다.

❸ 개체수, 번식 속도와 같은 초기 조건을 바꾸면서 실험 결과를 비교한다.

결과 및 정리

1. 초기 조건 (가): 세대 수 20, 식물량 100, 1차 소비자의 개체수 1000, 2차 소비자의 개체수 20

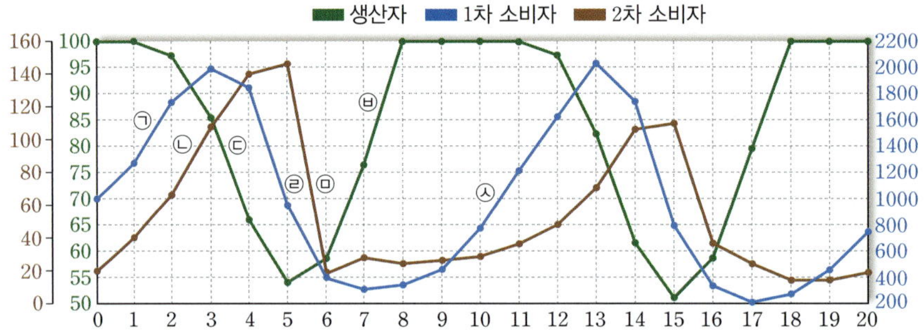

- ㉠ 초기에는 먹이(생산자)가 충분해 1차 소비자 개체수 증가 → ㉡ 2차 소비자도 먹이(1차 소비자)가 많아져서 개체수 증가 → ㉢ 생산자는 많이 먹혀서 개체수 감소 → ㉣ 1차 소비자는 많이 먹히고 먹이가 부족해서 개체수 감소 → ㉤ 2차 소비자는 먹이가 부족해서 개체수 감소 → ㉥ 생산자는 적게 먹혀서 개체수 증가 → ㉦ 1차 소비자는 적게 먹히고 먹이가 많아져서 개체수 증가
- ㉠~㉦의 순서로 개체군의 개체수가 주기적으로 변동하는 결과가 나타났다.
➡ 개체군이 변동하면서 생태계평형이 유지되고 있다.

2. 초기 조건 (나): 1의 초기 조건에서 2차 소비자의 개체수만 100으로 증가

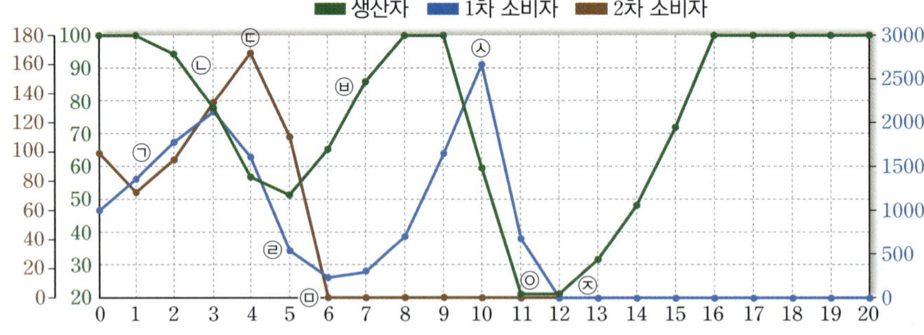

- ㉠ 1차 소비자의 개체수 증가 → ㉡ 생산자의 개체수 감소 → ㉢ 2차 소비자의 개체수 증가 → ㉣ 2차 소비자의 개체수가 너무 많아(㉢) 1차 소비자의 개체수가 급격하게 감소 → ㉤ 2차 소비자는 먹이 부족으로 사라짐. → ㉥ 생산자의 개체수 증가 → ㉦ 2차 소비자가 없어(㉤) 1차 소비자의 개체수가 급격하게 증가 → ㉧ 1차 소비자의 개체수가 너무 많아 생산자의 개체수가 급격하게 감소 → ㉨ 1차 소비자는 먹이 부족으로 사라짐.
- 생산자만 남는 결과가 나타났다.
➡ 급격한 환경 변화로 인해 생태계평형이 파괴되었다.

탐구 확인 문제

01 앞의 탐구에 대한 설명으로 옳은 것은 ○, 옳지 <u>않은</u> 것은 ×로 표시하시오.

(1) 초기 조건이 (가)일 때 1차 소비자의 개체수가 증가하면 2차 소비자의 개체수는 감소했다. —— (　　　)

(2) 초기 조건이 (가)일 때 생산자의 개체수가 증가하면 1차 소비자의 개체수는 증가했다. ——— (　　　)

(3) 초기 조건이 (나)일 때 20세대 동안 2차 소비자의 개체수 변동은 주기성을 보인다. ——— (　　　)

02 앞의 탐구에서 초기 조건이 (가)일 때에 대한 설명으로 옳지 <u>않은</u> 것을 모두 고르면? (답 3개)

① 그래프 ㉡ 구간에서 2차 소비자는 먹이가 많아져서 개체수가 증가했다.

② 그래프 ㉢ 구간에서 생산자의 개체수가 감소한 것은 1차 소비자의 개체수가 증가했기 때문이다.

③ 그래프 ㉣ 구간에서 1차 소비자의 개체수가 감소한 것은 생산자의 개체수가 증가했기 때문이다.

④ 그래프 ㉤ 구간에서 1차 소비자 → 2차 소비자 방향으로의 에너지 이동은 일어나지 않는다.

⑤ 그래프 ㉥ 구간에서 생산자의 개체수가 증가한 것은 1차 소비자의 개체수가 증가했기 때문이다.

⑥ 그래프 ㉦ 구간에서 1차 소비자는 생산자, 2차 소비자와 모두 상호작용한다.

03 그림은 초기 조건이 (나)일 때의 모의실험 결과 중 일부를 나타낸 것이다.

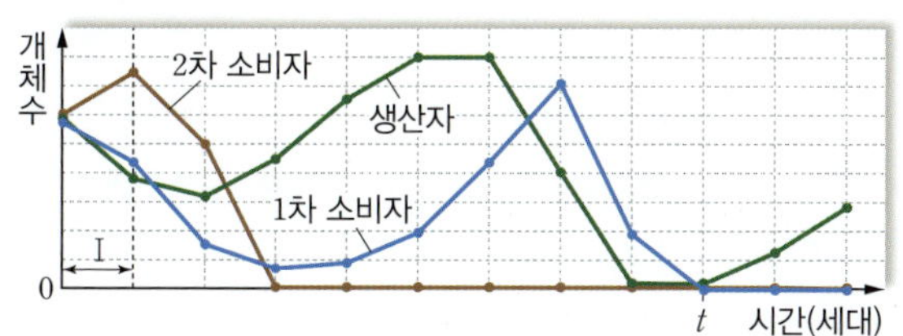

(1) 구간 Ⅰ에서 1차 소비자의 개체수가 감소한 까닭을 두 가지 설명하시오.

(2) t에서 1차 소비자가 모두 사라진 까닭을 설명하시오.

04 ^{적용} 다음은 개체군 변동 모의실험 과정이다. 클립과 투명 뚜껑은 각각 1차 소비자와 2차 소비자 중 하나이다.

> (가) 클립을 생태계 판에 20개 올려놓고, 투명 뚜껑 2개를 준비한다.
>
> (나) 투명 뚜껑을 모두 생태계 판에 던진 후 투명 뚜껑에 닿은 클립을 모두 생태계 판에서 제거한다.
>
> (다) 남은 클립의 수만큼 더 생태계 판에 추가한다. 이때 ㉠ 클립의 수가 20개에서 10개씩 많아질 때마다 투명 뚜껑을 1개씩 추가한다.
>
> (라) 과정 (나)와 (다)를 반복해 개체군 변동을 표현한다.

이에 대한 설명으로 옳은 것만을 보기에서 있는 대로 고르시오.

> **보기**
>
> ㄱ. 클립은 피식자, 투명 뚜껑은 포식자이다.
>
> ㄴ. 클립의 개수는 투명 뚜껑의 개수와 관계없다.
>
> ㄷ. (다)의 ㉠은 1차 소비자의 개체수 증가에 의한 2차 소비자의 개체수 증가를 나타낸다.

05 ^{수능형} 그림은 어떤 생태계에서의 개체군 A와 B의 개체수 변화이며, A와 B는 각각 생산자와 1차 소비자 중 하나이다.

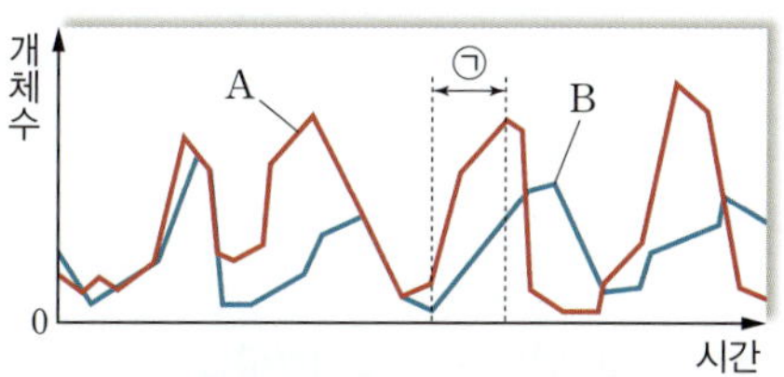

이에 대한 설명으로 옳은 것만을 보기에서 있는 대로 고른 것은? (단, 주어진 자료 이외는 고려하지 않는다.)

> **보기**
>
> ㄱ. A는 유기물을 스스로 합성할 수 있다.
>
> ㄴ. 먹이 관계에 의해 A → B로 에너지가 이동한다.
>
> ㄷ. ㉠에서 B의 개체수가 증가하여 A의 개체수도 증가했다.

① ㄱ　　② ㄴ　　③ ㄷ　　④ ㄱ, ㄴ　　⑤ ㄴ, ㄷ

START
내신 완성 문제

01 그림은 어떤 생태계의 먹이 관계를 나타낸 것이다.

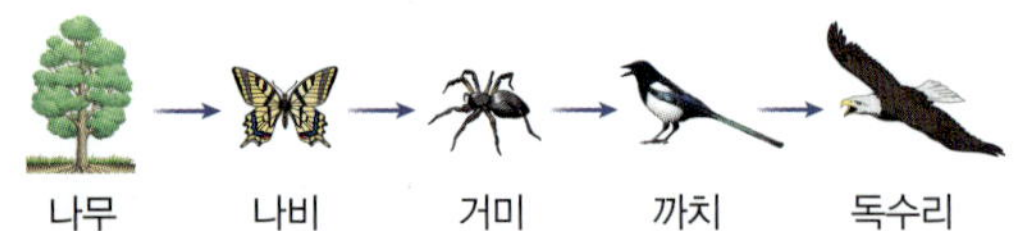

이 생태계에 대한 설명으로 옳은 것만을 보기에서 있는 대로 고른 것은? (단, 주어진 자료 이외는 고려하지 않는다.)

> 보기
> ㄱ. 먹이그물이 형성되어 있다.
> ㄴ. 최종 소비자의 영양단계는 5차 소비자이다.
> ㄷ. 나비에서 거미에게로 양분과 에너지가 이동한다.

① ㄱ ② ㄷ ③ ㄱ, ㄴ
④ ㄱ, ㄷ ⑤ ㄱ, ㄴ, ㄷ

02 생태계의 먹이 관계에 대한 설명으로 옳은 것만을 보기에서 있는 대로 고른 것은?

> 보기
> ㄱ. 먹이 관계는 개체군 내에서만 나타난다.
> ㄴ. 종다양성이 높은 생태계일수록 복잡한 먹이그물이 형성된다.
> ㄷ. 먹이 관계에 의해 에너지가 하위 영양단계에서 상위 영양단계로 이동한다.

① ㄱ ② ㄷ ③ ㄱ, ㄴ
④ ㄴ, ㄷ ⑤ ㄱ, ㄴ, ㄷ

03 그림은 생태계에서의 에너지흐름을 나타낸 것이다.

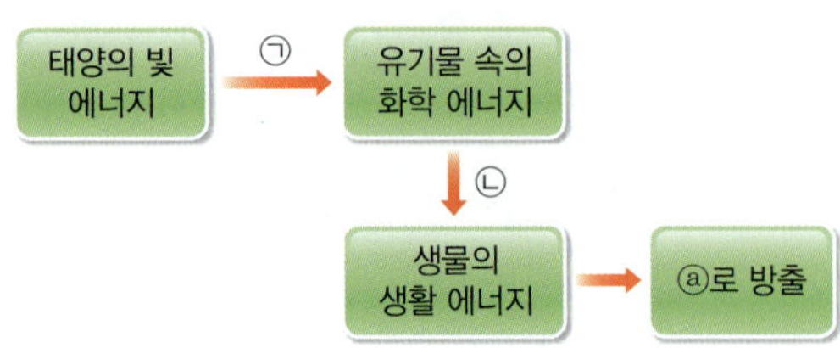

(1) ㄱ과 ㄴ에 각각 알맞은 물질대사를 쓰시오.

(2) ⓐ는 어떤 형태의 에너지인지 쓰시오.

04 그림은 생태계 (가)와 (나)의 먹이 관계를 나타낸 것이다.
서술형

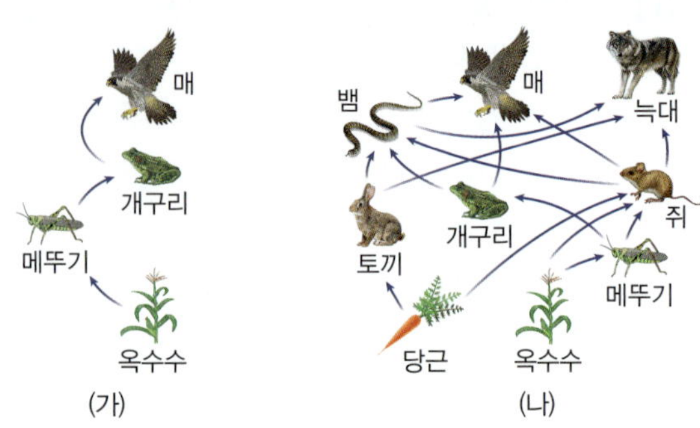

(1) (나)에서 쥐가 속하는 영양단계를 모두 쓰시오.

(2) (가)와 (나) 중 개구리가 사라질 때 최종 소비자가 사라질 확률이 낮은 생태계를 쓰고, 그 까닭을 설명하시오.

05 그림은 어떤 안정한 생태계의 영양단계 (가)~(라)에 따른 에너지양과 개체수를 나타낸 것이다. (단, (가)~(라) 중 하나에만 식물이 속해 있다.)

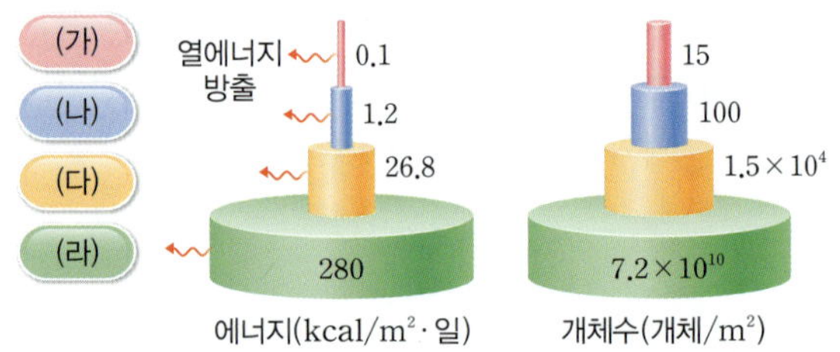

이에 대한 설명으로 옳은 것만을 보기에서 있는 대로 고른 것은?

> 보기
> ㄱ. (가)는 1차 소비자이다.
> ㄴ. 에너지양과 개체수의 형태는 모두 생태피라미드를 나타낸다.
> ㄷ. (라)에서 빛에너지가 화학 에너지로 전환되는 물질대사가 일어난다.

① ㄱ ② ㄴ ③ ㄷ
④ ㄱ, ㄴ ⑤ ㄴ, ㄷ

06 그림은 어떤 안정한 생태계의 에너지피라미드를 나타낸 것이다.

<서술형>

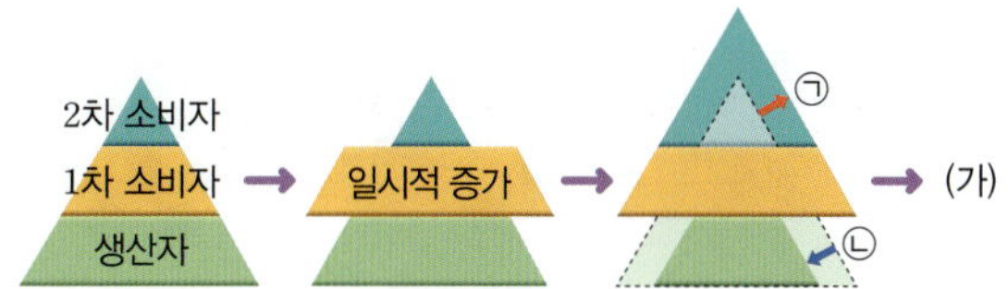

(1) A~D 중 2차 소비자의 기호를 쓰시오.

(2) A~D 사이에서 에너지가 이동하는 방향과 에너지의 이동에 따른 에너지양의 변화를 모두 설명하시오.

07 그림은 생태계 (가)와 (나)에서 에너지피라미드를 나타낸 것이다.

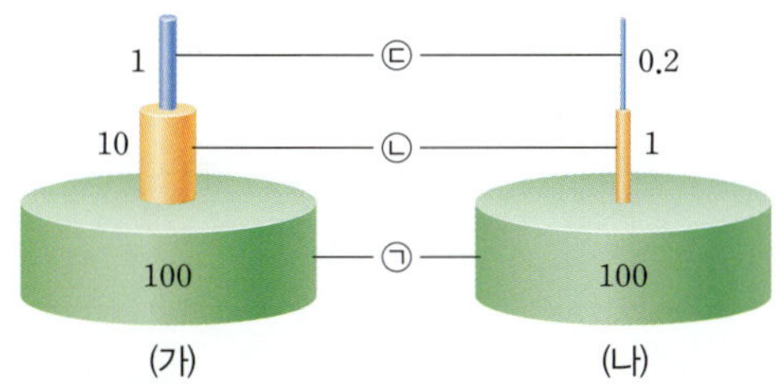

이에 대한 설명으로 옳은 것만을 보기에서 있는 대로 고른 것은?

> **보기**
> ㄱ. 영양단계에 따라 이동하는 에너지양은 동일하다.
> ㄴ. (가)와 (나)에서 모두 생산자의 에너지양이 가장 많다.
> ㄷ. 1차 소비자의 에너지양은 (가)에서가 (나)에서의 5배이다.

① ㄴ ② ㄷ ③ ㄱ, ㄴ
④ ㄱ, ㄷ ⑤ ㄱ, ㄴ, ㄷ

08 생태계평형에 대한 설명으로 옳은 것만을 보기에서 있는 대로 고른 것은?

> **보기**
> ㄱ. 생태계가 안정적으로 유지되는 상태이다.
> ㄴ. 먹이 관계가 단순할수록 생태계평형이 잘 유지된다.
> ㄷ. 생물요소 사이의 에너지흐름은 생태계평형에 영향을 미치지 않는다.

① ㄱ ② ㄴ ③ ㄱ, ㄷ
④ ㄴ, ㄷ ⑤ ㄱ, ㄴ, ㄷ

09 그림은 어떤 안정한 생태계에서 일어나는 생태계평형 회복 과정의 일부를 나타낸 것이다.

이에 대한 설명으로 옳은 것만을 보기에서 있는 대로 고르시오.

> **보기**
> ㄱ. 증가한 1차 소비자로 인해 ㉡이 일어났다.
> ㄴ. 2차 소비자의 먹이가 증가해 ㉠이 일어났다.
> ㄷ. (가)에서 1차 소비자의 개체수가 감소하는 시기가 있다.

10 다음은 어떤 안정한 생태계에서 2차 소비자의 개체수가 일시적으로 증가했을 때 생태계평형이 회복되는 과정을 순서 없이 나타낸 것이다.

> (가) 2차 소비자의 개체수 감소
> (나) 1차 소비자의 개체수 감소, 생산자의 개체수 (ⓐ)
> (다) 1차 소비자의 개체수 (ⓑ), 생산자의 개체수 감소

(1) ⓐ와 ⓑ에 '증가'와 '감소' 중 알맞은 것을 쓰시오.

(2) (가)~(다)를 생태계평형 회복 순서에 맞게 쓰시오.

11 다음은 어떤 안정한 생태계에서 2차 소비자의 개체수가 일시적으로 감소했을 때 생태계평형이 회복되는 과정을 순서 없이 나타낸 것이다.

> (가) 생산자 개체수 증가
> (나) 1차 소비자의 개체수 감소
> (다) 1차 소비자의 개체수 증가
> (라) 생산자의 개체수 감소, 2차 소비자의 개체수 증가

(가)~(라)를 일어나는 순서대로 옳게 나열한 것은?

① (가)→(나)→(다)→(라) ② (가)→(다)→(라)→(나)
③ (나)→(다)→(라)→(가) ④ (다)→(라)→(가)→(나)
⑤ (다)→(라)→(나)→(가)

12 그림은 어떤 안정한 생태계에서 환경 변화 X가 일어났을 때 각 영양단계의 개체수 변화를 나타낸 것이다.

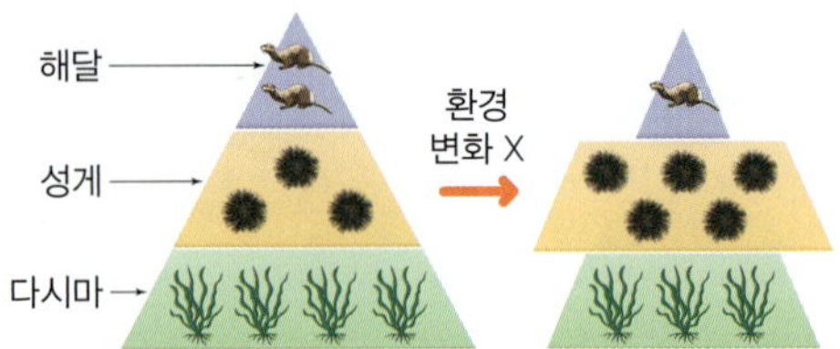

이에 대한 설명으로 옳은 것만을 보기에서 있는 대로 고른 것은? (단, 주어진 자료 이외는 고려하지 않는다.)

> **보기**
> ㄱ. 해달은 2차 소비자이다.
> ㄴ. X는 다시마의 개체수 감소이다.
> ㄷ. X로 인해 성게의 개체수가 증가해 해달의 개체수가 감소했다.

① ㄱ   ② ㄴ   ③ ㄷ
④ ㄱ, ㄴ   ⑤ ㄴ, ㄷ

13 〈서술형〉 그림은 영양단계의 개체수 변동에 의한 생태계평형 회복 과정의 일부를 나타낸 것이다.

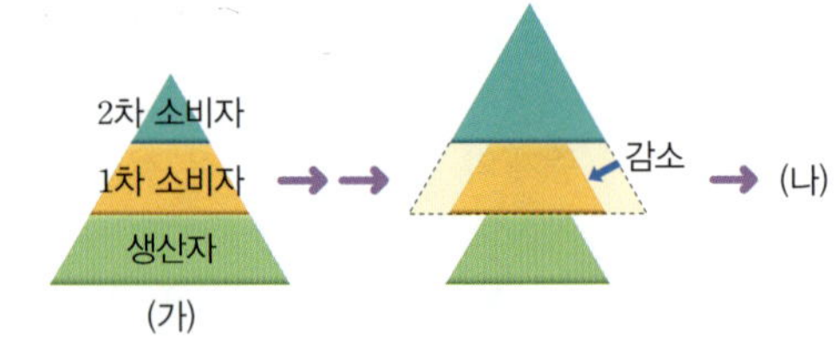

(1) (가)에서 에너지의 이동이 일어나는 방향을 쓰시오.

(2) (나)에서 일어나는 개체수 변화를 설명하시오.

14 어떤 안정한 생태계에서 1차 소비자의 개체수가 일시적으로 감소했을 때 일어나는 생태계평형 회복 과정에 대한 설명으로 옳은 것만을 보기에서 있는 대로 고르시오.

> **보기**
> ㄱ. 1차 소비자의 개체수 감소 → 생산자의 개체수 증가
> ㄴ. 생산자의 개체수 증가 → 1차 소비자의 개체수 증가
> ㄷ. 1차 소비자의 개체수 감소 → 2차 소비자의 개체수 증가

15 표는 생태계 (가)와 (나)에서 각 영양단계의 에너지양을 상댓값으로 나타낸 것이다.

(가)	에너지양		(나)	에너지양
생산자	120		생산자	100
1차 소비자	10		1차 소비자	1
2차 소비자	2		2차 소비자	0.1

이에 대한 설명으로 옳은 것만을 보기에서 있는 대로 고른 것은?

> **보기**
> ㄱ. (가)에서 1차 소비자의 개체수가 증가하면 2차 소비자의 개체수는 감소한다.
> ㄴ. 광합성을 하는 영양단계의 에너지양은 (가)가 (나)보다 많다.
> ㄷ. (가)와 (나)에서 모두 상위 영양단계로 갈수록 에너지양이 감소한다.

① ㄱ   ② ㄴ   ③ ㄱ, ㄷ
④ ㄴ, ㄷ   ⑤ ㄱ, ㄴ, ㄷ

16 다음은 로열섬에서 생태계평형 유지 과정에서 일어난 개체군 변동을 나타낸 것이다. A와 B는 각각 포식자인 늑대 개체군과 피식자인 말코손바닥사슴 개체군 중 하나이다.

> (가) A의 개체수가 증가한 결과 B의 개체수가 증가했다.
> (나) B의 개체수가 증가한 결과 A의 개체수가 (㉠)했다.
> (다) A의 개체수가 (㉡)한 결과 B의 개체수가 감소했다.

이에 대한 설명으로 옳은 것만을 보기에서 있는 대로 고르시오. (단, 주어진 자료 이외는 고려하지 않는다.)

> **보기**
> ㄱ. A는 늑대 개체군이다.
> ㄴ. ㉠과 ㉡은 모두 '감소'이다.
> ㄷ. 로열섬에서 B의 개체수가 감소하면 A의 생존 확률은 감소한다.

JUMP 도전 문제

01 그림은 어떤 생태계의 먹이 관계를 나타낸 것이다.

A, D, H가 속한 영양단계를 각각 쓰고, B의 에너지양과 C의 에너지양의 크기를 까닭을 포함해서 비교해 설명하시오. (단, A~H는 서로 다른 개체군이며, 각각 생산자, 1차 소비자, 2차 소비자 중 하나에 속한다.)

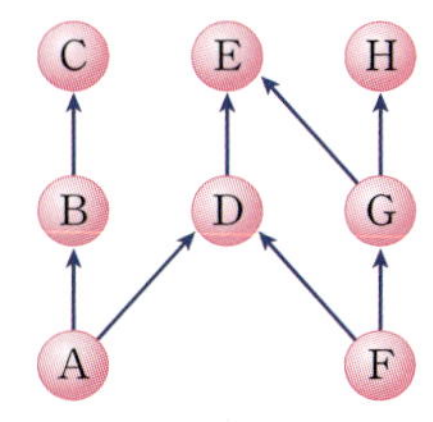

02 다음은 생태계에서의 에너지흐름에 대한 설명이다. ㉠~㉢은 서로 다른 형태의 에너지이다.

> (가) 생산자는 ㉠을 흡수해 유기물을 만든다.
> (나) 생산자에서 최종 소비자에게로 ㉡이 이동한다.
> (다) 생물은 세포호흡 과정에서 ㉢을 외부로 방출한다.

이에 대한 설명으로 옳은 것만을 보기에서 있는 대로 고른 것은?

> **보기**
> ㄱ. ㉠은 열에너지이다.
> ㄴ. (나)에서 ㉡의 이동은 먹이 관계에 의해 일어난다.
> ㄷ. ㉢은 분해자의 생명활동에 이용된다.

① ㄴ　　② ㄷ　　③ ㄱ, ㄴ　④ ㄱ, ㄷ　⑤ ㄴ, ㄷ

03 다음은 생태피라미드와 광합성과 세포호흡 중 하나인 물질대사 (가)에서 일어나는 반응을 나타낸 것이다.

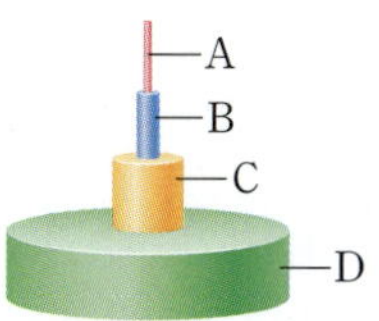

> 이산화 탄소＋물＋㉠에너지
> → 포도당＋산소

(1) ㉠은 어떤 형태의 에너지인지 쓰시오.

(2) A~D 중 (가)가 일어나는 영양단계의 기호와 이름을 모두 쓰고, 이 영양단계의 역할을 설명하시오.

04 그림은 어떤 안정된 생태계에서 생태계평형이 회복되는 과정을 나타낸 것이다.

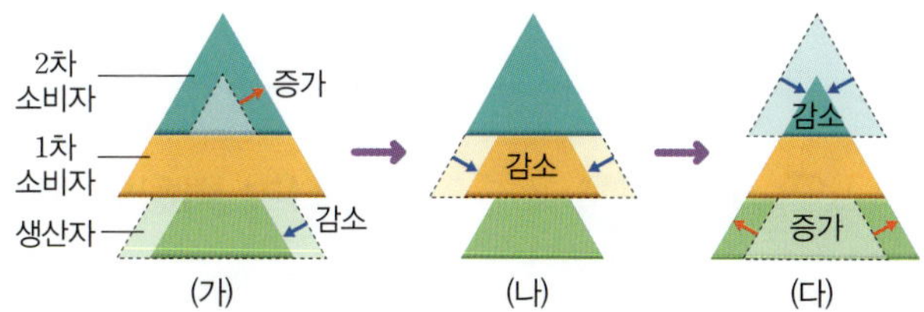

이에 대한 설명으로 옳은 것만을 보기에서 있는 대로 고른 것은?

> **보기**
> ㄱ. (가)는 1차 소비자의 개체수 감소로 나타난 결과이다.
> ㄴ. (나)의 1차 소비자 개체수 감소 원인 중에는 2차 소비자의 포식량 증가가 있다.
> ㄷ. (나) → (다) 과정에서 생산자가 포식자에게 먹히는 양이 증가했다.

① ㄱ　　② ㄴ　　③ ㄱ, ㄷ
④ ㄴ, ㄷ　　⑤ ㄱ, ㄴ, ㄷ

05 그림은 먹고 먹히는 관계에 있는 서로 다른 종 A와 B의 개체수 변화를 나타낸 것이다.

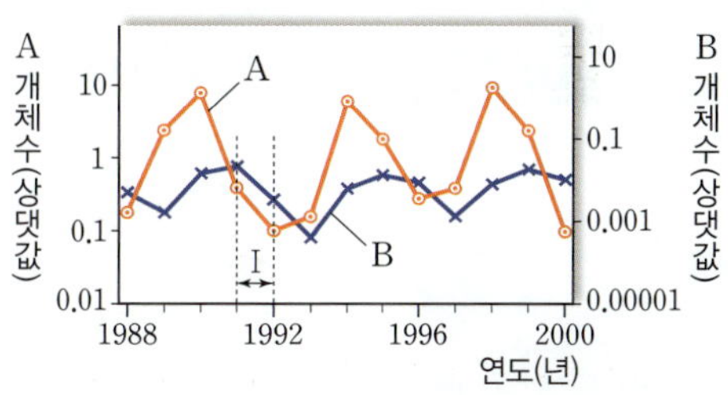

이에 대한 설명으로 옳은 것만을 보기에서 있는 대로 고른 것은?

> **보기**
> ㄱ. B에서 A로 에너지가 이동한다.
> ㄴ. 먹이 관계에 의해 A와 B의 개체수가 변동한다.
> ㄷ. 구간 Ⅰ에서 A의 개체수가 감소해 B의 개체수가 감소했다.

① ㄱ　　② ㄷ　　③ ㄱ, ㄴ
④ ㄴ, ㄷ　　⑤ ㄱ, ㄴ, ㄷ

환경 변화가
생태계에 미치는 영향

한눈에 보는 **단원 흐름**

환경 변화와 생태계 / **생태계평형 유지 노력**

· 환경 변화와 생태계
· 환경 변화 요인

· 평형 유지의 중요성
· 다양한 노력

환경 변화에 의한 피해 사례
기후 변화의 영향으로 우리나라의 평균 기온이 상승하면서 과거에는 개체수가 많지 않았던 꽃매미가 늘어나 농작물에 피해를 주고 있다.

▲ 꽃매미

▲ 킬라우에아 화산

환경 변화에 의한 생태계 변화
크고 급격한 환경 변화는 기존의 생태계를 새로운 생태계로 변화시킬 수 있다. 예를 들어 기온 상승으로 인해 빙하가 녹으면서 빙하가 있던 생태계에서 호수와 초원이 있는 생태계로 바뀔 수 있다.

1 환경 변화와 생태계

생태계를 구성하는 환경의 변화는 생태계가 유지되는 데 영향을 미치며, 생태계의 회복 능력을 벗어난 급격한 환경 변화는 생태계평형을 파괴할 수 있다.

1. 환경 변화와 생태계평형

(1) 생태계에서 환경의 변화는 생물의 종류와 수에 영향을 준다.

(2) 생태계는 일시적으로 환경이 변해 생태계평형이 깨지더라도 스스로 평형을 회복할 수 있는 능력이 있지만, 크고 급격한 환경 변화에 의해 생태계평형이 파괴될 수 있다.

(3) 생태계의 급격한 환경 변화는 생물의 서식지를 파괴하고, 먹이 관계에 영향을 준다. 그 결과 생태계의 물질 순환과 에너지흐름에 이상이 생겨 생태계평형이 깨질 수 있다.

2. 생태계평형에 영향을 미치는 환경 변화 요인 집중 분석 156쪽

(1) 자연적인 요인

① 산불, 지진, 홍수, 화산 활동 등이 있으며, 이러한 요인에 의해 생물의 서식지가 파괴되고, 개체수가 감소한다. ➡ 생태계의 생물다양성이 감소해 생태계평형에 영향을 미친다.

② 화산 활동과 같은 대규모의 자연적인 환경 변화 요인은 특정한 생태계뿐만 아니라 지구 전체에 온도(기온)와 같은 비생물요소를 변화시켜 생태계평형에 영향을 미친다.

플러스 강의 ➕ 자연적 요인인 화산 활동이 생태계평형에 영향을 미친 사례

킬라우에아 화산
❶ 하와이의 킬라우에아 화산이 200년 동안 반복적으로 화산 활동을 하면서 많은 양의 용암이 분출되었다. 용암 분출로 인해 수많은 동식물이 사라졌다. ➡ 생태계의 종다양성이 감소해 생물다양성도 감소했다.
❷ 하와이 최대 호수인 그린 레이크에 용암이 유입되어 호수의 물이 모두 증발했다. ➡ 생물의 서식지가 사라지면서 호수의 생태계가 파괴되었다.

피나투보 화산
❶ 1991년 필리핀의 피나투보 화산이 폭발하여 약 2000만 톤의 이산화 황과 화산재가 성층권에 도달하여 성층권을 뒤덮었다. 이로 인해 태양 빛이 흡수, 반사되면서 지구의 평균 기온이 약 0.5 ℃ 낮아졌다. ➡ 자연적인 요인에 의해 지구 생태계의 비생물요소(온도)가 변했다.
❷ 화산 폭발로 지표에 도달하는 빛의 세기가 감소하여 식물의 광합성량이 감소했다. ➡ 비생물요소의 변화가 생물요소에 영향을 주었다.

(2) 인위적인 요인

① 온실 기체의 증가, 인위적인 개발과 무분별한 벌목, 대기·수질·토양 등의 환경 오염, 외래종 유입, *남획 등 다양한 요인이 있다.

② 모두 인간의 활동과 관련이 깊으며, 생물의 생존을 어렵게 만들어 생물다양성을 감소시킴으로써 생태계평형을 깨뜨릴 수 있다.

요인	특징
온실 기체의 증가	공장과 자동차 등 인간의 활동으로 대기 중 온실 기체의 양이 증가해 지구 온난화에 의한 기후 변화가 심해진다. ⑩ 지구 온난화로 알프스산맥에서는 빙하의 절반 이상이 사라졌다. 
인위적인 개발과 벌목	도로와 철도의 건설, 댐의 건설, 농작물 경작과 공장식 축산업을 위한 대량 벌목 등으로 생물의 서식지가 줄어든다. ⑩ • 아마존 열대우림은 20여 년간 대량 벌목으로 인해 전체 열대우림의 약 7 %가 사라졌다. • 대규모 간척 사업으로 갯벌의 면적이 줄어들었다. 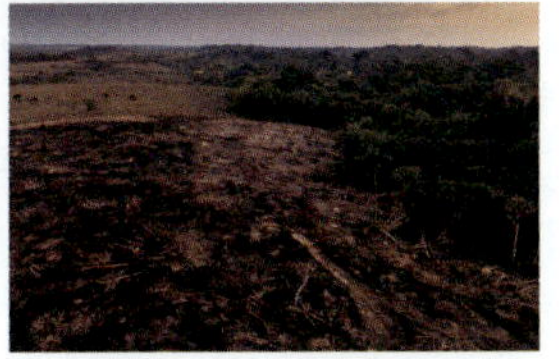 ▲ 벌목된 아마존 열대우림
환경 오염	매연, 생활 하수, 축산 폐수 등에 의해 환경이 오염되면 생물의 생존과 번식이 어려워진다. ⑩ • 공장에서 발생한 오염 물질로 인해 산성비가 내려 삼림이 황폐해졌다. • 해양 쓰레기에 의해 해양 포유류와 바닷새가 죽거나 생존에 위협을 받는다.
외래종 유입	천적이 없는 외래종은 개체수가 크게 증가하면서 토종 생물을 무분별하게 잡아먹어 생존을 위협하고, 생물다양성을 감소시킨다. ⑩ 외래종인 뉴트리아는 수생식물과 농작물을 마구 먹으며 피해를 일으키는 생태계 교란 생물이다.  ▲ 외래종인 뉴트리아
남획	특정 생물의 개체수를 급격하게 감소시키며, 특히 번식 가능한 개체의 수가 감소되면 멸종 위기에 처할 수 있다. ⑩ 아프리카의 모리셔스에 살았던 도도새는 남획으로 인해 멸종했다.

도도새
몸길이 1 m, 몸무게 최대 14 kg 정도이며, 날개가 있지만 날지 못했다. 고기를 얻기 위해 과도하게 사냥하고, 도도새의 알을 먹는 쥐와 원숭이가 섬에 도입되면서 멸종했다.

✔ **중요 개념 체크**

정답과 해설 50쪽

1. 다음은 환경 변화와 생태계평형에 대한 내용이다. (　) 안에 들어갈 알맞은 말을 고르시오.

(1) 산불, 지진 등의 자연적인 요인은 생태계의 생물다양성을 (감소, 증가)시켜 생태계평형을 깨뜨릴 수 있다.

(2) 무분별한 벌목, 환경 오염, 외래종 유입은 모두 생태계평형을 깨뜨릴 수 있는 (자연적인, 인위적인) 환경 변화 요인에 해당한다.

 **용어**

*남획(濫 넘치다, 獲 얻다)
특정한 생물을 과도하게 잡거나 채취하는 것을 의미하며, 주로 경제적인 이익을 목적으로 이루어진다.

2 생태계평형 유지를 위한 노력

생태계의 파괴는 인간을 포함하여 지구에 살고 있는 모든 생물의 생존을 위협하므로 우리는 생태계를 보전하고, 생태계평형을 유지하기 위해 노력해야 한다.

1. 생태계평형 유지의 중요성

(1) 지구에 사는 모든 생물은 어느 한 생태계에 속해 있으며, 다른 생물 및 비생물요소와 상호작용하며 살아간다.

(2) 인간의 활동을 비롯한 다양한 환경 변화 요인이 생물다양성을 감소시켜 생태계를 파괴하고 있다. ➡ 생태계가 파괴되면 많은 생물이 사라질 수 있으며, 이로 인해 인간을 비롯한 다른 생물의 생존이 위협을 받게 된다.

(3) 인간을 비롯한 모든 생물은 동등한 생명권을 가지며, 한번 파괴된 생태계는 회복하는 데 오랜 시간과 많은 노력이 필요하므로 우리는 생태계보전을 통해 생태계평형이 유지될 수 있도록 노력해야 한다.

자료분석 + 인간의 활동으로 생태계평형이 파괴된 카이바브 고원

❶ 미국의 카이바브 고원에서는 1905년에 약 400마리의 늑대와 약 3800마리의 사슴이 살고 있었다. 이후 미국 정부는 사슴을 보호하기 위해 사슴의 포식자인 늑대 사냥을 허용했다.

❷ 1905년~1920년대 초반: 사냥으로 인해 늑대의 개체수가 감소했다(㉠). → 포식자가 줄어들어 사슴의 개체수가 급격하게 증가했다(㉡). → 많은 수의 사슴이 풀을 먹어서 식물군집의 양이 크게 감소했다(㉢).

❸ 1920년~1930년: 식물군집의 양이 크게 감소한 결과 먹이가 부족해진 사슴의 개체수가 늑대 사냥 이전보다도 급격하게 감소했다(㉣).

❹ 이 사례를 통해 포식자의 사냥과 같은 인간의 인위적인 활동(개입)으로 생태계평형이 파괴될 수 있음을 알 수 있다.

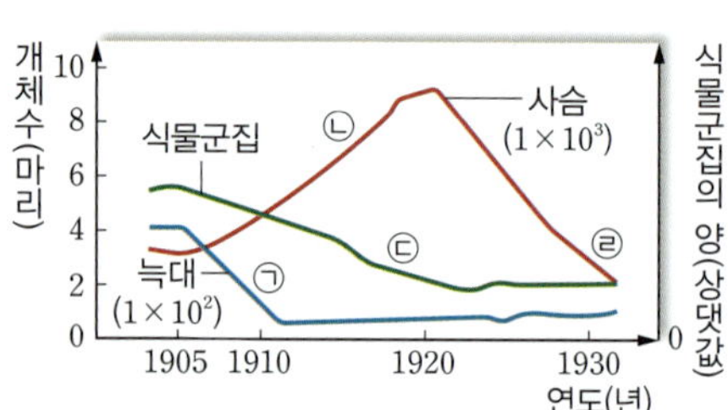

파리협정

2015년에 채택된 기후 변화에 대한 국제 협약이다. 전 세계의 온도 상승을 2℃보다 훨씬 낮은 수준에서 유지하고, 더 나아가 1.5℃ 상승까지 억제하도록 노력하는 것이 목표이다.

2. 생태계평형 유지를 위한 노력   집중 분석 157쪽

(1) 기후 변화의 원인 중 하나인 이산화 탄소 등 온실 기체의 배출량을 줄인다.

① 파리협정과 같은 국제 협약을 채택해 모든 국가가 기후 변화에 적극적으로 대처하며, 온실 기체를 줄이기 위해 노력한다.

② 탄소 포집 및 활용 기술을 개발해 이산화 탄소의 배출량을 줄이고, 공기 중의 이산화 탄소를 제거하기 위해 노력한다.

탄소 포집 및 활용 기술

배출원에서 이산화 탄소를 포집(수집)하여 대기 배출을 방지하거나, 공기 중에서 직접 이산화 탄소를 포집하는 기술이다. 포집된 이산화 탄소는 땅속 깊이 저장되거나, 유용한 제품으로 전환되어 활용된다.

▲ 탄소 포집 및 활용 기술

③ 수소 에너지, 태양광, 풍력 등의 신재생 에너지를 활용해 화석 연료를 대체하도록 노력한다.

(2) 자연환경을 보전하기 위한 법률을 만들어 시행하며, 환경 영향 평가와 같은 제도적 장치를 활용해 무분별한 개발을 막는다.

(3) 보호해야 할 생물이나 서식지를 천연기념물로 지정하여 보호하고, 생태적으로 보전 가치가 높은 생태계를 국립 공원이나 보호 구역으로 지정하여 관리한다.

(4) 도로, 철도, 댐 등을 건설할 때 단절된 서식지 사이를 오갈 수 있는 생태통로를 만든다.

(5) 건물 위에 옥상 정원을 가꾸거나, 도시 중심부에 숲과 공원을 조성하여 도시의 열섬 현상을 줄이고, 생태적 기능을 높인다.

(6) 하천 복원, 멸종 위기종 복원 사업 등을 통해 파괴된 생태계를 회복하기 위해 노력한다.

▲ 천연기념물인 반달가슴곰

▲ 생태통로

▲ 하천 복원

(7) 전기 에너지 절약하기, 일회용품 사용 줄이기, 폐휴대 전화 수거하기, 음식물 쓰레기 줄이기, 재활용품 분리배출하기, 자전거 타기 등의 노력을 할 수 있다.

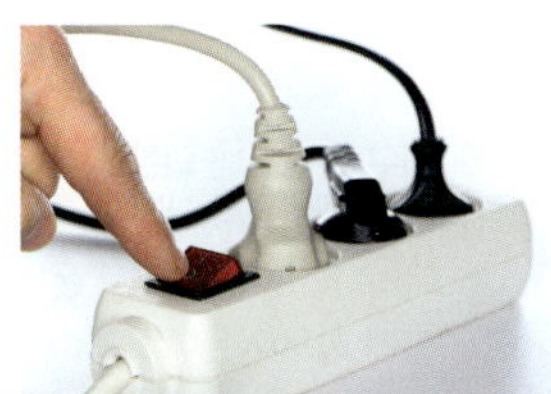

▲ 전기 에너지 절약하기

▲ 폐휴대 전화 수거하기

▲ 재활용품 분리배출하기

플러스 강의 유엔(UN) 생태계복원 10개년 계획

❶ 유엔 총회에서 발표된 계획으로 2021년~2030년 동안 자연과 사람의 공존을 위해 전 세계 생태계의 보전과 복원을 목표로 하고 있다.

❷ 이 계획은 전 세계적 생태계복원 운동 강화, 생태계복원을 위한 재정적인 지원, 환경을 위한 소비자의 행동 변화 촉진, 생태계복원 관련 연구에 투자, 생태계복원 사업 참여를 요청하기 위한 문화 콘텐츠 활용 등의 내용을 담고 있다.

✔ 중요 개념 체크

정답과 해설 50쪽

2. 생태계평형 유지를 위한 노력에 대한 설명으로 옳은 것은 ○, 옳지 않은 것은 ×로 표시하시오.

(1) 한 번 파괴된 생태계는 회복하는 데 오랜 시간과 많은 노력이 필요하므로 생태계보전을 통해 생태계평형이 유지될 수 있도록 노력해야 한다. ──────( )

(2) 생태계평형 유지를 위한 기후 변화의 억제는 일부 선진국의 노력만으로 가능하다. ─( )

(3) 환경 영향 평가와 같은 제도적 장치는 생태계평형 유지를 위한 노력에 해당한다. ──( )

집중분석 환경 변화가 생태계에 미치는 영향

생태계의 생물요소와 비생물요소는 모두 생태계를 구성하는 환경이며, 이러한 환경의 변화는 생태계평형의 유지에 영향을 미친다. 환경 변화가 생태계에 미치는 영향에 대한 문제는 환경 변화의 다양한 사례를 제시하고, 이러한 사례를 분석하는 형태로 출제되는 경우가 많다.

1 생태계평형의 유지를 어렵게 만드는 환경 변화에는 어떤 것이 있을까?

생태계의 평형 회복 가능 범위를 넘어서는 급격하거나 지속적인 환경 변화에는 지진, 화산 활동과 같은 자연재해(자연적인 요인)도 있지만, 주로 인간의 활동에 의한 서식지 파괴, 환경 오염, 남획, 외래종 유입 등이 있다. 또한 대기 중 온실 기체의 양이 증가하면서 지구 온난화가 빨라지고, 이로 인해 기후가 변하면서 지구 곳곳에서 폭염, 폭우 등의 이상 기후 현상이 나타나는 것도 생태계평형 유지에 커다란 문제가 되고 있다.

▲ 환경 오염(기름 유출)　　▲ 남획　　▲ 외래종 유입(가시박)　　▲ 이상 기후 현상(폭염)

외래종과 침입종

원래 살던 곳이 아닌 다른 곳으로 들어온 외래종 중에는 천적이 없어 개체수가 급증하면서 토종 생물을 위협하는 종들이 있다. 이처럼 외래종 중에서 토종 생태계에 나쁜 영향을 미치는 종을 침입종이라고 한다.

2 인간의 활동은 아마존 열대우림의 환경을 어떻게 변화시켰을까?

아마존의 숲 18 %가 이미 파괴되었고, 17 %는 황폐해져 숲으로서의 기능이 떨어졌다는 보고가 있다. 이러한 원인 중 하나는 아마존에 공장식 축산업 지역이 늘어나면서 대량 벌목이 일어났기 때문이다.

▲ 아마존 열대우림의 환경 변화

공장식 축산업에 의한 아마존 열대우림에서의 환경 변화는 여러 관점에서 분석할 수 있다.

생태학의 관점	대규모의 벌목은 해당 나무뿐만 아니라 그 나무로부터 먹이나 서식지를 얻으며 살아가는 여러 동물의 생존을 위협한다. 이미 재규어 등을 비롯해 1만여 종의 생물이 멸종 위기에 처했으며, 아마존의 생물다양성을 감소시켜 열대우림 생태계를 파괴할 수 있다.
환경 공학의 관점	공장식 축산업에서 발생하는 가축의 배설물은 토양과 물을 오염시켜 육상과 수생 생태계에 영향을 미칠 수 있다.
지구과학의 관점	공장식 축산업으로 사육되는 가축으로부터 온실 기체인 메테인이 다량 방출되며, 벌목으로 인해 나무가 흡수하는 온실 기체인 이산화 탄소의 양은 줄어든다. 따라서 공장식 축산업에 의한 아마존 열대우림의 파괴는 지구 온난화를 더욱 촉진할 수 있다.

지구 온난화에 의한 우리나라의 환경 변화 사례

우리나라의 경우 지구 온난화에 의해 기온이 올라가면서 사과, 귤 등의 재배 지역이 점차 북쪽으로 올라가고 있으며, 수온이 올라가면서 고등어 출몰 지역도 점차 북쪽으로 올라가고 있다.

환경 변화에 의한 연쇄 작용의 예

꽃가루를 운반하거나 종자를 퍼뜨려 주는 동물이 사라지면 연관된 생물들이 잇따라 사라질 수 있다. 예를 들어 좀모기가 사라지면 번식 수단을 잃은 카카오나무도 멸종될 수 있다.

▲ 카카오나무와 좀모기

생태계평형 유지를 위한 노력

생태계평형이 파괴되면 인간을 비롯해 그 생태계에서 살아가는 모든 생물이 생존에 위협을 받기 때문에 생태계평형은 유지되어야 한다. 생태계 평형 유지를 위한 노력에 대한 문제는 해당 사례를 제시하고, 사례를 통해 알 수 있는 사실을 분석하는 형태로 출제되는 경우가 많다.

1 시화호 생태계의 복원 사례

시화호는 방조제가 완공된 후 수질이 오염되어 많은 해양 생물이 죽는 등 생태계가 파괴되었다. 파괴된 생태계를 복원하기 위해 방조제를 열어 바닷물이 흐르게 하고, 하수 처리장과 인공 습지를 조성했으며, 생태계의 변화를 확인하는 등의 노력을 통해 시화호 수질이 개선되고, 생태계가 회복되었다. 이러한 시화호의 사례를 통해 생물다양성의 파괴는 환경 보호에 대한 사람들의 생각에 영향을 미치고, 나아가 환경 정책 등을 변화시켜 생태계보전에도 영향을 미친다는 것을 알 수 있다.

▲ 과거의 시화호　　▲ 현재의 시화호

2 옐로스톤 국립 공원의 복원 사례

미국 옐로스톤 국립 공원에서는 한때 말코손바닥사슴과 영양을 보호하기 위해 최상위 포식자인 늑대를 주기적으로 포획했으며, 어느 순간 국립 공원의 모든 늑대가 사라졌다. 이로 인해 초식동물의 개체수가 급격하게 증가했고, 초식동물이 나무가 자라기도 전에 묘목을 먹으면서 생태계평형이 깨졌다. 심각성을 인식한 정부와 환경 단체는 국립 공원에 늑대를 도입하는 복원 사업을 추진했으며, 이후 초식동물의 개체수가 감소하면서 식물이 되살아나 생태계평형이 회복되고 있다.

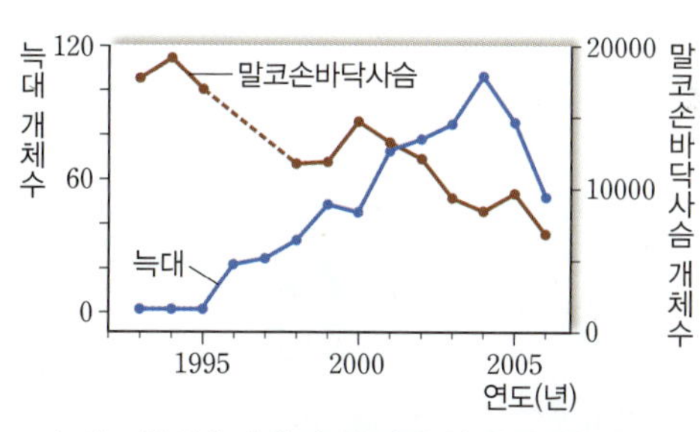

▲ 늑대 도입 후 늑대와 말코손바닥사슴의 개체수 변화

📍 옐로스톤 국립 공원의 늑대와 말코손바닥사슴

1995년 14마리의 늑대가 옐로스톤 국립 공원에 도입되었다. 늑대는 포식자, 말코손바닥사슴은 피식자이다.

▲ 늑대

▲ 말코손바닥사슴

예제

1 다음은 생태계평형 유지와 관련된 사례를 나타낸 것이다.

> (가) 시화호는 수질이 오염되어 생태계가 파괴되었지만, 방조제를 열어 바닷물이 흐르게 하고, ㉠ 하수 처리장과 인공 습지를 조성하면서 현재는 종다양성이 높아졌다.
>
> (나) 생태계평형이 깨진 미국 옐로스톤 국립 공원에 ㉡ 늑대를 도입하였으며, 그 결과 초식동물의 개체수가 감소하면서 식물들이 되살아나고 있다.

(1) ㉠은 시화호의 생태계평형에 어떤 영향을 주었는지 설명하시오.

(2) ㉡에서 초식동물의 개체수가 감소한 까닭을 설명하시오.

(3) (가)와 (나)의 공통점을 생태계평형과 연관 지어 설명하시오.

풀이 (1) 하수 처리장과 인공 습지의 조성(㉠)은 종다양성을 높여 시화호의 생태계평형을 회복(유지)하는 데 도움을 주었다.

(2) 늑대는 초식동물을 잡아먹는 포식자이다.

(3) (가)는 시화호의 생태계를 복원한 사례이고, (나)는 옐로스톤 국립 공원의 생태계를 복원한 사례이므로 (가)와 (나)는 모두 생태계평형 유지를 위해 노력한 사례이다.

답 (1) 시화호의 생태계평형 회복(유지)에 도움을 주었다.

(2) 포식자인 늑대에게 많이 먹혔기 때문이다.

(3) 생태계평형 유지(회복)를 위해 노력한 사례이다.

교과서 속 START 내신 완성 문제

01 환경 변화와 생태계평형에 대한 설명으로 옳은 것만을 보기에서 있는 대로 고른 것은?

보기

ㄱ. 생태계의 환경 변화는 물질 순환에 영향을 주지 않는다.

ㄴ. 생태계의 비생물요소가 변하면 생물요소의 먹이 관계가 영향을 받는다.

ㄷ. 생태계는 환경 변화의 정도에 상관없이 항상 생태계평형을 회복할 수 있다.

① ㄱ   ② ㄴ   ③ ㄷ

④ ㄱ, ㄴ   ⑤ ㄴ, ㄷ

02 그림은 화산 폭발로 많은 양의 용암이 주변 생태계로 분출된 모습을 나타낸 것이다.
이에 대한 설명으로 옳은 것만을 보기에서 있는 대로 고르시오.

보기

ㄱ. 자연적인 요인에 의해 생태계평형이 깨질 수 있다.

ㄴ. 용암 분출은 생태계의 종다양성을 감소시킬 수 있다.

ㄷ. 화산 폭발은 생태계의 비생물요소에는 영향을 주지 않는다.

03 다음은 피나투보 화산에 대한 자료이다.

〈서술형〉

피나투보 화산의 폭발로 많은 양의 화산재가 성층권을 뒤덮음으로써 ㉠ 태양 빛이 성층권에서 흡수, 반사되었으며, ㉡ 지표에 도달하는 빛의 세기가 감소했다.

(1) ㉠은 지구 평균 기온을 어떻게 변화시키는지 설명하시오.

(2) ㉡은 생물요소에 어떤 영향을 주는지 식물과 관련지어 설명하시오.

04 그림은 알프스산맥의 환경 변화를 나타낸 것이다.

〈서술형〉

1900년대와 2000년대의 알프스산맥 빙하의 양을 비교하고, 환경 변화를 일으킨 요인을 들어 그 까닭을 설명하시오.

05 환경 변화가 생태계에 미치는 영향에 대한 설명으로 옳은 것만을 보기에서 있는 대로 고른 것은?

보기

ㄱ. 대규모의 도시 건설은 생태계의 평형을 교란한다.

ㄴ. 생태계의 환경 변화로 한 종이 사라져도 다른 종은 영향을 받지 않는다.

ㄷ. 천적이 없는 외래종의 도입은 항상 생태계의 생물다양성을 증가시킨다.

① ㄱ   ② ㄴ   ③ ㄷ

④ ㄱ, ㄴ   ⑤ ㄴ, ㄷ

06 표의 (가)와 (나)는 남획과 환경 오염의 특징을 순서 없이 나타낸 것이다.

요인	특징
(가)	특정 생물의 개체수를 감소시킨다.
(나)	매연, 생활 하수, 축산 폐수 등에 의해 일어난다.

이에 대한 설명으로 옳은 것만을 보기에서 있는 대로 고른 것은?

보기

ㄱ. (가)는 남획이다.

ㄴ. (가)는 도도새의 멸종 원인에 해당한다.

ㄷ. (나)는 생태계평형의 회복을 촉진하는 요인이다.

① ㄱ   ② ㄴ   ③ ㄷ

④ ㄱ, ㄴ   ⑤ ㄴ, ㄷ

07 그림은 아마존 열대우림의 환경 변화를 나타낸 것이다.

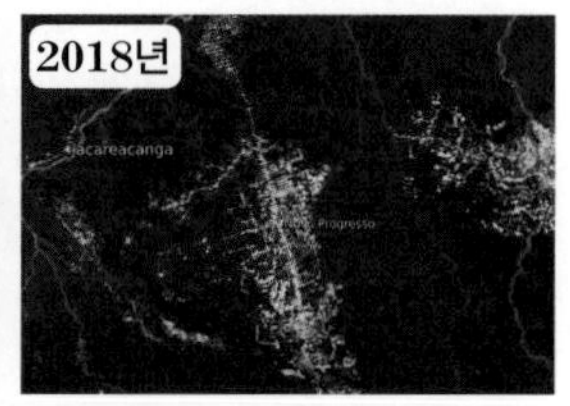

이에 대한 설명으로 옳은 것만을 보기에서 있는 대로 고른 것은? (단, 주어진 자료 이외는 고려하지 않는다.)

보기
ㄱ. 환경 변화는 인간의 활동과 관련이 있다.
ㄴ. 생물다양성은 2000년과 2018년 모두 동일하다.
ㄷ. 생태계평형 유지 능력은 2018년일 때가 2000년
　일 때보다 높다.

① ㄱ　　　　② ㄷ　　　　③ ㄱ, ㄴ
④ ㄱ, ㄷ　　　⑤ ㄱ, ㄴ, ㄷ

08 다음은 카이바브 고원의 생태계평형에 대한 자료이다.

(가) 사슴을 보호하기 위해 사슴의 포식자인 늑대를
　사냥한 결과 늑대의 개체수가 감소했다.
(나) 그 결과 사슴의 개체수가 급격하게 (　㉠　)했
　고, 식물군집의 양이 크게 (　㉡　)했다.
(다) 1920년 이후에는 ⓐ 사슴의 개체수가 급격하게
　감소해 늑대 사냥 이전보다 오히려 개체수가 적
　어졌다.

이에 대한 설명으로 옳은 것만을 보기에서 있는 대로 고른 것은? (단, 주어진 자료 이외는 고려하지 않는다.)

보기
ㄱ. ㉠과 ㉡은 모두 '증가'이다.
ㄴ. ⓐ의 원인 중 하나는 사슴의 먹이가 줄어들었기
　때문이다.
ㄷ. 카이바브 고원의 사례를 통해 인간의 인위적인 활
　동으로 생태계평형이 파괴될 수 있음을 알 수 있다.

① ㄱ　　　　② ㄷ　　　　③ ㄱ, ㄴ
④ ㄱ, ㄷ　　　⑤ ㄴ, ㄷ

09 다음은 생태계평형과 관련된 환경 변화 요인이다.

• ㉠ 간척 사업으로 갯벌의 면적이 크게 줄어들었다.
• 외래종인 ㉡ 뉴트리아는 수생식물과 농작물을 마구
　먹으며 피해를 일으킨다.

(1) ㉠은 갯벌에 사는 생물의 서식지 면적을 어떻게 변화
시키는지 쓰시오.

(2) ㉡이 생태계의 생물다양성에 어떤 영향을 미치는지
쓰시오.

10 다음은 생태계평형 유지를 위한 노력이다.

(가) 온실 기체의 배출을 줄인다.
(나) 무분별한 환경 개발을 규제한다.
(다) ㉠을 조성해 도시의 열섬 현상을 줄이고, 생태적
　기능을 높인다.

이에 대한 설명으로 옳은 것만을 보기에서 있는 대로 고른 것은?

보기
ㄱ. (가)는 일부 국가의 노력만으로 가능하다.
ㄴ. 환경 영향 평가 제도를 통해 (나)를 할 수 있다.
ㄷ. 옥상 정원과 도시 숲은 모두 ㉠에 해당한다.

① ㄱ　　　　② ㄴ　　　　③ ㄱ, ㄷ
④ ㄴ, ㄷ　　　⑤ ㄱ, ㄴ, ㄷ

11 다음은 기후 변화와 관련된 노력이다.
〈서술형

• 탄소 포집 및 활용 기술을 개발해 온실 기체의 배출
　을 줄인다.
• ㉠ 파리협정과 같은 국제 협약을 채택해 모든 국가
　가 기후 변화에 적극적으로 대처한다.

㉠을 어떠한 노력인지 지구 온난화와 생태계평형을 연관
지어 설명하시오.

12 다음은 반달가슴곰에 대한 자료이다.

반달가슴곰은 ⓐ <u>인간의 활동</u> 으로 현재 멸종 위기에 처해 있다. 이에 따라 반달가슴곰 을 보호하기 위해 1982년 ㉠ 으로 지정하였다. ㉠은 보존 가치가 높은 생물이나 서 식지 등을 법으로 지정해 놓은 것이다.

(1) 반달가슴곰과 관련하여 ⓐ의 예를 한 가지만 쓰시오.

(2) ㉠에 알맞은 단어를 쓰시오.

13 다음은 생태계평형 유지와 관련된 활동이다.

• 도시 숲 조성   • 생태통로 설치   • 멸종 위기종 복원

이 활동의 공통점에 대한 설명으로 옳은 것만을 보기에서 있는 대로 고른 것은?

보기
ㄱ. 종다양성을 증가시킨다.
ㄴ. 생태계평형 유지 능력을 높인다.
ㄷ. 생태계의 먹이 관계를 단순하게 만든다.

① ㄴ   ② ㄴ   ③ ㄷ
④ ㄱ, ㄴ   ⑤ ㄴ, ㄷ

14 표는 생태계평형 유지를 위한 노력을 구분하여 나타낸 것이다. (가)~(다)는 각각 개인적, 국가적, 국제적 수준 중 하나이다. *서술형*

수준	생태계평형 유지를 위한 노력
(가)	파리협정과 같은 협약을 채택해 대처한다.
(나)	자연환경을 보전하기 위한 법률을 만들어 시행한다.
(다)	?

(1) (가)~(다)에 해당하는 내용을 각각 쓰시오.

(2) (다)에 해당하는 생태계평형 유지를 위한 노력을 한 가지만 설명하시오.

15 다음은 생태계평형 유지를 위한 노력이다.

(가) 온실 기체에 의한 피해를 막기 위해 ㉠ <u>대기로 방출되는 탄소의 양을 줄이는</u> 탄소 중립 시나리오를 수립하여 시행하고 있다.
(나) 전 세계의 온도 상승을 낮은 수준에서 유지하기 위한 목표를 세우고 많은 국가가 ㉡ <u>국제 협약</u>에 가입해 활동하고 있다.

이에 대한 설명으로 옳은 것만을 보기에서 있는 대로 고른 것은?

보기
ㄱ. ㉠을 위해 탄소 포집 및 활용 기술을 개발한다.
ㄴ. 파리협정은 ㉡의 예이다.
ㄷ. (가)와 (나)는 모두 기후 변화에 의한 생태계 파괴를 막기 위한 노력에 해당한다.

① ㄱ   ② ㄷ   ③ ㄱ, ㄴ
④ ㄴ, ㄷ   ⑤ ㄱ, ㄴ, ㄷ

16 다음은 생태계평형이 파괴된 어떤 지역을 복원하기 위해 도입할 생물 (가)의 특징이다.

• 이산화 탄소, 물, 빛에너지를 이용해 포도당과 산소를 만들고, 산소를 몸 밖으로 배출한다.
• 증산 작용으로 물을 증발시켜 몸 밖으로 배출한다.

생물 (가)를 도입할 때 이 지역에서 일어날 것이라 예상되는 환경 변화에 대한 설명으로 옳은 것만을 보기에서 있는 대로 고른 것은?

보기
ㄱ. 기후가 건조해질 것이다.
ㄴ. 평균 온도가 낮아질 것이다.
ㄷ. 공기의 산소 농도가 낮아질 것이다.

① ㄱ   ② ㄴ   ③ ㄷ
④ ㄱ, ㄴ   ⑤ ㄴ, ㄷ

JUMP 도전 문제

01 다음은 생태계평형에 영향을 미치는 요인이다.

> (가) 생태계 교란 생물
> (나) 농작물 경작과 공장식 축산업을 위한 대량 벌목

이에 대한 설명으로 옳은 것만을 보기에서 있는 대로 고른 것은?

보기
ㄱ. 뉴트리아는 (가)의 예이다.
ㄴ. (나)는 생물의 서식지를 감소시키는 요인이다.
ㄷ. (가)와 (나)는 모두 생태계의 물질 순환을 교란시킬 수 있는 요인이다.

① ㄱ   ② ㄷ   ③ ㄱ, ㄴ
④ ㄴ, ㄷ   ⑤ ㄱ, ㄴ, ㄷ

02 다음은 남극에 서식하는 크릴새우에 대한 자료이다. (서술형)

> 해양 생태계에 중요한 역할을 하는 ㉠ 크릴새우는 주로 남극의 빙하 주변에 서식하는 ㉡ 식물 플랑크톤을 먹이로 한다. 또한, 크릴새우는 대왕고래를 비롯해 남극에 사는 많은 동물의 먹이가 된다.

대기 중 온실 기체의 증가로 인한 환경 변화를 포함해 ㉠과 ㉡ 사이의 에너지흐름이 어떻게 될지 설명하시오.

03 그림과 같은 특징을 갖는 통로가 생태계평형을 유지하는 데 어떤 역할을 하는지 기능을 포함하여 설명하시오. (서술형)

04 그림은 옐로스톤 국립 공원의 생태계를 복원하는 과정에서 A와 B 개체군의 개체수 변화를 나타낸 것이다. A와 B는 각각 늑대와 말코손바닥사슴 중 하나이다.

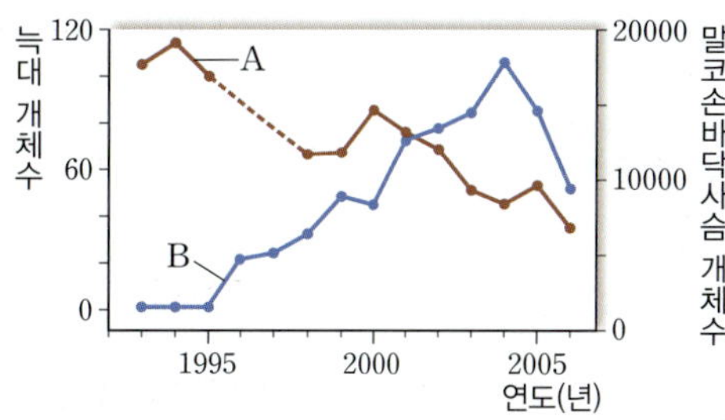

이에 대한 설명으로 옳은 것만을 보기에서 있는 대로 고른 것은? (단, 주어진 자료 이외는 고려하지 않는다.)

보기
ㄱ. A는 2차 소비자이다.
ㄴ. 생태계를 복원하기 위해 말코손바닥사슴을 도입했다.
ㄷ. 식물군집의 양은 2005년일 때가 1995년일 때보다 많다.

① ㄱ   ② ㄷ   ③ ㄱ, ㄴ
④ ㄱ, ㄷ   ⑤ ㄴ, ㄷ

05 다음은 지구 온난화 대처 방안이다.

> 지구 온난화로 인한 ⓐ 기상 이변의 피해를 줄이기 위한 방안으로 옥상 정원이 있다. 정원의 식물은 광합성으로 대기 중 ㉠을 흡수하고, ⓑ 옥상의 단열성을 높여 냉난방을 위해 대기로 방출되는 ㉠의 양을 줄일 수 있다.

이에 대한 설명으로 옳은 것만을 보기에서 있는 대로 고른 것은?

보기
ㄱ. ㉠은 이산화 탄소이다.
ㄴ. 폭염과 폭우는 모두 ⓐ의 예이다.
ㄷ. ⓑ로 냉난방에 필요한 에너지 소비량이 증가한다.

① ㄱ   ② ㄴ   ③ ㄷ
④ ㄱ, ㄴ   ⑤ ㄴ, ㄷ

중단원 핵/심/정/리

01 생태계의 구성 요소

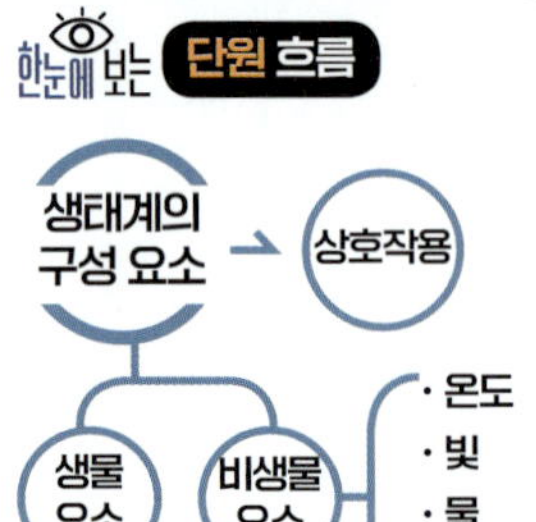

한눈에 보는 **단원 흐름**

생태계의 구성 요소 → 상호작용

- 온도
- 빛
- 물
- 공기
- 토양

생물 요소 / 비생물 요소

- 생산자
- 소비자
- 분해자

1. 생태계의 구성 요소

생태계		일정한 지역에서 생물과 생물, 생물과 (❶　　　) 환경이 서로 영향을 주고받으며 유지되는 하나의 체계이다.
구성	(❷　　) 요소	• 생태계에 있는 모든 생물로 생산자, 소비자, 분해자로 구분한다. • (❸　　　)는 광합성을 하여 스스로 유기물을 만든다. 예 식물, 식물 플랑크톤 등 • 소비자는 다른 생물을 먹이로 섭취한다. 예 동물, 동물 플랑크톤 등 • 분해자는 생물의 사체나 배설물을 분해한다. 예 버섯, 곰팡이 등 • 일정한 지역에 사는 같은 종의 개체들이 모여 (❹　　　)을/를 이룬다. ➡ 여러 개체군이 모여 (❺　　　)을/를 이룬다.
	비생물 요소	생물을 둘러싸고 있으며, 생물에 영향을 미치는 무기 환경(자연환경)이다. ➡ (❻　　　), 빛, 물, 공기, 토양 등이 있다.

2. 생태계구성요소의 상호작용: 생물요소와 비생물요소는 서로 영향을 주고받는다.

구분	상호작용 사례
온도	• 식물은 증산 작용을 통해 주변의 온도를 낮춘다(생물 → 비생물). • 사막여우는 몸집이 작고 귀가 크며, 북극여우는 몸집이 크고 귀가 작다(비생물 → 생물).
(❼　　)	• 국화는 낮의 길이가 짧아지는 가을에 꽃이 핀다(비생물 → 생물). • 강한 빛을 받은 잎은 약한 빛을 받는 잎보다 두껍다(비생물 → 생물).
물	• 선인장은 가시로 변한 잎을 가져 물의 손실을 줄인다(비생물 → 생물). • 수생식물은 물속 영양염류를 흡수하여 수질을 정화시킨다(생물 → 비생물).
공기	• 식물은 광합성을 하여 대기 중 산소 농도를 높인다(생물 → 비생물). • 진흙 속에 있는 연꽃 줄기에는 호흡을 위한 구멍이 뚫려 있다(비생물 → 생물).
(❽　　)	• 함초는 고농도의 염분을 저장하는 조직이 발달해 있다(비생물 → 생물). • 지렁이는 토양에 구멍을 뚫어 공기가 잘 통하게 한다(생물 → 비생물).

02 생태계의 평형

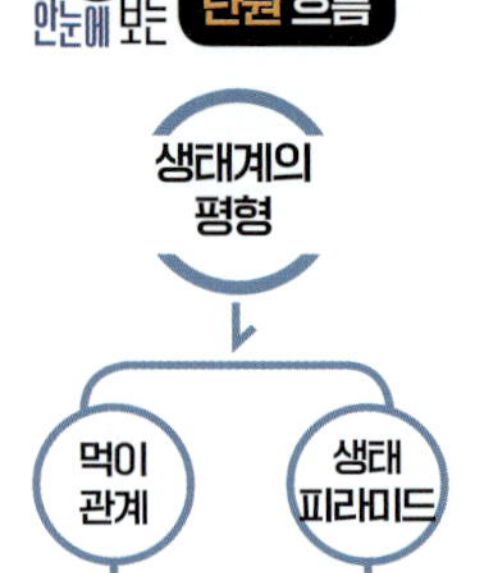

한눈에 보는 **단원 흐름**

생태계의 평형

먹이 관계 / 생태 피라미드

- 먹이사슬
- 먹이그물
- 평형 유지 과정
- 평형 유지 사례

1. 먹이 관계: 생물요소 사이의 먹고 먹히는 관계이다.

먹이사슬	• 먹이 관계가 사슬처럼 한 줄로만 연결되어 있다. • 생산자 → (❾　　　) → 2차 소비자 → 3차 소비자 → … → 최종 소비자의 영양단계 순서로 먹이 관계가 형성된다.
(❿　　)	여러 개의 먹이사슬이 그물과 같은 모양으로 복잡하게 얽혀 있다.

2. 생태계에서의 에너지흐름

① 빛에너지는 생산자의 (⓫　　　)에 의해 화학 에너지로 전환되어 유기물에 저장된다. ➡ 영양단계를 따라 유기물의 형태로 에너지가 이동한다. ➡ 생물의 사체나 배설물에 포함된 유기물을 분해자가 분해한다.

② 모든 생물은 세포호흡으로 에너지를 생명활동에 사용하며, 이때 (⓬　　　)을/를 방출한다.

3. **생태피라미드:** 안정된 생태계에서는 에너지양, 생물량, 개체수가 (⑬) 영양단계로 갈수록 줄어든다. 이러한 형태를 그림으로 나타낸 것을 생태피라미드라고 한다.

4. **개체군의 변동과 생태계평형**

환경 변화로 1차 소비자의 개체수가 일시적으로 증가한다.

생산자	1차 소비자에게 많이 먹히므로 개체수가 (⑭)한다.
2차 소비자	먹이인 1차 소비자가 많으므로 개체수가 (⑮)한다.

1차 소비자	먹이인 생산자가 적고, 2차 소비자에게 많이 먹히므로 개체수가 (⑯)한다.

생산자	1차 소비자에게 적게 먹히므로 개체수가 증가한다.
2차 소비자	먹이인 1차 소비자가 적으므로 개체수가 감소한다.

생태계평형이 회복(유지)된다.

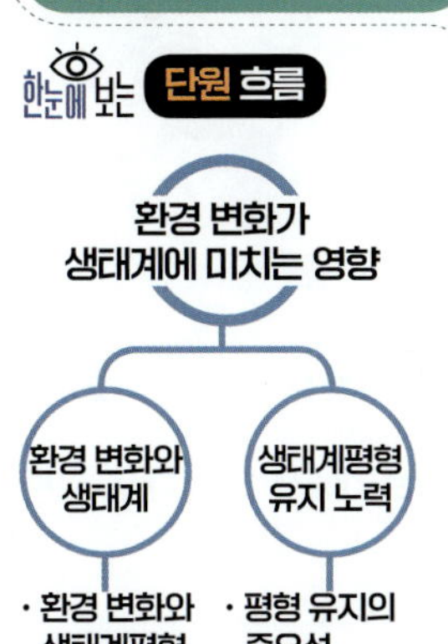

1. 생태계평형에 영향을 미치는 환경 변화 요인

자연적인 요인	산불, 지진, 홍수, 화산 활동 등으로 생물의 서식지가 파괴되고, 개체수가 감소한다.	
인위적인 요인	인간의 활동과 관련이 깊다. ➡ 생물다양성을 (⑰)시킴으로써 생태계평형을 깨뜨릴 수 있다.	

요인	생태계평형에 미치는 영향
온실 기체의 증가	(⑱)에 의한 기후 변화가 심해진다.
인위적인 개발과 벌목	생물의 서식지가 줄어든다.
환경 오염	생물의 생존과 번식이 어려워진다.
외래종 유입	토종 생물의 생존을 위협하고, 생물다양성을 감소시킨다.
남획	특정 생물의 개체수가 급격히 감소해 멸종 위기에 처할 수 있다.

2. 생태계평형 유지를 위한 노력

① 기후 변화의 원인 중 하나인 이산화 탄소 등 온실 기체의 배출량을 줄인다. → 탄소 포집 및 활용 기술 개발, 파리협정 등 (⑲) 채택, 신재생 에너지 활용 등

② 무분별한 개발을 막는다. → 자연환경 보전 법률 제정, 환경 영향 평가 제도 등

③ 생물이나 서식지를 보호한다. → 천연기념물 지정, 국립 공원과 보호 구역 지정 등

④ 동물이 단절된 서식지 사이를 오갈 수 있도록 (⑳)을/를 만든다.

⑤ 생활 속에서 생태계보전 방안을 실천한다. → 에너지 절약, 재활용품 분리수거 등

생태계의 구성과 상호작용

출제 point에 따라 대표 자료를 분석하고, 문제에 대입하여 풀어 보자.

출제 Point

Point ❶ 생태계는 생물요소와 비생물요소로 구성되어 있음을 안다. ★☆☆

Point ❷ 한 종의 개체들이 모여 개체군이 되고, 여러 개체군이 모여 군집이 됨을 이해한다. ★★☆

Point ❸ 서식지의 환경에 대한 생물의 적응은 비생물요소가 생물요소에 영향을 준 사례임을 안다. ★★★

Point ❹ 생물의 생명활동으로 주변 환경이 변하는 것은 생물요소가 비생물요소에 영향을 준 사례임을 안다. ★★☆

대표 자료

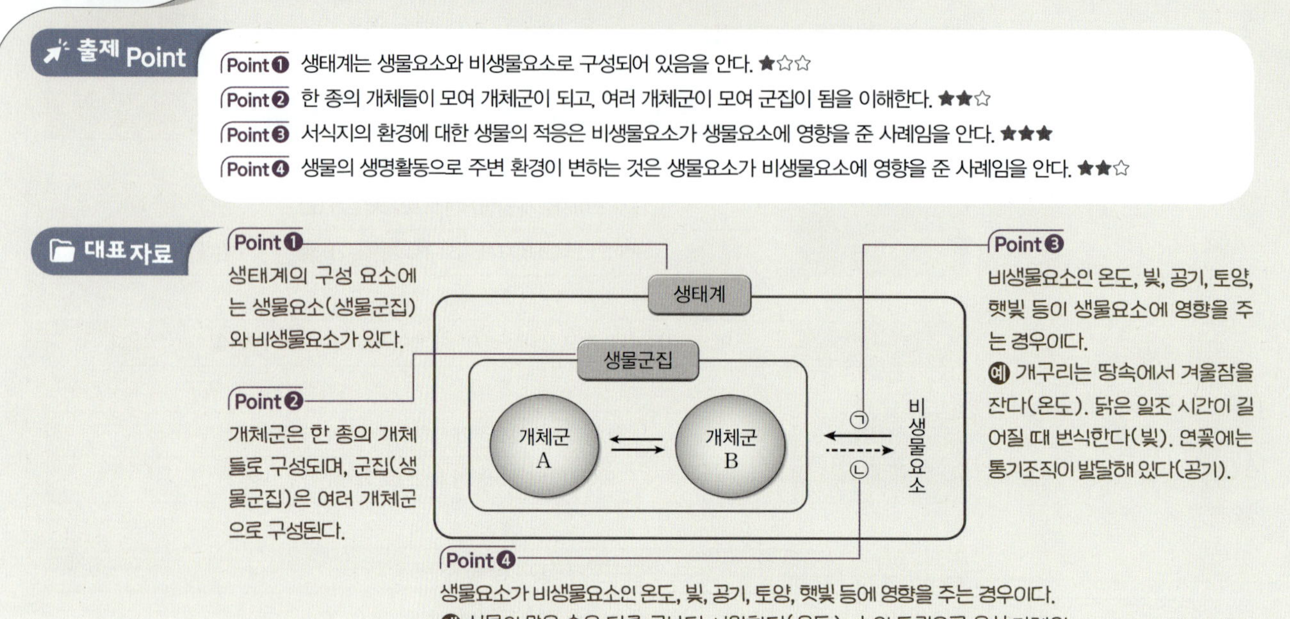

Point ❶
생태계의 구성 요소에는 생물요소(생물군집)와 비생물요소가 있다.

Point ❷
개체군은 한 종의 개체들로 구성되며, 군집(생물군집)은 여러 개체군으로 구성된다.

Point ❸
비생물요소인 온도, 빛, 공기, 토양, 햇빛 등이 생물요소에 영향을 주는 경우이다.
예 개구리는 땅속에서 겨울잠을 잔다(온도). 닭은 일조 시간이 길어질 때 번식한다(빛). 연꽃에는 통기조직이 발달해 있다(공기).

Point ❹
생물요소가 비생물요소인 온도, 빛, 공기, 토양, 햇빛 등에 영향을 주는 경우이다.
예 식물이 많은 숲은 다른 곳보다 시원하다(온도). 소의 트림으로 온실 기체의 양이 많아진다(공기). 흰개미는 집을 만들 때 흙에 타액을 섞는다(토양).

정답과 해설 53쪽

---

01 그림은 생태계구성요소 사이의 상호작용을 나타낸 것이다. (가)와 (나)는 각각 생물요소와 비생물요소 중 하나이다.

Point ❶
생산자, 소비자, 분해자는 생물이므로 (가)는 (   )이다.

Point ❸
㉠은 (   )요소가 (   )요소에 영향을 주는 것이다.

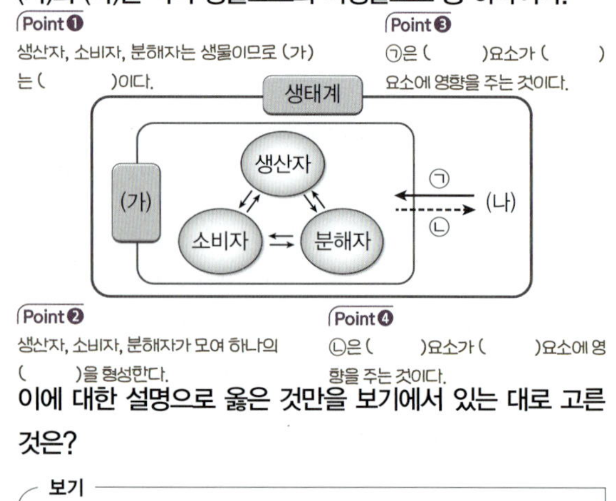

Point ❷
생산자, 소비자, 분해자가 모여 하나의 (   )을 형성한다.

Point ❹
㉡은 (   )요소가 (   )요소에 영향을 주는 것이다.

이에 대한 설명으로 옳은 것만을 보기에서 있는 대로 고른 것은?

┌─ 보기 ─────────────────────
ㄱ. (가)는 생물요소이다.

ㄴ. 생산자에서 소비자로 유기물이 이동한다.

ㄷ. 낙엽이 분해되어 토양이 비옥해지는 현상은 ㉠에 해당한다.
└───────────────────────────

① ㄱ　　　② ㄴ　　　③ ㄷ

④ ㄱ, ㄴ　　　⑤ ㄴ, ㄷ

---

02 그림 (가)는 생태계를 구성하는 Ⅰ과 Ⅱ 사이의 상호작용을, (나)는 식물이 굽어 자라는 모습을 나타낸 것이다. Ⅰ과 Ⅱ는 생물요소와 비생물요소를 순서 없이 나타낸 것이며, (나)는 ㉠의 사례이다.

Point ❶
식물의 굴광성은 빛의 영향을 받은 것이므로 Ⅰ은 (   )요소이다.

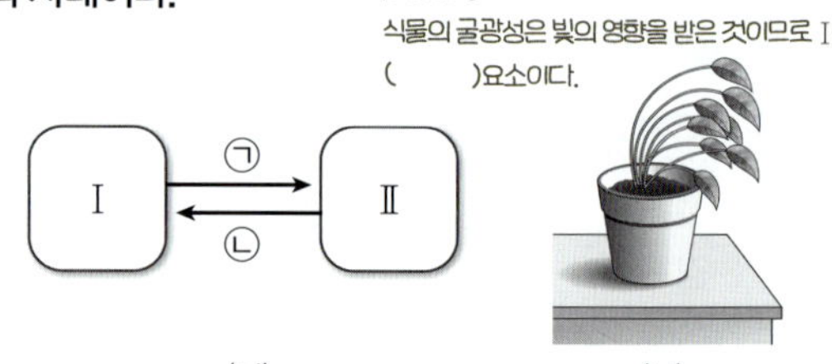

Point ❸
㉠과 ㉡ 중 생물이 서식지의 환경에 적응하는 것은 (   )의 사례이다.

Point ❷
Ⅱ에서 생물은 한 종이 모여 (   )을, 여러 종이 모여 (   )을 이룬다.

이에 대한 설명으로 옳은 것만을 보기에서 있는 대로 고른 것은?

┌─ 보기 ─────────────────────
ㄱ. 물과 온도는 모두 Ⅰ에 속한다.

ㄴ. Ⅱ에서 생산자와 소비자는 하나의 개체군을 이룬다.

ㄷ. 선인장의 잎이 가시로 변한 것은 ㉡의 사례이다.
└───────────────────────────

① ㄱ　　　② ㄷ　　　③ ㄱ, ㄴ

④ ㄱ, ㄷ　　　⑤ ㄴ, ㄷ

수능 실전 2점

01 다음은 생태계에 대한 자료이다.

> • 생태계는 ㉠과 ㉡으로 구성된다. ㉠과 ㉡은 각각 생물요소와 비생물요소 중 하나이다.
> • 생태계의 ㉡은 생산자, 분해자, ⓐ로 구분하며, 이들은 양분을 얻는 방법이 서로 다르다.

이에 대한 설명으로 옳은 것만을 보기에서 있는 대로 고른 것은?

> 보기
> ㄱ. 빛, 물, 온도는 모두 ㉠에 속한다.
> ㄴ. ⓐ는 다른 생물을 먹이로 섭취해 양분을 얻는다.
> ㄷ. 생태계는 일정한 공간에서 ㉠과 ㉡이 상호작용하며 유지되는 체계이다.

① ㄱ   ② ㄴ   ③ ㄱ, ㄷ
④ ㄴ, ㄷ   ⑤ ㄱ, ㄴ, ㄷ

02 그림은 생태계구성요소 중 일부를 단계적으로 나타낸 것이다. A~C는 각각 군집, 개체군, 생태계 중 하나이다.

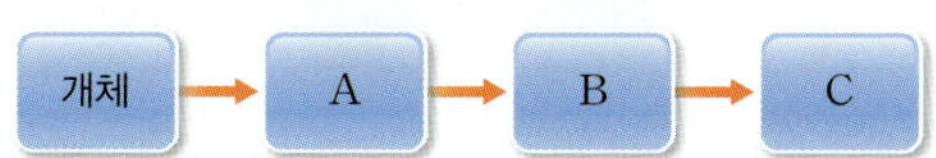

이에 대한 설명으로 옳은 것만을 보기에서 있는 대로 고른 것은?

> 보기
> ㄱ. A는 개체군이다.
> ㄴ. B는 한 종의 개체가 모인 무리를 말한다.
> ㄷ. C는 일정한 공간에서 생물요소와 비생물요소가 상호작용하며 유지되는 체계이다.

① ㄱ   ② ㄴ   ③ ㄱ, ㄷ
④ ㄴ, ㄷ   ⑤ ㄱ, ㄴ, ㄷ

03 (빈출) 그림은 생태계구성요소 사이의 상호관계를 나타낸 것이다. (가)와 (나)는 각각 생물요소와 비생물요소 중 하나이다.

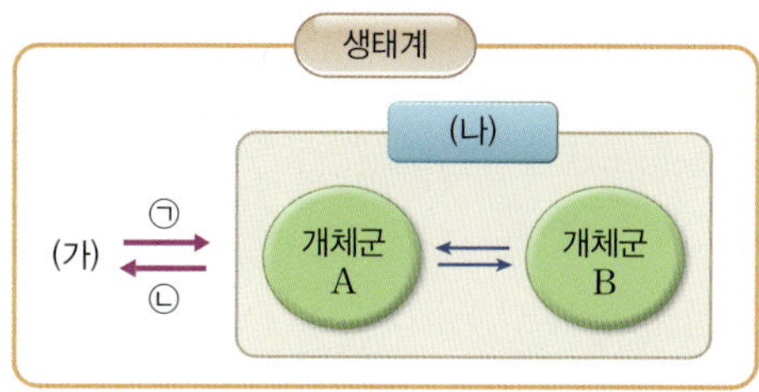

이에 대한 설명으로 옳은 것만을 보기에서 있는 대로 고른 것은?

> 보기
> ㄱ. 물속에 사는 세균은 (가)에 속한다.
> ㄴ. 개체군 A는 여러 종으로 구성되어 있다.
> ㄷ. '국화는 낮의 길이가 짧아지는 가을에 꽃이 핀다.'는 ㉠에 해당한다.

① ㄴ   ② ㄷ   ③ ㄱ, ㄴ
④ ㄱ, ㄷ   ⑤ ㄴ, ㄷ

04 (빈출) 표는 비생물요소 (가)~(다)와 관련된 상호작용 사례를 나타낸 것이다. (가)~(다)는 각각 물, 빛, 토양 중 하나이다.

요소	사례
(가)	사슴은 일조 시간이 짧아질 때 번식한다.
(나)	함초는 염분을 저장하는 조직이 발달해 있다.
(다)	고래의 배설물은 해양의 물질 순환에 도움을 준다.

(가)~(다)와 관련된 또 다른 상호작용 사례로 옳게 짝 지어진 것만을 보기에서 있는 대로 고른 것은?

> 보기
> ㄱ. (가) - 북극토끼는 귀와 꼬리가 작다.
> ㄴ. (나) - 흰개미는 집을 만들 때 흙에 타액을 섞는다.
> ㄷ. (다) - 고산 지대에 사는 사람은 적혈구 수가 많다.

① ㄱ   ② ㄴ   ③ ㄷ
④ ㄱ, ㄴ   ⑤ ㄴ, ㄷ

05 그림은 어떤 식물에서 서로 다른 부위에 있는 두 잎 (가)와 (나)의 단면 구조를 나타낸 것이다.

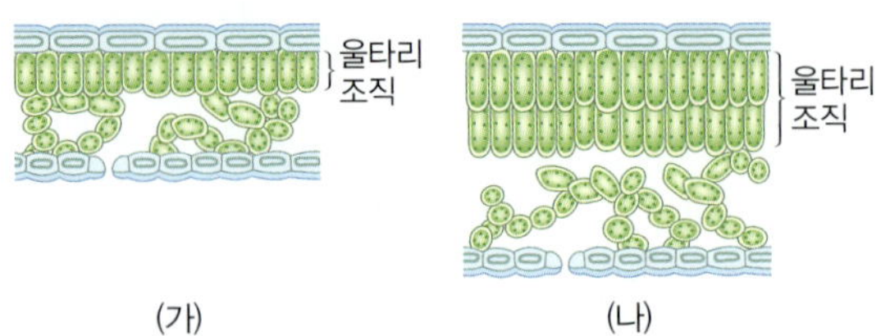

이에 대한 설명으로 옳은 것만을 보기에서 있는 대로 고른 것은?

보기
ㄱ. 빛에 대한 식물의 적응에 해당한다.
ㄴ. 빛을 많이 받는 부위에 있는 잎은 (가)이다.
ㄷ. 울타리조직은 (나)가 (가)보다 더 발달해 잎이 더 두껍다.

① ㄴ   ② ㄱ, ㄴ   ③ ㄱ, ㄷ
④ ㄴ, ㄷ   ⑤ ㄱ, ㄴ, ㄷ

06 그림은 생태계 (가)와 (나)의 먹이 관계를 나타낸 것이다.

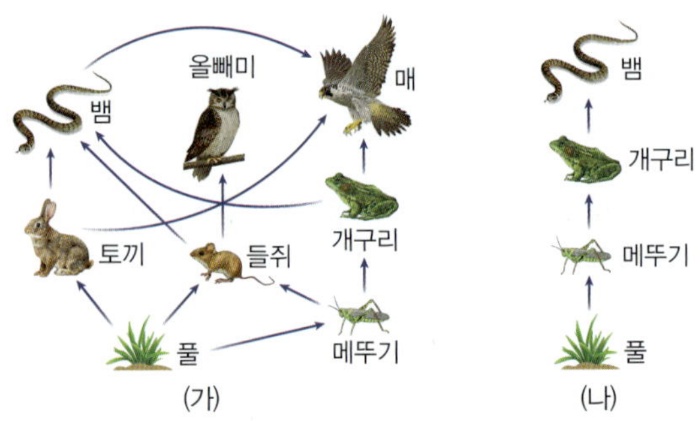

이에 대한 설명으로 옳은 것만을 보기에서 있는 대로 고른 것은? (단, 주어진 자료 이외는 고려하지 않는다.)

보기
ㄱ. (가)에 4차 소비자가 있다.
ㄴ. (나)에서 풀이 가진 에너지는 모두 메뚜기에게로 전달된다.
ㄷ. 개구리가 사라질 때 생태계평형은 (가)가 (나)보다 잘 유지된다.

① ㄱ   ② ㄷ   ③ ㄱ, ㄴ
④ ㄱ, ㄷ   ⑤ ㄴ, ㄷ

07 그림은 생태계의 생물요소와 무기 환경 사이에서 일어나는 물질 순환을 나타낸 것이다.

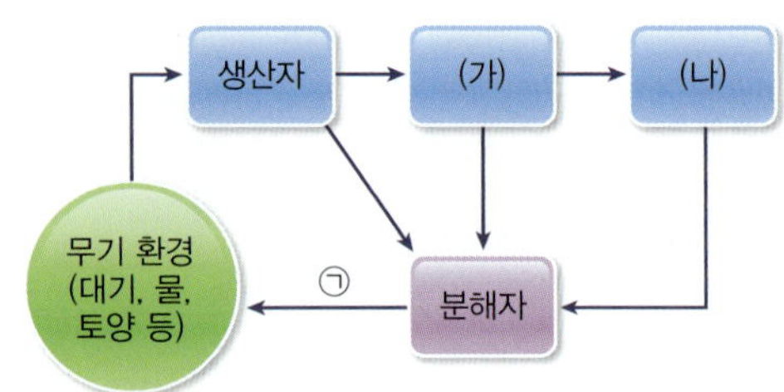

이에 대한 설명으로 옳은 것만을 보기에서 있는 대로 고른 것은?

보기
ㄱ. (가)는 1차 소비자, (나)는 2차 소비자이다.
ㄴ. 생산자와 소비자에서 분해자로 물질이 이동한다.
ㄷ. ㉠ 과정에서 분해자가 합성한 유기물이 무기 환경으로 이동한다.

① ㄴ   ② ㄱ, ㄴ   ③ ㄱ, ㄷ
④ ㄴ, ㄷ   ⑤ ㄱ, ㄴ, ㄷ

08 그림은 어떤 안정한 생태계에서 영양단계에 따른 에너지양을 나타낸 것이다. A~C 중 하나는 생산자이다.

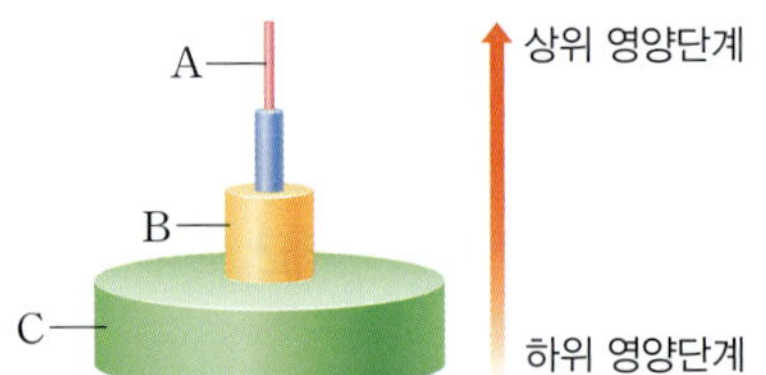

이에 대한 설명으로 옳은 것만을 보기에서 있는 대로 고른 것은?

보기
ㄱ. A에서만 열에너지가 방출된다.
ㄴ. 상위 영양단계로 갈수록 줄어드는 생태피라미드 형태이다.
ㄷ. B의 개체수가 증가하면 생태계평형 회복 과정에서 C의 개체수가 감소한다.

① ㄱ   ② ㄷ   ③ ㄱ, ㄴ
④ ㄴ, ㄷ   ⑤ ㄱ, ㄴ, ㄷ

09 그림은 어떤 생태계에서 2차 소비자의 개체수가 감소했을 때 생태계평형 회복 과정에서 일어나는 개체군 변동을 나타낸 것이다. (가)와 (나)에서 모두 1차 소비자의 개체수가 변했다.

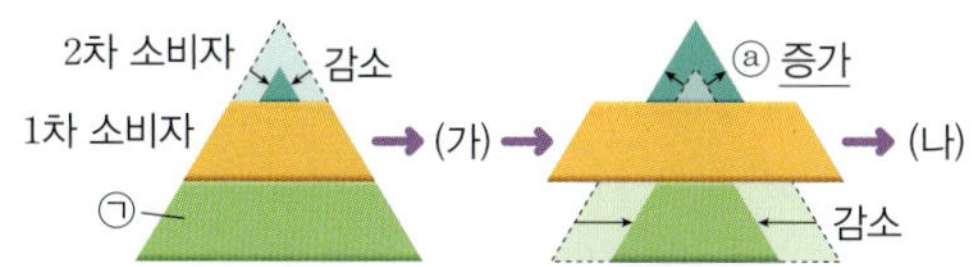

이에 대한 설명으로 옳은 것만을 보기에서 있는 대로 고른 것은?

보기
ㄱ. ⊙에 속하는 생물은 호흡과 광합성을 모두 한다.
ㄴ. ⓐ의 원인으로는 2차 소비자의 먹이량이 줄어든 것이 해당한다.
ㄷ. 1차 소비자의 개체수는 (가)에서 감소했고, (나)에서 증가했다.

① ㄱ   ② ㄴ   ③ ㄷ
④ ㄱ, ㄴ   ⑤ ㄴ, ㄷ

10 다음은 어떤 지역의 생태계평형과 관련된 자료이다. ⊙~⑩은 각각 감소와 증가 중 하나이다.

(가) 해달의 남획으로 해달의 개체수가 (⊙)했다.
(나) 해달의 남획 결과 해달의 먹이인 성게의 개체수가 (ⓛ)했고, 이에 따라 성게의 먹이인 해초의 개체수가 (ⓒ)했다.
(다) 해달의 남획을 중단하여 해달의 개체수를 늘이자 성게의 개체수가 (②)하고, 해초의 개체수가 (⑩)하여 생태계평형이 회복되었다.

이에 대한 설명으로 옳은 것만을 보기에서 있는 대로 고른 것은?

보기
ㄱ. (가)에서 ⊙은 감소이다.
ㄴ. (나)에서 ⓛ은 감소, ⓒ은 증가이다.
ㄷ. (다)에서 ②은 감소, ⑩은 증가이다.

① ㄱ   ② ㄴ   ③ ㄷ
④ ㄱ, ㄴ   ⑤ ㄱ, ㄷ

11 다음은 생태계평형에 영향을 주는 요인 (가)~(다)를 나타낸 것이다.

(가) 화석 연료, 농약, 쓰레기, 폐수 등으로 환경이 오염된다.
(나) ⊙ 삼림 벌채, 습지 매립 등으로 생물의 서식지가 단편화된다.
(다) 천적이 없는 ⓛ 큰입배스나 가시박 등의 생물이 새로운 서식지에서 크게 번식한다.

이에 대한 설명으로 옳은 것만을 보기에서 있는 대로 고른 것은?

보기
ㄱ. 아마존 열대우림의 파괴는 ⊙의 예이다.
ㄴ. ⓛ은 우리나라의 토종 생물이다.
ㄷ. (가)~(다)는 모두 생물다양성을 감소시키는 요인이다.

① ㄴ   ② ㄱ, ㄴ   ③ ㄱ, ㄷ
④ ㄴ, ㄷ   ⑤ ㄱ, ㄴ, ㄷ

12 다음은 생태계를 보전하기 위한 방안 (가)~(다)를 나타낸 것이다.

(가) 생태계복원
(나) 생태통로 설치
(다) 도시 숲과 옥상 정원 조성

이에 대한 설명으로 옳은 것만을 보기에서 있는 대로 고른 것은?

보기
ㄱ. 하천 복원은 (가)에 해당한다.
ㄴ. (나)를 통해 서식지의 단절을 막을 수 있다.
ㄷ. (다)는 도시 및 건물의 온도를 높이는 방안이다.

① ㄱ   ② ㄴ   ③ ㄱ, ㄴ
④ ㄴ, ㄷ   ⑤ ㄱ, ㄴ, ㄷ

13 표는 (가)~(다)의 특징을 나타낸 것이다. (가)~(다)는 각각 군집, 개체군, 생태계 중 하나이다.

구분	특징
(가)	?
(나)	㉠ 여러 종의 개체들이 상호작용한다.
(다)	㉡ 생물요소와 ㉢ 비생물요소를 모두 포함한다.

이에 대한 설명으로 옳은 것만을 보기에서 있는 대로 고른 것은?

보기
ㄱ. ㉠은 모두 ㉡에 속한다.
ㄴ. (가)에서는 한 종의 개체들이 상호작용한다.
ㄷ. 부레옥잠에 의해 수질이 정화되는 것은 ㉡이 ㉢에 영향을 준 사례이다.

① ㄴ ② ㄱ, ㄴ ③ ㄱ, ㄷ
④ ㄴ, ㄷ ⑤ ㄱ, ㄴ, ㄷ

14 그림은 생태계구성요소 사이의 상호관계와 생물군집 내 탄소의 이동을 나타낸 것이다. A~C는 각각 생산자, 소비자, 분해자 중 하나이다.

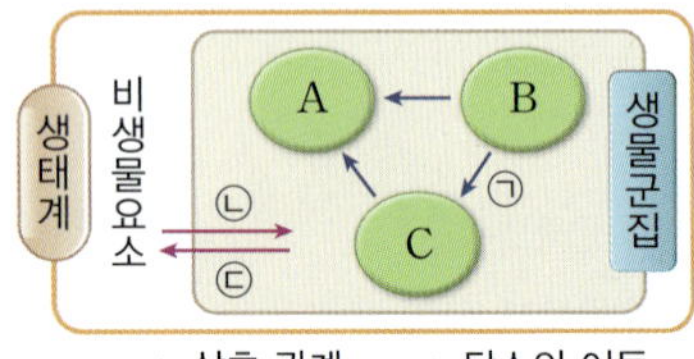

이에 대한 설명으로 옳은 것만을 보기에서 있는 대로 고른 것은?

보기
ㄱ. B는 유기물을 스스로 합성한다.
ㄴ. ㉠ 과정에서 유기물의 형태로 탄소가 이동한다.
ㄷ. 늑대가 많아져 토끼의 개체수가 감소하는 것은 ㉢에 해당한다.

① ㄱ ② ㄴ ③ ㄷ
④ ㄱ, ㄴ ⑤ ㄴ, ㄷ

15 다음은 생태계에서의 상호작용 사례 (가)~(다)를 나타낸 것이다.

(가) 한라송이풀은 잎과 줄기에 털이 나 있다.
(나) 사슴은 일조 시간이 짧아질 때 번식한다.
(다) 육지에 사는 곤충은 ㉠ 몸 표면이 키틴질로 덮여 있다.

이에 대한 설명으로 옳은 것만을 보기에서 있는 대로 고른 것은?

보기
ㄱ. 온도는 (가)와 관련 깊은 비생물요소이다.
ㄴ. ㉠으로 곤충의 몸 표면을 통한 물의 손실이 촉진된다.
ㄷ. (가)~(다)는 모두 비생물요소가 생물요소에 영향을 준 사례이다.

① ㄱ ② ㄴ ③ ㄱ, ㄷ
④ ㄴ, ㄷ ⑤ ㄱ, ㄴ, ㄷ

16 표는 비생물요소 (가)~(다)가 생물에 영향을 준 사례를, 그림은 사막여우의 모습을 나타낸 것이다. (가)~(다)는 각각 빛, 물, 온도 중 하나이다.

요소	사례
(가)	㉠ 국화는 가을에 꽃이 핀다.
(나)	㉡ 선인장은 잎이 가시로 변해 있다.
(다)	?

이에 대한 설명으로 옳은 것만을 보기에서 있는 대로 고른 것은?

보기
ㄱ. (가)는 물이다.
ㄴ. ㉠과 ㉡은 생태계에서 서로 다른 영양단계에 속한다.
ㄷ. (가)~(다) 중 사막여우의 큰 귀와 가장 관련 깊은 비생물요소는 (다)이다.

① ㄱ ② ㄷ ③ ㄱ, ㄴ
④ ㄴ, ㄷ ⑤ ㄱ, ㄴ, ㄷ

17 표는 생태계 (가)와 (나)에서 영양단계 A~C의 에너지양을 상댓값으로 나타낸 것이다. A~C는 각각 생산자, 1차 소비자, 2차 소비자 중 하나이며, (가)에서 에너지양과 개체수는 모두 생태피라미드를 나타낸다.

(가)	영양단계	에너지양
	A	10
	B	2
	C	120

(나)	영양단계	에너지양
	A	1
	B	0.1
	C	100

이에 대한 설명으로 옳은 것만을 보기에서 있는 대로 고른 것은?

보기

ㄱ. (가)에서 개체수는 A가 B보다 많다.

ㄴ. (가)와 (나)에서 모두 C→A 방향으로 유기물과 에너지가 이동한다.

ㄷ. (가)에서 1차 소비자의 에너지양은 (나)에서 2차 소비자의 에너지양의 100배이다.

① ㄱ　　　② ㄴ　　　③ ㄱ, ㄷ
④ ㄴ, ㄷ　　　⑤ ㄱ, ㄴ, ㄷ

18 그림은 어떤 안정한 생태계에서 1차 소비자의 개체수가 변한 후의 생태계평형 회복 과정을 나타낸 것이다.

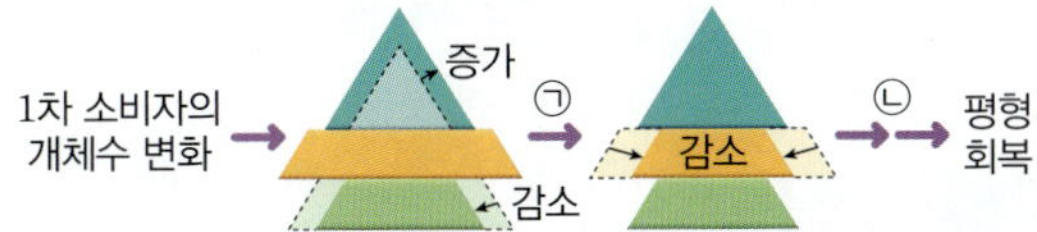

이에 대한 설명으로 옳은 것만을 보기에서 있는 대로 고른 것은?

보기

ㄱ. 1차 소비자의 개체수가 감소한 후의 생태계평형 회복 과정이다.

ㄴ. ⊙ 과정에서 생산자에서 1차 소비자에게로 에너지가 전달된다.

ㄷ. ⓛ 과정에서 2차 소비자의 개체수가 감소하는 현상이 일어난다.

① ㄱ　　　② ㄴ　　　③ ㄱ, ㄷ
④ ㄴ, ㄷ　　　⑤ ㄱ, ㄴ, ㄷ

19 그림은 늑대의 사냥을 허용한 카이바브 고원에서 일어난 변화를 나타낸 것이다. ⊙과 ⓛ은 각각 사슴의 개체수와 식물군집의 양 중 하나이다.

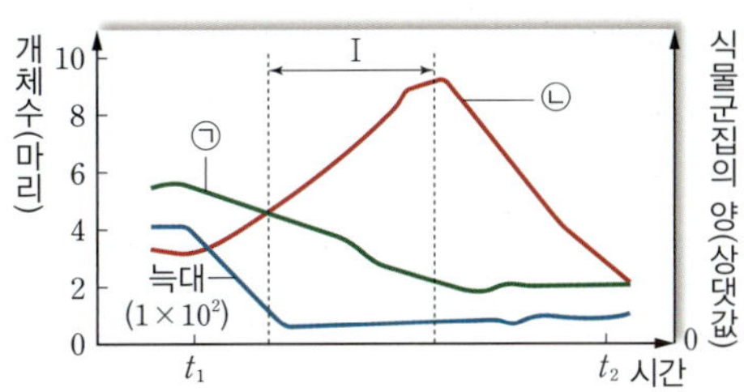

이에 대한 설명으로 옳은 것만을 보기에서 있는 대로 고른 것은? (단, 주어진 자료 이외는 고려하지 않는다.)

보기

ㄱ. ⊙은 1차 소비자의 개체수이다.

ㄴ. I에서 ⊙이 감소해 ⓛ이 증가했다.

ㄷ. 인간의 개입으로 ⊙과 ⓛ은 모두 t_2일 때가 t_1일 때보다 작다.

① ㄱ　　　② ㄷ　　　③ ㄱ, ㄴ
④ ㄴ, ㄷ　　　⑤ ㄱ, ㄴ, ㄷ

20 표는 생태계평형에 영향을 미치는 요인과 각 요인에 의한 영향을 나타낸 것이다.

구분	영향
(가)	생물다양성을 감소시켜 생태계의 평형 회복을 어렵게 만들 수 있다.
기후 변화	⊙

이에 대한 설명으로 옳은 것만을 보기에서 있는 대로 고른 것은?

보기

ㄱ. 환경 오염은 (가)에 해당한다.

ㄴ. '특정한 생물의 서식지가 사라질 수 있다.'는 ⊙에 해당한다.

ㄷ. (가)와 기후 변화는 항상 생태계의 먹이 관계를 복잡하게 만드는 요인으로 작용한다.

① ㄱ　　　② ㄷ　　　③ ㄱ, ㄴ
④ ㄱ, ㄷ　　　⑤ ㄴ, ㄷ

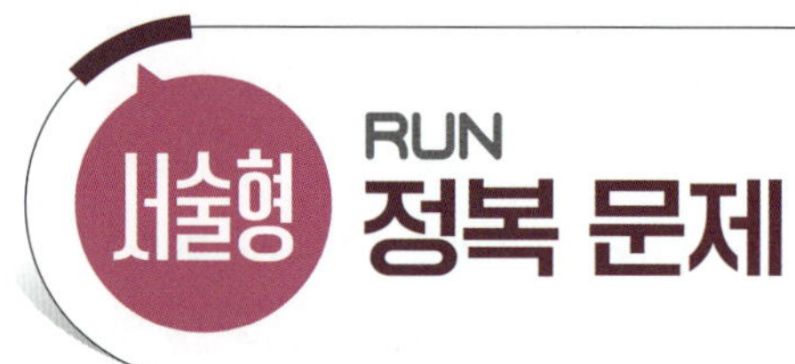

01 그림은 어떤 생태계의 영양단계 (가)~(라) 사이에서 유기물의 이동을, 표는 각 영양단계에 속하는 생물을 나타낸 것이다. ㉠~㉢ 중에 분해자, 생산자, 소비자가 있으며, ㉠~㉢은 (가)~(라)를 순서 없이 나타낸 것이다.

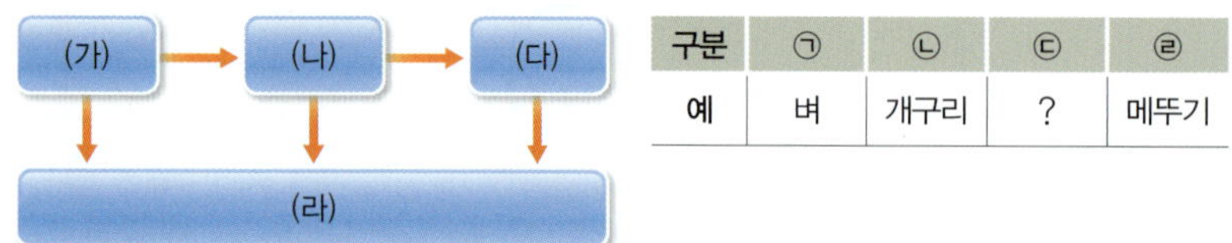

구분	㉠	㉡	㉢	㉣
예	벼	개구리	?	메뚜기

(1) ㉢은 (가)~(라) 중 무엇인지 영양단계의 기호와 이름을 모두 쓰고, ㉢에 속하는 생물을 한 가지만 쓰시오.

(2) (가)~(라) 중 빛에너지를 흡수하는 생물이 속한 영양단계의 기호와 이름을 모두 쓰고, 이 영양단계에서 빛에너지를 흡수해 일어나는 물질대사를 아래 단어를 모두 포함해 설명하시오.

> 물　　산소　　포도당　　이산화 탄소

---

02 그림 (가)는 생태계구성요소 사이의 상호관계를, (나)는 연꽃 줄기에 있는 통기조직을 나타낸 것이다. A~C는 각각 군집, 개체군, 생태계 중 하나이다.

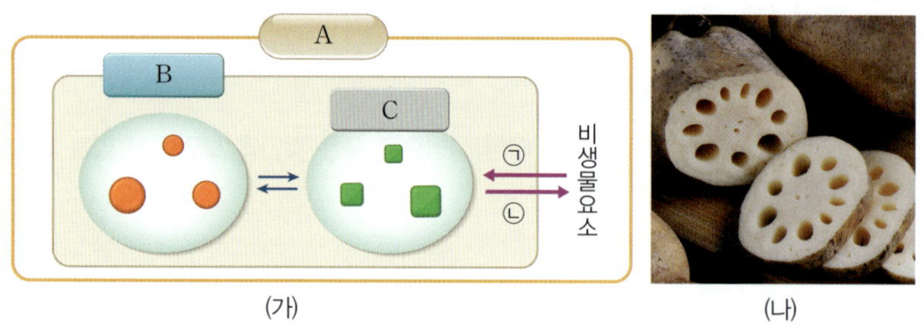

(1) A~C는 각각 무엇인지 쓰시오.

(2) (나)는 ㉠과 ㉡ 중 무엇의 사례에 해당하는지 그렇게 판단한 까닭과 함께 설명하시오.

단계별로 **배경 지식 쌓기**

Step ❶ 문제 분석하기

각 영양단계를 파악한다.

구분	영양단계	구분	영양단계
(가)		㉠	
(나)		㉡	
(다)		㉢	
(라)		㉣	

Step ❷ Key Word 찾아 답안 작성하기

· 벼는 생산자이고, 벼를 먹는 메뚜기와 메뚜기를 먹는 개구리는 모두 소비자이다. 따라서 ㉢은 (❶)(이)다.

· 유기물이 (가) → (나) → (다)의 순서로 이동하므로 유기물을 처음 만드는 (가)는 (❷)(이)다.

· 생산자는 빛에너지를 흡수해 (❸)와/과 같은 유기물을 만드는 광합성을 한다.

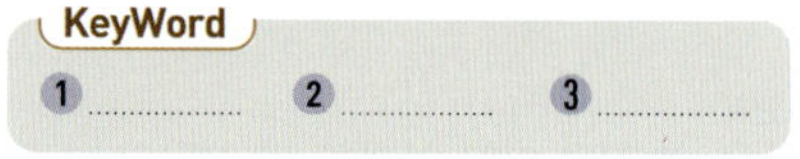

KeyWord

❶ ______　　❷ ______　　❸ ______

단계별로 **배경 지식 쌓기**

Step ❶ 문제 분석하기

생태계는 ( )요소와 비생물요소로 구성되며, 이 두 요소 사이에서 상호작용이 일어난다.

Step ❷ Key Word 찾아 답안 작성하기

· 생태계에서 생물은 같은 종의 개체들이 모여 (❶)을/를 이루고, 여러 종의 개체들이 모여 (❷)을/를 이룬다.

· 생물이 서식지의 환경에 적응하여 갖게 된 특징은 (❸)요소가 (❹)요소에 영향을 준 결과이다.

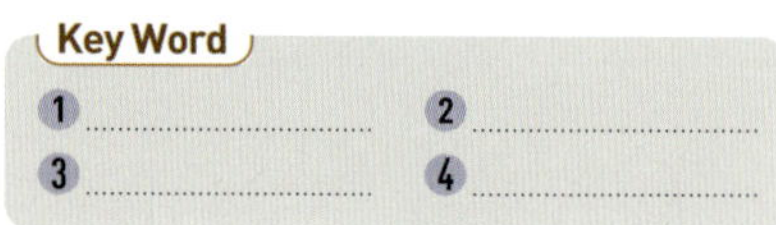

Key Word

❶ ______　　❷ ______
❸ ______　　❹ ______

03 그림은 서로 다른 환경에서 서식하는 토끼 (가)와 (나)를 나타낸 것이다. (가)와 (나) 중 하나는 북극 지역에서 서식하고, 다른 하나는 사막 지역에서 서식한다.

(가)　　　　　　　　(나)

(1) 사막 지역에 서식하는 토끼의 기호를 쓰고, 그렇게 판단한 까닭을 (가)와 (나)의 모습 차이와 연관 지어 설명하시오.

(2) (가)와 (나)의 모습 차이와 가장 관련 깊은 비생물요소를 쓰고, 이 요소가 생물에 영향을 준 또 다른 사례를 한 가지만 설명하시오.

04 그림은 안정한 생태계에서 일어나는 에너지의 이동을 나타낸 것이다. ㉠~㉢은 모두 서로 다른 형태의 에너지이며, ㉢과 ㉣의 에너지양은 서로 다르다.

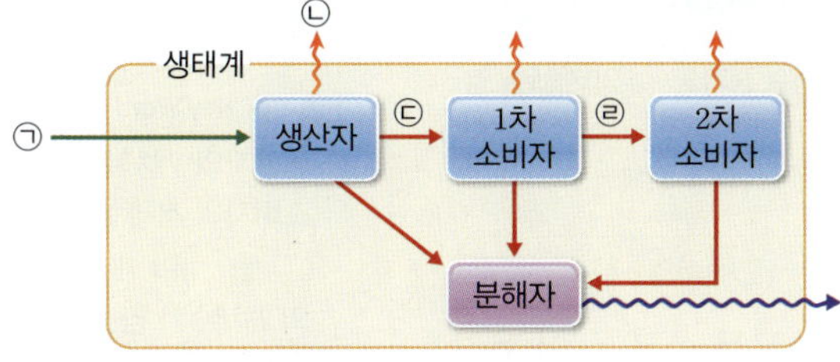

(1) ㉠~㉢은 각각 어떤 형태의 에너지인지 쓰시오.

(2) ㉢과 ㉣의 에너지양을 비교하고, 이 두 에너지양에 차이가 나는 까닭을 1차 소비자를 중심으로 설명하시오.

단계별로 배경 지식 쌓기

Step ❶ 문제 분석하기

(가)와 (나) 중 몸집에 작고 귀가 큰 토끼는
(　　　　)(이)고, 몸집이 크고 귀가 작은 토끼는
(　　　　)(이)다.

Step ❷ Key Word 찾아 답안 작성하기

• 사막 지역은 북극 지역에 비해 서식지의
(　❶　)이/가 높다.
• 온도가 (　❷　) 지역에 서식하는 동물은 환경에 적응한 결과 몸의 표면을 통한 열의 방출이 촉진되는 특징을 갖는다.
• 몸집이 작고 귀가 크면 몸의 표면을 통한 열의 방출이 (　❸　)된다.

Key Word

❶ ....　❷ ....　❸ ....

단계별로 배경 지식 쌓기

Step ❶ 문제 분석하기

생산자는 (　　　　)을/를 하여 유기물을 합성(생산)하고, 소비자는 다른 생물을 먹이로 섭취하여 (　　　　)을/를 얻는다.

Step ❷ Key Word 찾아 답안 작성하기

• 생산자의 광합성에 의해 태양의 (　❶　)은/는 (　❷　)(으)로 전환되어 유기물 속에 저장된다.
• 모든 생물은 세포호흡을 하여 생명활동에 필요한 에너지를 얻으며, 이 과정에서 (　❸　)이/가 방출된다. 따라서 상위 영양 단계로 갈수록 이동하는 에너지양은 (　❹　)한다.

Key Word

❶ ....　　❷ ....
❸ ....　　❹ ....

05 그림은 어떤 안정된 생태계에서 **B**의 개체수가 일시적으로 증가했을 때 일어나는 생태계평형 회복 과정을 나타낸 것이다. (단, 먹이 관계는 생산자, **A**, **B**만 고려한다.)

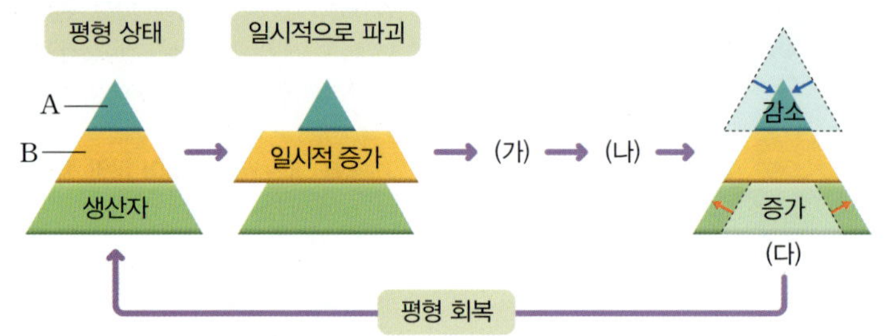

(1) A와 B는 각각 어떤 영양단계인지 쓰시오.

(2) (가)와 (나)에서 일어나는 개체수 변화를 각각 설명하시오.

(3) (다)에서 A의 개체수가 감소하고, 생산자의 개체수가 증가한 까닭을 각각 설명하시오.

Step ❶ 문제 분석하기

생태계의 먹이 관계에서 한 영양단계의 개체수는 먹이가 많아지면 개체수가 (   )(하)고, 포식자에게 많이 먹히면 개체수가 (   )한다.

Step ❷ Key Word 찾아 답안 작성하기

- 생태계에서 에너지는 먹이 관계를 따라 생산자 → 1차 (**1**) → (**2**)의 순서로 이동한다.
- 1차 소비자의 개체수가 증가하면 (**3**)의 개체수는 감소하고, (**4**)의 개체수는 증가한다.
- 1차 소비자의 개체수가 감소하면 생산자가 1차 소비자에게 먹히는 양은 (**5**)한다.

Key Word

1	**2**
3	**4**
5	

---

06 표 (가)는 생태피라미드를 나타내는 어떤 생태계에서 영양단계 A~C의 에너지양을, (나)는 이 생태계의 평형 회복 과정을 나타낸 것이다. A~C는 각각 생산자, 1차 소비자, 2차 소비자 중 하나이고, ㉠과 ㉡은 각각 A와 C 중 하나이다.

영양단계	에너지양(단위: 상댓값)	생태계평형 회복 과정
A	100	㉠의 개체수 증가 → ㉡의 개체수 감소, B의 개체수 증가 → ㉠의 개체수 감소 → ㉎ → 평형 회복
B	1000	
C	20	
(가)		(나)

(1) ㉠은 A와 C 중 무엇인지 영양단계의 기호와 이름을 모두 쓰고, ㉠이 유기물을 얻는 방법을 설명하시오.

(2) ㉎ 단계에서 일어나는 개체수의 변화를 A~C 중 해당하는 영양단계를 모두 들어 설명하시오.

Step ❶ 문제 분석하기

에너지양은 상위 영양단계로 갈수록 감소하는 생태파라미드를 나타내므로 A는 (   ), B는 (   ), C는 (   )(이)다.

Step ❷ Key Word 찾아 답안 작성하기

- 생산자의 개체수가 증가하기 위해서는 1차 소비자의 개체수가 (**1**)해야 한다.
- (**2**)의 개체수가 증가하면 1차 소비자의 개체수가 감소한다.
- 2차 소비자의 개체수가 감소하면 (**3**)의 개체수는 증가하고, 이에 따라 (**4**)의 개체수는 감소한다.

Key Word

1	**2**
3	**4**

07 그림 (가)는 어떤 생태계에서 먹고 먹히는 관계에 있는 영양단계 ㉠과 ㉡의 개체수 변화를, (나)는 이 생태계의 생태피라미드를 나타낸 것이다. ㉠과 ㉡은 각각 A와 B 중 하나이고, A~C는 각각 생산자와 소비자 중 하나이다.

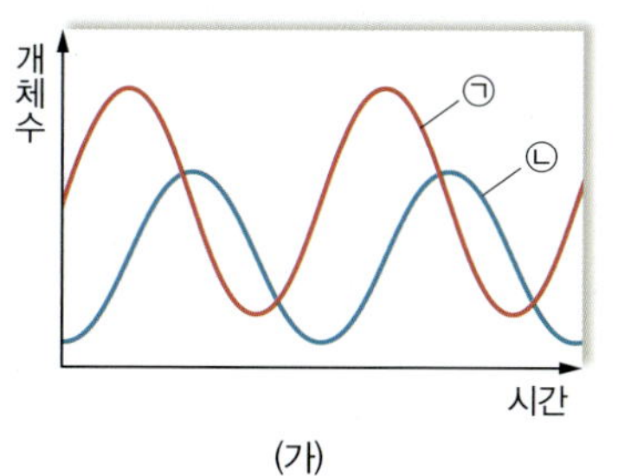

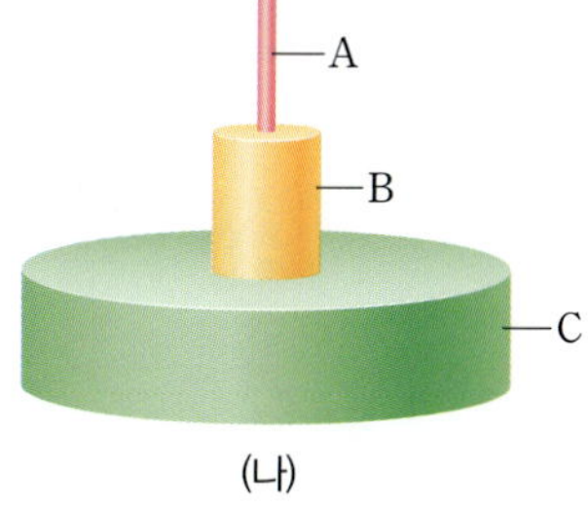

(1) ㉠과 ㉡은 각각 A와 B 중 무엇인지 영양단계의 기호와 이름을 모두 쓰시오.

(2) 이 생태계에서 A의 개체수가 일시적으로 증가했을 때 생태계평형이 회복되는 과정을 A와 B만 이용해 설명하시오.

Step ❶ 문제 분석하기

• ㉠의 개체수가 증가하면 ㉡의 개체수가 증가하고, ㉡의 개체수가 증가하면 ㉠의 개체수가 감소하므로 포식자와 피식자 중 ㉠은 (   )(이)고, ㉡은 (   )(이)다.

• 생태피라미드에서 (   )(으)로 갈수록 상위 영양단계이므로 A~C 중 가장 상위 영양단계는 (   )(이)다.

Step ❷ Key Word 찾아 답안 작성하기

• ㉡은 ㉠을 먹이로 먹으므로 ㉡은 ㉠보다 (❶) 영양단계이다.

• A는 (❷), B는 (❸), C는 생산자이다.

• 2차 소비자의 개체수가 증가하면 1차 소비자의 개체수는 (❹)한다.

Key Word

❶	❷
❸	❹

---

08 그림은 어떤 생태계에서 서식지의 모습 (가)~(다)를 나타낸 것이다. 이 생태계의 서식지가 (가)에서 (나)로 변하면 기존 생물종의 45 %가 사라지고, (가)에서 (다)로 변하면 기존 생물종의 15 %가 사라진다. (나)와 (다)에서 서식지의 총면적은 큰 차이가 없다.

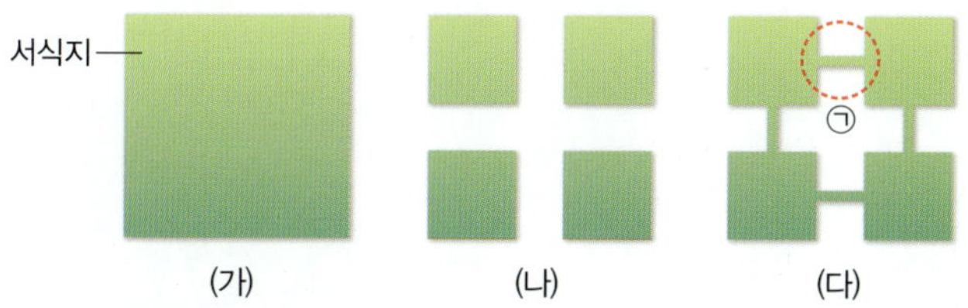

(1) (가)에서 (나)로 변할 때 이 생태계의 평형 유지 능력은 어떻게 달라지는지 쓰고, 그 까닭을 먹이 관계와 연관 지어 설명하시오.

(2) 생태계평형 유지 노력과 관련해 ㉠과 같은 역할을 하는 인공 구조물을 쓰고, ㉠이 생태계의 생물다양성에 미치는 영향을 ㉠의 작용과 연관 지어 설명하시오.

Step ❶ 문제 분석하기

• 서식지의 면적이 감소하면 생물의 종 수가 줄어들어 생물다양성이 (   )한다.

• 서식지가 (가)에서 (나)로 변하면 면적이 (   )한다.

Step ❷ Key Word 찾아 답안 작성하기

• 생물다양성이 높아 (❶)이/가 복잡하게 형성될수록 생태계평형이 잘 유지된다.

• 기존의 생물종이 사라지면 생태계의 먹이 관계가 (❷)해진다.

• 도로나 철도 등에 의해 (❸)이/가 단절되는 것을 막기 위해 (❹)을/를 설치하는 것은 생태계평형 유지를 위한 노력 중 하나이다.

Key Word

❶	❷
❸	❹

온실 효과와 지구 온난화
지구 열수지
온실 효과
지구 온난화
지구 환경 변화와 인간 생활
대기와 해양의 상호작용
나는 온실 기체. 지구를 따뜻하게 해 줄 이불을 만들고 있지.
이불이 너무 두꺼운 것 같은데.
내가 너에게 얼마나 많은 에너지를 주는지 알고 있어?
나도 받는 만큼 돌려주고 있다고.
바다, 넌 왜 자꾸 따라와?
날 움직이게 만든 건 너야.

2 지구 환경의 변화

온실 효과 강화로 인해 지구 온난화가 가속화되고 있으며,
엘니뇨, 사막화 등과 같은 현상이 지구 환경과 인간 생활에
다양하게 영향을 미치고 있다.

1 온실 효과와 지구 온난화

2 지구 환경 변화와 인간 생활

온실 효과와 지구 온난화

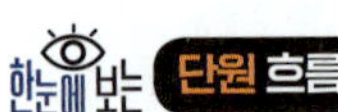 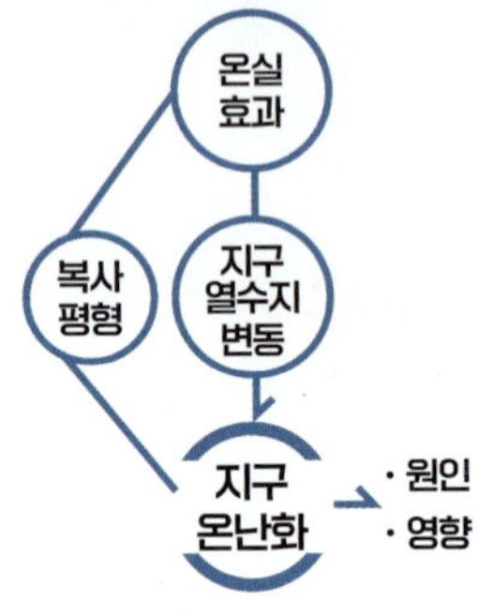

복사 평형
어떤 물체가 흡수한 복사 에너지양과 방출한 복사 에너지양이 같은 상태로, 물체의 온도가 일정하게 유지된다.

달의 표면 온도
지구와 달은 태양으로부터의 거리가 거의 같아 입사되는 태양 복사 에너지양이 거의 같다. 하지만 달은 대기가 없어 지구에 비해 평균 표면 온도가 낮고 일교차가 매우 크다. 달의 적도 지역의 평균 표면 온도는 약 $-67\ ℃$, 일교차는 약 $300\ ℃$ 이다.

1 온실 효과와 지구 열수지

지구는 태양 복사 에너지를 흡수하고 지구 복사 에너지를 방출하는데, 이 과정에서 지구 대기에 의한 온실 효과가 나타나 생명체가 살기에 적절한 환경이 만들어졌다.

1. 지구의 복사 평형과 온실 효과

(1) **지구의 복사 평형**: 지구는 태양으로부터 흡수한 태양 복사 에너지와 같은 양의 지구 복사 에너지를 방출하여 에너지 평형을 이룬다. ➡ 지구의 연평균 기온이 일정하게 유지된다.

① 태양 복사 에너지: 태양에서 방출하는 복사 에너지로, 태양의 표면 온도는 약 5800 K으로, 파장이 짧은 감마선에서 파장이 긴 전파까지 넓은 범위에 걸쳐 복사 에너지를 방출한다. ➡ 가시광선 영역에서 가장 많은 에너지를 방출한다.

② 지구 복사 에너지: 지구의 평균 온도는 약 288 K으로, 파장이 긴 적외선 영역에서 대부분의 에너지를 방출한다.

(2) **온실 효과**: 지구 대기 중의 온실 기체가 태양 복사 에너지를 대부분 통과시키고, 지표에서 방출하는 지구 복사 에너지를 흡수하였다가 일부를 지표로 재복사하여 대기가 없을 때보다 지구의 평균 기온이 높게 유지되는 현상

(3) **온실 기체**: 파장이 긴 지구 복사 에너지를 잘 흡수하여 온실 효과를 일으키는 기체
예 수증기, 이산화 탄소, 메테인, 산화 이질소, 오존 등

자료 분석 ➕ 온실 효과의 원리

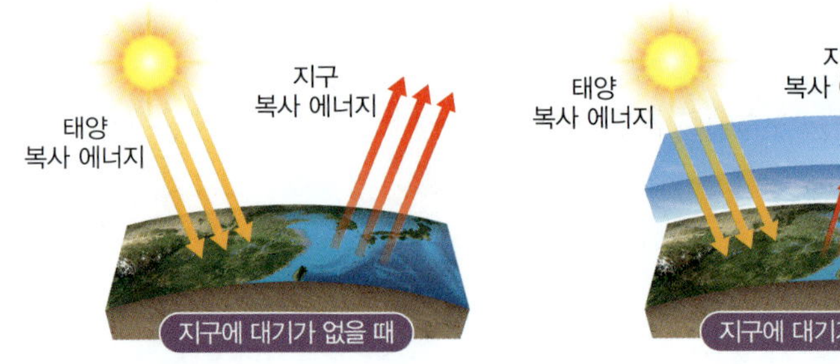

❶ **지구에 대기가 없을 때**: 지구가 흡수한 태양 복사 에너지를 모두 지구 복사 에너지로 방출한다.
➡ 복사 평형 상태

❷ **지구에 대기가 있을 때**: 지표와 대기가 태양 복사 에너지를 흡수하고, 대기가 지구 복사 에너지를 흡수하였다가 일부를 지표로 다시 방출하여 지구의 평균 기온을 높인다. ➡ 대기가 없을 때(약 $-18\ ℃$) 보다 더 높은 온도(약 $15\ ℃$)에서 복사 평형을 이룬다.

2. 지구 열수지 탐구 180쪽 심화 강의 182쪽

지구에 들어오는 태양 복사 에너지를 100 %라고 할 때, 그중 30 %는 대기와 지표에 의해 반사되거나 대기에 의해 산란되어 우주 공간으로 되돌아가고, 70 %는 대기와 지표에 흡수된다.

⑴ **지구의 반사율**: 지구에 흡수되지 않고 우주로 방출되는 에너지의 양으로 약 30 %이다.

⑵ **지구의 복사 평형**: 지구는 우주 공간으로부터 70 %의 에너지를 흡수하고, 흡수한 70 %의 에너지를 우주 공간으로 방출한다.

⑶ 지구 *열수지: 지구의 복사 평형 상태에서 나타나는 지표, 대기, 우주 간의 열출입 관계
➡ 지표, 대기, 우주 각 영역에서는 복사 에너지의 흡수량과 방출량이 같다.

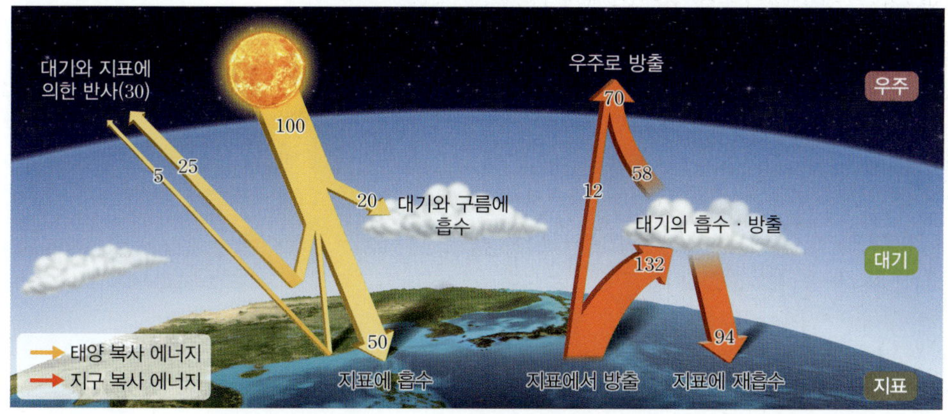

▲ 지구 열수지

구분	흡수	방출
우주	반사(30) + 지구 복사(70) = 100	태양 복사(100) = 100
대기	태양으로부터 흡수(20) + 지표로부터 흡수(132) = 152	우주로 방출(58) + 대기의 재복사(94) = 152
지표	태양으로부터 흡수(50) + 대기의 재복사 흡수(94) = 144	우주로 방출(12) + 대기로 방출(132) = 144

⑷ **온실 효과를 일으키는 에너지양**: 지표면에서 방출되는 144 단위의 에너지 중 132 단위는 대기의 온실 기체에 의해 흡수되어 지표로 94 단위만큼 재복사하여 온실 효과를 일으킨다.

중요 개념 체크

정답과 해설 60쪽

1. 지구는 흡수하는 태양 복사 에너지의 양과 방출하는 지구 복사 에너지의 양이 같은 (   ) 상태이다.

2. 온실 효과에 대한 설명으로 옳은 것은 ○, 옳지 <u>않은</u> 것은 ×로 표시하시오.

  ⑴ 온실 효과에 의해 지구의 평균 기온은 계속 높아진다. ———————— (   )

  ⑵ 온실 기체는 태양 복사 에너지보다 지구 복사 에너지를 잘 흡수한다. ———— (   )

3. 복사 평형 상태의 지구에서 나타나는 지표, 대기, 우주의 열출입 관계를 (   )(이)라고 한다.

온실 기체의 농도와 지구의 평균 온도

온실 기체의 농도가 증가할수록 지표면과 대기가 주고받는 에너지양이 증가하여 지구의 평균 기온이 상승한다.

 용어

*열수지 (熱 덥다, 收 거두다, 支 가르다)

열의 수입과 지출로, 지구의 열수지는 지구에 출입하는 에너지 관계를 의미한다.

2 지구 온난화

산업 혁명 이후 자원의 소비가 증가하면서 화석 연료의 사용량 증가, 토지 개발 등 인간의 활동으로 인해 이산화 탄소를 비롯한 많은 양의 온실 기체가 대기로 배출되었다. 온실 기체의 양이 증가하면 지구의 평균 기온이 높아지고 그 결과 지구 환경이 변하면서 이상 기후가 나타나고 있다.

1. 지구 온난화

대기 중 온실 기체의 양 증가로 온실 효과가 강화되어 지구의 평균 기온이 상승하는 현상을 지구 온난화라고 한다.

(1) **지구 온난화의 원인**: 산업 혁명 이후 급격히 증가한 화석 연료 사용량, 토지 개발, 과도한 삼림 벌채 등으로 대기 중 온실 기체의 양이 증가하였기 때문이다. ➡ 주된 요인: 화석 연료의 사용량 증가에 따른 대기 중 이산화 탄소의 농도 증가

지구 기후 변화의 자연적 요인
태양 활동의 변화나 화산 활동과 같이 자연적인 요인으로 지구 기후가 변화할 수 있다. 태양 활동이 활발해지면 지구로 유입되는 태양 복사 에너지의 양이 증가하여 지구 기온이 상승할 수 있다. 화산 활동으로 방출된 화산재에 의해 지구 대기의 반사율이 증가하면 지구로 유입되는 태양 복사 에너지의 양이 감소하여 지구의 기온이 하강할 수 있다.

온실 기체의 배출량
온실 기체 중 이산화 탄소의 배출량이 가장 많다. 따라서 이산화 탄소는 온실 효과에 미치는 영향이 가장 크다. 수증기 1 ppm당 온실 효과 기여도가 크지만 대기 중에 양의 변화가 거의 없다.

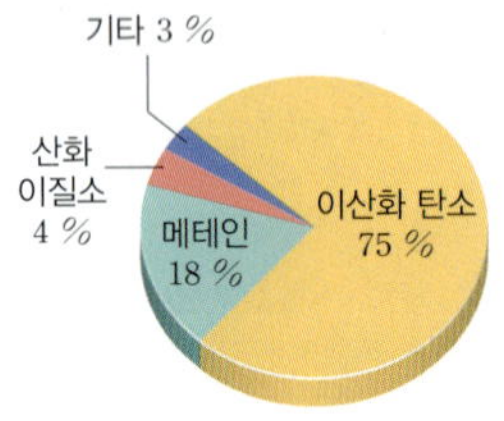

▲ 온실 기체 배출량(2023년)

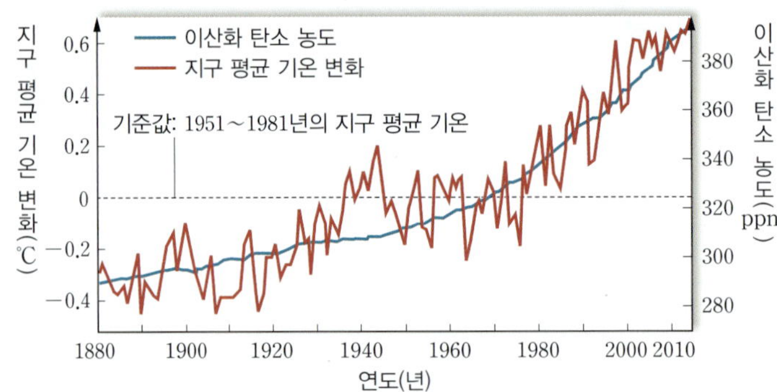

▲ 대기 중 이산화 탄소 농도와 지구 평균 기온 변화

좀 더 자세히!

- 대기 중 이산화탄소 농도는 계속 증가하고 있다.
- 지구의 평균 기온은 변동성이 있지만 대체로 상승하고 있다.
- 지구의 평균 기온이 상승하는 까닭: 대기 중 이산화 탄소 농도 증가 때문

자료 분석 자연적 온실 효과와 지구 온난화의 과정 비교

대기 중 온실 기체 농도가 증가하면 온실 기체가 흡수하는 지구 복사 에너지의 양이 증가하여 지구 열수지가 변하고, 지구의 평균 기온이 상승하여 지구 온난화가 발생한다.

▲ 자연적 온실 효과　　　▲ 지구 온난화

[지구 온난화의 메커니즘]

대기 중 온실 기체의 농도 증가 ➡ 온실 기체가 흡수하는 지구 복사 에너지양 증가 ➡ 대기에서 지표로 재복사하는 에너지양 증가 ➡ 온실 효과 강화, 지구 열수지 변동 ➡ 더 높은 온도에서 복사 평형 ➡ 지구의 평균 기온 상승 (지구 온난화)

(2) 지구 온난화의 영향

해수면 상승과 빙하 면적 감소	• 지구의 기온 상승으로 수온이 상승하면 극지방과 고산 지대의 빙하가 녹고 해수의 열팽창에 의해 해수의 부피가 증가하여 해수면이 상승한다. ➡ 해안 지역의 저지대는 침수되어 육지 면적이 감소하고, 해안 생태계에 변화가 발생한다. • 수온이 상승하면 기체의 용해도가 감소하므로 해수에 녹아 있던 이산화 탄소가 대기로 방출되어 지구 온난화가 가속화된다. • 빙하 면적이 감소하면 지표면에서 태양 복사 에너지의 반사율이 감소하고, 지표면은 태양 복사 에너지를 더 많이 흡수하여 지구 온난화가 가속화된다.
기상 이변 증가	• 기상 이변의 발생 횟수와 강도가 증가한다. ➡ 태풍, 홍수, 가뭄, 폭염 등의 극단적인 날씨에 의한 피해가 커진다.
생태계 및 사회 · 경제적 문제	• 지표면 평균 기온의 급격한 상승은 생물의 멸종 또는 서식지 변화에 영향을 준다. • 식량 생산 감소, 질병 증가, 수자원 변화 등 사회 · 경제적 문제에도 영향을 준다.

1979년과 2012년의 북극 해빙(Sea ice)의 면적 비교

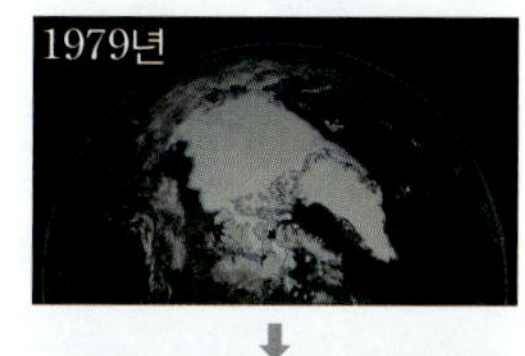

플러스 강의 ➕ 지구 온난화의 *되먹임 작용

❶ 지구 온난화의 양의 되먹임

• 지구의 평균 기온 상승 → 증발량 증가 → 대기 중의 수증기량 증가 → 지구 온난화 강화

• 빙하 면적 감소 → 지표의 반사율 감소 → 태양 복사 에너지 흡수량 증가 → 지구 온난화 강화

• 해수 온도 상승 → 기체의 용해도 감소 → 이산화 탄소 방출 → 지구 온난화 강화

❷ 지구 온난화의 음의 되먹임: 증발량 증가 → 구름의 양 증가 → 반사율 증가 → 지구로 유입되는 태양 복사 에너지양 감소 → 지구 온난화 약화

▲ 지구 온난화의 과정

온실 기체 감축을 위한 사회적 노력

탄소 저감 기술, 에너지 효율을 높이는 기술, 이산화 탄소 포집 기술과 같이 온실 기체 배출량을 줄이거나 이미 배출된 온실 기체의 양을 줄이는 기술을 적극적으로 개발해 나가야 한다.

2. 지구 온난화의 대책

(1) 지구 온난화를 막기 위한 개인과 사회의 노력: 개인은 대중교통을 이용하고, 자원 절약을 위해 일회용품 사용을 줄이며, 에너지 절약을 생활화하여 화석 연료의 사용량을 줄인다. 사회적으로는 삼림 파괴를 줄이고, 신재생 에너지를 적극적으로 활용한다.

(2) 지구 온난화를 막기 위한 국제적 노력: 유엔기후변화 협약과 같은 국제 협약을 통해 인위적인 기후 변화 방지를 위해 노력해야 한다.

기후 변화 협약

대표적인 기후 변화 협약에는 교토 의정서(1997년), 파리 협정(2015년), 글래스고 기후 합의(2021년) 등이 있으며, 온실 기체의 인위적인 배출량을 제한하여 지구 온난화를 방지하는 것을 목표로 하고 있다.

중요 개념 체크

정답과 해설 60쪽

4. 다음은 지구 온난화와 그 영향에 대한 설명이다. (　　) 안에 들어갈 알맞은 말을 고르시오.

> 지구 온난화는 인간의 활동으로 온실 기체의 농도가 ㉠(증가, 감소)하여 지구의 평균 기온이 상승하는 현상이다. 이로 인해 전 세계 해수면의 높이가 ㉡(상승, 하강)하고, 극지방의 빙하 면적이 ㉢(증가, 감소)한다.

용어

*되먹임(feedback)

되먹임은 한 시스템에서 어떤 일로 발생한 결과가 다시 원인에 영향을 미치는 작용을 의미한다. 결과가 사건을 강화시키는 양의 되먹임과 결과가 사건을 약화시키는 음의 되먹임이 있다.

탐구 분석 — 지구 온난화에 따른 지구 열수지 변동 탐구하기

목표 | 온실 효과 강화로 발생하는 지구 온난화의 과정과 지구 온난화에 따른 지구 열수지 변동을 설명할 수 있다.

탐구 영상

과정

❶ 500 mL 플라스틱 페트병 A와 B에 각각 물을 200 mL씩 넣는다.

❷ 페트병 B에만 이산화 탄소 발포정을 넣고 페트병 A와 B의 입구를 막는다.

❸ 이산화 탄소 발포정이 다 녹으면 페트병 A와 B를 적외선 조명 아래에 두고 1분 간격으로 10분 동안 페트병 내부의 온도 변화를 측정한다.

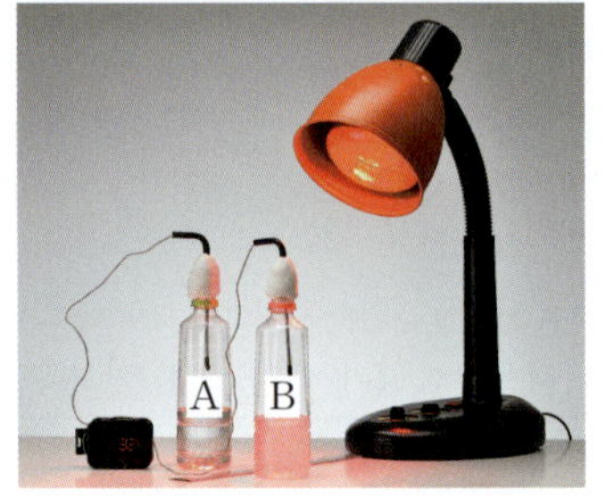

이산화 탄소 발포정의 성분

이산화 탄소 발포정의 주 성분은 탄산수소 나트륨($NaHCO_3$)으로 물과 반응하면 이산화 탄소가 발생한다. 이산화 탄소 발포정 대신 탄산수소 나트륨이 포함되어 있는 발포 비타민을 사용할 수 있다.

결과

1. 페트병 내부의 온도 변화

• 페트병 A와 B에서 모두 온도가 상승하다가 공기가 열평형 상태에 도달하면 온도가 일정해진다.

• 이산화 탄소 발포정을 넣은 페트병 B가 A보다 온도 변화가 크다.

2. **페트병 B가 A보다 온도 변화가 큰 까닭**: 페트병 B가 A보다 온실 기체의 농도가 높아 온실 효과가 강화되어 더 높은 온도에서 복사 평형을 이루기 때문이다.

3. **페트병 A, B와 지구 비교**: 페트병 A는 자연적인 온실 효과가 일어나는 대기의 상태, 페트병 B는 온실 효과가 강화된 대기의 상태를 나타낸다.

정리

• **지구 온난화와 지구 열수지 변화**: 대기 중 온실 기체의 농도가 높아지면 대기가 흡수하는 에너지양과 대기에서 지표로 재복사하는 에너지양이 증가한다.

• **온실 효과 강화와 지구 온난화**: 대기 중 온실 기체의 농도가 높아지면 온실 효과가 강화되어 더 높은 온도에서 복사 평형이 이루어지므로 지구의 평균 기온이 높아지고 지구 온난화가 심해진다.

이렇게도 할수 있어요!

Tip 동아출판, 미래엔, 천재교육 교과서에서는 대기 중 온실 기체 농도가 높아졌을 때, 지구 열수지가 어떻게 변동되는지 추론한다.

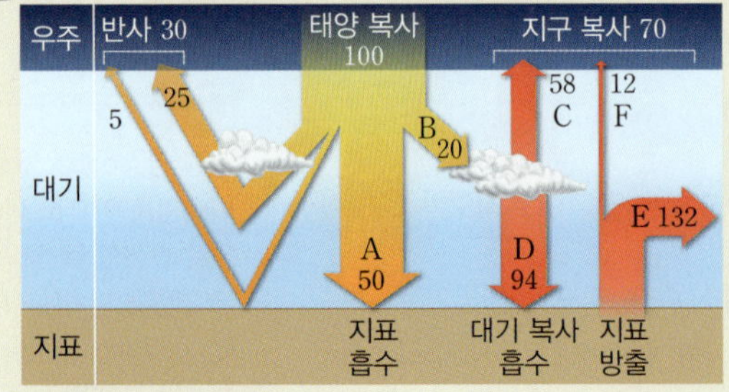

▲ 지구의 열수지 평형

• 지구 온난화에 따른 지구 열수지 변동(지구 반사율이 일정할 때)

증가하는 값	B, D, E
감소하는 값	A
일정한 값	A+B, C+F

➡ 지표와 대기가 주고받는 에너지양이 증가하여 지구 온도가 상승한다.

열수지 평형

온실 기체의 양이 증가하더라도 우주, 대기, 지표의 각 영역에서 흡수하는 에너지양과 방출하는 에너지양은 같다.

탐구 확인 문제

01 앞의 탐구에 대한 설명으로 옳은 것은 ○, 옳지 않은 것은 ×로 표시하시오.

(1) 페트병 속의 공기는 지구 대기를 의미한다.
　――――――――――――――――――――――（　　）

(2) 적외선 조명은 태양 복사를 의미한다. ――（　　）

(3) 이산화 탄소 발포정을 넣은 페트병은 지구 온난화가 심해진 상태를 의미한다. ―――――――（　　）

(4) 이산화 탄소는 적외선을 잘 흡수하는 온실 기체이다.
　――――――――――――――――――――――（　　）

02 앞의 탐구에 대한 설명으로 옳은 것을 모두 고르면?

(답 2개)

① 과정 ❷에서 페트병 A는 B보다 온실 기체의 농도가 높다.

② 과정 ❸에서 페트병 B는 A보다 온도 변화가 크다.

③ 과정 ❸에서 페트병 B는 시간이 지나도 온도가 계속 상승한다.

④ 페트병 속의 이산화 탄소 농도가 높을수록 더 낮은 온도에서 복사 평형에 도달한다.

⑤ 페트병 속의 이산화 탄소 농도가 높을수록 온실 효과가 강화된다.

03 그림은 복사 평형 상태인 지구 열수지를 나타낸 것이다. (단, 지구의 반사율은 일정하다고 가정한다.)

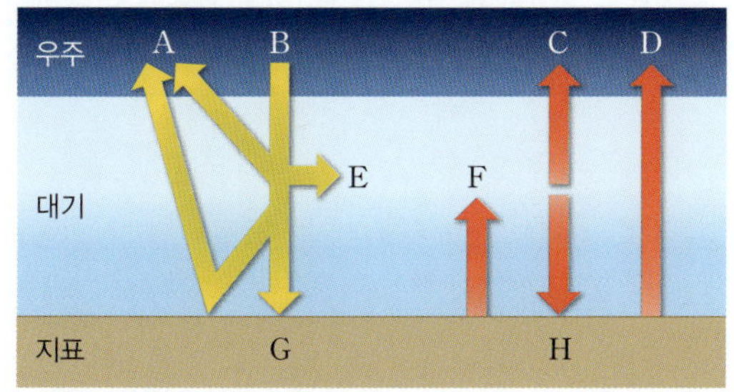

(1) 앞의 탐구에서 페트병 B의 온도 상승과 가장 관련 있는 에너지 이동을 A~H 중에서 고르시오.

(2) 대기 중 온실 기체의 농도가 높아질 때 증가하는 에너지 이동을 A~H 중에서 있는 대로 고르시오.

적용

04 다음은 온실 효과를 알아보기 위한 실험 과정이다.

> [실험 과정]
>
> (가) 페트병 2개에 각각 같은 농도의 이산화 탄소와 메테인을 넣는다.
>
> (나) 페트병을 적외선 조명 아래에 두고 1분 간격으로 10분 동안 페트병 안 공기의 온도를 측정한다.

이 실험에서 알아보고자 하는 목표를 설명하시오.

수능형

05 다음은 온실 효과를 알아보기 위한 실험이다.

> [실험 과정]
>
> (가) 아랫면을 랩으로 막은 상자, 온도계, 적외선 등을 준비한다.
>
> (나) 상자 윗면을 랩으로 막고 초기 온도를 측정한 후, 적외선 등을 켜고 상자 안의 온도 변화를 5분 동안 측정한다.
>
> (다) 상자에 이산화 탄소를 넣은 후 (나) 과정을 수행한다.
>
> (라) 상자에 (다)에서 넣은 이산화 탄소량의 2배를 넣은 후 (나) 과정을 수행한다.
>
> [실험 결과]

실험 과정	(나)	(다)	(라)
초기 온도(℃)	14.0	14.0	14.0
5분 후 온도(℃)	14.7	(㉠)	15.7

이에 대한 설명으로 옳은 것만을 보기에서 있는 대로 고른 것은?

> **보기**
>
> ㄱ. (나)에서는 온실 효과가 일어나지 않는다.
>
> ㄴ. ㉠은 15.7보다 작다.
>
> ㄷ. (다)는 (라)보다 지구 온난화가 심해진 지구를 나타낸다.

① ㄱ　　　　　② ㄴ　　　　　③ ㄱ, ㄷ

④ ㄴ, ㄷ　　　　⑤ ㄱ, ㄴ, ㄷ

지구 열수지

지구 대기는 태양 복사 에너지보다 지구 복사 에너지를 잘 흡수한다. 이는 태양 복사 에너지와 지구 복사 에너지의 파장이 다르기 때문에 나타나는 현상이다. 대기와 구름 및 지표의 반사율은 지구에 입사하는 태양 복사 에너지양을 변화시켜 지구 열수지에 영향을 줄 수 있다.

1 지구 대기는 왜 태양 복사 에너지보다 지구 복사 에너지를 잘 흡수할까?

(1) **지구 대기가 흡수하는 복사 에너지**: 태양 복사 에너지를 100 단위라고 할 때 30 단위의 에너지는 지구의 대기와 지표에 의해 반사되고 70 단위의 에너지가 흡수된다. 이 중 대기가 흡수하는 에너지는 20 단위에 불과하다. 반면 지표면이 방출하는 144 단위의 에너지 중 132 단위의 에너지는 대기에 흡수되고 우주로 방출되는 에너지 외에 나머지는 지표로 재복사되어 지구의 온도를 상승시킨다.

(2) **복사의 특징**: 복사는 에너지를 전달하는 방법 중 하나로, 에너지를 방출하는 물체의 표면 온도에 따라 특징이 달라진다. 표면 온도가 약 5800 K인 태양은 파장이 짧은 가시광선에서 가장 강한 에너지를 방출하며 자외선과 적외선 영역에서도 에너지를 방출한다. 반면 표면 온도가 약 288 K인 지구는 파장이 긴 적외선 영역에서 에너지를 방출한다.

(3) **복사 에너지의 파장과 대기의 선택적 흡수**: 지구의 대기는 특정한 파장의 복사 에너지를 선택적으로 흡수하고 방출하는 기체로 이루어져 있다. 즉, 단파인 태양 복사 에너지는 잘 흡수하지 못하고 통과시키지만 장파인 지구 복사 에너지는 잘 흡수한다. 이산화 탄소, 수증기, 메테인 등은 대표적인 선택 흡수 기체로, 이러한 기체를 온실 기체라고 한다. 주로 적외선 영역으로 방출되는 지구 복사 에너지는 수증기, 이산화 탄소, 메테인 등에 의해 흡수되고, 태양 복사 에너지 중 자외선 영역의 에너지는 오존에 의해 많이 흡수된다.

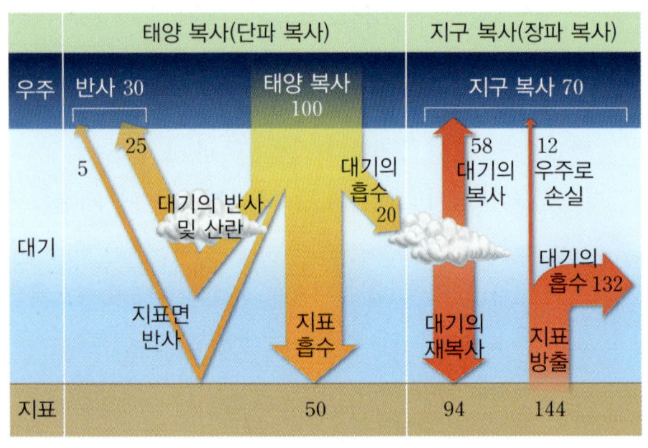

▲ 지구의 열수지

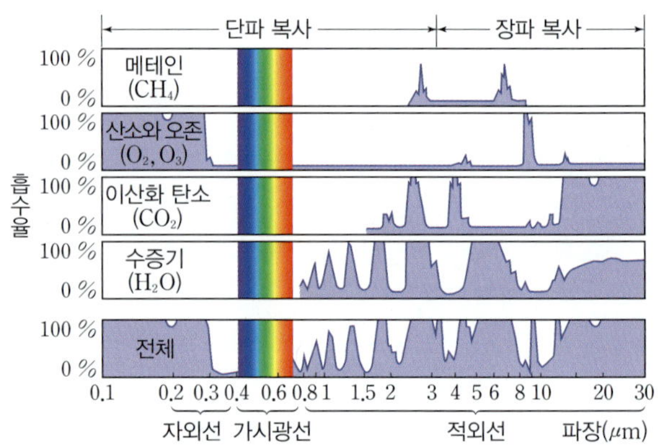

▲ 대기의 선택적 흡수(미국항공우주국, 2018)

(4) **온실 기체 농도 증가와 지구 열수지**: 대기 중의 온실 기체의 농도가 계속해서 높아진다면 적외선 에너지의 흡수율이 증가하여 대기가 흡수하는 지표 복사 에너지가 증가하고 지표로 재복사하는 에너지가 증가하여 지구 온난화를 가속화시킨다.

2 지구의 반사율은 지구 열수지에 어떤 영향을 줄까?

(1) **반사율**: 물체가 빛을 받았을 때 반사하는 정도로, 알베도(albedo)라고도 한다. 반사율은 지표면의 종류에 따라 다르며, 구름의 높이나 두께에 따라서도 다르다.

(2) **인간의 활동에 의한 지구의 반사율 변화**: 인간의 활동으로 지표면의 상태가 바뀌면 지구의 반사율에 영향을 줄 수 있다. 예를 들어 반사율이 낮은 삼림을 개발하거나 토양 황폐화로 사막이 늘어나면 지구의 반사율이 증가한다. 대기 중의 작은 입자인 에어로졸의 증가 및 미세먼지와 같은 인위적인 요인으로 지구의 반사율이 증가하기도 한다. 이와 같은 지구의 반사율 증가는 지구의 평균 기온을 낮추는 역할을 한다.

표면	반사율(%)	표면	반사율(%)
아스팔트	4~12	녹색 잔디	25
콘크리트	55	사막	40
침엽수림	8~15	빙하	50~70
토양	17	눈	90

▲ 지표면 상태에 따른 반사율

교과서 속 START 내신 완성 문제

01 복사 에너지와 복사 평형에 대한 설명으로 옳은 것은?

① 지구에 대기가 없다면 복사 평형은 일어나지 않는다.
② 복사 평형이 일어나면 물체의 온도가 계속 상승한다.
③ 복사 평형 상태에서는 흡수하는 에너지양과 방출하는 에너지양이 같다.
④ 지구는 흡수하는 태양 복사 에너지양이 방출하는 지구 복사 에너지양보다 많다.
⑤ 태양은 파장이 긴 적외선 영역에서 대부분의 에너지를 방출한다.

02 온실 효과를 일으키는 기체가 아닌 것은?

① 산소　　② 수증기　　③ 메테인
④ 이산화 탄소　　⑤ 산화 이질소

03 그림 (가)와 (나)는 각각 대기가 없을 때와 있을 때 복사 평형을 이루고 있는 지구의 에너지 출입을 나타낸 것이다.

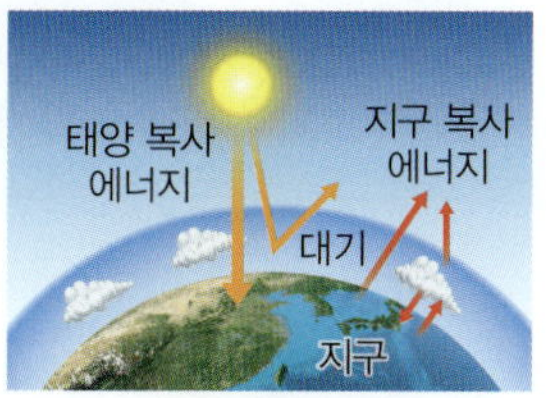

이에 대한 설명으로 옳은 것만을 보기에서 있는 대로 고른 것은?

보기
ㄱ. 지구의 평균 기온은 (가)가 (나)보다 낮다.
ㄴ. 우주로 방출하는 지구 복사 에너지양은 (가)가 (나)보다 많다.
ㄷ. 지구의 대기는 태양 복사 에너지보다 지구 복사 에너지를 잘 흡수한다.

① ㄱ　　② ㄴ　　③ ㄱ, ㄷ
④ ㄴ, ㄷ　　⑤ ㄱ, ㄴ, ㄷ

04 〈서술형〉 다음은 온실 효과를 알아보기 위한 실험 과정이다.

[실험 과정]
페트병 A에는 아무 것도 넣지 않고, 페트병 B에는 이산화 탄소를 넣은 후 각 페트병을 적외선 조명 아래에 두고 1분 간격으로 10분 동안 온도를 측정한다.

적외선 조명을 켜고 **10분**이 지났을 때, 페트병의 온도가 더 높은 것을 고르고, 그 까닭을 설명하시오.

[05~06] 그림은 복사 평형 상태에 있는 지구의 열수지를 나타낸 것이다.

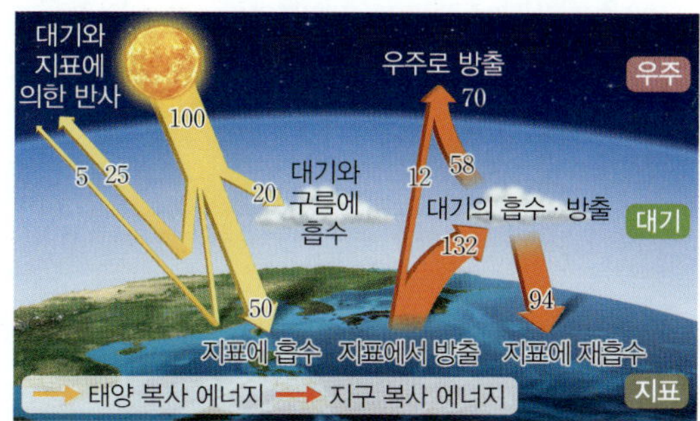

05 이에 대한 설명으로 옳은 것만을 보기에서 있는 대로 고른 것은?

보기
ㄱ. 지구의 반사율은 30 %이다.
ㄴ. 대기가 흡수하는 에너지양은 태양 복사보다 지구 복사가 많다.
ㄷ. 지표에서 방출되는 복사 에너지는 태양 복사 에너지보다 파장이 길다.

① ㄱ　　② ㄷ　　③ ㄱ, ㄴ
④ ㄴ, ㄷ　　⑤ ㄱ, ㄴ, ㄷ

06 〈서술형〉 이 자료에서 대기가 지표로 재복사하는 에너지 값을 쓰고, 대기 중 온실 기체의 양이 증가하였을 때, 그 값은 어떻게 변할지 설명하시오.

07 대기 중 온실 기체의 농도를 증가시키는 요인만을 보기에서 있는 대로 고른 것은?

보기
ㄱ. 삼림 조성
ㄴ. 가축 사육량 증가
ㄷ. 화석 연료 사용량 증가

① ㄱ   ② ㄴ   ③ ㄱ, ㄷ
④ ㄴ, ㄷ   ⑤ ㄱ, ㄴ, ㄷ

08 그림은 대기 중의 이산화 탄소 농도 변화와 지구의 평균 기온 변화를 나타낸 것이다.

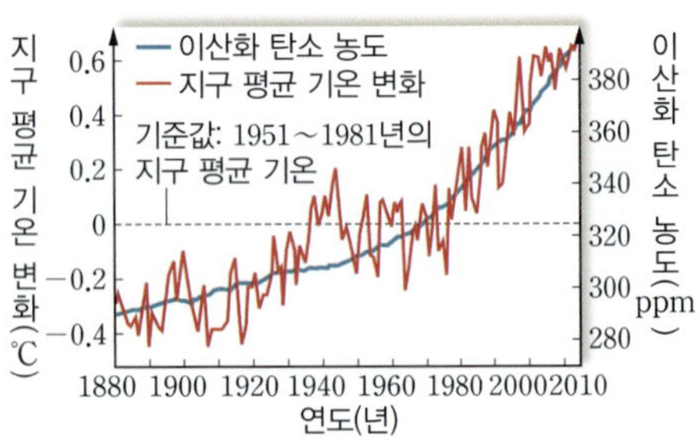

이에 대한 설명으로 옳은 것만을 보기에서 있는 대로 고른 것은?

보기
ㄱ. 지구의 평균 기온은 대체로 상승하고 있다.
ㄴ. 이산화 탄소 농도는 1800년대 후반보다 1900년대 후반에 급격히 증가하였다.
ㄷ. 이산화 탄소 농도 변화와 지구 평균 기온 변화의 경향성은 대체로 비례한다.

① ㄱ   ② ㄴ   ③ ㄱ, ㄷ
④ ㄴ, ㄷ   ⑤ ㄱ, ㄴ, ㄷ

09 다음은 지구 온난화가 일어나는 과정의 일부를 나타낸 것이다. ( ) 안에 들어갈 알맞은 말을 쓰시오.

화석 연료 사용량 증가 → 대기 중 온실 기체의 양 (㉠) → 온실 기체가 흡수하는 (㉡) 복사 에너지양 증가 → 대기에서 지표로 (㉢)하는 에너지양 증가 → 온실 효과 (㉣) → 지구 온난화

10 지구 온난화가 지구 환경에 미치는 영향으로 옳은 것은?

① 지구 평균 기온이 낮아졌다.
② 대기의 온실 효과가 약해졌다.
③ 대륙 빙하의 부피가 증가하였다.
④ 평균 해수면의 높이가 상승하였다.
⑤ 해수의 평균 수온이 낮아졌다.

11 그림 (가)와 (나)는 1979년과 2012년에 관측한 북극해 얼음이 연중 최소일 때의 모습을 순서 없이 나타낸 것이다.

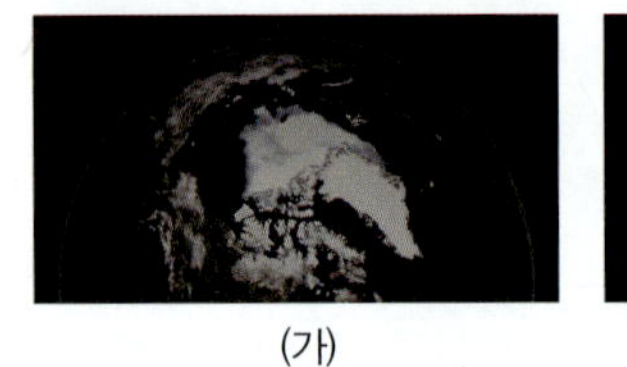 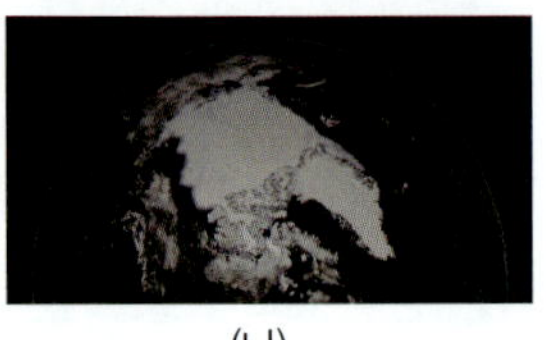

(가)   (나)

이에 대한 설명으로 옳은 것만을 보기에서 있는 대로 고른 것은?

보기
ㄱ. (가)는 1979년의 북극해 얼음 분포이다.
ㄴ. 해수면의 높이는 (가) 시기가 (나) 시기보다 높을 것이다.
ㄷ. 대기 중 이산화 탄소의 농도는 (가) 시기가 (나) 시기보다 낮을 것이다.

① ㄱ   ② ㄴ   ③ ㄱ, ㄷ
④ ㄴ, ㄷ   ⑤ ㄱ, ㄴ, ㄷ

12 지구 온난화를 방지하기 위한 대책으로 적절한 것만을 보기에서 있는 대로 고른 것은?

보기
ㄱ. 삼림 훼손 방지 정책 시행
ㄴ. 이산화 탄소 포집 기술 개발
ㄷ. 화석 연료의 대체 에너지 개발

① ㄱ   ② ㄷ   ③ ㄱ, ㄴ
④ ㄴ, ㄷ   ⑤ ㄱ, ㄴ, ㄷ

13 그림은 1880년 이후 해수면의 높이 편차를 나타낸 것이다.

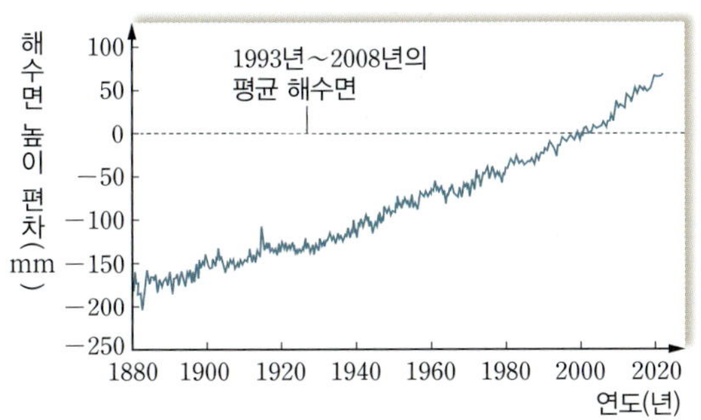

이에 대한 설명으로 옳은 것만을 보기에서 있는 대로 고른 것은?

보기

ㄱ. 이 기간 동안 극지방의 빙하 면적은 증가하였다.

ㄴ. 해수면 상승으로 해안 저지대에 침수 피해가 발생할 수 있다.

ㄷ. 해수 온도 상승으로 인한 열팽창은 해수면 상승의 원인이 된다.

① ㄱ　　　② ㄴ　　　③ ㄱ, ㄷ
④ ㄴ, ㄷ　　　⑤ ㄱ, ㄴ, ㄷ

14 그림은 지구 온난화가 일어나는 과정 중 일부를 나타낸 것이다.

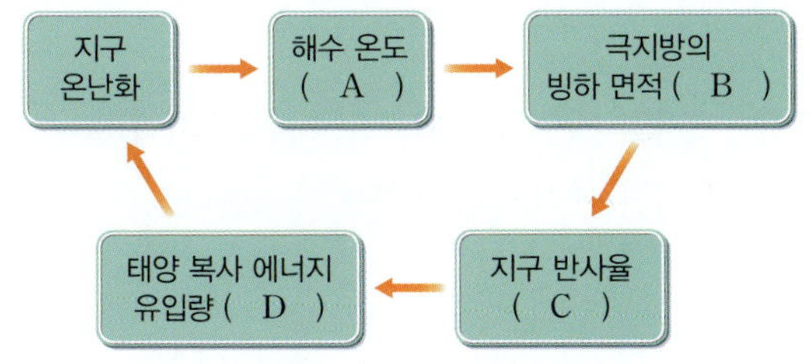

A~D 중 지구 온난화가 일어날 때 증가하는 값을 있는 대로 고른 것은?

① A, B　　　② A, D　　　③ B, C
④ B, D　　　⑤ C, D

JUMP 1등급 도전 문제

01 그림은 복사 평형 상태에 있는 지구의 열수지를 나타낸 것이다.

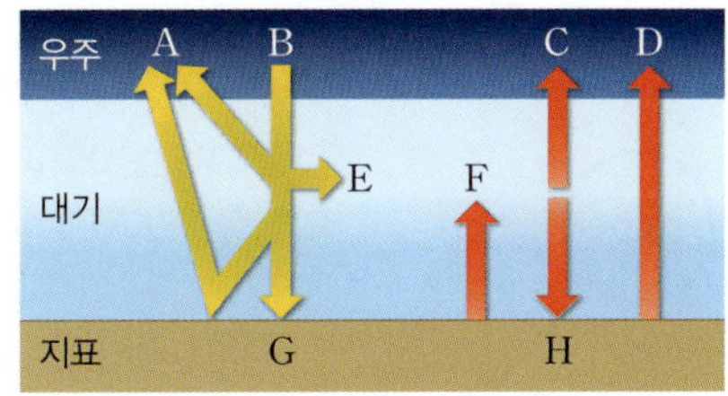

이에 대한 설명으로 옳은 것만을 보기에서 있는 대로 고르시오.

보기

ㄱ. G+H=F이다.

ㄴ. E는 F보다 작다.

ㄷ. A가 일정할 때 온실 기체의 양이 증가하면 C+D의 값은 증가한다.

02 그림은 산업 혁명 이전 값과 비교하여 추정한 지구의 평균 기온 편차를 나타낸 것이다.

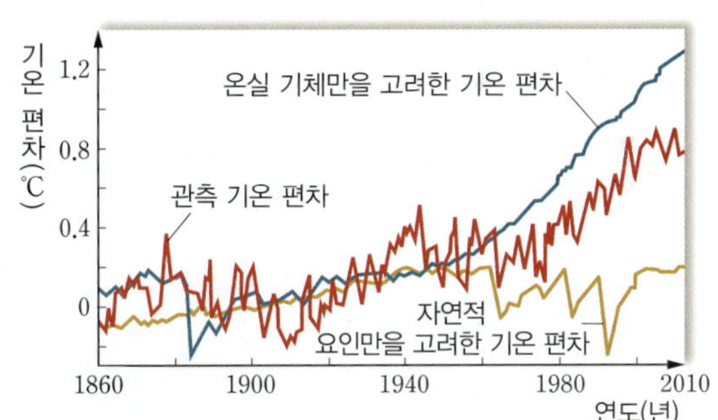

이에 대한 설명으로 옳은 것만을 보기에서 있는 대로 고르시오.

보기

ㄱ. 온실 기체 농도의 증가는 지구 온난화의 주요 원인이다.

ㄴ. 1980년대 이후 자연적 요인은 지구 기온이 상승하는 데 기여하였다.

ㄷ. 극지방에서 지표면의 태양 복사 흡수량은 1900~1910년이 2000~2010년보다 많았다.

O2 지구 환경 변화와 인간 생활

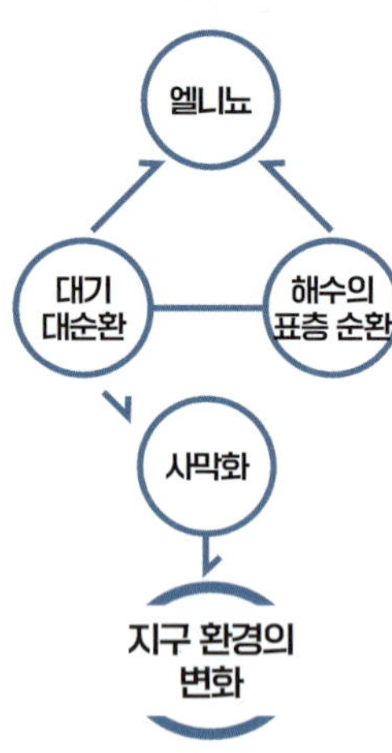

① 대기 대순환과 해수의 표층 순환

지구의 위도별 에너지 불균형은 대기와 해양의 순환을 일으키고, 대기 대순환에 의해 지상에서 부는 바람은 해수의 표층 순환에 영향을 준다.

1. 대기 대순환

지구 전체 규모의 순환으로, 위도에 따른 에너지 불균형과 지구 자전의 영향으로 발생한다.

⑴ **위도에 따른 에너지 불균형**: 지구는 구형이기 때문에 위도에 따라 태양 복사 에너지 흡수량과 지구 복사 에너지 방출량이 다르다. ➡ 저위도는 에너지 과잉, 고위도는 에너지 부족

⑵ **지구 자전의 영향**: 북반구와 남반구에 각각 3개의 순환 세포를 형성한다.

⑶ **대기 대순환과 지상에서 부는 바람**: 저위도 지역(위도 0°~30°)에서는 무역풍, 중위도 지역(위도 30°~60°)에서는 편서풍, 고위도 지역(위도 60°~90°)에서는 극동풍이 분다.

2. 해수의 표층 순환

⑴ **표층 해류의 발생**: 해수면 위에서 지속적으로 부는 바람에 의해 표층 해류가 발생한다.

⑵ **해수의 표층 순환**: 표층 해류는 동서 방향으로 흐르다가 대륙의 분포에 의해 남북 방향으로 갈라져 흐르면서 북반구와 남반구에서 대칭적으로 순환이 형성된다.

위도에 따른 에너지 불균형

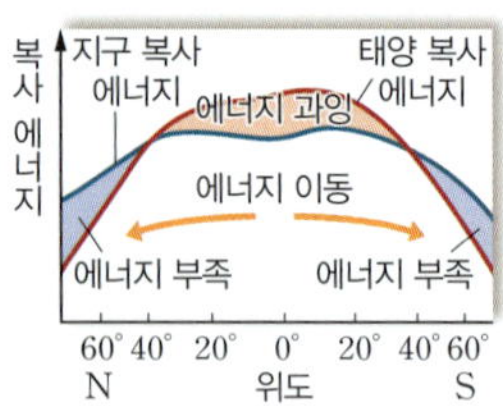

- 적도~위도 약 38°: 태양 복사 에너지 흡수량 > 지구 복사 에너지 방출량 ➡ 에너지 과잉
- 위도 약 38°~극: 태양 복사 에너지 흡수량 < 지구 복사 에너지 방출량 ➡ 에너지 부족

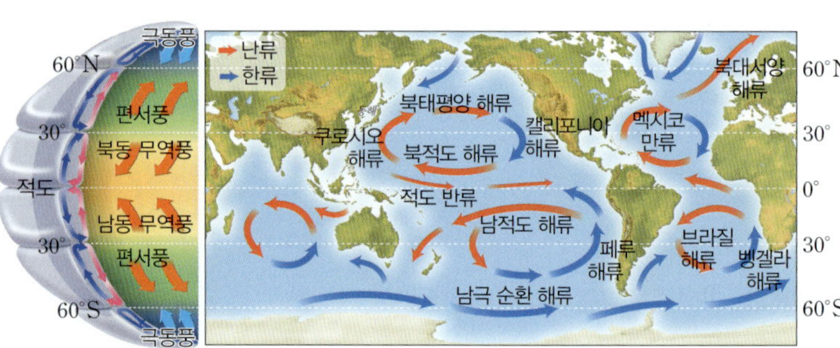

▲ 대기 대순환과 해수의 표층 순환

좀 더 자세히!

- 아열대 순환이 북반구에서는 시계 방향으로, 남반구에서는 시계 반대방향으로 나타난다.
- 북적도 해류, 남적도 해류: 무역풍의 영향
- 북태평양 해류, 남극 순환 해류: 편서풍의 영향

⑶ **대기 대순환과 해수의 표층 순환의 역할**: 대기와 해수의 순환으로 저위도 지역의 남는 에너지가 고위도 지역으로 이동하여 위도에 따른 에너지 불균형을 해소한다.

난류와 한류

저위도에서 고위도로 흐르는 해류를 난류라 하고, 고위도에서 저위도로 흐르는 해류를 한류라고 한다. 난류와 한류는 해안가의 기후에 영향을 미치며 지구 전체의 에너지 불균형을 해소하는 데 기여한다.

✓ 중요 개념 체크

정답과 해설 63쪽

1. 위도 (   )° 부근을 경계로 저위도는 에너지 과잉 상태, 고위도는 에너지 부족 상태이다.

2. 대기 대순환의 무역풍에 의해 형성된 표층 해류는 ㉠(   )쪽에서 ㉡(   )쪽으로 흐른다.

2 엘니뇨와 사막화

엘니뇨는 대기와 해양의 상호작용으로 발생하는 현상으로 지구 전체의 기상 현상에 영향을 준다. 대기 대순환은 사막의 형성에 영향을 주며, 인간의 다양한 활동들이 사막화를 가속화시킨다.

1. *엘니뇨 <심화 강의 192쪽>

엘니뇨는 적도 부근 동태평양 해역의 표층 수온이 평년보다 높은 상태가 지속되는 현상으로, 무역풍의 약화로 인한 표층 해수의 흐름 변화로 발생한다. ➡ 기권과 수권의 상호작용

(1) 평상시: 적도 부근 해역에서는 무역풍의 영향으로 따뜻한 표층 해수가 동쪽에서 서쪽으로 이동한다. ➡ 적도 부근 동태평양 해역에서는 *용승이 일어나고, 서태평양에 비해 따뜻한 해수층의 두께가 얇고 표층 수온이 낮다.

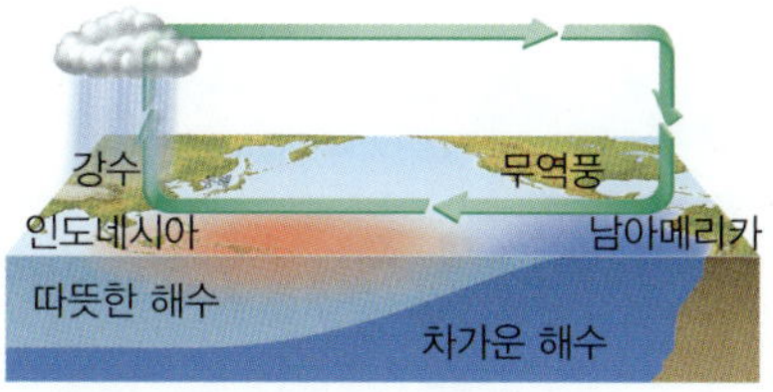

▲ 평상시의 대기와 해수의 흐름

(2) 엘니뇨 발생 시: 무역풍의 약화로 적도 부근 해역에서는 서쪽으로 이동하던 표층 해수의 흐름이 약해진다. ➡ 적도 부근 동태평양 해역의 용승이 약해지며, 평상시보다 따뜻한 해수층의 두께가 두꺼워지고 표층 수온이 높아진다.

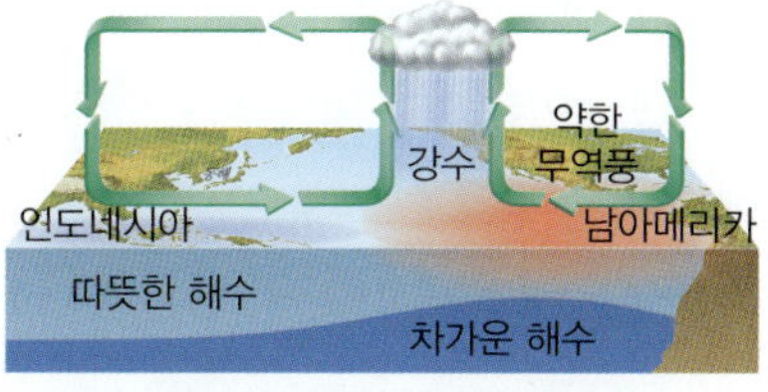

▲ 엘니뇨 발생 시의 대기와 해수의 흐름

플러스 강의 ➕ 엘니뇨 시기 해수면 경사와 수온 약층의 깊이

엘니뇨가 발생하면 적도 부근 해역에서 서쪽으로 이동하던 표층 해수의 흐름이 약해져 동태평양과 서태평양 사이의 해수면 경사가 평소보다 완만해지고, 동태평양 해역의 용승이 약해져 수온 약층이 시작되는 깊이가 깊어진다.

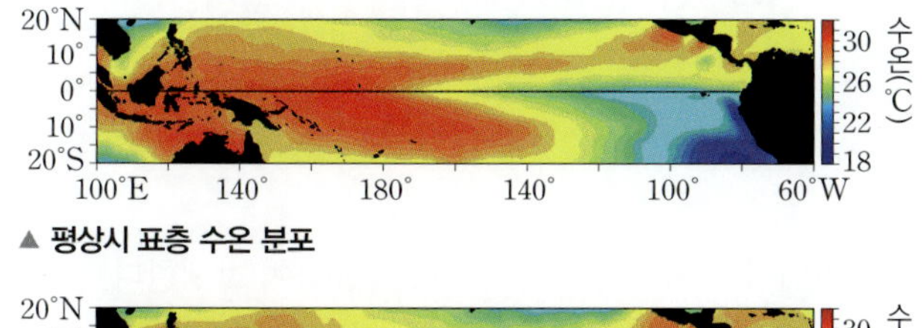

▲ 평상시 표층 수온 분포　　　　▲ 평상시 연직 수온 분포

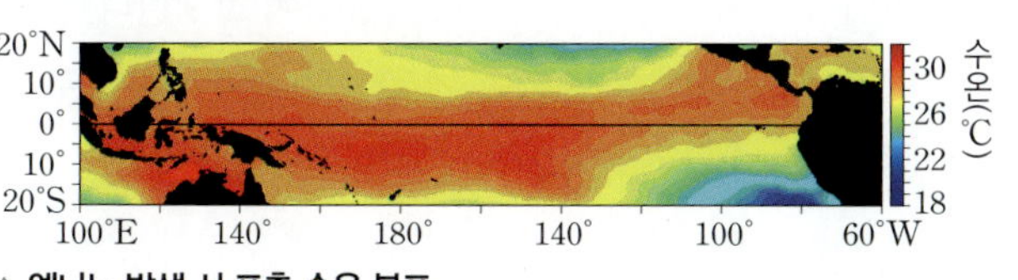

▲ 엘니뇨 발생 시 표층 수온 분포　　　　▲ 엘니뇨 발생 시 연직 수온 분포

라니냐

라니냐는 엘니뇨에 대응되는 현상으로, 적도 부근 동태평양 해역의 표층 수온이 평상시보다 낮은 상태가 지속되는 현상이다. 라니냐는 스페인어로 '여자 아이'라는 뜻이다.

용어

***엘니뇨**

엘니뇨는 스페인어로 '남자 아이' 또는 '아기 예수'를 의미한다. 엘니뇨 현상이 크리스마스 무렵 나타났기 때문에 이와 같은 이름이 붙여졌다.

***용승(湧 솟구치다, 昇 오르다)**

해수의 연직 운동에 의해 심층의 차가운 해수가 표층으로 올라오는 현상이다. 용승이 활발한 해역은 영양염류와 플랑크톤이 풍부하여 좋은 어장이 형성될 수 있다.

(3) 엘니뇨의 영향

① 대기 흐름의 변화

- 적도 부근 서태평양 해역은 하강 기류가 발달하여 강수량이 감소한다. ➡ 가뭄이나 산불 피해가 발생하기도 한다.
- 적도 부근 동태평양 해역은 상승 기류가 발달하여 평상시보다 강수량이 증가한다. ➡ 폭우, 홍수로 인한 피해가 발생하기도 한다.

② 환경 변화: 적도 부근의 수온 변화뿐만 아니라 대기와 해양의 상호작용으로 지구 곳곳에 환경 변화를 일으킨다. ➡ 생물 개체수와 서식지 변화, 농작물 재배지와 수확량 변화 등으로 우리 생활과 생태계에 영향을 미친다.

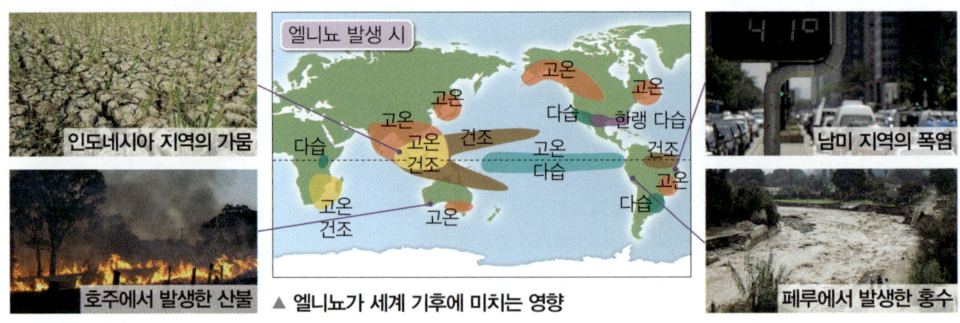

▲ 엘니뇨가 세계 기후에 미치는 영향

2. 사막화

사막화는 사막 주변 지역의 토지가 황폐해지면서 사막으로 변해가는 현상이다.

(1) **사막의 분포**: 대기 대순환의 영향으로 위도 30° 부근은 하강 기류가 발달하여 맑고 건조한 날씨가 지속되기 때문에 사막은 주로 위도 30° 부근에서 발달한다.

해류와 사막의 분포

한류가 흐르는 지역의 공기는 주변보다 온도가 낮아 상승 기류가 발달하기 어렵고 강수량도 적다. 한류는 주로 대륙의 서해안을 따라 흐르는데, 그로 인해 중위도 고압대 지역 중 대륙의 서쪽에서 사막이 발달하는 경우가 많다.

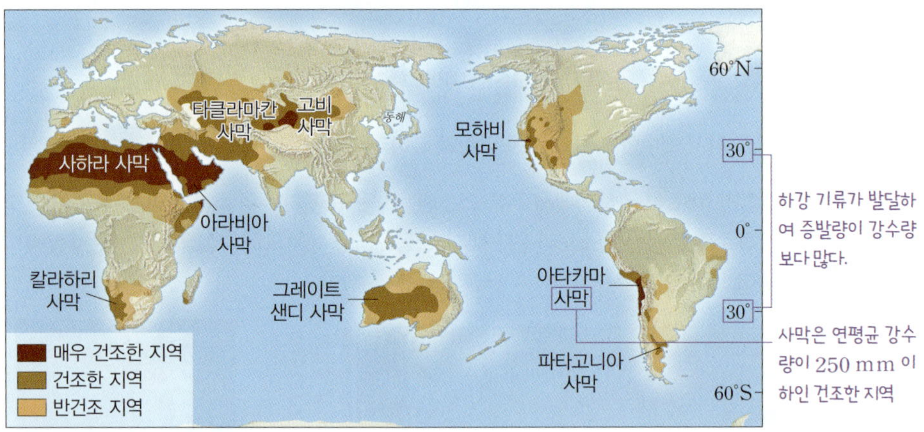

▲ 전 세계의 사막과 사막화 지역 분포

(2) **사막화의 원인**: 자연적인 원인과 인위적인 원인이 복합적으로 작용하여 발생한다.

① 자연적인 원인: 대기 대순환의 변화로 강수량이 감소하여 가뭄이 지속되거나 지구 기온 상승으로 증발량이 증가하여 토양의 수분이 감소하면 사막화가 일어난다.

② 인위적인 원인: 과잉 방목, 경작지 확대, 무분별한 삼림 파괴 등으로 토지가 황폐화되어 사막화가 가속화된다.

(3) 사막화의 영향

① 거주지가 감소하고, 생물다양성이 감소한다.

② 농경지가 줄어들어 작물 수확량이 감소해 식량 부족 문제가 발생한다.

③ 하천 수량이 감소하여 물 부족 현상이 심화된다.

④ 사막 지역에서 부는 먼지 바람으로 발생하는 황사 현상
이 심해져 호흡기 질환, 피부 질환 등을 일으키고, 산업
시설이나 태양 전지판을 고장 내고 효율을 감소시킨다.

⑤ 식물이 자라지 않는 지역이 늘어나 토양 침식이 증가하
고, 물의 순환 및 전 지구 규모의 대기 운동에도 영향을
준다.

▲ 황사로 인한 대기 오염

(4) 사막화 대책

① 삼림 훼손을 막고 사막화 지역에 인공 조림을 시행하는 등의 노력이 필요하다.

② 인공위성 등을 활용한 지속적인 감시 및 정확한 예측이 필요하다.

③ 사막화로 인한 피해가 확대되지 않도록 많은 국가가 사막화 방지 협약에 가입하는 등
국제 협약을 준수하고 있다.

3. 미래의 지구 환경 변화와 대처 방안 탐구 190쪽

(1) 지구 환경 변화와 영향

① 지구의 평균 기온이 계속 상승하면 빙하 감소, 해수면 상승, 태풍 증가, 홍수와 가뭄 지역
변화, 사막화 등 지구 환경과 생태계에 영향을 주고, 이상 기후 발생 강도와 빈도가 증가
한다.

② 지구 환경 변화는 주요 작물 재배지의 위치 변화, 바다에서 잡히는 어종 변화 등 사회 · 경
제적으로도 영향을 미친다.

(2) 대처 방안

① 기후 변화 완화를 위한 노력: 대중교통 이용, 일회용품 사용 자제, 화석 연료를 대체할 수
있는 신재생 에너지의 적극적인 활용, 이산화 탄소 포집 기술 개발, 에너지 효율을 높이는
기술 개발 등이 있다.

② 기후 변화 적응을 위한 노력: 도시 농업 활성화 등 식량 대책 마련, 그늘막 설치, 도심 속
습지 공원 확대 등이 있다.

유엔 사막화 방지 협약
무리한 개발로 발생하는 사막화를 방지하기 위해 1994년에 체결된 국제 협약이다. 국제적 노력을 통한 사막화 방지와 심각한 가뭄, 토지 황폐화를 겪고 있는 아프리카 지역의 국가 및 개발 도상국에 기술 제공 및 지원을 목표로 한다.

이산화 탄소 포집 기술
산업 공정 및 발전소에서 배출되는 이산화 탄소를 포집한 후 대기 중에 유입되지 않도록 지하에 저장하여 온실 기체 배출량을 줄이는 데 도움을 준다.

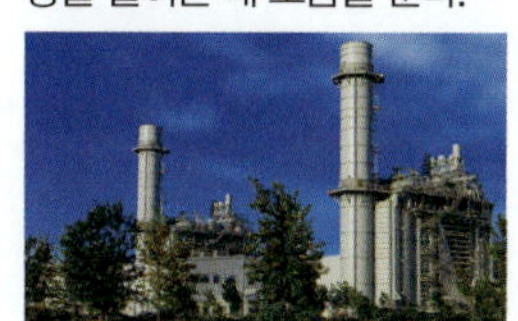

✓ 중요 개념 체크

정답과 해설 63쪽

3. 엘니뇨 시기에는 평상시보다 무역풍이 ㉠(약, 강)해져서 적도 부근 동태평양 해역의 표층 수온이
㉡(낮아, 높아)진다.

4. 사막은 증발량이 강수량보다 ㉠(많은, 적은) ㉡(적도, 위도 30°, 위도 60°) 부근에 형성된다.

탐구 분석 · 기후 변화로 나타나는 생태계와 지구계의 미래 시나리오 구상하기

목표 | 기후 변화로 인한 생태계와 지구계의 미래 시나리오를 구상하고, 기후 변화의 대처 방안을 설명할 수 있다.

과정

그림은 탄소 감축 노력 없이 화석 연료를 사용한 경우와 온실 기체 감축에 적극적으로 노력한 경우의 연도별 이산화 탄소 배출량과 지표 기온 변화량을 예상하여 나타낸 것이다. 기후 변화로 인한 지구 환경 및 생태계와 우리 생활의 변화와 기후 변화 대처 방안을 조사하여 정리해 보자.

시나리오 A: 탄소 감축 노력 없이 화석 연료를 사용한 경우
시나리오 B: 온실 기체 감축에 적극적으로 노력해 성공한 경우

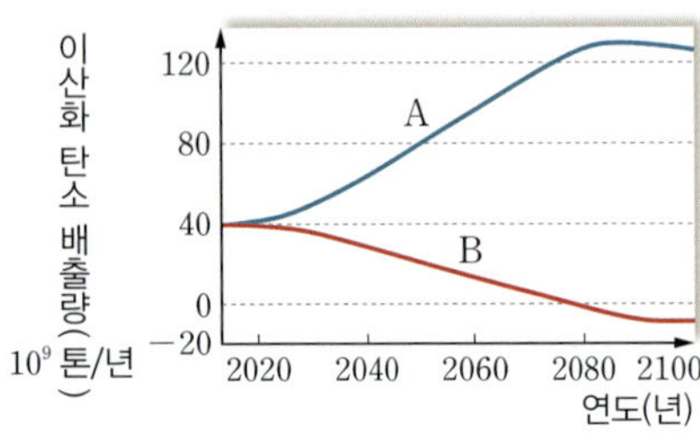

▲ 연도별 이산화 탄소 배출량

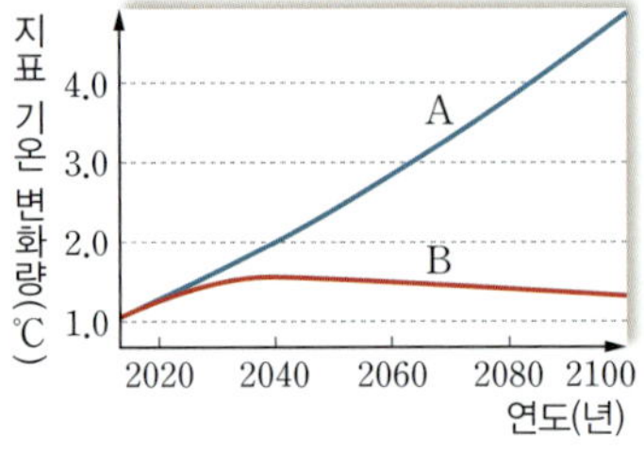

▲ 연도별 지표 기온 변화량

결과 및 정리

1. 기후 변화로 인한 지구 환경 및 생태계와 우리 생활의 변화

지구 환경 변화	• 지구의 평균 기온이 높아져 극지방의 빙하 면적이 감소한다. ➡ 수권에 영향 • 영구 동토층의 해빙 증가와 해수 열팽창 등으로 해수면 높이가 상승한다. ➡ 수권에 영향 • 해안선의 형태가 변하고 해안가 저지대가 침수된다. ➡ 지권에 영향 • 지역별 강수량의 편차가 커지고, 건조한 지역은 강수량이 더욱 줄어들어 사막의 면적이 확대된다. ➡ 지권에 영향
생태계 변화	• 온도 상승으로 인해 생물들의 서식지가 현재보다 고위도로 이동해 갈 것이다. • 기후 변화에 적응하지 못한 생물이 멸종하여 생물다양성이 감소할 것이다.
우리 생활 변화	• 여름이 길어지고 겨울이 짧아져 냉방기 사용이 증가하고 난방기 사용이 감소할 것이다. • 감염병과 온열 질환의 발생이 증가할 것이다. • 물부족과 식량난으로 인한 식생활의 피해, 해수면 상승과 사막화, 기상 재해로 인한 거주 환경의 피해가 증가할 것이다.

2. 기후 변화 대처 방안

개인	• 에너지와 자원을 절약하고, 온실 기체 배출을 줄이기 위한 노력과 실천이 필요하다. ➡ 일회용품 사용 자제, 대중교통 이용, 대기 전력 차단, LED 조명으로 교체, 적절한 난방 온도 준수, 친환경 제품 사용 등
국가와 사회	• 탄소 저감 및 에너지 효율을 높이는 기술을 개발하고, 신재생 에너지를 활용한다. • 국제 협약(유엔기후변화 협약 등)에 가입하여 온실 기체 감축을 위한 전략을 수립하고 시행한다.

정부 간 기후 변화 협의체(IPCC, Intergovernmental Panel on Climate Change)

1988년 세계기상기구(WMO)와 국제연합환경프로그램(UNEP)이 공동으로 설립한 기구로, 2021년에 6차 보고서를 통해 기후 위기의 심각성을 경고하였다. IPCC 보고서에는 기후 변화로 나타날 미래의 여러 문제를 다루고 있다.

탐구 확인 문제

01 앞의 탐구에 대한 설명으로 옳은 것은 ○, 옳지 <u>않은</u> 것은 ×로 표시하시오.

(1) 태풍의 세기는 B보다 A에서 강할 것이다. (　　)

(2) 해수면의 높이는 B보다 A에서 높을 것이다.
 ─────────────────── (　　)

(3) 생물다양성은 B보다 A에서 높을 것이다. ─ (　　)

(4) 빙하 면적은 B보다 A에서 넓을 것이다. ── (　　)

02 앞의 탐구에서 시나리오 A의 경우에 따른 환경 변화와 대처 방안에 대한 설명으로 옳은 것을 모두 고르면? (답 2개)

① 평균 해수면이 상승하면 육지의 면적은 감소할 것이다.

② 개인은 기후 변화 문제를 해결하는 데 기여할 수 없다.

③ 지구 전체의 강수량이 증가하여 물 부족 문제가 해결될 것이다.

④ 에너지 효율이 높은 기술 개발을 통해 온실 기체 배출량을 줄일 수 있다.

⑤ 지구 온도가 상승하면 생물들의 서식지가 저위도로 이동한다.

03 그림은 기후 변화로 지구의 평균 기온이 3.9~6.0 ℃ 상승하였을 때 예상되는 옥수수 산출량의 변화를 나타낸 것이다.

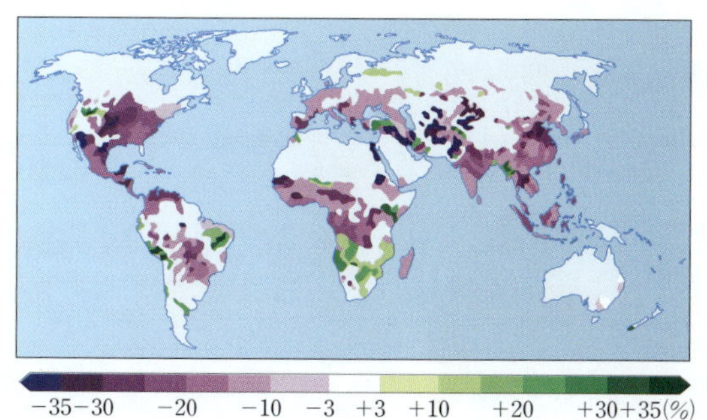

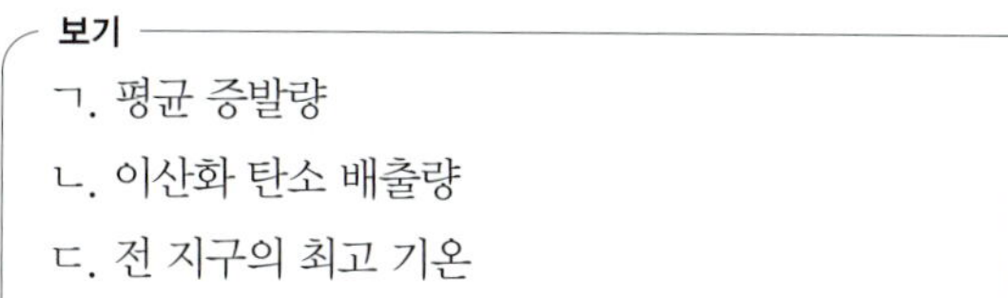

(1) 기후 변화로 예상되는 전 지구의 옥수수 산출량 변화를 설명하시오.

(2) 기후 변화가 인류의 식량 문제에 미치는 영향에 대해 설명하시오.

04 그림은 기후 변화 시나리오 A, B에 따른 전 지구 평균 강수량 변화를 나타낸 것이다. 기후 변화 시나리오 A와 B는 각각 화석 연료 사용을 줄이는 경우와 화석 연료 사용이 증가하는 경우 중 하나이다.

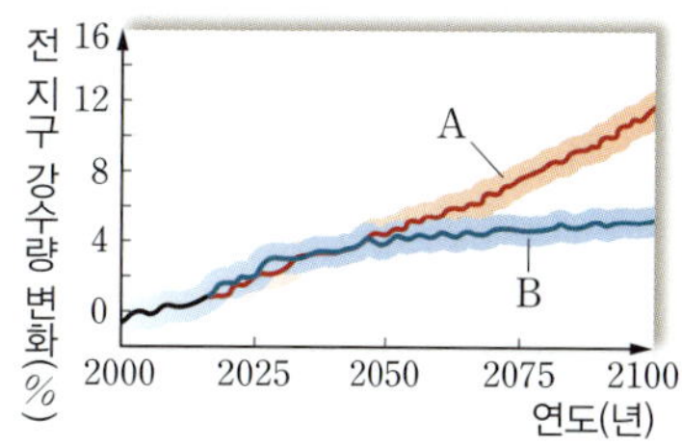

B의 경우에 비해 A의 경우에 더 큰 값을 가지는 물리량으로 옳은 것만을 보기에서 있는 대로 고르시오.

보기
ㄱ. 평균 증발량
ㄴ. 이산화 탄소 배출량
ㄷ. 전 지구의 최고 기온

05 그림은 대기 중 이산화 탄소 농도가 현재보다 2배 증가할 경우 위도에 따른 기온 변화량(예측 기온−현재 기온)을 예측하여 나타낸 것이다.

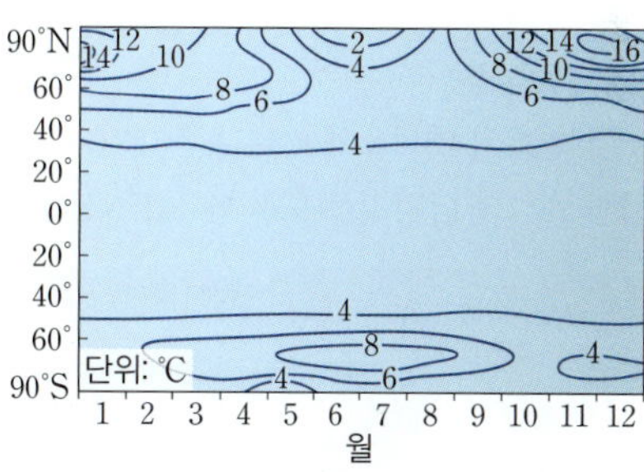

이에 대한 설명으로 옳은 것만을 보기에서 있는 대로 고른 것은?

보기
ㄱ. 기온 변화량은 남반구보다 북반구에서 크다.
ㄴ. 극지방의 기온 변화는 여름보다 겨울에 크다.
ㄷ. 60°S의 연교차는 현재보다 증가할 것이다.

① ㄱ　　　　② ㄴ　　　　③ ㄷ

④ ㄱ, ㄴ　　　⑤ ㄱ, ㄷ

엘니뇨와 라니냐

통합과학에서는 적도 부근 해상의 무역풍이 약해질 때의 변화만을 다루고, 이를 표층 해수의 이동 및 수온 변화와 관련지어 설명한다. 무역풍이 평소보다 강해지는 과정은 무엇이며, 표층 수온의 변화는 기압 분포에 어떤 영향을 미칠까? 이는 지구과학에서 자세히 배우지만 미리 알고 있으면 엘니뇨를 더욱 잘 이해할 수 있다.

1 대기의 기압 분포

(1) **워커 순환**: 평상시 열대 태평양 해역에서는 무역풍의 영향으로 따뜻한 해수가 동쪽에서 서쪽으로 이동한다. 그 결과 적도 부근 동태평양 연안에서는 용승이 일어나고, 서태평양 해역은 따뜻한 해수층이 두꺼워져 동태평양과 서태평양의 표층 수온 차이가 발생한다. 표층 수온이 높은 서태평양에서는 상승 기류가 발달하고, 동태평양에서는 하강 기류가 발달하여 열대 태평양에 거대한 대기의 순환이 형성되는데, 이를 워커 순환이라고 한다.

(2) **남방진동**: 평상시에는 동태평양이 서태평양보다 기압이 높은데, 정확한 원인이 밝혀지지 않았지만 3년~7년을 주기로 평상시보다 동태평양에서는 기압이 낮아지고, 서태평양에서는 기압이 높아지는 현상이 나타난다. 이후 일정한 기간이 지나면 평상시보다 동태평양에서는 기압이 더 높아지고, 서태평양에서는 기압이 더 낮아지면서 워커 순환이 더 강해지기도 한다. 이와 같이 동태평양과 서태평양 간의 기압 변화가 시소와 같이 진동하는 형태로 나타나는 것을 남방진동이라고 한다.

2 해양의 수온 변화

(1) **엘니뇨**: 무역풍의 약화로 적도 부근 동태평양 해역의 용승이 약해지고 평상시보다 따뜻한 해수층이 두꺼워지면서 해수면 온도가 상승한다. 적도 부근 동태평양 해역의 해수면 온도가 평상시보다 0.5 ℃ 높아진 상태가 6개월 이상 지속되는 대규모의 이상 수온 상승 현상을 엘니뇨라고 한다.

(2) **라니냐**: 무역풍의 강화로 적도 부근 동태평양 해역의 용승이 강해지고 평상시보다 따뜻한 해수층이 얇아지면서 해수면 온도가 하강한다. 적도 부근 동태평양 해역의 해수면 온도가 평상시보다 0.5 ℃ 낮아진 상태가 6개월 이상 지속되는 대규모의 이상 수온 하강 현상을 라니냐라고 한다.

3 엘니뇨 남방진동

해양의 수온 변화인 엘니뇨와 라니냐는 대기의 기압 분포 변화인 남방진동과 거의 동시에 나타나므로, 이를 합쳐서 엘니뇨 남방진동 또는 엔소(ENSO)라고 한다.

▲ 다윈과 타히티의 위치

구분	평상시	엘니뇨 시기	라니냐 시기
모식도	워커 순환 / 강수 / 무역풍 / 인도네시아 / 남아메리카 / 따뜻한 해수 / 차가운 해수	강수 / 무역풍 약화 / 인도네시아 / 남아메리카 / 따뜻한 해수 / 차가운 해수	워커 순환 / 강수 / 무역풍 강화 / 인도네시아 / 남아메리카 / 따뜻한 해수 / 차가운 해수
기압 배치	동태평양에 고기압, 서태평양에 저기압이 발달한다.	평상시보다 동태평양에서는 기압이 낮아지고, 서태평양에서는 기압이 높아진다. ➡ 워커 순환 약화	평상시보다 동태평양에서는 기압이 더 높아지고, 서태평양에서는 기압이 더 낮아진다. ➡ 워커 순환 강화
무역풍의 세기	동쪽에서 서쪽으로 무역풍이 분다.	평상시보다 약화	평상시보다 강화
동태평양 해역의 용승과 표층 수온	용승 ➡ 서태평양보다 표층 수온이 낮다.	용승 약화 ➡ 평상시보다 동태평양 표층 수온 상승	용승 강화 ➡ 평상시보다 동태평양 표층 수온 하강

01 그림은 위도에 따른 태양 복사 에너지와 지구 복사 에너지를 나타낸 것이다.

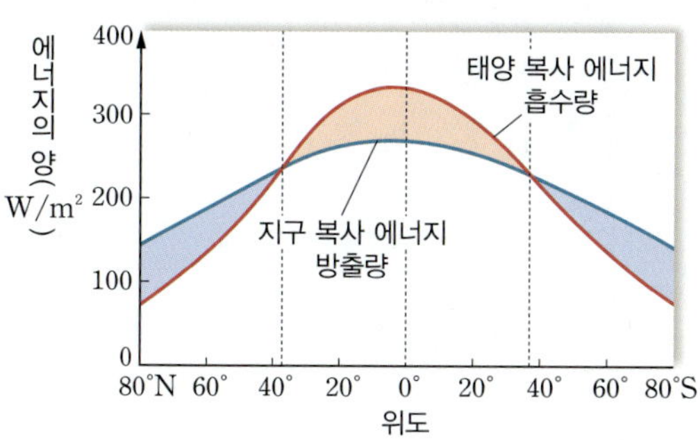

이에 대한 설명으로 옳은 것만을 보기에서 있는 대로 고른 것은?

보기
ㄱ. 지구 복사 에너지의 방출량은 고위도 지역이 저위도 지역보다 많다.
ㄴ. 저위도 지역은 에너지 부족 상태이다.
ㄷ. 에너지는 저위도 지역에서 고위도 지역으로 이동한다.

① ㄱ ② ㄷ ③ ㄱ, ㄴ
④ ㄴ, ㄷ ⑤ ㄱ, ㄴ, ㄷ

02 그림은 대기 대순환에 의해 지상에서 나타나는 바람을 나타낸 것이다.

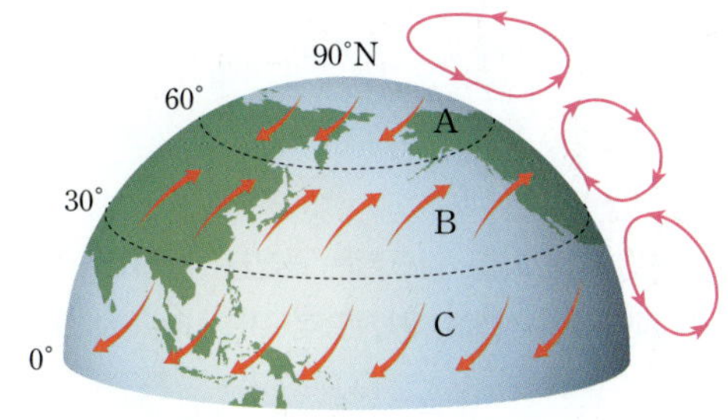

A~C의 지표면 부근에서 부는 바람의 이름을 각각 쓰시오.

03 그림은 북태평양의 표층 해류를 나타낸 것이다.

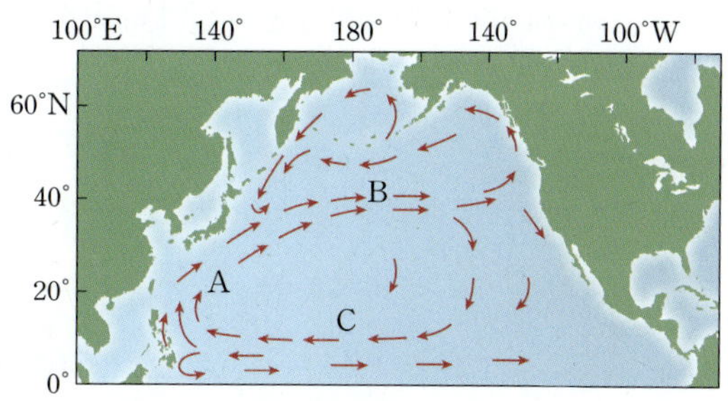

이에 대한 설명으로 옳은 것만을 보기에서 있는 대로 고른 것은?

보기
ㄱ. A는 저위도의 남는 에너지를 고위도로 수송한다.
ㄴ. B는 무역풍, C는 편서풍에 의해 형성된 해류이다.
ㄷ. 북반구 아열대 순환은 시계 방향으로 나타난다.

① ㄱ ② ㄴ ③ ㄱ, ㄷ
④ ㄴ, ㄷ ⑤ ㄱ, ㄴ, ㄷ

04 다음은 엘니뇨가 발생하는 과정을 나타낸 것이다. (   ) 안에 들어갈 알맞은 말을 쓰시오.

무역풍 (㉠) → 적도 부근에서 서태평양으로 이동하는 따뜻한 표층 해수의 흐름 (㉡) → 적도 부근 동태평양 해역의 용승 (㉢) → 적도 부근 동태평양 해역의 표층 수온 (㉣)

05 평상시와 비교하여 엘니뇨가 발생하였을 때 나타나는 현상으로 가장 적절한 것은?
① 무역풍이 강해진다.
② 남적도 해류의 세기가 약해진다.
③ 적도 부근 서태평양 해역의 강수량이 증가한다.
④ 적도 부근 동태평양 해역에서 용승이 강해진다.
⑤ 적도 부근 동태평양 해역에서 구름 발생량이 감소한다.

06 그림 (가)와 (나)는 평상시와 엘니뇨 발생 시 태평양 적도 부근 해역에서의 대기 순환을 순서 없이 나타낸 것이다.

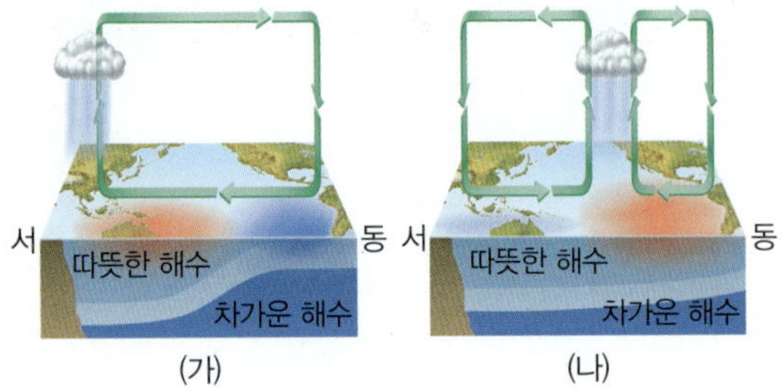

(가)와 (나)일 때 적도 부근 동태평양 해역의 표층 수온과 강수량을 비교하여 설명하시오.

07 그림은 엘니뇨가 발생한 어느 해 세계 여러 지역의 기상 이변을 나타낸 것이다.

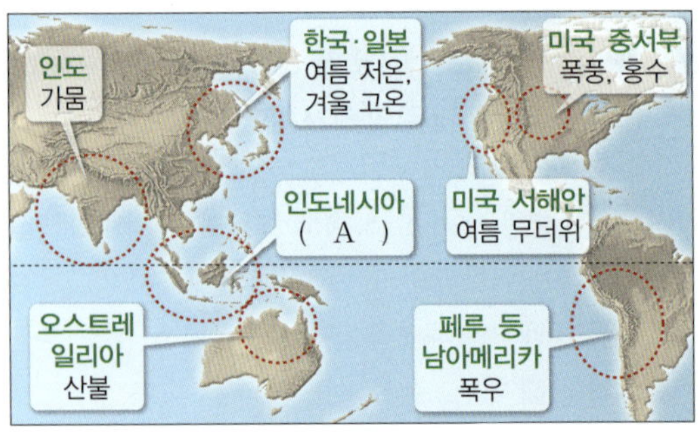

이에 대한 설명으로 옳은 것만을 보기에서 있는 대로 고른 것은?

보기
ㄱ. A에 들어갈 수 있는 기상 이변은 홍수이다.
ㄴ. 페루의 폭우 현상은 적도 부근 동태평양 해역의 표층 수온 하강이 원인이다.
ㄷ. 엘니뇨는 태평양 적도 부근 이외의 지역에도 영향을 미칠 수 있다.

① ㄱ   ② ㄷ   ③ ㄱ, ㄴ
④ ㄴ, ㄷ   ⑤ ㄱ, ㄴ, ㄷ

08 그림은 사막과 사막화가 진행되고 있는 지역을 나타낸 것이다.

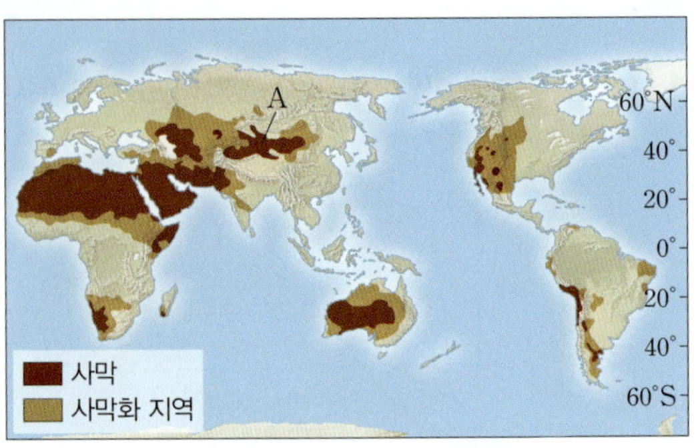

이에 대한 설명으로 옳은 것만을 보기에서 있는 대로 고른 것은?

보기
ㄱ. A 지역은 증발량보다 강수량이 많다.
ㄴ. 사막화가 진행되는 지역에는 주로 저압대가 발달한다.
ㄷ. 사막화 지역에서 무분별한 경작이 이루어지면 사막화가 가속된다.

① ㄱ   ② ㄷ   ③ ㄱ, ㄴ
④ ㄴ, ㄷ   ⑤ ㄱ, ㄴ, ㄷ

09 다음은 사막화를 일으키는 원인을 나열한 것이다. 자연적인 원인과 인위적인 원인으로 구분하여 쓰시오.

과잉 방목, 삼림 벌채, 가뭄, 증발량 증가

10 그림은 화석 연료의 사용을 줄이는 경우와 그렇지 않은 경우 예상되는 이산화 탄소 배출량의 변화를 A, B로 순서 없이 나타낸 것이다.

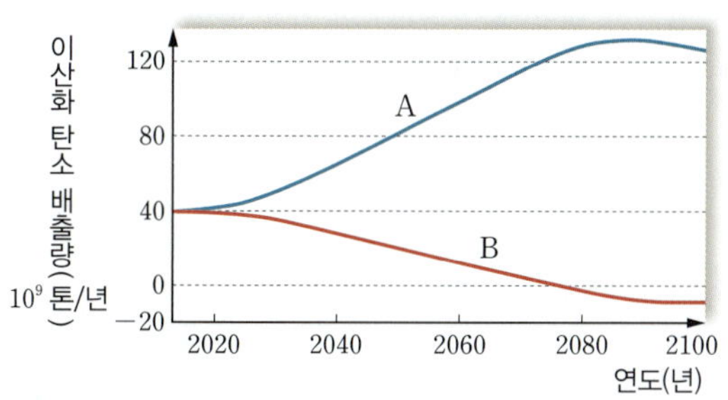

이에 대한 설명으로 옳은 것만을 보기에서 있는 대로 고른 것은?

보기
ㄱ. 화석 연료의 사용을 줄이는 경우 이산화 탄소 배출량의 변화는 A이다.
ㄴ. 지구의 평균 기온 상승률은 A보다 B일 때 클 것이다.
ㄷ. 기상 이변의 발생 횟수와 강도는 B보다 A일 때 클 것이다.

① ㄱ　　　② ㄷ　　　③ ㄱ, ㄴ
④ ㄴ, ㄷ　　⑤ ㄱ, ㄴ, ㄷ

11 기후 변화로 인한 지구 환경 변화의 대처 방안으로 옳지 않은 것은?

① 일회용품 사용을 줄인다.
② 적절한 냉·난방 온도를 유지한다.
③ 에너지 효율을 낮추는 기술을 개발한다.
④ 도시 농업을 활성화하여 식량 부족 대책 마련을 한다.
⑤ 태양광 발전, 풍력 발전 등의 신재생 에너지 발전량을 늘린다.

01 그림은 북반구에서 남북 방향의 대기 대순환을 나타낸 것이다.

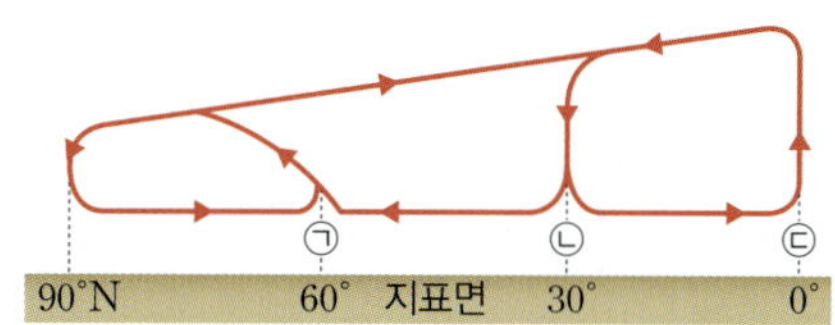

이에 대한 설명으로 옳은 것만을 보기에서 있는 대로 고른 것은?

보기
ㄱ. ㉠과 ㉡ 사이에서 흐르는 표층 해류는 서쪽에서 동쪽으로 흐른다.
ㄴ. 사막은 ㉠보다 ㉡에서 형성될 확률이 높다.
ㄷ. ㉡과 ㉢ 사이에는 무역풍이 형성된다.

① ㄱ　　　② ㄷ　　　③ ㄱ, ㄴ
④ ㄴ, ㄷ　　⑤ ㄱ, ㄴ, ㄷ

02 그림은 어느 시기에 관측한 태평양 적도 부근 해역의 해수면 높이 편차(관측값－평균값)를 나타낸 것이다.

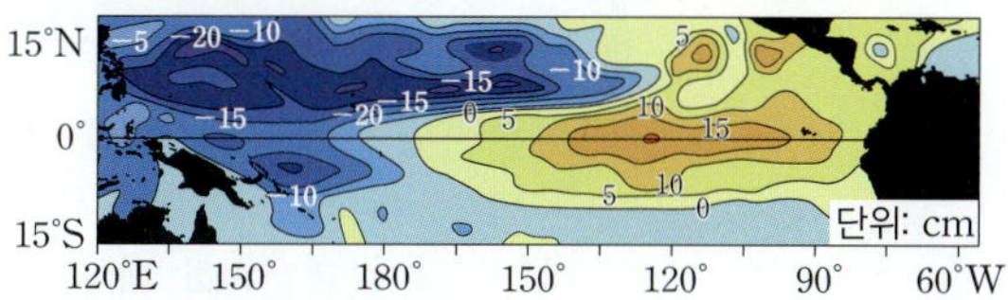

이 시기에 대한 설명으로 옳은 것만을 보기에서 있는 대로 고른 것은?

보기
ㄱ. 무역풍의 세기는 평상시보다 강하다.
ㄴ. 적도 부근 서태평양 해역의 강수량은 평상시보다 감소한다.
ㄷ. 적도 부근의 동태평양과 서태평양의 표층 수온 차이가 평상시보다 작다.

① ㄱ　　　② ㄴ　　　③ ㄱ, ㄷ
④ ㄴ, ㄷ　　⑤ ㄱ, ㄴ, ㄷ

중단원 핵/심/정/리

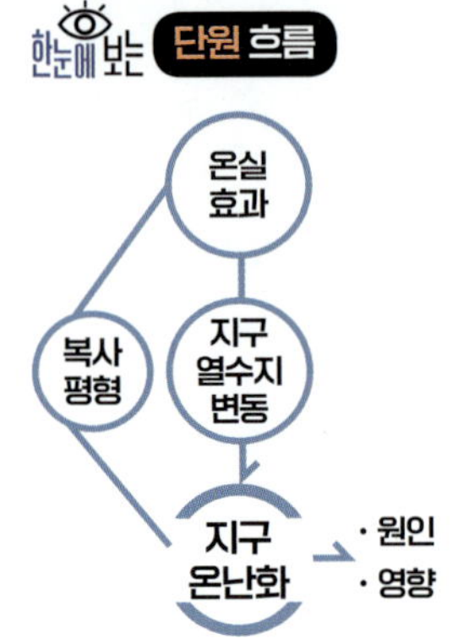

1. 지구의 복사 평형: 지구는 태양으로부터 흡수한 태양 복사 에너지와 같은 양의 지구 복사 에너지를 방출하여 에너지 평형을 이룬다. ➡ 지구의 연평균 기온이 일정하게 유지된다.

2. 온실 효과

(1) **온실 효과:** 대기 중의 온실 기체가 태양 복사 에너지를 대부분 통과시키고, 지표에서 방출하는 지구 복사 에너지를 흡수하였다가 지표로 (❶　　　)하여 대기가 없을 때보다 지구의 평균 기온이 높게 유지되는 현상

(2) **온실 기체:** 온실 효과를 일으키는 기체

　예 수증기, (❷　　　), 메테인, 산화 이질소, 오존 등

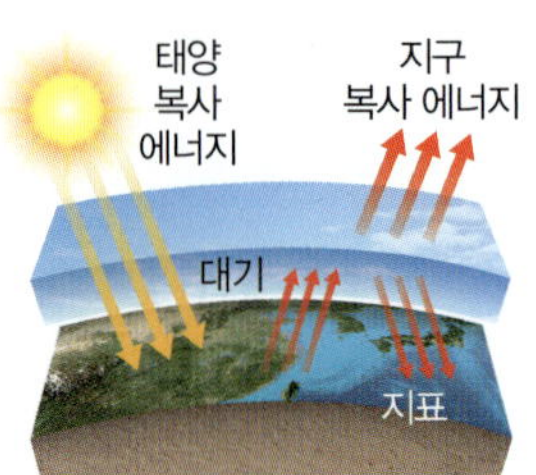

▲ 온실 효과의 원리

3. 지구 (❸　　　): 지구의 복사 평형 상태에서 나타나는 지표, 대기, 우주 간의 열출입 관계

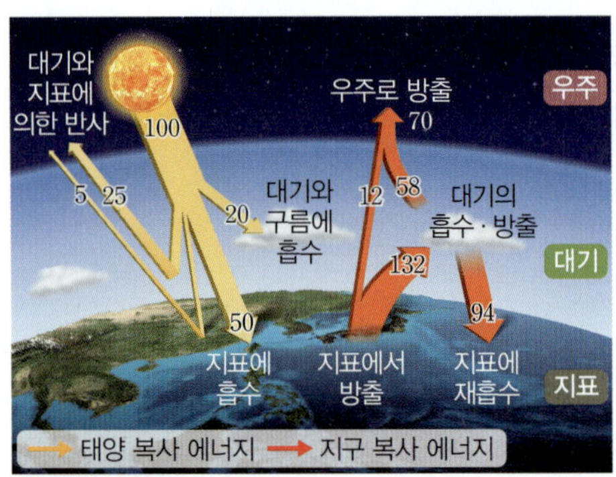

▲ 지구 열수지

구분	흡수	방출
우주	반사(30) + 지구 복사(70)	태양 복사(100)
대기	태양으로부터 흡수(20) + 지표로부터 흡수(132)	우주로 방출(58) + 대기의 재복사(94)
지표	태양으로부터 흡수(50) + 대기의 재복사 흡수(94)	우주로 방출(12) + 대기로 방출(132)

4. 지구 온난화: 대기 중 온실 기체의 양 증가로 온실 효과가 강화되어 지구의 평균 기온이 상승하는 현상

(1) **주요 원인:** (❹　　　)의 사용량 증가에 따른 대기 중 이산화 탄소의 농도 증가

(2) **지구 온난화의 영향**

① 극지방과 고산 지대의 빙하 융해와 해수의 열팽창으로 해수면이 상승하면 해안 저지대가 침수되고 육지 면적이 감소할 것이다.

② 기상 이변의 발생 횟수와 강도가 증가할 것이다.

③ 생물 서식지가 변화하거나 환경에 적응하지 못한 생물들이 멸종할 것이다.

④ 수자원 및 식량 문제가 발생하고, 기온 상승에 의한 질병이 증가할 것이다.

(3) **지구 온난화의 대책**

① 대중교통 이용, 일회용품 사용 자제, 에너지 절약 등을 통해 화석 연료 사용량을 줄인다.

② 삼림 파괴를 줄이고 (❺　　　) 에너지를 적극적으로 활용하며, 대기 중에 배출된 온실 기체의 양을 줄이는 기술을 개발한다.

○2 지구 환경 변화와 인간 생활

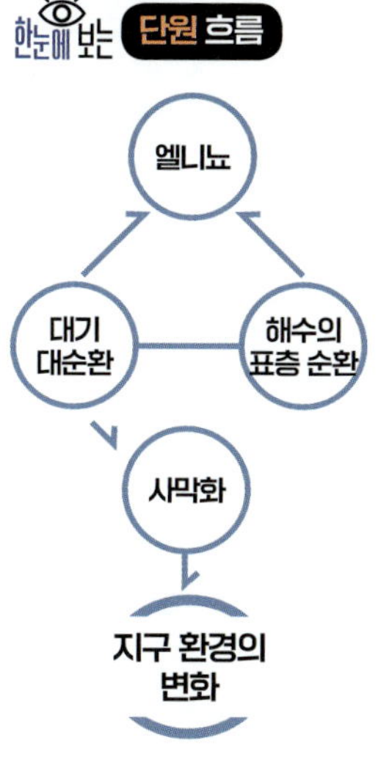

1. 위도에 따른 에너지 불균형: 저위도는 에너지 (**6**   ), 고위도는 에너지 (**7**   ) 상태이며, 대기와 해수의 순환으로 저위도에서 고위도로 에너지가 이동한다.

2. 대기 대순환과 해수의 표층 순환: 대기 대순환에 의해 지상에서 부는 바람의 영향으로 동서 방향의 표층 해류가 형성된다.

구분	대기 대순환에 의한 지상 바람	해류의 방향	주요 표층 해류
적도 ~ 위도 약 30°	(**8**)	동 → 서	북적도 해류, 남적도 해류
위도 약 30° ~ 60°	(**9**)	서 → 동	북태평양 해류, 북대서양 해류, 남극 순환 해류

3. 엘니뇨: 적도 부근 동태평양 해역의 표층 수온이 평년보다 높은 상태가 지속되는 현상

(1) 발생 원인: (**10**   )의 약화로 인한 표층 해수의 흐름 변화

(2) 평상시와 엘니뇨 발생 시 비교(적도 부근 해역)

구분	평상시	엘니뇨 발생 시
모식도	강수 / 무역풍 / 서 / 인도네시아 / 남아메리카 / 동 / 따뜻한 해수 / 차가운 해수	약한 무역풍 / 강수 / 서 / 인도네시아 / 남아메리카 / 동 / 따뜻한 해수 / 차가운 해수
대기와 해수의 흐름	무역풍에 의해 따뜻한 표층 해수가 서쪽으로 이동한다.	무역풍의 약화로 서쪽으로 이동하는 따뜻한 표층 해수의 흐름이 약해진다.
동태평양 해역	• 찬 해수의 용승으로 표층 수온이 낮다. ➡ 좋은 어장 형성 • 하강 기류가 발달하여 맑고 건조한 날씨가 나타난다.	• 용승이 (**11**)되어 표층 수온이 평상시보다 높아진다. ➡ 어획량 감소 • 상승 기류가 발달하여 강수량이 (**12**)하고 폭우, 홍수가 발생한다.
서태평양 해역	• 동쪽으로부터 이동해 온 따뜻한 해수로 인해 표층 수온이 높다. • 상승 기류가 발달하여 비가 많이 내린다.	• 동쪽으로부터 이동하는 따뜻한 해수의 양이 평상시보다 (**13**)한다. • 하강 기류가 발달하여 강수량이 (**14**)하고, 가뭄과 산불이 발생한다.

4. 사막화: 사막 주변 지역의 토지가 황폐해지면서 사막으로 변해가는 현상

(1) **사막의 분포:** 대기 대순환에 의해 하강 기류가 발달하는 위도(**15**   ) 부근에서 주로 발달

(2) **사막화의 원인**

자연적인 원인	대기 대순환의 변화에 따른 지속적인 가뭄, 증발량 증가
인위적인 원인	과잉 방목, 경작지 확대, 무분별한 삼림 파괴 등

(3) **사막화의 영향:** 생물다양성 감소, 농경지 감소로 식량 부족 문제 발생, 물 부족 현상 심화, 거주지 감소, 토양 침식 증가, 황사 심화 등

(4) **사막화의 대책:** 삼림 벌채 최소화, 사막화 지역에 인공 조림 시행, 인공위성 등을 활용한 지속적인 감시 및 예측, 국제 협약 준수 등

엘니뇨

출제 point에 따라 대표 자료를 분석하고, 문제에 대입하여 풀어 보자.

출제 Point

(Point ❶) 엘니뇨 시기에 적도 부근 동태평양 해역의 표층 수온을 비교할 수 있다. ★★★

(Point ❷) 엘니뇨 시기에 무역풍 세기와 태평양 적도 부근 표층 해수의 이동을 안다. ★★★

(Point ❸) 엘니뇨 시기에 동태평양 해역의 용승 변화와 태평양 적도 부근 해역의 강수량 변화를 안다. ★★★

(Point ❹) 엘니뇨 시기에 태평양 적도 부근 해역의 대기 순환과 세계 여러 지역에서 발생하는 기상 이변을 파악한다. ★☆☆

대표 자료

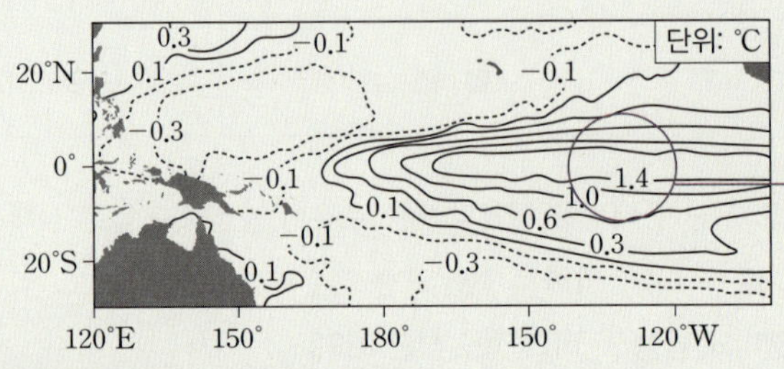

(Point ❶)
적도 부근 동태평양 해역의 표층
수온 편차(관측 수온 − 평년 수
온)가 (＋) 값
➡ 평상시보다 표층 수온이 높다.
➡ 엘니뇨 시기

(Point ❷, ❸, ❹) 평년과 비교할 때 엘니뇨 발생 시 변화

대기와 해수의 흐름	무역풍 약화, 따뜻한 표층 해수가 서쪽으로 적게 이동 ➡ 동태평양과 서태평양의 해수면 높이 차이 감소
적도 부근 동태평양 해역	용승 약화, 표층 수온 상승, 상승 기류 발달, 강수량 증가 ➡ 폭우, 홍수 발생
적도 부근 서태평양 해역	하강 기류 발달, 강수량 감소 ➡ 가뭄과 산불 발생

정답과 해설 66쪽

01 그림 (가)와 (나)는 서로 다른 두 시기에 관측된 태평양의 표층 수온 편차(관측 수온−평년 수온)를 순서 없이 나타 낸 것이다. (가)와 (나) 중 한 시기는 엘니뇨 시기이다.

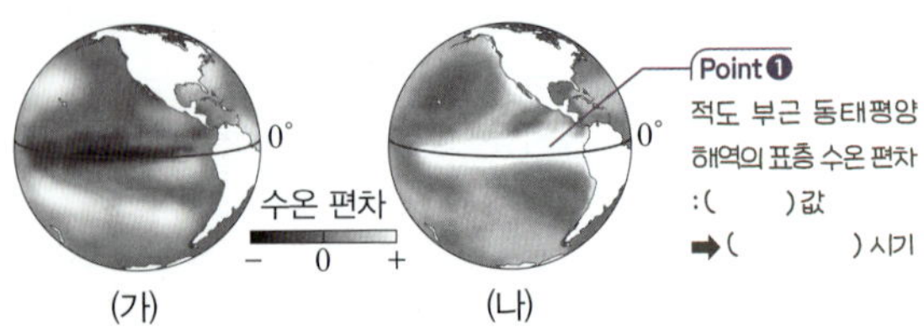

(Point ❷, ❸) 엘니뇨 발생 시 변화
• 무역풍 (   ), 서쪽으로 흐르는 따뜻한 표층 해수의 흐름 (   )
➡ 동태평양과 서태평양의 해수면 높이 차이 (   )
• 서태평양: (   ) 기류 발달 ➡ 강수량 (   )

(가) 시기와 비교한 (나) 시기의 특징으로 옳은 것만을 보기 에서 있는 대로 고른 것은?

보기
ㄱ. 남적도 해류가 강하다.
ㄴ. 태평양의 동서 방향 해수면 높이 차이가 줄어든다.
ㄷ. 적도 부근 서태평양 해역의 강수량이 많다.

① ㄱ   ② ㄴ   ③ ㄱ, ㄷ
④ ㄴ, ㄷ   ⑤ ㄱ, ㄴ, ㄷ

02 그림은 엘니뇨 시기의 태평양 적도 부근 대기의 순환과 해 수의 연직 단면을, 표는 이 시기에 해역 ㉠과 ㉡ 중 한 곳에 서 발생한 피해 상황을 나타낸 것이다.

피해 상황
• 폭우가 발생한다. • 용승 약화로 어획량이 감 소한다.

(Point ❹)
엘니뇨 발생 시 폭우 발생 및 용승 약화
현상: 적도 부근 (   )태평양 해역
에서 발생

이 시기에 대한 설명으로 옳은 것만을 보기에서 있는 대로 고른 것은?

보기
ㄱ. 표의 피해 상황은 ㉡에서 발생한 것이다.
ㄴ. ㉠과 ㉡의 표층 수온 차이가 평상시보다 커진다.
ㄷ. 무역풍의 세기는 평상시보다 강하다.

① ㄱ   ② ㄷ   ③ ㄱ, ㄴ
④ ㄴ, ㄷ   ⑤ ㄱ, ㄴ, ㄷ

01 그림 (가)와 (나)는 반사율이 0인 지구에서 대기가 없을 때와 있을 때의 복사 에너지 출입을 나타낸 것이다.

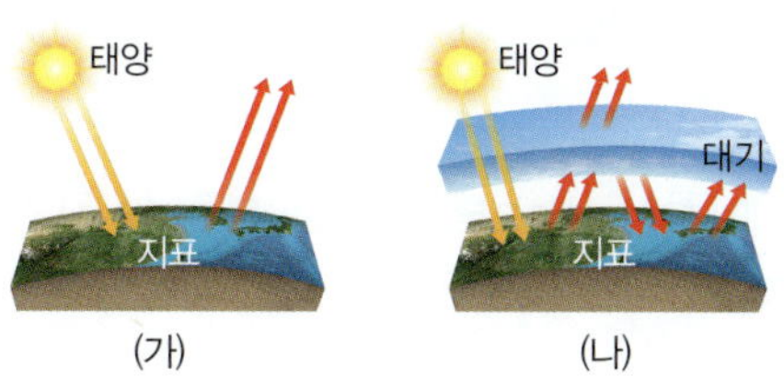

(가)보다 (나)에서 큰 값을 갖는 물리량만을 보기에서 있는 대로 고른 것은?

> 보기
> ㄱ. 평균 표면 온도
> ㄴ. 일교차
> ㄷ. 지구에서 우주로 방출하는 에너지양

① ㄱ ② ㄷ ③ ㄱ, ㄴ
④ ㄴ, ㄷ ⑤ ㄱ, ㄴ, ㄷ

02 그림은 복사 평형 상태의 지구 열수지를 나타낸 것이다.

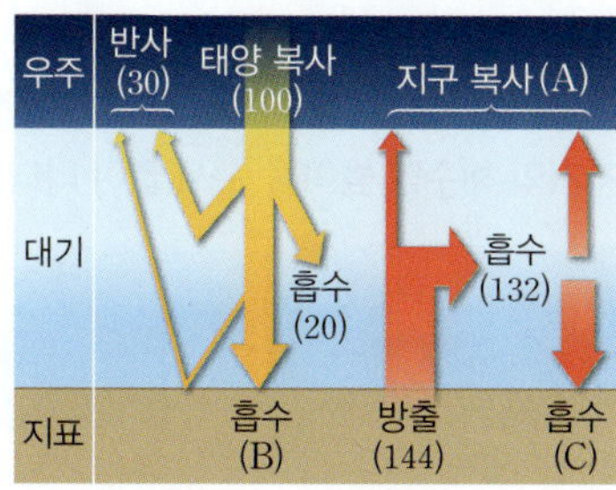

이에 대한 설명으로 옳은 것만을 보기에서 있는 대로 고른 것은?

> 보기
> ㄱ. A의 값은 70이다.
> ㄴ. B는 C보다 크다.
> ㄷ. 대기 중 온실 기체 농도가 증가하면 C는 증가한다.

① ㄱ ② ㄴ ③ ㄱ, ㄷ
④ ㄴ, ㄷ ⑤ ㄱ, ㄴ, ㄷ

03 그림은 우리나라의 계절별 길이 변화를 나타낸 것이다. (가)와 (나)는 각각 과거 30년(1912년~1941년)과 최근 30년(1991년~2020년) 중 한 시기이다.

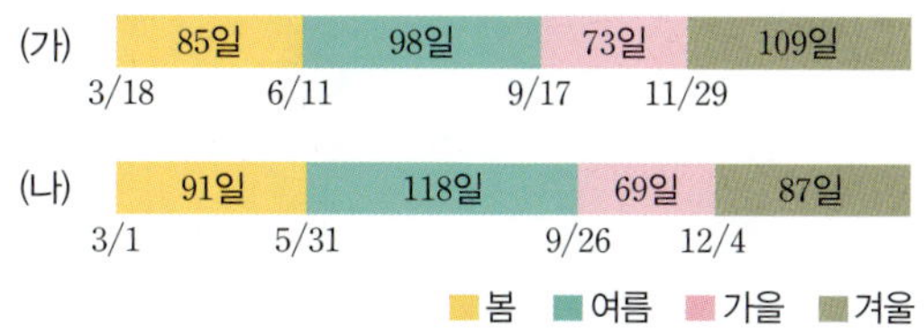

이에 대한 설명으로 옳은 것만을 보기에서 있는 대로 고른 것은?

> 보기
> ㄱ. 모든 계절의 시작일이 과거보다 최근에 빨라졌다.
> ㄴ. 우리나라의 평균 기온은 (가)일 때가 (나)일 때보다 높다.
> ㄷ. 지구 온난화가 심해지면 미래의 겨울 일수는 현재보다 줄어들 것이다.

① ㄴ ② ㄷ ③ ㄱ, ㄴ
④ ㄱ, ㄷ ⑤ ㄴ, ㄷ

04 빈출 그림은 1880년부터 2021년까지 대기 중의 이산화 탄소 농도 변화와 지구의 평균 기온 편차를 나타낸 것이다.

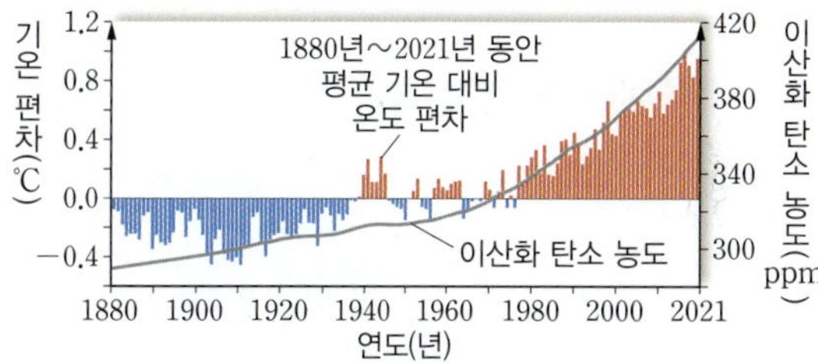

이에 대한 설명으로 옳은 것만을 보기에서 있는 대로 고른 것은?

> 보기
> ㄱ. 1880년 이후 지구의 평균 기온은 지속적으로 상승하였다.
> ㄴ. 1880년~1920년의 평균 기온은 1980년~2021년의 평균 기온보다 낮았다.
> ㄷ. 대기 중의 이산화 탄소 농도 변화는 지구 기온 상승에 영향을 주었다.

① ㄱ ② ㄴ ③ ㄱ, ㄷ
④ ㄴ, ㄷ ⑤ ㄱ, ㄴ, ㄷ

05 그림은 북반구에서 단위 면적당 흡수하는 태양 복사 에너지양과 방출하는 지구 복사 에너지양을 위도에 따라 나타낸 것이다.

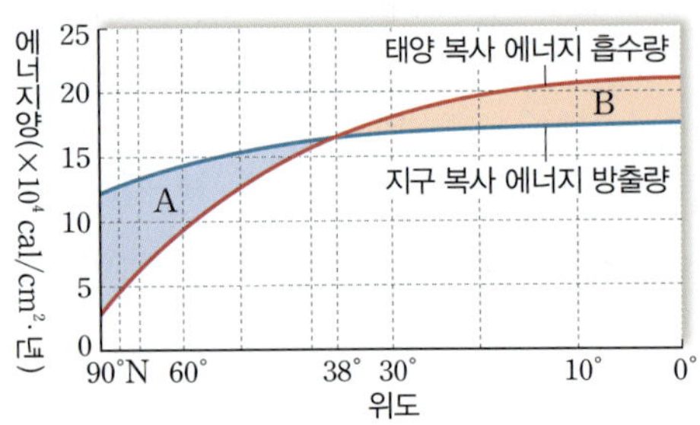

이에 대한 설명으로 옳은 것만을 보기에서 있는 대로 고른 것은?

보기
ㄱ. A는 에너지 부족, B는 에너지 과잉 상태이다.
ㄴ. 에너지의 수송 방향은 남쪽이다.
ㄷ. 남북 방향의 에너지 수송량은 적도에서 최대이다.

① ㄱ 　② ㄷ 　③ ㄱ, ㄴ
④ ㄴ, ㄷ 　⑤ ㄱ, ㄴ, ㄷ

06 그림은 북반구의 대기 대순환 모습을 나타낸 것이다.

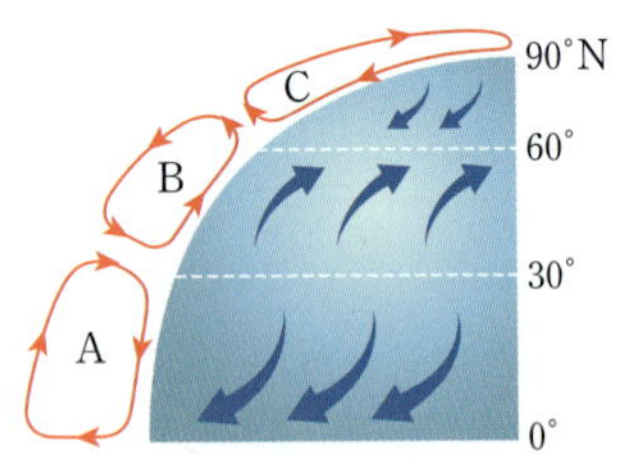

이에 대한 설명으로 옳은 것만을 보기에서 있는 대로 고른 것은?

보기
ㄱ. A의 지상에서는 무역풍이 분다.
ㄴ. 위도 30° 부근에서는 하강 기류가 발달한다.
ㄷ. B와 C의 경계인 위도에서는 강수량이 증발량보다 많다.

① ㄱ 　② ㄷ 　③ ㄱ, ㄴ
④ ㄴ, ㄷ 　⑤ ㄱ, ㄴ, ㄷ

07 그림은 북태평양의 아열대 순환을 구성하는 해류 A~D를 나타낸 것이다.

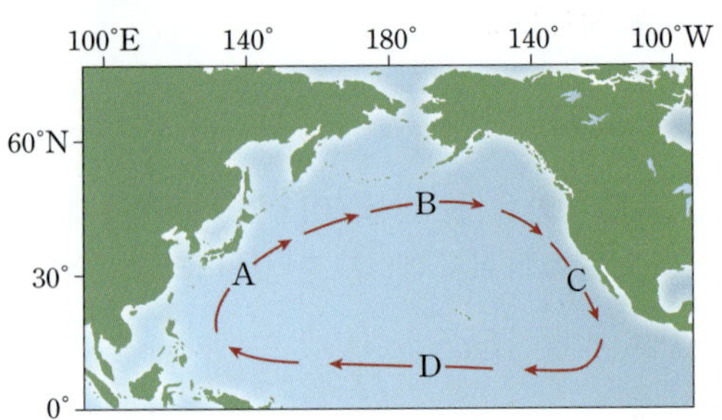

이에 대한 설명으로 옳은 것만을 보기에서 있는 대로 고른 것은?

보기
ㄱ. A는 난류이고, C는 한류이다.
ㄴ. B는 북태평양 해류이다.
ㄷ. D는 편서풍의 영향으로 형성된 해류이다.

① ㄱ 　② ㄷ 　③ ㄱ, ㄴ
④ ㄴ, ㄷ 　⑤ ㄱ, ㄴ, ㄷ

08 그림 (가)와 (나)는 태평양 적도 부근 해역에서 평상시와 엘니뇨 시기의 해수면 높이를 순서 없이 나타낸 것이다.

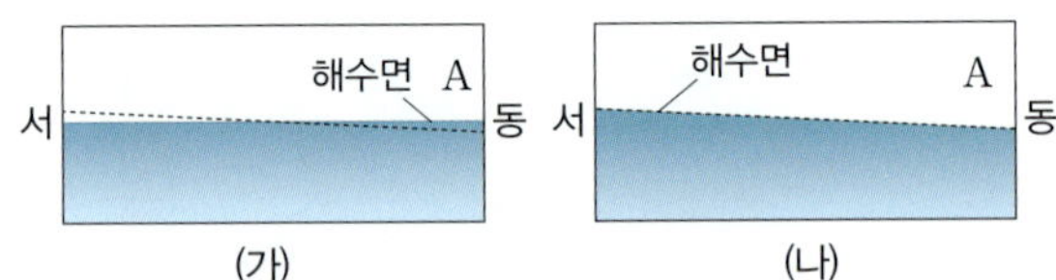

이에 대한 설명으로 옳은 것만을 보기에서 있는 대로 고른 것은?

보기
ㄱ. (가)는 엘니뇨 시기이다.
ㄴ. 무역풍의 세기는 (가)보다 (나)일 때 약하다.
ㄷ. A 해역의 표층 수온은 (가)보다 (나)일 때 높다.

① ㄱ 　② ㄴ 　③ ㄱ, ㄷ
④ ㄴ, ㄷ 　⑤ ㄱ, ㄴ, ㄷ

09 그림 (가)와 (나)는 서로 다른 시기의 적도 부근 태평양 해역의 기후 변화를 나타낸 것이다. (가)와 (나) 중 하나는 엘니뇨 시기이다.

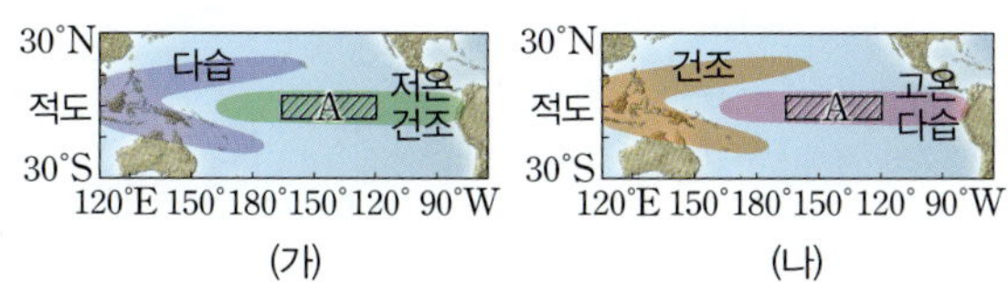

이에 대한 설명으로 옳은 것만을 보기에서 있는 대로 고른 것은?

> **보기**
> ㄱ. (가)는 엘니뇨 시기이다.
> ㄴ. A에서의 표층 수온은 (가)보다 (나)일 때 높다.
> ㄷ. 남적도 해류의 세기는 (가)보다 (나)일 때 강하다.

① ㄱ   ② ㄴ   ③ ㄱ, ㄷ
④ ㄴ, ㄷ   ⑤ ㄱ, ㄴ, ㄷ

10 그림은 고비 사막과 그 주변의 사막화 지역을 나타낸 것이다.

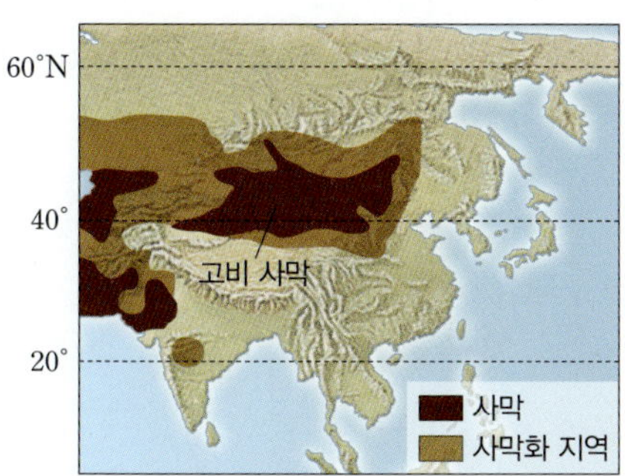

이에 대한 설명으로 옳은 것만을 보기에서 있는 대로 고른 것은?

> **보기**
> ㄱ. 고비 사막은 저압대가 발달하는 지역에 위치한다.
> ㄴ. 고비 사막의 사막화가 진행될수록 우리나라의 황사 피해가 늘어날 것이다.
> ㄷ. 사막화 지역에 강수량이 감소하고 증발량이 증가하면 사막화가 가속화된다.

① ㄱ   ② ㄴ   ③ ㄱ, ㄷ
④ ㄴ, ㄷ   ⑤ ㄱ, ㄴ, ㄷ

11 그림은 복사 평형 상태의 지구 열수지를 나타낸 것이다. 이에 대한 설명으로 옳은 것만을 보기에서 있는 대로 고른 것은?

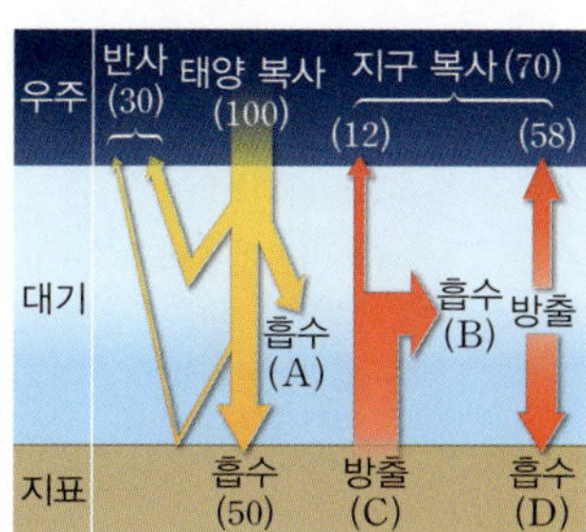

> **보기**
> ㄱ. A는 B보다 작다.
> ㄴ. 현재보다 구름 발생량이 증가하면 지표가 흡수하는 태양 복사 에너지양은 50보다 작아진다.
> ㄷ. 대기 중 이산화 탄소 농도가 높아지면 $\dfrac{D}{C}$가 증가한다.

① ㄱ   ② ㄴ   ③ ㄱ, ㄷ
④ ㄴ, ㄷ   ⑤ ㄱ, ㄴ, ㄷ

12 그림은 산업 혁명 이후 온실 기체 배출량의 변화를 나타낸 것이다.

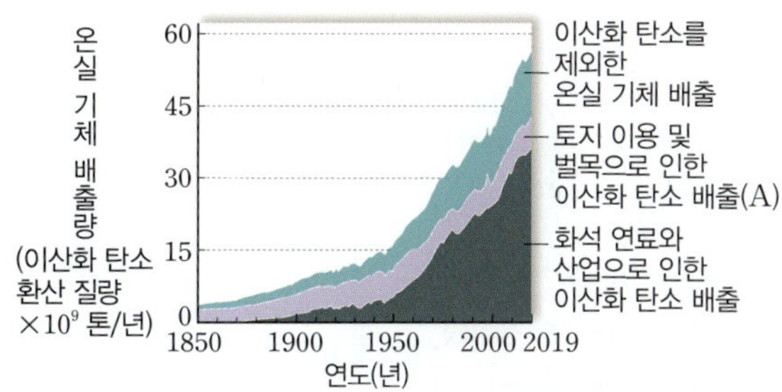

이에 대한 설명으로 옳은 것만을 보기에서 있는 대로 고른 것은?

> **보기**
> ㄱ. 온실 기체 중 이산화 탄소가 가장 많이 배출된다.
> ㄴ. 산업 혁명 이후 온실 기체 배출량은 증가하는 추세이다.
> ㄷ. 온실 기체 배출량 중 A가 차지하는 비율은 증가하는 추세이다.

① ㄱ   ② ㄷ   ③ ㄱ, ㄴ
④ ㄴ, ㄷ   ⑤ ㄱ, ㄴ, ㄷ

13 그림은 1960~2000년 동안의 실제 기온 편차(관측값−기준값) 및 기후 변화 요인을 고려하여 추정한 기온 편차(추정값−기준값)를 나타낸 것이다.

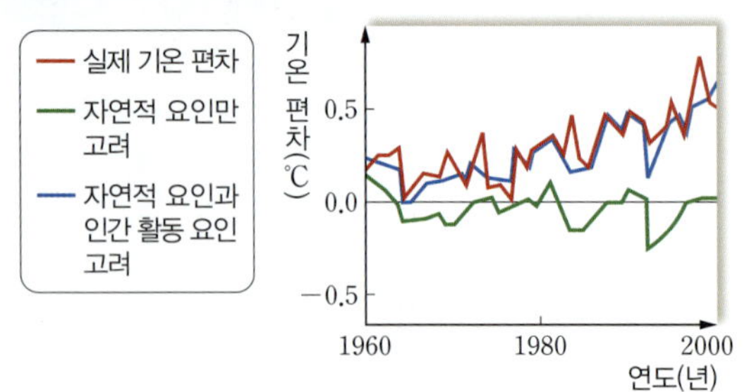

이에 대한 설명으로 옳은 것만을 보기에서 있는 대로 고른 것은?

보기
ㄱ. 화석 연료 사용량의 증가는 자연적 요인과 인간 활동 요인을 고려한 기온 편차의 값을 증가시킨다.
ㄴ. 자연적 요인만을 고려하였을 때, 기온 상승은 2000년이 1960년보다 높다.
ㄷ. 1960~2000년의 기온 변화는 자연적 요인보다 인간 활동 요인의 영향력이 크다.

① ㄱ ② ㄴ ③ ㄱ, ㄷ
④ ㄴ, ㄷ ⑤ ㄱ, ㄴ, ㄷ

14 그림은 북극해 해빙(Sea ice)의 면적 변화를 나타낸 것이다. A와 B는 각각 3월과 9월의 자료 중 하나이다.

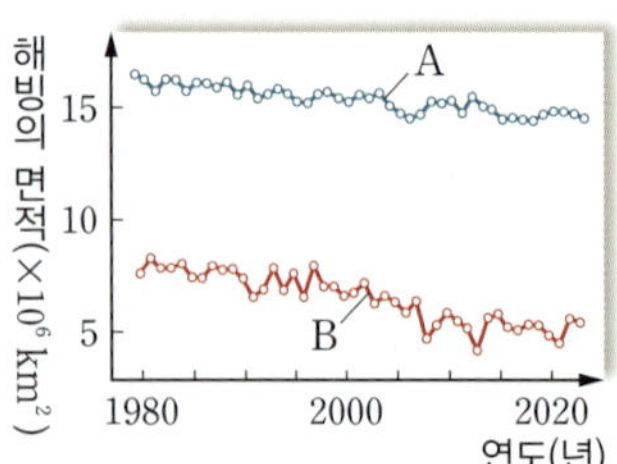

이에 대한 설명으로 옳은 것만을 보기에서 있는 대로 고른 것은?

보기
ㄱ. A는 3월의 자료이다.
ㄴ. 북극해 주변의 해수 온도는 상승하는 추세이다.
ㄷ. 북극 지역의 반사율은 A 시기가 B 시기보다 작다.

① ㄱ ② ㄷ ③ ㄱ, ㄴ
④ ㄴ, ㄷ ⑤ ㄱ, ㄴ, ㄷ

15 그림은 대기와 해양의 연평균 에너지 수송량을 위도별로 나타낸 것이다. 에너지 수송량의 (＋)와 (−)는 각각 북쪽 방향과 남쪽 방향 중 하나이다.

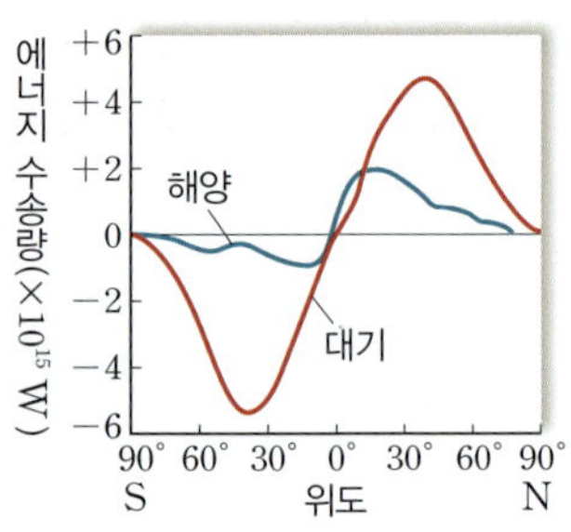

이에 대한 설명으로 옳은 것만을 보기에서 있는 대로 고른 것은?

보기
ㄱ. (＋)는 북쪽 방향이다.
ㄴ. 대기와 해양의 에너지 수송량 차이는 10°N보다 30°N에서 크다.
ㄷ. 대기에 의한 에너지 수송량은 편서풍이 부는 위도대가 무역풍이 부는 위도대보다 많다.

① ㄱ ② ㄷ ③ ㄱ, ㄴ
④ ㄴ, ㄷ ⑤ ㄱ, ㄴ, ㄷ

16 그림은 남태평양의 아열대 순환을 구성하는 해류가 흐르는 해역 A와 B를 나타낸 것이다.

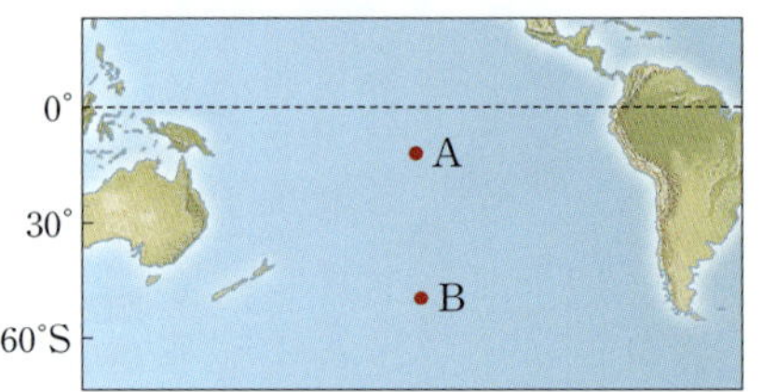

이에 대한 설명으로 옳은 것만을 보기에서 있는 대로 고른 것은?

보기
ㄱ. A와 B 해역에 흐르는 표층 해류는 시계 방향으로 순환한다.
ㄴ. A 해역의 표층 해류는 무역풍의 영향을 받는다.
ㄷ. B 해역의 표층 해류는 북태평양 해류와 같은 방향으로 흐른다.

① ㄱ ② ㄴ ③ ㄱ, ㄷ
④ ㄴ, ㄷ ⑤ ㄱ, ㄴ, ㄷ

17 그림 (가)와 (나)는 서로 다른 두 시기의 적도 부근 태평양의 연직 수온 분포를 순서 없이 나타낸 것이다. (가)와 (나) 중 하나는 엘니뇨 시기이다.

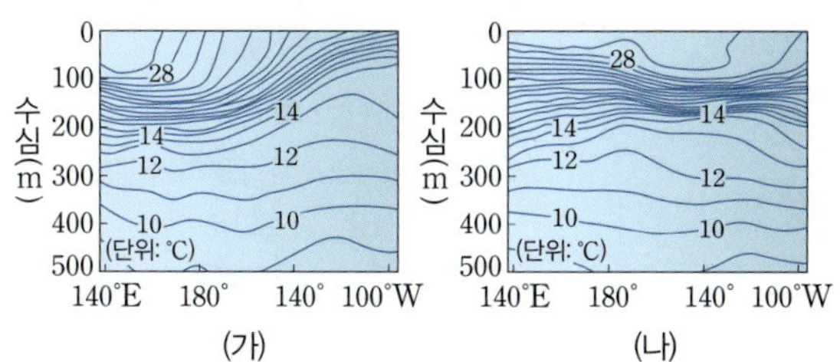

이에 대한 설명으로 옳은 것만을 보기에서 있는 대로 고른 것은?

① ㄱ   ② ㄴ   ③ ㄱ, ㄷ
④ ㄴ, ㄷ   ⑤ ㄱ, ㄴ, ㄷ

---

18 그림은 태평양에서 어느 시기의 강수량 편차(관측값－평년값)의 분포를 나타낸 것이다.

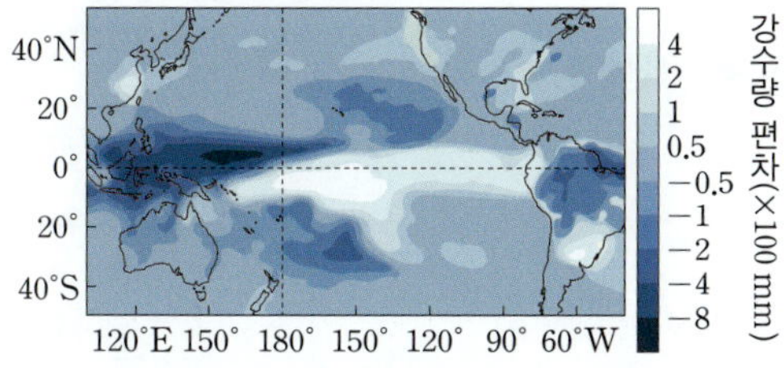

평상시와 비교하여 이 시기에 큰 값을 갖는 물리량만을 보기에서 있는 대로 고른 것은?

① ㄱ   ② ㄴ   ③ ㄱ, ㄷ
④ ㄴ, ㄷ   ⑤ ㄱ, ㄴ, ㄷ

---

19 그림은 전 세계의 사막과 사막화 지역을 나타낸 것이다.

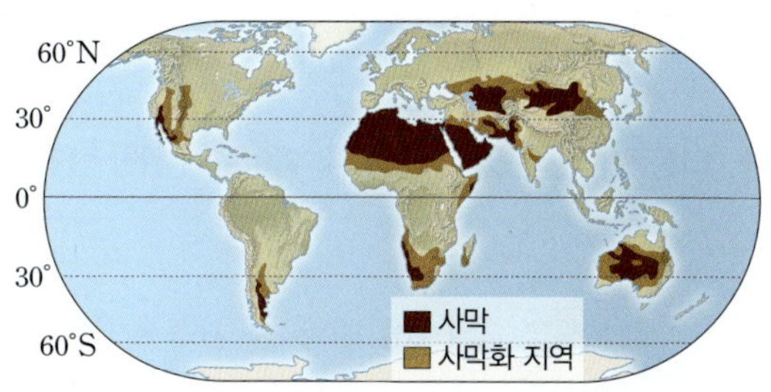

이에 대한 설명으로 옳은 것만을 보기에서 있는 대로 고른 것은?

① ㄱ   ② ㄷ   ③ ㄱ, ㄴ
④ ㄴ, ㄷ   ⑤ ㄱ, ㄴ, ㄷ

---

20 그림 (가)는 2015~2024년의 사과 재배 가능 지역을, (나)는 2045~2054년의 사과 재배 가능 예측 지역을 나타낸 것이다. 이에 대한 설명으로 옳은 것만을 보기에서 있는 대로 고른 것은?

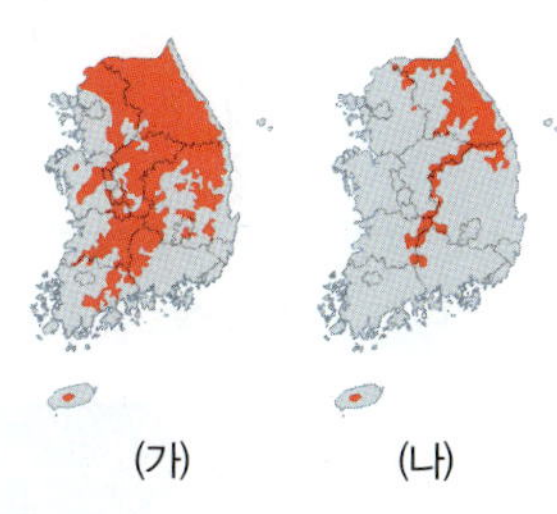

① ㄱ   ② ㄴ   ③ ㄱ, ㄷ
④ ㄴ, ㄷ   ⑤ ㄱ, ㄴ, ㄷ

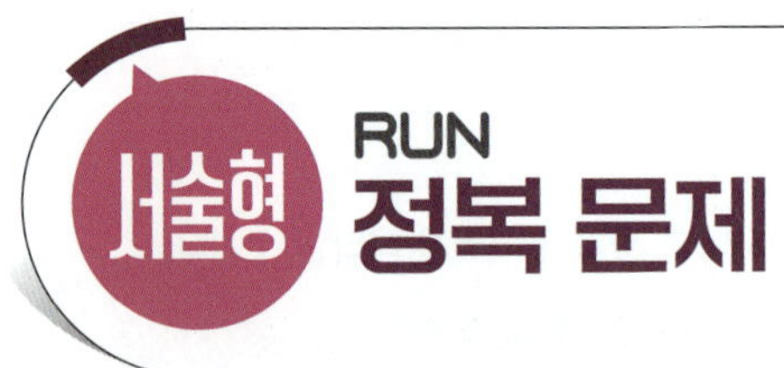

01 다음은 지구의 열수지 변동을 알아보기 위한 탐구를 나타낸 것이다.

[탐구 과정]

(가) 페트병 A와 B를 준비하여 페트병 B에만 이산화 탄소를 넣는다.

(나) 페트병 A와 B를 적외선 조명 아래에 두고 20분 동안 1분 간격으로 온도를 측정한다.

[탐구 결과]

(1) ㉠ 구간에서 페트병 A와 B의 온도 변화에 차이가 나는 까닭을 설명하시오.

(2) ㉡ 구간에서 페트병의 온도 변화가 나타나지 않는 까닭을 설명하시오.

02 그림은 지구에 도달하는 태양 복사 에너지를 100이라고 할 때, 복사 평형 상태에 있는 지구 열수지를 나타낸 것이다.

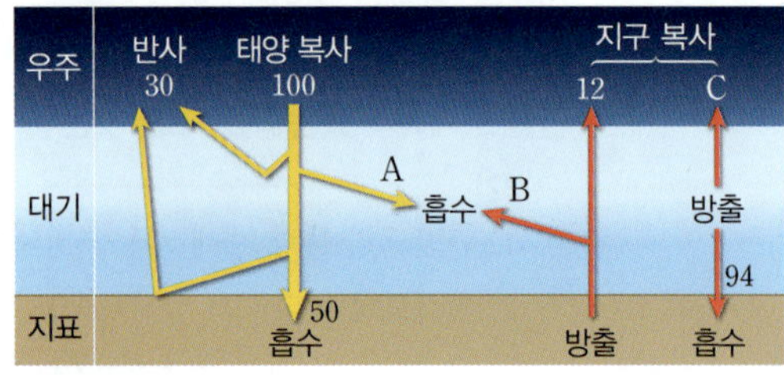

(1) A, B, C의 값을 구하시오.

A: (   ), B: (   ), C: (   )

(2) 대기 중 온실 기체의 농도가 낮아질 때, 지구 열수지에 나타나는 변화를 설명하시오.

단계별로 **배경 지식 쌓기**

Step ❶ 문제 분석하기

페트병 A와 B의 차이를 파악한다.

➡ 페트병 B는 A보다 (   ) 기체인 이산화 탄소의 농도가 높다.

Step ❷ **Key Word** 찾아 답안 작성하기

• 온실 기체는 (**1**) 에너지를 잘 흡수한다.

• 온실 기체의 농도가 높을수록 복사 평형에 도달하는 온도가 (**2**).

• (**3**) 상태에서는 물체가 흡수한 에너지양과 방출한 에너지양이 같아 온도가 일정하다.

KeyWord

1 .... **2** .... **3** ....

단계별로 **배경 지식 쌓기**

Step ❶ 문제 분석하기

우주, 대기, 지표 각 영역에서 흡수하는 에너지양과 방출하는 에너지양을 파악한다.

구분	흡수	방출
우주	반사 ( )+ 지구 복사 (12+C)	태양 복사 100
대기	태양 복사 A + 지표 복사 B	우주로 방출 C + 지표로 재복사 ( )
지표	태양 복사 50 + 대기의 재복사 94	지표 방출 (B+12)

Step ❷ **Key Word** 찾아 답안 작성하기

• 우주, 대기, 지표에서 흡수하는 에너지양은 방출하는 에너지양과 (**1**).

• 대기 중의 온실 기체는 지표에서 방출되는 지구 복사 에너지를 흡수하여 지표로 (**2**)한다.

KeyWord

1 .... **2** ....

03 그림은 지구 온난화의 연쇄 반응 중 일부를 나타낸 것이다.

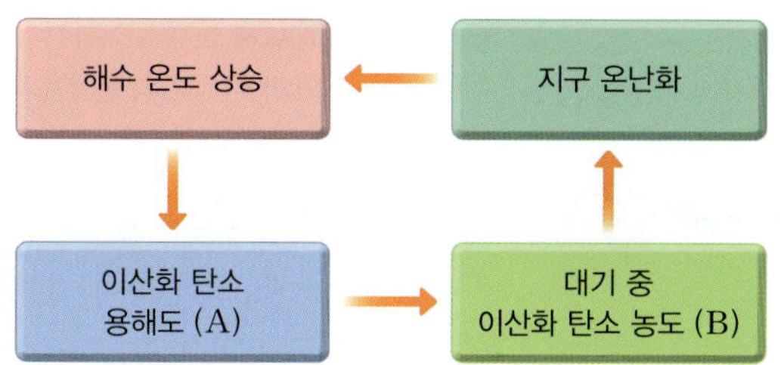

(1) A와 B에 들어갈 알맞은 말을 쓰시오.

A: (　　　　　　　), B: (　　　　　　　)

(2) 지구 온난화를 가속화시키는 연쇄 반응의 사례를 한 가지 설명하시오.

04 그림은 북태평양의 아열대 순환을 구성하는 해류가 흐르는 해역 **A~D**의 위치를 나타낸 것이다. **B**와 **C**의 위도는 같다.

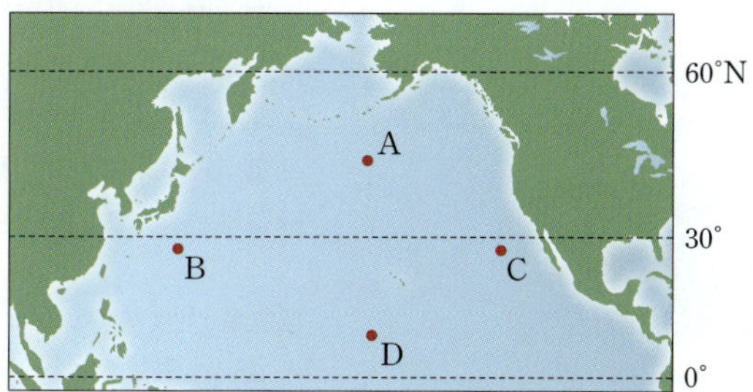

(1) A와 D에서 표층 해류를 발생시킨 바람과 표층 해류의 방향을 각각 설명하시오.

(2) B와 C 해역 중 평균 표층 수온이 높은 곳을 고르고, 그 까닭을 설명하시오.

05 그림은 태평양 적도 부근 해역에서 부는 바람의 동서 방향 풍속 편차를 나타낸 것이다. (＋)는 서풍, (－)는 동풍이다.

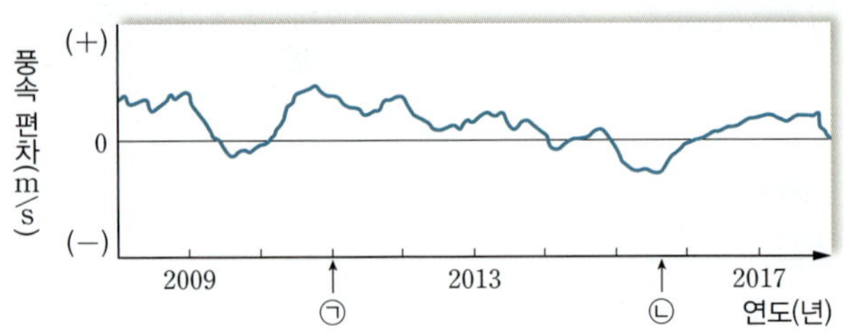

㉠과 ㉡ 중 엘니뇨 시기를 고르고, 그렇게 판단한 까닭을 설명하시오.

---

06 그림 (가)와 (나)는 각각 평상시와 엘니뇨 발생 시 태평양 적도 부근 해역의 대기와 해수의 흐름을 순서 없이 나타낸 것이다.

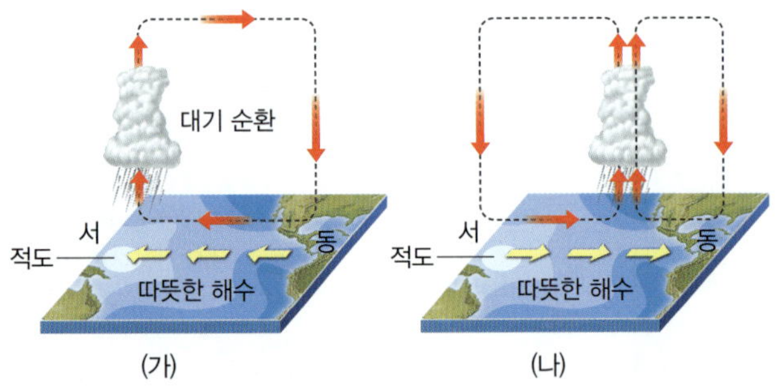

(1) 동태평양 해역에서 (가)와 (나) 시기의 용승의 세기와 수온 약층이 시작되는 깊이를 비교하여 설명하시오.

(2) 서태평양 해역에서 (가)와 (나) 시기의 강수량을 비교하여 설명하시오.

07 그림은 북반구에서 위도에 따른 증발량과 강수량 분포를 나타낸 것이다.

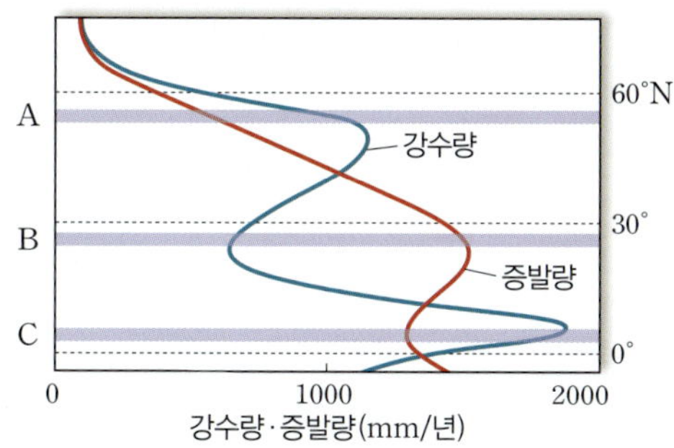

(1) A, B, C 지역에서 증발량과 강수량이 차이나는 까닭을 대기 대순환과 관련지어 설명하시오.

____

____

(2) A, B, C 중 자연적으로 사막이 형성될 가능성이 높은 지역을 고르고, 그렇게 생각한 까닭을 설명하시오.

____

____

08 그림은 이산화 탄소 배출량 감축에 적극적으로 노력했을 때와 그렇지 않을 때 예상되는 기후 변화를 시나리오 **A**와 **B**로 순서 없이 나타낸 것이다.

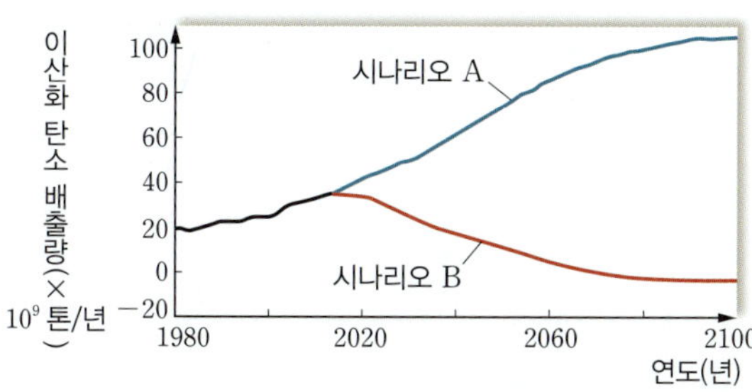

(1) A와 B에 따른 2100년의 지구 평균 기온을 근거를 제시하여 비교하여 설명하시오.

____

____

(2) A와 B에 따른 2100년의 극지방의 빙하 면적 변화를 근거를 제시하여 설명하시오.

____

____

태양 에너지의
생성과 전환
내 에너지를
받아랏!
자석이나 코일이 움직이면
전기 에너지가 생겨.
으아.
어지러워.
핵융합
태양 에너지의
전환과 흐름
발전
전자기 유도
발전기
태양 에너지가 여러
형태의 에너지로 전환돼.
으음~
태양의 맛!
S
N

- 중학교 – 운동 에너지, 역학적
에너지 보존, 전기 에너지

- 물리학 – 전자기 유도, 열과
에너지 전환
- 역학과 에너지 – 열역학 제1법칙,
열기관, 열역학 제2법칙

3

에너지와 지속가능한 발전

에너지는 여러 형태로 존재하면서 끊임없이 형태를 전환하는데,
이를 활용하여 전기 에너지를 얻을 수 있으며, 에너지의 지속가능하고
효율적인 활용이 중요하다.

1 태양 에너지의 생성과 전환

2 발전

3 에너지 효율과 신재생 에너지

에너지 효율과
신재생 에너지

신재생 에너지

에너지 효율

화력 발전과
핵발전

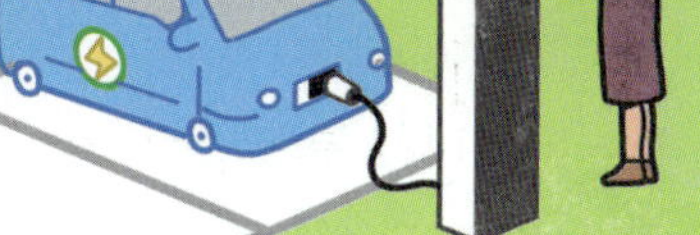

 **태양 에너지의 생성과 전환**

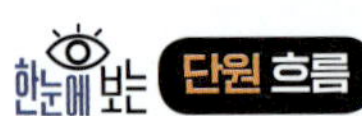 한눈에 보는 **단원 흐름**

 수소 핵융합 반응 →  태양 에너지

└ 태양 에너지의 전환과 흐름

1 태양 에너지의 생성

지표면에서 일어나는 여러 가지 자연 현상과 우리가 살아가는 데 필요한 에너지는 대부분 태양 에너지를 근원으로 한다. 태양은 태양계에서 스스로 에너지를 생성하고 빛을 방출하는 유일한 천체로, 탄생 이후 현재까지 약 46억 년 동안 수소 핵융합 반응을 통해 막대한 양의 에너지를 우주로 방출해 왔다.

1. 태양의 특징과 구조

(1) **태양**: 태양은 지름이 지구의 약 109배이고, 질량은 지구의 약 33만배이다. 주로 수소와 헬륨으로 이루어져 있으며, 수소가 태양 질량의 약 73 %를 차지한다.

(2) **태양의 내부 구조**: 표면에서부터 크게 대류층, 복사층, 핵으로 구분된다.

① **표면**: 태양의 표면 온도는 약 6000 K이고, 빛이 나오는 곳이므로 *광구라고도 한다. 광구에는 주변보다 온도가 낮은 흑점이 분포한다.

② **대류층**: 상부와 하부의 온도 차로 대류가 일어나 바깥쪽으로 열을 전달한다.

③ **복사층**: 핵에서 생성된 에너지가 복사에 의해 바깥쪽으로 전달되는 층이다. 태양 반지름을 R라고 할 때 $0.20R \sim 0.71R$ 범위이다.

④ **핵**: 태양 중심부의 $0.20R$ 이내 영역이다. 태양에서 가장 뜨겁고 압력이 높은 부분으로 태양 에너지가 생산된다. 태양 중심부의 온도는 약 1500만 K으로 태양 표면 온도의 약 2500배 정도이다. 이런 초고온 상태에서 입자들은 원자핵과 전자가 분리된 *플라스마 상태로 존재한다.

흑점(Sunspot)
태양 표면에 나타나는 검은 반점으로, 밝기가 주변 광구의 약 40 % 정도로 다소 어둡다. 온도는 4000 K ~ 5000 K 정도로 광구보다 낮고, 크기는 약 1500 km ~ 십만 여 km까지 다양하다.

 **용어**

***광구(光 빛, 球 공, photosphere)**
빛이 직접 밖으로 나올 수 있는 항성(恒星)의 얇은 표면층

***플라스마(plasma)**
태양 중심부와 같은 초고온 상태에서는 원자의 전자 중 상당수가 원자핵에서 떨어져 나오게 되어 전하를 띤 입자들이 모여 있는 계가 형성되는데, 이러한 상태를 플라스마라고 한다. 전체적으로는 전기적으로 중성이며, 전기 전도도가 높고 외부의 전자기장에 크게 반응한다.

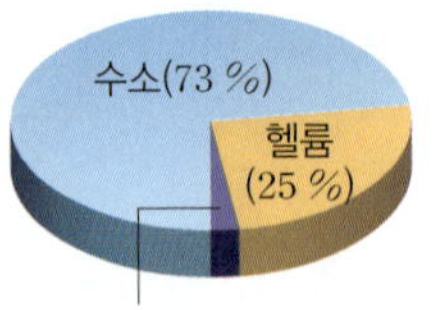

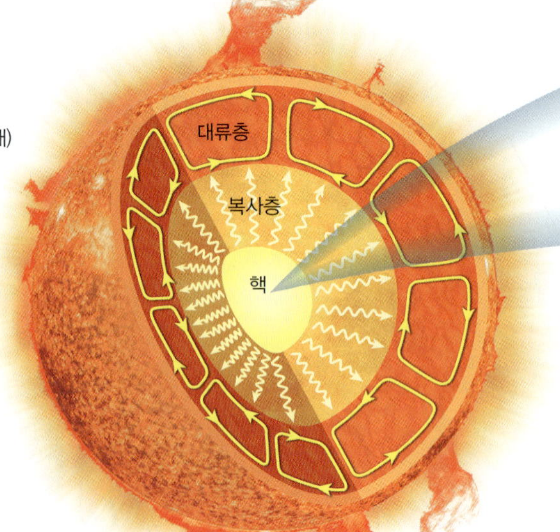

▲ **태양의 구성 성분 및 내부 구조**

2. 태양 에너지의 생성 심화 강의 214쪽

(1) 핵융합 반응

① 핵융합: 수소 같은 가벼운 원자핵들이 융합하여 무거운 원자핵이 되는 현상이다.

② 핵융합이 일어나는 조건: 태양의 중심부처럼 압력이 매우 높고, 초고온인 상태에서는 입자들이 플라스마 상태로 변하고, 원자핵의 운동이 매우 활발해진다. 이 경우 (＋)전하를 띤 원자핵이 전기적 척력을 극복하고 서로 충돌하여 핵융합이 일어날 수 있다.

(2) 질량 결손과 에너지

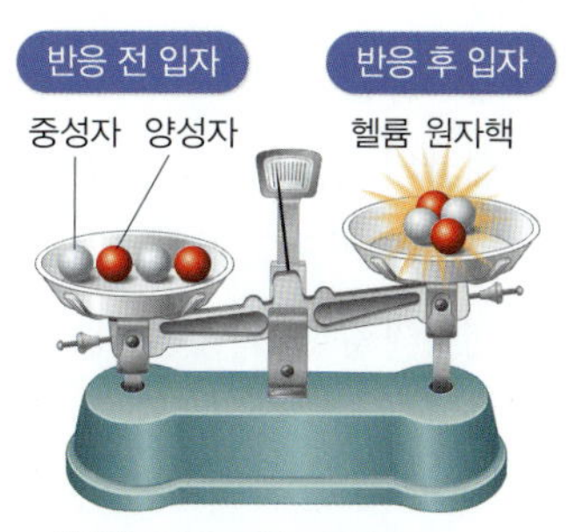

▲ 핵융합 반응 전후 질량 비교

① 질량 결손: 핵융합 과정에서 반응 전 입자들의 질량 합에 비해 반응 후 입자들의 질량 합이 약간 감소한다. 이를 질량 결손이라고 한다.

② 질량 결손과 에너지: 아인슈타인은 질량과 에너지가 서로 변환될 수 있음을 밝혀냈다. 이때 감소한 질량을 Δm이라고 하면, 핵융합 과정에서 방출되는 에너지 E는 다음과 같다.

$$E = \Delta mc^2 \ (c: \text{빛의 속력})$$

이 식에서 빛의 속력이 $c ≒ 3 \times 10^8$ m/s이므로 Δm이 매우 작아도 엄청난 양의 에너지가 방출된다.

(3) 태양의 수소 핵융합 반응

태양의 핵에서는 4개의 수소 원자핵이 융합하여 헬륨 원자핵 1개가 만들어지는 수소 핵융합 반응이 일어난다. 이 과정에서 발생하는 질량 결손에 의해 매 초 약 10^{26} J 이상의 에너지가 방출된다. 이 에너지는 인류가 약 100만 년 동안 사용할 수 있는 엄청난 양이다.

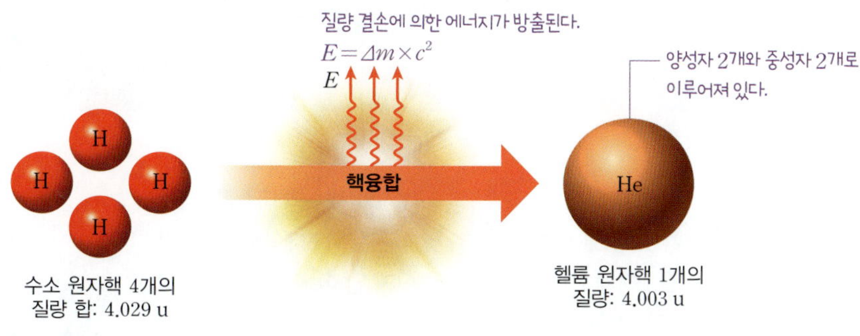

▲ 수소 핵융합 반응과 질량 결손

태양의 핵융합 속도

태양에서는 1초마다 약 6.57억 t의 수소가 핵융합을 일으켜 약 6.53억 t의 헬륨이 생성된다.

아인슈타인의 질량·에너지 동등성

질량과 에너지가 서로 변환될 수 있음을 뜻한다. 이에 따르면 1 kg의 질량은 약 9×10^{16} J의 에너지로 변환될 수 있다.

원자 질량 단위(u)

원자의 질량은 매우 작아서 kg으로 표현하는 것은 어렵다. 따라서 자연에 가장 많이 존재하는 탄소 원자를 이용하여 원자 수준에서 사용할 수 있는 질량 단위를 정했다. 탄소 원자의 질량을 12로 정할 때 이 질량의 $\frac{1}{12}$을 1 원자 질량 단위(1 u)라고 한다.

$$1 \text{ u} ≒ 1.66 \times 10^{-27} \text{ kg}$$

✔ 중요 개념 체크

정답과 해설 73쪽

1. 태양은 중심부에서 (　　　　) 반응에 의해 에너지를 생성한다.

2. 수소 핵융합 반응에 대한 설명으로 옳은 것은 ○, 옳지 <u>않은</u> 것은 ×로 표시하시오.

　(1) 4개의 수소 원자핵이 1개의 헬륨 원자핵으로 만들어질 때 에너지를 방출한다. ──── (　　　　)

　(2) 핵융합 전과 후에 입자들의 질량 총합은 같다. ──────────────── (　　　　)

2 태양 에너지의 전환과 흐름

태양에서 생성된 막대한 에너지는 사방으로 퍼져 나가며, 그중 약 $\frac{1}{20억}$ 정도만이 지구에 도달한다. 이렇게 지구에 도달한 태양 에너지는 다양한 형태의 에너지로 전환되며 지구에서 에너지의 흐름을 일으킨다. 이 과정에서 태양 에너지는 지구 시스템을 순환하며 대기와 해수의 운동, 지표의 변화 등 여러 자연 현상을 일으키고 생명체가 살아가는 데 필요한 에너지로 쓰인다.

1. 태양 에너지와 물, 대기의 순환

(1) **물의 순환**: 태양의 열에너지에 의해 물이 순환하며 다양한 에너지 흐름을 일으킨다.

(2) **대기의 순환**

① 태양의 열에너지는 대기에 흡수되어 바람과 파도를 일으킨다.

② 바람과 파도의 운동 에너지를 이용하여 전기 에너지를 생산하기도 한다.

③ 대기의 순환을 통해 적도 지방의 남는 에너지를 에너지가 부족한 극지방으로 전달한다.

물의 순환

❶ 지표나 바다에 있던 물이 태양의 열에너지를 흡수하면 증발하여 수증기가 되어 상승한다.

❷ 상승한 수증기가 물방울로 응결하거나 작은 얼음 알갱이로 승화하여 구름이 되며 열을 방출한다.

❸ 구름의 물방울이나 얼음 알갱이는 비나 눈이 되어 다시 지표로 내린다.

❹ 강의 상류, 댐 등에 저장된 물의 위치 에너지는 수력 발전을 통해 전기 에너지로 전환할 수 있다.

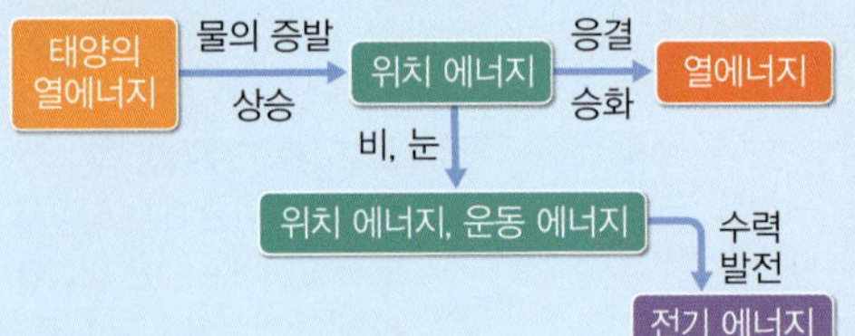

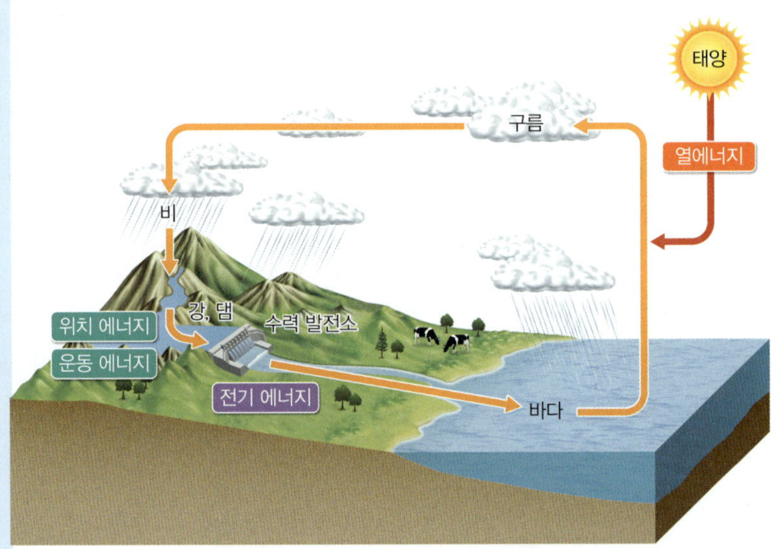

바람과 파도

❶ 지표면이 태양의 열에너지를 흡수하면 온도가 높아진다. 이때 지표를 이루는 물질의 비열 차이로 온도 차가 발생하게 된다.

❷ 이로 인해 공기가 가열되는 정도가 달라 각 지역에 기압 차가 생기고, 기압이 높은 곳에서 낮은 곳으로 바람이 불게 된다.

❸ 바람의 운동 에너지는 해수를 움직이게 하여 파도를 일으킨다.

❹ 바람과 파도의 운동 에너지는 풍력 발전, 파력 발전을 통해 전기 에너지로 전환할 수 있다.

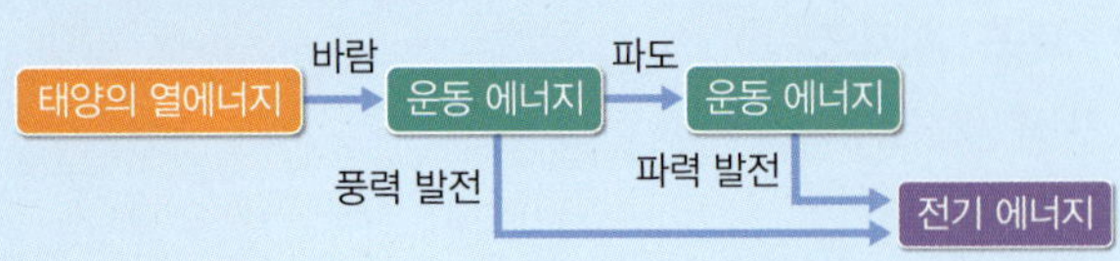

대기와 해수의 대순환

지구는 위도에 따라 같은 면적에 입사하는 태양 에너지의 양이 달라 극지방은 에너지 부족, 적도 지방은 에너지 과잉 상태가 된다. 이러한 에너지 불균형으로 인해 대기 대순환과 해수 대순환이 일어나 저위도의 남는 에너지를 에너지가 부족한 고위도로 전달하여 에너지의 불균형을 해소하고 지구 전체에 에너지를 골고루 분배한다.

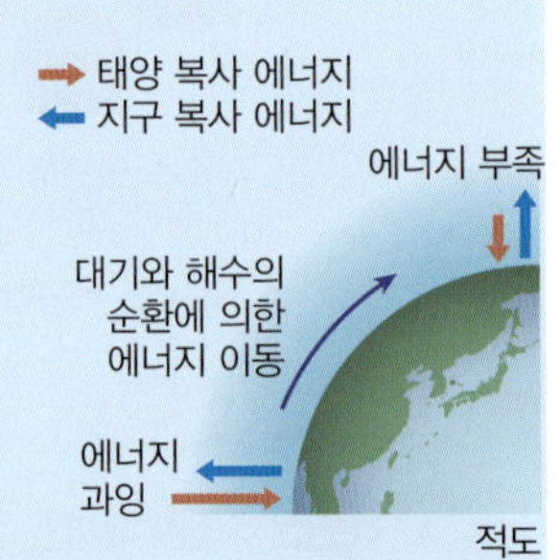

2. 태양 에너지와 탄소의 순환

(1) 생명 활동

① 식물은 광합성을 통해 태양의 빛에너지를 흡수하여 포도당(화학 에너지)으로 합성하고, 이를 열매, 줄기, 뿌리 등에 녹말의 형태로 저장한다.

② 동물은 식물에 저장된 화학 에너지를 흡수하고, 이 에너지는 먹이 사슬을 통해 다른 동물이나 사람에게 전달되어 생명 유지에 사용된다.

(2) 화석 연료: 석탄, 석유, 천연가스와 같은 화석 연료는 현대 문명에서 사용하는 주된 에너지원이며, 플라스틱과 같은 소재의 원료이다. 화석 연료는 과거 동식물의 유해가 땅속에 묻힌 후 변형된 것이므로, 화석 연료의 근원도 태양 에너지이다.

3. 지구에서 태양 에너지의 전환과 흐름

태양에서 생성된 에너지의 일부는 지구에 도달하여 다양한 형태의 에너지로 전환되며 에너지 흐름을 일으킨다. 이 과정에서 태양 에너지는 지구 시스템을 *순환하며 여러 가지 자연 현상을 일으키고 생명체가 살아갈 수 있게 하는 주된 에너지원이 된다.

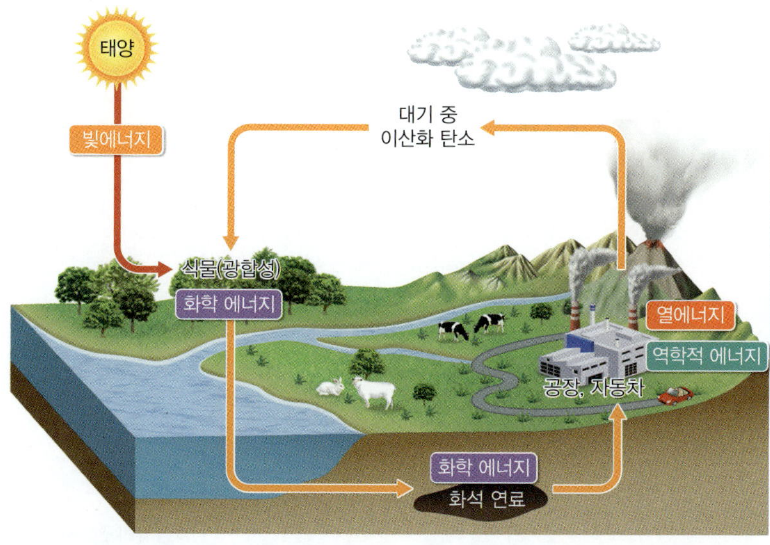

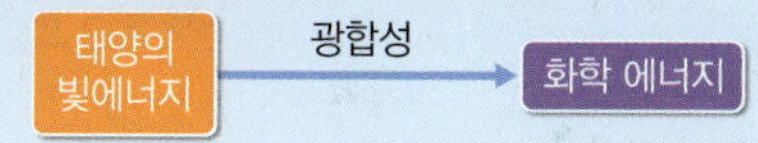

화석 연료

❶ 동식물의 유해가 땅속에 묻혀 오랜 세월에 걸쳐 열과 압력을 받으면 화석 연료가 되므로 동식물에 저장된 화학 에너지가 화석 연료의 화학 에너지가 된다.

❷ 화석 연료의 화학 에너지는 공장이나 자동차의 열기관 등을 통해 열에너지와 역학적 에너지로 전환된다.

✔ 중요 개념 체크

정답과 해설 73쪽

3. 태양에서 지구로 전달된 (   )은/는 지구에서 대기와 물, 탄소 순환 등을 매개로 하는 에너지 흐름을 일으킨다.

4. 옥수수로 만든 바이오 연료를 이용하여 자동차가 운동할 때 에너지의 전환 과정은 태양 에너지 → ㉠ (   ) 에너지 → ㉡ (   ) 에너지이다.

용어

*순환(循 돌다, 環 고리)
주기적으로 자꾸 되풀이하여 도는 것 또는 그런 과정을 말한다.

수소 핵융합 반응식

핵융합 반응이나 핵분열 반응 과정에서는 질량수와 전하량에 관한 정보가 중요하다. 핵반응을 핵반응식으로 나타내면 중요한 정보를 쉽게 알 수 있다. 핵반응을 핵반응식으로 표현하는 방법과 태양의 수소 핵융합 반응에 대하여 자세히 알아보자.

1 원자핵에 관한 정보들을 간단하게 표현할 수 있을까?

(1) **원자핵의 표기법**

수소를 제외한 모든 원자핵은 (＋)전하를 띠는 양성자와 전하를 띠지 않는 중성자로 구성되며, 양성자와 중성자를 통틀어 핵자라고 한다. 원자핵은 다음과 같은 양들을 사용하여 원자핵의 종류를 나타낸다.

① 질량수(A): 원자핵의 핵자의 수(양성자와 중성자를 합한 개수)

② 원자 번호(Z): 원자핵 속의 양성자수

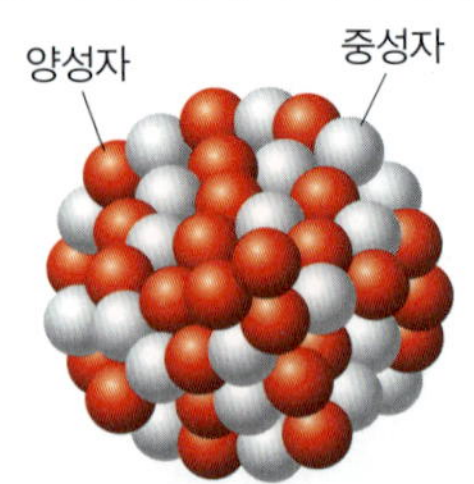

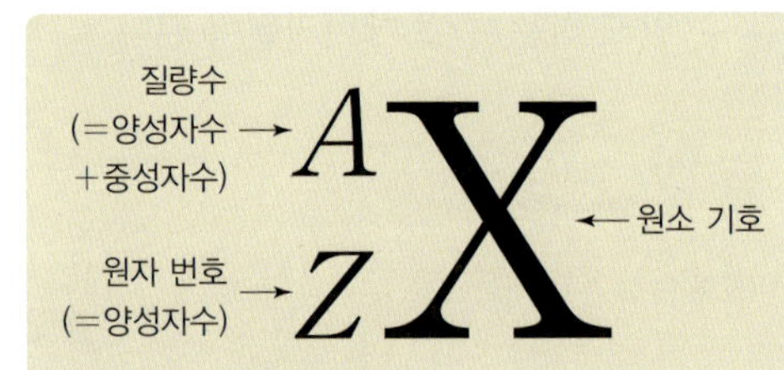

(2) **동위 원소**: 특정 원소의 원자핵은 같은 수의 양성자를 갖고 있지만, 중성자의 개수는 다를 수 있는데, 이런 원소를 동위 원소라고 한다. 가장 단순한 수소도 수소와 중수소, 삼중수소 등의 동위 원소를 가진다. 동위 원소를 부를 때는 '헬륨 3'처럼 원소 이름에 질량수를 붙여서 부른다.

원소	기호	질량수	양성자수	중성자 수
수소	$_1^1 H$	1	1	0
중수소	$_1^2 H$	2	1	1
삼중수소	$_1^3 H$	3	1	2

원소	기호	질량수	양성자수	중성자 수
헬륨 3	$_2^3 He$	3	2	1
헬륨 4	$_2^4 He$	4	2	2

2 핵반응식이란 무엇일까?

핵반응식은 핵융합이나 핵분열과 같은 핵반응을 화학 반응식처럼 간단하게 나타낸 것이다. 핵반응에서 중요한 정보는 질량수와 양성자수, 그리고 출입하는 에너지이다. 핵반응 과정에서는 질량수와 전하량이 보존된다.

(1) **전하량 보존**: 핵반응 전 양성자수의 합과 핵반응 후 양성자수의 합은 같다.

(2) **질량수 보존**: 핵반응 전 질량수의 합과 핵반응 후 질량수의 합은 같다.

> 예 삼중수소와 중수소가 핵융합을 일으켜 헬륨이 만들어지는 핵반응
>
> $$_1^3 H + _1^2 H \longrightarrow _2^4 He + _0^1 n + 17.6\,MeV$$
>
> | 구분 | 핵반응 전 | 핵반응 후 | 해석 |
> |---|---|---|---|
> | 양성자수 | $1+1=2$ | $2+0=2$ | 핵반응 전후 양성자수, 즉 전하량이 보존된다. |
> | 질량수 | $3+2=5$ | $4+1=5$ | 핵반응 전후 질량수가 보존된다. |

양성자와 중성자의 질량

양성자와 중성자는 질량이 거의 같아서 두 입자 모두 질량수를 1로 표현하지만, 실제 질량은 중성자가 양성자보다 약간 더 크다.

입자	질량
양성자	1.007276 u
중성자	1.008665 u

전하량

양성자의 전하량은 전자와 같은 기본 전하량이다. 중성자는 전하를 띠지 않으므로 전하량이 0이다. 따라서 원자핵의 전하량을 표기할 때는 양성자의 개수가 중요하다.

핵반응과 질량 보존 법칙

질량수는 단순히 핵자의 개수를 나타내는 것으로, 질량과는 다르다. 즉, 핵반응 과정에서 질량수는 보존되지만, 질량 결손이 일어나므로 핵반응 전후 질량은 보존되지 않는다.

<u>3</u> **태양에서는 어떤 핵융합 반응이 일어날까?**

태양의 핵에서는 6개의 수소 원자핵이 몇 단계의 핵융합을 거쳐 최종적으로 1개의 헬륨 원자핵과 2개의 수소 원자핵이 되는 핵반응이 주로 일어난다. 알짜 반응식으로 보면 수소 원자핵 4개가 헬륨 원자핵 1개가 되는 셈이다. 이 과정을 p−p 반응(양성자−양성자 반응)이라고 한다. p−p 반응은 크게 3 단계로 이루어지고, 각 과정에서 에너지가 방출된다.

(1) **p−p 반응 과정**

① [1 단계] 수소와 수소의 핵융합 반응: 2개의 수소 원자핵이 핵융합을 일으켜 1개의 중수소 원자핵과 양전자가 생성된다.

$$_{1}^{1}H + _{1}^{1}H \longrightarrow _{1}^{2}H + e^{+} + \nu_{e} \ (E=0.42 \ \text{MeV})$$

이때 양전자는 전자와 결합하여 소멸되면서 에너지를 방출한다.

$$e^{+} + e^{-} \longrightarrow \gamma + \gamma \ (E=1.02 \ \text{MeV})$$

② [2 단계] 중수소와 수소의 핵융합 반응: 1개의 중수소 원자핵과 1개의 수소 원자핵(양성자)이 핵융합을 일으켜 헬륨 3 원자핵이 생성된다.

$$_{1}^{2}H + _{1}^{1}H \longrightarrow _{2}^{3}He + \gamma \ (E=5.49 \ \text{MeV})$$

③ [3 단계] 헬륨 3과 헬륨 3의 핵융합 반응: 2개의 헬륨 3 원자핵이 핵융합을 일으켜 헬륨 원자핵과 2개의 수소 원자핵이 생성된다.

$$_{2}^{3}He + _{2}^{3}He \longrightarrow _{2}^{4}He + 2_{1}^{1}H \ (E=12.86 \ \text{MeV})$$

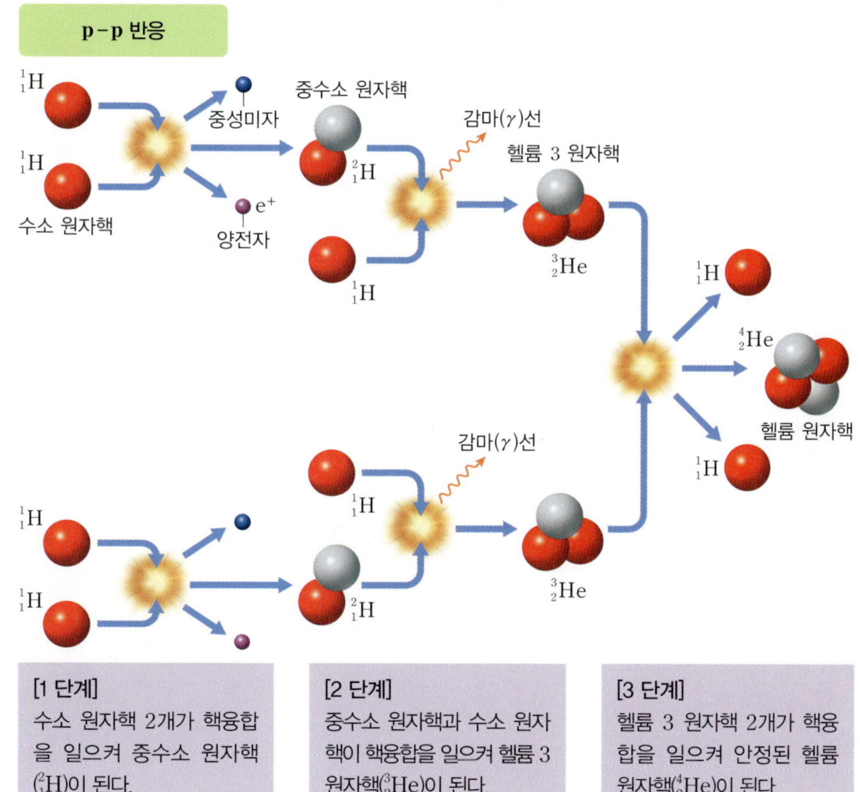

(2) **방출되는 총 에너지**: p−p 반응에서 ①과 ②의 반응이 2회 일어난 후 ③의 반응이 일어나므로, p−p 반응 과정에서 방출되는 총 에너지는 다음과 같다.

$$\{2 \times (0.42 \ \text{MeV} + 1.02 \ \text{MeV})\} + (2 \times 5.49 \ \text{MeV}) + 12.86 \ \text{MeV} = 26.72 \ \text{MeV}$$

양전자

질량이나 전하량의 크기 등이 전자와 같지만, (+)전하를 띤 입자이다.

MeV(메가전자볼트)

$1 \ \text{MeV} = 10^{6} \ \text{eV}$이다. eV는 미시세계의 에너지를 나타내는 단위로, 1 eV는 1개의 전자가 1 V의 전압에서 가속될 때 얻는 에너지이다.

$$1 \ \text{eV} \fallingdotseq 1.6 \times 10^{-19} \ \text{J}$$

핵융합 반응의 예

태양에서 일어나는 수소 핵융합 반응은 대부분 양성자끼리 반응하는 p−p 반응이다. 태양보다 무겁고 중심 온도가 1800만 K 이상인 별에서는 탄소, 질소, 산소를 촉매로 하는 CNO 반응이 주로 일어난다.

교과서 속 START 내신 완성 문제

01 그림은 태양계 질량의 거의 대부분을 차지하는 별이 빛과 열을 방출하는 모습을 나타낸 것이다. 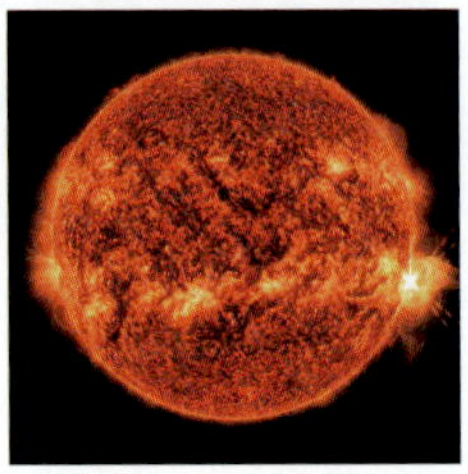
이에 대한 설명으로 옳은 것만을 보기에서 있는 대로 고른 것은?

> **보기**
> ㄱ. 이 별은 주로 수소와 헬륨으로 이루어져 있다.
> ㄴ. 우라늄의 핵반응을 통해 에너지를 생성한다.
> ㄷ. 전자기파 형태로 빛과 열이 전달된다.

① ㄱ   ② ㄴ   ③ ㄱ, ㄷ
④ ㄴ, ㄷ   ⑤ ㄱ, ㄴ, ㄷ

02 그림은 태양의 내부 구조를 나타낸 것이다.

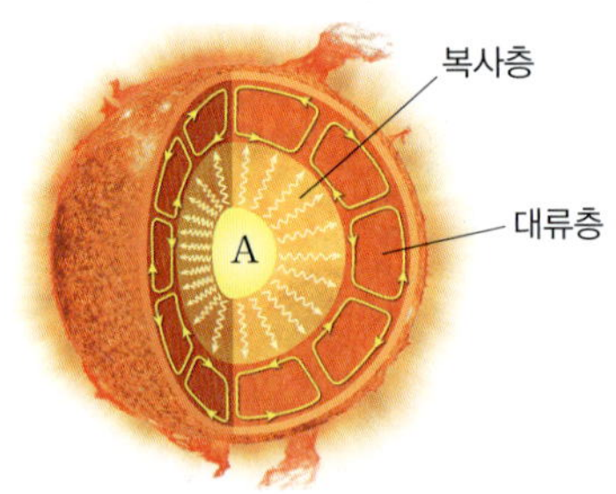

이에 대한 설명으로 옳은 것만을 보기에서 있는 대로 고른 것은?

> **보기**
> ㄱ. 태양 표면의 온도는 A의 온도보다 높다.
> ㄴ. A는 매우 높은 온도와 압력으로 인해 고체 상태로 존재한다.
> ㄷ. A에서 태양 에너지가 생성된다.

① ㄱ   ② ㄴ   ③ ㄷ
④ ㄱ, ㄷ   ⑤ ㄴ, ㄷ

[03~05] 그림은 태양 에너지가 생성될 때 일어나는 반응을 모식적으로 나타낸 것이다.

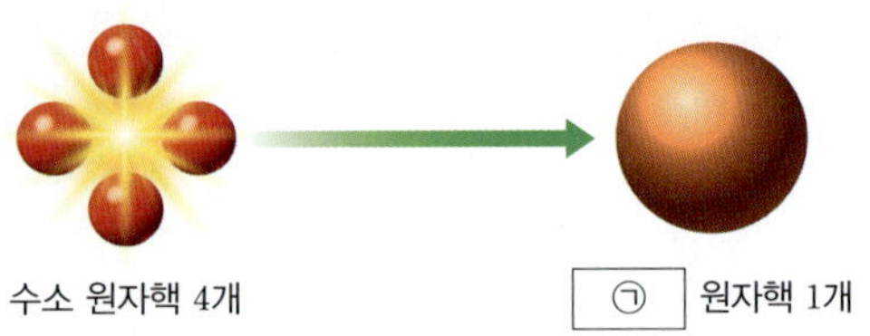

03 이 반응에 대한 설명으로 옳은 것만을 보기에서 있는 대로 고른 것은?

> **보기**
> ㄱ. ㉠은 베릴륨(Be)이다.
> ㄴ. 에너지를 방출한다.
> ㄷ. 초고온 상태에서 일어난다.

① ㄴ   ② ㄷ   ③ ㄱ, ㄴ
④ ㄱ, ㄷ   ⑤ ㄴ, ㄷ

04 수소 원자핵의 질량을 m_1, ㉠ 원자핵의 질량을 m_2라고 할 때 이 반응에서 입자들의 질량을 비교한 것으로 옳은 것은?

① $m_1 = m_2$ ② $2m_1 = m_2$
③ $4m_1 = m_2$ ④ $4m_1 < m_2$
⑤ $4m_1 > m_2$

05 이 반응을 통해 태양 에너지가 어떻게 생성되는지 간단히 설명하시오.
(서술형)

06 다음은 인공 태양 기술에 대한 설명이다.

> 인공 태양 기술은 ㉠ 태양에서 에너지를 생성할 때와 유사한 반응을 지구에서 구현하여 에너지를 얻는 기술이다. 핵반응 과정에서 ㉡ (   )에 해당하는 에너지가 방출되고, 이를 전기 에너지 등으로 전환하여 사용한다.

이에 대한 설명으로 옳은 것만을 보기에서 있는 대로 고른 것은?

보기
ㄱ. ㉠은 무거운 원자핵이 분열하여 가벼운 원자핵이 되는 반응이다.
ㄴ. ㉡은 질량 결손이다.
ㄷ. 반응 전후 질량 변화가 작으면 에너지가 거의 방출되지 않는다.

① ㄱ　　　　② ㄴ　　　　③ ㄱ, ㄴ
④ ㄱ, ㄷ　　　⑤ ㄴ, ㄷ

07 그림은 태양 에너지에 대해 학생 A, B, C가 대화하는 모습이다.

제시한 내용이 옳은 학생만을 있는 대로 고른 것은?
① A　　　　② B　　　　③ C
④ A, C　　　⑤ B, C

08 지구에서 태양 에너지가 전환되며 나타나는 현상만을 보기에서 있는 대로 고른 것은?

보기
ㄱ. 화산이 폭발한다.
ㄴ. 밀물과 썰물이 발생한다.
ㄷ. 더운 여름날 소나기가 내린다.
ㄹ. 대기 중의 탄소가 식물에 저장된다.

① ㄱ, ㄴ　　　　② ㄱ, ㄷ　　　　③ ㄴ, ㄷ
④ ㄴ, ㄹ　　　　⑤ ㄷ, ㄹ

09 그림은 지구에서 태양 에너지가 전환되는 과정의 일부를 나타낸 것이다.

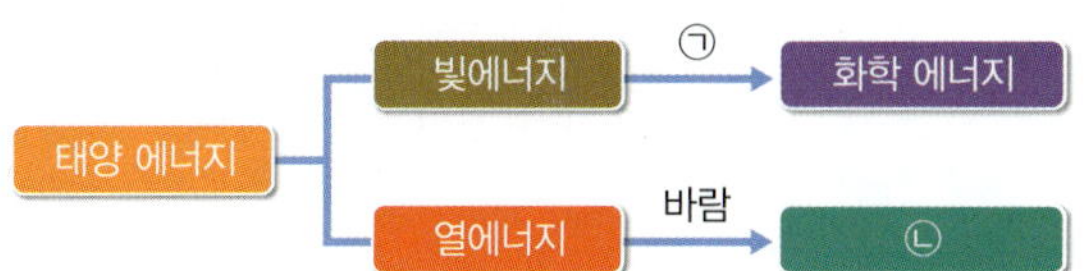

이에 대한 설명으로 옳은 것만을 보기에서 있는 대로 고른 것은?

보기
ㄱ. 핵융합 발전은 ㉠에 해당한다.
ㄴ. ㉡에는 운동 에너지가 적절하다.
ㄷ. ㉡은 전기 에너지로 전환될 수 있다.

① ㄴ　　　　② ㄷ　　　　③ ㄱ, ㄴ
④ ㄱ, ㄷ　　　⑤ ㄴ, ㄷ

10 지구에 도달한 태양 에너지를 근원으로 하는 발전 방식만을 보기에서 있는 대로 고른 것은?

보기
ㄱ. 석탄을 이용하는 화력 발전
ㄴ. 우라늄의 핵반응을 이용하는 핵발전
ㄷ. 높은 곳에 있는 물을 이용하는 수력 발전

① ㄱ　　　　② ㄴ　　　　③ ㄷ
④ ㄱ, ㄷ　　　⑤ ㄱ, ㄴ, ㄷ

11 그림은 지구에서 일어나는 태양 에너지의 전환을 나타낸 것이다.

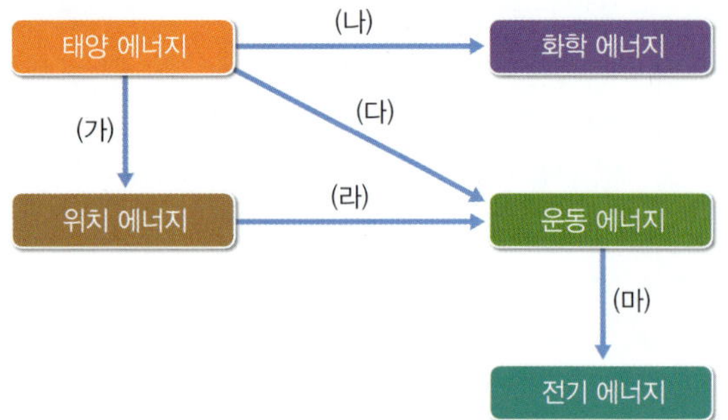

(가)~(마)에 해당하는 예로 적절하지 <u>않은</u> 것은?

① (가) – 바다에서 물이 증발하여 구름이 된다.
② (나) – 식물의 잎에서 양분을 합성한다.
③ (다) – 공기가 가열되어 바람이 분다.
④ (라) – 바람이 해수를 움직이게 하여 파도가 친다.
⑤ (마) – 바람이 풍력 발전기를 돌려 전기 에너지를 생산한다.

12 그림은 지구에서 일어나는 물의 순환 과정을 나타낸 것이다.

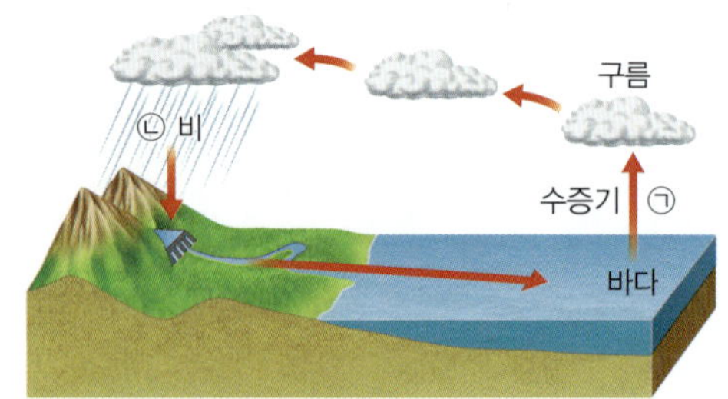

이에 대한 설명으로 옳은 것만을 보기에서 있는 대로 고른 것은?

보기
ㄱ. ㉠ 과정에서 태양 에너지를 흡수한다.
ㄴ. ⓛ 과정에서 빗방울의 위치 에너지는 증가한다.
ㄷ. 물의 순환을 일으키는 근원은 태양 에너지이다.

① ㄴ　　　② ㄷ　　　③ ㄱ, ㄴ
④ ㄱ, ㄷ　　　⑤ ㄴ, ㄷ

13 그림은 태양 에너지가 전환되어 일어나는 기상 현상을 나타낸 것이다.

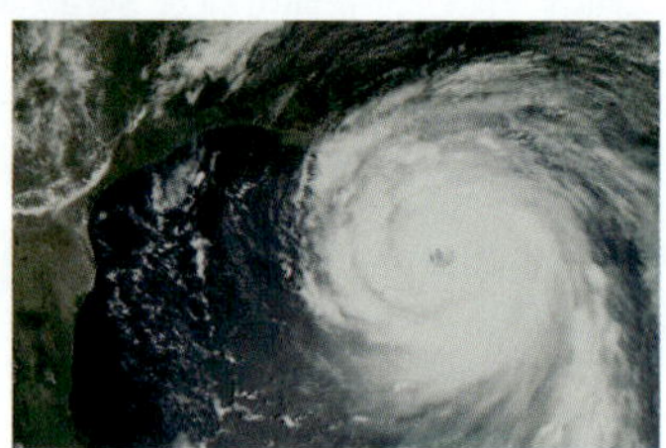

이 과정에서 태양 에너지가 전환되는 과정을 순서대로 옳게 나열한 것은?

① 빛에너지 → 화학 에너지 → 운동 에너지
② 열에너지 → 운동 에너지 → 화학 에너지
③ 열에너지 → 위치 에너지 → 운동 에너지
④ 화학 에너지 → 열에너지 → 운동 에너지
⑤ 화학 에너지 → 위치 에너지 → 열에너지

14 다음은 태양 에너지가 전환되며 일어나는 자연 현상을 설명한 글이다.

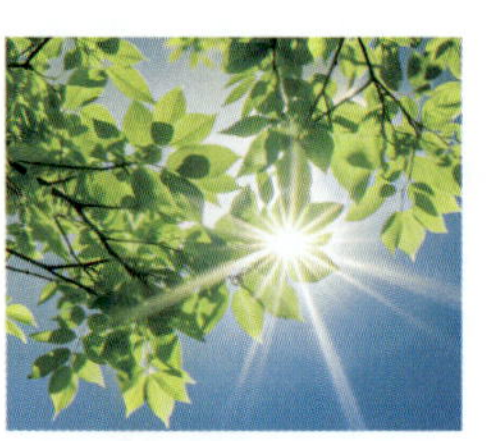

식물은 ㉠ (　　　) 과정을 통해 태양 에너지를 흡수하여 열매나 뿌리에 화학 에너지로 저장한다. 이렇게 저장된 화학 에너지는 생명체가 생명 활동을 유지하는 데 쓰인다. 또, 생명체의 유해가 땅속에 묻혀 만들어진 화석 연료를 연소하여 자동차가 달리면 ⓛ (　　　)와/과 열에너지 등으로 전환된다.

㉠, ⓛ에 대한 설명으로 옳은 것만을 보기에서 있는 대로 고른 것은?

보기
ㄱ. ㉠은 광합성이다.
ㄴ. ㉠을 통해 얻은 열매는 동물의 에너지원이 된다.
ㄷ. 태양 에너지가 ⓛ으로 전환된 예로는 바람이 있다.

① ㄱ　　　② ㄷ　　　③ ㄱ, ㄴ
④ ㄱ, ㄷ　　　⑤ ㄱ, ㄴ, ㄷ

JUMP 도전 문제

01 그림은 태양에서 일어나는 수소 핵융합 반응을 나타낸 것이다.

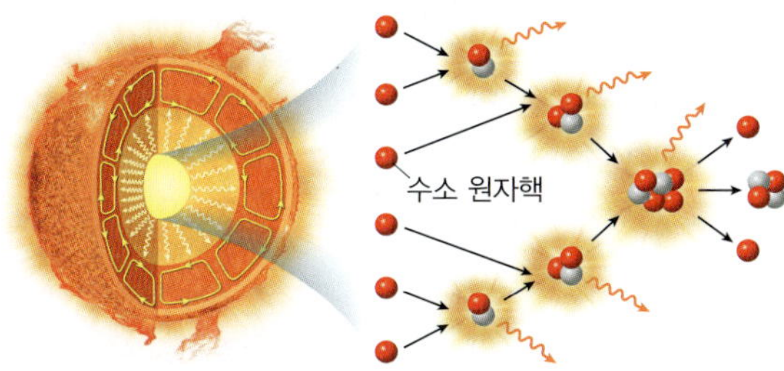

이에 대한 설명으로 옳은 것만을 보기에서 있는 대로 고른 것은?

보기
ㄱ. 시간이 지날수록 태양에 있는 수소는 점점 감소한다.
ㄴ. 핵융합 전후에 입자들의 질량 합이 증가한다.
ㄷ. 태양에서 발생한 에너지는 지구에서 일어나는 모든 에너지 흐름의 근원이다.

① ㄱ　　② ㄴ　　③ ㄷ　　④ ㄱ, ㄴ　　⑤ ㄴ, ㄷ

02 다음은 핵융합을 이용한 발전에 관한 기사의 일부이다.

> 핵융합로는 핵융합이 일어날 수 있는 상태를 유지하기 위해 강력한 자기장을 이용한다. 플라스마 상태에서 ㉠ 수소 원자핵이 융합하여 (A) 원자핵이 되며 막대한 에너지가 생성된다. 핵융합 발전은 ㉡ 화석 연료를 사용하는 발전과는 달리 거의 무한한 에너지원이다.

이에 대한 설명으로 옳은 것만을 보기에서 있는 대로 고른 것은?

보기
ㄱ. A는 헬륨이다.
ㄴ. ㉠ 과정에서 질량 결손이 발생한다.
ㄷ. ㉡에 포함된 에너지의 근원은 태양 에너지이다.

① ㄱ　　② ㄴ　　③ ㄷ　　④ ㄱ, ㄴ　　⑤ ㄱ, ㄴ, ㄷ

03 그림 (가)는 바다 위에 생긴 소나기구름을, (나)는 장작을 나타낸 것이다.

(가)　　　　　　(나)

이에 대한 설명으로 옳은 것만을 보기에서 있는 대로 고른 것은?

보기
ㄱ. (가)는 태양 에너지가 구름의 위치 에너지로 전환된 것이다.
ㄴ. (나)는 태양 에너지가 화학 에너지로 저장된 것이다.
ㄷ. (나)에서 장작을 태워 생성된 열에너지는 다시 태양 에너지로 전환된다.

① ㄴ　　　　② ㄷ　　　　③ ㄱ, ㄴ
④ ㄱ, ㄷ　　　⑤ ㄱ, ㄴ, ㄷ

04 그림은 태양 에너지가 지구에서 다양한 에너지로 전환되는 것을 나타낸 것이다.

〈서술형〉

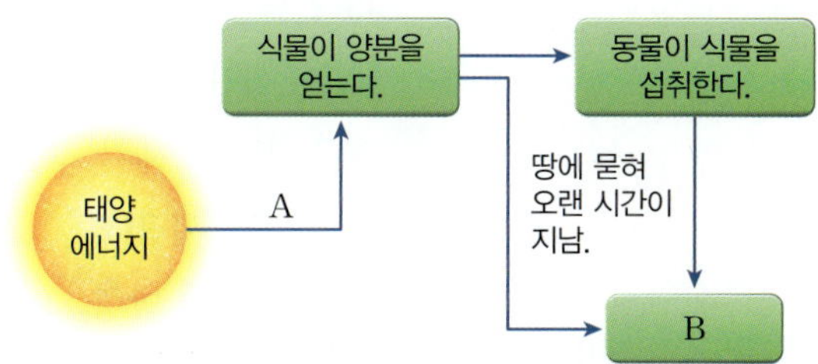

(1) A 과정이 무엇인지 쓰고, 이 과정에서 일어나는 에너지 전환을 설명하시오.

(2) B에 해당하는 에너지 자원만을 보기에서 있는 대로 고르시오.

보기
ㄱ. 석탄　　ㄴ. 석유　　ㄷ. 우라늄　　ㄹ. 철광석

O2 발전

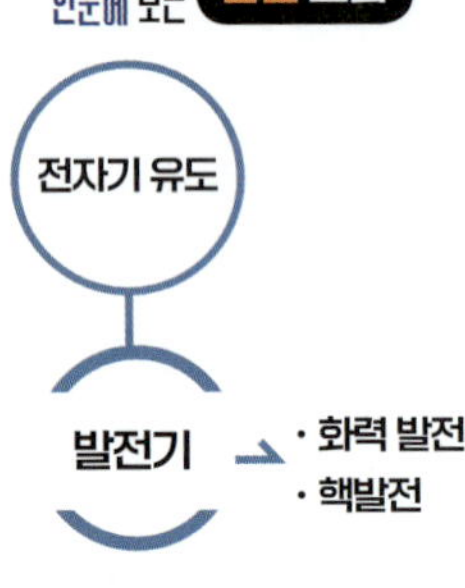

자기장의 방향

한 지점에 나침반을 놓았을 때 나침반 자침의 N극이 가리키는 방향이 그 지점에서 자기장의 방향이다.

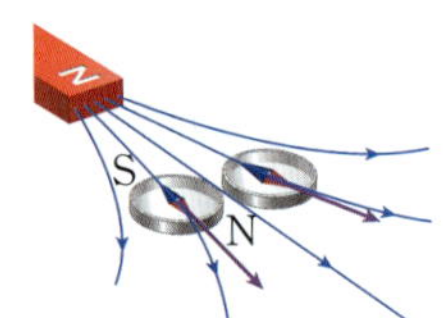

좀 더 자세히!

자석 주위의 자기력선은 N극에서 나와 S극으로 들어가는 방향이다. 자석 내부에서는 자기력선이 S극에서 N극을 향하는 방향으로 형성되어 전체 자기력선은 폐곡선을 이룬다.

좀 더 자세히!

오른손의 네 손가락을 코일에서 전류가 흐르는 방향으로 감아쥐었을 때 엄지손가락이 향하는 방향이 코일의 N극이다.

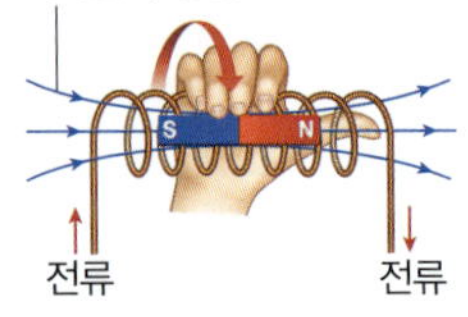

자기장의 방향

---

1 전자기 유도

패러데이는 전류가 흐르는 코일 주위에 자기장이 생기는 것을 바탕으로 코일 주위의 자기장이 변하면 코일에 전류가 유도될 것을 예상하고 오랜 연구 끝에 전자기 유도 현상을 발견하였다. 오늘날 우리가 유용하게 사용하는 전기 에너지는 대부분 패러데이가 발견한 전자기 유도 현상을 이용해서 생산한다.

1. 자기장

(1) **자기장**: 철 가루가 뿌려진 곳에 자석을 놓으면 자석 주위 공간의 성질이 변하여 철 가루의 배열이 달라진다. 이렇게 자석이나 전류가 흐르는 코일 주위에 자기력이 작용하는 영역을 자기장이라고 하며, 자기장은 방향과 세기를 함께 나타내는 물리량이다.

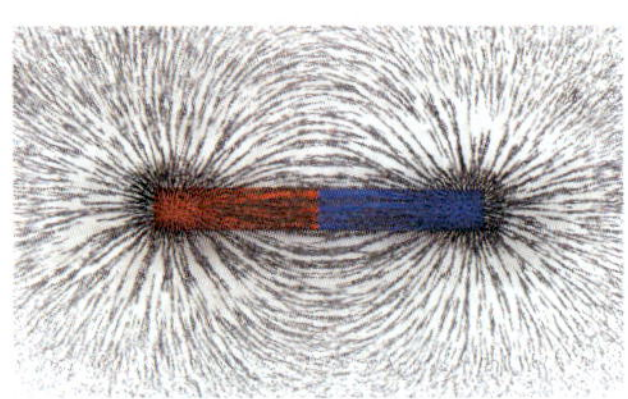

▲ 자석 주위의 철 가루 배열

(2) **막대자석 주위의 자기장**: 자석 외부에는 N극에서 나와 S극으로 들어가는 모양의 자기장이 생긴다.

- **자기력선**: 자기장의 모양을 시각적으로 나타낸 선으로, 다음과 같은 특징이 있다.

> · N극에서 나와 S극으로 들어가는 방향으로 폐곡선을 이룬다.
> · 자기력선은 중간에 끊어지거나 갈라지거나 교차되지 않는다.
> · 자기장이 셀수록 간격을 촘촘하게 나타낸다.

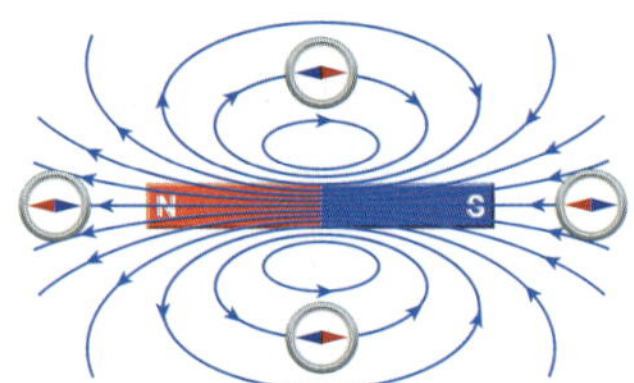

▲ 막대자석 주위의 자기장

(3) **전류가 흐르는 코일 주위의 자기장**: 코일 외부에는 막대자석 주위와 모양이 비슷한 자기장이 생기고, 코일 내부에는 코일 축에 나란하고 균일한 자기장이 생긴다.

① **자기장의 세기**: 코일에 흐르는 전류의 세기가 셀수록, 도선을 촘촘히 감을수록 자기장의 세기가 세진다.

② **자기장의 방향**: 오른손의 네 손가락을 코일에 전류가 흐르는 방향으로 감아쥐었을 때 엄지손가락이 향하는 방향이 코일 내부에서의 자기장 방향이다.

➡ 코일에 흐르는 전류의 방향이 바뀌면 자기장 방향이 반대로 바뀐다.

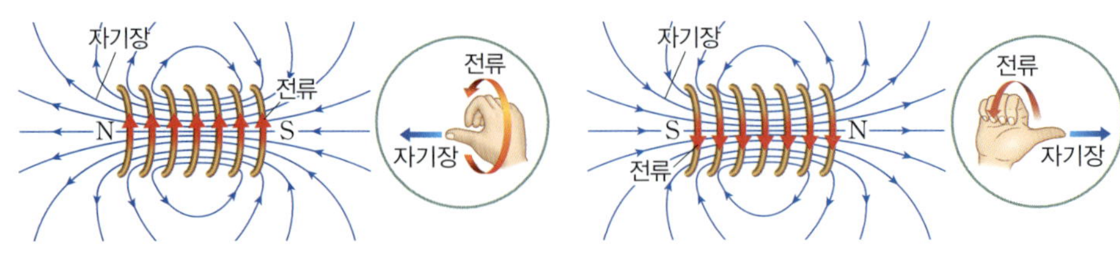

▲ 코일에 흐르는 전류의 방향과 자기장의 방향

2. 전자기 유도 탐구 226쪽 심화 강의 230쪽

(1) **전자기 유도**: 코일 주위에서 자석을 움직이거나 자석 주위에서 코일을 움직일 때 코일을 통과하는 자기장이 시간에 따라 변하여 코일에 전류가 유도되는 현상을 말한다.

① 유도 전류: 전자기 유도에 의해 발생하는 전류를 유도 전류라고 한다.

② 전자기 유도와 에너지 전환: 자석과 코일이 상대적인 운동을 하면 전자기 유도에 의해 자석 또는 코일의 운동 에너지가 전기 에너지로 전환된다.

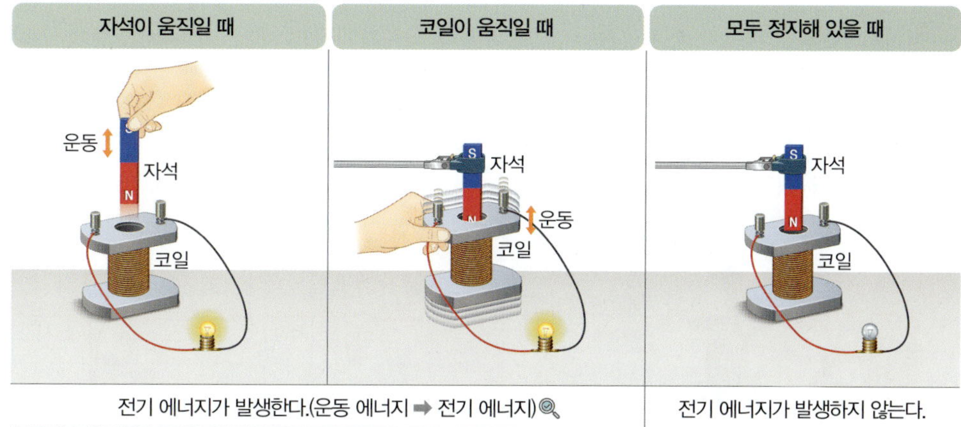

(2) **유도 전류의 방향**: 코일을 통과하는 자기장이 시간에 따라 변할 때 코일에 유도되는 전류는 자기장의 변화를 방해하는 방향으로 흐른다.(렌츠 법칙)

(→: 자석에 의한 자기장, →: 유도 전류에 의한 자기장)

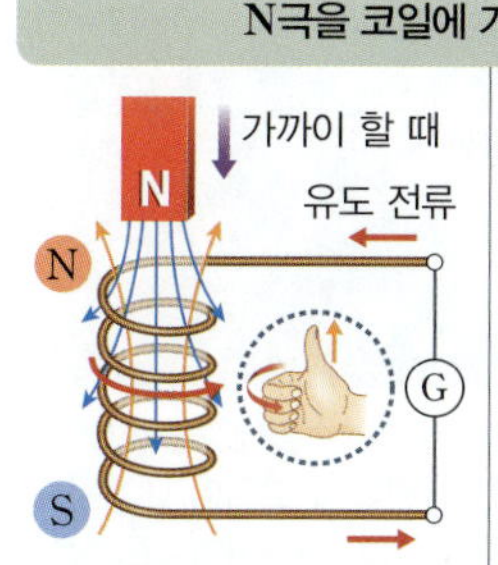

N극을 코일에 가까이 할 때 코일을 아래 방향으로 통과하는 자기장이 증가한다. → 자기장의 변화를 방해하는 위 방향의 자기장이 생기도록 코일에 유도 전류가 흐른다.

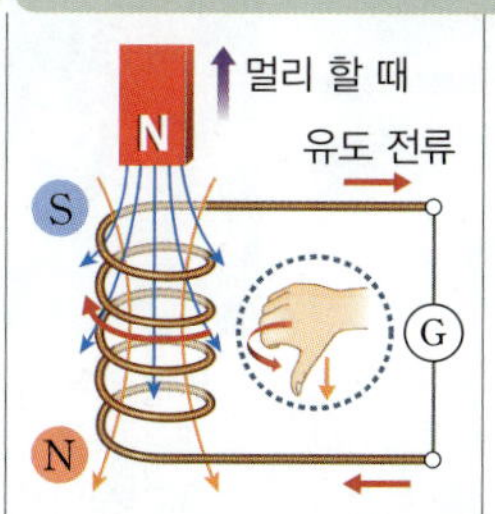

N극을 코일에서 멀리 할 때 코일을 아래 방향으로 통과하는 자기장이 감소한다. → 자기장의 변화를 방해하는 아래 방향의 자기장이 생기도록 코일에 유도 전류가 흐른다.

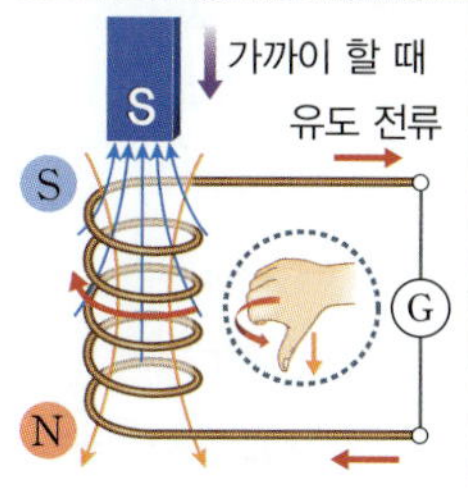

S극을 코일에 가까이 할 때 코일을 위 방향으로 통과하는 자기장이 증가한다. → 자기장의 변화를 방해하는 아래 방향의 자기장이 생기도록 코일에 유도 전류가 흐른다.

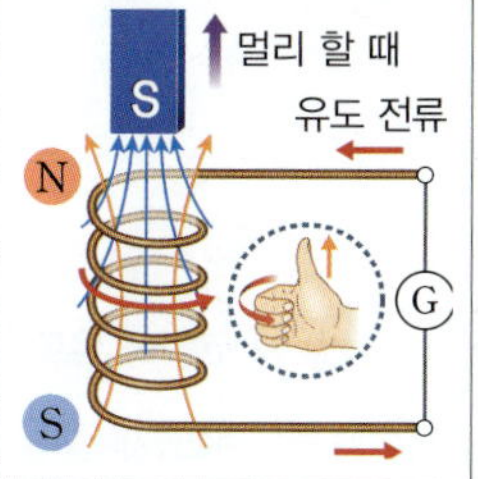

S극을 코일에서 멀리 할 때 코일을 위 방향으로 통과하는 자기장이 감소한다. → 자기장의 변화를 방해하는 위 방향의 자기장이 생기도록 코일에 유도 전류가 흐른다.

자석의 운동과 전자기 유도

자석이 코일을 스치듯이 운동해도 코일에 전자기 유도가 일어난다. 예를 들어 수평 방향으로 운동하는 자석의 N극이 코일의 위쪽에 접근할 때는 코일의 위쪽이 N극이 되고, 자석이 멀어질 때는 코일의 위쪽이 S극이 된다. 자석이 코일 윗면을 스치듯이 왕복 운동하면 코일에 흐르는 유도 전류는 주기적으로 방향이 바뀐다.

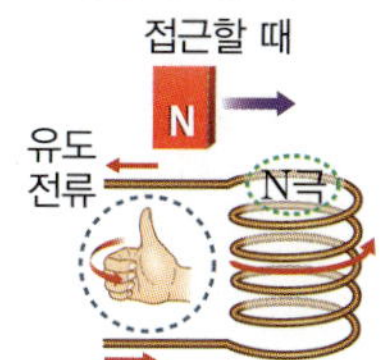

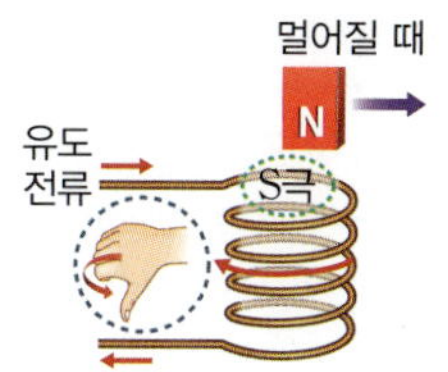

패러데이 법칙을 나타내는 식에서 (−) 부호는 유도 전류가 코일을 통과하는 자기장의 변화를 방해하는 방향으로 흐른다는 것으로, 렌츠 법칙을 의미한다.

(3) 패러데이 법칙과 유도 *기전력

전자기 유도에 의해 코일에 생기는 전압을 유도 기전력이라고 하며, 유도 기전력이 클수록 코일에 센 유도 전류가 흐른다. 패러데이는 수많은 실험을 통해 코일에 생기는 유도 기전력 V가 다음과 같음을 발견하였다.

$$V = -N\frac{\Delta(\overline{BA})}{\Delta t}$$

$\overline{BA}$는 자기장의 세기와 자기장에 수직인 면적의 곱으로, 어떤 면적을 얼마나 많은 자기력선이 통과하는가를 나타낸다.

여기서 N은 코일의 감은 수, B는 코일을 통과하는 자기장의 세기, A는 자기장에 수직인 코일의 단면적, t는 시간이다.

➡ 코일 근처에서 자석을 움직일 때 코일의 감은 수가 많을수록, 자석의 세기가 셀수록, 자석을 빠르게 움직일수록 코일에는 더 큰 유도 기전력이 생겨 유도 전류가 더 세게 흐른다.

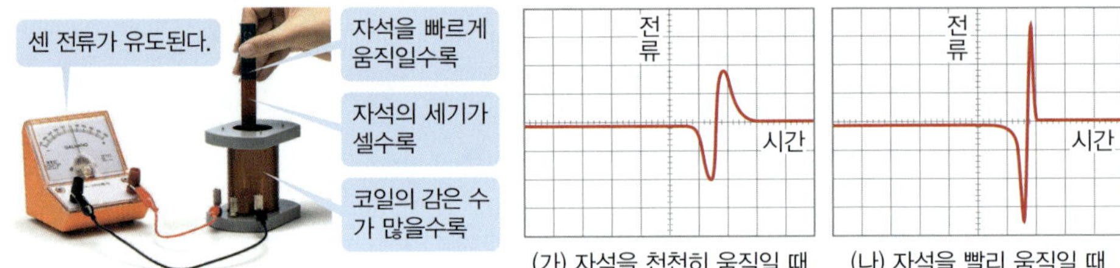

▲ 코일의 감은 수, 자석의 세기, 자석의 빠르기에 따른 유도 전류의 세기

충전기의 코일에 시간에 따라 세기가 변하는 전류가 흐르면 충전기 주위에 세기가 변하는 자기장이 생긴다. 충전기 위에 휴대 전화를 놓으면 이 자기장의 변화로 인해 휴대 전화 내부의 코일에 유도 전류가 흐른다.

(4) 전자기 유도의 이용: 일상생활에서는 스마트 기기의 무선 충전기, 도난 방지 장치, 교통 카드 등 다양한 기기에서 전자기 유도를 이용하고 있다.

▲ 스마트 기기의 무선 충전기 🔍 충전기에서 세기가 변하는 자기장을 만들고, 스마트 기기를 충전기에 가까이 가져가면 내장된 코일에 유도 전류가 흐른다.

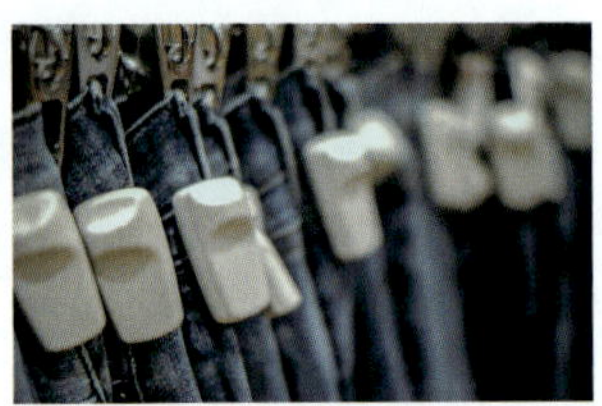

▲ 도난 방지 장치 자석과 같은 형태로 제품 정보가 저장된 태그를 들고 출입문을 나가면 코일이 내장된 안테나에 유도 전류가 흘러 경보음이 울린다.

▲ 교통 카드 주변에 자기장을 형성한 단말기에 코일이 내장된 카드를 가까이 가져가면 유도 전류가 흘러 카드 내부의 반도체 칩을 작동시킨다.

*기전력 (起 일어나다, 電 전기, 力 능력)
전압을 발생시켜 전류를 흐르게 하는 능력을 기전력이라고 한다. 단위는 V(볼트)를 사용한다.

중요 개념 체크

정답과 해설 76쪽

1. 코일 근처에서 자석을 움직일 때 코일에 유도 전류가 흐르는 현상을 (　　　)(이)라고 한다.

2. 자석과 코일의 운동으로 전자기 유도가 일어날 때 코일에 흐르는 유도 전류가 더 세지는 경우로 옳은 것은 ○, 옳지 않은 것은 ×로 표시하시오.

   (1) 코일의 감은 수를 2배로 한다. ──────────────── (　　　)

   (2) 더 센 자석을 사용한다. ────────────────── (　　　)

   (3) 자석과 코일 사이의 간격을 일정하게 유지한 채 자석과 코일을 더 빠르게 운동시킨다. (　　　)

우리가 사용하는 전기 에너지는 대부분 발전소의 발전기에서 만들어진다. 발전기의 발명 이후로 공장이나 가정에 서 전기 에너지를 편리하게 사용할 수 있게 되었다.

1. *발전기의 구조

(1) **발전기**: 전자기 유도를 이용하여 자석이나 코일을 회전시켜 전기 에너지를 생산하는 장치 이다.

(2) **발전기의 원리**

① 자석 사이에 놓인 코일이 회전하면 자기장에 수직인 코일의 단면적이 변한다. 이때 전자기 유도에 의해 코일에 유도 전류가 흐른다.

　➡ 코일이 회전하는 운동 에너지가 전기 에너지로 전환된다.

② 코일이 더 빠르게 회전할수록 유도 전류의 세기가 세다.

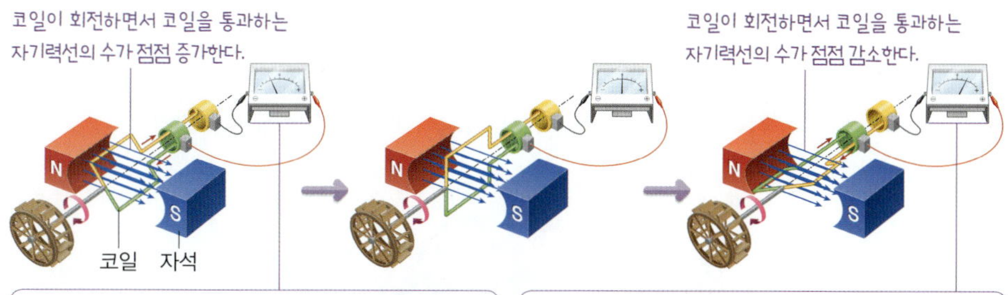

▲ **발전기의 원리**　자석 사이에 놓인 코일이 회전하면 코일에 유도 전류가 흐른다. 회전하는 코일의 운동 에너지가 클수록 더 많은 전기 에너지를 얻을 수 있다.

(3) **발전소의 발전기 구조**: 실제 발전소의 발전기는 주로 중심부에 회전하는 자석이 있고, 그 주위에 코일이 고정되어 있다. 자석을 회전시키기 위해 *터빈이 발전기에 연결되어 있다.

① **터빈**: 증기나 물의 흐름 등을 이용해 회전하는 장치이다. 발전소에서는 물을 끓여 만든 고온 · 고압의 수증기를 이용하거나, 물의 흐름이나 바람을 이용해 터빈을 회전시킨다.

② **발전기**: 터빈과 함께 자석이 회전하면, 자석을 둘러싼 고정된 코일을 통과하는 자기장이 변하여 전자기 유도에 의해 코일에 유도 전류가 발생한다.

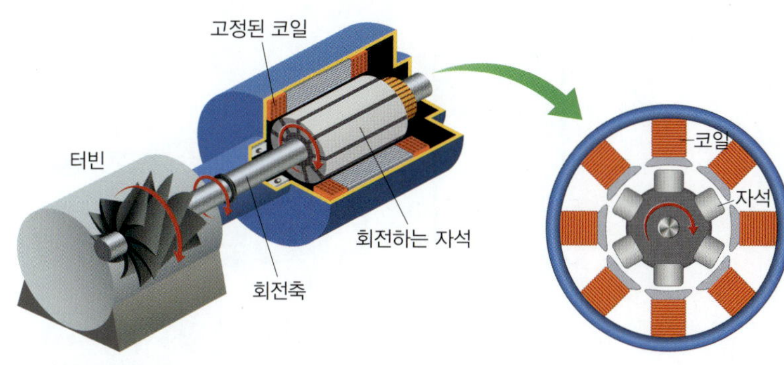

▲ **발전소의 터빈과 발전기 구조**

용어

***발전기 (發 발생하다, 電 전기, 機 장치)**
역학적 에너지를 전기 에너지로 전환하는 장치이다.

***터빈(turbine)**
수많은 날개가 달린 모양의 회전체로, 기체나 액체의 흐름으로부터 기계적인 일을 얻는 장치이다. 풍차나 물레바퀴도 고전적인 터빈이라고 할 수 있다.

2. *에너지원별 발전 방식

(1) **여러 가지 발전 방식**: 터빈과 발전기를 사용하면 다양한 에너지원을 이용해 전기 에너지를 생산할 수 있다. 이때 발전기에 연결된 터빈을 회전시키는 에너지원에 따라 발전 방식을 구분할 수 있다.

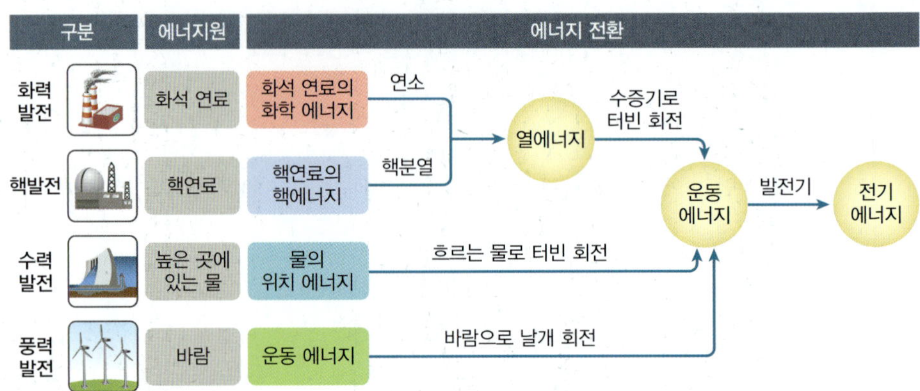

(2) **우리나라의 에너지원별 발전 비율**: 우리나라에서 사용하는 전기 에너지는 주로 석탄, 천연가스 등을 사용하는 화력 발전과 핵연료를 사용하는 핵발전을 통해 생산된다.

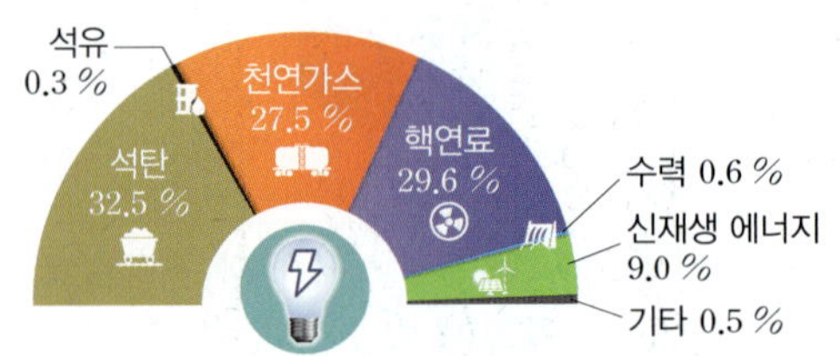

▲ 우리나라의 에너지원별 발전 비율(2023년)

3. 화력 발전과 핵발전 집중 분석 228쪽

(1) **화력 발전 과정과 에너지 전환**

① 보일러에서 석탄, 석유, 천연가스 등 화석 연료를 연소할 때 발생하는 열로 물을 끓여 고온 · 고압의 수증기를 만든다.

② 고온 · 고압의 수증기로 터빈을 돌리고, 터빈에 연결된 발전기에서 전기 에너지를 얻는다.

③ 터빈을 통과한 수증기는 냉각수에 의해 냉각되어 다시 물로 바뀌어 보일러로 되돌아가는 순환 과정을 거친다.

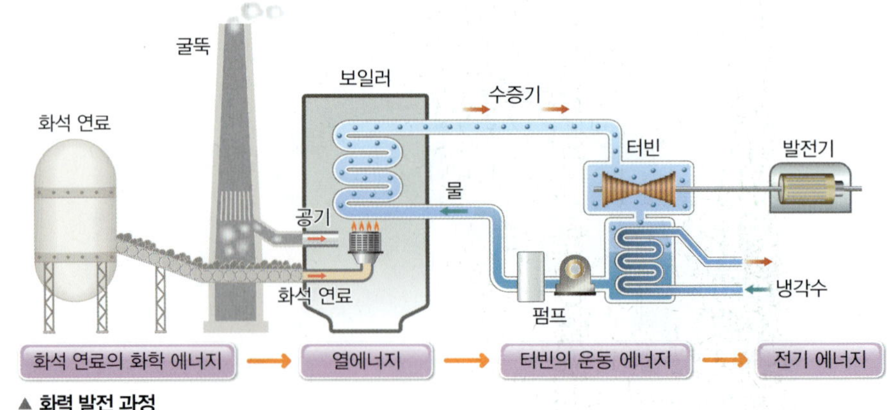

▲ 화력 발전 과정

핵연료

핵발전에서 핵분열을 일으켜 에너지를 방출하는 물질을 핵연료라고 한다. 대부분 우라늄을 핵연료로 사용하며, 드물게 플루토늄을 사용하기도 한다.

수력 발전

저수지 등에 물이 모이면 높이 차를 이용해 물을 흘려보낸다. 흐르는 물이 터빈을 회전시키면 발전기에서 전기 에너지가 생산된다.

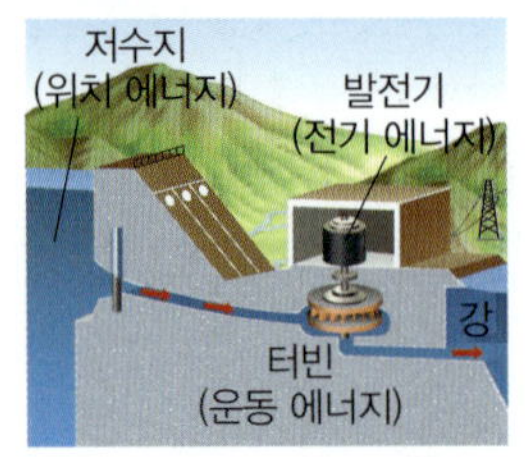

화력 발전의 종류

화력 발전에는 증기 터빈 방식, 가스 터빈 방식, 복합 방식이 있다. 본문에서 설명한 방식은 증기 터빈 방식이다. 가스 터빈 방식에서는 수증기를 만들지 않고 연료를 연소할 때 발생한 기체로 터빈을 돌린다. 그리고 복합 방식은 가스 터빈 방식에서 방출되는 열을 증기 터빈 방식으로 보내는 발전 방식이다.

 용어

*에너지원(energy, 源 근원)
에너지의 근원

탐구 확인 문제

01 앞의 탐구에 대한 설명으로 옳은 것은 ○, 옳지 <u>않은</u> 것은 ×로 표시하시오.

(1) 막대자석의 한쪽 극이 코일에 가까워지면 코일을 통과하는 자기장의 세기가 약해진다. ——— (   )

(2) 과정 ❺에서는 코일에 유도 전류가 흐르지 않는다. —————————————————— (   )

(3) 과정 ❸보다 과정 ❼에서 더 센 유도 전류가 흐른다. —————————————————— (   )

(4) 코일에 유도 전류가 흐르면 자석에 자기력이 작용한다. —————————————————— (   )

02 그림과 같이 에나멜선이 감긴 상자 안에 자석을 넣고 ㄱ자 막대를 돌려 자석을 회전시키면 발광 다이오드에 불이 켜진다.

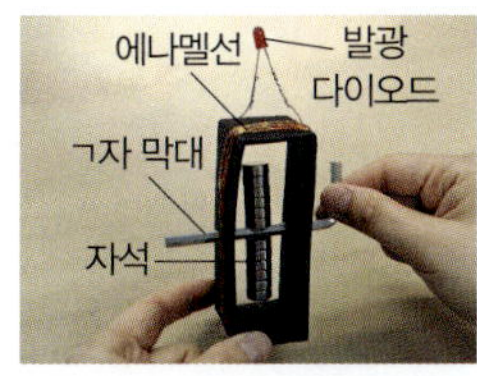

(1) 발광 다이오드에 불이 켜지는 까닭을 자석의 운동과 관련지어 설명하시오.

(2) 사람의 화학 에너지가 발광 다이오드의 빛에너지로 전환되기까지의 에너지 전환 과정을 쓰시오.

적용

03 그림 (가), (나)는 코일을 감은 관을 수평면에 놓고 관 안으로 자석을 밀어 넣어서 자석의 N극이 코일에 들어가는 순간과 S극이 빠져나오는 순간의 모습을 나타낸 것이다.

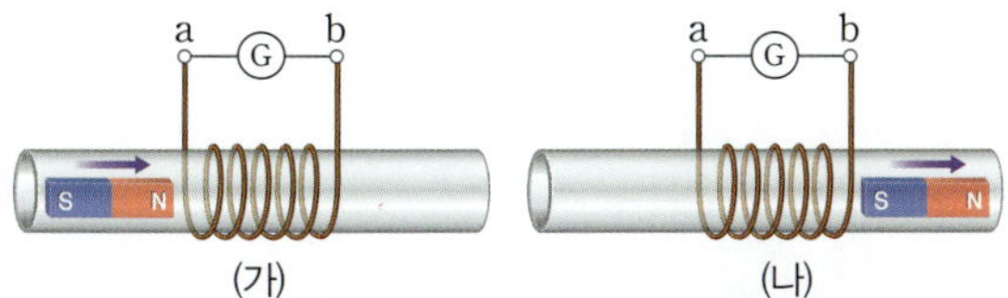

이에 대한 설명으로 옳은 것은? (단, 모든 마찰은 무시한다.)

① 자석의 속력은 (가)에서가 (나)에서보다 느리다.

② (가)에서 유도 전류는 a → ⓖ → b 방향으로 흐른다.

③ (나)에서 유도 전류가 만드는 자기장은 자석의 운동을 방해한다.

④ (가)와 (나)에서 유도 전류의 세기는 같다.

⑤ (가)와 (나)에서 자석이 받는 자기력의 방향은 반대이다.

수능형

04 다음은 전자기 유도에 대한 실험이다.

[실험 과정]

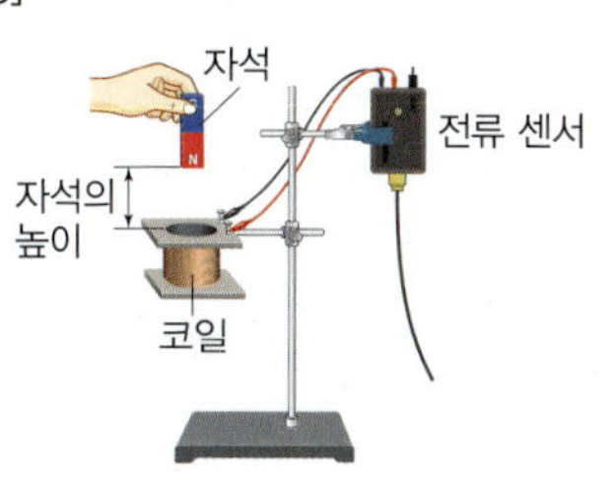

(가) 코일에 전류 센서를 연결한 후, 스탠드에 고정시킨다.

(나) 실험 A~C와 같이 자석의 N극 방향과 높이를 바꾸어 가며 코일의 중심 위에서 자석을 가만히 놓아 떨어뜨린다.

실험	자석의 N극 방향	자석의 높이
A	아래	h
B	위	h
C	위	$2h$

(다) 전류 센서로 측정한 데이터를 이용해 코일에 유도된 시간 – 전류 그래프를 그린다.

[실험 결과]

• 실험 A~C에 대한 결과 그래프는 각각 ㉠~㉢ 중 하나이다.

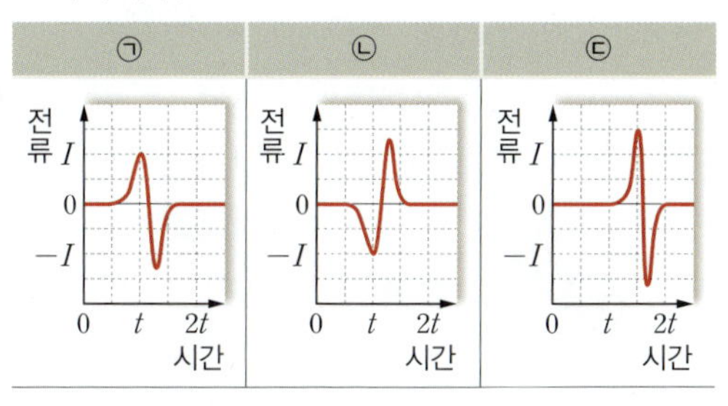

㉠~㉢ 중에서 A~C의 결과를 골라 옳게 짝 지은 것은?

	A	B	C
①	㉠	㉡	㉢
②	㉠	㉢	㉡
③	㉡	㉠	㉢
④	㉡	㉢	㉠
⑤	㉢	㉠	㉡

집중 분석 핵분열 반응과 핵발전

현대 문명은 막대한 전기 에너지를 필요로 한다. 질량·에너지 동등성을 이용한 핵발전은 우라늄의 핵분열 반응에서 중성자 수와 반응 속도를 적당히 조절하여 연쇄 반응을 서서히 진행시켜 전기 에너지를 얻는 방식이다. 핵분열 반응과 핵발전 과정에 대하여 집중적으로 알아보자.

핵분열이란 무거운 원자핵이 2개 이상의 다른 원자핵으로 쪼개지는 현상이다. 태양에서 일어나는 핵융합과 마찬가지로 핵분열이 일어날 때에도 질량 결손이 발생하며, 감소한 질량은 에너지로 변환된다. 핵발전은 우라늄 원자핵이 핵분열을 일으킬 때 발생하는 에너지를 전기 에너지로 전환하는 발전 방식이다.

1 우라늄 235의 핵분열 반응

우라늄 235 원자핵에 속력이 느린 중성자가 충돌하면 우라늄 원자핵이 2개의 조각으로 분열하며 2~3개의 중성자를 방출한다. 우라늄 핵분열 반응은 분열 조건에 따라 다양하지만, 대표적으로 다음과 같은 두 가지 형태가 있다.

$$^{235}_{92}U + ^{1}_{0}n \longrightarrow ^{236}_{92}U \longrightarrow ^{141}_{56}Ba + ^{92}_{36}Kr + 3^{1}_{0}n + 에너지$$
$$^{235}_{92}U + ^{1}_{0}n \longrightarrow ^{236}_{92}U \longrightarrow ^{140}_{54}Xe + ^{94}_{38}Sr + 2^{1}_{0}n + 에너지$$

우라늄 원자핵 1개가 핵분열을 일으킬 때 약 3.5×10^{-28} kg의 질량 결손이 생기며, 질량·에너지 동등성에 의해 약 200 MeV의 에너지가 방출된다.

2 연쇄 반응

1개의 우라늄 원자핵이 핵분열을 일으키면 2~3개의 속력이 빠른 고속 중성자가 방출된다. 고속 중성자는 우라늄 원자핵과 충돌해도 핵분열 반응을 일으키지 못한다. 그러나 중성자의 속력을 감소시키면 주변의 우라늄 원자핵과 충돌하며 연쇄적으로 핵분열을 일으키는데, 연쇄 반응이 진행될수록 핵분열 하는 우라늄 원자핵의 수가 급격히 증가하게 되므로, 핵발전에서는 감속재와 제어봉으로 한 번의 핵분열에서 1개만 느린 중성자가 되도록 하여 연쇄 반응의 속도를 제어한다.

우라늄 동위 원소

자연에서 발견되는 우라늄은 대부분 우라늄 238이며, 이중 소량 포함된 우라늄 235가 느린 중성자를 흡수하여 핵분열을 일으킨다.

질량·에너지 동등성

아인슈타인이 발견한 원리로 질량과 에너지가 서로 변환될 수 있다는 원리이다.

$$E = \Delta mc^2$$

1 g의 우라늄 235가 완전히 핵분열 할 때, 방출되는 에너지는 석탄 3 t을 태울 때 나오는 열량과 비슷하다.

핵분열 반응에서 핵자 1개당 방출하는 에너지는 약 0.85 MeV이다. 핵융합 반응에서 핵자 1개당 방출하는 에너지는 약 3.52 MeV로 핵분열 반응보다 크다.

3 원자로의 구조

원자로는 핵연료가 충전된 핵연료봉, 연쇄 반응을 제어하는 감속재와 제어봉, 그리고 냉각재로 구성된다.

(1) **핵연료봉**: 길이 1~4 m 정도의 원통형 팰릿으로, 우라늄 235가 2~5 % 정도 들어 있는 저농축 우라늄이 사용된다.

(2) **감속재**: 핵분열 반응에서 나오는 고속 중성자의 속력을 감소시켜 연쇄 반응이 지속적으로 일어나게 하는 데 사용되는 물질이다. 경수, 중수, 흑연 등이 주로 사용된다.

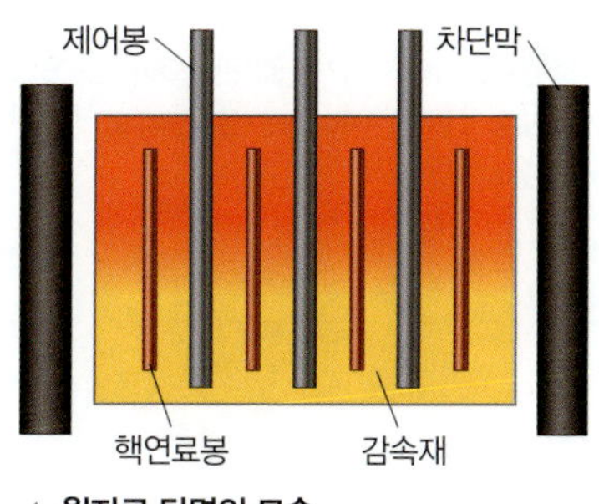

▲ **원자로 단면의 모습**

(3) **제어봉**: 연쇄 반응이 일어나면 방출되는 중성자의 수가 급속히 증가한다. 따라서 방출되는 중성자를 흡수하여 연쇄 반응 속도를 줄이는 물질이 필요한데, 제어봉은 이러한 역할을 한다. 제어봉은 중성자를 잘 흡수하는 카드뮴, 붕소, 인듐, 하프늄 등의 물질로 만들며, 원자로 속에 넣거나 빼면서 연쇄 반응의 속도를 제어한다.

(4) **냉각재**: 원자로에서 발생하는 열을 원자로 밖으로 운반하는 열교환기에서 수증기를 만들거나 증기 터빈을 사용하는 열기관에 열에너지를 전달하는 물질이다. 헬륨, 이산화 탄소, 질소 등의 기체나 경수, 중수 등이 사용된다.

4 원자로를 이용한 발전 과정

❶ 감속재가 담긴 원자로의 노심에 핵연료를 담그면 우라늄의 핵분열 반응이 연쇄적으로 일어나 막대한 에너지가 방출된다.

❷ 핵분열 반응에서 발생한 열로 1차 회로의 물을 가열한다.

❸ 가열된 물을 증기 발생기로 보내 2차 회로의 물을 끓여 고온·고압의 수증기를 발생시킨다.

❹ 고온·고압의 수증기로 터빈을 돌려 발전기에서 전기 에너지를 생산한다.

❺ 수증기는 복수기에서 냉각되며 다시 물이 되어 원자로의 증기 발생기로 되돌아간다.

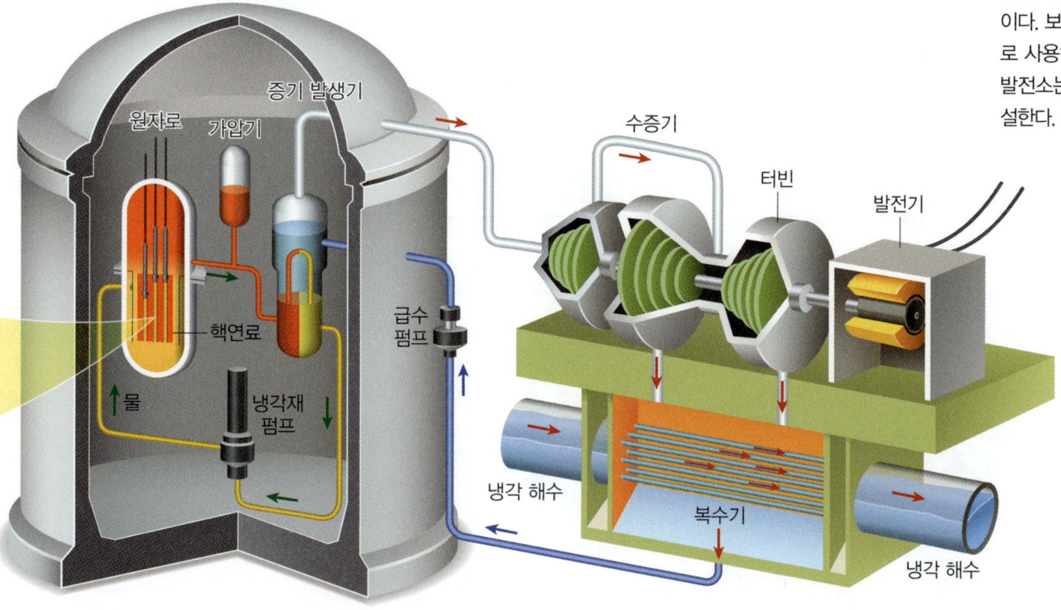

원자로의 종류

원자로는 감속재의 종류에 따라 경수로, 중수로, 고속 증식로 등으로 구분한다.

노심

원자로에서 핵연료가 위치하여 핵분열이 일어나는 영역을 노심이라고 한다.

복수기

냉각수를 이용해 증기 터빈을 돌리고 난 뜨거운 수증기를 다시 물로 되돌리는 장치이다. 보통 바닷물을 냉각수로 사용하기 때문에 원자력 발전소는 주로 바닷가에 건설한다.

전자기 유도와 발전

패러데이 법칙은 전기와 자기가 서로 관련되어 있음을 보여 주었고, 인류가 전기 에너지를 자유롭게 사용할 수 있는 출발점이 되었다. 발전기는 전자기 유도를 이용해 운동 에너지를 전기 에너지로 전환하는 장치이다. 이에 대하여 자세히 알아보자.

1 패러데이 법칙은 정확히 어떤 의미일까?

패러데이가 발견한 전자기 유도에 관한 법칙은 다음과 같다.

- 유도 기전력은 시간에 대한 코일을 통과하는 자기 선속(=자기장 세기×코일의 단면적)의 변화율에 비례한다.
- 유도 기전력은 코일의 감은 수에 비례한다.

이 내용을 다음과 같이 더 간단하게 표현할 수 있다.

$$(\text{유도 기전력}) \propto (\text{코일의 감은 수}) \times \frac{(\text{자기장 세기} \times \text{코일의 단면적})\text{의 변화}}{\text{시간 변화}}$$

위 식에서 (자기장 세기×코일의 단면적)을 자기 선속이라고 하며, 여기서 코일의 단면적은 코일 전체의 넓이가 아니라 자기장에 수직인 면의 넓이이다. 전자기 유도 법칙에 따르면 시간에 따라 자기 선속(자기장 세기×코일의 단면적)의 변화가 있으면 유도 기전력이 발생한다. 즉, 자기장 세기나 코일의 단면적 중 하나만 변해도 코일에 유도 전류가 흐른다.

2 발전기에서 전자기 유도는 어떻게 일어날까?

발전기는 그림 (가)와 같이 외부 자기장 속에서 코일이 회전하는 구조로 되어 있다. 다양한 에너지원을 이용해 터빈을 회전시키면, 터빈에 연결된 코일이 회전하면서 운동 에너지가 전기 에너지로 전환된다.

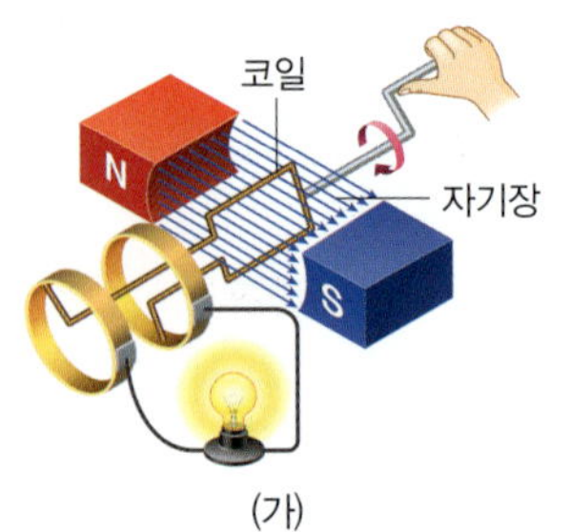

(가)

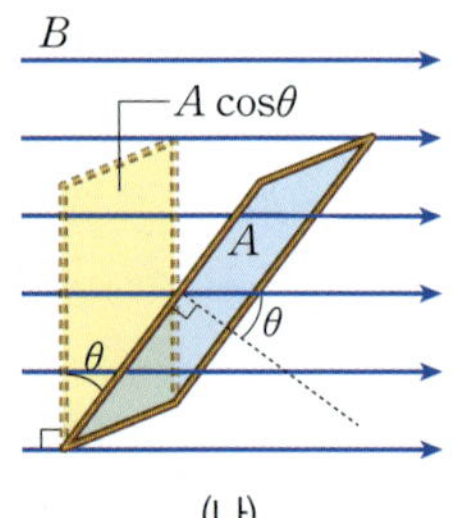

(나)

그림 (나)와 같이 면적이 A인 코일이 세기가 B인 외부 자기장 속에 놓여 있을 때 코일을 지나는 자기 선속은 $\Phi = BA\cos\theta$가 된다. 여기서 θ는 자기장에 수직인 면과 코일 단면이 이루는 각이다. 만약 코일이 일정한 각속도 ω로 회전하면 자기장에 수직인 코일의 단면적은 그림과 같이 변한다.

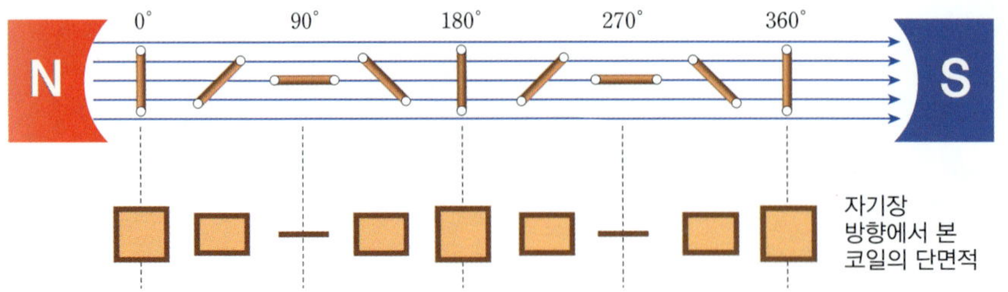

> **자기 선속과 패러데이 법칙**
>
> 코일의 단면적과 자기장 세기의 곱을 자기 선속(Φ)이라고 한다. 코일의 감은 수를 N, 자기 선속의 변화를 $\Delta\Phi$, 시간 변화를 Δt라고 하면, 유도 기전력 V는 다음과 같이 나타낼 수 있다.
>
> $$V = -N\frac{\Delta\Phi}{\Delta t}$$
>
> 여기서 $(-)$ 부호는 자기 선속의 변화를 방해하는 방향으로 유도 기전력이 생긴다는 것을 의미하며, 이를 렌츠 법칙이라고 한다.

> **각속도(ω)**
>
> 회전하는 빠르기를 각속도라고 하며, 단위 시간당 회전하는 각도로 나타낸다.
>
> $$\omega = \frac{\theta}{t}$$

이때 코일을 지나는 자기 선속은 시간에 따라 오른쪽 그림 (가)와 같이 변하게 되고, 패러데이 법칙에 따라 코일에는 다음과 같은 유도 기전력이 발생한다.

$$V=-N\frac{\Delta\Phi}{\Delta t}=-NBA\frac{d}{dt}(\cos\omega t)=NBA\omega\sin\omega t$$

즉, 코일에 발생하는 유도 기전력은 오른쪽 그림 (다)와 같이 변한다. sin 함수의 크기는 90°, 270°에서 최대가 되고, 0°, 180°일 때는 0이 된다. 따라서 유도 기전력은 $\omega t=90°$, 270°일 때, 즉 코일의 단면이 자기장에 나란할 때 최댓값이 되고, $\omega t=0°$, 180°일 때, 즉 코일의 단면이 자기장에 수직일 때 0이 된다. 유도 기전력의 최댓값은 $V_0=NBA\omega$이다.

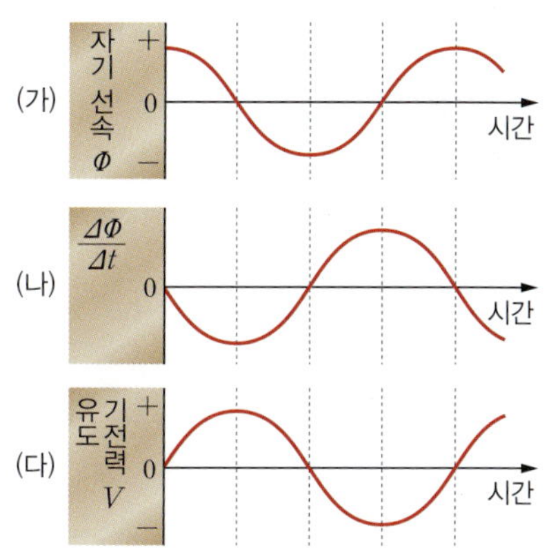

3 발전기에서 생산되는 유도 기전력은 어떻게 변할까?

유도 기전력이 (−)가 되면 발전기의 (+)극과 (−)극이 반대가 된다는 뜻이므로 유도 전류의 방향이 반대가 된다. 발전기에서 코일이 한 바퀴 회전하는 동안 유도 기전력의 세기와 방향이 주기적으로 바뀌는데, 이렇게 유도 기전력의 세기와 방향이 주기적으로 바뀌는 발전 방식을 교류 발전이라고 한다. sin 함수의 주기가 2π이므로 유도 기전력의 주기를 T라고 하면 $\omega T=2\pi$에서 $T=\frac{2\pi}{\omega}$가 된다. 따라서 교류 발전의 주파수 f는 다음과 같다.

$$f=\frac{1}{T}=\frac{\omega}{2\pi}$$

이 관계를 $\omega=2\pi f$로 표현하기도 한다. 유도 기전력에 의해 유도 전류가 흐르므로 유도 기전력의 방향이 주기적으로 변하면 유도 전류의 방향도 주기적으로 변한다. 우리나라의 교류 발전 주파수는 60 Hz이며, 이는 유도 전류의 방향이 1초에 60번 진동한다는 뜻이다.

4 전기 제품에 표시된 AC 220 V는 무슨 뜻일까?

가정에서 사용하는 가전제품에는 소비 전력과 정격 전압이 표시되어 있다. 우리나라 가정에 공급되는 전압은 AC 220 V이다. 여기서 AC는 교류(alternative current)라는 뜻이다. 교류 발전에서 저항이 R인 전기 제품에 공급하는 전력 P는 다음과 같다.

$$P=VI=\frac{V^2}{R}=\frac{V_0^{\ 2}}{R}\sin^2\omega t$$

시간에 따라 전력이 계속 변하므로 보통 소비 전력은 최댓값의 절반인 평균값 $\frac{P_0}{2}$으로 표현한다. 이때 다음과 같은 관계가 성립한다.

$$\frac{P_0}{2}=\frac{V_0}{\sqrt{2}}\times\frac{I_0}{\sqrt{2}}=V_e\times I_e$$

여기서 V_e, I_e를 교류에서 전압과 전류의 실효값이라고 한다. 교류 전압 220 V는 실효값이 220 V라는 뜻이므로, 가정에 공급되는 전압의 최댓값은 $V_0=\sqrt{2}V_e≒311$ V이다.

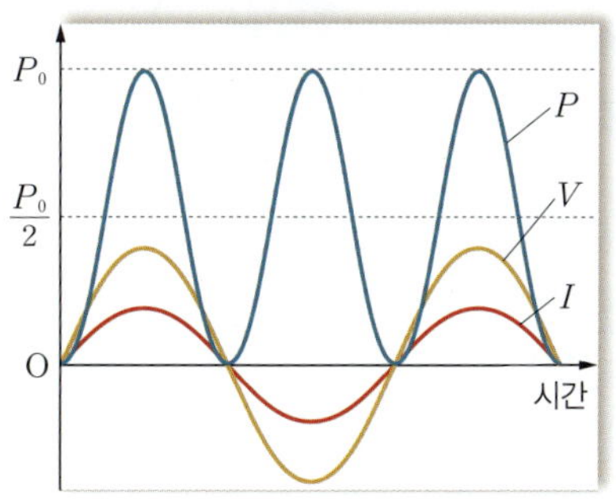

제 품 명	선풍기
정 격 전 압	220 V~, 60 Hz
정격 소비 전력	45 W

교과서 속 START 내신 완성 문제

01 다음은 코일에 유도 전류가 흐를 때에 대한 설명이다. ( ) 안에 들어갈 알맞은 말을 쓰시오.

> 검류계를 연결한 코일 주위에서 자석이 움직일 때 코일을 통과하는 자기장이 ㉠ ( ) 코일에 유도 전류가 흐르는데, 이것을 ㉡ ( ) 현상이라고 한다.

02 그림과 같이 발광 다이오드 A, B를 코일에 연결하고, 자석의 N극을 코일 속에 넣었더니 A만 불이 켜졌다.
B에 불이 켜지는 경우를 보기에서 있는 대로 고른 것은?

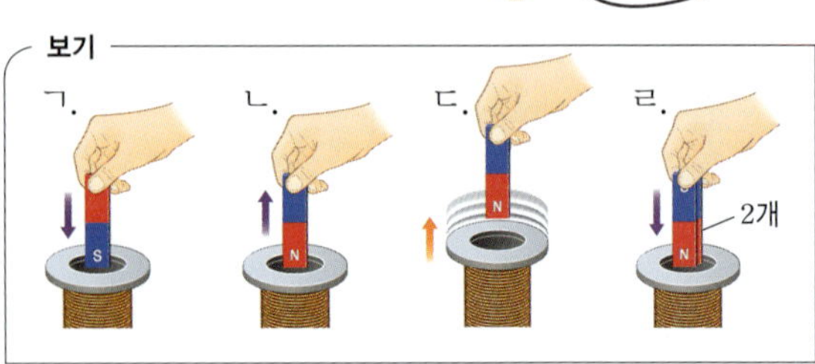

① ㄱ   ② ㄴ   ③ ㄷ   ④ ㄱ, ㄴ   ⑤ ㄷ, ㄹ

03 그림은 고정된 자석 아래에서 전구가 연결된 코일을 위아래로 반복하여 움직이는 모습을 나타낸 것이다.
이에 대한 설명으로 옳은 것만을 보기에서 있는 대로 고른 것은?

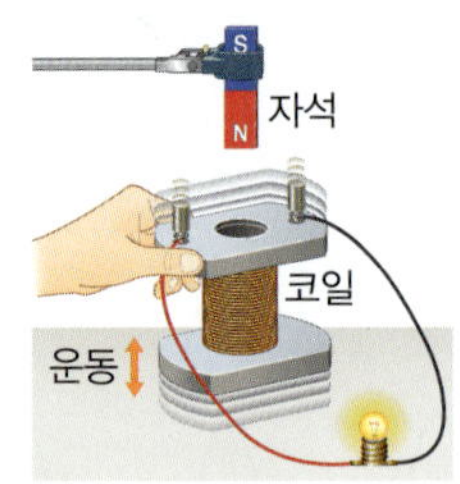

> 보기
> ㄱ. 코일의 속력이 빠를수록 전구가 밝다.
> ㄴ. 전구에 흐르는 전류의 방향은 일정하다.
> ㄷ. 코일을 위로 움직일 때와 아래로 움직일 때 자석이 받는 자기력의 방향은 같다.

① ㄱ   ② ㄴ   ③ ㄷ   ④ ㄱ, ㄷ   ⑤ ㄴ, ㄷ

04 그림과 같이 검류계를 연결한 코일에 자석의 N극을 가까이 하였더니 검류계 바늘이 왼쪽으로 움직였다.
검류계에 흐르는 전류의 세기를 증가시키는 방법으로 옳은 것을 모두 고르시오. (답 2개)

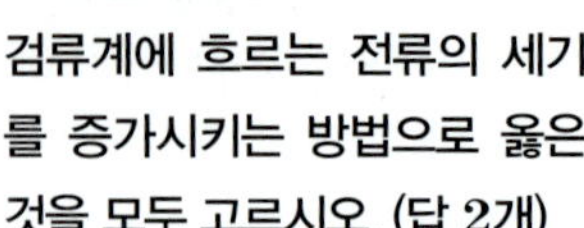

① 더 센 자석을 사용한다.
② 자석을 더 느리게 움직인다.
③ 자석의 S극을 가까이 한다.
④ 자석을 코일 가운데에 고정시킨다.
⑤ 감은 수가 더 많은 코일로 교체한다.

05 그림 (가), (나)는 동일한 자석의 S극, N극을 아래로 하여 낙하시키는 모습을 나타낸 것이다. 점 a, b는 자석이 낙하하는 경로 상의 지점이고, a에서 자석의 속력은 (가), (나)에서 각각 v, $2v$이다.
이에 대한 설명으로 옳은 것만을 보기에서 있는 대로 고른 것은?

> 보기
> ㄱ. (가)에서 자석이 a, b를 지날 때 유도 전류의 방향은 같다.
> ㄴ. (나)에서 자석이 a, b를 지날 때 받는 자기력의 방향은 같다.
> ㄷ. 자석이 a를 지날 때 유도 전류의 세기는 (가)보다 (나)에서 더 크다.

① ㄱ   ② ㄷ   ③ ㄱ, ㄴ
④ ㄴ, ㄷ   ⑤ ㄱ, ㄴ, ㄷ

06 그림은 자전거가 달릴 때 자전거 발전기에 연결된 전조등이 켜진 모습을 나타낸 것이다.

〈서술형

다음 용어를 모두 사용하여, 자전거가 달릴 때 전조등이 켜지는 과정을 설명하시오.

> 발전기, 전자기 유도, 운동 에너지, 전기 에너지

07 그림은 자석 사이에 있는 코일을 회전시켜 전구에 불을 켜는 모습을 나타낸 것이다.

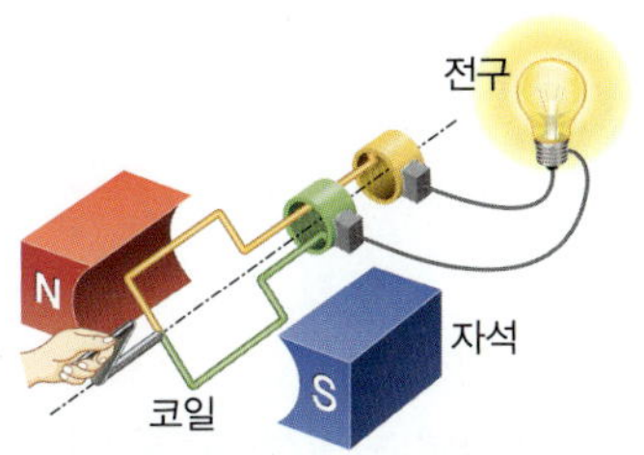

이에 대한 설명으로 옳은 것만을 보기에서 있는 대로 고른 것은?

> **보기**
> ㄱ. 전기 에너지가 운동 에너지로 전환된다.
> ㄴ. 코일을 돌리면 자기장에 수직인 코일의 단면적이 변한다.
> ㄷ. 코일이 빠르게 회전할수록 전구의 불이 밝아진다.

① ㄱ ② ㄴ ③ ㄱ, ㄷ
④ ㄴ, ㄷ ⑤ ㄱ, ㄴ, ㄷ

[08~09] 그림은 발전소의 터빈과 발전기의 모습이다.

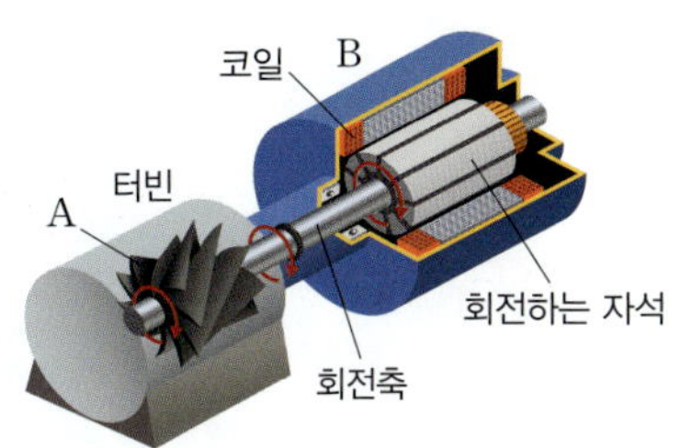

08 A가 회전할 때 B에서 일어나는 에너지 전환을 쓰시오.

> ㉠ (   ) 에너지 → ㉡ (   ) 에너지

09 A를 회전시키는 에너지원과 발전 방식을 옳게 짝 지은 것은?

	에너지원	발전 방식
①	석탄	핵발전
②	천연가스	화력 발전
③	바람	수력 발전
④	핵연료	화력 발전
⑤	높은 곳에 있는 물	풍력 발전

10 그림은 화력 발전의 구조를 간단히 나타낸 것이다.

〈서술형

화력 발전소에서 화석 연료의 화학 에너지가 전기 에너지로 전환되는 과정을 다음 용어를 모두 사용하여 설명하시오.

> 화학 에너지, 전기 에너지, 운동 에너지, 열에너지

11 그림은 원자로에서 일어나는 우라늄 원자핵의 핵반응을 나타낸 것이다.

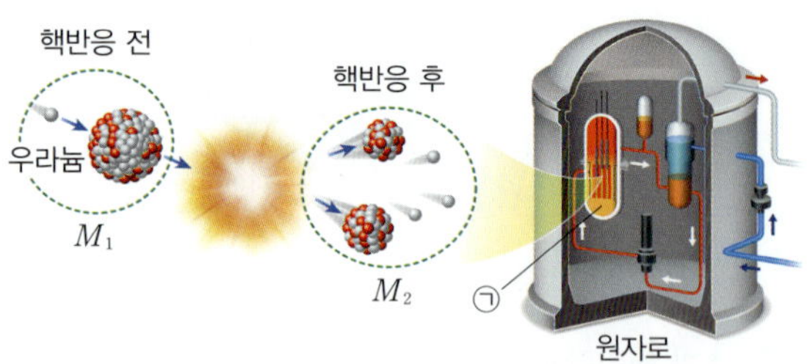

이에 대한 설명으로 옳은 것만을 보기에서 있는 대로 고른 것은? (단, M_1은 반응 전 입자들의 총 질량, M_2는 반응 후 입자들의 총 질량이다.)

> **보기**
> ㄱ. $M_1 > M_2$이다.
> ㄴ. 핵분열 반응이다.
> ㄷ. ㉠에서 발생하는 에너지는 태양 에너지를 근원으로 한다.

① ㄱ   ② ㄴ   ③ ㄱ, ㄴ
④ ㄴ, ㄷ   ⑤ ㄱ, ㄴ, ㄷ

12 그림은 화력 발전과 핵발전 과정에서 에너지 전환을 나타낸 것이다.

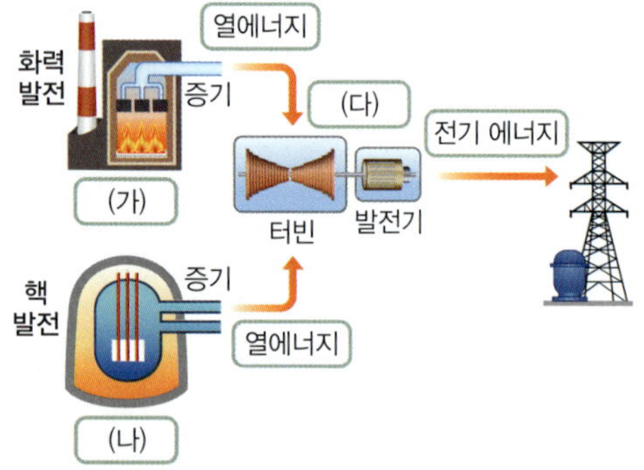

(가)~(다)에 들어갈 에너지의 형태를 옳게 짝 지은 것은?

	(가)	(나)	(다)
①	화학 에너지	운동 에너지	위치 에너지
②	화학 에너지	핵에너지	운동 에너지
③	빛에너지	핵에너지	운동 에너지
④	핵에너지	화학 에너지	운동 에너지
⑤	운동 에너지	핵에너지	화학 에너지

13 핵발전에 대한 설명으로 옳은 것을 모두 고르시오.(답 2개)

① 방사성 폐기물 처리가 어렵다.
② 발전소의 건설 비용과 시간이 적게 든다.
③ 전력 수요 변화에 빠르게 대응할 수 있다.
④ 적은 양의 연료로 대량의 전력을 생산할 수 있다.
⑤ 다양한 연료를 사용할 수 있어 연료 공급의 안정성이 높다.

14 그림은 화력 발전과 핵발전의 특징을 벤 다이어그램으로 나타낸 것이다.

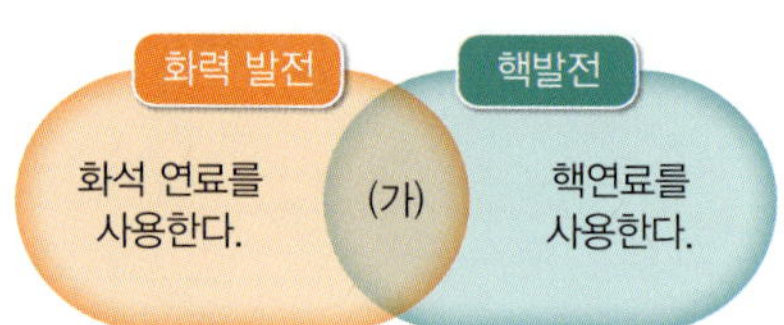

(가)에 들어갈 내용으로 옳은 것만을 보기에서 있는 대로 고른 것은?

> **보기**
> ㄱ. 고온·고압의 수증기로 터빈을 돌린다.
> ㄴ. 발전 과정에서 이산화 탄소가 발생한다.
> ㄷ. 냉각수를 얻기 쉬운 바닷가나 호수 주변에 건설한다.

① ㄱ   ② ㄱ, ㄴ   ③ ㄱ, ㄷ
④ ㄴ, ㄷ   ⑤ ㄱ, ㄴ, ㄷ

15 화석 연료를 이용하는 발전소를 줄이고 새로운 에너지원의 사용을 늘려 가야 하는 까닭으로 타당한 것만을 보기에서 있는 대로 고른 것은?

> **보기**
> ㄱ. 화석 연료의 매장량은 한정되어 있다.
> ㄴ. 발전 과정에서 환경 오염 물질이 배출된다.
> ㄷ. 화석 연료를 이용한 발전은 날씨의 영향을 크게 받는다.

① ㄱ   ② ㄴ   ③ ㄷ
④ ㄱ, ㄴ   ⑤ ㄴ, ㄷ

01 그림 (가)는 자석의 N극을 검류계를 연결한 코일 위에서 움직이는 모습을, 그림 (나)는 자석과 코일 윗면 사이의 거리를 시간에 따라 나타낸 것이다.

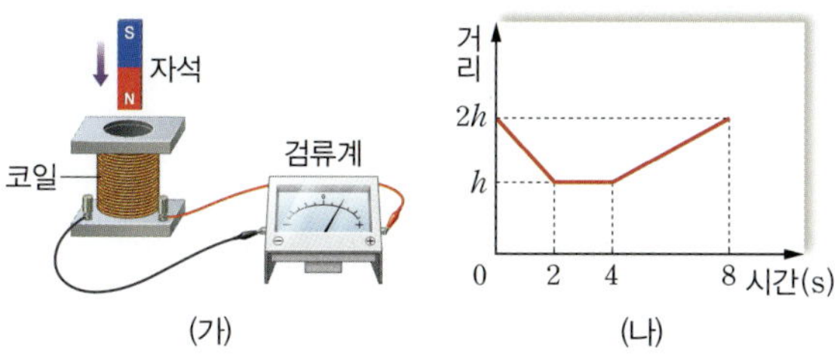

이에 대한 설명으로 옳은 것만을 보기에서 있는 대로 고른 것은? (단, 자석의 크기는 무시한다.)

> **보기**
> ㄱ. 1초일 때와 6초일 때 유도 전류의 방향은 같다.
> ㄴ. 유도 전류의 세기는 1초일 때가 6초일 때보다 크다.
> ㄷ. 3초일 때는 유도 전류가 흐르지 않는다.

① ㄱ ② ㄴ ③ ㄷ
④ ㄱ, ㄷ ⑤ ㄴ, ㄷ

02 그림은 실에 매단 자석을 잡아당겼다 가만히 놓아 코일 위에서 진동시키는 모습을 나타낸 것이다.
이에 대한 설명으로 옳은 것만을 보기에서 있는 대로 고른 것은?

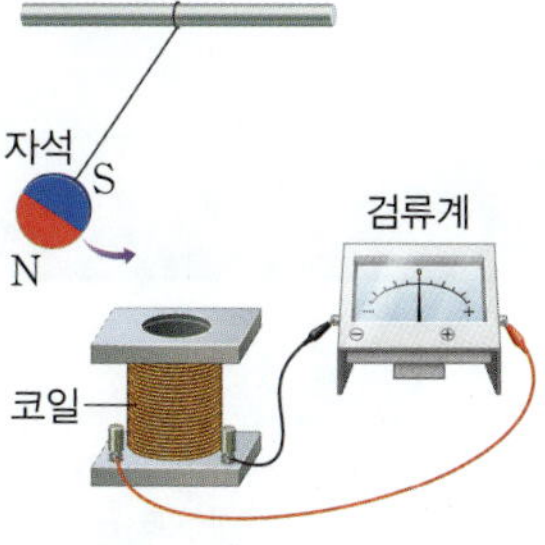

> **보기**
> ㄱ. 자석이 코일에 접근할 때와 멀어질 때 코일에 흐르는 전류의 방향은 반대이다.
> ㄴ. 더 센 자석을 이용하면 코일에 흐르는 전류의 최댓값이 커진다.
> ㄷ. 자석이 진동하는 폭은 점점 감소한다.

① ㄱ ② ㄴ ③ ㄷ
④ ㄴ, ㄷ ⑤ ㄱ, ㄴ, ㄷ

03 표는 핵에너지를 이용한 발전에서 일어나는 핵반응을 비교한 것이다.

핵반응	반응 전 물질	반응 후 물질	질량 변화
(가)	4개의 수소 원자핵	1개의 헬륨 원자핵	감소
(나)	우라늄 원자핵과 중성자	2개의 원자핵과 2∼3개의 중성자	(다)

(가)∼(다)에 알맞은 말을 옳게 짝 지은 것은?

	(가)	(나)	(다)
①	핵분열	핵융합	감소
②	핵분열	핵융합	증가
③	핵융합	핵분열	감소
④	핵융합	핵분열	없음
⑤	핵융합	핵분열	증가

04 그림은 화력 발전과 핵발전 과정을 나타낸 것이다.

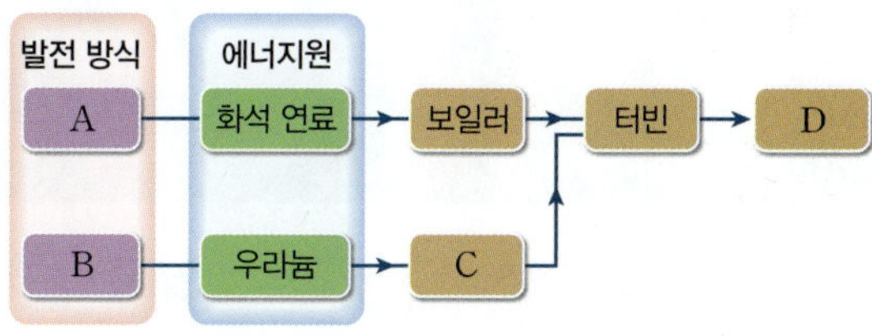

이에 대한 설명으로 옳은 것만을 보기에서 있는 대로 고른 것은?

> **보기**
> ㄱ. A, B 모두 열에너지를 이용한다.
> ㄴ. C에서 핵융합 반응이 일어난다.
> ㄷ. D에서 전자기 유도에 의해 전기 에너지가 발생한다.

① ㄱ ② ㄴ ③ ㄱ, ㄷ
④ ㄴ, ㄷ ⑤ ㄱ, ㄴ, ㄷ

03 에너지 효율과 신재생 에너지

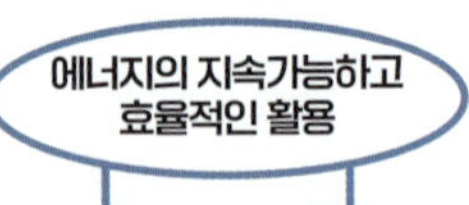

1 에너지 전환과 보존

나무가 자라고 바람이 불 때, 비가 내릴 때 등 우리 주변에서 일어나는 현상에는 대부분 에너지가 관련되어 있다. 에너지는 열에너지, 빛에너지, 운동 에너지, 전기 에너지 등 다양한 형태로 존재하며, 다른 형태의 에너지로 전환될 수 있다.

1. 에너지 전환

(1) 에너지

① 에너지는 물체나 시스템이 일을 할 수 있는 능력으로, 단위는 J을 사용한다.

② 에너지는 위치 에너지, 운동 에너지, 화학 에너지, 전기 에너지, 빛에너지, 소리 에너지, 핵에너지 등 다양한 형태로 존재한다.

위치 에너지	운동 에너지	열에너지	화학 에너지
물체가 위치에 따라 잠재적으로 가지는 에너지로, 중력 위치 에너지, 탄성 위치 에너지 등이 있다.	운동하는 물체가 가지는 에너지이다.	원자나 분자 등 물질을 이루는 입자들의 운동에 의한 에너지의 총합이다.	화학 결합에 의해 물질에 저장되어 있는 에너지이다.
예 높은 위치에 있는 물은 중력 위치 에너지를 가진다.	예 구르는 볼링공은 운동 에너지를 가진다.	예 철은 온도가 높을수록 더 많은 열에너지를 가진다.	예 화석 연료의 화학 에너지는 자동차 주행이나 화력 발전 등에 쓰인다.

전기 에너지	빛에너지	소리 에너지	핵에너지
전류가 흐를 때 전달되는 에너지이다.	가시광선, 자외선 등과 같은 빛이 가지고 있는 에너지이다.	물체가 진동할 때 발생하여 공기와 같은 매질의 진동에 의해 전달되는 에너지이다.	원자핵이 핵반응 할 때 방출하는 에너지이다.
예 전기 에너지로 다양한 전기 기구를 작동시킬 수 있다.	예 화면에서 온 빛에너지가 눈에 들어오면 화면을 볼 수 있다.	예 스피커에서 온 소리 에너지가 귀에 전달되면 음악이 들린다.	예 태양이 방출하는 빛과 열은 핵에너지가 근원이다.

(2) **에너지 전환**: 한 형태의 에너지가 다른 형태의 에너지로 바뀌는 것을 말한다.

① 일상생활에서는 여러 가지 목적에 맞게 에너지를 전환하여 사용한다.

② 에너지가 전환되는 과정에서 에너지의 일부가 항상 열에너지로 전환된다.

③ 열은 고온의 물체에서 저온의 물체로 전달되므로 에너지 전환 과정에서 발생한 열에너지는 주변으로 흩어진다.

(3) **에너지 전환의 예**

① 모닥불을 피울 때 땔감에 저장된 화학 에너지가 빛에너지와 열에너지로 전환된다.

② 빗방울이 떨어질 때 빗방울의 위치 에너지가 운동 에너지로 전환되고, 일부는 공기와의 마찰로 열에너지로 전환된다. 또 빗방울이 바닥에 부딪힐 때 운동 에너지가 소리 에너지와 열에너지 등으로 전환된다.

③ 스마트 기기를 충전할 때 전기 에너지가 화학 에너지 등으로 전환되고, 스마트 기기를 사용할 때 전기 에너지가 운동 에너지, 빛에너지, 소리 에너지, 열에너지 등으로 전환된다.

그 외의 에너지 전환의 예

· 반딧불이는 몸안에 저장된 화학 에너지를 빛에너지로 전환하여 방출한다.

· 식물은 광합성을 통해 태양의 빛에너지를 포도당의 화학 에너지로 전환한다.

· 태양 전지는 태양의 빛에너지를 전기 에너지로 전환한다.

▲ 모닥불을 피울 때

▲ 빗방울이 떨어질 때

자료분석 + 스마트 기기를 사용할 때의 에너지 전환

❶ **스마트 기기를 충전할 때**: 전기 에너지가 화학 에너지로 전환되어 전지에 저장된다. 이 과정에서 전기 에너지의 일부는 열에너지로 전환되어 스마트 기기의 온도가 올라간다.

❷ **스마트 기기를 사용할 때**: 전지에 저장된 화학 에너지가 전기 에너지로 전환되어 각 부품에 공급되고, 다양한 에너지로 전환된다.

· **화면**: 전기 에너지가 빛에너지로 전환되어 시각 정보를 내보낸다.

· **전동기**: 스마트 기기가 진동할 때 기기 내부의 전동기에서 전기 에너지가 운동 에너지로 전환된다.

· **스피커**: 코일과 자석의 상호작용으로 전기 에너지가 진동판의 운동 에너지로 전환되고, 공기를 진동시켜 소리 에너지로 전환된다.

2. 에너지 보존

(1) **에너지 보존 법칙**: 에너지가 전환될 때 다른 형태로 바뀔 뿐 사라지거나 새로 만들어지지 않는다. 즉, 에너지 전환 과정에서 전환 전후 에너지의 총량은 항상 일정하게 보존된다.

(2) **에너지를 효율적으로 이용해야 하는 까닭**: 에너지는 보존되지만 전환 과정에서 에너지의 일부가 다시 사용할 수 없는 형태의 열에너지로 전환되어 버려진다. 에너지 전환 과정이 반복될수록 사용할 수 있는 에너지의 양이 감소하므로 에너지를 효율적으로 이용해야 한다.

자료분석 ➕ 자동차에서의 에너지 전환과 보존

그림은 어떤 자동차의 엔진에 공급한 연료의 화학 에너지를 100 %로 할 때 자동차의 각 부분에서 방출되는 에너지 비율을 나타낸 것이다.

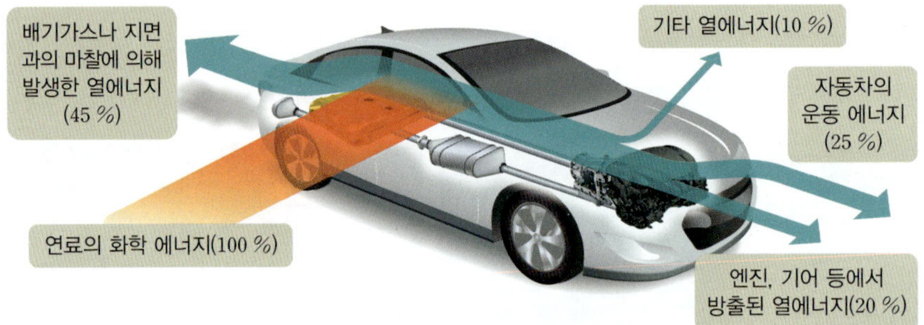

❶ **에너지 전환**: 자동차의 각 부분에서 일어나는 에너지 전환은 표와 같다.

엔진	연료의 화학 에너지 → 피스톤의 운동 에너지＋열에너지
바퀴	피스톤의 운동 에너지 → 바퀴의 운동 에너지 → 자동차의 운동 에너지 ＋ 바퀴와 지면의 마찰로 인한 열에너지
배터리	전기 에너지 → (충전) → 화학 에너지 → (사용) → 전기 에너지
운전석 화면	전기 에너지 → 빛에너지 등
전조등, 후미등, 실내등	전기 에너지 → 빛에너지 등
오디오	전기 에너지 → 소리 에너지 등
에어컨	전기 에너지 → 팬의 운동 에너지 등
차체	자동차의 운동 에너지 → 공기 저항으로 인한 열에너지 등

❷ **에너지 보존**: 엔진에 공급한 연료의 화학 에너지는 자동차에서 방출된 에너지의 총합과 같다.

공급한 에너지(100 %)＝방출된 에너지의 합(45 %＋10 %＋25 %＋20 %)

❸ **에너지 전환 과정에서 발생하는 열에너지**: 자동차의 각 부분에서 열에너지로 전환된 75 %의 에너지는 주변으로 흩어지므로 다시 모아서 자동차를 달리게 하는 데 사용할 수 없다.

✔ 중요 개념 체크

정답과 해설 79쪽

1. 스마트폰 화면에서 영화가 재생될 때 전기 에너지가 (   )와/과 (   )(으)로 전환되고, 일부는 열에너지로 전환된다.

2. 에너지 전환 과정에서 에너지의 총량은 변하지 않고 일정하다. 이를 (   ) 법칙이라고 한다.

에너지가 사용되는 과정에서 일부 에너지가 열에너지로 전환되어 버려지기 때문에 공급한 에너지를 모두 유용한 에너지로 전환하는 것은 불가능하다. 그래서 에너지를 효율적으로 사용해야 한다.

1. 에너지 효율 집중 분석 244쪽 심화 강의 246쪽

(1) 에너지 효율: 공급한 전체 에너지 중에서 유용하게 사용된 에너지의 비율(%)이다.

$$\text{에너지 효율(\%)} = \frac{\text{유용하게 사용된 에너지}}{\text{공급한 에너지}} \times 100$$

➡ 버려지는 열에너지가 있으므로 에너지 효율은 항상 100 %보다 작다.

(2) 화석 연료의 사용과 에너지 효율 비교: 화석 연료는 연소 과정에서 버려지는 열에너지가 많이 발생하며, 이로 인해 에너지 효율이 낮다.

구분	*내연 기관 자동차	전기 자동차
작동 원리	내연 기관에서 화석 연료를 연소할 때 발생하는 열을 자동차를 움직이는 일로 전환한다.	전기의 전기 에너지로 전동기를 작동하여 자동차를 움직인다.
에너지 효율	화석 연료가 연소될 때 나오는 에너지의 많은 부분이 열에너지로 버려진다. ➡ 에너지 효율이 낮다.	발생하는 열에너지가 적고, 운행 중 버려지는 에너지의 일부를 재사용한다. ➡ 에너지 효율이 높다.

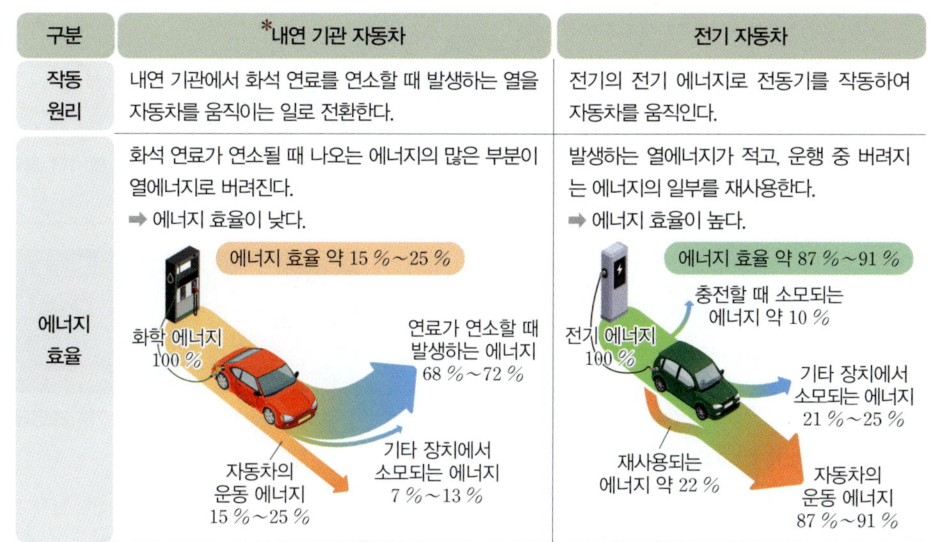

2. 에너지 효율을 높이려는 노력

(1) 필요성: 에너지 효율이 높을수록 같은 일을 하는 데 더 적은 에너지가 사용되므로 에너지를 절약할 수 있고, 에너지 사용으로 인한 환경 문제를 해결하는 데 도움이 된다.

(2) 자동차의 *회생 제동: 전기 자동차나 *하이브리드 자동차에 사용되는 기술로, 자동차가 감속하는 동안 열에너지로 전환되어 버려지는 운동 에너지의 일부를 전기 에너지로 다시 저장하여 에너지 효율을 높인 기술이다.

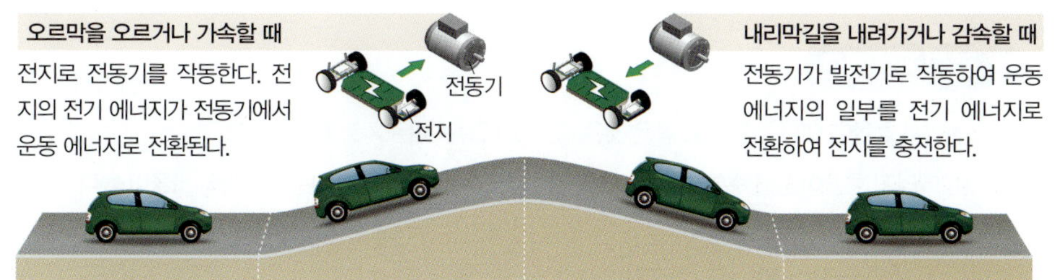

▲ 전기 자동차의 회생 제동

내연 기관 자동차의 엔진

열을 일로 전환하는 장치를 열기관이라 하고, 자동차의 엔진도 열기관에 해당된다. 열기관의 에너지 효율을 열효율이라고 한다.

용어

***내연 기관(内 안, 燃 태우다, 機 기계, 關 빗장)**

장치 속에 연료를 넣고 연소하여 발생한 열을 일로 전환하는 기관이다. 자동차의 엔진 등이 대표적이다.

***회생 제동(回 돌아오다, 生 나다, 制 억제하다, 動 움직이다)**

자동차의 전동기가 발전기로 작동하여 운동 에너지를 전기 에너지로 회수하며 제동하는 방법이다.

***하이브리드 자동차(hybrid, 自動車 자동차)**

전기와 휘발유 따위의 동력원을 두 종류 이상 번갈아 가며 사용할 수 있는 자동차로, 엔진과 전동기, 전지를 함께 사용한다.

(3) **열병합 발전**: 화력 발전 과정에서는 화석 연료의 에너지 중 약 50 % 정도만 전기 에너지로 전환되고, 나머지는 열에너지로 버려진다. 열병합 발전은 화력 발전 과정에서 발생하는 열을 난방, 온수 등에 활용하여 에너지 효율을 높인 방법으로, 같은 양의 전력과 난방용 열에너지를 얻기 위해 화석 연료를 사용할 때보다 더 적은 화석 연료를 사용한다.

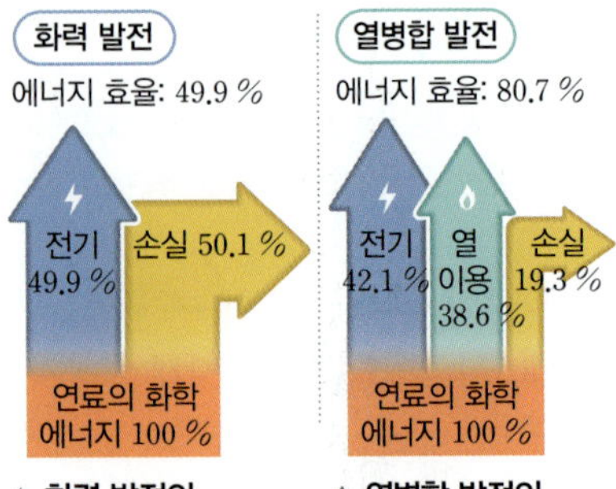

▲ 화력 발전의 에너지 흐름

▲ 열병합 발전의 에너지 흐름

(4) 에너지 효율 관리 제도

에너지 소비 효율 등급 표시 제도	에너지 절약 표시
에너지를 많이 사용하는 제품에 에너지를 효율적으로 사용하는 정도에 따라 1등급~5등급으로 나누어 표시하는 제도이다. 소비자에게 에너지 효율에 관한 정보를 제공하고 생산자가 에너지 효율이 높은 제품을 개발하도록 유도하고 있다. 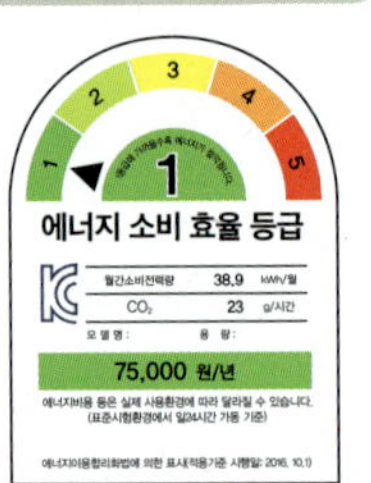	에너지 효율이 높고 대기 전력을 줄인 전기 기구에 에너지 절약 표시를 한다. 

에너지 소비 효율 등급
에너지 소비 효율 등급이 1등급에 가까울수록 에너지 효율이 높은 제품이다. 1등급 제품을 사용하면 5등급 제품을 사용할 때보다 약 30~40 %의 에너지를 절약할 수 있다.

(5) **조명 기구**: 백열등은 공급된 전기 에너지의 대부분을 열에너지로 소비하므로 에너지 효율이 매우 낮다. 발광 다이오드등은 열에너지 발생이 적어 에너지 효율이 높고, 수명이 길다.

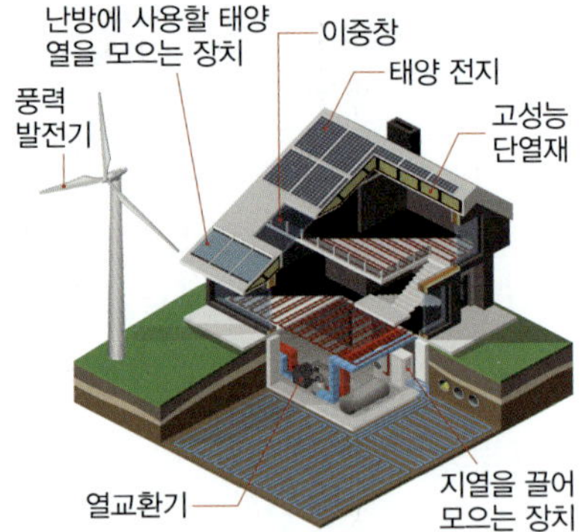

▲ 열화상 사진기로 촬영한 여러 가지 조명등

(6) **에너지 제로 하우스**: 낭비되는 에너지를 줄이고 필요한 에너지를 화석 연료 없이 친환경적으로 얻는 주택을 에너지 제로 하우스라고 한다.

① 액티브 에너지 기술: 태양, 지열, 풍력 등 재생 가능한 에너지를 이용해 능동적으로 에너지를 생산하는 기술이다.

② 패시브 에너지 기술: 성능이 좋은 *단열재, 이중창, *열교환기 등을 이용해 에너지 손실을 막는 기술이다.

▲ 에너지 제로 하우스

스마트 플러그
인터넷을 이용하여 전기 사용을 실시간으로 확인하고 제어할 수 있으므로 불필요한 전기 에너지 낭비를 줄일 수 있다.

용어

*단열재(斷 끊다, 熱 열, 材 재료)
열이 밖으로 빠져나가거나 안으로 들어오는 것을 막는 데 쓰이는 건축용 재료이다.

*열교환기(熱 열, 交 교환하다, 換 바꾸다, 器 그릇)
금속판 등을 통해 서로 온도가 다른 기체나 액체 사이에 열을 전달하는 장치이다.

✔ 중요 개념 체크

정답과 해설 79쪽

3. 에너지 효율에 대한 설명으로 옳은 것은 ○, 옳지 않은 것은 ×로 표시하시오.

(1) 에너지 효율이 높을수록 공급한 에너지 중에서 유용하게 사용되는 에너지의 비율이 높다. ( )

(2) 전기 자동차는 내연 기관 자동차에 비해 에너지 효율이 높다. ( )

3 신재생 에너지

오늘날 화석 연료를 이용해 에너지를 생산하고 사용하면서 자원 고갈, 환경 오염 등 문제가 발생하고 있다. 여러 나라에서는 이러한 에너지 문제가 미래 세대의 발전을 방해하지 않도록 지속가능한 발전을 위한 신재생 에너지 개발에 많은 노력을 기울이고 있다.

1. 신재생 에너지

(1) **신재생 에너지**: 신에너지와 재생 에너지를 통틀어 신재생 에너지라고 한다.

① 신에너지: 기존의 화석 연료를 변환해 이용하거나 수소 · 산소 등의 화학 반응을 통하여 전기나 열을 이용하는 에너지이다.

② 재생 에너지: 햇빛, 물, 지열, 강수, 생물 유기체 등을 포함하는 재생 가능한 에너지를 변환하여 이용하는 에너지이다.

(2) 신재생 에너지의 종류

종류	에너지원	이용
신에너지	수소 에너지	수소를 연소하여 각종 동력으로 이용한다.
	연료 전지	화학 반응을 이용하여 전기 에너지를 생산한다.
	석탄 액화 · 가스화	석탄을 액체 연료나 기체 연료로 변환하여 이용한다.
재생 에너지	태양광, 태양열	태양의 빛에너지와 열에너지를 난방 및 발전에 이용한다.
	풍력 에너지	바람의 운동 에너지를 이용하여 전기 에너지를 생산한다.
	해양 에너지	해수면의 높이차, 파도, 조류 등을 이용하여 전기 에너지를 생산한다.
	수력 에너지	높은 곳에 있는 물의 위치 에너지를 이용하여 전기 에너지를 생산한다.
	지열 에너지	땅속에 있는 고온의 지하수나 열에너지를 난방 및 발전에 이용한다.
	바이오 에너지	농작물, 음식물 쓰레기 등을 태우거나 연료로 가공하여 에너지를 생산한다.
	폐기물 에너지	폐기물을 소각할 때 발생하는 에너지 등을 이용한다.

2. 신재생 에너지를 이용한 발전 _{심화 강의 247쪽}

(1) **태양광 발전**: 태양 전지를 이용해 태양의 빛에너지를 직접 전기 에너지로 전환하는 발전 방식이다.

① 원리: 태양 전지가 빛에너지를 흡수하면 내부에 자유 전자와 양공이 생기며 기전력이 발생하는 원리를 이용하여 전기 에너지를 생산한다.

▲ 태양 전지

② 이용: 대규모 발전 시설로 이용되거나, 계산기, 가로등 등에 설치하여 소규모 전력을 얻는 데에도 이용된다. 건물의 지붕이나 아파트 발코니 등 다양한 곳에 설치가 가능하다.

③ 태양광 발전의 장단점

장점	단점
• 자원이 고갈될 염려가 없다.	• 화력 발전이나 핵발전 등에 비해 발전 효율이 낮다.
• 발전 과정에서 온실 기체의 배출이 거의 없다.	• 날씨에 따라 전력 공급이 불안정하다.
• 유지와 보수가 간편하다.	• 대규모 발전을 위해서는 넓은 면적이 필요하다.

우리나라의 신재생 에너지 관련 규정

우리나라는 2004년 '신에너지 및 재생 에너지 개발 · 이용 · 보급 촉진법'을 공포하고 신재생 에너지를 체계적으로 관리하고 있다. 줄여서 '신재생 에너지법'이라고 한다. 이 법의 제2조에서 신재생 에너지의 종류를 신에너지와 재생 에너지로 나누어 구분하고 있다.

석탄 액화 · 가스화

석탄 액화 · 가스화는 환경에 해로운 물질을 90 % 이상 저감하는 친환경 기술이다.

• 석탄 액화: 석탄을 고온 · 고압의 상태에서 수소와 반응시켜 액체 연료를 생산하는 기술로, 석유를 대체할 수 있는 장점이 있다.

• 석탄 가스화: 석탄을 불완전 연소시켜 합성 가스를 생산하는 기술로, 기존의 화력 발전보다 에너지 효율을 높일 수 있으며, 대기 오염 물질의 배출을 감소할 수 있는 장점이 있다.

대규모 태양광 발전

전남 신안군에는 폐염전 부지를 활용해 연간 209.7 G W h의 전기 에너지를 생산하는 국내 최대 규모 태양광 발전소가 있다. 또 염전 바닥에 타일 대신 태양 전지를 설치하여 전기 에너지를 생산하는 염전 태양광 기술도 개발되었다.

(2) **풍력 발전**: 바람의 운동 에너지를 전기 에너지로 전환하는 발전 방식이다.

① 원리: 바람의 운동 에너지를 이용하여 발전기와 연결된 날개를 돌려 전기 에너지를 생산한다.

② 풍력 발전의 장단점

▲ **풍력 발전기의 구조**

장점	단점
• 자원이 고갈될 염려가 없다. • 발전 과정에서 온실 기체의 배출이 거의 없다. • 지속적으로 바람이 부는 산간이나 해안 등에 설치하여 국토를 효율적으로 이용할 수 있다.	• 바람이 적게 부는 지역에는 설치할 수 없다. • 바람의 세기나 방향이 계속 변하므로 정확한 발전량을 예측하기 어렵다. • 날개에서 발생한 소음이 주변에 피해를 주기도 한다.

(3) **수력 발전**: 높은 곳에 위치한 물의 위치 에너지를 이용하여 전기 에너지를 생산한다.

① 원리: 높은 곳에 위치한 하천이나 저수지(댐)에 있는 물을 아래쪽으로 흐르게 하여 물의 위치 에너지를 운동 에너지로 전환하고, 이 물이 터빈을 돌려 터빈에 연결된 발전기에서 전기 에너지를 생산한다.

② 수력 발전의 장단점

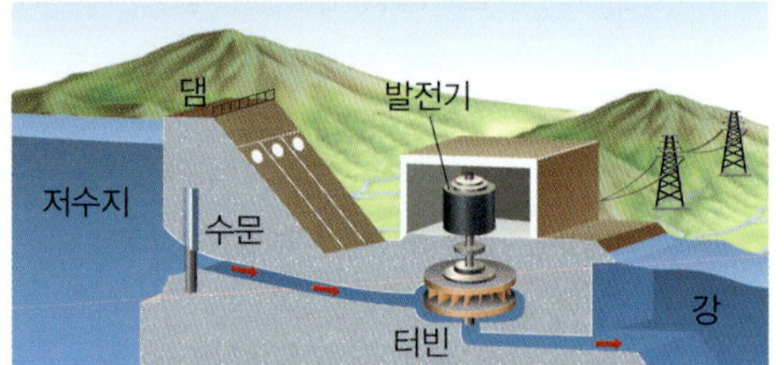

▲ **수력 발전의 원리**

장점	단점
• 자원이 고갈될 염려가 없다. • 발전 과정에서 온실 기체의 배출이 거의 없다. • 연료비가 들지 않는다.	• 댐 건설 비용이 많이 든다. • 댐 건설 과정에서 환경과 생태계가 파괴된다. • 가뭄이 들면 발전량이 감소한다.

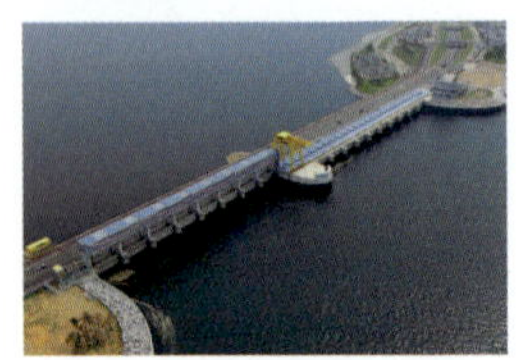

(4) **조력 발전**: *방조제를 쌓아 밀물과 썰물에 의해 나타나는 해수면의 높이차를 이용하여 전기 에너지를 생산한다. 크게 밀물과 썰물 중 한 가지만 이용해 발전하는 방식과 밀물과 썰물을 모두 이용해 양방향으로 발전하는 방식으로 구분할 수 있다.

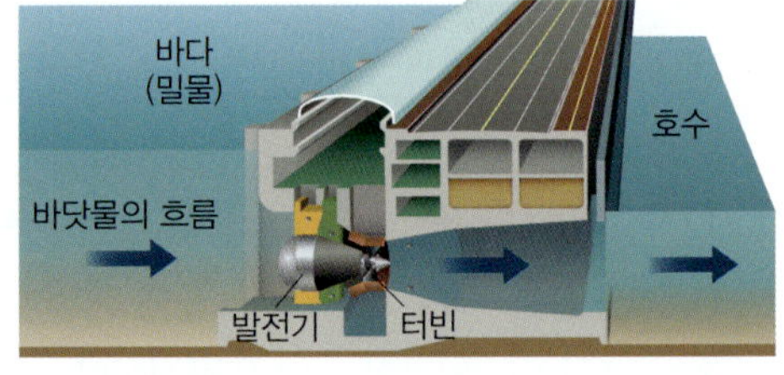

▲ **조력 발전의 원리**

① 원리: 밀물이나 썰물 때 수문을 닫으면 해수면과 방조제 안쪽 수면의 높이차가 생긴다. 이때 수면이 높은 쪽에서 낮은 쪽으로 바닷물이 이동하며 터빈을 돌려 터빈에 연결된 발전기에서 전기 에너지를 생산한다.

② 조력 발전소의 장단점

장점	단점
• 자원이 고갈될 염려가 없다. • 발전 과정에서 온실 기체의 배출이 거의 없다. • 많은 양의 전기 에너지를 생산할 수 있다. • 발전량을 미리 예측할 수 있다. • 발전에 드는 비용이 비교적 저렴하다.	• *조수 간만의 차가 큰 지역에만 건설할 수 있다. • 발전소 건설 비용이 많이 든다. • 갯벌이 파괴되어 해양 생태계에 악영향을 끼친다. • 조수 간만의 차가 항상 같지 않으므로, 발전량이 균일하지 않다.

(5) **파력 발전**: 파도의 운동 에너지를 이용하여 전기 에너지를 생산한다. 파도를 직접 이용하거나 파도의 운동을 공기 흐름으로 변환하여 이용한다.

① 원리: 파도가 밀려오거나 빠져나가면, 구조물 안 수면의 높이가 변하면서 공기가 빠져나가거나 들어온다. 이 공기의 흐름을 이용해 터빈을 돌려, 터빈에 연결된 발전기에서 전기 에너지를 생산한다.

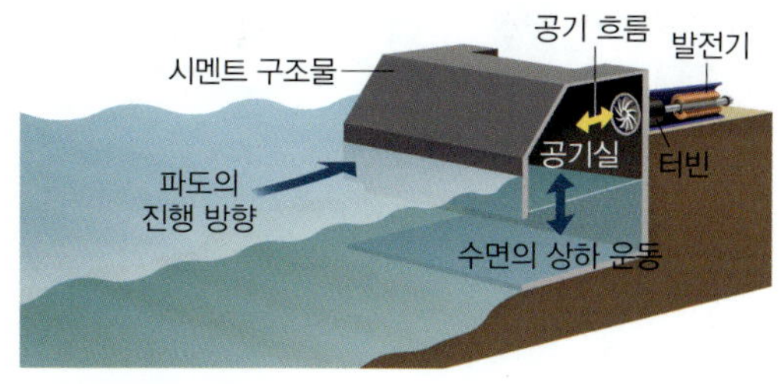

▲ **파력 발전의 원리**

② 파력 발전의 장단점

장점	단점
• 자원이 고갈될 염려가 없다. • 발전 과정에서 온실 기체의 배출이 거의 없다. • 연료비가 들지 않는다. • 소규모 개발이 가능하며, 방파제로 활용할 수 있다.	• 날씨나 파도에 따라 발전량의 변동이 크다. • 초기 건설 비용이 많이 든다. • 염분, 파도 등에 노출되어 유지 보수에 많은 비용이 든다.

(6) **연료 전지**: 연료의 화학 에너지를 전기 에너지로 전환하는 장치로, 두 전극 사이에 *전해질 용액이 있는 구조이다. 대표적으로 수소와 산소의 산화·환원 반응으로 전기 에너지를 얻는 수소 연료 전지가 있다.

① 수소 연료 전지의 원리: $(-)$극에서 수소가 산화되며 내놓은 전자가 외부 회로를 따라 $(+)$극으로 이동하며 전류가 흐르고, $(+)$극에서 전자, 산소, 수소 이온이 만나 뜨거운 물이 생성된다.

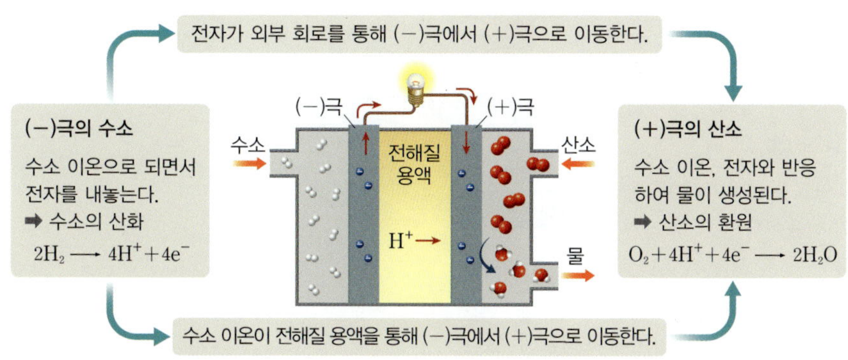

▲ **수소 연료 전지의 구조**

② 연료 전지의 장점과 단점

장점	단점
• 최종 생성물로 물만 생성되므로, 환경 오염을 거의 일으키지 않는다. • 연료의 화학 에너지가 직접 전기 에너지로 전환되므로 에너지 효율이 높다.	• 연료로 사용되는 수소의 생산, 저장, 운반과 관련된 기술 개발이 더 필요하다.

✔ **중요 개념 체크**

정답과 해설 79쪽

4. 물이 가진 에너지를 이용해 전기 에너지를 생산하는 발전 방식을 세 가지 쓰시오.

(   )

연료 전지의 이용

연료 전지는 에너지 효율이 높고 소음이나 진동이 작아 폭넓게 이용될 수 있다. 연료 전지를 이용한 전기 자동차, 가정용 발전기 등에도 활용되고 있다.

연료 전지의 에너지 효율

연료 전지에서는 연료의 화학 에너지가 직접 전기 에너지로 전환되기 때문에 연료를 연소시키는 화력 발전에 비해 발생하는 열이 매우 작다. 따라서 연료 전지는 화력 발전에 비해 에너지 효율이 높다.

용어

*전해질(電 전기, 解 풀다, 質 바탕)

순수한 용매에는 전류가 잘 흐르지 않지만, 어떤 물질을 용매에 녹이면 전류가 잘 흐른다. 이처럼 용매에 녹였을 때 전류가 잘 흐르게 하는 물질을 전해질이라고 한다.

집중분석 열기관의 열효율

열기관에 공급한 열과 방출된 열, 열기관이 외부에 한 일은 열효율과 관련지어 다양한 유형의 문제로 출제된다. 이들의 관계를 깊이 이해한다면 이와 관련된 어려운 문제도 해결할 수 있을 것이다.

1 열기관과 에너지

열을 역학적 일로 전환하는 장치를 열기관이라고 한다. 예를 들어 화력 발전소에서는 연료를 태웠을 때 나오는 열로 물을 끓여 고온·고압의 수증기를 만들고, 이 수증기로 터빈을 돌리는 일을 한다. 그 후 수증기를 냉각하여 물로 만든 후 다시 보일러로 보내서 이전 과정을 되풀이한다. 이처럼 열기관은 열을 흡수하여 외부에 일을 한 후 열을 방출하여 다시 원래의 상태로 되돌아가는 순환 과정을 갖는다.

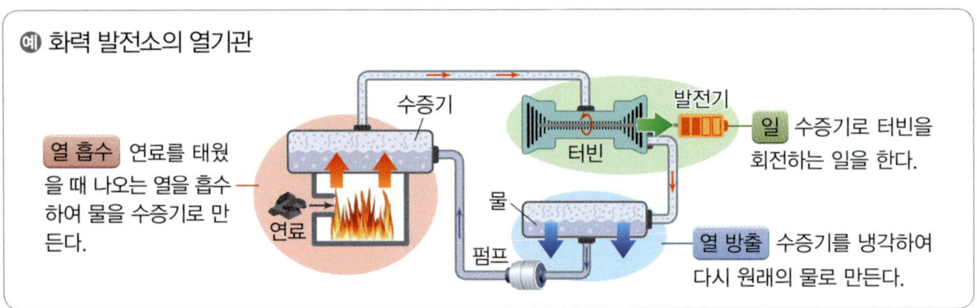

(1) **열기관에서 에너지 흐름**: 열기관은 고열원에서 열을 흡수하여 그중 일부를 일로 바꾸고 저열원으로 나머지 열을 방출한다. 이때 에너지 보존 법칙에 의해 공급한 열 Q_1은 외부에 한 일 W와 방출한 열 Q_2의 합과 같다.

$$\boxed{\text{원리 1}} \quad Q_1 = W + Q_2$$

(2) **열효율**: 열기관의 에너지 효율을 열효율 e라고 하며, 공급한 열에 대하여 열기관이 한 일의 비율이다.

$$\boxed{\text{원리 2}} \quad e = \frac{W}{Q_1}$$

위의 원리 1, 2를 이용하면 열효율을 다음과 같이 다양하게 표현할 수 있다.

$$e = \frac{W}{Q_1} = \frac{Q_1 - Q_2}{Q_1} = 1 - \frac{Q_2}{Q_1}$$

2 열기관의 열효율과 관련된 문제의 풀이 방법

(1) **열효율을 구하는 경우**: 원리 1 을 통해 Q_1과 W를 구한 후, 원리 2 를 이용하여 열효율을 구한다.

예 어떤 열기관에 Q_1의 열을 공급하였더니 열기관이 외부에 30 J의 일을 하고 70 J의 열을 방출하였다. 이 열기관의 열효율은?

❶ 원리 1 을 통해 Q_1을 구한다. ➡ $Q_1 = W + Q_2$이므로 $Q_1 = 30\,J + 70\,J = 100\,J$이다.

❷ 원리 2 를 통해 열효율을 구한다. ➡ $e = \dfrac{W}{Q_1} = \dfrac{30\,J}{100\,J} = 0.3$이다.

열기관의 구조

열기관은 고열원, 저열원, 작동 물질로 구성된다. 작동 물질은 열기관 내부에서 열에너지를 받아 일을 하는 물질이다. 화력 발전소에서는 내부 수증기나 물이, 자동차 내연 기관에서는 연료와 공기 혼합물이 작동 물질이다.

열효율과 물리량의 관계

열기관의 열효율이 클수록 물리량은 다음과 같이 달라진다.
- 같은 열을 공급할 때 더 많은 양의 일을 한다.
- 같은 열을 공급할 때 더 작은 열을 방출한다.
- 같은 일을 하기 위해 더 작은 열이 필요하다.
- 같은 일을 할 때 더 작은 열을 방출한다.

(2) 열효율 외 다른 물리량을 구하는 경우: 원리 2 를 통해 Q_1과 W를 구한 후, 원리 1 을 통해 나머지 물리량을 구한다.

> 예 열효율이 0.4인 열기관에 400 J의 열을 공급하였더니 Q_2의 열을 방출하였다. Q_2는 몇 J인가?
>
> ❶ 원리 2 를 통해 한 일을 구한다. ➡ $0.4 = \dfrac{W}{400\ J}$에서 $W = 160\ J$이다.
>
> ❷ 원리 1 을 통해 Q_2를 구한다. ➡ $Q_1 = W + Q_2$에서 400 J $=$ 160 J $+ Q_2$이므로 $Q_2 = 240\ J$이다.

(3) 두 열기관의 물리량을 비교하는 경우: 두 열기관을 제시하고 열효율이나 공급한 열, 한 일, 방출한 열을 비교하는 경우에도 원리 1 과 2 를 이용하여 각각의 물리량을 구하면 해결할 수 있다.

같은 양의 열을 공급할 때	한 일이 같을 때	방출한 열이 같을 때
$e = \dfrac{W}{Q_1}$에서 Q_1이 같으므로 열효율이 클수록 W가 크다. ➡ $Q_2 = Q_1 - W$이므로 W가 클수록 Q_2가 작다.	$e = \dfrac{W}{Q_1}$에서 W가 같으므로 열효율이 클수록 Q_1이 작다. ➡ $Q_2 = Q_1 - W$이므로 Q_1이 클수록 Q_2가 크다.	$e = 1 - \dfrac{Q_2}{Q_1}$에서 Q_2가 같으므로 열효율이 클수록 Q_1이 크다. ➡ $Q_2 = Q_1 - W$이므로 Q_1이 클수록 W가 크다.

예제

1 그림은 열효율이 **0.2**인 열기관이 고열원에서 Q_1의 열을 흡수하여 외부에 W의 일을 하고 저열원으로 **80 J**의 열을 방출하는 것을 나타낸 것이다. W와 Q_1을 구하시오.

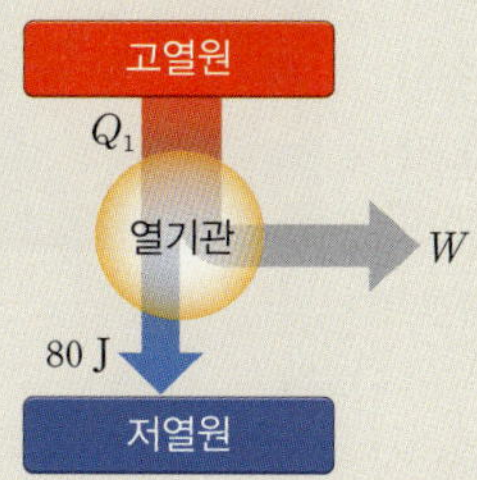

풀이 $e = 0.2 = \dfrac{W}{Q_1}$에서 $Q_1 = 5W$이다. 또 $Q_1 = W + Q_2$에서 $5W = W + 80\ J$이므로 $W = 20\ J$이고 $Q_1 = 100\ J$이다.

[다른 풀이] $e = 0.2 = 1 - \dfrac{Q_2}{Q_1}$에서 $Q_2 = 80\ J$이므로 $Q_1 = 100\ J$이다. $e = 0.2 = \dfrac{W}{Q_1}$에서 $W = 20\ J$이다.

답 $W = 20\ J$, $Q_1 = 100\ J$

2 그림은 두 열기관 A, B에 같은 열 Q를 공급했을 때 A, B가 한 일 W_A, W_B와 방출한 열 Q_A, Q_B를 나타낸 것이다. 이때 $W_A > W_B$이다.

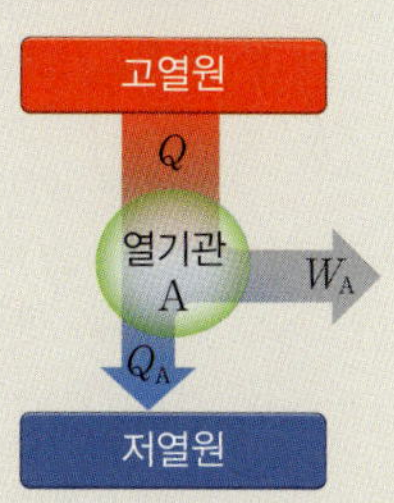

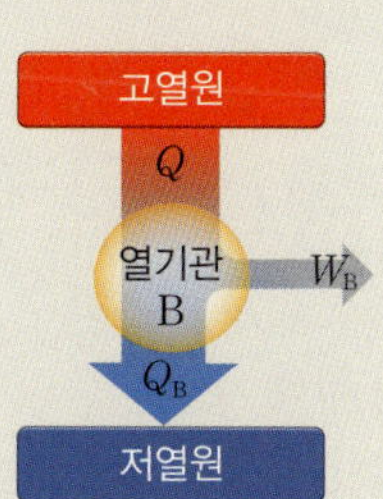

(1) A, B의 열효율을 비교하시오.

(2) Q_A, Q_B를 비교하시오.

(3) 같은 양의 일을 하기 위해 A, B에 공급해야 할 열을 비교하시오.

풀이 (1) 공급한 열이 같으므로 더 많은 일을 한 A가 B보다 열효율이 높다.

(2) $Q_1 = W + Q_2$에서 공급한 열이 같고, 한 일의 양은 A가 B보다 많으므로 방출한 열은 B가 A보다 크다. 따라서 $Q_A < Q_B$이다.

(3) W의 일을 하기 위해 A, B에 공급해야 하는 열을 각각 Q_1, Q_2라고 하면, $e_A > e_B$이므로 $\dfrac{W}{Q_1} > \dfrac{W}{Q_2}$이다. 따라서 $Q_1 < Q_2$이다. 즉, 열효율이 높을수록 같은 일을 하기 위해 필요한 열이 작다.

답 (1) A가 B보다 열효율이 높다.

(2) $Q_A < Q_B$

(3) A보다 B에 더 많은 열을 공급해야 한다.

열역학 법칙과 열기관

열역학은 열을 포함한 에너지와 일의 관계, 거시적인 물질의 상태를 다루는 분야이다. 열역학 제1법칙과 제2법칙은 열에너지를 이용하여 동력을 얻는 데 기본이 되는 법칙이다. 열역학 법칙과 열기관의 관계에 대하여 자세히 알아보자.

1 열역학 제1법칙은 무엇일까?

실린더 내부에 있는 기체에 열을 가하면 기체의 온도가 높아지며 부피가 팽창하여 피스톤을 밀어 올리는 일을 할 수 있다. 이처럼 기체에 열을 가하면 일부는 기체의 온도를 높이는, 즉 내부 에너지를 높이는 데 이용하고, 일부는 외부에 일을 하고, 나머지는 주위로 방출된다. 이는 열과 일을 포함한 에너지가 보존됨을 말해 준다. 기체가 흡수한 열(Q)은 가해 준 열(Q_1)과 방출한 열(Q_2)의 차이이므로 $Q=Q_1-Q_2$이다. 기체의 내부 에너지(U)의 변화량을 ΔU, 기체가 한 일을 W라고 하면

$$Q=Q_1-Q_2=\Delta U+W$$

이다. 이를 열역학 제1법칙이라고 하며, 넓은 의미의 에너지 보존 법칙이다.

기체의 내부 에너지

정지한 상태의 물질이라도 물질을 구성하는 분자들은 끊임없이 운동하거나 진동하므로 운동 에너지와 위치 에너지를 가진다. 이처럼 정지한 물질이 가지는 전체 에너지를 내부 에너지라고 한다. 내부 에너지를 분자들의 운동 에너지로만 볼 경우, 내부 에너지는 절대 온도에 비례한다.

2 열역학 제2법칙은 무엇일까?

뜨거운 음료가 든 컵을 책상 위에 두면 시간이 지날수록 음료의 온도가 내려간다. 이는 온도가 높은 음료에서 온도가 낮은 주변으로 열이 전달되기 때문이다. 그러나 아무리 시간이 지나도 주변의 열이 다시 음료로 흡수되어 음료가 스스로 뜨거워지지는 않는다. 이처럼 자연 현상은 방향성을 갖고 일어나며, 그 반대 방향으로는 저절로 일어나지 않는다. 열역학 제2법칙은 자연 현상의 방향성을 설명하는 법칙으로, 다음과 같이 여러 가지로 표현된다.

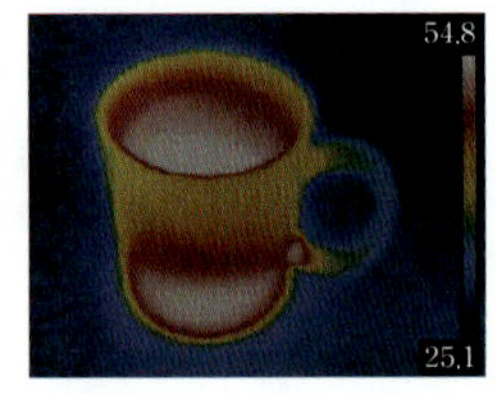

엔트로피

변환을 의미하는 그리스 단어인 엔트로피는 무질서한 정도를 의미한다.

❶ 외부와 단절된 계에서는 무질서도(엔트로피)가 증가하는 방향으로 변화가 일어나며, 그 반대로의 변화는 스스로 일어나지 않는다.

❷ 외부의 작용이 없다면 열은 고온의 물체에서 저온의 물체로 이동하며, 스스로 저온의 물체에서 고온의 물체로 이동하는 현상은 일어나지 않는다.

❸ 역학적 일은 모두 열로 바꿀 수 있지만, 열은 모두 일로 바꿀 수 없다.

3 열기관과 열역학 법칙은 어떤 관계가 있을까?

(1) **열역학 제1법칙과 열기관**: 열기관은 지속적으로 외부에서 열을 받아 일을 하는 기관이다. 열기관이 지속적으로 일을 하려면 한 번 일을 한 뒤 내부 작동 물질이 열을 흡수하기 전과 같은 상태로 돌아가야 한다. 작동 물질이 기체라면 온도와 부피, 압력이 열을 흡수하기 전 상태로 돌아가야 한다는 뜻이다. 한 번 일을 한 뒤 온도 변화(ΔT)가 없으면 내부 에너지 변화(ΔU)가 없다. 즉, $\Delta T=0$이면 $\Delta U=0$이므로 열역학 제1법칙에서 $Q_1-Q_2=W$가 된다.

(2) **열역학 제2법칙과 열기관**: 열기관이 열을 흡수하면 온도가 주위보다 높아져 저절로 주위로 열이 빠져나가므로 열기관이 저열원으로 방출하는 열이 0이 될 수 없고 항상 $Q_2>0$이다. 따라서 열기관의 열효율은 $e=\dfrac{W}{Q_1}=1-\dfrac{Q_2}{Q_1}$에서 항상 1보다 작다. 즉, 열기관의 열효율은 항상 $0<e<1$이다.

열효율이 최대인 열기관

카르노 기관은 열 출입 없이 팽창, 압축하는 과정과 온도가 일정하면서 팽창, 압축하는 과정 등 네 가지 과정을 거쳐 일을 하고 원래의 상태로 되돌아가는 기관으로, 이론상 열효율이 최대인 열기관이다. 카르노 기관의 열효율은 고열원 온도(T_1)와 저열원 온도(T_2)의 비에 따라 결정된다.

$$e=1-\frac{T_2}{T_1}$$

태양 전지의 원리와 활용

반도체로 만든 태양 전지는 빛에너지를 직접 전기 에너지로 전환하는 소자이다. 태양의 빛에너지는 거의 무한하므로 태양 전지를 이용한 태양광 발전은 지속가능한 발전을 위한 대표적인 신재생 에너지 중 하나이다. 태양 전지에서 전기 에너지가 생기는 원리에 대하여 자세히 알아보자.

1 태양 전지에 사용되는 반도체는 어떤 특징이 있을까?

(1) 태양 전지의 구조: 태양 전지는 보통 규소를 이용한 반도체로 만든다. 기본적으로 p형 반도체와 n형 반도체를 접합한 p-n 접합 구조로 이루어져 있으며, 전류를 흐르게 하기 위한 전극과 빛이 태양 전지 내부로 흡수가 잘 되도록 하기 위한 반사 방지막으로 구성된다.

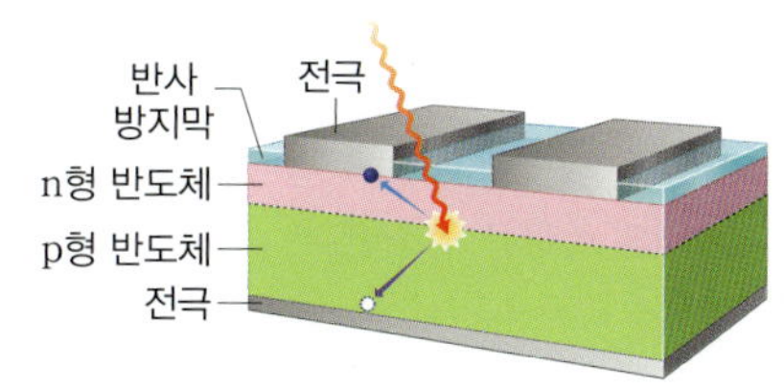

원자가 전자

원자는 여러 개의 전자껍질이 있고, 안쪽 전자껍질부터 일정한 수의 전자로 채워진다. 가장 바깥쪽 전자껍질에 존재하는 전자를 원자가 전자라고 하며, 화학 결합에 참여한다.

(2) p-n 접합 구조

① p형 반도체와 n형 반도체는 순수한 반도체에 불순물을 도핑한 불순물 반도체이다.

p형 반도체	n형 반도체
원자가 전자가 3개인 원소로 도핑한다.	원자가 전자가 5개인 원소로 도핑한다.
➡ 전자가 부족하여 공유 결합을 하지 못한 빈 자리인 양공이 이동하며 전류가 흐른다.	➡ 공유 결합에 참여하지 않고 남는 전자들이 이동하며 전류가 흐른다.

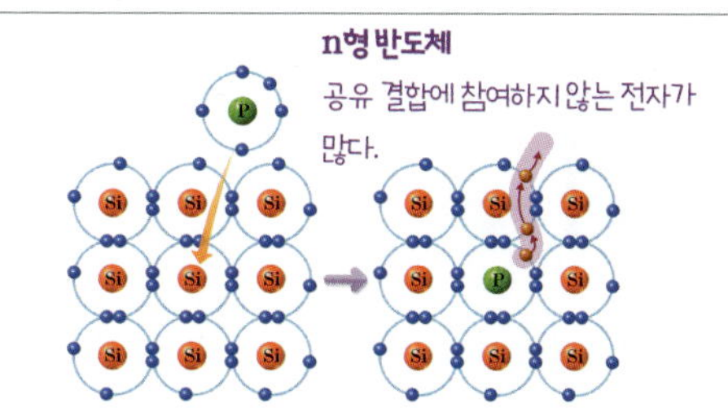

도핑

순수한 반도체 결정에 특정한 불순물을 약간 첨가하는 과정을 말한다. 도핑한 불순물 원자는 보통 $10^{13} \sim 10^{19}$ 개/cm^3 정도이다.

② p형 반도체와 n형 반도체를 접합하면 양공과 자유 전자가 일부 확산하여 서로 결합하면서 접합면 근처에 각각 전하를 띤 영역이 생긴다. 즉, 전자를 얻은 p형 반도체 쪽은 (−)전하를 띠고, 전자가 부족해진 n형 반도체 쪽은 (+)전하를 띤 상태가 된다.

p-n 접합면

n형 반도체와 p형 반도체를 접합했을 때 경계면을 p-n 접합면이라고 한다.

2 태양 전지가 빛에너지를 전기 에너지로 전환하는 원리는 무엇일까?

태양 전지가 빛에너지를 전기 에너지로 전환하는 데 핵심적인 역할을 하는 것은 p-n 접합 구조로, 태양 전지에 빛을 비추면 다음과 같은 과정을 통해 빛에너지를 전기 에너지로 전환한다.

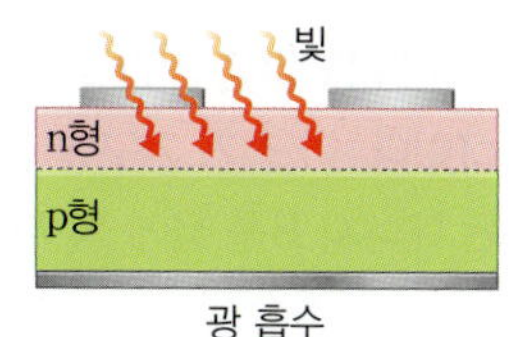

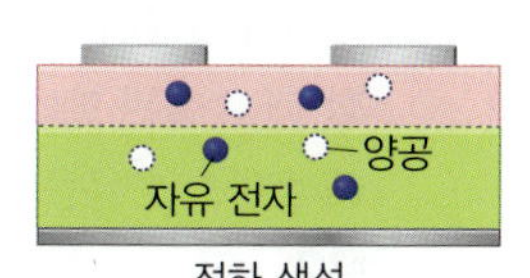

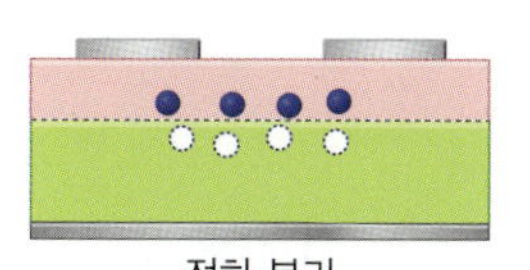

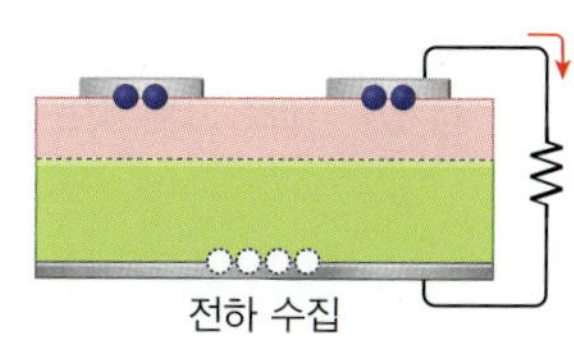

❶ 태양 빛이 p-n 접합면 근처에 도달한다.

❷ 일부 전자가 빛에 의해 에너지를 얻어 공유 결합에서 벗어나면서 자유 전자와 양공 쌍이 생성된다.

❸ 자유 전자와 양공이 p-n 접합면 근처에서 전기력을 받아 분리되어, 전자는 n형 반도체로, 양공은 p형 반도체로 각각 이동한다.

❹ 자유 전자와 양공은 각각의 전극에 쌓여 기전력이 발생한다. 이때 전극에 회로를 연결하면 n형 반도체의 전자가 외부 회로를 지나 p형 반도체로 이동하며 전류가 흐른다.

교과서 속 START 내신 완성 문제

01 에너지에 대한 설명으로 옳은 것만을 보기에서 있는 대로 고른 것은?

> 보기
> ㄱ. 에너지를 갖는 물체는 일을 할 수 있다.
> ㄴ. 한 형태에서 다른 형태로 전환될 수 있다.
> ㄷ. 전환되는 과정에서 에너지의 총량은 감소한다.

① ㄱ   ② ㄷ   ③ ㄱ, ㄴ
④ ㄱ, ㄷ   ⑤ ㄱ, ㄴ, ㄷ

02 (서술형) 그림은 스마트 기기를 사용할 때 일어나는 여러 가지 에너지 전환을 나타낸 것이다.

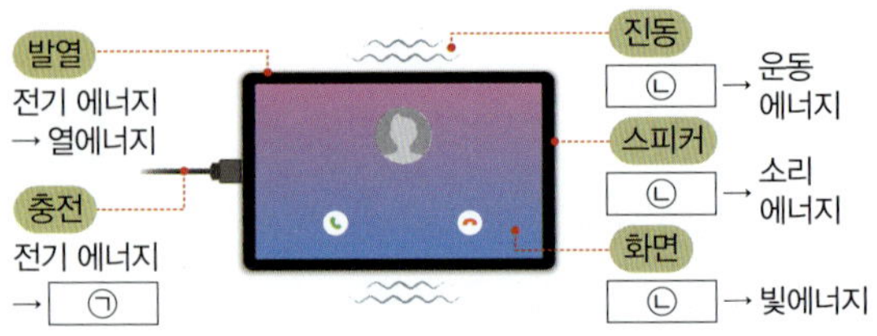

(1) ㉠, ㉡에 들어갈 알맞은 에너지의 종류를 쓰시오.

(2) 스마트 기기에서 전환된 모든 에너지의 총량과 스마트 기기에 공급한 전기 에너지의 양을 비교하시오.

03 그림은 여러 가지 에너지가 전환되는 것을 나타낸 것이다. 이에 대한 설명으로 옳은 것만을 보기에서 있는 대로 고른 것은?

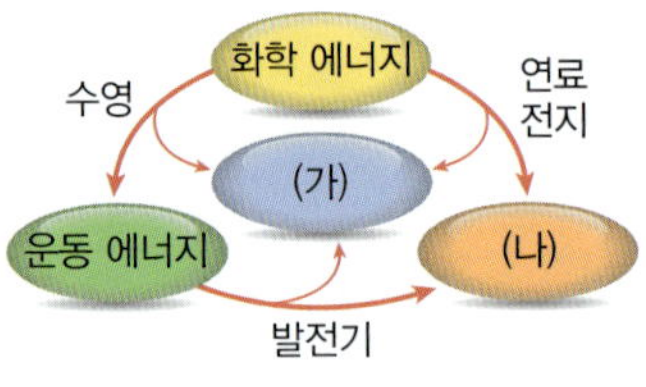

> 보기
> ㄱ. (가)는 열에너지이다.
> ㄴ. (나)는 전기 에너지이다.
> ㄷ. 전기 다리미는 (가)를 (나)로 전환한다.

① ㄱ   ② ㄴ   ③ ㄱ, ㄴ
④ ㄴ, ㄷ   ⑤ ㄱ, ㄴ, ㄷ

04 에너지 효율에 대한 설명으로 옳지 <u>않은</u> 것은?

① 경우에 따라 100 %보다 클 수 있다.
② 에너지 전환 과정에서 일부는 열에너지로 손실된다.
③ 공급한 에너지 중에서 유용하게 사용된 에너지의 비율이다.
④ 에너지 효율이 낮으면 같은 양의 에너지를 공급할 때 할 수 있는 일이 적다.
⑤ 같은 양의 일을 할 때 에너지 효율이 높을수록 더 작은 에너지가 필요하다.

05 (서술형) 그림은 어떤 자동차에서 화석 연료의 화학 에너지가 다른 종류의 에너지로 전환되는 것을 나타낸 것이다.

이 자동차의 에너지 효율을 풀이 과정과 함께 구하시오.

06 에너지 효율이 20 %인 전기 기구를 일정 시간 동안 사용할 때 손실된 에너지가 8 kJ이다. 이 전기 기구에 공급한 에너지 A와 유용하게 사용된 에너지 B를 옳게 짝 지은 것은?

	A	B		A	B
①	6.4 kJ	1.6 kJ	②	6 kJ	2 kJ
③	10 kJ	1.6 kJ	④	10 kJ	2 kJ
⑤	16 kJ	10 kJ			

07 그림은 같은 기능을 하는 전기 기구 A, B의 에너지 소비 효율 등급을 나타낸 것이다.

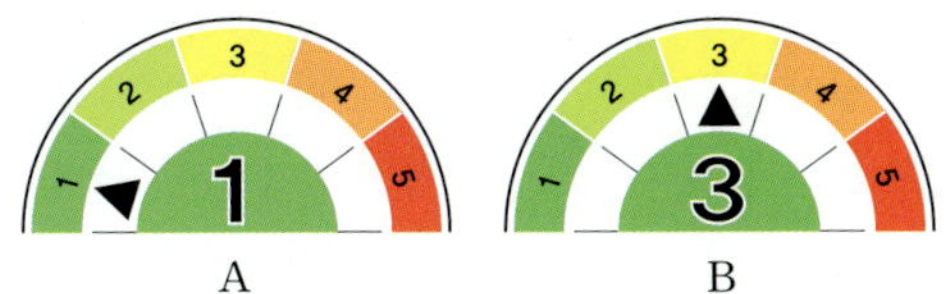

이에 대한 설명으로 옳은 것만을 보기에서 있는 대로 고른 것은?

> **보기**
> ㄱ. A는 공급한 에너지를 모두 유용하게 사용한다.
> ㄴ. 같은 에너지를 공급했을 때 한 일의 양은 A가 B 보다 많다.
> ㄷ. 같은 양의 일을 하려면 A보다 B에 더 큰 에너지 를 공급해야 한다.

① ㄱ   ② ㄴ   ③ ㄷ
④ ㄴ, ㄷ   ⑤ ㄱ, ㄴ, ㄷ

08 그림 (가)는 하이브리드 자동차가 오르막길과 내리막길을 주행할 때 전지와 엔진, 전동기를 조합하여 사용하는 것을 나타낸 것이다. 그림 (나)는 (가)에서 일어나는 에너지 전환 을 나타낸 것이다.

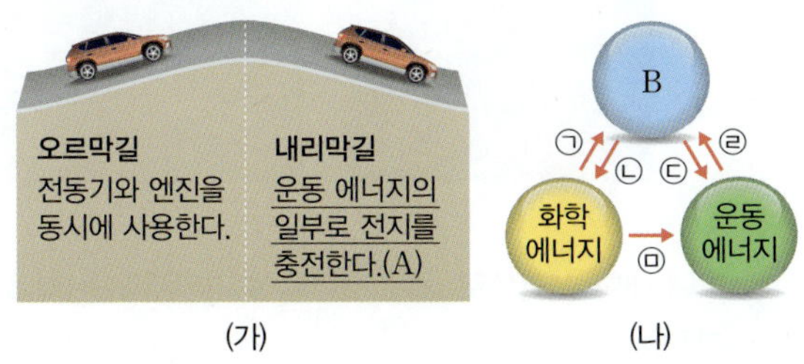

이에 대한 설명으로 옳은 것만을 보기에서 있는 대로 고른 것은?

> **보기**
> ㄱ. B는 전기 에너지이다.
> ㄴ. A에서 일어나는 에너지 전환 과정은 ㄹ → ㄴ이다.
> ㄷ. ㅁ은 엔진에서 일어나는 에너지 전환이다.

① ㄱ   ② ㄴ   ③ ㄱ, ㄷ
④ ㄴ, ㄷ   ⑤ ㄱ, ㄴ, ㄷ

09 다음은 학생이 전기 에너지를 효율적으로 이용하기 위한 방법을 조사한 내용이다.

> ○ 형광등보다 에너지 효율이 높은 [(가)] 전등을 사용한다.
> ○ 에너지 소비 효율 등급이 높은 가전 제품을 구입한다.
> ○ [(나)]

이에 대한 설명으로 옳은 것만을 보기에서 있는 대로 고른 것은?

> **보기**
> ㄱ. (가)는 발광 다이오드이다.
> ㄴ. 1등급보다 5등급 제품을 구입하여 사용한다.
> ㄷ. '냉방기를 작동할 때는 창문을 열어 환기가 잘 되 도록 한다.'는 (나)에 해당한다.

① ㄱ   ② ㄴ   ③ ㄷ
④ ㄱ, ㄴ   ⑤ ㄱ, ㄷ

10 조력 발전과 지열 발전의 공통점으로 옳은 것만을 보기에 서 있는 대로 고른 것은?

> **보기**
> ㄱ. 신재생 에너지를 사용한다.
> ㄴ. 전자기 유도를 이용하여 발전한다.
> ㄷ. 에너지의 근원은 태양 에너지이다.
> ㄹ. 물의 위치 에너지를 전기 에너지로 전환한다.

① ㄱ   ② ㄷ   ③ ㄱ, ㄴ
④ ㄷ, ㄹ   ⑤ ㄱ, ㄴ, ㄹ

11 신재생 에너지를 이용한 발전 방식의 특징으로 옳지 <u>않은</u> 것은?

① 자원 고갈의 염려가 작다.
② 모두 전자기 유도를 이용해 전기 에너지를 생산한다.
③ 발전 과정에서 환경 오염 문제가 발생할 우려가 작다.
④ 화력 발전이나 핵발전에 비해 안정적인 전력 공급이 어렵다.
⑤ 재생 가능한 에너지를 주로 사용하므로 지속가능한 발전을 할 수 있다.

12 그림은 풍력 발전 A와 태양광 발전 B에서 얻은 전기 에너지로 빛을 방출하는 가로등 C를 나타낸 것이다.

이에 대한 설명으로 옳은 것만을 보기에서 있는 대로 고른 것은?

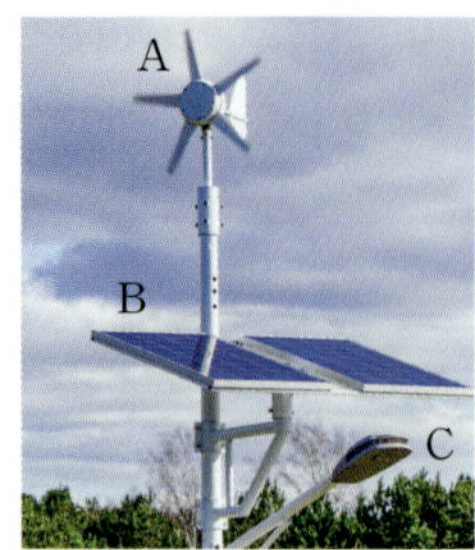

> 보기
>
> ㄱ. A, B 모두 전자기 유도를 이용한다.
> ㄴ. C는 전기 에너지를 빛에너지로 전환한다.
> ㄷ. A, B가 생산한 전기 에너지와 C가 방출한 빛에너지의 양은 같다.

① ㄱ　　　　② ㄴ　　　　③ ㄱ, ㄷ
④ ㄴ, ㄷ　　　⑤ ㄱ, ㄴ, ㄷ

13 표는 발전 방식 A, B, C의 특징을 나타낸 것이다.

특징	A	B	C
전자기 유도를 이용한다.	예	예	아니오
발전량이 날씨에 따라 변한다.	아니오	예	예

A~C에 해당하는 발전 방식을 옳게 짝 지은 것은?

	A	B	C
①	핵발전	조력 발전	풍력 발전
②	수력 발전	연료 전지	태양광 발전
③	풍력 발전	화력 발전	파력 발전
④	태양광 발전	핵발전	연료 전지
⑤	화력 발전	풍력 발전	태양광 발전

14 에너지 제로 하우스에 대한 설명으로 적절하지 <u>않은</u> 것은?

① 태양열이나 지열을 난방에 활용한다.
② 화석 연료 없이 에너지를 얻는 친환경 주택이다.
③ 많은 에너지를 사용해 편리하고 풍족한 삶을 누린다.
④ 고성능 단열재와 이중창을 이용해 에너지 손실을 줄인다.
⑤ 태양광 발전이나 풍력 발전 등을 이용해 전기 에너지를 얻는다.

15 다음은 풍력 발전에 대한 신문 기사의 일부이다.

> 주택 지붕에 지름 1 m 정도의 가정용 소형 풍력 발전기를 설치하면 연간 약 100 kWh의 전기 에너지를 생산할 수 있다. 풍력 발전기에서 생산한 전기 에너지를 (㉠) 에너지로 전환하여 전지에 저장하여 사용할 수 있다. 소형 풍력 발전기는 지붕뿐만 아니라 정원, 차고 등에도 설치할 수 있다.

이에 대한 설명으로 옳은 것만을 보기에서 있는 대로 고른 것은?

> 보기
>
> ㄱ. ㉠에 알맞은 용어는 화학이다.
> ㄴ. 풍력 발전의 발전량은 날씨와 관계없이 일정하다.
> ㄷ. 풍력 발전 과정에서 이산화 탄소가 거의 발생하지 않는다.

① ㄱ　　　　② ㄴ　　　　③ ㄱ, ㄴ
④ ㄱ, ㄷ　　　⑤ ㄴ, ㄷ

16 그림 (가)는 수상 태양광 발전의 모습을, (나)는 조력 발전소의 모습을 나타낸 것이다.

(가)　　　　　(나)

이에 대한 설명으로 옳은 것만을 보기에서 있는 대로 고른 것은?

> 보기
>
> ㄱ. (가)에서는 빛에너지가 전기 에너지로 전환된다.
> ㄴ. (나)에서는 물의 위치 에너지가 전기 에너지로 전환된다.
> ㄷ. (가)와 (나)는 발전 과정에서 온실 기체를 거의 배출하지 않는다.

① ㄱ　　　　② ㄷ　　　　③ ㄱ, ㄴ
④ ㄴ, ㄷ　　　⑤ ㄱ, ㄴ, ㄷ

 JUMP 도전 문제

01 그림은 반도체 소자를 이용한 기기 A가 붙어 있는 가방에서 햇빛을 이용해 보조 배터리를 충전하는 모습을 나타낸 것이다. 이에 대한 설명으로 옳은 것만을 보기에서 있는 대로 고른 것은?

보기
ㄱ. A는 열에너지를 전기 에너지로 전환한다.
ㄴ. 충전하는 동안 보조 배터리에서는 전기 에너지가 화학 에너지로 전환된다.
ㄷ. A에 도달한 태양 에너지의 양은 보조 배터리에 충전된 전기 에너지의 양과 같다.

① ㄴ   ② ㄷ   ③ ㄱ, ㄷ
④ ㄴ, ㄷ   ⑤ ㄱ, ㄴ, ㄷ

02 표는 열기관 A, B에 공급한 열, 외부에 한 일, 외부로 방출한 열을 나타낸 것이다.

열기관	A	B
공급한 열(kJ)	500	500
외부에 한 일(kJ)	㉠	200
외부로 방출한 열(kJ)	350	?

이에 대한 설명으로 옳은 것만을 보기에서 있는 대로 고른 것은?

보기
ㄱ. ㉠은 150이다.
ㄴ. 열효율은 B가 A보다 높다.
ㄷ. 같은 양의 일을 하기 위해서 공급해야 하는 열은 A가 B의 1.5배이다.

① ㄱ   ② ㄷ   ③ ㄱ, ㄴ
④ ㄴ, ㄷ   ⑤ ㄱ, ㄴ, ㄷ

03 (서술형) 그림은 여러 가지 발전 방식을 기준 A, B에 따라 분류한 벤 다이어그램이다. A, B는 다음과 같다.

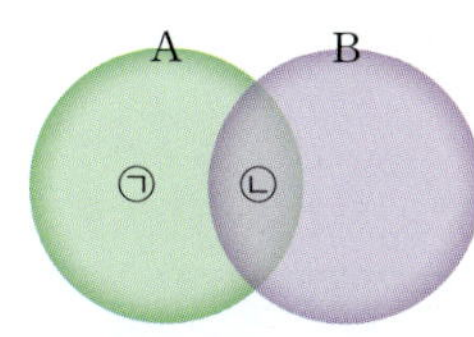

• 기준 A: 자원 고갈 우려가 없고, 발전 과정에서 이산화 탄소를 배출하지 않는다.
• 기준 B: 전자기 유도를 이용한다.

㉠과 ㉡에 해당하는 발전 방식을 각각 하나씩만 쓰시오.

04 다음은 가상 발전소에 대한 설명이다.

가상 발전소는 태양광, 풍력, 에너지 저장 장치 등 곳곳에 분산된 다양한 에너지원을 하나로 통합 관리하여 마치 하나의 거대한 발전소처럼 운영하는 기술이다. 가상 발전소는 ㉠ (   ) 신재생 에너지의 단점을 보완하기 위한 기술 중 하나로, 신재생 에너지 확대를 위한 대책 중 하나로 주목받고 있다.

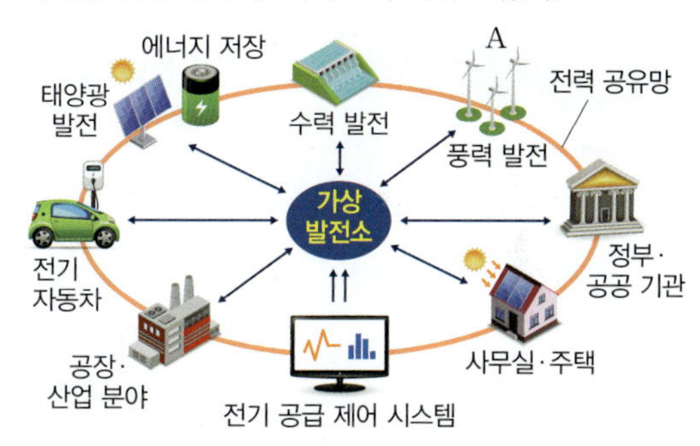

이에 대한 설명으로 옳은 것만을 보기에서 있는 대로 고른 것은?

보기
ㄱ. '날씨에 따라 전력 공급이 불안정한'은 ㉠으로 적절하다.
ㄴ. A는 날씨에 영향을 받지 않고 일정한 전력을 생산한다.
ㄷ. 경우에 따라 전력 소비자가 전력 생산자가 될 수 있다.

① ㄱ   ② ㄴ   ③ ㄱ, ㄷ
④ ㄴ, ㄷ   ⑤ ㄱ, ㄴ, ㄷ

중단원 핵/심/정/리

01 태양 에너지의 생성과 전환

1. 태양 에너지의 생성

(1) 태양의 주요 구성 성분: (**1**), 헬륨 등

(2) 태양의 수소 핵융합 반응: 태양 중심부에서 4개의 수소 원자핵이 융합하여 (**2**) 원자핵 1개가 만들어지는 핵융합 반응이 일어나며, 이때 발생한 (**3**)에 의해 에너지가 방출된다.

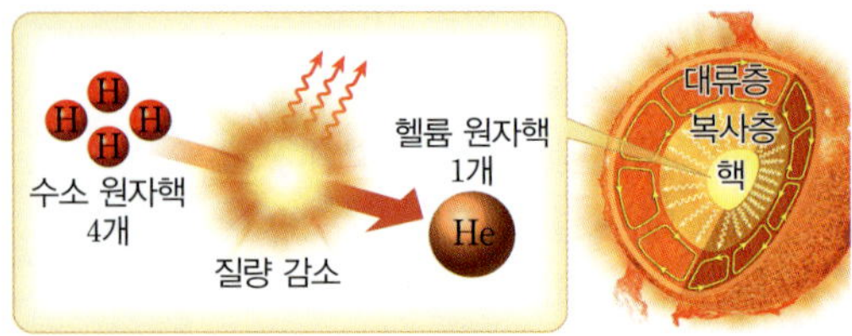

2. 태양 에너지의 전환과 흐름
지구에 도달한 태양 에너지는 다양한 형태의 에너지로 전환되며 에너지 흐름과 물질 순환을 일으키고, 생명체가 살아갈 수 있게 하는 주된 에너지원이 된다.

물의 순환과 태양 에너지의 전환	탄소의 순환과 태양 에너지의 전환
지표나 바다의 물이 태양의 (**4**)을/를 흡수하고 증발하여 구름이 된다. ➡ 구름에서 만들어진 비, 눈은 지표로 내려와 강의 상류, 댐에 저장되며 (**5**) 에너지로 전환된다. ➡ 강, 댐의 물로 수력 발전을 하며 (**6**) 에너지로 전환되고, 물은 다시 바다로 간다.	태양의 (**7**)은/는 광합성에 의해 (**8**) 에너지로 식물에 저장된다. ➡ 동식물의 유해가 땅속에 묻혀 화석 연료가 된다. ➡ 화석 연료의 (**9**) 에너지는 자동차나 공장에서 연소하여 열에너지와 (**10**) 에너지 등으로 전환된다.

02 발전

1. 전자기 유도
자석과 코일의 상대적 운동으로 코일에 (**11**) 이/가 흐르는 현상이다. ➡ [운동 에너지] → [전기 에너지]

(1) 유도 전류의 세기: 코일의 감은 수가 많을수록, 자석의 세기가 셀수록, 자석을 빠르게 움직일수록 코일에 더 (**12**) 유도 전류가 흐른다.

(2) 유도 전류의 방향: 코일에 유도되는 전류는 자기장의 변화를 방해하는 방향으로 흐른다.

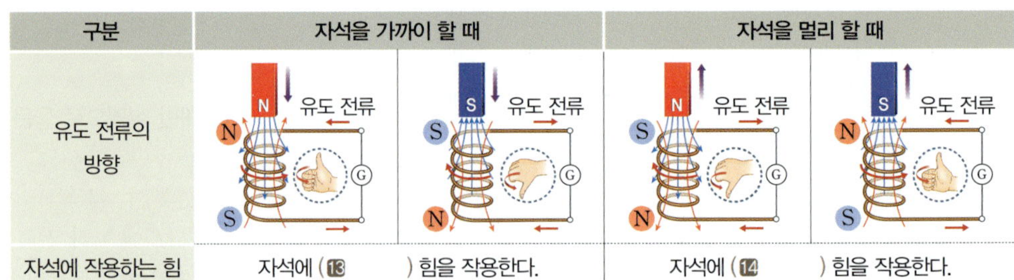

구분	자석을 가까이 할 때		자석을 멀리 할 때	
유도 전류의 방향	N / S (유도 전류)	S / N (유도 전류)	S / N (유도 전류)	N / S (유도 전류)
자석에 작용하는 힘	자석에 (**13**) 힘을 작용한다.		자석에 (**14**) 힘을 작용한다.	

2. 발전기의 원리

(1) (**15**): 전자기 유도를 이용해 자석이나 코일을 회전시켜 전기 에너지를 얻는 장치이다.

(2) 발전소의 발전기 구조: 자석 또는 코일을 회전시키기 위해 (**16**)이/가 발전기에 연결되어 있다.

(3) 에너지원별 발전 방식: 터빈을 회전시키는 에너지원에 따라 화력 발전, 핵발전, 수력 발전 등으로 구분할 수 있다.

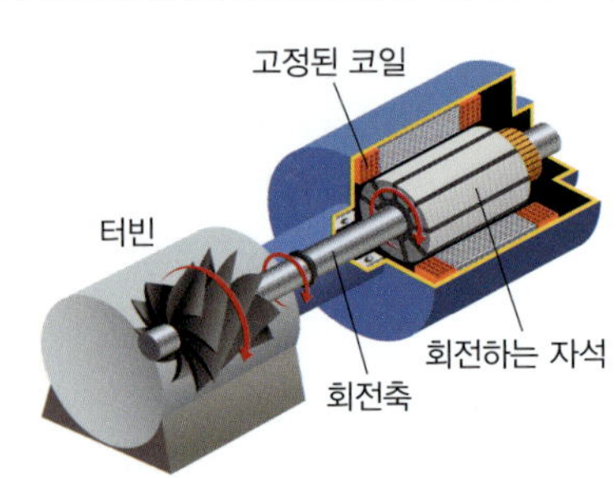

3. 화력 발전과 핵발전

(1) 화력 발전과 핵발전의 발전 과정과 에너지 전환

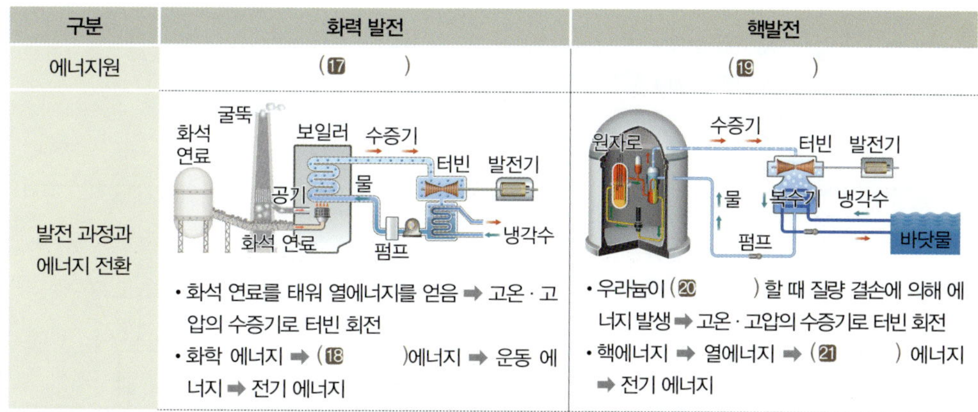

구분	화력 발전	핵발전
에너지원	(⑰)	(⑲)
발전 과정과 에너지 전환	• 화석 연료를 태워 열에너지를 얻음 ➡ 고온·고압의 수증기로 터빈 회전 • 화학 에너지 ➡ (⑱)에너지 ➡ 운동 에너지 ➡ 전기 에너지	• 우라늄이 (⑳) 할 때 질량 결손에 의해 에너지 발생 ➡ 고온·고압의 수증기로 터빈 회전 • 핵에너지 ➡ 열에너지 ➡ (㉑) 에너지 ➡ 전기 에너지

(2) 화력 발전과 핵발전이 우리 생활에 미치는 영향

① 긍정적 영향: 대량의 전기 에너지를 공급하면서 편리한 전기 문명 발달이 가능해졌다.

② 부정적 영향: 환경 오염, 기후 변화에 따른 생태계 파괴 위험이 증가하였고, 화석 연료와 핵연료 매장량이 한정되어 있어 언젠가는 고갈될 수 있다. ➡ 지속가능한 에너지원 개발을 위해 노력해야 한다.

○3 에너지 효율과 신재생 에너지

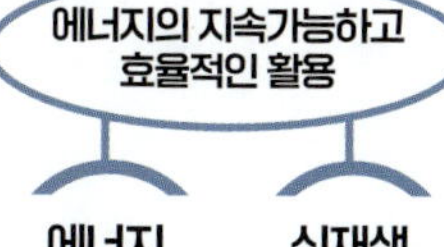

1. **에너지 전환과 보존:** 에너지가 전환될 때 전환 전후 에너지의 총량은 (㉒   )되지만 전환 과정에서 일부는 사용할 수 없는 (㉓   )(으)로 전환되어 주위로 흩어진다.
   ➡ 에너지 전환 과정이 반복될수록 사용할 수 있는 에너지의 양이 점점 감소한다.

2. **에너지 효율:** 공급한 에너지 중에서 유용하게 사용된 에너지의 비율으로, 항상 100 %보다 (㉔   ).

$$\text{에너지 효율(\%)} = \frac{\text{유용하게 사용된 에너지}}{\text{공급한 에너지}} \times 100$$

   • 에너지 효율을 높이려는 노력: 자동차의 회생 제동, 열병합 발전, 에너지 효율 관리 제도, 고효율 전기 기구 등

3. **신재생 에너지**

(1) (㉕   )을/를 이용한 발전

태양광 발전	(㉖) 발전	수력 발전
태양 전지를 이용해 태양의 빛에너지를 전기 에너지로 직접 전환한다.	바람의 운동 에너지를 이용하여 전기 에너지를 생산한다.	높은 곳에 있는 물의 위치 에너지를 이용하여 전기 에너지를 생산한다.
(㉗) 발전	파력 발전	(㉘)
밀물과 썰물에 의해 나타나는 해수면의 높이차를 이용하여 전기 에너지를 생산한다.	파도의 운동 에너지를 이용하여 전기 에너지를 생산한다.	화학 반응을 이용하여 전기 에너지를 생산한다.

(2) 신재생 에너지를 이용한 발전의 장단점

장점	단점
• 자원이 고갈될 염려가 없다. • 발전 과정에서 온실 기체의 배출이 거의 없다.	자연 조건에 따라 발전량의 변동이 커서 안정적인 전력 공급이 어렵다.

전자기 유도

출제 point에 따라 대표 자료를 분석하고, 문제에 대입하여 풀어보자.

출제 Point

Point ❶ 코일에 유도 전류가 흐르는 경우를 구별할 수 있다. ★☆☆
Point ❷ 코일에 흐르는 유도 전류의 방향을 찾을 수 있다. ★★★
Point ❸ 코일에 흐르는 유도 전류의 세기를 비교할 수 있다. ★★★

대표 자료

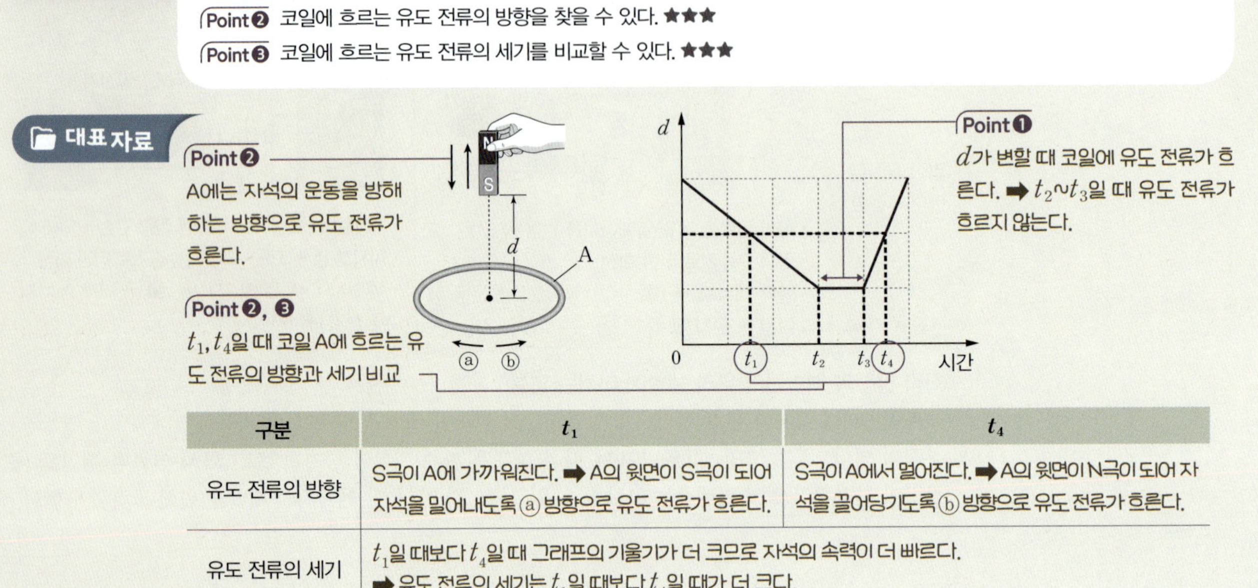

Point ❷
A에는 자석의 운동을 방해하는 방향으로 유도 전류가 흐른다.

Point ❷, ❸
t_1, t_4일 때 코일 A에 흐르는 유도 전류의 방향과 세기 비교

Point ❶
d가 변할 때 코일에 유도 전류가 흐른다. ➡ $t_2 \sim t_3$일 때 유도 전류가 흐르지 않는다.

구분	t_1	t_4
유도 전류의 방향	S극이 A에 가까워진다. ➡ A의 윗면이 S극이 되어 자석을 밀어내도록 ⓐ 방향으로 유도 전류가 흐른다.	S극이 A에서 멀어진다. ➡ A의 윗면이 N극이 되어 자석을 끌어당기도록 ⓑ 방향으로 유도 전류가 흐른다.
유도 전류의 세기	t_1일 때보다 t_4일 때 그래프의 기울기가 더 크므로 자석의 속력이 더 빠르다. ➡ 유도 전류의 세기는 t_1일 때보다 t_4일 때가 더 크다.	

정답과 해설 82쪽

01 그림 (가)는 코일의 중심축을 따라 자석이 움직이는 모습이다. 그림 (나)는 코일 위의 점 p를 포함한 코일의 단면을 통과하는 자기장 B를 시간에 따라 나타낸 것이다.

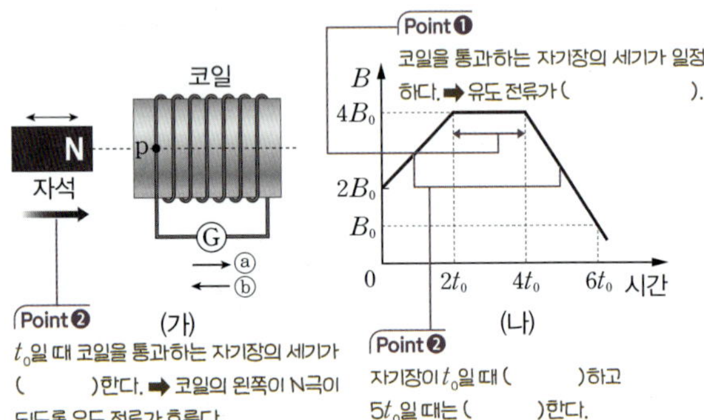

Point ❶
코일을 통과하는 자기장의 세기가 일정하다.➡ 유도 전류가 (   ).

Point ❷
t_0일 때 코일을 통과하는 자기장의 세기가 (   )한다. ➡ 코일의 왼쪽이 N극이 되도록 유도 전류가 흐른다.

Point ❷
자기장이 t_0일 때 (   )하고 $5t_0$일 때는 (   )한다.

p에 흐르는 유도 전류에 대한 설명으로 옳은 것만을 보기에서 있는 대로 고른 것은?

보기
ㄱ. 유도 전류의 세기는 $3t_0$일 때가 가장 세다.
ㄴ. t_0일 때 ⓐ 방향으로 유도 전류가 흐른다.
ㄷ. 유도 전류의 방향은 t_0일 때와 $5t_0$일 때 반대이다.

① ㄱ　　② ㄴ　　③ ㄷ　　④ ㄱ, ㄴ　　⑤ ㄴ, ㄷ

02 그림과 같이 N극이 아래로 향한 자석이 금속 고리의 중심축을 따라 떨어지며 점 p, q를 지난다. p, q에서 고리의 중심까지 거리는 서로 같다. 고리에 흐르는 유도 전류의 세기는 자석이 p를 지날 때가 q를 지날 때보다 작다.

Point ❸
유도 전류의 세기가 더 작은 것으로 자석의 속력이 더 (   )는 것을 알 수 있다.

Point ❷
자석이 p를 통과할 때는 고리의 위쪽이 (   )극이 되고, q를 통과할 때는 고리의 아래쪽이 (   )극이 되도록 금속 고리에 유도 전류가 흐른다.

이에 대한 설명으로 옳은 것만을 보기에서 있는 대로 고른 것은? (단, 자석의 크기는 무시한다.)

보기
ㄱ. 자석이 q를 지날 때 고리에는 ⓐ 방향으로 유도 전류가 흐른다.
ㄴ. p, q에서 자석의 속력은 같다.
ㄷ. p, q에서 자석이 받는 자기력의 방향은 같다.

① ㄱ　　② ㄴ　　③ ㄱ, ㄷ
④ ㄴ, ㄷ　　⑤ ㄱ, ㄴ, ㄷ

수능 WALK 실전 대비 문제

수능 실전 2점

빈출

01 그림은 태양 중심부에서 일어나는 어떤 반응을 모식적으로 나타낸 것이다. 수소 원자핵(H) 1개의 질량은 m이다.

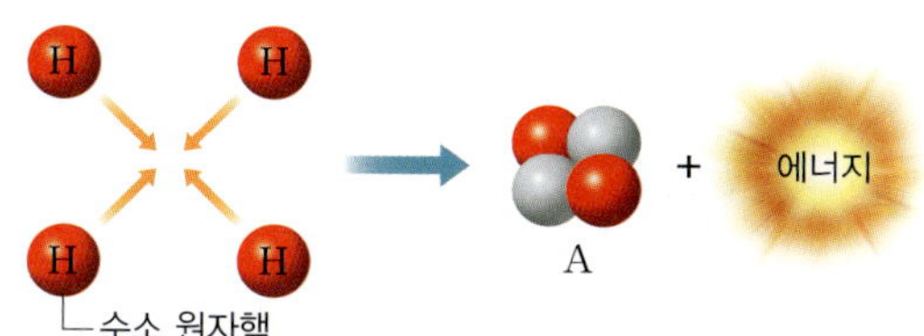

이에 대한 설명으로 옳은 것만을 보기에서 있는 대로 고른 것은?

보기
ㄱ. A는 4개의 양성자로 이루어져 있다.
ㄴ. A의 질량은 $4m$보다 작다.
ㄷ. 이 반응은 초고온 상태에서 일어난다.

① ㄱ   ② ㄷ   ③ ㄱ, ㄴ
④ ㄴ, ㄷ   ⑤ ㄱ, ㄴ, ㄷ

02 다음은 지구에 도달하는 태양 에너지에 대한 설명이다.

- 태양 에너지는 수소의 ㉠ (   ) 반응이 일어날 때 질량이 줄어들면서 발생한다.
- ㉡ (   ) 과정에서 태양의 빛에너지가 화학 에너지로 전환되어 식물에 저장된다.
- ㉢ (   )은/는 지구에 도달한 태양 에너지에 의해 발생한다.

㉠~㉢에 들어갈 말로 가장 적절한 것은?

	㉠	㉡	㉢
①	핵분열	호흡	기상 현상
②	핵분열	광합성	지진
③	핵융합	호흡	기상 현상
④	핵융합	광합성	기상 현상
⑤	핵융합	광합성	지진

03 그림은 태양 에너지가 여러 과정에서 다양한 형태의 에너지로 전환되는 것을 나타낸 것이다.

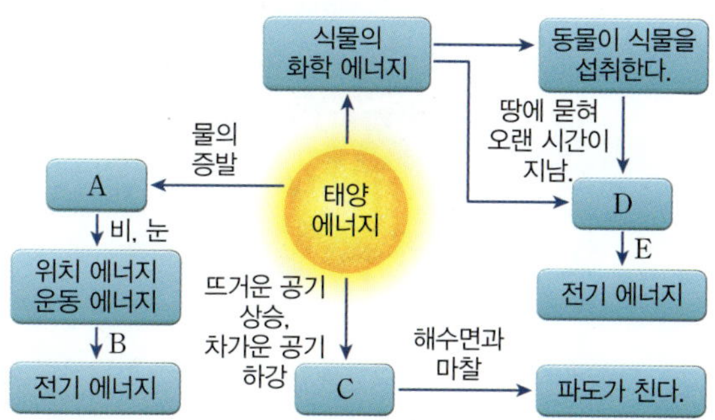

이에 대한 설명으로 옳은 것만을 보기에서 있는 대로 고른 것은?

보기
ㄱ. A는 태양의 열에너지가 전환된 에너지이다.
ㄴ. 지열 발전은 B로 적절하다.
ㄷ. 풍력 발전은 C를 이용한다.
ㄹ. 핵발전은 E로 적절하다.

① ㄱ, ㄴ   ② ㄱ, ㄷ   ③ ㄱ, ㄹ
④ ㄴ, ㄷ   ⑤ ㄷ, ㄹ

빈출

04 그림은 자석 A 또는 B의 N극을 아래로 하여 코일의 중심축을 따라 일정한 속력 v로 움직이는 모습을 나타낸 것이다. 표는 자석이 점 P를 지날 때 유도 전류의 세기와 방향을 측정한 결과를 나타낸 것이다.

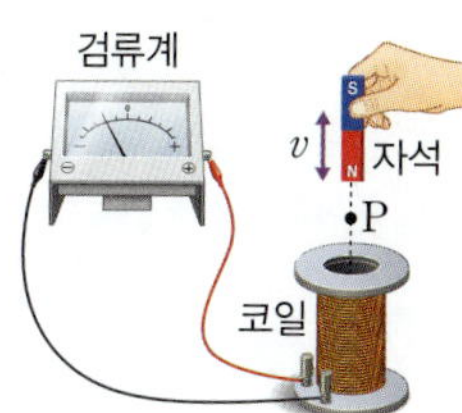

자석	A	B	B
운동 방향	아래	아래	위
전류 세기	I	$2I$	㉠
전류 방향	㉡	㉢	?

이에 대한 설명으로 옳은 것만을 보기에서 있는 대로 고른 것은? (단, 자석의 크기는 무시한다.)

보기
ㄱ. ㉠은 $2I$이다.
ㄴ. ㉡과 ㉢은 같다.
ㄷ. 자석의 세기는 A가 B보다 세다.

① ㄴ   ② ㄷ   ③ ㄱ, ㄴ
④ ㄱ, ㄷ   ⑤ ㄱ, ㄴ, ㄷ

05 그림은 자석이 회전할 때 코일에 유도 전류가 흐르는 간이 발전기를 나타낸 것이다.

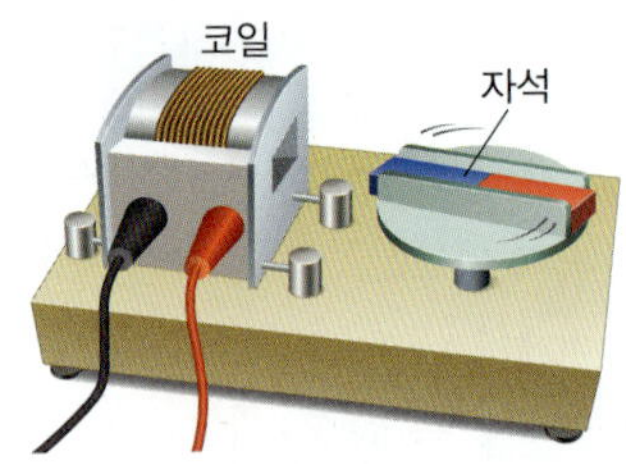

코일에 흐르는 유도 전류를 더 세게 하는 방법으로 옳은 것만을 보기에서 있는 대로 고른 것은?

> 보기
> ㄱ. 더 센 자석을 이용한다.
> ㄴ. 자석을 더 빠르게 회전시킨다.
> ㄷ. 자석의 회전 방향을 반대로 한다.

① ㄱ   ② ㄴ   ③ ㄷ
④ ㄱ, ㄴ   ⑤ ㄱ, ㄴ, ㄷ

06 그림은 핵발전 과정을 나타낸 것이다.

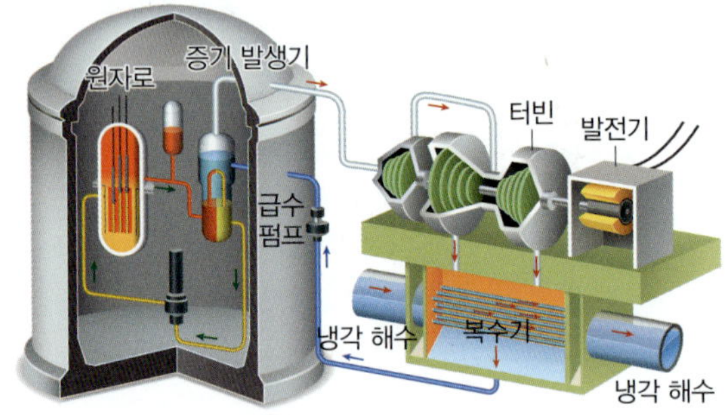

이에 대한 설명으로 옳은 것은?

① 핵반응 과정에서 질량이 보존된다.
② 지리적인 제약 없이 건설할 수 있다.
③ 우라늄 핵융합 반응을 이용해 열에너지를 얻는다.
④ 방사성 폐기물은 안전하므로 별도의 처리 과정이 필요 없다.
⑤ 터빈의 운동 에너지가 발전기에서 전기 에너지로 전환된다.

07 그림은 고열원에서 열 Q_1을 흡수하여 외부에 W의 일을 하는 열기관의 에너지 흐름을 나타낸 것이다. 표는 열기관 A, B의 Q_1과 W를 나타낸 것이다. A, B가 외부로 방출하는 열은 같다.

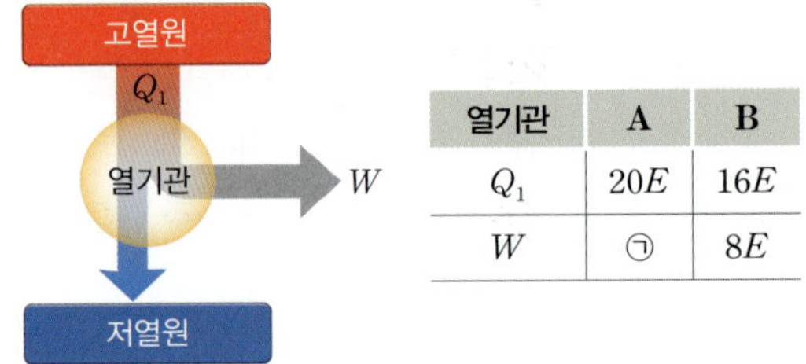

열기관	A	B
Q_1	$20E$	$16E$
W	㉠	$8E$

이에 대한 설명으로 옳은 것만을 보기에서 있는 대로 고른 것은?

> 보기
> ㄱ. 열효율은 A가 B보다 높다.
> ㄴ. ㉠은 $10E$이다.
> ㄷ. 같은 양의 열을 공급했을 때 B가 A보다 더 많은 일을 한다.

① ㄱ   ② ㄴ   ③ ㄱ, ㄴ
④ ㄱ, ㄷ   ⑤ ㄱ, ㄴ, ㄷ

08 그림 (가), (나)는 각각 수력 발전과 태양광 발전의 모습을 나타낸 것이다.

(가)   (나)

이에 대한 설명으로 옳은 것만을 보기에서 있는 대로 고른 것은?

> 보기
> ㄱ. (가)는 물의 위치 에너지를 전기 에너지로 전환한다.
> ㄴ. (나)의 발전량은 날씨와 관계없이 일정하다.
> ㄷ. (가), (나) 모두 건설 비용과 시간이 적게 들고 장소의 제약이 작다.

① ㄱ   ② ㄴ   ③ ㄱ, ㄷ
④ ㄴ, ㄷ   ⑤ ㄱ, ㄴ, ㄷ

09 그림은 조력 발전, 지열 발전, 화력 발전을 분류한 것이다.

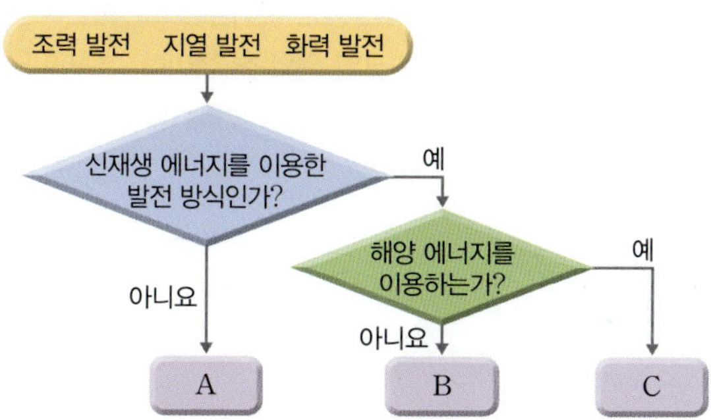

이에 대한 설명으로 옳은 것만을 보기에서 있는 대로 고른 것은?

보기
ㄱ. A에서는 운동 에너지를 전기 에너지로 전환한다.
ㄴ. B에서 얻는 에너지의 근원은 태양 에너지가 아니다.
ㄷ. C는 우리나라에서 이용하기 어려운 발전 방식이다.

① ㄱ ② ㄷ ③ ㄱ, ㄴ
④ ㄴ, ㄷ ⑤ ㄱ, ㄴ, ㄷ

10 그림은 ㉠에서 생산된 전기 에너지를 전기 자동차에 충전하는 모습이다.
이에 대한 설명으로 옳은 것만을 보기에서 있는 대로 고른 것은?

보기
ㄱ. ㉠은 전자기 유도를 이용하여 전기 에너지를 얻는다.
ㄴ. ㉠의 발전 과정에서 이산화 탄소가 발생하지 않는다.
ㄷ. 전기 자동차의 전동기는 전기 에너지를 모두 운동 에너지로 전환한다.

① ㄴ ② ㄷ ③ ㄱ, ㄴ
④ ㄱ, ㄷ ⑤ ㄱ, ㄴ, ㄷ

11 다음은 중수소($_1^2$H)와 삼중수소($_1^3$H)를 이용한 핵반응이다.

(가) $_1^2$H + $_1^3$H → $_2^4$He + $_0^1$n + 17.6 MeV
(나) $_1^2$H + $_1^2$H → $_2^3$He + $_0^1$n + 3.27 MeV

이에 대한 설명으로 옳은 것만을 보기에서 있는 대로 고른 것은? (단, $_2^3$He는 헬륨 3, $_2^4$He는 헬륨 4, $_0^1$n은 중성자이다.)

보기
ㄱ. (가), (나) 모두 핵융합 반응이다.
ㄴ. 질량 결손은 (나)가 (가)보다 크다.
ㄷ. $_1^3$H와 $_1^2$H의 질량 차이는 $_2^4$He와 $_2^3$He의 질량 차이보다 작다.

① ㄱ ② ㄷ ③ ㄱ, ㄴ
④ ㄱ, ㄷ ⑤ ㄱ, ㄴ, ㄷ

12 다음은 에너지 전환에 대해 학생 A, B가 나눈 대화이다.

A: 동물은 생명 활동에 필요한 에너지를 어떻게 얻을까?
B: 주로 먹이에 저장된 화학 에너지에서 얻지.
A: 먹이의 화학 에너지는 어떻게 만들어질까?
B: 식물의 ㉠ (   ) 과정에서 태양 에너지 중 빛에너지가 화학 에너지로 전환되는 거야.
A: 그럼 태양 에너지는 어떻게 만들어지는 거야?
B: 태양 에너지는 중심부에서 일어나는 ㉡ (   ) 핵융합 반응으로 생성돼.

이에 대한 설명으로 옳은 것만을 보기에서 있는 대로 고른 것은?

보기
ㄱ. ㉠은 광합성이다.
ㄴ. ㉡은 헬륨이다.
ㄷ. 동물의 생명 활동에 필요한 에너지의 근원은 질량이 전환되어 생성된 에너지이다.

① ㄱ ② ㄴ ③ ㄱ, ㄷ
④ ㄴ, ㄷ ⑤ ㄱ, ㄴ, ㄷ

13 그림은 태양 에너지를 이용하는 모습을 나타낸 것이다.

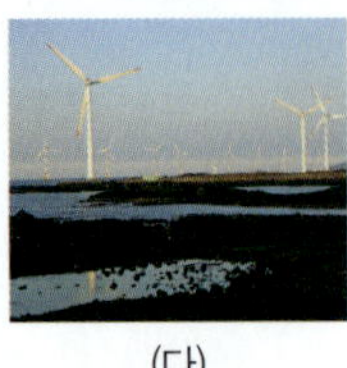

(가)　　　　　(나)　　　　　(다)

이에 대한 설명으로 옳은 것만을 보기에서 있는 대로 고른 것은?

보기
ㄱ. (가)에서 태양 에너지가 탄소 순환에 이용된다.
ㄴ. (나)에서 전기 에너지가 빛에너지로 전환된다.
ㄷ. (다)에서는 태양 에너지를 직접 전기 에너지로 전환한다.

① ㄱ　　　　② ㄴ　　　　③ ㄷ
④ ㄴ, ㄷ　　　⑤ ㄱ, ㄴ, ㄷ

빈출
14 다음은 전자기 유도 실험이다.

[실험 과정]
(가) 그림과 같은 장치를 설치하고 자석을 1초에 1회 회전하도록 일정하게 돌리며 검류계를 관찰한다.

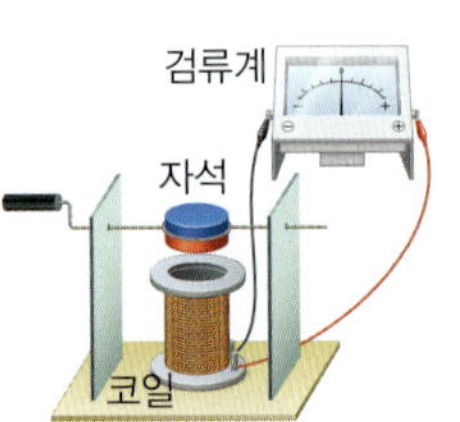

(나) 자석의 회전수를 1초에 3회로 증가시킨다.
(다) 감은 수가 더 ⊙ (　　　) 코일로 바꾼다.

[실험 결과]
• (가)에서 자석이 1회 회전하는 동안 검류계에 흐르는 전류 방향은 ⊙ (　　　)회 바뀐다.
• 전류의 최댓값은 (가)보다 (나)에서 더 ⓒ (　　　).
• 전류의 최댓값은 (가)보다 (다)에서 더 크다.

⊙~ⓒ에 들어갈 말을 옳게 짝지은 것은?

	⊙	ⓒ	ⓒ		⊙	ⓒ	ⓒ
①	많은	2	크다	②	많은	2	작다
③	많은	1	크다	④	작은	2	크다
⑤	작은	1	작다				

15 그림은 수평 방향의 균일한 자기장 속에서 발전기의 코일이 자기장의 방향에 수직인 회전축을 중심으로 회전하는 모습을 나타낸 것이다. P는 코일 위의 한 점이다. 그림 (나)는 회전축을 기준으로 한 P의 높이를 시간에 따라 나타낸 것이다.

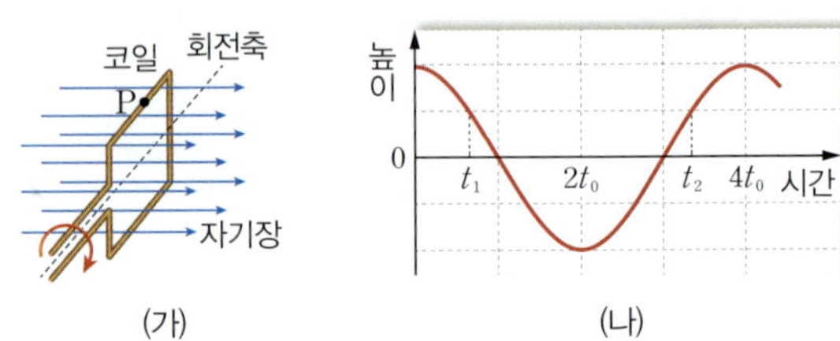

이에 대한 설명으로 옳은 것만을 보기에서 있는 대로 고른 것은?

보기
ㄱ. 코일이 1회전 하는 데 걸리는 시간은 $4t_0$이다.
ㄴ. t_0일 때 P에는 유도 전류가 흐르지 않는다.
ㄷ. t_1과 t_2일 때 P에 흐르는 유도 전류의 방향은 같다.

① ㄱ　　　　② ㄷ　　　　③ ㄱ, ㄴ
④ ㄴ, ㄷ　　　⑤ ㄱ, ㄴ, ㄷ

16 그림은 플라스틱 관과 코일, 네오디뮴 자석, 발광 다이오드를 이용해 만든 간이 발전기이다. 관을 잡고 흔들면 자석이 관 내부에서 왕복 운동을 하며 발광 다이오드에 불이 켜진다.

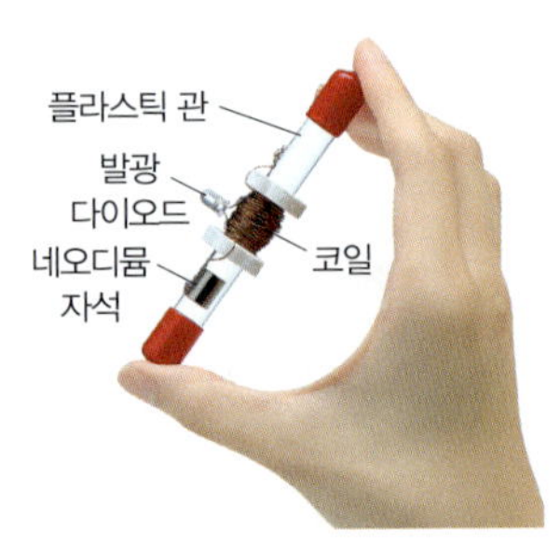

발광 다이오드에 불이 켜질 때에 대한 설명으로 옳은 것만을 보기에서 있는 대로 고른 것은?

보기
ㄱ. 코일과 자석 사이에는 자기력이 작용한다.
ㄴ. 코일에 흐르는 전류의 방향은 일정하다.
ㄷ. 코일의 감은 수를 늘리면 발광 다이오드의 밝기는 밝아진다.

① ㄱ　　　　② ㄴ　　　　③ ㄱ, ㄷ
④ ㄴ, ㄷ　　　⑤ ㄱ, ㄴ, ㄷ

17 그림 (가), (나)는 각각 태양 중심부에서 일어나는 핵반응과 원자로에서 일어나는 핵반응을 나타낸 것이다.

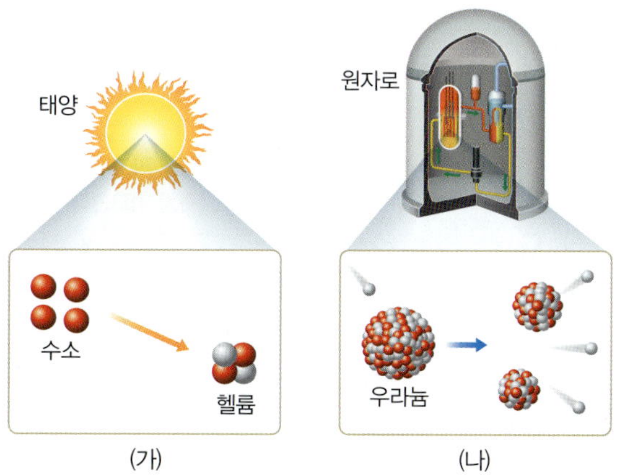

이에 대한 설명으로 옳은 것만을 보기에서 있는 대로 고른 것은?

보기
ㄱ. (가), (나) 모두 에너지를 방출한다.
ㄴ. (가)에서는 총 질량이 증가하고, (나)에서는 감소한다.
ㄷ. (나)를 통해 얻는 에너지의 근원은 (가)에서 발생하는 에너지이다.

① ㄱ　　　　② ㄷ　　　　③ ㄱ, ㄴ
④ ㄱ, ㄷ　　　⑤ ㄴ, ㄷ

18 표는 같은 양의 일을 하는 열기관 A, B에 공급한 열량, 외부로 방출한 열량, 열효율을 나타낸 것이다.

열기관	공급한 열량	방출한 열량	열효율
A	15Q	㉠	e
B	10Q	4Q	㉡

㉠, ㉡ 들어갈 값을 옳게 짝지은 것은?

	㉠	㉡		㉠	㉡
①	6Q	e	②	6Q	$1.5e$
③	9Q	e	④	9Q	$1.5e$
⑤	12Q	$2e$			

19 그림 (가)와 (나)는 각각 지열과 햇빛을 이용해 물을 데우는 방법을 나타낸 것이다.

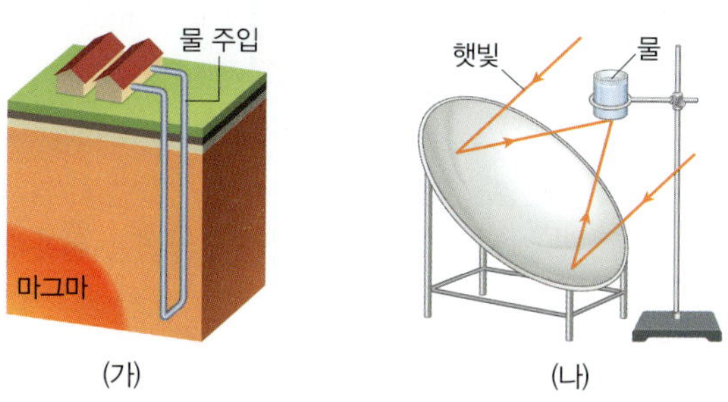

(가), (나)에서 사용한 에너지원의 공통점으로 옳은 것만을 보기에서 있는 대로 고른 것은?

보기
ㄱ. 날씨의 영향을 많이 받는다.
ㄴ. 자원 고갈의 염려가 없다.
ㄷ. 에너지의 근원은 태양 에너지이다.

① ㄱ　　　　② ㄴ　　　　③ ㄷ
④ ㄴ, ㄷ　　　⑤ ㄱ, ㄴ, ㄷ

20 다음은 달 탐사 우주선 아폴로 11호에서 사용했던 수소 연료 전지에 대한 설명이다.

처음으로 달에 착륙한 유인 우주선인 아폴로 11호에는 총 3대의 ㉠ 수소 연료 전지가 탑재되었다. 수소 연료 전지는 수소와 산소의 ㉡ (　　　　) 반응으로 전기 에너지를 생산한다. 수소 연료 전지가 우주에서 다른 에너지원보다 적합했던 까닭은 전기 에너지와 ㉢ (　　　　)을/를 동시에 생산할 수 있었기 때문이다.

이에 대한 설명으로 옳은 것만을 보기에서 있는 대로 고른 것은?

보기
ㄱ. ㉠은 화학 에너지를 전기 에너지로 전환한다.
ㄴ. ㉡에 들어갈 말은 산화 · 환원이다.
ㄷ. ㉢에 들어갈 말은 산소이다.

① ㄱ　　　　② ㄴ　　　　③ ㄷ
④ ㄱ, ㄴ　　　⑤ ㄴ, ㄷ

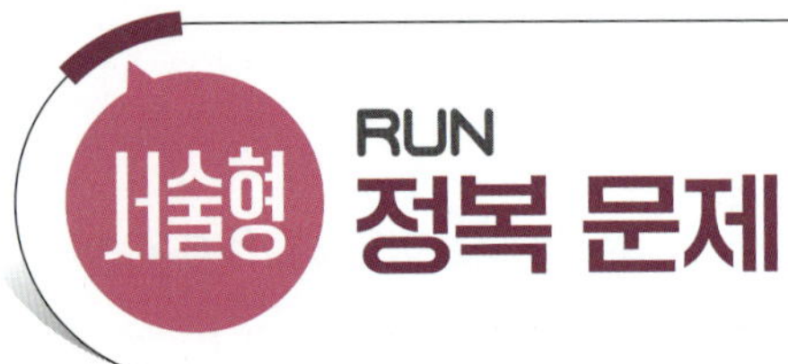

01 다음은 핵분열을 이용한 핵발전과 핵융합 발전에 대한 설명이다.

(가) 핵분열을 이용한 핵발전

핵분열을 이용한 핵발전에서 우라늄 원자핵 1개가 핵분열을 일으킬 때 약 3.5×10^{-28} kg의 질량 결손이 발생하는데, 이 과정에서 약 200 MeV의 에너지가 방출된다. 양성자나 중성자와 같은 핵자 1개당 방출하는 에너지는 약 0.85 MeV이다. 하지만 이러한 과정에서 방사성 폐기물이 남는 단점이 있다.

(나) 핵융합 발전

• 태양의 핵융합: 핵융합이 일어나려면 초고온 상태를 유지해야 한다. 태양 중심부에서는 몇 단계에 걸쳐 4개의 수소 원자핵이 융합하여 1개의 헬륨 원자핵이 되는 핵융합 반응이 일어난다. 이 과정에서 질량 결손에 의해 약 26.7 MeV의 에너지가 방출된다.

• 핵융합로의 핵융합: 핵융합로에서는 그림 (가)와 같이 중수소 원자핵과 삼중수소 원자핵이 융합하여 헬륨 원자핵이 되는 반응이 일어난다. 이 과정에서 중성자 1개와 약 17.6 MeV의 에너지가 방출된다. 핵자당 방출하는 에너지는 약 3.52 MeV이다. 그림 (나)는 우리나라에서 연구 중인 핵융합 발전소의 개략적인 구조를 나타낸 것이다. 핵융합 반응을 일으키기 위해서는 초고온 플라스마 상태의 핵물질을 강력한 자기장으로 공중에 가두어 핵반응을 일으킨다.

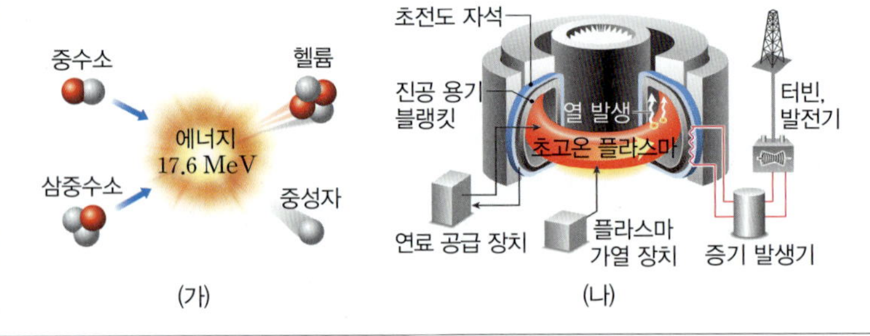

(1) 태양과 핵융합로에서 일어나는 핵융합 반응에서 질량 결손을 각각 Δm_1, Δm_2라고 할 때 Δm_1, Δm_2의 크기를 비교하시오.

(2) 핵융합 발전의 장점을 핵분열을 이용한 핵발전과 비교하여 설명하시오.

구분	핵자당 방출하는 에너지
핵분열을 이용한 핵발전	(　　　) MeV
핵융합 발전	(　　　) MeV

02 그림은 빗면을 따라 내려온 자석이 구리 관의 중심축에 놓인 마찰이 없고 수평인 직선 레일을 따라 운동하여 세 구간 A, B, C를 통과하는 모습을 나타낸 것이다. 구리 관은 여러 개의 코일이 이어진 것으로 볼 수 있다. (단, 자석의 크기는 무시한다.)

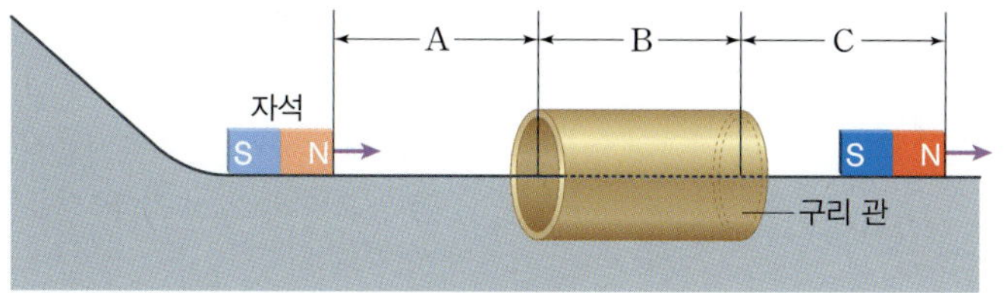

(1) 자석이 구간 A와 구간 C에서 운동할 때 구리 관에 흐르는 유도 전류의 방향을 비교하시오.

(2) A, B, C에서 자석의 평균 속력을 비교하고 그 까닭을 설명하시오.

Step ❶ 문제 분석하기

유도 전류는 자석의 운동을 (   )하는 방향으로 자기장을 형성한다.

Step ❷ Key Word 찾아 답안 작성하기

• A에서 자석의 N극이 접근할 때는 구리 관의 왼쪽이 (**1**)극이 되도록 유도 전류가 흐르고, C에서 자석의 S극이 멀어질 때는 구리 관의 오른쪽이 (**2**)극이 되도록 유도 전류가 흐른다.

• 자석이 운동하는 동안 운동 방향과 반대 방향으로 자기력을 받으므로 속력은 계속 (**3**)한다.

KeyWord

1 .... **2** .... **3** ....

03 그림은 발광 킥보드의 모습으로, 바퀴가 회전할 때 발광 다이오드에 연결된 코일이 바퀴축에 고정된 자석 주위를 회전하며 발광 다이오드에 불이 켜진다.

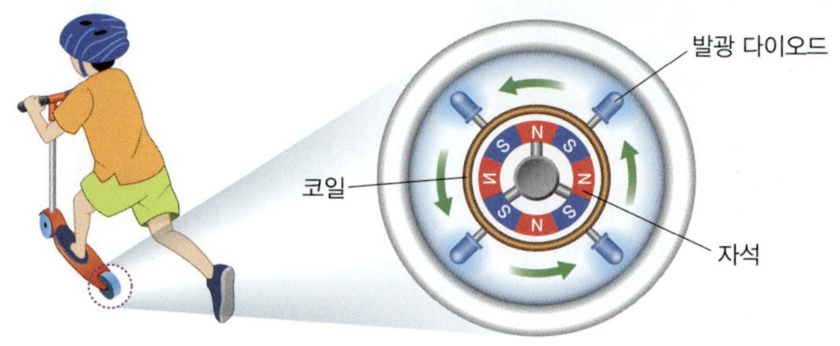

(1) 바퀴가 더 빠르게 회전하면 발광 다이오드가 더 밝게 빛나는 까닭을 전자기 유도와 관련지어 설명하시오.

(2) 바퀴가 회전하는 속력이 일정할 때 발광 다이오드가 더 밝게 빛나도록 발광 킥보드의 바퀴 구조를 개선하는 방법을 전자기 유도와 관련지어 두 가지만 제시하시오.

Step ❶ 문제 분석하기

• 발광 다이오드에 흐르는 (   )이/가 셀수록 발광 다이오드가 더 밝게 빛난다.

• 바퀴가 회전하면 자석 주위의 코일이 회전하며 (   )에 의해 코일에 전류가 흐른다.

Step ❷ Key Word 찾아 답안 작성하기

• 바퀴가 빠르게 회전하면 코일에 더 (**1**) 유도 전류가 흐른다.

• 코일과 자석이 상대 운동을 할 때 코일의 (**2**)이/가 많을수록, 자석의 (**3**)이/가 셀수록, 자석을 빠르게 움직일수록 코일에 더 센 유도 전류가 흐른다.

KeyWord

1 .... **2** .... **3** ....

04 다음은 학생 **A**가 실험 결과를 근거로 에너지에 대해 서술한 내용이다.

- 실험 내용: 실에 매달린 금속구를 움직여 운동시키고 이를 관찰한다.
- 실험 결과: 시간이 지남에 따라 금속구가 왕복 운동을 하는 거리가 점점 감소하고 결국에는 멈추게 된다.
- 해석: 금속구가 가진 역학적 에너지는 시간이 지남에 따라 점점 감소하게 된다.
- 결론: 에너지는 전환 과정에서 점점 소멸하므로 우리는 에너지를 효율적으로 이용해야 한다.

위 내용에서 <u>잘못된</u> 부분을 찾아 옳게 고치시오.

Step ① 문제 분석하기

금속구가 왕복 운동할 때 공기와의 마찰 등으로 역학적 에너지의 일부가 (   )(으)로 전환된다.

Step ② **Key Word** 찾아 답안 작성하기

- 에너지가 전환될 때 전환 전후 에너지의 총량은 일정하게 (**1**)된다.
- 에너지가 전환되는 과정에서 에너지의 일부가 다시 사용할 수 없는 형태의 (**2**)(으)로 전환되어 흩어진다.

KeyWord

1 .... **2** ....

---

05 다음은 적정 기술의 하나인 중력 전등에 대한 설명이다.

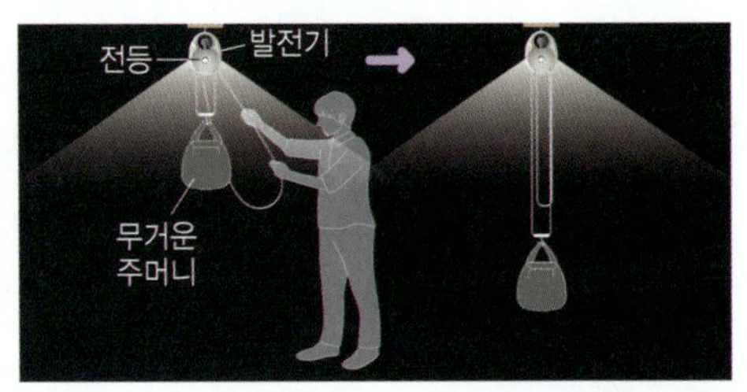

중력 전등은 전기가 공급되지 않는 오지 마을이나 외딴 지역에서 중력을 이용해 손쉽게 켤 수 있도록 만든 전등이다.
그림과 같이 중력 전등은 발광 다이오드 전등과 연결된 발전기에 무거운 주머니가 줄로 매달려 있다. 줄을 당겨 주머니를 끌어 올리면, 주머니가 천천히 내려오며 전등에 불이 켜진다. 질량 12 kg인 주머니가 2 m를 내려오면서 소비 전력이 0.1 W인 발광 다이오드 전구를 20분 동안 켤 수 있다.

(1) 중력 전등에서 일어나는 에너지 전환을 쓰시오. (단, 주머니는 일정한 속력으로 내려온다.)

(2) 발광 다이오드 전등이 소비한 전력의 80 %가 빛으로 방출된다고 할 때, 중력 전등의 에너지 효율을 풀이 과정과 함께 구하시오. (단, 중력 가속도는 10 m/s^2이고, 모든 마찰과 공기 저항은 무시한다.)

Step ① 문제 분석하기

(   )은/는 공급한 에너지 중 유용하게 사용한 에너지의 비율이다.

Step ② **Key Word** 찾아 답안 작성하기

- 중력 전등은 높은 곳에 있는 주머니의 (**1**) 에너지가 발전기에서 전기 에너지로 전환된다.
- 질량 m인 주머니가 높이 h만큼 내려오며 감소한 에너지는 (**2**)(이)고, 소비 전력이 P인 전등이 시간 t 동안 소비한 전기 에너지는 (**3**)(이)다.

KeyWord

1 .... **2** .... **3** ....

06 표는 신재생 에너지를 이용한 발전 방식 **A~D**를 기준에 따라 분류한 것이다. **A~D**는 각각 풍력 발전, 지열 발전, 태양광 발전, 연료 전지 중 하나이다.

기준	예	아니오
태양 에너지가 근원인 에너지를 이용하는가?	A, C	B, D
전자기 유도를 이용하는가?	A, B	C, D

(1) A~D가 어떤 발전인지 쓰시오.

(2) A와 D의 발전 과정을 에너지 전환을 중심으로 각각 설명하시오.

Step ❶ 문제 분석하기

친환경적이고 지속가능한 (　　　　) 에너지를 이용한 발전 방식의 특징을 파악한다.

Step ❷ Key Word 찾아 답안 작성하기

- 태양 에너지가 근원인 에너지는 바람의 운동 에너지, 태양의 (**1**) 등이 있다.
- 전자기 유도를 이용하는 발전은 바람을 이용하거나, 물 또는 고온·고압의 수증기 등을 이용해 터빈을 돌린다.
- 전자기 유도를 이용하는 발전은 (**2**) 에너지를 전기 에너지로 전환한다. 연료 전지는 (**3**) 에너지를 전기 에너지로 전환한다.

KeyWord

❶ .... ❷ .... ❸ ....

---

07 그림 (가)는 열기관 A가 **10 kJ**의 열을 공급받아 **2 kJ**의 일을 하는 모습을 나타낸 것이고, (나)는 열기관 A, B를 연결하여 A, B가 각각 **4 kJ**의 일을 하는 모습을 나타낸 것이다. (단, 열은 열원과 열기관 사이에서만 이동한다.)

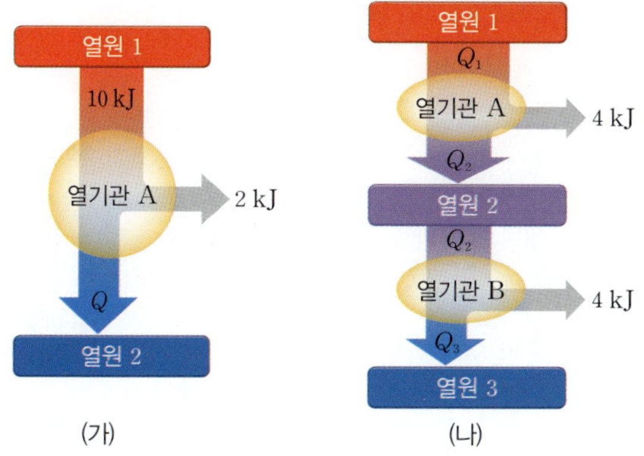

(1) (나)에서 A에 공급한 열 Q_1, A가 B로 전달한 열 Q_2, B가 외부로 방출한 열 Q_3을 풀이 과정과 함께 구하시오.

(2) A, B의 열효율이 각각 e_A, e_B일 때 $\dfrac{e_A}{e_B}$를 풀이 과정과 함께 구하시오.

Step ❶ 문제 분석하기

$$\text{열효율} = \frac{(\quad\quad)}{(\quad\quad)}$$

Step ❷ Key Word 찾아 답안 작성하기

- A는 10 kJ의 열을 흡수하여 2 kJ의 일을 했으므로 4 kJ의 일을 하기 위해서는 (**1**)의 열을 받아야 한다. 이때 A가 B로 보내는 열은 (**2**)(이)다.
- B는 열 (**2**)을/를 받아 4 kJ의 일을 하였으므로 열효율은 (**3**)(이)다.

KeyWord

❶ .... ❷ .... ❸ ....

MASTER 도약 문제

생태계 ✛ 빛의 특성

01 다음은 빛과 해조류에 대한 자료이다.

- 빛은 파장이 짧을수록 투과력이 높아 깊은 수심까지 도달할 수 있다.
- 광합성을 하는 해조류는 빛을 흡수하는 색소를 가지며, 각각 갈색, 녹색, 붉은색 색소를 갖는 갈조류, 녹조류, 홍조류로 구분된다.
- 그림은 수심에 따른 빛 ㉠~㉢의 도달량과 해조류 ⓐ~ⓒ의 서식 범위를 나타낸 것이다. ㉠~㉢은 각각 적색광, 청색광, 황색광 중 하나이고, ⓐ~ⓒ는 각각 갈조류, 녹조류, 홍조류 중 하나이다.
- ⓐ~ⓒ의 분포 차이는 Ⅰ이 Ⅱ에 영향을 준 사례이다. Ⅰ과 Ⅱ는 각각 생물요소와 비생물요소 중 하나이다.

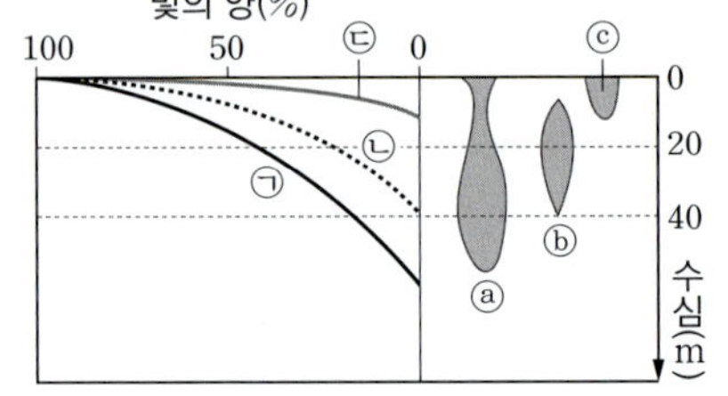

이에 대한 설명으로 옳은 것만을 보기에서 있는 대로 고른 것은?

보기
ㄱ. ㉠은 청색광이고, ⓐ는 홍조류이다.
ㄴ. ⓑ, ⓒ, 식물 플랑크톤은 모두 같은 영양단계에 속한다.
ㄷ. 해조류가 많은 바다의 산소 농도가 높은 것은 Ⅱ가 Ⅰ에 영향을 준 사례이다.

① ㄱ　　② ㄷ　　③ ㄱ, ㄷ　　④ ㄴ, ㄷ　　⑤ ㄱ, ㄴ, ㄷ

생태피라미드 ✛ 에너지효율

02 다음은 에너지효율과 생태계 (가)에 대한 자료이다.

- 에너지효율은 공급한 전체 에너지에 대한 유용하게 사용한 에너지의 비율이다. 생태계에서 에너지효율은 이전 영양단계의 에너지양에 대한 현재 영양단계의 에너지양의 비율로 계산된다.
- 그림은 (가)의 에너지양피라미드를 나타낸 것이며, (가)에서 영양단계가 높아질수록 에너지효율이 증가한다.
- (가)에서 에너지효율은 3차 소비자가 1차 소비자의 2배이고, 1~3차 소비자 중 한 영양단계의 에너지효율은 10 %이다.

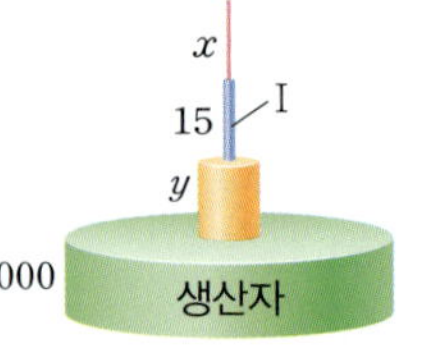

이에 대한 설명으로 옳은 것만을 보기에서 있는 대로 고른 것은?

보기
ㄱ. $x+y>110$이다.
ㄴ. Ⅰ에서 분해자로 유기물과 에너지가 이동한다.
ㄷ. 에너지효율은 2차 소비자가 1차 소비자의 1.5배이다.

① ㄱ　　② ㄴ　　③ ㄱ, ㄷ　　④ ㄴ, ㄷ　　⑤ ㄱ, ㄴ, ㄷ

03 표는 영양단계 A~D가 먹이사슬을 이루고 있는 생태계에서 한 영양단계의 개체수가 증가할 때 나머지 영양단계의 개체수 변화를, 그래프는 어떤 물질대사에서 반응의 진행에 따른 에너지를 나타낸 것이다. A~D 중 하나는 생산자이고, 나머지는 서로 다른 단계의 소비자이다. ⓐ~ⓓ는 O_2, CO_2, H_2O, 포도당을 순서 없이 나타낸 것이다.

구분	개체수 변화			
	A	**B**	**C**	**D**
A 개체수 증가	–	감소	증가	감소
B 개체수 증가	증가	–	㉠	증가
C 개체수 증가	증가	감소	–	㉡
D 개체수 증가	증가	증가	㉢ 감소	–

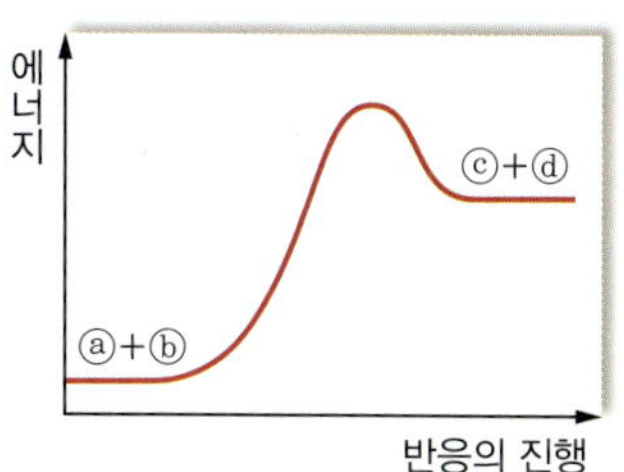

이에 대한 설명으로 옳은 것만을 보기에서 있는 대로 고른 것은?

보기
ㄱ. ㉠과 ㉡은 모두 '증가'이다.
ㄴ. A~D 중 그래프의 물질대사는 B에서만 일어난다.
ㄷ. ㉢은 2차 소비자가 많아지면 1차 소비자가 많이 먹혀서 일어나는 변화이다.

① ㄱ   ② ㄴ   ③ ㄱ, ㄷ   ④ ㄴ, ㄷ   ⑤ ㄱ, ㄴ, ㄷ

04 다음은 지구 열수지에 영향을 주는 요인을 알아보기 위한 탐구이다.

[탐구 과정]
(가) 그림과 같이 전등으로부터 30 cm 거리에 검은색 종이로 감싼 알루미늄 컵을 놓는다.
(나) 전등을 켜고 시간에 따른 컵 속 공기의 온도를 5분 간격으로 30분 동안 측정한다.
(다) 흰색 종이로 감싼 알루미늄 컵으로 (나)의 과정을 반복한다.

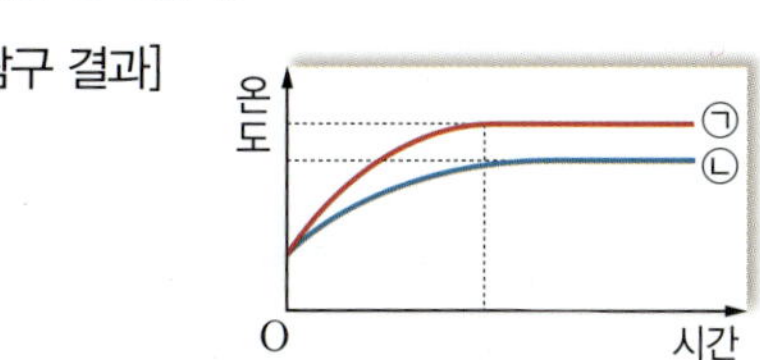

이에 대한 설명으로 옳은 것만을 보기에서 있는 대로 고른 것은?

보기
ㄱ. 탐구를 통해 반사율과 온도의 관계에 대해 알 수 있다.
ㄴ. (나)의 결과는 ㉡이다.
ㄷ. 극지방의 빙하 면적 감소는 (나)에서 (다)로 변화하는 과정에 해당한다.

① ㄱ   ② ㄴ   ③ ㄱ, ㄷ   ④ ㄴ, ㄷ   ⑤ ㄱ, ㄴ, ㄷ

05 그림 (가)는 현재 지구의 사막 및 사막화 지역을, (나)는 지구 기후 변화로 지구 평균 기온이 4 ℃ 상승하였을 때 예상되는 연평균 총 토양층의 수분 변화를 나타낸 것이다.

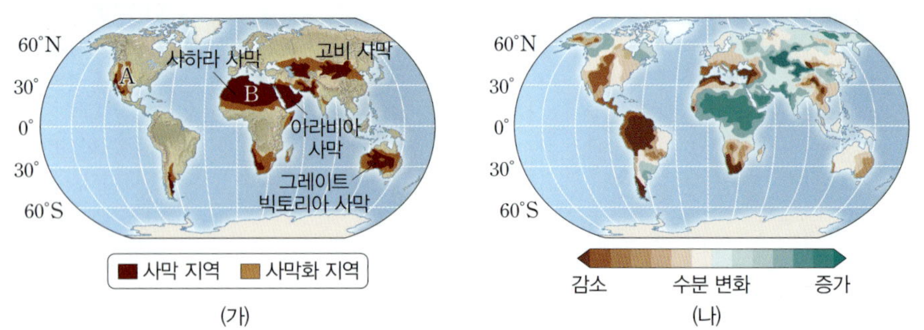

(나)의 상황이 되었을 때 나타나는 현상으로 옳은 것만을 보기에서 있는 대로 고른 것은?

보기

ㄱ. A에서는 사막화가 가속화될 것이다.

ㄴ. B에서는 현재보다 (증발량—강수량)의 값이 감소할 것이다.

ㄷ. 우리나라에 황사 피해를 주는 사막 지역은 더 건조해질 것이다.

① ㄱ ② ㄷ ③ ㄱ, ㄴ ④ ㄴ, ㄷ ⑤ ㄱ, ㄴ, ㄷ

06 다음은 핵융합로와 원자로에서 일어나는 핵반응에 대한 설명이다.

(가) '한국의 인공 태양'이라 불리는 KSTAR는 바닷물에 풍부한 중수소(^2_1H)와 리튬에서 얻은 삼중수소(^3_1H)를 초고온에서 충돌시켜 일어나는 핵반응을 이용해 에너지를 얻는다.

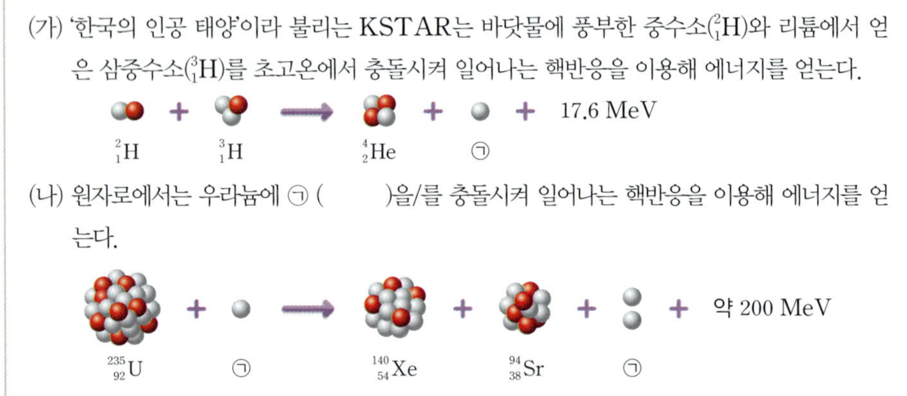

(나) 원자로에서는 우라늄에 ⊙ (   )을/를 충돌시켜 일어나는 핵반응을 이용해 에너지를 얻는다.

이에 대한 설명으로 옳은 것만을 보기에서 있는 대로 고른 것은?

보기

ㄱ. ⊙에 해당하는 입자는 중성자이다.

ㄴ. (가), (나)는 모두 핵융합 반응이다.

ㄷ. 질량 결손은 (가)에서가 (나)에서보다 크다.

① ㄱ ② ㄴ ③ ㄷ ④ ㄱ, ㄷ ⑤ ㄴ, ㄷ

07 그림 (가)는 점 p에서 질량이 m인 자석을 가만히 놓아 코일 사이로 떨어뜨렸을 때 코일에 흐르는 전류를 측정하는 모습을, (나)는 (가)에서 측정한 전류를 시간에 따라 나타낸 것이다. 점 p, q 사이의 거리는 h이고, 전류의 세기는 t_1일 때가 t_3일 때보다 작다.

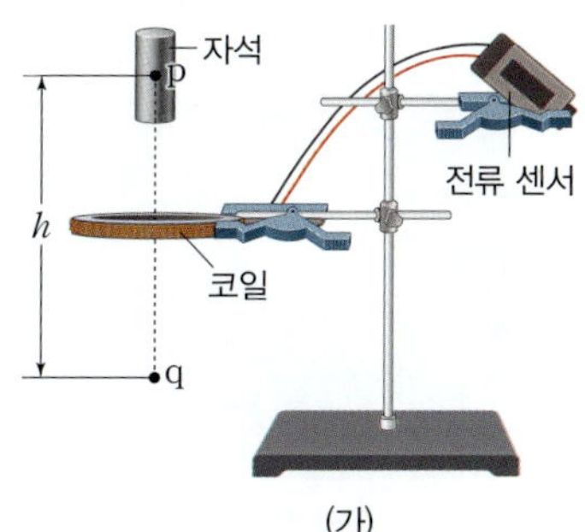

(가)

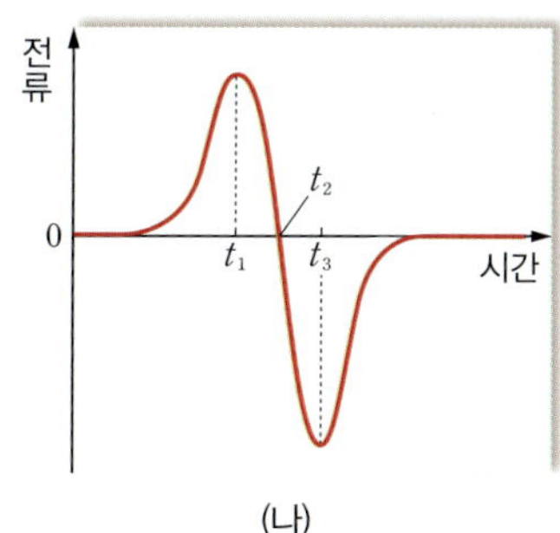

(나)

이에 대한 설명으로 옳은 것만을 보기에서 있는 대로 고른 것은? (단, 자석의 크기와 공기 저항은 무시하고, 중력 가속도는 g이다.)

보기
ㄱ. p와 q에서 자석의 운동 에너지 차이는 mgh이다.
ㄴ. 단위 시간당 코일을 통과하는 자기장의 변화율은 t_1일 때와 t_3일 때가 같다.
ㄷ. 자석에 작용하는 자기력의 방향은 t_1일 때와 t_3일 때가 같다.

① ㄱ   ② ㄴ   ③ ㄷ   ④ ㄱ, ㄷ   ⑤ ㄴ, ㄷ

08 그림은 연료 전지의 구조를 나타낸 것이고, 표는 연료 전지의 전극 A, B에서 일어나는 화학 반응을 나타낸 것이다.

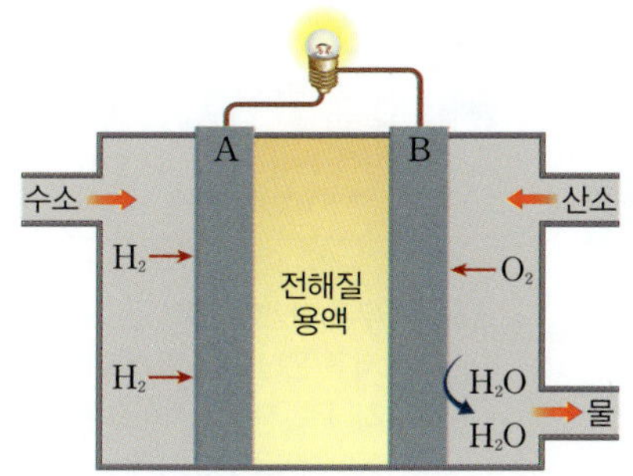

전극	화학 반응
A	$2H_2 \rightarrow 4H^+ + 4e^-$
B	$O_2 + 4H^+ + 4e^- \rightarrow 2H_2O$

이에 대한 설명으로 옳은 것만을 보기에서 있는 대로 고른 것은?

보기
ㄱ. A는 (+)극이다.
ㄴ. B에서는 환원 반응이 일어난다.
ㄷ. 화학 에너지가 전기 에너지로 전환된다.
ㄹ. 에너지 효율이 높다.

① ㄱ   ② ㄴ, ㄷ   ③ ㄴ, ㄹ   ④ ㄱ, ㄷ, ㄹ   ⑤ ㄴ, ㄷ, ㄹ

Solution Tip
자석이 낙하할 때 중력을 받아 속력이 점점 증가하지만 자석의 역학적 에너지 중 일부가 전자기 유도에 의해 전기 에너지로 전환된다.

Solution Tip
수소가 산화되며 나온 전자는 회로를 따라 (−)극에서 (+)극으로 이동하여 산소를 환원시킨다.

지구 온난화를 멈추기 위한 우주 개발

극심한 지구 온난화는 생태계는 물론 인류의 삶에도 위협이 되고 있다. 지구 온난화를 막기 위해 여러 분야에서 다양한 방식의 해결책을 제안하고 있으며, 과학자들은 우주 개발을 통해 지구 온난화를 늦추는 방안을 고민하고 있다.

통합과학2
Ⅱ-2. 지구 환경의 변화
📍 지구 온난화

❶ 우주 차양막 설치

지구의 온도는 태양으로부터 유입되는 태양 복사 에너지의 양과 지구 대기에 의한 온실 효과의 영향을 받는다. 현재의 지구 온난화는 지구 대기의 온실 효과 강화로 나타나는 현상으로 보고 있다. 세계 각국은 국제적 협약을 통해 화석 연료의 사용량을 줄이기 위해 노력하고 있지만, 온실 기체의 배출량은 꾸준히 늘어나고 있다. 몇몇 과학자들은 온실 기체 배출 감축만으로는 지구 온난화를 막기 힘들다고 보고 지구

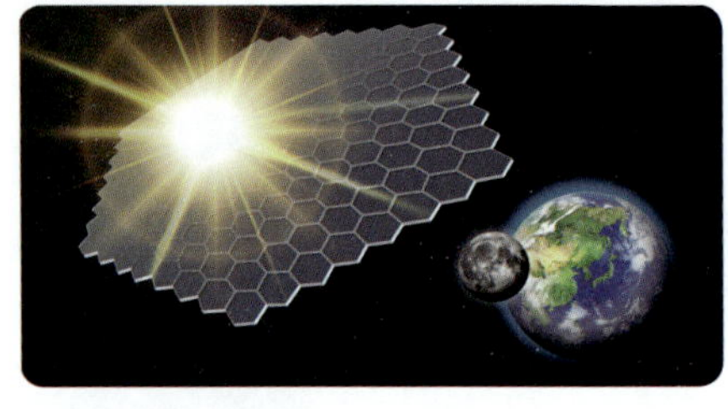

▲ 우주 차양막 상상도

와 태양 사이에 우주 차양막을 설치하여 지구로 유입되는 태양 복사 에너지양을 줄이는 방안을 고려하고 있다.

통합과학2
Ⅱ-3. 에너지와 지속
가능한 발전
📍 신재생 에너지

❷ 우주 태양광 발전

신재생 에너지란 기존의 화석 연료를 변환하여 이용하거나 햇빛, 물, 지열, 바람 등의 재생 가능한 에너지를 변환하여 이용하는 에너지를 말한다. 신재생 에너지의 예인 태양광 발전의 경우 계절이나 시간에 따른 발전량의 차이가 크며, 날씨의 영향을 많이 받아 전기 생산량이 일정하지 않다. 과학자들은 이와 같은 단점을 극복하기 위해 지구 대기권 밖에 인공위성을 설치하여 태양광으로 전기 에너지를 얻고, 이를 지구 대기의 영향을 거의 받지 않는 마이크로파 형태로 지구로 전송하는 우주 태양광 발전 방식을 연구 중이다.

통합 사고력 문제

정답과 해설 91쪽

다음은 우주 공간에 설치한 인공 구조물에 대한 설명과 복사 평형 상태의 지구 열수지 관계를 나타낸 것이다.

❶ 지구와 태양 사이의 우주 공간에 거대한 우주 차양막을 설치하여 지구의 평균 온도를 낮추려고 한다.
❷ 지구 대기권 밖의 우주 공간에 태양광 발전 기능을 갖춘 인공위성을 띄우고, 생산한 전기를 지구로 전송한다.

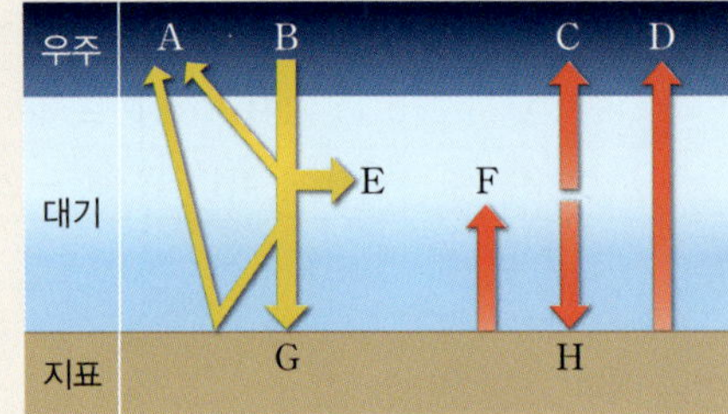

지구 환경 변화로 인한 지구 열수지 변화는 환경과 에너지 단원에서 통합 문항으로 나올 수 있는 대표 주제 중 하나야. 각각의 대처 방안은 지구 열수지에 어떤 영향을 줄지 파악하는 것이 중요해.

주제 ❶ **우주 차양막 설치**
지구 온난화를 막기 위한 방안 중 하나로, 지구로 들어오는 태양 복사 에너지양을 감소시키는 역할을 한다.

주제 ❷ **우주 태양광 발전**
햇빛이 가지고 있는 빛에너지의 효율을 높이기 위한 방안이다.

❶, ❷가 지구 열수지 변화에 주는 영향을 설명해 보자.

┤ 조건 ├
• 그림의 A~H 값의 변화량을 이용하여 설명할 것

Ⅲ

과학과 미래 사회

Overview

과학의 발전은 미래 사회를 어떻게 변화시킬까?

과학 기술의 발전으로 감염병의 진단 및 추적과 미래 사회의 여러 가지 문제 해결이 가능하게 되었으며, 다양한 분야에서 빅데이터를 활용하게 되었다. 인공지능 로봇, 사물 인터넷으로 인간의 삶이 편리해지고 있지만 과학 관련 사회적 쟁점이 발생하였으며, 다양한 윤리 문제가 대두되고 있다.

감염병 # 빅데이터 # 인공지능 로봇 # 사물 인터넷 # 과학 관련 사회적 쟁점 # 과학 윤리

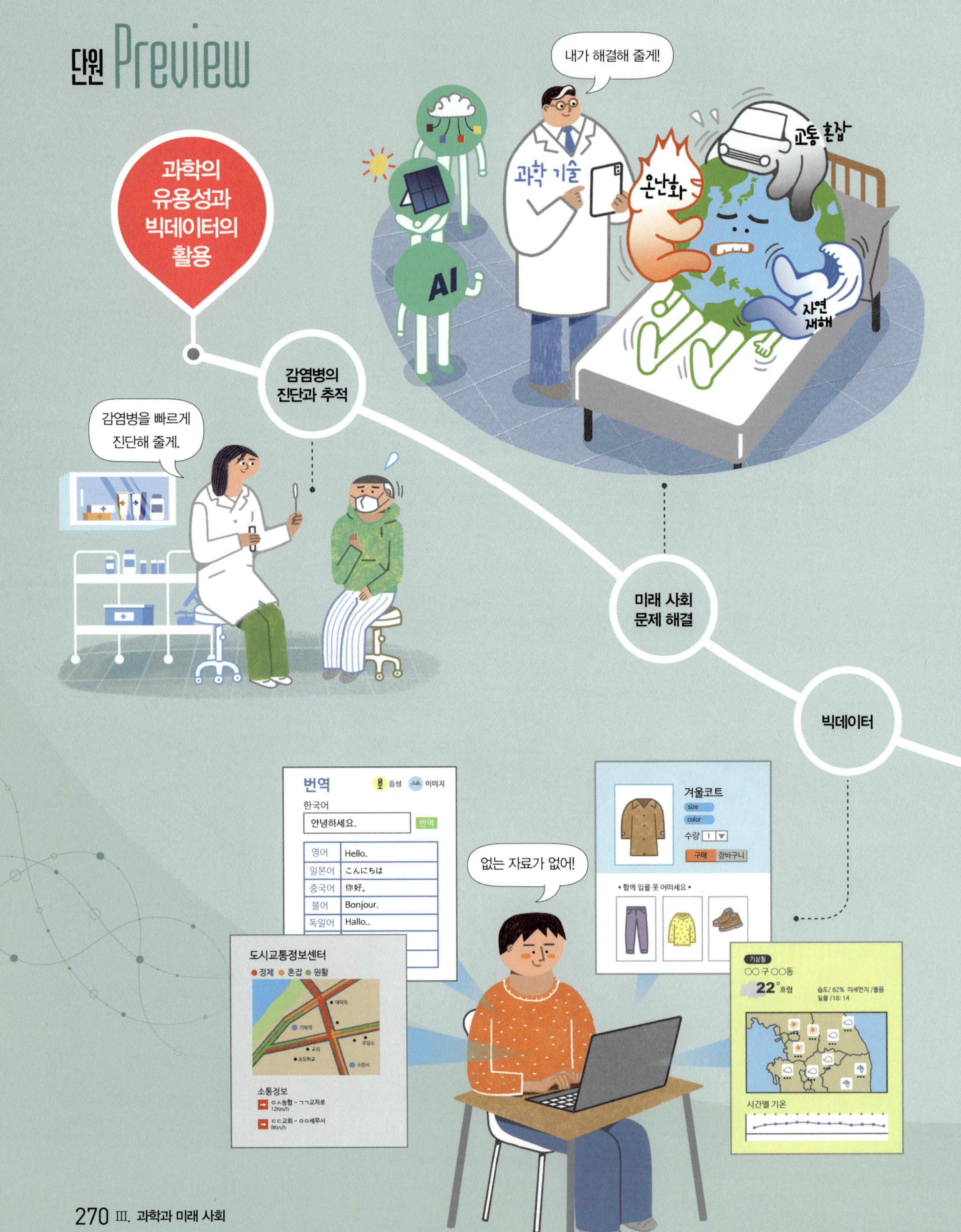
과학의 유용성과 빅데이터의 활용
내가 해결해 줄게!
과학 기술
온난화
교통 혼잡
자연 재해
AI
감염병의 진단과 추적
감염병을 빠르게 진단해 줄게.
미래 사회 문제 해결
빅데이터
번역
음성
이미지
한국어
안녕하세요.
번역
영어	Hello.
일본어	こんにちは
중국어	你好。
불어	Bonjour.
독일어	Hallo..
도시교통정보센터
정체	혼잡	원활
아파트
기차역
교회
주유소
초등학교
소방서
소통정보
○○농협 - ㄱㄱ교차로 120km/h
ㄷㄷ교회 - ○○세무서 86km/h
없는 자료가 없어!
겨울코트
size
color
수량	1
구매	장바구니
함께 입을 옷 어떠세요
기상청
○○ 구 ○○ 동
22°흐림
습도 / 62% 미세먼지 /좋음
일몰 /18 : 14
시간별 기온

• 중학교 – 과학 기술의 영향,
과학과 지속가능한 사회,
재해·재난과 안전

1

과학과 미래 사회

과학 기술을 이용하면 미래 사회의 문제점을 해결할 수 있고,
인공지능 로봇과 사물 인터넷은 인간의 삶에 막대한 영향을 주었다.
우리는 과학 기술 발전의 양면성을 인식하여 윤리적으로 과학 기술을 활용해야 한다.

○1 과학의 유용성과 빅데이터의 활용

○2 과학 기술의 발전과 과학 윤리

과학 기술의
발전과
과학 윤리

과학 관련
사회적 쟁점과
과학 윤리

인공지능
로봇

사물 인터넷

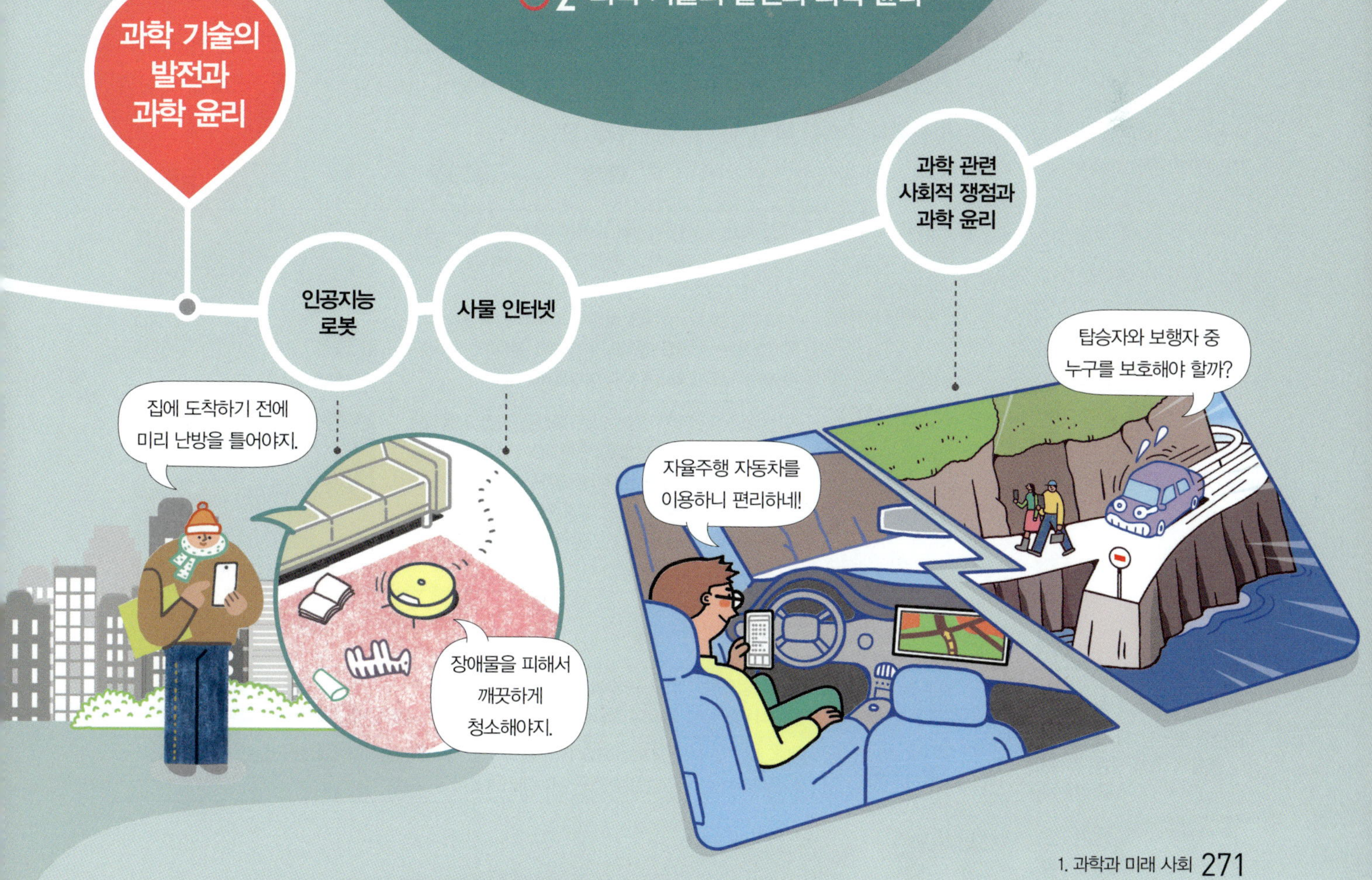

01 과학의 유용성과 빅데이터의 활용

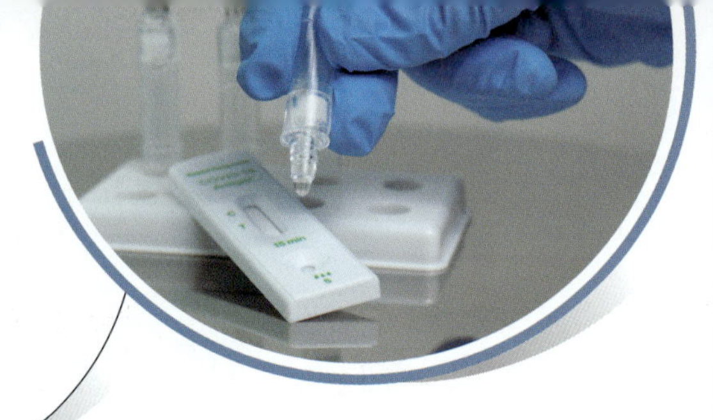

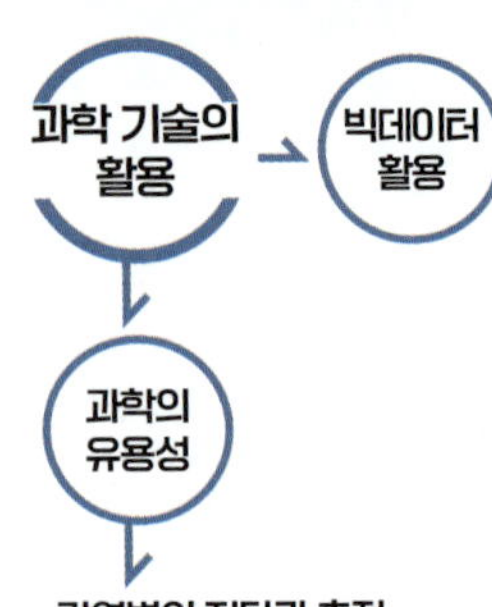

항원과 항체
바이러스와 세균 등의 병원체와 같이 체내로 들어와 면역반응을 일으키는 물질을 항원이라고 하고, 항원에 결합하여 병원체의 활성을 억제하는 물질을 항체라고 한다. 항체는 특정 항원에만 반응하는 특징이 있다.

감염병 진단 기술의 특징
신속항원검사는 간편하고 신속하게 감염병을 진단할 수 있지만 정확도가 낮은 편이다. 유전자증폭검사는 검사 시간과 비용이 많이 들지만 정확도가 높다.

용어

＊검체(檢 검사하다, 體 몸)
검사에 필요한 재료로 사람이나 동물의 혈액, 소변 등이 해당한다.

1 과학의 유용성과 필요성

전 세계적으로 코로나바이러스 감염증과 같은 감염병이 유행했을 때 과학 기술을 활용해 감염병을 관리하였다. 이처럼 과학 기술을 활용하면 기후 변화, 에너지 부족 등의 복잡하고 다양한 미래 사회의 문제를 해결할 수 있다.

1. 감염병의 진단과 추적

(1) **감염병**: 세균이나 바이러스와 같은 병원체에 감염되어 생기는 질병으로, 감기, 독감, 결핵, 폐렴, 코로나바이러스감염증 등이 있다.

(2) **병원체**: 병원체는 핵산과 단백질로 이루어진다. 병원체의 종류에는 세균, 바이러스, 균류, 원생생물 등이 있다. ➡ 병원체는 공기나 음식물 섭취, 호흡, 피부 접촉, 수혈 등 다양한 경로로 전염될 수 있다.

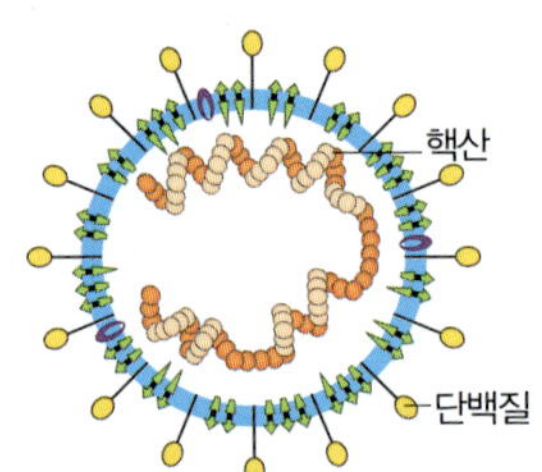

▲ 병원체(바이러스)의 모식도

(3) **감염병의 진단**: 병원체에 감염되었는지 판별하는 것으로, 일반적으로 감염병은 빠르게 확산되므로 빠른 진단이 중요하다. 감염으로 인한 증상이 나타나는 사람의 ＊검체를 채취해 병원체의 존재를 확인하여 감염 여부를 진단한다.

① 대표적인 감염병 진단 기술  탐구 277쪽  심화 강의 278쪽

면역 진단 기술 (단백질 이용)	· 특정 항체가 항원(병원체 표면의 단백질)에 특정 결합하는 특징을 활용하는 진단 기술로, 신속항원검사가 이에 해당한다. · 신속항원검사는 검체에 병원체의 특정 단백질과 결합할 수 있는 항체를 떨어뜨려 항체와 결합하는 항원이 존재하는지 파악하여 감염 여부를 진단한다.	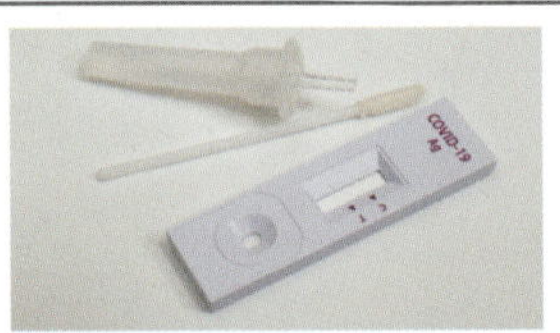 ▲ 신속항원검사 도구
분자 진단 기술 (핵산 이용)	· 병원체의 유전자가 들어 있는 핵산을 직접 검출하는 진단 기술로, 중합효소연쇄반응(PCR)이 이에 해당한다. · 중합효소연쇄반응은 유전자증폭검사라고도 하며, 검체에 들어 있는 매우 적은 양의 핵산을 여러 차례 증폭(복제)하여 병원체에 대한 감염 여부를 정밀하게 확인한다.	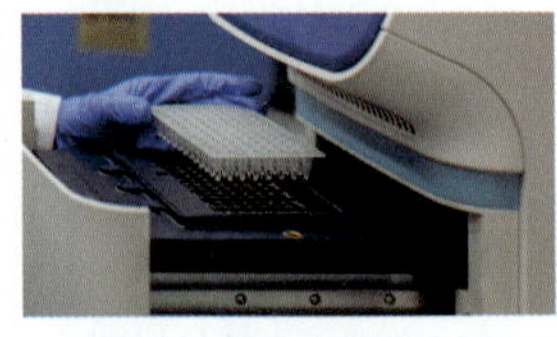 ▲ 중합효소연쇄반응(PCR) 장치

② 감염병 진단에 활용되는 과학 기술

나노바이오 센서 기술	물질을 검출하고 이를 해석 가능한 신호로 바꿔주는 장치인 바이오센서와 나노미터 크기의 물질을 다루는 나노 기술이 결합한 것으로, 아주 적은 양의 병원체도 찾아낼 수 있다.
생물정보학 기술	빅데이터 기술과 인공지능 기술 등의 정보과학 기술과 생물학이 결합한 기술로, 유전체 데이터를 분석하여 신종 감염병을 연구하고 진단한다.

(4) 과학 기술을 활용한 감염병의 관리: 감염병 진단, 추적, 방역, 치료 등 감염병 관리의 전반에서 과학 기술이 유용하게 이용된다.

① 정보 통신 기술의 발전으로 위성 위치 확인 시스템(GPS), 와이파이(WiFi), 블루투스 등을 활용해 환자의 정보를 수집하고, 여러 나라에서 분석한 유전 정보를 실시간으로 공유해 병원체의 전파 경로를 추적한다. 이로부터 병원체의 변이, 감염병의 유행 상황, 병원체의 전파 경로를 세계적 규모에서 추적할 수 있게 되었다.

② 인공지능 기술과 빅데이터 기술을 활용해 감염병의 특징을 파악하며, 방대한 정보를 빠르게 처리·분석하여 확산을 예측할 수 있게 되었다.

2. 미래 사회의 문제와 해결을 위한 과학 기술의 예

과학 기술이 빠르게 발달함에 따라 미래 사회에는 다양한 분야의 사회 문제가 나타날 것이다. 이러한 미래 사회의 문제는 인공지능 기술, 빅데이터 기술, 재생 에너지 기술 등의 과학 기술을 복합적으로 활용해 해결할 수 있다.

과학 기술의 유용성
과학 기술은 미래 사회의 문제를 해결하고, 안전하고 지속가능한 사회를 만드는 데 중요한 역할을 할 것이다.

기후 변화	에너지 부족 문제	교통 문제
		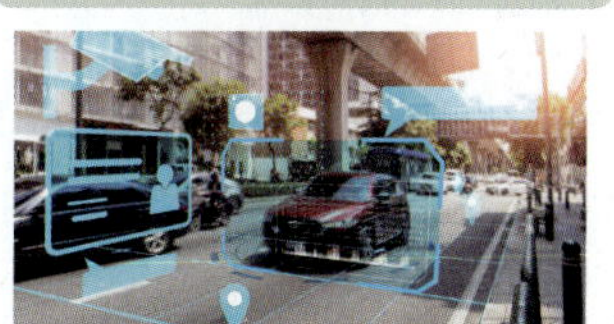
화석 연료 사용에 의한 온실 기체가 증가함에 따라 기후 변화가 가속화되고 있다. 이를 해결하기 위해 탄소 포집 기술과 같은 온실 기체를 제거하는 기술을 활용한다.	현재 에너지원의 대부분을 차지하는 화석 연료는 매장량이 정해져 있다. 화석 연료의 고갈 문제를 해결하기 위해 신재생 에너지 기술을 활용한다.	교통 체증과 교통사고 발생 가능성을 줄이기 위해 스마트 신호등과 같은 인공지능 기술을 활용해 교통을 통제하고, 교통사고 위험을 예측하는 시스템을 활용한다.
교육 격차 문제	노동력 부족 문제	자연재해

지역이나 시설에 따른 교육 격차를 해소하고 교육의 시공간 제약을 극복하기 위해 온라인 협업 도구를 활용한다.	노동력 부족, 노동자의 안전 문제를 해결하고 생산력을 높이기 위해 로봇을 활용한다.	자연재해의 피해를 줄이기 위해 인공지능 기술을 활용해 자연재해를 예측하고, 로봇 공학 기술을 활용해 피해를 예방한다.

정답과 해설 92쪽

1. 면역 진단 기술은 항체가 ㉠ (단백질, 핵산)에 특이적으로 결합하는 특징을 이용한 진단 기술이고, 분자 진단 기술은 병원체의 유전자가 들어 있는 ㉡ (단백질, 핵산)을 검출하는 진단 기술이다.

2. 미래 사회 문제와 해결에 대한 설명으로 옳은 것은 ○, 옳지 <u>않은</u> 것은 ×로 표시하시오.

(1) 미래 사회의 문제는 과학 기술을 복합적으로 활용해 해결할 수 있다. ——————— (   )

(2) 과학은 지구 온난화로 인한 기후 변화 문제를 해결하는 데 이용되지 않는다. ——— (   )

과학 기술 사회에서 우리는 실시간 데이터를 활용하여 생활 주변의 문제를 해결하며, 다양한 분야의 데이터가 수집되어 만들어진 빅데이터를 여러 분야에 활용함으로써 편리한 삶을 살고 있다.

데이터(디지털 정보)
정보를 가지고 있는 값을 의미하며, 센서를 이용하여 얻은 생활 속 신호들에서 데이터를 얻을 수 있다.

1. 실시간 생활 데이터의 수집과 활용

(1) **실시간 생활 데이터**: 현대 사회에서는 과학 기술의 발달로 다양한 데이터를 실시간으로 측정해 수집, 처리하고 실시간 생활 데이터를 활용하여 생활 주변의 문제를 해결하고 있다.

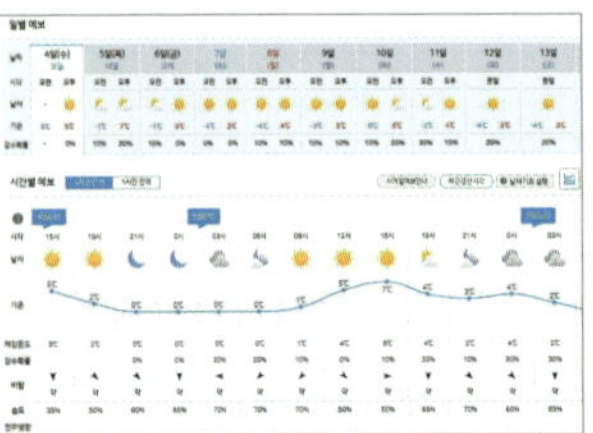

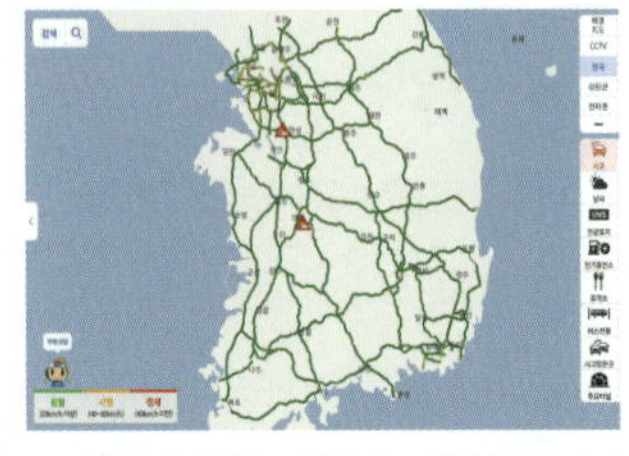

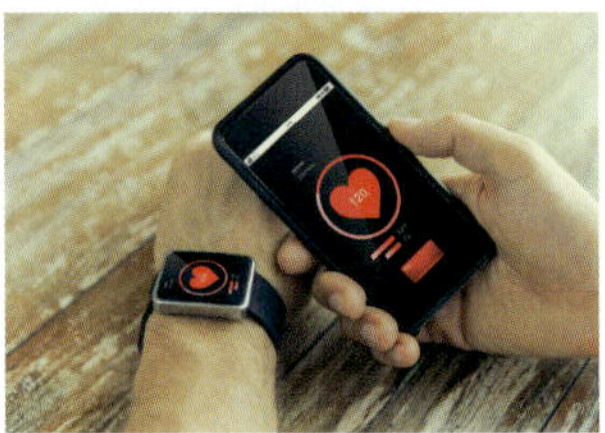

▲ **실시간 날씨 데이터** 실시간 날씨 데이터를 활용하여 외출 시 옷차림을 결정하고, 날씨에 따라 약속 장소를 선택할 수 있다.

▲ **실시간 교통 데이터** 실시간 교통 데이터를 토대로 제공되는 추천 경로 및 예상 시간 등을 확인하여 목적지까지의 경로를 선택한다.

▲ **실시간 건강 데이터** 심박수, 수면 패턴, 혈압 등과 같은 실시간 건강 데이터를 활용하여 간편하게 건강 상태를 확인할 수 있다.

(2) **실시간 생활 데이터의 수집과 처리**

① 실시간 생활 데이터를 수집·처리하는 과정은 복잡하지만, 각종 센서를 부착한 스마트 기기나 피지컬 컴퓨팅 기기를 활용하면 쉽게 실시간 생활 데이터를 수집하고 처리할 수 있다.

② 피지컬 컴퓨팅은 일반적인 컴퓨터보다 확장된 개념으로, 디지털 기술 및 장치를 이용하여 현실 세계와 컴퓨팅 장치가 상호작용하도록 만든 시스템이다.

③ 피지컬 컴퓨팅을 활용한 데이터 수집과 처리 과정: 피지컬 컴퓨팅을 활용하여 온도, 빛, 압력 등과 같은 데이터를 수집하고, 수집된 데이터를 처리하여 원하는 형태의 자료를 구성한 후 디스플레이, 음향, 다이오드 등과 같은 장치로 출력한다.

플러스 강의 ➕ 피지컬 컴퓨팅 시스템의 구성 요소

마이크로컨트롤러(MCU, Micro Control Unit)
컴퓨터의 중앙 처리 장치에 해당하는 마이크로프로세서와 입출력 단자를 하나의 칩으로 만들어 정해진 기능을 수행하는 장치이다.

❶ 피지컬 컴퓨팅은 소리, 빛, 열 등의 신호를 센서로 입력받고, 이를 디지털화하여 발광 다이오드, 모니터 등의 다양한 장치로 결과를 출력하는 기술이다. 피지컬 컴퓨팅 장치는 크게 입력 장치와 처리 장치, 출력 장치로 구성된다. 처리 장치 역할을 하는 마이크로컨트롤러는 입출력 장치 사이에서 디지털 신호를 처리하는 역할을 한다.

❷ 마이크로컨트롤러는 입출력 장치와의 연결, 프로그래밍이 편리하도록 보드로 제작되어 활용되며, 마이크로컨트롤러 보드는 하나의 회로 기판에 입출력 장치, 연산 장치, 기억 장치, 통신 장치를 통합한 컴퓨터이다. 대표적인 마이크로컨트롤러 보드에는 아두이노와 마이크로비트가 있다.

2. 과학 기술 사회와 빅데이터

(1) **빅데이터**: 현대 사회에서는 다양한 분야에서 방대한 양의 데이터를 실시간으로 빠르게 수집하여 디지털 형태로 저장하고 있다. 이렇게 방대한 양의 데이터 집합을 빅데이터라고 한다. 빅데이터는 기존 데이터에 비해 양이 많고 종류가 다양하며, 처리 능력이 빠르다.

① 빅데이터의 형태: 수치 자료뿐 아니라 글, 영상, 음성 등 그 형태가 매우 다양하다.

② 빅데이터의 축적: 빅데이터는 센서, 관측소나 인공위성과 같은 실험 장비나 누리 소통망, 인터넷 검색 기록 등의 생활 속 다양한 정보에서 얻을 수도 있다.

(2) **일상생활에서 빅데이터의 활용**: 빅데이터는 다양한 분야에 활용되어 여러 변수가 얽힌 복잡한 문제를 빠르게 분석하여 해결할 수 있도록 한다.

빅데이터
대량의 데이터를 분석하여 새로운 가치를 찾아내는 행위나 기술을 의미하기도 하며, 빅데이터를 분석하고 저장하는 데에는 슈퍼컴퓨터와 인공지능 기술과 같은 과학 기술이 필요하다.

공공 데이터
모든 사람에게 공개되어 누구나 이용할 수 있는 빅데이터로, 이를 활용함으로써 직접 데이터를 수집하지 않고 데이터 처리 및 분석에 더욱 집중할 수 있다.

음식 주문 애플리케이션에서는 소비자의 행동을 분석한 빅데이터로 개인별 관심 제품을 추천한다.

언어 빅데이터를 활용해 외국어를 상황에 알맞게 번역한다.

건강 관련 내용 검색 빅데이터로 감염병 유행을 예측하고, 의료 데이터를 분석해 환자에게 맞춤형 의료 서비스를 제공한다.

교통량 분석 빅데이터로 실시간으로 대중교통 정보를 제공하고, 교통 카드 사용량 빅데이터로 새로운 노선 개설과 배차 시간 변경 등을 할 수 있다.

플러스 강의 ⊕ 빅데이터의 활용 분야

문화	교육	여행
TV 시청 플랫폼 등의 기업에서는 소비자의 검색 기록이나 관심사 등을 분석한 후 맞춤 정보를 제공한다.	학습자의 학습 분석으로 개별화된 맞춤 교육을 제공하고, 학생에게 적합한 진로를 진단한다.	여행자들의 선호도 빅데이터를 바탕으로 새로운 여행 상품이나 노선을 개발한다.

은행	농업	소방청
• 고객 개인의 성향을 분석하여 개별 맞춤 서비스를 제공한다. • 고객별 소비 빅데이터를 활용하여 상품 개발에 활용한다.	• 기상 정보를 활용하여 생산과 수확 계획을 수립한다. • 환경 정보 빅데이터로 식물이 성장하기에 적절한 환경을 제공한다.	• 빅데이터를 기반으로 구급 자원을 재배치한다. • 응급 환자 발생 시 출동 시간을 단축한다.

입자 충돌 실험은 물질을 구성하는 입자를 높은 속도로 가속하여 충돌시켰을 때 발생하는 현상을 관찰하여 우주의 기원, 입자의 특성 등을 연구할 때 활용된다. 입자 충돌 실험과 같은 대규모의 과학 실험은 많은 양의 자료를 생산해 빅데이터를 형성한다.

유전체

유전자, 염색체 등 생명체에 들어 있는 모든 유전 정보를 의미한다. 유전체는 유전자뿐만 아니라 유전자를 제어하는 다양한 요소들도 포함한다.

(3) 과학 기술 분야에서 빅데이터의 활용

과학 실험	기상 관측

오랜 기간 여러 과학자에 의해 수집된 빅데이터를 기반으로 개인이 수행하기 어려웠던 과학 실험을 수행하고, 기존 이론을 보완하거나 새로운 과학 지식을 쌓는다.	기상 관측소와 인공위성으로 수집한 빅데이터를 분석하여 일기 예보의 정확도를 높이고, 특정 지역이나 전 세계의 전체적인 기후 변화를 연구한다.
유전체 분석	신약 개발
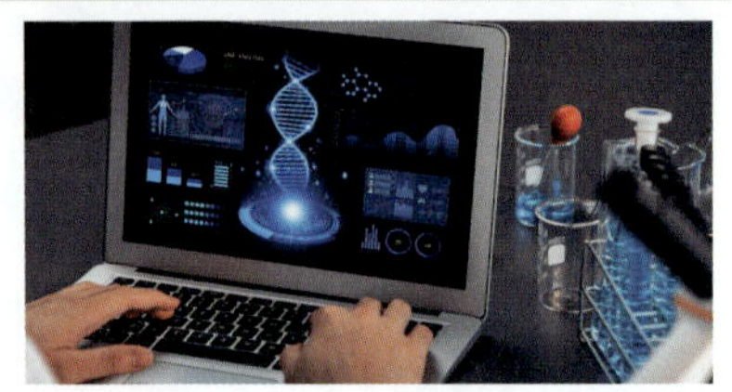	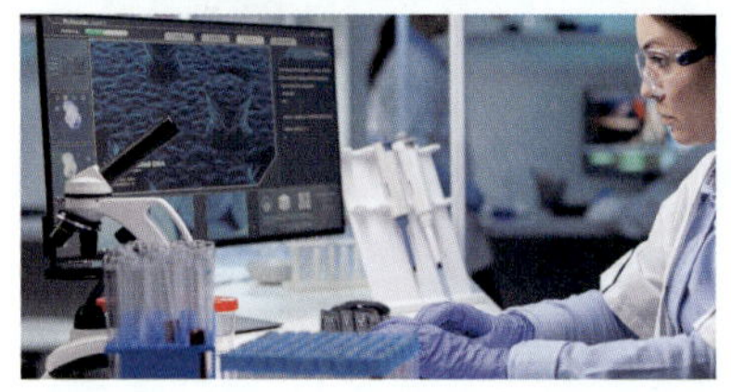
수많은 생물로부터 수집된 유전체에 대한 빅데이터를 분석하여 개인에게 발생 가능한 질병을 예측하고, 특정 유전자와 질병의 관계를 분석하여 유전적 특성에 맞는 치료제를 개발하며, 난치병 치료에 활용한다.	기존 질병을 치료할 때 사용한 의약품과 관련된 빅데이터를 분석하여 질병을 효과적으로 치료하거나 새로 발생한 질병을 치료할 수 있는 신약을 개발할 수 있고, 의약품을 효율적으로 합성하는 방법을 찾을 수 있다.

(4) 빅데이터의 문제점

① 개인 정보 유출: 빅데이터를 수집, 분석, 관리하는 과정에서 개인 정보가 유출되어 사생활 침해 등의 피해가 발생할 수 있다.

② 잘못된 결과 도출: 데이터의 품질과 분석 방법에 따라 *편향되거나 잘못된 결론을 도출할 수 있다.

③ 지나친 데이터 의존: 빅데이터는 양이 방대해 품질이나 정확성에 문제가 생기기도 하므로, 의사결정을 할 때는 빅데이터에만 의존한 판단을 지양해야 한다.

(5) 빅데이터를 바르게 활용하는 방법: 빅데이터를 활용하는 데 문제가 발생하지 않기 위해 민감한 정보의 보호와 관리에 주의해야 하며, 문제점을 정확히 인식하고 필요한 데이터를 선별하여 활용해야 한다.

✔ 중요 개념 체크

정답과 해설 92쪽

3. 다양한 분야에서 실시간으로 빠르게 수집되어 디지털 형태로 저장된 방대한 양의 데이터 집합을 (　　　)(이)라고 한다.

4. 빅데이터의 활용에 대한 설명으로 옳은 것은 ○, 옳지 않은 것은 ×로 표시하시오.

　(1) 빅데이터를 활용하여 개인이 수행하기 어려운 과학 실험을 수행할 수 있다. ———— (　　　)

　(2) 빅데이터를 활용할 때에는 항상 사생활 보호가 가능하다. ———————— (　　　)

[용어]

***편향**(偏 치우치다, 向 향하다) 한쪽으로 치우치다.

단백질을 이용한 감염병 진단하기

목표 | 단백질을 이용한 감염병 진단 기술을 체험하고, 과학의 유용성을 설명할 수 있다.

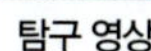

탐구 영상

과정 및 결과

❶ 4 홈판의 A~D 홈에 모의 항체를 각각 2방울씩 떨어뜨린 뒤 5분 동안 기다린다.

❷ A~D 홈에 표와 같이 시료를 넣은 뒤 5분 동안 기다린다.

A	B	C	D
감염병 음성 표준 시료	감염병 양성 표준 시료	사람 1의 시료	사람 2의 시료

❸ 4개의 홈에 검출 시약을 2방울씩 떨어뜨린 뒤 5분 동안 기다린다.

❹ 4개의 홈에 진단 반응 시약을 2방울씩 떨어뜨린 뒤 색 변화를 관찰한다.

4개의 홈에 시약을 넣고 5분을 기다리는 까닭

항원과 항체가 결합하는 반응이 일어나고 어느 정도 완결될 때까지 시간이 필요하기 때문이다.

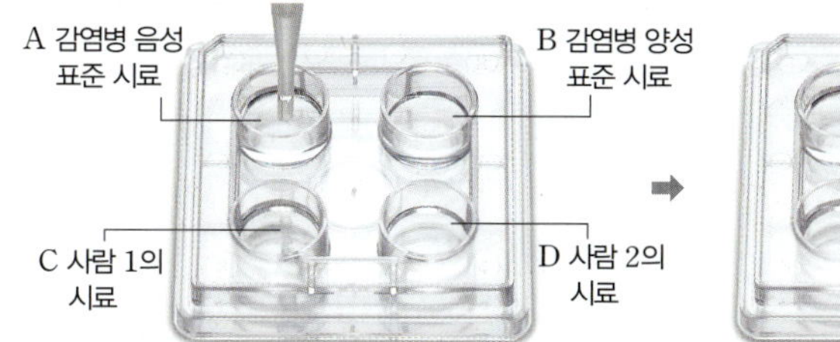

➡ 감염병 양성 표준 시료와 사람 2의 시료 색이 변했다.

정리

- 병원체의 특정 단백질이 진단에 사용한 항체와 결합하면 색이 변한다. ➡ 감염병에 걸린 사람은 사람 2이다.
- 감염된 사람의 시료의 색 변화로 감염병을 빠르게 진단할 수 있다.

탐구 확인 문제

정답과 해설 92쪽

01 위 탐구에 대한 설명으로 옳은 것은 ○, 옳지 <u>않은</u> 것은 ×로 표시하시오.

(1) 항체가 특정 병원체의 항원과 결합하는 특징을 활용한 진단 방법이다. ―――――― (   )

(2) 감염병 음성 표준 시료에는 병원체가 들어 있지 않다. ―――――― (   )

(3) 사람 2의 시료에는 항원이 들어 있지 않다. ―――――― (   )

(4) 이 진단법은 분자 진단 기술에 해당한다. ―――――― (   )

(5) 중합효소연쇄반응(PCR)보다 빠르게 감염병 진단을 할 수 있다. ―――――― (   )

02 표는 감염병 진단 실험에서 홈판 ㉠~㉢에 모의 항체, 진단 시료, 검출 시약, 진단 반응 시약을 순서대로 첨가한 뒤의 결과를 나타낸 것이다.

홈	진단 시료	색 변화
㉠	감염병 양성 표준 시료	붉은색
㉡	감염병 음성 표준 시료	무색
㉢	사람 A의 시료	붉은색

(1) ㉠~㉢ 중 병원체의 단백질과 항체가 결합한 것을 모두 고르시오.

(2) 신속항원검사와 유전자증폭검사 중 위 탐구와 감염병 진단 원리가 같은 것을 쓰시오.

감염병 진단 기술의 원리

대표적인 감염병인 코로나바이러스감염증을 진단하는 기술에는 단백질을 이용하는 신속항원검사와 핵산을 이용하는 유전자증폭검사가 있다. 두 검사의 원리를 이해하면 정확도와 진단에 걸리는 시간 등의 차이점을 알 수 있고, 과학의 유용성을 이해할 수 있다.

1 단백질을 이용한 신속항원검사의 원리

병원체와 같이 체내로 들어와 면역반응을 일으키는 물질을 항원이라고 하고, 항원에 대항하여 몸속에서 만들어지는 단백질을 항체라고 한다. 특정 항체는 항원 결합 부위에 맞는 특정 항원과만 결합하는데, 이를 항원항체반응의 특이성이라고 한다.

신속항원검사는 항원인 병원체의 단백질과 항체가 결합하는 것을 이용한 진단 기술이다. 신속항원검사 도구에는 바이러스 항원과 결합하는 항체 1, 2와 대조군 항체가 사용된다. 검체 투입 부위에 시료를 넣으면 시료와 항체 1이 이동한다. 시료에 항원이 있는 경우 T선(검사선)에서는 항체 1과 결합한 항원이 항체 2와 결합해 색깔이 나타난다. 그리고 C선(대조선)에서는 항체 1이 대조군 항체와 결합하여 색깔이 나타난다. 따라서 바이러스에 감염된 경우에는 두 선에 모두 색깔이 나타나고, 감염되지 않은 경우에는 C선에만 색깔이 나타난다.

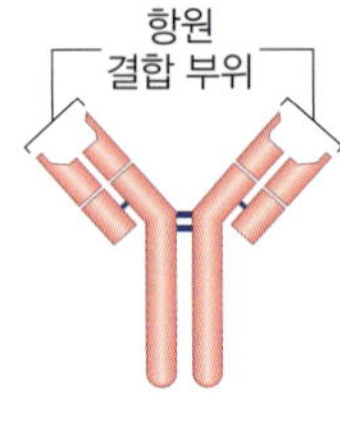

▲ 항체의 구조

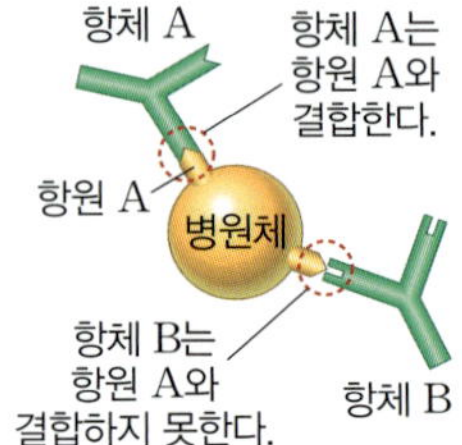

▲ 항원항체반응의 특이성

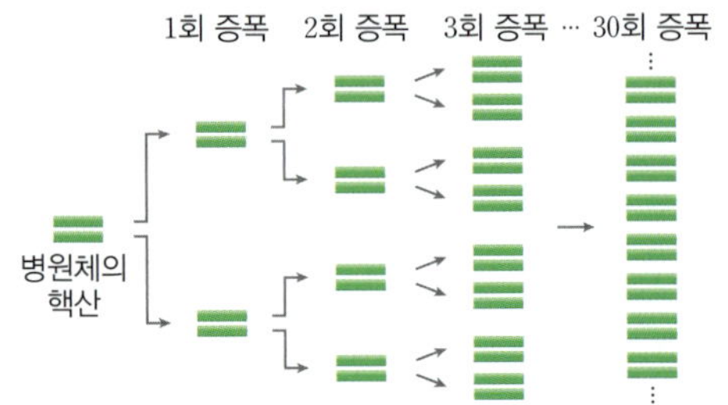

▲ 신속항원검사 도구에 사용된 항원과 항체

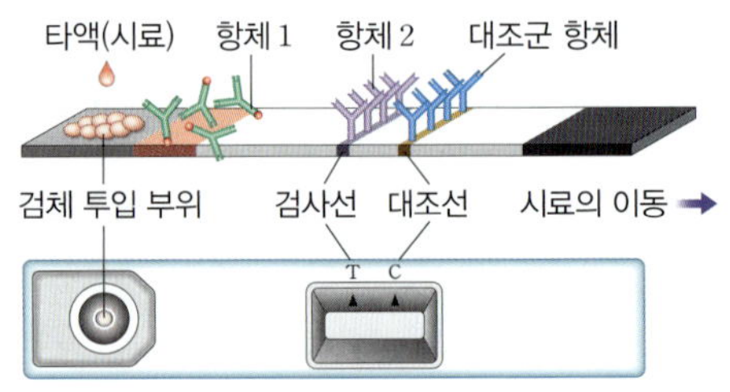

▲ 신속항원검사 도구의 구조

신속항원검사 도구에 사용된 항원과 항체의 특징

- 항체 1: 바이러스 항원과 결합하며, 붉은색을 띠는 입자가 붙어 있어 항체 1이 T선이나 C선에 모이면 붉은색이 나타난다.
- 항체 2: 검사선에 고정되어 있는 항체로, 바이러스 항원과 결합한다.
- 대조군 항체: 대조선에 고정되어 있는 항체로, 항체 1과 결합한다.

신속항원검사의 결과

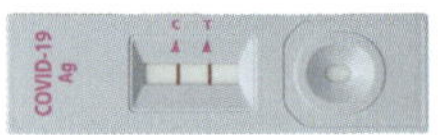

▲ 감염된 경우

▲ 감염되지 않은 경우

2 핵산을 이용한 중합효소연쇄반응(PCR) 검사의 원리

PCR 검사는 병원체의 핵산을 직접 검출하여 감염병을 진단하는 방법이다. 병원체의 핵산에는 고유한 유전물질이 들어 있는데, 바이러스에 감염된 사람의 시료에는 매우 적은 양의 핵산이 포함되어 있어 검출이 어렵다. PCR 검사는 시료에 들어 있는 특정 유전물질을 여러 차례 복제(증폭)하여 진단하는 기술로, 시료에서 핵산을 추출하여 중합효소연쇄반응 장치에 넣으면 병원체의 핵산이 복제되어 병원체의 핵산을 검출할 수 있다. 만약 바이러스에 감염되지 않았다면 핵산이 검출되지 않는다.

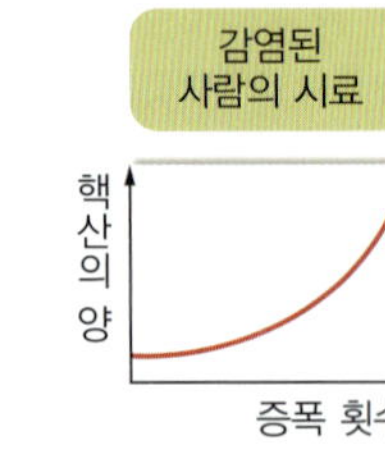

▲ 중합효소연쇄반응(PCR) 검사의 원리

교과서 속 START 내신 완성 문제

01 그림은 감염병을 일으키는 병원체를 나타낸 모식도이다. A와 B는 핵산과 단백질 중 하나이다.
이에 대한 설명으로 옳은 것만을 보기에서 있는 대로 고르시오.

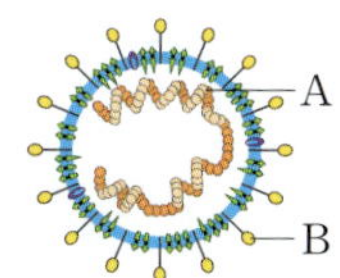

보기
ㄱ. 유전자증폭검사는 A를 증폭하여 감염 여부를 진단하는 기술이다.
ㄴ. 신속항원검사는 특정 B에 항체가 결합하는 특징을 이용한 진단 기술이다.
ㄷ. 병원체는 공기나 음식물 등 다양한 경로로 전염될 수 있다.

02 다음은 감염병을 진단하는 기술에 대한 설명이다.

서술형

병원체의 (　　　)에는 유전물질이 들어 있지만 양이 부족하여 검출하기가 쉽지 않다. 하지만 병원체의 (　　　)을/를 여러 차례 증폭하는 진단 기술을 활용하면 병원체에 대한 감염 여부를 진단할 수 있다.

(1) (　　) 안에 공통으로 들어갈 알맞은 말을 쓰시오.

(2) 위 감염병 진단 기술의 장점과 단점을 각각 설명하시오.

03 감염병을 관리하는 방법에 대한 설명으로 옳지 <u>않은</u> 것은?

① 과학 기술의 발전이 감염병 전파 경로 추적에 도움을 주었다.
② 인공지능 기술을 이용하여 감염병의 전파 경로를 예측할 수 있게 되었다.
③ 감염병 전파 경로를 추적하는 것은 감염병의 확산을 막기 위해서 필요하다.
④ 감염병 관리는 병원체의 특징을 파악하고 감염병 환자의 동선을 파악하는 과정을 포함한다.
⑤ 정보 통신 기술의 발전으로 여러 나라의 정보를 교환하게 되면서 감염병의 전파 경로 추적이 어려워졌다.

04 미래 사회의 문제와 과학 기술에 대한 설명으로 옳은 것만을 보기에서 있는 대로 고른 것은?

보기
ㄱ. 자연재해의 피해를 줄이기 위해 인공지능 기술을 활용할 수 있다.
ㄴ. 미래 사회에 발생하는 문제는 점점 다양하고 복잡해지므로 과학 기술로 해결하기 어렵다.
ㄷ. 과학 기술은 인류가 안전하게 생활하고 지속가능한 사회를 만드는 데 중요한 역할을 할 것이다.

① ㄱ　　　　② ㄷ　　　　③ ㄱ, ㄷ
④ ㄴ, ㄷ　　　⑤ ㄱ, ㄴ, ㄷ

05 다음은 미래 사회에서 발생할 수 있는 문제를 나타낸 것이다.

(가) 화석 연료가 고갈되어 에너지가 부족해진다.
(나) 지역과 시설 차이에 따라 교육 격차가 발생한다.
(다) 교통이 혼잡해지고 교통사고 발생 가능성이 높아진다.

(가)~(다)를 해결하기 위해 활용할 수 있는 과학 기술로 가장 적절한 것을 옳게 짝 지은 것은?

보기
ㄱ. 온라인 협업 도구를 활용한다.
ㄴ. 신재생 에너지 기술을 활용한다.
ㄷ. 인공지능을 활용하여 사고를 예측하고 통제한다.

	(가)	(나)	(다)
①	ㄱ	ㄴ	ㄷ
②	ㄱ	ㄷ	ㄴ
③	ㄴ	ㄱ	ㄷ
④	ㄴ	ㄷ	ㄱ
⑤	ㄷ	ㄱ	ㄴ

06 현대 사회에서 활용하는 실시간 생활 데이터에 대한 설명으로 옳지 <u>않은</u> 것은?

① 날씨 정보를 실시간으로 확인할 수 있다.

② 교통 정보를 토대로 원하는 목적지까지 걸리는 시간을 알 수 있다.

③ 심박수, 수면 패턴과 같은 데이터 측정으로 건강 상태를 확인할 수 있다.

④ 스마트 기기에 부착된 센서로도 수집이 가능하다.

⑤ 과학 기술이 발달해도 실시간으로 측정 가능한 생활 데이터의 종류와 양은 변하지 않는다.

07 다음은 실시간 생활 데이터를 수집하고 처리하는 시스템에 대한 설명이다.

> • 실시간 생활 데이터를 수집하고 처리하는 과정은 복잡하지만 (　　　) 기기를 활용하면 쉽게 데이터를 수집하고 처리할 수 있다.
>
> • (　　　)은/는 현실 세계와 컴퓨팅 장치가 상호작용하는 시스템으로, 센서로 데이터를 수집하고 처리하여 결과를 다양한 장치로 출력하는 기술이다.

(　　) 안에 공통으로 들어갈 알맞은 말을 쓰시오.

08 빅데이터에 대한 설명으로 옳지 <u>않은</u> 것은?

① 방대한 양의 데이터를 실시간으로 빠르게 수집하여 디지털 형태로 저장한 것이다.

② 빅데이터를 활용하면 문제 상황에 대한 다양한 예측이 가능하다.

③ 글, 영상, 음성 중 빅데이터에 해당하지 않는 자료의 형태는 영상이다.

④ 대량의 데이터를 분석하여 새로운 가치를 찾아내는 기술을 의미하기도 한다.

⑤ 센서, 과학 실험, 인터넷 검색 기록 등 생활 속 다양한 정보에서 얻을 수 있다.

09 그림 (가)는 신약을 개발할 때 빅데이터를 활용하는 모습을, 그림 (나)는 버스 배차 정보를 확인할 때 빅데이터를 활용하는 모습을 나타낸 것이다.

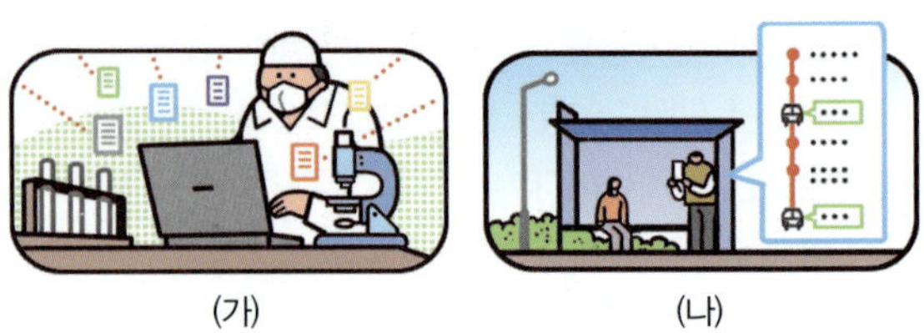

(가)　　　　　　　(나)

이에 대한 설명으로 옳은 것만을 보기에서 있는 대로 고른 것은?

> **보기**
>
> ㄱ. (가)에서 빅데이터를 활용하면 신약 개발 시간을 단축할 수 있다.
>
> ㄴ. (나)에서는 교통량을 분석하여 생성된 빅데이터를 활용한다.
>
> ㄷ. (가)와 (나)에서 활용되는 빅데이터가 생성되는 과정에서는 개인 정보가 철저하게 보호된다.

① ㄱ　　　　② ㄴ　　　　③ ㄱ, ㄴ

④ ㄴ, ㄷ　　　⑤ ㄱ, ㄴ, ㄷ

10 빅데이터를 활용할 때의 장점과 문제점에 대한 설명으로 옳은 것만을 보기에서 있는 대로 고른 것은?

> **보기**
>
> ㄱ. 과학 기술을 발전시켜 생활에도 편리함을 제공한다.
>
> ㄴ. 데이터의 품질과 분석 방법에 관계 없이 신뢰도 높은 결과를 도출할 수 있다.
>
> ㄷ. 정확하지 않은 데이터를 활용할 수 있으므로 데이터를 선별해서 활용해야 한다.

① ㄱ　　　　② ㄷ　　　　③ ㄱ, ㄷ

④ ㄴ, ㄷ　　　⑤ ㄱ, ㄴ, ㄷ

JUMP 도전 문제

01 다음은 감염병의 진단 원리를 체험하는 실험이다.

> [실험 과정]
> (가) 홈판의 홈 1~4에 모의 항체를 각각 2방울씩 넣고 5분 동안 기다린다.
> (나) 홈 1~4에 감염병 양성 표준 시료와 감염병 음성 표준 시료, 사람 A, B의 시료를 각각 넣는다.
> (다) 홈 1~4에 검출 시약과 진단 반응 시약을 넣는다.
> [실험 결과]
> 감염병 양성 표준 시료와 사람 A의 시료가 들어 있는 용액의 색은 변하였지만, 감염병 음성 표준 시료와 사람 B의 시료가 들어 있는 용액의 색은 변하지 않았다.

이에 대한 설명으로 옳은 것만을 보기에서 있는 대로 고른 것은?

> 보기
> ㄱ. 사람 A는 병원체에 감염되었다.
> ㄴ. 사람 B에는 항체와 결합할 수 있는 항원이 없다.
> ㄷ. 이 실험은 면역 진단 기술의 원리를 이용하였다.

① ㄱ   ② ㄴ   ③ ㄱ, ㄷ
④ ㄴ, ㄷ   ⑤ ㄱ, ㄴ, ㄷ

02 다음은 여러 가지 사회 문제를 나타낸 것이다.

> 자연재해, 기후 변화, 교육 격차 문제,
> 노동력 부족 문제, 에너지 부족 문제

이에 대한 설명으로 옳은 것만을 보기에서 있는 대로 고르시오.

> 보기
> ㄱ. 미래 사회에 나타날 수 있는 문제들이다.
> ㄴ. 기후 변화와 에너지 부족 문제는 화석 연료의 사용으로 해결할 수 있다.
> ㄷ. 인공지능 기술, 재생 에너지 기술, 빅데이터 기술 등 과학 기술의 복합적 활용으로 해결할 수 있다.

03 빅데이터가 활용되는 다양한 분야에 대한 설명으로 옳은 것만을 보기에서 있는 대로 고른 것은?

> ㄱ. 기업 – 고객의 성향을 분석하여 개별 맞춤 서비스를 제공하고, 상품 개발에 활용한다.
> ㄴ. 신약 개발 – 의약품과 관련된 데이터의 양이 많아져 신약 개발에 더 오랜 시간이 걸린다.
> ㄷ. 과학 실험 – 여러 과학자에 의해 수집된 데이터를 기반으로 기존 이론을 보완하거나 새로운 지식을 만든다.
> ㄹ. 유전체 분석 – 수집된 유전체에 대한 데이터를 분석하여 개인의 유전적 특성에 맞는 적절한 치료를 받을 수 있다.

① ㄱ, ㄷ   ② ㄱ, ㄹ   ③ ㄱ, ㄷ, ㄹ
④ ㄴ, ㄷ, ㄹ   ⑤ ㄱ, ㄴ, ㄷ, ㄹ

04 다음은 일상생활에서 빅데이터를 활용하는 예를 나타낸 것이다.

> • 온라인 쇼핑에서는 고객의 검색 기록, 구매 내역을 바탕으로 맞춤형 상품 정보를 제공한다.
> • 개인의 의료 데이터를 분석해 환자에게 맞춤형 의료 서비스를 제공한다.

이에 대한 설명으로 옳은 것만을 보기에서 있는 대로 고른 것은?

> 보기
> ㄱ. 개인 의료 데이터를 분석하는 과정에서는 개인 정보가 절대 유출되지 않는다.
> ㄴ. 빅데이터를 활용하면 쇼핑 시간을 단축할 수 있어 편리하다.
> ㄷ. 빅데이터를 분석하여 제공되는 정보들은 모두 신뢰할 수 있는 정보이다.

① ㄱ   ② ㄴ   ③ ㄱ, ㄷ
④ ㄴ, ㄷ   ⑤ ㄱ, ㄴ, ㄷ

02 과학 기술의 발전과 과학 윤리

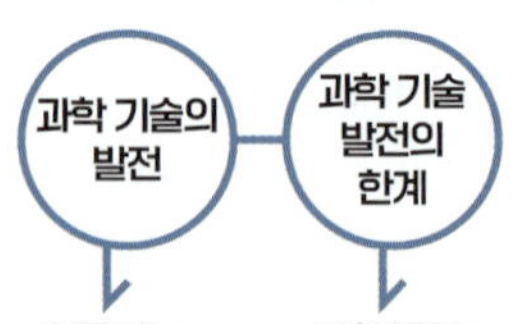

- 과학 기술의 발전
  - 인공지능 로봇
  - 사물 인터넷
- 과학 기술 발전의 한계
  - 과학 관련 사회적 쟁점
  - 과학 윤리

1 과학 기술과 인간의 삶

과학 기술의 발전으로 만들어진 인공지능 로봇과 사물 인터넷 등은 다양한 분야에 활용되어 인간의 삶과 환경을 개선하고 있다. 하지만 과학 기술의 발전에도 한계가 있으므로 대책을 파악하여 올바르게 활용해야 한다.

1. 과학 기술의 발전과 활용

과학 기술의 발전은 우리의 삶과 환경을 변화시키고 있다. 무선 통신 기술의 발달로 다른 사람과 편리하게 소통할 수 있고, 환경 문제를 해결하기 위해 신재생 에너지 기술을 활용하며, 의학 기술의 발달로 건강한 삶을 살 수 있다. 또 빅데이터를 학습하고 분석하는 기술을 바탕으로 *인공지능 기술이 다양하게 활용되고 있다.

2. 인공지능 로봇

(1) **초기의 로봇**: 대부분 산업용 로봇이었으며, 미리 설정한 명령만을 제한적으로 수행하였다.

(2) **인공지능 로봇**: 인공지능 기술을 이용하여 스스로 학습하고 판단하여 자율적으로 움직이고, 변화하는 상황에도 대응할 수 있는 로봇이다.

① 센서로 정보를 수집하여 주변 상황을 인식하고 입력된 명령을 수행하기 위해 판단을 내려 적절한 행동을 수행한다.

② 작업 환경이나 사용 목표에 따라 크기, 형태, 작동 방식을 달리하여 일상생활뿐만 아니라 산업 현장, 의료, 우주 탐사 등 다양한 분야에서 활용된다.

인공지능 기술

- 생성형 인공지능 기술: 학습한 데이터를 바탕으로 입력받은 명령어에 맞게 문서, 음악, 이미지, 영상 등의 콘텐츠를 생성한다.
- 예측형 인공지능 기술: 기존 데이터를 분석하여 미래 변화를 예측한다.

서빙 로봇
센서로 식당 구조를 파악하고 주문한 곳에 음식을 나른다.

안내 로봇
시설물 안내, 전시 정보 안내 등 사람들의 다양한 요구를 처리한다.

청소 로봇
센서로 집안, 도로, 회사 등의 구조를 파악하여 청소한다.

물류 로봇
창고나 공장에서 물건을 이송하고 분류하는 작업을 수행한다.

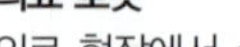

의료 로봇
의료 현장에서 수술, 재활, 약품 조제 등의 정밀한 의료 서비스를 제공한다.

소방 로봇
위험한 화재 현장에서 사람을 대신해 화재를 진압한다.

▲ 인공지능 로봇의 활용

 용어

＊ 인공지능(AI, Artificial Intelligence)
인간의 학습 능력, 추론 능력, 지각 능력을 컴퓨터에 인공적으로 구현한 기술이다.

③ *자율주행 자동차: 인공지능 기술을 활용해 자동차 스
스로 도로의 상태나 교통 상황을 감지하여 속력과 방
향을 조절하면서 최적의 경로로 목적지까지 운행한다.

자율주행 자동차　사람이 직접 운전 ▶
하지 않아도 스스로 움직인다.

3. 사물 인터넷(IoT, Internet of Things)

(1) 사물 인터넷

① 여러 가지 장치나 사물에 센서와 통신 기술을 내장하여 인터넷에 연결하고, 사물끼리 혹
은 사물과 사람끼리 정보를 교환하며 작업을 수행하는 기술이다.

② 사물 인터넷에 연결된 장치는 스스로 정보를 수집하고 교환하며, 스스로 작동하거나 사
용자가 스마트 기기 등을 이용하여 원격으로 조절할 수 있다.

(2) 사물 인터넷이 활용되는 사례

4. 과학 기술의 발전이 사회에 미치는 유용성과 한계

(1) 과학 기술 발전의 유용성

① 과학 기술은 미래 사회의 다양한 문제 상황에서 최적의 결과를 산출하는 데 유용하게 활용될 것이다.

② 의료, 산업 현장 등에서 근로자의 안전을 보장하면서 작업 효율과 생산성을 높일 수 있다.

③ 일상생활이 자동화되고, 스마트 기기 하나로 모든 가전제품을 조작할 수 있어 편의성이 증가한다.

④ 정보 통신 기술의 발전으로 시공간의 제약 없이 필요한 정보를 빠르고 쉽게 활용할 수 있으며, 매체 기술의 발전으로 문화 예술에 대한 접근성이 높아진다.

(2) 과학 기술 발전의 한계와 대책

해킹(hacking)
다른 사람의 컴퓨터 시스템에 무단으로 접근하거나 정보 시스템에 유해한 영향을 끼치는 행위이다. 컴퓨터 네트워크의 취약한 보안에 의해 발생할 수 있다.

한계	• 인공지능 로봇을 무분별하게 이용하면 로봇에 점점 의지하게 되어 인간의 삶에 필수적인 능력이 약해질 수 있다. • 새로운 과학 기술에 적응하지 못하는 상황이 발생하고, 세대 간 정보 격차와 소통 문제가 발생할 수 있다. • 인터넷과 정보 통신 기술을 활용할 때 해킹의 위험성이 크다. 따라서 개인 정보가 유출될 수 있다. • 익명성을 활용한 허위 사실 유포나 사이버 언어폭력 등의 문제가 발생할 수 있다. • 인공지능의 판단에 윤리적 문제가 발생할 수 있으며, 인공지능 기술을 활용한 창작물의 지식 재산권 문제가 발생할 수 있다. • 과학 기술이 발전함에 따라 예상치 못한 오염과 폐기물이 발생할 수 있다.
대책	과학 기술의 발전에 무조건 의존하기보다는 건전한 가치 판단에 따라 현명하게 이용해야 한다. 이를 위해 법률, 규제, 윤리 등 다양한 측면에서의 검토와 논의가 필요하며, 새롭고 창의적인 일자리를 개발하려는 노력이 필요하다.

▲ 인공지능 로봇과 사물 인터넷이 미래 사회에 미치는 영향

✔ 중요 개념 체크

정답과 해설 94쪽

1. 여러 가지 사물에 센서와 통신 기능을 내장하여 인터넷에 연결하는 기술을 (   )(이)라고 한다.

2. 과학 기술의 활용에 대한 설명으로 옳은 것은 ○, 옳지 않은 것은 × 로 표시하시오.

　(1) 사물 인터넷을 활용한 스마트팜은 작물에게 물과 영양분을 자동으로 공급해 작물의 성장에 최적의 환경을 만든다. ————————————————————— (   )

　(2) 인공지능 로봇의 사용은 인간의 삶에 긍정적인 영향만 준다. ————————— (   )

과학 기술의 발전으로 인간의 삶은 편리하고 풍요로워졌지만, 이와 동시에 사회, 윤리, 문화, 경제 등 다양한 측면에서 논쟁을 일으키기도 한다. 따라서 과학 기술을 개발하고 이용할 때는 과학 윤리를 준수해야 한다.

1. 과학 관련 사회적 쟁점(SSI, Socio−Scientific Issues)

(1) **과학 관련 사회적 쟁점**: 과학 기술의 사용은 정치, 사회, 경제 등 다양한 분야와 연관되어 있고, 사회 구성원들은 추구하는 가치에 따라 다양한 의견을 가지고 있기 때문에 다양한 사회적 쟁점이 발생한다. ➡ 각 쟁점이 가지고 있는 다양한 관점과 복잡한 상황을 이해하고 충분히 협의하여 합리적인 의사결정을 내리는 것이 중요하다.

(2) **과학 관련 사회적 쟁점의 예**

2. 과학 윤리

(1) **과학 윤리**: 과학 기술의 개발이나 이용 과정에서 발생할 수 있는 윤리적 문제와 앞으로 발생할 수 있는 잠재적인 문제에 대한 책임 의식이다. 과학 기술과 관련된 윤리 문제는 대부분 복합적으로 나타나므로 건전한 가치 판단을 토대로 책임감 있게 기술을 이용해야 한다.

(2) **과학 윤리를 지키는 예**

① 생명공학기술: 생명의 가치를 존중하고 연구를 위해 인간이나 동물이 도구로 무분별하게 희생되지 않도록 한다.

② 정보 통신 기술: 개인 정보가 유출되지 않도록 하며, 수집된 개인 정보가 개인의 동의 없이 사용되지 않도록 한다.

③ 인공지능 기술: 책임의 주체를 설정하고, 사용자가 작동을 제어할 수 있도록 한다.

✔ 중요 개념 체크

정답과 해설 94쪽

3. 과학 관련 사회적 쟁점에 대한 설명으로 옳은 것은 ○, 옳지 <u>않은</u> 것은 ×로 표시하시오.

(1) 과학 기술이 발달할수록 다양한 과학 관련 사회적 쟁점이 발생한다. ───── (　　　)

(2) 과학 관련 사회적 쟁점은 윤리적 측면을 고려하여 사회 구성원 간의 충분한 논의를 통해 최선의 결과를 이루는 것이 중요하다. ───── (　　　)

과학 관련 사회적 쟁점의 사례
- 극지방 개발
- 동물 실험
- 배아 연구 및 인간 복제
- 원자력 발전소

유전자변형 농산물(GMO)
특정 작물에 없는 유전자를 인위적으로 결합시켜 품종을 개발하는 유전공학적 기술을 유전자변형이라고 하고, 유전자변형을 한 농산물을 유전자변형 농산물이라고 한다.

과학 윤리의 중요성
과학 윤리를 지키면 문제가 발생하지 않고 장기적으로 과학 연구의 신뢰가 높아진다. 또 지속 가능한 생태계를 유지하는 데 도움을 준다.

연구 윤리
과학 기술을 연구하고 이용하면서 지켜야 할 원칙이나 행동 양식
- 정직성과 개방성
- 실험 대상에 대한 존중
- 지식 재산권 존중
- 상호 존중
- 사회적 책임

교과서 속 START 내신 완성 문제

01 과학 기술의 발전으로 인간의 삶과 환경이 개선된 예로 옳은 것만을 보기에서 있는 대로 고르시오.

> 보기
> ㄱ. 의학 기술의 발달로 건강한 삶을 살 수 있다.
> ㄴ. 빅데이터를 학습하고 분석하는 기술을 바탕으로 인공지능 기술이 발전하였다.
> ㄷ. 무선 통신 기술의 발달로 시간과 장소의 제약 없이 편리하게 다른 사람과 소통할 수 있다.

02 다음은 일상생활에서 활용되고 있는 과학 기술에 대한 설명이다.

> 스스로 판단하여 자율적으로 움직이고 변화하는 상황에도 대응할 수 있는 로봇으로, 센서로 정보를 수집하여 입력된 명령을 수행하기 위해 적절한 행동을 수행한다.

이에 대한 설명으로 옳지 <u>않은</u> 것은?

① 인공지능 기술이 활용된다.
② 주변 상황을 인식하고 판단할 수 있다.
③ 센서와 반도체 등의 과학 기술 발달로 등장했다.
④ 미리 설정한 명령만을 제한적으로 수행할 수 있다.
⑤ 사용 목적에 따라 크기, 형태, 작동 방식을 달리할 수 있다.

03 다음은 어떤 과학 기술에 대한 설명이다.

> 센서, 통신 기술을 내장한 사물이 인터넷에 연결되어 다른 사물이나 사람과 실시간으로 정보를 교환하며 작업을 수행하는 기술을 (　　　)(이)라고 한다. (　　　)에 연결된 장치는 스스로 작동하거나 사용자가 스마트 기기를 이용하여 원격으로 조절할 수 있다.

(　　) 안에 공통으로 들어갈 알맞은 말을 쓰시오.

04 그림 (가)와 (나)는 일상생활에서 다양하게 활용하고 있는 과학 기술의 사례를 나타낸 것이다.

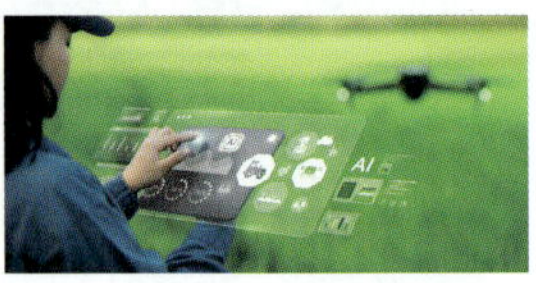

(가) 스마트 홈　　　　　(나) 스마트팜

이에 대한 설명으로 옳은 것만을 보기에서 있는 대로 고른 것은?

> 보기
> ㄱ. (가)와 (나)에서 모두 사물 인터넷을 활용한다.
> ㄴ. (가)에서 사물 인터넷이 적용된 기기는 사용자의 조작을 통해서만 작동한다.
> ㄷ. (나)에서는 스마트 기기로 농장의 환경을 관리할 수 있다.

① ㄱ　　　　② ㄴ　　　　③ ㄱ, ㄷ
④ ㄴ, ㄷ　　　　⑤ ㄱ, ㄴ, ㄷ

05 인공지능 로봇과 사물 인터넷이 사회에 미치는 영향에 대한 설명으로 옳은 것은?

① 사물 인터넷을 통해 개인 정보 유출을 방지할 수 있다.
② 인공지능 로봇에 의해 새로운 일자리가 크게 증가하게 된다.
③ 사물 인터넷 장치를 이용하면 해킹의 위험성이 줄어들게 된다.
④ 인공지능 로봇에 의지하게 되어 인간 스스로 노력하는 일이 줄어들게 된다.
⑤ 인공지능 로봇과 사물 인터넷을 활용하면 산업 현장에서 작업 효율이 낮아진다.

06 과학 관련 사회적 쟁점에 대한 설명으로 옳은 것만을 보기에서 있는 대로 고른 것은?

> 보기
> ㄱ. 과학 기술의 발전은 사회, 경제 등 다양한 분야와 연관되어 있어 발생한다.
> ㄴ. 생명체를 대상으로 하는 실험은 과학 관련 사회적 쟁점의 사례에 해당한다.
> ㄷ. 과학 관련 사회적 쟁점을 해결하기 위해서는 나와 같은 입장의 의견만 파악하면 된다.

① ㄱ ② ㄴ ③ ㄱ, ㄴ
④ ㄴ, ㄷ ⑤ ㄱ, ㄴ, ㄷ

07 [서술형] 다음은 과학 관련 사회적 쟁점 중 한 가지 사례를 설명한 것이다.

> 자율주행 자동차는 인공지능 기술을 활용해 자동차 스스로 교통 상황을 감지하여 운행한다.

자율주행 자동차의 이용으로 발생할 수 있는 문제점을 한 가지 설명하시오.

08 다음은 과학 윤리에 대한 세 학생의 대화이다.

제시한 의견이 옳은 학생만을 있는 대로 고르시오.

1등급 JUMP 도전 문제

01 인공지능 로봇과 사물 인터넷이 활용되는 예와 거리가 가장 먼 것은?

① 환자의 건강 상태를 실시간으로 모니터링한다.
② 자동차가 스스로 속력과 방향을 조절하여 운행한다.
③ 집 안의 조명, 온도를 원격으로 관리하고 제어한다.
④ 가전제품을 사용할 때 콘센트를 전원 장치에 연결한다.
⑤ 공장 내 재고 물량을 실시간으로 파악하여 효율적으로 제품을 생산한다.

02 다음은 신재생 에너지에 대한 설명이다.

> 신재생 에너지는 환경 오염의 주범인 온실 기체를 거의 배출하지 않는 친환경 에너지이다. 하지만 대표적인 신재생 에너지인 태양광 에너지 발전은 계절과 날씨에 따라 발전량이 달라지고, 발전소를 짓기 위해 넓은 면적이 필요하기 때문에 화석 연료를 완벽하게 대체하지 못하고 있다.

이에 대한 설명으로 옳은 것만을 보기에서 있는 대로 고른 것은?

> 보기
> ㄱ. 과학 기술의 발전 과정에서 발생하는 사회적 쟁점의 예이다.
> ㄴ. 신재생 에너지는 에너지 고갈 문제를 해결할 수 있는 친환경 에너지로 무조건적으로 개발해야 한다.
> ㄷ. 날씨에 영향을 받지 않을 수 있는 기술을 개발하고, 신재생 에너지의 문제점을 예방할 수 있는 정책을 마련해야 한다.

① ㄱ ② ㄷ ③ ㄱ, ㄷ
④ ㄴ, ㄷ ⑤ ㄱ, ㄴ, ㄷ

01 과학의 유용성과 빅데이터의 활용

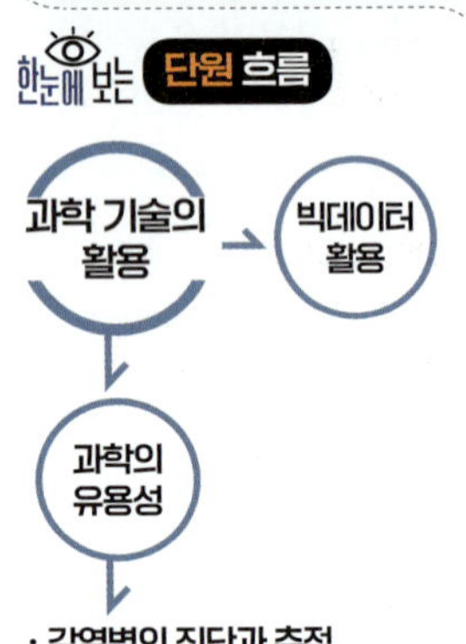

1. 과학의 유용성과 필요성

(1) 감염병의 진단 기술

면역 진단 기술	분자 진단 기술
• 항체가 특정 항원(병원체 표면의 (**1**))에 결합하는 특징을 활용하는 진단 기술 예 신속항원검사 • 신속하게 진단할 수 있다.	• 병원체의 유전자가 들어 있는 (**2**)을/를 직접 검출하는 진단 기술 예 중합효소연쇄반응(PCR) 또는 유전자증폭검사 • 감염 여부를 정밀하게 확인할 수 있다.

(2) 미래 사회의 문제와 해결을 위한 과학 기술의 예

기후 변화 문제	에너지 부족 문제	노동력 부족 문제	교통 문제
온실 기체를 제거하는 기술 활용	(**3**) 에너지 기술 활용	로봇을 이용한 자동화 공장 활용	(**4**) 기술을 활용한 교통 통제, 예측 시스템 개발

2. 빅데이터의 활용

(1) (**5**): 다양한 분야에서 실시간으로 빠르게 수집되어 디지털 형태로 저장된 방대한 양의 데이터

(2) 빅데이터의 활용

① 일상생활: 언어 빅데이터, 소비자 행동 분석 빅데이터, 교통량 분석 빅데이터 등을 활용한다.

② 과학 실험: 연구자 개인이 수행하기 어려운 실험이 가능해진다.

③ 기상 관측: 일기 예보의 정확도가 향상되며, 지구 전체적인 기후 변화 연구가 가능하다.

④ 유전체 분석: 개인에게 발생할 수 있는 질병이 예측 가능하며, 유전자에 맞춘 치료제를 개발할 수 있다.

02 과학 기술의 발전과 과학 윤리

1. 인공지능 로봇과 사물 인터넷

구분	인공지능 로봇	사물 인터넷
정의	(**6**) 기술을 이용하여 스스로 학습하고 판단하여 자율적으로 움직이고 변화하는 상황에도 대응할 수 있는 로봇	여러 가지 장치나 사물에 센서와 통신 기술을 내장하여 (**7**)에 연결하고, 사물끼리 혹은 사물과 사람끼리 정보를 교환하며 작업을 수행하는 기술
활용 사례	서빙 로봇, 청소 로봇, 자율주행 자동차 등	스마트 홈, 스마트팜, 스마트 공장 등
유용성	작업 효율을 높일 수 있으며, 일상생활이 자동화되고 사물을 사용하는 데 있어 편의성이 증가한다.	
한계	일자리가 부족해지고 개인 정보가 유출될 수 있으며, 인공지능 판단에 윤리적 문제가 발생할 수 있다.	

2. 과학 관련 사회적 쟁점과 과학 윤리

(1) 과학 관련 사회적 쟁점: 과학 기술의 사용은 다양한 분야와 연관되어 있으므로 다양한 사회적 쟁점이 발생한다.

예 자율주행 자동차 이용, 유전자변형 농산물 사용, 신재생 에너지 개발 등

(2) (**8**): 과학기술의 개발이나 이용 과정에서 발생할 수 있는 윤리적 문제와 앞으로 발생할 수 있는 잠재적인 문제에 대한 책임 의식이다.

수능 WALK 실전 대비 문제

수능 실전 2점

빈출

01 표는 감염병을 진단하는 방법을 나타낸 것이다.

구분	(가)	(나)
분석 대상	병원체의 단백질	병원체의 핵산
원리	항체가 특정 항원(병원체의 단백질)에 결합하는 특징을 활용하여 진단함	병원체의 핵산을 증폭하여 감염 여부를 진단함

(가)와 (나)에 해당하는 진단 기술을 옳게 짝 지은 것은?

	(가)	(나)
①	혈액검사	중합효소연쇄반응
②	신속항원검사	혈액검사
③	신속항원검사	중합효소연쇄반응
④	중합효소연쇄반응	혈액검사
⑤	중합효소연쇄반응	신속항원검사

02 다음은 미래 사회에서 발생할 수 있는 문제와 관련된 기사의 일부이다.

> 저출산 문제로 경제 활동이 가능한 인구가 줄어들고 있다. 노동 인구가 줄어들면 생산성이 감소하고, 경제 성장에 부정적인 영향을 미칠 수도 있다.

위의 미래 사회 문제를 해결할 수 있는 과학 기술의 예로 가장 적절한 것은?

① 신재생 에너지를 개발한다.
② 자율주행 운행 시스템을 개발한다.
③ 로봇을 이용한 자동화 공장을 개발한다.
④ 환경을 보호할 수 있는 제도를 마련한다.
⑤ 온라인으로 교육받을 수 있는 프로그램을 개발한다.

03 다음은 생활 데이터에 대한 설명이다.

> 현대 사회에서는 과학 기술의 발달로 다양한 데이터를 실시간으로 수집하여 처리하고 있고, ㉠ 실시간 생활 데이터를 ㉡ 생활에서 다양하게 활용하고 있다.

이에 대한 설명으로 옳은 것만을 보기에서 있는 대로 고른 것은?

보기
ㄱ. 실시간 날씨 정보는 ㉠에 해당한다.
ㄴ. ㉡의 예로 실시간 교통 데이터로부터 추천 경로를 확인하는 것이 있다.
ㄷ. 피지컬 컴퓨팅 기술이나 센서를 활용하면 쉽게 실시간 생활 데이터를 수집할 수 있다.

① ㄱ　　　② ㄷ　　　③ ㄱ, ㄴ
④ ㄴ, ㄷ　　　⑤ ㄱ, ㄴ, ㄷ

04 다음은 빅데이터에 대한 설명이다.

> 빅데이터는 방대하고 복잡한 데이터가 실시간으로 빠르게 수집되어 디지털 형태로 저장된 것으로, 기존 데이터에 비해 양이 많고 종류가 다양하므로 빅데이터를 분석하고 저장하는 데에는 (㉠)와/과 같은 과학 기술이 필요하다.

이에 대한 설명으로 옳은 것만을 보기에서 있는 대로 고른 것은?

보기
ㄱ. ㉠에는 인공지능 기술이 포함된다.
ㄴ. 소비자에게 개인별 관심 제품을 추천할 때 활용될 수 있다.
ㄷ. 빅데이터는 모두 정확한 정보이므로 별도의 검증 없이 활용해도 된다.

① ㄱ　　　② ㄷ　　　③ ㄱ, ㄴ
④ ㄴ, ㄷ　　　⑤ ㄱ, ㄴ, ㄷ

05 그림 (가)는 서빙 로봇의 모습이고, (나)는 스마트 시계의 모습이다.

(가)   (나)

이에 대한 설명으로 옳은 것만을 보기에서 있는 대로 고른 것은?

보기
ㄱ. (가)는 센서로 공간의 형태를 파악하여 음식을 나른다.
ㄴ. (나)는 반도체, 센서 등을 이용하여 건강 정보를 수집하고, 착용자의 건강 상태를 실시간으로 관리한다.
ㄷ. (가)와 (나)는 모두 실내에서만 조작할 수 있다.

① ㄱ   ② ㄷ   ③ ㄱ, ㄴ
④ ㄴ, ㄷ   ⑤ ㄱ, ㄴ, ㄷ

06 다음은 과학 윤리에 대한 설명이다.

> 과학 기술을 개발하거나 이용할 때 발생할 수 있는 윤리적 문제와 앞으로 발생할 수 있는 잠재적인 문제에 대한 책임 의식을 과학 윤리라고 한다. 과학 윤리를 지키면서 건전한 가치 판단을 토대로 책임 있게 과학 기술을 이용해야 한다.

과학 윤리를 준수하는 사례와 거리가 먼 것은?

① 생명과 관련된 실험에서 생명 존엄성을 존중한다.
② 연구 결과를 조작하거나 거짓으로 만들어 내지 않는다.
③ 임상 실험에서 참가자가 동의하지 않은 실험은 하지 않는다.
④ 전자 거래를 할 때 개인 정보가 유출될 수 있으므로 개인 정보를 이용하지 않는다.
⑤ 인공지능 기술을 활용할 때 책임의 주체를 설정하고, 사용자가 작동을 제어할 수 있도록 한다.

07 다음은 감염병이 발생했을 때 시행하는 감염병 확산 방지 대책에 대한 설명이다.

> (가) 감염병의 특징을 파악하여 백신과 치료제 등을 개발한다.
> (나) 여러 나라에서 분석한 유전 정보를 실시간으로 공유해 감염병의 유행 상황과 전파 경로를 추적한다.
> (다) 위성 위치 확인 시스템(GPS), 와이파이(WiFi), 카드 사용 내역 등을 활용해 감염자의 이동 경로를 파악한다.

이에 대한 설명으로 옳은 것만을 보기에서 있는 대로 고른 것은?

보기
ㄱ. 생명공학 기술의 발전으로 (가)의 과정이 빨라졌다.
ㄴ. 정보 통신 기술의 발전으로 (다)의 과정이 가능해졌다.
ㄷ. (가)~(다)의 과정으로 감염병의 유행 상황을 빠르게 파악하고 치료하는 것이 가능해졌다.

① ㄱ   ② ㄴ   ③ ㄱ, ㄷ
④ ㄴ, ㄷ   ⑤ ㄱ, ㄴ, ㄷ

08 미래 사회의 문제와 해결을 위한 과학 기술의 예를 옳게 짝지은 것만을 보기에서 있는 대로 고른 것은?

보기
ㄱ. 에너지 부족 문제 – 화석 연료 생산량을 늘려 화석 연료의 사용 비율을 높인다.
ㄴ. 교통 문제 – 교통 체증을 해결하기 위해 스마트 신호등을 활용해 교통을 통제한다.
ㄷ. 기후 변화 문제 – 화석 연료 사용에 따른 온실 기체를 줄이기 위해 탄소 포집 기술을 활용한다.
ㄹ. 교육 격차 문제 – 지역이나 시설에 따른 교육 격차를 해결하기 위해 온라인 협업 도구를 활용한다.

① ㄱ, ㄹ   ② ㄴ, ㄷ   ③ ㄷ, ㄹ
④ ㄴ, ㄷ, ㄹ   ⑤ ㄱ, ㄴ, ㄷ, ㄹ

09 그림은 빅데이터를 과학 분야에 활용하는 사례를 나타낸 것이다.

(가) 기상 관측　　　　　　(나) 유전체 분석

이에 대한 설명으로 옳은 것만을 보기에서 있는 대로 고른 것은?

보기
ㄱ. (가)는 인공위성과 관측소에서 수집한 빅데이터를 이용한다.
ㄴ. (나)는 빅데이터로 유전자와 질병의 관계를 분석할 수 있다.
ㄷ. (가)와 (나)에 빅데이터를 활용하면 복잡한 문제를 빠르게 분석하여 해결할 수 있다.

① ㄱ　　　　　② ㄴ　　　　　③ ㄱ, ㄷ
④ ㄴ, ㄷ　　　　⑤ ㄱ, ㄴ, ㄷ

10 다음은 로봇의 발전에 대한 내용이다.

초기의 로봇은 대부분 산업용이었고, 미리 설정한 명령만을 제한적으로 수행하였다. 과학 기술의 발전으로 인공지능 기술을 이용한 (㉠)이/가 등장하였고, (㉠)은/는 스스로 학습하고 판단하여 변화하는 상황에 대응해 다양한 역할을 수행한다.

이에 대한 설명으로 옳은 것만을 보기에서 있는 대로 고른 것은?

보기
ㄱ. ㉠은 센서를 통해 정보를 수집한다.
ㄴ. ㉠은 공장에서 물건을 옮기고 분류할 때 활용된다.
ㄷ. ㉠은 대형 쇼핑몰에서 매장의 위치 등 사람들의 요구를 처리할 때 활용된다.

① ㄱ　　　　　② ㄴ　　　　　③ ㄱ, ㄷ
④ ㄴ, ㄷ　　　　⑤ ㄱ, ㄴ, ㄷ

11 다음은 과학 기술 발전의 한계에 대한 내용이다.

(가) 개인 정보가 유출될 수 있다.
(나) 사람들의 일자리가 부족해질 수 있다.
(다) 인공지능 로봇에게 지나치게 의존할 수 있다.

이에 대한 설명으로 옳은 것만을 보기에서 있는 대로 고른 것은?

보기
ㄱ. (가)는 해킹으로 발생할 수 있다.
ㄴ. (나)를 해결하기 위해 창의적인 새로운 일자리를 개발해야 한다.
ㄷ. (다)의 결과 인간의 필수적인 기능이 강해진다.

① ㄱ　　　　　② ㄷ　　　　　③ ㄱ, ㄴ
④ ㄴ, ㄷ　　　　⑤ ㄱ, ㄴ, ㄷ

12 다음은 과학과 관련된 사회적 쟁점의 몇 가지 예를 나타낸 것이다.

(가) 동물 실험
(나) 극지방 개발
(다) 자율주행 자동차의 이용

이에 대한 설명으로 옳은 것만을 보기에서 있는 대로 고른 것은?

보기
ㄱ. (가)를 찬성하는 입장은 생명 존엄성에 대한 생명 윤리 문제를 근거로 제시한다.
ㄴ. (나)를 찬성하는 입장은 극지방의 자원 개발과 항로 개발의 필요성을 근거로 제시한다.
ㄷ. (다)를 반대하는 입장은 기술적 오류로 사고가 발생했을 때 발생하는 윤리적 문제를 근거로 제시한다.

① ㄴ　　　　　② ㄷ　　　　　③ ㄱ, ㄴ
④ ㄴ, ㄷ　　　　⑤ ㄱ, ㄴ, ㄷ

01 다음은 단백질을 이용한 감염병 진단 실험이다.

> [실험 과정]
> (가) 홈판의 홈 ㉠~㉣에 모의 항체를 2방울씩 넣는다.
> (나) 홈 ㉠~㉣에 다음과 같이 시료를 넣은 뒤 5분 동안 놓아둔다.
>
> | ㉠ | ㉡ | ㉢ | ㉣ |
> |---|---|---|---|
> | 감염병 음성
표준 시료 | 감염병 양성
표준 시료 | 사람 1의 시료 | 사람 2의 시료 |
>
> (다) 각 홈에 검출 시약과 진단 반응 시약을 순서대로 넣고 색 변화를 관찰한다.
>
> [실험 결과]
> 홈 ㉡과 ㉣에서는 색이 변하였지만, 홈 ㉠과 ㉢에서는 색이 변하지 않았다.

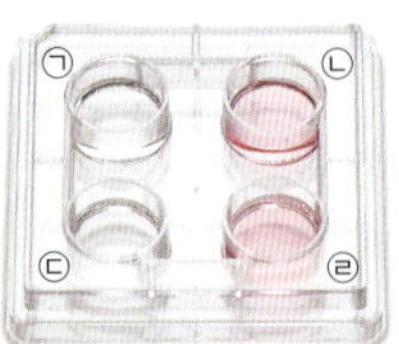

(1) 위 실험에서 사람 1과 사람 2 중 감염병에 걸린 사람을 쓰시오.

( )

(2) 위 실험에서 감염병 진단에 활용한 과학 기술을 오른쪽 단어를 모두 사용하여 설명하시오.

> 병원체, 항체, 단백질

---

02 다음은 미래 사회에 발생할 수 있는 문제 해결을 위한 과학 기술에 대한 설명이다.

> 기존의 화석 연료를 재활용하거나 태양, 바람, 물 등 재생 가능한 에너지를 변환하여 이용하는 에너지이다.

위의 과학 기술을 활용해 해결할 수 있는 미래 사회 문제를 다음에서 모두 골라 쓰고, 그 까닭을 설명하시오.

> 환경 오염, 교육 격차, 교통 혼잡, 에너지 부족

단계별로 배경 지식 쌓기

Step ❶ 문제 분석하기
진단 실험에서 감염병 양성 표준 시료와 음성 표준 시료의 변화로부터 병원체에 감염되었을 때 나타나는 실험 결과를 파악한다.
➡ ( )

Step ❷ **Key Word** 찾아 답안 작성하기
• 감염병 진단 기술에는 (❶)을/를 직접 검출하는 기술과 (❷)와/과 항체가 결합하는 것을 이용하여 검출하는 기술이 있다.

Key Word
❶ ______________ ❷ ______________

단계별로 배경 지식 쌓기

Step ❶ 문제 분석하기
( )은/는 화석 연료를 대체할 수 에너지원으로, 재생 가능한 에너지를 변환하여 이용하는 에너지이다.

Step ❷ **Key Word** 찾아 답안 작성하기
• 신재생 에너지는 화석 연료 고갈에 따른 (❶) 부족을 해결할 수 있고, (❷)의 사용으로 발생하는 온실 기체의 양을 줄일 수 있다.

Key Word
❶ ______________ ❷ ______________

03 그림은 과학 기술을 일상생활의 다양한 분야에서 활용하고 있는 사례이다.

▲ 스마트 의료

▲ 스마트 홈

(1) 위의 분야에서 공통으로 활용하는 과학 기술을 쓰시오.

(   )

(2) (1)에서 답한 과학 기술이 사회에 미치는 유용성과 한계를 각각 한 가지씩 설명하시오.

Step **1** 문제 분석하기

(　　　　)은/는 여러 가지 장치나 사물에 센서와 통신 기술을 내장하여 인터넷에 연결하고, 사물끼리 혹은 사물과 사람끼리 정보를 교환하며 작업을 수행하는 기술이다.

Step **2** Key Word 찾아 답안 작성하기

• 사물 인터넷은 스마트 기기 하나로 집안의 가전제품을 조작할 수 있어 (**1**)이/가 증가한다.

• 사물 인터넷은 대부분 인터넷에 연결되어 있으므로 (**2**)의 위험성이 커 개인 정보가 유출될 수 있다.

KeyWord

1 ....   **2** ....

---

04 다음은 과학 기술의 발전으로 나타난 사회적 쟁점에 대해 설명한 글이다.

생명공학 기술이 발달함에 따라 유전자 편집 기술이 다양한 분야에서 활용되고 있다. 유전자변형 농산물은 유전자를 인위적으로 분리하고 결합하여 해충에 강하고, 영양 성분을 대량 함유하고 있다.

(1) 유전자변형 농산물을 이용할 때 발생하는 긍정적인 영향과 부정적인 영향을 한 가지씩 설명하시오.

---

(2) 위와 같은 과학 관련 사회적 쟁점을 해결하기 위한 올바른 태도에 대해 설명하시오.

Step **1** 문제 분석하기

제시된 글을 통해 유전자변형 농산물의 장점과 단점을 파악한다.

장점	(　　　　　)
단점	안전에 대한 문제가 발생할 수 있다.

Step **2** Key Word 찾아 답안 작성하기

• 과학 관련 사회적 쟁점은 다양한 관점과 복잡한 상황을 이해하고, (**1**)을/를 바탕으로 건전한 가치 판단을 해야 한다.

KeyWord

1 ....

최상위 MASTER 도약 문제

---

01 다음은 감염병 진단 검사에 대한 설명이다. (가)와 (나)는 각각 중합효소연쇄반응(PCR), 신속항원 검사 중 하나이다.

> (가) 항체가 들어 있는 검사 도구에 검체를 떨어뜨리고 병원체의 단백질과 항체가 결합한 것을 확인하여 검출한다.
>
> (나) 검체에서 병원체의 핵산을 복제하고 증폭시키는 과정을 거친 후 병원체의 핵산을 직접 검출한다.

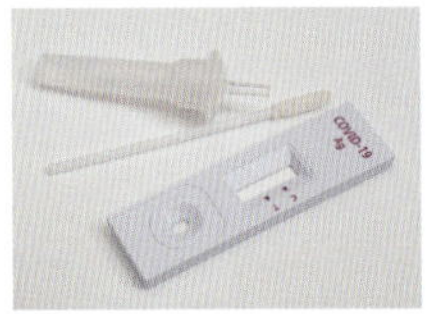

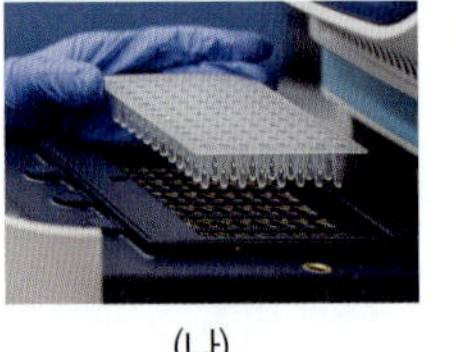

(가) (나)

이에 대한 설명으로 옳은 것만을 보기에서 있는 대로 고른 것은?

보기

ㄱ. (가)는 중합효소연쇄반응(PCR)이다.

ㄴ. 감염병 진단까지 걸리는 시간은 (나)가 (가)보다 길다.

ㄷ. (가)와 (나)의 검사 결과를 빅데이터로 처리하면 감염병의 전파 경로와 유행 상황을 추적할 수 있다.

① ㄱ   ② ㄴ   ③ ㄱ, ㄷ

④ ㄴ, ㄷ   ⑤ ㄱ, ㄴ, ㄷ

Solution Tip

분자 진단 기술에는 중합효소연쇄반응(PCR)이 있고, 면역 진단 기술에는 신속항원검사가 있다.

---

02 다음은 미래 사회에서 발생할 수 있는 문제에 대한 설명이다.

> 미래 사회에서는 인구가 도시로 집중되고 자동차 수도 크게 증가하여 도시 내 교통이 혼잡해지고 교통사고가 발생할 가능성이 증가할 것이다.

이에 대한 설명으로 옳은 것만을 보기에서 있는 대로 고른 것은?

보기

ㄱ. 과학 기술의 발전과는 관계가 없는 문제이다.

ㄴ. 문제를 해결하기 위해 스마트 신호등과 같은 인공지능 기술을 활용하여 교통을 통제한다.

ㄷ. 실시간 교통 데이터를 활용하여 수집한 교통 정보를 실시간으로 제공하면 교통 혼잡을 줄일 수 있다.

① ㄴ   ② ㄷ   ③ ㄱ, ㄴ   ④ ㄴ, ㄷ   ⑤ ㄱ, ㄴ, ㄷ

Solution Tip

교통 혼잡 문제를 해결하기 위해서는 인공지능 기술을 활용하는 교통 통제 시스템과 교통 예측 시스템을 개발해야 한다.

03 다음은 사물 인터넷이 활용되는 스마트 공장에 대한 설명이다.

스마트 공장에서는 인간이 직접 제품을 조립하거나 포장하지 않고 모든 과정이 자동으로 이루어진다. 스마트 공장 내부에서는 사물 인터넷으로 연결된 센서와 카메라가 여러 가지 데이터를 수집하고, ㉠ 수집된 대규모의 데이터를 분석하여 인공지능 로봇으로 공정을 점검하고 효율적으로 제품 생산이 이루어지도록 한다.

이에 대한 설명으로 옳은 것만을 보기에서 있는 대로 고른 것은?

보기

ㄱ. ㉠은 빅데이터 기술이 이용된다.

ㄴ. 스마트 공장에서는 자동화로 인해 공정 중간에 일어나는 일을 알 수 없다.

ㄷ. 스마트 공장에서는 근로자의 안전을 보장하면서 작업 효율을 높일 수 있다.

① ㄱ　　　　　② ㄴ　　　　　③ ㄱ, ㄷ

④ ㄴ, ㄷ　　　　⑤ ㄱ, ㄴ, ㄷ

Solution Tip

스마트 공장은 인공지능 로봇과 사물 인터넷을 이용하여 실시간으로 공장을 관리하고 효율적으로 제품을 생산한다.

04 다음은 과학 윤리의 사례를 나타낸 것이다.

(가) 개인의 정보가 유출되지 않도록 유의한다.

(나) (　㉠　)을/를 이용할 때 사용자가 작동을 제어할 수 있어야 한다.

(다) 생명의 존엄성을 존중하고, 인간이나 동물이 무분별하게 희생되지 않도록 해야 한다.

이에 대한 설명으로 옳은 것만을 보기에서 있는 대로 고른 것은?

보기

ㄱ. 인공지능 로봇이나 자율주행 자동차가 ㉠에 해당한다.

ㄴ. (가)는 빅데이터를 수집, 분석, 관리하는 과정에서 개인의 정보를 다룰 때 필요하다.

ㄷ. (다)는 생명공학 기술에서 필요한 과학 윤리이다.

① ㄱ　　　　　② ㄷ　　　　　③ ㄱ, ㄴ

④ ㄴ, ㄷ　　　　⑤ ㄱ, ㄴ, ㄷ

Solution Tip

빅데이터를 다루는 과정에서 개인 정보가 유출되어 사생활 침해가 발생할 수 있다.

신재생 에너지 개발과 사회적 쟁점

친환경 사회로 발돋움하기 위해 많은 나라들이 태양광 에너지, 풍력 에너지 등의 신재생 에너지를 개발하고 있다. 이에 따라 신재생 에너지 개발에 필요한 원자재의 수요가 증가해 경제적인 문제를 일으키고 있어 신재생 에너지 개발이 사회적 쟁점으로 떠오르고 있다.

통합과학2
Ⅱ-3. 에너지와 지속 가능한 발전
📍 신재생 에너지

❶ 신재생 에너지의 개발

현재 에너지 생산량의 대부분을 차지하는 화력 발전과 핵발전은 연료의 매장량이 한정적이며, 다양한 환경 문제를 일으킨다는 단점이 있다. 이를 대체하기 위해 많은 나라가 친환경적이면서 지속적으로 발전이 가능한 신재생 에너지 개발에 주목하고 있다. 신재생 에너지는 기존의 화석 연료를 변환하여 이용하거나 햇빛, 물, 바람, 해양 등의 재생 가능한 에너지를 변환하여 이용하는 에너지로, 태양광 에너지, 풍력 에너지, 수력 에너지, 지열 에너지, 조력 에너지 등이 있다.

통합과학2
Ⅲ-1. 과학과 미래 사회
📍 과학 관련 사회적 쟁점

❷ 신재생 에너지와 그린플레이션

그린플레이션(Greenflation)은 친환경을 뜻하는 '그린(green)'과 물가 상승을 뜻하는 '인플레이션(inflation)'의 합성어로, 친환경 정책에 따른 원자재 가격이 상승해 경제 전반에 걸쳐 물가 상승이 발생하는 현상을 의미한다. 신재생 에너지 개발을 위해서는 구리, 알루미늄, 니켈 등의 광물이 필요하다. 특히 태양광 패널이나 풍력 발전기의 경우 화력 발전에 비해 약 6배 많은 구리를 사용한다. 하지만 환경 규제 강화 등으로 인해

광물의 생산량이 줄어들어 원자재의 가격이 상승하고 있으며, 이에 따라 원자재를 사용하는 다른 제품의 가격도 상승하게 되어 전반적인 시장 물가를 높아지는 그린플레이션 현상이 발생하고 있다.

통합 사고력 문제

정답과 해설 99쪽

다음은 신재생 에너지에 대한 설명이다.

태양광 발전은 태양광 패널에서 태양의 빛에너지를 직접 전기 에너지로 전환한다. 풍력 발전은 바람을 이용해 발전기에 연결된 날개를 돌려 전기 에너지를 생산한다. 태양광 패널과 풍력 발전기 등의 발전 장치를 만드는 데에는 구리, 리튬, 알루미늄 등이 사용되며, 순수한 광물을 얻기 위해서는 제련 과정을 거쳐야 하므로 화석 연료의 소비가 필수적인 상황이 발생하기도 한다.

신재생 에너지의 사용으로 발생할 수 있는 사회적 쟁점의 예를 두 가지 설명하시오.

┤ 조건 ├
- 신재생 에너지의 긍정적인 측면을 화석 연료를 이용한 발전과 비교하여 설명할 것
- 신재생 에너지 개발로 인해 발생하는 물가 상승과 관련지어 설명할 것

주제 ❶ 신재생 에너지
신재생 에너지는 기존의 화석 연료를 변환하여 이용하거나 햇빛, 물, 바람, 해양 등의 재생 가능한 에너지를 변환하여 이용하는 친환경 에너지이다.

주제 ❷ 과학 관련 사회적 쟁점
신재생 에너지 개발은 친환경적이지만, 자연 조건에 따라 발전량의 변동이 크고 원자재로 사용하는 광물의 급격한 가격 상승을 유발한다는 문제점이 제기되기도 한다.

HIGH TOP

고등학교
통합과학 2

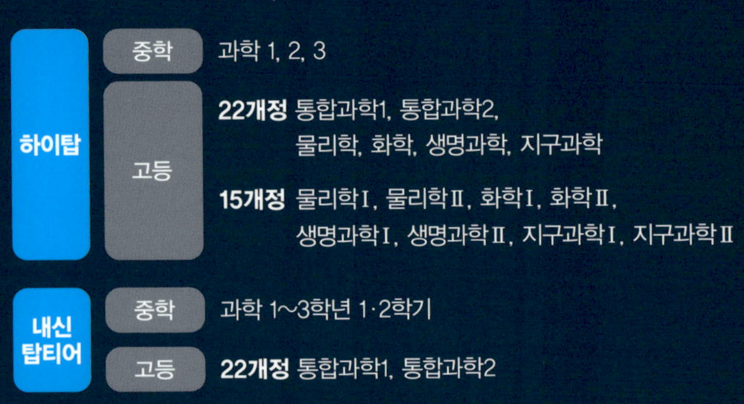

Telephone 1644-0600
Homepage www.bookdonga.com
Address 서울시 영등포구 은행로 30 (우 07242)

- 정답과 해설은 동아출판 홈페이지 내 학습자료실에서 내려받을 수 있습니다.
- 교재에서 발견된 오류는 동아출판 홈페이지 내 정오표에서 확인 가능하며, 잘못 만들어진 책은 구입처에서 교환해 드립니다.
- 학습 상담, 제안 사항, 오류 신고 등 어떠한 이야기라도 들려주세요.

HIGH TOP

과학 고수들의 필독서

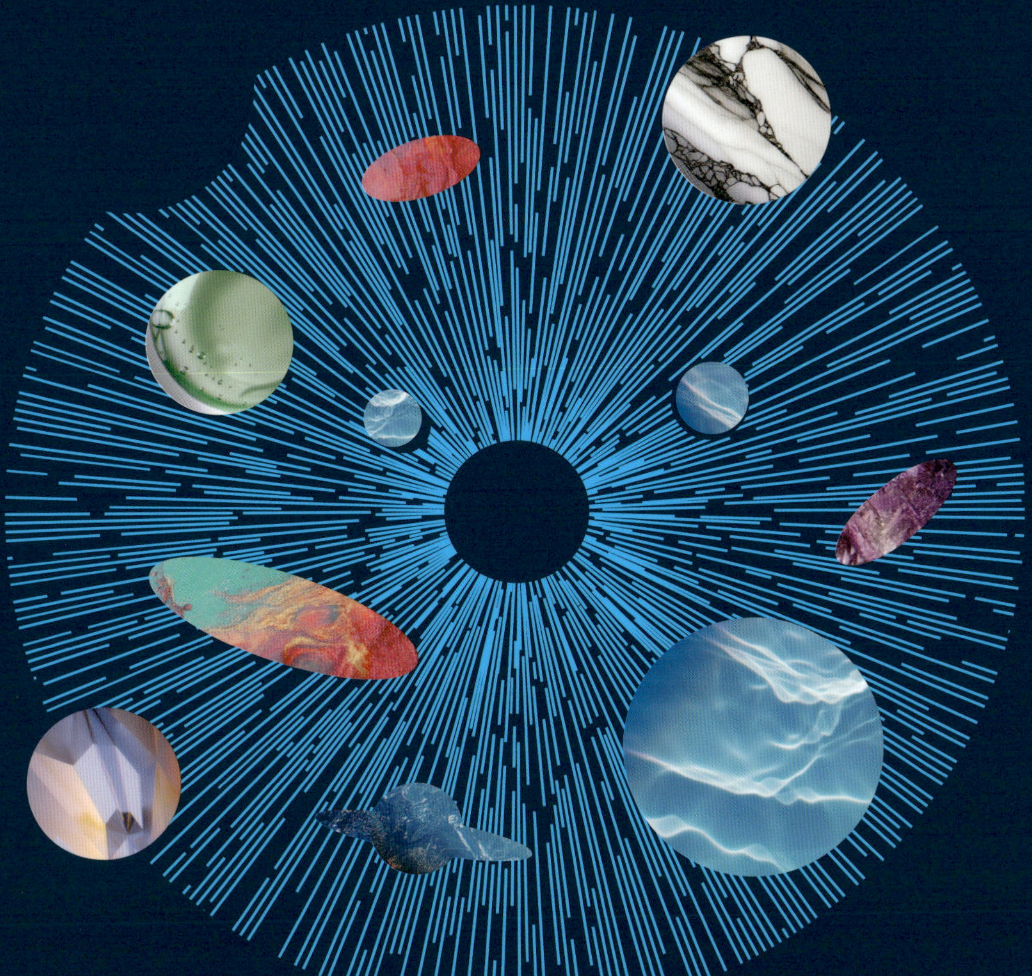

고등학교

하이탑 통합과학 2

정답과 해설

동아출판

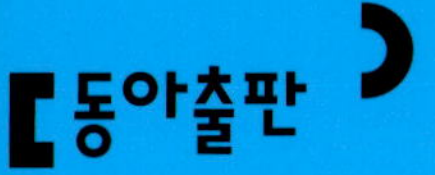

HIGH TOP

통합과학 2

정답과 해설

I 변화와 다양성

1 진화와 생물다양성

01 지질 시대의 환경과 생물

중요 개념 체크

11쪽	**1** 화석	**2** ㉠ 표준, ㉡ 시상	
12쪽	**3** 지질 시대	**4** 생물계	
15쪽	**5** 판게아	**6** (1) 중생대 (2) 고생대	
	(3) 선캄브리아시대 (4) 신생대		
16쪽	**7** ㉠ 5, ㉡ 고생대 말기		

2 화석을 이용하여 지층의 생성 시기, 지층의 생성 환경, 생물의 구조와 특징 및 진화 과정, 과거 대륙의 분포와 이동, 과거 바다와 육지 환경, 지층의 선후 관계 등을 알 수 있다. 지층의 생성 시기를 알려 주는 화석을 표준 화석이라 하고, 지층의 생성 환경을 알려 주는 화석을 시상 화석이라고 한다.

4 지질 시대는 지구 환경의 변화로 인한 생물계의 급격한 변화를 기준으로 구분한다. 지질 시대는 크게 화석이 거의 발견되지 않는 선캄브리아시대와 화석이 많이 발견되는 고생대, 중생대, 신생대로 구분한다.

5 판게아는 고생대 말기에 형성되어 중생대에 분리되기 시작하였다.

탐구 확인 문제 17쪽

01 (1) × (2) ○ (3) × **02** A: 수륙 분포 변화설(또는 화산 폭발설, 해양 무산소설), 삼엽충(또는 방추충), B: 소행성 충돌설(또는 화산 폭발설), 공룡(또는 암모나이트)

01 (2) 중생대 말의 퇴적층에서 이리듐(Ir)의 농도가 높게 나타난다. 이리듐은 지구에서 흔하지 않은 원소로, 운석에 풍부하게 포함되어 있어 소행성 충돌 증거로 볼 수 있다.
바로 알기 (1) 지질 시대 중 가장 큰 규모의 대멸종은 3차 대멸종 때 있었다.
(3) 대멸종이 일어난 직후에는 생물 과의 수가 감소하지만 이후 살아남은 생물들이 다양한 종으로 진화하여 생물다양성이 증가한다.

02 **자료 해석하기**

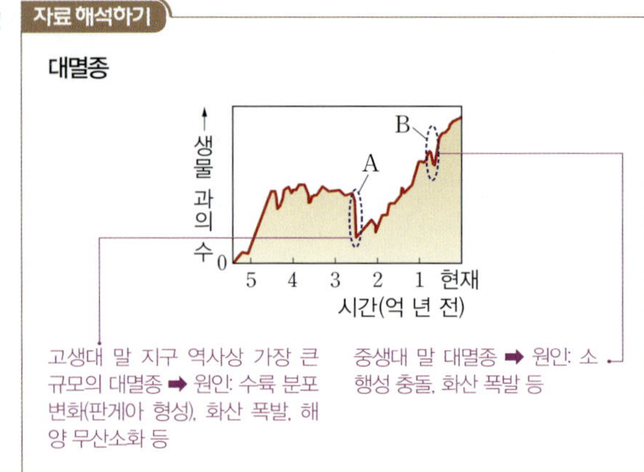

고생대 말 지구 역사상 가장 큰 규모의 대멸종 ➡ 원인: 수륙 분포 변화(판게아 형성), 화산 폭발, 해양 무산소화 등

중생대 말 대멸종 ➡ 원인: 소행성 충돌, 화산 폭발 등

A는 고생대 말인 약 2억 5200만 년 전에 일어난 대멸종으로, 지구에 있던 생물종의 약 90 % 이상이 멸종하였으며, 이 시기에 삼엽충, 방추충 등이 멸종하였다. B는 중생대 말인 약 6600만 년 전에 일어난 대멸종으로, 공룡, 암모나이트 등이 멸종하였다.

START 내신 완성 문제 20~22쪽

01 ④ **02** ㄴ, ㄷ, ㄹ **03** ⑤ **04** (1) ㄴ, ㄷ, ㅁ, ㅂ (2) ㄱ, ㄴ **05** ④ **06** A: 선캄브리아시대, B: 고생대, C: 중생대, D: 신생대 **07** ② **08** ⑤ **09** (다)-(가)-(라)-(나) **10** ④ **11** 해설 참조 **12** ③ **13** ② **14** ⑤ **15** ④ **16** ①

01 **바로 알기** ④ 생존 기간이 길고 좁은 지역에 걸쳐 분포하는 시상 화석을 이용하여 지층이 퇴적될 당시의 생성 환경을 추정할 수 있다. 지층의 생성 시기를 파악할 때는 생존 기간이 짧고 넓은 지역에 걸쳐 분포하는 표준 화석을 이용한다.

02 ㄴ. 화석으로 발견된 생물의 서식 환경을 통해 지층이 생성될 당시의 환경이 육지인지 바다인지 알 수 있다. 공룡, 매머드, 고사리, 참나무 잎 화석 등이 발견되면 지층이 생성될 당시 육지 환경이었음을 알 수 있고, 삼엽충, 암모나이트, 화폐석, 산호 화석 등이 발견되면 지층이 생성될 당시 바다 환경이었음을 알 수 있다. 또한 특정 화석 분포의 연속성을 연구하면 지질 시대의 수륙 분포를 추정할 수 있다.
ㄷ. 화석의 형태나 산출 상태를 조사하면 생물의 구조와 진화 과정을 추정할 수 있다.

ㄹ. 긴 기간 동안 좁은 면적에 분포한 생물의 화석인 시상 화석
은 특정 환경에 살았던 생물의 화석이므로, 이를 이용하여 지
층의 생성 환경을 알 수 있다.

바로알기 ㄱ. 화석 연구로 지층의 생성 원인은 알 수 없다.

03 ㄱ. 분포 면적이 좁고 생존 기간이 긴 A는 시상 화석으로 적합
하다.

ㄴ. 분포 면적이 넓고 생존 기간이 짧은 B는 표준 화석으로 적
합하므로 이를 이용하여 지층이 생성된 시대를 알 수 있다.

ㄷ. 삼엽충 화석은 고생대의 표준 화석으로 A보다 B에 적합
하다.

04 자료 해석하기

표준 화석과 시상 화석

보기

- 표준 화석: 지층의 생성 시기를 알려 주는 화석 → 공룡, 화폐
  석, 삼엽충, 암모나이트 화석
- 시상 화석: 지층의 생성 환경을 알려 주는 화석 → 고사리,
  산호 화석

(1) 공룡(ㄴ)과 암모나이트(ㅂ)는 중생대의 표준 화석이고, 화폐
석(ㄷ)은 신생대의 표준 화석이며, 삼엽충(ㅁ)은 고생대의 표준
화석이다.

(2) 고사리(ㄱ), 공룡(ㄴ)은 육지 환경에서 살았던 생물이므로,
고사리 화석과 공룡 화석이 발견되는 지층은 과거에 육지 환경
에서 퇴적되었다.

05 ④ 생물계는 지구 환경 변화의 영향을 크게 받으므로 생물종의
급격한 변화는 지구 환경이 급격하게 변했다는 것을 의미한다.
따라서 생물계(화석)의 종류가 크게 변하는 시기를 기준으로
지질 시대를 구분한다.

바로알기 ① 전체 지질 시대 중 선캄브리아시대가 약 88.2 %,
고생대는 약 6.3 %, 중생대는 약 4.1 %, 신생대는 약 1.4 %
를 차지한다.

② 선캄브리아시대는 생물의 개체수가 적었고, 생물의 대부분
이 단단한 껍질이나 뼈가 없었으며, 지각 변동을 많이 받았기
때문에 화석이 거의 발견되지 않는다.

③ 지질 시대는 선캄브리아시대, 고생대, 중생대, 신생대로 구
분한다.

⑤ 지질 시대는 지구가 탄생한 약 45.67억 년 전부터 현재까지
의 기간을 말한다.

06 지질 시대의 대부분은 선캄브리아시대가 차지하며, 고생대, 중
생대, 신생대로 갈수록 상대적 길이가 짧아진다.

07 ① 최초의 생명체는 선캄브리아시대의 바다에서 탄생하였다.

③ 중생대에는 화산 활동이 활발하게 일어나 대기 중 온실 기
체의 농도가 높아져 온실 효과가 증대되면서 빙하기 없이 전반
적으로 기후가 온난하였다.

④ 신생대의 육지에서는 단풍나무, 참나무 등의 속씨식물이 번
성하였다.

⑤ 신생대에는 포유류가 번성하였으며, 말기에 인류의 조상이
출현하였다.

바로알기 ② 선캄브리아시대에 최초로 광합성을 하는 남세균
이 출현하여 산소가 바다와 대기 중으로 방출되었다.

08 그림의 지질 시대는 생물이 주로 바다에서 생활하였던 선캄브
리아시대이다.

⑤ 선캄브리아시대 말기에 다세포생물이 출현하였고, 에디아
카라 생물군 화석으로 산출된다.

바로알기 ① 양치식물은 고생대에 번성하였다.

② 대기 중 산소 농도 증가로 오존층이 형성된 시기는 고생대
이다.

③ 고생대의 바다에서는 어류가 번성하였고, 육지에서는 양서
류, 대형 곤충류, 양치식물 등이 번성하였다.

④ 고생대 말기에 하나의 거대한 대륙인 판게아가 형성되었다.

09 (가) 고생대 말기에 흩어져 있던 대륙들이 하나로 모여 판게아
가 형성되었다.

(나) 신생대에는 바다에서 화폐석이 번성하였고, 육지에서 속씨
식물이 번성하였다.

(다) 선캄브리아시대에 최초의 광합성 생물인 남세균이 출현하
였고, 남세균의 점액질에 물속의 모래나 탄산칼슘과 같은 부유
물이 달라붙어 스트로마톨라이트가 최초로 형성되었다.

(라) 중생대에 파충류와 조류의 특징을 가진 시조새가 출현하
였다.

따라서 오래된 사건부터 시간 순서대로 나열하면 (다)-(가)-
(라)-(나)이다.

10 ④ 중생대(C)는 빙하기가 없고 전반적으로 온난했던 시기이다.

바로 알기 ① 지질 시대의 대부분을 차지하는 A는 선캄브리아시대, B는 고생대, C는 중생대, D는 신생대이다.

② 고생대(B)에는 생물이 육상으로 진출하였다. 생물이 바다에서만 생활하였던 시대는 선캄브리아시대(A)이다.

③ 파충류와 겉씨식물이 번성했던 시대는 중생대(C)이다.

⑤ 양치식물이 번성했던 시대는 고생대(B)이다. 신생대(D)에는 속씨식물이 번성하였다.

11 고생대에는 오존층이 형성되어 지표에 도달하는 강한 자외선을 차단하였으므로 생물이 바다에서 육지로 진출할 수 있었다.

모범 답안 B, 고생대에는 대기 중 산소 농도 증가로 오존층이 형성되어 지표에 도달하는 강한 자외선을 차단하였기 때문이다.

채점 기준	배점(%)
B를 쓰고, 오존층 형성과 자외선 차단을 모두 포함하여 까닭을 옳게 설명한 경우	100
B를 쓰고, 오존층이 형성되었기 때문이라고만 설명한 경우	80
B만 옳게 쓴 경우	30

12

ㄷ. (나)에서 판게아가 형성되면서 해안선의 길이가 감소하고 대륙붕의 면적이 감소하면서 생물의 서식지가 감소하였다. 이 시기에 해양 생물의 개체수가 크게 감소하였다.

바로 알기 ㄱ. 시간 순서대로 나열하면 (나)-(가)-(다)이다.

ㄴ. 히말라야산맥은 유라시아 대륙과 인도 대륙이 충돌하여 형성된 산맥으로, 신생대에 형성되었다.

13 (가)는 중생대, (나)는 신생대의 복원도이다.

ㄴ. 중생대에는 판게아가 분리되면서 대서양과 인도양이 형성되기 시작하였다.

바로 알기 ㄱ. 바다에서 삼엽충이 번성했던 시기는 고생대이다.

ㄷ. 대기 중 산소 농도 증가로 오존층이 처음 형성된 시기는 고생대이다.

14 ㄴ. 신생대 초기부터 중기까지는 대체로 온난하였으나, 말기에는 4번의 빙하기와 3번의 간빙기가 있었다.

ㄷ. 지구의 평균 기온이 상승하면 빙하의 융해와 해수의 열팽창으로 평균 해수면의 높이가 높아진다. 중생대 말기에는 온난하였으나 신생대 말기에는 한랭해졌으므로 중생대 말기에는 신생대 말기보다 평균 해수면의 높이가 높았을 것이다.

바로 알기 ㄱ. 중생대는 빙하기가 없었던 시기이다. 중생대를 제외한 각 지질 시대 말기에는 빙하기가 있었다.

15 ④ 대멸종 이후 살아남아 새로운 환경에 적응한 생물은 다양한 종으로 진화하여 생물다양성을 증가시켰다.

바로 알기 ① 지질 시대 중 대멸종은 총 5번 일어났다.

② 대멸종 시기에는 생물 과의 수가 급격히 감소한다.

③ 가장 큰 규모의 대멸종은 고생대 말기(3차 대멸종)에 일어났다. 이때 전체 생물의 약 90 % 이상이 멸종하였다.

⑤ 화산 폭발로 인한 화산재 분출과 온실 기체 증가는 지구 환경의 급격한 변화를 일으켜 대멸종의 원인이 된다.

16 ㄱ. (가) 시기는 고생대로, 고생대 말기에 지질 시대 중 가장 큰 규모의 대멸종이 일어났으며 이때 일어난 대멸종은 판게아 형성과 관련이 있다.

바로 알기 ㄴ. 해양 생물이 가장 많이 멸종한 시기는 3차 대멸종인 (가) 시기 말로, 이때 해양 생물의 대부분이 멸종하였다.

ㄷ. (다) 시기는 신생대로, 신생대 기간 동안 대멸종은 발생하지 않았으나, 신생대 말기에 빙하기와 간빙기가 반복되었다.

01 ①　　**02** ③　　**03** ⑤　　**04** 해설 참조

01

ㄱ. A의 삼엽충은 고생대, B의 화폐석은 신생대, D의 공룡 발
자국은 중생대의 표준 화석이다. 따라서 지층이 퇴적된 순서는
A → D → B이다.

바로 알기 ㄴ. 고사리는 온난 습윤한 육지 환경에서 서식한다.
따라서 C층은 따뜻하고 습한 육지에서 퇴적된 것이다.

ㄷ. 삼엽충과 화폐석은 모두 바다에서 살았던 생물이다. 따라
서 (가)의 지층이 퇴적될 당시에 이 지역은 바다 환경이었다.

02 (가)는 암모나이트, (나)는 화폐석이다.

ㄱ. 암모나이트와 화폐석은 모두 바다에서 번성하였다.

ㄴ. 암모나이트는 중생대의 표준 화석이고, 화폐석은 신생대의
표준 화석이므로 (가)는 (나)보다 먼저 출현하였다.

바로 알기 ㄷ. 암모나이트는 중생대 말기에 일어난 5차 대멸
종 시기에 멸종하였다.

03 자료 해석하기

지질 시대의 상대적 길이와 표준 화석

ㄱ. (나)의 매머드는 신생대(A)의 표준 화석이다.

ㄴ. 고생대(B)에 최초의 육상 생물이 출현하였다.

ㄷ. 중생대(C)에 판게아가 분리되었다.

04 대멸종은 지구 환경의 급격한 변화로 발생한다. 고생대 말기의
대멸종은 판게아의 형성, 화산 폭발로 인한 온실 효과, 해양 환
경의 변화 등 때문에 일어난 것으로 추정된다.

모범 답안 3차 대멸종, 해양 무산소설, 고생대 말에 형성된 지
층에서 산화되지 않은 철과 분해되지 않은 유기물이 쌓여 있는
층이 발견된다. (또는 화산 폭발설, 시베리아 지역에서 고생대
말에 발생한 대규모 화산 활동의 흔적이 발견된다. 수륙 분포
변화설, 고생대 말에 판게아가 형성되었다.)

채점 기준	배점(%)
3차 대멸종을 쓰고, 가설 및 증거를 옳게 설명한 경우	100
3차 대멸종만 쓴 경우	30

○2 자연선택과 진화

중요 개념 체크

28쪽	**1** ㉠ 변이, ㉡ 유전자	**2** 자연선택
30쪽	**3** 진화	**4** ㉠ 생존경쟁, ㉡ 자연선택

4 다윈의 자연선택설에서는 생물들 사이에서 먹이, 서식지, 배우
자를 차지하기 위해 생존경쟁이 일어나게 되며, 생존에 유리한
개체가 자연선택되어 더 많은 자손을 남기게 된다. 이러한 과
정이 오랜 세월 동안 진행되면 새로운 종이 출현하게 된다고
설명한다.

탐구 확인 문제   33쪽

01 (1) ○ (2) × (3) ○ (4) ○   **02** ②, ⑤   **03** 털실 구슬
의 다양한 색깔: 개체 사이의 변이, 도화지의 색깔: 환경

04 해설 참조   **05** ㄱ, ㄴ, ㄷ   **06** ⑤

01 흰색 도화지에 놓인 네 가지 색깔의 털실 구슬 중 흰색이 가장
눈에 띄지 않기 때문에 남아 있을 확률이 높으며 탐구 과정 중
남아 있는 흰색 털실 구슬의 비율은 점차 증가하게 된다. 흰색
도화지에서 노란색 도화지로 바꾸어 진행하게 되면 흰색 털실
구슬이 눈에 잘 띄게 되어 흰색 털실 구슬 수의 비율이 감소하게
된다.

02 ① 탐구에서 도화지는 환경을 나타낸다.

③ 같은 색의 털실 구슬을 남은 수만큼 더 올려놓는 것은 생존
한 개체가 자손을 남기는 것을 반영한 것이다.

④ 노란색 도화지에 남아 있는 노란색 털실 구슬은 눈에 잘 띄지
않아 흰색 도화지에 남아 있는 노란색 털실 구슬 비율보다 많다.

바로 알기 ② 손으로 집어내는 과정은 포식자에 의한 포식 등
생존경쟁에서 도태되는 과정을 나타내는 것이다.

⑤ 흰색 도화지를 노란색 도화지로 바꾸면 남아 있는 색깔별
털실 구슬 비율이 달라지게 되며 이는 환경이 바뀌면 자연선택
되는 형질이 달라짐을 의미한다.

03 털실 구슬의 다양한 색깔은 개체 사이의 형질의 차이인 변이
를, 도화지의 색깔은 환경을 의미한다.

04 환경에 잘 적응한 개체는 그렇지 않은 개체와의 먹이, 서식지
등을 두고 일어나는 생존경쟁에서 유리하다.

모범 답안 노란색 털실 구슬이 노란색 도화지에 많이 남아 있
는 것은 환경에 잘 적응한 개체가 생존경쟁에 유리함을 나타낸
것이다.

채점 기준	배점(%)
환경에의 적응과 생존경쟁을 모두 넣어 옳게 설명한 경우	100
환경에 잘 적응했다고만 설명한 경우	50

05 모형의 표면이 다양한 것은 개체 간의 형질 차이를 나타낸 것이다. 이런 모형을 제거하는 과정은 환경에 적응하지 못해 자연도태되는 과정을, 모형 수만큼 더해주는 과정은 살아남은 개체가 자손을 남기는 것을 반영한 것이다.

06 ㄴ. 빨강 구슬과 노랑 구슬의 의미는 같은 종 사이에서 나타나는 형질의 차이를 의미하며, 형질의 차이는 유전정보를 저장하고 있는 유전자의 차이에 의해 나타난다.
ㄷ. 환경에 적응한 개체가 자손을 더 많이 남기게 되는 것을 자연선택이라고 하며, 탐구를 진행함에 따라 특정 색깔의 구슬 수가 증가하게 되는 것은 이러한 자연선택을 나타낸 것이다.
바로 알기 ㄱ. 구슬은 같은 종을 의미하며, 색깔이 서로 다른 것은 같은 종 사이에서 나타나는 형질의 차이를 나타낸 것이다.

교과서속 START 내신 완성 문제

34~36쪽

01 ③ **02** ① **03** ㉠ 변이, ㉡ 자연선택 **04** ⑤
05 ④ **06** ② **07** ⑤ **08** ⑤ **09** (라) → (나) →
(가) → (다) **10** ③ **11** 해설 참조 **12** ② **13** ②

01 ㄷ. 생물의 진화는 오랜 세월 동안 일어나며 자연선택 등을 통해 환경에 적합한 몸 구조나 특성을 갖게 되는 현상이다.
바로 알기 ㄱ. 진화는 방향성이 없다.
ㄴ. 진화는 한 번만 일어나는 것이 아니라 환경에 따라 계속 일어날 수 있다.

02 ㄱ. 진화의 원동력이 되는 유전적 변이의 원인으로는 돌연변이와 유성생식이 있다. 돌연변이는 유전물질인 DNA에 변화가 생겨 부모에 없던 형질이 새로 생겨나는 것이며, 유성생식은 감수분열과 수정 과정에서 다양한 유전자 조합이 만들어지는 것이다.
바로 알기 ㄴ. 같은 형질을 가진 생물이라도 환경에 따라 자연선택될 수도 또는 되지 않을 수도 있다.
ㄷ. 자연선택은 환경에 적합한 생물만 살아남아 자손을 남기므로 자연선택된 형질의 유전자 비율은 증가한다.

03 다윈의 자연선택설에 따르면 생물이 살고 있는 환경 조건이나 먹이에 비해 많은 자손을 낳게 되는 과잉 생산이 일어나고, 같

은 종의 개체 중에서 다양한 변이를 가진 개체가 나타나고 이러한 개체들 사이에서 생존경쟁이 일어나게 되어 환경에 적합한 변이를 가진 개체가 살아남아 자손을 남기는 자연선택이 이루어진다. 이러한 과정이 여러 세대를 거쳐 반복되면 종의 분화가 일어나게 된다고 설명하였다.

04 갈라파고스 제도에 사는 핀치는 처음 핀치 무리 내에서 부리 모양에 다양한 변이가 나타났으며, 시간이 지나면서 각 섬의 먹이 형태에 적합한 부리 모양의 핀치들이 살아남게 되어 각 섬마다 다양한 부리 모양을 가진 핀치로 진화하게 되었다.

05 ㄴ, ㄷ. (나)는 다윈의 자연선택설이다. 다윈의 자연선택설은 개체들 사이에 다음 세대로 유전되는 변이가 발생해 다양한 목 길이를 가진 기린들이 존재하게 되고 생존경쟁과 자연선택을 통해 목이 긴 기린만 살아남았다는 이론이다.
바로 알기 ㄱ. (가)는 라마르크의 용불용설로, 모든 기린의 목은 처음에는 짧았으나 계속 사용하면서 목이 길어지게 되었다는 이론이다.

06 ㄴ. 항생제를 사용하지 않는 환경에서는 항생제 내성 세균의 개체수가 적으나 항생제를 지속적으로 사용하게 되면 항생제 내성 세균이 항생제 내성이 없는 세균보다 생존경쟁에서 유리하므로 자연선택되어 개체수가 늘어나게 된다.
바로 알기 ㄱ. 세균 집단 내에서는 처음부터 다양한 변이가 발생해 그 결과 항생제 내성 형질을 가진 세균이 출현하였다.
ㄷ. 항생제 사용을 중단하더라도 항생제 내성 세균은 존재한다.

07 자료 해석하기

자연선택설에 의한 기린의 진화 과정

다윈의 자연선택설에 의하면 기린 집단에서 많은 자손을 낳게 되면 변이가 발생해 다양한 목 길이를 가진 기린들이 태어난다. 이렇게 태어난 기린들 사이에서 생존경쟁이 일어나게 되고 높은 곳의 잎을 먹기에 유리한 목이 긴 기린들이 살아남아 많은 자손을 남기게 된다.

08 ㄱ. 살충제를 사용하는 환경에서는 살충제 내성이 있는 모기가 살충제 내성이 없는 모기보다 생존경쟁에 유리하기 때문에 개체 수가 증가하게 된다. 따라서 살충제를 사용한 환경은 (가)이다.

ㄴ. (나)는 살충제를 사용하지 않는 환경이지만 변이로 인해 다양한 형질이 존재하므로 개체군 내에서는 살충제 내성에 대한 변이가 있는 모기가 존재한다.

ㄷ. 환경이 변할 때는 환경에 적합한 개체만이 살아남게 되는 자연선택이 항상 일어나게 된다.

09 (가)는 환경에 적합한 변이를 가진 개체가 살아남아 자손을 남기는 자연선택 과정을, (나)는 다양한 형질을 가진 개체들 사이에서 먹이, 서식지를 차지하기 위해 일어나는 생존경쟁을 나타낸 것이다. (다)는 종의 분화 과정을, (라)는 생물이 살고 있는 환경 조건이나 먹이에 비해 많은 자손을 낳게 되는 과잉 생산과 같은 종의 개체들 중에서 다양한 변이를 가진 개체가 나타나는 변이를 의미한다. 자연선택설은 과잉 생산과 변이 → 생존경쟁 → 자연선택 → 종의 분화 순으로 진행되므로 진화 과정은 (라) → (나) → (가) → (다)이다.

10 ㄷ. 낫모양적혈구빈혈증 환자의 적혈구에서는 말라리아원충이 증식하지 못하므로 정상인보다 말라리아에 걸릴 확률이 낮다.

바로알기 ㄱ. 말라리아에 의해 낫모양적혈구빈혈증이 걸리는 것은 아니다.

ㄴ. 낫모양적혈구빈혈증은 DNA의 염기서열의 변화로 나타나는 유전병으로 다음 세대로 유전된다.

11

나방 집단의 자연선택

- 밝은 색깔의 지의류가 있을 때는 흰색 나방이 천적의 눈에 잘 띄지 않아 생존에 유리하다.
- 지의류가 없을 때는 나무줄기의 어두운 색깔과 유사한 검은색 나방이 천적의 눈에 잘 띄지 않아 생존에 유리하다.

지의류가 사라지게 되면 나무줄기의 어두운 색깔과 유사한 검은색 나방이 천적의 눈에 덜 띄게 되어 흰색 나방에 비해 살아남을 확률이 높아지게 된다. 이러한 자연선택 과정이 반복되면 이 지역에서는 검은색 나방 비율이 높아지게 된다.

모범 답안 | 지의류가 사라지게 되면 검은색 나방이 포식자인 새의 눈에 잘 띄지 않아 생존에 유리하여 자연선택된다. 그 결과 검은색 나방 비율이 높아진다.

채점 기준	배점(%)
검은색 나방이 포식자인 새의 눈에 잘 띄지 않아 생존에 유리하여 자연선택되는 과정을 모두 옳게 설명한 경우	100
검은색 나방이 생존에 유리하다고만 설명한 경우	50
검은색 나방의 수가 많아진다고만 설명한 경우	30

12 ㄱ. 흰색 날개를 가진 나비 집단에서 검은색 날개를 가진 나비가 생겨나는 것은 돌연변이와 같은 DNA 염기서열 변화 때문이다. DNA 염기서열이 변화하면 생성되는 단백질의 양과 종류가 변하게 되어 형질도 변하게 된다.

ㄴ. (나)에서 흰색 날개를 가진 나비와 검은색 날개를 가진 나비의 비율이 변하는 것은 자연선택과 같이 환경에 적합한 형질을 가진 개체가 살아남아 번식하기 때문이다.

바로알기 ㄷ. 생존경쟁에 유리한 형질은 환경에 의해 결정되기 때문에 환경이 바뀌면 현재 생존에 유리하여 자연선택된 검은색 날개 나비가 생존에 불리해질 수도 있다.

13

딱정벌레 집단에서 몸 색깔의 자연선택

딱정벌레 집단의 몸 색깔	산불이 일어나기 전	산불이 일어난 후
밝은색	60 %	10 %
어두운색	40 %	90 %

- 산불이 일어나기 전에는 밝은색의 몸 색깔을 가진 딱정벌레 개체의 비율이 어두운색의 몸 색깔을 가진 딱정벌레 개체보다 높다.
- 산불이 일어난 후에는 두 개체의 비율이 현저하게 달라져 어두운색의 몸 색깔을 가진 딱정벌레 개체의 비율이 훨씬 높다.
→ 산불로 인해 환경이 어두워지게 되었고, 변화된 환경에 맞춰 딱정벌레 집단에서 자연선택이 일어났다.

ㄱ. 산불이 일어난 후 밝은색과 어두운색의 딱정벌레의 비율이 변화하는 것은 환경의 변화에 따른 자연선택이 일어났기 때문이다.

ㄴ. 개체의 변이는 항상 존재하므로 산불이 일어나기 전에도 밝은색과 어두운색의 딱정벌레가 존재한다.

바로알기 ㄷ. 산불이 일어난 후 어두운색 딱정벌레 비율이 증가한 것은 천적인 새의 눈에 잘 띄지 않아 생존경쟁에서 유리하기 때문이다.

01 ㉠은 유전자이며, ㉡은 자연선택이다.

ㄱ. 같은 종 사이에서 다양한 형질이 나타나는 변이 중 유전적 변이는 유전자의 차이로 나타나며 자손에게 유전된다.

ㄴ. 유전적 변이는 돌연변이와 유성생식 과정에서 발생한다.

ㄷ. 여러 변이 중 환경에 유리한 변이를 가진 개체가 살아남아 더 많은 자손을 남기는 과정을 자연선택이라고 한다.

02 ㄴ. Ⅰ→Ⅱ 과정에서 항생제 사용이라는 환경에 유리한 항생제 내성 유전자를 가진 세균이 많이 살아남아 개체수가 증가하므로 자연선택이 일어났다.

바로알기 ㄱ. ㉠과 ㉡ 중 항생제 사용 후 수가 증가하는 세균이 항생제 내성 세균이므로, ㉡이 항생제 내성 세균이다.

ㄷ. 제시된 자료에서 Ⅲ보다 Ⅰ에서 항생제 내성이 없는 세균 수가 많음을 알 수 있다.

03 자료 해석하기

살충제 내성을 가진 해충의 자연선택

• 1 세대: DNA 염기서열에 변화가 생기는 돌연변이에 의해 형질이 다른 개체가 태어난다.
• 2 세대: 살충제를 살포하게 되면 살충제 내성이 없는 해충은 죽게 된다.
• 3 세대: 살충제 내성을 가진 해충의 비율이 증가하게 된다.

ㄴ. 살충제 내성 형질은 유전자의 변화로 인해 나타나는 형질로 살충제 내성을 가진 해충과 내성을 갖지 못한 해충과의 DNA 염기서열은 다르다.

바로알기 ㄱ. 살충제 사용과 상관없이 해충 집단 내에서는 처음부터 다양한 변이가 발생하였고 그 결과 살충제 내성 형질을 가진 해충이 출현하게 되었다.

ㄷ. 살충제를 살포하는 환경에서는 내성을 가진 해충이 생존에 유리하기 때문에 자연선택되어 개체수가 증가하게 되지만 천적이 새로 생겨나는 등 환경이 바뀌게 되면 생존에 유리한 형질도 바뀌게 되어 특정 형질을 가진 개체의 개체수도 변할 수 있다.

04 ㄴ, ㄷ. 시간이 지나면서 각 섬의 먹이 형태에 적합한 부리 모양의 핀치들이 자연선택되어 다양한 부리 모양을 가진 핀치로 진화하게 되었다.

바로알기 ㄱ. 갈라파고스 제도에 처음 살았던 핀치는 같은 종이었으나 핀치 무리 내에서 부리 모양에 다양한 변이가 나타난 것이다.

03 생물다양성과 보전

중요 개념 체크

40쪽	**1** 유전적 다양성
	2 ㉠ 많고, ㉡ 균등할수록
41쪽	**3** (1) ○ (2) ×
43쪽	**4** ㉠ 서식지 단편화, ㉡ 외래종 유입

2 종다양성은 생물종의 수가 많고, 각 종의 분포가 균등할수록 높다. 예를 들어 A종 10개, B종 10개, C종 10개가 서식하는 지역이 A종 5개, B종 25개가 서식하는 지역보다 종다양성이 높다.

3 (2) 열대우림 속 울창한 나무가 대기 중의 이산화 탄소를 흡수하고 산소를 방출한다. 이를 통해 대기 중의 기체 농도가 균형을 이루고, 공기가 정화된다.

4 서식지 단편화란 철도나 도로 등의 건설로 대규모의 서식지가 소규모로 나누어지는 현상으로, 서식지 단편화로 인해 서식지가 분리되면 생물이 다른 곳으로 이동하기가 어려워 생물다양성의 감소 원인이 된다. 외래종은 기존에 없던 새로운 종이 유입되는 것으로, 천적이나 질병이 없어 그 번식 속도가 빨라 고유종의 생존을 위협해 생물다양성을 감소시킨다.

01 ㄱ. 종다양성은 일정한 지역에 서식하는 생물종의 수와 각 종이 고르게 분포하는 정도를 의미한다.

ㄷ. 생태계다양성은 생태계 종류와 생태계를 구성하는 생물과 환경 등 구성 요소 간 상호작용의 다양성 정도를 의미하며 환경이 복잡할수록 다양한 생물이 서식하기 쉬우므로 생태계다양성이 높을수록 종다양성도 높게 나타난다.

[바로알기] ㄴ. 종다양성이 높을수록 생물종 수가 많아지므로 먹이그물도 복잡해진다.

02 학생 A. 달팽이 껍데기 무늬와 색깔이 개체마다 다양한 것처럼 한 생물종 내에서 다양한 형질이 나타나는 것은 유전적 다양성에 해당한다.

학생 C. 생물과 주변 환경과 같은 비생물 사이의 관계에 대한 다양성은 생태계다양성에 해당된다.

[바로알기] 학생 B. 한 품종을 대량으로 재배하는 농경지는 서식지에 살아가는 종의 수가 감소하게 되므로 종다양성은 감소하게 된다.

03 같은 종에 속하는 개체들 사이에서 나타나는 유전적 변이는 생물다양성의 요소 중 유전적 다양성에 해당한다. 특정한 환경의 서식지와 그 서식지에서 살아가는 다양한 생물종을 모두 포함하는 것은 생물다양성의 요소 중 생태계다양성에 해당한다.

04 ㄱ. 종다양성은 일정한 지역에 서식하는 생물종의 수와 각 종이 고르게 분포하는 정도를 의미하므로 서식지에 살고 있는 생물종 수가 가장 많고 각 종이 고르게 분포하고 있는 ㉠이 종다양성이 가장 높다.

ㄴ. 각각의 지역에서 B가 30, 60, 80으로 개체수가 가장 많다.

[바로알기] ㄷ. 종다양성이 높을수록 생태계가 안정적으로 유지될 수 있으므로 종다양성이 가장 높은 ㉠이 ㉢보다 생태계가 더 안정적으로 유지된다.

05 (가)는 종다양성, (나)는 생태계다양성을 의미하므로 (다)는 유전적 다양성에 해당한다.

ㄱ. 생물종 수가 많아질수록 먹이그물이 복잡해지므로 종다양성이 높을수록 먹이그물은 복잡해진다.

ㄴ. 생태계다양성은 생물요소와 비생물요소 사이의 관계에 대한 다양성을 포함한다.

ㄷ. 사람마다 눈동자의 색깔이 다른 것처럼 한 생물종 내에서 다양한 형질이 나타나는 것은 유전적 다양성에 해당한다.

06 ㄱ. (나)에서 메뚜기가 멸종하면 메뚜기를 먹고 사는 뒤쥐도 멸종하며, 그 결과 뒤쥐를 먹고 사는 수리부엉이도 멸종한다.

ㄴ. (가)가 (나)보다 생물종이 많으므로 종다양성은 (나)보다 (가)가 높다.

[바로알기] ㄷ. (가)와 같이 종다양성이 높으면 한 종의 생물이 멸종하더라도 다른 종이 그 역할을 대체할 수 있어 생태계평형을 유지할 수 있다.

07 ㄱ. 서식지의 다양성은 생태계다양성에 해당하며 생태계다양성은 어느 지역에 존재하는 생태계의 종류와 생태계를 구성하는 생물과 구성 요소 간의 상호작용도 포함한다.

ㄴ. 종다양성이 높으면 특정 종이 멸종하더라도 다른 종이 그 역할을 대체할 수 있어 생태계가 안정적으로 유지될 수 있다.

[바로알기] ㄷ. 유전적 다양성이 높으면 형질이 다양하게 나타나며, 변화한 환경에 적응할 수 있는 형질이 나타날 확률도 높아지므로 개체가 살아남을 확률도 같이 높아진다.

08 ㄱ. 생물다양성의 세 가지 요소는 유전적 다양성, 종다양성, 생태계다양성이다. 따라서 ㉠은 유전적 다양성이다.

ㄴ. 바지락 껍데기의 무늬가 다양한 것은 한 생물종 내에서 다양한 형질이 나타나는 유전적 다양성(㉠)에 해당한다.

ㄷ. 갯벌에 사는 생물종이 단일 작물을 키우는 농경지의 생물종보다 많으므로 종다양성이 높다.

09

생물 다양성의 세 가지 요소

(가) 종다양성	(나) 유전적 다양성	(다) 생태계다양성

여러 종의 생물	같은 종의 생물	생물＋비생물
종 수가 많고 개체수가 균등하면 종다양성이 증가한다.	변이로 인해 형질이 다양하면 유전적 다양성이 증가한다.	서식지가 다양하면 생태계다양성이 증가한다.

(가)는 일정한 지역에 서식하는 생물종의 다양성을 의미하는 종다양성, (나)는 같은 종에서 나타나는 다양한 형질을 의미하는 유전적 다양성, (다)는 서식지의 다양성을 의미하는 생태계다양성을 나타낸 것이다.

10 버드나무 껍질에서 해열 진통제인 아스피린의 주성분을, 푸른 곰팡이에서 페니실린을 얻을 수 있다.

[바로알기] ⑤ 열대우림을 이루고 있는 식물은 광합성을 통해 지구 온난화를 일으키는 온실 기체 중 하나인 이산화 탄소를 흡수한다.

11 ㄱ, ㄷ. 서식지 단편화가 일어나면 실제로 감소되는 면적은 작아도 상대적으로 가장자리의 길이와 면적이 늘어나므로 중앙 부분의 면적은 급격히 줄어든다. 따라서 가장자리에 사는 생물보다 중앙에 사는 생물의 피해가 더 크다.

[바로알기] ㄴ. 서식지 단편화가 일어나면 서식지가 줄어들어 생물종 수가 감소하므로 생물다양성도 낮아진다.

12 ㄱ. 제시된 표에 의하면 큰입배스가 도입되기 전보다 후에 종 G와 종 H가 사라지고 종의 균등한 분포 정도가 감소했음을 알 수 있다. 따라서 큰입배스가 도입된 후가 도입되기 전보다 종다양성이 낮아졌다.

[바로알기] ㄴ. 종다양성이 높을수록 생태계도 안정되므로 큰입배스 도입 전이 도입 후보다 생태계가 안정되어 있다.

ㄷ. 큰입배스가 도입된 후 먹이 관계를 구성하는 생물종 수가 감소하였다.

13 외래종은 대부분 새로운 서식지에 적응하지 못하지만 일부 종은 천적이나 질병이 없어 대량으로 번식하기도 한다. 뉴트리아, 황소개구리와 같은 종도 천적이나 질병이 없어 대량 번식을 하게 되었다. 그 결과 서식지의 고유종을 닥치는 대로 잡아먹는 등 먹이사슬과 서식지를 변화시켜 생물다양성을 감소시키고 생태계의 평형을 파괴한다.

[모범 답안] 천적이나 질병이 없기 때문이다.

채점 기준	배점(%)
천적과 질병을 모두 포함하여 설명한 경우	100
천적과 질병 중 한 가지만 포함하여 설명한 경우	50

14 ㄱ. 대표적 항생제인 페니실린은 푸른곰팡이로부터 얻는다. 이는 생물자원을 이용한 예에 해당한다.

ㄴ. 유전적 다양성이 높으면 형질이 다양하게 나타나며, 형질이 다양해질수록 전염병 등 급격한 환경 변화에 적응할 수 있는 형질이 나타날 확률도 높아지므로 멸종될 확률은 낮아진다.

ㄷ. 여러 나라에 걸쳐 서식하는 야생 동물 보호 등 생물다양성 유지를 위해서는 국가 간의 협력이 필요하다.

15 ㄴ. 야생 동물 보호 및 관리를 위해서는 개인의 노력도 필요하지만 서식지 보호, 생물 복원 사업 등을 위해 법률 제정을 통한 국가적 지원이 필요하다.

ㄷ. 보전된 생태계는 인간에게 휴식과 여가 장소로 이용된다.

[바로알기] ㄱ. 야생 동물을 대량으로 포획하는 남획 등은 생물 수를 감소시키거나 심한 경우 멸종 위기에 처하게 하므로 생물다양성을 감소시키는 행위에 해당한다.

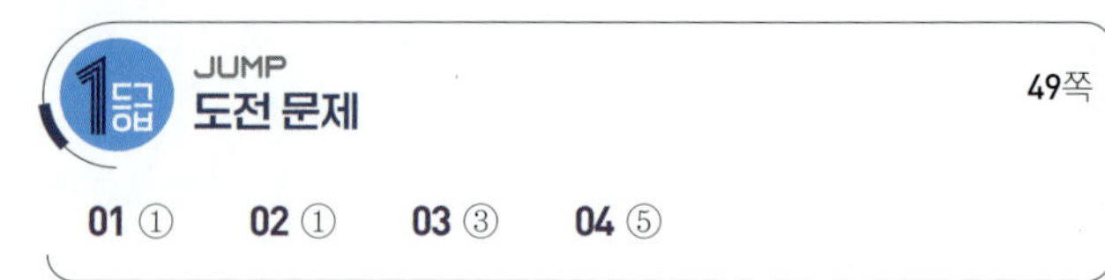

01 ㄱ. 무당벌레 딱지날개 무늬가 개체마다 다양하게 나타나는 것은 유전적 다양성에 해당하므로, A는 유전적 다양성이다. 유전적 다양성은 같은 종 내에서 나타나는 다양성이다.

[바로알기] ㄴ. 비생물요소의 다양성을 포함하고 있는 것은 생태계다양성이므로 B는 생태계다양성, C는 종다양성에 해당한다.

ㄷ. 삼림, 초원 등 서식지가 다양하게 나타나는 것은 생태계다양성에 해당하므로 B이다.

02 ㄱ. 환경부에서 지정한 생태계를 교란하는 외래종은 대량으로 번식하여 고유종 수를 감소시키는 등 먹이사슬과 서식지를 변화시키고 생물다양성을 감소시키는 문제를 일으키는 종들이다.

[바로알기] ㄴ. 외래종은 대부분 새로운 서식지에 적응하지 못하지만 생태계를 교란하는 외래종은 천적이나 질병이 없어 대량 번식이 가능하다.

ㄷ. 생태계를 교란하는 외래종은 생태계의 먹이사슬을 구성하는 원래 살고 있던 고유의 생물종 수를 감소시켜 생태계의 불균형을 초래한다.

03 ㄱ. 그래프에서 시간이 지날수록 생물종 수가 증가하였으므로 종다양성도 증가했다.

ㄷ. 종다양성이 높으면 한 종의 생물이 멸종하게 되더라도 다른 종이 그 역할을 대체할 수 있어 생태계평형을 유지할 수 있으므로 (다)보다 종다양성이 높은 (나)에서 생태계평형이 잘 유지된다.

[바로알기] ㄴ. 그래프에서 시간이 지날수록 생물종 수는 증가하므로 2년 뒤보다 5년 뒤 생물종의 수가 더 많다. (나)와 (다) 중 생물종 수가 많은 것은 (나)이므로 (나)는 산불이 나고 5년이 지난 후, (다)는 2년이 지난 후의 먹이 관계를 나타낸 것이다.

04 ㄱ. 철도 건설에 의해 서식지 단편화가 일어나 생물 서식지가 감소하였다.

ㄴ. 생물종 수는 단편화되기 전 (가)에서는 4가지 종이 있었는데 (나)에서는 3가지 종이, (다)에서는 2가지 종이 남았다. 따라서 서식지 단편화가 일어난 결과 종다양성이 감소하였다.

ㄷ. A의 개체수는 (가)에서는 100, (나)에서는 50이다. (가)의 면적이 (나)의 2배이므로 단위 면적당 A의 개체수는 (가)와 (나)에서 같다.

1 표준　　2 시상　　3 산소
4 다세포　　5 판게아　　6 양치
7 빙하기　　8 공룡　　9 5
10 종　　11 유전자　　12 자연선택
13 변이　　14 진화　　15 생존경쟁
16 자연선택　　17 생태계다양성
18 먹이그물(먹이 관계)　　19 페니실린
20 서식지 단편화　　21 천적　　22 생태통로

PICK 출제 0순위   52쪽

01 ②　　　02 ④

01 문제 해결 전략

① 출제 Point 파악하기

항생제를 사용하는 환경에서는 항생제 내성을 가진 세균이 자연선택됨을 이해한다.

② 자료 파악하기

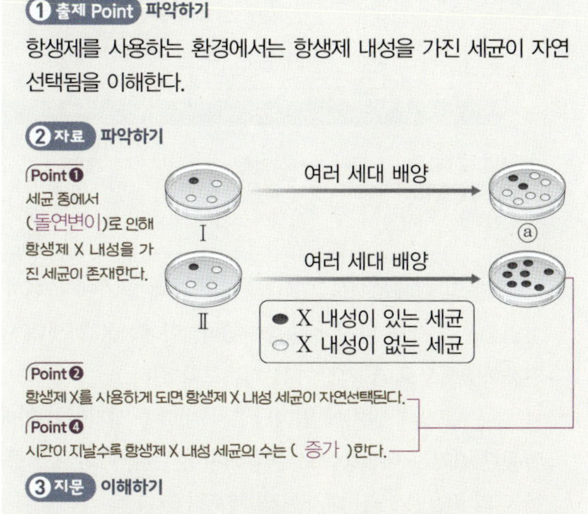

③ 지문 이해하기

항생제 X를 사용하는 환경에서는 항생제 X 내성 세균이 생존에 유리하기 때문에 자연선택 과정을 거쳐 개체수가 증가하게 된다.

ㄱ. 세균 집단에서는 처음부터 다양한 변이가 발생하게 되고 그 결과 항생제 X 내성을 가진 세균도 나타나게 된다.

ㄴ. 배양 과정에서 항생제 X를 지속적으로 사용하게 되면 항생제 X 내성 세균이 항생제 내성이 없는 세균보다 생존에 유리하므로 살아남아 자손을 더 많이 남기게 되는 자연선택이 일어난다.

바로알기 ㄷ. 항생제 X를 처리했을 때 자연선택에 의해 항생제 X 내성 세균 수가 증가하게 되므로 항생제 X 내성 세균이

증가한 Ⅱ가 항생제 X를 처리한 배지이다. ⓐ는 아직 항생제 X를 처리하지 않은 배지이므로 항생제 X를 처리하게 되면 항생제 X에 대한 내성을 가진 세균이 증가하게 된다.

플러스 보기⁺

(×) ㄹ. 일정 시간이 지난 후 $\dfrac{\text{항생제 X 내성 세균수}}{\text{전체 세균수}}$ 는 Ⅰ이 Ⅱ보다 크다.

→ 배지 Ⅱ만 항생제 X를 처리하였으므로 배지 Ⅰ보다 Ⅱ에서 항생제 X 내성 세균의 수가 증가하였을 것이다. 따라서 $\dfrac{\text{항생제 X 내성 세균수}}{\text{전체 세균수}}$ 는 Ⅱ가 Ⅰ보다 크다.

02 문제 해결 전략

① 출제 Point 파악하기

세균의 항생제 내성 형질은 돌연변이에 의한 것으로 다음 세대로 유전된다.

② 자료 파악하기

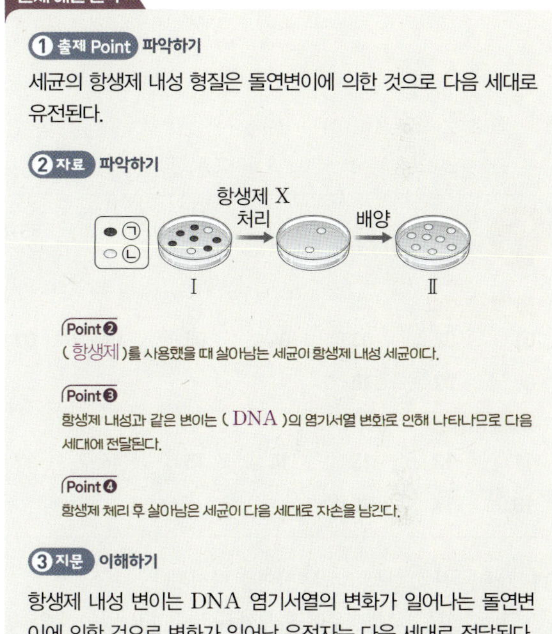

③ 지문 이해하기

항생제 내성 변이는 DNA 염기서열의 변화가 일어나는 돌연변이에 의한 것으로 변화가 일어난 유전자는 다음 세대로 전달된다.

ㄴ. 항생제 내성 변이는 돌연변이에 의한 유전적 변이에 해당한다. 돌연변이는 유전물질인 DNA에 변화가 생겨 부모에 없던 형질이 새로 생겨나는 것으로 다음 세대로 유전된다. 돌연변이에 의해 개체 내 새로운 유전자가 만들어져 변이가 다양해진다.

ㄷ. 항생제 X를 처리하면 항생제 X 내성 세균이 생존에 유리하기 때문에 자연선택되어 개체수가 증가한다. 이러한 과정이 반복되면 세균의 대부분이 항생제 X에 대한 내성을 갖게 되므로 항생제 X를 처리해도 대부분의 세균이 살아남는다.

바로알기 ㄱ. 항생제 X를 처리하면 항생제 X 내성 세균이 항생제 X 내성이 없는 세균보다 생존경쟁에서 유리하기 때문에 수가 증가하게 되므로 ㉡이 항생제 X 내성 세균이다.

(×) ㄹ. Ⅱ의 세균을 항생제가 없는 배지에서 다시 배양해도 항생제 X 내성 유전자의 비율은 변하지 않는다.
→ 항생제가 있는 환경에서 없는 환경으로 환경이 바뀌게 되면 생존에 유리한 형질도 바뀌게 된다. 즉, 항생제를 사용하는 환경에서는 항생제 X에 대한 내성이 생존을 결정하는 가장 중요한 요인이었으나 환경이 바뀌게 되면 항생제 X 내성보다 다른 형질이 생존을 결정하는 가장 중요한 요인이 될 수 있다. 따라서 항생제 X 내성 유전자의 비율은 환경에 따라 변할 가능성이 높다.

수능 WALK 실전 대비 문제

53~57쪽

수능 실전 2점

| 01 ③ | 02 ② | 03 ② | 04 ③ | 05 ⑤ | 06 ① | 07 ① |
| 08 ④ | 09 ⑤ | 10 ③ | | | | |

수능 실전 3점

| 11 ③ | 12 ⑤ | 13 ④ | 14 ④ | 15 ④ | 16 ③ | 17 ② |
| 18 ③ | 19 ② | 20 ① | | | | |

01 (가)는 산호 화석, (나)는 삼엽충 화석이다.

ㄱ. 산호는 고생대부터 현재까지 생존하고 있는 해양 동물이며, 삼엽충은 고생대 초기에 출현하여 고생대 말기에 멸종한 무척추동물이다. 따라서 (가)의 생물이 (나)의 생물보다 생존 기간이 길다.

ㄷ. 산호와 삼엽충은 모두 바다에서 서식하였으므로 산호와 삼엽충이 산출되는 지층은 모두 바다에서 퇴적되었다.

바로알기 ㄴ. 삼엽충이 생존한 시기는 고생대이고, 공룡이 번성한 시기는 중생대이다.

02 (가)는 고생대, (나)는 중생대의 모습이다.

ㄷ. 중생대는 빙하기가 없었고, 지질 시대 중 가장 온난하였다.

바로알기 ㄱ. 겉씨식물이 번성했던 시기는 중생대이다. 고생대에는 양치식물이 번성하였다.

ㄴ. 현재와 비슷한 수륙 분포를 이룬 시기는 신생대이다.

03 자료 해석하기

지질 시대의 평균 기온 변화

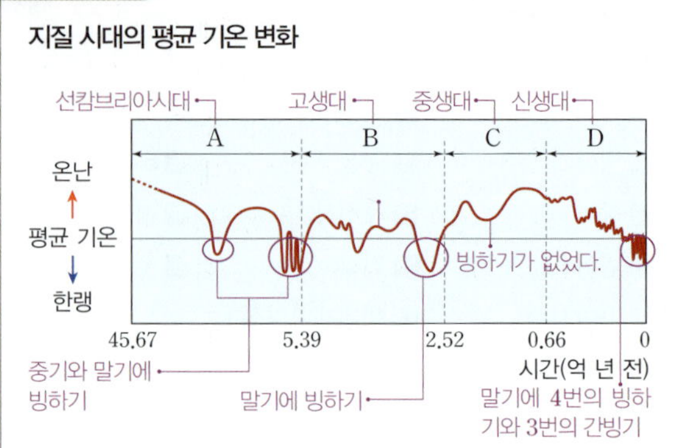

ㄷ. 신생대 말기에는 여러 차례 빙하기와 간빙기가 반복되었다.

바로알기 ㄱ. 최초의 육상 생물은 고생대(B)에 출현하였다.

ㄴ. 고생대(B)는 대체로 온난하였지만 말기에 빙하기가 있었으며, 중생대(C)는 빙하기가 없는 온난한 기후였다. 따라서 평균 기온은 고생대가 중생대보다 낮았다.

04 자료 해석하기

지질 시대의 주요 사건

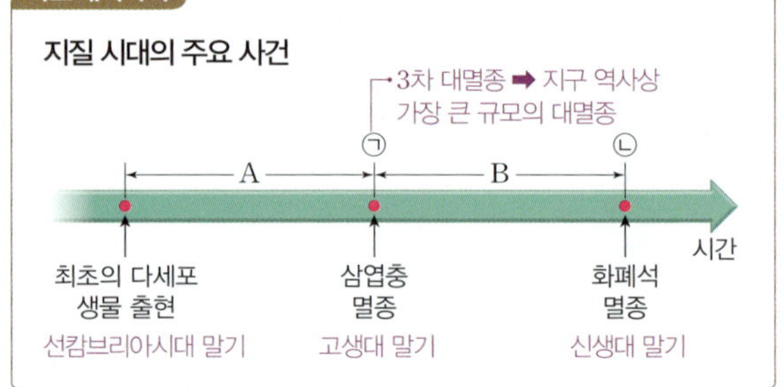

ㄱ. 최초의 다세포생물은 선캄브리아시대 말기에 출현하였고, 삼엽충은 고생대 말기에 멸종하였다. 화폐석은 신생대 말기에 멸종하였으므로 A 기간이 B 기간보다 길다.

ㄷ. ㉠은 고생대 말기에 일어난 3차 대멸종 시기이며 화폐석이 멸종한 시기는 대멸종으로 분류되지 않는다. 따라서 멸종한 생물 과의 비율은 ㉠일 때가 ㉡일 때보다 크다.

바로알기 ㄴ. 최초의 척추동물인 어류는 고생대 초기에 출현하였다. 고생대 전체가 A에 포함되므로 최초의 척추동물은 A 기간에 출현하였다.

05 다윈의 진화론에서는 생물의 진화 과정을 과잉 생산 → 변이 → 생존경쟁 → 자연선택 → 종의 분화 순으로 설명하고 있다. 처음에는 유전자 차이에 의해 다양한 목 길이를 가진 기린이 존재했으며, 다양한 목 길이를 가진 기린들 사이에서 먹이를 두고 생존경쟁이 일어나게 되고, 생존경쟁에 가장 유리한 목이 긴 기린이 자연선택되어 현재와 같이 기린 목은 길어지게 되었다는 것이 다윈의 진화론이다.

06 ㄱ. 살충제 내성 형질을 가진 개체(A 형질 개체)들이 세대를 거쳐 계속 증가하는 것으로 보아 다음 세대로 유전됨을 알 수 있다.

(바로알기) ㄴ. 자료에서 살충제 처리 후 A 형질을 가진 개체 수는 증가하고 B 형질을 가진 개체수는 감소하는 것으로 보아 A 형질이 B 형질보다 살충제에 대한 내성이 강함을 알 수 있다.

ㄷ. 살충제를 계속적으로 처리하는 환경에서는 살충제에 대한 저항성을 가진 A 형질 유전자의 비율이 증가한다.

07 ㄷ. 세균에 항생제 X를 처리하면 항생제 X에 대한 내성이 있는 세균이 자연선택되어 개체수가 증가하게 될 것이다. (가)와 (나) 중 항생제 내성을 가진 세균이 많은 배지는 (나)이므로 배지 Ⅱ에 항생제 X를 처리했음을 알 수 있다. (가)보다 (나)에 항생제 X 내성 세균의 비율이 높으므로 항생제 X를 처리하면 (나)보다 (가)에서 죽는 세균의 비율이 높다.

(바로알기) ㄱ. 항생제 X에 대한 내성은 DNA 염기서열 차이로 발생하므로 Ⅰ에 존재하는 항생제 X에 대한 내성을 가진 세균과 항생제 X에 대한 내성을 가지지 않는 세균은 항생제 X 내성 관련 DNA의 염기서열이 서로 다르다.

ㄴ. 자연 상태에서 세균은 돌연변이 등으로 인한 다양한 변이가 발생하며 그 결과 항생제 X에 대한 내성을 가진 세균도 존재한다.

08

DNA와 형질 발현

같은 종의 생물에서 형질이 다르게 나타나는 까닭은 돌연변이 등으로 인해 유전정보가 저장되어 있는 DNA 염기서열이 달라지기 때문이다. DNA 염기서열이 다르면 생성되는 단백질의 종류와 양도 달라진다.

09 ㄱ. 서식지 단편화가 일어나면 철도, 도로 등으로 분리된 서식지에서 다른 서식지로 동물들의 이동이 어려워 이에 대한 해결 방법으로 분리된 서식지 사이를 연결하는 생태통로를 설치하여 동물들이 안전하게 이동할 수 있도록 한다.

ㄴ. 종자은행은 식물의 종자를 수집·보관하는 곳으로 외래종이나 급격한 환경 변화로 인해 멸종 위기에 있는 고유 식물 종의 유전자원을 보관할 수 있다.

ㄷ. 물고기가 성체가 될 때까지는 잡을 수 없도록 촘촘한 그물망의 사용을 법적으로 규제하면 남획으로 인한 수산 자원의 급격한 감소나 어류의 멸종을 막을 수 있다.

10 ㄱ. 서식지 단편화가 일어나면 가장자리의 면적보다 중앙의 면적이 급격히 줄어들어 중앙에 사는 생물의 피해가 가장자리에 사는 생물보다 더 크다. 제시된 표를 보면 분할된 후의 서식지에서 가장자리 서식종보다 중앙 서식종 수가 더 감소했음을 알 수 있다.

ㄷ. 단편화가 일어난 서식지에 생태통로를 건설하면 서식종의 이동이 가능해져 종다양성이 증가하게 된다.

(바로알기) ㄴ. 자료에서 알 수 있듯이 서식지 단편화가 되면 단편화 전보다 가장자리 서식종의 종류가 감소한다.

11 ㄱ. 석회암은 탄산칼슘이 침전되거나 석회질 생명체의 사체가 해저에 쌓여 만들어지며, 산호는 따뜻하고 얕은 바다에서 서식한다. 석회암층에서 산호 화석이 발견되므로, 석회암층은 따뜻한 바다에서 퇴적되었음을 알 수 있다.

ㄴ. 석회암층은 바다에서 퇴적되었고, 그 위에 쌓여 있는 셰일층은 고사리 화석이 발견되므로 육지에서 퇴적되었다. 따라서 셰일층이 쌓이기 전에 이 지역은 융기가 일어나 육지 환경으로 바뀌었음을 알 수 있다.

(바로알기) ㄷ. 고사리는 온난하고 습한 육지에서 서식한다. 따라서 고사리 화석이 발견된 셰일층이 퇴적될 당시에 이 지역의 기후는 온난하고 습했을 것이다.

12 ㄱ. 겉씨식물, 속씨식물, 양치식물 중 가장 먼저 출현하여 번성한 A는 양치식물이고, 두 번째로 출현하고 번성한 B는 겉씨식물이며, 마지막으로 출현하고 번성한 C는 속씨식물이다.

ㄴ. ㉠ 시기는 겉씨식물이 출현한 시기로 고생대 말기에 해당하며 양서류는 ㉠보다 이전인 고생대 중기에 출현하였다.

ㄷ. ㉡ 시기는 속씨식물이 출현한 시기로 중생대 말기에 해당한다. 판게아의 분리가 시작된 시기는 중생대 초기이므로 ㉠(고생대 말기)과 ㉡(중생대 말기) 사이이다.

13 (가) 갑주어는 고생대, (나) 공룡은 중생대, (다) 화폐석은 신생대에 번성한 생물이다.

④ 양치식물은 고생대에 번성하였으므로, 이 시대에 형성된 화석은 (가) 갑주어이다.

(바로알기) ① (가) 갑주어는 고생대에 번성하였고, 암모나이트는 중생대에 번성하였다.

② (나) 공룡은 중생대 말기에 멸종하였다.

③ (다)의 화폐석은 신생대에 바다에서 살았던 생물이다.

⑤ (다)와 같은 신생대 화석이 발견된 지층은 (가)와 같은 고생대 화석이 발견된 지층보다 나중에 퇴적된 것이다.

14 ㄴ. 자료에서 동물 과가 줄어든 비율은 B 시기가 C 시기보다 크다. B 시기는 고생대 말기 3차 대멸종이 일어난 시기로, 지질 시대의 대멸종 중 가장 큰 규모의 대멸종이 일어났다.

ㄷ. C 시기는 중생대 말기 5차 대멸종이 일어난 시기로, 이 시기를 경계로 중생대와 신생대가 구분된다.

바로알기 ㄱ. A 시기는 고생대 초기 1차 대멸종이 일어난 시기이다. 삼엽충은 3차 대멸종인 B 시기에 멸종하였다.

15 ㄱ. 포식자인 B가 없을 때 A의 다 자란 수컷은 화려한 몸 색깔을, B가 있을 때 A의 다 자란 수컷은 단조로운 몸 색깔을 가지고 있다. 이는 포식자가 존재하거나 존재하지 않는 환경의 차이에 자연선택되는 경우가 달라짐을 의미한다.

ㄷ. B가 있을 때는 A의 색깔이 단조로울수록 B의 눈에 띄지 않아 생존에 유리해지므로 화려한 몸 색깔을 가진 A를 다시 B가 있는 곳으로 옮기면 단조로운 몸 색깔을 지닌 A가 자연선택되어 다시 몸 색깔이 단조로운 A의 개체수가 증가할 것이다.

바로알기 ㄴ. B가 있는 지역에서 단조로운 몸 색깔의 A의 개체수가 증가하는 것으로 보아 화려한 몸 색깔보다 단조로운 몸 색깔을 가진 개체가 생존경쟁에 유리함을 알 수 있다.

16 ㄱ, ㄴ. 자연선택은 여러 형질 중 환경에 적합한 형질을 가진 개체가 살아남아 자손을 남기는 과정으로 변이가 먼저 일어나야 자연선택이 일어난다. 따라서 변이를 일으키는 돌연변이가 자연선택보다 먼저 일어나야 하므로 (가)는 돌연변이, (나)는 자연선택이다.

바로알기 ㄷ. 자연선택이 반복해서 일어나면 새로운 종으로 진화가 일어나게 되는데 이때 생겨난 새로운 종은 기존 종과 유전정보가 다르다.

17 ㄴ. 밀도는 서식하는 공간의 단위 면적 당 개체수이다. (가)의 면적이 (나)의 면적의 3배이며, B의 개체수는 (가)와 (나) 각각 26과 9이므로 밀도는 (나)가 (가)보다 높다.

바로알기 ㄱ. 종다양성은 일정한 지역에 서식하는 생물종의 수와 각 종이 고르게 분포하는 정도를 의미한다. 자료에서 서식지 (가)와 단편화된 후 서식지 (나)와 (다)를 비교해 보면 (나)와 (다)에서 종다양성이 감소했음을 알 수 있다.

ㄷ. 그래프를 보면 면적이 50 % 감소하면 처음 종에서 살아남은 종의 비율은 90 %이므로 숲 (다)에 서식하는 종의 비율은 10 % 감소하게 된다.

18

먹이에 따른 핀치 부리 크기의 자연선택

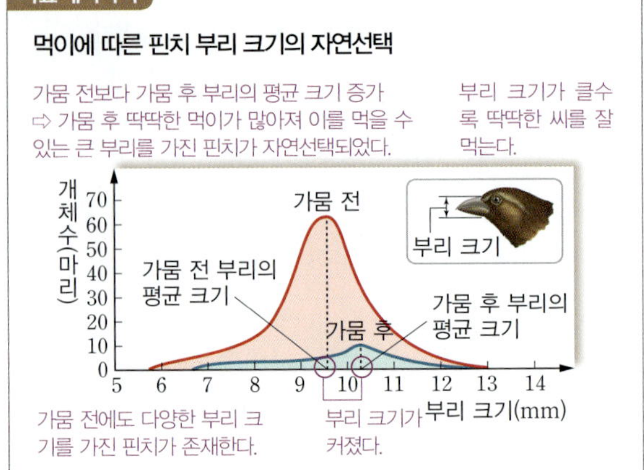

ㄱ. 그래프에서 가뭄 전에도 핀치 개체군의 부리 크기가 약 6 mm에서 13 mm로 다양한 변이가 존재하였고, 가뭄 전보다 가뭄 후의 부리의 평균 크기도 증가하였음을 알 수 있다.

ㄷ. 부리의 평균 크기가 커진 것은 가뭄으로 인해 딱딱한 씨가 많아졌으며 딱딱한 씨를 잘 먹을 수 있는 큰 부리를 가진 핀치가 자연선택되었기 때문이다.

바로알기 ㄴ. 주어진 그래프에서 부리 크기와 핀치의 번식 속도와의 관계는 알 수 없다.

19 ㄱ. 숲에 밝은 색깔을 띠는 지의류가 많으면 검은 나방이 포식자의 눈에 잘 띄고, 지의류가 없으면 흰 나방이 포식자의 눈에 잘 띈다. 따라서 흰 나방의 개체수가 많은 (가)가 지의류가 많이 있을 때이고, 검은 나방의 개체수가 많은 (나)가 지의류가 없을 때이다.

ㄴ. 지의류가 있을 때는 흰 나방이, 지의류가 없을 때는 검은 나방이 천적으로부터의 생존경쟁에 유리하다.

바로알기 ㄷ. 흰 나방과 검은 나방의 유전자는 다르므로 흰 나방의 개체수가 많은 (가)일 때와 검은 나방의 개체수가 많은 (나)일 때의 나방 집단의 유전자 구성도 다르다.

20 (가)는 같은 종의 유전자를 나타낸 것으로 유전적 다양성, (나)는 여러 종을 나타낸 것으로 종다양성, (다)는 서식지를 나타낸 것으로 생태계다양성에 해당한다.

ㄱ. 유전적 다양성이 높을수록 다양한 형질이 나타나고 이에 따라 전염병 등 급격한 환경 변화에 살아남을 수 있는 개체가 나타날 확률이 높아진다.

바로알기 ㄴ. 종다양성의 종에는 동물 이외에도 식물, 세균 등이 포함된다.

ㄷ. 같은 종에서 형질이 다양하게 나타나는 것은 유전적 다양성에 해당한다.

01 Step ❶ 선캄브리아시대, 고생대, 중생대, 신생대

Step ❷ ❶ 신생대 ❷ 선캄브리아시대 ❸ 고생대 ❹ 많고

02 Step ❶ a – (다), (라), b – (가), (라), c – (가), (나), d – (마),
(바), e – (다), (바)

Step ❷ ❶ 멸종 ❷ 출현

03 Step ❶ 감소, 증가   Step ❷ ❶ 중생대 ❷ 증가

04 Step ❶ 변이

Step ❷ ❶ 돌연변이 ❷ 유성생식 ❸ 환경

05 Step ❶ 자연선택

Step ❷ ❶ 먹이 ❷ 생존경쟁

06 Step ❶ 생존경쟁

Step ❷ ❶ 변이 ❷ 생존경쟁

07 Step ❶ 서식지 단편화

Step ❷ ❶ 생태통로 ❷ 생물종 ❸ 균등

08 Step ❶ 유전적 다양성, 종다양성, 생태계다양성

Step ❷ ❶ 유전자 ❷ 유전적 다양성

---

01 자료 해석하기

지질 시대의 상대적 길이와 지질 시대의 생물

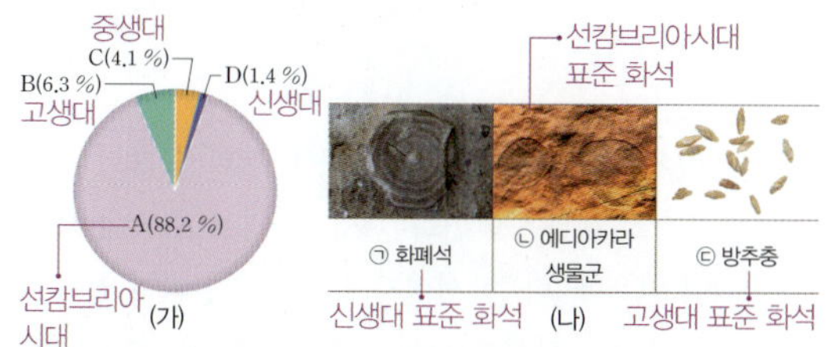

- 선캄브리아시대: 화석이 거의 발견되지 않는 시대
- 고생대, 중생대, 신생대: 화석이 많이 발견되는 시대
- 표준 화석
  - 선캄브리아시대: 에디아카라 생물군
  - 고생대: 삼엽충, 방추충 등
  - 중생대: 공룡, 암모나이트 등
  - 신생대: 매머드, 화폐석 등

선캄브리아시대 말기에 출현한 다세포생물인 에디아카라 생물군은 단단한 골격이나 껍데기가 없는 생물이다.

모범 답안 (1) ㉠ D, ㉡ A, ㉢ B
(2) A, 선캄브리아시대인 A 시기에는 생물의 개체수가 적었고 생물체에 단단한 골격이 없었으며, 오랜 시간 동안 지각 변동과 풍화 작용을 받았기 때문이다.

채점 기준		배점(%)
(1)	㉠~㉢의 번성 시기를 옳게 쓴 경우	30
(2)	A를 쓰고, 선캄브리아시대 생물의 특징과 화석으로 남기 어려운 상황을 모두 옳게 설명한 경우	70
	A만 옳게 쓴 경우	20

02 자료 해석하기

지질 시대의 구분 기준

화석 / 지층	a	b	c	d	e
(바)				●	●
(마)				●	●
(라)	●	●			●
(다)	●	●			●
(나)		●	●		
(가)		●	●		

a와 b 멸종, d 출현

c 멸종, a와 e 출현

생물계(화석)의 급격한 변화 ➡ 지질 시대의 구분 기준

모범 답안 지질 시대의 경계는 (나)와 (다) 사이, (라)와 (마) 사이이다. (나)와 (다) 사이에서 a와 e가 출현하고 c가 멸종하였고, (라)와 (마) 사이에서 d가 출현하고 a와 b가 멸종하였으므로 생물의 출현과 멸종을 기준으로 구분할 수 있다.

채점 기준	배점(%)
지질 시대의 경계를 쓰고, 그 근거를 옳게 설명한 경우	100
지질 시대의 경계만 옳게 쓴 경우	50

03 **모범 답안** (1) 고생대와 중생대의 경계: C, 중생대와 신생대의 경계: E
(2) 대멸종 시기에 해양 생물 과의 수는 급격히 줄어든다. 대멸종에서 살아남은 생물들이 새로운 환경에 적응하여 다양한 종으로 진화하면서 대멸종 이후 생물다양성이 증가한다.

채점 기준		배점(%)
(1)	고생대와 중생대, 중생대와 신생대의 경계를 모두 옳게 쓴 경우	40
	고생대와 중생대, 중생대와 신생대의 경계 중 한 가지만 옳게 쓴 경우	20
(2)	해양 생물 과의 수 변화와 대멸종 이후 생물다양성 변화와의 관련성을 옳게 설명한 경우	60
	해양 생물 과의 수 변화와 대멸종 이후 생물다양성 변화와의 관련성 중 한 가지만 옳게 설명한 경우	30

04 (1) 유전자의 유전정보가 변하게 되면 생성되는 단백질의 양과 종류가 변하게 되어 형질도 변하게 된다. 유전자의 유전정보에 변화를 일으키는 요인으로는 유성생식과 돌연변이가 있다. 유성생식에서는 감수분열과 수정을 통해 다양한 유전자 조합을 가진 자손이 만들어진다. 따라서 유성생식을 하는 생물의 경우 생식세포 형성 과정과 수정을 통해 다양한 변이를 가진 자손이 태어나게 된다.

(2) 특정 변이가 자연선택되는 과정은 항상 일정한 것이 아니라 환경의 변화에 따라 계속 변화하게 된다.

모범 답안 (1) 유전물질인 DNA에 변화가 생기는 돌연변이와 유성생식 과정에서 일어나는 생식세포의 다양한 조합에 의해 유전적 변이가 발생한다.

(2) 온도가 높아지면 초원의 비율이 다시 증가하여 A_1보다 A가 천적의 눈에 덜 띄게 되므로 살아남을 확률이 높아진다. 따라서 A의 개체수 비율이 다시 증가하게 된다.

	채점 기준	배점(%)
(1)	돌변변이와 유성생식이라는 용어를 사용하여 모두 옳게 설명한 경우	50
	돌연변이와 유성생식이라는 용어를 모두 사용하였으나 한 가지만 옳게 설명한 경우	40
	돌변변이와 유성생식이라는 용어 중 한 가지 용어만 사용하여 옳게 설명한 경우	30
(2)	A의 개체수 비율 증가와 그 까닭을 천적을 들어 옳게 설명한 경우	50
	A의 개체수 비율 증가와 그 까닭 중 한 가지만 옳게 설명한 경우	30

05 핀치의 부리가 클수록 단단한 씨앗을 먹기에 유리하며 핀치의 부리가 작을수록 부드러운 씨앗을 먹기에 유리하다. 습지가 생기기 전에는 단단한 씨앗이 많았다. 따라서 이러한 씨앗을 먹기에 유리한 큰 부리를 가진 핀치가 작은 부리를 가진 핀치보다 생존경쟁에 유리하여 개체수가 많아졌다.

모범 답안 습지가 생긴 후에 단단한 씨앗보다 부드러운 씨앗이 증가하게 되어 부드러운 씨앗을 먹기에 유리한 작은 부리를 가진 핀치가 생존경쟁에 유리해져 개체수가 증가하게 되었다.

채점 기준	배점(%)
습지가 생긴 후 씨앗의 변화와 씨앗을 먹기 유리한 부리 형태에 대하여 모두 옳게 설명한 경우	100
습지가 생긴 후 씨앗의 변화와 씨앗을 먹기 유리한 부리 형태 중 한 가지만 옳게 설명한 경우	50

06 다윈의 자연선택설에 따르면 생물이 살고 있는 환경 조건이나 먹이에 비해 많은 자손을 낳게 되는 과잉 생산, 같은 종의 개체들 중에서 다양한 변이를 가진 개체가 나타나는 변이와 이러한 개체들 사이에서 일어나는 생존경쟁, 환경에 적합한 변이를 가진 개체가 살아남아 자손을 남기는 자연선택, 그리고 이러한 과정이 여러 세대를 거쳐 반복되면 종의 분화가 일어나게 된다. 즉, 변화한 환경에 따라 생존에 유리한 변이가 나타나는 것이 아니라 환경과 무관하게 다양한 변이를 가진 개체가 처음부터 존재한다는 것이다.

모범 답안 (1) ㉠ ×, ㉡ ×, ㉢ ○, ㉣ ○, ㉤ ○, ㉥ ○

(2) B, 다윈의 자연선택설에 따르면 생물이 살고 있는 환경 조건이나 먹이에 비해 많은 자손을 낳게 되면, 태어난 개체들 사이에서 다양한 변이를 가진 개체가 나타난다는 것이다. 따라서 항생제 X 내성 세균은 항생제 남용과 무관하게 돌연변이로 나타난다는 B의 주장이 자연선택설과 더 잘 부합하는 주장이다.

	채점 기준	배점(%)
(1)	㉠~㉥을 모두 옳게 쓴 경우	30
(2)	B를 맞게 고르고, 자연선택설에 의한 변이의 발생 원인을 들어 옳게 설명한 경우	70
	B를 맞게 고르고, 자연선택설에 의한 변이의 발생 원인을 미흡하게 설명한 경우	40
	B만 쓴 경우	20

07 (1) 그림에서 (나)와 (다)는 (가)가 단편화된 후의 서식지를 나타낸 것으로 (나)는 단편화된 서식지가 서로 연결(이끼가 덮인 곳)되어 있으나 (다)는 서식지가 서로 연결되어 있지 않다(이끼를 제거한 곳). 서식지가 서로 연결된 (나)는 소형 동물 86 % 생존, 서식지가 연결되어 있지 않은 (다)는 59 %만 생존하였으므로 생태통로를 이용한 서식지 연결이 단편화로 인한 서식지 생물종의 감소 방지 방안으로 중요한 역할을 할 수 있음을 알 수 있다.

(2) 생물다양성의 세 가지 요소에는 유전적 다양성, 종다양성, 생태계다양성이 있다. 유전적 다양성은 같은 종에 속하는 개체들 사이에서 나타나는 유전적 변이를, 생태계다양성은 생태계 종류와 생태계구성요소 간 상호작용의 다양한 정도를 의미한다. 종다양성은 일정 지역에 서식하는 생물종 수와 각 종이 고르게 분포하는 정도를 의미하며, 한 생태계 내의 생물종들은 복잡한 먹이 관계로 서로 영향을 주고받으므로 먹이그물이 복잡한 생태계일수록 일반적으로 종다양성도 높다.

모범 답안 (1) 단편화된 서식지가 연결된 (나)가 연결되지 않은
(다)보다 소형 동물의 생존율이 높다. 따라서 도로 건설 때 발
생하는 서식지 단편화로 인한 생물다양성 감소를 줄이기 위해
서는 단편화된 서식지를 연결하는 생태통로 등을 만든다.
(2) 종다양성은 생물종 수가 많고 각 종의 분포 비율이 균등할
수록 높아진다. 자료에서 단편화가 일어난 후 서식지 (나)와
(다)는 모두 단편화가 일어나기 전보다 생물종 수가 감소하였
으므로 서식지 단편화가 일어나면 종다양성은 감소한다.

	채점 기준	배점(%)
(1)	그림에서 서식지 단편화를 유추한 후 생태통로의 필요성을 옳게 설명한 경우	50
	생태통로의 필요성만 옳게 설명한 경우	30
	그림에서 서식지 단편화만 유추한 경우	20
(2)	종다양성을 판단하는 두 가지 기준과 서식지 단편화 후 종다양성이 감소함을 모두 옳게 설명한 경우	50
	종다양성을 판단하는 두 가지 기준만 옳게 설명한 경우	30
	서식지 단편화 후 종다양성의 감소만 옳게 설명한 경우	20

08 곰팡이가 일으키는 질병으로 인해 1960년대 유전적으로 동일
한 바나나가 거의 멸종할 뻔한 사례에서 알 수 있듯이 유전적
다양성이 낮으면 급격한 환경 변화에 멸종할 가능성이 높다.
이와 달리 유전적 다양성이 높으면 형질이 다양하게 나타나며,
형질이 다양해질수록 변화된 환경에 적응할 수 있는 형질이 나
타날 확률도 높아지게 되어 멸종 가능성이 낮아진다.
모범 답안 한 가지 품종만 대량 재배하는 경우 유전적 다양성
이 낮아지고 전염병 등 생존에 불리한 환경 변화가 발생하였을
때 이에 적응할 수 있는 형질을 가진 개체가 없어 멸종할 가능
성이 높아진다.

채점 기준	배점(%)
한 가지 품종만 대량 재배하는 경우가 멸종 확률이 높아짐을 유전적 다양성을 포함해 옳게 설명한 경우	100
유전적 다양성만 옳게 설명한 경우	50
한 가지 품종만 대량 재배하는 경우가 멸종 확률이 높아진다고만 설명한 경우	30

2 화학 변화

01 산화와 환원

중요 개념 체크

65쪽	**1** 산소		**2** (1) × (2) ○
68쪽	**3** (1) ○ (2) × (3) ○		
71쪽	**4** ㉠ 산소, ㉡ 잃어, ㉢ 산화		

2 (1) 화석 연료는 대기 중의 산소와 빠르게 반응하여 연소하는
과정에서 이산화 탄소와 물을 생성한다.

3 (2) 물질이 전자를 잃는 반응은 산화이고, 전자를 얻는 반응은
환원이다.

탐구 확인 문제
73쪽

01 (1) ○ (2) × (3) ○ (4) ○　　**02** ①, ③
03 (1) $2CuO + C \longrightarrow 2Cu + CO_2$　(2) 해설 참조
04 ③　　**05** ④

01 (1), (3), (4) 시험관에서 일어나는 반응을 화학 반응식으로 나타
내면 $2CuO + C \longrightarrow 2Cu + CO_2$이다. 산화 구리(Ⅱ)
는 산소를 잃고 환원되어 붉은색의 구리가 되고, 탄소는 산소
와 결합하여 산화되므로 산화·환원 반응이다.
 (2) 산화 구리(Ⅱ)는 산소를 잃고 환원된다.

02 ②, ⑥ 산화 구리(Ⅱ)와 탄소의 반응의 화학 반응식은 다음과
같다. 이때 산화 구리(Ⅱ)에서 탄소로 산소가 이동하는 산화·
환원 반응이 일어난다.

$$2CuO + C \longrightarrow 2Cu + CO_2$$

산화 구리(Ⅱ)　　탄소　　　　구리　　이산화 탄소

④ 석회수는 수산화 칼슘이 충분히 녹아 있는 수용액으로, 이산
화 탄소와 반응하여 탄산 칼슘 앙금을 생성하므로 이산화 탄소
검출에 쓰인다.
⑤ 실험 결과 발생하는 이산화 탄소는 공기보다 무겁기 때문에
시험관 입구를 아래로 기울여 기체가 잘 모이도록 한다.
 ① 탄소는 산소를 얻어 이산화 탄소로 산화된다.
③ 산화 구리(Ⅱ)와 탄소가 반응하여 생성된 이산화 탄소가 시
험관 밖으로 빠져나가므로 시험관 속에 들어 있는 전체 물질의
질량은 감소한다.

03 (1) 산화 구리(Ⅱ)와 탄소 가루의 혼합물을 시험관에 넣고 가열하면 산화 구리(Ⅱ)가 산소를 잃고 붉은색의 구리로 환원되고, 탄소가 산소를 얻어 이산화 탄소로 산화된다.

(2) **모범 답안** 검은색의 산화 구리(Ⅱ)(CuO)가 산소를 잃고 환원되어 붉은색의 구리(Cu)가 되었기 때문이다.

채점 기준	배점(%)
산화 구리(Ⅱ)가 산소를 잃고 환원되어 구리가 되었기 때문이라고 옳게 설명한 경우	100
산소에 의한 산화·환원 반응과 관련짓지 않고 산화 구리(Ⅱ)가 구리로 변했기 때문이라고만 설명한 경우	50

04 (가) 구리판을 겉불꽃에 넣으면 구리가 산소와 반응하여 산화 구리(Ⅱ)를 생성하는 반응이 일어난다. 이때 구리는 구리 이온(Cu^{2+})으로 산화되고, 산소는 산화 이온(O^{2-})으로 환원된다.

$$2Cu + O_2 \longrightarrow 2CuO$$

구리　　산소　　산화 구리(Ⅱ)

(나) 속불꽃에는 알코올이 불완전 연소되어 생성되는 일산화 탄소가 있으므로 산화 구리(Ⅱ)가 일산화 탄소와 반응하며, 산화 구리(Ⅱ)가 산소를 잃고 환원되어 구리가 되므로 붉은색으로 변한다.

$$CuO + CO \longrightarrow Cu + CO_2$$

산화 구리(Ⅱ) 일산화 탄소　　구리　　이산화 탄소

③ (가)에서 구리는 산소와 결합하여 산화 구리(Ⅱ)를 생성한다.

바로 알기 ①, ② (가)에서 구리는 산소와 결합하여 산화 구리(Ⅱ)가 되므로 구리판의 질량이 증가한다. (나)에서 산화 구리(Ⅱ)는 산소를 잃고 붉은색의 구리가 되므로 구리판의 질량이 감소한다.

④ (나)에서 일산화 탄소는 산소와 결합하여 이산화 탄소가 된다.

⑤ (가)에서 산화되는 물질은 구리이고, (나)에서 산화되는 물질은 일산화 탄소이다.

05 ㄴ. 탄소는 산소와 결합하여 이산화 탄소가 되므로 탄소는 산화된다.

ㄷ. 산화 구리(Ⅱ)와 탄소가 반응하면 이산화 탄소가 생성된다. 이산화 탄소는 석회수와 반응하여 탄산 칼슘을 생성하므로 석회수는 뿌옇게 흐려진다.

바로 알기 ㄱ. 산화 구리(Ⅱ)는 산소를 잃고 붉은색의 구리로 환원된다.

01 ④　**02** (1) 해설 참조 (2) 산화되는 물질: 탄소(C), 환원되는 물질: 산화 구리(Ⅱ)(CuO)　**03** ⑤　**04** ④　**05** ⑤　**06** ③　**07** H_2, $C_6H_{12}O_6$, Cu　**08** ②　**09** (1) 수소(H_2) (2) 수소 이온(H^+) 또는 염산(HCl) (3) 해설 참조　**10** (1) Ag (2) 해설 참조　**11** ①　**12** (1) A: O_2, B: CO_2 (2) 엽록체: H_2O, 마이토콘드리아:$C_6H_{12}O_6$　**13** ⑤　**14** (가), (나), (다)

01 (가)는 화석 연료의 연소 반응, (나)는 광합성, (다)는 철의 제련 반응에 대한 설명이다.

① ㉠은 산소로, 제시된 세 가지 화학 반응은 산소가 관여한다는 공통점이 있다.

② 석탄과 석유, 천연가스 등의 화석 연료를 연소시킬 때 발생하는 에너지를 이용하여 산업과 교통이 발달하면서 산업 혁명이 일어나는 데 큰 영향을 주었다.

③ 광합성으로 대기 중의 산소의 농도가 높아지면서 오존층이 형성되었고, 산소를 이용하여 호흡할 수 있는 다양한 생명체가 등장하였다.

⑤ (가)~(다)는 모두 산소가 관여하는 반응인 산화·환원 반응이다.

바로 알기 ④ (나), (다)의 반응을 화학 반응식으로 나타내면 다음과 같다.

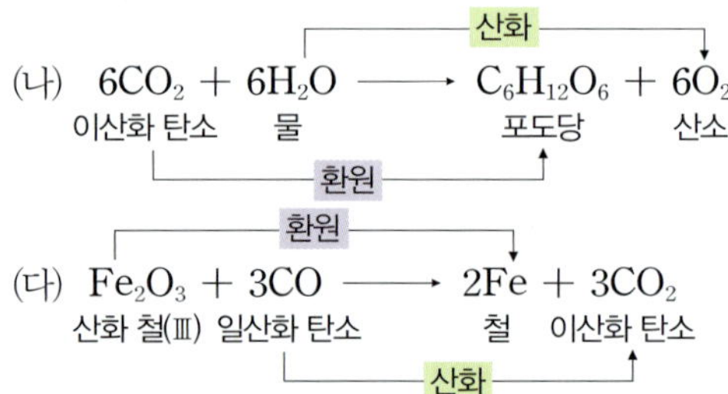

(나)　$6CO_2 + 6H_2O \longrightarrow C_6H_{12}O_6 + 6O_2$
이산화 탄소　　물　　　　포도당　　산소

(다)　$Fe_2O_3 + 3CO \longrightarrow 2Fe + 3CO_2$
산화 철(Ⅲ) 일산화 탄소　　철　　이산화 탄소

(나)에서 환원되는 물질은 이산화 탄소이고, (다)에서 환원되는 물질은 산화 철(Ⅲ)이다.

02 산화 구리(Ⅱ)와 탄소를 가열하면 다음과 같은 화학 반응이 일어난다.

$$2CuO + C \longrightarrow 2Cu + CO_2$$

산화 구리(Ⅱ)　탄소　　구리　　이산화 탄소

(1) 검은색의 산화 구리(Ⅱ)가 환원되어 붉은색의 구리가 되므로 시험관 속 물질은 붉은색으로 변하게 된다. 또 반응이 일어나면

이산화 탄소가 생성되는데 수산화 칼슘($Ca(OH)_2$) 수용액인 석회수는 이산화 탄소(CO_2)와 반응하여 물에 녹지 않는 탄산 칼슘($CaCO_3$)을 생성하기 때문에 석회수가 뿌옇게 흐려진다.

모범 답안 (1) 시험관 속 물질은 붉은색으로 변하고, 석회수는 뿌옇게 흐려진다.

채점 기준	배점(%)
시험관 속 물질은 붉은색으로 변하고, 석회수는 뿌옇게 흐려진다고 옳게 설명한 경우	100
시험관 속 물질과 석회수 중 한 가지의 변화만 옳게 설명한 경우	50
시험관 속 물질과 석회수의 색이 변한다고만 설명한 경우	20

(2) 탄소는 산소를 얻어 이산화 탄소로 산화되고, 산화 구리(Ⅱ)는 산소를 잃어 붉은색의 구리로 환원된다.

03 **자료 해석하기**

구리의 산화·환원 반응

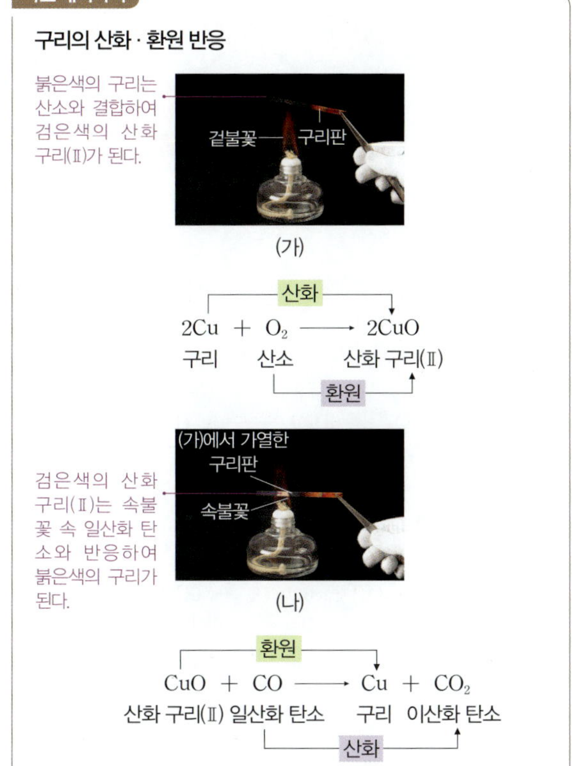

①, ③ (가)에서 구리는 산화되고, 산소는 환원되어 검은색의 산화 구리(Ⅱ)가 된다.

② (가)에서 구리는 산소와 결합하므로 구리판의 질량이 증가한다.

④ (나)에서 검은색의 산화 구리(Ⅱ)는 산소를 잃고 환원되어 붉은색 구리가 된다.

바로 알기 ⑤ (가)에서 산화되는 물질은 구리이고, (나)에서 산화되는 물질은 일산화 탄소이다.

04 ㄱ. (나)에서 CO는 산소를 얻어 CO_2가 된다.

ㄷ. (나)에서 Fe_2O_3은 산소를 잃고 환원되어 Fe이 된다.

바로 알기 ㄴ. (가)에서 C는 산소를 얻어 CO로 산화되고, O_2는 환원된다.

05 ㄱ. (가)에서 C는 산소를 얻어 CO_2로 산화된다.

ㄴ. (나)에서 MgO은 Mg^{2+}과 O^{2-}으로 이루어진다. (나)에서 O_2는 전자를 얻어 O^{2-}으로 환원된다.

ㄷ. (나)에서 Mg은 전자를 잃고 산화되어 Mg^{2+}이 되고, O_2는 전자를 얻고 환원되어 O^{2-}이 되며, 두 이온이 이온 결합을 형성해 MgO이 생성된다. 따라서 전자의 이동으로 산화와 환원을 설명할 수 있다.

06 A. 전자를 잃는 반응은 산화 반응이고, 전자를 얻는 반응은 환원 반응이다.

C. 어떤 물질이 산소를 얻거나 전자를 잃어 산화되면 다른 물질은 산소를 잃거나 전자를 얻어 환원되어야 하므로 산화와 환원은 항상 동시에 일어난다.

바로 알기 B. 금속은 금속 양이온이 될 때 전자를 잃으므로 산화된다.

07 (가) $CuO + H_2 \longrightarrow Cu + H_2O$에서 H_2는 산소를 얻어 H_2O이 되므로 산화된다.

(나) $C_6H_{12}O_6 + 6O_2 \longrightarrow 6CO_2 + 6H_2O$에서 $C_6H_{12}O_6$은 산화되어 CO_2가 된다.

(다) $2AgNO_3 + Cu \longrightarrow 2Ag + Cu(NO_3)_2$에서 Cu는 전자를 잃고 Cu^{2+}이 되므로 산화된다.

08 **자료 해석하기**

황산 구리(Ⅱ) 수용액과 아연의 반응

황산 구리(Ⅱ) 수용액에 아연(Zn)판을 넣어 두면 아연은 전자를 잃고 아연 이온(Zn^{2+})으로 산화되어 용액 속으로 녹아 들어가고, 용액 속에 녹아 있던 구리 이온(Cu^{2+})은 전자를 얻어 구리(Cu)로 환원되어 석출된다.

• 화학 반응식

ㄴ. 반응이 진행되면 푸른색을 나타내는 Cu^{2+}은 환원되어 Cu
가 되므로 수용액 속 Cu^{2+}의 수가 감소한다. 따라서 수용액의
푸른색이 점점 옅어진다.

바로알기 ㄱ. Zn은 전자를 잃고 Zn^{2+}으로 산화된다.

ㄷ. Cu^{2+} 1개가 반응하여 Cu로 석출될 때 Zn^{2+} 1개가 생성
되고, 구경꾼 이온인 SO_4^{2-}은 반응에 참여하지 않아 이온 수
가 변하지 않는다. 따라서 반응이 일어나면 수용액 속 전체 이
온 수는 변하지 않고 일정하다.

09 묽은 염산(HCl)에 아연(Zn) 조각을 넣어 두면 수소(H_2) 기체
가 발생한다.

$$\overset{\text{산화}}{\underset{\text{환원}}{Zn + 2H^+ \longrightarrow Zn^{2+} + H_2}}$$

아연　수소 이온　　　　아연　　수소

(1), (2) Zn은 전자를 잃고 Zn^{2+}으로 산화되어 용액 속으로 녹
아 들어가고, 용액 속에 녹아 있던 H^+은 전자를 얻고 환원되어
H_2 기체가 발생한다.

(3) 반응이 일어나면 Zn은 Zn^{2+}으로 녹아 들어가므로 Zn 조
각의 크기는 줄어들고, 생성된 H_2 기체는 공기 중으로 날아가
므로 Zn 조각의 전체 질량은 감소한다.

모범답안 아연 조각의 전체 질량이 감소한다.

채점 기준	배점(%)
아연 조각의 전체 질량이 감소한다고 옳게 설명한 경우	100
아연 조각의 전체 질량이 변한다고만 설명한 경우	20

10 질산 은($AgNO_3$) 수용액에 구리(Cu) 선을 넣어 두었을 때 일
어나는 반응의 알짜 이온 반응식은 다음과 같다.

$$\overset{\text{산화}}{\underset{\text{환원}}{2Ag^+ + Cu \longrightarrow 2Ag + Cu^{2+}}}$$

은 이온　구리　　　　은　　구리 이온

(1) Cu는 Cu^{2+}으로 산화되어 수용액에 녹아 들어가고, Ag^+
은 Ag으로 환원되어 구리 선 표면에 석출된다.

(2) 수용액에서 Cu^{2+}은 푸른색을 나타낸다.

모범답안 구리(Cu)가 전자를 잃고 구리 이온(Cu^{2+})으로 산
화되어 수용액에 녹아 들어가기 때문이다.

채점 기준	배점(%)
구리가 전자를 잃고 구리 이온으로 산화되어 수용액에 녹아 들어가기 때문이라고 옳게 설명한 경우	100
전자에 의한 산화·환원 반응과 관련짓지 않고 구리가 구리 이온으로 변했기 때문이라고만 설명한 경우	50

11 ㄱ. (가)와 (나)에서 Zn은 전자를 잃고 Zn^{2+}으로 산화된다.

바로알기 ㄴ. (다)에서 Al은 전자를 잃고 Ag^+은 전자를 얻
으므로 전자는 Al에서 Ag^+으로 이동한다.

ㄷ. (가)에서 Cu^{2+} 1개가 금속으로 석출 될 때 Zn^{2+} 1개가 생
성되므로 반응이 일어날 때 수용액 속 전체 이온 수가 변하지
않고 일정하다. (나)에서 H^+ 2개가 반응하여 기체가 될 때
Zn^{2+} 1개가 생성되므로 수용액 속 전체 이온 수는 감소한다.
(다)에서 Ag^+ 3개가 반응하여 금속으로 석출 될 때 Al^{3+} 1개
가 생성되므로 수용액 속 전체 이온 수는 감소한다. 따라서
(가)~(다) 중 반응이 일어날 때 수용액 속 전체 이온 수가 감소
하는 반응은 (나)와 (다) 두 가지이다.

12 **자료 해석하기**

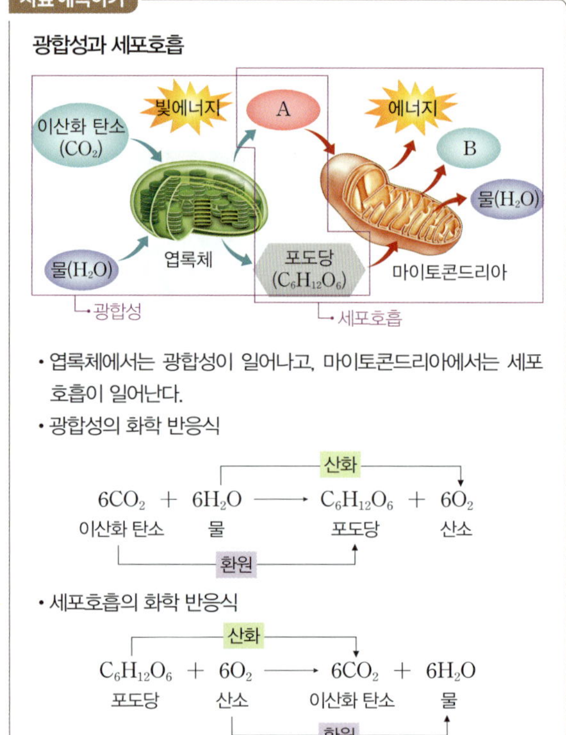

• 엽록체에서는 광합성이 일어나고, 마이토콘드리아에서는 세포
호흡이 일어난다.

• 광합성의 화학 반응식

$$\overset{\text{산화}}{\underset{\text{환원}}{6CO_2 + 6H_2O \longrightarrow C_6H_{12}O_6 + 6O_2}}$$

이산화 탄소　　물　　　　포도당　　산소

• 세포호흡의 화학 반응식

$$\overset{\text{산화}}{\underset{\text{환원}}{C_6H_{12}O_6 + 6O_2 \longrightarrow 6CO_2 + 6H_2O}}$$

포도당　　산소　　　　이산화 탄소　　물

(1) A는 광합성에서 포도당과 함께 생성되는 물질이므로 산소
(O_2)이고, B는 세포호흡에서 물과 함께 생성되는 물질이므로
이산화 탄소(CO_2)이다.

(2) 광합성이 일어나는 엽록체에서 CO_2가 환원되어 $C_6H_{12}O_6$
이 되고, H_2O이 산화되어 O_2가 된다. 세포호흡이 일어나는 마
이콘드리아에서 $C_6H_{12}O_6$이 산화되어 CO_2가 되고 O_2가 환원
되어 H_2O이 된다. 따라서 엽록체에서 산화되는 물질은 H_2O
이고, 마이토콘드리아에서 산화되는 물질은 $C_6H_{12}O_6$이다.

13 ㄱ. (가)와 (나)의 화학 반응식을 완성하면 다음과 같다.

(가) $CH_4 + 2O_2 \longrightarrow CO_2 + 2H_2O$

(나) $2H_2 + O_2 \longrightarrow 2H_2O$

따라서 ㉠과 ㉡은 H_2O로 같다.

ㄴ. 수소 연료 전지에서 수소와 산소가 반응하여 물이 생성되는 산화·환원 반응이 일어날 때 물질의 화학 에너지가 전기 에너지로 전환된다.

ㄷ. (가)에서는 CH_4이 산화되고, O_2가 환원된다. (나)에서는 H_2가 산화되고, O_2가 환원된다. 따라서 (가)와 (나)에서 O_2는 모두 환원된다.

14 (가) 반딧불이는 루시페린이라는 물질이 산화되는 과정에서 빛을 낸다.

(나) 갈변 현상은 과일에 들어 있는 폴리페놀 화합물이 산소와 반응하여 갈색을 띠는 화합물로 산화되어 나타난다.

(다) 철이 산화되어 부식되면 붉은색의 녹으로 변한다.

[바로알기] (라) 석회수에 이산화 탄소를 넣으면 흰색의 탄산 칼슘 앙금이 생성되어 뿌옇게 흐려지는데, 이는 산화·환원 반응이 아니다.

1등급 JUMP 도전 문제 79쪽

01 (1) ㉠ CO_2, ㉡ H_2O (2) 광합성 (3) 해설 참조 **02** ①

03 ③ **04** ④

---

01 (1), (2) • 철의 제련: $Fe_2O_3 + 3CO \longrightarrow 2Fe + 3CO_2$

• 메테인의 연소: $CH_4 + 2O_2 \longrightarrow CO_2 + 2H_2O$

㉠은 CO_2이고, ㉡은 H_2O이므로 (다)의 화학 반응식은 $6CO_2 + 6H_2O \longrightarrow C_6H_{12}O_6 + 6O_2$이다. 따라서 (다)는 광합성이다.

(3) 철의 제련에서 CO는 산소를 얻어 CO_2가 되므로 산화되고, Fe_2O_3은 산소를 잃어 Fe이 되므로 환원된다.

[모범답안] 산화되는 물질은 CO이고, 환원되는 물질은 Fe_2O_3이다. CO는 산소를 얻어 CO_2가 되고, Fe_2O_3은 산소를 잃어 Fe이 되기 때문이다.

채점 기준	배점(%)
산화되는 물질과 환원되는 물질을 옳게 쓰고, 그 까닭을 산소의 이동과 관련지어 옳게 설명한 경우	100
산화되는 물질과 환원되는 물질만 옳게 쓴 경우	30

02 ㄱ. 마그네슘과 드라이아이스(CO_2)가 반응하면 $2Mg + CO_2 \longrightarrow 2MgO + C$의 반응이 일어나 흰색 가루인 산화 마그네슘(MgO)과 검은색 가루인 탄소(C)가 생성된다.

[바로알기] ㄴ. Mg은 산소를 얻어 산화되고, CO_2는 산소를 잃어 C로 환원된다.

ㄷ. MgO은 Mg^{2+}과 O^{2-}으로 이루어지므로 Mg은 전자를 잃어 Mg^{2+}으로 산화된 것이다.

03 ㄱ. (나)에서는 $2Cu + O_2 \longrightarrow 2CuO$의 반응이 일어난다. CuO는 Cu^{2+}과 O^{2-}으로 이루어지므로 (나)에서 Cu는 전자를 잃고 Cu^{2+}으로 산화된다.

ㄷ. (라)에서는 $CuO + CO \longrightarrow Cu + CO_2$의 반응이 일어난다. ㉠은 Cu이고, ㉡은 CuO이므로 (라)에서 ㉡은 환원되어 ㉠으로 변한다.

[바로알기] ㄴ. (나)에서 Cu는 산소와 결합하므로 질량이 증가한다. 따라서 $w_1 < w_2$이다.

04 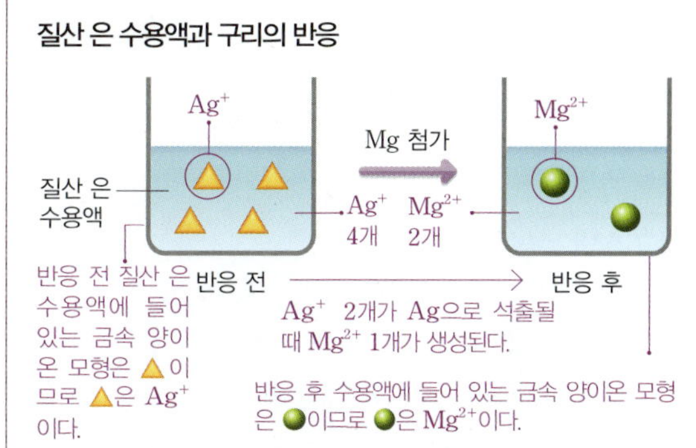

• 화학 반응식: $2Ag^+ + Mg \longrightarrow 2Ag + Mg^{2+}$

• Mg은 전자를 잃고 Mg^{2+}으로 산화되어 수용액에 녹아 들어가고, Ag^+은 전자를 얻고 Ag으로 환원되어 석출된다.

• Mg이 전자 2개를 잃을 때 Ag^+은 전자 1개를 얻으므로 Mg과 Ag^+이 1 : 2의 개수비로 반응한다.

ㄴ. 반응이 일어나면 Ag^+이 전자를 얻어 Ag으로 환원되고, Mg은 전자를 잃어 Mg^{2+}으로 산화된다.

ㄷ. Mg와 Ag^+은 1 : 2의 개수비로 반응하므로 반응이 일어나면 Ag^+ 4개가 반응하여 Mg^{2+} 2개가 생성된다. 원자 1개의 질량은 $Ag > Mg$이고, Mg 원자 1개가 녹아 들어가면 Ag 원자 2개가 Mg 조각에 석출되므로 반응 후 Mg 조각의 전체 질량은 증가한다.

[바로알기] ㄱ. 반응 후 수용액에 들어 있는 금속 양이온 모형은 ●이므로 ●은 Mg^{2+}이다.

중요 개념 체크

83쪽	**1** ㉠ 수소 이온(H^+), ㉡ 수산화 이온(OH^-)	
	2 (1) ◯ (2) × (3) × (4) × (5) ◯ (6) ◯	
87쪽	**3** 중화	**4** (1) ◯ (2) × (3) ◯
88쪽	**5** (1) × (2) ◯ (3) ◯	

1 산성은 산 수용액에 공통으로 들어 있는 수소 이온(H^+) 때문에 나타나고, 염기성은 염기 수용액에 공통으로 들어 있는 수산화 이온(OH^-) 때문에 나타난다.

2 (2) 산이 마그네슘, 철 등과 같은 금속과 반응하면 수소 기체(H_2)가 발생한다.
(3) 산에 페놀프탈레인 용액을 떨어뜨리면 색이 변하지 않고, 염기에 페놀프탈레인 용액을 떨어뜨리면 붉은색으로 변한다.
(4) 염기는 대부분 쓴맛이 나며, 산은 대부분 신맛이 난다.

4 (2) 중화 반응이 일어날 때 혼합하는 산 수용액과 염기 수용액 속 이온 수에 따라 용액의 액성이 달라진다.

5 (1) 깎은 사과를 공기 중에 놓아두었을 때 색이 변하는 것은 산화·환원 반응이 일어나기 때문이다.

탐구 확인 문제   89쪽

01 (1) × (2) × (3) ◯   **02** ㄱ, ㄷ

01 (1) 산성 물질인 묽은 염산, 레몬즙, 식초가 공통적인 성질을 나타내는 까닭은 양이온인 수소 이온(H^+) 때문이다.
(2) 레몬즙은 산성 물질이고, 제빵 소다 수용액은 염기성 물질이므로 두 수용액에 달걀 껍데기를 넣으면 산성 물질인 레몬즙에서만 이산화 탄소 기체가 발생한다.
(3) 제빵 소다 수용액과 하수구 세정제는 염기성 물질이므로 페놀프탈레인 용액을 떨어뜨리면 붉게 변한다.

02 ㄱ. 묽은 염산과 레몬즙은 모두 산성 물질로 푸른색 리트머스 종이를 붉은색으로 변하게 한다.
ㄷ. 산 수용액과 염기 수용액에서 모두 전류가 흐르는 것은 산과 염기는 모두 수용액 속에서 이온으로 나누어져 있기 때문이다.
바로알기 ㄴ. 묽은 염산은 산성 물질이고 수산화 나트륨 수용액은 염기성 물질이므로, 마그네슘 리본을 넣으면 묽은 염산에서만 수소 기체가 발생한다.

탐구 확인 문제   91쪽

01 (1) ◯ (2) ◯ (3) × (4) ×   **02** ②, ④   **03** (1) A: 염기성, B: 중성, C: 산성 (2) B   **04** ②   **05** ③

01 (1) A와 B는 묽은 염산에 비해 수산화 나트륨 수용액의 부피가 크므로 용액의 액성은 염기성을 나타낸다. 이때 염산의 수소 이온(H^+)은 모두 반응에 참여하였으므로 존재하지 않고, 반응에 참여하지 않은 염화 이온(Cl^-)과 나트륨 이온(Na^+), 그리고 과량의 수산화 이온(OH^-)이 존재하므로 A와 B에 남아 있는 이온의 종류는 같다.
(2) C에서 중화 반응에 참여한 수소 이온(H^+)과 수산화 이온(OH^-)이 가장 많으므로 생성된 물의 양은 C가 D보다 많다.
(3) 중화 반응에 참여하지 않고 과량으로 존재하는 묽은 염산의 부피가 D보다 E에서 더 크므로 혼합 용액에 들어 있는 수소 이온(H^+)은 E가 D보다 많다.
(4) C의 온도가 가장 높은 까닭은 C에서 중화 반응이 가장 많이 일어났기 때문이고, 중화 반응은 산의 양이온인 수소 이온(H^+)과 염기의 음이온인 수산화 이온(OH^-)이 반응하여 물과 염을 생성하는 반응이다.

02 산과 염기의 중화 반응에서 수소 이온(H^+)과 수산화 이온(OH^-)은 1 : 1의 개수비로 반응하므로, 묽은 염산과 수산화 나트륨 수용액 1 mL에 각 입자가 1개씩 녹아 있다고 가정하면 각 용액에 들어 있는 이온의 수는 다음 표와 같다.

홈	HCl 속 이온 수(개)	NaOH 속 이온 수(개)	혼합 용액 속 이온 수(개)
A	H^+ 2, Cl^- 2	Na^+ 10, OH^- 10	Cl^- 2, Na^+ 10, OH^- 8
B	H^+ 4, Cl^- 4	Na^+ 8, OH^- 8	Cl^- 4, Na^+ 8, OH^- 4
C	H^+ 6, Cl^- 6	Na^+ 6, OH^- 6	Cl^- 6, Na^+ 6
D	H^+ 8, Cl^- 8	Na^+ 4, OH^- 4	Cl^- 8, Na^+ 4, H^+ 4
E	H^+ 10, Cl^- 10	Na^+ 2, OH^- 2	Cl^- 10, Na^+ 2, H^+ 8

① 생성된 물의 양이 가장 많은 것은 중화 반응이 가장 많이 일어난 C이다.
③ 염화 이온(Cl^-)은 반응에 참여하지 않으므로 반응 전후 그 수가 변하지 않는다. 처음에 넣은 묽은 염산의 부피가 가장 큰 E에서 염화 이온(Cl^-)의 수가 가장 많다.
⑤ D는 산성 용액이므로 수소 이온이 존재한다.

⑥ A와 B는 염기성 용액이므로 페놀프탈레인 용액을 떨어뜨리면 혼합 용액의 색이 붉게 변한다.

[바로알기] ② 혼합 용액에 들어 있는 전체 이온 수는 A＝E >B＝D>C이다.

④ 혼합 용액에 있는 수소 이온 수가 가장 많은 것은 E이다.

03 (1) B에서 혼합 용액의 최고 온도가 가장 높으므로 완전히 중화된 것을 알 수 있다. A는 반응하지 않은 수산화 이온(OH^-)이 남아 있으므로 염기성을 나타내고, C는 반응하지 않은 수소 이온(H^+)이 남아 있으므로 산성을 나타낸다.

(2) 용액의 최고 온도가 가장 높은 B에서 중화 반응이 가장 많이 일어났으므로 B에서 중화 반응으로 생성된 물의 양이 가장 많다.

04 ㄴ. 중화 반응이 많이 일어나 물이 많이 생성될수록 중화열이 많이 발생한다. 따라서 (나)보다 (다)에서 중화열이 많이 발생한다.

[바로알기] ㄱ. (가)와 (나)는 수소 이온(H^+)이 있으므로 산성, (다)는 수소 이온(H^+)이나 수산화 이온(OH^-)이 없으므로 중성, (라)는 수산화 이온(OH^-)이 있으므로 염기성이다.

ㄷ. (가)~(다)는 전체 이온의 수가 같지만, (라)는 수산화 이온과 나트륨 이온이 각각 1개씩 더 존재한다.

05 ㄱ. 혼합 용액의 온도가 가장 높은 것은 중화 반응이 가장 많이 일어난 (나)이다.

ㄴ. (가)에서 반응하지 않은 묽은 염산(HCl)은 20 mL이고, (다)에서 반응하지 않은 수산화 나트륨(NaOH) 수용액도 20 mL이다. 두 수용액의 농도는 같으므로 (가)에 들어 있는 수소 이온(H^+)의 수와 (다)에 들어 있는 수산화 이온(OH^-)의 수는 같다.

[바로알기] ㄷ. 혼합 용액에서 물이 가장 많이 생성된 것은 중화 반응이 가장 많이 일어난 (나)이다.

교과서 속 **START 내신 완성 문제** 94~96쪽

01 ③　　**02** A　　**03** ㄴ, ㄷ　　**04** ②　　**05** (1) (가) 묽은 염산, (나) 수산화 나트륨 수용액 (2) 해설 참조　　**06** ③　　**07** (1) 묽은 염산, 식초, 탄산 음료 (2) 나트륨 이온(Na^+)　　**08** ⑤
09 (1) 해설 참조 (2) (나), (다)　　**10** ②　　**11** ①　　**12** ③
13 (1) A: Cl^-, B: K^+, C: OH^-, D: H^+ (2) 해설 참조
14 ㄱ, ㄴ, ㄷ　　**15** (1) $H^+ + OH^- \longrightarrow H_2O$ (2) ㄴ, ㄹ

01 산 수용액은 물질에 포함된 양이온인 수소 이온(H^+)과 음이온으로 이온화되고, 염기 수용액은 물질에 포함된 양이온과 음이온인 수산화 이온(OH^-)으로 이온화된다.

[바로알기] ① HCl $\longrightarrow$ H^+ + Cl^-

② KOH $\longrightarrow$ K^+ + OH^-

④ $Ca(OH)_2$ $\longrightarrow$ Ca^{2+} + $2OH^-$

⑤ NH_4OH $\longrightarrow$ NH_4^+ + OH^-

02 A. 산 수용액과 염기 수용액은 모두 전류가 흐른다.

[바로알기] B. BTB 용액은 산 수용액에서 노란색, 염기 수용액에서는 파란색으로 변한다.

C. 산 수용액이 공통적인 성질을 나타내는 것은 양이온인 수소 이온(H^+) 때문이고, 염기 수용액이 공통적인 성질을 나타내는 것은 음이온인 수산화 이온(OH^-) 때문이다.

03 ㄴ. 푸른색 리트머스 종이를 붉게 변화시키는 이온은 산 수용액에 들어 있는 H^+이다.

ㄷ. 황산도 산성 물질이므로 같은 실험 결과가 나타난다.

[바로알기] ㄱ. (＋)극 쪽으로 이동하는 이온은 Cl^-와 NO_3^- 두 가지이다.

04 ㄷ. 산 수용액에 탄산 칼슘이 주성분인 달걀 껍데기를 넣으면 이산화 탄소 기체가 발생한다.

[바로알기] ㄱ. 식초는 산성 물질이므로 H^+이 들어 있다.

ㄴ. 식초는 산성 물질이므로 푸른색 리트머스 종이가 붉게 변한다. 한편 제산제는 염기성 물질이므로 붉은색 리트머스 종이가 푸르게 변한다.

05 (1) 산 수용액과 염기 수용액에 마그네슘 조각을 넣었을 때 수소 기체가 발생하는 것은 산 수용액이다. (가)에서만 기포가 발생하므로 (가)는 묽은 염산이고, (나)는 수산화 나트륨 수용액이다.

(2) 모범 답안 산 수용액은 마그네슘(Mg)과 반응하여 수소 기체를 발생시키지만, 염기 수용액은 마그네슘(Mg)과 반응하지 않기 때문이다.

채점 기준	배점(%)
산과 마그네슘이 반응하여 수소 기체를 발생시키는 내용을 포함하여 옳게 설명한 경우	100
산과 마그네슘이 반응한다고만 설명한 경우	50

06 제시된 물질은 모두 염기성 물질이다.

ㄱ. 염기성 물질은 물에 녹아 OH^-을 내놓는다.

ㄴ. 염기성 물질은 붉은색 리트머스 종이를 푸른색으로 변화시킨다.

 ㄷ. 탄산 칼슘과 반응하여 이산화 탄소 기체를 발생시키는 물질은 산성 물질이다.

07

산과 염기의 분류

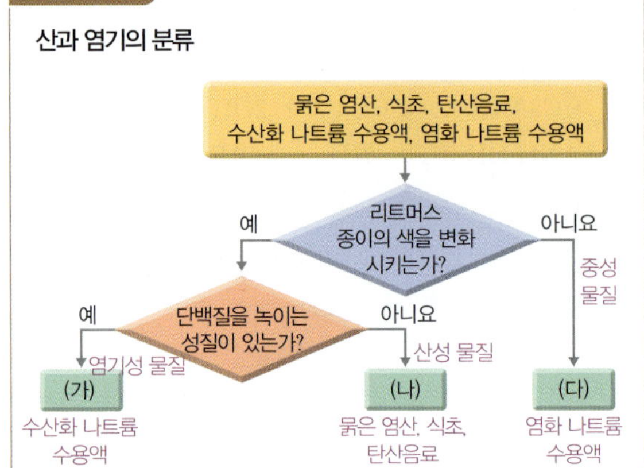

• 리트머스 종이의 색깔을 변화시키는 물질은 산성 또는 염기성 물질이므로 (다)에 해당하는 물질은 중성인 염화 나트륨 수용액이다.
• 단백질을 녹이는 성질이 있는 물질은 염기성 물질이므로 (가)에 포함된 물질은 수산화 나트륨 수용액이다.
• (나)는 산성 물질이므로 묽은 염산, 식초, 탄산음료이다.

(1) (나)는 리트머스 종이의 색깔을 변화시키고, 단백질을 녹이지 않는 물질이므로 산성 물질이다. 따라서 묽은 염산, 식초, 탄산음료가 해당한다.

(2) (가)는 수산화 나트륨 수용액($NaOH$)이고, (다)는 염화 나트륨($NaCl$) 수용액이므로 (가)와 (다)에 공통으로 포함된 이온은 나트륨 이온(Na^+)이다.

08 ① 중화 반응은 산과 염기가 반응하여 물을 생성하는 반응이다.
② 중화열은 산과 염기의 중화 반응이 일어날 때 발생하는 열이다.
③ 중화점은 일정량의 산(또는 염기) 수용액을 염기(또는 산) 수용액으로 중화시킬 때 완전히 중화되는 지점으로, 혼합 용액의 온도가 가장 높다.
④ 중화 반응에서 산의 수소 이온(H^+)과 염기의 수산화 이온(OH^-)은 1 : 1의 개수비로 반응한다.
 ⑤ 산과 염기를 혼합할 때 수소 이온(H^+)의 수가 더 많으면 혼합 용액은 산성을 나타내고, 수산화 이온(OH^-)의 수가 더 많으면 염기성을 나타낸다.

09 묽은 염산에 수산화 칼슘 수용액을 가하면 수소 이온(H^+)과 수산화 이온(OH^-)이 반응하여 물을 생성하는 중화 반응이 일어난다. 이때 수소 이온(H^+)과 수산화 이온(OH^-)은 1 : 1의 개수비로 반응하므로 (가)의 수소 이온(H^+) 1개와 (나)의 수산

화 이온(OH^-) 1개가 반응하여 물 분자(H_2O) 1개를 생성하고 수산화 이온(OH^-) 1개가 남으며, 구경꾼 이온인 염화 이온(Cl^-)과 칼슘 이온(Ca^{2+})의 수는 변하지 않으므로 각각 1개씩 들어 있다.

(1)
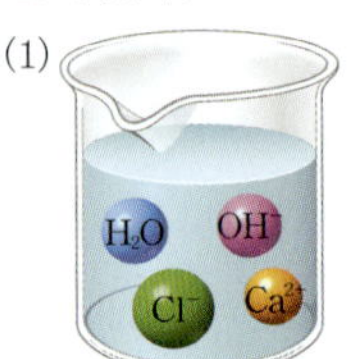

(2) (가) 묽은 염산은 산성이고, (나) 수산화 칼슘 수용액은 염기성이며, (다) 혼합 용액은 반응하고 남은 수산화 이온(OH^-)이 들어 있으므로 염기성이다. 따라서 페놀프탈레인 용액을 떨어뜨렸을 때 붉은색으로 변하는 것은 염기성 용액인 (나)와 (다)이다.

10

수산화 나트륨 수용액과 묽은 염산의 중화 반응

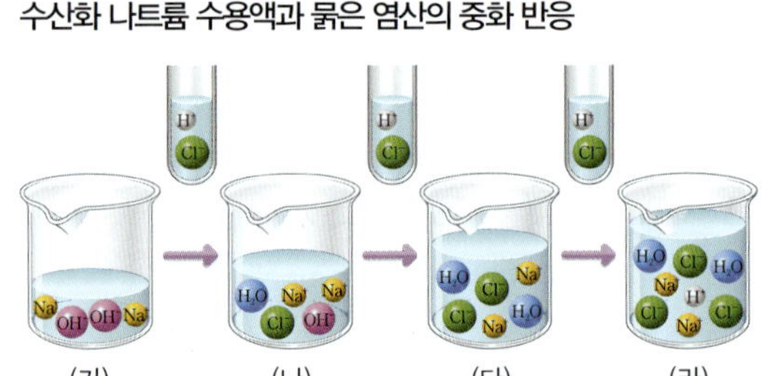

(가)~(라)에서 각 이온 수 변화, 생성된 물 분자(H_2O) 수, 용액의 액성은 다음과 같다.

용액	(가)	(나)	(다)	(라)
Na^+ 수	2	2	2	2
OH^- 수	2	1	0	0
H^+ 수	0	0	0	1
Cl^- 수	0	1	2	3
H_2O 수	0	1	2	2
액성	염기성	염기성	중성	산성

ㄷ. 중화 반응이 가장 많이 일어난 용액은 (다)이므로 혼합 용액의 온도가 가장 높은 것은 (다)이다.
 ㄱ. (가)와 (나)는 수산화 이온(OH^-)이 존재하므로 염기성이고, (다)는 중성, (라)는 수소 이온(H^+)이 존재하므로 산성이다. 따라서 (나)와 (라)의 액성은 다르다.
ㄴ. (다)에서는 수소 이온(H^+)과 반응할 수산화 이온(OH^-)이 더 이상 존재하지 않아 묽은 염산을 넣어도 중화 반응이 일어나지 않으므로 생성된 물 분자 수는 (다)와 (라)가 같다.

묽은 염산과 수산화 칼륨 수용액의 중화 반응

구분	(가)	(나)	(다)	(라)
묽은 염산의 부피(mL)	10	20	40	60
수산화 칼륨 수용액의 부피(mL)	70	60	40	20
반응한 묽은 염산과 수산화 칼륨 수용액의 부피(mL)	10	20	40	20
혼합 용액의 액성	염기성	염기성	중성	산성

농도가 같은 묽은 염산과 수산화 칼륨 수용액은 1 : 1의 부피비로 반응하므로 두 수용액 중 부피가 작은 수용액의 부피만큼 중화 반응한다.

ㄱ. (가)에서 반응한 수산화 칼륨 수용액은 10 mL이고, (나)에서 반응한 수산화 칼륨 수용액은 20 mL이다. 따라서 두 용액 모두 수산화 칼륨 수용액이 남아 있으므로 수용액에 OH^-이 존재한다.

[바로 알기] ㄴ. (다)에서 반응한 묽은 염산과 수산화 칼륨 수용액의 부피가 가장 크므로, 중화 반응이 가장 많이 일어나 혼합 용액의 온도가 가장 높다.

ㄷ. (라)에서는 묽은 염산 20 mL와 수산화 칼륨 수용액 20 mL가 반응하고, 반응하지 않은 H^+이 남아 있다. 따라서 (라)의 액성은 산성이므로 페놀프탈레인 용액을 떨어뜨려도 색이 변하지 않는다.

묽은 염산과 수산화 나트륨 수용액의 중화 반응에서의 온도 변화 그래프

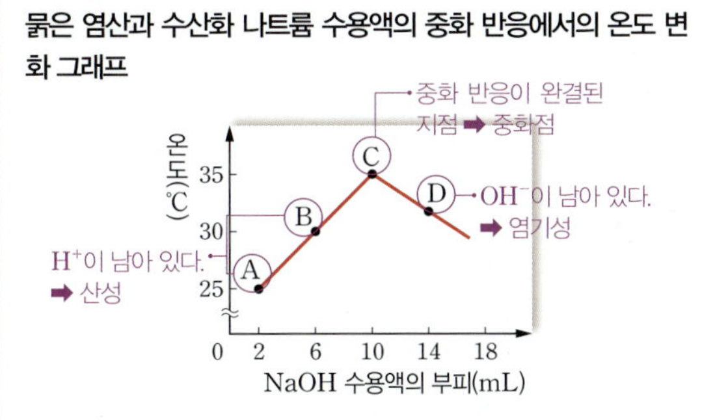

ㄱ. 묽은 염산(HCl)에 수산화 나트륨(NaOH) 수용액을 넣으면 중화 반응이 일어나 중화열이 발생하므로 혼합 용액의 온도가 높아진다. 중화점 이후에는 중화 반응이 더 이상 일어나지 않고, 처음 온도와 같은 수산화 나트륨 수용액이 가해지므로 혼합 용액의 온도가 낮아진다. 따라서 온도가 가장 높은 C는 산과 염기가 완전히 중화된 상태이다.

ㄷ. A~C에서는 모두 중화 반응이 일어난다. 중화 반응은 산의 수소 이온(H^+)과 염기의 수산화 이온(OH^-)이 반응하여 물이 생성되는 반응으로 알짜 이온 반응식은 $H^+ + OH^- \longrightarrow H_2O$이다.

[바로 알기] ㄴ. D는 염기성 용액이므로 달걀 껍데기를 넣어도 이산화 탄소가 발생하지 않는다. 달걀 껍데기를 넣었을 때 이산화 탄소가 발생하는 용액은 산성 용액인 A와 B이다.

묽은 염산과 수산화 칼륨 수용액의 중화 반응에서의 온도 변화 그래프

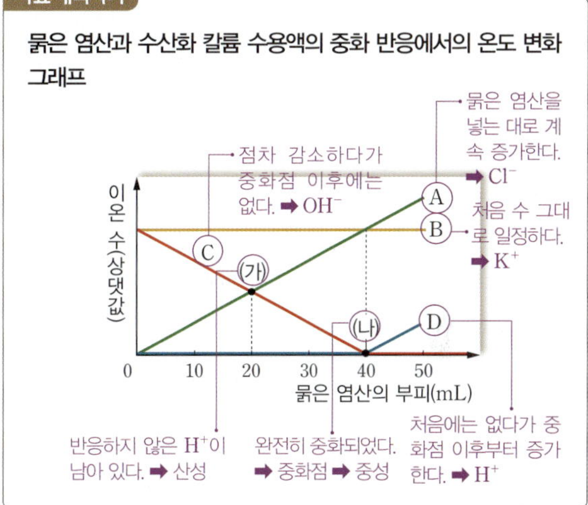

⑴ A는 묽은 염산을 넣는 대로 그 수가 증가하므로 반응에 참여하지 않은 Cl^-이고, B는 넣어 준 묽은 염산의 부피와 관계없이 그 수가 일정하므로 반응에 참여하지 않는 K^+이다. 한편 묽은 염산이 가해짐에 따라 점점 감소하는 C는 중화 반응에 참여하는 OH^-이고, 처음에는 존재하지 않다가 중화점 이후부터 증가하는 D는 H^+이다.

⑵ 같은 농도와 온도의 수산화 칼륨 수용액과 묽은 염산이 반응했을 때 중화점에서 가장 많은 중화열이 발생한다. 따라서 이 실험에서는 H^+와 OH^-이 모두 반응하여 존재하지 않는 (나)가 중화점에 해당하므로 혼합 용액의 온도는 (나)가 (가)보다 높다.

[모범 답안] 혼합 용액의 온도는 (나)가 (가)보다 높다. (나)는 H^+과 OH^-이 모두 반응한 중화점이므로 중화열이 가장 많이 발생하기 때문이다.

채점 기준	배점(%)
혼합 용액의 온도를 옳게 비교하고, 그 까닭을 중화점을 포함하고 중화열을 비교하여 옳게 설명한 경우	100
혼합 용액의 온도를 옳게 비교하고, 그 까닭을 중화점을 포함하지 않거나 중화열을 비교하지 않고 옳게 설명한 경우	70
혼합 용액의 온도 비교만 옳게 쓴 경우	30

14 ㄱ. 벌이 분비하는 물질에는 폼산이 들어 있으므로 벌에 쏘였을 때 염기성 물질인 암모니아수를 바르면 중화 반응이 일어나 붓기가 가라앉는다.

ㄴ, ㄷ. 산성화된 토양에 염기성 물질인 석회 가루를 뿌리는 것, 생선 비린내를 제거하기 위해 산성 물질인 레몬즙을 뿌리는 것은 모두 중화 반응을 이용하는 예이다.

[바로알기] ㄹ. 은 숟가락의 녹을 제거하기 위해 은 숟가락을 알루미늄 포일에 올려놓고 가열하는 것은 산화·환원 반응을 이용하는 예이다.

15 (1) 김치의 신맛을 없애기 위해 제빵 소다를 넣는 것과 속이 쓰릴 때 제산제를 먹는 것은 중화 반응을 이용하는 예이다. 중화 반응은 산의 수소 이온(H^+)과 염기의 수산화 이온(OH^-)이 반응하여 물이 생성되는 반응으로 알짜 이온 반응식은 $H^+ + OH^- \longrightarrow H_2O$이다.

(2) 김치의 신맛을 내는 물질과 위액은 산성 물질이고, 제빵 소다와 제산제는 염기성 물질이다.

JUMP 1 도전 문제

97쪽

01 ②　　**02** ③　　**03** ④　　**04** ③

01 ㄷ. 식초는 산성 물질이고, 제산제는 염기성 물질이지만 두 물질은 모두 전원을 연결하면 전류가 흐른다. 따라서 ㄹ과 ㅁ에서는 같은 결과가 나타난다.

[바로알기] ㄱ. 식초는 산성 물질이므로 푸른색 리트머스 종이가 붉은색으로 변한다. 따라서 염기성인 제산제 수용액과는 결과가 다르다.

ㄴ. 레몬즙은 산성 물질이고, 제산제는 염기성 물질이므로 ㄴ에서는 이산화 탄소 기체가 발생하지만, ㄷ에서는 반응이 일어나지 않는다.

02 자료 해석하기

산과 염기의 중화 반응 모형

(가)	(나)	(다)
HCl	NaCl 수용액	NaOH 수용액

ㄱ. HCl, NaOH, NaCl를 구성하는 이온은 각각 H^+, Cl^-, Na^+, OH^-, Na^+, Cl^-이다. 이때 (가)와 (나)에 공통으로 들어 있는 이온은 ▲이고, (나)와 (다)에 공통으로 들어 있는 이온은 ●이다. (다)에서 ■는 음이온이므로 ●는 양이온이다. (나)에서 ●는 양이온이므로 ▲는 음이온이다. 한편 (가)와 (나)에 공통으로 들어 있는 음이온 ▲는 Cl^-이고, (나)와 (다)에 공통으로 들어 있는 양이온 ●는 Na^+이다. 따라서 (가)는 묽은 염산(HCl), (나)는 염화 나트륨(NaCl) 수용액, (다)는 수산화 나트륨(NaOH) 수용액이므로 ■는 H^+에 해당한다.

ㄴ. (가)는 묽은 염산(HCl)이므로 산성 수용액이고, (다)는 수산화 나트륨(NaOH) 수용액으로 염기성 수용액이다. 따라서 두 수용액을 혼합하면 중화 반응이 일어나 물이 생성된다.

[바로알기] ㄷ. BTB 용액은 산성에서 노란색, 중성에서 초록색, 염기성에서 파란색을 나타낸다. (나)는 염화 나트륨(NaCl) 수용액으로 중성이므로 BTB 용액을 떨어뜨리면 초록색으로 변한다.

03 자료 해석하기

묽은 염산과 수산화 나트륨의 중화 반응

혼합 용액	수용액의 부피(mL)		이온의 종류	최고 온도(℃)
	HCl	NaOH 수용액		
(가)	10	20	㉠, Na^+, Cl^-	t_1
(나)	15	15	Na^+, Cl^-	t_2
(다)	20	10	㉡, Na^+, Cl^-	t_3

(나)에 들어 있는 이온의 종류는 Na^+, Cl^-이므로, (나)의 액성은 중성이다.

묽은 염산과 수산화 나트륨 수용액을 혼합했을 때 혼합 용액의 액성이 중성이면 Cl^-, Na^+만 들어 있고, 산성이라면 H^+, Cl^-, Na^+이, 염기성이라면 Cl^-, Na^+, OH^-이 들어 있다. 따라서 (나)에서 혼합 용액의 액성은 중성이고, 이를 통해 묽은 염산과 수산화 나트륨 수용액이 1 : 1의 부피비로 반응했음을 알 수 있다.

ㄴ. 중화 반응한 묽은 염산과 수산화 나트륨 수용액의 부피는 (가)에서 각각 10 mL, (나)에서 각각 15mL이다. 반응하는 H^+과 OH^-의 수가 많을수록 중화열이 많이 발생하므로 $t_2 > t_1$이다.

ㄷ. 묽은 염산과 수산화 나트륨 수용액은 1 : 1의 부피비로 반응하므로 같은 부피의 묽은 염산 속 H^+, Cl^-의 수와 수산화 나트륨 수용액 속 Na^+, Cl^-의 수가 같다. Na^+과 Cl^-은 반

응에 참여하지 않으므로 넣어 준 만큼 존재하며 (가)에서 넣어 준 수산화 나트륨 수용액은 $20\,mL$이고, (다)에서 넣어 준 묽은 염산도 $20\,mL$이므로, $\dfrac{(가)에서\ Na^+의\ 수}{(다)에서\ Cl^-의\ 수}=1$이다.

바로알기 ㄱ. 묽은 염산과 수산화 나트륨 수용액은 $1:1$의 부피비로 반응한다. 따라서 (가)는 염기성 용액이므로 ㉠은 반응하지 않은 OH^-이고, (다)는 산성 용액이므로 ㉡은 반응하지 않은 H^+이다.

04 자료 해석하기

농도가 다른 묽은 염산과 수산화 나트륨 수용액의 중화 반응

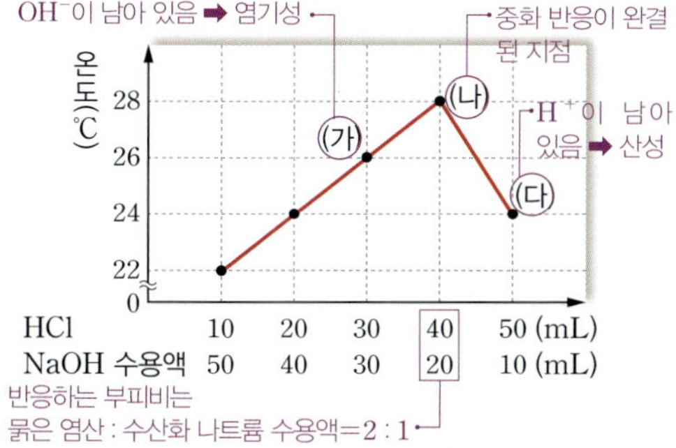

(나)에서 혼합 용액의 최고 온도가 가장 높으므로 완전히 중화되었다. ➡ 묽은 염산과 수산화 나트륨 수용액은 $40\ mL : 20\ mL = 2 : 1$의 부피비로 반응한다. ➡ 수산화 나트륨 수용액의 농도가 묽은 염산의 2배이다.

수산화 나트륨 수용액의 농도가 묽은 염산의 2배이므로 (가)에는 반응하지 않은 OH^-이 존재하고, (나)에는 반응하지 않은 H^+이 존재한다. 따라서 (가)는 염기성이고, (나)는 중화점으로 중성이며, (다)는 산성에 해당한다.

ㄱ. 페놀프탈레인 용액을 떨어뜨렸을 때 붉게 변하는 것은 염기성인 (가)이다.

ㄴ. (나)에서 반응한 묽은 염산은 $40\ mL$, 수산화 나트륨 수용액의 부피는 $20\ mL$이고, (다)에서 반응한 묽은 염산의 부피는 $20\ mL$, 수산화 나트륨 수용액의 부피는 $10\ mL$이다. 따라서 반응한 묽은 염산과 수산화 나트륨 수용액의 부피는 (나)가 (다)의 2배이므로 생성된 물 분자 수도 (나)가 (다)의 2배이다.

바로알기 ㄷ. 묽은 염산 $40\ mL$와 수산화 나트륨 수용액 $20\ mL$가 반응한 지점이 중화점에 해당하므로 반응 전 (나)에서 묽은 염산 $40\ mL$에 들어 있는 H^+, Cl^- 수와 수산화 나트륨 수용액 $40\ mL$에 들어 있는 Na^+, OH^- 수는 같다. 따라서 혼합 전 같은 부피 속에 들어 있는 이온 수는 수산화 나트륨 수용액이 묽은 염산의 2배이다.

○3 물질 변화에서 에너지 출입

중요 개념 체크

| 99쪽 | **1** ㉠ 높아, ㉡ 낮아 | **2** (1) × (2) ○ |
| 101쪽 | **3** (1) ○ (2) × (3) × (4) ○ | |

2 (1) 물이 얼어 얼음이 될 때 열에너지를 방출한다.

3 (2) 식물은 빛에너지를 흡수해 광합성을 하여 생명을 유지하는 데 필요한 양분을 만든다.
(3) 과수원에서는 개화 시기에 물을 뿌려 물이 얼음으로 응고하면서 방출하는 열에너지를 이용해 냉해를 예방한다.

START 내신 완성 문제   104~106쪽

01 ⑤　　**02** ③　　**03** ㉠ 방출, ㉡ 높아　　**04** (1) (가) 화학 변화, (나) 물리 변화 (2) 해설 참조　　**05** ⑤　　**06** ③　　**07** ③　　**08** ①　　**09** ⑤　　**10** ③　　**11** ①　　**12** ③　　**13** ㄱ, ㄴ, ㄷ

01 ① 물질의 상태가 변하는 물리 변화가 일어날 때 에너지 출입이 일어난다.
②, ③ 물질 변화가 일어날 때 열에너지를 방출하면 주변의 온도가 높아지고, 열에너지를 흡수하면 주변의 온도가 낮아진다.
④ 철이 산소와 반응해 녹슬면서 열에너지를 방출한다.
바로알기 ⑤ 물이 수증기가 될 때는 열에너지를 흡수하지만, 물이 얼음으로 될 때는 열에너지를 방출한다.

02 A. 물질 변화가 일어날 때 열에너지를 방출하면 주변의 온도가 높아진다.
C. 질산 암모늄과 수산화 바륨이 반응하면 주변으로부터 열에너지를 흡수하므로 주변의 온도가 낮아진다.
바로알기 B. 더운 여름날 도로에 물을 뿌리면 물이 기화하면서 주변으로부터 열에너지를 흡수하므로 시원해진다.

03 이글루 안쪽 벽에 물을 뿌리면 물이 응고하여 얼음이 된다. 이때 열에너지를 방출하여 주변의 온도가 높아지므로 이글루 내부의 온도가 높아진다.

04 (1) (가)는 물질의 성질이 변하는 화학 변화이고, (나)는 물질의 상태가 변화하는 물리 변화이다.
(2) **모범 답안** (가)는 열에너지를 방출하는 반응이므로 주변의 온도가 높아지고, (나)는 열에너지를 흡수하는 반응이므로 주변의 온도가 낮아진다.

채점 기준	배점(%)
(가)와 (나)에서 열에너지 출입을 언급하여 주변의 온도 변화를 모두 옳게 설명한 경우	100
(가)와 (나)에서 열에너지의 출입을 언급하지 않고, 주변의 온도 변화만 모두 옳게 설명한 경우	50

05 탄산수소 나트륨을 가열하여 분해하는 반응의 화학 반응식은 다음과 같다.

$$2NaHCO_3 \longrightarrow Na_2CO_3 + H_2O + CO_2$$

ㄱ. 탄산수소 나트륨을 가열하면 열에너지를 흡수하여 분해된다.

ㄴ. 가열 장치 내부의 연료가 연소할 때 열에너지를 방출하여 주변의 온도가 높아진다.

ㄷ. 탄산수소 나트륨을 가열할 때 이산화 탄소가 생성되는 반응은 열에너지를 흡수하는 반응이고, 질산 암모늄과 수산화 바륨의 반응도 열에너지를 흡수하는 반응이다. 따라서 두 반응은 에너지 출입 방향이 같다.

06

물질 변화가 일어날 때의 에너지의 출입

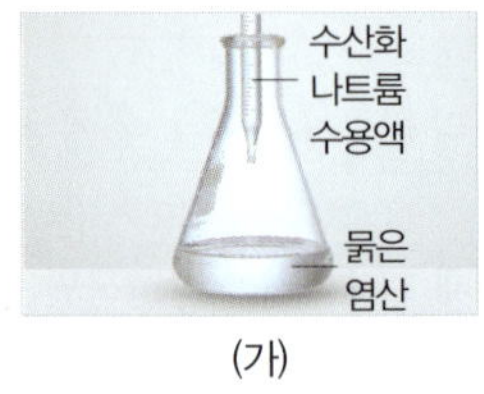

- 묽은 염산과 수산화 나트륨 수용액의 반응

$$HCl + NaOH \longrightarrow H_2O + NaCl$$

➡ 중화 반응이 일어나 중화열이 발생한다.

- 산화 칼슘과 물의 반응

$$CaO + H_2O \longrightarrow Ca(OH)_2$$

➡ 반응이 일어날 때 열에너지를 방출한다.

ㄱ, ㄷ. (가)는 묽은 염산과 수산화 나트륨 수용액의 중화 반응이고, (나)는 산화 칼슘이 물에 녹는 반응으로 두 반응 모두 주변으로 열에너지를 방출하는 반응이다. 따라서 반응이 일어날 때 모두 주변의 온도가 높아진다.

바로알기 ㄴ. 산화 칼슘이 물에 녹을 때 열에너지를 방출하므로 주변의 온도가 높아진다.

07 ㄱ. 나무판이 삼각 플라스크에 붙은 것으로 보아 수산화 바륨과 질산 암모늄이 반응할 때 열에너지를 흡수하여 주변의 온도가 낮아져 나무판 위의 물이 얼어 얼음이 된 것이다.

ㄴ. 질산 암모늄과 수산화 바륨의 반응은 열에너지를 흡수하는 반응이다. 따라서 반응물의 에너지 합이 생성물의 에너지 합보다 작다.

바로알기 ㄷ. 차가운 컵 표면에서 수증기가 액화하는 것은 열에너지를 방출하는 반응이므로, 질산 암모늄과 수산화 바륨의 반응과 에너지 출입 방향이 다르다.

08 (가)는 열에너지를 방출하는 반응이고, (나)는 열에너지를 흡수하는 반응이다.

ㄱ. 화석 연료의 연소는 주변으로 열에너지를 방출하는 반응이다.

ㄴ. 에어컨의 냉매가 기화하면서 주변의 열에너지를 흡수하여 주변의 온도를 낮춘다.

ㄷ. 손 소독제를 손에 바르면 알코올이 증발하면서 열에너지를 흡수하여 시원해진다.

09 손난로를 흔들면 철 가루와 산소가 반응하면서 열에너지를 방출한다.

ㄱ. 나무가 연소할 때 열에너지를 방출하여 주변이 따뜻해진다.

ㄷ. 생명체는 세포호흡으로 발생하는 에너지를 이용해 체온을 유지하고 생명활동을 한다.

ㄹ. 철이 산화하여 산화 철이 되는 부식 과정에서 열에너지를 방출한다.

바로알기 ㄴ. 식물은 빛에너지를 흡수하여 광합성을 하며, 광합성으로 생명을 유지하는 데 필요한 양분을 만든다.

10 ㄱ. 과수원에서의 냉해 예방은 물이 얼음으로 응고하면서 열에너지를 방출할 때 주변의 온도가 높아지는 것을 이용한다.

ㄴ. 냉찜질 팩은 질산 암모늄이 물에 녹을 때 열에너지를 흡수해 주변의 온도가 낮아지는 것을 이용한다.

바로알기 ㄷ. (가)는 에너지를 방출하는 반응이고, (나)는 에너지를 흡수하는 반응이므로 물질 변화가 일어날 때 에너지가 출입하는 방향이 다르다.

11 (가) 뷰테인 가스는 연소할 때 열에너지를 방출하여 주변의 온도가 높아진다.

(나) 커피 전문점에서 우유를 가열할 때 수증기가 물로 액화하면서 방출하는 열에너지를 이용한다.

(다) 냉장고의 냉매가 기화하면 열에너지를 흡수하여 주변의 온도가 낮아지므로 냉장고 안이 시원해진다.

(라) 얼음주머니의 얼음이 물로 융해하면서 열에너지를 흡수하여 주변의 온도를 낮추므로 신선식품을 배달할 때 사용한다.

12 ㄱ, ㄴ. 발열 팩에 물을 부으면 산화 칼슘과 물이 반응하여 열에너지가 발생하는 발열 반응이 일어나 주변의 온도가 높아진다.

바로알기 ㄷ. 드라이아이스가 기체로 승화할 때는 열에너지를 흡수하여 주변의 온도를 낮추므로 발열 용기에 사용하기 적합하지 않다.

13 ㄱ. 식물은 빛에너지를 흡수하여 광합성을 하며, 수증기는 열에너지를 방출하면서 액화하여 구름이 된다.

ㄴ. 수증기가 물로 액화할 때 열에너지를 방출하므로 주변의 온도가 높아져 후덥지근하다.

ㄷ. 식물이 호흡할 때는 에너지를 방출하고, 수증기가 액화하여 구름이 될 때도 열에너지를 방출하므로, 두 반응이 일어날 때 에너지 출입 방향이 같다.

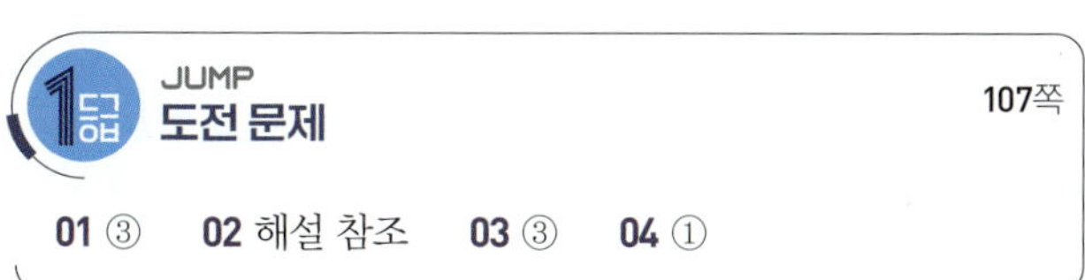

JUMP
도전 문제   107쪽

01 ③   **02** 해설 참조   **03** ③   **04** ①

01 ㄱ, ㄴ. 반응물의 에너지 합이 생성물의 에너지 합보다 크므로 반응이 일어날 때 열에너지를 방출하고, 주변의 온도가 높아진다.

바로알기 ㄷ. 물은 전기 에너지를 흡수하여 수소 기체와 산소 기체로 분해된다.

02 질산 암모늄이 물에 용해될 때 주변으로부터 열에너지를 흡수하므로 혼합 용액의 온도는 낮아진다. 이때 시험관 표면에 물방울이 맺히는 것은 수증기가 열에너지를 방출하면서 물로 상태가 변화하기 때문이다.

모범 답안 ㉠ 질산 암모늄이 물에 용해될 때 주변에서 열에너지를 흡수해 주변의 온도가 낮아진다. ㉡ 수증기가 액화하여 물방울이 될 때 주변으로 열에너지를 방출한다.

채점 기준	배점(%)
㉠과 ㉡에서의 열에너지 출입을 모두 옳게 설명한 경우	100
㉠과 ㉡ 중 열에너지 출입을 한 가지만 옳게 설명한 경우	50

03 A가 물에 녹았을 때 용액의 온도는 $2\ ℃$ 높아졌으므로 A의 용해 반응은 열에너지를 방출하는 반응이고, B가 물에 녹았을 때 용액의 온도는 $1\ ℃$ 낮아졌으므로 B의 용해 반응은 열에너지를 흡수하는 반응이다.

ㄱ. A는 열에너지를 방출하는 반응으로 주변의 온도가 높아진다.

ㄴ. B는 열에너지를 흡수하는 반응이다.

바로알기 ㄷ. A가 물에 녹을 때 열에너지를 방출하므로 냉찜질 팩을 만들 때 이용하기에 적합하지 않다.

04 ㄱ. 차가운 유리컵 표면에 물방울이 맺히는 것은 수증기가 액화하면서 열에너지를 방출하는 반응이므로 발열 반응이다.

바로알기 ㄴ. 연소 반응은 열에너지를 방출하는 반응이고, 제빵 소다의 열분해는 열에너지를 흡수하는 반응이다.

ㄷ. 세포호흡이 일어날 때는 열에너지를 방출하므로 제빵 소다가 열분해될 때와 에너지 출입 방향이 다르다.

중단원 핵/심/정/리   108~109쪽

❶ 얻는   ❷ 잃는   ❸ 잃는
❹ 얻는   ❺ 광합성   ❻ 수소 이온(H^+)
❼ 수산화 이온(OH^-)   ❽ 수소 이온(H^+)
❾ 수산화 이온(OH^-)   ❿ 중화 반응
⓫ 물   ⓬ 중화열   ⓭ 중화점
⓮ 방출   ⓯ 흡수

PICK 출제 0순위   110~111쪽

01 ②   **02** ①   **03** ③   **04** ①

01 문제 해결 전략

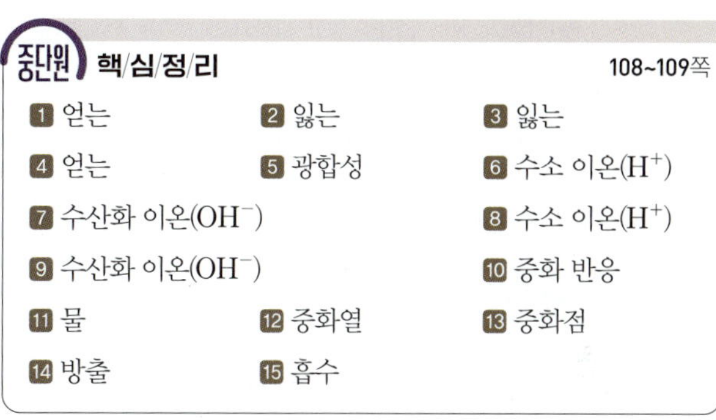

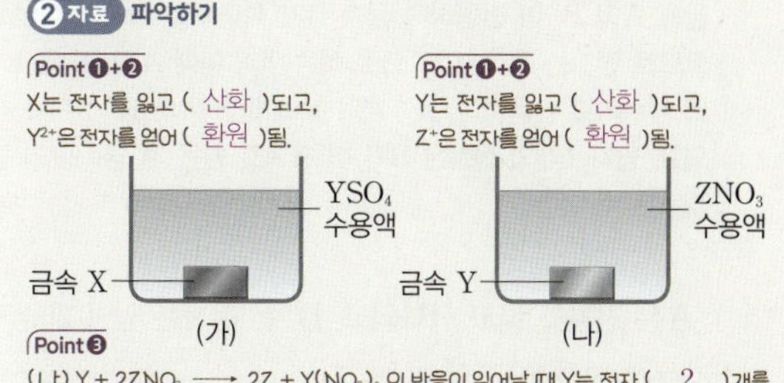
❸ 지문 이해하기

(가)에서는 금속 X와 Y^{2+}이 존재하고, (나)에서는 금속 Y와 Z^+이 존재한다. 이때 (가)와 (나)에서 반응이 진행되었으므로 (가)에서는 X가 산화되어 수용액 속에서 이온 상태로 존재하고, Y^{2+}은 전자를 얻어 환원된다. 한편, (나)에서는 Y가 산화되어 수용액 속에서 이온 상태로 존재하고, Z^+은 전자를 얻어 환원된다.

ㄴ. (나)에서 Y는 전자를 잃어 Y^{2+}이 되고, Z^+은 전자를 얻어 Z가 되므로 전자는 Y에서 Z^+으로 이동한다.

[바로알기] ㄱ. (가)에서 X는 전자를 잃고 산화된다.

ㄷ. (나)에서 Y는 Y^{2+}이 되면서 전자 2개를 잃고, Z^+은 전자 1개를 얻어 석출되므로 Y와 Z^+이 1 : 2의 개수비로 반응한다. 따라서 반응 후 수용액에 들어 있는 양이온 수가 감소한다.

플러스 보기[+]

(×) ㄹ. (가)에서 전자는 Y^{2+}에서 X로 이동한다.
→ (가)에서 X는 전자를 잃고 산화되고, Y^{2+}은 전자를 얻어 환원되므로 전자는 X에서 Y^{2+}으로 이동한다.

(○) ㅁ. (나)에서 Z^+은 환원된다.
→ (나)에서 Y은 전자를 잃어 산화되고, Z^+은 전자를 얻어 환원된다.

플러스 보기[+]

(○) ㄹ. A는 산화된다.
→ 전자는 A에서 B^+으로 이동하므로 A는 전자를 잃고 산화된다.

(×) ㅁ. A와 B^+은 1 : 1의 개수비로 반응한다.
→ A는 A^{2+}이 되면서 전자 2개를 잃고, B^+은 B가 되면서 전자 1개를 얻으므로 A와 B^+은 1 : 2의 개수비로 반응한다.

02 문제 해결 전략

① 출제 Point 파악하기

금속의 반응 모형으로부터 산화 · 환원 반응이 일어날 때 전자의 이동을 파악하고, 용액에 들어 있는 이온 수 변화를 이해한다.

② 자료 파악하기

Point ❶+❷
금속 A와 B^+이 들어 있는 수용액의 반응으로 A^{2+}이 생성됨.
→ A는 전자를 잃어 (산화)되고, B^+은 전자를 얻어 (환원)됨.

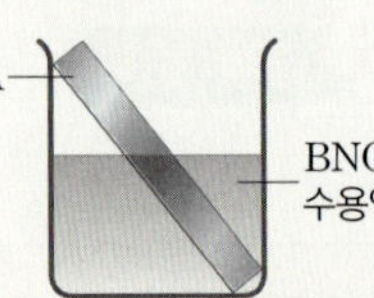

Point ❸
$A + 2BNO_3 \longrightarrow 2B + A(NO_3)_2$ 의 반응이 일어날 때 A는 전자 2개를 (잃)고, B^+은 전자 1개를 (얻)어 B^+ 2개가 금속으로 석출될 때 A^{2+} 1개가 생성되므로 양이온 수가 (감소)함. 또 원자 1개의 질량은 A<B로 A 1개가 산화될 때 B^+ 2개가 금속으로 석출되므로 금속판의 전체 질량은 (증가)함.

③ 지문 이해하기

금속 A와 B^+이 반응하여 금속 B가 석출되고 A^{2+}이 생성되었으므로 전자는 A에서 B^+으로 이동한다. 이때 A와 B^+은 1 : 2의 개수비로 반응한다. A 1개가 녹아 들어갈 때 B^+ 2개가 석출되고, 원자 1개의 질량은 B가 더 크므로 반응 후 금속판의 전체 질량은 증가한다.

ㄱ. A는 전자를 잃고 산화되고, B^+은 전자를 얻어 환원되므로 전자는 A에서 B^+으로 이동한다.

[바로알기] ㄴ. A는 A^{2+}이 되면서 전자 2개를 잃고, B^+은 전자 1개를 얻어 석출되므로 A와 B^+이 1 : 2의 개수비로 반응한다. 따라서 반응 후 수용액에 들어 있는 전체 양이온 수가 감소한다.

ㄷ. 원자 1개의 질량은 B가 더 크고, A 1개가 산화될 때 B^+ 2개가 석출되므로 감소한 A의 질량이 석출된 B의 질량보다 작다. 따라서 반응 후 금속판의 전체 질량은 증가한다.

03 문제 해결 전략

① 출제 Point 파악하기

중화 반응이 일어날 때 혼합 용액의 이온 수 변화와 액성 변화를 이해한다.

② 자료 파악하기

혼합 용액	혼합 전 수용액의 부피(mL)		혼합 후 최고 온도(℃)
	HCl	NaOH 수용액	
(가)	2	8	22
(나)	5	5	25
(다)	7	3	23

Point❶
(나): 최고 온도가 가장 높음. → (중화점)

Point❷+❸ (나)에서 생성된 물 분자 수를 $5N$이라고 가정할 때 혼합 용액의 이온 수와 용액의 액성

혼합 용액	H^+	Cl^-	Na^+	OH^-	H_2O	액성
(가)	0	$2N$	$8N$	$6N$	$2N$	(염기성)
(나)	0	$5N$	$5N$	0	$5N$	(중성)
(다)	$4N$	$7N$	$3N$	0	$3N$	(산성)

③ 지문 이해하기

중화점은 혼합 용액의 최고 온도가 가장 높은 지점으로 (나)이다. (나)에서 혼합 전의 수용액의 부피가 HCl과 NaOH 수용액이 각각 5 mL씩이므로 혼합 용액에 Na^+이 $5N$개 존재한다고 가정할 때 Cl^-도 $5N$개 존재한다. 따라서 (가)에는 HCl 2 mL와 NaOH 수용액 8 mL가 반응하므로 혼합 용액에 Na^+이 $8N$개, Cl^-이 $2N$개, OH^-이 $6N$개 존재한다. 한편 (다)에는 HCl 7 mL와 NaOH 수용액 3 mL가 반응하므로 혼합 용액에 Na^+이 $3N$개, Cl^-이 $7N$개, H^+이 $4N$개 존재한다.

ㄱ. 중화점에서 중화 반응이 가장 많이 일어나고 물 분자가 가장 많이 생성된다. 따라서 생성된 물 분자 수는 중화점인 (나)가 (가)보다 많다.

ㄷ. Cl^-와 Na^+는 반응에 참여하지 않는다. 따라서 (다)의 혼합 용액에 들어 있는 이온 수는 Cl^-이 Na^+보다 많다.

[바로알기] ㄴ. (가)의 혼합 용액에는 반응하지 않은 OH^-이 존재하므로 염기성 용액이다. 따라서 페놀프탈레인 용액을 떨어뜨리면 붉은색으로 변한다.

(◯) ㄹ. (가)의 액성은 염기성이다.
→ (가)에는 반응하지 않은 OH^-가 존재하므로 액성은 염기성이다.

(✕) ㅁ. (다)에 BTB 용액을 떨어뜨리면 푸른색으로 변한다.
→ (다)에는 반응하지 않은 H^+이 존재하므로 액성이 산성이다. 따라서 BTB 용액을 떨어뜨리면 노란색으로 변한다.

(◯) ㅅ. 수용액에 들어 있는 전체 이온의 수는 (가)>(나)이다.
→ (나)는 H^+과 OH^-이 모두 반응한 중화점으로, 남아 있는 이온은 Cl^- 5N개와 Na^+ 5N개이다. (가)는 반응 후 OH^- 6N개와 Cl^- 2N개, Na^+ 8N개가 남아 있으므로 수용액에 들어 있는 전체 이온의 수는 (가)가 (나)보다 더 많다.

04 문제 해결 전략

① 출제 Point 파악하기

중화 반응이 일어날 때 혼합 용액의 이온 수 변화와 생성된 물 분자 수를 이해한다.

② 자료 파악하기

혼합 용액	혼합 전 수용액의 부피(mL)		혼합 용액 속 ㈀의 수 / ㈁의 수
	HCl	KOH 수용액	
(가)	5	10	
(나)	15	10	$\frac{1}{2}$
(다)	30	10	x

Point ②+③ 혼합 용액의 이온 수와 생성된 물 분자 수

혼합 용액	H^+	Cl^-	K^+	OH^-	H_2O 분자 수
(가)	0	5N	10N	5N	(5N)
(나)	5N	15N	10N	0	10N
(다)	(20N)	30N	10N	0	10N

③ 지문 이해하기

(가)에서는 HCl 5 mL와 KOH 수용액 10 mL가 반응하고, K^+의 수와 OH^-의 수의 비가 2 : 1이므로 K^+의 수를 10N이라고 가정하면, OH^-의 수는 5N이다. 따라서 반응에 참여한 OH^-의 수는 5N이므로 반응 전 HCl 5 mL에는 H^+이 5N개, Cl^-이 5N개 존재한다고 볼 수 있다. (나)에서는 HCl 15 mL와 KOH 수용액 10 mL가 반응하므로 혼합 용액에는 H^+이 5N개, Cl^-이 15N개, K^+이 10N개 존재한다. 이때 ㈀과 ㈁의 수의 비가 1 : 2이므로 ㈀은 H^+이고, ㈁은 K^+이다.

ㄱ. ㈀은 H^+이다.

바로 알기 ㄴ. (다)는 HCl 30 mL와 KOH 수용액 10 mL가 반응하므로 혼합 용액에는 H^+ 20N개, Cl^- 3N개, K^+

10N개가 존재한다. 따라서 $x=\dfrac{H^+의 수}{K^+의 수}=\dfrac{20N}{10N}=2$이다.

ㄷ. (가)에서는 HCl 5 mL와 KOH 수용액 5 mL가 반응하고, (다)에서는 HCl 10 mL와 KOH 수용액 10 mL가 반응하므로 생성된 물 분자 수는 (다)에서가 (가)에서의 2배이다.

(✕) ㄹ. (나)의 액성은 중성이다.
→ (나)는 반응하지 않은 H^+이 존재하므로 산성이다.

(◯) ㅁ. (다)에 들어 있는 이온 수는 $K^+<Cl^-$이다.
→ K^+과 Cl^-은 반응에 참여하지 않는 구경꾼 이온으로 혼합 전 K^+이 10N개, Cl^-이 30N개이다. 따라서 Cl^-의 수가 K^+의 수보다 더 크다.

수능 WALK 실전 대비 문제

112~117쪽

수능 실전 2점

01 ⑤	02 ①	03 ③	04 ④	05 ②	06 ④	07 ⑤
08 ③	09 ③	10 ③	11 ④	12 ⑤		

수능 실전 3점

13 ③	14 ④	15 ②	16 ④	17 ④	18 ④	19 ②
20 ⑤	21 ④	22 ④	23 ①	24 ③		

01 자료 해석하기

철의 제련 과정에서 일어나는 산화·환원 반응

• 코크스가 불완전 연소하면 다음과 같이 산화·환원 반응이 일어난다.

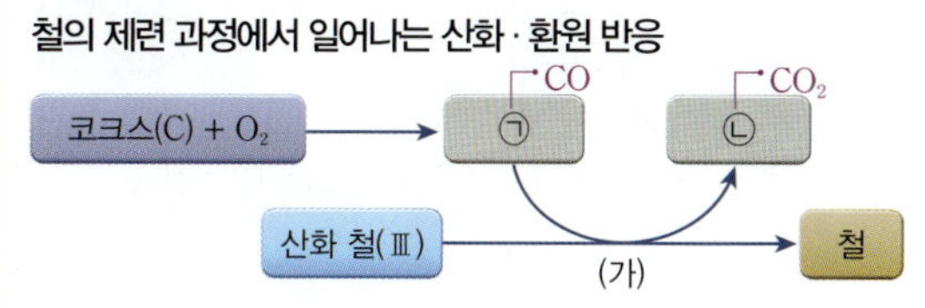

• 산화 철(Ⅲ)과 일산화 탄소가 반응하면 다음과 같이 산화·환원 반응이 일어난다.

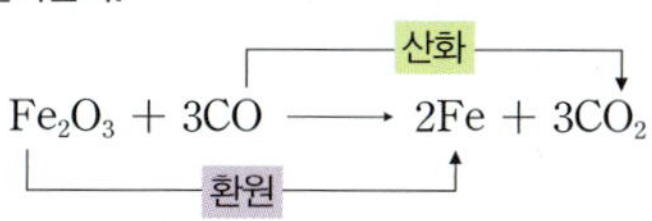

ㄱ. ㉠은 CO로, 코크스(C)가 불완전 연소하면 생성된다. 코크스(C)가 완전 연소하면 CO_2가 생성된다.

ㄴ. ㉡은 CO_2이다. 이산화 탄소(CO_2)는 물과 함께 광합성의 반응물이며, 광합성의 화학 반응식은 다음과 같다.

$$6CO_2 + 6H_2O \longrightarrow C_6H_{12}O_6 + 6O_2$$

이산화 탄소　　물　　　　　포도당　　　산소

ㄷ. 과정 (가)는 산화 철(Ⅲ)이 산소를 잃고 철이 되는 과정이다. 화학 반응식은 $Fe_2O_3 + 3CO \longrightarrow 2Fe + 3CO_2$이며, 산화 철(Ⅲ)은 산소를 잃고 철로 환원된다.

02 묽은 염산(HCl)에 마그네슘(Mg) 조각을 넣으면 Mg은 전자를 잃어 산화되고, 수소 이온(H^+)은 전자를 얻어 환원된다.

산화
$$2HCl + Mg \longrightarrow H_2 + MgCl_2$$
환원

ㄱ. H^+ 2개가 반응하여 수소(H_2) 기체가 될 때 Mg 1개가 반응하여 마그네슘 이온(Mg^{2+}) 1개가 생성되므로 수용액 속 전체 양이온 수는 감소한다.

바로알기 ㄴ. Mg은 전자를 잃고, H^+은 전자를 얻으므로 전자는 Mg에서 H^+으로 이동한다. 염화 이온(Cl^-)은 반응에 참여하지 않는 구경꾼 이온이다.

ㄷ. 마그네슘 조각 대신 아연 조각으로 실험해도 수용액 속에는 H^+이 존재하므로 H_2 기체가 발생한다.

03 자료 해석하기

묽은 염산과 금속의 반응

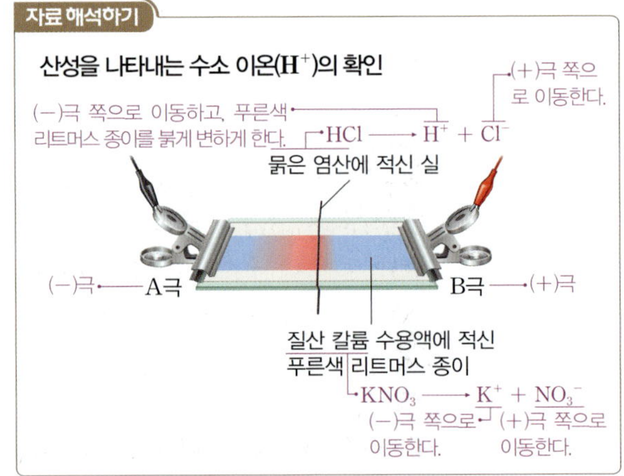

ㄱ. (가)에서 금속 A는 산화되고, 수소 이온은 환원되므로 전자는 A에서 수소 이온으로 이동한다.

ㄷ. (가)에서는 금속 A가 수소(H)보다 산화되기 쉽고, (나)에서는 금속 B가 수소(H)보다 산화되기 어려우므로 A가 B보다 산화되기 쉽다. 따라서 금속 A를 B 이온이 들어 있는 수용액에 넣으면 A가 전자를 잃으면서 산화되고, B 이온은 전자를 얻어 환원되므로 B가 석출된다.

바로알기 ㄴ. (나)에서는 아무 변화가 나타나지 않으므로 산화·환원 반응이 일어나지 않음을 알 수 있다.

04 금속 A, B, C 조각을 황산 구리(Ⅱ) 수용액에 넣었을 때 (가)와 (나)에서만 구리(Cu)가 석출되었으므로 산화·환원 반응이 일어난 것은 (가)와 (나)이다.

ㄴ. (나)에서는 B가 전자를 잃어 산화되고, 구리 이온(Cu^{2+})이 전자를 얻어 환원되어 석출된다.

ㄷ. (다)에서는 변화가 없으므로 산화·환원 반응이 일어나지 않음을 알 수 있다.

바로알기 ㄱ. (가)에서는 A가 전자를 잃어 산화되고, Cu^{2+}이 전자를 얻고 환원되어 석출되므로 전자는 A에서 Cu^{2+}으로 이동한다.

05 ㄴ. (나)에서 H_2SO_4와 NaCl 수용액을 구별하는 기준은 산의 성질에 해당해야 하므로 (나)에는 '마그네슘 리본과 반응하여 수소 기체가 발생하는가?'가 적절하다.

바로알기 ㄱ. 세 가지 용액은 모두 전류가 흐르므로 (가)에서 '전기 전도성이 있는가?'로 KOH 수용액을 구별할 수 없다. (가)는 염기를 구별할 수 있는 기준인 '페놀프탈레인 용액을 떨어뜨렸을 때 붉게 변하는가?' 등이 적절하다.

ㄷ. 페놀프탈레인 용액을 떨어뜨렸을 때 붉게 변하는 것은 염기 수용액이므로 KOH 수용액만 해당한다.

06 자료 해석하기

산성을 나타내는 수소 이온(H^+)의 확인

ㄴ. B극은 (+)극이며, 전류를 흘려 주면 음이온이 (+)극 쪽으로 이동한다. B극으로 끌려가는 이온의 종류는 음이온인 질산 이온(NO_3^-)과 염화 이온(Cl^-) 두 가지이다.

ㄷ. 푸른색 리트머스 종이가 붉게 변하는 것은 산의 수소 이온(H^+) 때문이다.

바로알기 ㄱ. 전원을 연결하면 푸른색 리트머스 종이의 색을 붉게 하는 묽은 염산의 수소 이온(H^+)이 반대 전하의 극으로 이동한다. 따라서 A는 (−)극에 해당한다.

묽은 염산과 수산화 나트륨 수용액의 중화 반응의 온도 변화

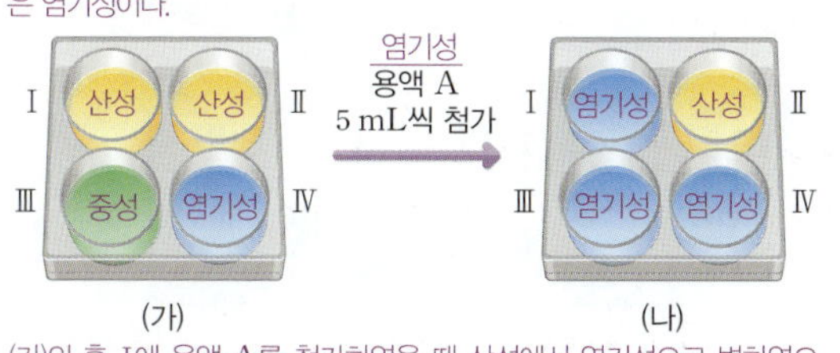

ㄱ. HCl과 NaOH 수용액의 부피를 달리하여 반응시켰을 때 혼합 용액에는 모두 이온이 존재하므로 전기 전도성이 있다.

ㄴ. 중화점은 HCl 30 mL와 NaOH 수용액 30 mL가 반응한 혼합 용액 C이다. 따라서 HCl과 NaOH 수용액은 1 : 1의 부피비로 반응한다. 반응한 HCl과 NaOH 수용액의 양은 B와 C에서 20 mL로 같으므로 B와 D에서 생성된 물의 양은 같다.

ㄷ. HCl과 NaOH 수용액이 1 : 1의 부피비로 반응하므로 혼합 전 NaOH 수용액의 부피가 더 많은 A와 B는 염기성이고, 혼합 전 HCl의 부피가 더 많은 D는 산성이다. 마그네슘 조각을 넣었을 때 기체가 발생하는 것은 산성 용액인 D이다.

중화 반응에서 지시약의 색 변화

BTB 용액을 떨어뜨렸을 때 노란색으로 변하는 Ⅰ과 Ⅱ의 용액은 산성이고, 초록색으로 변하는 Ⅲ의 용액은 중성, 파란색으로 변하는 Ⅳ의 용액은 염기성이다.

(가)의 홈 Ⅰ에 용액 A를 첨가하였을 때 산성에서 염기성으로 변하였으므로 용액 A는 염기성이다.

ㄱ. 염기성인 용액 A에 페놀프탈레인 용액을 떨어뜨리면 붉은색으로 변한다.

ㄷ. (가)의 홈 Ⅰ~Ⅳ에 용액 A를 각각 같은 부피 첨가하였을 때, (나)의 홈 Ⅰ, Ⅲ, Ⅳ의 용액은 염기성이므로 반응하지 않은 OH^-이 남아 있고, 홈 Ⅱ의 용액은 산성이므로 첨가한 OH^-이 모두 반응하였다. 따라서 가장 많이 중화 반응이 일어나 중화열이 가장 많이 발생하는 것은 홈 Ⅱ의 용액이다.

바로알기 ㄴ. (가)에 용액 A를 떨어뜨렸을 때 중화 반응이 일

어나 물이 생성되려면 (가)의 용액이 산이어야 한다. 따라서 중성인 홈 Ⅲ의 용액과 염기성인 홈 Ⅳ의 용액에서는 물이 생성되지 않는다.

09 HCl 10 mL와 NaOH 수용액 5 mL가 반응한 Ⅰ의 용액은 무색이고, HCl 10 mL와 NaOH 수용액 15 mL가 반응한 Ⅱ의 용액은 붉은색으로 변한다. 또한 반응 후 Ⅰ에 남아 있는 이온의 종류는 세 가지이므로 남아 있는 이온은 구경꾼 이온인 Cl^-, Na^+과 반응하지 않은 H^+이다.

ㄱ. Ⅰ의 혼합 용액에 들어 있는 이온은 H^+, Cl^-, Na^+이므로 용액의 액성은 산성이다.

ㄷ. 중화 반응은 Ⅰ보다 Ⅱ에서 더 많이 일어나므로 중화열은 Ⅱ에서 더 많이 발생한다.

바로알기 ㄴ. 중화 반응은 Ⅰ보다 Ⅱ에서 더 많이 일어나므로 생성된 물의 양은 Ⅱ가 더 많다.

10 공장의 배기가스 속 황산화물을 산화 칼슘으로 제거하는 것은 중화 반응을 이용한 예이다.

ㄱ. 입안의 세균은 음식을 분해하여 산성 물질을 만들어 치아를 상하게 하므로 염기성 물질인 치약으로 양치한다. 따라서 중화 반응을 이용한 예이다.

ㄴ. 수영장에서 염소로 소독한 물은 산성을 띠므로 염기성 물질을 이용해 중화시킨다. 따라서 중화 반응을 이용한 예이다.

바로알기 ㄷ. 깎아 둔 사과를 공기 중에 오래 두었을 때 색이 변하는 것은 산화·환원 반응의 예이다.

11 ㄴ. (나)에서 지퍼 백 내부의 열에너지는 변화하지만 빠져나가는 물질이 없으므로 질량은 일정하다.

ㄷ. 질산 암모늄과 물의 반응은 주변으로부터 열에너지를 흡수하는 흡열 반응이다.

바로알기 ㄱ. (나)에서 질산 암모늄과 물이 반응하면 주변으로부터 열에너지를 흡수하는 흡열 반응이 일어나기 때문에 지퍼 백이 차가워진다.

12 ㄱ. 화재 현장에서 소화기로 탄산수소 나트륨을 뿌리면 탄산수소 나트륨이 열에너지를 흡수해 열분해되면서 불이 꺼진다. 따라서 (가)는 흡열 반응을 이용한 것이다.

ㄴ. 탄산수소 나트륨이 열분해될 때 열에너지를 흡수하여 주변의 온도가 낮아진다.

ㄷ. (가)에서는 탄산수소 나트륨이 열분해되면서 열에너지를 흡수하고, (나)에서는 소금이 물에 녹으면서 열에너지를 흡수한다. 따라서 (가)와 (나)는 반응이 일어날 때 열에너지의 출입 방향이 같다.

철의 제련, 메테인의 연소, 세포호흡

(가) 철의 제련

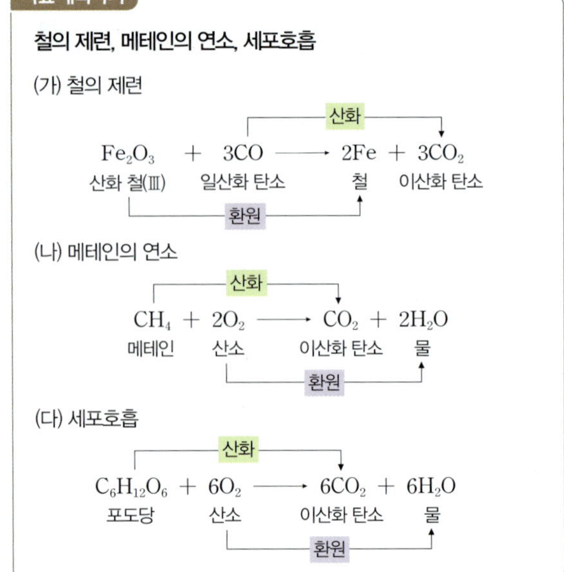

(나) 메테인의 연소

(다) 세포호흡

ㄱ. ㉠~㉢은 모두 CO_2이다.

ㄴ. (나)와 (다)에서 환원되는 물질은 산소(O_2)이다.

바로알기 ㄷ. (나)는 메테인의 연소 반응이고, (다)는 세포호흡이다. 따라서 (나)와 (다)는 에너지를 방출하는 반응이다.

14 (가)의 붉은색 구리(Cu)를 공기 중에서 가열하면 산소와 반응하여 (나)의 검은색 산화 구리(Ⅱ)(CuO)가 생성된다. 한편, (나)의 검은색 CuO를 수소(H_2)와 반응시키면 산소를 잃으면서 다시 붉은색 구리(Cu)가 된다.

ㄴ. (나)에서 (다)로 될 때 CuO + H_2 —→ Cu + H_2O의 반응이 일어난다. 따라서 H_2는 CuO와 반응해 산소를 얻어 산화된다.

ㄷ. (나)에서 검은색으로 변한 코일은 CuO이고, (다)에서 붉은색으로 변한 코일은 Cu이다. 따라서 코일의 질량은 (나)가 (다)보다 크다.

바로알기 ㄱ. (가)에서 (나)로 될 때 2Cu + O_2 —→ 2CuO의 반응이 일어난다. 따라서 (가)에서 (나)로 될 때 Cu는 전자를 잃어 산화된다.

15 비커 Ⅰ에서는 금속 C와 A^{2+}이 반응하여 C^{2+}이 생성되고 A가 석출되었다. 또 비커 Ⅱ에서는 금속 C와 B^{b+}이 반응하여 C^{2+}이 생성되고 B가 석출되었다. 따라서 비커 Ⅰ에서는 금속 C가 전자를 잃어 산화되고, A^{2+}은 전자를 얻어 환원된다. 한편, 비커 Ⅱ에서는 금속 C가 전자를 잃어 산화되고, B^{b+}이 전자를 얻어 환원된다.

ㄷ. 비커 Ⅱ에서 양이온 수가 반응 전보다 감소했고, C 양이온의 전하는 +2이므로 B의 양이온의 전하는 2보다 작다. 따라서 b는 2보다 작다.

바로알기 ㄱ. 금속 C는 비커 Ⅰ과 Ⅱ에서 모두 전자를 잃고 산화되어 C^{2+}이 된다.

ㄴ. 비커 Ⅰ에서 A와 C의 양이온 모두 전하가 +2이므로 반응 전과 후에 수용액에 존재하는 양이온의 수는 변함이 없다. 따라서 ㉠으로는 '변화 없음'이 적절하다.

16 금속 A의 이온이 들어 있는 수용액에 금속 B를 넣으면 반응이 일어나므로 금속 B는 전자를 잃어 산화되고, 금속 A의 이온은 전자를 얻어 환원됨을 알 수 있다.

ㄴ. 반응 후 수용액에 들어 있는 전체 양이온 수가 감소하므로 금속 B가 전자를 잃고 산화되어 생성되는 금속 B의 양이온의 전하가 전자를 얻고 환원되어 금속 A로 석출되는 금속 A의 양이온의 전하보다 크다. 즉, 금속 양이온의 전하는 B가 A보다 크다.

ㄷ. 금속 B는 전자를 잃고, 금속 A의 이온은 전자를 얻으므로 전자는 금속 B에서 금속 A의 이온으로 이동한다.

바로알기 ㄱ. 금속 A의 이온과 금속 B가 반응하여 수용액이 무색에서 푸른색으로 변하므로 금속 B의 이온이 푸른색을 나타냄을 알 수 있다.

산성 수용액과 염기성 수용액의 이온 모형

산성 수용액에는 수소 이온(H^+)과 산의 음이온이 존재하고, 염기성 수용액에는 염기의 양이온과 수산화 이온(OH^-)이 존재한다. 그림에서 음이온의 종류가 세 가지이므로 산의 음이온 2개와 OH^-에 해당함을 알 수 있다.

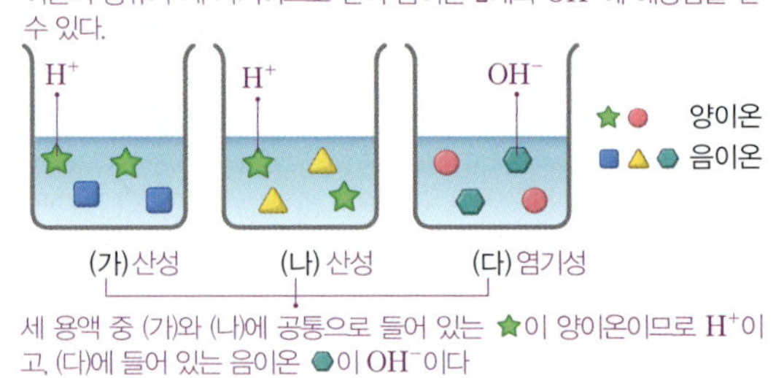

세 용액 중 (가)와 (나)에 공통으로 들어 있는 ★이 양이온이므로 H^+이고, (다)에 들어 있는 음이온 ●이 OH^-이다

ㄴ. (가)와 (나)에 공통으로 들어 있는 양이온(★)은 H^+에 해당한다. 따라서 (가)와 (나)는 산성 용액이므로 탄산 칼슘이 주성분인 달걀 껍데기를 넣으면 이산화 탄소 기체가 발생한다.

ㄷ. (가)는 산성 수용액이고, (다)는 염기성 수용액이므로 (가)와 (다)를 혼합하면 중화 반응이 일어나 물이 생성된다.

바로알기 ㄱ. 염기 수용액이 공통적인 성질을 갖는 것은 OH^- 때문이며, OH^-은 (다)의 ●에 해당한다.

18 ㄴ. 식초와 같은 산성 수용액에 탄산 칼슘을 넣으면 이산화 탄소 기체가 발생한다.

ㄷ. 비눗물과 암모니아수는 BTB 용액을 떨어뜨렸을 때 파란색으로 변하는 염기성 수용액이다. 따라서 두 수용액에는 모두 OH^-이 존재한다.

바로알기 ㄱ. 묽은 염산은 산성이므로 BTB 용액을 떨어뜨리면 식초와 같이 노란색으로 변한다.

19 수산화 나트륨(NaOH) 수용액 20 mL에 묽은 염산(HCl)을 가할 때 점점 증가하는 이온 A는 Cl^-이고, 처음부터 반응에 참여하지 않는 이온 B는 Na^+이다. 반응이 일어날 때 점점 감소하는 이온 C는 OH^-이고, 중화점 이후 증가하는 이온 D는 H^+이다. 한편, HCl 40 mL와 NaOH 수용액 20 mL가 반응한 지점인 (나)가 중화점이다.

ㄷ. (나)가 중화점이고, (가)는 HCl 20 mL를 떨어뜨린 지점이므로 생성된 물의 양은 (나)가 (가)의 2배이다.

바로알기 ㄱ. 중화 반응의 알짜 이온 반응식을 구성하는 이온은 C(OH^-)와 D(H^+)이다.

ㄴ. (가)는 OH^-이 존재하므로 염기성 용액이고, (나)는 중성 용액이다. 따라서 두 용액을 혼합한 용액은 염기성을 나타낸다.

20 자료 해석하기

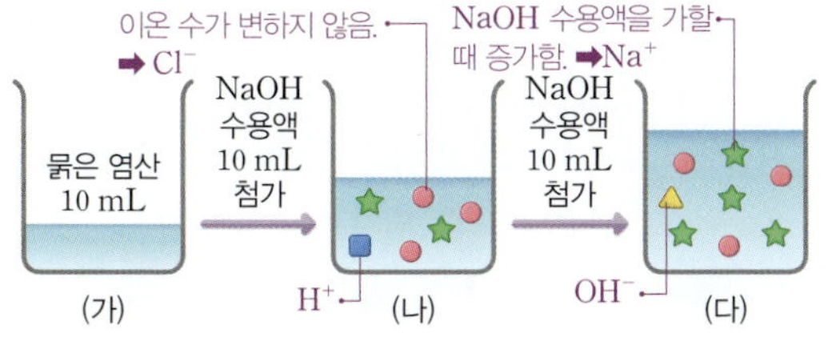

• ■는 H^+, ●는 Cl^-, ★은 Na^+, ▲는 OH^-이다.

• (나)에서 (다)가 될 때 H^+ 1개가 없어지고, OH^- 1개가 생성되므로, NaOH 수용액 10 mL에 들어 있는 OH^-과 Na^+의 수는 2이다. 따라서 (가)에 들어 있는 H^+과 Cl^-의 수는 3이다.

ㄱ. ■는 H^+이다.

ㄴ. (나)는 H^+이 남아 있으므로 산성 용액이다. 따라서 탄산 칼슘을 넣으면 이산화 탄소 기체가 발생한다.

ㄷ. (가) HCl 10 mL에는 H^+과 Cl^-이 각각 3개 존재하고, NaOH 수용액 10 mL에는 Na^+ 2개, OH^- 2개가 존재한다. 따라서 HCl 10 mL에 들어 있는 전체 이온 수는 6개이고, NaOH 수용액 10 mL에 들어 있는 전체 이온 수는 4개이므로, 같은 부피의 HCl과 NaOH 수용액에 들어 있는 전체 이온 수는 HCl이 NaOH 수용액의 1.5배이다.

21 자료 해석하기

산과 염기의 중화 반응에 따른 이온 모형

혼합 용액		(가)	(나)
혼합 전 부피 (mL)	묽은 염산	a	$2a$
	수산화 나트륨 수용액	$3b$	b
혼합 용액에 들어 있는 양이온 모형			

묽은 염산과 수산화 나트륨 수용액을 혼합하면 혼합 용액에 들어 있는 양이온은 H^+과 Na^+이다. 이때 수산화 나트륨 수용액의 양이 (가)가 (나)의 3배이므로 ●는 Na^+임을 알 수 있다. 따라서 ▲는 H^+이다. (나)에서 NaOH 수용액 b mL일 때 Na^+은 1개이므로, OH^-도 1개이다. 이때 HCl $2a$ mL가 혼합되었으므로 OH^- 1개는 H^+ 1개와 중화 반응할 것이다. 혼합 용액 (나)에 H^+ 3개가 남아 있으므로 HCl $2a$ mL에는 H^+ 4개, Cl^- 4개가 들어 있음을 알 수 있다.

ㄱ. (가)는 Na^+ 3개, OH^- 3개와 H^+ 2개, Cl^- 2개가 반응한 것이고, (나)는 Na^+ 1개, OH^- 1개와 H^+ 4개, Cl^- 4개가 반응한 것이다. 따라서 혼합 용액 (가)는 염기성이므로 페놀프탈레인 용액을 떨어뜨리면 붉은색으로 변한다.

ㄴ. (가)에는 OH^- 1개가 반응하지 않고 남아 있고, (나)에는 H^+ 3개가 반응하지 않고 남아 있다. 따라서 (가)와 (나)를 혼합하면 혼합 용액은 산성을 나타낸다.

ㄷ. 묽은 염산 a mL에는 H^+ 2개, Cl^- 2개가 있고, 수산화 나트륨 수용액 b mL에는 Na^+ 1개와 OH^- 1개가 있다. 따라서 묽은 염산 $3a$ mL와 수산화 나트륨 수용액 $6b$ mL를 혼합하면 H^+ 6개, OH^- 6개가 모두 중화 반응하므로 혼합 용액은 중성을 나타낸다.

22 ㄴ. ⓒ 제산제는 염기성 물질이므로 수용액에는 수산화 이온(OH^-)이 들어 있다.

ㄷ. ⓒ 레몬즙은 산성 물질이고, ⓒ 제산제는 염기성 물질이므로 두 수용액을 혼합하면 중화 반응이 일어난다.

바로알기 ㄱ. ⊙ 석회 가루는 염기성 물질, ⓒ 레몬즙은 산성 물질이므로 ⊙과 ⓒ 수용액에 BTB 용액을 떨어뜨리면 각각 파란색과 노란색으로 변한다.

23 ㄱ. 고체 A와 C가 물에 용해될 때 혼합 용액의 온도가 높아지므로 A와 C가 물에 녹는 용해 과정은 발열 반응이다.

바로알기 ㄴ. 산화 칼슘이 물에 용해되는 과정은 발열 반응이고, 고체 B가 물에 용해되는 과정은 흡열 반응이다.

ㄷ. 고체 C와 물의 반응은 발열 반응이므로, 반응이 일어나면 주변의 온도가 높아져 냉각 주머니에 사용하기 적절하지 않다.

24 ㄱ. (가) 뷰테인의 연소 반응은 발열 반응이고, (나) 황산과 수산화 나트륨 수용액의 반응은 중화 반응으로 발열 반응이다.

ㄴ. (다) 질산 암모늄과 수산화 바륨의 반응은 흡열 반응으로 주변으로부터 열에너지를 흡수한다.

[바로알기] ㄷ. 철이 녹스는 반응은 발열 반응이므로 (다)와 열에너지의 출입 방향이 다르다.

RUN 정복 문제

118~121쪽

01 Step ❶ 알루미늄(Al), 구리 이온(Cu^{2+})

Step ❷ ❶ 얻 ❷ 환원 ❸ 잃 ❹ 산화

02 Step ❶ 구리, 이산화 탄소

Step ❷ ❶ 환원 ❷ 산화 ❸ 이산화 탄소

03 Step ❶ 철(Fe), 은 이온(Ag^+)

Step ❷ ❶ 2 ❷ 1 ❸ 1 : 2 ❹ 2

04 Step ❶ Na^+과 OH^-, K^+과 NO_3^-

Step ❷ ❶ + ❷ OH^- ❸ 질산 칼륨(KNO_3)

05 Step ❶ 반응에 참여한 이온: ●, ★, 반응에 참여하지 않은 이온: ■, ▲

Step ❷ ❶ Cl^- ❷ Na^+ ❸ 2 ❹ 2

06 Step ❶ (가) Na^+, (다) Na^+, H^+

Step ❷ ❶ $4N$ ❷ $16N$ ❸ $8N$ ❸ $2N$

07 Step ❶ 높아   Step ❷ ❶ 발열 ❷ 크

08 Step ❶ 낮아   Step ❷ ❶ 흡열 ❷ 방출

---

01 반응이 일어나면 Cu가 석출되므로, Cu^{2+}은 전자를 얻어 Cu로 환원되며, Al은 전자를 잃고 Al^{3+}으로 산화된다. 산화될 때 이동하는 전자 수와 환원될 때 이동하는 전자 수가 같아야 하므로 Al과 Cu^{2+}은 2 : 3의 개수비로 반응한다.

[모범답안] (1) $2Al + 3CuCl_2 \longrightarrow 2AlCl_3 + 3Cu$

(2) 알루미늄(Al)은 전자를 잃고 알루미늄 이온(Al^{3+})으로 산화되어 수용액으로 녹아 들어가고, 수용액의 구리 이온(Cu^{2+})은 전자를 얻고 구리(Cu)로 환원되어 석출된다.

	채점 기준	배점(%)
(1)	화학 반응식을 옳게 쓴 경우	50
(2)	비커에서 일어나는 산화·환원 반응을 전자의 이동과 관련지어 옳게 설명한 경우	50
	Cu^{2+}은 환원되고 Al은 산화되었다고만 설명한 경우	20

02 시험관 속에서 산화 구리(Ⅱ)는 산소를 잃어 환원되고, 탄소(C)는 산소를 얻고 산화되어 이산화 탄소가 생성된다.

[모범답안] (1) 산화되는 물질: 탄소(C), 환원되는 물질: 산화 구리(Ⅱ)

(2) 석회수가 뿌옇게 흐려진다. 탄소는 산소를 얻고 산화되어 이산화 탄소를 생성하고, 산화 구리(Ⅱ)는 산소를 잃고 구리로 환원되며, 생성된 이산화 탄소가 석회수와 반응하기 때문이다.

	채점 기준	배점(%)
(1)	산화되는 물질과 환원되는 물질을 모두 옳게 쓴 경우	50
	산화되는 물질과 환원되는 물질 중 한 가지만 옳게 쓴 경우	25
(2)	시험관 속에서 일어나는 산화·환원 반응과 관련지어 석회수가 뿌옇게 흐려지는 까닭을 옳게 설명한 경우	50
	이산화 탄소가 발생하였기 때문이라고만 설명한 경우	20

03 (1) 철(Fe)은 전자 2개를 잃고 산화되어 철 이온(Fe^{2+})이 되고, 은 이온(Ag^+)은 전자 1개를 얻어 은(Ag)으로 환원되므로 Fe과 Ag^+은 1 : 2의 개수비로 반응한다. 따라서 수용액 속 양이온 수는 감소한다.

(2) 원자 1개의 질량은 Ag이 Fe보다 크고, 반응이 일어나 Ag 2개가 석출될 때 Fe^{2+} 1개가 수용액 속으로 녹아 들어간다. 따라서 철 못은 반응 후 질량이 증가한다.

[모범답안] (1) 양이온 수가 감소한다.

(2) 철 못의 전체 질량은 증가한다. Fe 원자 1개가 Fe^{2+}으로 산화되어 녹아 들어갈 때 원자 1개의 질량이 더 큰 Ag^+ 2개가 Ag 원자로 환원되어 석출되기 때문이다.

	채점 기준	배점(%)
(1)	양이온 수가 감소한다고 옳게 설명한 경우	50
(2)	반응하는 이온 수와 원자의 질량을 모두 포함하여 철 못의 질량 변화를 옳게 설명한 경우	50
	반응하는 이온 수 또는 원자의 질량 중 한 가지만 포함하여 철 못의 질량 변화를 옳게 설명한 경우	30
	철 못의 질량 변화만 옳게 쓴 경우	20

04 질산 칼륨 수용액에 적신 붉은색 리트머스 종이 위에 수산화 나트륨 수용액에 적신 실을 올려놓고 전류를 흘려 주면 OH^-은 반대 전하의 극인 (＋)극 쪽으로 이동하므로 붉은색 리트머스 종이가 푸르게 변한다.

[모범답안] (1) OH^-, NO_3^-

(2) OH^-이 (＋)극 쪽으로 이동하면서 붉은색 리트머스 종이를 푸르게 하기 때문이다.

	채점 기준	배점(%)
(1)	(+)극 쪽으로 이동하는 이온을 모두 옳게 쓴 경우	50
(2)	OH^-이 이동하는 극과 붉은색 리트머스 종이의 색 변화를 모두 이용하여 그 까닭을 옳게 설명한 경우	50
	OH^-이 이동하는 극과 붉은색 리트머스 종이의 색 변화 중 한 가지만 이용하여 그 까닭을 설명한 경우	20

05 묽은 염산 20 mL에는 H^+ 3개와 Cl^- 3개가 각각 존재하는데, (가)와 (다)를 비교하면 반응에 참여하지 않은 Cl^-이 그대로 존재하게 되므로 ■는 Cl^-이고, ●는 H^+이다. 한편, (다)에서 중화 반응에 참여하지 않은 Na^+이 ▲이고, ★은 OH^-이다. 따라서 수산화 나트륨 수용액 10 mL에는 Na^+ 2개, OH^- 2개가 들어 있다.

모범 답안 (1) ●: H^+, ■: Cl^-, ▲: Na^+, ★: OH^-

(2) 노란색, 반응 전 묽은 염산 20 mL에는 H^+ 3개와 Cl^- 3개가 존재하고, 수산화 나트륨 수용액 10 mL에는 Na^+ 2개, OH^- 2개가 존재하므로, (나)에서는 반응에 참여하지 않은 H^+ 1개가 남게 되어 혼합 용액은 산성을 나타내기 때문이다.

	채점 기준	배점(%)
(1)	각 모형에 해당하는 이온을 모두 옳게 쓴 경우	50
(2)	(나) 용액의 색을 옳게 쓰고, 그 까닭을 반응 전 각 수용액의 이온 수를 포함하여 옳게 설명한 경우	50
	(나) 용액의 색을 옳게 쓰고, 그 까닭을 반응 전 각 수용액에서 이온 수를 한 가지만 포함하여 옳게 설명한 경우	30
	(나) 용액의 색만 옳게 쓴 경우	20

06 (가)의 액성은 염기성이므로 혼합 용액에 들어 있는 전체 양이온 수는 Na^+의 수와 같다. 따라서 수산화 나트륨(NaOH) 수용액 100 mL에 들어 있는 Na^+의 수를 $10N$이라고 하면, (다)에서 NaOH 수용액 40 mL에 들어 있는 Na^+의 수는 $4N$이다. 한편 (나)에서 NaOH 수용액 80 mL에 들어 있는 Na^+의 수가 $8N$이라면, 전체 양이온 수는 $10N$이므로 반응하지 않고 남아 있는 H^+의 수는 $2N$이다. 따라서 묽은 염산(HCl) 40 mL에 들어 있는 H^+의 수는 $10N$이므로, 각 수용액 40 mL에 들어 있는 전체 이온 수의 비는 HCl : NaOH 수용액$=20N : 8N=5 : 2$이다.

모범 답안 (1) $5 : 2$

(2) 용액 (나)의 액성은 산성이다. 반응 전 묽은 염산 40 mL에 들어 있는 H^+ 수는 $10N$이고, 수산화 나트륨 수용액 80 mL에 들어 있는 OH^- 수는 $8N$이므로 두 수용액이 반응하면 $2N$개의 H^+이 남기 때문이다.

	채점 기준	배점(%)
(1)	반응 전 HCl과 NaOH 수용액의 전체 이온 수의 비를 옳게 쓴 경우	50
(2)	(나)의 액성을 옳게 쓰고, 반응 전 각 수용액의 H^+과 OH^- 수를 언급하며 그 까닭을 옳게 설명한 경우	50
	(나)의 액성을 옳게 쓰고 반응 전 각 수용액의 H^+과 OH^- 수 중 한 가지만 언급하며 그 까닭을 옳게 설명한 경우	30
	(나)의 액성만 옳게 쓴 경우	20

07 염화 칼슘이 물에 용해되는 반응은 발열 반응이므로 반응물의 에너지 합이 생성물의 에너지 합보다 크다.

모범 답안 (1) 발열 반응, 수용액의 최고 온도가 높아졌으므로 염화 칼슘이 물에 용해될 때 주변으로 열에너지를 방출하기 때문이다.

(2) 염화 칼슘이 물에 용해되는 반응은 반응물의 에너지 합이 생성물의 에너지 합보다 크며, 반응물이 생성물로 되면서 에너지 차이만큼 주변으로 에너지를 방출한다.

	채점 기준	배점(%)
(1)	발열 반응을 쓰고, 그 까닭을 수용액의 온도 변화를 이용하여 옳게 설명한 경우	50
	발열 반응만 옳게 쓴 경우	20
(2)	반응물과 생성물의 에너지 합 크기 비교와 열에너지 출입을 모두 옳게 설명한 경우	50
	열에너지의 출입만 옳게 쓴 경우	20

08 수산화 바륨과 염화 암모늄의 반응은 주변에서 열에너지를 흡수하는 흡열 반응이므로 나무판 위 물의 온도가 낮아져 얼게 되어 나무판이 삼각 플라스크에 달라붙는다.

모범 답안 (1) 수산화 바륨과 염화 암모늄이 반응하면 나무판의 물이 어는 것으로 보아 주변의 온도가 낮아진 것이므로, 반응이 일어날 때 주변으로부터 열에너지를 흡수한다.

(2) 나무판 위의 물은 얼음으로 응고하면서 주변으로 열에너지를 방출한다.

	채점 기준	배점(%)
(1)	주변의 온도 변화와 관련지어 열에너지의 출입을 옳게 설명한 경우	50
	열에너지의 출입만 옳게 설명한 경우	20
(2)	열에너지의 출입을 물의 상태 변화와 관련지어 옳게 설명한 경우	50
	물의 상태 변화를 언급하지 않고 열에너지의 출입만 옳게 설명한 경우	20

| 01 ④ | 02 ⑤ | 03 ① | 04 ④ | 05 ② | 06 ① |
| 07 ④ | 08 ④ | | | | |

01 자세한 자료 해설

출제 Point 지질 시대 동안 산소 농도 변화에 영향을 준 요인과 산소 농도 변화가 생물과 환경의 변화에 준 영향을 이해한다.

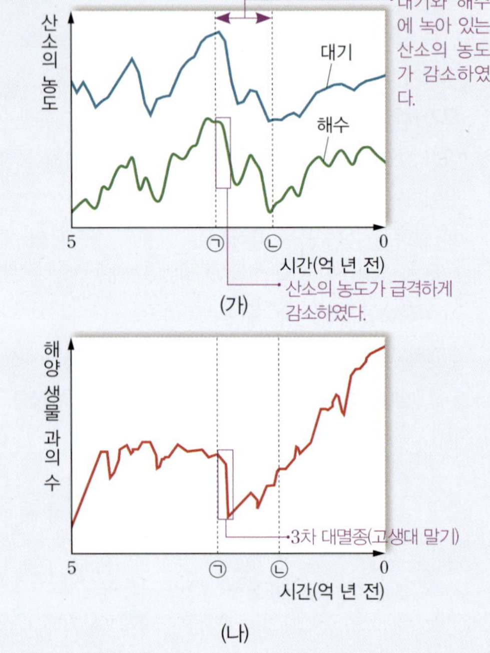

㉠과 ㉡ 사이의 시기에 해양 생물 과의 수가 급격하게 줄어들었는데 이 시기는 고생대 말기에 일어난 3차 대멸종 시기이다. 이 시기에 대기 중 산소의 농도와 해수에 녹아 있는 산소의 농도가 급격하게 줄어들었으며, 이는 3차 대멸종을 설명하는 여러 가설 중 해양 무산소화를 뒷받침하는 증거가 된다.

자세한 보기 해설

ㄱ. 오존층은 ㉠ 시기 이전에 형성되었다. (○)

→ ㉠ 시기에 산소의 농도가 매우 높았는데, 이는 고생대에 번성한 양치식물과 관련이 있다. 양치식물은 육상 식물이므로 ㉠ 시기 이전에 오존층이 형성되었음을 추론할 수 있다.

ㄴ. 산소의 농도만을 고려할 때, 금속의 부식은 ㉠ 시기가 ㉡ 시기보다 활발하였다. (○)

→ 산소의 농도가 높을수록 금속의 산화 반응이 활발하다. 따라서 금속의 부식은 산소의 농도가 높은 ㉠ 시기가 ㉡ 시기보다 활발하였을 것이다.

ㄷ. 고생대 말의 대멸종이 발생하는 동안 해수에 녹아 있는 산소의 농도는 증가하는 추세였다. (×)

→ 고생대 말의 대멸종이 발생한 시기에 해양의 산소 농도는 급격히 낮아지고 있었다.

02 자세한 자료 해설

출제 Point 대기 오염이 해양 생태계의 다양성에 미치는 영향을 이해한다.

$$이산화\ 탄소(CO_2) + 물(H_2O) \rightarrow 탄산(H_2CO_3)$$

대기 중에 배출된 이산화 탄소는 바닷물에 녹는다. 물에 녹은 이산화 탄소는 탄산(H_2CO_3)을 생성하며, 생성된 탄산은 다시 (㉠) 이온과 탄산수소 이온(HCO_3^-)으로 이온화된다. (㉠) 이온은 산호, 조개류의 탄산 칼슘 골격과 반응하므로 산호, 조개류에게 피해를 입힌다.

$$탄산(H_2CO_3) \rightarrow 수소\ 이온(H^+) + 탄산수소\ 이온(HCO_3^-)$$

• 수소 이온의 농도가 높아지면 산성화가 진행된다.

자세한 보기 해설

ㄱ. ㉠은 수소이다. (○)

→ 이산화 탄소는 대기 중 수증기나 바다의 물 분자와 반응하여 탄산을 생성한다. 이렇게 생성된 탄산은 다시 수소 이온과 탄산수소 이온으로 이온화된다.

ㄴ. 대기 중의 이산화 탄소 농도가 높아지면 바닷물은 산성화된다. (○)

→ 대기 중 이산화 탄소 농도가 높아지면 바다의 물 분자와 반응하여 생성되는 탄산의 농도와 이렇게 생성된 탄산이 분해되어 발생하는 수소 이온의 농도도 높아지게 된다. 따라서 바닷물은 산성화된다. 수소 이온의 농도를 숫자로 나타낸 것을 pH라고 한다. 수소 이온의 농도가 증가하면 pH는 낮아지고 산성은 커진다. 수소 이온의 농도가 감소하면 pH는 높아지고 염기성이 커진다.

ㄷ. 대기 중의 이산화 탄소의 농도가 높아지면 해양 생태계에서 조개류의 종다양성은 감소한다. (○)

→ 대기 중 이산화 탄소 농도가 높아지면 바다에서 수소 이온 농도가 증가한다. 수소 이온은 조개류의 탄산 칼슘 골격과 반응하여 껍데기를 형성하기 어렵게 만들어 조개류가 죽게 되어 조개류의 종다양성은 감소한다. 또한, 조개류가 죽게 되면 이를 먹이로 살아가는 여러 생물의 수도 감소한다.

$$탄산\ 칼슘(CaCO_3) + 수소\ 이온(2H^+)$$
$$\rightarrow 칼슘\ 이온(Ca^{2+}) + 이산화\ 탄소(CO_2) + 물(H_2O)$$

출제 Point 특정 유전자의 형질 발현과 유전적 다양성과 종다양성의 의미를 이해한다.

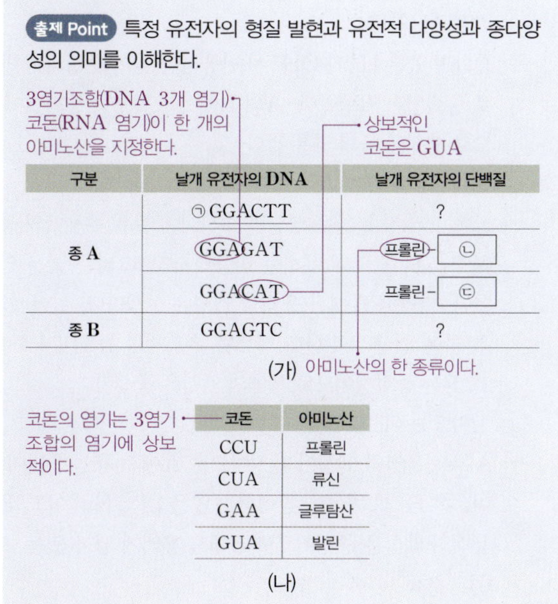

구분	날개 유전자의 DNA	날개 유전자의 단백질
종 A	㉠GGACTT	?
	GGAGAT	프롤린 - ㉡
	GGACAT	프롤린 - ㉢
종 B	GGAGTC	?

(가) 아미노산의 한 종류이다.

코돈의 염기는 3염기조합의 염기에 상보적이다.

코돈	아미노산
CCU	프롤린
CUA	류신
GAA	글루탐산
GUA	발린

(나)

ㄱ. ㉠이 전사되어 만들어지는 RNA의 염기서열은 CCUGAA이다. (○)

→ DNA의 염기서열에 따라 RNA가 합성되어 유전정보가 전달되는 과정을 전사라고 하며, 합성되는 RNA는 DNA의 염기서열과 상보적인 염기, 즉 DNA의 A, G, C, T의 염기에 각각 U, C, G, A 염기를 가진 RNA가 합성된다. 따라서 DNA의 염기서열이 GGACTT이면 전사되어 만들어지는 RNA의 염기서열은 CCUGAA이다.

ㄴ. ㉡은 류신, ㉢은 글루탐산이다. (×)

→ 하나의 아미노산을 지정하는 3개의 DNA 염기를 3염기조합, 3개의 RNA 염기를 코돈이라고 한다. 3염기조합 GGA에 해당하는 코돈은 CCU이며 지정하는 아미노산은 프롤린이다. 아미노산 ㉡을 지정하는 3염기조합은 GAT, 코돈은 CUA, ㉢을 지정하는 3염기조합은 CAT, 코돈은 GUA이므로 지정된 아미노산은 ㉡은 류신 ㉢은 발린이다.

ㄷ. 종 A가 종 B보다 종다양성이 높다. (×)

→ 종다양성은 일정한 지역에 서식하는 생물종의 수와 각 종이 고르게 분포하는 정도를 의미한다. 따라서 종 A와 종 B 사이에서 종다양성은 판단할 수가 없다. 그러나 주어진 자료는 종 A가 종 B보다 다양한 유전자의 변이가 나타남을 알 수 있으므로 종 A가 종 B보다 유전적 다양성이 높음은 알 수 있다.

출제 Point 생태계 파괴가 지구시스템의 상호작용에 미치는 영향을 이해한다.

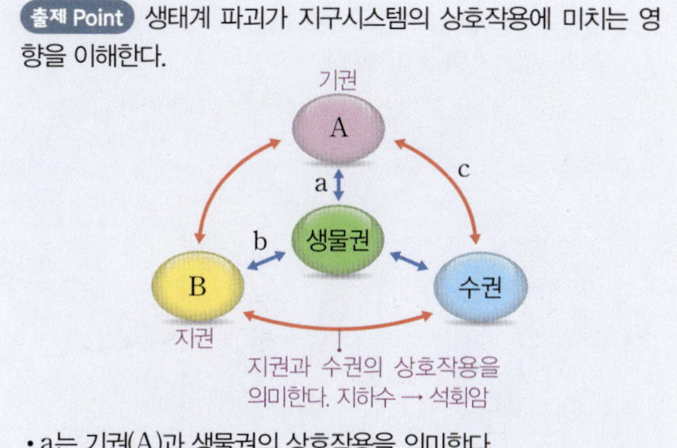

- a는 기권(A)과 생물권의 상호작용을 의미한다.
  → 식물의 광합성량이 줄어들면 대기 중의 이산화 탄소 농도에 변화가 생긴다.
- b는 지권(B)과 생물권의 상호작용을 의미한다.
  → 토양 속 식물의 뿌리가 토양의 침식을 막아준다.

지구시스템 구성 요소	특징
A 기권	지구를 둘러싸고 있는 공기의 층
B 지권	암석과 토양으로 이루어진 지구 표면과 내부

ㄱ. 열대우림 보호는 a에 영향을 준다. (○)

→ 지구를 둘러싸고 있는 공기의 층은 기권에 속하며 열대우림을 구성하는 식물들은 생물권에 속한다. 열대우림이 파괴되면 이산화 탄소를 흡수하고 산소를 방출하는 광합성량이 줄어들므로 대기 중 이산화 탄소의 농도가 높아져 기권과 생물권의 상호작용에 영향을 주게 된다.

ㄴ. 대량 벌목으로 인한 지표 침식은 b에 영향을 준다. (○)

→ 암석과 토양으로 이루어진 지구 표면과 내부는 지권에 속하고 식물은 생물권에 속한다. 식물이 뿌리내린 토양은 강풍이나 강우에도 잘 손실되지 않아 식물이 없는 곳보다 지표 침식이 잘 일어나지 않게 되며, 이는 지권과 생물권의 상호작용에 영향을 주게 된다.

ㄷ. 지하수에 의해 석회암이 녹아 석회 동굴이 형성되는 것은 c에 해당한다. (×)

→ 지구시스템의 구성 요소는 지권, 기권, 수권, 생물권으로 구성되어 있으므로 A는 기권, B는 지권에 해당한다. 수권은 지구에 존재하는 물을 말한다. C는 지구를 둘러싸고 있는 공기의 층인 기권(A)과 수권의 상호작용에 해당된다. 지하수는 수권, 석회암은 지권에 해당하므로 지하수에 의해 석회암이 녹아 석회 동굴이 형성되는 것은 지권(B)과 수권의 상호작용에 해당한다.

05

출제 Point 금속과 금속 이온의 반응에서 전자의 이동을 파악해 산화·환원 반응을 이해한다.

ㄱ. (가)에서 금속 B와 C는 환원된다. (×)

→ 반응이 일어날 때 A^{2+}은 전자를 얻어 환원되고, 금속 B와 C는 전자를 잃어 산화된다.

ㄴ. 원자의 상대적 질량은 C가 B보다 크다. (○)

→ 금속판 한 개의 질량은 B의 경우 증가하므로 원자의 상대적 질량은 A가 B보다 크고, C의 경우 감소하므로 원자의 상대적 질량은 C가 A보다 크다. 따라서 원자의 상대적 질량은 C > A > B이다.

ㄷ. 금속 B와 C의 이온이 들어 있는 수용액에서의 산화·환원 여부를 알 수 있다. (×)

→ 금속 B와 C 중 어느 것이 더 전자를 잃기 쉬운지를 알 수 없으므로, 금속 B와 금속 C의 이온이 들어 있는 수용액에서의 산화·환원 반응 여부를 알 수 없다.

06

출제 Point 중화 반응이 일어날 때 온도 변화 그래프를 통해 각 혼합 용액의 성질을 이해한다.

ㄱ. 생성된 물의 양 (○)

→ 중화 반응은 H$^+$과 OH$^-$이 반응하여 물이 생성되는 반응으로 중화열이 발생한다. A와 B에서는 발생한 중화열이 같으므로 생성된 물의 양은 같다.

ㄴ. 혼합 용액의 액성 (×)

→ 실험 Ⅰ의 경우 묽은 염산과 수산화 나트륨 수용액의 농도비가 2 : 1이므로 A에서는 반응하지 않고 남은 묽은 염산이 있다. 따라서 A에서 용액의 액성은 산성이다. 실험 Ⅱ의 경우 묽은 염산과 수산화 나트륨 수용액의 농도비가 1 : 2이고, B는 중화점이므로 용액의 액성은 중성이다.

ㄷ. 남아 있는 이온의 종류 (×)

→ A에서 용액의 액성이 산성이므로 A에서 용액에 남아 있는 이온은 H$^+$과 반응에 참여하지 않은 Cl$^-$, Na$^+$이고, B에서 용액의 액성은 중성이므로 B에서 용액에 남아 있는 이온은 Cl$^-$, Na$^+$이다.

07

출제 Point 산과 염기의 중화 반응이 일어날 때 입자 수를 비교해 혼합 용액의 성질을 이해한다.

혼합 용액		(가)	(나)
혼합 전 용액의 부피 (mL)	HCl	30	20
	NaOH 수용액	30	0
	KOH 수용액	0	40
혼합 용액 속 이온 수 비		H$^+$: Na$^+$ = 2 : 1	㉠ : OH$^-$ = 1 : 2

(가)에서 HCl 30 mL와 NaOH 수용액 30 mL가 반응할 때 혼합 용액 속에 남아 있는 H$^+$의 수가 20N개라면 각 용액에 들어 있는 이온 수는 다음 표와 같다.

반응 전 이온 수		반응 후 이온 수
HCl 30 mL	**NaOH 수용액 30 mL**	
H$^+$: 30N, Cl$^-$: 30N	Na$^+$: 10N, OH$^-$: 10N	H$^+$: 20N, Cl$^-$: 30N, Na$^+$: 10N

ㄱ. ㉠은 K$^+$이다. (×)

→ (나)에서 Cl$^-$과 K$^+$은 구경꾼 이온이므로 반응 전과 후에 이온 수 변화가 없다. 반응 후 혼합 용액 속 이온 수 비가 ㉠ : OH$^-$ = 1 : 2이므로 중화 반응 후 ㉠의 개수는 OH$^-$의 개수보다 적어야 한다. 따라서 구경꾼 이온인 K$^+$은 해당하지

않으며, 중화 반응이 일어난 후 H⁺은 존재하지 않으므로 ㉠
은 Cl⁻이다.

ㄴ. (가)에서 반응 전 각 수용액에 들어 있는 전체 이온의 수는 HCl이
NaOH 수용액의 3배이다. (○)

→ 반응 전 HCl 30 mL에는 H⁺이 $30N$개 있고, NaOH 수
용액 30 mL에는 OH⁻이 $10N$개 있다. 따라서 반응 전 각
수용액에 들어 있는 전체 이온 수는 HCl이 NaOH 수용액
의 3배이다.

ㄷ. 같은 부피에 들어 있는 OH⁻의 수는 KOH 수용액이 NaOH 수
용액의 4.5배이다. (○)

→ (나)에서 반응 전 HCl 20 mL에는 H⁺과 Cl⁻이 각각 $20N$
개씩 존재하므로 반응 후 Cl⁻ : OH⁻ = 1 : 2가 되기 위해서
는 반응 후 남은 OH⁻의 수가 $40N$이 되어야 한다. 따라서
반응 전 KOH 수용액 40 mL에는 K⁺과 OH⁻이 각각
$60N$개씩 존재한다. 즉 (나)에서 각 용액에 있는 이온 수는
다음 표와 같다.

반응 전 이온 수		반응 후 이온 수
HCl 20 mL	**KOH 수용액 40 mL**	
H⁺: $20N$, Cl⁻: $20N$	K⁺: $60N$, OH⁻: $60N$	Cl⁻: $20N$, Na⁺: $60N$, OH⁻: $40N$

따라서 NaOH 수용액 30 mL에는 OH⁻이 $10N$개 있고,
KOH 수용액 40 mL에는 OH⁻가 $60N$개 있으므로 NaOH
수용액 10 mL에는 OH⁻이 $\frac{10}{3}N$개 있고, KOH 수용액
10 mL에는 OH⁻이 $\frac{30}{2}N$개 있다. 따라서 단위 부피당 OH⁻
의 수는 KOH 수용액이 NaOH 수용액의 4.5배이다.

08

출제 Point 물질 변화가 일어날 때 온도 변화를 통해 물질 변화
에서의 에너지 출입을 이해한다.

(가) 비커에 온도가 25 ℃로 같은 묽은 염산과 수산화
나트륨 수용액을 넣고 섞었더니 용액의 온도가 25
℃보다 높아졌다. 발열 반응

(나) 비커에 온도가 25 ℃로 같은 산화 칼슘과 물을 넣
고 섞으면서 용액의 온도를 측정하였더니 용액의
온도가 25 ℃보다 높아졌다. 발열 반응

(다) 비커에 온도가 25 ℃로 같은 수산화 바륨과 염화
암모늄을 넣고 섞으면서 물질의 온도를 측정하였
더니 용액의 온도가 25 ℃보다 낮아졌다. 흡열 반응

ㄱ. (가)에서는 흡열 반응이 일어났다. (×)

→ (가)에서는 혼합 용액의 온도가 높아졌으므로 주변으로 열에
너지를 방출하는 발열 반응이 일어났다.

ㄴ. (나)의 반응은 발열 용기에 사용하기 적합하다. (○)

→ (나)에서는 용액의 온도가 높아졌으므로 주변으로 열에너지
를 방출하는 발열 반응이 일어났다. 따라서 (나)의 반응은 발
열 용기에 사용하기 적합하다.

ㄷ. (다)는 반응물의 에너지 합의 크기가 생성물의 에너지 합의 크기
보다 작다. (○)

→ (다)에서는 물질의 온도가 낮아졌으므로 주변의 열에너지를
흡수하는 흡열 반응이 일어났다. 따라서 (다)는 반응물의 에
너지 합의 크기가 생성물의 에너지 합의 크기보다 작다.

통합 주제탐구

126쪽

01 모범 답안 산호초나 조개류의 껍질은 탄산 칼슘($CaCO_3$)으로
이루어져 있다. 바다에 이산화 탄소가 정상적으로 흡수되면 탄
산염(CO_3^{2-})이 형성되고, 탄산염(CO_3^{2-})이 칼슘(Ca)과 결합
해 탄산 칼슘($CaCO_3$)이 형성된다. 하지만 해양 산성화로 인해
바닷속 수소 이온(H⁺)의 양이 많아지면 탄산염(CO_3^{2-})이 수
소 이온(H⁺)과 반응하여 탄산(H_2CO_3)을 형성하기 때문에 산
호초나 조개류가 골격을 만들기 어려워진다. 이에 따라 해양
생태계를 구성하는 모든 생물과 비생물이 영향을 받을 수 있
다. 해양 산성화를 막기 위해서는 대기 중의 이산화 탄소의 양
을 줄여야 한다. 대기 중의 이산화 탄소를 줄이기 위해 이산화
탄소를 포집하여 수산화 칼슘($Ca(OH)_2$) 수용액과 중화 반응
시켜 탄산 칼슘 형태로 만든 뒤, 생성된 탄산 칼슘을 건축 재료
로 이용하거나 땅속이나 해저에 저장할 수 있다.

채점 기준	배점(%)
해양 산성화가 생태계에 미치는 영향과 해양 산성화를 막기 위해 대기 중의 이산화 탄소를 줄이는 방법을 중화 반응과 관련지어 모두 옳게 설명한 경우	100
해양 산성화가 생태계에 미치는 영향과 해양 산성화를 막기 위해 대기 중의 이산화 탄소를 줄이는 방법 중 한 가지만 옳게 설명한 경우	50

Ⅱ 환경과 에너지

1 생태계와 환경

01 생태계의 구성 요소

중요 개념 체크

131쪽	**1** ㉠ 생물, ㉡ 생태계	**2** (1) ○ (2) ×
132쪽	**3** 상호작용	**4** (1) × (2) ×
135쪽	**5** ㉠ 온도, ㉡ 비생물요소, ㉢ 생물요소, ㉣ 공기	

2 (1) 생태계의 생물요소는 생산자, 소비자, 분해자로 구분된다.
(2) 같은 종의 생물이 모여 하나의 개체군을 이루고, 여러 종의 생물이 모여 하나의 군집을 이룬다.

4 (1) 북극여우의 귀가 작은 것은 비생물요소(온도)가 생물요소(북극여우)에게 영향을 주는 예이다.
(2) 생태계의 상호작용은 생물요소와 비생물요소 사이에서 뿐만 아니라 생물요소 사이에서도 일어난다.

START 내신 완성 문제

138~140쪽

01 ④　　**02** (1) (가) 비생물요소, (나) 생물요소　(2) 해설 참조
03 ㄱ　**04** ②　**05** (1) (가) 생산자, (나) 분해자, (다) 소비자
(2) (나)　　**06** ③　　**07** (1) ㉠ 개체, ㉡ 개체군, ㉢ 군집
(2) 해설 참조　**08** ②　**09** ②　**10** ④　**11** ①　**12** (1)
(가) 토양, (나) 공기, (다) 온도　(2) (가), (나)　**13** ①　**14** ④
15 (1) 물　(2) 해설 참조　**16** ③　**17** (1) 온도　(2) (가)
18 ⑤

01 ㄱ. 생태계는 일정한 지역에서 생물과 생물, 생물과 비생물환경(㉠)이 서로 영향을 주고받으며 유지되는 하나의 체계이다.
ㄴ. 지구에는 열대우림과 같은 넓은 범위부터 연못과 같은 좁은 범위까지 규모와 특성이 다양한 생태계가 있다.
바로 알기 ㄷ. 인공적으로 만들어진 생태 연못 등도 외부의 간섭 없이 물질 순환과 에너지 흐름이 자발적으로 일어나 생물이 지속적으로 살아갈 수 있도록 유지되면 생태계이다.

02 (가)는 빛, 온도 등을 포함하는 비생물요소이고, (나)는 생산자, 소비자(A), 분해자로 구분되는 생물요소이다. 초식동물이나 육식동물과 같은 소비자는 다른 생물을 먹이로 섭취하여 유기

물을 얻으며 살아간다.
모범 답안 (2) 소비자, 다른 생물을 먹이로 섭취하여 유기물을 얻는다.

채점 기준	배점(%)
소비자라고 쓰고, 다른 생물을 먹이로 섭취하여 유기물을 얻는다는 내용을 설명한 경우	100
다른 생물을 먹이로 섭취하여 유기물을 얻는다는 내용만 설명한 경우	70
소비자라고만 쓴 경우	30

03 ㄱ. 빛과 온도는 모두 생태계의 비생물요소이다.
바로 알기 ㄴ. 토양은 비생물요소이고, 세균은 생물요소이다.
ㄷ. 소나무는 광합성을 하여 유기물을 합성하는 생산자이고, 송이버섯은 생물의 사체나 배설물을 분해하는 분해자이다.

04 ② 빛, 물, 공기, 토양 등과 같은 비생물요소는 생물요소가 살아가는 터전을 제공한다.
바로 알기 ① 생태계에서 생물요소와 비생물요소는 서로 영향을 주고받으며 상호작용한다.
③ 소비자는 다른 생물을 먹이로 섭취해 양분을 얻는다. 빛에너지를 흡수해 양분을 스스로 합성하는 생물은 생산자이다.
④ 일정한 지역에서 서로 다른 생물종은 각각 서로 다른 개체군을 이루며, 여러 개체군이 모여 하나의 군집을 이룬다.
⑤ 온도와 같이 일정한 형태가 없는 것도 생태계구성요소 중 비생물요소에 포함된다.

05 생태계의 생물요소는 광합성을 하여 유기물을 만드는 생산자, 생물의 사체나 배설물을 분해하는 분해자, 다른 생물을 먹이로 잡아먹는 소비자로 구분된다. 버섯과 곰팡이 종류는 모두 분해자에 속한다.

06 ㄱ. 사람과 고양이는 모두 다른 생물을 먹이로 섭취해 유기물을 얻으며 살아가므로 (가)는 소비자이다.
ㄴ. 소나무와 은행나무는 모두 광합성을 하여 스스로 유기물을 합성하므로 (나)는 생산자이다. 미역은 광합성을 하므로 생산자인 (나)에 속한다.
바로 알기 ㄷ. (다)는 분해자이다. 송이버섯(㉠)과 푸른곰팡이(㉡)는 서로 다른 종이므로 이 두 종은 서로 다른 개체군을 구성한다.

07 생태계에서 생물요소는 한 종의 여러 개체(㉠)들이 모여 개체군(㉡)을 이루고, 여러 종의 개체군들이 모여 군집(㉢)을 이룬 후 비생물요소와 상호작용하며 생태계를 구성한다. 토끼, 사슴, 늑대, 뱀 등은 서로 다른 종이므로 각각 서로 다른 개체군을 구성하며, 이 개체군들이 모두 모여 군집을 구성한다.

채점 기준	배점(%)
ⓒ이라고 쓰고, 여러 종(개체군)으로 이루어졌기 때문이라고 설명한 경우	100
여러 종(개체군)으로 이루어졌다고만 설명한 경우	70
ⓒ이라고만 쓴 경우	30

08 ㄴ. 군집은 일정한 지역에 사는 모든 개체군(생물종)의 무리이다.

바로 알기 ㄱ. 하나의 개체군은 한 종의 생물로 구성된다. 그런데 종다양성은 일정한 지역에 사는 생물종의 다양함을 의미하므로 하나의 개체군에서 종다양성은 나타나지 않는다.

ㄷ. 개체군은 일정한 지역에 사는 한 종의 개체로 이루어진 무리이다.

09 ㄱ. 온도(비생물요소)가 바다코끼리(생물요소)에 영향을 미친 예이다.

ㄷ. 물과 공기(비생물요소)가 연꽃(생물요소)에 영향을 미친 예이다.

바로 알기 ㄴ. 지렁이(생물요소)가 토양(비생물요소)에 영향을 미친 예이다.

ㄹ. 수생식물(생물요소)이 물(비생물요소)에 영향을 미친 예이다.

10 자료 해석하기

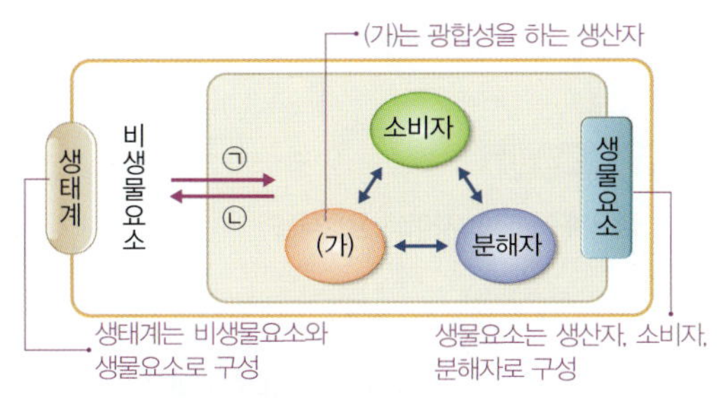

- 생물요소는 생산자, 소비자, 분해자로 구분되므로 (가)는 생산자이다. → (가)는 유기물을 스스로 합성(생산)한다.
- ⓒ은 비생물요소가 생물요소에게 영향을 미치는 것이고, ⓒ은 생물요소가 비생물요소에 영향을 미치는 것이다.

① 생태계의 생물요소는 역할에 따라 생산자, 소비자, 분해자로 구분되므로 (가)는 생산자이다.

② 광합성을 하는 식물은 스스로 유기물을 합성(생산)하므로 생산자인 (가)에 속한다.

③ 개구리가 겨울잠을 자는 것은 온도(비생물요소)가 개구리(생물요소)에 영향을 미치는 것이므로 ⓒ의 예이다.

⑤ 생태계의 비생물요소와 생물요소는 서로 영향을 주고받으며(ⓒ과 ⓒ) 상호작용한다.

바로 알기 ④ 선인장이 가시 모양의 잎을 갖는 것은 물(비생물요소)이 선인장(생물요소)에 영향을 미치는 것이므로 ⓒ의 예에 해당한다. ⓒ은 생물요소가 비생물요소에 영향을 미치는 것이다.

11 일조 시간은 식물의 개화 시기와 동물의 생식주기에 영향을 미친다. 국화가 낮의 길이가 짧아지는(밤의 길이가 길어지는) 가을에 꽃이 피고, 꾀꼬리가 일조 시간이 길어지면 생식을 위해 산란을 하는 것은 모두 빛이 생물에 영향을 준 사례이다.

12 (가)는 지렁이(생물요소)가 토양(비생물요소)에 영향을 주는 사례에 대한 요소이고, (나)는 식물(생물요소)이 공기(비생물요소)에 영향을 주는 사례에 대한 요소이다. (다)는 온도(비생물요소)가 한라송이풀(생물요소)에 영향을 준 사례에 대한 요소이다. 따라서 (가)는 토양, (나)는 공기, (다)는 온도에 해당한다. 또 생물요소가 비생물요소에 영향을 준 사례에 해당하는 요소는 (가)와 (나)이다.

13 ㄱ. 생물군집을 구성하는 개체군(생물종) 사이에서 포식과 피식 등 다양한 상호작용이 일어난다.

바로 알기 ㄴ. 인간의 활동이 주변 환경을 변화시키는 것처럼 생물요소는 비생물요소에 영향을 주며, 생물요소와 비생물요소는 서로 영향을 주고받으며 상호작용한다.

ㄷ. 비버가 강의 물길을 막는 댐을 만들면 강의 흐름이 느려지고, 댐 주변이 습지 환경으로 바뀐다. 이것은 생물요소(비버)가 비생물요소(물)에 영향을 준 사례이다.

14 ㄱ. 연꽃과 같은 수생식물의 줄기와 뿌리에는 공기(ⓒ)가 쉽게 이동할 수 있는 통기조직이 발달해 있다.

ㄴ. 스라소니(포식자)와 토끼(피식자)는 모두 생물요소이므로 (가)는 생물요소 사이의 상호작용 사례이다.

바로 알기 ㄷ. 수생식물의 줄기와 뿌리에 있는 공기가 쉽게 이동할 수 있는 통기조직은 물과 같은 비생물요소가 수생식물과 같은 생물요소에 영향을 준 사례이다.

15 곤충의 딱딱한 몸 표면과 선인장의 가시로 변한 잎은 모두 물이 부족한 육상 환경에서 물의 손실을 줄이기 위해 적응한 결과이다. 식물에서는 잎의 기공을 통해 물이 증발하는 증산 작용이 일어나는데, 선인장은 잎이 가시로 변해 표면적이 좁아 증산 작용을 통한 물의 손실(증발)을 줄일 수 있다.

채점 기준	배점(%)
잎을 통한 물의 손실을 줄인다고 설명한 경우	100
물의 손실을 줄인다고만 설명한 경우	70

생태계의 구성요소와 상호작용

구분	사례
(가)	㉠ 지렁이는 낙엽 등을 분해한다.
(나)	㉡ 파충류의 알은 단단한 껍데기로 싸여 있다.

• 지렁이는 낙엽 등을 분해해 토양을 비옥하게 한다. → (가)는 생물요소(지렁이)가 비생물요소(토양)에 영향을 주는 사례이다.
• 파충류의 알은 단단한 껍데기로 싸여 있어 물의 손실을 줄인다. → (나)는 비생물요소(물)가 생물요소(파충류)에 영향을 주는 사례이다.

ㄱ. 지렁이(㉠)와 파충류(㉡)는 모두 살아 있는 생물이므로 생물요소에 속한다.

ㄴ. 지렁이가 낙엽 등을 분해하면 토양이 비옥해지므로 토양은 (가)와 관련된 비생물요소이다.

바로 알기 ㄷ. 파충류의 알이 단단한 껍데기로 싸여 있는 것은 건조한 육상 환경에서 물의 배출을 억제하기 위해 적응한 결과이다.

17 체온을 일정하게 유지하는 동물의 경우 일반적으로 온도가 높은 곳에 사는 동물은 몸집이 작고 귀와 꼬리 등의 말단 부분이 커서 몸의 표면을 통한 열의 방출이 촉진된다. 이와 반대로 온도가 낮은 곳에 사는 동물은 몸집이 크고 귀와 꼬리 등의 말단 부분이 작아서 몸의 표면을 통한 열의 방출이 억제된다. 따라서 (가)는 위도가 높아 온도가 낮은 곳에 사는 북극여우, (나)는 위도가 낮아 온도가 높은 곳에 사는 사막여우이다.

18 함초는 염분이 높은 토양에 살면서 적응한 결과 고농도의 염분을 저장하는 조직이 발달하게 되었고, 드론을 이용해 농경지에 비료를 뿌리면 토양의 성분이 변하게 된다. 따라서 이 두 사례와 공통적으로 가장 관련이 깊은 비생물요소 (가)는 토양이다.

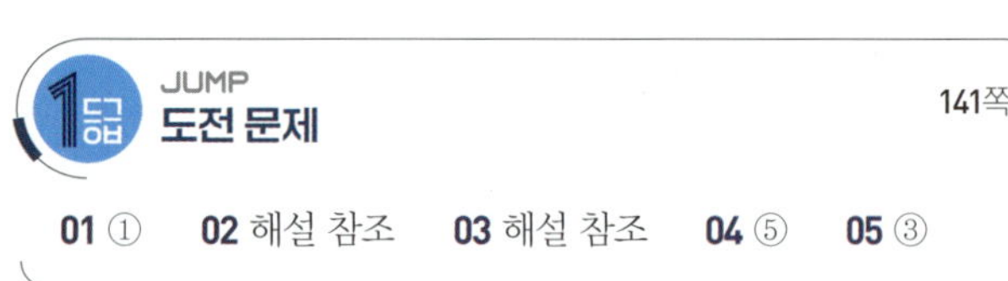

JUMP **도전 문제**

141쪽

01 ①	02 해설 참조	03 해설 참조	04 ⑤	05 ③

01 ㄱ. 물, 빛, 온도가 속해 있는 (가)는 비생물요소이다. 공기와 토양도 모두 비생물요소인 (가)에 속한다.

바로 알기 ㄴ. (나)는 생물요소이고, ㉠은 분해자이다. 버섯은 분해자에 속하지만, 식물 플랑크톤은 광합성을 하는 생산자에 속한다.

ㄷ. 생태계에서 비생물요소인 (가)와 생물요소인 (나)는 서로 영향을 주고받으며 상호작용한다.

02 (가)를 구성하는 늑대, 여우, 매 등은 서로 다른 종이므로 (가)는 여러 종(개체군)으로 구성된 군집, (나)는 토끼, 곰 등의 생물요소와 빛, 물 등의 비생물요소가 모두 포함된 생태계, (다)는 사슴 한 종의 개체들만 있으므로 개체군이다.

모범 답안 (가)는 여러 종의 생물로 구성되므로 군집, (나)는 생물요소와 비생물요소가 함께 있으므로 생태계, (다)는 하나의 생물종으로 구성되므로 개체군이다.

채점 기준	배점(%)
(가)는 여러 종으로 구성되는 군집, (나)는 생물요소와 비생물요소가 함께 있는 생태계, (다)는 하나의 종으로 구성되는 개체군이라는 내용을 모두 설명한 경우	100
(가)~(다)에 대한 내용 중 두 가지만 옳게 설명한 경우	70

03 모범 답안 (가): 빛, 식물의 줄기는 빛이 드는 방향으로 굽어 자란다. 국화는 낮의 길이가 짧아지는 가을에 꽃이 핀다. 닭이나 꾀꼬리는 낮의 길이가 길어지면 생식을 위해 산란을 한다. 등

채점 기준	배점(%)
빛이라고 쓰고, 빛이 생물에 영향을 주는 사례와 생물이 빛에 영향을 주는 사례 중 하나를 설명한 경우	100
빛이라고 썼지만, 제시한 사례에서 빛과 생물 사이의 상호작용이 명확하지 않은 경우	50

생태계구성요소 사이의 상호작용

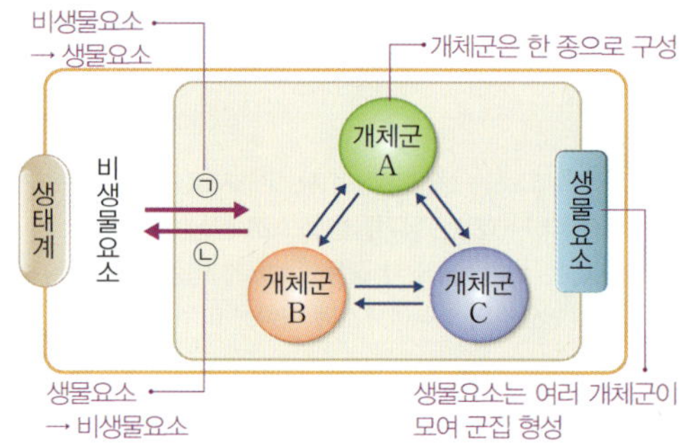

• A~C는 서로 다른 개체군이므로 각각 서로 다른 종으로 구성된다. → A~C가 모여 하나의 군집이 된다. → 군집을 이루는 A~C 사이에서 상호작용이 일어난다.
• ㉠은 비생물요소가 생물요소에 영향을 주는 것이다. → ㉠에 의해 생물은 서식지의 환경에 적응하며 몸의 구조나 기능이 변화된다.
• ㉡은 생물요소가 비생물요소에게 영향을 주는 것이다. → 생물의 생명활동으로 주변 환경이 변하는 것은 ㉡의 사례가 된다.

ㄱ. 생물요소에서 한 종의 개체들이 모여 개체군을, 여러 종의 개체군이 모여 군집을 이룬다. 그런데 개체군 A와 B는 서로 다른 개체군이므로 서로 다른 종으로 구성된다.

ㄴ. 군집은 여러 개체군으로 구성된 생물 무리이다. 따라서 이 생태계에서 개체군 A~C는 모여서 하나의 군집을 구성한다.

ㄷ. 사막에 사는 도마뱀의 몸 표면이 비늘로 덮여 있는 것은 물(비생물요소)이 도마뱀(생물요소)에게 영향을 준 ㉠의 예이다.

05 ㄱ. 여러 종류의 세균, 버섯, 곰팡이와 같은 분해자는 생물의 사체나 배설물을 분해한다. 따라서 낙엽의 분해(㉠)도 분해자에 의해 일어난다.

ㄴ. (가)는 나무(생물요소)가 토양(비생물요소)에 영향을 준 사례이고, (다)는 식물(생물요소)이 온도(비생물요소)에 영향을 준 사례이다.

바로알기 ㄷ. 온도가 높은 지역에 사는 사막여우는 (나)와 같은 형태적 특징을 가져 북극여우보다 몸의 표면을 통한 열의 방출이 촉진된다.

○2 생태계의 평형

중요 개념 체크

143쪽 **1** ㉠ 먹이사슬, ㉡ 먹이그물
2 (1) ○ (2) ×
145쪽 **3** 생태계평형
4 (1) × (2) ×

2 (2) 한 영양단계의 생물이 생명활동에 사용한 에너지와 열로 방출하는 에너지를 제외한 나머지 에너지 중 일부가 상위 영양단계로 이동하므로 일반적으로 안정된 생태계에서는 상위 영양단계로 갈수록 에너지의 양이 감소한다.

4 종다양성이 높아 먹이 관계가 복잡하게 형성될수록 생태계평형이 회복, 유지되는 능력이 높아지며, 생태계평형 회복 과정에서 1차 소비자의 개체수가 증가하면 생산자는 1차 소비자에게 많이 먹히므로 개체수가 감소한다.

01 (1) × (2) ○ (3) ×　　**02** ③, ④, ⑤　　**03** 해설 참조
04 ㄱ, ㄷ　　**05** ④

01 (1) 초기 조건이 (가)일 때 1차 소비자의 개체수가 증가하면 2차 소비자는 먹이(1차 소비자)가 많아져 개체수가 증가했다.

(2) 초기 조건이 (가)일 때 생산자의 개체수가 증가하면 1차 소비자는 먹이(생산자)가 많아져 개체수가 증가했다.

(3) 초기 조건이 (나)일 때 2차 소비자의 개체수는 주기적으로 변동하지 못하고 6세대 이후에는 2차 소비자가 완전히 사라졌다. 따라서 개체수 변동에 주기성을 확인할 수 없다.

02 ① 그래프 ㉡ 구간에서 2차 소비자는 먹이(1차 소비자)가 많아져서 개체수가 증가했다.

② 그래프 ㉢ 구간에서 생산자의 개체수가 감소한 것은 1차 소비자의 개체수가 증가해 많이 먹혔기 때문이다.

⑥ 그래프 ㉠ 구간에서 1차 소비자는 생산자를 먹고, 2차 소비자에게 먹히므로 1차 소비자는 생산자, 2차 소비자와 모두 상호작용한다.

바로알기 ③ 그래프 ㉣ 구간에서 1차 소비자의 개체수가 감소한 것은 생산자(먹이)의 개체수가 감소했고 증가한 2차 소비자에게 많이 먹혔기 때문이다.

④ 생물이 살아가는 데 필요한 양분과 에너지는 먹이 관계에 의해 이동한다. 그래프 ㉤ 구간에서 2차 소비자는 1차 소비자를 먹으므로 1차 소비자 → 2차 소비자 방향으로의 유기물과 에너지 이동이 일어난다.

⑤ 그래프 ㉥ 구간에서 생산자의 개체수가 증가한 것은 2차 소비자의 개체수가 증가하고, 1차 소비자의 개체수가 감소해 적게 먹혔기 때문이다.

03 Ⅰ의 시작 시점에 1차 소비자의 개체수가 많아 먹이가 많아진 2차 소비자의 개체수가 증가하고 있었고, 많이 먹힌 생산자의 개체수가 감소하고 있었다. 그 결과 Ⅰ에서 1차 소비자는 먹이(생산자)가 줄어들었고, 2차 소비자에게 많이 먹히면서 개체수가 감소했다. 이후 먹이(1차 소비자)가 부족해진 2차 소비자가 사라지게 되었고, 이로 인해 1차 소비자의 개체수가 급격하게 증가하면서 생산자의 개체수가 급격하게 감소해 t일 때 1차 소비자의 먹이(생산자)가 매우 적어진 현상이 일어났다.

모범 답안 (1) 생산자의 개체수가 감소해 먹이가 줄어들었고, 2차 소비자의 개체수가 증가해 많이 먹혔기 때문이다.

(2) 1차 소비자에 의해 많이 먹힌 생산자의 개체수가 크게 감소한 결과 먹이가 매우 부족해졌기 때문이다.

	채점 기준	배점(%)
(1)	생산자의 개체수 감소에 의한 먹이 부족과 2차 소비자의 개체수 증가에 의한 피식량 증가를 모두 설명한 경우	50
	생산자의 개체수 감소와 2차 소비자의 개체수 증가만 모두 설명한 경우	30
	생산자의 개체수 감소와 2차 소비자의 개체수 증가 중 한 가지만 옳게 설명한 경우	20
(2)	생산자의 피식량 증가와 개체수 감소, 이로 인한 1차 소비자의 먹이 부족을 모두 설명한 경우	50
	생산자의 개체수 감소와 1차 소비자의 먹이 부족 중 한 가지만 옳게 설명한 경우	30

04 ㄱ, ㄷ. (나)에서 투명 뚜껑에 닿은 클립을 모두 생태계 판에서 제거하므로 투명 뚜껑은 잡아먹는 포식자(2차 소비자)이고, 클립은 잡아먹히는 피식자(1차 소비자)이다. 따라서 (다)에서 클립의 수가 많아질 때 투명 뚜껑의 수도 많아지는 것은 1차 소비자의 개체수 증가에 의한 2차 소비자의 개체수 증가를 나타낸 것이다.

(바로 알기) ㄴ. 투명 뚜껑의 수가 많아지면 (나)에서 투명 뚜껑을 생태계 판에 많이 던지게 되므로 제거되는 클립이 많아진다. 따라서 클립과 투명 뚜껑의 개수는 서로 영향을 주고 있다는 것을 알 수 있다.

05

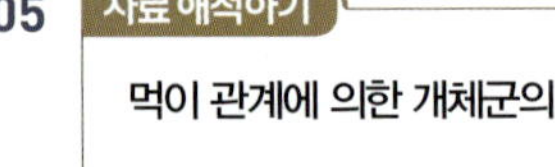

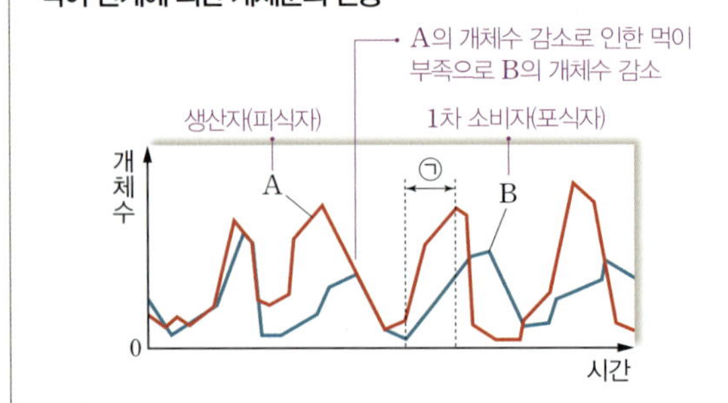

ㄱ. A의 개체수가 증가하면 B의 개체수가 증가하고, B의 개체수가 증가하면 A의 개체수가 감소하므로 A는 생산자, B는 1차 소비자이다. 생산자(A)는 광합성을 하여 스스로 유기물을 합성할 수 있다.

ㄴ. 생산자는 1차 소비자에게 먹히므로 먹이 관계에 의해 생산자(A)에서 1차 소비자(B)로 유기물의 형태로 에너지가 이동한다.

(바로 알기) ㄷ. ㉠에서 생산자(A)의 개체수가 증가해 이를 먹는 1차 소비자(B)의 개체수도 증가했다.

148~150쪽

01 ② **02** ④ **03** (1) ㉠ 광합성, ㉡ 세포호흡 (2) 열에너지
04 (1) 1차 소비자, 2차 소비자 (2) 해설 참조 **05** ⑤
06 (1) B (2) 해설 참조 **07** ① **08** ① **09** ㄱ, ㄴ, ㄷ
10 (1) ⓐ 증가, ⓑ 증가 (2) (나) → (가) → (다) **11** ⑤
12 ① **13** (1) 생산자 → 1차 소비자 → 2차 소비자 (2) 해설 참조 **14** ㄱ, ㄴ **15** ④ **16** ㄴ

01 ㄷ. 나비(1차 소비자)는 거미(2차 소비자)에게 먹히므로 나비에서 거미에게로 양분과 에너지가 이동한다.

(바로 알기) ㄱ. 먹이 관계가 사슬처럼 한 줄로만 연결되어 있으므로 먹이사슬이 형성되어 있으며, 먹이그물은 형성되어 있지 않다.

ㄴ. 최종 소비자인 독수리의 영양단계는 4차 소비자이다.

02 ㄴ. 종다양성이 높은 생태계일수록 많은 생물종에 의해 여러 개의 먹이사슬이 얽혀 복잡한 먹이그물이 형성된다.

ㄷ. 먹이 관계에 의해 상위 영양단계의 생물이 하위 영양단계의 생물을 먹음으로써 에너지와 양분이 하위 영양단계에서 상위 영양단계로 이동한다.

(바로 알기) ㄱ. 먹이 관계는 서로 다른 두 종 사이에서 형성되는 먹고 먹히는 관계이므로 여러 개의 개체군으로 이루어진 군집 내에서 나타난다.

03 태양의 빛에너지는 생산자에 의해 흡수되어 광합성(㉠)에 이용되며, 생산자는 광합성을 통해 빛에너지를 화학 에너지로 바꾸어 포도당 등의 유기물 속에 저장한다. 유기물은 먹이 관계에 의해 한 영양단계에서 다음 영양단계로 이동하며, 각 영양단계의 생물은 세포호흡(㉡)을 통해 유기물 속 화학 에너지를 생활 에너지로 이용하고, 이 과정에서 열에너지(ⓐ)가 방출된다.

04 (나)에서 당근과 옥수수는 생산자이고, 옥수수를 먹는 메뚜기는 1차 소비자이다. 따라서 쥐가 당근과 옥수수를 먹는 경우에는 1차 소비자가 되고, 메뚜기를 먹는 경우에는 2차 소비자가 된다. 단순한 먹이사슬만 형성된 (가)에서는 개구리가 사라지면 매의 먹이가 사라져 매도 곧 사라질 확률이 높지만, 복잡한 먹이그물이 형성된 (나)에서는 개구리가 사라지면 매는 뱀이나 쥐 등의 다른 먹이를 먹을 수 있어 사라질 확률이 낮다.

(모범 답안) (2) (나), (가)에서는 개구리가 사라지면 최종 소비자인 매의 먹이가 없어지지만, (나)에서는 개구리가 사라져도 매는 다른 생물(뱀, 쥐)을 먹을 수 있기 때문이다.

채점 기준	배점(%)
(나)라고 쓰고, (가)에서는 매가 사라지고 (나)에서는 매가 사라지지 않는 까닭을 모두 설명한 경우	100
(나)라고 쓰고, (가)에서는 매가 사라지고 (나)에서는 매가 사라지지 않는 까닭 중 한 가지만 옳게 설명한 경우	70
(나)라고만 쓴 경우	30

05

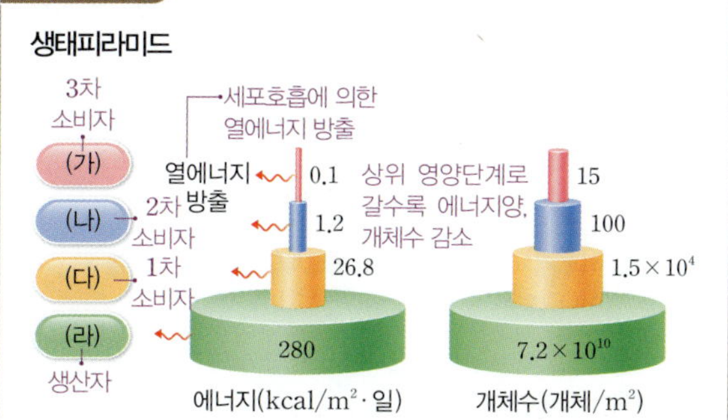

- 일반적으로 에너지양과 개체수는 상위 영양단계로 갈수록 감소하는 생태피라미드 형태이다. → (라)는 가장 하위 영양단계인 생산자이고, (가)는 가장 상위 영양단계인 3차 소비자이다.
- 모든 생물은 세포호흡을 하여 생명활동에 필요한 에너지를 얻고, 열을 방출한다. → 방출된 열에너지는 더 이상 생물에 의해 이용되지 못한다.

ㄴ. 이 생태계에서 에너지양과 개체수 모두 하위 영양단계에서 상위 영양단계로 갈수록 점점 감소하는 생태피라미드를 나타낸다.

ㄷ. (라)는 식물이 속한 생산자이고, 식물은 광합성을 통해 포도당을 합성하므로 (라)에서 빛에너지가 화학 에너지로 전환되는 물질대사가 일어난다.

바로알기 ㄱ. (가)는 최종 소비자인 3차 소비자, (나)는 2차 소비자, (다)는 1차 소비자, (라)는 생산자이다.

06 생태피라미드에서는 아래에서 위로 갈수록 상위 영양단계이므로 D는 생산자, C는 1차 소비자, B는 2차 소비자, A는 3차 소비자이다. 따라서 먹이 관계에 따른 유기물 속 에너지의 이동은 D → C → B → A 방향으로 일어나며, 에너지양은 상위 영양단계로 갈수록 점점 감소하는 피라미드 형태가 된다.

모범답안 (2) 에너지는 D → C → B → A 방향으로 이동하며, 에너지가 이동함에 따라 에너지양은 점점 감소한다.

채점 기준	배점(%)
에너지의 이동 방향을 쓰고, 에너지양이 감소한다고 설명한 경우	100
에너지의 이동 방향을 쓰고, 에너지양이 변한다고만 설명한 경우	60

07 ㄴ. (가)와 (나)에서 모두 생산자(㉠)의 에너지양이 가장 많다.

바로알기 ㄱ. (가)에서 ㉠~㉢의 에너지양은 생태피라미드를 나타내므로 ㉠ → ㉡ → ㉢ 방향으로 가면서 이동하는 에너지양은 감소하며, ㉠은 생산자, ㉡은 1차 소비자, ㉢은 2차 소비자이다. 따라서 (나)에서도 에너지양은 상위 영양단계로 갈수록 감소하는 생태피라미드를 나타낸다.

ㄷ. 1차 소비자(㉡)의 에너지양은 (가)에서 10, (나)에서 1이므로 (가)에서가 (나)에서의 10배이다.

08 ㄱ. 생태계평형은 생태계를 구성하는 생물의 종류와 개체수, 에너지의 흐름이 급격히 변하지 않아 생태계가 안정적으로 유지되는 상태이다.

바로알기 ㄴ. 생태계의 종다양성이 높아 먹이 관계가 복잡하게 형성될수록 생태계평형이 잘 유지되는 안정된 생태계이다.

ㄷ. 생물요소는 먹이 관계에 의한 에너지 흐름을 통해 살아가므로 생물요소 사이의 에너지 흐름에 의해 생태계평형이 유지된다.

09

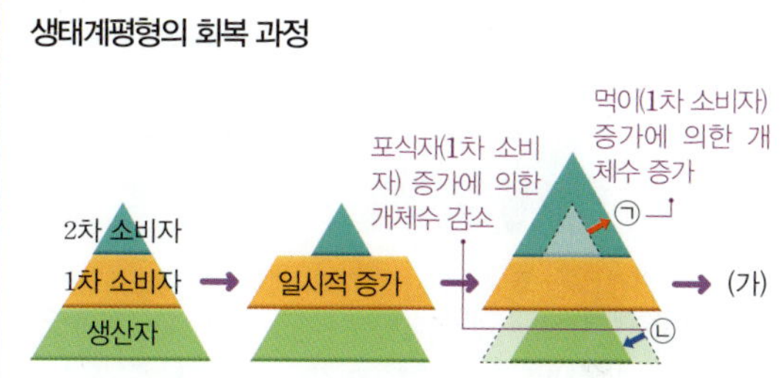

- 생산자 → 1차 소비자 → 2차 소비자의 방향으로 유기물과 에너지가 이동한다.
- 한 영양단계의 개체수가 증가하면 상위 영양단계(포식자)는 먹이가 많아져 개체수가 증가하고, 하위 영양단계(먹이)는 포식자에게 많이 먹혀 개체수가 감소한다. → 그 결과 해당 영양단계는 포식자에게 많이 먹히고, 먹이가 줄어들어 개체수가 감소한다.
- 1차 소비자의 개체수가 증가하면 2차 소비자는 개체수가 증가(㉠)하고, 생산자는 개체수가 감소(㉡)한다. → 그 결과 (가)에서 1차 소비자의 개체수는 감소한다.

ㄱ. 1차 소비자의 개체수 증가로 인해 생산자는 1차 소비자에게 많이 먹혀 개체수가 감소(㉡)했다.

ㄴ. 1차 소비자의 개체수가 일시적으로 증가함에 따라 1차 소비자를 먹는 2차 소비자는 먹이가 증가하므로 개체수가 증가(㉠)했다.

ㄷ. (가)에서 1차 소비자는 2차 소비자에게 많이 먹히고, 먹이가 부족해지므로 개체수가 감소하는 시기가 있다.

10 2차 소비자의 개체수가 일시적으로 증가하면 1차 소비자는 2차 소비자에게 많이 먹혀 개체수가 감소하고, 이에 따라 생산자는 1차 소비자에게 적게 먹혀 개체수가 증가한다(나). → 이후 2차 소비자는 먹이(1차 소비자)가 줄어들어 개체수가 감소한다(가). → 그 결과 1차 소비자는 먹이(생산자)가 많고, 2차 소비자에게 적게 먹혀 개체수가 증가하고, 생산자는 1차 소비자에게 많이 먹혀 개체수가 감소하면서 평형이 회복된다.

11 2차 소비자의 개체수가 일시적으로 감소하면 1차 소비자는 2차 소비자에게 적게 먹히므로 개체수가 증가한다(다). → 생산자는 1차 소비자에게 많이 먹히므로 개체수가 감소하고, 2차 소비자는 먹이인 1차 소비자가 많으므로 개체수가 증가한다(라). → 1차 소비자는 먹이인 생산자가 적고, 2차 소비자에게 많이 먹히므로 개체수가 감소한다(나). → 생산자는 1차 소비자에게 적게 먹히므로 개체수가 증가하면서(가) 생태계평형이 회복된다.

12

먹이 관계에 의한 생태피라미드의 변화

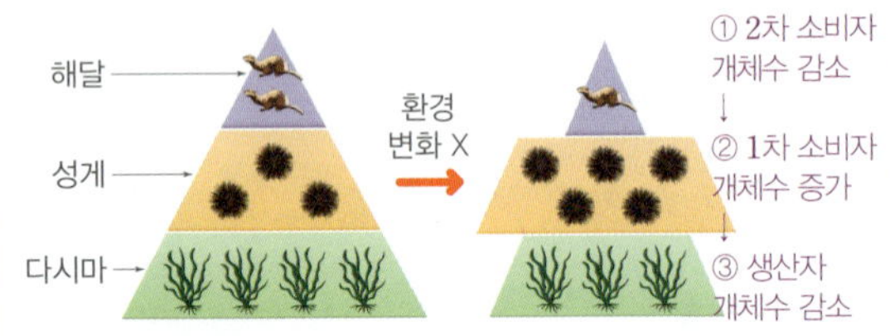

- X가 일어난 후 다시마(생산자)의 개체수는 감소했고, 성게(1차 소비자)의 개체수는 증가했다. → 성게(포식자)의 개체수가 증가해 다시마(피식자)의 개체수가 감소한 것이다.
- X가 일어난 후 성게의 개체수는 증가했고, 해달(2차 소비자)의 개체수는 감소했다. → 해달(포식자)의 개체수가 감소해 성게(피식자)의 개체수가 증가한 것이다.
- 해달의 개체수 감소 → 성게의 개체수 증가 → 다시마의 개체수 감소 순서로 일어났으므로 X는 해달의 개체수 감소이다.

ㄱ. 이 생태계에서 다시마는 광합성을 하는 생산자, 성게는 다시마를 먹는 1차 소비자, 해달은 성게를 먹는 2차 소비자이다.

바로 알기 ㄴ. X가 일어난 후 다시마의 개체수 감소, 성게의 개체수 증가, 해달의 개체수 감소가 일어났으므로 X는 해달의 개체수 감소이다. 해달의 개체수가 감소해 성게는 해달에게 적게 먹혀 개체수가 증가했고, 다시마는 성게에게 많이 먹혀 개체수가 감소했다.

ㄷ. 해달의 개체수가 감소해 성게의 개체수가 증가한 것이며, 만약 성게의 개체수가 증가하면 해달은 먹이가 많아지므로 개체수가 증가한다.

13 (1) 1차 소비자는 생산자를 먹고, 2차 소비자는 1차 소비자를 먹음으로써 생산자 → 1차 소비자 → 2차 소비자의 방향으로 유기물과 에너지가 이동한다. 생태계에서의 에너지 흐름은 태양의 빛에너지 → 유기물의 화학 에너지 → 생물의 생활 에너지 → 열에너지로 방출 순이다.

(2) (나) 직전에 1차 소비자의 개체수가 감소했으므로 (나)에서 생산자는 개체수가 줄어든 1차 소비자에게 적게 먹혀 개체수가 증가하고, 2차 소비자는 먹이(1차 소비자)가 줄어들어 개체수가 감소한다.

모범 답안 (2) 생산자의 개체수는 증가하고, 2차 소비자의 개체수는 감소한다.

채점 기준	배점(%)
생산자의 개체수 증가와 2차 소비자의 개체수 감소를 모두 설명한 경우	100
생산자의 개체수 증가와 2차 소비자의 개체수 감소 중 한 가지만 설명한 경우	50

14 ㄱ. 1차 소비자의 개체수가 감소하면 생산자는 1차 소비자에게 적게 먹히므로 개체수가 증가한다.

ㄴ. 생산자의 개체수가 증가하면 1차 소비자는 먹이가 많아지므로 개체수가 증가한다.

바로 알기 ㄷ. 1차 소비자의 개체수가 감소하면 2차 소비자는 먹이가 줄어들므로 개체수가 감소한다.

15 ㄴ. 광합성을 하는 영양단계는 생산자이다. 생산자의 에너지양은 (가)에서는 120이고, (나)에서는 100이다.

ㄷ. (가)와 (나)에서 모두 상위 영양단계로 갈수록(생산자 → 1차 소비자 → 2차 소비자) 에너지양이 감소하는 생태피라미드를 나타낸다.

바로 알기 ㄱ. 2차 소비자는 1차 소비자를 먹이로 하므로 (가)에서 1차 소비자의 개체수가 증가하면 2차 소비자는 먹이가 많아져 개체수가 증가한다.

16 ㄴ. 늑대 개체군(B)의 개체수가 증가한 결과 늑대의 먹이인 말코손바닥사슴 개체군은 많이 먹혀 개체수가 감소(㉠)했고, 말코손바닥사슴 개체군(A)의 개체수가 감소한 결과 늑대 개체군은 먹이가 부족해져 개체수가 감소(㉡)했다.

바로 알기 ㄱ. A의 개체수가 증가한 결과 B의 개체수가 증가했으므로 A는 잡아먹히는 피식자인 말코손바닥사슴 개체군이고, B는 잡아먹는 포식자인 늑대 개체군이다.

ㄷ. 로열섬에서 포식자인 늑대 개체군(B)의 개체수가 감소하면 피식자인 말코손바닥사슴 개체군(A)은 적게 먹히므로 생존 확률이 증가한다.

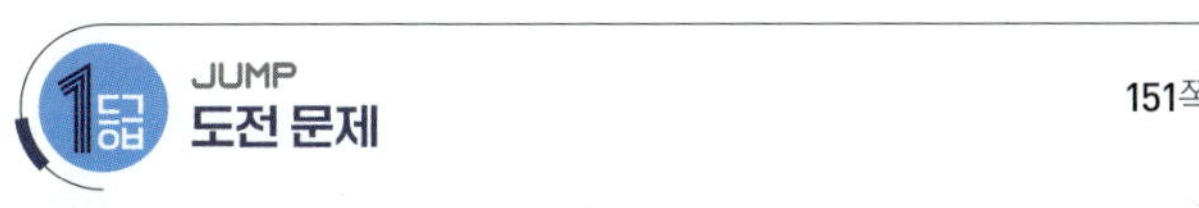

01 해설 참조　**02** ①　**03** ⑴ 빛에너지　⑵ 해설 참조
04 ②　**05** ④

01 A와 F는 먹이 관계의 가장 하위에 있는 생산자이고, A → D 방향으로 에너지가 이동하므로 D는 A를 먹는 1차 소비자, F → G → H 방향으로 에너지가 이동하므로 G는 1차 소비자, H는 2차 소비자이다. 각 영양단계의 생물은 세포호흡을 통해 자신의 가진 에너지의 일부를 생명활동에 사용하고 열로 방출한다. 그리고 남은 에너지 중 일부가 다음(상위) 영양단계로 이동한다. 따라서 C(2차 소비자)의 에너지양은 B(1차 소비자)의 에너지양보다 적다.

모범 답안 A: 생산자, D: 1차 소비자, H: 2차 소비자, B의 에너지양이 C의 에너지양보다 많다. 그 까닭은 B의 에너지 중 생명활동에 사용되고 열로 방출된 에너지를 제외한 일부 에너지만 C로 이동하기 때문이다.

채점 기준	배점(%)
A, D, H의 영양단계를 쓰고, B의 에너지양이 많은 것과 B의 에너지 중 일부가 생명활동에 사용되고 열로 방출된다는 내용을 모두 설명한 경우	100
A, D, H의 영양단계를 쓰고, B의 에너지양이 많은 것과 B의 에너지 중 일부만 이동하기 때문이라고만 설명한 경우	70
A, D, H의 영양단계만 쓴 경우	30

02 ㄴ. 생산자에서 최종 소비자에게로 이동하는 ㉡은 유기물에 저장된 화학 에너지이다. (나)에서 유기물 속 화학 에너지(㉡)의 이동은 먹고 먹히는 먹이 관계에 의해 일어난다.

바로 알기 ㄱ. ㉠은 생산자가 광합성을 통해 유기물을 만들 때 이용하는 태양의 빛에너지이다.

ㄷ. ㉢은 세포호흡 과정에서 방출되는 열에너지이다. 열에너지는 분해자를 비롯한 다른 생물에게 이용되지 못한다.

03 ⑴ (가)는 이산화 탄소와 물을 이용해 포도당을 합성하는 광합성이며, 이 과정에서 빛에너지(㉠)가 이용된다.
⑵ A는 3차 소비자, B는 2차 소비자, C는 1차 소비자, D는 생산자이고, 광합성을 통해 유기물을 합성(생산)하는 영양단계는 생산자이다. 소비자는 다른 생물을 먹이로 섭취해 유기물을 얻는다.

모범 답안 ⑵ D: 생산자, 광합성을 통해 생물의 에너지원이 되는 유기물을 합성(생산)하는 역할을 한다.

채점 기준	배점(%)
D와 생산자라고 쓰고, 광합성으로 유기물을 합성(생산)한다는 내용을 설명한 경우	100
D와 생산자라고 쓰고, 광합성을 한다고만 설명한 경우	70
D와 생산자라고만 쓴 경우	30

04 ㄴ. (나)에서 1차 소비자의 개체수가 감소한 것은 포식자인 2차 소비자에게 많이 먹히고, 먹이인 생산자의 개체수가 감소했기 때문이다.

바로 알기 ㄱ. (가)에서 2차 소비자의 개체수가 증가하고, 생산자의 개체수가 감소한 것은 1차 소비자의 개체수가 증가했기 때문이다.

ㄷ. (나) → (다) 과정에서 생산자의 개체수가 증가한 것은 포식자인 1차 소비자의 개체수가 감소하면서 생산자가 1차 소비자에게 먹히는 양이 감소했기 때문이다.

05 **자료 해석하기**

먹이 관계에 의한 개체군의 변동

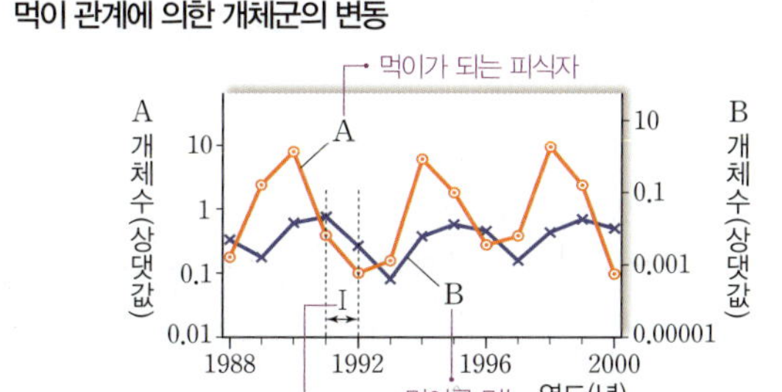

• A의 개체수 증가 → B의 개체수 증가 → A의 개체수 감소 → B의 개체수 감소 → A의 개체수 증가가 반복되며 두 개체군의 크기가 주기적으로 변동한다.
• A는 B의 먹이이다. → A(피식자)에서 B(포식자)로 유기물과 에너지가 이동한다.
• 구간 I에서 A와 B의 개체수가 모두 감소한다. → A(피식자)의 개체수가 감소해 먹이가 부족해진 B(포식자)의 개체수도 감소하는 구간이다.

ㄴ. A의 개체수가 증가하면 B의 개체수가 증가하고, B의 개체수가 증가하면 A의 개체수가 감소하므로 A는 먹히는 피식자이고, B는 먹는 포식자이다. 먹고 먹히는 먹이 관계에 의해 A와 B 두 개체군의 크기가 주기적으로 변동한다.

ㄷ. A는 피식자, B는 포식자이므로 구간 I에서는 A의 개체수가 감소해 먹이가 부족해진 B의 개체수도 감소했다.

바로 알기 ㄱ. 생태계에서 에너지 흐름은 먹이 관계에 의해 이동한다. A는 먹히는 피식자, B는 먹는 포식자이므로 A에서 B로 유기물과 에너지가 이동한다.

중요 개념 체크

153쪽	**1** (1) 감소 (2) 인위적인
155쪽	**2** (1) ○ (2) × (3) ○

2 (2) 지구 온난화와 이에 따른 기후 변화는 지구 전체의 문제이므로 생태계평형 유지를 위한 기후 변화의 억제는 일부 선진국만이 아닌 모든 국가가 같이 노력해야 가능하다.

교과서 속 **START**
내신 완성 문제

158~160쪽

01 ② **02** ㄱ, ㄴ **03** (1) 평균 기온을 낮춘다. (2) 해설 참조
04 해설 참조 **05** ① **06** ④ **07** ① **08** ⑤
09 (1) 감소시킨다. (2) 생물다양성을 감소시킨다. **10** ④
11 해설 참조 **12** (1) 서식지 파괴, 남획 등 (2) 천연기념물
13 ④ **14** (1) (가) 국제적 수준, (나) 국가적 수준, (다) 개인적 수준 (2) 해설 참조 **15** ⑤ **16** ②

01 ㄴ. 생태계의 비생물요소와 생물요소는 상호작용하므로 비생물요소가 변하면 생물요소의 먹이 관계가 영향을 받는다.

바로 알기 ㄱ. 생태계의 환경 변화는 물질 순환과 에너지 흐름에 영향을 주어 생태계평형을 깨뜨릴 수 있다.

ㄷ. 안정된 생태계는 일시적으로 환경이 변해 생태계평형이 깨지더라도 스스로 평형을 회복할 수 있는 능력이 있지만, 크고 급격한 환경 변화를 겪으면 생태계평형이 회복되기 어려울 정도로 생태계가 파괴될 수 있다.

02 ㄱ. 화산 폭발에 의해 많은 양의 용암이 분출되면 주변 생태계가 용암으로 덮이면서 생태계가 파괴될 수 있다. 이와 같이 화산 폭발, 지진, 홍수, 산불 등 자연적인 요인에 의해 생태계평형이 깨질 수 있다.

ㄴ. 용암 분출로 생물의 서식지가 파괴되거나, 생물이 용암에 의해 직접 피해를 보게 되므로 용암 분출은 생태계의 종다양성을 감소시킬 수 있다.

바로 알기 ㄷ. 화산 폭발은 공기 중으로 여러 물질을 분출해 공기의 성분이나 기후를 변화시킬 수 있으며, 흘러내린 용암은 주변의 물을 증발시키거나, 토양의 성분을 변화시킬 수 있다. 따라서 화산 폭발은 생태계의 비생물요소에 영향을 준다.

03 태양 빛은 열을 포함하고 있으므로 화산재에 의해 태양 빛이 지표에 도달하지 못하고 성층권에서 흡수, 반사되면 지구의 평균 기온이 낮아지며, 지표에 도달하는 빛의 세기가 감소해 식물의 광합성량이 감소하는 등 생물이 영향을 받게 된다.

모범 답안 (2) 식물의 광합성량을 감소시킨다.

채점 기준	배점(%)
식물의 광합성량 감소를 설명한 경우	100
식물에게 좋지 않은 영향을 준다고만 쓴 경우	50

04 알프스산맥 빙하는 시간이 지남에 따라 점점 녹아 빙하의 양은 2000년대일 때가 1900년대일 때보다 적다. 이것은 이산화 탄소와 같은 온실 기체 증가로 인한 지구 온난화와 같은 요인 때문에 지구의 평균 온도가 상승하여 나타나는 현상이다.

모범 답안 알프스산맥 빙하의 양은 2000년대일 때가 1900년대일 때보다 적으며, 이것은 온실 기체의 증가, 지구 온난화와 같은 요인 때문이다.

채점 기준	배점(%)
빙하의 양이 2000년대일 때 더 적은 것과 온실 기체, 지구 온난화 등의 요인을 타당하게 설명한 경우	100
빙하의 양이 2000년대일 때 더 적은 것은 설명했으나 환경 변화 요인에 대한 설명이 부족한 경우	60
빙하의 양이 2000년대일 때 더 적은 것만 설명한 경우	30

05 ㄱ. 대규모의 도시 건설은 기존의 자연환경을 크게 변화시키므로 서식지 파괴 등을 통해 생태계의 평형을 교란한다.

바로 알기 ㄴ. 생태계를 구성하는 생물은 먹이 관계 등을 통해 서로 영향을 주고받으므로 환경 변화로 어느 한 종이 사라지면 다른 종이 영향을 받는다.

ㄷ. 천적이 없는 외래종은 빠르게 번식하면서 토종 생물의 생존을 위협하므로 생태계의 생물다양성을 감소시킬 수 있다.

06 ㄱ. 남획은 특정한 생물을 과도하게 잡거나 채취하는 것이며, 남획에 의해 특정 생물의 개체수가 감소하고 멸종 위기에 처할 수 있다. 따라서 (가)는 남획이고, 매연, 생활 하수, 축산 폐수 등에 의해 일어나는 (나)는 환경 오염이다.

ㄴ. 아프리카 모리셔스에 살았던 도도새의 멸종 원인 중 하나는 인간이 고기를 얻기 위해 과도하게 사냥했기 때문이므로 남획인 (가)는 도도새의 멸종 원인에 해당한다.

바로 알기 ㄷ. 공기, 물, 토양 등의 환경 오염은 생물의 생존과 번식을 어렵게 만들기 때문에 생태계평형을 파괴하는 요인이다.

07 ㄱ. 아마존 열대우림의 면적은 2018년일 때가 2000년일 때보다 감소했다. 이는 공장식 축산업을 위한 대량 벌목 등 인간의 활동과 관련이 깊다.

[바로알기] ㄴ. 아마존 열대우림의 면적이 2018년일 때가 더 적으므로 열대우림에서 서식하는 식물과 동물 등 많은 생물의 서식지가 줄어들어 개체수가 감소했다. 따라서 아마존 열대우림의 생물다양성은 2018년일 때가 2000년일 때보다 낮다.

ㄷ. 생물다양성이 높아 복잡한 먹이 관계가 형성될수록 생태계 평형 유지 능력이 높아진다. 따라서 아마존 열대우림의 생태계 평형 유지 능력은 2018년일 때가 2000년일 때보다 낮다.

08

먹이 관계에 의한 생태피라미드의 변화

> (가) 사슴을 보호하기 위해 사슴의 포식자인 늑대를 사냥한 결과 늑대의 개체수가 감소했다.
> (나) 그 결과 사슴의 개체수가 급격하게 (㉠)했고, 식물군집의 양이 크게 (㉡)했다.
> 포식자 감소에 의한 개체수 증가
> 포식자 증가에 의한 개체수 감소
> (다) 1920년 이후에는 ⓐ 사슴의 개체수가 급격하게 감소해 늑대 사냥 이전보다 오히려 개체수가 감소했다. → 먹이 부족에 의한 개체수 감소

- 식물군집(생산자) → 사슴(1차 소비자) → 늑대(2차 소비자)의 순서로 먹이 관계가 형성된다.
- 늑대의 개체수가 감소하면 사슴은 적게 먹혀 개체수가 증가(㉠)하고 식물군집은 많이 먹혀 개체수가 감소(㉡)한다.
- 인간의 개입(예 사냥)으로 늑대의 개체수가 크게 감소하면 사슴의 개체수가 크게 증가해 식물군집의 개체수가 크게 감소하고 그 결과 사슴의 개체수가 크게 감소하거나(ⓐ), 사슴이 사라질 수 있다.

ㄴ. 식물군집의 양이 크게 감소한 결과 1920년 이후에 사슴은 먹이가 부족해져 개체수가 급격하게 감소(ⓐ)했다.

ㄷ. 카이바브 고원의 사례를 통해 늑대의 사냥과 같은 인간의 인위적인 활동이 사슴의 개체수를 오히려 더 감소시키는 등 생태계평형을 파괴할 수 있음을 알 수 있다.

[바로알기] ㄱ. 늑대를 사냥해 늑대의 개체수가 감소한 결과 포식자가 줄어든 사슴은 개체수가 급격하게 증가(㉠)했고, 이로 인해 식물은 사슴에게 많이 먹히게 됨으로써 식물군집의 양이 크게 감소(㉡)했다.

09 대규모 간척 사업(㉠)으로 바다를 메워 갯벌의 면적이 줄어들면 갯벌에 사는 생물의 서식지 면적이 감소한다. 뉴트리아(㉡)와 같이 천적이 없는 외래종은 토종 생물의 생존을 어렵게 만든다.

이러한 요인은 모두 해당 생태계에서 살아가는 생물의 개체수를 줄여 종다양성을 감소시키고, 그 결과 생물다양성을 감소시키는 결과를 가져올 수 있다.

10 ㄴ. 환경 영향 평가 제도를 통해 개발이 환경에 미치는 영향을 분석함으로써 무분별한 환경 개발을 규제할 수 있다.

ㄷ. 옥상 정원과 도시 숲은 모두 도시의 평균 기온을 낮추어 열섬 현상을 줄이고, 다양한 생물이 살아가는 공간을 제공함으로써 생태적 기능을 높이는 방법에 해당한다.

[바로알기] ㄱ. 지구 온난화와 기후 변화를 막기 위해 온실 기체의 배출을 줄이는 것은 일부 국가의 노력만으로는 불가능하며, 전 세계의 모든 국가가 협력해야 가능하다.

11 지구 온난화를 일으키는 대표적인 온실 기체에는 이산화 탄소, 메테인 등이 있다. 파리협정과 같은 국제 협약은 온실 기체의 배출을 규제하는 등의 활동을 통해 지구 온난화의 속도를 늦추고, 이를 통해 기후 변화를 억제함으로써 생물다양성의 감소와 생태계평형의 파괴를 막기 위한 국제적인 노력이다.

[모범답안] 지구 온난화의 속도를 늦추어 생태계평형을 유지하기 위한 노력이다.

채점 기준	배점(%)
지구 온난화의 억제, 생태계평형의 유지를 모두 설명한 경우	100
지구 온난화의 억제, 생태계평형의 유지 중 한 가지만 설명한 경우	60

12 반달가슴곰의 생존을 위협하는 인간의 활동에는 벌목 등에 의한 서식지 파괴, 남획 등이 있다. 이러한 인간의 활동으로 반달가슴곰이 멸종하는 것을 막기 위해 천연기념물(㉠)로 지정하여 법으로 보호하고 있다.

13 ㄱ, ㄴ. 도시 숲 조성, 생태통로 설치, 멸종 위기종 복원은 모두 생태계에서 살고 있는 생물의 생존을 도움으로써 종다양성을 증가시키고, 생태계평형 유지 능력을 높이기 위한 노력에 해당한다.

[바로알기] ㄷ. 생태계의 종다양성이 증가하면 먹이 관계가 복잡해지면서 생태계평형 유지 능력이 높아진다.

14 ⑴ 파리협정은 기후 변화를 억제하기 위한 국제 협정이므로 (가)는 국제적 수준, 법률을 만들어 시행하는 것은 국가 기관의 역할이므로 (나)는 국가적 수준이다. 따라서 (다)는 개인적 수준이다.

⑵ 에너지 절약하기, 일회용품 사용 줄이기, 폐휴대 전화 수거하기 등은 일상 생활에서 개인이 실천할 수 있는 생태계평형 유지 노력에 해당한다.

모범답안 (2) 에너지 절약하기. 일회용품 사용 줄이기. 폐휴대 전화 수거하기. 음식물 쓰레기 줄이기. 재활용품 분리배출하기. 자전거 타기. 등

채점 기준	배점(%)
에너지 절약하기, 일회용품 사용 줄이기 등 개인적 수준에서 할 수 있는 노력을 타당하게 설명한 경우	100
개인적 수준에서 실천하기에 타당도가 부족한 활동을 제시한 경우	30

15 ㄱ. 탄소 포집 및 활용 기술은 배출원에서 이산화 탄소를 포집(수집)하여 대기 배출을 방지하거나, 공기에서 직접 이산화 탄소를 포집하여 활용하는 기술이므로 이러한 기술을 개발해 대기로 방출되는 탄소의 양을 줄일(㉠) 수 있다.

ㄴ. 파리협정은 기후 변화에 대한 국제 협약이며, 전 세계의 온도 상승을 2℃보다 훨씬 낮은 수준에서 유지하고, 더 나아가 1.5℃ 상승까지 억제하도록 노력하는 것을 목표로 하고 있다. 따라서 파리협정은 (나)의 국제 협약(㉡)의 예이다.

ㄷ. (가)와 (나)는 모두 온실 기체의 양을 줄이고, 지구 온난화에 따른 지구의 온도 상승을 막아 기후 변화에 의한 생태계 파괴를 막기 위한 노력에 해당한다.

16

생태계평형 유지 · 복원

- 이산화 탄소, 물, 빛에너지를 이용해 포도당과 산소를 만들고, 산소를 몸 밖으로 배출한다. 광합성 작용
- 증산 작용으로 물을 증발시켜 몸 밖으로 배출한다.

- 생물요소에는 생산자, 소비자, 분해자가 있다.
- 제시된 자료는 광합성 작용과 증산 작용이다.
- 도입된 생물 (가)는 식물이다.

ㄴ. 생물 (가)는 생산자인 식물이다. (가)가 증산 작용을 통해 물을 증발시킬 때 주변의 열(기화열)을 흡수하므로 이 지역의 평균 온도가 낮아질 것이다.

바로 알기 ㄱ. (가)는 증산 작용을 통해 물을 몸 밖으로 배출하므로 (가)를 도입하면 이 지역의 공기에 수증기가 많아지면서 기후가 이전보다 덜 건조해질 것이다.

ㄷ. (가)는 이산화 탄소, 물, 빛에너지를 이용해 포도당과 산소를 만드는 광합성 작용을 한다. 따라서 (가)를 도입하면 (가)의 광합성 작용 결과 산소가 배출되어 공기의 산소 농도가 높아질 것이다.

01 ⑤　　　**02** 해설 참조　　　**03** 해설 참조　　　**04** ②
05 ④

01 ㄱ. 외래종인 뉴트리아는 수생식물과 농작물에 피해를 일으키며 포식자인 천적이 없어 개체수가 급격히 증가하므로 생태계 교란 생물이다.

ㄴ. 아마존 열대우림의 사례와 같이 농작물 경작과 공장식 축산업을 위한 대량 벌목은 생물의 서식지를 크게 감소시키는 요인이다.

ㄷ. 생태계 교란 생물과 대량 벌목은 모두 토종 생물의 종다양성 감소, 서식지 파괴 등 생태계의 생물요소와 비생물요소에 모두 영향을 준다. 따라서 생물요소와 비생물요소 사이의 물질 순환, 생물요소 내에서의 먹이 관계에 의한 물질 순환을 교란시켜 생태계를 파괴할 수 있다.

02 대기 중 온실 기체가 증가하면 지구 온난화가 가속화되며, 지구 온난화에 의한 지구의 평균 온도 상승은 남극의 빙하를 녹게 만든다. 그 결과 식물 플랑크톤(㉡)의 서식 환경이 악화되어 식물 플랑크톤의 개체수가 감소하고, 크릴새우(㉠)는 먹이(식물 플랑크톤)가 부족해져 개체수가 감소한다. 이에 따라 크릴새우를 먹고 사는 대왕고래(㉢)도 먹이가 부족해져 개체수가 감소한다.

모범 답안 남극의 빙하가 녹아 ㉡(식물 플랑크톤)의 개체수가 감소하므로 ㉠(크릴새우)은 먹이가 부족해져 ㉡에서 ㉠으로의 에너지 흐름이 줄어들게 된다.

채점 기준	배점(%)
빙하량 감소, ㉡(식물 플랑크톤)의 개체수 감소, ㉡에서 ㉠(크릴새우)으로의 에너지 흐름 감소를 모두 설명한 경우	100
㉡의 개체수 감소, ㉡에서 ㉠으로의 에너지 흐름 감소만 설명한 경우	70
㉡의 개체수 감소, ㉡에서 ㉠으로의 에너지 흐름 감소 중 한 가지만 설명한 경우	40

03 생태통로는 도로나 철도 등에 의해 생물의 서식지가 분리될 때 생물이 분리된 서식지 양쪽을 안전하게 오갈 수 있게 함으로써 서식지가 단절되는 것을 막고, 그 결과 생물다양성의 감소를 막아 생태계평형을 유지하는 데 도움을 준다.

모범 답안 생물의 서식지가 도로에 의해 단절되지 않고 생물이 도로 양쪽을 안전하게 이동할 수 있으므로 생물다양성의 감소를 막아 생태계평형 유지에 도움을 준다.

채점 기준	배점(%)
서식지의 단절을 막는 것, 생물다양성의 감소를 막는 것, 생태계평형 유지에 도움을 준다는 것을 모두 설명한 경우	100
서식지의 단절을 막는 것과 생태계평형 유지에 도움을 준다는 것만 설명한 경우	70
생태계평형 유지에 도움을 준다는 것만 설명한 경우	40

04

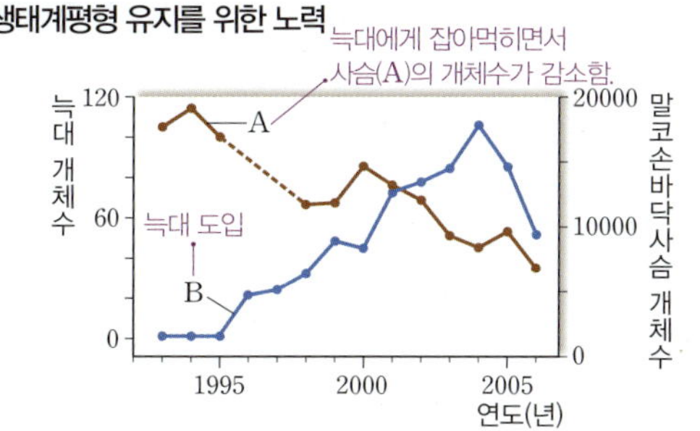

- A는 많은 개체수, B는 적은 개체수(0)였다가 A의 개체수는 감소하고, B의 개체수는 증가했다. 이는 B의 개체수가 증가해 A의 개체수가 감소한 것이다. → B는 포식자인 늑대, A는 피식자인 말코손바닥사슴이다.
- 말코손바닥사슴(A)의 개체수가 감소한 결과 식물군집의 개체수는 증가했다. → 식물군집(생산자), 말코손바닥사슴(1차 소비자), 늑대(2차 소비자)의 개체수가 균형을 이루며 생태계가 복원되었다.
- 늑대(B)에 의해 말코손바닥사슴의 개체수(A)가 조절되면서 생태계가 복원되었다. → 생태계복원을 위해 늑대를 도입한 결과이다.

ㄷ. 말코손바닥사슴은 식물을 먹는 1차 소비자이다. 그런데 말코손바닥사슴(A)의 개체수는 2005년일 때가 1995년일 때보다 적으므로 식물군집의 양은 2005년일 때가 1995년일 때보다 많다.

 ㄱ. 늑대와 말코손바닥사슴 사이에서는 먹이 관계가 형성되며, 늑대는 포식자, 말코손바닥사슴은 피식자이다. 그런데 1995년~2005년 동안 A의 개체수는 감소하고, B의 개체수는 증가했으므로 A는 1차 소비자인 말코손바닥사슴이고, B는 2차 소비자인 늑대이다.

ㄴ. 1995년까지 늑대(B)의 개체수가 0이었다가 이후 증가했으므로 생태계를 복원하기 위해 늑대를 도입했다.

05 ㄱ. 식물은 광합성을 하여 이산화 탄소와 물을 이용해 포도당과 산소를 만든다. 따라서 식물의 광합성은 대기 중 이산화 탄소(㉠)를 흡수하는 역할을 한다.

ㄴ. 폭염으로 인한 가뭄, 폭우 등은 모두 지구 온난화로 인해

기후가 변하면서 세계 곳곳에서 나타나는 기상 이변의 피해(ⓐ)이다.

 ㄷ. 옥상의 단열성이 높아지면(ⓑ) 냉난방을 위해 필요한 에너지 소비량이 감소하므로 에너지를 소비하는 과정에서 대기로 방출되는 이산화 탄소(㉠)의 양을 줄일 수 있다.

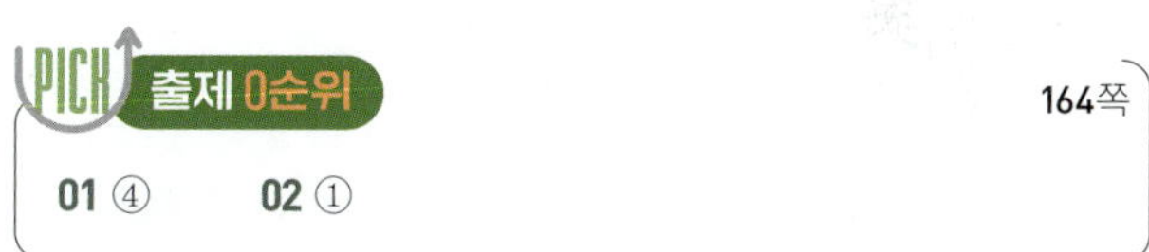
 162~163쪽

1 비생물　　2 생물　　3 생산자
4 개체군　　5 군집　　6 온도
7 빛　　8 토양　　9 1차 소비자
10 먹이그물　　11 광합성　　12 열에너지
13 상위　　14 감소　　15 증가
16 감소　　17 감소　　18 지구 온난화
19 국제 협약　　20 생태통로

 164쪽

01 ④　　02 ①

01

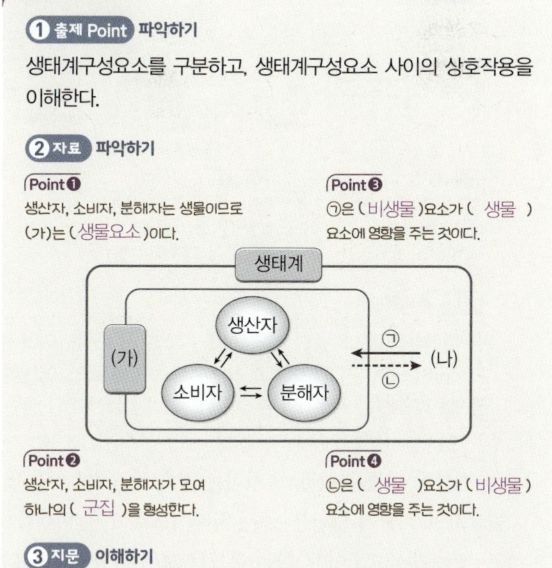

ㄱ. 생산자, 소비자, 분해자는 생물을 생태계에서의 역할에 따라 구분한 것이므로 (가)는 생물요소, (나)는 비생물요소이다.

ㄴ. 소비자는 생산자를 먹음으로써 생산자에서 소비자로 유기물과 함께 에너지가 이동한다.

바로 알기 ㄷ. 낙엽이 분해되어 토양이 비옥해지는 것은 생물요소(나무)가 비생물요소(토양)에 영향을 주는 ㉡에 해당한다. ㉠은 비생물요소가 생물요소에 영향을 주는 것이다.

플러스 보기⁺

(◯) ㄹ. 빛, 온도, 공기는 모두 (나)에 속한다.
　　→ 빛, 온도, 공기, 물, 토양 등은 모두 생태계를 구성하는 비생물요소(나)이다.
(✕) ㅁ. 개구리가 겨울잠을 자는 것은 ㉡에 해당한다.
　　→ 개구리의 겨울잠은 온도(비생물요소)가 개구리(생물요소)에 영향을 준 사례이므로 ㉠에 해당한다.

ㄷ. 선인장의 잎이 가시로 변한 것은 잎을 통한 물의 손실을 막기 위한 적응이므로 비생물요소인 물이 생물요소인 선인장에 영향을 주는 ㉠의 사례이다.

플러스 보기⁺

(◯) ㄹ. Ⅱ에서 소비자 → 분해자 방향으로 에너지가 이동한다.
　　→ 생물요소(Ⅱ)를 구성하는 소비자의 사체나 배설물이 분해자에 의해 이용되므로 소비자 → 분해자 방향으로 유기물 속 화학 에너지가 이동한다.
(◯) ㅁ. 식물의 광합성으로 공기 중 산소 농도가 증가하는 것은 ㉡의 사례이다.
　　→ 식물은 생물요소, 공기는 비생물요소이므로 식물의 광합성으로 공기 중 산소 농도가 증가하는 것은 생물요소(Ⅱ)가 비생물요소(Ⅰ)에 영향을 주는 ㉡의 사례이다.

02 문제 해결 전략

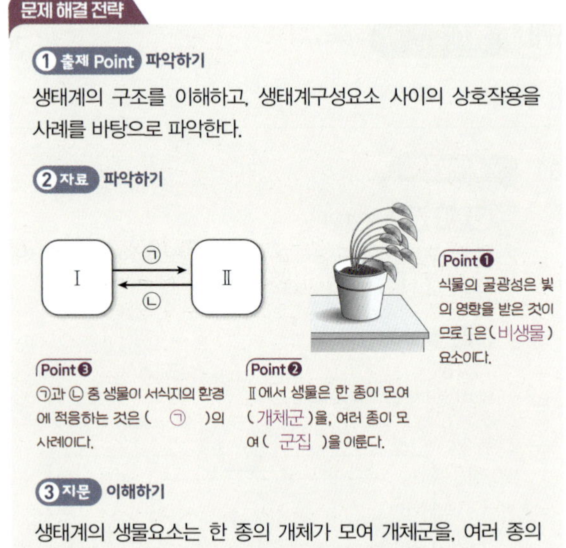

ㄱ. 식물이 빛을 향해 굽어 자라는 것은 비생물요소인 빛이 생물요소인 식물에 영향을 주는 사례이므로 Ⅰ은 비생물요소이고, Ⅱ는 생물요소이다. 물과 온도는 모두 비생물요소(Ⅰ)에 속한다.

바로 알기 ㄴ. 생물요소(Ⅱ)에서 생산자와 소비자는 서로 다른 종이므로 서로 다른 개체군을 이룬다.

수능 실전 2점

| 01 ⑤ | 02 ③ | 03 ② | 04 ② | 05 ③ | 06 ④ |
| 07 ② | 08 ④ | 09 ① | 10 ⑤ | 11 ③ | 12 ③ |

수능 실전 3점

| 13 ⑤ | 14 ④ | 15 ③ | 16 ② | 17 ⑤ | 18 ④ |
| 19 ② | 20 ③ | | | | |

01 ㄱ. ㉡은 생산자, 분해자, 소비자(ⓐ)로 구분되므로 생물요소이고, ㉠은 비생물요소이다. 빛, 물, 온도는 모두 비생물요소(㉠)에 속한다.

ㄴ. 초식동물이나 육식동물과 같은 소비자(ⓐ)는 다른 생물을 먹이로 섭취해 양분을 얻는다.

ㄷ. 생태계는 일정한 공간에서 비생물요소(㉠)와 생물요소(㉡)가 서로 영향을 주고받으며 상호작용함으로써 스스로 유지되는 체계이다.

02 ㄱ. A는 개체군이고, 개체군은 한 종의 개체가 모인 무리이다.

ㄷ. C는 생태계이고, 생태계는 생물요소와 비생물요소가 서로 영향을 주고받는 상호작용을 하면서 유지되는 체계이다.

바로 알기 ㄴ. B는 군집이고, 군집은 여러 종(개체군)이 모인 무리이다. 한 종의 개체가 모인 무리는 개체군(A)이다.

생태계구성요소의 상호관계

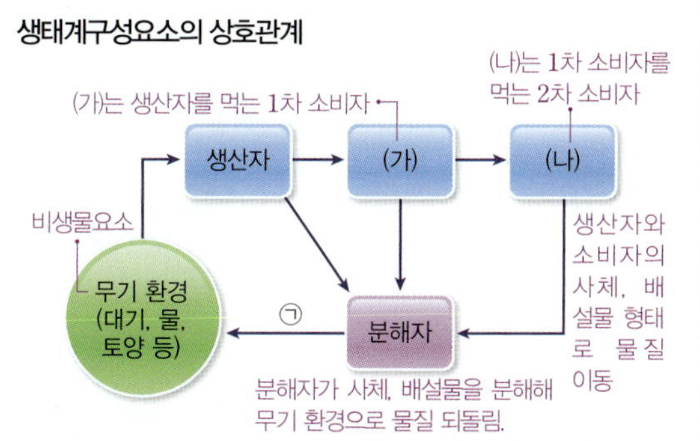

- 개체군은 한 종의 개체가 모인 무리이다. ➡ (나)는 생물로 구성된 생물요소이고, 여러 개체군이 모인 군집으로 구성된다.
- (가)는 생물이 아닌 요소로 구성된 비생물요소이다.
- 생물이 환경에 적응하는 것은 ㉠(비생물요소 → 생물요소)의 사례이고, 생물이 환경에 영향을 주는 것은 ㉡(생물요소 → 비생물요소)의 사례이다.

ㄷ. 낮의 길이가 짧아지는 가을에 꽃이 피는 국화는 빛(비생물요소)이 국화(생물)에 영향을 준 것이므로 ㉠에 해당한다.

바로알기 ㄱ. (나)는 개체군 A와 B가 속해 있으므로 생물요소이고, (가)는 비생물요소이다. 물속에 사는 세균은 살아 있는 생물이므로 생물요소에 속한다.

ㄴ. 개체군은 한 종의 개체들이 모인 무리이므로 개체군 A는 한 종으로 구성되어 있다.

04 ㄴ. 함초는 염분이 높은 땅에 적응하여 염분을 저장하는 조직이 발달해 있으므로 (나)는 토양이다. 흰개미는 집을 만들 때 흙에 타액을 섞어 흙의 성분을 변화시키므로 이는 토양과 관련된 사례이다.

바로알기 ㄱ. 일조 시간은 지표면에 빛이 비치는 시간이므로 (가)는 빛이다. 북극토끼의 귀와 꼬리가 작은 것은 서식지의 낮은 온도에 적응한 결과이므로 이는 온도와 관련된 사례이다.

ㄷ. 고래의 배설물이 해양의 물질 순환에 도움을 주는 것은 고래가 물에 영향을 준 사례이므로 (다)는 물이다. 고산 지대에 사는 사람의 적혈구 수가 많은 것은 산소 농도가 낮은 공기에 적응한 결과이므로 이는 공기와 관련된 사례이다.

05 ㄱ. 한 식물에서도 빛의 세기에 따라 잎의 두께가 서로 다르다. 잎의 두께 차이는 빛을 효율적으로 흡수해 광합성을 할 수 있으므로 이는 빛에 대한 식물의 적응에 해당한다.

ㄷ. 울타리조직은 잎이 두꺼운 (나)가 잎이 얇은 (가)보다 발달해 있다.

바로알기 ㄴ. 빛을 많이 받는 잎은 광합성을 많이 하기 위해 광합성이 일어나는 울타리조직이 발달해 있으므로 (나)이다.

06 ㄱ. (가)에는 풀(생산자) → 메뚜기(1차 소비자) → 들쥐(2차 소비자) → 뱀(3차 소비자) → 매(4차 소비자)의 먹이사슬이 있으며, 이 경우 매는 4차 소비자이다.

ㄷ. 개구리가 사라질 때 (가)는 개구리를 먹이로 했던 뱀이나 매는 토끼와 같은 다른 먹이를 먹을 수 있지만, (나)는 개구리를 먹이로 했던 뱀의 먹이가 완전히 사라진다. 따라서 (가)와 달리 (나)는 개구리가 사라지면 뱀도 같이 사라질 확률이 높으므로 생태계평형은 (가)가 (나)보다 잘 유지된다.

바로알기 ㄴ. (나)에서 풀이 가진 에너지 중 일부는 풀의 생명 활동에 사용되면서 열로 방출되고, 나머지 에너지 중 일부만 메뚜기에게로 전달된다.

생태계구성요소의 상호관계

- 생산자 → (가) → (나)의 방향으로 물질(유기물)이 이동하므로 (가)는 생산자를 먹는 1차 소비자, (나)는 1차 소비자를 먹는 2차 소비자이다.
- ㉠은 분해자에서 무기 환경으로 물질이 이동하는 과정이다. → 분해자가 생물(생산자, 소비자)의 사체나 배설물 속 유기물을 무기물로 분해해 무기 환경으로 되돌리는 과정이다.
- 분해자에 의해 무기 환경으로 돌아간 물질은 다시 생산자에 의해 이용되며 물질이 순환된다. → 분해자는 생태계에서 물질이 순환될 수 있게 하는 역할을 한다.

ㄱ. 생산자는 1차 소비자의 먹이가 되고, 1차 소비자는 2차 소비자의 먹이가 되므로 생태계에서 물질(유기물)은 생산자 → 1차 소비자(가) → 2차 소비자(나)의 방향으로 이동한다. 즉, (가)는 1차 소비자, (나)는 2차 소비자이다.

ㄴ. 생산자와 소비자의 사체나 배설물은 분해자에 의해 이용되므로 생산자와 소비자에서 분해자로 물질이 이동한다.

바로알기 ㄷ. ㉠ 과정에서 분해자가 생물의 사체나 배설물을 분해하여 분해된 물질(양분)을 무기 환경으로 되돌려 놓는다.

08 ㄴ. 이 생태계에서 에너지양은 상위 영양단계로 갈수록 감소하는 생태피라미드 형태이다.

ㄷ. B는 1차 소비자, C는 생산자이다. 1차 소비자는 생산자를 먹으므로 1차 소비자(B)의 개체수가 증가하면 생태계평형 회복 과정에서 생산자(C)의 개체수가 감소한다.

바로알기 ㄱ. A는 3차 소비자이다. 3차 소비자를 포함한 모든 영양단계에서 각 생물은 세포호흡을 하여 생명활동에 필요한 에너지를 얻고, 이 과정에서 열에너지가 방출된다.

09 자료 해석하기

생태계평형 회복 과정

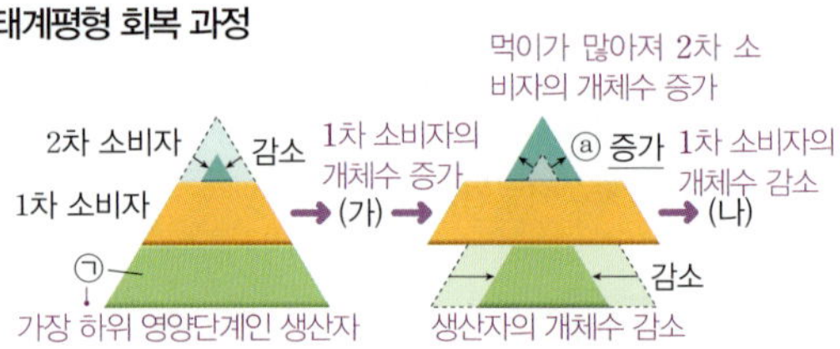

2차 소비자 · 감소 · 1차 소비자의 개체수 증가 · (가) · 먹이가 많아져 2차 소비자의 개체수 증가 · ⓐ 증가 · 1차 소비자의 개체수 감소 · (나) · 1차 소비자 · ⊙ · 가장 하위 영양단계인 생산자 · 감소 · 생산자의 개체수 감소

- 1차 소비자는 2차 소비자에게 먹힌다. 따라서 2차 소비자의 개체수가 감소하면 1차 소비자는 적게 먹혀 개체수가 증가하고(가), 2차 소비자의 개체수가 증가하면 1차 소비자는 많이 먹혀 개체수가 감소(나)한다.
- 생산자는 1차 소비자에게 먹힌다. 따라서 1차 소비자의 개체수가 증가하면 생산자는 많이 먹혀 개체수가 감소한다.
- 2차 소비자는 1차 소비자를 잡아먹는다. 따라서 1차 소비자의 개체수가 증가하면 2차 소비자는 먹이가 많아져 개체수가 증가(ⓐ)한다.

ㄱ. ⊙은 생산자이다. 모든 생물은 생명활동에 필요한 에너지를 얻기 위해 세포호흡을 하며, 광합성을 하여 유기물을 스스로 합성하는 생물은 생산자에 속한다. 따라서 생산자(⊙)에 속하는 생물은 호흡과 광합성을 모두 한다.

바로알기 ㄴ. (가) 이후 2차 소비자의 개체수 증가(ⓐ)는 1차 소비자의 개체수가 증가해 2차 소비자의 먹이가 늘어났기 때문에 일어난 현상이다.

ㄷ. 2차 소비자의 개체수가 감소한 결과 (가)에서는 1차 소비자가 적게 먹혀 개체수가 증가했고, 2차 소비자의 개체수가 증가하고, 생산자의 개체수가 감소한 결과 (나)에서는 1차 소비자가 많이 먹히고, 먹이가 줄어들어 개체수가 감소했다.

10 생태계의 먹이 관계가 해초(생산자) → 성게(1차 소비자) → 해달(2차 소비자)의 순서로 일어나므로 해달의 남획으로 해달의 개체수가 감소(⊙)하면 성게는 해달에게 적게 먹혀 개체수가 증가(ⓛ)하고, 해초는 성게에게 많이 먹혀 개체수가 감소(ⓒ)한다. 이후 해달의 남획이 중단되어 해달의 개체수가 증가하면 성게는 많이 잡아먹혀 개체수가 감소(ⓔ)하고, 해초는 적게 먹혀 개체수가 증가(ⓜ)하면서 생태계평형이 회복된다. ⊙은 감소, ⓛ은 증가, ⓒ은 감소, ⓔ은 감소, ⓜ은 증가이다.

11 ㄱ. 아마존 열대우림은 대규모 경작이나 공장식 축산업 등으로 인해 삼림이 벌채(⊙)되면서 생태계가 파괴되고 있다.

ㄷ. (가)의 환경 오염과 (나)의 서식지 단편화는 모두 생물의 서식지를 감소시키고, 생물의 생존을 어렵게 만드는 한편, (다)의 천적이 없는 외래종은 토종 생물의 개체수를 감소시키고 생존을 위협한다. 따라서 (가)~(다)는 모두 종다양성을 감소시켜 생물다양성을 감소시키는 요인이다.

바로알기 ㄴ. 큰입배스나 가시박 등은 우리나라의 토종 생태계를 교란시키는 대표적인 외래종이다.

12 ㄱ. 하천 복원이나 멸종 위기종의 복원은 인간에 의해 파괴된 생태계를 복원하는 (가)에 해당한다.

ㄴ. 도로나 철도 등을 건설할 때 분리된 서식지 사이를 안전하게 오갈 수 있는 생태통로를 설치함으로써 서식지의 단절을 막을 수 있다.

바로알기 ㄷ. 도시 숲과 옥상 정원은 도시 및 건물의 온도를 낮추어 에너지 소비를 줄이고, 생태적 기능을 강화해 생태계를 보전하기 위한 방안이다.

13 ㄱ. (나)는 여러 개체군(종)으로 구성된 군집이다. 군집을 구성하는 모든 개체(⊙)는 생물요소(ⓛ)에 속한다.

ㄴ. (다)는 비생물요소를 포함하는 생태계이므로 (가)는 개체군이다. 개체군은 한 종의 개체들로 구성되며, 개체군 내에서 개체들은 서로 영향을 주고받으며 상호작용한다.

ㄷ. 수생식물인 부레옥잠에 의해 수질이 정화되는 것은 생물요소(부레옥잠)가 비생물요소(물)에 영향을 준 사례이다.

14 ㄱ. B에서 A와 C로 탄소(유기물)가 이동하므로 B는 생산자이고, B와 C에서 A로 탄소(유기물)가 이동하므로 A는 분해자이다. 따라서 C는 소비자이다. 생산자는 광합성을 하여 유기물을 스스로 합성한다.

ㄴ. ⊙ 과정에서 생산자(B)는 소비자(C)에게 먹힘으로써 유기물의 형태로 탄소와 에너지가 이동한다.

바로알기 ㄷ. 늑대와 토끼는 모두 생물군집에 속한 생물요소이므로 늑대가 많아져 토끼의 개체수가 감소하는 것은 ⓛ과 ⓒ에 모두 해당하지 않는다. ⓒ은 생물요소가 비생물요소에 영향을 주는 것이다.

15 ㄱ. 한라송이풀의 잎과 줄기에 털이 나 있는 것은 추운 환경에서 체온을 유지하기 위한 적응 결과이므로 온도는 (가)와 관련 깊은 비생물요소이다.

ㄷ. (가)는 온도가 한라송이풀에, (나)는 빛(일조 시간)이 사슴에, (다)는 물이 곤충에 각각 영향을 준 결과이므로 (가)~(다)는 모두 비생물요소가 생물요소에 영향을 준 사례이다.

바로알기 ㄴ. 육지에 사는 곤충은 물이 부족한 육상 환경에 적응한 결과 몸 표면이 키틴질로 덮여 물의 손실(증발)을 효과적으로 줄일 수 있다.

16 자료 해석하기

비생물요소와 생물요소의 상호작용

빛(일조 시간)에 대한 적응

요소	사례
(가)	㉠ 국화는 가을에 꽃이 핀다.
(나)	㉡ 선인장은 잎이 가시로 변해 있다. 물의 손실을 줄이기 위한 적응
(다)	?

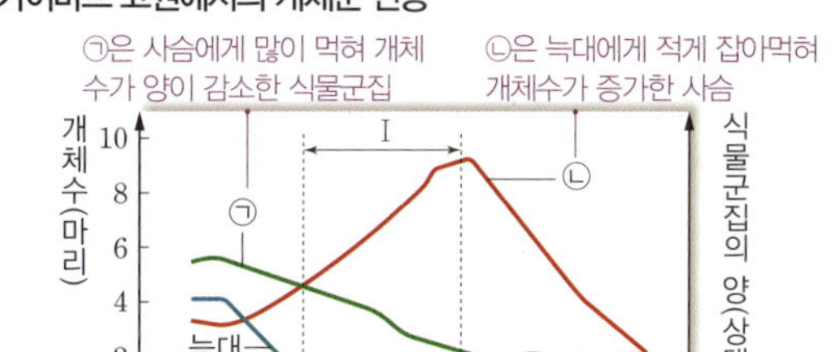

사막여우는 큰 귀로 효과적으로 열을 방출하는데 이는 높은 온도에 대한 적응이다.

• 국화는 일조 시간이 짧아지는 가을에 꽃을 피운다. → (가)는 빛이다.
• 선인장은 건조한 환경에 대한 적응 결과 가시로 변한 잎을 가짐으로써 잎(증산 작용)을 통한 물의 손실(증발)이 억제된다. → (나)는 물이다. 따라서 (다)는 온도이다.
• 사막여우는 서식지의 높은 온도에 대한 적응 결과 몸에 비해 귀가 커서 몸의 표면을 통한 열의 방출이 촉진된다. → (다)의 사례에 해당한다.

ㄷ. 선인장의 잎이 가시로 변한 것은 물이 부족한 환경에서 잎을 통한 물의 손실을 줄이기 위한 것이므로 (나)는 물이고, (다)는 온도이다. 사막여우의 큰 귀는 서식지의 높은 온도에 적응해 몸의 표면을 통한 열의 방출을 촉진하기 위한 것이므로 이와 가장 관련 깊은 비생물요소는 온도인 (다)이다.

바로알기 ㄱ. 국화가 가을에 꽃이 피는 것은 낮의 길이가 짧아지는 것과 관련된 것이므로 (가)는 빛이다.

ㄴ. 국화(㉠)와 선인장(㉡)은 모두 광합성을 하는 식물이므로 생태계에서 생산자에 속한다.

17 ㄱ. (가)에서 에너지양은 생태피라미드를 나타내므로 상위 영양 단계로 갈수록 감소한다. 따라서 C는 생산자, A는 1차 소비자, B는 2차 소비자이다. (가)에서 개체수도 생태피라미드를 나타내므로 개체수의 크기는 C>A>B이다.

ㄴ. (가)와 (나)에서 모두 먹이 관계에 의해 생산자(C) → 1차 소비자(A) 방향으로 유기물과 에너지가 이동한다.

ㄷ. (가)에서 1차 소비자(A)의 에너지양은 10이고, (나)에서 2차 소비자(B)의 에너지양은 0.1이다.

18 ㄴ. ㉠ 과정에서 1차 소비자의 개체수가 감소했지만 살아남은 1차 소비자는 생산자를 먹이로 섭취했으므로 생산자에서 1차 소비자에게로 에너지가 전달된다.

ㄷ. 1차 소비자의 개체수가 감소한 이후 ㉡ 과정에서는 먹이가

부족해진 2차 소비자의 개체수가 감소하고, 1차 소비자에게 적게 먹히는 생산자의 개체수가 증가하는 현상이 일어난다.

바로알기 ㄱ. 1차 소비자의 개체수 변화 직후 2차 소비자의 개체수가 증가했고, 생산자의 개체수가 감소했으므로 이는 1차 소비자의 개체수가 증가한 후의 생태계평형 회복 과정이다. 1차 소비자의 개체수가 증가하면 2차 소비자는 먹이가 많아져 개체수가 증가하고, 생산자는 많이 먹혀 개체수가 감소한다.

19 자료 해석하기

카이바브 고원에서의 개체군 변동

㉠은 사슴에게 많이 먹혀 개체수가 양이 감소한 식물군집

㉡은 늑대에게 적게 잡아먹혀 개체수가 증가한 사슴

늑대(1×10²)

늑대의 사냥으로 인한 개체수 감소

• 늑대의 개체수가 감소한 이후 ㉠은 개체수가 감소했고, ㉡은 개체수가 증가했다. → ㉡은 늑대의 먹이가 되는 사슴(1차 소비자)이고, ㉠은 사슴의 먹이가 되는 식물군집(생산자)이다.
• I에서 식물군집의 양은 감소했고, 사슴의 개체수는 증가했다. → 사슴의 개체수가 증가해 많이 먹힌 식물군집의 양이 감소한 결과이다.

ㄷ. 늑대의 사냥을 허용해 늑대의 개체수를 감소시킨 인간의 개입으로 인해 사슴의 개체수(㉡)와 식물군집의 양(㉠)은 모두 t_2일 때가 t_1일 때보다 작다.

바로알기 ㄱ. 늑대의 사냥으로 개체수가 감소하자 ㉠은 감소하고, ㉡은 증가했다. 따라서 ㉡은 늑대의 먹이가 되는 1차 소비자인 사슴의 개체수이고, ㉠은 사슴의 먹이가 되는 생산자인 식물군집의 양이다.

ㄴ. I에서 사슴의 개체수(㉡)가 증가해 사슴에게 많이 먹혀 식물군집의 양(㉠)이 감소했다.

20 ㄱ. 물, 공기, 토양 등의 환경 오염은 생물의 생존을 어렵게 만들어 생물다양성과 생태계의 평형 회복 능력을 감소시킨다.

ㄴ. 기후 변화로 인해 빙하가 녹거나, 폭염과 폭우 같은 이상 기후 현상이 일어나면 빙하, 토양 등의 비생물요소가 변하면서 이전에 살았던 생물이 더 이상 살지 못하게 될 수 있다. 따라서 '특정한 생물의 서식지가 사라질 수 있다.'는 ㉠에 해당한다.

바로알기 ㄷ. (가)와 기후 변화 모두 생태계의 환경 변화를 일으켜 생물다양성을 감소시킬 수 있으므로 (가)와 기후 변화는 생태계의 먹이 관계를 단순하게 만드는 요인이 될 수 있다.

01 Step ❶ (가) 생산자, (나) 1차 소비자, (다) 2차 소비자, (라) 분해자, ㉠ 생산자, ㉡ 2차 소비자, ㉢ 분해자, ㉣ 1차 소비자

Step ❷ ❶ 분해자 ❷ 생산자 ❸ 포도당

02 Step ❶ 생물

Step ❷ ❶ 개체군 ❷ 군집 ❸ 비생물 ❹ 생물

03 Step ❶ (가), (나)

Step ❷ ❶ 온도 ❷ 높은 ❸ 촉진

04 Step ❶ 광합성, 유기물

Step ❷ ❶ 빛에너지 ❷ 화학 에너지 ❸ 열에너지 ❹ 감소

05 Step ❶ 증가, 감소

Step ❷ ❶ 소비자 ❷ 2차 소비자 ❸ 생산자 ❹ 2차 소비자 ❺ 감소

06 Step ❶ 1차 소비자, 생산자, 2차 소비자

Step ❷ ❶ 감소 ❷ 2차 소비자 ❸ 1차 소비자 ❹ 생산자

07 Step ❶ 피식자, 포식자, 위, A

Step ❷ ❶ 상위 ❷ 2차 소비자 ❸ 1차 소비자 ❹ 감소

08 Step ❶ 감소, 감소

Step ❷ ❶ 먹이 관계 ❷ 단순 ❸ 서식지 ❹ 생태통로

---

01 생물이 살아가는 데 필요한 양분과 에너지는 먹이 관계에 의해 한 생물에서 다른 생물로 이동하므로 생태계는 안정적인 먹이 관계에 의해 유지된다. (가) → (나) → (다)의 순서로 유기물이 이동하므로 (가)는 빛에너지를 흡수해 광합성을 하여 물과 이산화 탄소를 이용해 포도당과 산소를 만드는 생산자이고, (나)는 생산자를 먹는 1차 소비자, (다)는 1차 소비자를 먹는 2차 소비자이다. (가)~(다)에서 모두 (라)로 유기물이 이동하므로 (라)는 생물의 사체나 배설물을 분해하는 분해자이고, 버섯과 곰팡이 종류가 분해자에 속한다. 표에서 벼는 빛에너지를 흡수해 이산화 탄소, 물을 이용하여 포도당과 산소를 만드는 물질대사인 광합성을 하는 생산자(㉠), 메뚜기는 벼를 먹는 1차 소비자(㉣), 개구리는 메뚜기를 먹는 2차 소비자(㉡)이므로 ㉢은 분해자이다.

모범 답안 (1) (라), 분해자, 버섯, 곰팡이 등
(2) (가), 생산자, 빛에너지를 흡수한 후 물과 이산화 탄소를 이용해 포도당과 산소를 만드는 광합성을 한다.

	채점 기준	배점(%)
(1)	영양단계의 기호와 이름, ㉢에 속하는 생물 모두 옳게 쓴 경우	50
(2)	(가)와 생산자를 쓰고, 주어진 단어를 모두 포함하여 광합성에 의한 포도당 합성(생산)을 설명한 경우	50
	(가)와 생산자를 쓰고, 주어진 단어를 일부만 포함하여 식물의 광합성을 설명한 경우	30
	(가)와 생산자만 쓴 경우	20

02 (1) 생태계는 생물과 주변 환경이 모두 포함된다. A는 생물요소와 비생물요소를 모두 포함하는 생태계이다. 생물요소는 여러 개체군이 모여 군집을 이루므로 B는 군집, C는 개체군이다.
(2) 연꽃의 줄기에 있는 통기조직은 연꽃의 호흡을 돕고, 연꽃이 물 위에 잘 떠 있게 해주므로 수생 환경에 대한 연꽃의 적응 결과이다. 따라서 이는 비생물요소(물, 공기)가 생물요소(연꽃)에 영향을 준 ㉠의 사례이다.

모범 답안 (1) A: 생태계, B: 군집, C: 개체군
(2) 연꽃 줄기의 통기조직은 연꽃이 수생 환경에 적응하여 갖게 된 특징이므로 비생물요소가 생물요소에 영향을 준 ㉠의 사례에 해당한다.

	채점 기준	배점(%)
(1)	A, B, C에 해당하는 생태계구성요소를 모두 옳게 쓴 경우	40
(2)	연꽃의 물(수생 환경)에 대한 적응을 들어 ㉠의 사례임을 모두 설명한 경우	60
	연꽃의 물(수생 환경)에 대한 적응만 설명한 경우	30
	㉠만 쓴 경우	20

03 (1) 생물은 서식지의 온도에 적응하여 체온을 유지하거나, 온도 변화에 견디는 특징을 갖도록 진화했다. (가)는 몸집이 작고 귀가 크므로 몸의 부피에 대한 표면적의 비율이 커 표면을 통한 열의 방출이 촉진된다. 따라서 (가)는 더운 사막 지역에 서식한다. (나)는 몸집이 크고 귀가 작으므로 몸의 부피에 대한 표면적의 비율이 작아 몸의 표면을 통한 열의 방출이 억제된다. 따라서 (나)는 추운 북극 지역에 서식한다.
(2) (가)와 (나)의 모습 차이는 각각의 토끼가 서식지의 온도에 적응한 결과이다.

모범 답안 (1) (가), 몸집이 작고 귀가 커서 몸의 표면을 통한 열의 방출이 촉진되기 때문이다.
(2) 온도, 추운 지역에 사는 펭귄은 피하 지방층이 발달했다. 개구리는 땅속에서 겨울잠을 잔다. 온도가 낮아지면 단풍나무의 잎이 붉게 변한다. 등

채점 기준		배점(%)
(1)	(가)라고 쓰고, 몸집이나 귀의 크기를 들어 열의 방출이 촉진됨을 설명한 경우	50
	(가)라고 쓰고, 열의 방출이 촉진된다고만 설명한 경우	30
	(가)라고만 쓴 경우	20
(2)	온도라고 쓰고, 온도가 생물에 영향을 준 사례를 옳게 설명한 경우	50
	온도라고 쓰고, 제시한 사례에서 온도와의 연관성이 명확하지 않은 경우	30
	온도라고만 쓴 경우	20

04 ㉠은 생산자의 광합성에 이용되는 빛에너지, ㉡은 생산자를 비롯한 생물의 세포호흡 과정에서 방출되는 열에너지, ㉢은 생산자가 1차 소비자에게 먹힘으로써 유기물의 형태로 이동하는 화학 에너지이다. 각 영양단계의 생물은 자신이 가진 에너지 중 일부를 세포호흡을 통해 생명활동에 사용하며, 이 과정에서 열이 방출된다. 그리고 사용하고 남은 에너지의 일부만 상위 영양단계로 이동하므로 상위 영양단계로 갈수록 이동하는 에너지양이 감소한다.

모범 답안 (1) ㉠ 빛에너지, ㉡ 열에너지, ㉢ 화학 에너지
(2) ㉢이 ㉣보다 많다. 그 까닭은 1차 소비자가 생산자로부터 받은 에너지 중 일부는 생명활동에 사용하고 열에너지로 방출되고 남은 일부 에너지만 2차 소비자에게 이동하기 때문이다.

채점 기준		배점(%)
(1)	㉠, ㉡, ㉢에 해당하는 에너지를 모두 옳게 쓴 경우	30
(2)	㉢이 많다(㉣이 적다)는 것, 에너지가 생명활동에 사용되고 열로 방출되는 것, 일부 에너지만 이동하는 것을 모두 설명한 경우	70
	㉢이 많다(㉣이 적다)는 것, 에너지가 생명활동에 사용되고 열로 방출되는 것, 일부 에너지만 이동하는 것 중 두 가지만 설명한 경우	40
	㉢이 많다(㉣이 적다)는 것만 설명한 경우	20

05 B는 생산자를 먹는 1차 소비자, A는 1차 소비자를 먹는 2차 소비자이다. 1차 소비자의 개체수가 일시적으로 증가하면 생산자는 많이 먹혀 개체수가 감소하고, 2차 소비자는 먹이가 늘어나 개체수가 증가한다. 이후 1차 소비자는 먹이가 줄어들고 많이 먹혀 개체수가 감소하며, 그 결과 생산자는 적게 먹혀 개체수가 증가하고, 2차 소비자는 먹이가 줄어들어 개체수가 감소하면서 생태계평형이 회복된다.

모범 답안 (1) A: 2차 소비자, B: 1차 소비자

(2) (가)에서 생산자의 개체수는 감소하고, 2차 소비자(A)의 개체수는 증가한다. (나)에서 1차 소비자(B)의 개체수는 감소한다.
(3) 1차 소비자(B)의 개체수 감소로 인해 생산자는 적게 먹히고, 2차 소비자(A)는 먹이인 1차 소비자(B)의 개체수가 줄어들었기 때문이다.

채점 기준		배점(%)
(1)	A, B에 해당하는 영양단계를 모두 옳게 쓴 경우	20
(2)	(가)에서 생산자 개체수 감소, (가)에서 2차 소비자(A) 개체수 증가, (나)에서 1차 소비자(B) 개체수 감소를 모두 설명한 경우	40
	(가)에서 생산자 개체수 감소, (가)에서 2차 소비자(A) 개체수 증가, (나)에서 1차 소비자(B) 개체수 감소 중 두 가지만 설명한 경우	20
	(가)에서 생산자 개체수 감소, (가)에서 2차 소비자(A) 개체수 증가, (나)에서 1차 소비자(B) 개체수 감소 중 한 가지만 설명한 경우	10
(3)	1차 소비자(B)의 개체수 감소, 생산자의 피식량 감소, 2차 소비자(A)의 먹이 감소를 모두 설명한 경우	40
	1차 소비자(B)의 개체수 감소, 생산자의 피식량 감소, 2차 소비자(A)의 먹이 감소 중 두 가지만 설명한 경우	20
	1차 소비자(B)의 개체수 감소, 생산자의 피식량 감소, 2차 소비자(A)의 먹이 감소 중 한 가지만 설명한 경우	10

06 에너지양이 생태피라미드를 나타내므로 B는 생산자, A는 1차 소비자, C는 2차 소비자이다. ㉠의 개체수가 증가하자 B의 개체수가 증가했으므로 ㉠은 1차 소비자의 개체수를 감소시키는 2차 소비자이고, ㉡은 생산자를 먹는 1차 소비자이다.

모범 답안 (1) C, 2차 소비자, 다른 생물(1차 소비자)을 먹이로 섭취해 유기물을 얻는다.
(2) A(1차 소비자)의 개체수는 증가하고, B(생산자)의 개체수는 감소한다.

채점 기준		배점(%)
(1)	C와 2차 소비자를 쓰고, 다른 생물을 먹는다는 내용을 설명한 경우	50
	C와 2차 소비자 중 한 가지만 쓰고, 다른 생물을 먹는다는 내용을 설명한 경우	30
(2)	A(1차 소비자)의 개체수 증가, B(생산자)의 개체수 감소를 모두 설명한 경우	50
	A(1차 소비자)의 개체수 증가, B(생산자)의 개체수 감소 중 한 가지만 설명한 경우	30

07 (1) A는 2차 소비자, B는 1차 소비자, C는 생산자이다. ㉠의 개체수가 증가하자 ㉡의 개체수가 증가하고, ㉡의 개체수가 증가하자 ㉠의 개체수가 감소하므로 ㉠은 피식자인 B(1차 소비자)이고, ㉡은 포식자인 A(2차 소비자)이다.

(2) 2차 소비자(A)의 개체수가 일시적으로 증가하면 1차 소비자(B)는 많이 먹혀 개체수가 감소하고, 이로 인해 2차 소비자는 먹이가 줄어들어 개체수가 감소하며, 그 결과 1차 소비자는 적게 먹혀 다시 개체수가 증가함으로써 생태계평형이 회복된다.

모범 답안 (1) ㉠: B, 1차 소비자, ㉡: A, 2차 소비자

(2) B의 개체수가 감소하고 그 결과 A의 개체수가 감소한 후 다시 B의 개체수가 증가하면서 생태계평형이 회복된다.

	채점 기준	배점(%)
(1)	㉠과 ㉡에 해당하는 각각 영양단계의 기호와 이름을 옳게 쓴 경우	50
(2)	B의 개체수 감소, A의 개체수 감소, B의 개체수 증가를 모두 순서대로 설명한 경우	50
	B의 개체수 감소, A의 개체수 감소까지만 순서대로 설명한 경우	30

08 (가)에서 (나)로 변하면 생물의 서식지 면적이 감소해 종다양성과 생물다양성이 감소해 먹이 관계가 단순해질 수 있으며, 먹이 관계가 단순해지면 환경 변화에 취약하므로 생태계평형이 쉽게 파괴될 수 있다.

모범 답안 (1) 생태계의 평형 유지 능력은 감소한다. 기존 생물종이 많이 사라져 생물다양성이 감소한 결과 먹이 관계가 이전보다 단순해지기 때문이다.

(2) 생태통로, 서로 떨어진 두 서식지 사이를 생물이 안전하게 이동할 수 있게 하여 서식지의 단절을 막음으로써 생물다양성 감소를 막는다.

	채점 기준	배점(%)
(1)	평형 유지 능력 감소, 생물다양성의 감소, 단순해지는 먹이 관계를 모두 설명한 경우	50
	평형 유지 능력 감소, 단순해지는 먹이 관계만 설명한 경우	30
(2)	생태통로를 쓰고, 생물의 안전한 이동, 서식지의 단절 방지, 생물다양성 감소 억제를 모두 설명한 경우	50
	생태통로를 쓰고, 생물의 안전한 이동과 서식지의 단절 중 한 가지만 제시하면서 생물다양성 감소 억제를 설명한 경우	30
	생태통로만 쓴 경우	10

 지구 환경의 변화

01 온실 효과와 지구 온난화

중요 개념 체크

177쪽	**1** 복사 평형	**2** (1) × (2) ○
	3 지구 열수지	
179쪽	**4** ㉠ 증가, ㉡ 상승, ㉢ 감소	

2 (1) 온실 효과는 지구 대기가 지표에서 방출하는 지구 복사 에너지를 흡수하였다가 일부를 지표로 재복사하여 대기가 없을 때보다 지구의 평균 기온이 높게 유지되는 현상이다. 지구는 흡수하는 태양 복사 에너지양과 방출하는 지구 복사 에너지양이 같으므로 지구의 평균 기온은 계속 상승하지 않고 일정하게 유지된다.

(2) 온실 기체는 파장이 짧은 태양 복사 에너지보다 파장이 긴 지구 복사 에너지를 잘 흡수한다.

탐구 확인 문제 181쪽

01 (1) ○ (2) × (3) ○ (4) ○ **02** ②, ⑤ **03** (1) F (2) E, F, H **04** 해설 참조 **05** ②

01 이산화 탄소 발포정을 넣지 않은 페트병 A는 자연적인 온실 효과가 일어나는 지구 대기, 이산화 탄소 발포정을 넣은 페트병 B는 온실 효과가 강화되어 지구 온난화가 일어난 지구 대기 상태를 의미한다. 실험에서는 페트병 안의 공기 성분에 따른 온도 변화율을 알고자 하므로 적외선 조명의 밝기는 일정하게 유지시켜야 한다.

바로 알기 (2) 적외선 조명은 주로 적외선 영역의 에너지를 방출하는 지구 복사를 의미한다.

02 ②, ⑤ 페트병 속의 이산화 탄소 농도가 높을수록 온실 효과가 강화되어 페트병 속 공기의 온도 상승률이 크다. 따라서 이산화 탄소 발포정을 넣은 페트병 B가 A보다 온도 변화가 크다.

바로 알기 ① 페트병 B는 A보다 온실 기체인 이산화 탄소 농도가 높다.

③, ④ 이산화 탄소 농도가 높은 페트병 B는 온실 효과가 강하게 일어나 더 높은 온도에서 복사 평형을 이루고, 복사 평형을 이룬 상태에서는 온도가 일정하게 유지된다.

03 (1) 페트병 B에서 이산화 탄소에 의해 적외선 에너지가 많이 흡수되어 온도가 더 많이 상승한다. 이는 실제 지구의 지표에서 방출하는 에너지가 온실 기체에 의해 흡수되는 F와 가장 관련이 있다.

(2) 대기 중 온실 기체의 농도가 높아지면 대기가 흡수하는 태양 복사 에너지 E와 지표에서 방출하는 에너지 중 대기에 흡수되는 F가 증가한다. 또한 에너지 평형을 유지하기 위해 대기에서 지표로 재복사되는 H도 증가한다.

04 페트병에 각각 이산화 탄소, 메테인을 같은 농도로 넣고 실험을 수행하므로 온실 기체의 종류에 따른 온실 효과 차이를 파악하기 위한 실험이다.

모범 답안 온실 기체의 종류에 따른 온실 효과 차이를 알아보고자 한다.

채점 기준	배점(%)
온실 기체의 종류에 따른 온실 효과 차이를 알아보고자 한다고 옳게 설명한 경우	100
온실 효과 차이를 알아보고자 한다고만 설명한 경우	60

05 ㄴ. (라)는 (다)보다 상자 속의 이산화 탄소량이 2배 많으므로 온실 효과도 강해 온도 상승률이 클 것이다. 따라서 (다)의 5분 후 온도는 (라)의 5분 후 온도(15.7 ℃)보다 낮을 것이다.

바로 알기 ㄱ. 이산화 탄소를 추가로 넣지 않은 자연적 대기에도 온실 기체는 포함되어 있으므로, 온실 효과가 일어난다.

ㄷ. (라)는 (다)보다 상자 속의 이산화 탄소량이 많고, 그로 인해 온도 상승률도 크다. 따라서 (라)가 (다)보다 지구 온난화가 심해진 지구를 나타낸다.

01 ③　**02** ①　**03** ⑤　**04** 해설 참조　**05** ⑤
06 해설 참조　**07** ④　**08** ⑤　**09** ㉠ 증가, ㉡ 지구,
㉢ 재복사, ㉣ 강화　**10** ④　**11** ②　**12** ⑤　**13** ④
14 ②

01 ③ 복사 평형 상태에서는 물체가 흡수하는 만큼의 에너지를 방출하여 에너지 평형을 이룬다.

바로 알기 ① 지구에 대기가 없을 경우, 온실 효과는 일어나지 않지만 복사 평형이 일어난다.

② 복사 평형이 일어나면 물체의 온도는 일정하게 유지된다.

④ 지구는 흡수하는 태양 복사 에너지양과 방출하는 지구 복사 에너지양이 같아 복사 평형을 이룬다.

⑤ 태양은 주로 파장이 짧은 가시광선 영역으로 에너지를 방출한다.

02 온실 효과를 일으키는 온실 기체에는 수증기, 이산화 탄소, 메테인, 산화 이질소, 오존 등이 있다. 대기 중 많은 양을 차지하는 질소와 산소는 온실 기체가 아니다.

03 ㄱ. 지구에 대기가 없는 경우 온실 효과가 일어나지 않아 대기가 있을 때보다 평균 기온이 낮다.

ㄴ. 복사 평형을 이루고 있는 지구는 흡수하는 태양 복사 에너지양과 방출하는 지구 복사 에너지양이 같다. 대기가 있을 때는 대기의 산란과 반사 효과에 의해 지구가 흡수하는 태양 복사 에너지양이 대기가 없을 때보다 적다. 따라서 우주로 방출하는 지구 복사 에너지양은 (가)가 (나)보다 많다.

ㄷ. 지구 대기의 온실 기체는 태양 복사 에너지보다 지구 복사 에너지를 잘 흡수한다.

04 페트병 A는 자연적인 온실 효과가 일어나는 대기의 상태, 페트병 B는 온실 기체의 농도 증가로 온실 효과가 강화된 대기의 상태를 나타낸다.

모범 답안 페트병 B, 페트병 B는 A보다 온실 기체의 농도가 높아 온실 효과가 강화되어 더 높은 온도에서 복사 평형을 이루기 때문이다.

채점 기준	배점(%)
페트병의 온도가 더 높은 것을 고르고, 그 까닭을 옳게 설명한 경우	100
페트병의 온도가 더 높은 것만 옳게 고른 경우	30

05

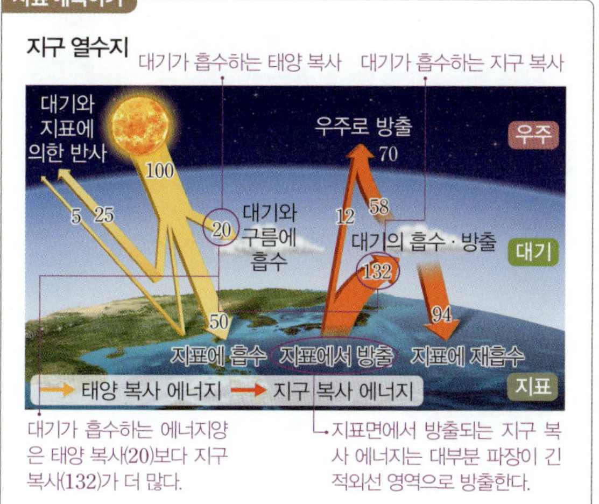

태양 복사 에너지는 태양이 방출하는 에너지로, 주로 파장이 짧은 가시광선 영역으로 방출한다. 지구 복사 에너지는 지구가 방출하는 에너지로, 대부분 파장이 긴 적외선 영역으로 방출하며, 대기 중의 온실 기체에 잘 흡수된다.

06 대기가 지표로 재복사하는 에너지의 값은 94이다. 대기 중의 온실 기체의 양이 증가하면 지표에서 방출한 에너지 중 대기가 흡수하는 에너지양이 현재(132)보다 증가하고, 대기가 지표로 재복사하는 에너지양도 증가하므로 지표가 흡수하는 에너지양도 증가하여 지표면의 온도가 상승한다.

모범 답안 | 94, 대기 중 온실 기체의 양이 증가하면 대기가 흡수하는 지구 복사 에너지양이 많아져 지표로 재복사하는 양도 많아지므로 94보다 커질 것이다.

채점 기준	배점(%)
재복사하는 에너지 값을 쓰고, 값의 변화를 옳게 설명한 경우	100
재복사하는 에너지 값만 옳게 쓴 경우	30

07 ㄴ. 가축 사육량의 증가는 온실 기체 중 하나인 메테인 배출량 증가의 주요 원인이다.
ㄷ. 화석 연료 사용량의 증가는 온실 기체의 농도를 증가시키는 가장 대표적인 원인이다.

바로 알기 ㄱ. 식물은 광합성을 통해 이산화 탄소를 흡수한다. 따라서 삼림 조성은 대기 중의 온실 기체의 농도를 감소시키는 역할을 한다.

08 **자료 해석하기**

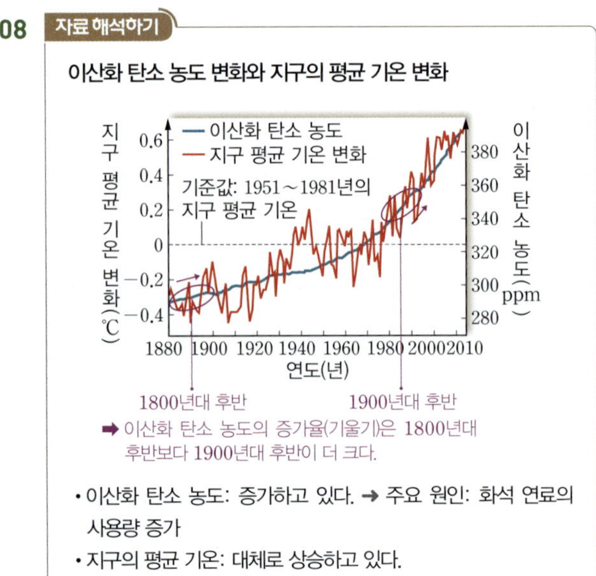

이산화 탄소 농도 변화와 지구의 평균 기온 변화

➡ 이산화 탄소 농도의 증가율(기울기)은 1800년대 후반보다 1900년대 후반이 더 크다.

• 이산화 탄소 농도: 증가하고 있다. ➡ 주요 원인: 화석 연료의 사용량 증가
• 지구의 평균 기온: 대체로 상승하고 있다.

이산화 탄소 농도와 지구의 평균 기온은 대체로 비례하며, 상승하는 경향성이 나타난다.

09 화석 연료 사용량 증가로 대기 중의 온실 기체의 양이 증가하면 온실 기체가 흡수하는 지구 복사 에너지양이 증가하고, 대기가 지표로 재복사하는 에너지양도 증가한다. 이에 따라 지표면이 흡수하는 에너지양도 증가하여 지구의 온도가 상승한다.

10 ④ 지구 온난화로 기온이 상승하면 해수의 수온이 상승하고, 해수의 열팽창과 빙하가 녹은 물이 바다로 유입되면서 평균 해수면의 높이도 상승한다.

바로 알기 ①, ② 지구 온난화는 대기의 온실 효과가 강해져 지구 평균 기온이 높아지는 현상이다.
③, ⑤ 지구의 평균 기온이 상승하면 해수의 온도가 상승하고, 빙하가 녹아 대륙 빙하의 부피가 감소한다.

11 지구 온난화로 인해 극지방의 빙하 면적이 감소하고 있다.
ㄴ. 빙하의 면적이 줄어든 (가) 시기가 (나) 시기보다 해수면의 높이가 높을 것이다.

바로 알기 ㄱ. 빙하 면적이 줄어든 (가)는 2012년, (나)는 1979년에 관측한 북극해 얼음 분포이다.
ㄷ. 대기 중 이산화 탄소의 농도 증가로 지구 온난화가 일어나면 극지방의 빙하 면적이 감소한다. 따라서 대기 중 이산화 탄소의 농도는 빙하 면적이 더 좁은 (가) 시기가 (나) 시기보다 높았을 것이다.

12 ㄱ. 삼림 훼손 방지 정책을 시행하여 삼림을 보호하면 식물의 광합성을 통해 대기 중의 이산화 탄소 농도를 감소시킬 수 있다.
ㄴ. 이산화 탄소 포집 기술은 대기 중의 온실 기체의 농도를 낮출 수 있는 기술이다.
ㄷ. 화석 연료를 사용하면 대기 중 온실 기체의 양이 증가하므로 이를 대체할 수 있는 에너지를 개발하면 지구 온난화를 방지하는 데 기여할 수 있다.

13 ㄴ. 해수면이 상승하면 해안 저지대는 침수 피해가 발생할 수 있다.
ㄷ. 해수 온도 상승으로 인한 열팽창은 해수면 상승의 주요 원인이 된다.

바로 알기 ㄱ. 해수면 높이가 상승하였다는 것은 지구의 평균 기온이 상승하였다는 것을 의미한다. 따라서 극지방의 빙하 면적은 감소하였을 것이다.

14 지구 온난화로 해수 온도가 상승하면 극지방의 빙하 면적이 줄어 지구 반사율이 감소한다. 지구 반사율이 감소한 만큼 태양 복사 에너지의 유입량이 증가하여 지구 온난화를 가속화시킨다. 따라서 A와 D는 증가하고, B와 C는 감소한다.

01 ㄴ   02 ㄱ

01 자료 해석하기

지구 열수지

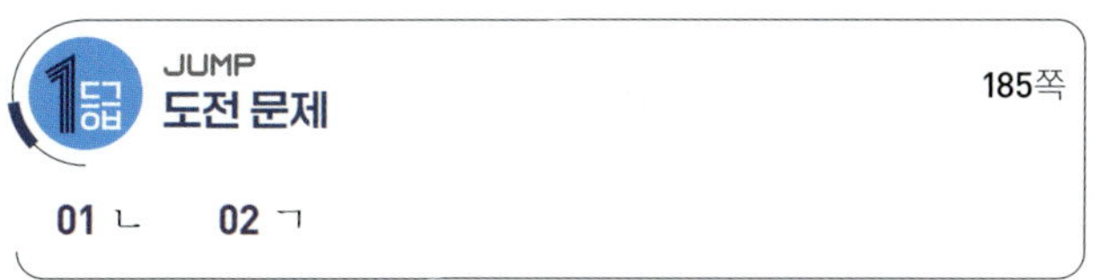

구분	흡수	방출
우주	A+C+D	B
대기	E+F	C+H
지표	G+H	F+D

ㄴ. 지구의 대기가 흡수하는 에너지양은 지구 복사(F)가 태양 복사(E)보다 많다.

바로알기 ㄱ. 지표 흡수(G)+대기의 재복사(H)=지표 방출(F)+우주로 방출(D)이다.

ㄷ. 지구의 반사율(A)이 일정하면 지구가 흡수하는 태양 복사 에너지양이 변하지 않으므로 지구에서 우주로 방출하는 에너지(C+D)가 일정하다. 온실 기체의 양이 증가하면 지구 대기가 흡수하는 태양 복사 에너지(E)와 지표와 대기가 서로 주고받는 복사 에너지(F와 H)가 증가하여 지구 온도가 상승한다.

02 자료 해석하기

지구 열수지

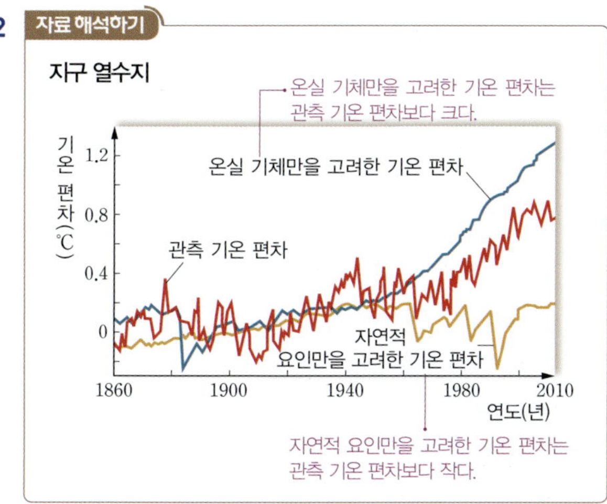

ㄱ. 자료에서 온실 기체만을 고려한 기온 편차는 관측 기온 편차보다 크다. 따라서 온실 기체 농도의 증가는 지구 온난화의 주요 원인이다.

바로알기 ㄴ. 1980년대 이후 관측 기온 편차는 온실 기체만을 고려한 기온 편차보다 작다. 이는 해당 기간에 자연적 요인이 지구 기온이 하강하는 데 기여하였음을 의미한다.

ㄷ. 관측 기온 편차는 1900~1910년이 2000~2010년보다 작다. 따라서 1900~1910년이 2000~2010년보다 지구 평균 기온이 낮고 빙하의 면적은 넓었을 것이다. 빙하는 반사율이 크므로 빙하의 면적이 넓은 1900~1910년이 2000~2010년보다 극지방에서 지표면의 태양 복사 에너지 흡수량이 적었을 것이다.

O2 지구 환경 변화와 인간 생활

중요 개념 체크

186쪽	**1** 38		**2** ㉠ 동, ㉡ 서	
189쪽	**3** ㉠ 약, ㉡ 높아		**4** ㉠ 많은, ㉡ 위도 30°	

1 위도 38° 부근을 경계로 저위도 지역은 태양 복사 에너지 흡수량이 지구 복사 에너지 방출량보다 많아 에너지 과잉 상태이고, 고위도 지역은 지구 복사 에너지 방출량이 태양 복사 에너지 흡수량보다 많아 에너지 부족 상태이다.

2 무역풍은 동쪽에서 서쪽으로 불므로 무역풍에 의해 형성된 표층 해류는 동쪽에서 서쪽으로 흐른다.

3 엘니뇨 시기에는 평상시보다 무역풍이 약해져서 서쪽으로 이동하는 따뜻한 표층 해수의 흐름이 약해지기 때문에 적도 부근 동태평양 해역의 표층 수온은 평상시보다 높아지게 된다.

4 위도 30° 부근은 대기 대순환에 의한 하강 기류가 발달하여 증발량이 강수량보다 많기 때문에 사막이 발달한다.

탐구 확인 문제   191쪽

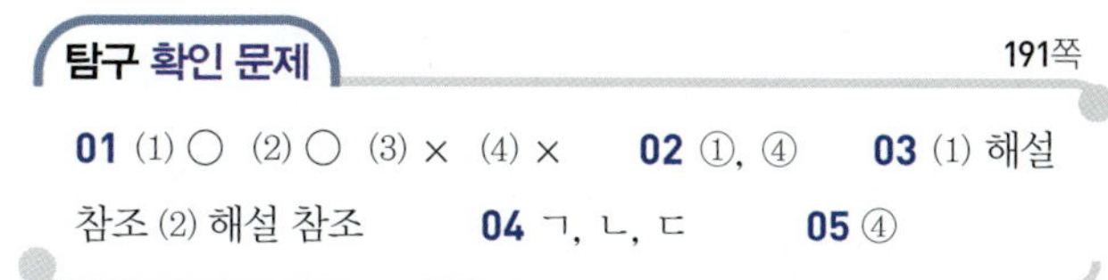

01 (1) ○ (2) ○ (3) × (4) ×   **02** ①, ④   **03** (1) 해설 참조 (2) 해설 참조   **04** ㄱ, ㄴ, ㄷ   **05** ④

01 A는 탄소 감축 노력 없이 화석 연료를 사용한 경우이고, B는 온실 기체 감축에 적극적으로 노력한 경우의 기후 변화 시나리오이다.

[바로알기] ③ 화석 연료의 사용이 증가하고, 무분별하게 개발할 경우 생물의 서식지 파괴 및 생물다양성이 감소한다.

④ 화석 연료의 사용이 증가하면 온실 기체의 농도가 증가하여 지구의 기온이 상승한다. 지구의 기온이 상승하면 빙하의 융해로 빙하 면적이 감소한다.

02 [바로알기] ② 국가나 사회뿐만 아니라 개인도 일상생활에서 기후 변화 문제 해결을 위해 노력해야 한다.

③ 지구 전체의 강수량이 증가해도 지역별 편차가 커서 물 부족 문제가 심각해질 것으로 예상된다.

⑤ 지구 온도가 상승하면 생물들의 서식지가 고위도로 이동할 것이다.

03 옥수수 산출량이 증가하는 지역도 있지만 전 지구적으로 보았을 때 감소하는 지역이 많으며, 감소하는 비율이 증가하는 비율보다 크다.

[모범 답안] (1) 기후 변화로 전 지구의 옥수수 산출량은 대체로 줄어들 것이다.

(2) 작물 재배 환경 변화로 작물 생산량이 감소하여 식량난이 심각해질 것이다.

	채점 기준	배점(%)
(1)	옥수수 산출량이 감소한다고 옳게 설명한 경우	40
(2)	작물 재배 환경 변화로 인한 생산량 감소로 식량난 문제를 옳게 설명한 경우	60

04 전 지구 평균 강수량 변화가 큰 A는 화석 연료 사용이 증가하는 경우, B는 화석 연료 사용을 줄이는 경우를 나타낸 것으로, A는 B보다 대기 중 온실 기체의 농도 증가로 지구 온난화가 심해진 상황이다. 따라서 B의 경우(화석 연료 사용을 줄이는 경우)보다 A의 경우(화석 연료 사용이 증가하는 경우)에 이산화 탄소 배출량이 증가하여 지구의 최고 기온이 높을 것이고, 평균 증발량 또한 많을 것이다.

05 [자료 해석하기]

이산화 탄소 농도 변화와 위도에 따른 기온 변화량

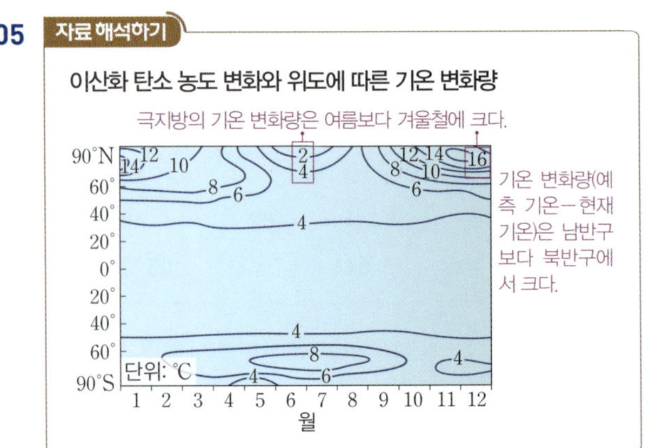

ㄱ. 북반구는 겨울철 기온 변화량이 10 ℃ 이상인 지역이 있고 남반구는 전체적으로 기온 변화량이 10 ℃ 미만이다.

ㄴ. 북극 지역은 여름철보다 겨울철인 12월과 1월에 기온 변화량이 크다. 남극 지역도 여름철보다 겨울철인 6월과 7월에 기온 변화량이 크다.

[바로알기] ㄷ. 60°S에서 겨울철인 6월과 7월은 기온이 약 8 ℃ 상승하고 여름철인 12월과 1월은 약 4 ℃ 상승한다. 여름철보다 겨울철의 기온 상승량이 크기 때문에 연교차는 현재보다 감소할 것이다.

교과서 속 **START** **내신 완성 문제** 193~195쪽

01 ② **02** A: 극동풍, B: 편서풍, C: (북동) 무역풍 **03** ③
04 ㉠ 약화, ㉡ 약화, ㉢ 약화, ㉣ 상승 **05** ② **06** 해설 참조 **07** ② **08** ② **09** 자연적인 원인: 가뭄, 증발량 증가, 인위적인 원인: 과잉 방목, 삼림 벌채 **10** ② **11** ③

01 [자료 해석하기]

위도에 따른 태양 복사 에너지와 지구 복사 에너지

지구 복사 에너지 방출량은 저위도 지역에서 고위도 지역으로 갈수록 감소한다.

에너지 과잉
에너지 이동
에너지 부족
태양 복사 에너지 흡수량
지구 복사 에너지 방출량
에너지 이동
에너지 부족
위도 약 38° 부근에서 에너지 이동이 가장 활발

• 적도~위도 약 38°: 태양 복사 에너지 흡수량>지구 복사 에너지 방출량 → 에너지 과잉
• 위도 약 38°~극: 태양 복사 에너지 흡수량<지구 복사 에너지 방출량 → 에너지 부족

ㄷ. 에너지는 에너지 과잉 상태인 저위도 지역에서 에너지 부족 상태인 고위도 지역으로 이동한다.

[바로알기] ㄱ. 고위도 지역은 지구 복사 에너지의 방출량이 태양 복사 에너지의 흡수량보다 많지만, 위도에 따른 지구 복사 에너지의 방출량은 고위도 지역이 저위도 지역보다 적다.

ㄴ. 저위도 지역은 태양 복사 에너지의 흡수량이 지구 복사 에너지의 방출량보다 많아 에너지 과잉 상태이다.

02 위도 60˚N~90˚N 사이인 A 지역에서는 극동풍이 불고, 위도 30˚N~60˚N 사이인 B 지역에서는 편서풍이 불며, 위도 0˚~30˚N 사이인 C 지역에서는 북동 무역풍이 분다.

03 ㄱ. A(쿠로시오 해류)는 저위도에서 고위도로 흐르는 표층 해류(난류)이므로 저위도의 남는 에너지를 고위도로 수송한다.
ㄷ. 아열대 순환은 적도와 중위도 사이의 해역에서 무역풍과 편서풍에 의해 형성된 순환으로, 북태평양에서는 북적도 해류 → 쿠로시오 해류 → 북태평양 해류 → 캘리포니아 해류로 이어지며, 시계 방향으로 순환한다.
바로알기 ㄴ. B는 위도 30˚N~60˚N 사이에서 편서풍에 의해 동쪽으로 흐르는 북태평양 해류이고, C는 위도 0˚~30˚N 사이에서 북동 무역풍에 의해 서쪽으로 흐르는 북적도 해류이다.

04 엘니뇨는 평소보다 무역풍이 약해져 적도 부근에서 서태평양으로 이동하는 따뜻한 표층 해수의 흐름이 약해지고, 적도 부근 동태평양 해역의 용승이 약해져 표층 수온이 높아지는 현상이다.

05 ② 엘니뇨가 발생하면 무역풍이 약해지므로 무역풍에 의해 형성되는 남적도 해류의 세기가 약해진다.
바로알기 엘니뇨는 평상시보다 무역풍의 세기가 약할 때 발생하며, 태평양 적도 부근의 따뜻한 표층 해수가 서쪽으로 적게 이동하게 되어 적도 부근 동태평양 해역에서 용승이 약해진다. 그로 인해 적도 부근 동태평양 해역에서는 해수의 표층 수온이 높아지고 상승 기류가 활발해져 구름 발생량이 증가하며, 강수량이 증가한다. 한편, 적도 부근 서태평양 해역에서는 평상시보다 강수량이 감소한다.

06 (가)는 평상시, (나)는 엘니뇨 발생 시의 대기 순환 모습이다. 무역풍의 약화로 엘니뇨가 발생하면 따뜻한 해수가 서쪽으로 적게 이동하여 적도 부근 동태평양 해역에서 용승이 약해져 표층 수온이 높아진다. 이로 인해 상승 기류가 발달하고 강수량이 증가한다.
모범답안 (가)보다 (나)일 때 적도 부근 동태평양 해역의 표층 수온이 높고, 강수량이 많다.

채점 기준	배점(%)
표층 수온과 강수량을 모두 옳게 비교하여 설명한 경우	100
표층 수온과 강수량 중 한 가지만 옳게 비교하여 설명한 경우	50

07 ㄷ. 엘니뇨는 적도 부근 동태평양 해역의 표층 수온 변화로 나타나는 현상이지만, 이로 인해 동태평양과 서태평양 이외에 인도, 한국, 일본, 미국에 이르기까지 전 세계 여러 지역에서도 기상 이변이 나타날 수 있다.
바로알기 ㄱ. 엘니뇨가 발생하면 적도 부근 서태평양 해역의 강수량은 평상시보다 감소한다. 따라서 A에 들어갈 수 있는 기상 이변으로 홍수는 적절하지 않다.
ㄴ. 엘니뇨가 발생하면 적도 부근 동태평양 해역의 표층 수온은 평상시보다 상승하고, 이로 인해 남아메리카 서쪽 해안 지역에 상승 기류가 발달하여 강수량이 증가한다.

08 ㄷ. 무분별한 경작으로 인해 토양이 황폐해지면 사막화가 가속된다.
바로알기 ㄱ. A는 중위도 고압대에 위치한 사막 지역으로 강수량보다 증발량이 많다.
ㄴ. 사막과 사막화 지역은 주로 강수량보다 증발량이 많은 고압대 지역에 분포한다. 저압대에서는 증발량보다 강수량이 많아 사막화가 진행되기 어렵다.

09 강수량의 감소로 인한 가뭄과 증발량 증가는 토양 속 수분이 감소하여 사막화를 일으키는 자연적인 원인에 해당한다. 한편, 인간의 활동에 의한 과잉 방목과 삼림 벌채는 사막화를 일으키는 인위적인 원인에 해당한다.

10 이산화 탄소 배출량이 증가하고 있는 A는 화석 연료의 사용을 줄이지 않은 경우를 나타낸 것이고, 이산화 탄소 배출량이 감소하고 있는 B는 화석 연료의 사용을 줄이는 경우를 나타낸 것이다.
ㄷ. 지구 온난화가 심해지면 기상 이변의 발생 횟수와 강도가 증가한다. 따라서 A일 때가 B일 때보다 기상 이변의 발생 횟수와 강도가 크다.
바로알기 ㄱ. 화석 연료의 사용을 줄이는 경우 이산화 탄소 배출량의 변화는 B이다.
ㄴ. 대기 중 이산화 탄소 농도가 증가하면 온실 효과가 강화되어 지구의 평균 기온이 상승한다. 따라서 대기 중 이산화 탄소 농도가 높은 A일 때가 B일 때보다 지구의 평균 기온 상승률이 클 것이다.

11 기후 변화를 완화하기 위한 노력으로 자원 절약, 태양광 발전이나 풍력 발전과 같은 신재생 에너지 개발, 에너지 효율을 높이는 기술 개발 등이 필요하다. 또한 도시 농업 활성화로 식량 부족 대책을 마련하고, 도심 속 습지 공원 확대 등 기후 변화 적응을 위한 노력도 필요하다.

JUMP 1등급 도전 문제 195쪽

01 ⑤ **02** ④

01 자료 해석하기

대기 대순환 모형

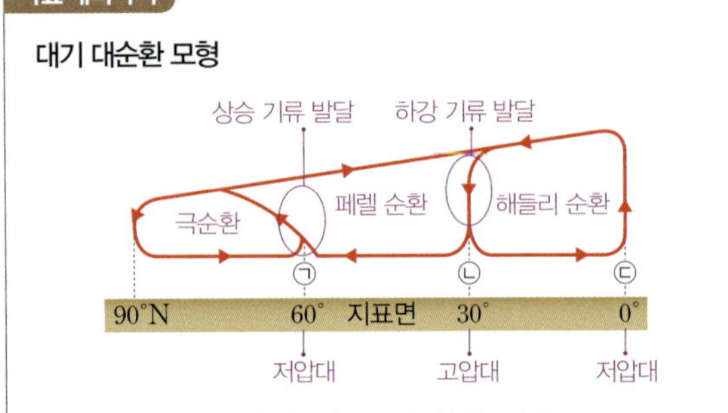

• 대기 대순환에 의해 지표면 부근에서 부는 바람

위도	60°~극	30°~60°	적도~30°
바람	극동풍	편서풍	무역풍
방향	동 → 서	서 → 동	동 → 서

ㄱ. 위도 30°(㉡)와 60°(㉠) 사이의 지상에서는 편서풍이 형성되며 이로 인해 표층 해류가 서쪽에서 동쪽으로 흐른다.

ㄴ. 사막은 하강 기류가 발달하여 증발량이 강수량보다 많고 건조한 기후가 지속적으로 나타나는 고압대(위도 30° 부근, ㉡)에서 주로 발달한다. 위도 60° 부근(㉠)은 저압대로 상승 기류가 발달하여 강수량이 증발량보다 많아 사막이 거의 형성되지 않는다.

ㄷ. 적도(㉢)와 위도 30°(㉡) 사이의 지상에서는 무역풍이 형성된다.

02 엘니뇨 시기에는 평상시보다 태평양 적도 부근 해역의 해수면 높이가 동태평양에서 높아지고 서태평양에서 낮아지므로 해수면 높이 편차가 동태평양에서 양(+)의 값으로 나타난다. 그림에서 적도 부근 해역의 해수면 높이 편차가 서태평양에서 음(−)의 값이고, 동태평양에서 양(+)의 값이므로 이 시기는 엘니뇨 시기이다.

ㄴ. 엘니뇨 시기에는 적도 부근 서태평양 해역의 강수량이 평상시보다 감소한다.

ㄷ. 엘니뇨 시기에는 적도 부근 동태평양 해역의 표층 수온이 높아져 적도 부근의 동태평양과 서태평양의 표층 수온 차이가 평상시보다 작아진다.

바로알기 ㄱ. 엘니뇨 시기에는 무역풍의 세기가 평상시보다 약하다.

중단원 핵/심/정/리 196~197쪽

1 재복사	2 이산화 탄소	3 열수지
4 화석 연료	5 신재생	6 과잉
7 부족	8 무역풍	9 편서풍
10 무역풍	11 약화	12 증가
13 감소	14 감소	15 30°

PICK 출제 0순위 198쪽

01 ② **02** ①

01 문제 해결 전략

1 출제 Point 파악하기

태평양 적도 부근 해역의 표층 수온 자료를 통해 엘니뇨 시기를 판단한다.

2 자료 파악하기

Point❶ 적도 부근 동태평양 해역의 표층 수온 편차: ((+))값 ➡ (엘니뇨) 시기

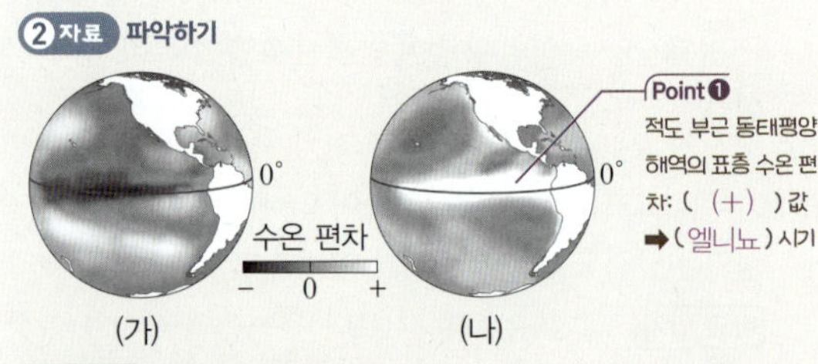

Point❷, ❸ 엘니뇨 발생 시 변화

• 무역풍 (약화), 서쪽으로 흐르는 따뜻한 표층 해수의 흐름 (약화)
➡ 동태평양과 서태평양의 해수면 높이 차이 (감소)
• 서태평양: (하강) 기류 발달 ➡ 강수량 (감소)

3 지문 이해하기

엘니뇨는 적도 부근 동태평양 해역에서 평상시보다 표층 수온이 높은 상태가 지속되는 현상이다. → 동태평양 해역에서 표층 수온 편차가 (+) 값인 (나)가 엘니뇨 발생 시이다.

ㄴ. 엘니뇨 시기에는 평상시보다 적도 부근 동태평양 해역에서 표층의 따뜻한 해수가 서쪽으로 적게 이동한다. 따라서 평상시보다 적도 부근 서태평양 해역의 해수면 높이는 낮아지고 동태평양 해역의 해수면 높이는 높아져 태평양의 동서 방향 해수면 높이 차이가 줄어든다.

바로알기 ㄱ. 엘니뇨 시기에는 무역풍의 세기가 약해지고 이로 인해 남적도 해류도 약해진다.

ㄷ. 엘니뇨 시기에는 평상시보다 적도 부근 동태평양 해역에서는 강수량이 많아지고 적도 부근 서태평양 해역에서는 강수량이 줄어든다.

(○) ㄹ. 적도 부근 동태평양 해역에서 용승의 세기가 약해진다.
→ 엘니뇨 시기에는 따뜻한 표층 해수가 서쪽으로 적게 이동하므로 적도 부근 동태평양 해역에서 용승의 세기가 약해진다.
(×) ㅁ. 적도 부근 서태평양 해역에서는 상승 기류가 강해진다.
→ 엘니뇨 시기에 적도 부근 서태평양 해역에서는 하강 기류가 발달하므로 평상시보다 구름 발생과 강수가 줄어든다.

02 문제 해결 전략

① 출제 Point 파악하기

태평양 적도 부근 해역의 대기 순환 자료를 통해 구름과 강수 발생 지역을 유추하고, 엘니뇨 시기에 나타나는 기상 이변을 이해한다.

② 자료 파악하기

Point ①
엘니뇨 발생 시 표층 수온 변화: ㉠에서는 (상승)
➡ ㉠과 ㉡의 표층 수온 차이 (감소)

피해 상황
• 폭우가 발생한다. • 용승 약화로 어획량이 감소한다.

Point ④
엘니뇨 발생 시 폭우 발생 및 용승 약화 현상: 적도 부근 (동)태평양 해역에서 발생

Point ②
엘니뇨 시기에 서쪽으로 이동하는 무역풍의 세기 (약화)

③ 지문 이해하기

엘니뇨가 발생하면 적도 부근 동태평양 해역에서는 용승이 약화되어 표층 수온이 상승하고, 상승 기류가 발달하여 강수량이 증가한다. 이로 인해 폭우가 발생하거나 어획량이 감소한다.

ㄱ. 표의 피해 상황은 동태평양인 ㉡에서 발생한 것이다.

바로 알기 ㄴ. 엘니뇨 시기에는 적도 부근 동태평양 해역의 용승이 약화되어 표층 수온이 상승하므로 적도 부근 서쪽 해역(㉠)과 동쪽 해역(㉡)의 표층 수온 차이가 평상시보다 작아진다.

ㄷ. 엘니뇨 시기에는 무역풍이 평상시보다 약하다.

(○) ㄹ. 적도 부근 동태평양 해역의 따뜻한 해수층의 두께가 두꺼워진다.
→ 엘니뇨 시기에는 적도 부근 동태평양 해역에서 용승이 약해져 따뜻한 해수층의 두께가 평상시보다 두꺼워진다.
(○) ㅁ. 적도 부근 동태평양 해역에서 수온 약층이 나타나기 시작하는 깊이가 깊어진다.
→ 엘니뇨 시기에는 적도 부근 동태평양 해역의 따뜻한 표층 해수가 평상시보다 두꺼워지고 수온 약층이 나타나기 시작하는 깊이도 깊어진다.

수능 실전 2점

01 ①	02 ③	03 ②	04 ④	05 ①	06 ⑤	07 ③
08 ①	09 ②	10 ④				

수능 실전 3점

11 ⑤	12 ③	13 ③	14 ③	15 ⑤	16 ④	17 ④
18 ④	19 ②	20 ③				

01 ㄱ. 대기가 있는 경우, 온실 효과로 인해 지구 평균 온도가 높아진다.

바로 알기 ㄴ. 대기가 있는 경우, 온실 효과로 인해 일교차가 줄어든다.

ㄷ. 반사율이 0이면 지구는 태양으로부터 유입되는 모든 에너지를 흡수하고, 흡수한 에너지만큼 지구 복사 에너지로 방출하므로 (가)와 (나)에서 지구에서 우주로 방출하는 에너지양은 같다.

02 자료 해석하기

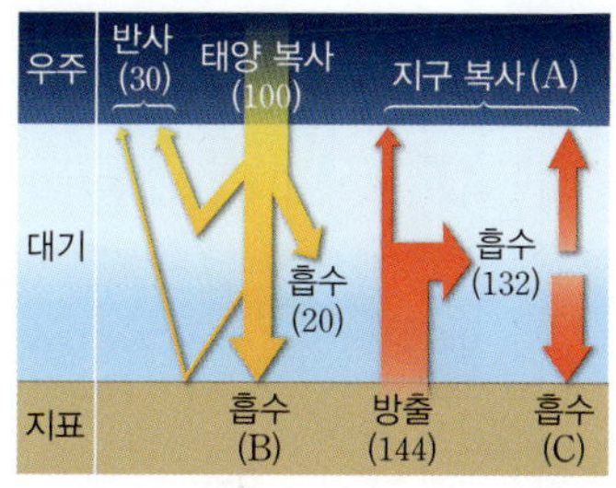

복사 평형 상태의 지구 열수지

• 우주: 반사 30＋지구 복사 A＝태양 복사 100
• 대기: 태양으로부터 흡수 20＋지표로부터 흡수 132＝우주로 방출＋대기의 재복사 C
• 지표: 태양으로부터 흡수 B＋대기의 재복사 C＝지표 방출 144

ㄱ. 지구는 태양 복사 에너지(100) 중 대기와 지표가 반사하는 에너지(30)를 제외한 에너지(70)를 흡수한다. 복사 평형 상태에서는 흡수한 에너지와 방출하는 에너지가 같으므로 지구 복사 에너지(A)는 70이다.

ㄷ. 대기 중 온실 기체 농도가 증가하면 대기와 지표가 주고받는 에너지가 많아지므로 C는 증가한다.

바로 알기 ㄴ. 태양 복사 에너지(100)＝대기와 지표가 반사하는 태양 복사 에너지(30)＋대기가 흡수하는 태양 복사 에너지(20)＋지표가 흡수하는 태양 복사 에너지(B)이므로 지표가 흡수하는 태양 복사 에너지(B)는 50이다. 지표가 흡수하는 대기의 재복사 에너지(C)는 94이므로 B는 C보다 작다.

03 ㄷ. 지구 온난화가 심해지면 우리나라 평균 기온이 상승하므로 기온이 낮은 계절인 겨울의 길이는 현재보다 줄어들 것이다.

(바로알기) ㄱ. 봄과 여름의 시작일은 과거보다 최근에 빨라졌지만 가을과 겨울의 시작일은 과거보다 최근에 더 늦어졌다.

ㄴ. (가)는 과거 30년, (나)는 최근 30년의 자료로, 기온이 높은 계절인 여름의 길이는 길어지고 기온이 낮은 계절인 겨울의 길이가 짧아진 것을 알 수 있다. 최근으로 올수록 지구 온난화가 심해져 우리나라의 평균 기온이 상승하고 있다. 따라서 우리나라의 평균 기온은 (나)일 때가 (가)일 때보다 높다.

04 ㄴ. 1880년~1920년은 기온 편차가 음(−)의 값을 보이고 있으므로 기온 편차가 양(+)의 값을 보이는 1980년~2021년의 평균 기온보다 낮았다.

ㄷ. 이산화 탄소 농도의 증가는 지구 대기의 온실 효과를 강화하여 지구 기온 상승에 영향을 주었다.

(바로알기) ㄱ. 1880년 이후 지구의 평균 기온은 상승하는 추세이지만 지속적으로 상승하지는 않고 하강하는 시기도 있다.

05

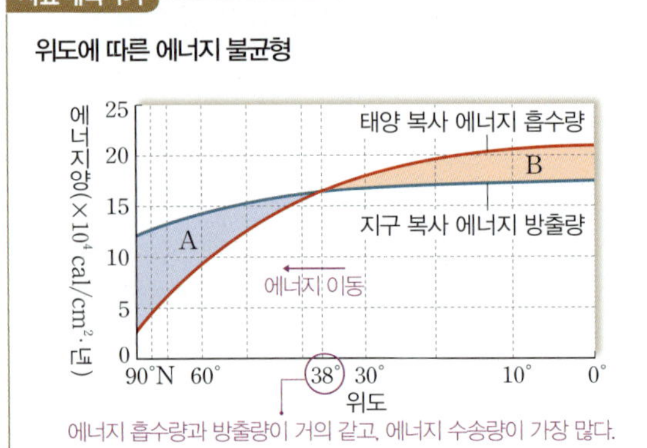

에너지 흡수량과 방출량이 거의 같고, 에너지 수송량이 가장 많다.

• 고위도 지역: 태양 복사 에너지 흡수량 < 지구 복사 에너지 방출량 ➡ 에너지 부족(A)
• 저위도 지역: 태양 복사 에너지 흡수량 > 지구 복사 에너지 방출량 ➡ 에너지 과잉(B)

ㄱ. A는 태양 복사 에너지 흡수량이 지구 복사 에너지 방출량보다 적으므로 에너지 부족 상태이고, B는 태양 복사 에너지 흡수량이 지구 복사 에너지 방출량보다 많으므로 에너지 과잉 상태이다.

(바로알기) ㄴ. 저위도의 남는 에너지는 에너지가 부족한 고위도로 수송되므로 북반구에서 에너지의 수송 방향은 북쪽이다.

ㄷ. 남북 방향의 에너지 수송량은 태양 복사 에너지 흡수량과 지구 복사 에너지 방출량이 같은 위도 38° 부근에서 최대이다.

06

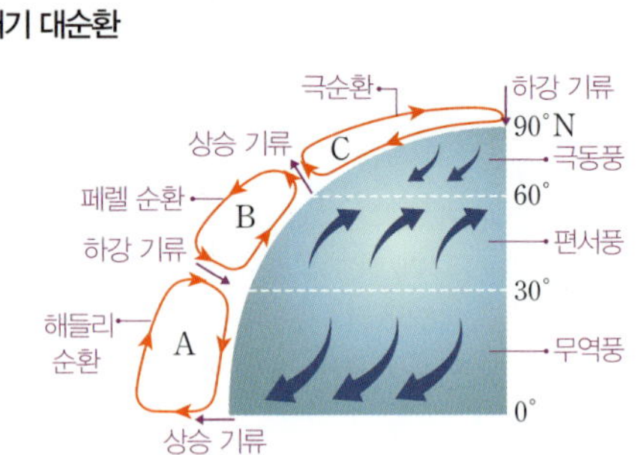

• 적도, 위도 60° 부근: 상승 기류가 발달하고, 강수량이 증발량보다 많다.
• 위도 30° 부근, 극지방: 하강 기류가 발달하고, 강수량보다 증발량이 많다.

ㄱ. 위도 0°~30°N 사이의 지상에서는 무역풍, 위도 30°N~60°N 사이의 지상에서는 편서풍, 위도 60°N~90°N 사이의 지상에서는 극동풍이 분다.

ㄴ. 위도 30° 부근에서는 대기 순환에 의해 하강 기류가 발달한다.

ㄷ. B와 C의 경계인 위도 60° 부근은 저압대로, 상승 기류가 발달하여 강수량이 증발량보다 많다.

07 ㄱ. 저위도에서 고위도로 흐르는 A는 난류이고, 고위도에서 저위도로 흐르는 C는 한류이다.

ㄴ. 북태평양에서 편서풍에 의해 서에서 동으로 흐르는 해류인 B는 북태평양 해류이다.

(바로알기) ㄷ. D는 북태평양의 0°~30°N 사이에서 동에서 서로 흐르는 해류로, 무역풍에 의해 형성된 북적도 해류이다.

08 ㄱ. 엘니뇨가 발생하면 적도 부근 동태평양 해역의 따뜻한 해수가 서쪽으로 이동하는 흐름이 약해진다. 따라서 동서 간의 해수면 경사가 완만한 (가)가 엘니뇨 시기에 해당하고 (나)는 평상시의 모습을 나타낸 것이다.

(바로알기) ㄴ. 무역풍의 세기는 (가) 엘니뇨 시기보다 (나) 평상시에 강하다.

ㄷ. 적도 부근 동태평양 해역(A)의 표층 수온은 (가) 엘니뇨 시기보다 (나) 평상시에 낮다.

09 엘니뇨 시기에 적도 부근 동태평양 해역은 고온 다습하고 적도 부근 서태평양 해역은 건조하다. 따라서 엘니뇨 시기는 (나)에 해당한다.

ㄴ. A에서의 표층 수온은 엘니뇨 시기인 (나)일 때가 (가)일 때보다 높다.

ㄷ. 남적도 해류는 엘니뇨 시기인 (나)일 때보다 (가)일 때 강하다.

10 ㄴ. 고비 사막은 우리나라에 영향을 주는 황사의 발원지이다.
따라서 고비 사막의 사막화가 진행될수록 우리나라의 황사 피
해가 늘어날 수 있다.

ㄷ. 강수량이 감소하고 증발량이 증가하면 기후가 건조해지고
토양이 황폐해져서 사막의 면적이 늘어날 수 있다. 따라서 사
막화 지역에 강수량이 감소하고 증발량이 증가하면 사막화가
가속화될 것이다.

바로알기 ㄱ. 저압대는 적도 부근이나 위도 $60°$ 부근에 해당
한다. 따라서 고비 사막이 위치하는 지역은 저압대가 발달하는
지역이 아니다.

11 ㄱ. 대기에 의해 흡수되는 태양 복사 에너지 A는 20이다
$(100=30+A+50)$. 대기가 지표로부터 흡수하는 에너지(B)
는 $B=C-12$이고, 지표에서 방출하는 에너지(C)는
$C=50+D$이다. $B=38+D$이고, D의 값이 양수이므로 B
는 최소 38보다 크다. 따라서 A는 B보다 작다.

ㄴ. 구름 발생량이 증가할수록 지구의 반사율이 커져서 지표가
흡수하는 태양 복사 에너지양이 줄어든다. 현재 지표가 흡수하
는 태양 복사 에너지양이 50이므로 현재보다 구름 발생량이
증가하면 지표가 흡수하는 태양 복사 에너지양은 50보다 작아
진다.

ㄷ. 대기 중의 이산화 탄소 농도가 높아질수록 온실 효과가 강
해져 지표와 대기가 주고받는 에너지양인 B와 D가 증가한다.
B가 증가하면 C도 함께 증가하며 C는 D보다 항상 큰 값을 가
지므로 $\dfrac{D}{C}$는 1보다 작다. 온실 효과가 강해져 C와 D가 같이

증가하게 되면 $\dfrac{D}{C}$의 값도 함께 증가하여 1에 가까워진다.

12 ㄱ. 이산화 탄소 배출량(화석 연료와 산업으로 인한 이산화 탄
소 배출+토지 이용 및 벌목으로 인한 이산화 탄소 배출)이 이
산화 탄소를 제외한 온실 기체 배출량보다 많다.

ㄴ. 산업 혁명 이후 온실 기체 배출량은 증가하는 추세이다.

바로알기 ㄷ. 전체 온실 기체 배출량은 증가하는 추세이며,
이 중 화석 연료와 산업으로 인한 이산화 탄소 배출량의 증가
폭이 토지 이용 및 벌목으로 인한 이산화 탄소 배출량(A)의 증
가폭보다 크다. 따라서 온실 기체 배출량 중 A가 차지하는 비
율은 감소하는 추세이다.

13

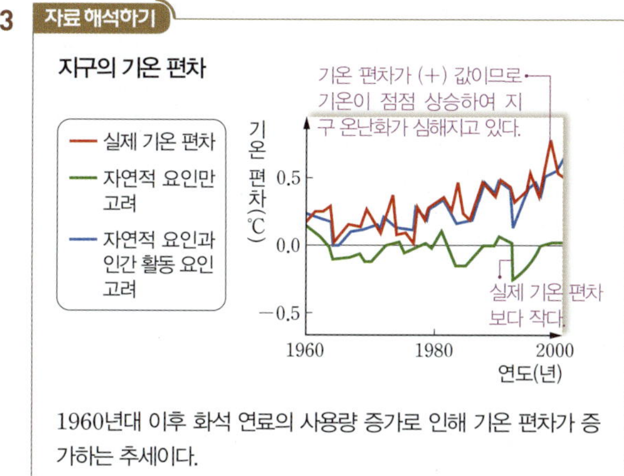

1960년대 이후 화석 연료의 사용량 증가로 인해 기온 편차가 증
가하는 추세이다.

ㄱ. 화석 연료 사용은 기후 변화를 일으키는 인간 활동 요인에
해당한다. 화석 연료 사용량이 증가하면 대기 중의 온실 기체
농도가 높아져 기온 편차를 증가시키는 역할을 한다.

ㄷ. 1960~2000년 동안 자연적 요인만을 고려한 기온 편차의
변화는 크지 않지만, 자연적 요인과 인간 활동 요인을 고려한
기온 편차는 크게 증가하였다. 따라서 해당 기간의 기온 변화는
자연적 요인보다 인간 활동 요인의 영향력이 크다고 볼 수 있다.

바로알기 ㄴ. 자연적 요인만을 고려한 기온 편차를 보면
1960년에는 기온 편차가 (+) 값이고 2000년에는 0에 가깝
다. 따라서 자연적 요인만을 고려하였을 때, 기온 상승은 2000
년이 1960년보다 낮다.

14 ㄱ. 북극해 해빙의 면적은 겨울이 지난 직후인 3월 무렵에는 넓
고, 여름이 지난 직후인 9월 무렵에는 좁다. 따라서 해빙 면적
이 넓은 A는 3월의 자료이다.

ㄴ. 시간이 갈수록 북극해 해빙의 면적이 줄어드는 추세이다.
이는 지구 온난화로 인해 해수 온도가 상승하였기 때문이다.

바로알기 ㄷ. 북극해 해빙의 면적이 넓을수록 북극 지역의 반
사율이 크다. 따라서 북극 지역의 반사율은 A 시기가 B 시기
보다 크다.

15 ㄱ. 대기와 해양에 의해 저위도의 남는 에너지가 고위도로 수송
되므로 북반구에서는 북쪽, 남반구에서는 남쪽으로 에너지가
수송된다. 자료에서 북반구에서의 에너지 수송량은 (+) 값이
므로 (+)는 북쪽 방향이다.

ㄴ. $10°N$에서는 대기와 해양의 에너지 수송량이 거의 같고
$30°N$에서는 대기에 의한 에너지 수송량이 해양에 의한 에너지
수송량보다 많다.

ㄷ. 대기에 의한 에너지 수송량은 편서풍이 부는 위도대인 $30°$
$~60°$ 지역에서 가장 많다.

16 ㄴ. 남태평양 아열대 순환의 A 해역($0°{\sim}30°S$)에 흐르는 해류는 남동 무역풍에 의해 형성된 남적도 해류이다.

ㄷ. 남태평양 아열대 순환의 B 해역($30°S{\sim}60°S$)에는 편서풍에 의해 형성된 남극 순환 해류가 흐른다. 남극 순환 해류는 편서풍에 의해 형성된 북태평양 해류와 같은 방향인 서에서 동으로 흐르는 해류이다.

[바로알기] ㄱ. 남태평양의 아열대 순환은 시계 반대 방향으로 흐른다.

17 자료 해석하기

ㄴ. 엘니뇨 시기에 동태평양에서 용승의 세기는 약해진다. 따라서 동태평양에서 용승의 세기는 (가)가 (나)보다 강하다.

ㄷ. 서태평양의 표층 수온은 (가)와 (나)에서 차이가 거의 없으나 동태평양의 표층 수온은 (나)가 (가)보다 높다. 따라서

$\dfrac{\text{서태평양의 표층 수온}}{\text{동태평양의 표층 수온}}$ 은 (가)가 (나)보다 크다.

[바로알기] ㄱ. 적도 부근 태평양 동쪽에서 따뜻한 해수층의 두께는 (가)일 때 얇고, (나)일 때 두껍다. 따라서 엘니뇨 시기는 (나)이다.

18 태평양 적도 부근 서쪽 해역의 강수량이 적고 동쪽 해역의 강수량이 많은 시기는 엘니뇨 시기이다.

ㄴ. 엘니뇨 시기에는 적도 부근 동태평양 해역에서 용승이 약해져 표층의 따뜻한 해수층이 두꺼워지고 수온 약층이 나타나기 시작하는 깊이가 깊어진다.

ㄷ. 엘니뇨 시기에는 평상시보다 동에서 서로 향하는 표층 해수의 흐름이 약해져 동태평양의 해수면 높이는 높아지고 서태평양의 해수면 높이는 낮아진다. 따라서 엘니뇨 시기에는

$\dfrac{\text{동태평양의 해수면 높이}}{\text{서태평양의 해수면 높이}}$ 가 평상시보다 커진다.

[바로알기] ㄱ. 엘니뇨 시기는 평상시보다 무역풍의 세기가 약하다.

19 ㄷ. 사막화가 진행될수록 토양이 황폐해져 작물 생산량이 감소한다.

[바로알기] ㄱ. 사막은 상승 기류가 발달하여 강수량이 증발량보다 많은 저압대보다 하강 기류가 발달하여 증발량이 강수량보다 많은 고압대 부근에 주로 분포한다.

ㄴ. 사막화 지역에 강수량이 증가하고 증발량이 감소하면 토양에 수분이 공급되어 사막화의 진행 속도가 느려진다.

20 ㄱ. 자료를 보면 한반도의 사과 재배 가능 지역은 (가) 기간이 (나) 기간보다 넓은 것을 확인할 수 있다.

ㄷ. 우리나라의 평균 기온은 (가) 기간이 (나) 기간보다 낮으므로 우리나라 주변 해역에서 평균 해수면 높이는 (가) 기간이 (나) 기간보다 낮다.

[바로알기] ㄴ. (가) 기간에서 (나) 기간으로 갈수록 사과 재배 가능 지역이 좁아지고 북쪽으로 올라간 것은 우리나라 지역의 평균 기온이 상승한 것을 의미한다.

서술형 RUN 정복 문제　　204~207쪽

01 Step ❶ 온실

　Step ❷ ❶ 적외선 ❷ 높다 ❸ 복사 평형

02 Step ❶ 30, 94

　Step ❷ ❶ 같다 ❷ 재복사

03 Step ❶ 증가

　Step ❷ ❶ 낮을 ❷ 증가 ❸ 감소

04 Step ❶ 서 → 동, 남 → 북, 북 → 남, 동 → 서

　Step ❷ ❶ 무역풍 ❷ 편서풍 ❸ 높다

05 Step ❶ 약, 강

　Step ❷ ❶ 동풍 ❷ 약 ❸ (+)

06 Step ❶ (나), 평상시, 엘니뇨 발생 시

　Step ❷ ❶ 약해 ❷ 깊어 ❸ 하강 ❹ 감소

07 Step ❶ 하강, 상승

　Step ❷ ❶ 적고 ❷ 많다 ❸ 많은

08 Step ❶ 증가, 감소

　Step ❷ ❶ 높아 ❷ 감소

01 이산화 탄소는 온실 기체로, 이산화 탄소 농도가 높을수록 온실 효과가 강화되어 페트병의 온도가 더 높아진다.

모범 답안 (1) 페트병 B는 페트병 A보다 이산화 탄소 농도가 높아서 적외선 에너지를 많이 흡수하므로 페트병 안의 온도가 빠르게 상승하기 때문이다.

(2) 페트병 안의 공기가 에너지를 흡수한 만큼 방출하여 복사 평형 상태에 도달했기 때문이다.

	채점 기준	배점(%)
(1)	이산화 탄소가 적외선 에너지를 잘 흡수한다는 원리와 페트병 안의 온도 변화를 이산화 탄소 농도와 관련지어 설명한 경우	50
	페트병 안의 온도 변화가 이산화 탄소 농도와 관련이 있다는 점만 설명한 경우	20
(2)	에너지의 흡수량과 방출량이 같은 복사 평형 상태에 도달했기 때문이라고 옳게 설명한 경우	50
	복사 평형에 도달했기 때문이라고만 설명한 경우	20

02

지구 열수지

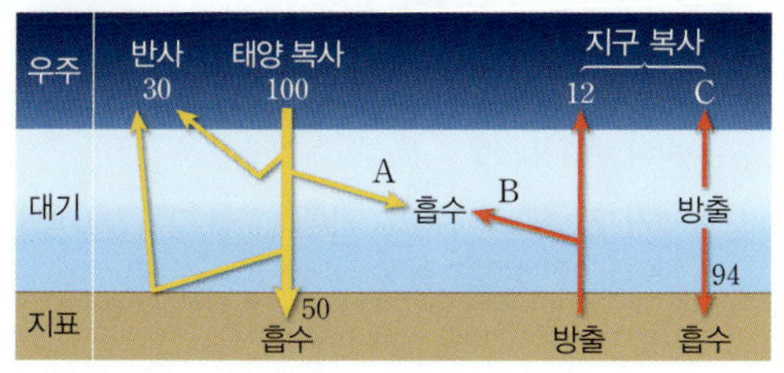

- 우주: 반사(30)+지구 복사(12+C)=태양 복사(100)
  → C=58
- 대기: 대기 흡수(A+B)=대기 방출(C+94) → A+B=152
- 지표: 태양 복사(50)+대기 재복사(94)=지표 방출(B+12)
  → B=132

(1) 지구는 복사 평형 상태에 있으므로 지표, 대기, 우주에서 각각 흡수하는 에너지양과 방출하는 에너지양이 같다. 지구에 들어오는 태양 복사 에너지양(100)은 대기와 지표에서 반사되어 우주 공간으로 방출되는 양(30)과 지구 복사(12+C)의 합과 같다. 따라서 100=30+12+C이므로 C는 58이다. 지표에서는 태양 복사 에너지양(50)과 대기 재복사(94)의 합만큼 지표에서 대기와 우주 공간으로 방출(B+12)한다. 따라서 50+94=B+12이므로 B는 132이다. 대기에서는 태양 복사(A)와 지표 복사(B)를 흡수하고, 우주와 지표로 방출(C+94)한다. 따라서 A+B=C+94이므로 A는 20이다.

(2) 온실 기체의 농도가 변하면 대기가 흡수하는 지구 복사 에너지양, 대기가 지표로 재복사하는 에너지양이 변한다.

모범 답안 (1) A: 20, B: 132, C: 58

(2) 온실 기체의 농도가 낮아지면 지표에서 방출된 에너지 중 대기가 흡수하는 에너지양(B)과 대기에서 지표로 재복사하는 에너지양(94)이 감소한다.

	채점 기준	배점(%)
(1)	A, B, C의 값을 모두 옳게 구한 경우	60
	A, B, C의 값 중 한 가지만 옳게 구한 경우	20
(2)	대기가 흡수하는 지구 복사 에너지와 대기가 재복사하는 에너지양의 감소를 모두 옳게 설명한 경우	40
	대기가 흡수하는 지구 복사 에너지와 대기가 재복사하는 에너지양의 감소 중 한 가지만 옳게 설명한 경우	20

03 대기 중 이산화 탄소의 농도가 증가하여 지구 온난화가 심해지면 해수의 온도가 상승하고 이산화 탄소의 용해도는 감소하므로 이산화 탄소가 대기 중으로 방출되어 지구 온난화를 가속화시킨다. 이 외에 지구 온난화를 가속화시키는 요인에는 빙하 면적 감소, 수증기와 같은 다른 온실 기체 농도의 증가 등이 있다.

모범 답안 (1) A: 감소, B: 증가

(2) • 해수 온도 상승으로 증발량이 증가하면 대기 중 수증기의 양이 증가하여 지구의 온도가 상승한다.

• 빙하 면적 감소로 지구 반사율이 감소하면 태양 복사 에너지 흡수량이 증가하여 지구의 온도가 상승한다.

	채점 기준	배점(%)
(1)	A, B에 들어갈 말을 모두 옳게 쓴 경우	40
	A, B에 들어갈 말 중 한 가지만 옳게 쓴 경우	20
(2)	지구 온난화를 가속화시키는 연쇄 반응의 사례를 옳게 설명한 경우	60

04 아열대 순환은 적도와 중위도 사이의 해역에서 무역풍과 편서풍에 의해 형성된 순환이다. 북태평양의 아열대 순환은 북적도 해류 → 쿠로시오 해류 → 북태평양 해류 → 캘리포니아 해류로 이어지는 순환으로, 시계 방향으로 나타난다.

모범 답안 (1) A에서는 편서풍에 의해 표층 해류가 서쪽에서 동쪽으로 이동하고, D에서는 무역풍에 의해 표층 해류가 동쪽에서 서쪽으로 이동한다.

(2) B, B 해역은 난류가 흐르고 C 해역은 한류가 흐르기 때문이다.

채점 기준		배점(%)
(1)	A와 D에서 표층 해류의 발생 원인과 방향을 모두 옳게 설명한 경우	60
	A와 D에서 표층 해류의 발생 원인과 방향 중 한 가지만 옳게 설명한 경우	30
(2)	평균 표층 수온이 높은 곳을 고르고, 그 까닭을 옳게 설명한 경우	40
	평균 표층 수온이 높은 곳만 옳게 고른 경우	20

05 태평양 적도 부근 해역에서는 동풍 계열의 바람인 무역풍이 분다. 엘니뇨 시기에는 무역풍의 약화로 동풍 계열의 바람의 세기가 약해지므로 풍속 편차가 (+) 값으로 나타난다.

모범 답안 ㉠, ㉠은 풍속 편차가 (+)이므로 평상시에 비해 동풍 계열의 바람이 약하고 ㉡은 풍속 편차가 (−)이므로 평상시에 비해 동풍 계열의 바람이 강하다. 따라서 엘니뇨 시기는 평상시보다 무역풍이 약해진 ㉠이다.

채점 기준	배점(%)
엘니뇨 시기를 고르고, 그렇게 판단한 까닭을 옳게 설명한 경우	100
엘니뇨 시기만 옳게 고른 경우	30

06

(가)는 평상시로, 무역풍이 동쪽에서 서쪽으로 분다. 따라서 동태평양 해역의 따뜻한 표층 해수가 서쪽으로 이동하여 동태평양 해역에서는 심층의 차가운 해수가 용승한다. (나)는 엘니뇨 시기로, 평상시에 비해 무역풍이 약하게 분다. 따라서 동태평양 해역의 따뜻한 표층 해수가 평상시보다 서쪽으로 적게 이동하므로 동태평양 해역에서 용승의 세기도 약해진다.

모범 답안 (1) 동태평양 해역에서의 용승의 세기는 (가) 시기가 (나) 시기보다 강하고, 수온 약층이 시작되는 깊이는 (가) 시기가 (나) 시기보다 얕다.

(2) 서태평양 해역에서 강수량은 (가) 시기가 (나) 시기보다 많다.

채점 기준		배점(%)
(1)	동태평양 해역에서 (가)와 (나) 시기의 용승의 세기와 수온 약층이 시작되는 깊이를 모두 옳게 비교하여 설명한 경우	60
	동태평양 해역에서 (가)와 (나) 시기의 용승의 세기와 수온 약층이 시작되는 깊이 중 한 가지만 옳게 비교하여 설명한 경우	30
(2)	서태평양 해역에서 (가)와 (나) 시기의 강수량을 옳게 비교하여 설명한 경우	40

07 사막화는 증발량이 강수량보다 많아서 건조한 기후가 나타나는 고압대(위도 30° 부근)에서 주로 진행된다. 저압대(위도 60° 부근, 적도 부근)에서는 강수량이 증발량보다 많아서 사막화가 거의 진행되지 않는다.

모범 답안 (1) 대기 대순환에 의해 상승 기류가 발달하는 지역에서는 증발량이 강수량보다 적고, 하강 기류가 발달하는 지역에서는 증발량이 강수량보다 많기 때문이다.

(2) B, 하강 기류가 발달하여 증발량이 강수량보다 많아 건조한 기후가 지속되기 때문이다.

채점 기준		배점(%)
(1)	대기 대순환에 의한 상승 기류와 하강 기류가 발달하는 지역과 증발량 및 강수량의 차이를 옳게 비교하여 설명한 경우	60
	대기 대순환에 의한 상승 기류와 하강 기류 차이 때문이라고만 설명한 경우	30
(2)	B를 고르고, 까닭을 옳게 설명한 경우	40
	B만 옳게 고른 경우	20

08 B는 이산화 탄소 배출량 감축에 적극적으로 노력했을 때이고, A는 그렇지 않을 때 예상되는 기후 변화 시나리오이다.

모범 답안 (1) A가 B보다 이산화 탄소 배출량이 많아 온실 효과가 강화되므로 지구 평균 기온이 더 높을 것이다.

(2) A가 B보다 지구 평균 기온이 많이 상승하므로 극지방의 빙하 면적이 더 작을 것이다.

채점 기준		배점(%)
(1)	이산화 탄소의 배출량, 온실 효과 강화와 지구 평균 기온의 관계를 포함하여 옳게 설명한 경우	50
	지구 평균 기온의 변화만 비교하여 설명한 경우	20
(2)	지구 평균 기온과 극지방 빙하 면적의 관계를 포함하여 옳게 설명한 경우	50
	빙하 면적의 변화만 설명한 경우	20

③ 에너지와 지속가능한 발전

O1 태양 에너지의 생성과 전환

중요 개념 체크

| 211쪽 | **1** 수소 핵융합 | **2** (1) ○ (2) × |
| 213쪽 | **3** 태양 에너지 | **4** ㉠ 화학, ㉡ 운동 |

2 (2) 핵융합 반응 과정에서 감소한 질량이 에너지로 전환되므로, 핵융합 전 입자들의 질량 총합이 핵융합 후 입자들의 질량 총합보다 크다.

4 태양 에너지가 옥수수에서 광합성을 통해 화학 에너지로 저장되고, 바이오 연료로 재생되어 자동차 엔진에서 운동 에너지로 전환된다.

교과서 속 START
내신 완성 문제   216~218쪽

01 ③	**02** ③	**03** ⑤	**04** ⑤	**05** 해설 참조
06 ②	**07** ③	**08** ⑤	**09** ⑤	**10** ④	**11** ④
12 ④	**13** ③	**14** ⑤

---

01 태양계 질량의 거의 대부분을 차지하며 스스로 빛과 열을 방출하는 별은 태양이다.

ㄱ. 태양은 주로 수소와 헬륨으로 이루어져 있으며, 수소가 태양 질량의 약 73 %를 차지한다.

ㄷ. 우주로 방출된 태양 에너지는 전자기파 복사를 통해 지구로 전달된다.

바로 알기 ㄴ. 태양의 핵에서는 수소 핵융합 반응이 일어나며, 핵반응 과정에서 감소한 질량만큼 태양 에너지가 생성되어 방출된다.

02 ㄷ. A는 태양의 핵으로, 태양 에너지는 초고온 상태인 핵에서 수소 핵융합 반응에 의해 생성된다.

바로 알기 ㄱ. 태양 표면의 온도는 약 6000 K이고, 중심부인 핵의 온도는 약 1500만 K으로, 태양 표면의 온도가 핵의 온도보다 낮다.

ㄴ. 태양의 핵은 높은 온도와 압력으로 인해 입자들이 원자핵과 전자가 분리된 플라스마 상태로 존재한다.

03 ㄴ. 핵융합 반응 과정에서 질량 결손이 일어나고, 감소한 질량이 에너지로 전환되어 방출된다.

ㄷ. 핵융합 반응이 일어나려면 원자핵의 운동이 매우 활발해져 (+)전하를 띤 원자핵 사이의 전기적 척력을 극복하고 서로 충돌할 수 있어야 한다. 따라서 핵융합 반응은 초고온 상태에서 일어난다.

바로 알기 ㄱ. 태양의 핵에서는 4개의 수소 원자핵이 1개의 헬륨(㉠) 원자핵이 되는 수소 핵융합 반응이 일어난다.

04 수소 핵융합 반응이 일어날 때 질량 결손이 발생하므로, 수소 원자핵 4개의 질량 합 $4m_1$보다 헬륨 원자핵 1개의 질량 m_2가 작다. 따라서 $4m_1 > m_2$이다.

05 태양의 핵에서는 4개의 수소 원자핵이 핵융합을 일으켜 1개의 헬륨 원자핵이 되는 수소 핵융합 반응이 일어난다. 이때 핵융합 과정에서 감소한 질량을 Δm이라고 하면, 질량·에너지 동등성에 의해 감소한 질량이 $E = \Delta mc^2$만큼의 에너지로 전환되어 방출된다.

모범 답안 수소 핵융합 반응 후 생성된 헬륨 원자핵 1개의 질량은 반응 전 수소 원자핵 4개의 질량 합보다 작다. 이때 감소한 질량이 에너지로 전환되어 방출된다.

채점 기준	배점(%)
수소 원자핵 4개와 헬륨 원자핵 1개의 질량을 옳게 비교하고, 에너지 방출을 질량 결손으로 옳게 설명한 경우	100
수소와 헬륨 원자핵의 개수를 명시하지 않은 채 질량을 옳게 비교하고, 에너지 방출을 질량 결손으로 옳게 설명한 경우	80
에너지 방출을 질량 결손으로만 옳게 설명한 경우	50
반응 전과 후 원자핵의 질량만 옳게 비교한 경우	30

06 ㄴ. 인공 태양 기술은 핵융합로에서 수소 핵융합 반응을 일으켜 에너지를 얻는 기술이다. 수소 핵융합 반응 과정에서 물질의 질량 합이 감소하는 질량 결손이 일어나고, 질량·에너지 동등성에 의해 감소한 질량에 해당하는 에너지가 방출된다.

바로 알기 ㄱ. 태양 에너지는 수소 핵융합 반응에 의해 생성된다. 따라서 ㉠은 가벼운 원자핵이 융합하여 무거운 원자핵이 되는 반응이다.

ㄷ. 핵융합 과정에서 방출되는 에너지 $E = \Delta mc^2$에서 Δm이 매우 작아도 빛의 속력이 $c \fallingdotseq 3 \times 10^8$ m/s이므로 방출되는 에너지가 크다.

07 • 학생 C: 태양 에너지는 광합성을 통해 화학 에너지로 전환되어 양분으로 저장되고, 먹이 사슬을 따라 이동하며 지구에 있는 생명체가 살아갈 수 있게 하는 주된 에너지원이 된다.

[바로알기] •학생 A: 태양 표면에서 방출된 태양 에너지는 전자기파 복사를 통해 지구로 전달된다. 대류는 액체 또는 기체에서 열이 전달되는 방법이다.

•학생 B: 태양에서 생성된 에너지의 일부는 지구에 도달하여 다양한 형태의 에너지로 전환되며 에너지 흐름을 일으킨다.

08 지구에 도달한 태양 에너지는 다양한 형태의 에너지로 전환되어 지구 시스템을 순환하며 물질과 에너지 흐름을 포함한 여러 가지 현상을 일으킨다.

ㄷ. 소나기는 구름 속의 물방울이 비가 되어 내리는 현상이다. 이는 태양의 열에너지를 흡수한 물의 순환으로 일어난다.

ㄹ. 대기 중의 탄소가 식물에 저장되는 과정은 광합성이다. 광합성 과정은 태양의 빛에너지가 식물에 화학 에너지로 저장되는 현상이다.

[바로알기] ㄱ. 화산 폭발은 지구 내부 에너지에 의해 나타나는 현상이다.

ㄴ. 밀물과 썰물은 달과 태양이 지구에 작용하는 인력과 지구의 자전으로 발생하는 조력 에너지에 의한 현상이다.

09 자료 해석하기

지구에서 태양 에너지의 전환과 흐름

태양 에너지는 지구에서 다양한 에너지로 전환되어 에너지 흐름을 일으킨다.
① 광합성은 태양의 빛에너지를 흡수하여 대기 중의 이산화 탄소와 물을 합성하여 포도당과 산소로 만드는 반응이다. 이 과정에서 태양의 빛에너지가 화학 에너지로 전환된다.
② 태양의 열에너지를 흡수하여 불균등 가열된 지표에 의해 대기가 불균등 가열되고, 기압 차가 발생하여 바람이 분다. 이 과정에서 태양의 열에너지가 바람의 운동 에너지로 전환된다.

ㄴ. 태양 에너지가 열에너지의 형태로 지표면을 가열하고, 열에너지를 흡수한 지표면은 지표면의 상태에 따라 온도 차가 발생한다. 이에 따라 기압 차가 생기면 기압이 높은 곳에서 낮은 곳으로 바람이 분다. 따라서 바람은 태양의 열에너지가 운동 에너지로 전환되는 예이다.

ㄷ. 바람의 운동 에너지는 풍력 발전에 의해 전기 에너지로 전환될 수 있다.

[바로알기] ㄱ. ㉠은 태양의 빛에너지를 화학 에너지로 바꾸는 과정으로 광합성이 ㉠에 해당한다. 핵융합 발전은 핵에너지를 전기 에너지로 전환하는 기술이다.

10 ㄱ. 화력 발전에 이용하는 석탄은 식물이 땅속에 묻혀 오랜 세월에 걸쳐 변한 것으로, 식물의 광합성을 통해 저장된 화학 에너지가 화석 연료의 화학 에너지가 된다. 따라서 화력 발전은 태양의 빛에너지를 근원으로 하는 발전 방식이다.

ㄷ. 수력 발전은 높은 곳에 있는 물의 위치 에너지를 전기 에너지로 전환한다. 지표나 바다에 있던 물이 태양의 열에너지를 흡수하여 증발하고 높은 곳에서 응결하여 구름이 된다. 구름 속의 물방울이 무거워져 비나 눈으로 내릴 때 강의 상류, 댐 등에 저장되고, 이 물의 위치 에너지를 수력 발전을 통해 전기 에너지로 전환한다. 따라서 수력 발전은 태양 에너지를 근원으로 하는 발전 방식이다.

[바로알기] ㄴ. 우라늄의 핵분열 반응을 이용하는 핵발전은 지각 속의 우라늄에 저장된 핵에너지를 이용한다. 핵에너지는 태양 에너지를 근원으로 하지 않는다.

11 ① (가) 지표나 바다에서 물이 태양의 열에너지를 흡수하면 대기 중으로 증발해 수증기가 되고, 수증기가 응결하거나 승화하여 구름이 된다. 이 과정에서 태양 에너지가 구름의 위치 에너지로 전환된다.

② (나) 식물은 이산화 탄소, 물, 태양의 빛에너지를 이용하여 광합성을 하고 양분(화학 에너지)을 저장한다. 이 과정에서 태양 에너지가 화학 에너지로 전환된다.

③ (다) 태양의 열에너지를 흡수하여 불균등 가열된 지표에 의해 기압 차가 발생하여 바람이 분다. 이 과정에서 태양 에너지가 운동 에너지로 전환된다.

⑤ (마) 바람이 불면 풍력 발전기의 날개가 돌아가며 전기 에너지를 생산할 수 있다. 이 과정에서 운동 에너지가 전기 에너지로 전환된다.

[바로알기] ④ (라) 바람이 해수를 움직이게 하여 파도가 치는 것은 공기의 운동 에너지가 파도의 운동 에너지로 전환되는 것이다. 위치 에너지가 운동 에너지로 전환되는 예로는 강의 상류에 있는 물이 아래로 흐르는 현상이 있다.

12 ㄱ. ㉠은 지표나 바다에 있던 물이 태양의 열에너지를 흡수하여 증발하고 수증기가 되어 상승하는 과정이다. 따라서 ㉠ 과정에서 물이 태양 에너지를 흡수한다.

ㄷ. 지표나 바다의 물이 태양의 열에너지를 흡수하여 증발하면서 물의 순환이 일어나므로, 물의 순환을 일으키는 근원은 태양 에너지이다.

[바로알기] ㄴ. 구름의 물방울이 비가 되어 다시 지표로 내릴 때 물의 위치 에너지가 운동 에너지로 전환되므로, ㉡ 과정에서 빗방울의 위치 에너지는 감소한다.

13 태풍은 태양 에너지가 구름의 위치 에너지와 바람의 운동 에너지로 전환된 것이다. 즉, 태양 에너지는 열에너지 형태로 물에 흡수되어 물이 증발하고, 구름의 위치 에너지로 전환된다. 이때 구름이 생기며 저기압이 강하게 발달하면 강한 바람이 부는 태풍이 되어 운동 에너지로 전환된다.

14 ㄱ. ㉠은 광합성으로, 지구에서 일어나는 탄소 순환의 일부이다.

ㄴ. 광합성 과정을 통해 화학 에너지가 저장된 열매나 뿌리는 동물의 에너지원이 된다.

ㄷ. ㉡은 운동 에너지이다. 바람은 태양의 열에너지가 지표면에 흡수되면서 기압 차가 생겨 공기의 운동 에너지로 전환된 것이다.

JUMP 도전 문제

01 ① **02** ⑤ **03** ③ **04** 해설 참조

---

01 자료 해석하기

태양에서 일어나는 수소 핵융합 반응

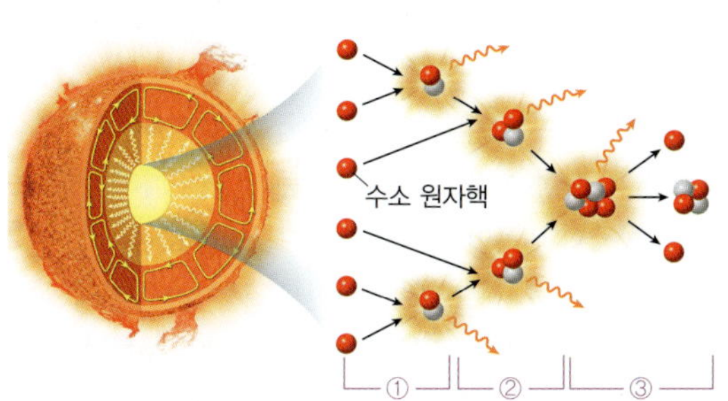

태양의 핵에서는 수소 원자핵 6개가 몇 단계의 핵융합을 거쳐 최종적으로 헬륨 원자핵 1개와 수소 원자핵 2개가 되는 반응이 일어난다. 알짜 반응만 고려하면 4개의 수소 원자핵이 핵융합을 일으켜 1개의 헬륨 원자핵이 되는 셈이다.

① 수소 원자핵 2개가 핵융합을 일으켜 중수소 원자핵이 된다.
$$^1_1H + ^1_1H \longrightarrow ^2_1H + e^+ + \nu_e$$

② 중수소 원자핵 1개와 수소 원자핵 1개가 핵융합을 일으켜 헬륨 3 원자핵이 된다.
$$^2_1H + ^1_1H \longrightarrow ^3_2He + \gamma$$

③ 헬륨 3 원자핵 2개가 핵융합을 일으켜 헬륨 원자핵과 수소 원자핵 2개를 방출한다.
$$^3_2He + ^3_2He \longrightarrow ^4_2He + 2^1_1H$$

ㄱ. 태양의 핵에서는 수소 원자핵 4개가 헬륨 원자핵 1개로 결합하는 핵융합 반응이 끊임없이 일어난다. 따라서 시간이 지날수록 태양에 있는 수소는 점점 감소한다.

바로알기 ㄴ. 핵융합 반응 과정에서 입자들의 질량 합이 감소하는 질량 결손이 일어난다.

ㄷ. 지구에서 일어나는 에너지 흐름 중 핵에너지, 지구 내부 에너지, 조력 에너지 등을 이용하는 에너지 흐름은 태양 에너지와는 관련이 없다.

02 ㄱ. 수소 핵융합 과정에서 수소 원자핵이 핵융합을 일으키며 헬륨 원자핵이 된다.

ㄴ. 수소 원자핵 4개가 핵융합을 일으켜 1개의 헬륨 원자핵이 될 때, 헬륨 원자핵 1개의 질량은 반응 전 수소 원자핵 4개의 질량 합보다 작다. 즉, 수소 핵융합 과정에서 질량 결손이 발생하며, 이 질량 결손이 에너지로 전환되어 방출된다.

ㄷ. 화석 연료는 식물이 광합성을 통해 태양 에너지를 화학 에너지로 저장한 후, 식물을 포함한 생명체의 유해가 땅속에서 오랜 세월에 걸쳐 변형된 것이다. 따라서 화석 연료의 화학 에너지의 근원은 태양 에너지이다.

03 ㄱ. (가)의 소나기구름은 물이 태양의 열에너지를 흡수하여 증발하면서, 높은 곳으로 올라가 물방울이 된 것이다. 따라서 태양 에너지가 구름의 위치 에너지로 전환된 것이다.

ㄴ. 장작은 나뭇잎이 광합성을 통해 태양의 빛에너지를 화학 에너지 형태로 전환하여 줄기에 저장한 것이다.

바로알기 ㄷ. 장작을 태우면 화학 에너지가 열에너지로 전환되어 주변으로 흩어진다. 이렇게 열에너지로 전환된 에너지는 태양 에너지로 전환되지 않는다.

04 (1) 태양 에너지가 A를 통해 식물의 양분으로 저장되므로 A는 광합성이다. B는 식물이나 동물의 유해가 땅속에 묻혀 오랜 세월에 걸쳐 형성되는 화석 연료이다. 화석 연료에는 석탄, 석유, 천연가스 등이 있다.

모범답안 (1) A는 광합성이다. 광합성 과정에서 태양의 빛에너지가 화학 에너지로 전환되어 저장된다.

(2) ㄱ, ㄴ

	채점 기준	배점(%)
(1)	A를 광합성이라고 쓰고, 광합성 과정에서 일어나는 에너지 전환을 옳게 설명한 경우	60
	에너지 전환만 옳게 설명한 경우	40
	A만 옳게 명시한 경우	20
(2)	ㄱ, ㄴ을 고른 경우	40

02 발전

✔ 중요 개념 체크

222쪽	**1** 전자기 유도	**2** (1) ○ (2) ○ (3) ×	
225쪽	**3** ㉠ 운동, ㉡ 전기	**4** 화석 연료의 화학 에너지	
	5 방사성 폐기물		

2 (3) 자석과 코일 사이의 간격을 일정하게 유지하며 자석과 코일을 운동시키면 코일을 지나는 자기장의 변화가 없어 전자기 유도 현상이 일어나지 않는다.

탐구 확인 문제
227쪽

01 (1) × (2) × (3) ○ (4) ○ **02** 해설 참조 **03** ③
04 ③

01 (1) 막대자석 주위의 자기장은 자석의 극에 가까울수록 세진다. 따라서 막대자석의 한쪽 극이 코일에 가까워지면 코일을 통과하는 자기장의 세기는 증가한다.

(2) 자석을 고정하고 코일을 움직여도 코일을 통과하는 자기장이 변하므로 코일에 유도 전류가 흐른다. 즉, 코일과 막대자석이 상대적인 운동을 하면 코일에 유도 전류가 흐른다.

(3) 네오디뮴 자석은 막대자석보다 자기장이 세다. 따라서 네오디뮴 자석으로 실험하면 단위 시간당 자기장 변화가 증가하여 유도 전류의 세기가 증가한다.

(4) 코일에 유도 전류가 흐르면 유도 전류에 의한 자기장이 생긴다. 따라서 코일과 막대자석 사이에는 자기력이 작용하며, 이때 자석에 작용하는 자기력의 방향은 막대자석의 운동을 방해하는 방향이다.

02 사람이 ㄱ자 막대를 돌리면 몸에 저장된 화학 에너지가 자석이 회전하는 운동 에너지로 전환된다. 자석이 회전하면 코일을 통과하는 자기장이 변하므로 코일에 유도 전류가 흐르며 전기 에너지로 전환되고, 발광 다이오드에 불이 켜지면서 빛에너지로 전환되어 방출된다.

모범 답안 (1) 자석이 운동하면 코일을 통과하는 자기장이 변하여 전자기 유도에 의해 코일에 유도 전류가 흐르므로 발광 다이오드에 불이 켜진다.

(2) 사람이 막대를 돌리면 사람의 화학 에너지가 자석의 운동 에너지로 전환되고, 전자기 유도에 의해 코일에서 전기 에너지로 전환되며, 발광 다이오드에서 빛에너지로 전환된다.

	채점 기준	배점(%)
(1)	자석의 운동에 의한 코일 내부의 자기장 변화와 전자기 유도를 이용하여 옳게 설명한 경우	50
	전자기 유도만을 이용하여 옳게 설명한 경우	30
(2)	화학 에너지, 운동 에너지, 전기 에너지, 빛에너지의 네 가지 에너지를 모두 순서대로 언급하여 옳게 설명한 경우	50
	세 가지 에너지를 순서대로 옳게 설명한 경우	40
	두 가지 에너지를 옳게 설명한 경우	30

03 ③ (나)에서 자석의 S극이 멀어지므로 코일의 오른쪽이 N극이 되도록 유도 전류가 흐른다. 따라서 유도 전류가 만드는 자기장은 자석의 운동을 방해한다.

바로 알기 ① 자석이 코일을 통과할 때 운동 에너지의 일부가 전기 에너지로 전환되므로 자석의 속력은 (가)에서가 (나)에서보다 더 빠르다.

② (가)에서 자석의 N극이 코일의 왼쪽으로 접근하므로 코일의 왼쪽이 N극이 되도록 유도 전류가 흐른다. 따라서 오른손의 엄지손가락이 왼쪽을 향하도록 할 때 네 손가락을 감아쥐는 방향인 유도 전류의 방향은 b → ⓒ → a 방향이다.

④ (가)보다 (나)에서 자석의 속력이 더 느리므로, 유도 전류의 세기는 (나)에서가 (가)에서보다 더 작다.

⑤ 코일에는 자석의 운동을 방해하는 방향으로 유도 전류가 흐르므로, (가)와 (나)에서 모두 자석은 왼쪽으로 자기력을 받는다.

04 유도 전류의 세기는 자석의 세기와 속력에 따라 다르고, 유도 전류의 방향은 자석의 극과 운동 방향에 따라 다르다. B와 C는 N극이 위쪽인 상태로 떨어지므로 자석이 코일에 가까워질 때 흐르는 유도 전류의 방향이 같다. 따라서 자석이 코일에 들어가는 순간 유도 전류의 방향이 반대인 ㉡은 A의 결과이다. ㉠과 ㉢ 중 유도 전류의 최댓값이 큰 ㉢이 더 높은 곳에서 자석이 떨어진 C의 결과이다.

교과서 속 START 내신 완성 문제
232~234쪽

01 ㉠ 변하면, ㉡ 전자기 유도 **02** ④ **03** ① **04** ①, ⑤
05 ④ **06** 해설 참조 **07** ④ **08** ㉠ 운동, ㉡ 전기
09 ② **10** 해설 참조 **11** ③ **12** ② **13** ①, ④
14 ③ **15** ④

01 코일 주위에서 자석이 움직이거나 자석 주위에서 코일이 움직이며 자석과 코일이 서로 가까워지거나 멀어지는 상대적인 운동을 하면 코일을 통과하는 자기장이 변하여 코일에 유도 전류가 흐르는 전자기 유도 현상이 일어난다.

02 자석의 N극을 코일 속에 넣을 때 발광 다이오드 A가 불이 켜지고, B는 불이 켜지지 않았으므로, A, B는 서로 반대인 극끼리 연결되어 있다. 따라서 발광 다이오드 B에 불이 켜지게 하려면 유도 전류의 방향이 반대가 되어야 한다.

ㄱ. 자석의 극만 바꾸어 코일 속에 넣으면 유도 전류의 방향이 반대가 된다.

ㄴ. 자석을 움직이는 방향만 반대가 되면 유도 전류의 방향이 반대가 된다.

바로알기 ㄷ. 자석의 N극을 코일에 가까이 할 때와 코일을 자석의 N극에 가까이 할 때 모두 코일을 아래로 통과하는 자기장의 세기가 증가하므로, 유도 전류의 방향은 변하지 않는다.

ㄹ. 자석의 세기를 세게 하면 유도 전류의 세기는 증가하지만, 방향은 변하지 않는다.

03 유도 전류는 코일을 통과하는 자기장의 변화를 방해하는 방향으로 흐른다.

ㄱ. 코일을 움직이는 속력이 빠르면 코일을 통과하는 자기장이 더 빠르게 변하므로 더 센 유도 전류가 흘러서 전구의 밝기가 밝아진다.

바로알기 ㄴ. 코일을 위로 움직일 때는 자석의 N극과 가까워지므로 코일을 통과하는 자기장이 세지고, 코일을 아래로 움직일 때는 자석의 N극과 멀어지므로 코일을 통과하는 자기장이 약해진다. 따라서 코일을 위와 아래로 움직일 때 전구에 흐르는 전류의 방향은 반대이다.

ㄷ. 코일을 위로 움직일 때 자석과 코일은 서로 밀어내고, 코일을 아래로 움직일 때 자석과 코일은 서로 끌어당긴다. 따라서 코일이 위로 움직일 때는 자석이 위로 자기력을 받고, 코일이 아래로 움직일 때는 자석이 아래로 자기력을 받는다.

04 ① 더 센 자석을 사용하면 자기장의 세기가 증가하므로 자석이 운동할 때 자기장의 변화도 증가하여 유도 전류도 증가한다.

⑤ 코일의 감은 수가 많을수록 센 유도 전류가 흐른다.

바로알기 ② 자석을 더 느리게 움직이면 단위 시간당 자기장의 변화가 감소하여 유도 전류도 감소한다.

③ 자석의 극을 바꾸어 코일에 가까이 하면 유도 전류의 방향이 반대가 된다.

④ 자석을 코일 가운데에 고정시키면 코일을 통과하는 자기장이 변하지 않고 일정하므로 유도 전류가 흐르지 않는다.

05 ㄴ. 유도 전류는 자석의 운동을 방해하는 방향으로 흐르므로, (나)에서 자석이 아래로 운동하는 동안 받는 자기력은 위쪽이다. 따라서 a, b에서 자석이 받는 자기력의 방향은 같다.

ㄷ. 자석의 속력이 빠를수록 코일을 통과하는 자기장이 빠르게 변한다. 따라서 자석이 a를 지날 때 유도 전류의 세기는 속력이 (가)의 2배인 (나)에서 더 크다.

바로알기 ㄱ. (가)에서 자석이 a를 지날 때 S극이 코일의 윗면에 접근하므로 코일의 위쪽이 S극이 되는 방향으로 유도 전류가 흐른다. 자석이 b를 지날 때는 N극이 코일의 아랫면에서 멀어지므로 코일의 아래쪽이 S극이 되는 방향으로 유도 전류가 흐른다. 따라서 (가)에서 자석이 a, b를 지날 때 유도 전류의 방향은 반대이다.

06 자전거 발전기는 바퀴에 접촉되어 있는 회전축에 자석이 고정되어 있다. 바퀴가 회전하면 자석이 회전하고, 코일을 통과하는 자기장이 변하여 코일에 유도 전류가 흐른다.

모범답안 자전거가 달리면 자석이 회전하여 발전기에서 전자기 유도에 의해 운동 에너지가 전기 에너지로 전환된다. 전기 에너지는 전조등에서 빛에너지로 전환되어 빛이 난다.

채점 기준	배점(%)
4개의 용어를 모두 사용하여 전자기 유도와 에너지 전환을 옳게 설명한 경우	100
2~3개의 용어를 사용하여 전자기 유도와 에너지 전환을 옳게 설명한 경우	70
전자기 유도와 에너지 전환을 옳게 설명한 경우	30

07 ㄴ. 자석 사이에서 코일이 회전하면 자기장에 수직인 코일의 단면적이 변하므로, 코일을 통과하는 자기력선의 수가 변한다.

ㄷ. 코일을 통과하는 자기력선의 수가 변하면 코일에 유도 전류가 흘러 전구에 불이 켜진다. 코일을 빠르게 돌릴수록 코일을 통과하는 자기장이 빠르게 변하므로, 코일에 더 센 유도 전류가 흐르고, 전구의 밝기는 더 밝아진다.

바로알기 ㄱ. 회전하는 코일의 운동 에너지가 전자기 유도에 의해 전기 에너지로 전환된다.

08 터빈이 회전할 때 자석이 함께 회전하여, 자석을 둘러싼 코일을 통과하는 자기장이 변한다. 이때 코일에는 전자기 유도에 의해 유도 전류가 흐르므로, A가 회전할 때 B에서는 자석이 회전하는 운동 에너지가 전기 에너지로 전환된다.

09 ② 화력 발전은 석탄, 천연가스 등의 화석 연료가 연소할 때 발생하는 열로 물을 끓여 얻은 고온·고압의 수증기로 터빈을 회전시킨다.

바로알기 ③ 풍력 발전은 바람을 이용해 터빈을 회전시킨다.
④ 핵발전은 우라늄과 같은 핵연료가 핵분열을 일으킬 때 발생하는 열로 물을 끓여 얻은 고온·고압의 수증기로 터빈을 회전시킨다.
⑤ 수력 발전은 높은 곳에서 흐르는 물을 이용해 터빈을 회전시킨다.

10 화력 발전소는 보일러에서 화석 연료를 연소할 때 발생하는 열로 물을 끓인다. 이때 발생한 고온·고압의 수증기로 터빈을 돌리면, 터빈에 연결된 발전기의 자석이 회전하며 코일에 유도 전류가 흐른다.

모범 답안 | 화석 연료를 연소시킬 때 발생하는 열로 물을 끓이며 화학 에너지가 열에너지로 전환되고, 물을 끓여 만든 고온·고압의 수증기로 터빈을 돌려 운동 에너지로 전환한 다음 발전기에서 전기 에너지로 전환된다.

채점 기준	배점(%)
용어 4개를 모두 사용하여 옳게 설명할 경우	100
용어 중 3개를 사용하여 옳게 설명한 경우	50
용어 중 2개를 사용하여 옳게 설명한 경우	30

11 원자력 발전소의 원자로 내부에서는 우라늄 원자핵의 핵분열 반응이 일어난다.
ㄱ. 우라늄 원자핵의 핵분열 과정에서 질량 결손이 일어나므로 반응 전 입자들의 총 질량이 반응 후 입자들의 총 질량보다 크다. 즉, $M_1 > M_2$이다.
ㄴ. 무거운 우라늄 원자핵이 2개의 원자핵으로 쪼개지므로, 핵분열 반응이다.
바로알기 ㄷ. 원자로에서 발생하는 핵에너지는 지구 내부 물질을 이용하는 것으로, 태양 에너지를 근원으로 하지 않는다.

12 화력 발전은 보일러에서 화석 연료의 화학 에너지가 열에너지로 전환되고 다시 터빈에서 운동 에너지로, 발전기에서 전기 에너지로 전환된다. 핵발전은 원자로에서 핵연료의 핵에너지가 열에너지로 전환되고 다시 터빈에서 운동 에너지로, 발전기에서 전기 에너지로 전환된다.

13 ① 핵발전은 방사성 폐기물의 처리가 어렵고, 방사능이 누출될 경우 큰 피해가 생길 수 있다.
④ 핵발전은 핵분열 과정에서 발생하는 질량 결손에 의해 엄청난 에너지를 방출하므로, 적은 양의 연료로 대량의 전기 에너지를 생산할 수 있는 장점이 있다.
바로알기 ②, ③, ⑤는 화력 발전의 장점이다.

14 (가)는 화력 발전과 핵발전의 공통점이다.

ㄱ. 화력 발전과 핵발전은 모두 에너지원으로부터 발생하는 열을 이용해 물을 끓여 얻은 고온·고압의 수증기로 터빈을 돌린다.
ㄷ. 화력 발전과 핵발전은 수증기를 식히는 데 많은 양의 물이 필요하므로 주로 물을 얻기 쉬운 바닷가에 건설한다.
바로알기 ㄴ. 화력 발전은 화석 연료의 연소 과정에서 이산화 탄소가 발생하지만, 핵발전은 연소 과정이 없어 이산화 탄소를 배출하지 않는다.

15 ㄱ. 화석 연료는 매장량이 한정되어 있어 자원 고갈의 우려가 있다.
ㄴ. 화석 연료를 이용하는 발전 과정에서 이산화 탄소를 포함한 대기 오염 물질을 배출하므로 가급적 화석 연료를 이용하는 발전소를 줄여야 한다.
바로알기 ㄷ. 화석 연료를 이용한 발전은 날씨에 영향을 거의 받지 않는다.

JUMP 1등급 도전 문제
235쪽

01 ⑤   **02** ⑤   **03** ③   **04** ③

01 자료 해석하기

시간에 따른 자석과 코일 사이 거리 그래프 분석

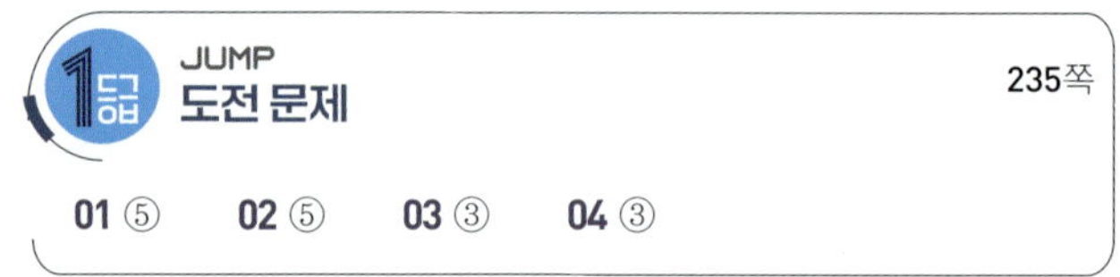

자석과 코일 사이의 시간-거리 그래프에서 기울기는 자석의 속력이다. 0∼2초까지는 거리가 감소하므로 자석이 코일 쪽으로 운동하고, 2∼4초까지는 거리가 일정하므로 자석이 정지해 있으며, 4초 이후에는 거리가 증가하므로 자석이 코일에서 멀어진다.

ㄴ. 자석의 속력이 1초일 때가 6초일 때보다 빠르므로 유도 전류의 세기는 1초일 때가 6초일 때보다 크다.
ㄷ. 3초일 때는 자석이 정지해 있으므로 코일을 통과하는 자기

장이 변하지 않는다. 따라서 3초일 때는 유도 전류가 흐르지 않는다.

[바로알기] ㄱ. 1초일 때는 자석의 N극이 코일에 접근하고 6초일 때는 자석의 N극이 코일에서 멀어지므로 코일에 흐르는 유도 전류의 방향은 반대이다.

02 자료 해석하기

자석이 코일 위를 지나갈 때 유도 전류

실에 매달린 자석의 N극을 아래로 하여 코일 위에서 진동하면 코일에 유도 전류가 흐른다.

① N극이 코일에 접근하면 코일에는 위쪽이 N극이 되도록 유도 전류가 흐른다.

② N극이 코일에서 멀어지면 코일에는 위쪽이 S극이 되도록 유도 전류가 흐른다.

ㄱ. 자석이 코일에 접근할 때는 코일을 통과하는 자기장이 세지고, 코일에서 멀어질 때는 코일을 통과하는 자기장이 약해지므로 유도 전류의 방향이 서로 반대이다.

ㄴ. 자석의 세기가 셀수록 유도 전류의 최댓값이 크다.

ㄷ. 시간이 지나면서 자석의 역학적 에너지가 코일의 전기 에너지로 전환되므로 자석의 진동 폭이 점점 감소한다.

03 (가)는 가벼운 수소 원자핵 4개가 융합하여 무거운 헬륨 원자핵이 되는 것이므로 수소 핵융합 반응이고, (나)는 우라늄 원자핵이 2개의 원자핵으로 쪼개지므로 우라늄 핵분열 반응이다. 핵융합 반응과 핵분열 반응 모두 반응 과정에서 질량이 감소하는 질량 결손이 일어나고, 질량·에너지 동등성에 의해 막대한 에너지가 방출된다.

04 화력 발전은 화석 연료를, 핵발전은 핵연료를 이용하여 발전하는 방식이다.

ㄱ. A는 화력 발전이고 B는 핵발전이다. 화력 발전은 화석 연료를 연소하여 화학 에너지를 열에너지로 전환하고, 핵발전은 핵분열을 일으켜 핵에너지를 열에너지로 전환한다.

ㄷ. D는 발전기로, 발전기에서는 전자기 유도에 의해 운동 에너지가 전기 에너지로 전환된다.

[바로알기] ㄴ. C는 원자로이다. 원자로에서는 우라늄 원자핵의 핵분열 반응이 일어난다.

○3 에너지 효율과 신재생 에너지

✔ **중요 개념 체크**

238쪽	**1** 빛에너지, 소리 에너지	**2** 에너지 보존
240쪽	**3** (1) ○ (2) ○	
243쪽	**4** 수력 발전, 조력 발전, 파력 발전 등	

4 수력 발전은 높은 곳에 있는 물의 위치 에너지를 이용하여 발전하고, 조력 발전은 밀물과 썰물에 의해 나타나는 해수면의 높이차를 이용하여 발전한다. 파력 발전은 파도의 운동 에너지를 이용하여 발전한다.

교과서 속 **START 내신 완성 문제**

248~250쪽

01 ③	02 해설 참조	03 ③	04 ①	05 해설 참조
06 ④	07 ④	08 ⑤	09 ①	10 ③	11 ②
12 ②	13 ⑤	14 ③	15 ④	16 ⑤	

01 ㄱ. 에너지는 물체나 시스템이 일을 할 수 있는 능력이다.

ㄴ. 에너지는 운동 에너지, 전기 에너지, 화학 에너지 등 다양한 형태로 존재하며, 한 형태에서 다른 형태로 전환될 수 있다.

[바로알기] ㄷ. 한 형태의 에너지가 다른 형태의 에너지로 전환되면 원래 에너지가 감소한 만큼 다른 에너지가 증가한다. 즉, 에너지가 전환되는 과정에서 전환 전후 에너지의 총량은 항상 일정하게 보존된다.

02 스마트 기기를 충전할 때 전기 에너지가 화학 에너지로 전환되어 전지에 저장된다. 스마트 기기가 진동할 때 전동기에서 전기 에너지가 운동 에너지로 전환되며, 스피커에서는 전기 에너지가 소리 에너지로 전환된다. 화면에서는 전기 에너지가 빛에너지로 전환된다. 에너지 보존 법칙에 의해 스마트 기기에서 다양한 형태로 전환된 에너지의 총량은 스마트 기기로 공급한 전기 에너지의 양과 같다.

[모범답안] (1) ㉠ 화학 에너지, ㉡ 전기 에너지
(2) 스마트 기기에서 전환된 모든 에너지의 총량과 스마트 기기에 공급한 전기 에너지의 양은 같다.

	채점 기준	배점(%)
(1)	㉠, ㉡을 옳게 쓴 경우	40
(2)	공급한 전기 에너지와 전환된 에너지의 총량이 같다고 설명한 경우	60

03 에너지 전환 과정에서 일부 에너지는 열에너지로 전환되어 주변으로 흩어진다.

ㄱ, ㄴ. 수영할 때 몸에 저장된 화학 에너지가 운동 에너지와 열에너지로 전환된다. 연료 전지는 수소와 산소의 산화·환원 반응을 이용해 화학 에너지를 전기 에너지로 전환하고, 뜨거운 물(열에너지)이 배출된다. 발전기는 운동 에너지를 전기 에너지로 전환하며, 이 과정에서 일부는 열에너지로 배출된다. 따라서 (가)는 열에너지이고 (나)는 전기 에너지이다.

[바로알기] ㄷ. 전기 다리미는 전기 에너지를 열에너지로 전환하므로 (나)를 (가)로 전환한다.

04 에너지 효율은 공급한 전체 에너지 중에서 유용하게 사용한 에너지의 비율이다.

② 에너지 전환 과정에서 일부는 다시 사용할 수 없는 형태의 열에너지로 전환되어 주위로 흩어진다.

③, ④ 공급한 에너지 중에서 유용하게 사용된 에너지의 비율을 에너지 효율이라고 한다. 따라서 에너지 효율이 낮으면 같은 양의 에너지를 공급했을 때 하는 일이 적다.

⑤ 에너지 효율이 높으면 같은 양의 일을 더 작은 에너지로 할 수 있다.

[바로알기] ① 에너지를 사용하는 과정에서 에너지 전환이 일어나며, 이때 사용 전후의 에너지 총량은 일정하다. 그러나 공급한 에너지의 일부는 다시 사용할 수 없는 형태의 열에너지로 전환되어 버려지므로 에너지 효율은 항상 100 %보다 작다.

05 에너지는 보존되므로 공급된 연료의 화학 에너지는 자동차의 운동 에너지와 손실된 에너지의 합과 같다. 배기가스나 마찰에 의해 발생한 열에너지가 90 kJ, 기타 열에너지가 60 kJ이므로 손실되는 에너지는 150 kJ이다. 따라서 운동 에너지로 전환된 에너지는 50 kJ이다.

[모범답안] 자동차에 공급한 연료의 화학 에너지가 200 kJ이고 손실된 에너지가 150 kJ이므로, 운동 에너지는 50 kJ이다. 따라서 에너지 효율은 $e = \dfrac{50\ \text{kJ}}{200\ \text{kJ}} \times 100 = 25\ \%$이다.

채점 기준	배점(%)
에너지 효율을 옳게 구하고, 풀이 과정을 옳게 설명한 경우	100
에너지 효율만 옳게 쓴 경우	30

06 에너지 효율은 공급한 에너지 중 유용하게 사용된 에너지의 비율이다. 에너지 효율이 20 %이므로 공급한 에너지 중 손실된 에너지 비율은 80 %이다. 손실된 에너지가 8 kJ이므로 공급한 에너지는 10 kJ이고, 유용하게 사용된 에너지는 2 kJ이다.

07 에너지 소비 효율 등급이 1등급에 가까울수록 에너지 효율이 높은 제품이다.

ㄴ. 에너지 소비 효율 등급이 1등급에 가까울수록 에너지 효율이 높은 전기 기구이므로, 에너지 효율은 A가 B보다 높다. 에너지 효율은 공급한 에너지 중 유용하게 사용된 에너지의 비율이므로, 같은 에너지를 공급했을 때 한 일의 양은 A가 B보다 많다.

ㄷ. 같은 양의 일을 할 때 에너지 효율이 높은 제품이 더 작은 에너지를 소비한다. 따라서 같은 양의 일을 하려면 에너지 효율이 낮은 B에 더 많은 에너지를 공급해야 한다.

[바로알기] ㄱ. 에너지 소비 효율이 아무리 좋아도 에너지 전환 과정에서 공급한 에너지의 일부는 다시 사용할 수 없는 형태의 열에너지로 전환되어 주위로 흩어진다. 따라서 공급한 에너지를 모두 유용하게 사용할 수는 없다.

08 [자료 해석하기]

하이브리드 자동차에서 에너지 전환

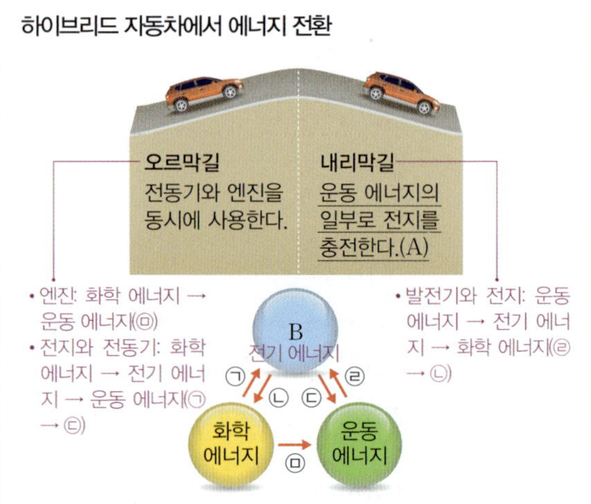

하이브리드 자동차는 화석 연료를 이용하는 엔진과 전기 에너지를 이용하는 전지와 전동기를 함께 사용한다.

① **오르막길**: 전동기와 엔진을 동시에 사용한다. 전동기에서는 전지에 충전된 화학 에너지가 전기 에너지를 거쳐 운동 에너지로 전환되고, 엔진에서는 화석 연료의 화학 에너지가 운동 에너지로 전환된다.

② **내리막길**: 운동 에너지의 일부가 발전기에서 전기 에너지로 전환되어 전지에 화학 에너지로 저장된다.

③ 운행 중 버려지는 에너지의 일부를 전기 에너지로 전환하여 저장하므로 에너지 효율이 내연 기관 자동차보다 좋다.

ㄱ. 하이브리드 자동차는 엔진과 전동기, 전지를 함께 사용한다. 오르막길에서는 전지에 충전된 화학 에너지가 전기 에너지로 전환되고, 전동기에서 다시 운동 에너지로 전환된다. 내리막길이나 감속할 때는 전동기가 발전기로 작동하여 운동 에너지가 전기 에너지로 전환되고 전지에 화학 에너지로 저장된다.

따라서 B는 전기 에너지이다.

ㄴ. 내리막길에서는 운동 에너지가 전기 에너지로 바뀌는 ㉣ 과정과 전기 에너지가 전지에 화학 에너지로 충전되는 ㉢ 과정이 일어난다.

ㄷ. 엔진에서는 화석 연료의 화학 에너지가 운동 에너지로 전환된다.

09 ㄱ. 발광 다이오드 전등은 전기 에너지를 대부분 빛에너지로 전환하므로 형광등보다 에너지 효율이 높다.

바로알기 ㄴ. 에너지 소비 효율 등급이 1등급인 제품이 5등급인 제품보다 에너지 효율이 높다.

ㄷ. 냉방기를 작동할 때는 창문을 닫아서 에너지 손실을 줄여야 전기 에너지를 효율적으로 이용할 수 있다.

10 ㄱ. 조력 발전은 밀물과 썰물을 이용하고, 지열 발전은 지구 내부의 열을 이용하므로 둘 다 재생 가능한 신재생 에너지를 이용한 발전 방식이다.

ㄴ. 조력 발전은 바닷물의 흐름을 이용해 터빈을 돌리고 지열 발전은 지하에서 얻은 고온·고압의 수증기로 터빈을 돌린다. 터빈의 운동 에너지가 발전기에서 전자기 유도에 의해 전기 에너지로 전환된다.

바로알기 ㄷ. 밀물과 썰물은 조력 에너지로 인한 현상이고, 지열은 지구 내부 에너지로 인한 현상이므로 태양 에너지가 근원이 아니다.

ㄹ. 조력 발전은 물의 위치 에너지를 전기 에너지로 전환하지만, 지열 발전은 지구 내부 에너지를 이용한다.

11 ①, ⑤ 신재생 에너지는 기존의 화석 연료를 변환하여 이용하거나 햇빛, 바다, 바람 등 재생 가능한 에너지원을 사용하여 발전을 하므로, 화석 연료와 달리 에너지 자원이 고갈될 염려가 작고 지속적인 발전이 가능하다.

③ 발전 과정에서 이산화 탄소를 포함한 환경 오염 물질을 적게 배출하므로 환경 오염 문제가 발생할 우려가 작다.

④ 신재생 에너지는 자연조건에 따라 발전량의 변동이 크다. 따라서 현재의 기술로는 화력 발전이나 핵발전에 비해 안정적인 전력 공급이 어렵다.

바로알기 ② 태양광 발전이나 연료 전지를 이용한 발전은 전자기 유도를 이용하지 않는다.

12 ㄴ. 가로등은 전기 에너지를 빛에너지로 전환한다.

바로알기 ㄱ. 풍력 발전은 전자기 유도를 이용해 바람의 운동 에너지를 전기 에너지로 전환한다. 태양광 발전은 태양 전지에서 직접 빛에너지를 전기 에너지로 전환하므로 전자기 유도를 이용하지 않는다.

ㄷ. A, B가 생산한 전기 에너지가 C로 전달되어 빛에너지로 전환되는 과정에서 일부는 열에너지로 전환되어 주위로 흩어진다. 따라서 C에서 방출한 빛에너지는 A, B가 생산한 전기 에너지보다 작다.

13 A는 전자기 유도를 이용하며 발전량이 날씨의 영향을 받지 않으므로 화력 발전, 핵발전 등이 해당한다. B는 전자기 유도를 이용하며 날씨의 영향을 받으므로 풍력 발전이 해당한다. C는 전자기 유도를 이용하지 않으며 날씨의 영향을 받으므로 태양광 발전이 해당한다.

14 ①, ② 에너지 제로 하우스는 화석 연료나 핵에너지를 사용하지 않고 에너지를 자급자족하는 주택으로, 태양열이나 지열 등을 이용해 온수를 얻어 난방에 활용한다.

④ 에너지 제로 하우스는 고성능 단열재, 이중창, 열교환기 등을 이용해 에너지 손실을 줄인다.

⑤ 태양광 발전, 풍력 발전, 연료 전지 등 신재생 에너지를 이용해 전기 에너지를 생산한다.

바로알기 ③ 에너지 제로 하우스는 최소한의 에너지로 생활하고, 필요한 에너지를 직접 생산하여 소비한다.

15 ㄱ. 전기 에너지를 전지에 저장하는 과정에서 전기 에너지가 화학 에너지로 전환된다.

ㄷ. 풍력 발전은 전자기 유도를 이용해 바람의 운동 에너지를 전기 에너지로 전환한다. 따라서 화석 연료를 사용하지 않으므로 발전 과정에서 이산화 탄소를 거의 배출하지 않는다.

바로알기 ㄴ. 풍력 발전은 바람의 세기나 방향에 따라 발전량이 계속 변하므로, 정확한 발전량을 예측하기 어려운 단점이 있다.

16 ㄱ. 태양 전지는 빛에너지를 직접 전기 에너지로 전환한다.

ㄴ. 조력 발전에서는 밀물과 썰물로 나타나는 해수면의 높이차에 의해 바닷물이 이동하며 터빈을 돌려 전기 에너지를 생산한다. 따라서 전자기 유도를 이용해 물의 위치 에너지를 전기 에너지로 전환한다.

ㄷ. 태양광 발전과 조력 발전은 발전 과정에서 이산화 탄소 같은 온실 기체를 거의 배출하지 않는다.

01 ①　　**02** ③　　**03** 해설 참조　　**04** ③

01 ㄴ. 보조 배터리를 충전하는 과정에서 전기 에너지가 화학 에너지로 전환된다.

[바로알기] ㄱ. A는 태양 전지이다. 태양 전지는 빛에너지를 직접 전기 에너지로 전환한다.

ㄷ. A에 도달한 태양 에너지 중 일부가 전기 에너지로 전환된다. 또 A에서 생산된 전기 에너지가 보조 배터리로 전달되어 충전되는 과정에서 전기 에너지의 일부는 열에너지로 전환되어 손실된다.

02 ㄱ. 에너지 보존 법칙에 따라 열기관에 공급한 열은 열기관이 외부에 한 일과 외부로 방출한 열의 합과 같다. 따라서 ㉠은 150 kJ이다.

ㄴ. 열효율은 열기관에 공급한 열 중에서 열기관이 한 일의 비율로, A, B의 열효율 e_A, e_B는 다음과 같다.

$$e_A = \frac{150\ \text{kJ}}{500\ \text{kJ}} = 0.3,\ e_B = \frac{200\ \text{kJ}}{500\ \text{kJ}} = 0.4$$

즉, A, B에 같은 열을 공급했을 때 한 일이 더 많은 B가 A보다 열효율이 높다.

[바로알기] ㄷ. 열기관이 외부에 한 일은 열기관에 공급한 열과 열효율의 곱과 같다. 따라서 A, B가 외부에 한 일이 W로 같을 때 A, B에 공급하는 열을 Q_A, Q_B라고 하면 다음과 같다.

$$W = 0.3Q_A = 0.4Q_B \rightarrow Q_A = \frac{4}{3}Q_B$$

따라서 같은 양의 일을 하기 위해서 공급해야 하는 열은 A가 B의 $\frac{4}{3}$배이다.

03 기준 A는 신재생 에너지를 의미하고, B는 전자기 유도를 이용한 발전을 의미한다.

[모범 답안] ㉠ 태양광 발전(태양 전지), 연료 전지 등
㉡ 태양열 발전, 풍력 발전, 지열 발전, 파력 발전, 조력 발전, 수력 발전 등

채점 기준	배점(%)
㉠, ㉡ 모두 옳은 답을 쓴 경우	100
㉠, ㉡ 중 하나만 옳은 답을 쓴 경우	50

04 ㄱ. 가상 발전소는 날씨에 따라 전력 공급이 불안정한 신재생 에너지의 단점을 해소하고, 안정적인 전력 공급을 가능하게 하는 기술이다.

ㄷ. 주택에 소규모 태양 전지나 풍력 발전기를 설치하면 전력 소비자가 전력 생산자가 될 수 있다.

[바로알기] ㄴ. A는 풍력 발전이므로 날씨에 영향을 받아 전력 생산량이 일정하지 않다는 단점이 있다.

---

1. 수소   2. 헬륨   3. 질량 결손
4. 열에너지   5. 위치   6. 전기
7. 빛에너지   8. 화학   9. 화학
10. 역학적   11. 유도 전류   12. 센
13. 밀어내는   14. 끌어당기는   15. 발전기
16. 터빈   17. 화석 연료   18. 열
19. 핵연료   20. 핵분열   21. 운동
22. 보존   23. 열에너지   24. 작다
25. 신재생 에너지   26. 풍력   27. 조력
28. 연료 전지

PICK 출제 0순위   254쪽

01 ③   **02** ③

01 [문제 해결 전략]

① 출제 Point 파악하기

시간에 따른 자기장 그래프를 분석하여 코일에 흐르는 유도 전류의 세기와 방향을 구한다.

② 자료 파악하기

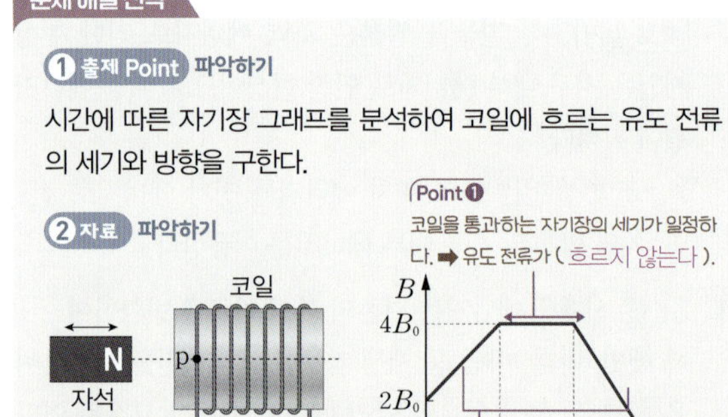

Point ❷
t_0일 때 코일을 통과하는 자기장의 세기가 (증가)한다. ➡ 코일의 왼쪽이 N극이 되도록 유도 전류가 흐른다.

③ 지문 이해하기

자석이 코일에 접근하면 코일의 단면을 통과하는 자기장이 증가하고, 멀어지면 자기장이 감소한다. 즉, 시간에 따라 자기장의 세기를 나타낸 그래프에서 $0{\sim}2t_0$ 동안에는 자석이 접근하고, $2t_0{\sim}4t_0$ 동안에는 자석이 정지해 있으며 $4t_0{\sim}6t_0$ 동안에는 자석이 멀어진다.

ㄷ. t_0일 때는 코일의 단면을 지나는 자기장의 세기가 증가하고 $5t_0$일 때는 자기장이 세기가 감소하므로, 코일에 흐르는 유도 전류의 방향은 t_0일 때와 $5t_0$일 때 서로 반대이다.

 ㄱ. 코일을 통과하는 자기장의 세기가 변할 때 유도 전류가 흐른다. $3t_0$일 때는 자기장의 세기가 일정하므로 코일에 유도 전류가 흐르지 않는다.

ㄴ. t_0일 때 자석의 N극이 코일에 가까워지므로 코일의 왼쪽이 N극이 되도록 유도 전류가 흐른다. 따라서 오른손의 엄지손가락이 왼쪽을 향하게 할 때 네 손가락이 감아쥐는 방향으로 유도 전류가 흐르므로 유도 전류의 방향은 ⓑ이다.

플러스 지문⁺

(×) ㄹ. 유도 전류의 세기는 t_0일 때가 $5t_0$일 때보다 크다.
→ 그래프의 기울기가 자기장의 시간당 변화율이다. 그래프의 기울기의 절댓값은 t_0일 때가 $5t_0$일 때보다 작으므로 코일에 흐르는 유도 전류의 세기는 t_0일 때가 $5t_0$일 때보다 작다.

(×) ㅁ. t_0일 때와 $5t_0$일 때 자석은 같은 지점을 통과한다.
→ t_0일 때와 $5t_0$일 때 코일의 단면적을 통과하는 자기장의 세기가 다르므로 자석은 서로 다른 지점을 통과한다.

(○) ㅂ. t_0일 때와 $5t_0$일 때 자석의 운동 방향은 반대이다.
→ t_0일 때는 자기장이 증가하므로 자석은 코일 쪽으로 운동하고 $5t_0$일 때는 자기장이 감소하므로 자석은 코일에서 멀어지는 쪽으로 운동한다. 따라서 t_0일 때와 $5t_0$일 때 자석의 운동 방향은 반대이다.

02 문제 해결 전략

❶ 출제 Point 파악하기

금속 고리를 통과하는 자석의 낙하 운동과 전자기 유도를 통합하여 분석한다.

❷ 자료 파악하기

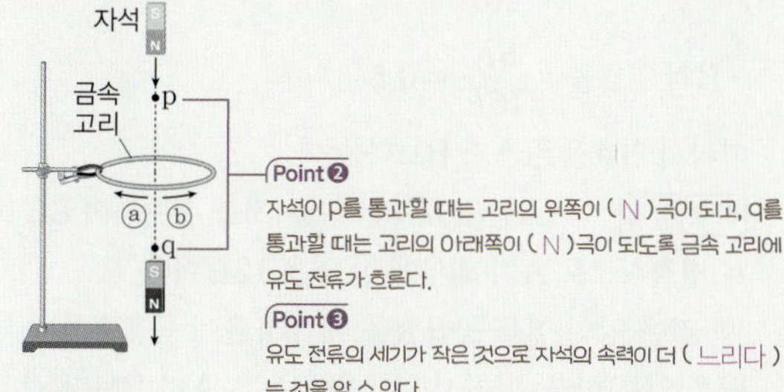

❸ 지문 이해하기

자석의 속력이 빠를수록 금속 고리에 흐르는 유도 전류의 세기가 크다. 금속 고리에 흐르는 유도 전류의 세기는 자석이 p를 지날 때가 q를 지날 때보다 작으므로 자석의 속력은 p에서가 q에서보다 느리다.

ㄱ. 자석이 q를 지날 때 S극이 멀어지므로 고리의 아래쪽이 N극이 되도록 금속 고리에 유도 전류가 흐른다. 따라서 금속 고리에는 ⓐ 방향으로 유도 전류가 흐른다.

ㄷ. 자석이 낙하하는 동안 유도 전류는 자석의 운동을 방해하는 방향으로 흐른다. 따라서 p, q에서 자석이 받는 자기력의 방향은 모두 연직 위쪽이다.

 ㄴ. p, q가 금속 고리에서 같은 거리만큼 떨어져 있고, 자석이 p를 지날 때가 q를 지날 때보다 유도 전류의 세기가 작으므로 자석의 속력은 p에서가 q에서보다 느리다.

플러스 지문⁺

(×) ㄹ. 금속 고리에 ⓑ 방향으로 유도 전류가 흐르는 것은 자석이 고리에서 멀어질 때이다.
→ 금속 고리에 ⓑ 방향으로 유도 전류가 흐르면 고리의 위쪽이 N극이 된다. 고리의 위쪽이 N극이 되어 자석의 운동을 방해해야 하므로, 자석의 N극이 아래로 운동하며 코일의 윗면에 가까워질 때이다.

(×) ㅁ. p, q에서 자석의 역학적 에너지는 같다.
→ 자석의 역학적 에너지가 유도 전류에 의해 전기 에너지로 전환되므로 자석의 역학적 에너지는 p에서가 q에서보다 크다.

수능 실전 2점

01 ④	02 ④	03 ②	04 ③	05 ④	06 ⑤	07 ①
08 ①	09 ③	10 ③				

수능 실전 3점

11 ①	12 ③	13 ①	14 ①	15 ①	16 ③	17 ①
18 ④	19 ②	20 ④				

01 ㄴ. 태양의 중심부에서는 수소 원자핵 4개가 융합하여 헬륨 원자핵 1개가 만들어지는 수소 핵융합 반응이 일어난다. 핵융합 반응 전의 수소 원자핵의 총 질량은 $4m$이다. 수소 핵융합 반응이 일어날 때 질량 결손이 발생하므로 A의 질량은 $4m$보다 작다.

ㄷ. 수소 핵융합 반응은 매우 높은 온도에서 일어난다. 태양 중심부는 압력이 매우 높고, 초고온 상태이므로 수소 핵융합 반응이 일어날 수 있다.

 ㄱ. A는 헬륨 원자핵이다. 헬륨 원자핵은 2개의 양성자와 2개의 중성자로 이루어져 있다.

02 ㉠ 태양 중심부에서는 수소 핵융합 반응이 일어난다. 핵융합 반응에서 감소한 질량이 에너지로 전환되어 방출된다.

㉡ 지구에 도달한 태양의 빛에너지는 광합성을 통해 화학 에너지로 전환되어 식물에 저장된다.

㉢ 기상 현상은 지구에 도달한 태양 에너지에 의해 생기지만 지진은 지구 내부 에너지 때문에 일어난다.

03 ㄱ. A는 구름의 위치 에너지로, 지표나 바다의 물이 태양의 열에너지를 흡수하면 대기 중으로 증발해 수증기가 되고, 수증기가 상승하며 응결하면 구름이 된다.

ㄷ. 공기의 불균등 가열로 인해 바람이 불고, 바람에 의해 파도가 친다. 풍력 발전은 바람의 운동 에너지를 전기 에너지로 전환한다.

[바로알기] ㄴ. 구름에서 만들어진 비와 눈이 지표로 내려와 강의 상류나 댐에 저장된다. 높은 곳에 있는 물의 위치 에너지를 전기 에너지로 전환하는 과정은 수력 발전이 적절하다.

ㄹ. D는 화석 연료이므로, 화석 연료를 에너지원으로 하여 전기 에너지를 생산하는 과정은 화력 발전이 적절하다.

04 ㄱ. B가 속력 v로 아래쪽으로 운동할 때 P에서 유도 전류의 세기가 $2I$이므로, B가 속력 v로 위쪽으로 운동할 때 P에서 유도 전류의 세기도 $2I$이다.

ㄴ. 코일에 흐르는 유도 전류는 코일을 지나는 자기장의 변화를 방해하는 방향으로 흐른다. ㉡과 ㉢은 모두 자석의 N극이 코일에 가까워질 때 흐르는 유도 전류의 방향이므로 같은 방향이다.

[바로알기] ㄷ. 코일의 감은 수가 많을수록, 자석을 빠르게 움직일수록, 자석의 세기가 셀수록 코일에 더 센 유도 전류가 흐른다. 표에서 자석 A, B의 속력은 같지만 유도 전류의 세기는 B가 A의 2배이므로, 자석의 세기는 B가 A보다 세다.

05 유도 전류의 세기는 코일을 통과하는 자기장의 시간에 따른 변화율에 비례한다.

ㄱ. 더 센 자석을 이용하면 코일을 통과하는 자기장이 세지므로 자석이 회전할 때 단위 시간당 자기장의 변화량이 증가한다.

ㄴ. 자석을 더 빠르게 회전시키면 단위 시간당 자기장의 변화량이 증가한다.

[바로알기] ㄷ. 자석의 회전 방향이 반대가 되면 유도 전류의 방향은 바뀌지만 세기는 변하지 않는다.

06 핵발전은 우라늄의 핵분열 반응을 이용해 핵에너지를 전기 에너지로 전환한다.

⑤ 발전기 중심부에는 회전하는 자석이 있고, 자석은 터빈에 연결되어 있다. 터빈이 회전하면 자석이 함께 회전하여 자석 주위에 고정된 코일에 유도 전류가 발생한다. 즉, 터빈이 회전하는 운동 에너지가 발전기에서 전기 에너지로 전환된다.

[바로알기] ①, ③ 원자로에서는 우라늄의 핵분열 반응이 일어난다. 이 핵반응 과정에서 발생하는 질량 결손이 에너지로 전환되어 방출된다. 즉, 핵발전에서는 우라늄의 핵분열 반응을 이용해 열에너지를 얻는다.

② 핵발전에는 많은 냉각수가 필요하므로 원자력 발전소는 주로 바닷가나 호숫가에 건설한다. 또, 지진에 의한 피해를 막기 위해 지질적으로 안정한 지역에 건설한다.

④ 핵발전 과정에서 나오는 방사성 폐기물은 별도의 처리 과정을 통해 저장, 보관해야 한다.

07 자료 해석하기

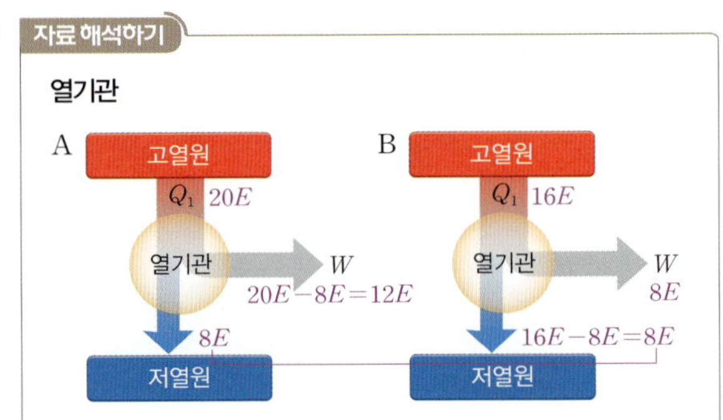

ㄱ. B가 외부로 방출하는 열은 $16E-8E=8E$이다. A와 B가 외부로 방출하는 열이 같으므로 A가 외부에 한 일 ㉠은 $20E-8E=12E$이다. 열기관의 열효율 $=\dfrac{외부에 한 일(W)}{공급한 열(Q_1)}$ 이므로, A, B의 열효율은 각각 다음과 같다.

- A의 열효율 $=\dfrac{12E}{20E}=0.6$
- B의 열효율 $=\dfrac{8E}{16E}=0.5$

따라서 열효율은 A가 B보다 높다.

[바로알기] ㄴ. A는 $20E$의 열에너지를 흡수하여 $8E$를 외부로 방출하므로 A가 외부에 한 일은 $12E$이다.

ㄷ. 같은 양의 열을 공급했을 때 열효율이 높을수록 외부에 더 많은 일을 한다. 따라서 열효율이 높은 A가 B보다 같은 양의 열을 공급했을 때 더 많은 일을 한다.

08 ㄱ. (가)의 수력 발전은 강의 상류나 댐과 같이 높은 곳에 있는 물의 위치 에너지를 전기 에너지로 전환한다.

[바로알기] ㄴ. (나)의 태양 전지는 태양의 빛에너지를 전기 에너지로 전환한다. 따라서 날씨에 따라 발전량이 달라져 전력 공급이 불안정한 단점이 있다.

ㄷ. 수력 발전소는 댐 건설 비용이 많이 들고, 태양광 발전은 대규모 발전을 하려면 넓은 면적이 필요한 단점이 있다.

여러 가지 발전 방식의 분류

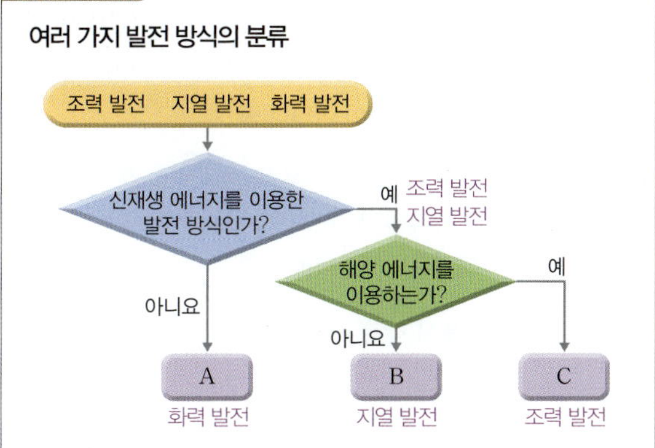

① 화력 발전은 신재생 에너지가 아니다.
② 해양 에너지를 이용하는 발전에는 조력 발전, 파력 발전이 있다.

ㄱ. 운동 에너지가 전기 에너지로 바뀌는 과정은 전자기 유도에 의해 발전기에서 일어난다. 조력 발전, 지열 발전, 화력 발전은 각각 해양 에너지, 지열 에너지, 화석 연료를 이용해 발전기에서 터빈의 운동 에너지를 전기 에너지로 전환한다.

ㄴ. B는 지열 발전이다. 지열 발전은 지구 내부 에너지를 사용하는 발전으로, 태양 에너지를 근원으로 하지 않는다.

바로 알기 ㄷ. C는 조력 발전이다. 우리나라 서해안은 조수 간만의 차이가 커서 조력 발전에 유리하다.

10 ㄱ. ㉠은 바람을 이용해 전기 에너지를 얻는 풍력 발전기이다. 풍력 발전은 발전기에서 전자기 유도를 이용해 운동 에너지가 전기 에너지로 전환된다.

ㄴ. 풍력 발전은 바람의 운동 에너지로 발전기와 연결된 날개를 돌려서 전기 에너지를 생산한다. 즉, 발전 과정에서 연소 과정이 없으므로, 이산화 탄소가 발생하지 않는다.

바로 알기 ㄷ. 전기 자동차의 전동기는 전기 에너지를 운동 에너지로 전환한다. 이때 공급된 전기 에너지의 일부는 열에너지가 되어 주위로 흩어진다. 따라서 전기 에너지를 모두 운동 에너지로 전환할 수는 없다.

11 ㄱ. (가), (나)에서 모두 가벼운 수소 원자핵이 반응하여 무거운 헬륨 원자핵이 되므로 핵융합 반응이다.

바로 알기 ㄴ. 방출되는 에너지는 (가)에서 17.6 MeV, (나)에서 3.27 MeV로 (가)가 (나)보다 크므로, 질량 결손은 (가)가 (나)보다 크다.

ㄷ. $_1^2\text{H}$, $_1^3\text{H}$, $_2^3\text{He}$, $_2^4\text{He}$, $_0^1\text{n}$(중성자)의 질량을 각각 m_1, m_2, M_1, M_2, m_0라고 하면, 질량 결손은 다음과 같다.
- (가)의 질량 결손$=(m_1+m_2)-(M_2+m_0)$
- (나)의 질량 결손$=2m_1-(M_1+m_0)$

질량 결손은 (가)가 (나)보다 크므로, 다음과 같다.
$$(m_1+m_2)-(M_2+m_0)>2m_1-(M_1+m_0)$$
$$m_2-M_2>m_1-M_1$$
$$m_2-m_1>M_2-M_1$$
따라서 $_1^3\text{H}$와 $_1^2\text{H}$의 질량 차이는 $_2^4\text{He}$와 $_2^3\text{He}$의 질량 차이보다 크다.

12 지구에 도달한 태양 에너지는 광합성을 통해 식물에 양분으로 저장되고, 이후 먹이 사슬을 통해 다른 동물에게 전달되며 생명체의 생명 활동에 필요한 에너지원으로 쓰인다.

ㄱ. 광합성 과정은 태양의 빛에너지를 화학 에너지로 전환하는 과정이다.

ㄷ. 동물의 생명 활동에 필요한 에너지의 근원은 태양 에너지이고, 태양 에너지는 수소 핵융합 반응에서 감소한 질량이 에너지로 전환되어 생성된다.

바로 알기 ㄴ. 태양 중심부에서는 4개의 수소 원자핵이 융합하여 헬륨 원자핵 1개가 만들어지는 수소 핵융합 반응이 일어난다.

13 ㄱ. 대기 중에 이산화 탄소로 존재하는 탄소는 태양의 빛에너지를 이용한 광합성으로 식물에 양분으로 저장된다. 식물을 포함한 생물의 유해는 땅에 묻혀 화석 연료가 되고, 화석 연료는 에너지원으로 쓰이며 연소된다. 이 과정에서 탄소가 이산화 탄소로 대기 중으로 배출되는 순환 과정을 거친다.

바로 알기 ㄴ. (나)의 태양 전지에서는 태양의 빛에너지를 직접 전기 에너지로 전환한다.

ㄷ. (다)는 풍력 발전이다. 태양의 열에너지를 흡수한 지표면은 지표면의 상태에 따라 온도 차가 발생한다. 이로 인해 기압 차가 생기면 기압이 높은 곳에서 낮은 곳으로 바람이 불게 되는데, 풍력 발전은 이러한 바람의 운동 에너지를 전기 에너지로 전환한다. 태양의 빛에너지를 직접 전기 에너지로 전환하는 장치는 태양 전지이다.

14 코일 위에서 자석이 회전하면 코일을 통과하는 자기장이 변하여 유도 전류가 흐른다.

㉠ 코일에 흐르는 전류의 최댓값이 (가)보다 (다)에서 더 크므로 (다)는 감은 수가 더 많은 코일로 실험한 것이다.

㉡ 자석이 1회전 하는 동안 N극이 코일의 윗면에 가까워지다가 멀어질 때와 S극이 가까워지다가 멀어질 때 각각 유도 전류의 방향이 바뀐다. 따라서 자석이 1회전 하는 동안 코일에 흐르는 유도 전류의 방향은 2회 바뀐다.

㉢ 자석이 더 빠르게 회전하면 코일을 통과하는 자기장이 더 빠르게 변하므로 유도 전류의 세기는 증가한다.

코일의 회전과 전자기 유도

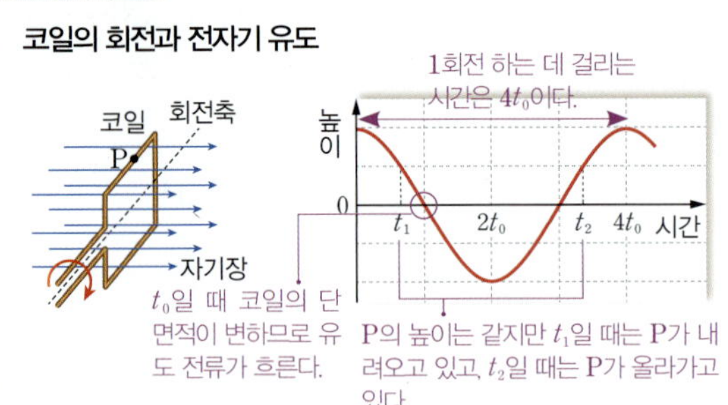

t_1, t_2일 때 코일의 P점에 흐르는 유도 전류의 방향

시각	t_1	t_2
P점의 운동	내려감.	올라감.
자기장에 수직인 코일의 단면적	감소함.	증가함.
P점에 흐르는 유도 전류의 방향	자석의 자기장과 같은 방향의 자기장을 만드는 방향	자석의 자기장과 반대 방향의 자기장을 만드는 방향

ㄱ. P가 최고점에서 다시 최고점이 되는 데 걸리는 시간이 $4t_0$이므로 코일이 1회전 하는 데 걸리는 시간은 $4t_0$이다.

바로알기 ㄴ. t_0일 때 P의 높이가 계속 변하므로 P에 유도 전류가 흐른다.

ㄷ. t_1일 때는 P가 내려가서 자기장에 수직인 코일의 단면적이 감소하므로, 코일을 통과하는 자기장이 감소한다. t_2일 때는 P가 올라가서 자기장에 수직인 코일의 단면적이 증가하므로, 코일을 통과하는 자기장이 증가한다. 유도 전류는 코일을 지나는 자기장의 변화를 방해하는 방향으로 흐르므로, t_1, t_2일 때 유도 전류의 방향은 반대이다.

16 ㄱ. 플라스틱 관을 잡고 흔들면 자석이 왕복 운동을 하며 코일을 통과하는 자기장이 계속 변하므로, 전자기 유도에 의해 코일에 유도 전류가 흘러 발광 다이오드에 불이 켜진다. 이때 유도 전류에 의한 자기장과 자석의 자기장이 상호작용하여 코일과 자석 사이에는 자기력이 작용하며, 자석에 작용하는 자기력의 방향은 자석의 운동을 방해하는 방향이다.

ㄷ. 다른 조건이 동일할 때 코일의 감은 수를 늘리면 유도 전류가 더 세게 흐르므로, 발광 다이오드의 밝기는 밝아진다.

바로알기 ㄴ. 자석이 코일 사이를 왕복하면 한쪽 극이 코일에서 멀어졌다 다시 접근하는 과정이 반복된다. 따라서 코일에 흐르는 유도 전류의 방향은 바뀐다.

17 ㄱ. (가)는 태양 중심부에서 일어나는 수소 핵융합 반응, (나)는 원자로에서 일어나는 우라늄 핵분열 반응이다. (가), (나) 모두 질량 결손이 일어나 에너지가 방출된다.

바로알기 ㄴ. (가), (나) 모두 입자들의 총 질량이 감소하는 질량 결손이 발생하며, 줄어든 질량이 에너지로 전환되어 방출된다.

ㄷ. (나)는 우라늄의 핵분열로 발생하는 핵에너지를 이용하므로 태양 에너지가 근원이 아니다.

18 B가 외부에 한 일은 $10Q-4Q=6Q$이다. A, B가 외부에 같은 양의 일을 하므로 A가 한 일도 $6Q$이다. 따라서 A가 방출한 열량 ㉠$=15Q-6Q=9Q$이다.

A, B의 열효율이 각각 $e=\dfrac{6Q}{15Q}=0.4$, $e'=\dfrac{6Q}{10Q}=0.6$이므로 ㉡은 $1.5e$이다.

19 ㄴ. (가)의 에너지원은 지열이고, (나)는 태양열이다. 지열과 태양열은 신재생 에너지로 자원 고갈의 염려가 없는 재생 가능한 에너지원이다.

바로알기 ㄱ. 지열은 땅속 고온의 지하수나 열에너지를 이용하므로, 날씨의 영향을 받지 않는다.

ㄷ. 지열의 에너지 근원은 지구 내부 에너지로, 태양 에너지를 근원으로 하지 않는다.

20 ㄱ. 수소 연료 전지는 수소와 산소가 반응하여 물이 생성되는 과정에서 물질의 화학 에너지를 전기 에너지로 전환한다.

ㄴ. 수소 연료 전지에서 수소는 산화되고 산소는 환원되는 산화·환원 반응이 일어난다.

바로알기 ㄷ. 수소 연료 전지는 전기 에너지를 생산하는 과정에서 물이 배출되므로, 이를 우주비행사들을 위한 식수로 사용할 수 있다.

서술형 RUN 정복 문제

260~263쪽

01 Step❶ 0.85, 3.52　Step❷ ❶ 질량 결손 ❷ 핵자당 방출하는 에너지 ❸ 방사성 폐기물

02 Step❶ 방해　Step❷ ❶ N ❷ N ❸ 감소

03 Step❶ 전류, 전자기 유도
　Step❷ ❶ 센 ❷ 감은 수 ❸ 세기

04 Step❶ 열에너지　Step❷ ❶ 보존 ❷ 열에너지

05 Step❶ 에너지 효율
　Step❷ ❶ 위치 ❷ mgh ❸ Pt

06 Step❶ 신재생　Step❷ ❶ 빛에너지 ❷ 운동 ❸ 화학

07 Step❶ 한 일, 공급한 열
　Step❷ ❶ 20 kJ ❷ 16 kJ ❸ 0.25

01 (1) 핵반응에서는 질량의 일부가 에너지로 변환되어 방출되며, 이때 발생하는 질량 결손이 클수록 더 큰 에너지가 방출된다. 태양의 핵융합 반응에서 방출하는 에너지가 핵융합로의 핵융합 반응에서 방출하는 에너지보다 크므로, 질량 결손은 태양에서 일어나는 핵융합 반응이 더 크다.

(2) 핵자당 방출하는 에너지는 핵융합 발전이 약 3.52 MeV이고 핵분열을 이용한 핵발전이 약 0.85 MeV이므로 핵융합 발전이 더 크다.

모범 답안 (1) $\Delta m_1 > \Delta m_2$

(2) 핵융합 발전은 핵자당 방출하는 에너지가 핵분열 발전보다 크므로 같은 양의 연료로 더 많은 에너지를 얻을 수 있고, 방사성 폐기물이 거의 발생하지 않는다.

	채점 기준	배점(%)
(1)	$\Delta m_1 > \Delta m_2$라고 쓴 경우	40
(2)	핵융합 발전의 장점 두 가지를 모두 제시한 경우	60
	핵융합 발전의 장점을 한 가지만 옳게 제시한 경우	30

02 자석이 A에서 운동할 때는 N극이 구리 관에 접근하므로 구리 관의 왼쪽이 N극이 되도록 유도 전류가 흐른다. 자석이 C에서 운동할 때는 S극이 멀어지므로 구리 관의 오른쪽이 N극이 되도록 유도 전류가 흐른다.

모범 답안 (1) 자석이 구간 A와 구간 C를 운동할 때 구리 관에 흐르는 유도 전류의 방향은 서로 반대 방향이다.

(2) 자석의 평균 속력은 A>B>C 순서이다. 자석이 운동하는 동안 유도 전류에 의한 자기장이 자석의 운동을 방해하는 방향으로 생겨서 자석의 속력이 점점 감소하기 때문이다. (또는, 자석이 운동하는 동안 전자기 유도에 의해 자석의 운동 에너지의 일부가 전기 에너지로 전환되기 때문이다.)

	채점 기준	배점(%)
(1)	A, C에서 유도 전류의 방향이 반대임을 옳게 설명한 경우	40
(2)	자석의 평균 속력을 옳게 비교하고, 자석에 작용하는 자기력의 방향, 또는 자석의 운동 에너지 변화를 들어 그 까닭을 설명한 경우	60
	자석의 평균 속력은 옳게 비교했으나 그 까닭을 옳게 설명하지 못한 경우	40

03 **모범 답안** (1) 바퀴가 더 빠르게 회전하면 자석 주위를 코일이 더 빠르게 회전하므로, 코일에 흐르는 유도 전류의 세기가 증가하여 발광 다이오드가 더 밝게 빛난다.

(2) • 더 센 자석을 사용한다.

• 코일의 감은 수를 더 늘린다.

	채점 기준	배점(%)
(1)	자석이 빠르게 움직이거나 자석에 의한 자기장이 빠르게 변하여 유도 전류의 세기가 증가함을 들어 옳게 설명한 경우	40
	자석이 빠르게 움직이거나 자석에 의한 자기장이 빠르게 변하기 때문이라고만 설명한 경우	20
(2)	바퀴 구조를 개선하는 방법 두 가지를 모두 옳게 설명한 경우	60
	바퀴 구조를 개선하는 방법을 한 가지만 옳게 설명한 경우	30

04 **모범 답안** 에너지는 전환 과정에서 점점 소멸하므로 → 에너지는 보존되지만 에너지 전환 과정에서 일부가 열에너지로 전환되어 흩어져서 에너지를 사용할수록 우리에게 유용한 에너지의 양이 점점 감소하므로

채점 기준	배점(%)
잘못된 부분을 찾고, 에너지 보존과 열에너지의 발생을 들어 옳게 고친 경우	100
잘못된 부분을 찾았지만 열에너지만을 언급하여 고친 경우	70
잘못된 부분을 옳게 찾기만 한 경우	30

05 중력 전등은 무거운 주머니가 내려오면서 위치 에너지가 감소할 때 발전기에서 전기 에너지를 생산한다. 이 전기 에너지가 발광 다이오드 전등에 공급되어 불이 켜진다.

모범 답안 (1) 무거운 주머니가 내려오며 위치 에너지가 발전기에서 전기 에너지로 전환되고, 발광 다이오드 전등에서 전기 에너지가 다시 빛에너지로 전환된다.

(2) 주머니의 위치 에너지 감소량은 $E=mgh=12$ kg×10 m/s²×2 m$=240$ J이다. 전등이 소비한 전기 에너지는 소비 전력×시간$=0.1$ W×1200 s$=120$ J이므로, 빛으로 방출된 에너지는 120 J×0.8$=96$ J이다. 따라서 중력 전등의 에너지 효율$=\dfrac{96\ \text{J}}{240\ \text{J}}\times100=40$ %이다.

	채점 기준	배점(%)
(1)	위치 에너지, 전기 에너지, 빛에너지를 모두 포함하여 에너지 전환 과정을 설명한 경우	40
	위치 에너지와 빛에너지만을 포함하여 설명한 경우	20
(2)	주머니의 위치 에너지 감소량, 전등이 소비한 전기 에너지를 구한 다음 에너지 효율을 옳게 구한 경우	60
	주머니의 위치 에너지 감소량과 전등이 소비한 전기 에너지를 구하는 과정 없이 에너지 효율을 옳게 구한 경우	30

06 태양 에너지를 근원으로 하는 발전은 풍력 발전과 태양광 발전이다. 지열 발전은 지구 내부 에너지를 근원으로 하고, 연료 전지는 물질의 화학 에너지를 이용하여 발전한다. 전자기 유도를 이용하는 발전은 풍력 발전과 지열 발전이다.

모범 답안 (1) A는 풍력 발전, B는 지열 발전, C는 태양광 발전, D는 연료 전지이다.

(2) A는 풍력 발전이므로 바람의 운동 에너지가 발전기에서 전기 에너지로 전환된다. D는 연료 전지이므로 물질의 화학 에너지가 전기 에너지로 전환된다.

	채점 기준	배점(%)
(1)	A, B, C, D를 모두 옳게 쓴 경우	40
	A, B, C, D 중 두 가지만 옳게 쓴 경우	20
(2)	A와 D의 발전 과정을 모두 옳게 설명한 경우	60
	A와 D의 발전 과정 중 한 가지만 옳게 설명한 경우	30

07 에너지 보존 법칙에 따라 열기관이 흡수한 열은 열기관이 한 일과 외부로 방출한 열의 합과 같다. 이때 열기관의 열효율

$$= \frac{\text{한 일}}{\text{공급한 열}}$$ 로 구한다.

모범 답안 (1) • Q_1: (가)에서 열기관 A의 열효율 $e_A = \dfrac{2 \text{ kJ}}{10 \text{ kJ}} =$

0.2이다. (나)에서 열기관 A가 4 kJ의 일을 하므로 $0.2 = \dfrac{4 \text{ kJ}}{Q_1}$

에서 $Q_1 = 20$ kJ이다.

• Q_2: 열기관 A에서 $Q_2 = Q_1 - 4$ kJ $= 20$ kJ $- 4$ kJ $= 16$ kJ이다.

• Q_3: 열기관 B에서 $Q_3 = Q_2 - 4$ kJ $= 16$ kJ $- 4$ kJ $= 12$ kJ이다.

(2) 열기관 A의 열효율 $e_A = \dfrac{2 \text{ kJ}}{10 \text{ kJ}} = 0.2$이고, 열기관 B는

$e_B = \dfrac{4 \text{ kJ}}{16 \text{ kJ}} = 0.25$이다. 따라서 $\dfrac{e_A}{e_B} = 0.8$이다.

	채점 기준	배점(%)
(1)	Q_1, Q_2, Q_3을 모두 옳게 구한 경우	50
	Q_1, Q_2, Q_3 중 두 가지만 옳게 구한 경우	30
(2)	e_A, e_B를 옳게 구하고, $\dfrac{e_A}{e_B}$를 풀이 과정과 함께 옳게 구한 경우	50
	e_A, e_B 각각을 옳게 구하였으나, $\dfrac{e_A}{e_B}$를 틀린 경우	30

01 **자세한 자료 해설**

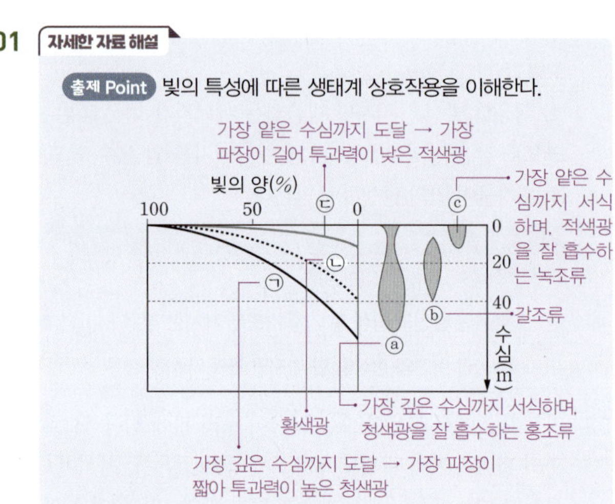

자세한 보기 해설

ㄱ. ㉠은 청색광이고, ⓐ는 홍조류이다. (○)

→ 파장의 길이는 청색광 < 황색광 < 적색광의 순서로 길어지므로 청색광이 가장 짧다. 따라서 청색광의 투과력이 가장 좋아 깊은 수심까지 도달할 수 있으므로 ㉠은 청색광이고, ㉡은 황색광, ㉢은 적색광이다. 해조류가 갖는 갈색, 녹색, 붉은색 색소는 각각 보색의 빛을 잘 흡수한다. 따라서 청색광이 도달하는 깊은 수심에서는 청색광을 잘 흡수하는 붉은색 색소를 갖는 홍조류가 서식하므로 ⓐ는 홍조류이다. ⓑ는 황색광을 잘 흡수하는 갈조류, ⓒ는 적색광을 잘 흡수하는 녹조류이다.

ㄴ. ⓑ, ⓒ, 식물 플랑크톤은 모두 같은 영양단계에 속한다. (○)

→ 갈조류(ⓑ), 녹조류(ⓒ), 식물 플랑크톤은 모두 광합성을 하여 스스로 유기물을 합성하는 생산자에 속한다.

ㄷ. 해조류가 많은 바다의 산소 농도가 높은 것은 Ⅱ가 Ⅰ에 영향을 준 사례이다. (○)

→ 해조류의 분포 차이는 수심에 따라 도달하는 빛의 파장에 영향을 받은 결과이므로 비생물요소(Ⅰ)가 생물요소(Ⅱ)에 영향을 준 사례이다. 해조류가 많은 바다의 산소 농도가 높은 것은 해조류의 광합성으로 산소가 발생하기 때문이므로 이는 생물요소(Ⅱ)가 비생물요소(Ⅰ)에 영향을 준 사례이다.

출제 Point 에너지효율과 생태피라미드를 이해한다.

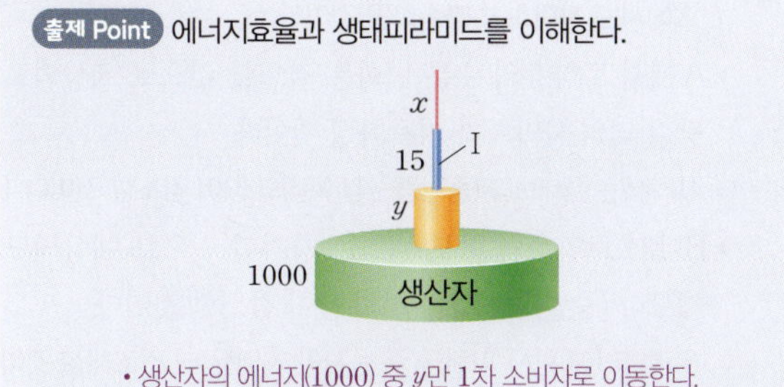

- 생산자의 에너지(1000) 중 y만 1차 소비자로 이동한다.
- 1차 소비자의 에너지(y) 중 15만 2차 소비자로 이동한다.
- 2차 소비자의 에너지(15) 중 x만 3차 소비자로 이동한다.

자세한 보기 해설

ㄱ. $x+y>110$이다. (×)

→ 생태계에서 에너지효율은 이전 영양단계의 에너지양에 대한 현재 영양단계의 에너지양의 비율이다. 즉, 생태계에서 에너지효율은 다음과 같이 구할 수 있다.

$$\text{에너지효율}(\%)=\frac{\text{현 영양단계가 보유한 에너지양}}{\text{전 영양단계가 보유한 에너지양}}\times100$$

즉, (가)에서 1차 소비자의 에너지효율은 $\dfrac{y}{1000}\times100(\%)$,

2차 소비자의 에너지효율은 $\dfrac{15}{y}\times100(\%)$,

3차 소비자의 에너지효율은 $\dfrac{x}{15}\times100(\%)$이다.

만약 2차 소비자의 에너지효율이 10 %이면 $y=150$이므로 1차 소비자의 에너지효율이 15 %가 되고, 3차 소비자의 에너지효율이 10 %이면 1차 소비자의 에너지효율은 5 %이므로 2차 소비자의 에너지효율이 30 %가 되어 두 경우 모두 주어진 조건을 만족하지 않는다.

따라서 1차 소비자의 에너지효율이 10 %이고, 3차 소비자의 에너지효율은 20 %이므로 $x=3$, $y=100$이다. 따라서 $x+y<110$이다.

ㄴ. I에서 분해자로 유기물과 에너지가 이동한다. (○)

→ I는 2차 소비자이다. 2차 소비자의 사체와 배설물을 분해자가 이용하므로 2차 소비자(I)에서 분해자로 유기물과 유기물에 저장된 에너지가 이동한다.

ㄷ. 에너지효율은 2차 소비자가 1차 소비자의 1.5배이다. (○)

→ 1차 소비자가 보유한 에너지양인 y는 100이므로 2차 소비자의 에너지효율은 $\dfrac{15}{100}\times100=15$ %이고, 1차 소비자의 에너지효율은 $\dfrac{100}{1000}\times100=10$ %이다.

출제 Point 생태계평형 유지 과정과 물질대사를 이해한다.

구분	개체수 변화			
	A	B	C	D
3차 소비자 Ⓐ 개체수 증가	–	감소	증가	감소
생산자 Ⓑ 개체수 증가	증가	–	㉠증가	증가
1차 소비자 Ⓒ 개체수 증가	증가	감소	–	㉡증가
2차 소비자 Ⓓ 개체수 증가	증가	증가	㉢ 감소	–

- B의 개체수가 증가하면 A, C, D의 개체수가 모두 증가하므로 B는 생산자이다.
- D의 개체수가 증가하면 생산자(B)의 개체수가 증가하므로 D는 1차 소비자의 개체수를 감소시키는 2차 소비자이다.
- A의 개체수가 증가하면 2차 소비자(D)의 개체수가 감소하므로 A는 3차 소비자이다.

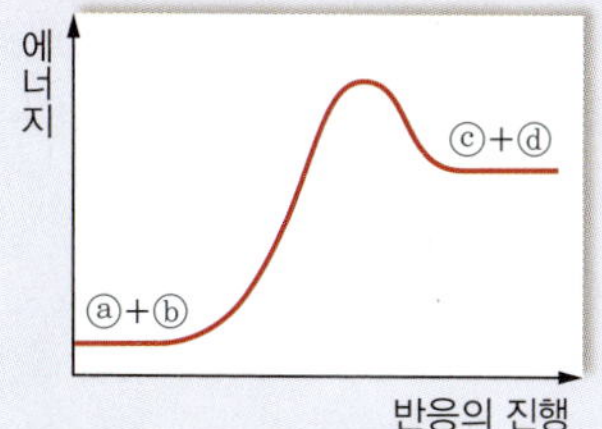

반응물(ⓐ+ⓑ)에서 생성물(ⓒ+ⓓ)이 되면서 에너지가 높아졌다. → 에너지를 흡수하는 동화작용이다.

자세한 보기 해설

ㄱ. ㉠과 ㉡은 모두 '증가'이다. (○)

→ 생산자는 가장 하위 영양단계이므로 생산자의 개체수가 증가하면 먹이가 많아져 1차, 2차, 3차 소비자의 개체수가 차례대로 증가한다. 따라서 생산자는 B이고, ㉠은 '증가'이다. 1차 소비자의 개체수가 증가하면 생산자(B)의 개체수는 감소하고, 2차 소비자와 3차 소비자의 개체수는 차례대로 증가하므로 1차 소비자는 C이고, ㉡도 '증가'이다. 2차 소비자의 개체수가 증가하면 1차 소비자(C)의 개체수는 감소하므로 2차 소비자는 D이고, A는 3차 소비자이다.

ㄴ. A~D 중 그래프의 물질대사는 B에서만 일어난다. (○)

→ 그래프의 물질대사는 에너지를 흡수해 일어나므로 물질을 합성하는 반응이며, ⓐ와 ⓑ는 각각 CO_2와 H_2O 중 하나이고, ⓒ와 ⓓ는 각각 O_2와 포도당 중 하나이다. 따라서 이 물질대사는 광합성이며, A~D 중 광합성은 생산자(B)에서만 일어난다.

ㄷ. ㉢은 2차 소비자가 많아지면 1차 소비자가 많이 먹혀서 일어나는 변화이다. (○)

→ 2차 소비자(D)의 개체수가 증가할 때 1차 소비자(C)의 개체수가 감소(㉢)하는 것은 2차 소비자가 많아지면 1차 소비자가 많이 먹혀서 일어나는 변화이다.

출제 Point 지구 열수지에 영향을 주는 요인을 이해한다.

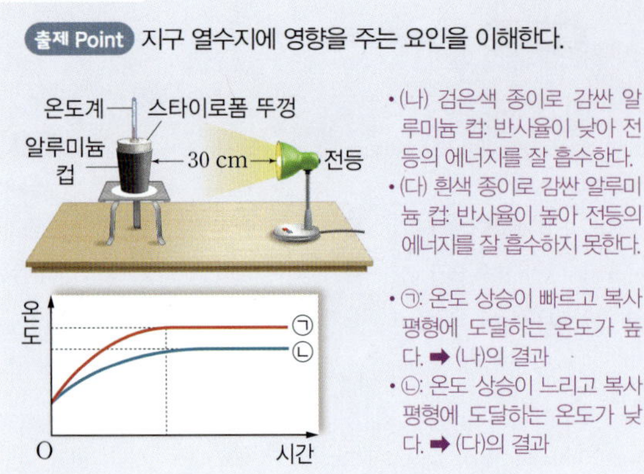

• (나) 검은색 종이로 감싼 알루미늄 컵: 반사율이 낮아 전등의 에너지를 잘 흡수한다.
• (다) 흰색 종이로 감싼 알루미늄 컵 반사율이 높아 전등의 에너지를 잘 흡수하지 못한다.
• ㉠: 온도 상승이 빠르고 복사 평형에 도달하는 온도가 높다. ➡ (나)의 결과
• ㉡: 온도 상승이 느리고 복사 평형에 도달하는 온도가 낮다. ➡ (다)의 결과

자세한 보기 해설

ㄱ. 탐구를 통해 반사율과 온도의 관계에 대해 알 수 있다. (○)

→ 탐구에서 검은색 종이와 흰색 종이의 반사율 차이로 인해 알루미늄 컵 속 공기의 온도 변화에 차이가 나타난다.

ㄴ. (나)의 결과는 ㉡이다. (×)

→ 검은색 종이로 감싼 알루미늄 컵 속 공기는 흰색 종이로 감싼 알루미늄 컵 속 공기보다 온도 상승이 빠르고, 복사 평형에 도달하는 온도가 높다. 따라서 (나)의 결과는 ㉠이다.

ㄷ. 극지방의 빙하 면적 감소는 (나)에서 (다)로 변화하는 과정에 해당한다. (×)

→ 빙하는 반사율이 높은 편에 속하는 지표면의 상태이다. 따라서 극지방의 빙하 면적이 감소하는 것은 반사율이 감소하는 과정에 해당하여 (다)에서 (나)로 변화하는 과정에 해당한다.

05 자세한 자료 해설

출제 Point 증발량과 강수량이 사막화에 미치는 영향을 이해한다.

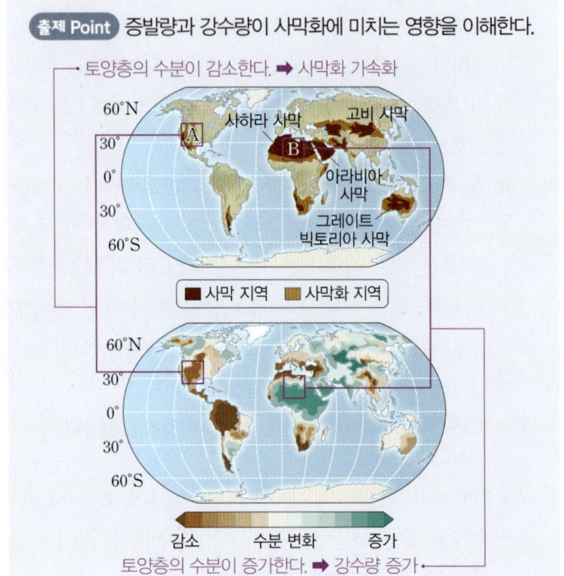

자세한 보기 해설

ㄱ. A에서는 사막화가 가속화될 것이다. (○)

→ A에서 토양층의 수분 변화는 감소할 것으로 예상되므로 해당 지역의 사막화가 가속화될 것이다.

ㄴ. B에서는 현재보다 (증발량—강수량)의 값이 감소할 것이다. (○)

→ B에서 토양층의 수분 변화는 증가할 것으로 예상되므로 현재보다 (증발량—강수량)의 값이 감소할 것이다.

ㄷ. 우리나라에 황사 피해를 주는 사막 지역은 더 건조해질 것이다. (○)

→ 우리나라에 황사 피해를 주는 사막은 중국 북부와 몽골 지역의 사막 지대로 토양층의 수분 변화가 감소할 것으로 예상되므로 해당 지역은 더 건조해질 것이다.

06 자세한 자료 해설

출제 Point 핵융합로에서 일어나는 핵융합 반응과 원자로에서 일어나는 핵분열 반응을 비교하여 분석한다.

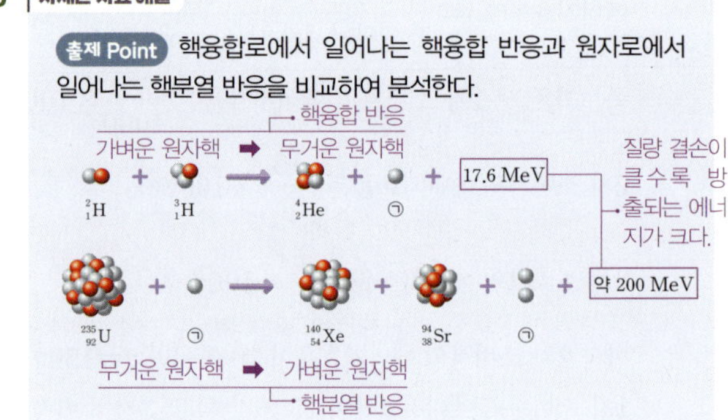

자세한 보기 해설

ㄱ. ㉠에 해당하는 입자는 중성자이다. (○)

→ 원자로에서 우라늄 원자핵에 속력이 느린 중성자를 충돌시키면 원자핵이 분열하면서 에너지가 방출된다. 따라서 ㉠은 중성자이다.

ㄴ. (가), (나)는 모두 핵융합 반응이다. (×)

→ (가)는 가벼운 원자핵들이 융합하여 무거운 원자핵이 되는 핵반응으로, 핵융합 반응이다. (나)는 무거운 원자핵이 가벼운 원자핵들로 분열하는 핵반응으로, 핵분열 반응이다.

ㄷ. 질량 결손은 (가)에서가 (나)에서보다 크다. (×)

→ 핵반응 과정에서 줄어든 질량이 에너지로 전환되어 방출되므로, 질량 결손이 클수록 방출되는 에너지도 크다. (가), (나)의 핵반응에서 방출되는 에너지가 각각 17.6 MeV, 약 200 MeV이므로 질량 결손은 (가)에서가 (나)에서보다 작다.

출제 Point 자석이 낙하할 때 유도 전류 그래프를 분석한다.

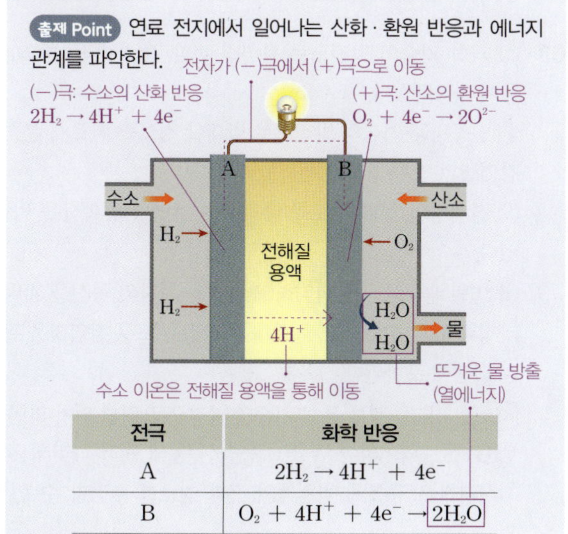

자세한 보기 해설

ㄱ. p와 q에서 자석의 운동 에너지 차이는 mgh이다. (×)

→ 자석이 p에서 q로 낙하하는 과정에서 자석의 역학적 에너지의 일부는 전자기 유도에 의해 전기 에너지로 전환된다. 따라서 p와 q에서 자석의 운동 에너지 차이는 mgh보다 작다.

ㄴ. 단위 시간당 코일을 통과하는 자기장의 변화율은 t_1일 때와 t_3일 때가 같다. (×)

→ 유도 전류의 세기는 단위 시간당 코일을 통과하는 자기장의 변화율에 비례한다. 유도 전류의 세기가 t_1일 때가 t_3일 때보다 작으므로 단위 시간당 코일을 통과하는 자기장의 변화율은 t_1일 때가 t_3일 때보다 작다.

ㄷ. 자석에 작용하는 자기력의 방향은 t_1일 때와 t_3일 때가 같다. (○)

→ 코일에 흐르는 유도 전류는 자석의 운동을 방해하는 방향으로 생기므로, 자석에 작용하는 자기력의 방향은 t_1일 때와 t_3일 때 모두 위쪽이다.

08 자세한 자료 해설

출제 Point 연료 전지에서 일어나는 산화·환원 반응과 에너지 관계를 파악한다.

전극	화학 반응
A	$2H_2 \rightarrow 4H^+ + 4e^-$
B	$O_2 + 4H^+ + 4e^- \rightarrow 2H_2O$

자세한 보기 해설

ㄱ. A는 (+)극이다. (×)

→ A에서 전자가 나오므로 (−)극이다.

ㄴ. B에서는 환원 반응이 일어난다. (○)

→ B에서는 산소가 전자를 얻어 환원된다.

ㄷ. 화학 에너지가 전기 에너지로 전환된다. (○)

→ 연료 전지에서는 산화·환원 반응을 통해 화학 에너지가 전기 에너지로 전환된다.

ㄹ. 에너지 효율이 높다. (○)

→ 연료 전지는 간단한 과정을 통해 화학 에너지가 직접 전기 에너지로 전환되므로 에너지 효율이 높다.

통합 주제탐구 268쪽

01 우주 차양막은 지구 대기가 아닌 우주 공간에 설치하므로 A의 변화에 직접적인 영향을 주지 않는다.

모범 답안 ❶은 우주 공간에서 지구로 입사되는 태양 복사 에너지인 B의 양을 감소시켜 지구의 온도를 낮출 수 있다. ❷는 신재생 에너지인 태양광 발전을 지표면에서보다 효율적으로 활용하는 것으로, 화석 연료 사용량 감소로 온실 기체 배출 감소를 기대할 수 있다. 대기 중 온실 기체의 농도가 낮아지면 지표와 대기가 주고받는 F와 H가 감소하여 지구의 온도를 낮출 수 있다.

채점 기준	배점(%)
❶과 ❷의 원리를 지구 열수지 변화에 주는 영향과 관련지어 A~H 값의 변화량을 옳게 설명한 경우	100
❶과 ❷의 원리를 지구 열수지 변화에 주는 영향과 관련지어 옳게 설명하지만, A~H 값의 변화량에 적용하지 못한 경우	70
❶과 ❷의 원리를 옳게 설명하지만, 지구 열수지 변화와 관련지어 설명하지 못한 경우	30

III 과학과 미래 사회

1 과학과 미래 사회

01 과학의 유용성과 빅데이터의 활용

중요 개념 체크

| 273쪽 | **1** ㉠ 단백질, ㉡ 핵산 | **2** (1) ○ (2) × |
| 276쪽 | **3** 빅데이터 | **4** (1) ○ (2) × |

2 (2) 기후 변화 문제를 해결하기 위해 탄소 포집 기술과 같이 온실 기체를 제거하는 과학 기술을 활용한다.

4 (2) 빅데이터 활용 시 사생활 침해 등의 피해가 발생할 수 있다.

탐구 확인 문제 277쪽

01 (1) ○ (2) ○ (3) × (4) × (5) ○ **02** (1) ㉠, ㉢ (2) 신속항원검사

01 (3) 사람 2의 시료는 양성 표준 시료와 같이 색이 변했으므로 사람 2의 시료에는 병원체가 존재한다. 따라서 사람 2의 시료에는 단백질(항원)이 들어 있다.

(4) 항체가 병원체의 특정 항원과 결합하는 특징을 활용한 진단 방법으로, 단백질을 이용한 면역 진단 기술에 해당한다.

02 (1) 실험에서 사용한 진단 방법은 병원체의 단백질과 항체가 결합하는 특징을 이용한 것으로, 색이 붉은색으로 변한 양성 표준 시료와 사람 A의 시료에 병원체의 단백질이 포함되어 항체와 결합한 것이다.

(2) 신속항원검사는 병원체의 단백질(항원)과 항체가 결합하는 것을 이용하는 진단 기술이고, 유전자증폭검사는 병원체의 핵산을 직접 검출하는 진단 기술이다.

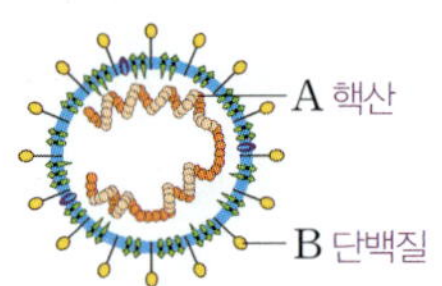

교과서 속 START 내신 완성 문제 279~280쪽

01 ㄱ, ㄴ, ㄷ **02** (1) 핵산 (2) 해설 참조 **03** ⑤ **04** ③

05 ③ **06** ⑤ **07** 피지컬 컴퓨팅 **08** ③ **09** ③

10 ③

---

01 **자료 해석하기**

병원체의 모식도

- 병원체의 핵산(A)를 검출하는 진단 기술에는 유전자증폭기술이 있다.
- 병원체의 단백질(B)을 검출하는 진단 기술에는 신속항원검사가 있다.

A는 병원체의 핵산이고, B는 단백질이다.

ㄱ, ㄴ. 유전자증폭검사는 병원체의 유전자가 들어 있는 핵산(A)을 직접 검출하는 진단 기술이고, 신속항원검사는 항체가 특정 단백질(B)에 결합하는 특징을 이용하는 진단 기술이다.

ㄷ. 병원체는 호흡, 오염된 물이나 음식 섭취, 피부 접촉 등 다양한 경로로 전염될 수 있다.

02 (1) 병원체의 핵산에는 유전물질이 들어 있는데, 병원체에 감염된 사람의 시료에는 매우 적은 양의 핵산이 들어 있어 검출하기 쉽지 않다.

모범 답안 (2) 장점: 감염 여부를 정확하게 진단할 수 있다. 단점: 검사 시간과 비용이 많이 든다.

채점 기준	배점(%)
핵산을 이용한 감염병 진단 기술의 장점과 단점을 모두 옳게 설명한 경우	100
핵산을 이용한 감염병 진단 기술의 장점과 단점 중 한 가지만 옳게 설명한 경우	50

03 ① 과학 기술의 발전으로 감염병 전파 경로 추적, 방역, 치료 등이 가능해졌다.

② 인공지능 기술의 발전으로 방대한 정보를 빠르게 분석하여 감염병의 전파 경로를 예측할 수 있다.

③ 감염병의 전파 경로를 추적하면 감염병의 확산을 막을 수 있다.

④ 병원체의 특징을 파악하고 감염된 환자의 동선을 파악하는 과정과 감염병을 진단, 치료하는 과정은 모두 감염병을 관리하는 과정에 포함된다.

바로 알기 ⑤ 정보 통신 기술의 발전으로 위성 위치 확인 시스템(GPS), 와이파이(WiFi) 등을 활용해 여러 나라의 정보를 실시간으로 공유해 병원체의 전파 경로를 추적할 수 있게 되었다.

---

04 ㄱ. 인공지능 기술을 활용해 자연재해를 예측하면 자연재해의 피해를 줄일 수 있다.

ㄷ. 과학 기술을 복합적으로 활용하면 미래 사회 문제를 해결할 수 있으므로 과학 기술은 인류의 삶과 환경에 중요한 역할을 할 것이다.

 ㄴ. 미래 사회의 다양한 문제는 과학 기술을 복합적으로 활용해 해결할 수 있다.

05 미래 사회에서 발생할 수 있는 에너지 부족 문제는 한정된 화석 연료의 고갈에 의해 일어날 수 있다. 이를 해결하기 위해서는 신재생 에너지 기술을 이용할 수 있다. 지역이나 시설에 따른 교육 격차 문제는 온라인 협업 도구를 활용해 해결할 수 있으며, 교통 체증과 교통사고는 인공지능 기술로 사고를 예측하여 해결할 수 있다.

06 현대 사회에서는 스마트 기기나 피지컬 컴퓨팅 기기를 활용해 실시간으로 날씨 정보, 교통 정보, 건강 데이터 등을 수집해 생활 주변의 문제를 해결할 수 있다.

 ⑤ 과학 기술이 발달하면 실시간으로 측정, 수집할 수 있는 실시간 생활 데이터의 종류와 양이 증가할 것이다.

07 피지컬 컴퓨팅이란 디지털 기술 및 장치를 이용하여 현실 세계와 컴퓨팅 장치가 상호작용하도록 만든 시스템으로, 피지컬 컴퓨팅은 현실 세계의 정보를 디지털화 하는 기술로 처리하여 결과를 다양한 장치로 출력한다.

08 ①, ④ 빅데이터는 방대하고 복잡한 데이터를 실시간으로 빠르게 수집하여 디지털 형태로 저장한 데이터 집합으로, 대량의 데이터를 분석하여 새로운 가치를 찾아내는 행위나 기술을 의미하기도 한다.

② 빅데이터는 다양한 분야에서 활용되어 여러 변수가 얽힌 문제를 예측하고 빠르게 해결할 수 있다.

⑤ 빅데이터는 센서, 관측소나 인공위성과 같은 실험 장비에서 얻을 수 있으며, 인터넷 검색 기록과 같은 생활 속 다양한 정보에서도 얻을 수 있다.

 ③ 빅데이터는 디지털 환경에서 생성되는 수치, 글, 영상, 음성 등의 데이터를 포함하는 방대한 양의 데이터로, 영상 데이터가 포함되어 있다.

09 ㄱ. 신약 개발 시 빅데이터를 활용하면 의약품을 효율적으로 합성하는 방법을 찾아 신약 개발 시간을 단축할 수 있다.

ㄴ. 교통량을 분석하여 생성된 빅데이터로 실시간으로 대중교통 정보를 제공하고, 배차 시간을 조절할 수 있다.

 ㄷ. 빅데이터를 수집하는 과정에서는 개인 정보가 유출될 수 있다.

10 ㄱ. 빅데이터는 다양한 과학 기술 분야에 활용되어 과학 기술을 발전시켜 생활에 편리함을 제공한다.

ㄷ. 데이터의 품질과 분석 방법에 따라 정확하지 않은 데이터를 활용할 수 있으므로, 데이터를 선별해서 활용해야 한다.

 ㄴ. 빅데이터는 품질과 분석 방법에 따라 편향되거나 잘못된 결과가 도출될 수 있다.

281쪽

01 ⑤   **02** ㄱ, ㄷ   **03** ③   **04** ②

01 ㄱ. 사람 A는 진단 결과가 감염병 양성 표준 시료와 같으므로 병원체에 감염되었다.

ㄴ. 사람 B의 시료는 용액의 색이 변하지 않았으므로 항원이 존재하지 않는다.

ㄷ. 이 진단은 항원과 항체의 결합을 이용하므로 면역 진단 기술의 원리를 이용한다.

02 ㄱ, ㄷ. 제시된 사회 문제들은 미래 사회에 나타낼 수 있는 문제로, 다양한 과학 기술의 복합적 활용으로 해결할 수 있다.

 ㄴ. 기후 변화와 에너지 부족 문제는 화석 연료의 사용으로 발생하는 문제로, 온실 기체를 제거하는 기술이나 신재생 에너지 기술을 활용해 해결할 수 있다.

03 ㄱ. 은행, TV 시청 플랫폼 등의 기업에서는 고객의 성향을 분석하여 맞춤 서비스를 제공하고, 새로운 상품 개발에 활용한다.

ㄷ. 오랜 기간 여러 과학자에 의해 수집된 빅데이터를 기반으로 수행하기 어려웠던 과학 실험을 수행하고, 기존 이론을 보완하거나 새로운 지식을 만든다.

ㄹ. 수많은 생물들로부터 수집된 유전체 빅데이터를 분석하여 유전적 특성에 맞는 적절한 치료를 받을 수 있다.

 ㄴ. 신약 개발에 빅데이터를 활용하면 질병과 의약품에 관련된 빅데이터를 분석하여 특정 질병을 치료할 수 있는 후보 물질을 찾아 더 빠른 시간에 신약을 개발할 수 있다.

04 ㄴ. 빅데이터를 활용하면 소비자의 행동을 분석해 맞춤 정보를 제공하므로 쇼핑 시간을 단축할 수 있다.

 ㄱ. 개인 의료 데이터를 수집, 분석하는 과정에서 개인 정보가 유출될 수도 있다.

ㄷ. 빅데이터의 품질과 분석 방법에 따라 편향되거나 잘못된 정보를 제공할 수 있다.

○2 과학 기술의 발전과 과학 윤리

284쪽	**1** 사물 인터넷	**2** (1) ○ (2) ×	
285쪽	**3** (1) ○ (2) ○		

2 (2) 인공지능 로봇의 활용은 인간의 삶에 긍정적인 영향과 부정적인 영향을 모두 줄 수 있다.

교과서속 START 내신 완성 문제

286~287쪽

01 ㄱ, ㄴ, ㄷ **02** ④ **03** 사물 인터넷(IoT) **04** ③
05 ④ **06** ③ **07** 해설 참조 **08** A, C

01 과학 기술의 발달로 인간의 삶과 환경이 개선되었다.
ㄱ. 의학 기술의 발달로 건강한 삶을 살 수 있게 되었다.
ㄴ. 빅데이터 기술을 바탕으로 인공지능과 관련된 기술이 발전하였다.
ㄷ. 스마트 기기와 같은 다양한 무선 통신 기술의 발달로 시간과 장소의 제약 없이 다른 사람과 편리하게 소통할 수 있게 되었다.

02 제시된 내용은 인공지능 로봇에 대한 설명이다.
① 인공지능 로봇은 인공지능 기술을 활용하여 스스로 학습하고 판단하여 자율적으로 움직이는 로봇이다.
②, ③ 인공지능 로봇은 센서로 정보를 수집하여 주변 상황을 인식하고 판단하여 입력된 명령을 수행한다.
⑤ 인공지능 로봇은 사용 목적이나 작업 환경에 따라 크기, 형태, 작동 방식을 달리하여 다양한 분야에 활용된다.
바로알기 ④ 인공지능 로봇은 주어진 명령만 수행하던 기존 로봇과 달리 인공지능 기술을 이용하여 스스로 판단하고 행동하는 로봇이다.

03 사물 인터넷은 여러 가지 장치나 사물에 센서와 통신 기술을 내장하여 인터넷에 연결하고 사물 사이에서 또는 사물과 사람 사이에서 정보를 교환하며 작업을 수행하는 기술이다. 사물 인터넷에 연결된 장치는 스스로 정보를 수집하고 교환하며, 스스로 작동하거나 사용자가 스마트 기기 등을 이용하여 원격으로 조절할 수 있다.

04 ㄱ. (가) 스마트 홈과 (나) 스마트팜은 사물 인터넷을 활용하는 사례이다.
ㄷ. 스마트팜에서는 사용자가 스마트 기기를 활용하여 원격으로 농장에 설치된 사물 인터넷 기능이 있는 농기구를 조절해 작물의 성장에 최적인 환경으로 관리할 수 있다.
바로알기 ㄴ. 사물 인터넷 기능이 적용된 장치는 사용자가 조작하지 않아도 센서의 기능으로 스스로 작동할 수 있다.

05 ④ 인공지능 로봇과 사물 인터넷에 지나치게 의지하면 인간 스스로 노력하는 일이 줄어든다.
바로알기 ①, ③ 사물 인터넷 장치는 대부분 인터넷에 연결되어 있어 해킹의 위험성이 크다. 따라서 개인 정보가 유출될 수도 있다.
② 인공지능 로봇과 사물 인터넷이 사람을 대체하면 일자리가 부족해진다.
⑤ 산업 현장에서 인공지능 로봇이나 사물 인터넷을 활용하면 작업 효율을 높일 수 있다.

06 ㄱ. 과학 기술의 사용은 다양한 분야와 연관되어 있기 때문에 다양한 분야에서 논쟁을 일으키기도 한다.
ㄴ. 동물 실험 등 생명체를 대상으로 하는 실험은 과학 관련 사회적 쟁점의 사례에 해당한다.
바로알기 ㄷ. 과학 관련 사회적 쟁점을 해결하기 위해서는 다양한 관점과 복잡한 상황을 이해하고 충분히 협의하여 합리적인 의사 결정을 내려야 한다.

07 자율주행 자동차의 이용은 운전을 하기 어려운 사람들이 자동차로 이동할 수 있고 운전자의 부주의로 발생하는 사고가 감소할 수 있다는 긍정적인 면이 있다. 그러나 사고 상황에서 탑승자와 보행자 중 보호 대상 설정의 문제점과 해킹의 위험이라는 부정적인 면이 있다.
모범답안 기술적 오류로 사고가 일어나게 되었을 때 윤리적 문제와 법적 책임 문제가 발생할 수 있다.

채점 기준	배점(%)
자율주행 자동차의 이용으로 일어날 수 있는 문제점을 옳게 설명한 경우	100
기술적 오류로 사고가 발생할 수 있다고만 설명한 경우	40

08 과학 윤리는 과학 기술을 개발하거나 이용할 때 발생할 수 있는 윤리적 문제와 앞으로 발생할 수 있는 잠재적인 문제에 대한 책임 의식을 의미한다. 과학 윤리를 준수하면 과학 기술을 올바르게 활용할 수 있고, 과학 기술이 긍정적인 방향으로 발전할 수 있다.

01 ④　　**02** ③

01 인공지능 로봇과 사물 인터넷을 이용하면 가정, 공장, 환자의 상태를 실시간으로 관리하고 제어할 수 있으며, 자율적으로 자동차가 운행할 수 있도록 조절할 수 있다.

　바로알기　④ 가전제품을 사용할 때 콘센트를 전원 장치에 연결하는 것은 인공지능 로봇과 사물 인터넷을 사용하지 않아도 가능하다.

02 ㄱ. 과학 기술의 발달로 신재생 에너지 기술이 발달함에 따라 사회적 쟁점이 발생할 수 있다.

　ㄷ. 계절이나 날씨에 영향을 받지 않는 기술을 개발하고, 신재생 에너지의 문제점을 예방할 수 있는 정책을 마련하면 사회적 쟁점을 해결하고 올바르게 과학 기술을 활용할 수 있다.

　바로알기　ㄴ. 신재생 에너지 기술을 올바르게 사용하기 위해서는 무조건적으로 개발하지 않고, 사용할 때 발생하는 문제점을 이해하고 충분히 협의하여 개발해야 한다.

중단원 핵/심/정/리　288쪽

1 단백질(항원)　　**2** 핵산　　**3** 신재생
4 인공지능　　**5** 빅데이터　　**6** 인공지능
7 인터넷　　**8** 과학 윤리

수능 WALK
실전 대비 문제　289~291쪽

수능 실전 2점

01 ③　**02** ③　**03** ⑤　**04** ③　**05** ③　**06** ④

수능 실전 3점

07 ⑤　**08** ④　**09** ⑤　**10** ⑤　**11** ③　**12** ④

---

01 자료 해석하기

감염병 진단 기술

	면역 진단 기술	분자 진단 기술
구분	(가)	(나)
분석 대상	병원체의 단백질	병원체의 핵산
원리	항체가 특정 항원(병원체의 단백질)에 결합하는 특징을 활용하여 진단함	병원체의 핵산을 증폭하여 감염 여부를 진단함

• (가) 면역 진단 기술은 병원체의 단백질을 검출하는 진단 기술로, 간편하고 신속하게 감염병을 진단할 수 있다.
• (나) 분자 진단 기술은 병원체의 핵산을 직접 검출하는 진단 기술로, 검사 시간이 오래 걸리지만 정확도가 높다.

신속항원검사는 항체가 특정 항원(병원체의 단백질)에 결합하는 특징을 활용하는 진단 기술이고, 중합효소연쇄반응(PCR)은 병원체의 핵산을 직접 검출하는 진단 기술이다.

02 ③ 미래 사회에서 발생할 수 있는 노동력 부족에 따른 경제 문제는 로봇을 이용한 자동화 공장 개발로 해결할 수 있다.

　바로알기　① 신재생 에너지 개발은 에너지 부족 문제를 해결할 수 있다.
② 자율주행 운행 시스템 개발은 교통 혼잡 문제를 해결할 수 있다.
④ 환경을 보호할 수 있는 제도 마련은 환경 오염 문제를 해결할 수 있다.
⑤ 온라인으로 교육받을 수 있는 프로그램 개발은 교육 격차 문제를 해결할 수 있다.

03 ㄱ. 실시간 생활 데이터에는 실시간 날씨 정보, 실시간 교통 정보, 실시간 건강 정보 등이 있다.

　ㄴ. 실시간 교통 정보를 활용하면 도착 장소에 대한 추천 경로와 도착 예상 시간을 알 수 있어 생활에 편리하게 이용할 수 있다.

　ㄷ. 실제로 실시간 생활 데이터를 수집·처리하는 과정은 복잡하지만 피지컬 컴퓨팅 기술이나 각종 센서를 부착한 스마트 기기를 활용하면 쉽게 실시간 데이터를 수집하고 처리할 수 있다.

04 ㄱ. 빅데이터를 분석하고 저장하는 데는 슈퍼컴퓨터, 인공지능 기술과 같은 과학 기술이 필요하다.

　ㄴ. 빅데이터를 활용하면 소비자의 검색 기록이나 관심사를 분석해 개인별 관심 제품을 추천할 수 있다.

　바로알기　ㄷ. 빅데이터는 품질과 분석 방법에 따라 잘못된 정보를 제공할 수 있으므로 필요한 데이터를 검증하고 선별해서 사용해야 한다.

과학 기술의 발전과 활용

(가) 인공지능 서빙 로봇　　(나) 스마트 시계

- 인공지능 서빙 로봇은 센서로 공간의 형태를 파악하여 음식을 나른다.
- 사물 인터넷이 활용되는 스마트 시계는 사람 몸에 부착된 센서를 활용해 건강 정보를 실시간으로 수집한다.

ㄱ. (가)는 인공지능 서빙 로봇이고, (나)는 스마트 건강 관리의 모습이다.

ㄴ. 사물 인터넷을 활용한 스마트 시계는 사람 몸에 부착된 여러 가지 센서를 활용하여 건강 정보를 수집하고, 착용자의 건강 상태를 실시간으로 관리한다.

바로알기　ㄷ. 인공지능 로봇과 사물 인터넷에 연결된 기기는 스마트 기기를 활용하여 밖에서도 원격으로 조작할 수 있다.

06 ① 생명과 관련된 실험에서 생명의 가치를 존중해야 한다.

② 실험 결과를 위해 연구 결과를 조작하거나 거짓으로 만들어 내지 않아야 한다.

③ 임상 실험은 참가자의 동의를 받고 이루어져야 하며, 참가자가 동의하지 않은 실험은 하지 않는다.

⑤ 인공지능 기술을 활용할 때 인공지능 판단에 대한 윤리적 문제가 발생할 수 있으므로, 책임의 주체를 설정하고 사용자가 작동을 제어할 수 있도록 해야 한다.

바로알기　④ 전자 거래에서는 개인의 동의를 받고 민감한 개인 정보 관리에 유의해 개인 정보를 활용할 수 있도록 해야 한다.

07 ㄱ, ㄴ. 생명공학 기술의 발전으로 감염병의 특징을 파악하고, 병원체의 특징을 분석해 백신과 치료제를 빠르게 개발할 수 있게 되었으며, 정보 통신 기술의 발전으로 환자의 정보를 수집하고, 이동 경로를 파악해 감염병 관리가 가능해졌다.

ㄷ. 과학 기술의 발달로 감염병의 진단, 추적, 방역 등 감염병 관리가 가능해졌다.

08 ㄴ. 교통 체증과 교통사고 발생 가능성을 줄이기 위해 스마트 신호등과 같은 인공지능 기술을 활용할 수 있다.

ㄷ. 화석 연료 사용에 의해 온실 기체가 증가함에 따라 기후 변화가 가속화되고 있으므로, 이를 줄이기 위해 탄소 포집과 같은 온실 기체를 줄이는 기술을 활용할 수 있다.

ㄹ. 지역이나 시설에 따른 교육 격차 문제를 해결하기 위해 온라인 협업 도구를 활용할 수 있다.

바로알기　ㄱ. 화석 연료는 매장량이 정해져 있으므로, 에너지 부족 문제를 해결하기 위해서는 신재생 에너지 기술을 활용할 수 있다.

09 ㄱ. 인공위성과 기상 관측소에서 수집한 기상 관련 빅데이터를 분석하여 기상을 관측하며, 일기예보의 정확도를 높인다.

ㄴ. 많은 인간이나 생물로부터 수집된 유전체에 대한 빅데이터로부터 유전자와 질병의 관계를 분석하여 유전자에 맞춘 치료제를 개발할 수 있다.

ㄷ. 빅데이터를 활용하면 복잡한 문제를 빠르게 분석하여 상황에 맞게 합리적으로 해결할 수 있다.

10 인공지능 기술을 이용하여 스스로 학습하고 판단하여 자율적으로 움직이고, 변화하는 상황에 대응할 수 있는 로봇을 인공지능 로봇이라고 한다.

ㄱ. 인공지능 로봇은 센서로 정보를 수집하여 주변 상황을 인식한다.

ㄴ. 인공지능 로봇 중 하나인 물류 로봇은 창고나 공장에서 물건을 옮기고 분류하는 작업을 수행한다.

ㄷ. 인공지능 로봇 중 하나인 안내 로봇은 시설물 안내, 전시 정보 안내 등 사람들의 다양한 요구를 처리한다.

11 ㄱ. 해킹이 일어나면 개인 정보가 유출되어 사생활 침해가 일어날 수 있다.

ㄴ. 인공지능 로봇과 사물 인터넷의 사용으로 사람의 노동력이 필요하지 않게 되면 일자리가 부족해진다. 이를 해결하기 위해서는 창의적인 새로운 일자리를 개발하여 사람들이 일할 수 있는 기회를 마련해야 한다.

바로알기　ㄷ. 인공지능 로봇에게 너무 의존하게 되면 대부분의 문제를 인공지능 로봇에게 맡기게 되므로 인간이 스스로 노력하여 문제를 해결하는 능력이 부족해지게 된다.

12 ㄴ. 극지방을 개발하면 국가 간 이동 거리가 단축되어 연료 사용을 줄일 수 있고, 극지방 자원을 개발할 수 있다. 하지만 극지방이 훼손되면 빙하가 녹아 해수면이 상승한다.

ㄷ. 자율주행 자동차를 이용하면 운전하기 어려운 사람들도 자동차를 이용할 수 있지만, 사고 상황에서 탑승자와 보행자 중 어떤 대상을 보호할지에 대한 윤리적 문제가 발생할 수도 있다.

바로알기　ㄱ. 동물 실험을 반대하는 사람들은 생명 존엄성에 대한 생명 윤리 문제를 근거로 제시한다. 동물 실험에 찬성하는 입장은 불치병을 극복할 수 있고, 개인의 유전적 특성을 고려한 맞춤형 치료가 가능해진다는 것을 근거로 제시한다.

RUN 정복 문제

01 Step ❶ 용액의 색이 변한다.

Step ❷ ❶ 핵산 ❷ 단백질(항원)

02 Step ❶ 신재생 에너지

Step ❷ ❶ 에너지 ❷ 화석 연료

03 Step ❶ 사물 인터넷

Step ❷ ❶ 편의성 ❷ 해킹

04 Step ❶ 농약 사용량이 줄어들고, 식량 부족 문제를 해결할 수 있다.

Step ❷ ❶ 과학 윤리

01 감염병 양성 표준 시료에는 병원체가 들어 있고, 감염병 음성 표준 시료에는 병원체가 들어 있지 않다. 감염병 양성 표준 시료와 사람 2 시료의 진단 결과가 같으므로 시료 2에는 감염병의 병원체가 들어 있다.

모범 답안 (1) 사람 2

(2) 감염병의 병원체가 몸속에 들어오면 우리 몸을 방어하는 항체가 병원체의 단백질에 결합하는 생명공학 기술을 활용한다. 병원체의 단백질과 항체가 결합하면 검출 시약에 의해 용액의 색이 변하므로 병원체를 검출할 수 있다.

	채점 기준	배점(%)
(1)	감염병에 걸린 사람을 옳게 쓴 경우	50
(2)	항체와 병원체의 단백질이 결합하는 원리를 이용하여 옳게 설명한 경우	50
	항체가 결합하는 대상을 명확하게 표현하지 않고 설명한 경우	30
	단백질을 이용한 진단 기술이라고만 설명한 경우	10

02 현대에서는 화석 연료가 대부분의 에너지원으로 사용되고 있다. 화석 연료를 사용하면 이산화 탄소가 발생하여 지구의 온난화에 영향을 미쳐 환경을 오염시킨다. 화석 연료의 매장량이 한정되어 있으므로 머지않아 화석 연료가 고갈되어 에너지가 부족해진다. 신재생 에너지를 사용하면 화석 연료를 대체하므로 환경 오염을 줄일 수 있고, 에너지 부족도 해결할 수 있다.

모범 답안 에너지 부족, 환경 오염, 화석 연료가 고갈되어 에너지가 부족할 경우 신재생 에너지로 에너지 부족을 해결할 수 있고, 화석 연료 대신 신재생 에너지를 사용하면 화석 연료 연소 시 발생하는 온실 기체를 줄여서 환경 오염을 줄일 수 있기 때문이다.

채점 기준	배점(%)
에너지 부족, 환경 오염을 모두 쓰고, 각 문제를 해결할 수 있는 까닭을 모두 옳게 설명한 경우	100
에너지 부족, 환경 오염을 모두 썼지만 한 가지만 해결할 수 있는 까닭을 옳게 설명한 경우	70
에너지 부족, 환경 오염 중 한 가지를 쓰고, 해결할 수 있는 까닭을 옳게 설명한 경우	30

03 스마트 의료는 사물 인터넷 장치와 원격 모니터링 기기로 환자의 상태를 실시간으로 추적, 관리하며, 스마트 홈에서는 사물 인터넷 기능이 있는 가전제품이 자동으로 환경에 맞춰 작동해 조명, 온도, 보안 장치를 실시간으로 관리하고 제어한다.

모범 답안 (1) 사물 인터넷(IoT)

(2) 사물 인터넷의 활용으로 일상생활이 자동화되고, 스마트 기기 하나로 모든 가전제품을 조작할 수 있어 편의성이 증가한다. 하지만 사물 인터넷 장치는 대부분 인터넷에 연결되어 있어 해킹의 위험성이 크다.

	채점 기준	배점(%)
(1)	스마트 의료와 스마트 홈에서 활용하는 과학 기술을 옳게 쓴 경우	40
(2)	사물 인터넷이 사회에 미치는 유용성과 한계를 모두 옳게 설명한 경우	60
	사물 인터넷이 사회에 미치는 유용성과 한계 중 한 가지만 옳게 설명한 경우	30

04 **모범 답안** (1) 유전자변형 농산물은 해충에 강한 품종이므로 농약 사용량이 줄어들고, 생산량이 증가하여 식량 부족 문제를 해결할 수 있다는 긍정적인 영향이 있다. 하지만 유전자변형 농산물의 부작용을 충분히 검증하지 못하여 안전에 대한 문제가 발생할 수 있다는 부정적인 영향이 있다.

(2) 과학 관련 사회적 쟁점을 해결하기 위해서는 다양한 관점과 복잡한 상황을 이해하고, 과학 윤리를 바탕으로 건전한 가치 판단을 해야 한다.

	채점 기준	배점(%)
(1)	유전자변형 농산물을 이용할 때 발생하는 긍정적인 영향과 부정적인 영향을 모두 옳게 설명한 경우	50
	유전자변형 농산물을 이용할 때 발생하는 긍정적인 영향과 부정적인 영향 중 한 가지만 옳게 설명한 경우	25
(2)	과학 관련 사회적 쟁점을 해결하기 위한 올바른 태도를 옳게 설명한 경우	50

01 ④　　**02** ④　　**03** ③　　**04** ⑤

01 자세한 자료 해설

출제 Point 감염병 진단 기술을 이해한다.

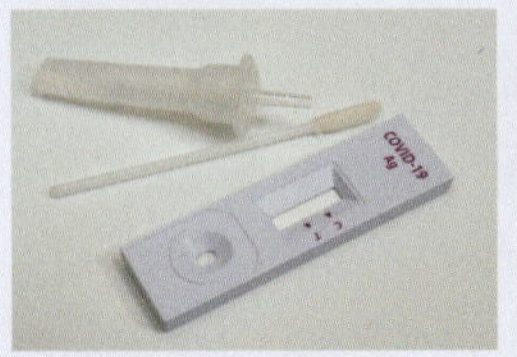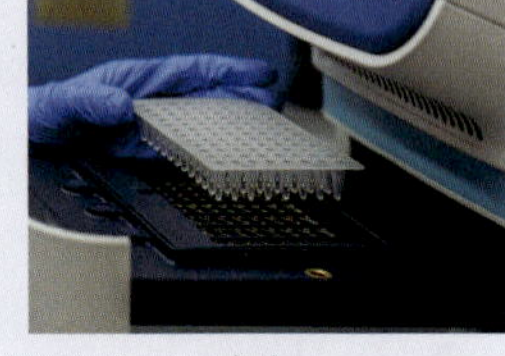

(가) 병원체의 단백질을 이용하는 신속 항원검사

(나) 병원체의 핵산을 이용하는 중합효소연쇄반응(PCR)

자세한 보기 해설

ㄱ. (가)는 중합효소연쇄반응(PCR)이다. (×)

→ (가)는 신속항원검사이고, (나)는 중합효소연쇄반응(PCR)이다.

ㄴ. 감염병 진단까지 걸리는 시간은 (나)가 (가)보다 길다. (○)

→ (나) 중합효소연쇄반응은 검체에 들어 있는 매우 적은 양의 핵산을 여러 차례 증폭(복제)하여 병원체에 대한 감염 여부를 정밀하게 확인한다. 따라서 핵산의 양을 증가시키는 과정을 거쳐야 하므로 (가) 신속항원검사보다 진단까지 걸리는 시간이 더 길다.

ㄷ. (가)와 (나)의 검사 결과를 빅데이터로 처리하면 감염병의 전파 경로와 유행 상황을 추적할 수 있다. (○)

→ 과학 기술과 정보 통신 기술의 발전으로 감염병 진단 결과를 수집하여 빅데이터로 분석하면 감염병의 전파 경로와 유행 상황을 추적하여 감염병 확산을 막을 수 있다.

02 자세한 자료 해설

출제 Point 미래 사회의 문제인 교통 혼잡을 해결할 수 있는 방법을 과학 기술과 관련지어 이해한다.

미래 사회에서는 인구가 도시로 집중되고 자동차 수도 크게 증가하여 도시 내 교통이 혼잡해지고 교통사고가 발생할 가능성이 증가할 것이다.

미래 사회에서 도시 집중화와 자동차의 증가로 교통 혼잡 문제가 발생할 수 있다. 이를 해결하기 위해 인공지능 기술을 활용해 실시간으로 교통을 통제하고, 교통 사고의 위험을 예측하는 시스템을 활용한다.

자세한 보기 해설

ㄱ. 과학 기술의 발전과는 관계가 없는 문제이다. (×)

→ 자동차 기술, 생명공학기술 등 과학 기술이 발전하면 인구가 도시로 집중되고, 도시 내 교통 문제가 발생할 수 있다.

ㄴ. 문제를 해결하기 위해 스마트 신호등과 같은 인공지능 기술을 활용하여 교통을 통제한다. (○)

→ 인공지능으로 실시간의 교통 상황을 분석해 교통을 통제하여 교통 혼잡을 해결할 수 있다.

ㄷ. 실시간 교통 데이터를 활용하여 수집한 교통 정보를 실시간으로 제공하면 교통 혼잡을 줄일 수 있다. (○)

→ 교통과 관련된 빅데이터를 분석해 교통 정보를 실시간으로 제공하면 교통 혼잡을 방지할 수 있다.

03 자세한 자료 해설

출제 Point 인공지능 로봇과 사물 인터넷에 활용된 과학 기술을 이해한다.

스마트 공장에서는 인간이 직접 제품을 조립하거나 포장하지 않고 모든 과정이 자동으로 이루어진다. 스마트 공장 내부에서는 사물 인터넷으로 연결된 센서와 카메라가 여러 가지 데이터를 수집하고, ㉠ 수집된 대규모의 데이터를 분석하여 인공지능 로봇으로 공정을 점검하고 효율적으로 제품 생산이 이루어지도록 한다.

스마트 공장은 인공지능 로봇과 사물 인터넷에 의해 자율적이고 효율적인 생산이 이루어진다.

자세한 보기 해설

ㄱ. ㉠은 빅데이터 기술이 이용된다. (○)

→ 현대 사회에서는 다양한 분야에서 방대한 양의 데이터를 실시간으로 빠르게 수집하여 디지털 형태로 저장하고 있는데, 이렇게 방대한 양의 데이터 집합을 빅데이터라고 한다. 공장에서 수집되는 데이터의 양은 방대하므로 이 데이터를 빅데이터 기술로 분석하여 공정을 점검하고 생산의 효율성을 높인다.

ㄴ. 스마트 공장에서는 자동화로 인해 공정 중간에 일어나는 일을 알 수 없다. (×)

→ 스마트 공장에서는 실시간으로 공정을 확인하고 관리할 수 있으므로 공정 중간에 일어나는 일을 알 수 있다.

ㄷ. 스마트 공장에서는 근로자의 안전을 보장하면서 작업 효율을 높일 수 있다. (○)

→ 스마트 공장에서는 인공지능 로봇과 사물 인터넷이 활용되어 제품을 생산한다. 따라서 인공지능 로봇이 근로자 대신 위험한 일을 수행하고, 사물 인터넷이 근로자의 작업 효율을 높일 수 있으므로 근로자의 안전을 보장하면서 작업 효율을 높일 수 있다.

출제 Point 과학 윤리의 필요성을 이해한다.

→ 정보 통신 기술과 관련된 과학 윤리

(가) 개인의 정보가 유출되지 않도록 유의한다.
(나) (㉠)을/를 이용할 때 사용자가 작동을 제어할 수 있어야 한다. → 인공지능 기술과 관련된 과학 윤리
(다) 생명의 존엄성을 존중하고, 인간이나 동물이 무분별하게 희생되지 않도록 해야 한다. → 생명공학 기술과 관련된 과학 윤리

자세한 보기 해설

ㄱ. 인공지능 로봇이나 자율주행 자동차가 ㉠에 해당한다. (○)

→ 인공지능 기술은 오작동할 경우 심각한 피해를 일으킬 수 있으므로 사용자가 작동을 제어할 수 있어야 한다.

ㄴ. (가)는 빅데이터를 수집, 분석, 관리하는 과정에서 개인의 정보를 다룰 때 필요하다. (○)

→ 빅데이터를 수집, 분석, 관리할 때 개인의 정보가 많이 이용되므로 개인 정보 유출의 위험성이 크고, 사생활 침해가 발생할 수 있다.

ㄷ. (다)는 생명공학 기술에서 필요한 과학 윤리이다. (○)

→ 생명공학 기술에서는 생명체를 대상으로 한 실험이 많으므로 생명의 존엄성을 존중하는 과학 윤리가 필요하다.

통합 주제탐구

296쪽

모범 답안 | 화석 연료를 사용한 발전 방법은 환경 오염과 기후 변화 등의 환경 문제를 일으키지만, 신재생 에너지는 발전 과정에서 환경 오염 물질이 발생하지 않아 친환경적이고 지속적인 발전이 가능하도록 한다. 그러나 기존 발전을 모두 신재생 에너지로 전환시킬 경우 발전기를 만드는 데 사용되는 니켈과 같은 원자재의 수요가 높아져서 원자재가 부족해지고, 부족해진 원자재로 인해 다른 제품의 가격도 상승하게 되는 그린플레이션이 일어난다.

채점 기준	배점(%)
신재생 에너지의 사용으로 발생할 수 있는 사회적 쟁점의 예를 두 가지 조건을 모두 포함하여 옳게 설명한 경우	100
신재생 에너지 사용으로 발생할 수 있는 사회적 쟁점의 예를 한 가지만 주어진 조건을 포함하여 옳게 설명한 경우	70
신재생 에너지의 사용으로 발생할 수 있는 사회적 쟁점의 예 두 가지를 주어진 조건을 포함하지 않고 설명한 경우	30

MEMO

HIGH TOP

정답과 해설